| FINAL | PROFESSIONAL ENGINEER RAILWAY |

철도기술사

영 주

PROFESSIONAL
ENGINEER

이 책의 구성

예문사

머리말

철도는 신속 정확하고 안전할 뿐 아니라 최근에는 다른 교통수단에 비하여 속도경쟁 면에서 단연 우수한 교통수단입니다. 따라서 국토가 좁고 인구밀도가 높은 우리나라에서 철도는 최적의 교통수단이라 할 수 있겠습니다.

이제 우리 철도는 경부고속철도, 호남고속철도뿐 아니라 고속의 주요 간선을 건설한 경험을 바탕으로 오랫동안 단절되었던 남북철도를 다시 연결함으로써 TCR, TSR 등 대륙철도와 동북아 철도망 구축을 실현해야 할 중요한 시점에 있습니다.

이런 시대적 요구에 맞춰 그 일익을 담당하는 훌륭한 기술인이 되기 위해 기술사 자격시험은 반드시 거쳐야 할 하나의 관문이라 하겠습니다.

그동안 2020년 7월에 속도 400km/h의 철도 인프라를 구축할 수 있도록 일부 개정이 있었고, 2022년 12월에는 200~300km/h급 준고속열차에 맞도록 불합리한 부분이 개정되었습니다. 본서는 이 두 차례의 철도건설규칙 개정 내용을 반영하고 기존에 출제되었던 문제들을 중심으로 작성하였습니다. 크게 용어해설과 본문으로 구성되어 있으며, 정해진 일과에서 짬을 내어 공부하는 많은 분들을 위하여 가장 빠른 시간에 효과적으로 시험을 준비할 수 있도록 하였습니다.

아무리 좋은 교재를 가졌다고 해도 그것을 적절히 활용하여 반복학습을 하지 않는다면, 원하는 결과를 얻는 데 도움이 되지 못할 것입니다. 부디 이 교재를 잘 활용하셔서 여러 번 읽고 자기만의 모범답안을 만들어 정리함으로써 기술사 시험은 물론 현장 실무에서도 요긴한 도움을 얻게 되시기를 바랍니다.

끝으로, 독자들 모두 원하는 바를 이루기를 기원하며, 출판에 도움을 주신 도서출판 예문사에 감사를 전합니다.

철도기술사, 토목구조기술사

신 영 주

목차

Chapter 01 용어정리

목차

목차

Chapter 02 철도계획 및 일반

Chapter 03 선로 및 기하구조

목차

Chapter 04 정거장 및 차량기지

목차

Chapter 05 궤도 및 보선

목차

Chapter 06 경전철 도시철도 및 자기부상열차

목차

목차

Chapter 09 구조물계획 및 시공

목차

Chapter 10 시사성 및 기타

Chapter**11** 철도의 건설기준에 관한 규정

CHAPTER
01

용어정리

01 철도계획

01 철도용량 ▶▶▶▶

1. 개요

① 철도용량(Transport Capacity)이란 철도수송능력, 즉 철도 여객과 화물을 수송할 수 있는 능력을 말한다.

② 철도용량은 선로용량, 정거장 구내용량, 동력차의 견인용량 3가지로 구분할 수 있다.

2. 철도용량의 종류

(1) 선로용량

① 철도수송에 직접적인 영향이 있는 본선선로에 얼마나 많은 수의 열차를 운행시킬 수 있는지를 나타내는 능력이다.

② 철도의 어느 정거장과 정거장 사이 본선에서 1일간 운전이 가능한 최대 열차운행 횟수를 말한다. 여기서 열차횟수는 편도를 말한다.

③ 도시철도의 경우 러시아워 시 첨단 1시간당 운전 가능한 최대 열차횟수로 표시한다.

(2) 정거장 구내용량

① 정거장 구내에서 얼마나 많은 차량을 유치, 조성, 운영할 수 있는지를 나타내는 능력으로 선로 수와 선로 유효장으로 나타낸다.

② 정거장 내에서 보유하고 있는 선로 수와 정거장 구내 배선된 각각의 선로에 유치할 수 있는 차량 수를 말한다.

(3) 동력차의 견인용량

① 견인용량은 동력차가 정해진 속도종별에 해당하는 열차중량을 견인하여 정해진 운전시간을 지연하지 않고 안전하게 운전할 수 있는 능력을 말한다.

② 견인용량은 실제량 수가 아니라 객차는 40톤, 화차는 43.5톤을 1량으로 환산한 견인정수를 사용한다.

3. 철도수송능력 계획 시 고려사항

① 운반의 대상 : 여객 또는 화물
② 수요의 규모 : 인, 인 · km, 톤, 톤 · km
③ 열차의 속도 : km/h
④ 열차의 빈도 : 열차횟수와 열차단위

02 선로용량

1. 개요

① 특정 선구에서 하루에 운행 가능한 최대열차횟수를 선로용량이라 한다.
② 단선철도는 편도 열차횟수로 표시하고, 복선철도는 상선 · 하선별 1일 열차운행횟수로 표시한다.

2. 선로용량

(1) 단선구간의 선로용량

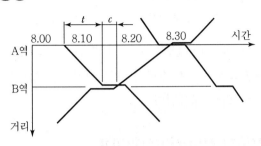

$$N = \frac{1,440}{t+c} \times f$$

여기서, t : 역간 평균운전시분
c : 열차취급시분
f : 선로이용률(0.6)

① 역간거리가 길면 역간 평균운전시분 t가 커지므로 선로용량 N은 작아진다.
② 자동신호, CTC 등을 이용하여 열차취급에 필요한 시간 c를 줄이면 선로용량 N은 커진다.

(2) 복선구간의 선로용량

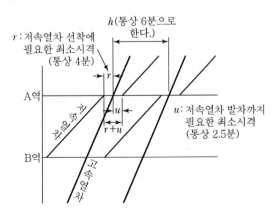

$$N = \frac{1,440}{h \cdot v + (r+u+1)v'} \times f$$

여기서, h : 고속열차 상호 간의 시격(6분)
v : 전체열차에 대한 고속열차 비율

r : 먼저 도착한 저속열차와 후속하는 고속열차 간의 필요한 최소시격(4분)

u : 고속열차 통과 후 저속열차 발차까지 필요한 최소시격(2.5분)

v' : 전체열차에 대한 저속열차 비율

f : 선로이용률(0.6)

① v=0일 때 N(편도)=115회, v=1일 때 N=144회로 계산된다.

② 따라서 일반적으로 속도종별이 다른 열차가 운행되는 복선구간의 선로용량은 왕복 230~288회로 계산된다.

(3) 부분 복선철도의 선로용량 상관관계

① 일부구간은 복선철도, 일부구간은 단선철도로 구성된 선구의 선로용량 계산법이다.

② 단선구간역에서 발차한 열차가 부분복선구간을 진입할 때 반대방향 열차가 부분복선구간 역에서 출발하는 조건, 즉 A역에서 출발한 열차가 C역을 지나 복선구간을 통과할 때, 반대방향 열차가 B역을 출발하는 경우 선로용량은 다음과 같다.

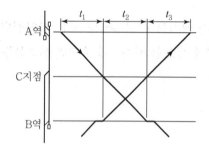

$$N = \frac{1,440}{\dfrac{(t_1 + t_2 + t_3)}{2} + 1.5} \times f$$

여기서, t_1 : 단선구간역에서 발차한 열차가 부분복선구간을 진입할 때까지 소요시분

t_2 : 단선구간역에서 발차한 열차가 부분복선구간 시점에서 부분복선구간 종점까지 도달하는 운행소요시분

t_3 : 부분 복선구간역에서 발차한 열차가 단선구간 시점에서 단선구간 종점까지 도달하는 운행소요시분

f : 선로이용률(0.6)

03 선로이용률 ▶▶▶▶

1. 개요

① 열차운전은 수요특성 및 선로보수 등에 따라 유효 운전시간대가 제약되어 계산상 가능한 열차횟수와 실제 이용 가능한 총 열차횟수와는 차이가 있다.

② 따라서 선구별로 특성에 따라 선로이용률을 결정하여 이용 가능한 열차횟수를 산정하는데, 이를 선로이용률이라 한다.

2. 선로용량의 종류 및 선로이용률

(1) 이론용량

이상적인 조건에서 이론적으로 운전 가능한 최대 열차횟수를 이론용량이라 한다.

(2) 실제용량

① 열차운전의 유효시간대, 시설보수시간, 운전취급시간, 열차지연 등을 고려하여 구한 현실적인 용량을 실제용량이라 한다.

② 1일 24시간 중 0~4시 또는 0~5시 사이는 선로 유지보수시간이 필요하다.

(3) 선로이용률

① 선로이용률 $= \dfrac{\text{실제용량}}{\text{이론용량}}$

② 선로이용률은 55~75%를 취하며 평균 60%로 한다.

3. 선로이용률에 영향을 주는 요인

① 선구 물동량 종류에 따른 성격

② 여객열차와 화물열차의 회수비

③ 열차운전횟수

④ 인접역 간 운전시분의 차

⑤ 열차의 시간별 집중도

⑥ 열차운전의 여유시분

⑦ 인위적 · 기계적 보수시간

04 TPS(Train Performance Simulation) ▶▶▶▶

1. 개요

① TPS란 노선계획 시 건설 이후 운행할 차량의 표정속도를 분석하기 위한 열차운전성
   능 모의시험을 말한다.
② 건설하고자 하는 노선의 각종 제원을 입력하여 가상으로 열차운전을 시행함으로써 신
   설선의 철도계획단계에서 최적의 노선을 선정할 수 있다.

2. TPS의 구성

① TPS는 열차의 조합변수를 갖는 Train File과 선로의 제원을 갖는 Route File 및 Control
   File로 구성되어 있으며, 시간종단도(Time Profile)와 속도 – 거리도(Operation –
   Diagram)를 작성하고 열차의 구간별 운행소요시분을 산정한다.
② 또한 ENS(Energy Network Simulation)와 연계하여 변전소의 위치, 동력선 및 카
   테너리 임피던스(Catenary Impedance), 전력공급체제 등의 특성을 입력하여 열차
   의 구간별 에너지 소모량을 산출한다.

3. 입력 데이터(Input Data)

(1) 주요 결정인자

열차운전성능 모의시험 주요 결정인자는 노반, 차량, 시스템(궤도, 전기, 신호, 통
신, 전차선) 분야로 구분하여 분석한다.

(2) 노반

① 최소곡선반경 : 열차속도에 영향
② 역간거리 : 최고속도, 속도 지속시간
③ 노선기울기 : 제동, 속도제한

(3) 차량

① 열차장
② 가속도, 감속도 : 열차운전시분 결정에 영향

③ 운전제어시분
④ 최고열차속도

(4) 시스템

① 궤도시스템 : 자갈궤도, 콘크리트궤도
② 전차선시스템 : 열차속도 적용 여부
③ 신호방식 : 운전보호시분, 최소운전시격

4. 출력 데이터(Output Data)

① 표정속도, 각 구간별 열차속도
② 운전시분, 각 정거장의 운행시간표, 운행시격
③ 운전선도
④ 총 소요에너지, 구간별 소요에너지

5. 결론

① TPS 열차모의시험을 통하여 신설선 철도계획 시 최적의 노선을 선정할 수 있다.
② 선로조건 및 운행차량을 정확히 분석하여 사업의 리스크를 최소화할 수 있으며, 구간별 소요에너지 등을 산출할 수 있으므로 설계추진 시 적극적으로 활용할 필요가 있다.

05 차장률

1. 정의

① 차량 길이 14m를 1량으로 환산한 비율을 의미하며 소수점 이하 2자리에서 반올림하여 결정한다.
② 선로 유효장의 길이를 차장률로 표시하여 선로 내에 포용할 수 있는 차량의 숫자를 쉽게 파악할 수 있다.

2. 차장률 계산

① 길이 25m인 차량의 경우 25/14=1.78, 따라서 차장률은 1.8이다.

② 유효장 600m 선로의 경우 차장률로 표기하면 600/14= 42.9이다. 따라서 포용할 수 있는 차량의 숫자는 42대이다.

3. 차장률과 유효장

① 인접선로의 열차 착발 또는 차량의 출입에 지장이 없는 한도 내에서 그 선로가 수용할 수 있는 최대의 길이를 유효장이라 한다.

② 유효장은 길이를 차량으로 환산한 차장률로 표시하여 차량 유치규모를 쉽게 파악할 수 있도록 한다.

06 제3섹터 철도 ▶ ▶ ▶ ▶

1. 개요

철도를 경영 주체에 의하여 분류하면 국영철도, 공영철도, 사영철도로 분류된다.

① 제1섹터 철도

공적 철도로서 국영철도, 공영철도 등

② 제2섹터 철도

사적 철도로서 사영철도

③ 제3섹터 철도

㉠ 공적도 사적도 아닌 제3의 경영방식이란 의미이다.

㉡ 지방자치단체 등의 공적섹터와 사기업 등의 사적섹터가 합동 출자하여 구성된 회사로 운영하는 철도이다.

2. 적용사례

일본에서 지하철을 운영하는 교통기관은 국가, 시청, 사영업체가 공동으로 출자하여 구성된 제3섹터로 운영되고 있다.

3. 운영방안 및 발전방향

① 최근 일본 국철의 민영화 성공 등으로 경영형태가 개선되었으며, 비용 부담이 큰 시설은 제3섹터를 구성하여 공공적인 성격과 경영개선을 도모하는 경우가 많다.

② 우리나라 철도의 경우도 시설은 공적 기관인 한국철도시설공단에서, 운영은 철도공사(KORAIL)에서 출발하여 장래에는 공기업과 사기업이 공동으로 담당하는 제3섹터 방안 등을 고려할 수 있다.

07 AHP(Analytic Hierarchy Process)

1. 개요

① 분석적 계층화법(AHP)은 예비타당성조사 시 사업타당성평가에 필요한 정책적인 요소를 고려하기 위하여 사용한다. 경제적 분석의 단점을 보완하고 지역낙후도 및 추진의지 등을 고려하여 사업의 시행 여부를 분석하는 방법이다.

② AHP(Analytic Hierarch Process)는 의사결정의 전 과정을 여러 단계로 나눈 후 이를 단계별로 분석, 해결함으로써 최종적인 의사결정에 이르는 방법으로 계층분석과정 또는 계층분석방법이라고 불린다.

③ 의사결정자의 판단을 근거로 정량적인 요소와 정성적인 요소를 동시에 고려함으로써 의사결정문제의 해결을 위한 포괄적인 틀을 제공한다.

2. 분석절차

(1) AHP 기법의 절차

① 평가대상사업의 개념화(Conceptualizing)
② 평가기준 확정 및 계층구조 설정(Structuring)
③ 평가기준 가중치 측정(Weighting)
④ 대안 간 선호도 측정(Scoring)
⑤ 종합점수 산정(Synthesizing)
⑥ 환류과정(Feedback)
⑦ 종합판단 및 정책제언 도출(Concluding)

(2) AHP 분석항목

① 경제성분석(40~50%)

비용편익분석(B/C), 순편익 현재가치(NPV), 내부수익률(IRR) 등 정량적인 분석

② 지역균형발전분석(15~25%)

지역낙후도 및 지역경제 파급효과로 분석

③ 정책적 분석(30~40%)

㉠ 상위계획 등 정책의 일관성
㉡ 사업추진의지, 환경문제 등 사업위험요인
㉢ 해당 사업의 특수평가항목

(3) 최종 의사결정

① 참여연구진(PM, 수요/비용팀)과 KDI 공공투자관리센터 부서장 등 총 8인의 의견을 종합하여 최종적인 의사결정
② 최소 및 최대 점수를 부여한 평가자는 제외하고 6명의 점수를 평균하여 0.5 이상이면 사업 추진

3. 결론

① AHP는 예비타당성조사 시 경제성분석에는 포함되지 않으나, 사업타당성평가에 필요한 정책적 요소를 고려하기 위한 수단으로, 의사결정의 목적, 대안, 그 대안을 평가할

수 있는 기준 등을 계층의 형태로 만든 후 그 계층을 구성하고 있는 요소들 간 일대일
로 상대비교를 한다.

② 마지막으로 각 레벨에서 구한 요소들의 가중치를 상위레벨에서 하위레벨로 곱하여 의
사결정 대안의 최종가중치를 구한 후 이를 토대로 의사결정을 내리게 된다.

② SOC사업은 경제성만으로 사업추진 여부를 판단할 경우 낙후된 지역은 SOC를 신설
하는 것이 어렵게 되므로 이를 보완하기 위하여 도입된 것이 AHP 분석방식으로 철도
의 경우 일반적으로 0.5가 넘을 경우 사업을 추진하게 된다.

08 철도시스템의 5요소 ▶▶▶▶

1. 차량

① 승객 및 화물을 안전, 쾌적, 신속, 정확하게 목적지까지 수송하는 역할을 한다.

② **차량의 구분**

　　㉠ 에너지 종류에 따라 전기차, 디젤차

　　㉡ 운반 대상물에 따라 여객차, 화물차

　　㉢ 동력차량의 유무에 따라 동력차, 비동력차

　　㉣ 동력의 집중 여부에 따라 동력집중식, 동력분산식

2. 선로

궤도, 노반, 교량 등을 포함하는 개념으로 차량의 하중은 레일 → 침목 → 도상 → 노반
순으로 전달, 분산하며 부대설비와의 상호관련성까지 감안하여 최대한 경제성을 확보하
여야 한다.

3. 역설비

역사건물과 플랫폼으로 구성되며, 승객과 화물의 승하차, 하역작업 등을 위한 설비이다.

4. 에너지 공급 설비

① 전차선이 없는 경우 : 디젤기관차 및 디젤동차(경유를 연료로 사용)
② 전차선이 있는 경우 : 전기차 사용(발전소 → 변전소 → 전철변전소 → 전차선 → 차량)

5. 시스템 관리

위의 4가지 요소를 경제성과 함께 운용효율 및 안전성을 고려하여 종합관리하는 열차운행 정보체계시스템이다.

09 차장률(車長率)과 차중률(車重率)의 정의 ▶▶▶▶

1. 정의

(1) 차장률

① 차량 길이 14m를 1량으로 환산한 비율을 의미하며 소수점 이하 2자리에서 반올림하여 결정한다.
② 선로 유효장의 길이를 차장률로 표시하여 선로 내에 포용할 수 있는 차량의 숫자를 쉽게 파악할 수 있다.
③ 정거장 구내에서 유효장의 길이를 차장률로 표시하여 차량 유치 규모를 쉽게 파악할 수 있도록 한다.

(2) 차중률

① 차중률이란 열차 1량의 총중량(자체중량＋적재중량)을 표준중량(기관차 30ton, 객차 40ton, 화차 43.5ton)으로 나눈 환산량수를 말하며 소수 둘째 자리에서 반올림하여 표기한다.
② 표준중량의 종류
　ㄱ 기관차 : 30ton
　ㄴ 객차 : 40ton

ⓒ 화차 : 43.5ton

③ 견인정수법의 종류 중 환산량수법에 해당한다.

2. 차장률, 차중률의 예시

① 유효장 600m 선로의 경우 차장률로 표기하면 600/14＝42.9이다. 따라서 이 선로에 포용할 수 있는 차량의 숫자는 42대이다.

② 어떤 객화차의 견인중량이 2,170ton이라 하면 이때 화차의 견인정수(견인환산량수)는 2,170÷43.5＝49.9(량)이다.

철도운전

구분	목차	페이지
1	열차의 운전속도/표정속도	16
2	운전선도(Run Curve, Performance Curve)	17
3	운전선도 작성방법	20
4	열차다이어(Train Diagram)	21
5	최소운전시격	24
6	견인력	25
7	견인정수	26
8	열차의 저항(Car Resistance)	28
9	공주거리(Idle Running Distance)	31
10	제동거리	31
11	제동곡선	32
12	과주여유거리(Over Running Allowable Distance)	32

01 열차의 운전속도/표정속도 ▶▶▶▶

1. 평균속도(Average Speed)

① 열차의 운전거리를 정차시간을 고려하지 않고 실제 주행시간으로 나눈 속도이다.

② $평균속도(km/h) = \dfrac{열차운전거리}{주행시간(정차시간 미고려)}$

2. 표정속도(Scheduled Speed, Commercial Speed)

① 열차의 운전거리를 정차시간까지 포함한 운전시간으로 나눈 속도이다.

$표정속도(km/h) = \dfrac{열차운전거리}{주행시간 + 정차시간}$

16 • 철도기술사

② 표정속도를 향상하는 방법은 일반적으로 정차시분의 단축 또는 정차역 수를 줄이는 방법이 사용된다.

③ 통근열차와 같이 역간거리가 짧고 정차역의 수가 많은 경우 가속도, 감속도가 클수록 표정속도를 높일 수 있다.

3. 최고속도

차량과 선로조건에서 허용되는 최고속도이다.

4. 균형속도

기관차의 견인력과 열차저항이 균형을 이루어 열차가 등속운전을 할 때의 속도이다.

5. 제한속도

운전의 안전확보를 위해 여러 가지 조건에 따라 제한을 가한 속도이다.

6. 설계속도

철도시설물 및 장비의 설계기준이 되는 속도이다.

02 운전선도(Run Curve, Performance Curve) ▶▶▶▶

1. 정의

① 운전 시 동력차 및 운전조건을 고려하여 작성한 거리-속도곡선, 거리-시간곡선, 거리-온도상승곡선, 거리-동력소비량곡선 등 열차의 운전상태를 나타내는 선도를 말한다. 일반적으로 운전곡선과 같은 의미로 이용되고 있다.

② 운전선도는 종합적인 운전시분을 산출하여 역 간 운전시분을 설정하는 등 주로 열차 운전계획에 사용한다.

2. 필요성

(1) 열차운전계획 수립에 사용

① 신선건설 및 노선 개량

② 전철화

③ 차종변경

(2) 보조자료로 활용

① 동력차의 성능비교

② 견인정수 비교

③ 운전시격 검토

④ 신호기 위치 결정

⑤ 사고조사

⑥ 선로계획

3. 종류

(1) 거리기준 운전선도

① 일반적으로 사용하는 운전선도로 횡축을 거리, 종축을 시간, 속도, 에너지량 표기

② 열차의 위치가 명확하고 임의지점의 운전속도와 소요시간 산정 가능

ㄱ 거리시간곡선(시간곡선)

주행거리와 운전시분의 관계곡선으로 시간의 경과에 따른 열차위치를 나타낸다.

ㄴ 거리속도곡선(속도곡선) : 열차의 위치에서 속도를 나타낸다.

- 역행곡선 : 역행 시 속도곡선을 표시
- 타행곡선 : 타행 시 속도곡선을 표시
- 제동곡선 : 제동 중의 속도곡선을 표시

ㄷ 거리전력량곡선(전력량곡선)

주행거리에 따라 운전에 소요되는 전력량을 표시

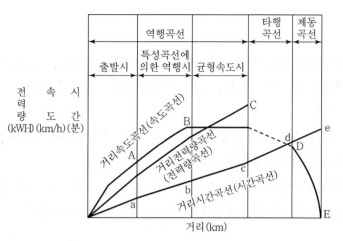

∥ 거리기준 운전선도 ∥

(2) 시간기준 운전선도

① 횡축을 시간, 종축을 거리, 속도, 에너지양을 표기하며 이용범위가 좁다.

② 열차의 속도나 에너지 소비량의 계산 시 사용

  ㉠ 시간거리곡선 : 운전시간과 열차 주행거리의 관계를 표시한 곡선

  ㉡ 시간속도곡선 : 운전시간과 속도와의 관계를 표시한 곡선

  ㉢ 시간전력량곡선 : 주행시간에 따라 운전에 소요되는 전력량을 표시한 곡선

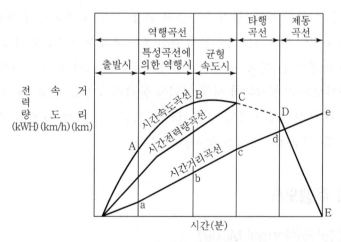

∥ 시간기준 운전선도 ∥

4. 결론

① 운전선도는 주로 열차운전계획에 사용하지만 이것으로 신선건설, 전철화, 동력차 차종변경, 선로보수 및 개량 시 종합적인 운전시분을 산출하여 역 간 운전시분을 설정하게 된다.

② 이론적 근거로 산정한 운전시분으로 시운전을 통하여 기준운전시분을 사정함으로써 원활한 열차운전계획을 수립할 수 있다.

③ 그밖에도 동력차의 성능비교, 견인정수의 검토, 운전시격의 검토, 신호기의 건식위치 결정, 사고조사, 선로개량계획 등의 중요한 자료가 된다.

03 운전선도 작성방법 ▶▶▶▶

1. 운전선도의 필요성

① 열차의 주행에 따라 열차의 운전상태, 즉 열차의 운전속도, 운전시분, 주행거리, 전력소비량 등의 상호 관계가 변화하는 상태를 도시한 것을 운전선도 또는 운전곡선(Run Curve)이라 한다.

② 새로운 선로의 개통, 동력차 차종의 변경, 선로의 개량 등이 행해졌을 때 역간 운전시분의 사정이 필요하므로 이론적 계산에 의하여 운전선도를 작성하고 이것을 시운전을 거쳐 확정한다. 이때 역간 최단 운전시분이 무리하지 않는 범위가 되도록 주의한다.

③ 운전선도는 운전시분의 사정 이외에 동력차의 성능 비교, 동력비 비교, 시간 곡선을 사용한 운전시격의 검토, 신호기의 건식위치의 결정, 동력차 조종방법의 검토, 사고조사 등 선로계획에 중요한 자료가 된다.

2. 열차의 주행모드

(1) 평상모드(Normal Mode)

자동열차 운전장치의 지령에 따라 일정조건에서 타행운전(무동력 운전)이 가능한 열차 주행모드를 말한다.

(2) 회복모드(Restoration Mode)

자동열차 제어장치(ATC)로부터 전송되는 지령속도를 기준으로 가능한 최고속도를 행하는 주행모드를 말한다.

3. 운전선도의 작성방법

① 열차의 운전 속도는 열차의 단위 중량당 가속력(ton당 가속력)에 의하여 변화하는 것이므로 운전선도를 작성하려면 ton당 가속력과 운전속도의 관계를 나타내는 가속력 곡선을 구하여 한다.

② 운전속도의 작도법에는 수작업으로서 이 가속력에서 직접 기하학적으로 작도하는 직접도법과 가속력곡선을 이용하여 기울기별 속도-거리곡선을 작성하고, 실제 선도의 기울기에 대응하여 그 부분을 투사하여 작도하는 간접화법 등 2가지가 있다.

③ 운전선도의 수작업 작도순서

　㉠ 거리 기준을 원칙으로 하여 열차를 질점으로 보아 작도한다.

　㉡ 동력차의 인장력과 열차저항에서 가속력곡선을 작성한다.

　㉢ 운전선도 용지에 위치, 역명, 선로기울기 및 곡선반경 등 속도제한 개소를 기입한다.

　㉣ 선로의 실제 기울기에 대응하는 기울기별 속도거리곡선의 해당 부분을 열차의 출발점에서 순차 투사하여 속도곡선을 작도해 간다.(간접화법에 의할 때)

　㉤ 제동 시의 속도곡선을 정지위치에 합치시켜 투사 작도한다.

　㉥ 이상의 방법으로 구한 속도곡선에서 시간정규(시간자)에 의하여 시간곡선을 작도하여 소요시분을 구한다.

04 열차다이어(Train Diagram) ▶▶▶▶

1. 정의

① 역과 역간 거리를 종축, 시간을 횡축으로 하고 열차이동을 사선으로 표시하여 열차가 시간적으로 이동한 궤적을 그래프로 표시한 도표를 열차다이어라 한다.

② 실제 열차이동에 따른 궤적은 곡선이나 보기 쉽도록 열차궤적선을 직선으로 표시한다.

③ 열차가 달리는 상황을 일목요연하게 알 수 있어 열차운전계획 수립 및 운전정리 취급 시 사용한다.

④ 열차다이어는 선로 용량과 밀접한 관계가 있고, 선로용량은 수송력 증강의 척도가 된다.

2. 종류

(1) 시간눈금에 따른 분류

① 1시간 눈금다이어 : 장기열차계획, 시각 개정의 구상, 승무원 운용에 사용

② 10분 눈금다이어 : 1시간 눈금다이어와 사용용도 비슷

③ 2분 눈금다이어 : 열차운영계획에 기본이 되는 다이어

④ 1분 눈금다이어 : 수도권 전철구간에 사용

(2) 호칭에 따른 분류

① 네트(Net) 다이어

　㉠ 완전한 망눈금으로 구성하여 열차를 설정

　㉡ 단선구간에서 활용

② 평행다이어

　㉠ 여객열차와 화물열차 운행 시 화물열차 대피에 따른 선로용량 손실을 방지할 때 활용

　㉡ 복선구간에서 여객열차나 화물열차의 운전속도를 동일속도로 하여 열차다이어상 열차선이 평행하도록 구성

　㉢ 복선구간의 선로용량을 최대한 활용하는 DIA이다.

③ 규격다이어

　㉠ 선로용량이 한계가 되는 선구에서 선로용량의 한계를 효율적으로 사용하기 위한 열차다이어이다.

　㉡ 열차다이어 설정 시 일정한 표준규격을 정해 놓은 후 이 표준규격을 근간으로 열차설정 및 운행을 한다.

ⓒ 즉, 특급열차는 20분 시격으로 1시간 중 2회 설정, 급행열차는 30분 시격으로 1시간에 2회 설정, 또는 급행열차 사이에 화물열차를 2회 설정 등 사전에 규격을 정해 놓고 이 규격에 맞추어 열차를 설정해 나가는 DIA를 말한다.

3. 용도

① 열차운행시간 제작 수단으로 사용한다.
② 재해, 열차지연 등에 있어서 전후의 열차관계나 대향열차의 상태를 아는 수단이다.
③ 다이어 책정작업은 기준운전시분, 열차 상호 간의 운행간격, 타 열차와의 경합, 평면 교차의 지장시분, 타 선구열차와의 접속, 선로·전차선 보수시간 확보 등을 종합적으로 검토하여 활용한다.

4. 열차다이어 결정조건

① 열차 상호 간에 지장이 없고 선로용량 범위 내이어야 한다.
② 수송수요에 적합하여야 한다.
③ 조그마한 열차지연에도 탄력성이 있어야 한다.
④ 설비조건에 적합하여야 한다.

5. 열차다이어 도표

① 그림 중 A, B는 역을 표시하고, Y는 주의신호, G는 진행신호, R은 정지신호를 표시한다.
② 즉, Y는 주의신호를 보고 운전을 개시한 경우, G는 진행신호를 보고 운전을 개시한 경우를 각각 표시한 것이다.
③ 실선 계획에 대하여 실제운전은 점선과 같이

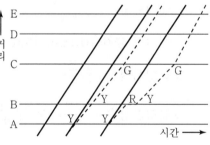

운전되므로 점선에 의한 운전이 되도록 열차다이어를 정해야 한다.

1. 개요

① 최소운전시격은 열차와 열차의 간격, 즉 어느 지점을 열차가 통과한 후에 다음 열차가 통과하기까지 안전을 확보할 수 있는 최소시간을 열차운전의 최소시격이라고 한다.

② 최소시격은 열차 상호간의 간격을 정한 것이며, 이것은 일반적으로 정거장 구내에서 발생하는 경우가 많다. 이는 선행열차와 후속열차가 교차되는 반복역 및 분기역 등의 교차지점에서 유용한 제어변수이다.

2. 운전시격 최소화 방안

① 운전시격을 최소화하기 위해서는 폐색구간의 길이, 열차길이, 가속도, 감속도 및 기울기 등 각종 요소들을 깊게 검토하여야 한다.

② 폐색구간의 길이는 제동성능, 열차길이 등에 의해 결정된다. 운전시격이 일정하여도 전후 열차의 거리간격은 운전속도에 의해 변화가 되며 속도가 높게 될수록 거리간격은 크게 된다.

3. 첨두시간의 운행시격 및 운행편성수

① 운행횟수 $= \dfrac{\text{첨두시 최대 승차인원}}{\text{승차정원} \times \text{승차율}}$

여기서 승차율(Riding Rate)이란 승차인원을 차량의 정원으로 나눈 100분율이다.

② 운행시격 $= \dfrac{60\text{분}}{\text{운행횟수}}$

③ 운행편성수 $= \dfrac{\text{왕복운전시간} + \text{양단반복시간}}{\text{운전시격}}$

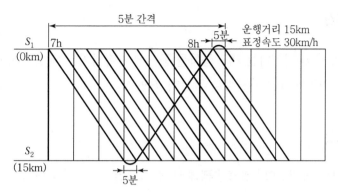

㉠ 왕복운전시간$(t) = \dfrac{거리}{속도} = \dfrac{15km \times 2}{30km/h} = \dfrac{30km}{30km/60분} = 60분$

㉡ 양단반복시간$(t) = 5분 \times 2회 = 10분$

㉢ 운전시격 $= \dfrac{60분}{12회} = 5분$

㉣ 운행편성 수 $= \dfrac{60분 + 10분}{5분} = 14편성$

06 견인력 ▶▶▶▶

1. 동력차의 견인력

① 동력차 주전동기의 전기자에서 발생하는 회전력이 차륜에 전달되어 차륜노면에 발휘되는 힘을 동력차의 견인력이라 한다.

② 지시견인력, 동륜주견인력, 유효견인력, 정격견인력 등이 있다.

2. 지시견인력

① 동력차의 구조에 따른 견인력

② 손실을 무시하고 동력전달장치 효율이 n = 1일 때의 견인력

3. 동륜주견인력

전동기 효율 n 외에 동력전달의 효율 n'를 고려하여 차륜 노면에 발휘되는 견인력

4. 유효견인력

① 동력차 자체 및 견인하는 객·화차를 동시에 가속시키는 데 유효하게 작용하는 견인력
② 동륜주견인력에서 주행저항을 감산한 견인력

5. 정격견인력

① 주전동기의 정격전압, 정격전류에 대한 지시견인력
② 출력 : 연속 또는 1시간 정격의 지시견인력으로 kW로 표시

07 견인정수 ▶▶▶▶

1. 정의

① 견인정수란 정해진 정상적인 운전속도로 견인할 수 있는 차량의 수를 말하며, 여기서 차량수는 실제로 연결하여 운행하는 현차 개수가 아닌 환산량수를 말한다.
② 견인정수는 운전속도와 밀접한 관계를 가지고 있으며 정해진 열차속도에 따라 동력차가 견인할 수 있는 차량의 중량을 환산량수로 표시한 것이다. 즉, 운전속도별로 기관차가 한 번에 끌 수 있는 최대 차량 수로서 차중률로 표시한다.

2. 견인정수법의 종류

(1) 실제량수법

① 현차 수로 견인정수를 정하는 가장 원시적인 방법이다.
② 차량의 종류와 크기가 여러 가지이므로 현재는 사용하지 않는다.

(2) 실제톤수법

① 객화차의 중량으로 견인정수를 정하는 방법이다.
② 열차저항이 반드시 열차중량에 비례하지 않을 뿐 아니라 실제 중량을 구하기가 곤란하고 취급이 복잡하다.

(3) 인장봉하중법

① 동력차의 인장봉 인장력과 객화차의 열차저항이 균형을 이루게 될 객화차 수를 견 인정수로 하는 방법이다.

② 먼저 각 차종별로 주행저항을 측정하여 표로 만든 다음 동력차의 인장봉 인장력과 열차저항이 균형을 이루게 될 때의 객화차 수를 연결하므로 이상적이긴 하나 취급 이 복잡하므로 실시가 곤란하다.

(4) 수정톤수법

① 객화차의 톤당 주행저항이 영차, 공차별로 상이하므로 수정하여 인장봉 인장력과 같은 열차저항이 되는 차량 수로 견인정수를 정하는 방법이다.

② 인장봉 하중법을 간소화하기 위해 마련된 방법이다.

(5) 환산량수법

① 차량의 환산량수에 의하여 견인정수를 구하는 방법이다.

② 열차 1량의 총 중량(자체중량＋적재중량)을 표준중량(기관차 30ton, 객차 40ton, 화차 43.5ton)으로 나눈 차중률에 의한 환산량수로서 견인정수를 표시하는 방법 이다.

③ KTX 기관차는 중량이 68ton(17ton×4)이므로 차중률로 환산하면 68/30=2.3 이 견인정수가 된다.

3. 차중률

① 차중률이란 열차1량의 총 중량(자체중량＋적재중량)을 표준중량(기관차 30ton, 객차 40ton, 화차 43.5ton)으로 나눈 환산량수를 말하며 소수점 둘째 자리에서 반올림하 여 표기한다.

② 견인정수법의 종류 중 환산량수법에 해당한다.

4. 인장봉 견인력

① 동력차가 객화차를 견인하고 주행하는 경우 동력차 후부 연결기에 나타나는 유효견인 력을 말하며 견인력 중 가장 작은 견인력이다.

② 즉, 동력차의 동륜주견인력에서 동력차 자체의 주행저항을 차인한 견인력을 말한다.

$$T_e = T_d - W \cdot R$$

여기서, T_e : 인장봉인장력(kg)

T_d : 동륜주견인력

W : 동력차중량(kg)

R : 동력차 주행저항(kg/ton)

5. 견인중량과 동력차 열차저항과의 관계

① 견인중량이란 동력차가 견인 운전할 때의 객화차 중량을 의미한다.

② $W = \dfrac{T}{r_g + r_c + r}$

여기서, W : 견인중량(kg)

T : 동력차의 인장봉인장력(kg)

r_g : 객화차의 기울기저항(kg/ton)

r_c : 객화차의 곡선저항(kg/ton)

r : 객화차의 주행저항(kg/ton)

08 열차의 저항(Car Resistance) ▶▶▶▶

1. 정의

열차가 주행할 때 열차의 주행을 방해하는 힘이 발생하는데, 이를 열차저항(Train Resistance)이라 한다.

2. 열차저항의 종류

(1) 출발저항(Starting Resistance)

① 열차가 평탄하고 직선인 선로를 출발하는 데 발생하는 저항을 출발저항이라 한다.

② 열차의 출발 시 저항이 큰 이유는 유막이 파괴되고 금속상호 간 마찰이 생기기 때문이다.

③ 초기속도가 클수록 출발저항은 크다.

④ 기관차 10kg/ton, 객화차, 전동차 8kg/ton

⑤ $R_s = W \cdot r_s$

여기서, R_s : 총 출발저항(kg)

r_s : 톤당 출발저항(kg/ton)

W : 중량(ton)

(2) 주행저항(Running Resistance or Railing Resistance)

① 열차가 주행할 때 그 진행방향과 반대로 작용하는 모든 저항을 말한다.

② 주행저항은 화차의 종류, 화차의 회차별, 선로상태와 기상조건 등에 의하여 일정치 않으며 실험에 의한 산출식은 다음과 같다.

$R_r = a + bv + cv^2$

여기서, R_r : 주행저항(kg)

v : 열차속도(km/h)

a, b, c : 상수

(3) 기울기 저항

① 기울기 구간을 주행 시 중력에 의해 발생하며 ton당 $i$kg으로 표시한다.

$R_g = W \cdot \sin\theta \simeq W \cdot \tan\theta$

$\tan\theta = i$이므로

$R_g = W \cdot i$

기울기 저항 $i(‰) = r_g = \dfrac{R_g}{W}$(kg/ton)

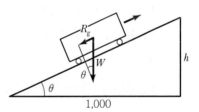

여기서, R_g : 총 기울기 저항(kg)

r_g : ton당 기울기 저항(kg/ton)

W : 중량(ton)

i : 기울기(‰)

② 거리로는 수평거리 1,000m에 대한 고저차를 취하며 이것을 천분율(‰)로 나타낸다.

(4) 곡선저항(Curve Resistance)

① 차량이 곡선구간을 주행 시 차륜과 레일 사이의 마찰이나 대차의 회전으로 차량의 주행을 방해하는 힘을 말한다.

② 곡선반경이 작을수록 저항치는 커진다.

③ 곡선저항은 다음 식으로 산출할 수 있다.

$$R_c = \frac{K}{R} \cdot W(\text{kg}) \qquad r_c = \frac{K}{R}(\text{kg/ton})$$

여기서, R_c : 총곡선저항값(kg)

r_c : 곡선저항값(HUND 또는 kg/톤)

R : 곡선반경(m)

K : 상수(700)

(5) 가속도저항

① 저항과 견인력이 일치하면 등속도운동이 되며 여기서 가속하려면 여분의 견인력이 필요하게 되는데, 이를 가속도저항이라 한다.

② 가속도저항은 열차를 가속시키기 위하여 필요한 힘(가속력)의 반작용으로 생긴다.

③ 동륜주견인력＝주행저항＋기울기저항＋곡선저항＋가속도저항이므로

가속도저항＝동륜주견인력－(주행저항＋기울기저항＋곡선저항)이 된다.

(6) 터널저항

터널 내 기압변동에 의한 공기저항을 터널저항이라 하며 터널의 단면형상, 크기, 길이, 열차속도 등에 따라 다르다. 500m 이상의 터널에서 환산 저항값을 일괄 적용한다.

$$R_t = \gamma_t \times \omega$$

(단선터널 : 2kg/ton, 복선터널 : 1kg/ton)

(7) 분기기 저항(Point Resistance)

분기기 저항은 분기기의 부대곡선에 기인하는 저항과 분기기의 구조상에 기인하는 저항과의 합계이나 후자에 의한 것은 극소하므로 일반적으로 이것을 무시하고 곡선저항만을 고려한다.

(8) 공기저항(Air Resistance)

열차가 달릴 때는 공기저항은 상당히 큰 영향을 주게 되므로 주행저항과는 분리하여 고려한다. 풍향이 열차의 전주방향에 대하여 순풍일 경우, 화차의 전주속도보다 풍속이 클 때에는 열차에 가속을 주게 된다.

$$R_p = \frac{KF}{G}(v \pm v_w)^2$$

여기서, R_p : 열차의 공기저항(kg/m)

G : 열차의 중량(ton)

K : 계수(0.06)

v : 열차의 속도(m/sec)

F : 열차전면의 면적(m²)

v_w : 풍속(m/sec)

09 공주거리(Idle Running Distance) ▶▶▶▶

① 사물을 눈으로 보고 뇌가 인식을 한 다음 다리에 명령을 내려 브레이크를 밟게 된다.
② 이와 같이 기관사가 제동변 핸들을 제동위치로 옮긴 시점부터 제동력이 75%가 작용할 때까지 열차가 주행한 거리를 공주거리라 한다.
③ 공주거리에 소요된 시간을 공주시간이라 한다.

10 제동거리 ▶▶▶▶

① 열차운전에서 브레이크를 밟으면서부터 열차의 속력으로 관성에 의해서 미끄러져 완전히 정차할 때까지의 거리를 말한다.
② 공주시간이 경과되고 난 후 실제로 유효한 제동력이 작용되어 열차가 정지하기까지의 거리를 실제동거리라 한다. 따라서 제동거리는 공주거리와 실제동거리와의 합이다.
③ 제동거리는 가능한 짧아야 하며 긴급한 상황에서는 빠르게 정차할 수 있는 것이 보안상 절대적이다.

④ 그러나 철도차량은 자동차에 비하여 차륜의 점착계수가 적어 제동거리가 수배로 길어지기 때문에 기존 선의 경우 제동거리는 시야의 한계 등으로부터 600m 이내로 하도록 규정되어 있다.

11 제동곡선 ▶▶▶▶

① 제동감속도별로 제동거리, 열차속도, 제동시간을 표시한 것이 제동곡선이다.
② 제동속도가 일정할 때 다음과 같은 관계식이 성립된다.

$$v = dt, \qquad S = \frac{1}{2}dt^2, \qquad v^2 = 2ds$$

여기서, t : 제동시간(브레이크가 작동되면서부터 소정의 감속도가 될 때까지의 시간)
d : 감속도(m/sec^2)
v : 제동속도(m/sec)
S : 제동거리(m)

12 과주여유거리(Over Running Allowable Distance) ▶▶▶▶

① 열차 또는 차량을 정차위치에 정지시키는데, 잘못으로 그 위치를 지나칠 경우를 예상하여 사고를 방지하기 위하여 설비한 구역의 거리를 과주여유거리라 한다.
② 열차가 도착선 혹은 착발선에 정차할 때에 소정의 정지위치에서 다소 벗어나는 일이 있으므로 열차정지 목표로부터 전방 150~200m의 진로를 확보한다.

03 신호

1. 개요

① 신호장치란 모양, 색, 음을 사용하여 열차 또는 차량의 운전조건을 기관사에게 지시하거나, 전달하는 장치로 신호, 전호, 표지로 구분된다.

② **신호** : 모양, 색, 음으로 열차에 대하여 운행조건을 지시

③ **전호** : 모양, 색, 음으로 관계직원과 관계직원 상호 간에 의사를 표시

④ **표지** : 모양, 색, 음으로 물체의 위치, 방향, 조건을 표시

2. 신호

(1) 상치신호기

일정한 장소에 항상 설치하고 있는 신호기로 주신호기, 종속신호기, 신호부속기로 구분됨

① 주신호기(Main Signal)

ㄱ 장내신호기(Home Signal)

정거장 진입 가부를 지시하는 신호기

ㄴ 출발신호기(Departure Signal)

정거장 진출의 가부를 지시하는 신호기

ㄷ 폐색신호기(Block Signal)

자동폐색구간 시단에 설치, 폐색구간 내로의 진입 가부를 지시함

ㄹ 유도신호기(Calling Signal)

장내신호기에 정지신호 현시가 있는 경우 유도받을 열차에 대하여 신호 현시

ㅁ 입환신호기(Shunting Signal)

정거장, 조차장, 차량기지 내에서의 입환을 지시

ㅂ 엄호신호기

방호를 요하는 지점의 진입 가 · 부를 지시하는 신호기

② **종속신호기(Sub Signal)**

ㄱ 원방신호기(Distant Signal)

장내 신호기에 종속하여 신호를 예고 현시

ㄴ 통과신호기(Passing Signal)

출발신호기에 종속하여 진입열차에 통과가능 여부를 현시

ㄷ 중계신호기(Repeating Signal)

장내, 출발, 폐색신호기에 종속, 주신호기 외부에 설치되어 주신호기의 현시 내용을 중계함

ㄹ 입환신호중계기

입환신호기에 종속하여 그 외방에서 주체 신호기의 신호 현시를 확인하기 곤란한 경우 설치하는 신호기

③ **신호부속기**

ㄱ 진로표시기(Route Indicator)

장내 출발, 입환신호기에 종속, 진로 개통방향을 표시함, 주신호기 직하에 설치함

ㄴ 진로예고기

장내 출발, 폐색신호기에 종속하여 다음 장내, 출발신호의 현시 예고

(2) 임시신호기

공사구간 또는 사고구간에 임시로 설치하는 신호기로서 서행예고신호기, 서행신호기, 서행해제신호기가 있음

① **서행예고신호기(Slow Warning Signal)**

서행신호기 외방에 설치되어 서행운전을 예고하는 신호기

② **서행신호기(Slow Signal)**

서행운전을 필요로 하는 구간에 설치. 이 구간을 통과하는 열차 또는 차량에게 서행운전을 지시하는 신호기

③ **서행해제신호기(Release Signal)**

서행운전구간이 끝났음을 열차 또는 차량에게 통고하는 신호기

(3) 수신호(Flag Signal)

① 신호보안 설비가 고장 시, 신호원이 깃발로서 열차운전을 지시하는 신호
② 야간에는 전호등을 사용함, 수신호대용기를 설치하여 현장에 가는 것을 생략할 수 있음

(4) 특수신호(Accident Signal)

사고 또는 특수한 경우, 신호기에 의하지 않고 발보(發報)하는 신호로서 발뇌신호, 발염신호, 발광신호, 발보신호가 있음

① 발뇌신호(Detonator)

레일에 화약을 설치하여 열차바퀴(Tire) 통과 시 폭음에 의한 열차정지

② 발염신호(Fusee Signal)

레일 연변에 설치하여 연기로서 열차를 정지시킴

③ 발광신호(Flashing Signal)

적색등을 명멸 또는 회전시켜서 열차를 정지시킴(건널목 같은 곳에서 사용)

④ 발보신호(Audilde Signal)

경보음 또는 열차무선에 의하여 열차를 정지시킴

3. 전호(Sign)

① 형, 색, 음을 사용하여 종사원 간의 의지를 표시하는 것
② 전호를 시행할 때 사람이 직접하지 않고 기구를 대신 사용할 수 있으며, 이때 사용하는 기구를 전호기라 한다.

4. 표지(Indicator)

① 형색을 사용하여 운전장소의 상태를 표시하는 것
② 열차표지, 폐색신호표지, 중계, 장내, 출발, 입환표지, 차량정지표지, 출발반응표지, 정차시간표지 등이 있음

> **참고정리**
>
> ✔ 신호
>   ① 상치신호기
>   ㉠ 주신호기 : 장내, 출발, 폐색, 유도, 입환, 엄호
>   ㉡ 종속신호기 : 원방, 중계, 통과, 입환 신호 중계기
>   ㉢ 신호부속기 : 진로표시기
>   ② 임시신호기 : 서행, 서행예고, 서행해제(공사 중에 사용)
>   ③ 수신호 : 대용수신호, 통과수신호, 임시수신호
>   ④ 특수신호 : 발뇌 · 발염 · 발광 · 발보신호

02 폐색구간, 폐색장치(Block System) ▶▶▶▶

1. 개요

① 열차의 충돌 또는 추돌을 방지하기 위해 1개 이상의 열차가 동시에 진입할 수 없도록 일정한 거리로 분할한 선로구간을 폐색구간이라 한다.
② 자동구간에서는 신호기 취급소 간, 비자동구간에서는 출발신호기와 인접역 장내신호기간의 구간을 말한다.
③ 폐색구간에서 폐색신호 방식을 실현하기 위한 모든 신호제어기기를 폐색장치라 한다.
④ 폐색기란 폐색구간의 열차운전 조건을 지시하기 위해 설치하는 장치로서 폐색구간의 시발점에 설치한다.

2. 폐색구간 운행방법

(1) 공간간격법(Space Interval Block System)

열차와 열차와의 사이에 일정한 거리(공간)를 두고 운전하는 방법으로 열차는 일정한 구역을 점유하고 그 구역을 자유로이 운전할 수가 있으므로 시간간격법에 비하여 보안도가 높다.

(2) 시간간격법(Time Interval Block System)

일정 시간간격을 두고 열차를 운전하는 방법으로 열차가 예정된 시간에 다음 역에 도착하지 않을 경우, 즉 열차가 도중 정차할 경우에도 일정시간이 경과하면 후속열차가 출발하므로 보안도가 낮다. 따라서 열차속도가 낮고 편성이 짧은 열차가 운행되는 선구에서만 사용된다.

3. 폐색방식의 종류

(1) 자동폐색장치

① 거의 대부분 복선구간 및 단선구간의 일부에 이용되는 폐색장치이다.
② 궤도회로에 의해 각 폐색구간 내에 열차가 있는지 유무를 자동적으로 검지해서 폐색을 수행한다.
③ 자동신호기의 동작은 정지 R, 주의 Y, 진행 G의 3현시 조합으로 이루어진다.
④ 제동거리가 허용하는 범위 내에서 폐색구간을 세분하면 열차운전 간격을 단축할 수 있다.

(2) 특수자동폐색장치

① 단선구간에 사용되는 폐색장치이다.
② 역간을 1폐색구간이라고 하지만 거기에는 연속된 궤도회로를 설치하지 않는다.
③ 그 대신 역구내를 연속궤도회로로서 자동폐색에 준하는 구성으로 하고, 양단역의 출발신호기부근에 2종류의 짧은 검지궤도회로를 설치해서 열차의 진입 · 진출을 검지한다.
④ 역무원이 한쪽의 출발신호기를 진행으로 조작해서 폐색구간 내 열차가 진입하면 그 출발신호기는 자동적으로 정지현시로 바뀌어, 그 열차가 상대역에 진입하기까지 다음 조작은 할 수 없도록 되어 있다.

(3) 전자폐색장치

① 기본적으로 특수자동폐색장치와 같지만 역무원이 출발신호기를 진행으로 조작하는 대신에 열차의 승무원이 무선차 탑재기의 출발 버튼을 누른다.
② 방향전환 취급에 해당하는 역간의 연동은 이 무선에 의해 제어되는 전송케이블로 이루어진다.

(4) 수동폐색장치

① **상용 폐색장치** : 일상적으로 사용하는 방식

　　㉠ 단선 : 통표폐색방식

　　㉡ 복선 : 쌍신폐색방식

② **대용폐색방식** : 신호기 고장으로 상용폐색방식을 사용할 수 없을 때에 일시적으로 사용하는 폐색방식

　　㉠ 단선 : 지도통신식

　　㉡ 복선 : 통신식

03 이동폐색장치(CBTC/MBS) ▶▶▶▶

1. 정의

① 폐색장치란 열차의 안전운행을 확보하기 위하여 열차 간의 일정한 시간과 거리를 유지하는 장치로 폐색장치의 방법으로는 공간간격법과 시간간격법이 있으며 일반적으로 공간간격법이 사용되고 있다.

② 폐색구간을 고정 운영하는 방법을 고정폐색방식, 이동 운영하는 방식을 이동폐색방식이라 한다.

③ 이동폐색방식은 지상에서 수신되는 열차의 운행속도, 신호에 따라 폐색구간을 변화시키는 방식으로 CBTC(Communication Based Train Control)나 신분당선에서 사용하는 MBS(Moving Block System) 등이 있다.

④ 즉, 선행열차와 후속열차의 열차간격을 폐색길이에 의존하지 않고 후속열차의 제동특성에 의해 열차의 간격을 유지하는 방식이다. 이는 궤도를 점유한 열차의 특성에 의해 폐색구간의 길이가 변하는 방식이다.

2. 특성

① 열차의 위치를 감지하여 무선으로 전달, 열차간격과 위치를 파악 제어하는 방법이며, 신뢰성 측면에서 종래의 ATC와 더불어 사용한다.

② 열차운행의 고밀도, 고속화가 가능하여 운전시간 및 운전시격이 단축된다.

3. 고정폐색과 이동폐색의 비교

구분	고정폐색	이동폐색
개요	• 선로를 일정 간격으로 분할하여 궤도회로를 구성, 궤도회로에서 운행열차를 감지하고 운행속도 코드 부여 • 궤도회로와 연동되어 자동신호에 의한 열차제어 • 폐색구간 내 1개 열차만 진입 허용	• 지상선로 설비로부터 전송된 정보를 이용, 후속열차가 선행열차를 항시 검지하여 안전거리를 유지하면서 운행 • 최적안전거리에 의한 열차운행으로 열차 간 간격 최소화로 고밀도 운전 가능
특징	• 검증된 신호방식이며, 국내 기술 축적으로 설비 및 유지관리비가 저렴 • 열차운전시격 단축에 한계	• 열차운행시격 단축으로 운행횟수 증대 • 수송수요 증가에도 유연한 대처 가능 • 보수기술의 고도화로 전문성이 요구
사업비	• 건설비 : 일반화된 기술로 저렴 • 운영비 : 국산화로 유지보수비용 저렴	• 건설비 : 외국기술 도입으로 비용 증가 • 운영비 : 유지보수비용 고가

04 연동폐색방식 ▶▶▶▶

1. 개요

연동폐색방식은 역 간을 한 폐색으로 하고 폐색구간의 양 끝에 폐색 취급버튼을 설치하여 이를 신호기와 연동시켜 신호현시와 폐색의 이중취급을 단일화한 방식이다.

2. 연동폐색방식 구성

연동폐색방식은 폐색구간의 양 끝 정거장에 상호 상대하는 연동폐색기 및 전화기를 설치하여 출발폐색, 개통수속을 통하여 신호현시와 폐색이 연동하여 이루어지도록 한다.

3. 연동폐색방식 구비조건

① 폐색계전기는 쌍방이 정당한 폐색 수속을 하기 전에는 동작되지 않아야 하며, 적합하였을 경우에는 즉시 폐색표시회로가 구성되어야 한다.
② 출발신호기의 진행을 지시하는 신호에 의해 출발한 열차가 인접정거장에 완전히 진입하지 않았을 경우에는 개통수속이 되지 않아야 한다.

③ 상대가 되는 폐색취급버튼 상호 쇄정되어야 한다.

④ 폐색장치와 출발신호기 간은 상호 쇄정되어야 한다.

⑤ 폐색구간 내 관계 궤도회로가 단락되었을 경우 폐색수속이 되지 않아야 한다.

05 대용폐색방식 ▶▶▶▶

1. 개요

① 신호기 고장으로 인하여 상용폐색방식을 사용할 수 없을 때에 일시적으로 사용하는 폐색방식이 대용폐색방식이다.

② 복선에서는 통신식, 지령식, 단선에서는 지도식, 지도 통신식을 사용하여 일시적으로 열차를 운행한다.

2. 종류

(1) 통신식

복선구간에서 자동폐색 사용이 불가능할 때 전화 또는 전신에 의하여 양단정거장 간에 폐색을 하는 방식이다.

(2) 지도 통신식

단선구간에서 상용폐색방식을 시행할 수 없을 때 사용하는 방식으로, 지도완장과 지도원을 양단의 정거장에 준비하여 전화 또는 전신에 의하여 폐색을 하고 완장을 착용한 1명의 지도자가 표권폐색식의 통표 대신에 동승하여 열차를 운전한다.

1. 개요

① 열차의 밀도가 높아짐에 따라 중대사고가 발생할 우려가 커지고 있다. 따라서 이를 방지하기 위해 지상과 차상 간을 일관시킨 제어루프와 열차의 자동제어가 필요하게 되었다.

② 현재 시행되고 있는 자동제어시스템은 열차간격제어시스템, 운전제어시스템, 운행관리시스템으로 나눌 수 있으며 원활한 운영을 위하여 집중으로 제어하는 방식을 택하고 있다.

2. 열차집중제어장치(CTC ; Centraliged Traffic Control)

(1) 정의

① CTC란 한 지점에서 광범위한 구간의 많은 신호설비(신호기나 전철기)를 원격제어 하여 운전 중인 각 열차의 운전취급을 열차무선 등으로 직접 지령하는 시스템이다.

② 각 역에 산재해 있는 신호기 및 전철기, 그 밖의 신호설비를 한 사령실(CTC)에서 지령자가 직접 원격제어하면서 신호기의 현시 여부, 전철기의 개통방향, 열차의 진행상태, 열차의 점유위치 등 표시반을 통하여 일괄 감시하게 된다.

③ 열차의 운행변동규정 이외의 운전처리에 즉시 대처하여 열차 지령을 할 수 있는 근대화된 신호방식이다.

(2) CTC의 효과

CTC의 광범위한 구역에 산재해 있는 신호보안장치를 한곳에서 통제할 수 있어 사고의 방지와 선로용량을 효과적으로 이용할 수 있다.

① 운영비, 인건비 등의 경비절감

② 평균속도의 향상

③ 보안도의 향상

④ 선로용량증대

3. 신철도 제어장치 : ARC, PRC, RC, TTC, COMTRAC

(1) 자동진로설정(제어)장치(ARC ; Automatic Route Control)

열차가 제어구간에 진입하면 신호기 전철기 등이 자동적으로 제어하는 장치로 연동 장치에 추가로 부설하여 사용한다.

(2) 프로그램 진로제어장치(PRC ; Program Route Control)

① 자동진로제어장치의 일종으로 Computer에 미리 정해 놓은 Dia를 따라 각 열차에 각 역의 진출입 진로, 착발시각, 대피유무 등 필요한 조건을 Programing하고 이것과 CTC 중앙장치를 연결하여 열차의 진로를 소정의 패턴에 따라 자동적으로 설정하는 장치이다.

② 이 System은 ARC와는 달리 복잡한 운전조건의 선구에서도 대응이 가능하다.

(3) 원격제어장치(RC ; Remote Control System)

인접 정차장의 신호기 및 전철기 등을 원격 제어하는 System

(4) 열차운행 종합제어장치(TTC ; Total Traffic Control System)

① 열차운행 상태를 원활히 유지하기 위해서는 역을 통하지 않고 열차의 운행상태를 직접 파악하여 정확한 정보의 입수와 지령을 전달하고, 신호기 전철기 등을 중앙으로부터 제어한다.

② 중앙제어실에서 열차 착발시각의 기록, 출발지령신호, 행선안내표시, 안내방송 등의 자동화를 실행한다.

③ TTC＝CTC＋Computer＋Software

(5) 콤트랙(Comtrac ; Computer－aided Traffic Control)

① 종래에 주로 인력에만 의존하던 CTC 사령업무를 컴퓨터를 이용하여 열차의 종합 운전관리를 하는 System을 말한다.

② 기능
  ㉠ 중앙연산장치
  ㉡ 운전실시계획의 작성기능

ⓒ 차량배차기능

ⓓ 지령의 전달

ⓔ 열차진로 제어기능

ⓕ 정보전달 및 수집역할

ⓖ 통계자료 작성 및 Data 처리기능

(6) 역무 자동화(AFC ; Automatic Fare Collection System)

① 승객에게 요금을 징수하고 이를 정산하여 통제하는 일들을 자동화기기를 사용하여 처리하는 설비가 역무 자동화 설비이다.

② 역무자동화 설비는 이용승객의 편의와 효율적인 운임징수 측면에서 검토되어야 하며 기본방향은 승객의 편의 도모, 역무설비의 자동화 구현, 장래의 확장에 대비한 System 등이다.

③ 설비의 구성 및 기능

ⓐ 자동 발매기

ⓑ 자동 발권기

ⓒ 자동 폐. 집표기

ⓓ 자동 정산기

ⓔ 전산 시스템 등이 있다.

07 TTC(Total Traffic Control) ▶▶▶▶

1. 개요

① 열차운행상태를 원활히 유지하기 위해서는 신속, 정확한 정보의 입수와 지령의 전달이 필요하다. 따라서 역을 통하지 않고 열차의 운행상태를 직접 파악하여 신호기 전철기 등을 중앙으로부터 제어하는 것을 TTC(Total Traffic Control System)라 한다.

② 열차운행종합제어장치(TTC ; Total Traffic Control System)는 운전사령장치로서 원격제어장치를 통하여 운전사령(관제사)이 일정한 구간의 열차운행 상황을 직접 확인하고 신호기를 직접 제어하여 기관사에게 운전조건을 지시하는 방식이다.

③ TTC 장치는 일종의 원격제어장치로서 열차집중제어장치(CTC ; Centralized Traffic Control System)에 컴퓨터(Computer)장치를 부가하고, 열차시각표(Diagram)를 프로그래밍하여, 열차의 운전취급 업무를 완전자동화한 것이다. 즉, TTC＝CTC장치＋Computer System＋Software이다.

2. TTC의 기능

① 필요한 열차 Diagram을 작성한다.
② 열차의 진로를 제어한다.
③ 열차의 Diagram을 변경한다.
④ 열차 Diagram 안내정보 및 역의 상태를 모니터한다.
⑤ 운전계통을 감시한다.
⑥ 운행열차를 추적해서 LDP(Large Display Panel)에 표시하고 모니터한다.
⑦ 각종 고장 정보를 모니터한다.

3. TTC의 운용방식

TTC의 운용방식은 TTC 방식과 CTC 방식, Local 방식으로 운용된다.

① TTC 방식

열차의 운전제어 및 감시, 운행관리가 2중의 설비로 구성된 TTC 컴퓨터의 계획된 프로그램에 의하여 수행하는 방식이다.

② CTC 방식

TTC 방식을 사용할 수 없을 때 단순히 중앙에서 집중제어 및 표시만 가능한 것으로 Base시스템에 의하여 유지된다. 이 방식은 제어반 키보드에 의한 제어와 대형표시반에 의한 열차점유상황 등을 감시한다.

③ Local 방식

이 방식은 사령실과 현장이 분리된 것으로 현장의 역제어반(LCP ; Local Control Panel)에 의해 단독 제어하는 방식이다.

08 열차자동제어 ▶▶▶▶

1. 정의

열차기관사의 신호무시, 오인 및 잘못된 조작을 방지하기 위하여 자동적으로 기관사에게 경보하여 주의를 촉구함과 동시에 제동을 걸어 열차를 정지 또는 감속시키는 장치를 열차 자동제어장치라 한다.

2. 종류

① 차내경보장치(Cab warning)

요주의 또는 위험구역에 열차가 접근할 때 기관사에게 부저(Buzzer) 등으로 알려주는 장치

② 자동열차정지장치(ATS ; Automatic Train Stop)

위험구역에 열차가 접근하면 경보를 울려주고 그 구역에 진입하는 열차를 자동적으로 비상 제동이 걸리게 하여 정지시키는 장치로 일반철도에서는 ATS-S형이 사용되고 있다.

③ 자동열차제어장치(ATC ; Automatic Train Control)

열차속도를 제한하는 구역에 있어서 제한속도 이상으로 운영하게 되면 자동적으로 제동을 걸어 감속시켜 열차속도를 제어하는 장치

④ 자동열차운행장치(ATO ; Automatic Train Operation)

열차가 정거장을 발차하여 다음 정거장에 정차할 때까지 가속, 감속 및 정차장에 도착할 때 정 위치에 정차하는 일을 자동적으로 수행하는 장치

⑤ 자동열차감시(ATS ; Automatic Train Supervision)

모든 열차의 배차, 노선지정 및 동일 상황을 확인하며, 열차운행 지시를 적절히 제어하여 전체시스템의 상황을 감시하는 기능

⑥ 자동열차보호(방호)(ATP ; Automatic Train Protection)

ⓐ 열차의 안전 운행을 도와주는 설비로 열차가 안전거리를 유지하고 알맞은 속도에 도달하도록 열차를 제어한다.

ⓛ 둘 또는 그 이상의 열차가 궤도 진입을 요구했을 때 이 시스템은 한 번에 하나의 열차를 차례대로 궤도에 진입하도록 허락하고 다른 열차에 대해서는 운행을 허락하지 않는다.

ⓒ 그밖에 열차검지 및 자동속도 명령 등 세부기능을 가지고 있다.

09 연동장치 ▶▶▶▶

1. 정의

정거장 구내에서 열차의 운행과 차량의 입환을 안전하고 신속하게 하기 위하여 신호장치, 전철장치, 폐색장치 등을 전기적, 기계적 또는 Software적으로 상호 연동하여 동작하도록 한 장치를 연동장치라 한다.

2. 제1종 연동장치

신호기, 전철기 상호 간의 연쇄를 신호취급소에 설치되어 있는 제1종 연동기에 의해서 동시에 조작하는 장치

3. 제2종 연동장치

신호기 취급은 신호취급소에서, 전철기 취급은 현장에서 수동 전환하는 장치

10 연동도표 ▶▶▶▶

1. 개요

정거장 구내의 열차운전이 안전하게 이루어지도록 여러 가지 방법의 연쇄가 연동장치에 의해 이루어지고 있는데, 이러한 연동장치가 어떤 내용인지를 일목요연하게 알 수 있도록 도표로 표시한 것이 연동도표다.

2. 기능

① 연동도표는 신호보안설비의 기초자료로서, 신호보안장치를 설계할 때와 연동장치가 완성된 다음의 보수를 위해 반드시 필요한 것이다.

② 열차를 안전하게 운행하기 위한 기본조건은 진로가 완전히 구성되어야 하며 진로상에는 열차 또는 차량이 없어야 한다.

11 선로전환기

1. 정의

① 선로전환기란 하나의 선로에서 다른 선로로 분기하기 위해 설치된 신호장치로서 분기기의 방향을 변환시키는 장치를 말하며, 일명 전철기 또는 포인트라고도 한다.

② 즉, 선로의 분기점에는 진로를 바꾸기 위하여 좌우로 움직일 수 있는 첨단선로가 있는데, 그 선로를 조정하기 위해 만든 장치가 전철기이다.

2. 선로전환기의 종류

한국의 철도에서 쓰이고 있는 선로전환기(전철기)의 형식에는 수동식, 기계식, 스프링식의 3가지가 있다.

(1) 수동식 선로전환기

① 가동하는 첨단선로와 연결된 손잡이가 있어 그것을 손으로 돌리는 형태로서, 표지전철기와 추병전철기가 있으며, 현재 한국철도에서는 표지식 및 기계식 전철기를 주로 사용하고 있다.

② 표지전철기는 둥근 군청색 원판과 화살의 후미(後尾) 모습을 한 등황색 판의 합성으로 된 표지가 달린 직립식 대(臺)에 손잡이가 달려 있어 좌우 90° 회전시켜 첨단선로를 이동시킨다.

③ 추병전철기는 둥근 쇳덩이의 추를 단 손잡이를 지면에서 수직으로 180° 회전시켜 첨단선로를 이동시킨다.

④ 표지전철기는 쇄정할 수 있는 장치가 되어 있어 안전도가 높으나, 추병전철기는 그 렇지 못하여 주요한 선로에는 사용할 수 없고 한가한 측선에만 사용한다.

(2) 기계식 선로전환기

① 전동기나 압축공기의 작용에 의하여 움직이는 현대식 전철기로, 배선이 복잡한 역구내 및 자동폐색 구간의 역 등에 설치되어 한 장소에서 일괄적으로 조작한다.
② 능률적이며 안전도가 높아 요즈음 철도는 점차 기계식 전철기로 대체되고 있다.

(3) 스프링식 선로전환기

① 표지전철기의 변형이다. 강력한 스프링 작용으로 첨단선로가 일정한 방향으로 항 상 개통되어 있어 개통되어 있지 않은 선로에서 차량이 통과하려면 차륜이 첨단선 로를 빠지면서 통과하게 되며, 통과한 다음은 다시 원래의 상대로 복귀된다.
② 그러므로 열차나 차량의 방향이 자동적으로 바뀐다. 이 장치는 종착역 등에서 용 도가 단순한 선로에만 쓰이는데, 별로 보급되어 있지 않다.

3. 유의사항

① 선로전환기 부분은 두 선로의 갈림점이기 때문에 열차나 차량이 안전하게 이동되기 위해서는 전철기의 성능이 완벽하고 구조가 견고하여야 한다.
② 무거운 차량이 이동할 때 생기는 충격으로 어느 부분에 이완이 생기거나 그 취급상의 잘못이 있으면 열차의 탈선 또는 전복의 위험을 가져온다.
③ 따라서 철도에서는 취급자로 하여금 상당한 주의를 할 것과 그 기능상태를 수시로 점 검할 것을 의무화하고 있다.

12 궤도회로(Track Circuit)

1. 역할

① 궤도회로는 일정구간 내에서 열차 또는 차량이 진입하게 되면 차량의 차축에 의해서 양쪽 Rail이 단락 또는 개방되어 궤도에 흐르는 전류 및 주파수의 변화작용으로 열차의 유무검지를 자동적으로 시행한다.

② 레일을 이용하여 회로를 구성하며 신호기, 전철기 등의 신호보안장치를 직·간접적으로 제어한다.

2. 작동원리

일반적으로 1폐색 구간마다 설치되며 구간의 경계에 있는 레일은 절연되고(경부고속철도는 무절연) 구간의 중간의 이음매부는 레일 본드로 접속되어 전류가 흐르도록 하며 궤도 릴레이에 의해 열차의 유무를 감지한다.

3. 종류

① 폐전로식
② 개전로식

4. 궤도회로의 구성설비

① 레일본드(Bond)
② 레일 절연(궤간절연, 레일 이음매 절연)
③ 점프선(Jumper선)
④ 분기기 내의 스파이럴 본드(Spiral Bond)
⑤ 임피던스 본드

13 궤도회로의 사구간(Dead Section) ▶▶▶▶

1. 정의

① 궤도회로를 구성하는 궤도의 일부분에 열차가 점유하여도 궤도계전기가 동작되지 않는 구간을 궤도회로의 사구간이라 한다.

② 궤도회로를 구성하는 좌우 레일상에 차량의 차축이 놓이더라도 궤도회로가 단락되지 아니하는 구간으로 드와프거더 등이 있어 궤도회로를 연속할 수 없는 경우에 사구간을 두게 된다.

2. 적용범위

① 사구간 길이는 7m를 넘지 않아야 한다.

② 사구간의 길이가 1.21m 이상의 경우는 사구간 상호 간 또는 다른 궤도회로와는 15m 이상 격리시켜야 한다.

14 전식(Electrolytic Corrosion) ▶▶▶▶

1. 개요

① 전기철도에서 급전선을 통하여 차량에 공급되는 전류는 레일을 통하여 변전소로 귀류된다. 그러나 레일은 대지와 완전히 절연되는 것이 곤란하므로 그 일부가 대지로 누전되면서 철 이온을 동시에 유출시켜 레일 및 철 구조물을 부식시키는 것을 전식이라 한다.

② 교류급전방식에서는 일어나지 않으며 직류급전방식에서 발생된다.

③ 전식발생 개소는 전식 생성물이 생겨 전기의 흐름이 좋아진다.

④ 일반적으로 1일 평균 전압차가 +5V를 초과하면 전식의 문제가 된다.

2. 전식의 주 발생개소

① 레일로부터 전류가 유출되는 개소
② 레일전압이 높고 레일의 누설저항이 낮은 개소, 일반적으로 변전소가 먼 구간
③ 다습한 장대레일 구간

3. 전식의 특징

① 부식량은 흐르는 전기량에 비례

② 전식은 국부적
　　㉠ 국부적으로 침목 또는 타이플레이트와 닿는 부분
　　㉡ 스파이크와 닿는 부분
　　㉢ 자갈이 닿는 부분
　　㉣ 탄성체결 개소에서 패드가 빠진 부분

③ 전식 생성물을 발생

4. 방지방법

(1) 레일의 대지전압을 저하하는 방법

① 변전소에 가까우면 레일의 대지전압은 그 거리에 제곱에 비례적으로 저하되므로 변전소 간 거리를 가능한 한 가깝게 한다.
② 레일 중량을 중량화로 전기저항을 낮추어 누설전류를 경감시킨다. 일반적으로 50kg 레일에서 60kg 레일로 변경 시 20% 전기저항을 낮춘다.

(2) 누설저항을 크게하는 방법

① 누설저항을 지배하는 요인인 침목, 도상, 터널 내 오염, 누수상태 등의 관리 철저
② 누수를 방지하고, 배수를 원활하게 하면 전식방지에 유리
③ 도상을 물로 깨끗이 청소

(3) 절연제 사용

레일과 침목 사이에 절연물을 삽입하여 전기누전을 차단

(4) 강재 배류기 설치방법

도상 내에 폐 레일을 매설하고 본선 레일과의 사이에 전원을 넣어 매설레일을 (+)로, 본선레일을(−)로 하여 전류를 흐르게 함으로써 본선레일의 전식을 방지

(5) 누설 전류 차단방법

레일 하단부에 접지망을 구성하여 누설전류를 포집, 변전소의 부모선에 누설전류를 배류시킴으로써 보호대상 지하 시설물에 누설전류의 도달을 방지

(6) 지하 금속제 보호방법

코팅 또는 막설치, 콘크리트 구조물의 저항 강화

15 가공선방식과 제3궤조방식 ▶▶▶▶

1. 정의

(1) 가공선방식

궤도면상의 일정한 높이에 가선한 전선에 전력을 공급하고 전기차는 Pantagraph로 집전하여 궤도를 귀선으로 하는 가공단선식과 전원의 양단을 2개의 가공 전차선에 접촉하는 가공복선식이 있으며 우리나라에서는 가공단선식을 표준으로 하고 있다.

(2) 제3궤조(레일)방식

열차주행용 궤도와 별개의 도전용 레일을 부설하여 전기차가 집전하는 방식으로 저전압의 산악협궤나 지하철에서 사용되고 있다.

구분	가공선식	제3궤조식
전기방식	직류 1,500V	직류 600V, 750V
집전방식	공중에 가설된 전차선으로부터 차량상부의 Pantagraph로 집전	차량이 주행하는 선로측방에 제2의 레일을 부설 차량 하부의 Collector shoe로 집전
최고 운전 속도	80km/h 이상	70km/h 이상
변전소간격(평균)	3~4km	1.5~2km
전압강하	적다.	크다.
지상부의 미관	노선 상부가 비교적 복잡	노선 상부 미관 양호
구조면적	크다.	적다.
설비관리 집전설비	마모 시 교환	교환 필요 없음
설비관리 궤도, 신호, 통신	열차운행시간에도 점검 가능	열차운행 종료 후 단전 시 점검 가능
차량	전기기기의 소형, 경량대차구조 간단	전기기기의 대형화 및 중량 증가, 승차감 저하 대차구조상 제한
안전성 인체감전	감전위험 없음	감전위험 있음
안전성 비상시 여객대피	선로 연변에 대피 가능	변전소에서 전원 차단 후 대피 가능
안전성 차량화재 위험	전기 화재 위험 없음	전기 화재 위험 있음

16 구분장치 ▶▶▶▶

1. 정의

사고 시 또는 보수작업 시 전차선을 국부적으로 구분해서 정전시키기 위한 정전장치를 구분장치라 하며 전기적 구분장치와 기계적 구분장치로 구분할 수 있다.

2. 전기적 구분장치

(1) 에어섹션

① 보조구분소 앞 및 BT설치장소에 에어섹션을 설치한다.

② 평행부분에서 합성전차선 상호 이격거리는 300mm를 원칙으로 하며 부득이한 경우는 250mm까지 단축하여 설치할 수 있다.

③ 속도특성이 우수하다.

(2) 애자형 섹션(섹션 인슈레이터)

① 절연재로 애자를 이용한 현수애자, 장간애자 및 세라믹 등을 이용한 수지형 섹션이 있다.

② 현수애자재의 경우 구조가 복잡하며 중량이 무겁고 팬터그래프의 이선을 일으켜 고속에는 적합하지 않아 교류구간의 역구내 등에 사용되고 있다.

(3) 사구간(Dead Section)

① 전차선로에서 전기방식이 다른 교류와 직류가 서로 만나는 부분이나 교류방식에서 공급되는 전기가 서로 상이하게 다를 경우(M상, T상) 일정한 길이만큼 전기가 통하지 않도록 하는 장치를 말한다.

　㉠ 변전소와 구분소 및 직·교류의 접속개소에 설치

　㉡ 서로 다른 전기를 구분하기 위하여 설치

② 사구간 장치 설치는 열차가 동력공급이 없이 타력으로 운행 가능토록 평탄지, 5‰ 이하 하기울기, 직선 또는 곡선반경 800m 이상 구간이 이상적이다.

3. 기계적 구분장치

① 전차선의 길이는 장력조정, 시공방법상의 제한 등으로 보통 1,600m가 한계이다.

② 따라서 전차선의 장력조정 및 전선의 길이 등과 관련하여 기계적으로는 분리되나 전기적으로는 완전 접속되도록 설치하는 것을 기계적 구분장치라 한다.

③ 기계적 구분장치의 종류

　㉠ Air Joint : 합성전차선, 평형설비구분

　㉡ T-bar 조인트/R-bar 신축장치 : 강체전차선, 평형설비구분

　㉢ 비상용 섹션(Emergency Section) : 사고 시 긴급구분용

17 임피던스 본드(Impedance Bond) ▶▶▶▶

① 전철구간에서는 전차선 신호전류와 귀선전류가 동일한 레일을 통하여 흐르게 된다.
② 신호전류는 한 구간의 궤도회로에서만 흘러야 하고, 전차선 귀선전류는 연속 궤도회로를 통과하여 인근 변전소까지 연결되어야 한다.
③ 이를 위하여 궤도회로 경계 지점에는 신호전류는 차단시키고, 전차선 전류는 통과시키는 장치가 필요한데, 이것을 임피던스 본드라 하며 일종의 변압기이다.

18 전력설비의 사구간(Dead Section) ▶▶▶▶

1. 정의

전차선로에서 전기방식이 다른 교류와 직류가 만나거나, 교류방식이더라도 전기가 서로 상이한 경우(M상, T상) 일정한 길이만큼 상호 다른 종류의 전기가 통하지 않도록 하여야 하는데, 이 구간을 전력설비의 사구간이라 한다.

2. 사구간의 선형조건

사구간을 선정하기 위한 선형조건으로는
① 열차가 동력공급이 없이 타력으로 운행이 가능토록 평탄지, 하기울기, 직선구간이 이상적이다.
② 부득이한 경우 곡선반경은 R=800m 이상이어야 하며, 상기울기는 5‰보다 완만하고 연장은 400~600m 이상이어야 한다.

3. 사구간 개소

① 교류와 직류가 만나는 부분
지하철 1호선 서울역~청량리 간 양쪽, 과천선 남태령~선바위 간

② 교류의 전기가 서로 상이한 부분
수도권, 산업선의 각 변전소 앞에 설치

19 절연구간(Neutral Section)

① 전차선로에서 전기방식이 서로 다른 교류와 직류가 서로 만나는 부분이나, 교류방식에서도 공급되는 전기가 M상, T상으로 서로 다를 경우 일정한 길이만큼 전기가 통하지 않도록 하는 절연구간이 필요하다.

② 전철구간에서 장거리 급전으로 인한 전류의 손실을 막고 또한 보수작업 시 단절범위를 줄이기 위하여 전차선 급전구간을 적정거리로 구획하여 급전하게 되는데, 이때 접속부분은 전기적으로 단절되는 절연구간이 된다.

③ 절연구간은 열차가 타력으로 운전이 가능하도록 사구간 선형조건을 갖추어야 한다.

20 신호5현시

1. 신호기의 정의

신호기란 색깔로 진행, 정지, 감속 등 열차의 운행조건을 표시하여 기관사로 하여금 안전 운행을 돕는 장치를 말한다.

2. 신호기 현시방법

① 신호기의 현시방법은 2위식과 3위식이 있다.

② 열차의 속도가 낮은 시대의 신호기는 진행과 정지 2개의 표시로 충분하였다. 하지만 열차속도의 향상이나 각 진로의 제한속도 등에 따라 운전상의 속도도 조건에 적합한 많은 현시(Speed Signal)가 필요하게 되었다.

③ 현재 가장 많이 사용되고 있는 신호 현시는 G진행, Y주의, R정지의 3위식이다.

3. 3위식의 종류

① 3현시 : G진행, Y주의, R정지

② 4현시 : G진행, YG감속(또는 YY 경계), Y주의, R정지

③ 5현시 : G진행, YG감속, Y주의, YY 경계, R정지

21 절대신호기

1. 정의

① 열차의 진행을 허용하는 신호가 현시된 경우 이외는 절대로 신호기 내방에 진입할 수 없는 신호기로 장내, 출발, 입환, 엄호신호기 등이 있다.

② 신호기가 정지신호를 현시하였을 경우 반드시 정지해야 하는 신호기를 절대신호기라 하고, 정지신호임에도 불구하고 운행할 수 있는 신호기를 허용신호기라 한다.

③ 절대신호와 허용신호를 구분하기 위해 허용신호기에는 식별표시를 부착한다.

2. 절대신호기 종류

① 장내신호기

정거장에 진입할 열차에 대하여 그 신호기 내방으로 진입 여부를 지시하는 신호기

② 출발신호기

정거장에서 출발하고자 하는 열차의 다음 방호구간 앞까지 진행할 수 있도록 운전을 지시하는 신호기

③ 입환신호기

입환 시 열차의 구내 왕복을 지시하는 신호기

④ 엄호신호기

정거장 외 구간에서 특별히 방호를 요하는 지점을 통과하려는 열차에 대해 그 신호기 내방으로 진입의 가부를 지시하는 신호기

22 신호소

1. 정의

정거장 이외의 곳에서 열차의 교차 및 대피를 위하여 별도의 시설 없이 열차의 운행에 필요한 상치신호기를 취급하는 장소를 신호소라 한다.

2. 상치신호기

상치신호기란 일정한 지점에 상설적으로 설치하는 신호기이다. 상치신호기는 그 설치 장소에 제약을 받게 되어 인식거리가 축소되는 경우가 있으므로 이를 보충하기 위하여 주신호기, 종속신호기, 신호부속기의 3가지로 구분하여 사용되고 있다.

① 주신호기

일정한 방호구역을 가진 신호기로서 이 신호기의 신호현시에 의하여 열차의 안전운전이 보증되며, 보안상 가장 중요한 신호기로서 장내, 출발, 폐색, 유도, 엄호, 입환신호기 등이 있다.

② 종속신호기

주신호에 현시되는 인식거리를 보충하기 위한 목적으로 주신호기의 외방에 설치된다. 이 신호기는 독립하여 설치되어 있기는 하나 방호구역을 갖고 있지 않은 신호기로서 원방신호기, 통과신호기, 중계신호기 등이 있다.

③ 신호부속기

주신호기에 부속되는 것으로서 주신호기의 신호 현시만으로는 어느 선로에 진입할 것인가가 분명치 않은 경우에 이를 보충하기 위하여, 또는 자동폐색구간에서 주신호기의 신호현시 상태를 중계하여 주는 장치로서 진로표시기 등이 있다.

23 가변전압 · 가변주파수 인버터 제어 ▶▶▶▶

1. 정의

① VVVF란 Variable Voltage & Variable Frequence(가변전압 가변주파수 인버터 제어)의 약자이며, 인버터(Inverter)란 직류를 교류로 변환하는 장치를 말한다.

② 일단 교류(25,000V)가 들어오면, 컨덴서 등 정류기가 교류를 직류(1,500V)로 바꾸어 준다. 그 후 직류를 VVVF 인버터를 사용하여 다시 교류로 바꾸어 주는데, 그 이유는 교류는 직류에 비해 전압과 주파수를 바꾸기가 훨씬 쉬워 모터의 속도를 자유자재로 조절할 수 있기 때문이다.

2. 인버터의 속도제어방법

① PAM(Pulse Amplitude Modulation)과 PWM(Pulse Width Modulation)으로 나눌 수 있는데, PAM은 교류의 진폭을 조절하는 방법, PWM은 교류의 주파수를 조절하는 방식이다.

② 예전에는 PAM방식을 썼으나 최근은 PWM벡터제어를 사용하여 역률을 줄이고 더욱 효율을 증가시켰다. PAM제어는 전압만, PWM제어는 전압과 주파수까지, PWM 벡터제어는 전압, 주파수, 전류까지 제어가 가능하다.

3. 주요 특징

① 표준사양에 의한 순수 국내기술로 독자설계 및 제작가능
② **소형 경량화** : GTO 소자(Gate Turn-off Thyristor) 대비 중량 및 크기 30% 감소
③ **저소음화** : GTO 소자 대비 8db 감소
④ 유지보수성이 용이
⑤ 간략화, 경량화, 에너지 절약화 실현

4. 장점

① 유도전동기에 공급하는 교류의 전압과 주파수를 대용량 반도체를 이용하여 자유롭게 조절함으로써 전동차의 속도제어가 자유롭다.

② 제어성능이 우수하여 승차감이 좋다.
③ 보수성 향상으로 유지보수인력 감축 가능
④ 점착성능이 좋아 차량편성에 유리
⑤ 전력회생률의 향상으로 에너지 절약
⑥ 지하터널 내 축열 방지
⑦ 제어장치 및 주전동기의 소형, 경량화 가능

5. 문제점

① 가변주파수의 전력으로 전차를 구동하므로 저주파에서 고주파에 걸친 전파잡음이 발생하여 궤도회로에 영향을 미쳐 신호가 오작동되는 사례가 발생할 수 있다.
② 향후 기술적으로 개발 · 보완되어 오작동을 최소화할 필요가 있다.

24 이선(離線) 현상

① 팬타그래프(Pantagraph)와 전차선은 차량이 주행함에 따라서 계속 접촉된 상태이어야 하지만 열차의 속도가 높아지면 일시적으로 팬타그래프가 전차선에서 순간적으로 이탈되는 현상이 발생하는데, 이를 '이선'이라 한다.
② 이선은 전기적으로 불완전 접속을 유발시켜 불꽃(Arc)을 일으키며 이로 인해 전차선 및 팬타그래프의 이상마모 및 손상을 가져오게 된다.
③ 이선된 시간 또는 거리의 비율을 이선율이라 하며 고속운전을 위해서는 이선율이 1% 이하여야 한다.
④ 고속철도 300km/h 주행 시 이선율 0.02%, 350km/h 주행 시 이선율 0.1%(5배), 400km/h 주행 시 이선율 0.2%(10배) 정도이다.
⑤ 이선율을 최소로 낮추기 위해서는 등고, 등요, 등장력을 고려하여 전차선로를 시공하여야 한다.

25 CARAT

▶▶▶▶

1. 정의

① 일본의 철도종합연구소가 1987년부터 개발하기 시작한 운전제어시스템으로 궤도 회로 등 선로 주변장치를 이용하지 않고 차상 – 지상 간의 디지털 무선에 의해 데이 터를 전송하고 열차를 제어하는 이동폐색열차제어시스템(CARAT ; Computer And Radio Aided Train control system)이다.

② 지상에서 수행하는 기능은 차상에서 검출하여 전송한 위치와 속도정보를 근거로 폐색 제어, 선로전환기 제어 및 경보제어 등이다. 시스템의 구성은 차상시스템, 역 · 거점 시스템 및 운행제어센터 등으로 구성되어 있다.

2. CARAT의 주요 제어사항

① 열차위치검지
② 열차추적제어
③ 선로전환기제어
④ 주행제어
⑤ 건널목 경보제어
⑥ 지상과 차상 간의 통신제어

26 회생제동

▶▶▶▶

1. 정의

① 발전제동과 동일한 전기적 제어방식의 일종이나 발전제동방식보다는 진보된 제동방 식이다.

② 발전제동은 제동 시 발생한 전력의 일부를 저항기의 열로 소비시키는 방식이나 회생 제동은 에너지를 전차선에 되돌려 보내 주행 중인 다른 열차에 공급하거나 변전소에 반송시키는 방법으로 전력소비의 절약, 변전소 설비용량의 감소 등의 이점이 있다.

2. 특징

① 발전기의 단자전압은 전차선 전압에 의해 결정된다.

② 고속주행 중 제동체결 시 계자를 약하게 하고 제동력 부족분은 보조제동력으로 충당한다.

③ 감속 시 계자를 강하게 하여 전차선 전압만큼의 발전전압을 유지하여야 한다.

④ 제어장치가 복잡하다.

27 유도급전(무선급전) ▶▶▶▶

1. 정의

궤도를 따라 설치된 무선급전장치에서 60kHz의 자기장을 생성시켜 차량에 집전장치와 자기장 공명방식을 통해 대용량 전력을 무선으로 전송하는 기술을 유도급전 또는 무선급전이라 한다.

2. 특징

① 전력을 열차하부를 통해 비 접촉방식으로 공급받기 때문에 전차선 설비 등 부품의 유지보수 및 교체가 필요 없고 지상에서 보수 작업이 가능하며 유지보수 비용을 50% 이상 절감할 수 있다.

② 전차선 설비가 필요하지 않기 때문에 지하철에 적용 시 터널 단면적이 20% 정도 축소되며 건설비는 약 15% 정도 절감이 가능하다.

③ 고속에서 전력전달 효율성이 떨어지는 전차선과 팬터그래프 시스템을 사용하지 않기 때문에 레일형 초고속 열차 개발이 가속화될 수 있다.

④ 열차 천장부분의 전차선이 없어져, 2층 열차 등 객차 및 화차의 복층구조 설계를 현재보다 1.3m 높일 수 있으며 급전선 사고도 방지할 수 있어 선로 주변의 안전이 보다 확보될 수 있다.

⑤ 배터리로 달리는 무가선 트램에 180kW급 무선전력 전송시스템을 적용할 경우 무선전송시설은 전체 노선의 10%, 차량에 탑재된 배터리 용량은 약 $\frac{1}{4}$ 정도로 줄일 수 있

어 더욱 경제적으로 운영할 수 있다.

⑥ 무선전력 전송시스템이 적용된 도시철도는 버스, 자동차와 서로 도로를 공유하여 운행이 가능하며, 특히 도로 위에서 바로 환승이 가능하므로 매우 편리하다.

⑦ 전차선이 없기 때문에 도심환경은 더욱 쾌적해지며 도시미관 때문에 제기되는 도시철도 지하화에 따른 민원도 해결할 수 있다.

3. 향후 전망

도시철도와 고속철도에 무선전력전송기술을 적용할 경우 철도의 전차선을 없앨 수 있어 도시 미관의 확보뿐 아니라, 터널 단면 축소를 통한 건설비 절감, 레일형 초고속 열차의 개발 등 기존 철도시스템 전반에 대한 패러다임을 변화시킬 수 있는 획기적인 시스템이라 할 수 있다.

28 신호장(信號場)과 신호소(信號所)의 정의 ▶▶▶▶

1. 신호장

① 신호장(信號場)이란 역 이외의 곳에서 열차의 교차 운행이나 대피를 위하여 설치한 장소를 말한다. 즉, 운전취급은 할 수 있지만, 여객이나 화물의 취급은 하지 않는 정차장(停車場)이다.

② 보통 단선 운전구간에서는 폐색구간의 길이가 길어서 열차의 운행횟수를 늘리기가 어렵다. 비록 자동폐색식을 사용하더라도 열차의 교행이나 대피는 부득이 정거장 형식을 취하여야 한다. 따라서 이와 같은 문제를 보완하기 위하여 역과 역 사이에 교행이나 대피를 할 수 있는 선로와 신호장치를 만들어 그 목적에 이용하고 있는데 이것이 이른바 신호장이다.

③ 신호장에서는 여객과 화물의 취급은 물론 열차의 입환이나 조성도 하지 않으므로 정거장 또는 조차장과는 그 성격이 다르다.

④ 신호장은 구간의 선로 용량을 늘려 열차의 운행횟수를 증대시킴으로써 신속하고 원활한 수송을 하게 하는 효과가 있다.

2. 신호소

① 신호소(信號所)란 정거장 이외의 곳에서 열차의 교차 및 대피를 위하여 별도의 시설 없이 열차의 운행에 필요한 상치신호기를 취급하는 장소를 말한다.

② 상치신호기란 일정한 지점에 상설적으로 설치하는 신호기이다. 상치신호기는 설치 장소에 제약을 받게 되어 인식거리가 축소되는 경우가 있으므로 이를 보충하기 위하여 주신호기, 종속신호기, 신호 부속기의 3가지로 구분하여 사용되고 있다.

04 차량

01 승차감 ▶▶▶▶

1. 개요

① 선로의 승차감 개선을 위해서는 장파장 궤도틀림을 정비하는 것이 효과가 크며, 윤중 변동이나 전동음 억제를 위한 레일 요철관리도 중요하다.

② 또한 신설철도를 설계할 경우 선형에 대한 기준은 경제적이고 승차감을 확보하기 위하여 매우 중요한 사항이다.

③ 종곡선의 반경이 필요 이상으로 커질 경우 승차감은 그다지 좋아지지 않으나 공사비를 증가시키거나 유지보수작업을 어렵게 만들므로 효과적인 선형설계가 매우 중요하다.

2. 종곡선

① 종곡선의 영향을 검토하기 위하여 차량이 종곡선을 통과할 경우 가해지는 수직방향의 가속도를 고려하여 이 가속도가 승차감 기준을 만족하는 범위 내에 들어가도록 설계하여야 한다.

② 종곡선 반경에 따른 수직 가속도는 다음과 같다.

$$a_v = \frac{v^2}{R} = \frac{1}{R}(\frac{V}{3.6})^2 = \frac{V^2}{12.96R}$$

여기서, a_v : 수직가속도$(\mathrm{m/sec^2})$

R : 종곡선 반경(m)

V : 속도$(\mathrm{km/h})$

③ 종곡선 반경의 크기는

$R = \dfrac{V^2}{12.96a_v}$ 에서 수직가속도 $a_v = 0.22\mathrm{m/sec^2}$을 적용하면

$R = \dfrac{V^2}{12.96 \times 0.22} = 0.35\,V^2$ 이다.

여기서, 수직가속도 값 $a_v = 0.22\mathrm{m/sec^2}$은 유럽의 Euro Code ENV 13803-1 : 2002 연직가속도 한계값에서 추천하는 한계값을 적용한 것이다.

3. 승차감 기준

① 고속철도에서 적용되는 승차감은 열차운행 중 진동과 충격이 승차감에 영향이 없도록 하여야 한다.

② 승차감의 판단기준은 가속도와 노출시간, 주파수 범위 등 여러 가지 복합적인 고려가 필요하다. 그러나 안전기준의 측면에서는 승차감 기준과 달리 가속도의 최대치가 매우 중요한 관리항목이다.

③ 인체가 영향을 받는 주파수 범위 0.5~40Hz 사이의 진동을 진동가속도에 의하여 차상에서 측정하여 60초간의 RMS값을 산출하고 이 값이 ISO 2631의 규정에 따라 허용치 내에 들도록 규정하고 있다.

④ RMS(Root Means Squre, 진동가속도 실효치)

일정시간 동안 측정된 진동값을 제곱하여 평균값을 구한 후 다시 제곱근을 취하여 구해진다. 해당 구간의 T시간 동안의 대푯값으로 정의할 수 있다.

⑤ 고속철도에 규정하고 있는 승차감 기준
  ㉠ 평균(RMS) : 0.183m/sec^2
  ㉡ 최대치 : 가속도(수직, 수평) 1.0m/sec^2
  ㉢ 저크 : 0.5m/sec^3

02 열차의 사행동　▶▶▶▶

1. 정의

① 차륜의 답면(Heel Tread)은 주행 시 복원력에 의한 안정성 확보를 위하여 테이퍼(Taper) 형상으로 되어 있다.
② 그러나 테이퍼형상 차륜의 문제점은 차륜이 한쪽으로 기울고 반대쪽으로 기우는 현상의 반복으로 인해 열차가 뱀처럼 S자를 그리며 전진하는데, 이를 열차의 사행동(蛇行動, Hunting)이라 한다.

2. 사행동 효과

① 이러한 열차의 사행동으로 인하여 차체는 횡방향으로 흔들려 Yawing, Rolling현상이 나타나고 차륜의 플랜지와 레일이 서로 충돌하여 마모 또는 파손이 심해지기도 하며 결국 탈선을 초래하게 된다.
② 사행동 파장$(s) = 2\pi\sqrt{\dfrac{b \cdot R}{\gamma}}$

　　여기서, b : $\dfrac{\text{좌우 차륜이 레일과 접촉하는 점 사이의 직선길이}}{2}$

　　　　　R : 접촉점에서의 차륜의 반지름
　　　　　γ : 접촉점에서의 차륜답면의 기울기

03 점착계수　　　　　　　　　　　　　　　▶ ▶ ▶ ▶

1. 개요

① 동력차의 동륜이 레일을 누르는 힘을 점착중량이라 한다.

② 레일과 차륜 간의 마찰계수와 접착중량과의 곱을 점착력이라 하며 이때의 마찰계수를 점착계수라 부른다. 즉, 레일 및 차륜답면 사이의 마찰계수를 점착계수라 한다.

$$T = \mu \cdot W_d$$

　　　여기서, T : 점착력

　　　　　　　μ : 점착계수

　　　　　　　W_d : 동륜상 중량

2. 점착계수의 특징

① 일반적으로 점착계수는 차륜이나 레일의 재질, 접촉면 부착물의 종류, 축중의 크기, 속도 등에 영향을 받는다.

② 점착계수는 정지상태일 경우 최대가 되며 차량의 속도가 커짐에 따라서 점차로 감소된다.

‖ 레일의 표면 상태와 점착계수 ‖

레일의 표면상태	점착계수	
	모래를 뿌리지 않을 때	모래를 뿌릴 때
깨끗하고 건조할 때	0.25~0.30	0.25~0.40
습윤할 때	0.18~0.20	0.22~0.25
서리가 있을 때	0.15~0.18	0.22
진눈깨비가 덮혀 있을 때	0.15	0.20
기름이 묻거나 눈이 덮혀 있을 때	0.10	0.15

04 궤간가변열차(GCT ; Gauge Changeable Train) ▶▶▶▶

1. 개요

서로 상이한 궤간이 있는 선로에서 대차교환이나 환적 없이 신속하고 안전하게 직결운행할 수 있는 자동궤간변환장치를 장착한 열차를 궤간가변열차라 한다.

2. 적용

① 표준궤, 광궤 또는 협궤 구간을 연계한 대륙철도 및 유럽 철도와 운행할 경우에는 궤간이 틀린 이종궤간 지점을 통과해야 하는 문제점이 발생한다.

② 특히 그러한 이종궤간 국경에서 화물수송량이 적을 경우 환적 및 대차교환으로 대처할 수 있으나, 화물수송량이 증가할 경우 병목현상 등으로 원활한 화물운송에 장애가 발생할 수 있다. 이를 해결하는 유일한 방법은 궤간가변시스템을 적용하는 것이다.

③ 궤간가변장치기술은 대륙철도의 통합연계 운행에 필요한 핵심적인 기술로서 시간ㆍ비용 면에서 경제적일 뿐만 아니라 친환경적인 시스템이다.

3. 향후 추진방향

① 현재 세계 각국은 대륙철도 시장선점을 위해 국가적 차원의 외교적 노력과 함께 관련 기술개발에 박차를 가하고 있는 상황이다.

② 우리나라의 경우도 남북철도를 연결하고 더 나아가 철의 실크로드를 연계하여 21세기 교통 물류 중심지로 도약하고자 하는 상황이므로 궤간가변기술이 범국가적 차원에서 시급히 요청된다고 할 수 있다.

05 틸팅카(Tilting Car) ▶▶▶▶

1. 틸팅시스템의 원리

① 차량이 곡선구간을 주행할 경우 캔트에 따라 속도에 제한을 받게 되고 이 제한속도 초과 시 캔트부족량 만큼의 초과원심력이 발생하여 승차감 불량 및 전복의 위험이 있게 된다.

② 이러한 초과원심력을 감소시키기 위하여 곡선 통과 시 차체가 곡선 내측으로 경사지도록 고안된 것이 틸팅차량의 기본원리이다.

2. 틸팅방식

① 자연 틸팅방식

차량이 곡선구간 통과 시 발생하는 원심력에 의해 자연적으로 차체가 곡선 내측으로 경사지도록 구상된 방식

② 강제 틸팅방식

링크 등으로 지지된 차체를 유압 실린더 등에 의해 강제적으로 경사지도록 구상된 방식

3. 틸팅시스템의 장점

① 저렴한 비용으로 철도 고속화의 대안이 될 수 있다. 즉, 종전보다 20~30% 저렴한 비용으로 고속 실현이 가능하다.

② 공해, 소음, 경관파괴 등 심각한 환경문제에 직면하지 않고 철도의 고속화를 기대할 수 있다.

③ 고속철도 건설에 따른 민원문제를 피할 수 있다.

06 롤 가속도

① 차량이 롤링에 의한 회전각을 롤각, 그 변화율을 롤 가속도라 한다.
② 열차의 승차감 문제는 완화곡선부에서의 롤 가속도와 관계가 있으며, 캔트의 변화에 의한 회전에 차량의 롤링이 겹친 것으로 된다.
③ 같은 곡선에서도 열차속도가 높게 되면 짧은 시간 중에 캔트에 의한 회전이 일어나 롤 가속도가 크게 되므로 이 값도 완화곡선의 길이를 결정하는 요인이 된다.
④ 진자차량에 의한 시험결과를 기초로 할 때 $5°/S$(S는 시간) 이하이면 승차감에 문제가 없다.

07 조타대차(操舵臺車, Radial Steering Truck)

1. 정의

① 차량이 곡선부 통과 시 차륜이 레일에 접촉하면서 주행이 원활하지 못하게 된다.
② 따라서 차축이 자동차의 앞바퀴와 같이 이상적으로 곡선방향대로 조타되도록 하여 Rail과 차륜의 접촉각을 줄이도록 하는데, 이러한 대차를 조타대차라 한다.

2. 종류

① 자기조타식

차륜의 답면기울기 등에 따라 전후 차축이 Radial(곡선 중심 방향을 향함) 위치가 되도록 하는 방식

② 강제조타식

외부의 힘에 의해 강제적으로 조타하는 방식

3. 효과

① 조타대차의 가장 큰 효과는 곡선 통과성능(횡압 저감) 향상과 주행안정성의 확보에 있다.
② 중·소반경의 곡선에서 조타기능에 따라 평균 횡압이 30%까지 감소된 사례가 있다.

08 스퀠(Squeal) 소음 ▶▶▶▶

1. 정의

철도차량이 급격한 곡선 주행 시 차륜과 레일과의 마찰에 의해 생기는 소음을 스퀠 소음이라 한다.

2. 발생원인

① 일체차축에서 안쪽 및 바깥쪽 차륜 사이의 슬립 차이
② 레일에 대한 플랜지 마모
③ 차륜이 레일상부를 가로지르는 슬립현상

3. 스퀠 소음에 영향을 주는 인자

① 차륜 댐핑
② 운행속도
③ 곡선반경
④ 차륜의 공진주파수
⑤ 레일의 구조
⑥ 습도 및 온도, 먼지

4. 저감방안

① 곡선반경을 크게 한다.
② 운행속도를 저감한다.
③ 레일 도유기를 사용한다.

09 동력집중방식, 동력분산방식 ▶▶▶▶

1. 개요

(1) 동력집중방식

① 동력차인 기관차가 다량의 객차나 화차를 견인하는 방식이다.

② 동력이 집중되어 있어 견인전동기가 대형이며, 전체적으로 구조가 간단하고 경량이라 열차의 점착중량이 작다.

③ 급기울기 구간의 운행을 위해 기관차를 연속적으로 연결하거나 Push하는 경우도 있다.

④ 고속화로 기관차의 대형화가 추진됨에 따라 축중이 증가하여 궤도 파괴에 영향을 미친다.

(2) 동력분산방식

① 추진장치가 작아 차량의 하부에 설치함에 따라 동력차에도 승객을 탑승시키는 방식이다.

② 동력이 분산되어 있어 차량의 구조가 복잡하고 전체적인 중량이 커서 점착중량도 크다.

③ 수송수요에 따른 편성길이 선택이 자유롭고 양방향 운전에 용이하므로 도시교통수단에 적합하다.

④ 주전동기의 소형화에 따라 고속 장대편성이 가능하다.

2. 적용

① 집중식은 역간거리가 긴 장거리 여객 및 화물수송에 유리하다.

② 분산식은 역간거리가 짧고 정차 횟수가 많은 도시철도 등에 유리하다.

3. 특성 비교

구분	집중방식	분산방식
고장률	적다. 고장 시 열차운행에 영향이 크다.	많다. 고장 시 열차운행에 영향이 적다.
차량가격	저렴	고가
초기투자비	낮다.	높다.
선로영향	영향이 크다.	영향이 작다.
제한속도	제한속도가 낮다.	제한속도를 높일 수 있다.
가 · 감속도	작다.	크다.
전기제동력	작다.	크다.
양방향운전	불리하다.	유리하다.
표정속도	가감속도가 낮아 불리하다.	가감속도가 높아 유리하다.
수송수요에 따른 분할, 합병	어렵다.	용이하다.
소음 및 진동	작다.	크다.

10 EMU(Electric Multiple Unit)

1. 차량형식 분류

점착력에 의해 견인되는 열차는 동력을 발생시키는 구동축이 한곳에 집중한 열차를 동력 집중식이라 하고 분산 배치되어 있는 열차를 동력분산식이라 한다.

2. 동력분산식 특징

① 동력장치를 여러 차량에 분산배치함으로써 최대축하중이 작아 상대적으로 궤도의 유지보수에 유리하다.
② 추진장치가 작아 차량의 하부에 설치함에 따라 수송승객 수를 늘릴 수 있다.
③ 구동할 수 있는 구동축이 많아 충분한 견인력과 가속력을 갖출 수 있다.
④ 속도향상과 역간거리가 짧은 노선에서 효율성이 높다.

3. EMU 차량

(1) EMU 차량 정의

동력차에 모터가 집중된 기존 KTX와 달리 일반객차에 동력을 분산시켜 2량 1편성을 기본으로 수요에 따라 4, 6, 8, 10량 1편성으로 탄력적인 운행이 가능한 열차이다.

(2) 운용사례

① 도시형 동력분산식 전동차

서울지하철, 분당선, 공항철도 등

② 간선형 동력분산식 급행전동차

㉠ 국내 : 장항선 천안~온양온천 운행 전동차
㉡ 국외 : 일본 신칸센 등

4. 결론

① 코레일에서는 현재 지역 간 운행하는 새마을, 무궁화열차 내구연한 도래 시 기존의 열차를 폐차하고 가감속 성능이 뛰어날 뿐만 아니라 유지보수비가 저렴한 EMU 차량으로 전면교체할 계획으로 추진 중에 있다.

② 따라서 향후를 대비하여 고속의 EMU 차량 기술 향상이 조속히 이루어져야 하겠다.

11 HEMU(Highspeed Electric Multiple Unit) ▶▶▶▶

1. 개요

① 철도차량은 동력을 발생시키는 구동축이 한곳에 집중한 열차를 동력집중식이라 하고 분산 배치되어 있는 열차를 동력분산식이라 한다.

② HEMU는 고속운행이 가능한 동력분산식 차량이다.

2. 동력집중식과 동력분산식의 특성 비교

(1) 동력집중식 차량 특성

① 동력집중식의 경우 차량가격이 저렴하여 초기 투자비가 저렴하다.

② 소음 및 진동이 낮아 환경적 측면에서 유리하다.

③ 점착 중량이 작아 가·감속 및 전기제동력에 불리하다.

④ 표정 속도가 다소 낮고 수요에 따른 분할 및 합병이 어렵다.

(2) 동력분산식 차량 특성

① 동력분산식의 경우 차량가격이 고가로서 초기 투자비가 높다.

② 소음 및 진동이 높아 환경적 측면에서 불리하다.

③ 표정 속도가 높고 수요에 따른 분할 및 합병이 용이하다.

④ 동력장치를 여러 차량에 분산배치함으로써 최대축하중이 작아 상대적으로 궤도의 유지보수에 유리하다.

⑤ 추진장치가 작아져 차량의 하부에 설치함으로써 수송승객수를 늘릴 수 있다.

⑥ 구동할 수 있는 구동축의 숫자가 많으므로 충분한 견인력과 가속력을 갖춘다.

⑦ 점착 중량이 커서 가·감속 및 전기제동력에 유리하다.

⑧ 속도향상과 역간거리가 짧은 노선에서 많이 운행한다.

3. HEMU 차량

(1) HEMU 차량 정의

동력차에 모터가 집중된 기존 KTX, KTX-산천과 달리 일반객차에 동력을 분산시켜 2량 1편성을 기본으로 수요에 따라 4, 6, 8, 10량 1편성으로 탄력적으로 운행 가능한 열차를 EMU차량이라 하며, 특히 최고시속 400km의 차세대 고속철도시스템을 HEMU(Highspeed Electric Multiple Unit-400km/h eXperiment)라 한다.

(2) HEMU 주요사항

① 설계최고속도 400km/h, 영업운전속도 350km/h를 목표로 개발 중인 차량이다.

② 고속화의 진동에 대비하여 액티브 서스펜션이 설치될 예정이다.

③ 구동장치로는 기존의 유도전동기와 유도전동기에 비해 소형이면서 효율이 좋은 영구자석 동기전동기 양쪽을 모두 사용한다.

4. 결론

① 정부는 KTX와 HSR 350X(한국형 고속전철)의 완료에 이어 최고시속 400km에 이르는 차세대 고속철도인 HEMU(Highspeed Electric Multiple Unit−400km/h eXperiment) 개발을 본격 추진하고 있다.

② 향후 고속철도시스템 보급이 계속 확대됨에 따라 고속차량 수요는 갈수록 높아지고 있으며, 해외 고속열차 시장 경쟁에서 우위를 점하고 신성장 동력을 찾기 위해서는 초고속 차량의 기술개발이 조속히 이루어져야 하겠다.

1. 균형속도

① 기관차의 유효견인력과 견인차량의 열차저항이 서로 같아서 균형을 이룰 때 가속도가 발생하지 않으며 동일 속도를 유지하게 되는 속도를 균형속도라 한다.
② 유효견인력＝열차저항일 때의 속도
③ 열차저항은 기울기저항, 곡선저항 등을 포함하므로 선로상태에 따라 균형속도는 달라진다.

2. 표정속도(Scheduled Speed, Commercial Speed)

① 임의 운전구간에서 운전거리를 정차시간 및 제한속도 운전시간 등을 포함한 운전시분으로 나눈 속도이다.

② 표정속도(km/h) ＝ $\dfrac{운전거리}{정차시분\ 등을\ 포함한\ 운전시분}$

③ 표정속도 향상방법

㉠ 일반적으로 정차시분의 단축 또는 정차역 수를 줄임으로써 표정속도를 향상시킬 수 있다.
㉡ 통근열차와 같이 역간거리가 짧고 정차역의 수가 많은 경우 가속도, 감속도를 높임으로써 표정속도를 향상시킬 수 있다.

3. 평균속도

① 운전거리를 정차시분을 제외한 주행시분으로 나눈 것

② 평균속도 ＝ $\dfrac{운전거리}{주행시분}$

4. 최고속도

차량 및 선로조건에 따라 허용되는 열차의 상한속도

5. 제한속도

어느 구간의 선로조건 등의 여건에 따라 최고속도를 제한하는 경우(곡선부, 분기기 등), 이를 제한속도라 한다.

02 궤간(Gauge) ▶▶▶▶

1. 정의

① 궤간이란 레일의 두부 면으로부터 아래쪽 14mm 점에서 상대편 레일 두부의 동일점까지 내측 간의 최단거리를 말하며 세계 각국 철도에서 가장 많이 사용되고 있는 궤간은 $1.435\text{m}(4'+8\frac{1}{2}'')$로서 이것을 표준궤간(Standard Gauge)이라 하고 이보다 넓은 것을 광궤, 좁은 것을 협궤라 한다.

② 우리나라에 부설되어 있는 철도는 대부분이 표준궤간으로 되어 있으며, 궤간은 수송량, 속도, 지형 및 안전도 등을 고려하여 결정하는데, 철도의 건설비, 유지비, 수송력 등에 영향을 준다.

2. 광궤의 장점

① 고속을 낼 수 있다.

② 수송력(Trans Point Capacity)을 증대시킬 수 있다.

③ 열차의 주행안전도를 증대시키고 동요를 감소시킨다.

④ 차량의 폭이 넓어짐으로써 용적이 커서 차량설비를 충실히 할 수 있고 수송효율이 향상된다.

⑤ 기관차에 직경이 큰 동륜(Driving Wheel)을 사용할 수 있으므로 고속에 유리하고 차륜의 마모를 경감시킬 수 있다.

3. 협궤의 장점

① 차량폭이 좁아 차량의 시설물의 규모가 작으므로 건설비, 유지비 측면에서 유리하다.
② 급곡선을 채택하여도 광궤에 비하여 곡선저항이 적다. 따라서 산악지대의 노선선정에 용이하다.

03 궤도의 중심간격(Track Spacing)   ▶▶▶▶

1. 개요

① 궤도가 2선 이상 부설되었을 때에는 궤도 중심 간격을 충분히 확보하여 열차의 교행에 지장이 없고 열차 내에 승객이나 승무원에 위험이 없어야 하며 또한 정거장 내에 병렬 유치되어 있는 차량 사이에서 종사원이 차량정비작업 및 입환작업을 할 수 있는 여유가 있어야 한다.
② 그러나 궤도 중심간격이 너무 넓게 되면 용지비와 건설비가 증가하므로 일정한 한도를 정하여 궤도 중심간격을 선정하여야 한다.

2. 궤도의 중심간격

① 궤도 중심간격은 정거장 외에서는 복복선, 분기선 등으로, 정거장 내에서는 발착선, 대피선, 유치선, 입환선 등으로 2선 이상을 병설할 경우에 소정의 거리를 두어야 한다.
② 따라서 정거장 내 · 외로 구분하여 선로 중심간격을 고려하여야 하며 선로가 곡선일 경우에는 건축한계의 경우와 같이 차량의 편기량만큼 중심간격을 확대시켜야 한다.
③ 일반철도에는 다음과 같이 선로 중심간격을 규정하고 있다.
　　㉠ 정거장 외에 2선을 병설하는 선로의 중심간격은 4.0m 이상, 3선 이상의 궤도를 병설하는 경우에는 각 인접하는 그 중심간격 중 하나는 4.3m 이상
　　㉡ 정거장(기지를 포함한다.) 안에 나란히 설치하는 궤도의 중심간격은 4.3m 이상으로 하고, 6개 이상의 선로를 나란히 설치하는 경우에는 5개 선로마다 궤도의 중심간격을 6.0m 이상 확보하여야 한다. 다만, 고속철도전용선의 경우에는 통과선과 부본선 간 궤도의 중심간격은 6.5m로 하되 방풍벽 등을 설치하는 경우에는 이를 축소할 수 있다.

ⓒ 곡선과 정거장 내 선로의 중심간격에서 양 선로 간에 가공 전차선의 지지주, 신호기, 급수주 등을 설치하는 경우에는 필요에 따라 이를 적당하게 확대하여야 한다.

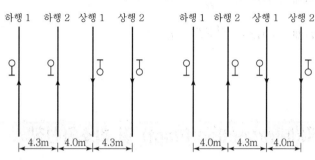

3. 설계속도별 궤도의 중심간격

(1) 직선구간

설계속도 V(km/h)	궤도의 최소 중심간격(m)
$350 < V \leq 400$	4.8
$250 < V \leq 350$	4.5
$150 < V \leq 250$	4.3
$70 < V \leq 150$	4.0
$V \leq 70$	3.8

(2) 곡선구간

① 곡선구간 궤도의 중심간격은 직선구간의 궤도 중심간격에 건축한계 확대량을 더하여 확대하여야 한다. 다만, 곡선반경이 2,500m 이상의 경우는 확대량을 생략할 수 있다.

② 곡선에 따른 편기량

$$W = \frac{50,000}{R} \ (\text{전기동차전용선인 경우} \ W = \frac{24,000}{R})$$

여기서, W : 선로 중심에서 좌우측으로의 확대량(mm)

③ 캔트 및 슬랙에 따른 편기량

ⓐ 곡선 내측 편기량 $A = 2.4C + S$

ⓑ 곡선 외측 편기량 $B = 0.8C$

여기서, S : 슬랙(mm)

④ 따라서 종합적인 곡선부 건축한계는

  ㉠ 내궤 : $2,100 + \dfrac{50,000}{R} + 2.4C + S$

  ㉡ 외궤 : $2,100 + \dfrac{50,000}{R} - 0.8C$

04 제한교각(Intersection Point) 및 최소곡선장 ▶▶▶▶

1. 제한교각

(1) 개요

원곡선 최소길이 규정에 따라 제한교각이 발생하며, 완화곡선부설 시 제한교각보다 작은 선형이 발생하지 않도록 하여야 한다.

(2) 최소곡선길이에 따른 교각 산출

① 원곡선 최소길이
$$l = 0.5\,V$$

② 제한교각(I) 산출
$$\frac{I}{360} = \frac{l}{2\pi R} \text{에서}, \quad I = \frac{360l}{2\pi R} = 57.3\frac{l}{R}°$$

(3) 완화곡선의 제한교각 산출

$$X_1 = CM, \quad X_3 = \frac{X_1}{3}, \quad Y_1 = \frac{X_1^2}{6R}$$

완화곡선 제한교각 θ는

$$\theta = \tan^{-1}\frac{Y_1}{X_3} = \tan^{-1}\left(\frac{X_1^2/6R}{X_1/3}\right)$$

$$= \tan^{-1}\left(\frac{X_1}{2R}\right) = \tan^{-1}\left(\frac{CM}{2R}\right)$$

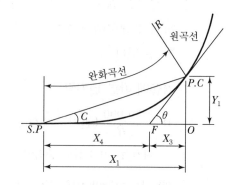

M은 배수 $C_1 = \dfrac{7.31}{1,000} V$ 또는 $C_2 = \dfrac{6.18}{1,000} V$ 중 큰 값을 적용한다.

여기서, R : 곡선반경

C : 부설캔트

M : 속도에 따른 완화곡선 배율

C_1 : 설정캔트 변화량에 대한 배수

C_2 : 부족캔트 변화량에 대한 배수

(4) 제한교각산출

제한교각 = (완화곡선 제한교각 $\times$ 2) + (원곡선 제한교각)으로 표시된다.

따라서 $I_{\min} = 2\theta + \dfrac{57.3 \times l}{R} = \dfrac{C \cdot M}{R} + \dfrac{57.3 \times 0.5 V}{R}$

설계속도	원곡선 최소길이	제한교각
400km/h	$l = 0.5 V = 200\text{m}$	$I_{\min} = 2\theta + \dfrac{57.3 \times l}{R} = \dfrac{C \cdot M}{R} + \dfrac{11,460}{R}$
350km/h	$l = 0.5 V = 180\text{m}$	$I_{\min} = 2\theta + \dfrac{57.3 \times l}{R} = \dfrac{C \cdot M}{R} + \dfrac{10,314}{R}$
300km/h	$l = 0.5 V = 150\text{m}$	$I_{\min} = 2\theta + \dfrac{57.3 \times l}{R} = \dfrac{C \cdot M}{R} + \dfrac{8,595}{R}$
250km/h	$l = 0.5 V = 130\text{m}$	$I_{\min} = 2\theta + \dfrac{57.3 \times l}{R} = \dfrac{C \cdot M}{R} + \dfrac{7,449}{R}$
200km/h	$l = 0.5 V = 100\text{m}$	$I_{\min} = 2\theta + \dfrac{57.3 \times l}{R} = \dfrac{C \cdot M}{R} + \dfrac{5,730}{R}$

2. 최소곡선장

① 곡선을 형성하기 위해서는 최소곡선장 이상의 길이를 확보하여야 한다.
② 최소곡선장

설계속도(km/h)	곡선의 길이
400	200m 이상
350	180m 이상
300	150m 이상
250	130m 이상
200	100m 이상

1. 차량한계(Vehicle Gauge, Car Clearance)

① 차량의 단면, 즉 차량높이와 폭의 크기를 이 이상 크게 할 수 없도록 정한 한계이다.

② 특별히 허용한 부분을 제외하고는 차량한계 외방으로 나가지 못하게 규정한 한계이다.

2. 건축한계

① 건축한계(Construction Gauge)란 차량이 안전하게 운행할 수 있도록 철도 주변의 건축물이 차량과 접촉하지 않도록 설정한 한계를 말한다.

② 즉, 차량이 안전, 신속, 정확하게 운행할 수 있도록 차량한계보다도 400mm 정도의 여유를 더 두어 구조물이 이 범위 내에 들어갈 수 없도록 설정한 공간한계이다.

3. 곡선구간의 확폭(차량한계, 건축한계)

① 곡선구간에서는 차량의 편기로 인한 $W = \dfrac{50,000}{R}$ (자동차 전용선 $\dfrac{24,000}{R}$)(mm)만큼 과 캔트(C)에 의한 차량 경사와 슬랙량(S)만큼 확폭을 하여야 한다.

② 일반적으로 내측궤도에서는 $W_i = 2,100 + \dfrac{50,000}{R} + 2.4 \times C + S$ 로 확폭

③ 외측궤도에서는 $W_o = 2,100 + \dfrac{50,000}{R} - 0.8 \times C$ 로 확폭

06 표준활하중과 L - 상당치 ▶▶▶▶

1. 표준활하중

① 선로 구조물을 설계할 때의 활하중은 열차의 종류에 따라 축수, 축중, 축거 등이 천차
만별이다. 따라서 설계 시 대표적인 표준활하중을 정하여 설계하중의 기준으로 하고
있다.

② 선로 상을 운행하는 모든 일반철도의 표준활하중은 KRL - 2012를, 전동차 전용선은
EL 하중을 사용한다.

2. L - 상당치

① 교량의 부담력이 표준활하중으로 설계되어도 현재의 차량의 하중은 표준활하중과는
상당히 다르므로 교량부담력과의 대소를 판단할 수 없다. 따라서 현재의 차량이 하중
적으로 표준활하중의 어떤 값에 해당하는가를 나타낸 것이 상당치이다.

② 이와 같이 교량의 강도가 부담력으로서 표준활하중에 의해 표현되고 차량의 하중효과
가 상당치로서 표준활하중으로 표현된다면 하중과 강도의 대소 관계를 비교하여 임의
교량의 열차 통과 여부를 결정할 수 있다.

07 KRL - 2012 표준활하중 ▶▶▶▶

1. 개요

① 현재 철도의 선로구조물 설계 시 적용되는 하중은 LS 하중, HL 하중, EL 하중 등 일
관성이 부족하고 적용 시 혼선이 우려되는 경향이 있다.

② 따라서 최근에 철도건설 경쟁력 확보를 위한 제반연구에서 이원화된 하중체계를 단일
하중으로 통합함으로써 국제화에 대비하고 적용이 편리한 열차하중으로 개정한 것이
KRL - 2012 표준활하중이다.

2. 개정 주요 내용

(1) 하중명칭

① 적용 및 이해가 쉽도록 명칭에 통일성을 기하였다.

② 하중명칭에 하중크기를 표기하는 방법은 향후 다양한 하중증감계수 및 열차 개발 양상에 따라 변동할 수 있는 하중크기에 제약을 둘 수 있기 때문이다.

③ 최근 유럽기준에 제정된 신규하중의 명칭(LM2000)이 개발연도를 붙여서 명명된 사례를 활용하였다.

④ KRL2012 : Korea Rail Load 2012년도

(2) 적용하중의 크기

① KRL2012 표준활하중

여객/화물 혼용선에 적용

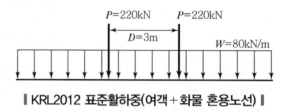

‖ KRL2012 표준활하중(여객＋화물 혼용노선) ‖

② KRL2012 여객전용 표준활하중

여객전용선은 KRL2012 표준활하중의 75%를 적용

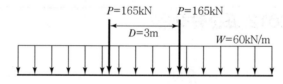

③ 전기동차전용선은 EL 표준활하중을 적용하여야 한다.

3. 결론

① 일반/고속으로 이원화되어 있는 하중체계를 단일 하중으로 통합하는 것은 국제화 및 설계 효율화를 위하여 바람직하며 향후 국제철도시장의 대응방안 등을 고려하여 좀 더 심도 깊은 검토가 필요하다.

② 열차표준 활하중은 철도기술의 해외진출에 유리하도록 UIC-CODE의 하중체계를 기본으로 하여 일반/고속철도의 하중체계를 단일화하는 것이 바람직하다.

08 철도교의 충격계수

1. 개요

① 열차하중의 동역학적 영향 중 연직방향 하중의 충격을 고려한 계수이다.
② 교량구간 열차 주행 시 진동 발생으로 증가하는 응력 혹은 처짐의 정적 재하에 대한 비율을 충격계수라 한다.
③ 충격은 활하중에 의하여 일어나며, 충격에 의한 응력은 활하중응력에 충격계수 i를 곱한 값으로 한다.

2. 충격의 원인

① 차량진입 시 교형의 처짐
② 레일의 이음매
③ 차륜과 레일답면의 요철 등으로 충격이 일어난다.

3. 충격계수 고려방법

① 열차하중에 충격계수 i를 곱하여 충격하중 계상
② 교량구간 충격하중은 휨모멘트, 전단력 등에 충격계수 i를 곱하여 충격하중 계상
③ 하중조건 중 연직효과에 기인한 휨모멘트, 전단력 등의 충격을 고려
④ 시동하중, 제동하중, 횡하중은 충격을 고려하지 않음
⑤ 교대, 교각, 기초 및 토압은 충격을 고려치 않음

4. 충격계수의 개정

① 철도건설 경쟁력 확보를 위한 제반연구과정에서 표준열차하중에 대한 충격계수를 휨과 전단을 구분하지 않고 통합하였으며, 저속선에 대하여는 충격계수를 삭제하였다.

② 충격계수 개정의 비교

구 분	충격계수
LS 하중	① 강교 및 강합성교 : 디젤전기기관차 및 전기기관차 $l \leq 24\text{m} \; ; \quad i = 50 - \dfrac{l^2}{48}$ $l > 24\text{m} \; ; \quad i = \dfrac{180}{l-9} + 26$ ② 철근콘크리트교 및 프리스트레스트 콘크리트교 $l \leq 4\text{m} \; ; \qquad i = 60\%$ $4\text{m} < l \leq 39\text{m} \; ; \; i = 125/\sqrt{l} \,(\%)$ $l > 39\text{m} \; ; \qquad i = 20\%$ 여기서, l : 부재의 지간 길이(m)
HL 하중	충격계수는 다음으로서 계산하여야 한다. ① 모멘트에 관한 충격계수 $I_m = \dfrac{1.44}{\sqrt{L_c} - 0.2} - 0.18$ 여기서, $0 < I_m \leq 0.67$ ② 전단에 관한 충격계수 $I_s = \dfrac{0.96}{\sqrt{L_c} - 0.2} - 0.12$ 여기서, $0 < I_s \leq 1.0$
KRL-2012 하중	충격계수는 다음으로서 계산하여야 한다. $I_m = \dfrac{1.44}{\sqrt{L_c} - 0.2} - 0.18$ 여기서, $0 < I_m \leq 0.67$

09 곡선반경 ▶ ▶ ▶ ▶

1. 개요

① 본선의 곡선반경은 설계속도에 따라 최소곡선반경값 이상으로 하여야 한다.

② 본선의 최소곡선반경 $R = \dfrac{11.8\,V^2}{C_{\max} + C_{dmax}}$

2. 캔트량 및 최소곡선반경 산정

① 균형 cant와 곡선반경

$p = f - g\tan\theta$

$\quad = \dfrac{v^2}{R} - g\tan\theta$

$\quad = \left(\dfrac{V}{3.6}\right)^2 \dfrac{1}{R} - g \times \dfrac{C}{G}$

여기서, 균형 cant는 $p = 0$이므로

$p = \dfrac{V^2}{12.96R} - \dfrac{g \cdot C}{G} = 0$

$\dfrac{V^2}{12.96R} = \dfrac{g \cdot C}{G}$

균형 cant C는

$C = \dfrac{V^2}{12.96R} \times \dfrac{G}{g} = 11.8\dfrac{V^2}{R}$

$\qquad$ 여기서, $G : 1,500$

$\qquad\qquad g : 9.8$

따라서 곡선반경 R은

$R = 11.8\dfrac{V^2}{C} = 11.8\dfrac{V^2}{C_{\max} + C_{d\max}}$ 이다.

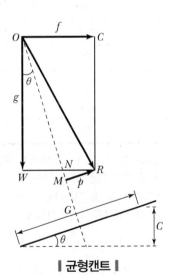

∥ 균형캔트 ∥

② 최대 설정캔트($C_{\max}$) 및 최대 부족캔트(C_{dmax})

설계속도 V (km/h)	자갈도상궤도		콘크리트도상궤도	
	최대 설정캔트 (mm)	최대 부족캔트[*] (mm)	최대 설정캔트 (mm)	최대 부족캔트 (mm)
350< V≤400	$-$[**]	$-$[**]	180	130
250< V≤350	160	80	180	130
V≤250	160	100[***]	180	130

* 최대 부족캔트는 완화곡선이 있는 경우, 즉 부족캔트가 점진적으로 증가하는 경우에 한한다.

** 설계속도 350< V≤400km/h 구간에서는 콘크리트도상 궤도를 적용하는 것을 원칙으로 하고, 자갈도 상 궤도 적용 시에는 별도로 검토하여 정한다.

*** 기존선을 250km/h까지 고속화하는 경우에는 최대 부족캔트를 120mm까지 할 수 있다.

③ 최소 곡선반경의 크기

설계속도 V (km/h)	최소 곡선반경(m)	
	자갈도상궤도	콘크리트도상궤도
400	$-$[*]	6,100
350	6,100	4,700
300	4,500	3,500
250	2,900	2,400
200	1,900	1,600
150	1,100	900
120	700	600
70	400	400

* 설계속도 350< V≤400km/h 구간에서는 콘크리트도상 궤도를 적용하는 것을 원칙으로 하고, 자갈 도상 궤도 적용 시에는 별도로 검토하여 정한다.

** 이외의 값 및 기존선을 250km/h까지 고속화하는 경우에는 제7조의 최대 설정캔트와 최대 부족캔 트를 적용하여 다음 공식에 의해 산출한다.

$$R \geq 11.8 \frac{V^2}{C_{\max} + C_{d,\max}}$$

여기서, R : 곡선반경(m)

V : 설계속도(km/h)

$C_{\max}$: 최대 설정캔트(mm)

$C_{d,\max}$: 최대 부족캔트(mm)

다만, 곡선반경은 400m 이상으로 하여야 한다.

10 균형캔트 ▶▶▶▶

1. 정의

① 캔트는 선로의 곡선반경과 곡선구간을 주행하는 열차의 속도에 따라 정해진다.

② 곡선구간에 열차운행 시 차량에 가해지는 합력이 궤도의 중심을 통과하게 될 때의 속도를 평형속도라 하며 평형속도를 위한 캔트양을 균형캔트 또는 평형캔트라 한다.

③ 캔트의 이론공식은 $C = 11.8 \dfrac{V^2}{R}$ 이며, 이 식으로 산출한 캔트를 균형캔트(평형캔트, 이론캔트)라 한다.

2. 균형캔트 이론식

(1) 열차 중심에 작용하는 하중

열차가 반경 R(m)의 곡선을 속도 V(km/h)로 통과하는 경우 궤도면이 캔트 C만큼 기울어져 있다고 하면 열차 중심에 작용하는 하중은 다음과 같다.

① 곡선 외측으로 발생하는 원심가속도 $f = \dfrac{v^2}{R}$

② 중력 g

③ 원심력과 중력의 합력 $\overline{OR}$ 및 그 합력($\overline{OR}$)에 의해 생기는 궤도면에 궤도면에 평행한 횡가속도 성분 p

$$p = \overline{MR} = \overline{NR}\cos\theta$$

$$\overline{NR} = f - \overline{WN}$$

$$f = \frac{v^2}{R}, \quad \overline{WN} = g\tan\theta = \frac{C}{G}g,$$

$\cos\theta \approx 1$이므로

$$p = \overline{NR} = \frac{v^2}{R} - \frac{C}{G}g$$

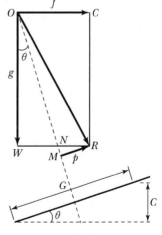

‖ 균형캔트 ‖

3. 균형캔트, 균형속도

① 열차속도 V에 대하여 횡가속도 p가 0일 경우, 즉 원심가속도와 중력가속도와의 합력이 궤도의 중심을 향하는 가장 바람직한 상태가 되는 때의 캔트를 균형캔트(C_{eq} : 평형캔트)라 하며, 이때의 열차속도 V를 균형속도라 한다.

② $\dfrac{v^2}{R} = \dfrac{C_{eq}}{G} g$

$C_{eq} = \dfrac{G v^2}{g R}$

$g = 9.8 \text{m/sec}^2,\ G = 1{,}500 \text{mm},\ v = \dfrac{1}{3.6} V$이므로

$C_{eq} = \dfrac{1{,}500(\text{mm}) \times \text{v}(\text{m/sec})^2}{9.8(\text{m/sec}^2) \times R(\text{m})} = \dfrac{1{,}500(\text{mm}) \times \text{V}(\text{km/hr})^2}{9.8(\text{m/sec}^2) \times 3.6^2 \times R(\text{m})} \approx 11.8 \dfrac{V^2}{R} (\text{mm})$

여기서, C_{eq} : 균형캔트(mm)

V : 열차속도(km/h)

R : 곡선반경(m)

참고정리

$v = \dfrac{\text{m}}{\text{sec}} \quad V = \dfrac{\text{km}}{\text{hr}}$

$v(\text{m/sec}) = v \dfrac{1{,}000\text{m}}{1{,}000} \times \dfrac{3{,}600}{3{,}600\text{sec}} = v \dfrac{1\text{km}}{1{,}000} \times \dfrac{3{,}600}{1\text{hr}} = 3.6 v(\text{km/h}) = V(\text{km/h})$

따라서 $3.6v = V$이므로 $v = \dfrac{1}{3.6} V$이다.

11 설정캔트

1. 설정캔트

① 현재까지 일반철도는 여객전용선이나 화물전용선이 별도로 없어 여객열차, 화물열차 및 전동열차가 혼용 운행하고 있으므로 유지, 보수, 관리 시에는 이를 고려한 적정한 캔트를 정해야 하며 이때 설정한 적정한 캔트를 "설정캔트"라 한다.

② 고속 및 저속열차에 대한 불균형과 승객의 승차감 그리고 현장 실정을 고려한 조정값, 즉 부족캔트 C_d를 두어 설정캔트를 결정한다.

③ 따라서 균형캔트 C_{eq}는 설정캔트 C와 부족캔트 C_d의 합이다.

$$C_{eq} = C + C_d$$

④ 따라서 설정캔트는

$$C = C_{eq} - C_d = 11.8 \frac{V^2}{R} - C_d$$

여기서, C : 설정캔트(mm)
V : 열차속도(km/h)
R : 곡선반경(m)
C_d : 부족캔트(mm)

2. 부족캔트의 조정

① 캔트가 과대할 경우, 열차하중은 내측레일에 편기하여 내측레일에 손상을 크게 주며, 레일의 경사 및 궤간의 확대가 생기는 등 궤도틀림을 조장하여 승차감을 나쁘게 한다.

② 캔트가 부족할 경우에는 열차하중이 원심력의 작용으로 외측레일에 편기하여 외측레일에 손상을 크게 하며 탈선위험을 초래한다.

1. 최대설정캔트

① 캔트가 설정되어 있는 곡선부에서 차량이 정지한 경우 혹은 곡선부를 서행으로 주행하는 경우에는 균형캔트가 0이므로 설정캔트가 그대로 캔트초과량이 된다.

② 이러한 경우에는 외측으로부터 풍하중에 의한 차량의 내측전도와 차체 경사에 의한 승객의 승차감을 고려하여 최대설정캔트를 설정할 필요가 있다.

2. 공식의 유도

① 캔트 및 편기거리

$\dfrac{x}{H} \approx \dfrac{C}{G}$ 에서

캔트 $C = \dfrac{x}{H}G$ 편기거리 $x = \dfrac{C}{G}H$

② 최대설정캔트

열차가 전복으로부터 안전하기 위해서는 궤도 중심으로부터 편기거리 $x \leq \dfrac{G}{2}$ 이고 정차에 대한 안전율 3.5를 감안하여 $x \leq \dfrac{G}{7}$ 이내에 들도록 하면 최대설정캔트는 다음과 같이 정의된다.

$C = \dfrac{x}{H}G$

$C_{\lim} = \dfrac{1}{3.5}\dfrac{x}{H}G = \dfrac{1}{3.5}\dfrac{G/2}{H}G = \dfrac{G^2}{7H}$

여기서, $C_{\lim}$: 최대설정캔트(mm)

　　　　G : 궤간좌우접촉점 간 거리(1,500mm)

　　　　H : 레일면으로부터 차량무게중심까지의
　　　　　　 높이(mm)

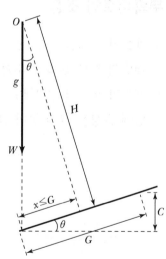

‖ 설정최대캔트 ‖

3. 최대설정캔트 값

① 기존 건설규칙에서는 안전율 3.5와 레일면으로부터 차량 무게 중심까지의 높이를 기존 선에 대해서는 2,000mm 고속선에 대해서는 1,800mm를 적용하여 최대설정캔트 값을 기존 선 160mm, 고속선 180mm를 각각 적용하였다.

② 개정규칙 및 신설규정에서는 기존 건설규칙과 유사한 값을 적용하고 있는 ENV 13803 −1 : 2002(유럽) 규정을 참조하여 자갈도상궤도에 대해서는 160mm, 콘크리트도상 궤도에 대해서는 180mm로 규정하였다.

③ 콘크리트도상 궤도는 궤도안정성이 자갈도상궤도에 비하여 높기 때문에 최대설정캔트값을 크게 함으로써 곡선반경을 작게 하여 경제적인 설계가 이루어지도록 하였다.

13 부족캔트   ▶▶▶▶

1. 부족캔트

① 부족캔트 결정에 미치는 가장 중요한 요소는 곡선부 주행 시 승객이 느끼는 원심가속도, 즉 궤도면에 평행한 횡방향 가속도 성분이다.

② 부족캔트의 한계값($C_{d.\lim}$)은 궤도안정성, 유지보수 경제성, 승차감을 고려하여 설정한다.

2. 부족캔트에 의한 원심가속도

① 공식유도

$$p = \overline{MR} = \overline{NR}\cos\theta = \overline{NR}\,(\cos\theta \simeq 1)$$

$$\overline{NR} = f - \overline{WN}$$

$$f = \frac{v^2}{R},\ \overline{WN} = g\tan\theta = \frac{C}{G}g = \frac{g}{G}C$$

따라서

$$p = a_q = \frac{v^2}{R} - \frac{g}{G}C$$

여기서, a_q : 부족캔트에 의한 원심가속도

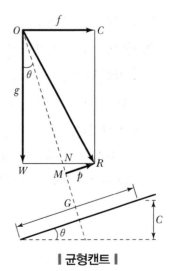

▎균형캔트 ▎

v : 열차속도(km/h)

g : 중력가속도

R : 곡선반경(m)

C : 설정캔트(mm)

G : 궤간(좌우접촉점 간 거리)

$v(\text{m/sec}) = \dfrac{1}{3.6} V(\text{km/hr})$, $g = 9.8\text{m/sec}^2$, $G = 1,500\text{mm}$ 라 하고 각 기호의 단위를

맞추면 부족캔트에 의한 허용가속도는 $a_q = \dfrac{V^2}{12.96R} - \dfrac{C}{153}$ 이다.

② 허용 원심가속도

설정캔트 $C = 11.8 \dfrac{V^2}{R} - C_d$ 이므로 위의 공식에 대입하면

불균형 횡가속도는 $a_q = \dfrac{V^2}{12.96R} - \dfrac{C}{153} = \dfrac{V^2}{12.96} - \dfrac{1}{153}\left(11.8\dfrac{V^2}{R} - C_d\right)$

$$= \dfrac{1}{153} C_d \leq a_{q,\,\text{lim}}$$

여기서, a_q : 부족캔트에 의한 원심가속도(m/sec²)

C_d : 부족캔트(mm)

$a_{q,\,\text{lim}}$: 허용 원심가속도(m/sec²)

3. 부족캔트값

① 최대부족캔트는 $C_d = 153a_{q,\,\text{lim}}$ 이다.

② 자갈도상궤도인 경우 설계속도 $200 < V(\text{km/h}) \leq 350$에 대해서는 향후의 속도향상 및 승차감 향상을 위하여 $a_{q,\,\text{lim}} = 0.53$을 적용하여 부족캔트 한계값을 80mm로, 설계속도 $V(\text{km/h}) \leq 200$에 대하여는 $a_{q,\,\text{lim}} = 0.67$을 적용하여 부족캔트 한계값을 100mm로 적용하였다.

③ 콘크리트도상궤도에 대해서는 궤도안정성이 자갈도상궤도에 비하여 크기 때문에 130mm를 적용하여 곡선반경이 작게 되도록 하여 경제적인 설계가 이루어지도록 하였다.

14 초과캔트 ▶▶▶▶

1. 초과캔트

① 설계자는 일반적으로 부족캔트를 최소화하기 위하여 어느 정도까지는 캔트를 증가시킨다.

② 이러한 캔트의 증가는 저속열차에 대해서 초과캔트를 유발시키며, 그 결과 곡선 내측 레일에 대하여 하중의 증가를 초래한다.

③ 이 경우 내측 레일에 대한 횡방향하중이 수직하중에 비례하여 증가하게 되어 결과적으로 레일의 마모를 촉진시킨다.

④ 따라서 설계자는 캔트와 부족캔트, 초과캔트에 대하여 최적의 조건이 되도록 검토하여야 한다.

2. 초과캔트의 크기

① 곡선구간에서 열차의 최대운행속도($V_{\max}$)와 최소운행속도($V_{\min}$) 사이에는 일반적으로 큰 차이가 있을 수 있으며, 이 경우 다음과 같은 초과캔트가 발생할 수 있다.

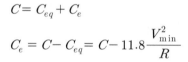

$$C = C_{eq} + C_e$$

$$C_e = C - C_{eq} = C - 11.8\frac{V_{\min}^2}{R}$$

② 초과캔트는 열차의 운행속도에 대해 ENV 13803 − 1 : 2002(유럽)의 추천한계값 110mm 를 초과캔트 한계값으로 적용하였다.

15 완화곡선 ▶▶▶▶

1. 개요

① 열차가 직선에서 곡선부로 또는 곡선부에서 직선부로 진입 시 열차의 주행방향이 급변하게 되므로 차량의 운행을 불안정하게 하는 동시에 불쾌한 승차감을 주게 되며, 또한 차륜 및 궤도에 손상을 주게 된다.

② 따라서 이러한 문제점을 해결하기 위하여 원심력이 연속 변화하도록 곡선반경을 $\infty \rightarrow R \rightarrow \infty$ 까지 점진적으로 변화시켜 원활한 진입이 되도록 직선부와 곡선부 사이에 매끄러운 곡선을 삽입하는 것을 완화곡선이라 한다.

2. 완화곡선의 설치목적

① 캔트의 원활체감 : 캔트와 캔트부족량의 변화가 서서히 이루어지도록 함
② 슬랙의 원활체감
③ 차량의 회전원활
④ 궤도파괴 경감

3. 완화곡선의 종류

(1) 3차 포물선

① 곡률은 횡거에 비례
② 완화곡선을 직선적으로 변화시키는 직선체감방법 채용
③ $y = \dfrac{x^3}{6RX}$
④ 국철, 경부고속철도에 적용

(2) 클로소이드곡선(Clothoid)

① 곡률은 곡선길이에 비례
② 완화곡선을 직선적으로 변화시키는 직선체감방법 채용
③ $y = \dfrac{X^3}{6RL}\left(1 + 0.0057\dfrac{X^4}{R^2L^2} + 0.0074\dfrac{X^8}{R^4L^4}\right)$

  여기서, $RL = A^2$

④ 서울지하철 적용(곡률이 급하여 지하철에 사용)

(3) 램니스케이트(Lemniscate)

① 극좌표의 현장에 비례
② 완화곡선을 직선적으로 변화시키는 직선체감방법 채용
③ $Z = a\sqrt{\sin 2\delta}$

$$2\delta_0 = \sin^{-1}\frac{L}{3R} \qquad a = 3R\sqrt{\sin 2\delta_0}$$

$$x = Z\cos\delta \qquad\qquad y = Z\sin\delta$$

④ 도로에서 주로 사용

(4) Sine 반파장 곡선

① 완화곡선을 곡선적으로 변화시키는 곡선체감방법 채용

② $y = \dfrac{1}{2R}\left\{\dfrac{X^2}{2} - \dfrac{X^2}{\varPi^2}\left(1 - \cos\dfrac{\varPi}{X}x\right)\right\}$

여기서, $Cx = \dfrac{C}{2}\left(1 - \cos\dfrac{\varPi}{X}x\right)$

③ 일본의 고속철도에서 사용

(5) 4차 포물선

① 완화곡선을 곡선적으로 변화시키는 곡선체감방법 채용

② $y = \dfrac{x^4}{6RX^2}$

③ 정현곡선으로 독일에서 속도에 따라 적용(100km/h 기준)

16 직선체감과 원활체감

1. 캔트의 필요성

① 열차가 곡선을 통과할 때 차량에서 발생하는 원심력이 곡선 외측에 작용하여 탈선 전복 또는 승객의 승차감을 나쁘게 하여, 차량의 중량과 횡압이 외측레일에 부담을 주어 궤도 보수량을 증가시켜 레일에 손상을 준다.

② 이러한 영향을 방지하기 위하여 내측레일을 기준으로 외측레일을 높게 하여 원심력과 중력과의 합력선이 궤간의 중앙부에 작용하도록 하는 것을 캔트라 한다.

2. 직선체감

① 곡률과 캔트의 체감을 직선으로 체감하는 방법으로 완화곡선 시·종점에서 캔트의 변화점이 불연속이 되므로 고속운전에는 부적당하다.

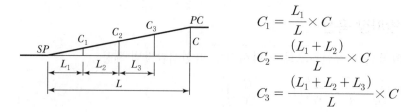

$$C_1 = \frac{L_1}{L} \times C$$

$$C_2 = \frac{(L_1 + L_2)}{L} \times C$$

$$C_3 = \frac{(L_1 + L_2 + L_3)}{L} \times C$$

② 직선체감의 종류

㉠ 3차 포물선 : 일반철도 및 고속철도에 적용

곡률의 완화곡선의 횡거에 비례하여 증가하는 방법으로

일반식은 $y = \dfrac{x^3}{6RL}$

㉡ 클로소이드 : 서울시 지하철에 적용

곡률이 완화곡선상의 길이에 비례하여 증가하는 방법으로

일반식은 $R \cdot L = A^2$

$$y = \frac{x^3}{6RL}\left(1 + 0.0057\frac{x^4}{R^2 L^2} + 0.0074\frac{x^8}{R^4 L^4}\right)$$

㉢ 램니스케이트(Lemniscate) 곡선

곡률이 장현에 비례하여 증가하는 방법으로, 급곡선이 많은 도로나 도시철도에 유리하고, 도로에서 많이 사용되나 철도에는 사용하지 않음

3. 원활체감

① 캔트와 곡률을 곡선적으로 체감하는 것으로 고속운전에 적합하나 유지보수가 복잡하여 완화곡선 중앙부에 평면성 틀림이 발생하기 쉽다.

$$C_x = \frac{C}{2}\left(1 - \cos\frac{\pi}{X} \cdot x\right)$$

$$y = \frac{1}{2R}\left\{\frac{x^2}{2} - \frac{X^2}{\pi^2}\left(1 - \cos\frac{\pi}{X}x\right)\right\}$$

② 원활체감의 종류

    ㉠ sine 반파장 곡선(일본)

    ㉡ 4차 포물선(독일) 등이 있다.

17 3점지지현상   ▶▶▶▶

1. 개요

① 차량이 선로를 주행할 때 차량의 고정축거와 완화곡선의 캔트 변화나 평면성 틀림에 의하여 차륜이 3점에서 지지하게 되는데, 이를 3점지지현상이라 한다.

② 완화곡선은 3점지지에 의한 차륜 부상이 없도록 완만하게 해야 하고, 캔트량의 변화와 캔트부족량의 변화는 승차감이 나쁘지 않은 범위 내에서 일정한 값 이상이어야 한다.

③ 평면성 틀림은 좌우측레일 궤도평면의 비틀림에 의하여 주행차량이 3점지지 상태로 되어 주행안전성이 손상되어 주행 차량의 플랜지가 레일을 올라타 탈선의 원인이 된다.

2. 완화곡선과 3점지지

① 완화곡선이 없는 경우 캔트변화량의 600배의 길이에 걸쳐 완화곡선을 부설하게 된다.

② 이는 차량이 3점지지된 상황에서 부상에 의해 탈선하지 않는 조건을 만족하는 것이다.

③ 공식의 유도

$$\frac{\Delta C}{L_1} = \frac{d_a}{A}$$

$$L_1 = \frac{A}{d_a}\Delta C = \frac{3.70 \times 1,000}{11}\Delta C = 336\Delta C$$

3점지지로 인한 탈선안전율을 2라고 하면

$$L_1 = 336\Delta C \times 2 \simeq 600\Delta C$$

여기서, L_1 : 캔트체감길이

ΔC : 캔트변화량

A : 차량의 고정축거(3.70m)

d_a : 3점지지 탈선 방지를 위한 캔트체감에 의한 평면성틀림한계(11mm)

- 3점지지로 인한 한쪽 바퀴 부상량은 20mm 이내로 한다.
- 궤도의 고저틀림 최대변위량은 9mm로 한다.
- $d_a = 20 - 9 = 11$(mm)

④ 따라서 캔트체감거리는 안전율을 2로 보아 캔트변화량의 600배로 할 경우 탈선에 대하여 안전하다.

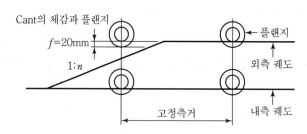

- 고정축거 A : 3.7m
- 한쪽 바퀴 부상량 : 20mm
- 궤도의 최대 고저틀림량 : 9mm
- 평면성 틀림의 한계값

  $d_a = 20 - 9 = 11$mm
- 안전율 : 2
- 캔트변화량 배율

  $N = \dfrac{A}{d_a} = \dfrac{3.7 \times 1,000}{11} = 336$
- 안전율을 2로 하면 약 600배이다.

18 철도의 기울기(Grade) ▶▶▶▶

1. 개요

① 선로의 기울기는 최소곡선반경보다도 수송력에 직접적인 영향을 주므로 가능한 수평에 가깝도록 하는 것이 좋다.

② 하지만 수평으로 하면 토공과 장대터널을 필요로 하게 되어 건설비가 많이 소요되므로, 산악이 많은 국내지역에는 기울기도 많아진다. 철도에서 기울기는 천분율로 표시하고 ‰로 표시한다.

2. 기울기의 종류

(1) 실제기울기

선로의 기울기는 운전취급 편의상 여러 가지 명칭이 붙여지고 있으며, 그 사용 목적에 따라 실제 기울기와는 다른 수치를 나타낸다. 따라서 이들 기울기와 대조하여 선로의 실제 기울기를 말하는 경우에 쓰인다.

(2) 최대기울기(Steep Gradient)

① 열차의 견인력으로부터 결정되는 기울기로 철도건설규칙은 설계속도별로 최대기울기를 규정하고 있다.

② 정차장 내의 본선기울기는 2‰ 이하로 하며 차량의 해결을 하지 않은 본선에는 8‰, 차량을 유치하지 않는 측선 및 전차전용선로에서는 35‰ 이하로 규정하고 있다.

③ 최대기울기의 크기를 여객전용선, 여객화물 혼용선, 전기동차 전용선으로 구분하여 최대기울기의 크기를 규정하고 있다.

설계속도 V(km/h)		최대 기울기(천분율)
여객전용선	$V \leq 400$	35
여객화물혼용선	$V \leq 250$	25
전기동차전용선		35

④ 여객전용선의 최대기울기는 연속한 선로 10km에 대해 평균기울기는 $\dfrac{25}{1,000}$ 이하여야 한다. 기울기가 $\dfrac{35}{1,000}$ 인 구간은 연속하여 6km를 초과할 수 없다.

⑤ 선로 용량이 최적이 되도록 본선기울기를 결정하여야 한다.

(3) 표준기울기(Maximum Gradient Continuing 1km or more)

① 열차운전계획상 정거장 사이마다 사정된 기울기로서 역 간에 임의 지점 간의 거리 1km의 연장 중 가장 급한 기울기를 말한다.

② 1km 떨어진 임의의 2점을 잇는 기울기 중에서 열차에 대한 최급의 기울기, 구간 거리가 1km가 되지 않는 경우 그 선로의 연장에 대한 기울기로 한다.

(4) 평균기울기

① 어느 구간에서 여러 가지 기울기의 수평거리 합계와 이것에 대한 고저차에 대한 합계의 비를 평균기울기라 한다.

② 기울기 저항과 구간길이를 곱하여 합한 값을 구간 길이로 나눈 기울기이다.

③ 평균 $r_g = \dfrac{(a‰ \times l_a + b‰ \times l_b)}{(l_a + l_b)}$

(5) 등가사정기울기

① 기울기와 열차장을 고려하여 견인정수 사정을 위한 계산상의 최대 기울기이다.

② 열차장이 걸리는 구간의 최대 표준기울기 산정

③ 기울기 중에 곡선이 존재하는 경우는 환산기울기를 감안한다.

(6) 사정기울기(지배기울기)

① 각 동력차의 견인정수를 사정하기 위한 기울기, 즉 동력차가 최대의 견인력을 발휘하도록 하는 저항이 많은 기울기를 말한다.

② 열차의 운행구간 중 상기울기 최대인장력이 요구되는 기울기를 사정기울기라 한다. 또한 그 구간에서 견인정수를 지배하는 기울기라 하여 지배기울기라고도 한다. 사정기울기를 결정할 때 반드시 최대기울기가 되는 것은 아니다. 왜냐하면 최대기울기를 가졌다 하더라도 기울기 구간이 매우 짧다면 그 최대기울기는 균형속도로 운행이 가능하여 최대인장력이 필요하지 않기 때문이다.

(7) 환산기울기

① 곡선의 저항을 기울기 저항으로 환산하여 표시한 기울기를 말한다.

② $G_c = \dfrac{700}{R}$

(8) 보정기울기(Compensated Grade)

① 상당기울기(Eguivalent Grade)와 같은 의미로서 현장에 부설하는 실제 기울기와 환산기울기의 합계를 말한다.

② $i_c = i + G_c = i + \dfrac{700}{R}$

여기서 i_c : 보정기울기

i : 실제기울기

G_c : 환산기울기

(9) 차량제한기울기

① 방치된 차량이 움직일 우려가 없을 정도의 완만한 기울기이다.

② 롤러 베어링을 장치한 차량은 1.8‰ 이상이 되면 전동할 우려가 있다.

(10) 타력기울기(Momentum Grade)

제한기울기보다 심한 기울기라도 그 연장에 짧은 경우에는 열차의 타력에 의하여 정상에서의 속도가 여전히 규정의 최저속도 이상으로 이 기울기를 통과할 수가 있다. 이러한 기울기를 타력기울기라 한다.

(11) 가상기울기(Virtual Grade)

열차의 가속, 감속을 저항으로 환산하면 기울기를 오르내리는 것과 같다. 이와 같이 열차의 속도 변화를 기울기로 환산한 값을 실제의 기울기에 가감하여 얻어지는 가상적인 기울기를 말한다.

3. 기울기의 최소길이

종곡선과 종곡선 간 기울기 직선 선로의 최소 길이는 설계속도에 따라 다음 값 이상으로 하여야 한다.

$L = \dfrac{1.5}{3.6} V$

여기서, L : 종곡선 간 같은 기울기의 선로길이(m)

V : 설계속도(km/h)

19 곡선보정(Curve Compensation) ▶▶▶▶

1. 개요

① 차량이 곡선구간을 주행하는 경우 관성에 의해 궤도에 가해지는 횡압, 마찰력 등에 의해 저항력이 발생한다. 이와 같이 곡선을 주행할 때 주행저항을 제외한 마찰에 의한 저항을 곡선저항이라 한다.

② 이와 같이 곡선구간에서 곡선저항을 감안하여 기울기를 보정하는 것을 곡선보정이라 한다.

2. 기울기의 곡선보정

기울기 구간에 곡선이 중첩되어 있을 때는 열차의 곡선저항이 가산되므로 이럴 경우 곡선저항과 동등한 기울기량만큼 최대기울기를 완화시켜야 한다.

3. 곡선보정식

① 곡선저항은 곡선반경, 캔트량, 슬랙량, 대차구조, 레일형상 및 운전속도 등의 인자에 따라 변화하며 "모리슨"씨의 실험식에 의하여 곡선저항을 산출한다.

② $\gamma_c = \dfrac{1,000 \times f \times (G+L)}{R} = \dfrac{1,000 \times 0.2 \times (1.435 + 2.2)}{R}$

$= \dfrac{727}{R} \fallingdotseq \dfrac{700}{R}$

따라서, 곡선보정기울기 $G_c = \dfrac{700}{R}(‰)$가 된다.

여기서, γ_c : 곡선저항(kg/ton)

G_c : 곡선보정 기울기(‰)

G : 궤간(1.435m)

R : 곡선반경(m)

L : 고정축거(2.2m)

f : 레일과 차륜 간의 마찰계수(0.15~0.25, 0.2 적용)

20 환산기울기, 보정기울기, 상당기울기　▶▶▶▶

1. 환산기울기

환산기울기란 곡선의 저항을 기울기 저항으로 환산하여 표시한 기울기를 말하며 그 크기는 $G_c = \dfrac{700}{R}(‰)$이다.

2. 보정기울기(Compensated Grade)

① 기울기 중에 곡선이 있을 때는 최대기울기를 완화시키기 위하여 곡선저항을 선로기울기로 환산하여 차인한 값을 현장에 부설하여야 한다.

② 즉, 곡선저항을 선로기울기로 환산하여 그 값만큼 차인한 실제기울기를 현장에 부설하게 된다.

$$i_c = i + G_c \longrightarrow i = i_c - G_c$$

여기서, i_c : 보정기울기

i : 실제기울기

G_c : 환산기울기

③ 곡선을 기울기로 환산하여 기울기를 보정하는 것을 곡선보정이라 한다.

④ 보정기울기는 상당기울기와 같은 의미로서 실제기울기와 환산기울기의 합계를 말한다.

3. 상당기울기(Equivalant Grade)

① 상당기울기란 설치하는 실제기울기와 환산기울기와의 합계를 말하며, 이는 제한기울기를 초과할 수 없다.

② 그 크기는 $i_e = i + G_c = i + \dfrac{700}{R}$이다.

③ 25‰의 상당기울기 중에 반경 350m의 곡선을 둔 경우 곡선부분의 열차저항을 직선부분과 동등하게 하려면 $i_e = i + G_c$에서 $i_e = 25‰$ $G_c = \dfrac{700}{R} = \dfrac{700}{350} = 2‰$ 이므로 $25 = i + 2$이다.

따라서 곡선부분에 실제로 설치하는 기울기를 $i = 25 - 2 = 23(‰)$로 계획하여야 한다.

여기서, i_e : 상당기울기, i : 실제기울기, G_c : 환산기울기

1. 개요

① 선로의 기울기가 변하는 지점에서는 차량 전후에 인장력 및 압축력의 작용으로 연결기의 손상 및 통과열차에 요동을 주어 승차기분을 불쾌하게 할 뿐만 아니라 열차 좌굴 현상으로 차량 탈선우려가 있다.

② 따라서 열차운행의 원활과 안전을 위하여 종곡선을 설치한다.

2. 설치 필요성

① 선로기울기의 변화점에서는 그 지점을 통과하는 열차의 안전 및 원활한 운행을 위하여 양기울기 사이에 종곡선을 삽입한다.

② 선로기울기 변화점에서의 영향

   ㉠ 열차연결기의 파손위험

   ㉡ 차량부상 및 탈선위험

   ㉢ 상 · 하 동요로 승차감 불쾌

   ㉣ 차량한계와 건축한계에 영향을 미친다.

3. 공식

(1) 종곡선 반경

$$a = \frac{v^2}{R} = \left(\frac{V}{3.6}\right)^2 \frac{1}{R} = \frac{V^2}{12.96R}$$

가속도 $a = 0.22 \, \mathrm{m/sec^2}$이므로 종곡선 반경은 $R = 0.35 V^2$이다.

(2) 종곡선의 길이(l)

$$L = 2l = R \cdot \theta$$

여기서, $\theta = \dfrac{1}{1,000}(m \pm n)$ 이므로

$$L = R \cdot \dfrac{1}{1,000}(m \pm n)$$

$$\therefore \ l = \dfrac{R}{2} \cdot \dfrac{1}{1,000}(m \pm n) = \dfrac{R}{2,000}(m \pm n)$$

여기서, 기울기 방향이 동방향($-$), 이방향($+$)

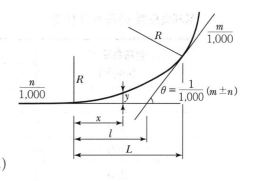

(3) 종곡선 종거(x)

$$(R+y)^2 = R^2 + x^2$$

$$R^2 + 2R \cdot y + y^2 = R^2 + x^2$$

여기서, y^2은 미소하므로 $2R \cdot y = x^2$

따라서 임의의 거리 x에서의 종거는 $y = \dfrac{x^2}{2R}$

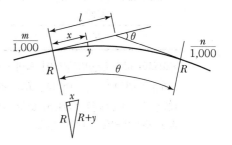

4. 종곡선의 삽입

① 선로의 기울기가 변화하는 개소의 기울기 차이가 설계속도에 따라 다음 표 이상인 경우는 종곡선을 설치하여야 한다.

설계속도(km/h)	기울기 차(천분율)
$200 < V \leq 400$	1
$70 < V \leq 200$	4
$V \leq 70$	5

② 설계속도별 종곡선의 반경

설계속도 V (km/h)	종곡선 최소 반경(m)	
	자갈도상궤도	콘크리트도상궤도
400	−*	40,000
350	25,000	40,000
300	25,000	32,000
250	22,000	
200	14,000	
150	8,000	
120	5,000	
70	1,800	

* 이외의 값은 다음의 공식에 의해 산출한다.

$R_V = 0.35 V^2$ 여기서, R_V : 최소종곡선반경(m), V : 설계속도(km/h)

다만, 종곡선 반경은 1,800m 이상으로 하여야 하며, 자갈도상 궤도는 25,000m, 콘크리트도상 궤도는 40,000m 이하로 하여야 한다.

③ 도심지 통과구간 및 시가화 구간 등 부득이한 경우

설계속도	최소 종곡선반경
250km/h	$R = 0.25 V^2 = 0.25 \cdot 250^2 = 16,000m$
200km/h	$R = 0.25 V^2 = 0.25 \cdot 200^2 = 10,000m$
150km/h	$R = 0.25 V^2 = 0.25 \cdot 150^2 = 6,000m$
120km/h	$R = 0.25 V^2 = 0.25 \cdot 120^2 = 4,000m$
70km/h	$R = 0.25 V^2 = 0.25 \cdot 70^2 = 1,300m$

5. 종곡선과의 경합조건

(1) 원곡선 또는 완화곡선과 종곡선의 경합

① 종곡선에 의한 궤도의 수평틀림에 부가되면 궤도의 평면성은 더욱 나빠져 차량이 3점지지가 되며 탈선할 위험이 있다.

② 종곡선은 직선 또는 원의 중심이 1개인 곡선구간에 부설해야 한다. 다만, 부득이

한 경우에는 콘크리트도상 궤도에 한하여 완화곡선 또는 직선에서 완화곡선과 원의 중심이 1개인 곡선구간까지 걸쳐서 둘 수 있다.

(2) 교량과 종곡선 경합

① Beam의 Deflection과 종곡선의 경합은 열차의 안전운전 저해 및 승차감 불량원인

② 부득이한 경우 T-beam과 같이 Deflection이 적은 곳에 종곡선 R을 크게 설치한다.

(3) 분기기와 종곡선 경합

차량이 분기기 통과 시 큰 횡압과 진동가속도 발생으로 운전보안상 위험 및 선로보수가 곤란하다.

22 슬랙(확대궤간) ▶▶▶▶

1. 개요

① 철도차량은 수개의 차축이 평행하게 강결되어 고정차축으로 구성되어 있어 곡선 통과 시 차축의 중심선과 선로의 중심선이 편기하여 차륜의 플랜지가 래일에 저촉되어 원활한 운행이 어렵다.

② 따라서 곡선반경 300m 이하인 곡선구간의 궤도는 $S = \dfrac{2,400}{R} - S'$에 의하여 산출된 슬랙을 두어야 한다.

③ 슬랙은 곡선 내측 레일을 궤간 외측으로 확대하여 차량의 운행이 원활하도록 궤간을 넓히는 것을 슬랙(확대 궤간)이라 하며 일반철도는 30mm 이하, 도시철도는 25mm 이하 범위 내에서 곡선반경을 고려하여 결정토록 규정하고 있다.

2. 슬랙의 공식

① 슬랙 공식의 유도

$$AC^2 = AO^2 - CO^2$$

$$AC = \frac{L}{2}, \ AO = R \text{이고}$$

$$CO = (R - S) \text{이므로}$$

$$\left(\frac{L}{2}\right)^2 = R^2 - (R - S)^2$$

$$= R^2 - (R^2 - 2RS + S^2)$$

$$\frac{L^2}{4} = 2RS - S^2$$

여기서, S^2은 미소하므로 생략하면

$$\therefore \ \frac{L^2}{4} = 2RS, \ \text{즉} \ S = \frac{L^2}{8R}$$

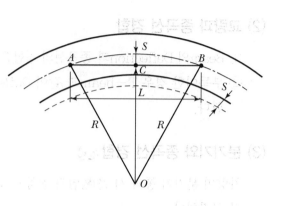

② 슬랙양의 산출

최대 대차길이 4.35m를 대입하면

$$S = \frac{L^2}{8R} = \frac{(4.35)^2}{8R} = \frac{2,400}{R} - S'(\text{mm})$$

여기서, S : 슬랙(mm)

S' : 조정치(0~15mm)

단, S는 30mm를 초과할 수 없다.

3. 슬랙의 조정치(S')를 15mm 이하로 한 이유

① 궤간의 차량플랜지 간의 여유폭 $= 1,435 - 1,424(1,356 + 34 + 34) = 11\text{mm}$
② 차량 좌우동에 대한 여유치 6mm(최소치)와 궤간의 축소허용치 $(-)2\text{mm}$를 고려
③ 슬랙의 조정치(S') $= 11\text{mm} + 6\text{mm} - 2\text{mm} = 15\text{mm}$

4. 슬랙의 체감

① 캔트가 있는 경우

　㉠ 완화곡선이 있는 경우 : 완화곡선 전체의 길이

ⓛ 완화곡선이 없는 경우 : 캔트의 체감길이와 같은 길이(캔트의 600배 이상의 길이)

ⓒ 복심곡선 안의 경우 : 두 곡선 사이 캔트 차이의 600배 이상의 길이, 이 경우 두 곡선 사이의 슬랙의 차이를 체감하되, 곡선 반경이 큰 곡선에서 체감한다.

② 캔트가 없는 경우

캔트를 두지 아니한 경우는 원곡선의 시·종점으로부터 차량의 고정축거 3.75m를 고려하여 5.0m 거리에서 체증 및 체감을 한다.

5. 슬랙 설치 효과

① 차량의 동요가 적고 승차감이 향상된다.

② 소음·진동의 발생이 적다.

③ 레일 마모 감소로 사용연수가 연장된다.

④ 횡압감소로 궤도틀림이 감소된다.

23 곡선 간의 직선길이 ▶▶▶▶

1. 개요

① 차량이 평면곡선에서 직선으로 또는 직선에서 평면곡선으로 주행 시 차량의 동요가 발생한다.

② 따라서 차량이 원활하게 주행할 수 있도록 평면상 두 곡선 사이에는 차량의 고유진동주기를 고려하여 상당한 길이의 직선 구간을 두어야 한다.

2. 산출식

① 실험에 의하면 차량의 고유진동주기는 1.5< 1.8초 정도이며 통상 1주기 사이에서 감쇠한다.

② 곡선 사이의 최소직선길이나 원곡선의 최소곡선길이 L은 고유진동주기 1.8초를 적용하여 열차의 속도에 따라 다음 식으로 구한다.

$$L = \frac{V \cdot t}{3.6}(\text{m}) = \frac{1.8\,V}{3.6} = 0.5\,V$$

여기서, V : 열차속도(km/h)

t : 차량의 좌우 진동 감쇠시간 1.8초

3. 설계속도에 따른 곡선 간 직선길이

설계속도 V(km/h)	중간직선 길이 기준값(m)
$200 < V \leq 400$	$0.5\,V$
$100 < V \leq 200$	$0.3\,V$
$70 < V \leq 100$	$0.25\,V$
$V \leq 70$	$0.2\,V$

24 복심곡선

1. 개요

① 복심곡선이란 곡선반경(Radius of Curve)이 도중에서 변경되는 곡선으로 건설 및 유지보수에 어려움이 있으나 때로는 최적의 열차운행 조건 형성을 위하여 부설이 불가피하다.

② 같은 방향의 원곡선 사이에 최소길이 한계값 미만의 직선을 두는 것은 가급적 피해야 한다. 다만, 부득이한 경우에는 두 원곡선의 부족캔트 중 최댓값이 한계값을 초과하지 않도록 $(\triangle C_d = \max(C_{d1}, C_{d2}))$보다 엄격한 규정을 적용하여야 한다.

2. 복심곡선 부설이 가능한 조건

(1) 복심곡선 설정조건

부족캔트 변화량이 한계값 이하인 경우 완화곡선을 두지 않고 두 원곡선을 직접 연결할 수 있도록 하였다.

(2) 공식의 유도

열차속도 70km/h에서 부족캔트 변화량의 한계값이 100mm이므로 이에 대한 곡률의 차는

$$\Delta C_d = 11.8\,V^2\left|\frac{1}{R_1}-\frac{1}{R_2}\right| = 11.8\,(70)^2\left|\frac{1}{R_1}-\frac{1}{R_2}\right| \leq 100$$

$$\therefore\ \left|\frac{1}{R_1}-\frac{1}{R_2}\right| \leq \frac{100}{11.8\,(70)^2} = \frac{1}{578.2} \approx \frac{1}{600}$$

여기서, R_1, R_2 : 인접곡선의 곡선반경

3. 기존 건설규칙과 비교

기존 건설규칙에서는 속도 70km/h 이하에서 두 곡선 간 곡률의 차가 $\frac{1}{1,200}$ 이하인 경우, 즉 부족캔트 변화량의 한계값을 48.2mm까지 허용하였으나 개정안에서는 기존 건설규칙보다 곡률의 차가 2배 정도 큰 $\frac{1}{600}$까지 복심곡선을 허용하고 있다.

25 파정(Broken Kilometer)

① 선로의 일부가 중간에서 변경되어 측점(거리)의 변경요소가 생길 때 전체 노선의 Chainage 변경이 사실상 불가능하므로 변경지점에 Broken Chainage를 두는 것을 파정이라 한다.
② 철도선로의 선로측량에서 어느 구간에 대한 계획연장의 변경, 또한 노선변경에 따른 새로운 측량으로 인하여 발생하는 당초 거리에 대한 변경거리의 차이를 파정이라 한다.
③ 계측구간 종점에 설치하며 그 지점의 진행되어 온 위치와 진행할 위치를 명기하고 시점 쪽으로부터의 거리보다 클 경우 (+)파정, 그 반대를 (−)파정이라 한다.
④ 당초 거리 24.3km, 변경거리 25.7km라 하면 이때의 파정은 (변경거리−당초거리)로 표기된다. 즉, 25.7km=24.3km(+1.4km)가 된다.

1. 정의

① 차량이 곡선부를 통과할 때 곡선부에서 차량의 중심이 안쪽으로 밀어지고 양단부가 궤도 중심으로부터 외측으로 밀어진다.

② 따라서 곡선부의 건축한계는 곡선반경에 따라 그 밀리는 양만큼 확대를 하여야 한다. 이것을 편기라 한다.

2. 편기량 산출

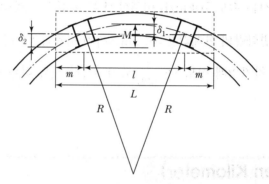

‖ 곡선에서 차량편기 ‖

(1) 차량 중앙부에서의 편기량

$$R^2 = \left(\frac{l}{2}\right)^2 + (R - \delta_1)^2 = \frac{l^2}{4} + R^2 - 2R\delta_1 + {\delta_1}^2$$

${\delta_1}^2$은 미소하므로, ${\delta_1}^2 = 0$으로 보면, $2R\delta_1 = \dfrac{l^2}{4}$, $\delta_1 = \dfrac{l^2}{8R}$

(2) 차량 전후부에서의 편기량

$$\delta_2 = M - \delta_1 = \frac{(l + 2m)^2}{8R} - \frac{l^2}{8R} = \frac{m(m + l)}{2R}$$

여기서, R : 곡선반경(m)

m : 대차 중심에서 차량 끝단까지 거리(m)

δ_1 : 차량 중앙부가 궤도중심의 내방으로 편기하는 양(mm)

δ_2 : 차량 전후부가 궤도중심의 외방으로 편기하는 양(mm)

M : 선로 중심선이 차량 전후부의 교차점과 만나는 선에서 곡선 중앙종거(mm)

l : 차량의 대차 중심 간 거리(m)

L : 차량의 전장(m)

(3) 확대량의 산정

① 일반철도의 경우

차량 전후 및 중앙부의 편기량에 차량제원을 대입하여 계산하면,

차량대차간거리 $l=18.0$m, 대차 중심에서 차량 끝단까지의 거리 m=4.0m이므로,

㉠ 내방 편기량 $\delta_1 = \dfrac{18^2}{8R} \times 1,000 = \dfrac{40,500}{R}$ (mm)

㉡ 외방 편기량 $\delta_2 = \dfrac{4(4+18)}{2R} \times 1,000 = \dfrac{44,000}{R}$ (mm)

위 계산근거에 의하여 곡선에서의 건축한계 확대량은 선로 중심에서 좌우로 각각 W 만큼을 더하도록 규정한 것이다.

확대량 $W = \dfrac{50,000}{R}$ (mm)

② 전철구간의 경우

차량대차 간 거리 $l=13.8$m, 대차 중심에서 차량 끝단까지의 거리 m=2.85m이므로,

㉠ 내방 편기량 $\delta_1 = \dfrac{13.8^2}{8R} \times 1,000 = \dfrac{23,805}{R}$ (mm)

㉡ 외방 편기량 $\delta_2 = \dfrac{2.85 \times (2.85+13.8)}{2R} \times 1,000 = \dfrac{23,726}{R}$ (mm)

위 계산근거에 의하여 곡선에서의 건축한계 확대량은 선로 중심에서 좌우로 각각 W 만큼을 더하도록 규정한 것이다.

확대량 $W = \dfrac{24,000}{R}$ (mm)

27 경합탈선(Derailment of Multiple Causes) ▶▶▶▶

1. 정의

차량, 운전, 선로, 적하(積荷) 등이 각각 기준 내의 상태로 만족하여 있어 단독으로는 탈선을 일으키는 일이 없지만, 각 인자가 각각 나쁜 방향으로 경합하여 일어나는 탈선이다.

2. 방지대책

(1) 궤도

① 궤도정비기준의 개정

열차의 주행 안전성을 고려하여 궤도틀림에 대한 어떤 정비기준치를 두어 이것을 넘는 궤도틀림은 긴급히 보수하는 것으로 하고 부득이 보수할 수 없는 경우는 열차의 서행 조치를 취한다.

② 궤도검측의 강화

㉠ 궤도검측차를 늘려 궤도검측 체제를 강화한다.

㉡ 상급 선구에서는 4회/년, 기타 선구에서는 2회/년을 기본으로 하며, 고속운전 선구의 일부는 6회/년의 궤도 검측이 행해지고 있다.

③ 탈선 방지 가드레일 등의 부설

④ 복합틀림의 관리

㉠ 줄틀림과 수준틀림이 동일 파장에서 역위상으로 연속하여 존재하는 때는 주행 안정성이 저하되는데, 이것을 관리하는 지표로서 복합틀림(Composite Irregularity)이 이용된다.

㉡ 복합틀림은 다음과 같은 식으로 나타내며, 마이너스 부호는 역위상인 것을 나타낸다. 복합틀림＝∣줄틀림－1.5×수준틀림∣

(2) 차량

① 차륜답면의 N답면화

차륜답면은 레일과의 접촉상태를 개선함과 동시에 탈선하기 어렵게 하기 위하여 플랜지각을 크게 하고(60° → 65°), 플랜지 높이를 높게 하고 있다(27mm → 30mm).

② 화차 수선한도의 개정

2축 화차에 대하여는 전반 검사 시 등의 수선한도 등을 개선한다. 보기 화차에 대하여는 사이드 베어러(Side Bearer) 틈을 개정한다.

③ 2단 링 장치의 개량
④ 대차의 개량

06 궤도

01 열차속도와 궤도구조의 상관관계 ▶▶▶▶

1. 개요

열차속도와 궤도구조와의 상관관계는 열차의 속도가 증가함에 따라 구조를 형성하고 있는 레일 및 그 체결구, 침목, 도상 등이 보다 강화되고 중량화, 후층화되어 속도에 대응하는 적합한 시설로서의 구조를 만족하여야 한다.

2. 궤도구조의 구비조건

① 차량의 원활한 주행과 안전이 확보되고 경제적일 것
② 열차의 충격하중에 견딜 수 있는 재료로 구성될 것
③ 차량의 동요와 진동이 적고 승차감이 양호할 것
④ 열차하중을 시공기면하 노반에 광범위하게 균등 전달할 것
⑤ 궤도틀림이 적고 열차진행이 완만한 것
⑥ 보수작업이 용이하고 구성재료가 단순 간단할 것

3. 열차속도에 따른 상관관계

(1) 원칙론적인 접근

① 열차의 속도가 증가함에 따라 궤도부담력이 증가하여 궤도에 미치는 영향이 크게 된다.
② 궤도구조는 열차속도가 증가함에 따라 강성화, 중량화, 후층화, 탄성화 시설로 축조한다.
③ 열차의 고속화 및 고밀도, 중량화에 따라 보수체계는 Maintenance Free의 궤도구조물을 요구한다.

(2) 궤도구조의 대응(열차속도 증가에 따라)

① 레일 : 경량단척, 정척연장, 중량화, 장척화, 장대화, 특수화(경두레일, 망간레일)
② 침목 : 목침목, RC, PC, 합성식, 직결식, Slab 궤도
③ 도상 : 강자갈, 깬자갈, 보조도상, 단침목식, 직결식, Slab 궤도
④ 체결구 : 일반체결, 단탄성, 이중탄성, 완전탄성, 다중탄성, 방음방진형
⑤ 분기기 : 일반분기, 중량화, 고변화, 탄성 포인트, 가동 망간크로싱, 고속분기기

4. 결론

① 궤도구조는 열차의 주행에 따라 항상 틀림이 발생하며, 그에 따라 열화의 진행이 필연적이다. 따라서 열차속도에 의한 영향은 궤도구조의 전체적인 부설조건 및 보수 조건을 지배하게 된다.

② 열차속도에 적합한 선로등급에 따라 적합한 궤도구조를 선정하여 시설하되 장래 고속화, 고밀도의 열차운행을 위해서는 궤도구조 전반에 걸쳐 Maintenance Free 구조가 필연적이라 할 수 있다.

02 호륜레일(Guard Rail) ▶▶▶▶

1. 개요

열차 주행 시 차량의 탈선을 방지하고 만일 탈선했을 경우에도 대형사고가 나지 않도록 하며 그 외에 차륜의 윤연로(Flange Way)의 확보를 위해 레일의 내측 또는 외측에 일정 간격으로 부설한 별개의 레일을 일반적으로 호륜레일이라 하며 부설하는 장소에 따라 다음과 같이 분류된다.

2. 호륜레일의 종류

(1) 탈선방지레일

① 급곡선부(R = 300mm)에서는 외간에 횡압이 작용하여 레일의 편마모가 심하고 차륜의 플랜지가 마찰에 의하여 외간에 올라타는 경향으로 탈선(Derailing)하기 쉽다.
② 그러므로 반경이 작은 곡선의 궤간에 탈선 방지용 호륜 레일을 부설한다. 본선 레일과 탈선 방지레일의 두부 내측 간격은 80~100mm로 한다.

(2) 교량 호륜레일(Bridge Guard Rail)

① 교량 위 또는 교량 부근에서 차량이 탈선할 경우 차량이 교량 아래로 떨어지는 중대한 사고를 방지하고 탈선 차량을 본선 쪽으로 유도하여 사고 피해를 최대한도로 억제하기 위한 것이다.
② 본선레일의 내측 또는 외측에 일정 간격(200~250mm)으로 교량 전장에 걸쳐 교량호륜레일을 부설한다.

(3) 건널목 가드레일

① 차량 및 건널목 이용자의 안전과 편리성을 위해 보판을 깔며 건널목에는 본선레일 궤간 안쪽 양측에 가드레일을 부설하여야 하며, 특수한 경우를 제외하고는 본선과 같은 레일을 사용하며 플랜지웨이폭은 65mm에 슬랙을 더한 치수로 하여야 한다.

② 건널목 보판 또는 포장은 본선레일과 같은 높이로 하며 특수한 경우를 제외하고는 본선레일 바깥 양쪽으로 약 450mm 보판을 깔아야 하며, 궤간 내 차량의 복귀가 용이하도록 양쪽 끝은 경사지게 설치하여야 한다.

(4) 안전 가드레일(Safety Rail)

① 높은 축제 또는 고가선에서 열차탈선의 경우에 큰 사고를 일으킬 염려가 있으므로 피해를 최소한도로 줄이기 위해 위험개소에는 탈선된 차륜을 유도하기 위하여 설치하는 레일을 안전레일이라 칭한다.

② 본선 레일과 180mm 간격으로 위험이 있는 쪽의 반대 레일의 궤간 안쪽에 부설한다.

(5) 분기부 가드레일

① 분기부에서는 우선 텅레일이 취약하고, 결선부와 가드레일에서의 충격이 매우 크며, 분기선 측의 리드부 반경에도 제한을 두고 있어 적당량의 캔트나 슬랙 및 완화곡선의 삽입이 어려워 차량의 안전고속 운행을 저해하는 요소이다.

② 차량이 크로싱의 결선부에서 차륜의 플랜지가 다른 방향으로 진입하거나, Nose의 단부를 훼손시키는 것을 방지하며 차량을 안전하게 유도하기 위하여 반대 측 주 레일 내측에 부설하는 것을 가드레일(Guard Rail)이라고 한다.

③ 간격은 슬랙+65mm로 설치 크로싱 Nose Rail과 주 레일 내측에 설치되어 있는 가드레일 외측과의 거리를 백 게이지(Back Gauge)라 하며 1,390~1,396mm의 간격을 유지해야 한다.

03 중계레일과 완충레일 ▶▶▶▶

1. 중계레일(Junction Rail)

단면이 서로 다른 형태의 레일을 접속하는 데 사용하는 레일로 양끝의 모양이 서로 다른 레일을 말하며 다른 종류의 레일을 접속하기 위해서는 중계레일 대신 이형 이음매판을 사용하는 경우도 있다.

2. 완충레일

① 장대레일의 신축에 대비하기 위하여 특수구조의 이음매를 사용하지 않고 3~5개 정도의 정척레일과 고탄소강의 이음매판 및 Bolt를 사용한 보통 이음매 구조로서 유간변화를 이용하여 장대레일 단부의 신축량을 배분하기 위해 장대레일 상간에 매설하는 정척레일을 완충레일이라고 한다.

② 완충레일 자체의 유간의 변화량만으로는 장대레일의 온도변화에 따른 신축량을 처리하지 못하므로 이음매판의 견고한 특수신축에서 얻어지는 마찰저항력, 이음매판 Bolt의 휨(Bending)에 의한 부담력, 맹유간(Blined Joint)으로 된 후 다시 연속하여 이음매부에 가해지는 압력 등에 대하여 온도변화의 일부를 압축력으로 부담하고 잔여 신축량만을 처리하도록 한다.

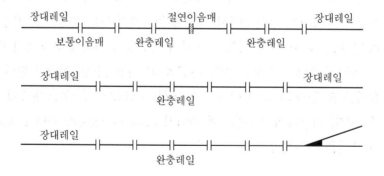

04 레일탄성체결방식의 유형 ▶▶▶▶

1. 개요

① 열차주행 시 레일에 발생되는 고주파진동은 궤도 파괴의 원인이 된다. 따라서 고주파 진동을 흡수하여 궤도 파괴를 방지하기 위해 개발된 탄성이 풍부한 체결방법을 레일 탄성체결방식이라 하며 이는 궤도 근대화의 필수적 요소이다.

② 탄성 있는 레일못, Spring clip, Tie pad 등을 사용하여 열차의 충격과 진동을 흡수 완화하고 소음 방지의 역할을 한다.

2. 특성

① 열차로부터의 진동과 충격 흡수, 완화의 역할을 한다.

② 레일의 복진방지 및 횡압력에 저항한다.

③ Tie Pad를 사용하면 침목 수명을 연장할 수 있다.

④ 궤간의 틀림, 레일두부의 경사, 레일마모 등에 효과적이다.

⑤ 고주파수 진동을 흡수하여 침목저부의 동적 부담력을 완화함으로써 궤도의 동적 틀림을 경감시킨다.

⑥ Con'c 침목 및 Comc 도상의 탄성부족을 보완한다.

⑦ Tie Pad의 경우 침목과의 절연성을 확보한다.

3. 종류

침목의 형성과 재질, 열차 운전조건, 선로 보수방법 등에 따라 유리한 형식을 택하여 사용한다.

① 단순탄성체결

탄성 Clip만을 사용하여 레일을 위에서 탄성적으로 누르는 방식으로 단순탄성체결 또는 일중탄성체결이라고도 한다.

② 이중탄성체결

고무제의 Tie Pad를 깔고 탄성 Clip을 사용함으로써 레일의 상하방향에서 탄성적으로 누르는 방식이다.

③ 다중탄성체결

레일의 상하 좌우에서 탄성적으로 체결하여 누르는 방식이다.

05 탄성체결구(Elastic Fastening Device) ▶▶▶▶

1. 탄성체결의 목적

① 열차가 주행할 때 레일에는 고주파가 발생하는데, 매초 1,000회 정도의 고주파가 발생하며, 이 고주파 진동이 궤도파괴의 원인이 된다.
② 따라서 이 진동을 흡수시켜 궤도파괴를 경감시킬 목적으로 탄성체결을 사용한다.

2. 탄성체결의 종류

① 탄성이 있는 Spike, Spring Clip 외에 Tie Pad 등을 사용하여 열차의 충격과 진동을 흡수, 완화시키며 소음저감에도 효과가 있다.
② 탄성 Clip만으로 체결하는 것을 일중(단)탄성체결이라 하며 여기에 고무제품의 Tid Pad를 깔고 상·하 양측에서 체결하는 것을 이중탄성체결이라 한다. 이중탄성체결은 고속 또는 수송량이 많은 선로 구간에 쓰이고 있다.

06 이중탄성체결 ▶▶▶▶

1. 정의

레일을 침목에 탄성적으로 체결하는 경우 단순히 Rail 저부를 상부에서 눌러 체결하는 것을 일중탄성체결, Rail 저부를 상하 양면에서 스프링으로 체결하는 것을 이중탄성체결이라 한다.

2. 특징

Rail 저부에는 탄성이 풍부한 패드를 깔고 상부에서 스프링 클립을 체결함으로써 상부·하부에서 이중으로 탄성을 가하여 체결한다.

3. 장점

① 레일은 침목을 항시 누르고 있으므로 레일과 침목 간의 충격이 발생하지 않는다.
② 탄성이 풍부한 패드를 사용하므로 도상파괴의 원인이 되는 충격, 진동을 감쇄시킨다.
③ 탄성에 의해 하중을 분산시켜 궤도틀림을 방지하므로 보수주기가 연장된다.
④ 체결력이 상시 작용하여 Rail과 침목 사이의 마찰력에 의해 복진이 경감된다.

07 레일의 용접법 ▶▶▶▶

1. 개요

① 레일의 용접법에는 압력을 가하여 접촉시키는 압접법과 녹여서 접합시키는 용융법으로 나눌 수 있다.
② 압접법에는 전기플래시버트, 가스압접법 등이 있으며, 용융법에는 테르밋, 엔크로즈드 아크용접법이 있다.

2. 플래시 버트 용접(Flash Butt Welding)

(1) 개요

① 용접할 레일을 적당한 거리에 놓고 전기를 가하면서 서서히 접근시키다.
② 돌출된 부분부터 접촉하면 이 부분에 전류가 집중하여 스파크가 발생하고 가열되어 용융상태로 된다.
③ 적당한 고온이 되었을 때 양쪽에서 강한 압력을 가해 접합시킨다.

(2) 용접과정

예비 Flash ➡ 예열 ➡ Flashing ➡ Up set ➡ Trimming ➡ 연삭

(3) 특징

① 다른 용접부에 비해 열 영향부가 좁다.

② 열 영향부의 경도가 높다.

③ 용접시간이 타 용접에 비해 비교적 빠르다.(3~5분)

④ 전 공정이 비교적 자동화되어 있어 용접품질의 신뢰가 높다.

3. 가스압접법(Gas Pressure Welding)

(1) 개요

용접하려는 레일을 맞대어 놓고 특수형상의 산소 - 아세틸렌 토치를 이용 화염을 발
생시켜 용접온도까지 가열시키고 적정한 온도에서 레일의 접촉면을 강하게 압축하
여 완전히 접합시킨다.

(2) 용접과정

레일에 압접기 설치 ➡ 가압력 설정 ➡ 가열 및 압접 ➡ 트리밍(Trimming) ➡ 열간 교정 ➡ 연삭

(3) 특징

① 용접시간이 빠른 편이다.(5~8분)

② 전기플래시 버트용접과 같은 정도의 신뢰성이 있다.

4. 테르밋 용접(Thermit Welding)

(1) 개요

① 알루미늄(Al)과 산화철(Fe_2O_3) 분말을 혼합한 테르밋을 사용하는 방법으로 특히
장대레일의 현장 궤도용접에 이용된다.

② 테르밋을 점화시키면 3,000℃ 이상의 고열을 내며 알루미늄이 알루미나(Al_2O_3)
로 되고 철(Fe)이 유리된다.

③ 용접할 부분에 주형을 미리 만들고 용융된 철을 용접부에 주입하여 모재를 용접하는 방법이다.

(2) 용접과정

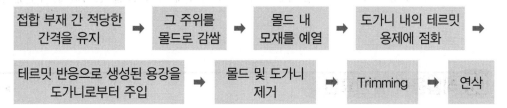

접합 부재 간 적당한 간격을 유지 → 그 주위를 몰드로 감쌈 → 몰드 내 모재를 예열 → 도가니 내의 테르밋 용제에 점화 →

테르밋 반응으로 생성된 용강을 도가니로부터 주입 → 몰드 및 도가니 제거 → Trimming → 연삭

(3) 특징

① 용접작업이 단순하며 기술의 습득이 용이하다.
② 사용기구가 간단하고 경량이므로 설비비가 싸고 기동성이 좋다.
③ 용접에 전력이 필요 없고, 소요시간이 짧다.
④ 용접부가 주물이어서 용접결함이 생기지 않는다.
⑤ 레일의 복부, 저부의 덧살이 큰 점 등 때문에 다른 용접부에 비하여 강도면에서 약하다.

5. 엔크로즈드 아크용접(Enclosed Arc Welding)

(1) 개요

① 아크용접은 용접봉으로 레일 사이의 간극을 채워 용접하는 방법으로 레일 모재의 강도에 이르는 저수소계 용접봉의 개발로 레일용접이 가능해졌다.
② 특히, 폴랜드의 필립스가 개발한 Enclosed법에 의한 Arc용접법은 신뢰도가 높고 현장에서 시공이 가능하여 많이 사용되고 있다.

(2) 용접과정

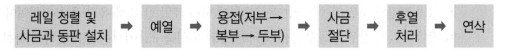

레일 정렬 및 사금과 동판 설치 → 예열 → 용접(저부→복부→두부) → 사금 절단 → 후열 처리 → 연삭

(3) 특징

① 작업시간이 비교적 길다.(150~180분)

② 전원설비가 비교적 대형이다.

③ 용접 강도가 비교적 높지만 용접공의 기량에 따라 품질 신뢰도가 좌우된다.

08 레일응력 발생요인 ▶▶▶▶

1. 개요

열차가 운행할 때 레일에 발생하는 응력의 종류는 가해지는 하중에 의한 휨응력, 반복하중 작용에 의한 피로응력, 온도변화에 따른 온도응력이 있다.

2. 레일응력의 종류 및 발생요인

① 휨응력

열차의 하중은 차륜을 통하여 레일에 전달되고 궤도는 침하하며 레일에 하중이 작용함으로써 휨응력이 발생한다.

② 피로응력

일반적으로 금속재료는 반복하중 작용 시 피로현상을 일으킨다. 레일은 특히 열차하중이라는 반복하중을 받는 구조재이므로 피로응력이 발생하고 레일의 수명 및 보수주기에 영향을 미친다.

③ 온도응력

㉠ 레일은 대기온도의 변화에 따라 신축하게 되며 레일과 침목의 체결력, 침목과 도상 간의 저항력의 크기에 따라 레일 내부의 응력은 변화한다.

㉡ 일반 레일의 경우 이음매에는 온도변화에 따라 레일 간 유격(유간)을 유지하여야 한다.

㉢ 장대레일의 경우 부동구간을 제외한 양단의 신축구간에서는 온도변화에 따른 레일의 신축량을 고려하여야 하며 레일이 받는 온도변화를 고려하여 장대레일의 설정온도를 결정하여야 한다.

09 도상(Ballast) ▶▶▶▶

1. 개요

도상은 레일 및 침목으로부터 전달되는 열차하중을 넓게 분산시켜 노반에 전달하고, 침목을 종·횡 방향으로 움직이지 않도록 소정위치에 고정시키는 역할을 하는 궤도재료로 깬 자갈과 콘크리트를 사용한다.

2. 도상의 역할

① 레일 및 침목으로부터 전달되는 하중을 널리 노반에 전달한다.
② 침목을 탄성적으로 지지하고 충격력을 완화하여 선로의 파괴를 경감시키고 승차감을 향상시킨다.
③ 침목을 소정위치에 고정시키는 역할을 하며 수평마찰력(도상저항력)을 크게 한다.
④ 궤도틀림 정정 및 침목갱환 작업이 용이하고 재료공급이 용이하며 경제적이어야 한다.

3. 도상재료의 구비요건

① 견질로서 충격과 마찰에 강할 것
② 단위중량이 크고, 능각(모서리각)이 풍부하며 입자 간의 마찰력이 클 것
③ 입도가 적정하고 도상작업이 용이할 것
④ 점토 및 불순물의 혼입률이 적고 배수가 양호할 것
⑤ 동상 풍화에 강하고 잡초육성을 방지할 것
⑥ 양산이 가능하고 비용이 저렴할 것

4. 도상재료의 종류

① 깬자갈
   화강암, 안산암 등으로 입경이 10~70mm 정도인 것
② 친자갈
   강자갈, 산자갈을 체로 쳐서 입도를 고르게 한 것

③ 광재(슬래그)

용광로의 부산물인 괴재를 파쇄하여 사용하나 조달이 곤란하며 능각이 너무 지나쳐 침목 손상이 크므로 제철소 등 일부에서 사용한다.

④ 막자갈

5. 도상두께의 결정요인

① 도상두께란 침목하면에서 시공기면까지의 두께를 말하며 250~350mm 정도이다.

② 해당선로의 설계속도와 열차의 통과톤수에 따라 정해진다.

③ 도상자갈의 기울기는 열차진동과 안식각을 고려하여 1 : 1~1 : 2로 한다.

④ 다지기작업, 보수작업, 궤도강도 등을 고려하여 결정한다.

⑤ 침목의 형상치수, 침목간격, 도상재료의 하중분산성, 노반의 지지력 등을 고려하여 결정한다.

6. 설계속도별 자갈 도상두께

설계속도 V(km/h)	최소 도상두께(mm)**
$230 < V \le 350$	350
$120 < V \le 230$	300
$70 < V \le 120$	270*
$V \le 70$	250*

* 장대레일인 경우 300mm로 한다.
** 최소 도상두께는 도상매트를 포함한다.

7. 도상의 강도

(1) 도상의 평가 요인

궤도틀림 발생량, 진동가속도, 승차감, 보수 노력비용 등을 종합적으로 고려하여 도상의 양호, 불량 등을 평가한다.

(2) 도상계수 : $K = \dfrac{P}{\gamma}$

여기서, K : 도상계수(kg/cm³)

P : 도상반력(kg/cm²)

γ : 측점지점의 탄성침하량(cm)

① 도상계수 K는 도상재료가 양호할수록, 다지기가 충분할수록, 노반이 견고할수록 크다.

② 일반적으로 $K=5$kg/cm³ : 불량노반, $K=9$kg/cm³ : 양호한 노반, $K=13$kg/cm³ : 우량한 양질의 노반이다.

10 보조도상 ▶▶▶▶

1. 정의

① 수송량이 큰 선로에는 도상의 두께를 크게 해서 압력을 노반에 균등하게 분포시키기 위하여 보조도상을 둔다.

② 또한 연약한 노반, 습지 등에서도 배수를 충분히 하기 위해서 보통도상 하부에 두께 20~30cm 정도의 자갈, 석탄재, 호박돌 등을 깔아 보조도상을 설치한다.

③ 이 경우 하부층을 보조도상, 상부층을 상부도상이라 하며, 이와 같은 구성법을 이층도상이라 한다.

2. 보조도상을 설치하는 이유

① 노반의 지지력을 확보한다.

② 도상압력을 노반에 균등하게 분포시킨다.

③ 연약노반, 습지 등에서 충분한 배수를 유도한다.

11 콘크리트도상

1. 개요

① 콘크리트도상은 보수작업이 불편한 지하철도와 장대터널, 건널목 등에 사용되어 왔으나 보수주기를 연장하고 고강도의 도상설치를 목적으로 근래에는 도시철도 및 고속철도에서 많이 채택하고 있다.

② 콘크리트도상은 초기투자비가 높으나, 궤도의 잦은 유지보수 없이 양호한 승차감을 유지할 수 있어 경제적 효과가 자갈도상에 비하여 높다.

2. 콘크리트도상의 장단점

(1) 콘크리트도상의 장점

① 도상다짐이 불필요하므로 보수노력이 경감된다.

② 배수가 양호하여 동상이 없고 잡초발생이 없다.

③ 도상의 진동과 차량의 동요가 적어 승객안전성과 승차감이 양호하다.

④ 궤도의 세척과 청소가 용이하다.

⑤ 궤도틀림 진행이 적다.

⑥ 고강도의 도상 확보로 궤도의 횡방향 안전성 개선에 효과가 높다.

⑦ 궤도강도가 향상되어 장대구간 확대가 가능하다.

⑧ 궤도강도가 향상되어 에너지비용, 차량수선비, 궤도보수비를 감소할 수 있다.

⑨ 자갈도상에 비해 두께가 얇아 구조물 규모를 줄일 수 있다.

⑩ 차량탈선 시 궤도의 피해를 줄일 수 있다.

⑪ 역구내의 청결유지 및 환경개선에 유리하다.

(2) 콘크리트도상의 단점

① 도상의 탄성이 적으므로 충격과 소음이 크다.

② 탄성부족으로 충격과 소음이 높아 별도의 방진설비가 필요하다.

③ 시공기간이 길어 건설비가 높다.

④ 레일이 파상마모될 우려가 있다.

⑤ 레일 이음매부의 손상, 침목갱환, 도상 파손 시 보수가 곤란하다.

⑥ 장래 선로변경에 대한 융통성이 없다.

⑦ 수명이 다했을 경우 막대한 갱환비용이 든다.

12 아프트형 궤도(Abt - system Railway) ▶▶▶▶

1. 정의

① 2개의 레일 중앙에 톱니바퀴가 맞물리도록 톱니가 달린 레일을 랙레일(Rack Rail)이라 하며, 차량에 톱니바퀴형 피니언(Pinion, 치차)이 설치된 차량을 아프트형 기관차라 한다.

② 기어가 맞물리도록 이프트형 궤도(치상궤도)를 부설하고 이것에 동력차의 치차를 맞물려 가파른 경사면을 운전하는 철도방식으로 스위스의 철도기술자 Roman - Abt 박사가 고안한 궤도형식이다.

2. 원리 및 개발배경

① 바퀴와 레일 사이의 마찰력(점착력)을 이용하는 보통 동력차는 아무리 출력이 좋아도 동륜과 레일 사이의 마찰력보다 큰 힘으로 열차를 견인하는 것은 불가능하며 또한 바퀴와 레일 사이의 마찰력보다 큰 제동력을 얻을 수 없다.

② 따라서 어느 한계 이상의 오르막 경사의 선로에서는 동륜의 공전으로 열차의 전진이 어렵고 내리막 선로에서는 제동을 걸어도 바퀴가 레일 위를 미끄러져 활주하여 열차의 운전이 불가능하므로 견인력과 제동력의 부족을 해결하는 등산철도로 이 장치가 개발되었다.

3. 랙식 철도의 종류

① 아프트(Abt)식

② 스트럽(Strup)식

③ 리겐바하(Riggenbach)식

④ 록휄(Rocher)식

13 갠틀릿궤도(Gantlet Track) ▶▶▶▶

① 복선 중의 일부 구간에 한쪽 선로가 공사 등으로 장애가 있을 때 사용되며 포인트 없이 2선의 크로싱과 연결선으로 되어 있는 특수선을 말한다.

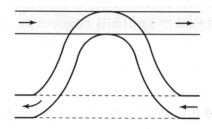

② 또한 화물을 적재한 채로 화차의 적재중량을 계량할 때 사용되는 계중대가 있는 곳에 2조의 포인트와 연결선으로 되어 있는 특수분기기를 사용하는 갠틀릿 궤도가 있다.

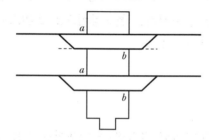

• 계량 시 a선 사용
• 비계량 시 b선 사용

14 슬래브궤도(Slab Track) ▶▶▶▶

① 슬래브궤도란 콘크리트로 된 두터운 판을 말한다. 슬래브판과 노반 콘크리트와의 사이에 시멘트 아스팔트 모르타르(CA 모르타르)를 완충재로 충진하고, 슬래브 전면으로 하중을 지지하는 형식의 궤도를 말한다.

② 자갈, 침목, 레일을 일체화한 콘크리트 직결 궤도의 하나로서, 침목과 도상(道床)에 해당하는 부분에 철근 콘크리트의 슬래브를 깔고 그 사이를 시멘트 아스팔트로 굳히는 방식으로 만든 것이다.

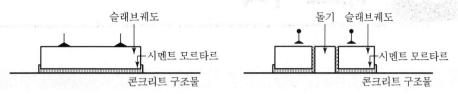

슬래브궤도

■ 슬래브궤도의 중앙부분 ■   ■ 슬래브궤도의 단면부분 ■

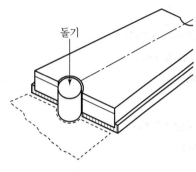

■ 돌기부분 ■

07 궤도역학

01 궤도에 작용하는 힘 ▶▶▶▶

1. 개요

궤도에 작용하는 힘은 궤도면에 수직으로 작용하는 수직력과 레일두부 측면에서 레일방향 직각으로 작용하는 횡압, 레일과 수평하게 작용하는 축압력이 있다.

2. 수직력

열차 주행 시 차륜이 레일에 수직으로 작용하는 윤중이다.
① 차량 동요 관성력의 수직성분
② 레일면 또는 차륜답면에 기인한 충격력

3. 횡압

차량 주행에 따른 차륜 답면으로부터 레일에 작용하는 횡방향의 힘이다.

① 곡선전향의 횡압(원심력)

② 궤도틀림에 의한 횡압

③ 곡선 통과 시 불평형 원심력의 좌우 방향 성분

④ 차량 동요에 의한 횡압

⑤ 분기기 및 신축이음매 등 궤도의 특수 개소에 있어서의 충격의 횡압

4. 축방향력

차량 주행 시 레일의 길이방향으로 작용하는 힘이다.

① 레일의 온도변화에 따른 신축력

② 제동 및 시동하중

③ 기울기 변동구간에서 차량중량의 점착력을 통해 전후로 작용하는 하중

5. 궤도에 작용하는 응력저하방법

① 견고한 궤도구조로 적용한다(자갈도상 → 콘크리트도상).

② 레일을 중량화한다(37kg → 50kg → 60kg).

③ 고강도레일이나 망간레일 등과 같은 특수레일을 사용한다.

02 도상계수와 궤도계수 ▶▶▶▶

1. 도상계수

① 궤도역학에서 도상의 강도를 표시하는 계수로서 다음과 같이 표시된다.

$$K(\text{도상계수}) = \frac{P}{\gamma_c} (\text{kg/cm}^3)$$

여기서, P : 차륜 하중에 의해 침목 밑에서 도상이 받는 도상압력(kg/cm³)

γ_c : 그 점의 탄성침하량(cm)

② K는 도상재료가 양호할수록, 다지기가 충분할수록, 노반이 견고할수록 크다.
③ 재하면의 형상과 기타 조건에 의하여 달라질 수 있으나 기준치는 다음과 같다.
   ㉠ K=5kg/cm³ : 불량노반
   ㉡ K=9kg/cm³ : 양호노반
   ㉢ K=13kg/cm³ : 우수노반

2. 궤도계수

① 궤도역학에서 A. N. Talbot 교수의 탄성곡선 방정식 해석에서 나온 것으로 궤도 1cm를 1cm 침하시키는 데 필요한 힘을 궤도계수라 하며, U(kg/cm²/cm)로 표시한다.

② U(궤도계수) $= \dfrac{P}{y}$ (kg/cm²/cm)

   여기서, P : 어떤 점의 압력(kg/cm²)

   y : 침하량(Cm)

③ 도상재료가 양호할수록, 잘 다져질수록, 레일이 중량화될수록 궤도계수가 크며 일반적으로 150~200(kg/cm²/cm)이다.

03 노반압력 ▶▶▶▶

1. 개요

① 노반압력이란 노반면에 작용하는 도상압력을 말하고, 도상 밸러스트의 다짐상태, 도상두께, 침목의 강성에 따라 변화한다. 노반압력은 강화노반의 설계에 사용된다.
② 침목하면(저면)의 평균압력을 노반압력이라 하며, 노반압력은 도상두께가 크게 될수록 작게 된다.
③ 노반압력은 궤도구조, 윤중크기, 열차속도 등을 고려하여 구하며, 윤중에는 정적 윤중(P_s)과 동적인 주행 윤중(P_d)이 있으며, 주행 윤중은 정적 윤중에 열차속도의 함수인 속도 충격계수(i)를 곱하여 구할 수 있다.

④ 속도충격계수는 $i = \dfrac{0.513}{100} \cdot V$이며 이때 속도충격계수는 최대 0.8로 한다. 또 레일 강성 등에 의한 하중 분담 효과에 의해 차륜 직하 침목의 1체결 장치당 하중은 주행 윤중의 약 40% 정도이다.

2. 노반압력

① 정적하중(P_s)

윤중으로 표시되며 차륜에 의해 궤도에 가해지는 수직의 힘으로, 축중의 $\dfrac{1}{2}$이다.

② 주행윤중(P_d)

주행 시에는 정지 시의 압력 외에 곡선 통과 시의 전향 횡압 및 불균형 원심력이나 차량동요의 관성력에 의하여 추가로 압력이 발생하는데, 이를 주행윤중이라 한다.

$P_d = P_s \times (1 + i)$

여기서, 속도충격계수 $i = \dfrac{0.513}{100} \cdot V$

i는 0.8 이하

V : 열차속도(km/h)

③ 최대침목하중(P_R)

$P_R = \alpha P_d$

여기서, α : 계수(0.4)

④ 노반압력(P_r)

$P_r = \dfrac{P_R}{A}$

여기서, A : 도상압력의 분포면적

⑤ 정적윤중 감소량(Static Wheel Load Reduction)

정적상태 차량의 윤중과 주행 중 차륜의 윤중 사이에 차이 값으로 주행안전성 판단지수 중 하나이다.

04 도상저항력(Resisting Force of Ballast)

① 궤도에서 열차압력 또는 온도압력에 의해 레일에 종방향(레일의 길이방향)력 및 횡방향(레일의 직각방향)력이 발생한다.

② 이렇게 궤도를 이동시키려는 힘에 대한 침목과 도상 사이에서 발생하는 최대저항력을 도상저항력이라 하며 일반적으로 1m당의 저항력(kg)으로 표시하고 종방향 저항력은 600kg/m, 횡저항력은 500kg/m를 표준으로 한다.

05 탈선계수(Derailment Coefficient) ▶▶▶▶

1. 정의

① 차륜이 레일을 벗어나는 것을 탈선이라 하며 탈선의 위험도를 나타내는 척도로서 탈선계수를 사용한다.

② 탈선계수란 정상궤도에서 열차가 탈선하는 현상을 레일에 작용한 수직 윤중과 횡압력과의 관계로 정한 계수로서 Nadal의 공식을 이용한다.

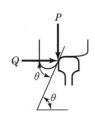

$$\frac{Q}{P} \geq \frac{\tan\theta \mp \mu}{1 \pm \mu \cdot \tan\theta} \ : \ 탈선조건식(Nadal의 공식)$$

여기서, $\dfrac{Q}{P}$: 탈선계수(클수록 탈선위험이 크다)

Q : 횡압(ton)

P : 윤중(ton)

θ : 플랜지 각도

μ : 차륜과 레일의 마찰계수

2. 승상(타오르기)탈선

① 차륜 플랜지와 레일 사이의 마찰이 클 때 발생하며 주요인으로는 윤축의 좌우 움직임, 주행각, 궤도의 틀림, 차량 정비불량, 제동에 의한 상호 간의 급격한 전후방 압력 등이 경합할 때 발생하기 쉽다.

② 마찰력이 위쪽 방향으로 작용한다.

③ 승상(런닝오버)이 일어나지 않는 한계값(임계 탈선계수)

$\theta = 60°$ $\mu = 0.3$라고 하고 20%의 여유를 감안하여

$$\frac{Q}{P} = \frac{\tan\theta - \mu}{1 + \mu\tan\theta} \leq 0.8$$

3. 활상(미끄러져 오르기)탈선

① 주로 곡선 주행 시 차륜 플랜지와 레일 사이의 마찰이 작을 때 발생하며 비교적 순간적으로 일어난다.

② 마찰력이 아래쪽 방향으로 작용한다.

③ 활상(슬립오버)이 일어나지 않는 한계값

$\theta = 60°$, $\mu = 0.3$이라고 하면

$$\frac{Q}{P} = \frac{\tan\theta + \mu}{1 - \mu\tan\theta} \leq 4.23$$

4. 튀어 오르기 탈선

① 휠 플랜지가 레일에 충돌하고 그 힘으로 차륜이 튀어 올라 탈선에 이르며 주로 고속주행 시 발생한다.

② $\frac{Q}{P} \fallingdotseq 0.05 \times \frac{1}{t}$

　　　여기서, t : 횡압이 작용하는 시간

1. 개요

일반적인 구조물은 각 부재의 응력 또는 변위가 허용치 이내에 있을 때 안전하지만, 궤도에서는 각 부재의 응력이 허용치 내에 있어 손상의 위험이 없다 하더라도 열차의 반복되는 주행으로 인해 점진적인 궤도파괴가 진행되기 때문에 지속적인 보수 및 유지관리를 하여 이러한 파괴를 복원하여야만 궤도의 기능을 유지할 수 있다.

2. 궤도의 파괴계수

(1) 궤도파괴를 초래하는 열차의 하중은 통과톤수, 열차속도(축중, 스프링 축중)에 의하여 변동한다.

(2) 궤도파괴의 척도는 파괴계수(Δ)로 정의하며 하중계수(L), 구조계수(M), 상태계수(N)의 3개수로 나뉘고 파괴계수(Δ)＝L×M×N으로 된다.

① **하중계수(L)**

㉠ 하중의 크기 및 횟수와 열차에 의해 파괴의 증대를 나타내는 계수

㉡ 하중계수(L)＝$\sum$차량하중×차량계수×열차의 주행속도

② **구조계수(M)**

㉠ 구조에 따라 파괴의 난이를 나타내는 계수

㉡ 구조계수(M)＝$\sum$도상압력×충격계수×도상진동가속도

③ **상태계수(N)**

레일, 침목, 도상, 이음매, 체결구 등의 상태에 따라 정하는 계수

3. 궤도파괴 경감방안

① 레일의 중량화

② 레일의 장대화

③ 침목의 PSC화

④ 침목배치의 증가

⑤ 도상의 깬자갈화

⑥ 도상두께의 증가

4. 결론

① 궤도파괴는 열차 속도의 증가와 거의 비례하는 경향이 있지만, 상대적으로 축중이나 스프링 축중의 저감 등으로 차량계수를 낮추어 궤도파괴의 진행을 억제할 수 있다.

② 따라서 최근에는 궤도파괴를 줄이기 위하여 속도를 제한하기보다는 차량을 개선하고 근대화하는 경향이 높다.

07 신축루프 ▶▶▶▶

1. 개요

① 장대레일의 단부는 온도변화에 따라 레일이 신축하는데, 이때 임의시간에 대한 레일이동은 온도이력의 영향에 의하여 복잡하게 변화하기 때문에 원위치로 돌아가지 않게 된다.

② 즉, 장대레일의 신축량은 온도가 상승할 때와 하강할 때 레일에 잔류축력이 남게 되어 루프모양의 포락선을 그리게 되는데, 이것을 신축루프라 한다.

2. 신축루프

조건	신축루프
• 레일 : 50kg N • 설정온도 : 20℃ • 온도상승 : 40℃ • 온도하강 : 40℃ • 도상 종저항력 : 6kgf/cm • 온도 상승 및 하강은 설정온도에서의 온도변화이다.	

① 일일 신축루프의 포락선 : $A'B'$ 및 $A''B''$

② 장대레일 설정 후 최초 온도변화에 따른 포락선 : OA

③ 그 후 온도 하강 시 보여지는 포락선 : $ACDB$

④ 온도 하강 후 온도 상승에 따른 포락선 : $BEFA'$

⑤ 이 신축루프에서 잔류축력으로 인한 지연 때문에 온도 상승 시에는 수축하고 온도 하강 시에는 신장이 남아 있으며 이때 도상 종저항력은 겉보기의 2배로 된다.

08 마이너(Miner)의 피로손상 누적법칙 ▶▶▶▶

1. 개요

① 레일 용접부에 누적되는 휨피로의 분석을 위해서는 누적 피로해석법칙의 기본이 되는 S−N 곡선과 마이너의 피로손상 누적법칙을 적용하여 평가한다.

② 마이너의 피로손상 누적법칙이란 정응력시험에서 구하는 S−N 곡선을 사용하여 피로수명을 추정하는 방법이다.

2. 마이너의 피로손상 누적법칙

① 각각의 응력레벨 F_1, F_2, $F_3 \sim F_i$의 응력이 단독으로 반복된 때의 피로수명을 N_1, N_2, $N_3 \sim N_i$로 한다.

② 지금 각각의 레벨에 대한 반복응력이 n_1, n_2, $n_3 \sim n_i$회 가해진다고 하면, 그때의 각 레벨의 피로손상은 $\dfrac{n_1}{N_1}$, $\dfrac{n_2}{N_2}$, $\dfrac{n_3}{N_3}$, $\sim \dfrac{n_i}{N_i}$이다.

③ 이들의 합이 1로 될 때, 즉 $D = \sum \dfrac{n_i}{N_i} = 1$일 때 파괴가 생기며, 이 관계를 마이너(Miner)의 피로손상 누적법칙이라 한다.

3. 마이너의 피로손상 누적법칙의 개념도

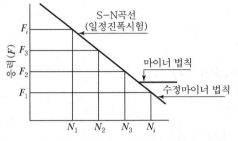

‖ S−N 곡선과 마이너법칙 및 수정마이너법칙 ‖   ‖ S−N 곡선의 수정 ‖

09 궤도틀림과 궤도틀림지수   ▶▶▶▶

1. 궤도틀림(Blucking of The Track)

궤도가 통과열차의 하중과 기상변화의 영향을 받아 틀어지는 현상을 말하며 궤도틀림은
궤간틀림, 수평틀림, 면틀림, 줄틀림, 평면성틀림, 복합틀림 등으로 구분된다.

① 궤간틀림

좌우 레일의 간격틀림, 즉 궤간에 대한 틀림으로 궤간틀림이 크면 열차는 사행동을 일
으키며 궤간이 확대되면 차륜이 궤간 내로 탈선된다.

② 수평틀림

좌우 레일 답면의 수평틀림을 말하며 고저차로 표시된다. 수평틀림은 차량의 좌·우
동을 일으킨다.

③ 면틀림

한쪽 레일의 길이방향의 고저차로 면틀림 발생 시 주행차륜이 레일을 올라타는 원인
이 되어 탈선되기 쉽다.

④ 줄틀림

한쪽레일의 좌우방향으로 들락날락한 방향의 틀림으로 줄틀림은 주행차량의 이 행동
을 일으킨다.

⑤ 평면성 틀림

궤도의 5m 간격에 있어서 수평틀림의 변화량을 말하며, 틀림 시 주행차륜이 레일을 올라타는 원인이 되어 탈선되기 쉽다.

2. 궤도틀림지수(Index of Track Irregularity)

① 어느 구간의 궤도틀림의 정도를 나타내는 지수로서 틀림지수군의 정규분포도에서 ±3mm 이상인 틀림의 존재율을 %로 나타낸 것이다.

② 틀림지수(P)는 틀림지수군의 평균치(m)와 표준편차(A)로부터 산출되며 궤도의 보수 관리에 이용된다.

3. 궤도정비기준 및 궤도공사 마감기준

(단위 : mm)

구분		본선	측선
궤도정비 기준	궤간	+10　　−2	+10　　−2
	수평	7	9
	면맞춤	직선(레일길이 10m에 대하여) 7 곡선(레일길이　2m에 대하여) 3	직선(레일길이 10m에 대하여) 9 곡선(레일길이　2m에 대하여) 4
	줄맞춤	레일길이 10m에 대하여 7	레일길이 10m에 대하여 9
궤도공사 마감기준	궤간	+2　　−2	+4　　−2
	수평	2	4
	면맞춤	레일길이 10m에 대하여 4	레일길이 10m에 대하여 5
	줄맞춤	레일길이 10m에 대하여 4	레일길이 10m에 대하여 5

10 어택각(Attack Angle) ▶▶▶▶

1. 정의

① 곡선 내에서 외궤 측 차륜이 외궤 측 레일과 이루는 각을 어택각이라 한다.

② 실제로 진행하는 방향과 진행하려고 하는 방향의 차이가 만드는 각도를 어택각이라 한다.

2. 발생원리

① 차륜과 레일이 2점 접촉일 경우 윤하중과 횡력이 동일점에 작용하지 않으며, 이 2점 접촉상황은 곡선부에서 일어난다.

② 곡선에 진입하는 차량의 첫 번째 윤축은 높은 쪽의 레일에 대하여 플랜지 힘을 산출하는 어택각을 만들게 되며, 이 플랜지 힘은 양쪽 윤축이 곡선의 안쪽 방향으로 Slip하게 하여 레일에 마찰력을 일으키게 된다.

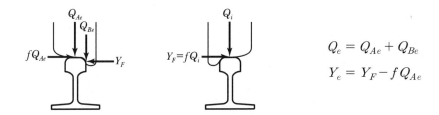

$$Q_e = Q_{Ae} + Q_{Be}$$
$$Y_e = Y_F - f Q_{Ae}$$

3. 어택각과 탈선의 관계

(1) 올라탐 탈선(Wheel Climbing Derailment)

① 차륜 어택각이 플러스의 상태로 발생한다.

② 차륜이 차륜과 레일 간의 마찰에 의하여 미끄러져 떨어지는 일 없이 레일 어깨로 굴러 올라가 탈선에 이르는 경우이다.

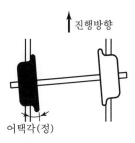

(2) 미끄러져오름 탈선(Wheel Slipping – Up Derailment)

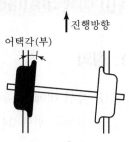

① 차륜 어택각이 마이너스의 상태에서 발생한다.

② 좌측차륜은 레일에서 벌어지는 안전한 방향으로 향하고 있음에도 상관없이 이것을 넘는 큰 레일방향으로의 좌우력이 작용하여 처음으로 탈선에 이르는 것이다.

08 분기장치

01 분기기의 부분별 내용

1. 텅레일(첨단레일)

① 첨단을 얇게 삭정하여 기본레일에 밀착시켜 전환하는 구조로 가동레일의 형상 때문에 텅레일(Tongue Rail)이라 한다.

② 텅레일 선단에는 좌·우 양 레일 간격을 유지하고 전환 장치를 설치하기 위하여 전철간이 사용되고, 기본레일과 텅레일 저면에는 전환을 원활하게 하기 위해 상판이 설치되며 기본레일 밑에는 횡압에 의한 기본레일의 변위 방지를 위해 레일 버팀쇠(Brace)가 사용된다. 또한 기본레일과 밀착되지 않아야 할 곳에는 기본레일 복부에 멈춤쇠 등이 사용된다.

2. 승월 포인트(Run over Type Switch)

① 분기선이 본선에 비하여 중요하지 않을 경우 또는 분기선을 사용하는 횟수가 드문 경우에 사용하는 분기기이다.

② 본선에는 2개의 기본레일을 사용하고 분기선 한쪽은 보통 첨단레일을, 다른 한쪽은 특수형상의 레일을 사용하여 곡선내측의 텅레일은 본선을 타고 넘으며(승월) 크로싱도 본선 정위로 되어 있으며 본선 레일강도는 분기부 전후와 같다.

3. 후단 이음매

① 텅레일 후단으로 기본레일과 텅레일 간에 차륜통과에 필요한 윤연로(Flange Way)를 확보할 뿐 아니라, 전환을 용이하게 하고 차량 통과 시 진동을 최대로 저지하기 위한 이음매 구조로 되어야 한다.

② 고분기기인 경우 용접으로 고정하여 전환 시 텅레일을 휘게 하여 승차 기분이나 보수면에서 효과적인 탄성포인트로 사용한다.[롱 포인트(Heelless Point)]

4. 입사각(Incident Angle, Switch Angle)

① 기본레일의 궤간선과 텅레일 궤간선의 교점을 이론교점이라 하고 이 궤간선의 교각을 포인트의 입사각이라 한다.

② 실제로는 텅레일 선단에 약간의 살이 있어 이론교점보다는 조금 뒤에서 교차하게 되는데, 이를 실제교점이라 한다.

③ 분기 시 차륜이 텅레일에 닿는 부분을 적게 하기 위해서는 입사각을 가능한 작게 하는 것이 좋으나 입사각이 작으면 텅레일은 길어지고 곡선반경이 커진다.

④ 일반철도의 50kgN 레일용 분기기는 곡선형상을 하여 입사각을 0°로 함으로써 차량의 주행이 원활하도록 하고 있다.

5. 크로싱(Crossing)

① 궤간선이 교차하는 부분을 Crossing부라 한다.

② Crossing은 V자형의 Nose Rail과 X자형의 Wing Rail로 구성된다.

③ 기준선과 분기선이 교차하는 곳에 윤연로(Flange Way)를 확보하려면 일반적으로 궤간선에 결선부가 발생한다.

④ 차량이 통과할 때는 차륜은 노스레일의 선단을 밟아 손상과 마모가 생기기 쉬우므로, 노스부는 이론상의 크로싱 궤간선의 교점보다 약간 후단 쪽에 두고 높이도 윙레일보다 낮게 한다.

6. 가동 노스(Movable Nose) 크로싱

① 선단부를 윙 레일에 밀착하여 결선부가 없도록 한 크로싱이다.
② 레일을 연속시켜 차량의 충격, 동요, 소음 등을 해소하고 승차감이 개선된다.

7. 가동 K 크로싱(Movable K Type Crossing)

① 분기번호가 8번 이상이면 분기부의 결선 길이가 길어져 차륜이 다른 선에 진입할 우려가 있어 위아래에서 텅레일을 가동할 수 있는 K자 크로싱을 사용하게 된다.
② 2개의 선로가 교차하는 다이어몬드 크로싱의 경우 4조의 크로싱이 필요하나 가동 K자 크로싱을 사용하면 2개의 첨단레일과 2개의 크로싱으로 구성할 수 있다.

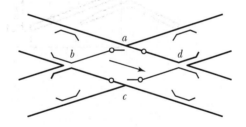

8. 고망간 크로싱

① 구조상 Nose Rail 선단부에 차륜이 충돌하여 심한 마찰로 수명이 단축되므로 내마모성이 강한 망간강을 사용하여 수명을 연장하도록 한 크로싱이다.
② 강도는 보통레일과 거의 같으나, 가공 경화성이 대단히 높아 표면에 충격을 받으면 급속히 경도를 증가하여 표면경도가 Brinnel 경도로 HB 500 정도 된다.
③ 보통레일보다 마모에 의한 수명이 약 5배 증가하고 균열 정도가 느리며 대부분 균열은 용접수리가 가능하다.

1. 개요

① 분기기는 선로에서 열차운행 시 열차가 주행하는 한쪽선에서 인접선이나 다른 방향의 선로로 진입하기 위하여 선로상에 설치한 설비를 분기기라 한다.

② 분기기의 번수는 기준선과 분기선이 이루는 각을 표시하며, 그 분기기에 사용되고 있는 크로싱의 번수를 사용하고 있다.

③ 크로싱 N과 크로싱각 θ와 이루는 관계는 $N = \dfrac{l}{k} = \dfrac{l}{2 \times \left(\dfrac{k}{2}\right)} = \dfrac{1}{2} \cot \dfrac{\theta}{2}$ 이며, 분기기

의 번수가 크면 크로싱각은 작아지고 리드레일 길이는 길어진다. 따라서 리드곡선 반경이 크기 때문에 고번 분기기일수록 분기선의 통과속도가 높아진다.

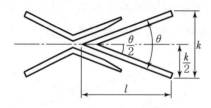

2. 분기기 번수

① 크로싱의 각을 나타내는 방법에는 코탄젠트 방법, 반각 방법, 이등변 방법 등이 있으며 우리나라의 경우 반각방법을 이용하고 있다.

② 분기기는 보통 그 선구의 사명과 열차속도에 따라 분기기 번수를 달리 사용하나 일반철도와 고속철도의 사용기준은 다음과 같다.

분기기 번호	θ	지하철, 국철	고속철도
8#	7-09-10	25km/h	
10#	5-43-29	35km/h	
12#	4-46-19	45km/h	
15#	3-49-06	55km/h	
18.5#	3.437842gr		90km/h
26#	2.369938gr		130km/h
46#	1.458665gr		170km/h

03 백게이지(Back Gauge) ▶▶▶▶

1. 정의

① 가드레일 플랜지웨이 측면에서 크로싱에 위치한 노스레일 궤간선까지의 거리를 백게이지라 한다.

② 벡게이지가 작은 경우 차륜이 노스레일에 닿는 양이 크게 되어 노스레일에 손상이 생기며 극단적인 경우 이선진입의 위험성이 있다.

③ 백게이지가 큰 경우 차륜 내측이 가드레일과 윙레일에 구속되어 차륜이 올라 탈 우려가 있다.

2. 규정

일반철도에서는 1,390~1,396mm, 고속철도는 1,392~1,397mm로 규정하고 있다.

3. 백게이지의 개념도

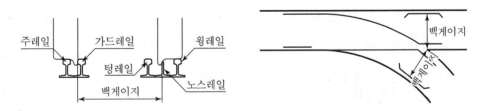

04 크로싱(Crossing) ▶▶▶▶

1. 개요

① Crossing부란 레일의 궤간선이 교차하는 부분을 말한다.

② Crossing은 V자형의 Nose Rail과 X자형의 Wing Rail로 구성되어 있다.

③ 기준선과 분기선이 교차하는 곳에 윤연로(Flange Way)를 확보하려면 일반적으로 궤간선에 결선부가 발생하게 된다.

④ 차량이 통과할 때 차륜은 노스레일의 선단을 밟아 손상과 마모가 생기기 쉬우므로 노스레일은 이론상의 크로싱 궤간선의 교점보다 약간 후단 쪽에 두고 높이도 윙레일보다 낮게 한다.

2. 크로싱의 종류

(1) 고정 크로싱(Rigid Frog or Rigid Crossing)

크로싱의 윤연로가 고정되어 있는 것으로 차량이 어떤 방향으로 진행하든지 결선부를 통과하여야 하므로 차량의 진동과 소음이 크고 승차기분이 좋지 않다.

(2) 가동 크로싱(Movable Frog)

가동 크로싱은 크로싱의 최대약점인 결선부를 없게 하여 차량의 충격, 동요, 소음 등을 해소하고 승차기분을 개선하여 고속운행 시 안전도를 향상하는 데 그 목적이 있다.

① 가동 노스 크로싱(Movable Nose Crossing)

노스가 움직이도록 되어 있으며, 선단부가 윙 레일에 밀착되어 결선부가 없어 승차감 및 안전도가 높다. 타측 윙레일은 완전 분리되어 있다.

② 가동 둔단 크로싱(Movable Stub Crossing)

천이 분기기라고도 하며 깎아 다듬지 않은 전단면 그대로 단척레일을 사용한 둔단식 가동크로싱으로 일단은 크로싱의 교차위치에서 제자리 회전만이 가능하고 타단은 좌우로 이동이 가능하여 차량의 진로방향으로 개통시켜 연속된 레일상을 주행할 수 있도록 한 것이다.

③ 가동 K 크로싱(Movable K Type Crossing)

㉠ 2개의 선로가 교차하는 다이어몬드 크로싱의 경우 4조의 크로싱이 필요하나 가동 K 크로싱은 2개의 첨단레일과 2개의 크로싱으로 구성되어 있다.

㉡ 분기번호가 8번 이상이면 분기부의 결선 길이가 길어져 차륜이 다른 선에 진입할 우려가 있어 보통 가동 K 크로싱을 사용한다.

(3) 고망간 Crossing

① 구조상 Nose Rail 선단부에 차륜이 충돌하여 심한 마찰로 수명이 단축되므로 내
마모성이 강한 망간강을 사용하여 수명을 연장하도록 한 크로싱이다.

② 강도는 보통레일과 거의 같으나, 가공 경화성이 대단히 높아 표면에 충격을 받으
면 급속히 경도가 증가하여 표면경도가 Brinnel 경도로 HB 500 정도 된다.

③ 보통레일보다 마모에 의한 수명이 약 5배 증가하며 균열 정도가 느리며 대부분 균
열은 용접수리가 가능하다.

3. 크로싱 번호(분기기 번수)

① 분기기는 크로싱 각의 대소에 따라 다르며 크로싱 번호는 N으로 표시된다.

② 크로싱 각이란 크로싱의 교차하는 각도, 즉 기준선 측과 분기선 측의 안쪽 레일이 교차
하는 각도를 말하며 이 각도의 대소를 표현하기 위해 크로싱 번수를 사용한다.

③ 크로싱 각도 θ와 크로싱 번수 N와의 관계는 다음의 식과 같다.

$\tan\dfrac{\theta}{2} = \dfrac{\frac{b}{2}}{h}$ 이므로

$N = \dfrac{h}{b} = \dfrac{h}{2 \times \frac{b}{2}} = \dfrac{1}{2} \times \dfrac{1}{\tan\frac{\theta}{2}} = \dfrac{1}{2}\cot\dfrac{\theta}{2}$

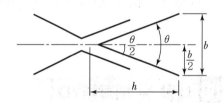

여기서, N : 크로싱 번호

θ : 크로싱각

h : 노스레일의 길이

b : 크로싱 후단의 폭

④ 분기번수가 커지면 분기각도가 작아지고 열차가 받는 횡방향 동요도 적어지므로 열차
의 통과속도를 높일 수 있다.

1. 개요

① 포인트는 전환기에 의해 임의방향으로 선로를 개통시킬 수 있으나 이것을 임의상태로 방치하는 것은 대단히 위험하다.

② 그러므로 평상시에는 일정방향으로 개통시키고 사용이 끝나면 원래의 방향으로 복귀 시킨다. 이 경우 상시 개통되어 있는 것을 정위라 하고 반대의 상태를 반위라 한다.

2. 정위상태

① 본선 상호 간에는 중요한 방향, 단선의 상하 본선에서는 본선의 방향

② 본선과 측선에서는 본선의 방향

③ 본선, 측선, 안전측선 상호 간에는 안전측선방향

④ 탈선 Point가 있는 선은 탈선시키는 방향으로 한다.

1. 정의

분기기 사용방향에 의한 호칭으로 대향분기기 및 배향분기기가 있으며 분기기 부설 시 배 향분기기로 설치하여 안전도를 향상시킨다.

2. 분기기 사용방향에 의한 종류

① 대향분기기(Facing of Turnout)

열차가 분기를 통과할 때 분기기 전단으로부터 후단으로 진입할 경우, 즉 열차가 포인트를 향하 여 진입할 때를 대향(Facing)이라 한다.

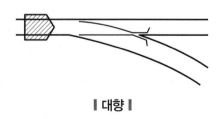

‖ 대향 ‖

② 배향분기기(Trailing of Turnout)

주행하는 열차가 분기기후단으로부터 전단
으로 진입할 때, 즉 열차가 크로싱을 향하여
진입할 때를 배향(Trailing)이라 하며 운전
상 안전도로서 배향분기는 대향분기보다 안
전하고 위험도가 적다.

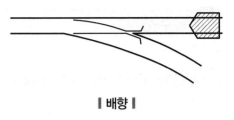

▌ 배향 ▌

07 시저스 크로싱 ▶▶▶▶

1. 정의

① 교차와 분기기의 조합에 의한 종류로 건넘선과 교차건넘선이 있으며, 이때 교차건넘
  선 조합을 시저스 크로싱(Scissors Crossing)이라 한다.
② 가위와 같은 형상을 하였다 하여 시저스라고 한다.

2. 교차와 분기기의 조합에 의한 종류

① 건넘선(Cross over)
  양궤도 간에 건넘선을 한쪽 방향으로 부설
  한 것

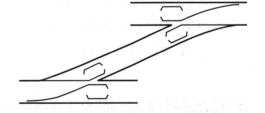

② 교차건넘선(Scissors cross over)
  복선 및 이와 유사한 양궤도건에 건넘선
  을 2방향으로 부설한 것

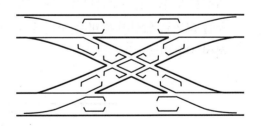

1. 승월분기기(Run over Type Switch)

① 기준선 측은 결선부 없이 통과할 수 있지만 분기선 측은 리드부에서 차차 올려져 본선 측의 레일과 교차하는 부분에서 기본선 측의 레일을 넘어 타도록 한 것이다.

② 기준선 측은 궤간선 결선이 없기 때문에 유리하지만 분기선 측은 차륜이 레일을 승원하기 때문에 상하 이동이 크다.

③ 분기선 측을 좀처럼 사용하지 않는 안전측선 등에 사용된다.

2. 천이분기기(Continous Rail Point)

① 깎아 다듬지 않은 전단면 그대로 단척레일을 사용한 둔단식 가동크로싱을 사용한 분기기이다.

② 일단은 크로싱의 교차위치에서 제자리 회전만이 가능하고 타단은 좌우로 이동이 가능하여 차량의 진로방향으로 개통시켜 연속된 레일 위를 주행할 수 있도록 한 것이다. 이 경우 다른 방향의 레일은 단척레일의 길이만큼 완전 분리되어 절선부분을 발생하게 한다. 따라서 신호의 오동작이나 열차운전 부주의로 사고를 발생시킬 염려가 있다.

③ 가동둔단식은 가동하는 단척레일 부분에 충격을 많이 받아 보수가 곤란하므로 근래에는 잘 사용하지 않는다.

3. 탈선분기기(Derailing Point)

탈선분기기는 단선구간에서 신호기를 잘못 보았을 때 운전보안상 중대사고가 되므로 열차를 고의로 탈선시켜 마주 오는 열차 또는 구내진입 시 유치열차와 충돌을 방지하기 위하여 사용된다.

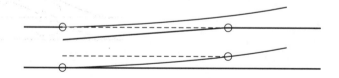

4. 갠틀릿 궤도(Gantlet Track)

① 복선 중의 일부 구간에 한쪽 선로가 공사 등으로 장애가 있을 때 사용되며 포인트 없이
2선의 크로싱과 연결선으로 되어 있는 특수선을 말한다.

② 화물을 적재한 채로 화차의 적재중량을 계량할 때에 사용되는 계중대가 있는 곳에 2조의
포인트와 연결선으로 되어 있는 특수분기기를 사용하는 갠틀릿 궤도가 있다.

③ 계량할 때는 a 선을, 계량하지 않을 때는 b 선을 사용한다.

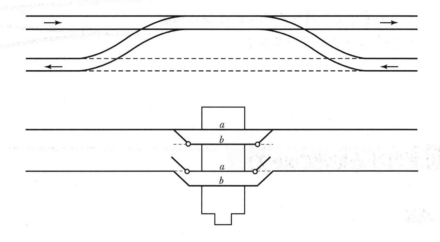

5. 탄성포인트(Elastictity Point)

텅레일의 후단부를 고정하여 포인트 전환 시에 텅레일이 휘어지도록 한 포인트이다. 일반적
으로 텅레일 후단부에는 단면을 작게하여 탄성부를 두며 용접에 의하여 이음부를 연결한다.

09 편개분기기, 양개분기기 ▶▶▶▶

① 편개분기기(Simple Turnout)

배선에 의한 분기기 분류의 경우 가장 많이 사
용하고 있는 기본형으로 직선에서 좌·우 적
당한 각도로 분기한 것

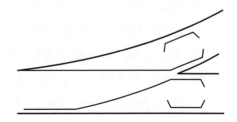

② 분개분기기(Unsymmetrical Double Curve Turnout)

구내배선상 좌우 임의각도로(예 6 : 4, 7 : 3 등) 분기각을 서로 다르게 한 것

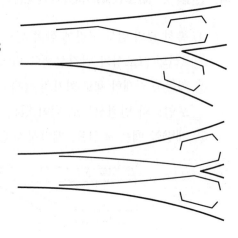

③ 양개분기기(Double Curve Turnout)

직선궤도로부터 좌우 등각으로 분기한 것으로서 사용빈도가 기준선 측과 분기 측이 서로 비슷한 단선 구간에 사용한다.

10 분기기 스퀘어(Cote X) ▶▶▶▶

1. 개요

① 분기기 스퀘어는 분기기의 설치 이후 실행되는 기계적 · 전기적 조정 이전에 설치 시 정확하게 조정해야 할 중요한 변수로 대기 온도 변화 폭에 따라 측정 주기를 결정한 후, 반복적으로 측정한다.

② 프랑스에서는 1년에 13회 정도 측정하며, 단지 온도 변화에 따라 주어지는 값으로 온도 변화가 클 경우에는 측정시간 간격을 짧게, 온도 변화가 작은 경우에는 측정시간을 길게 설정한다.

2. 분기기 스퀘어의 위치

① 일반적으로 기본 레일에 대한 분기기의 위치는 직경 25mm 홀(Hole)의 축에 따른 텅 레일의 첨단부 위치로 주어진다. 직경 25mm 홀은 온도에 따라 연간 이동 가능한 텅 레일의 첨단부 이동 위치의 중심에 설정된다.

② 여기서 직경 25mm 홀의 축과 텅 레일의 첨단부 사이의 거리는 분기기 스퀘어(Cote X)로 정의되며, 주로 선로 온도에 따라 변화한다.

③ 분기기 스퀘어는 직경 25mm 홀의 축이 텅 레일의 첨단부 좌측에 위치할 경우 (+)로,
우측에 위치할 경우에는 (−)로 표시한다.

3. 분기기 스퀘어 계산식

$$X_{\min} = \frac{L}{100}(t-20) + C$$

여기서, L : 분기기 길이(m)

t : 온도(℃)

C : 보정계수(mm)

09 선로설비

01 선로제표 ▶▶▶▶

철도선로에는 열차승무원에게 운전상 필요한 선로조건을 알리고 보선 및 기타 작업원에게 필요한 지식을 주며 또한 일반군중에게 용지경계, 건널목 위치 등을 알리기 위해 선로의 비탈머리에 각종 선로제표를 건식한다. 선로제표는 각국 또는 각 철도에 따라 여러 가지가 있으나 한국철도에 사용되는 제표는 다음과 같다.

① 거리표(Distance Post)

선로의 기점에서 종점 쪽으로 거리를 표시하는 것으로 1km마다 건식하는 km표와 그 중간에 200m마다 건식하는 200m표가 있다.

② 기울기표(Grade Post)

선로 기울기의 변환점에 건식하는 것으로 표지판 양면에 기울기를 표시하는 숫자를 기입하여 기관사에게 운전의 편의를 제공한다.

③ 곡선표(Curve Post)

곡선표는 원곡선의 시점과 종점에 건식하여 곡선반경, 캔트, 슬랙 등을 기입한다.

④ 차량접촉한계(Car Limit Post)

차량접촉한계표는 인접궤도 차량과의 접촉을 피하기 위하여 세우는 표지로서 본선과 측선 사이에 차량한접촉계표를 건식한다.

⑤ 용지경계표

철도용지의 경계를 표시하고 관리하도록 하며 경계선이 직선일 때는 40m 이내의 거리마다 건식한다.

⑥ 수준표

벤치 마크(BM ; Bench Mark)라고도 하며 선로의 표고를 측정하는 기준이 되며 약 1km마다 선로의 우측에 세운다.

⑦ 기적표(汽笛標)

건널목 교량, 급곡선에 대하여 열차의 접근을 알려 통행인에게 주의를 환기시키며 열차진행방향으로 400m 이상 전방 좌측에 건식한다.

⑧ 선로작업표

선로보수작업원의 작업위치를 기관사에게 알려 주의를 환기시키며, 열차에 대향하여 약 200m 밖에 세워야 하며 400m 전방에 기관사가 알아볼 수 있는 위치에 건식한다.

⑨ 속도제한표

서행표라고도 하며 선로상태가 비정상적이므로 열차속도의 제한을 표시한다.

⑩ 담당구역표(보선사무소경계표, 선로반경계표)

보선사무소, 선로반의 담당구역을 표지한다.

⑪ 건축한계축소표

규정된 건축한계보다 축소되어 있어 무개차, 유개차, 장물차의 활대품 적재와 운전을 주의시키기 위하여 터널, 교량 등의 건축한계 축소구간에 세우는 표지이다.

⑫ 건널목경표

건널목의 위치를 통행자에게 알리고 주의를 환기시킨다.

⑬ 하수표, 구교표, 교량표, 터널표

하수, 구교, 교량, 터널 등의 위치를 표시하고 보수상의 편의를 제공한다.

⑭ 정거장중심표

정거장의 중심위치를 표시한다.

⑮ 정거장구역표

정거장의 구내와 정거장과의 경계를 표시한다. 설치위치는 장내신호기 설치에 준하고 단선에 있어서는 승강장 후단에서 각 상·하행 쪽으로 경부선 460m, 기타 선은 370m 이상에 설치한다.

⑯ 양수표

하천의 출수상태를 조사하기 위하여 건식하는 표식

⑰ 양설표

기온이 낮은 지방의 강설량과 적설량을 측정하기 위하여 건식하는 표지

⑱ 영림표

방설림과 방비림의 존재를 표시하고 수목을 보호하도록 하며 일반인에게 철도의 영림임을 인식시킨다.

⑲ 낙석주의표

깎기구간에서 낙석이 있으며 열차운전에 위험하므로 기관사에게 전송을 주시시키고 선로순회자에게 주의를 환기시킨다.

02 융설설비

1. 서론

① 겨울 동안 강설 시 승객수송이 지연되는 상황을 예방하기 위해서는 주행면이 결빙되지 않도록 계속하여 운행을 반복하여 주행면의 결빙을 녹여내는 방법이다.
② 여기서 강설 시 주행면의 결빙을 녹여내기 위하여 설치되는 가열시스템을 융설설비라 한다.

2. 강설에 대한 안전대책

① 운행관리자는 안전운행을 유지하기 위하여 기상상태를 감시해야 한다.
② 강설 또는 결빙으로 인해 차륜의 활주 또는 공전이 발생할 가능성이 있을 때 운행관리자는 속도제한, 운행정지/운행재개 등 필요한 제반 규정을 취해야 한다.

3. 융설설비

① 융설설비는 교통수단의 이용자가 안전하게 교통수단에 접근할 수 있도록 하거나, 고무 차륜의 교통수단이 운행되기 위한 최소한의 노면 마찰계수를 확보하기 위한 것이다.

② 국내에서는 융설설비에 대한 가치는 인정하고 있으나, 설치 및 유지보수를 위한 초기 투자비에 대한 부담으로 인하여 철도분야의 활용사례를 찾아보기 힘들다.

③ 융설설비는 승객에게 정시성 제공 및 교통수단을 이용하는 과정에서 야기될 수 있는 안전사고를 예방하는 데 그 필요성이 있다.

④ 선수가 많은 역구내나 차량기지에서는 쌓인 눈을 처리하기 위하여 선로 옆에 유설구 를 설치하며, 분기기는 상판에 전열장치를 설치하여 융설처리를 한다.

03 안전설비

① 차축온도 검지장치

주행하는 열차의 차축 온도를 일정거리마다 측정하여 차축의 과열로 인한 탈선사고를 사전에 예방하는 장치

② 지장물 검지장치

철도를 횡단하는 고가차도나 낙석 또는 토사붕괴가 우려되는 지역에 자동차나 낙석 등이 선로에 침입하는 것을 검지하는 장치

③ 끌림물체 검지장치

철도차량 차체의 하부 부속품이 철도차량에서 이탈되어 매달린 상태로 주행하는 경우 이로 인해 궤도 사이에 부설된 신호시설물이 파손되는 것을 방지하는 장치

④ 지진 감시시스템

지진이 발생한 경우 지진규모에 따라 선로에 미치는 최대 지반가속도 값에 맞게 열차 를 감속 운행하거나 운행을 중지시키는 시스템

⑤ 기상설비

폭우 · 강풍 · 폭설 등 기상상태를 검지하여 기상이 악화된 경우에 열차를 감속 운행하거나 운행을 중지시키는 설비

⑥ 융설장치

제설작업이 곤란한 지역에서 선로전환기를 작동할 수 있도록 눈을 녹이는 장치

⑦ 열차접근 확인장치

철도시설 보수자가 지정된 장소에서 선로를 횡단하고자 하는 경우 당해 장소에 열차가 접근하는지의 여부를 알리는 장치

⑧ 본선터널 경보장치

본선터널 안에서 작업하는 보수자 또는 순회자의 안전을 위하여 본선터널 안으로 접근하는 열차가 있는지의 여부를 알려주는 장치

⑨ 레일온도 검지장치

㉠ 레일에 설치된 온도센서가 실시간으로 레일의 온도를 검지, 철도관제센터에 표출된다.

㉡ 폭염 시 철도에서는 선로 비틀림이 발생하거나 전차선로 늘어짐으로 각종 철도사고가 발생할 우려가 높다. 이에 따라 폭염 속에서도 열차가 안전 운행할 수 있도록 선로 안정화를 위한 자갈을 보충하고, 레일탐상차 등 검측차량을 이용해 선로 틀림 개소를 점검하고 필요시 보수작업을 시행하게 된다.

㉢ 고속철도 레일온도 상승에 따른 운전속도 제한
- 레일온도 50℃ 이상~55℃ 미만 : 주의운전
- 레일온도 55℃ 이상~60℃ 미만 : 230km/h 이하 서행운전
- 레일온도 60℃ 이상~64℃ 미만 : 70km/h 이하 서행운전
- 레일온도 64℃ 이상 : 운행 중지

04 방호설비 ▶▶▶▶

① 사람 등의 통행으로 열차안전에 지장을 초래할 우려가 있는 장소에는 '철도시설 안전 기준에 관한 규칙'에 의거하여 방호설비를 설치한다.

② 철도를 횡단하는 보도육교, 도로교에는 자동차의 추락 방지설비와 기타 낙하물 방지 및 투석 방지시설을 한다.

③ 철도 선로 밑을 자동차가 통과하는 장소나 철도가 하천을 횡단하는 장소에는 자동차 나 선박 등이 철도교량 하부에 충돌하는 것을 예방하기 위한 충돌예방표지, 다리밑 공 간 높이표지, 항로표지 등의 예방표지를 설치하고, 충돌에 대비한 충격흡수장치, 가 드레일, 충돌 방지용 말뚝 또는 부표 등의 방호설비를 한다.

④ 본선터널의 출입구 부분, 철도교량의 양끝부분 또는 외부인의 무단침입으로 철도사고 의 발생가능성이 있는 선로 등의 철도시설에는 블록울타리, 방음벽울타리, 능형철망, 가시철망 등의 방호울타리를 설치하며, 필요한 경우 안전성 분석 결과에 따라 영상 감 시장치를 설치한다.

05 구조물 구간의 안전설비 ▶▶▶▶

① 교량 및 터널에는 작업하는 유지보수요원의 안전을 위해 일정폭 이상의 보수 통로 등 을 설치한다.

② 구조물을 관통하여 통신·신호 및 전력관을 설치할 수 있는 공간을 확보한다.

③ 보수통로에는 유지보수요원이나 안전점검자 등의 안전 확보를 위해 난간을 설치한다.

④ 교량에는 교량 상부구조의 밑부분이나 교각 상부의 받침, 보 자리 등을 점검할 수 있도 록 점검용 사다리, 점검통로 등을 설치한다.

10 정거장, 조차장 및 차량기지

01 연락정거장 ▶▶▶▶

1. 정의

2개 이상의 선로가 집합하여 연락운송을 하는 정거장을 연락정거장이라 한다.

2. 연락정거장의 종류

① 일반연락정거장(Junction Station)

본선과 지선 간에 열차의 통과 운전을 하지 않는 정거장

② 분기정거장(Branch – off Station)

본선과 지선 간에 열차의 통과 운전을 하는 정거장

③ 접촉정거장(Touch Station)

　　2 이상의 선로가 접촉한 지점에 공통으로 설치된 정거장

④ 교차정거장(Crossing Station)

　　2 이상의 선로가 교차하는 지점에 설치된 정거장

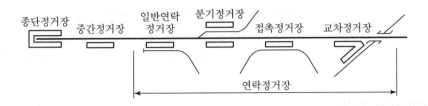

02 유효장(Effective Length of Track Clearance) ▶▶▶▶

1. 개요

① 유효장이란 선로에 열차 또는 차량을 수용함에 있어서 그 선로의 수용 가능 최대길이를 말하며, 인접선로에 대한 열차착발 또는 차량출입에 지장 없이 수용할 수 있는 최대의 차장률로 표시한다.

② 다만, 본선의 유효장은 인접측선에 대한 열차착발 또는 차량출입에 제한을 받지 않는다.

2. 유효장 표시 예

① 차량을 유치하는 선로의 양끝 차량접촉한계 표시 상호 간

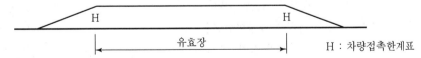

② 출발신호기가 설치되어 있는 선로의 경우

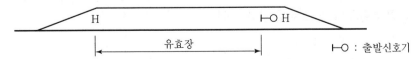

③ 궤도회로의 절연장치가 설치되었을 경우

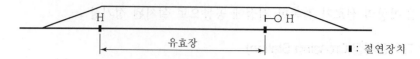

④ 본선과 인접측선의 경우 본선유효장(측선은 열차 착발선으로 사용치 않음)

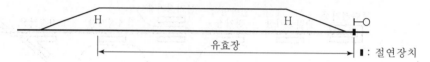

3. 유효장의 결정

① 유효장의 단위는 차장률 산정기준(14m)에 의하여 선로별 유효장을 계산할 때 소수점 이하는 버린다.
② 동일 선로로서 상하행 열차용으로 공용하는 선로는 상하란에 각각 그 유효장을 표시한다.
③ 측선을 열차 착발선으로 사용할 때 본선에서 착발하는 열차가 이에 지장을 받게 되는 경우 유효장은 측선의 제한을 받는다.

④ 계산상 유효장(E)
ㄱ 화물열차의 소요 유효길이 산정

$$E = \frac{l \cdot N}{a \cdot n + (1-a) \cdot n'} + L + c$$

여기서, E : 유효장
l : 화차 1량의 길이
a : 적차율
N : 기관차의 견인정수
n : 적차의 평균환산량수
n' : 공차의 평균환산량수
L : 기관차의 길이
c : 열차 전후의 여유길이(정차위치오차 20m, 출발신호 주시거리 및 연결기 신축 여유 15m)

ㄴ 여객열차의 소요 유효길이 산정

$$E = l' \cdot N' + L + c$$

여기서, l' : 객차 1량의 길이
N' : 최장열차의 객차 수

03 정거장 중심

① 정거장 중심은 본 역사에 가까운 승강장 중심의 위치를 거리로 표시하여 역사 반대쪽에 기재한다.

② 지하역사, 선상역사의 경우에는 하선 쪽에 기재한다.

③ 승강장 증·개축에 따라 중심위치가 변경되어도 건설 당시 정한 정거장 중심위치로 하며 특별한 경우 외에는 변경하지 않는다.

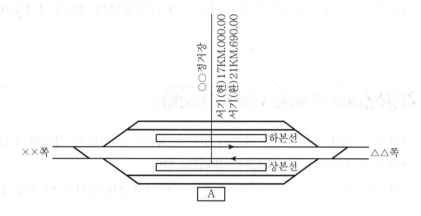

04 안전측선(Safety Track, Safety Siding)

① 정거장 구내에서 2개 이상의 열차 또는 차량이 동시에 진입할 때 만일 열차가 정지위치에서 정차하지 못하고 과주하는 경우 차량 접촉 또는 충돌사고를 방지하기 위하여 부설한 측선을 안전측선이라 한다.

② 열차선로에 대향전철기(분기기 전단에서 후단으로 진입)로 분기시키며 향상 안전측선으로 개통되어 있는 것을 정위로 한다.

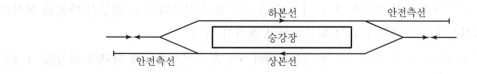

05 피난측선(Catch Siding)

① 정거장에 접근하는 선로가 급기울기인 경우에 고장차량과 운전 부주의 등으로 차량이
   일주하거나 연결기 절단이 발생하여 차량이 도중에 역행, 정차장에 진입하여 정차 중
   인 타 열차와의 충돌 위험을 방지하기 위하여 부설한 측선을 피난측선이라 한다.
② 사고차량을 탈선시키지 않으므로 좋은 방법이긴 하지만 효과가 적어 잘 사용하지 않
   는다.
③ 일반적으로 구내 진입선로의 바로 전에 열차 진행 방향에 대하여 상기울기로 설치한다.

06 인상선(Drill Track, Lead Track)

① 정차장 구내의 입환선에서 차량의 입환을 목적으로 차량을 인상하기 위하여 부설한
   측선을 인상선이라 하며 인출선이라고도 한다.
② 입환선의 일단을 분기기에 의하여 결속시켜 차량군을 임시로 이 선로에 수용한다.

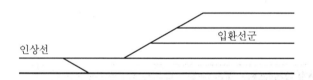

07 Y선(델타선)과 루프선

① 차량 또는 열차의 되돌림, 또는 방향을 전환하기 위하여 Y형 또는 루프(Loop)형으로
   선로를 사용한다.
② Y선은 사용 목적에 따라서 두 가지의 형식이 있고 전차대 또는 환상선 대용의 형식과
   복선전차 구간에서 전차의 되돌림선의 형식이 있다.
③ 전차대는 차량을 1량씩 전향시키나 델타선과 루우프선은 1개 열차의 편성을 그대로
   전향시키므로 차량의 순번이 바뀌지 않는다.

08 험프조차장(Hump Yard) ▶▶▶▶

1. 개요

① 조차장이란 열차의 조성, 유치, 입환을 위하여 설치한 장소로서, 화물조차장은 화물의 효율적이고 신속한 수송을 위하여 행선지별로 차량을 조성하는 역할을 담당한다.

② 험프조차장이란 화물조차장의 일종으로 압상선과 분개선 사이에 Hump라 칭하는 작은 언덕을 설치하고, 화차를 밀어올려 화차중력과 기울기에 의하여 각각의 화차를 방향별로 분리 입환하는 방식의 조차장을 말한다.

2. 입환 및 제어방법

(1) 입환순서

① 기관차로 화물열차를 추진압상

② 압상기울기 변경점에서 화차연결기를 풀어 해방

③ 해방된 화차는 중력에 의해 방향선으로 주행

(2) 제어방법

① 라이드 시스템(Ride System)

조차원이 화차에 탑승하여 브레이크를 수동 조작하여 제동하는 방식

② 리타더 시스템(Retarder System)

선로에 설치된 Retarder가 자동 작동하여 속도를 조절하는 자동브레이크시스템으로 안전도가 높음

3. 필요성 및 처리능력

(1) 필요성

대규모 화차분별 입환 시 처리능력이 뛰어난 험프조차장이 요구되며, 향후 대규모 조차장 계획 시 우선적으로 반영할 필요가 있다.

(2) 처리능력

① 평면조차장 : 200~2,000량/일

② 험프조차장 : 3,000량/일 이상

(3) 험프의 능력

험프 조차장은 취급화차가 1일 2,000량 이상의 경우 유효하다. 험프의 방향은 조차장의 지형과 풍향을 조사하고 화물 유동의 방향을 고려하여 결정한다.

험프의 분석작업능력은 다음 식과 같다.

$$N_d = \frac{T \cdot N}{L \cdot \dfrac{N}{V_o} + t_c}$$

여기서, N_d : 험프의 분석작업능력(량/일)

L : 화차 1량길이(m)

T : 1일 작업시간(sec)

V_o : 압상속도(m/sec)

N : 1개의 열차 연결량수(화차)

t_c : 전주 열차의 시간간격(sec)

4. 험프의 기울기

화차를 압상하는 압상기울기와 화차를 전주시키는 전주기울기, 방향별 기울기로 구분한다.

(1) 압상기울기(Ascending Grade)

최장 편성의 1개 열차를 압상할 수 있는 정도의 기울기로 보통 5~25‰의 기울기로 한다.

(2) 전주기울기(Descending Grade)

① 제1기울기

화차에 가속을 주기 위한 기울기로 급한 것이 좋다. 보통 40~50‰의 기울기로 한다.

② 제2기울기

분별선의 분기기가 배치되어 있는 구간으로 보통 10~12.5‰ 정도로 한다.

(3) 방향별 기울기

분별선의 중간지점 어느 곳에나 화차를 용이하게 정지시킬 수 있어야 하고 보통 3‰ 이하이다.

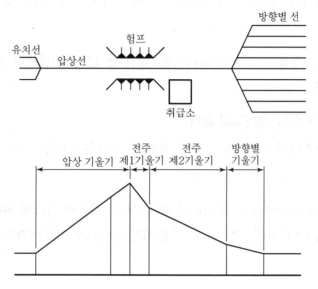

09 카 리타더(Car Retarder) ▶▶▶▶

1. 개요

① 화물열차는 여객열차와 달리 차량마다 행선지가 다르므로 험프(Hump) 조차장에서는 작업의 안전과 작업능률의 향상을 도모하기 위하여 화차의 제동을 고려하여야 한다.

② 이때 화차의 제동을 제동요원이 승차하여 브레이크를 조작하는 방식을 라이드 시스템 (Ride System)이라 하며, 화차의 속도를 자동으로 제어하는 방식을 리타더 시스템 (Retarder System)이라 한다.

③ 즉, 험프조차장에서 험프의 정상에서 자전하는 화차를 제동하는 방법으로 자전 도중 에 궤도에 설치된 제동장치에 의하여 임의로 브레이크를 걸어주는 자동식 차량 제동 장치를 카 리타더(Car Retarder)라 한다.

2. 카 리타더의 종류

① 압축공기식, 유압식, 수압식, 전동기식 등

양쪽 레일에 설치한 브레이크를 동력에 의하여 작동시키는 방식

② 전류식

궤도에 자장을 만들어 이것과 주행차량에 생기는 과전류와의 작용으로 제동을 걸어주는 방식

③ 브레이크 슈식, 케리어의 배치

전동기에 의하여 브레이크 슈가 작동하도록 하는 방식

④ 자중식

리타더로 차량의 무게에 의하여 자동적으로 제동이 걸리게 하는 방식으로 제동은 개방상태, SET 상태, 제동상태, 제동해제의 순서로 이루어진다.

10 피기백(Piggy Back)

1. 개요

① 철도운송과 트럭운송을 결합한 형태로 상차 및 하역에 소요되는 시간을 단축하고 운전 운송을 실현하는 운송 수단이다.
② 차륜 도로수송용의 트럭 또는 트레일러를 평장물차에 실어 수송하는 시스템으로 TOFC (Trailer On Flat Car) 방식으로도 불리고 있다.

2. 시스템 특성

① 피기백 운송방식은 화물열차의 대차 위에 트레일러나 트럭에 컨테이너를 함께 적재하여 운송하는 TOFC(Trailer On Flat Car) 방식으로 컨테이너와 트레일러가 하나로 되어 있다.
② 따라서 화물이 터미널에 도착 후 하역시간이 절약되고 행선지별 분류작업이 필요 없이 그대로 최종 목적지까지 배송이 가능하므로 터미널의 비용이 절약되는 이점이 있다.

③ 하지만 총중량이 클 뿐만 아니라 철도터미널에서의 다단적이 불가능하여 공간의 소요가 대단히 많아지므로 철도터미널이나 항만여건상 적지 않은 어려움이 있다.

3. 피기백 시스템의 장점

① 도로교통량의 저감(교통체증 완화)
② 트럭운행의 경비(인건비, 연료비, 수리비)의 감축
③ 상, 하역시간 최소화
④ 행선지별 화물 분류작업 불필요
⑤ 터미널 비용 절약
⑥ 환경오염 방지

4. 운영사례

① 구미 여러 곳에서 많이 이용되고 있으며, 총 중량의 큰 약점을 보완하기 위해 차량의 경량화 노력을 하고 있으며, 수출입화물 수송용뿐만 아니라 국내용 화물 수송에 많이 이용되고 있다.
② 트럭 운행의 3가지 경비(인건비, 연료비, 수리비)의 감축 효과가 있음은 물론 수송비 절감과 대도시권을 중심으로 하여 심화되는 도로체증 및 환경오염 방지에 일조를 하고 있다.

5. 문제점 및 개선방안

① 총 중량의 감소를 위한 화차의 개발을 촉진하고 이용을 확대하기 위해 화차개발자와 화차운영자 간 협력이 필요하다.
② 트레일러를 피기백하는 경우 저상화차를 개발하고 수요 확보를 위해 피기백 시스템을 이용하는 때는 인센티브를 제공하는 등 개선방안을 고려해 볼 수 있다.

1. 개요

① 유치선의 일종으로 보선장비 등을 평시에는 유치하며 차량 고장 시 고장차량의 대피공간 확보 등을 수행한다.

② 유치선은 유지보수체계와 연계하여 검토하며 현업분소가 위치한 정거장에 설치하는 것이 바람직하다.

③ 유치선이란 차량을 일시에 유치하는 선로이므로 열차의 반복운전선, 대피선, 선로보수용(전기, 신호, 궤도분야) 선로 등으로 구분된다. 즉, 장비유치선은 각 선로보수의 업무협조, 운전지조, 유치관리 등을 고려하여 동일개소에 일원화하는 것이 좋다.

2. 장비유치선의 규모

① 일반철도에서는 장비규모 등을 고려하여 30km 내외로 장비유치선을 부설하며 측선을 300m 이상으로 한다.

② 도시철도에서는 10km 내외로 장비유치선을 부설하며 차량 1편성과 모터카를 유치할 수 있도록 240~250m 정도로 하고 있다.

1. 섬식 승강장

① 승강장이 중앙에 위치하여 양방향 어느 쪽에서도 탈 수 있는 형태를 말한다.

② 계단 등의 시설을 공유하므로 설치비용이나 면적 등에서 상대식 승강장보다 유리하지만, 선로 가운데에 있는 관계로 확장이 어렵다.

③ 선로 사이에 승강장이 있기 때문에 승강장 앞뒤로 남는 공간이 생기게 되며, 이 공간에 유치선이나 회차선을 설치하기도 한다.

┃ 섬식 승강장 ┃

2. 상대식 승강장

① 승강장이 바깥쪽에 위치하여 한쪽 방향으로만 탈 수 있는 형태를 말한다.

② 선로의 바깥쪽으로 승강장이 놓이게 되므로 규모를 적절히 선택할 수 있어 효율성이 높고 시공도 용이하다.

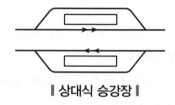

┃ 상대식 승강장 ┃

13 철도물류기지

1. 개요

① 화물을 대량으로 모아 한꺼번에 운송함으로써 물류비용을 절감하기 위해 전국의 주요 물류거점에 구축하는 대규모 물류시설이다.

② 철도물류기지는 철도를 포함한 2가지 이상 운송수단 간 연계운송을 할 수 있는 규모 및 시설을 갖춘 복합물류터미널과 내륙컨테이너기지가 있다.

2. 건설의 필요성

① 화물의 수송수요는 급증하는 데 반해 물류시설이 크게 부족하여 기업 물류비가 증가하고 국가경쟁력이 약화된다.

② 이에 따라 다품종 다빈도 화물을 집적화하여 대량으로 수송하는 연계수송망을 구축할 필요가 있다.

③ 이와 같이 화물을 집적화하는 장소를 철도물류기지라 하고 그 종류로는 복합물류터미널과 내륙컨테이너기지 등이 있다.

3. 사업추진방식

① 사업신청

② 소유권 귀속

사업시행자가 매입한 부지 및 설치한 시설물은 사업시행자 소유로 하며 본 시설을 직영 또는 임대로 하고 사용료를 징수할 수 있다.

③ 정부의 재정지원

㉠ 진입도로, 인입철도, 인입상수도 등 기간시설은 정부에서 건설하여 사업시행자가 이용할 수 있도록 제공한다.

㉡ 부지매입비는 전액 정부에서 재정 융자하며, 부지매입비를 제외한 총 민간투자비의 40%를 정부가 재정 융자한다.

㉢ 융자조건은 5년 거치 후 15년 분할 상환이다.

④ 조세지원

지자체 등 관계기관과 협의하여 취·등록세를 면제한다.

11 장대레일

01 장대레일 부설조건　　　

1. 장대레일

① 장대레일(CWR ; Continuosly Welded Rail)은 25m의 정척레일을 용접기지에서 100m 또는 300m의 장척레일로 만든 후 현장에서 현장용접으로 300m 이상 1,500m 까지 한 개의 Long Rail로 부설한 레일을 말한다.

② 레일의 이음매부가 없어 충격과 진동이 해소되므로 궤도 보수비의 절감, 소음 · 진동의 감소, 승차감의 향상 등 현저히 이점이 많다.

③ 장대레일의 중앙부위는 부동구간을 가지게 되며 단부의 가동구간을 약 100m 정도로 보고 있다.

④ 장대레일은 온도변화에 따라 신축하게 되므로 이를 구속하고 관리하는 것이 중요하다.

⑤ 온도변화에 따라 레일을 신축하고 레일 내부에 존재하는 축력 등을 계산하여 장대레일 관리의 기초자료로 활용한다.

2. 장대레일 부설조건

① 곡선반경 : 반경 600m 이상(횡저항력 확보), 반향곡선 1,500m 이상

② 종곡선반경 : 3,000m 이상

③ 전장 25m 이하 무도상교량

④ 노반이 양호할 것

⑤ 복진이 심하지 않을 것

3. 궤도조건

① 레일

50~60kg 신품으로 초음파 검사한 양질의 레일을 사용한다.

② 침목

원칙적으로 PSC 침목을 사용한다.

③ 도상

쇄석을 사용하는 것이 원칙이며 도상 종저항력이 500kg/m 이상이어야 한다.

4. 온도조건

① 우리나라의 최고온도 40℃에서 레일온도 60℃, 최저온도 −20℃에서 레일온도 −20℃를 감안하여 온도 변화 범위를 80℃로 본다.

② 레일은 압축응력보다 인장응력에 강하므로 중위온도는 다음과 같이 설정한다.

중위온도 : [레일의 최고온도(60℃)+레일의 최저온도(-20℃)]/2+5℃=25℃

③ 설정온도는 레일의 좌굴 및 파단이 생기지 않는 범위로 온도의 허용오차를 고려하여 설정한다.

설정온도 : 25℃±3℃<30℃

5. 터널조건

① 터널은 레일온도가 대기온도와 비슷하나, 교량, 고가부는 직사광선의 영향을 감안하여야 한다.

② 터널 내 설정온도는 최고, 최저가 20℃ 이상 높거나 낮지 않아야 한다.

6. 교량조건

① Girder의 온도와 비슷한 상태에서 장대레일을 부설한다.

② 교대 및 교각은 장대레일로 인하여 발생되는 축력을 견딜 수 있는 구조이어야 한다.

③ 부상방지시설을 계획한다.

7. 분기기구간

① 분기부에서는 축력의 급격한 변화가 발생하고 포인트부에서는 기본레일과 분기레일 사이에 상대변위가 발생하므로 분기기구간에는 장대레일 설치를 피하는 것이 원칙이다.
② 부득이 부설하는 경우에는 탄성포인트 방식을 채택하며, 크로싱은 조립식을 망간크로싱으로 개선하도록 한다.

02 장대레일 부동구간 ▶▶▶▶

1. 개요

① 레일은 온도변화를 받으면 신축을 방해하지 않는 한 선팽창계수에 비례하여 신축하나 장대레일에서는 종방향 도상저항력이 신축을 억제하므로 장대레일의 중앙부위는 부동구간을 가지게 되며 단부의 가동구간을 약 100m 정도로 보고 있다.
② 중앙부위의 부동 구간에서는 신축하려는 양만큼 압축 또는 인장의 축력이 항상 레일 내부에 작용하게 된다.

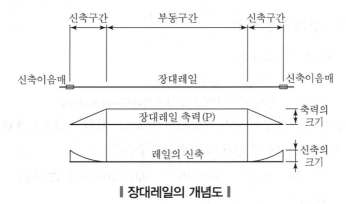

‖ 장대레일의 개념도 ‖

2. 장대레일의 축력과 신축

(1) 온도변화에 따른 신축량

① 레일의 신축은 완전 해방상태에서 온도변화가 있으면 선팽창계수에 의해 신축이 된다.

② 가장 높은 대기온도 40℃에서의 레일온도는 60℃, 최저온도는 −20℃로 우리나라 레일의 최고, 최저온도의 범위는 80℃이다.

③ 온도변화에 따른 신축량은

$$e = L \times \beta \times \Delta t$$

여기서, e : 신축량(20~50mm)

L : 레일의 길이

β : 레일의 선팽창계수(1.14×10^{-5})

Δt : 레일온도와 설정온도의 차

(2) 레일 내부에 발생하는 레일축력

$$P = E \times A \times \beta \times \Delta t$$

여기서, P : 축력(kg)

A : 레일의 단면적(cm^2)

E : 레일의 탄성계수($2.1 \times 10^6 kg/cm^2$)

β : 레일의 선팽창계수(1.14×10^{-5})

Δt : 레일온도와 설정온도의 차

(3) 장대레일 신축구간

① 신축구간의 연장은 $X = \dfrac{P}{r} = \dfrac{EA\beta\Delta t}{r}$

여기서, P : 축력(kg)

X : 신축하는 구간 길이(m)

r : 궤도 단위길이당 도상종저항력(600kgf/m)

② 50kgN 레일의 부설 당시 설정온도가 20℃, 현재 레일온도가 60℃, 도상종저항력이 600kgf/m일 때 장대레일의 신축구간은

$$P = 2.1 \times 10^6 \times 64.2 \times 1.14 \times 10^{-5} \times (60 - 20) = 61,477 (kg)$$

$$X = \frac{61,477}{600} = 102 (m) 이다.$$

따라서 장대레일의 가동구간을 100m로 본다.

(4) 장대레일 단부의 신축량

① 단부의 신축량은 $Y = \dfrac{X}{2}\beta\Delta t = \dfrac{1}{2}\dfrac{EA\beta\Delta t}{\gamma} \times \beta\Delta t = \dfrac{EA(\beta\Delta t)^2}{2\gamma}$

② 50kgN 레일의 설정온도가 20℃, 현재 레일온도가 60℃, 도상종저항력이 6kgf/cm일 때 장대레일 단부의 이동량은

$$Y = \frac{2.1 \times 10^6 \times 64.2 \times (1.14 \times 10^{-5} \times 40)^2}{2 \times 6} = 2.34(\text{cm}) = 23.4(\text{mm})\text{이다.}$$

따라서 신축이음매부의 스트로크(동정)를 최대 23mm로 본다.

03 장대레일 재설정 ▶▶▶▶

1. 재설정의 필요성

① 장대레일 부설 당시 설정온도가 중위온도에서 심하게 차이 난 경우
② 장대레일이 복진, 과다신축 등으로 신축이음매로 처리할 수 없는 경우
③ 장대레일의 중간에 손상레일이 있어 이를 절단 교환하여 장대레일의 축력분포가 고르지 못한 경우
④ 장대레일 구간에서 좌굴, 손상 등으로 레일을 복귀한 경우

2. 장대레일 재설정의 공통사항

① 장대레일을 처음 설정(부설)할 때에는 대기온도와 레일온도를 측정하고 기록을 유지한다.
② 장대레일 재설정온도는 일반구간에서 25±3℃(이상적 온도는 25℃)이다.
③ 터널의 시·종점으로부터 100m 구간은 일반구간과 같고, 내방은 10℃ 내지 20℃(이상적 온도는 15℃)이다.
④ 한 번에 재설정하는 길이는 1,200m를 기준으로 한다.
⑤ 장대레일이 일반구간과 터널구간에 걸쳐 있는 경우는 일반구간을 먼저 시행한 후 나중에 터널구간을 시행한다.
⑥ 재설정 계획구간에 대하여는 궤도강도의 강화와 균질화를 위하여 되도록 사전에 1종 기계작업을 시행토록 한다.
⑦ 롤러는 직경 15mm 이상 20mm 이내의 강관을 길이 120~200mm로 절단하여 다듬은 것을 사용한다.

⑧ 롤러의 삽입간격은 침목 6개 내지 10개 마디로 하고 삽입할 침목에는 미리 백색페인 트로 표시를 해둔다.

⑨ 초가을에 주로 재설정 작업을 시행하고, 겨울에 안정화로 유지한다.

04 장대레일 좌굴 시 응급복구 ▶▶▶▶

1. 장대레일의 좌굴

① 여름철과 겨울철에 레일은 온도변화를 받으면 신축을 방해하지 않는 한 선팽창계수에 비례하여 신축을 하게 된다. 우리나라에서 가장 높은 대기온도 40℃에서 레일온도는 60℃, 최저온도는 −20℃로서 그 범위는 약 80℃이다. 여기서 레일과 침목을 강제로 구속하여 도상종저항력으로 신축을 억제하므로 레일 내부에는 압축력이 발생된다.

② 침목에 체결되어 있는 레일은 침목과 도상자갈 간의 마찰력에 의한 도상의 횡방향저 항력과 궤광으로 조립된 후의 힘(Bending)에 대한 강성이 좌굴에 대한 저항력으로 작 용하게 된다.

③ 이때 도상 횡방향저항력과 궤광강성에 의한 구속력의 합계보다 레일 내부의 압축력이 크면 레일 내부에 저장된 저항응력에 불균형이 돌발하여 궤도는 좌우 어느쪽으로 든 지 좌굴을 일으키게 된다.

2. 좌굴방지의 사전대책

① 이와 같은 사고를 방지하기 위해서는 레일밀림이 일어나거나 유간이 없어져 맹유간이 발생하는 레일장출 우려개소에 대해서는 자갈을 충분히 보충하고 도상어깨를 두어 횡 방향의 저항력을 높여줘야 한다.

② 대기온도가 높아졌을 때는 레일에 물을 뿌려 온도를 낮춰주고, 특히 날씨가 더울 때는 궤도의 저항을 떨어뜨리는 선로보수작업을 삼가야 하고 선로를 건드리지 않아야 한다.

③ 레일의 좌굴 내지 장출이 우려될 때는 선로순회를 강화하고, 열차를 운행하는 기관사 는 평상시보다 주의력을 집중하여 전도주시를 잘하여 심한 진동이나 선로에 이상을 발견할 때는 적절한 조치를 취하여 사고를 예방하거나 피해를 최소화하여야 한다.

3. 좌굴 발생 시 응급복구 방안

1) 밀어넣기 또는 곡선삽입

① 좌굴된 부분이 많아서 구부러지지 않을 때 시행

② 레일의 손상이 없을 때 시행

2) 레일을 절단하여 응급조치

① 응급복구 후 신속히 본 복구 시행

② 절단제거 범위 : 레일이 현저히 휜 부분 손상이 있는 부분

③ 절단방법 : 레일절단기 또는 가스로 절단

④ 용접 전에 초음파 탐상기로 검사

⑤ 용접방법 : 테르밋용접 또는 가스압접

⑥ 복구 완료한 장대레일은 조속한 시일 내에 재설정을 시행한다.

12 선로보수

01 레일쉐링(Rail Shelling)

1. 개요

① 레일의 쉐링현상이란 레일두부 상면에 광택을 잃어 검은빛을 띤 반점이 있고 그 아래 수 mm의 깊이로 수평렬이 거무스름하게 퍼져 있는 것을 말한다.

② 이 손상은 레일두부 파단면이 조개껍질의 표면과 같이 보이는 점진파면을 나타내므로 쉐링이라고 한다.

2. 쉐링의 증상 및 발생과정

(1) 쉐링의 증상

쉐링에 의하여 두부상면이 움푹 패이게 되어 열차통과 시 충격에 의한 소음이나 궤도 파괴가 일어난다. 그 후 수평렬에서 갈라진 횡렬이 하방으로 진행하여 레일 절손에 이르게 된다.

(2) 발생과정

① 레일표면 아래 수 mm로 미소 전단균열이 발생한다.

② 균열은 깊이 방향으로 비스듬하게 진전한다.

③ 어느 깊이부터 수평방향으로 진전한다.

④ 표면에도 균열이 발생한다.

⑤ 수평균열은 차륜하중 아래에서 움푹 파이게 된다.

⑥ 움푹 파임은 수분에 의하여 산화되어 흑반으로 된다.

⑦ 균열의 선단은 압연되어 더욱 균열이 진행된다.

⑧ 균열과 움푹 파임이 확대되어 쉐링으로 된다.

3. 쉐링 대책

① 예방대책으로는 되도록 빠른 시기에 레일 삭정을 시작하며, 1년에 1회 전선을 삭정차로 두부상면을 0.05mm 깎아 내면 레일 두부상면은 매년 신품과 같은 상태로 되며 레일 수명은 3배 이상 연장된다.

② 또한 레일 삭정은 차륜과 레일의 점착성의 향상, 파상마모의 예방, 소음레벨의 저하 등 좋은 효과가 있다.

③ 레일삭정의 효과

   ㉠ 레일의 재질 강화

   ㉡ 잔류응력의 해방

   ㉢ 전동 또는 점착 조건의 개선

02 복진 ▶▶▶▶

1. 정의

① 열차의 주행과 기온변화의 영향으로 Rail이 전후방향으로 이동하는 현상을 복진이라 한다. Rail 체결장치의 체결력이 불충분할 때는 Rail만 밀리고 체결력이 충분할 때는 침목까지 이동하여 궤도가 파괴되고 장력이 발생된다.

② 복진현상은 특히 동절기에 심하며, 복진이 발생하면 침목배치가 흐트러지고 도상이 이완되며 궤간틀림과 이음매 유간이 고르지 못하게 된다. 이때 이음매 유간이 과소하게 되면 Rail에 장력이 생겨 열차사고의 원인이 된다.

2. 복진원인

① 열차의 견인과 진동으로 인한 차량과 Rail 간의 마찰에 의한다.
② 차량 바퀴가 Rail 단부에 부딪쳐 Rail을 전방으로 떠민다.
③ 열차주행 시 Rail에는 파상진동이 생겨 Rail이 전방으로 이동되기 쉽다.
④ 기관차 및 전동차의 구동륜이 회전하는 반작용으로 Rail이 후방으로 밀리기 쉽다.
⑤ 온도상승에 따라 Rail이 신장되면 양단부가 양측 Rail에 밀착한 후 Rail의 중간 부분이 약간 치솟아 차륜이 Rail을 전방으로 떠민다.

3. 복진이 발생하기 쉬운 개소

① 단선보다 복선이 한쪽 방향으로만 움직이므로 복진이 많다.
② 평탄기울기보다 열차진행방향에서 하향 기울기구간이 많다.
③ 깎기 구간보다 돋기 구간이 많다.
④ 직선보다 곡선구간이 많다.
⑤ 열차 제동이 자주 걸리는 구간
⑥ 기관차의 공전이 자주 생기는 구간

4. 복진방지장치

① Rail 이음매판을 L형으로 하여 침목에 고정시키는 방법

② 레일 앵커 사용

Rail앵커의 탄력 또는 쐐기의 힘으로 Rail 저부에 끼워 레일의 밀림을 침목에 전달함으로써 밀림을 방지하는 방법

③ 말목 또는 계제의 사용

헌 침목이나 계재를 이용하여 침목을 고정시킴으로써 Rail의 밀림을 방지하는 방법

03 궤도검측차(Track Inspection Car, Track Recording Car) ▶▶▶▶

1. 개요

① 인력에 의한 궤도검측은 과대한 인력과 시간을 요하므로 19세기 말부터 궤도검측차가 실용화되기 시작하였으며 국내에서는 1976년부터 운용하고 있다.

② 궤도검측차란 궤도의 틀림을 검측하는 장치를 갖춘 차로 고속으로 주행하면서 궤도의 틀림을 연속적으로 검측, 기록하는 차량이다. 자체제동을 가진 것과 피견인식이 있으며 일반적으로 궤간, 수평, 면(고저), 줄(방향), 평면성, 가속도 등을 검측하며 거리, 시간 및 구조물의 표시장치가 되어 있다.

2. 궤도검측차에 의한 검측대상

① 궤도 틀림의 상태
② 궤도의 부재, 재료의 손상이나 열화
③ 궤도의 성능

3. 검측방식

(1) 기계적 측정방식

① 기계적 유도 변환기를 이용하여 각종 궤도 틀림량을 접촉방식으로 측정한다.
② 유도변환기의 마모가 발생할 수 있다.

(2) 관성적 측정방식

① 관성 가속도계를 사용하여 각종 궤도 틀림량을 비접촉방식으로 측정한다.
② 고속철도의 궤도검측에 적합하다.

1. 개요

① DTS(Dynamic Track Strabillizer)는 1997년 오스트리아의 그라쉬 공과대학에서 도상의 진동시험용으로 개발되었다. 현재 궤도의 침하를 억제하는 동적 궤도 안정장치로 최대 24tf의 로드압력을 가하며 35Hz로 진동시킨다.

② DTS는 궤도에 로드압력과 진동을 가하여 도상 초기 침하를 촉진시킴으로써 도상을 안정화하고 부등침하를 억제하는 효과를 기대할 수 있다.

2. DTS의 효과

① 동적 충격과 일정한 하중에 의한 궤도의 안정

② 열차의 불규칙한 하중에 따른 궤도응력의 불균형을 시정

③ 정정된 궤도의 기하학적 수치를 보존

④ 도상 자갈의 균등한 구조 유지

⑤ 횡 저항력 증대 및 궤도의 굴곡에 대한 안정

⑥ 궤도 유지 보수 주기의 장기화

⑦ 작업 후 안정을 위한 열차 서행이 필요 없으므로 열차운행의 효율성 증대

1. 개요

① 유간은 레일복진 등으로 레일 종방향 위치이동이 일어나 시간 경과에 따라 서서히 확대 또는 축소된다.

② 따라서 유간이 한계상태에 도달하기 전에 계측, 평가하여 유간 정정 작업을 행함으로써 적당한 유간 상태를 유지시킬 필요가 있다.

③ 그러나 유간 정정 작업을 빈번하게 시행하는 경우 작업량이 과도해지고 비경제적이 되므로 적당한 유간 허용한도를 설정할 필요가 있다.

2. 레일온도와 유간

레일 이음매의 유간은 레일의 온도 변화에 따른 신축을 용이하게 하기 위하여 설치되며 레일이 최고 또는 최저온도에 달한 때에 다음 조건을 만족하여 축력이 소요의 값 이하로 규제되도록 하여야 한다.

① 궤도가 좌굴하지 않을 것
② 이음매 볼트에 과대한 힘이 걸리지 않을 것
③ 과대한 유간으로 열차에 의한 충격이 너무 오래 지속되지 않을 것

3. 좌굴 측의 안정도 판정

① 부설레일의 유간이 적정한지를 판정하는 방법은 우선 최고레일온도에 달했을 때 좌굴 측의 안전도에 대하여 판단한다.
② 수정유간은 이음매판 구속력 및 도상종저항력에 의하여 저장된 축력의 유간 환산량이며 온도변화에 따라 증감한다.

4. 이음매 볼트 파단 측의 평가

① 레일이 최저온도에 달한 때의 파단 측의 한도는 이음매 저항력의 크기에 의하여 결정된다.
② 이음매 볼트의 휨저항력은 1개당 최대 10tf이며, 안전율을 고려하여 5tf 정도까지 허용한다.
③ 이음매 볼트가 1~2mm 정도 휘어도 사용가능하다고 가정할 경우 휨저항력은 10tf까지 허용한다.
④ 이음매볼트 2개에 대하여 휨저항력은 15tf 정도로 기대한다.

06 메인터넌스 프리(Maintenance Free) ▶▶▶▶

1. 개요

유지보수가 필요 없는 시스템이라는 뜻으로 현재 상황에서 설비를 효율적으로 유지보수하고 그 수명을 더욱 연장시켜 추가적으로 드는 비용을 최소화하는 시스템이다.

2. 차량 분야 유지보수 개발

① 윤활유 분석법에 의한 디젤기관의 비파괴검사법

윤활유의 분석에 따라 엔진의 윤활 부분의 상태와 메탈이 눌러 붙는 징후의 유무를 비파괴로 진단하는 방법의 개발

② 초음파에 의한 대차 및 차축의 비파괴검사법

초음파에 의해 대차 용접부의 용접 접합상태를 간단하게 판정하는 방법 및 교번 검사용 장치 등 차축의 자동 탐상장치의 개발

③ 차량의 검수주기 연장 및 유지보수 간소화를 위한 기술지원

비교적 양질의 윤활유와 그리스 및 고무호스는 종래의 주행거리 40만~60만km까지 주기를 연장

④ 차체식 엔진성능측정시스템

디젤동차의 건수에서 불가능한 엔진 출력을 측정하는 방법으로서, 운행 중에도 연속 자동측정과 기록이 가능한 시스템 개발

3. 구조물 분야 유지보수 개발

① 강철도교방식도포의 수명 예측
② 철근콘크리트의 내구성 평가법
③ 터널 검사 · 진단용 전문가시스템
④ 간단한 노반 지지력 추정법
⑤ 충격진동시험의 개발과 판정기준 작성

⑥ 평상시 미동에 의한 개발과 판정기준 작성

⑦ 평상시 미동에 의한 구조물의 약점개소 및 피해 개소의 유출기술

⑧ 강교 수명연장의 합리적 보수 · 보강 매뉴얼

⑨ 철근콘크리트 보수방법

⑩ 터널 보수 · 보강 매뉴얼

⑪ 사면 방호 재료

⑫ 운행 중인 선로의 노반강화법

4. 전력설비 분야 유지보수 개발

① 기존 선 노후판정 장치

② 기존 운행차량 탑재식 트롤리선 마모측정기

③ 이선처리 소프트웨어

④ 교류 기전회로용 부하영역 측정장치

5. 궤도 분야 유지보수 개발

① 2차 고속궤도검측 범위의 개발

② 고속선구의 장파장 궤도관리

③ 레일 쉐링의 초음파 탐상법에 의한 검출

④ 곡선부 속도향상에 대응한 궤도관리기법

⑤ 레일요철의 효과적인 관리와 삭정방법

⑥ 슬래브 궤도의 보수와 개량방법

⑦ 분기기 및 급곡선에 롱레일 적용

⑧ 고속주행 시 자갈 비산 방지대책

⑨ 운행 중인 선로의 생력화 궤도

⑩ 장대레일 용접부의 수명연장

6. 결론

① 열차의 속도에 따라 메인터넌스 프리(Maintenance Free)를 위하여 궤도구조는 강성화, 중량화, 탄성화한다.

② 열차의 고속화 및 고밀도화, 중량화에 따라 보수체계가 필요 없는 콘크리트 슬래브궤도 및 유지보수의 기계화를 추진함으로써 유지보수비용을 절감하는 시스템을 개발하여야 한다.

07 궤도틀림, 평면성 틀림 ▶▶▶▶

1. 개요

① 궤도가 통과열차의 하중과 기상변화의 영향을 받아 틀어지는 현상을 궤도틀림이라 한다.

② 궤도틀림은 궤간틀림, 수평틀림, 면틀림, 줄틀림, 평면성틀림, 복합틀림 등으로 구분할 수 있다.

2. 궤도틀림의 종류

① 궤간틀림

좌우 레일의 간격틀림으로 궤간에 대한 틀림으로 궤간틀림이 크면 열차는 사행동을 일으키며 궤간이 확대되면 차륜이 궤간 내로 탈선된다.

② 수평틀림

좌우 레일 답면의 수평 차이를 말하며 고저차로 표시된다. 수평틀림은 차량의 좌·우 동을 일으킨다.

③ 면틀림

한쪽레일 길이방향의 고저차를 말하며 면틀림 발생 시 주행차륜이 레일을 올라타는 원인이 되어 탈선되기 쉽다.

④ 줄틀림

한쪽레일의 좌우방향으로 들락날락한 틀림으로 줄틀림은 주행차량의 이상 행동을 일으킨다.

⑤ 평면성 틀림

궤도의 5m 간격에 있어서 수평틀림의 변화량을 말하며, 틀림 시 주행차륜이 레일을
올라타는 원인이 되어 탈선되기 쉽다.

08 분니현상 ▶ ▶ ▶ ▶

1. 도상분니와 노반분니

① 궤도의 도상자갈에 니토를 분출하는 현상을 분니현상이라 한다.
② 도상자갈이 세립화되어 발생한 분니현상을 도상분니라고 하며, 노반 흙이 분출하는
   것을 노반분니라 한다.
③ 도상분니는 도상 자갈이 불량한 경우에 발생하며 양질의 자갈로 교환하면 조치가 가
   능하다.
④ 노반분니는 본래의 노반 흙에 적당치 않은 불량한 점성토의 노반에서 많이 발생한다.
   궤도 보수주기를 두드러지게 줄이고, 또 궤도보수작업도 곤란하게 되므로 문제개소에
   대하여 근본적인 처리방안을 마련할 필요가 있다.

2. 노반분니 처리방안

① 노반분니의 발생과정은 우선 반복하는 열차하중에 의하여 생긴 노반 관입층에 우수
   등이 침입하여 워터포켓이 형성되며 시작된다.
② 그후, 반복 열차하중에 의하여 워터포켓에서 노반 흙이 니토(진흙)로 변화되고 니토는
   열차통과에 따라 도상 자갈 내를 따라서 표면에 분출된다.
③ 분니는 과대한 열차하중, 노반으로의 수분의 공급, 불량한 흙의 3조건 중 적어도 하나
   를 제거함으로써 방지할 수 있다.
④ 가장 확실한 방법은 불량한 노반토를 양질의 흙으로 치환하는 것이며, 최근에는 노반
   면을 시트(Sheet)로 덮고 니토의 분출을 방지하는 노반 면 피복공법이 많이 사용되고
   있다.

13 철도건설

01 시공기면과 시공기면의 폭 ▶▶▶▶

1. 시공기면(FL ; Formation Level)

① 선로중심선에서 노반의 높이를 표시하는 기준면, 즉 노반을 조성하는 기준이 되는 면을 시공기면이라 한다.

② 시공기면에서 토공의 경우 3% 교량·터널의 경우 2%의 배수기울기를 붙인 것이 노반면이다.

2. 시공기면의 폭

① 토공구간에서의 궤도 중심으로부터 시공기면의 한쪽 비탈머리까지의 거리를 시공기면 폭이라 한다.

② 노반폭은 실제로 배수기울기를 둔 경우의 표층노반 어깨까지의 수평거리를 말한다.

③ 시공기면 폭은 각종 보수작업이 안전 및 작업효율을 위해서는 가능한 넓은 것이 좋다. 전기 운전구간에서 전차선 지주의 전식, 곡선구간에서 궤도중심간격의 확폭, 다설지대에서 배설처리를 위한 확폭 등이 필요하다. 그러나 시공기면 폭의 증대는 용지비, 건설비의 증액을 요하기 때문에 여러 가지 조건을 고려하여 결정하여야 한다.

④ 직선구간의 시공기면 폭

　㉠ 일반철도에서 돋기 또는 깎기에 있는 본선의 시공기면의 폭은 궤도 중심에서 시공기면의 한쪽 비탈머리까지 설계속도에 따라 다음 표의 값 이상으로 규정하고 있다.

설계속도 V (km/h)	시공가면의 최소폭(m)	
	전철	비전철
$350 < V \leq 400$	4.5	−
$250 < V \leq 350$	4.25	−
$200 < V \leq 250$	4.0	−
$150 < V \leq 200$	4.0	3.7
$70 < V \leq 150$	4.0	3.3
$V \leq 70$	4.0	3.0

⑤ 곡선구간의 시공기면 폭

곡선구간에서는 궤도외측의 도상어깨가 올라가 통로폭이 감소되므로 그 폭만큼 확대하여야 한다. 다만, 콘크리트도상의 경우에는 확대하지 않는다.

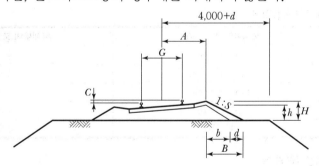

확대량은 $d = B - b$에서 $B = H \cdot S$이므로 $d = H \cdot S - b$

$H - h = \left(\dfrac{G}{2} + A\right) \times \dfrac{C}{G}$이므로 $H = h + \left(\dfrac{G}{2} + A\right) \times \dfrac{C}{G}$이다.

따라서 확폭거리 $d = \left(h + \dfrac{C}{2} + \dfrac{A \times C}{G}\right) \times S - b$만큼 확대하여야 한다.

h는 도상두께 + 침목두께

$G = 1,500\text{mm}$

① 토공 표준단면

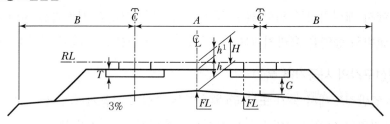

② 교량 및 터널 표준단면(측면배수)

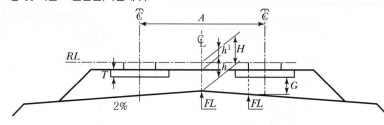

③ 교량 및 터널 표준단면(중앙배수)

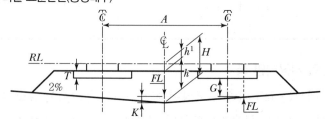

④ 궤도의 중심간격

설계속도 V (km/h)	A(궤도의 중심간격 m)
$350 < V \leq 400$	4.8
$250 < V \leq 350$	4.5
$150 < V \leq 250$	4.3
$70 < V \leq 150$	4.0
$V \leq 70$	3.8

⑤ 시공기면의 폭

설계속도 V (km/h)	최소 시공기면의 폭(m)	
	전철	비전철
$350 < V \leq 400$	4.5	−
$250 < V \leq 350$	4.25	−
$200 < V \leq 250$	4.0	−
$150 < V \leq 200$	4.0	3.7
$70 < V \leq 150$	4.0	3.3
$V \leq 70$	4.0	3.0

02 GCP(Gravel Compaction Pile) ▶▶▶▶

1. 개요

지반개량공법인 Sand Compaction Pile은 모래를 사용하나, 양질의 모래를 구하기 어렵거나 비경제적인 경우 또는 큰 강도의 개량말뚝이 필요한 경우에 모래 대신에 쇄석이나 자갈을 사용하여 지반을 개량하는 공법이다.

2. 적용성

① 모래지반

다짐원리에 의한 지반 조밀화 및 액상화 대책을 마련한다.

② 점토지반

복합지반 강도확보 및 Arching에 의한 침하량 저감대책을 마련한다.

3. 장단점

① 모래부족에 대한 수급문제 해결
② 쇄석자갈의 사용으로 Arching 효과가 우수하여 침하저감 및 복합지반형성에 유리하다.
③ 액상화 대책에 유리하다.
④ 쇄석입도 및 최대크기에 대한 제한이 필요하다(25mm).
⑤ 국내 실적이 적다.

4. 시공방법 및 평가

(1) 시공방법

① 진동기를 진동시켜 파이프를 지중에 관입시킨다. 관입이 곤란한 경우 에어제트 또는 워터제트를 병용 사용한다.
② 개량깊이에 도달하면 파이프 속에 자갈을 투입하고 서서히 파이프를 규정높이까지 올리면서 파이프 내의 자갈을 압축공기를 사용하여 천공부에 배출한다.

③ 투입된 자갈을 진동에 의해 다짐한다.

④ 앞의 ②, ③과정을 반복하여 지표면까지 형성한다.

(2) 평가

① 모래재료를 대체할 수 있는 기술이며 쇄석을 사용함으로써 경제적인 공법이다.

② 천안~논산 간 고속도로 현장에 시험시공사례가 있다.

③ 많은 사례와 시험시공 등으로 설계방법, 시공적용성 및 장비보급 등이 기대되며 향후 국내현장에 정착되도록 적극적인 노력이 필요하다.

03 흙쌓기 재료[A군]의 토질특성 ▶▶▶▶

1. 개요

① 흙쌓기 재료는 토질 재료, 암석질 재료의 사용가능 여부, 적용조건 등에 따라 군(Group)으로 분류한다.

② 흙쌓기 재료의 군은 A, B, C, D1, D2의 5개군으로 분류한다.

2. A군의 토질특성

① 재하시험에 의해 소정의 다짐도가 손쉽게 확보될 수 있고 잔류침하가 극히 작다.

② 열차의 반복되는 하중에 의한 소성변형, 탄성변형량이 작은 쌓기에 가장 적합한 양질의 재료이다.

③ 단, 세립분의 함유율이 많은 것(30% 정도 이상에서)에서는 다짐도의 확보에 주의가 필요하다.

3. 흙쌓기 재료 요건

구분	자갈궤도		콘크리트궤도	
	상부노반	하부노반	상부노반	하부노반
최대입경	100mm 이하	300mm 이하	100mm 이하	300mm 이하
수정CBR	10 이상	2.5 이상	10 이상	2.5 이상
5mm(4번체) 통과율	25~100%	–	25~100%	25~100%
0.08mm(200번체) 통과율	0~25%	–	0~25%	0~25%
소성지수	10 이하	–	10 이하	10 이하

04 JES(Jointed Element Structure) 공법　▶▶▶▶

1. 개요

철도나 고속도로 하부에 횡단구조물을 단기간에 안전하고 경제적으로 설치하는 신공법으로서 축직각 방향으로 하중 전달이 가능한 이음부를 갖는 강재 엘리먼트를 사용하는 공법이다.

2. 공법의 특징

① 소규모 엘리먼트를 분할시공하여 지반의 침하를 최소화할 수 있다.
② 엘리먼트는 노반면 보호공과 본체구조물로 동시 사용이 가능하다.
③ 상부보강공이 없어 토피가 낮은 곳도 시공이 가능하다.
④ 인장력은 엘리먼트, 압축력은 충진한 콘크리트가 부담한다.
⑤ HEP(High Speed Element Pull) 공법과 병행하면 효과적이다. 여기서 HEP 공법이란 도달부의 견인장치를 이용 PC 강선을 끌어당겨 엘리먼트를 추진구에서 도달구까지 삽입하는 공법이다.

3. 시공순서

① 추진구, 도달구를 설치한다.

② 기준 엘리먼트 견인을 위하여 수평보링을 4개소 실시한다.

③ 기준 엘리먼트를 견인한다.

④ 일반부 엘리먼트를 순차적으로 견인하고 콘크리트를 충진한다.

⑤ 측벽부 엘리먼트를 견인하고, 이음부 그라우팅주입 및 콘크리트 충진을 시행한다.

⑥ 하부 엘리먼트를 견인하고, 이음부 그라우팅주입 및 콘크리트를 충진한다.

⑦ 조정 엘리먼트를 설치한다.

⑧ 터널 내부를 굴착한다.

4. 적용범위

① 선로횡단 구조물

라멘형식, 링형식

② 엘리먼트 교대

거더의 받침보, 토류 부재로 사용

05 계수하중(Factored Load) ▶▶▶▶

1. 강도설계법

① 구조물 설계 시에 구조부재가 안전하기 위해서는 그 공칭강도 S_n은 있을지 모를 강도의 결함을 고려하여 강도감소계수 ϕ에 의하여 감소시켜야 하고, 기준하중 L은 있을 수 있는 초과하중을 고려하여 하중계수 γ에 의하여 증가시켜야 한다.

② $\phi S_n \geqq \sum \gamma_i L_i$과 같이 설계강도가 소요강도보다 크게 되도록 설계하는 것이 강도설계법이다.

$$\phi S_n \geqq \sum \gamma_i L_i$$

여기서, ϕ : 강도 감소계수

S_n : 공칭강도

L_i : 부재에 동시에 작용하는 여러 하중 가운데 i번째의 하중

γ_i : L_i의 불확실성의 정도에 따라 정해지는 하중계수

2. 계수하중

① γ_i값을 하중계수라 하며 $\gamma_i L_i$를 하중계수를 고려한 계수하중이라 한다.

② ϕS_n을 설계강도라 하고, 계수하중의 합 $\sum \gamma_i L_i = U$를 소요강도 또는 설계단면력이라 한다.

여기서, ϕS_n : 설계강도

$\sum \gamma_i L_i$: 소요강도, 설계단면력

06 침매터널 ▶▶▶▶

1. 정의

침매터널 공법은 해저면에 미리 트렌치를 굴착해 놓고 육상에서 적당한 길이로 분할 제작한 침매함을 설치 지점까지 운반한 후 가라앉혀 해저에서 시공하는 터널공법이다.

2. 침매터널의 시공순서 및 구조형식

(1) 시공순서

① 제작장에서 침매함을 제작하여 인근 임시계류장으로 운반한 후 현장까지 예인 및 운송

② 육상에서 제작한 침매함을 부력을 이용하여 침설지점까지 해상으로 예인하여 운반하고, 침설 시에는 침매함 내의 Ballast Tank에 물을 점진적으로 채워서 해저 트렌치면 위에 부력보다 약간 무거운 하중, 즉 침매함이 뜨지 않을 정도의 하중으로 내려놓음

③ 침매함을 시공 위치로 침설한 후 선박 충돌 및 함체의 부상을 방지하기 위한 되메우기 작업 후 내부 마감 실시

(2) 구조형식

① 단면

㉠ 철근콘크리트 장방형 단면은 폭넓은 함체에 적용이 용이하고 원형에 비하여 공간 이용을 극대화할 수 있다.

㉡ 역학적으로 원형단면과 달리 외압에 대한 휨모멘트가 지배적이며 부재단면은 원형인 경우보다 두껍게 되는 것이 일반적이다.

② 침매함체 침설

Gravel Bed를 포설한 지반 위에 침매함체를 침설하고 접합시킨 후 함체가 거동하지 않도록 Locking Fill을 우선적으로 포설한 후 Back Fill과 Rock Protection을 포설한다.

③ 조인트

㉠ 침매터널의 가장 두드러진 구조적 특성 중 하나는 미리 제작된 침매함을 연결하기 위해 필요한 연결 조인트이다.

㉡ 조인트에 문제가 발생하면 해수 유입이라는 심각한 결과를 초래하므로 조인트는 침매터널의 가장 중요한 부분에 해당한다.

㉢ 문제 발생 시에는 침매터널 운영에 상당한 영향을 미치므로 조인트에 대한 거동은 매우 제한적으로 허용되고 조인트 거동에 영향을 미치는 인자에 대한 면밀한 검토와 대책이 필요하다.

3. 침매터널의 공사 특성 및 설계 특장점

① 내구성 설계는 콘크리트 구조물의 각종 열화현상에 대한 저항성을 증가시켜 목표수명을 충분히 발휘할 수 있도록 하여야 한다.

② 침매터널은 파고와 조류속도가 상대적으로 큰 외해조건에서 건설됨에 따라 침매터널 시공을 위한 준설, 함체인양, 침설, 토공 등의 작업에 요구되는 난이도 및 설계에서 요구되는 정밀도가 높다.

③ 침매터널이 설치되는 대부분 지역에 연약점토가 분포하고 있어, 장기적인 부등침하가 발생할 수 있으므로 사전에 적절한 지반개량을 계획하여야 한다.

4. 적용사례 및 유의사항

① 침매터널은 전 세계적으로 150여 개 이상이 건설되어 운용되고 있으나, 국내에서는 최초로 부산－거제 간 연결도로에 처음으로 적용하였다.

② 침매함 설치 후에 원지반에 작용하는 하중이 설치 전에 원지반에 작용했던 하중보다 적으므로 침매터널 공법을 적용하는 지반에 요구되는 조건은 크게 까다롭지 않은 것이 일반적이다.

③ 하지만 침매터널은 구조적으로 부등침하에 매우 민감하므로 심도 있게 검토하고 그 결과에 따라서 적절한 대책을 수립하여야 한다.

07 구조물 중성화 ▶▶▶▶

1. 개요

① 콘크리트는 응결과정에서 수화반응으로 수산화칼슘($Ca(OH)_2$)이 형성되어 pH 12~13을 나타내게 되나 시간이 경과함에 따라 대기 중의 탄산가스가 침투하면 시멘트의 수산화칼슘과 반응하여 비활성의 탄산칼슘($CaCO_3$)으로 변한다.

② 이에 따라 콘크리트이 액성이 알칼리성(pH 12~13)에서 중성(pH 8.5~10)으로 변화하는데, 이를 콘크리트 중성화라 한다.

$$CaO + H_2O \rightarrow Ca(OH)_2$$
$$Ca(OH)_2 + CO_2 \rightarrow CaCO_3(중성) + H_2O$$

2. 중성화에 따른 열화

① 콘크리트 속에 묻혀 있는 철근은 콘크리트의 알칼리성에 의하여 부식환경으로부터 보호되고 있으나 시간이 경과함에 따라 콘크리트의 알칼리성분이 중성화되어 부동태 피막이 소멸되므로 강재가 부식된다.

② 따라서 장시간 경과된 콘크리트는 녹을 발생시켜 철근의 부식, 철근의 부착강도 저하, 철근 단면적 감소로 인한 저항모멘트의 저하, 피복콘크리트의 균열 박리 등을 발생시켜 미관, 기능 및 안정성이 저하된다.

3. 중성화에 의한 성능저하 등급 및 결과분석

① 중성화에 의한 콘크리트의 성능저하 등급은 A, B, C, D, E등급으로 구분할 수 있으며 등급 D, E의 경우는 철근의 부식도를 검토하여 필요한 경우 보수를 하여야 한다.
  ㉠ D등급 : 중성화 깊이가 표면으로부터 피복두께 또는 3.0cm 이하
  ㉡ E등급 : 중성화 깊이가 표면으로부터 철근위치 이상

② 결과분석 시 각 시설물의 평균피복 두께와 중성화 깊이의 평균 측정치를 비교한 결과 중성화로 인한 철근 부식의 우려가 없는 것인지 판단하고 이론적인 중성화깊이 추정 치와도 비교분석한다. 이때 철근피복 부족구간 및 철근노출구간은 별도로 철근부식 이 진행되고 있는 것을 판단하여야 한다.

4. 중성화에 대한 열화 방지대책

① 중성화를 방지하기 위해서는 재료, 설계, 시공의 3가지 측면에 대하여 대책을 수립하 여야 한다.
② 재료는 공극이 적은 재료를 선정하고, 유해성분(Nacl 점토 등)이 포함되지 않은 재료 를 선정하여야 한다.
③ 설계할 때에는 철근의 피복두께를 두껍게 하고 스페이서 등을 작은 간격으로 배치하 여 물시멘트비를 작게 하며 혼화재를 사용한다. 그리고 시공결함이 생기지 않도록 시 공하며, 반드시 콘크리트의 표면처리를 하고 CO_2, SO_3에 대하여 유효한 마무리재로 시공한다.
④ 시공할 때에는 세심한 시공 및 충분한 다짐을 하고 초기양생을 철저히 하여 될 수 있는 한 시공이음을 줄이도록 한다.

08 알칼리 골재반응 ▶▶▶▶

1. 알칼리 골재반응의 메커니즘

① 골재가 시멘트 또는 그 밖의 알칼리 성분과 오랜 기간 반응하여 콘크리트가 팽창하여 금 균열(Crazing)을 발생시키거나 붕괴하거나 하는 현상을 말한다.

② 알칼리골재반응(AAR ; Alkali – Aggregate Reaction)은 콘크리트 중에 존재하는 나트륨, 칼륨과 같은 알칼리이온과 자갈, 모래 등의 골재에 포함된 특정한 성분이 수분의 존재하에 장기적으로 서서히 새로운 물질을 생성하는 반응을 말한다.

③ 그 결과 콘크리트의 팽창을 수반하여 표면에 발생하는 거북이 등 모양의 균열이나 철근구속방향으로 생성된 평행한 균열이 발생하게 된다.

2. 알칼리 골재반응의 종류

① 알칼리 실리카반응, 알칼리 실리케이트반응

콘크리트 내의 알칼리가 골재 내의 반응성 실리카 혹은 규산염과 반응하는 현상을 말하며 여기서 실리카는 규소와 산소의 혼합물을 말한다.

② 알칼리 탄산염반응

콘크리트 내의 알칼리가 골재 내의 돌로마이트(Dolomite)질 석회암과 반응하는 현상

3. 염분과의 관계

① 염분의 침투는 염소이온과 철의 화학작용으로 산화철을 만들어 철근의 부피가 팽창한다.

② 이 팽창으로 크랙이 생기고 크랙으로 인하여 물, 이산화탄소와의 접촉면이 늘어나 중성화 및 알칼리골재반응이 더욱 촉진되어 부식이 가속화된다.

4. 원인

① 천연골재의 고갈로 사용실적이 적은 깬 자갈, 깬 모래 사용

② 고강도 콘크리트를 만들기 위해 단위시멘트량을 늘리고 단위수량을 줄임에 따라 시멘트 내의 알칼리 농도가 증가하기 때문이다.

5. 대책

(1) 재료 배합 시

① 반응성 골재의 사용금지
② 저알칼리의 시멘트를 사용한다.
③ 단위수량을 적게 하고 Flayash나 중용열시멘트를 사용한다.

(2) 설계 시

① 시방서상 양질의 골재를 선정한다.
② 신축줄눈을 설치한다.

(3) 시공 시

① 비빔, 운반, 타설, 다짐, 양생, 거푸집 등 시방기준을 준수한다.
② Con'c 표면의 방식 피복을 한다.

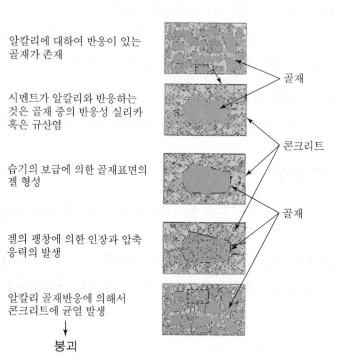

알칼리에 대하여 반응이 있는 골재가 존재

시멘트가 알칼리와 반응하는 것은 골재 중의 반응성 실리카 혹은 규산염

습기의 보급에 의한 골재표면의 겔 형성

겔의 팽창에 의한 인장과 압축 응력의 발생

알칼리 골재반응에 의해서 콘크리트에 균열 발생

↓

붕괴

골재

콘크리트

골재

09 염해

1. 개요

① 염해란 콘크리트 중에 염화물이 존재하여 철근, PC강재 등이 부식함으로써 콘크리트 구조물에 손상을 끼치는 현상이다.

② 밀실한 콘크리트는 알칼리성이 높아 강재표면에 치밀한 부동태피막을 형성함에 따라 일반적으로 강재는 부식하기 어렵다.

③ 콘크리트 중에 염화물이온이 일정량 이상 존재하면 부동태피막이 부분적으로 파괴되어 강재가 부식하게 된다.

④ 부동태피막이 파괴되면 콘크리트 중에 염분과 알칼리 농도의 차이, 또는 강재표면의 화학적 불균일성 때문에 강재표면의 전위가 매크로적으로 불균일하게 되어 전류가 흘러 부식이 발생한다.

⑤ 강재의 부식으로 생긴 녹의 체적은 원래의 강재체적보다 크기 때문에 그 팽창압에 의해 강재를 따라 콘크리트에 균열이 발생한다.

⑥ 균열이 발생하면 산소와 물의 공급이 용이하여 부식이 가속되며 피복콘크리트의 박리와 탈락, 강재 단면적의 감소 등으로 부재내력이 저하된다.

2. 대책

① 콘크리트 내 강재 부식은 수분과 산소가 공급되고 염화물이온이 존재하는 경우에 현저하게 진행된다. 따라서 강재의 부식을 방지하기 위하여 적절한 대책을 수립하여야 한다.

② 강재부식 방지대책

ㄱ 콘크리트 중의 염화물이온량을 적게 한다.

ㄴ 물시멘트비를 적게 하여 밀실한 콘크리트로 한다.

ㄷ 콘크리트 피복을 충분히 취해 균열 폭을 작게 제어한다.

ㄹ 수지도장 철근을 사용하거나 콘크리트표면에 라이닝 처리를 한다.

ㅁ 콘크리트에 염화물이온이 침투하는 원인을 제거한다.

ㅂ 콘크리트 시방서에 염소이온의 총량을 $0.3kg/m^3$ 이하로 규제한다.

ㅅ 고로슬래그 분말 등의 포졸란을 사용한다.

1. 개요

① 염화물은 콘크리트 내에서는 염화갈슘, 염화나트륨, 염화마그네슘, 염화칼륨 등으로 존재한다.

② 콘크리트 내에 염화물이 존재함으로써 강재를 부식시키며 구조물이 조기에 열화하는 염해현상이 일어난다.

2. 염분의 침투 경로

(1) 내부염해(재료로부터 유입)

① 미세척 바다 모래의 사용

② 경화촉진제로 염화칼슘을 사용

③ 염화물이 함유된 물을 사용

(2) 외부염해

① 해안에서 250m 이내 지역인 경우 바다염분의 침입

② 화학약품으로부터의 침투

3. 염화물 함유량의 규제

(1) 굳지 않은 콘크리트

① 0.3kg/m^3 이하

② 감독자 또는 책임기술자 승인 시 0.6kg/m^3 이하

③ 잔골재의 경우 절대건조중량의 0.04% 이하

④ 상수도 물의 경우 0.04kg/m^3 이하로 간주

(2) 굳은 콘크리트

① 최대 수용성 염화물 이온량(철근 부식방지)

부재의 종류	콘크리트 속의 최대 수용성 염화물 이온량 [시멘트의 질량에 대한 비율(%)]
프리스트레스트 콘크리트	0.06
염화물에 노출된 철근콘크리트	0.15
건조상태이거나 습기로부터 차단된 철근콘크리트	1.00
기타 철근콘크리트	0.30

② 무근콘크리트에서 가외철근이 배치되지 않은 경우는 제외

4. 염해 억제 대책

(1) 재료선정 시

① 에폭시 도막철근 사용
② 해사 사용 시 세척처리
③ 해수 사용금지

(2) 배합 시

① 물시멘트비는 가능한 한 작게(0.45 이하)
② 슬럼프 값은 가능한 작게
③ 가급적 단위수량은 작게
④ 잔골재율(S/a)은 가능한 작게
⑤ 감수제와 AE제의 사용

(3) 타설 시

① 시공이음이 발생하지 않도록 타설계획 수립
② 시공이음 설치 시에는 레이턴스를 제거하고 지수판을 설치한다.
③ 피복두께는 충분히 크게 한다.
④ 적절한 양의 방청제를 사용한다.
⑤ 습윤양생을 실시하여 균열발생을 억제한다.

5. 결론

① 염해방지 대책은 내부 및 외부로부터 콘크리트 구조물에 염화물의 확산과 침투를 차단하는 것이 최선의 방법이다.
② 대책공법으로는 표면도장공법, 에폭시 도막철근의 사용, 전기방식 등이 있다.

11 피암터널

1. 정의

① 낙석을 막거나 계곡으로 낙하시켜 낙석에 의한 피해를 방지하기 위해 설치한 터널을 피암터널이라 한다.
② 강재, 철근콘크리트 및 PC콘크리트 등으로 철도선로 위에 터널형식을 설치한다.

2. 설치장소

① 철도선로 인근에 여유폭이 없는 개소로서 낙석발생의 가능성이 있는 30m 이상의 급경사의 절개면
② 낙석의 규모가 커서 낙석방지 울타리나 옹벽으로 막을 수 없는 경우

3. 종류

① 켄틸레버형 피암터널
② 문형 피암터널
③ 역 L형 피암터널
④ 아치형 피암터널

12 QRA(Quntitative Risk Analysis) 정량적 위험분석 ▶▶▶▶

1. 개요

① 철도터널에서 발생할 수 있는 위험의 크기를 정량화함으로써 위험의 상대적인 크기를 파악하고 이러한 위험이 사회적으로 허용 가능한지 여부를 분석하는 작업이다.

② 허용 불가능한 위험에 대하여는 개선을 통해 사회적으로 만족할 수 있는 위험수준으로 저감한다.

2. 정량적 위험성분석 수행방법

① **통계자료분석** : 사고발생 확률

② **시나리오 작성** : Event Tree의 작성

③ **방재 시뮬레이션** : 사망자분석

④ **위험도 평가** : 방재설비의 적정성

3. 평가

① 전반적인 사고 시나리오 구성과 화재 및 피난시뮬레이션 등의 분석과정을 통해 철도터널의 위험 크기를 비교 평가할 수 있다.

② QRA 분석에 의한 기준이 만족이면 대피로, 대피통로, 소화기, 비상조명등, 비상유도등 및 유도표지판, 제연 팬 설치 등으로 방재 시설계획을 확정한다.

13 표준지보패턴 ▶▶▶▶

1. 개요

① 산악터널 굴삭 때 다양한 지산의 상황에 대응이 가능하도록 사전에 지보공의 패턴을 정해 놓고 현장 실정에 맞추어 변경을 가하는 경우가 많다. 이때의 지보패턴을 표준지보패턴이라 하며 지상상태에 따라 시공실적을 바탕으로 정해진다.

② 표준지보패턴은 터널구간의 암반분류결과를 토대로 구간별 지형, 지질, 터널단면 및 기타 영향요소에 대한 종합적인 분석을 거쳐 결정한다.

③ 계획된 지보패턴은 시공 시 현지 여건에 따라 변경 또는 조절이 가능하도록 설계에 반영한다.

2. 지보패턴 선정의 기본방향

① RMR 분류법과 Q-system에 의한 암반분류법을 사용하여 지반을 분류하고 이를 바탕으로 한 경험적 지보패턴의 검토

② 적용사례에 대한 검토

③ 전기비저항 탐사결과로부터 단층파쇄대 예측 및 암반분류등급 산정에 활용

④ 설계구간의 지형, 지반조건, 터널현황 반영 및 지보재 역할 이해와 시공성을 고려한 최적 지보재 선정

⑤ 공학적 접근방법에 의한 집량 산정

⑥ 해석적 방법을 통한 적용 표준지보패턴의 적정성 검증

3. 표준지보패턴 설계

① RMR, Q-system에 의한 지보체계 분석

 ㉠ RMR : 20, 40, 60, 80을 경계로 5등급으로 구분

 ㉡ Q-system : 0.1, 1.0, 4, 40을 경계로 5등급으로 구분

 ㉢ RMR에 의한 무지보 자립시간 검토

② 국내 시공사례분석

③ 수로터널 통과구간 및 지질연약대 예상구간의 경우 별도의 보조공법 적용

④ RMR, Q-system에 의한 지보량 산정 및 해석적 방법에 의한 검증

구분	암반분류		암반상태
	RMR	Q-system	
TYPE-1	81~100	40 이상	매우 양호한 암반
TYPE-2	61~80	40~4	양호한 암반
TYPE-3	41~60	4~1	보통 암반
TYPE-4	21~40	1~0.1	불량한 암반
TYPE-5	20 이하	0.1 이하	매우 불량한 암반
TYPE-F	단층대		

4. RMR과 Q-System

① RMR

　㉠ RMR이란 터널 각 구간의 암반상태를 등급화하기 위하여 암석의 일축강도, RQD (Rock Quality Designation : 암질지수), 지하수상태, 절리상태. 절리간격 등의 요소를 조사한다.

　㉡ 각 요소가 터널 시공에 미치는 중요도에 따른 평가 점수의 총 합계로 RMR 값을 산정하여 암반을 5등급으로 분류한다.

② Q-System

　㉠ Q-System은 1974년 노르웨이 지반공학연구소(NGI ; Norwegian Geotechnical Quality Index)의 Barton, Line, Lunde 등에 의하여 많은 터널시공 예를 분석한 자료를 기초로 개발된 것으로서 정량적인 암반분류체계일 뿐 아니라 터널보강설계가 가능한 공학적 측면이 고려된 분류이다.

　㉡ Q-System은 6가지 Parameter로서 다음과 같이 평가한다.

$$Q = \frac{RQD}{J_n} \times \frac{J_r}{J_a} \times \frac{J_w}{SRF}$$

　　　여기서, RQD : 암질지수(Rock Quality Designation)
　　　　　　　J_n : 절리의 수(Joint Set Number)
　　　　　　　J_r : 절리의 거친 계수(Joint Roughness Number)
　　　　　　　J_a : 절리의 변질 계수(Joint Alteration Number)
　　　　　　　J_w : 지하수에 의한 계수(Joint Water Reduction Factor)
　　　　　　　SRF : 응력에 의한 계수(Stress Reduction Factor)

③ Q값은 틈이 거의 없는 암반에서는 1,000, 지극히 연약한 팽창성 암반에서는 0.001 정도의 값을 갖는다.

5. 지보공

(1) 종류

① 지보공은 터널 원지반이 보유하고 있는 기능을 최대한 활용할 수 있도록 하여야 한다.

② 지보공은 지형, 지질, 지반의 역학적 특성, 토피의 대소, 용수의 유무, 굴착단면의

크기, 지표 침하의 제약, 시공법 등 제반조건을 종합적으로 고려하여 합리적으로 시행하여야 한다.

③ NATM터널에서 1차 지보재로는 숏크리트, 록볼트, 강지보공, 2차 지보재로는 내부라이닝 보조공법으로는 포어폴링, 강관다단그라우팅, 차수 그라우팅이 있다.

(2) 역할

① 숏크리트

㉠ 숏크리트는 굴착 후 빠른 시간 내에 지반에 밀착되도록 타설함으로써 조기 강도를 얻을 수 있으며 굴착 단면의 형상에 크게 영향을 받지 않고 용이하게 시공이 가능한 지보재로서 1차 지보 중 가장 중요하다고 할 수 있다.

㉡ 숏크리트의 기능
- 굴착지반을 지지하여 지반이 안정되면서 암반 아치(Arch)를 형성하도록 함
- 굴착면을 열화 및 침식으로부터 보호
- 절리면을 봉합하여 지반의 진행성 거동을 예방하고 내하력을 증대
- 굴착면을 매끄럽게 하여 응력의 국부적인 집중을 방지
- 암괴의 붕락 방지
- 쐐기형 암괴의 직접적인 낙하방지(Key Stone 지지)

② 록볼트

㉠ 록볼트는 지반 자체가 강도를 발휘하도록 지반을 도와주는 지보재의 일종으로 지반의 강도, 절리, 균열의 상태, 용수 상황, 천공경의 확대 유무와 용이성, 정착의 확실성, 경제성 등을 고려하여 선택한다.

㉡ 록볼트의 재질 선정은 작용효과 및 시공성 등을 고려하여 일반적으로 Rolled thread가 있는 직경 25mm의 표준 이형철근을 사용한다.

㉢ 록볼트 작용효과
- 봉합작용 : 굴착에 의하여 이완되어 있는 지반을 견고한 지반에 결합하여 낙반 방지
- 보강작용 : 절리, 균열 등 역학적인 불연속면 또는 굴착 중 발생하는 파괴면에서부터 분리 방지
- 보형성 작용 : 층상의 절리가 있는 암반을 록볼트로 결합하여 각 층간의 마찰저항을 증대시켜 각층을 일체로 한 일종의 합성보로서 거동시키는 효과

ㄹ 내압작용

　록볼트에 작용하는 인장력이 내압으로 작용

ㅁ 아치형성 작용

　체계적 록볼트에 의한 내압효과로 일체화된 원지반은 내공 측으로 일정하게
　변형하는 것에 의해 지중아치 형성

③ 강지보재

ㄱ 강지보재는 숏크리트 또는 록볼트가 지보기능을 발휘하기 전까지의 응급지보
　기능 및 막장 안정을 위해 보조공법 적용 시 반력을 받기 위한 지점기능을 하며
　지표침하 억제, 큰 토압을 받을 경우 1차 지보의 강성을 높이는 효과가 있다.

ㄴ 숏크리트가 경화하기 전부터 효과가 있는 굴착 직후 이완방지

ㄷ 널말뚝, 포어폴링, 파이프루프 등을 지지

④ 2차 라이닝

ㄱ 터널 내 각종시설(가설선, 조명 · 환기시설 등)의 지지 및 부착

ㄴ 지반 불균일, 숏크리트 품질저하, 록볼트 부식 등 기능저하 시 안정성 확보

ㄷ 운전자의 심리적 안정

ㄹ 차량 전조등 산란 균등성 확보

ㅁ 운영 중 터널주변 굴착 및 추가하중 발생 등에 대한 안정성 증가

ㅂ 비배수 터널의 경우 수압지지 및 배수기능 저하 시 안정성 확보

14 안전, 방재, 환경

01 PSD(Platform Screen Door, 스크린도어) ▶▶▶▶

1. 개요

① 스크린도어란 승강장 연단에 고정벽과 자동문을 설치하여 승강장과 선로부를 차단함
으로써 승객의 안전과 승강장 환경 개선 및 에너지절감을 위한 시설이다.

② 초기에는 외국에서 경전철에 주로 적용하였으며, 최근에는 중전철에서도 적용이 증가
하고 있다.

③ 우리나라도 서울지하철 9호선과 인천국제공항 철도의 모든 정거장에 Screen Door를
도입하였고 일반철도 신길역에서 시범실시하여 운행하고 있으며, 지하철 전체역에 점
차로 확대 시행하고 있다.

2. 설치목적(기대효과)

(1) 승객의 안전학보

① 추락사고 예방
② 차량화재 시 연기확산 방지

(2) 열차운행의 안전성 증대

승강장과 궤도부를 완전 차단하여 승객의 추락, 열차접촉 등 승강장 안전사고를 근본적으로 해결

(3) 환경조건의 향상

① 이용 승객 불쾌감 해소
② 실내 공기질 향상
③ 승강장의 소음차단효과 등

(4) 에너지절감 효과 도모

① 정거장 냉방부하 약 50~60% 감소
② 환기구 및 기계실 면적 약 30% 축소 가능

3. 예상되는 문제점

① 초기시설비 과다 소요
② 열차지연사고 우려
 ㉠ 열차가 정위치 오차한계(±35cm)를 초과하여 정차되는 경우 승ㆍ하차 시간 지연 및 민원 야기
 ㉡ 출입문이 2중으로 되어 있어 고장발생 시 비상출입문 이용으로 승ㆍ하차에 따른 불편 초래
③ 국내 기술수준 취약
 ㉠ 국내업체의 설치실적 부진으로 외국업체로부터 기술전수 및 외자시설 도입
 ㉡ 고장발생 시 응급대처할 수 있는 기술자 확보 필요

02 RPSD(Rope-type Platform Screen Door) ▶▶▶▶

1. 개요

① 최근 운행되는 열차의 차종이 다양해서 단일한 방식으로는 스크린도어 설치가 어려운 승강장이 많다.

② 이에 따라 '로프형 스크린도어 시스템(RPSD ; Rope-type Platform Screen Door)'을 개발, 상하 개폐방식의 장점에 따라 열차 차량의 길이, 열차 출입문의 위치, 정위치 정차 여부에 관계없이 설치·운영이 가능하고 기존 스크린도어 설치가 어려운 곳에서도 적용이 가능하도록 했다.

2. RPSD의 장점

① 곡선 승강장에도 설치 가능

ㄱ 직선 움직임을 위한 LM(Linear Motion) 가이드 시스템을 레일슬라이딩(rail sliding) 타입으로 변경했다. 와이어로프의 장력 방향 쪽으로 정하중의 힘이 작용하게 되어 있어 곡선 승강장에 적용했을 때도 편하중 현상이 나타나지 않는다. 전체적인 구조가 간단해 일상정비와 문제해결에도 용이하다.

ㄴ 2개의 바퀴가 연결된 더블 시브(Double Sheave) 방식을 채택해 하나의 실린더만으로도 구동이 가능하다.

ㄷ 열차가 승강장에 진입했을 때 전체 도어가 한꺼번에 열릴 수도 있고 1량 단위나 2량 단위로 열릴 수도 있다. 곡선구간에도 설치할 수 있으며 비용도 기존 시스템의 절반까지 낮출 수 있다.

② 버스전용차로나 아동보호구역에도 설치 가능

ㄱ 철도건널목이나 버스전용 중앙차로 등 일상생활 곳곳에도 적용이 가능하며 로프형 스크린도어 시스템을 철도 신호시스템과 연동시키면 보행자들이 안전하게 철도를 건널 수 있다.

ㄴ 로프형 스크린도어 시스템을 미니 사이즈로 설치하고 교차로나 건널목 신호등과 연계시킨다면 교통사고 발생률을 현저히 낮출 수 있다.

③ 포스트 간 간격을 탄력적으로 조절 가능

로프타입형 세이프 도어는 길이 18~20m의 포스트에 로프를 매달아 한 번에 여러 개의 문이 개폐돼 열차 차종변화나 출입문 위치에 크게 구애받지 않으며 간격도 탄력적으로 조절이 가능하다.

④ 설치가 간단하고 유지보수 비용이 매우 저렴

㉠ 에너지 소비가 기존 제품의 60% 정도에 그친다.

㉡ 도어패널마다 각각 설치해야 하는 서버모터 및 에어실린더를 설치할 필요 없이 다수개의 도어패널을 동시에 제어할 수 있게 되므로 스크린도어의 안전성 및 작동효율을 증대시킬 수 있다.

㉢ 와이어로프의 전면 또는 후면에 광고문구 또는 광고도안을 포함한 광고매체를 형성하여 승객으로 하여금 시각적인 광고효과를 유발시킬 수 있다.

03 열차운전 안전시설 ▶▶▶▶

1. 정의

① 열차운전 안전시설이란 철도 교통의 안전하고 원활한 소통을 확보하며, 작업원 및 철도이용 여객의 안전을 도모하기 위하여 설치하는 시설물이다.

② 철도운영의 중요조건은 "안전, 신속, 정확, 쾌적, 저렴"이다. 그중에서도 안전은 절대의 과제이며 모든 노력이 안전확보에 기초를 두어야 한다.

2. 열차운전 안전시설

① 열차운전 안전시설이란 열차운전 시 신호의 오인이나 브레이크 취급의 지연 또는 과속 등 운전부주의로 발생하는 사고의 예방과 피해를 최소화하기 위한 시설물이다.

② 열차운전 안전시설의 종류

㉠ 탈선방호시설

• 교량구간에서는 열차가 탈선하였을 때 차량이 전복하거나 교량하부로 낙하하는 것을 방지하기 위하여 설치하는 시설물이다.

- 일반철도에서 적용하는 가드레일방식과 고속철도에서 채택하는 측면구조물 방식이 있다.

　ⓛ 차막이
- 열차가 정지위치를 과주하였을 때 충격을 완화시키기 위하여 완충능력이 있는 구조로 차량을 정지시키기 위하여 선로종단 그리고 기지 내 유치선 및 입환선의 끝에 설치한다.
- 차막이의 종류는 뚝식, 자갈막이식, 레일식, 차륜막이식 및 유압댐퍼식이 있다.

　ⓒ 과선교 안전시설
- 과선교를 통행하는 차량의 이탈, 추락을 방지하는 차량방호책 및 통행차량·통행인에 의한 투기물 차단을 위하여 설치하는 낙하물방지벽 등을 말한다.
- 방호벽의 높이는 도로면에서 1,100mm이며, 낙하물방지벽은 도로면에서 2,500mm로 한다.

3. 설계 시 고려사항

① 주행 중인 열차에서 발생할 수 있는 상황을 고려해서 적절히 반응할 수 있도록 안전시설물을 설계하며 크기, 형태 등이 일관성 있게 설치, 운용되어야 한다.

② 탈선방호시설은 모든 교량에 설치하며, 열차가 탈선하여도 교량 하부로 낙하하지 않도록 충분한 강성을 가져야 한다.

③ 탈선방호시설로 인하여 궤도의 유지보수에 지장이 없도록 하며, 또한 열차운행을 위한 신호체계에도 지장을 주지 않아야 한다.

④ 열차가 과주하였을 때에도 일정 구간을 벗어나지 않도록 하여 피해를 최소화하는 설비를 하여야 한다.

⑤ 과선교를 통행하는 차량 및 사람에 의하여 열차운행에 위험을 주지 않도록 하며, 차량이 과선교 난간 충돌 시 선로로 추락하지 않도록 하여야 한다.

04 차량한계틀 ▶▶▶▶

1. 정의

차량한계틀이란 도로를 횡단하는 철도 교량의 구조물이 규정된 다리밑공간을 확보하더라도 적재높이 제한 위반차량의 진입으로 파손을 초래할 수 있으므로 차량통과 높이 한계를 규정된 틀로 설치하여 구조물을 보호하기 위한 안전시설물이다.

2. 종류

① 차량한계틀을 설치하고자 할 때에는 통과도로의 전후 종단선형 및 도로 선형을 고려하여 도로의 구조시설기준에 준한 통과높이를 결정하여야 한다.

② 차높이 제한표지

자동차 운전자가 통과높이를 인지하고 철도구조물 전방부에서 주의운전을 할 수 있도록 차높이 제한표지를 설치한다.

③ 차량통과 한계틀

철도가도교의 다리밑공간 높이를 4.5m로 제한된 일정 형태의 형틀을 교량통과 진입부에 설치하여 한계 내의 차량만이 통과할 수 있도록 설치한다.

3. 설계기준

① 설치개소

일반적으로 철도가도교 다리밑공간이 4.5m 이하인 개소에 설치

② 차량한계틀 설치

㉠ 철도가도교 형하높이에서 100mm 정도 낮게 설치

㉡ 통과높이제한치수표기 : 한계틀 설치높이에서 0~200mm 뺀 값

③ 설치위치 및 방향

㉠ 자동차가 통과하는 철도구조물 전방 30~50m 정도 이격하여 설치한다.

㉡ 대형 또는 특수차량이 통과할 때에는 차량길이를 고려하여 설치한다.

05 RAMS(Reliability, Availability, Maintainability and Safety) ▶▶▶▶

1. 개요

① 열차의 신호보안장치가 과거의 기계식, 전기식에서 전자장치 및 컴퓨터 장치로 대체되고 열차를 직접 제어하는 장치로 발전하면서 소프트웨어를 포함하는 새로운 개념의 램스(RAMS)라는 안전성 기술이 등장하게 되었다.

② RAMS는 Reliability(신뢰성), Availability(가용성), Maintainability(보수성), Safety(안전성)의 머리글자를 합성한 것이다.

2. RAMS의 의미

① Reliability(신뢰성), 즉 신뢰성은 정상적인 사용기간에 대한 신뢰도를 의미한다.

② Availability(가용성)란 신뢰성과 유사한 개념이나 사용자 입장에서 하드웨어와 소프트웨어를 포함하여 수명기간에 대한 실제 사용할 수 있는 시간의 비율을 말한다.

③ Maintainability(보수성)는 시스템 고장상태에서 규정한 시간 내에 복귀할 수 있는 확률로서 수정과 개조의 용이성도 포함한다.

④ Safety(안전성)는 시스템의 사용 중 사고로 인한 손실을 대상으로 한다.

06 RAMIOS(Railway Structural & Meteorological Information On line System) ▶▶▶▶

1. 정의

① 기상청의 기상 데이터 또는 철도 우량계의 데이터를 실시간으로 처리하여 철도연변의 강우량을 추정하고 동시에 강우상황을 화면에 나타내어 재해경비기준에 부합되는 조치를 하게 하는 열차 운행관리시스템이다.

② 원격 센싱 등에 의해 사면정보, 지리정보, 구조물정보와 보수정보를 상호 연계시켜 사면 재해의 검지가 가능토록 한 서브시스템이다. 또한 재해의 사례해석이나 붕괴실험 등에 기초한 안전도평가 서브시스템이 추가된 종합적인 강우 방재시스템이다.

③ 그중 RAMIOS의 사면 붕괴위험도 평가시스템은 과거의 사면붕괴이력과 토질공학, 통계학을 결합시킴으로써 호우 시의 실시간 붕괴 예측과 위험개소 추출을 합리적으로 시행할 수 있도록 한 것이다.

2. RaMIOS 서브시스템의 종류별 기능

시스템	기능
① 사면평가시스템	「성토 및 절토 사면의 위험도 판정기준」에 의해 한계우량을 계산하여 열차운행 관리에 쓰이는 우량지표를 결정
② 철도우량수집시스템	선로에 설치된 복수의 우량계에서 얻어진 관측우량을 실시간으로 1개소에서 집약하고 표시
③ 부외기상정보시스템	기상청이 발표한 기상정보를 수집, 표시
④ 위험도 판정, 표시시스템	우량지표와 우량정보를 실시간으로 비교하여 설정된 우량지표를 초과하는 경우 위험도를 해당선로에 통보 및 표시

07 RNS(Real-time Network Service)

1. 개요

① 지능형 철도건설지원시스템으로 철도건설을 위한 타당성조사, 기본 및 실시설계 시 다양한 열차운행 시뮬레이션으로 철도시설물의 적정성 검토와 최적 대안을 제시하는 시스템이다.

② 효율적인 프로젝트 생산에 기여하며 특히, 본사와 지역본부 간 네트워크 구성으로 실시간 정보를 공유함으로써 건설사업의 일관성 있는 추진과 의사결정을 위한 정보 제공에 활용할 수 있다.

2. 시스템구축배경

① 효율적인 철도건설을 위한 정확하고 세부적인 열차운영계획 수립 필요

② 고속, 일반열차 등 다양한 열차운행 시뮬레이션으로 열차운영계획 수립

③ 열차운영계획을 반영한 최적의 시설수준 제공 및 철도산업의 대외 경쟁력 확보

3. 시스템 활용 범위

① 선로기울기, 선로곡선 등 선형의 검토 · 조정
② 선로조건에 따른 동력차별 견인력 산정
③ 정거장의 규모(배선, 유효장, 승강장 등) 판단
④ 정거장 신설 시 운행 측면의 위치판단 및 운전소요시간 분석
⑤ 신호기 및 폐색구간 설치위치 검토 · 조정
⑥ 전차선 절연구분장치 위치 선정
⑦ 역간별 표준운전시간 및 열차 간 최소운전시격 산정
⑧ 노선 · 구간별 평균속도 및 표정속도 산출

4. 결론

① 최적 의사결정을 위한 정보제공이 가능하다.
② 철도시설계획 최적화로 사업비 및 운행비가 절감된다.
③ 고품질의 철도건설을 위한 기술경쟁력 확보를 위하여 필요한 시스템이다.

08 철도차량용 음향기록장치(ARU ; Audio Recording Unit) ▶▶▶▶

1. 개요

① 과학적이고 정확한 열차사고 조사를 위한 열차 블랙박스이다.
② 지금 운행되고 있는 모든 열차에도 이미 데이터 기록장치가 장착되어 차량기본정보 · 운전 조작 사항 · 속도 · 운전보안장치 작동 및 이상 유무를 기록 · 관리하여 차량정비 및 열차 사고 조사에 활용하고 있다.
③ 사고 직전의 긴박한 상황에 대하여 기관사와 사령실 · 역 · 승무원 간의 통화내용을 파악할 수 없어 정확한 원인 규명에 한계가 있다.

2. 활용방안

① 이 장치에 기록되는 정보는 MP3방식으로 압축되어 메모리팩에 저장되는 방식으로 사고 시 일어나는 극한 상황에 대비하여 충격 · 화재 · 수압시험을 거쳐 어떠한 경우에도 기록된 정보가 소실되지 않도록 되어 있다.

② 또한, 기록내용의 열람은 승인된 자가 특수해독장비를 이용할 때만 가능하도록 하고 열람 시마다 자동으로 기록이 남도록 하는 보안기능이 있다.

③ 철도차량용 블랙박스는 열차사고 원인규명 시 기존의 데이터 기록내용과 함께 음향정보도 활용할 수 있어 사고원인의 신뢰성과 정확성이 획기적으로 높아졌다.

09 화상검지시스템

① 화상검지시스템이란 승객 안전사고를 방지하는 카메라 영상처리기술로 승강장에서 비상상황이 발생하면 운영자에게 통보하고 자동으로 진입열차를 정지시키는 방식이다.

② 지하철 플랫폼에 낙하한 물체 및 인체, 화재발생, 승강장 안전사고 등을 영상처리로 검지하여, 사건의 특성 및 위험도를 분석하고 역무실, 종합관제실 및 열차 기관사에게 위험상황에 대한 적절한 정보를 제공하여, 신속하고 원활한 대응을 할 수 있도록 하는 지하철 승강장 안전장치이다.

③ 이 시스템은 스크린 도어에 비해 설치비와 유지보수 비용이 저렴하다.

10 Dead Man Switch(Drive Stop Device)

① 열차 운행 중 운전사가 실신이나 신체 이상으로 인하여 운전 핸들을 5초 이상 놓을 경우 불안전상태로 판단 경보를 발하며 비상제동을 체결하여 열차를 정지시켜 안전상태로 유지하기 위한 장치이다.

② 주로 주 제어기의 핸들(핸들식 데드맨 장치)이나 페달(페달식 데드맨 장치)에 설치하여 손발을 일정시간 뗀다든가 할 때에는 비상브레이크가 작동하는 장치이다.

11 페일 세이프(Fail Safe) ▶▶▶▶

① 조작자의 실수나 오작동 또는 고장 등이 발생해도 자동적으로 안전하게 가동되는 자동안전장치를 말한다.

② 기기에 고장이 발생한 경우 그 고장으로 인하여 전체 시스템이 안전모드로 동작하게 된다.

③ 2개 이상의 서브시스템으로 구성하여 하나의 서브시스템에 장해가 발생하여도 다른 서브시스템에 의해 종전의 기능을 속행하는 듀얼(Dual) 시스템이다.

④ 페일 세이프는 안전한 기계나 설비를 위하여 반드시 고려할 사항이다.

15 도시철도

01 Y선 ▶▶▶▶

1. 개요

선로 배선방법 중의 하나로서 배선에는 열차운행과 열차정리 등을 위하여 건넘선, 시저스, Y-선 등이 있다.

2. 기능

① 통상적으로 종단역에 설치하며 열차의 회차 또는 반복운전이 가능하도록 한다.

② 도시철도의 경우 열차운전시격을 유지하도록 본선 내 주박이 필요한 곳에 설치한다.

③ 선로 유지보수를 위한 모터카 유치선 등으로 사용한다.

④ 열차운행 장애사고 발생 시 열차운행정리 등을 위한 대피선으로 사용한다.

⑤ Y선은 영업선에 접한 곳은 편개분기기를 사용하고 대피선(유치선)에 접한 곳에 양개분기기를 사용

⑥ 승강장과 승강장 사이에 내측대피선을 설치할 경우 대피선 전후에 Y선을 설치한다.

3. Y선 델타선과 루프선

① 차량 또는 열차의 되돌림, 또는 방향을 전환하기 위하여 Y형 델타형 또는 Loop형으로 선로를 사용한다.

② 전차대는 차량을 1량씩 전향시키지만, 델타선과 루프선은 1개 열차의 편성을 그대로 전향시키므로 차량의 순번이 바뀌지 않는다.

02 도시철도의 열차편성 ▶▶▶▶

1. 개요

① 열차편성이란 1편성의 열차로 운행하기 위하여 각각의 기능을 가진 차량을 조합하여 편성하는 것을 말한다.
② 제어차, 동력차, 부수차를 조합하여 연결한다.

2. 차량의 종류

(1) 제어차

① 운전장치와 ATC, ATO 설비가 있는 차량이다.
② 자체 추진력이 없으며 T_c(Trailer Car with Driver's Cab)라고도 한다.

(2) 동력차

① 견인전동기가 장치되어 있어 추진력이 있는 차량이다.
② 집전장치가 있는 M_1차와 집전장치가 없는 M_2차로 구분한다. 여기서 집전장치란 전차선으로부터 전원(AC25,000 또는 DC1,500V)을 받아 차체에 공급하는 장치이다.

(3) 부수차

① 제어장치나 견인장치가 없이 끌려오는 차량 T(Trailer)이다.
② 제동장치나 기타 장치는 보유하고 있다.

3. 차량 편성

(1) 4량 편성

① $T_c - M_1 - M_1 - T_c$

② 다량 편성 시 M_1 1대에는 연장급전장치를 설치한다.

(2) 6량 편성

① $T_c - M_1 - M_2 - T - M_1 - T_c$

② M_1은 집전설비＋인버터＋견인전동기를 갖춘 동력차이다.

③ M_2는 집전설비 없이 인버터＋견인전동기를 갖춘 동력차이다.

④ 부수차 T에는 연장급전장치를 설치한다.

(3) 8량 편성

$T_c - M_1 - M_2 - T_1 - T_2 - M_1 - M_2 - T_c$

03 도시철도 노선 선정 ▶▶▶▶

1. 개요

① 도시철도는 노면의 대부분이 지하에 건설되어있는 대량 교통기관으로 수송할 수송수요를 정확히 예측하여 노선을 선정하는 것이 중요하다.

② 철도가 분담하게 될 지역의 OD표 및 희망선도를 작성하고 희망노선에 만족하도록 노선을 선정하여야 한다.

③ 수송수요가 많고 역세권이 양호한 지역이여야 하며 부근에 차량기지를 확보할 부지를 고려하여야 한다.

2. 노선 선정 시 유의사항

① 간선도로를 통과하여 도로교통량이 흡수되도록 하며 건설에 따른 용지비를 줄인다.

② 도시의 중심부를 통과하며 도시계획과 합치시켜 장래 도시발전에 대응한다.

③ 역간거리는 도심지에서는 1km 내외로 가깝게 하고, 외곽지역은 열차의 표정속도 향상을 위해 다소 길게 한다.

④ 타 노선과 교차할 경우 환승할 수 있도록 계획한다.

⑤ 항공, 버스, 일반 및 고속철도 등 타 교통기관과의 접근성을 적극 검토한다.

04 도시철도와 타 교통수단 간 연계수송 ▶▶▶▶

1. 개요

① 도시철도는 전체 도시의 일부분으로서 지역사회와 여객에게 연결기능을 극대화하여야 한다.

② 도시, 정거장, 교통체계의 유기적인 체계 형성을 위하여 동종 및 이종 교통기관 상호 간의 원활한 연계방법이 필요하며, 이러한 사항들은 노선 선정 초기 계획단계부터 고려하여야 하다.

③ 타교통 수단과의 연계방법에 있어서는 각각의 교통기관이 갖는 특성과 효율성을 파악하여, 상호 협조, 보완적인 종합시스템을 도모하도록 한다.

2. 연계교통의 필요성

① 도시 내 교통수요의 증가 및 도시 상호 간 유발교통의 증가

② 국토개발 측면에서 신도시 건설에 따른 대도시 집중기능 완화

③ 지역분산에 따른 지역 간 격차해소 유발

3. 연계교통의 기본원칙

① 도시철도와 타 교통수단 간 상호 협조 · 보완적인 Total System의 구축

② 대단위, 장거리, 거점수송으로서의 연계개발 및 최근접점까지의 설비확충

③ 타 교통수단 간 직통연결체계의 개발 및 시설물 핵심 간 동선의 최소화

05 도시철도 완행·급행열차 혼용운행

1. 개요

① 도시철도는 균일 고정편성으로 운행되는 것이 기본이나, 도시권이 광역화됨에 따라 급행운행이 필요하게 된다.
② 급행운행을 위한 전용선 설치는 막대한 비용이 소요되므로 기존노선에서 대피역, 추월역을 신설하는 방안이 합리적이다.
③ 급행운행은 표정속도 향상에 한계가 있고, 완행운행은 대피 등으로 표정속도가 저하되므로 전체적으로 수송수요에 대한 충분한 검토가 필요하다.

2. 주요 고려사항

(1) 수송수요

① 장거리 운행에 따른 급행승객 수요조사
② 완행감축운행 시의 혼잡 및 완행대피시간 증가
③ 완행운행과 급행운행의 혼용운행에 따른 이용효율 및 영향 검토

(2) 차량

① 완행차량 및 급행차량의 성능 검토
② 완행차량 및 급행차량의 운행비율
③ 완행차량 및 급행차량과 연계된 신호보안체계 검토

(3) 정거장

① 대피선 및 교행선의 확충 및 부지확보 가능성
② 안전하고 효율적인 정거장 배선계획
③ 완행차량 및 급행차량 이용승객의 통행량과 동선체계를 감안한 정거장 규모
④ 타 노선 및 타 교통수단과의 연계 및 환승시설

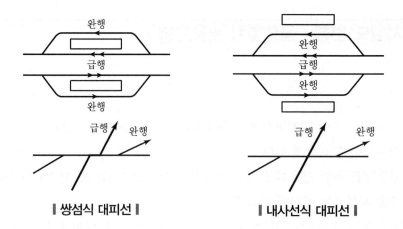

| 쌍섬식 대피선 | 내사선식 대피선 |

(4) 선로

① 곡선구간의 캔트, 완화곡선 설치에 따른 기준은 급행운행을 기준으로 한다.
② 분기기 부설, 기울기 설정 등 제반조건은 급행운행을 기준으로 한다.

(5) 신호보안

① 신호보안체계의 고도화 및 신뢰성 확보로 안전운행에 만전을 기한다.
② 폐색구간 및 폐색장치의 안전성을 확보한다.

(6) 유지보수

① 완벽한 열차다이어 편성으로 안전운행을 확보한다.
② 열차 혼용운행에 적합한 선로보수시설을 확보한다.
③ 순회 시 점검 철저 및 Maintenance Free System을 적극 도입한다.

3. 결론

① 도시철도는 일반적으로 도심의 지하에 건설되므로 막대한 건설비가 소요된다.
② 완행·급행 혼용운행에 따른 수송효율을 높이기 위해서는 충분한 대피역을 만들어야
하는데, 이에 따른 용지확보, 선형제약 및 막대한 건설비 등 문제점이 많을 수 있다
③ 따라서 열차 혼용운행 계획 시 초기부터 완행·급행 혼용운행에 따른 유발교통량, 전
이 교통량, 승객의 이용편익 향상, 수송효율, 정거장 용지 및 선형조건, 건설비 등을
종합적으로 충분히 검토하여야 한다.

16 고속철도

01 KRL-2012 하중

1. 개요

① 철도의 선로 구조물 설계 시 경우별로 LS-22, EL, HL-25 하중을 적용함에 따라 하중적용에 일관성이 부족하고 적용 시 혼선이 우려되는 경향이 있었다.

② 따라서 최근에 일반·고속으로 이원화된 하중체계를 단일하중으로 통합함으로써 국제화에 대비하고 적용이 편리한 열차하중으로 개정한 것이 KRL-2012 표준열차하중이다.

2. 개정 추진방향

(1) 하중명칭

① 적용 및 이해가 쉽도록 명칭에 통일성을 기함

② 하중명칭에 하중크기를 표기하는 방법은 향후 다양한 하중증감계수 및 열차 개발 양상에 따라 변동할 수 있는 하중크기에 제약을 둘 수 있다고 판단됨

③ 최근 유럽기준에 제정된 신규하중의 명칭(LM2000)이 개발연도를 붙여서 명명된 사례 활용

④ KRL2012 : Korea Rail Load 2012년도

(2) 적용하중의 크기

① KRL2012 표준활하중

여객/화물 혼용선에 적용

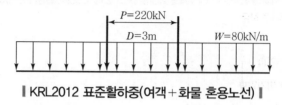

║ KRL2012 표준활하중(여객+화물 혼용노선) ║

② KRL2012 여객전용 표준활하중

여객전용선은 KRL2012 표준활하중의 75%를 적용

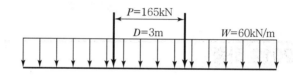

③ 전기동차전용선은 EL 표준활하중을 적용하여야 한다.

3. 결론

① 일반/고속으로 이원화되어 있는 하중체계를 단일하중으로 통합하는 것은 국제화 및 설계 효율화를 위하여 바람직하다.

② 철도건설기준 등이 UIC−CODE 및 EN 등 국제화 기준을 준용하는 추세를 감안할 때 철도기술의 해외진출 등에 유리하도록 UIC−CODE의 하중체계를 기본으로 하여 일반/고속철도의 하중체계를 단일화하는 것이 바람직하다.

③ 따라서 표준활하중체계의 변경은 하중조합체계 및 국제철도시장의 대응방안 등을 고려하여 좀 더 심도 깊은 검토가 필요하다.

> **참고정리**
>
> ✔ **기존의 HL 하중**
>   ① 열차 하중은 철도 차량 전반의 중량이며 4개의 축중과 양쪽의 등분포하중으로 이룬다.
>   ② HL 표준활하중 하중선도
>
>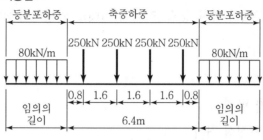

02 UIC ▶▶▶▶

① UIC란 프랑스어로 Union Internationale Des Chemins De Fer, 영어로 International Union Railways, 즉 국제철도연합을 말한다.
② 국제철도연합은 프랑스 파리에 본부를 두고 국제 간 철도시설 및 차량, 궤도재료, 규격의 개발 및 통일화 작업과 철도기술 협력을 목적으로 설립되었다.
③ 국내에서는 경부고속철도 건설 시 설계하중을 세계 각국에서 공통적으로 적용하고 있는 UIC code를 기준으로 하였으며 유사시 기존철도 및 남북 간 철도, 중국 등 유라시아 철도와의 연결 운행이 가능하도록 하였다.

03 터널 미기압파 ▶▶▶▶

1. 개요

① 터널 내로 열차가 고속으로 진입 시 터널 내의 공기압력이 상승하면서 압축파를 발생시킨다. 이 압축파가 터널 내를 통과하여 출구에 도달한 후 갱구로부터 방출되는 파동 상의 압력파를 미기압파라 한다.
② 고속으로 운행하는 터널구간에서 많이 발생된다.

2. 발생개소

① 슬래브 궤도의 5km 이상 장대터널 구간
② 터널 내로 진입하는 열차속도가 클 때
③ 복선터널 구간에서 열차 상호 교차 시 최대로 발생한다($70kN/m^2$)

3. 영향

① 승객의 불쾌감 발생
② 진동에 의한 안전성 저하
③ 구조물 벽체 탈락
④ 열차 탈선

4. 대책

① 터널 입구를 적절한 크기로 크게 설치한다(Damper 설치).
② 터널 벽체부에 흡음재를 부착한다.
③ 장대터널 중간 정도의 수직구나 횡갱설치로 압축공기를 배제한다.
④ 차량을 유선형으로 개선하여 공기압축을 적게 한다.

04 열차풍과 미기압파 ▶▶▶▶

1. 열차풍

(1) 개요

① 열차주행에 따라 발생하는 공기의 흐름을 열차풍이라 한다.
② 열차풍은 열차의 통과에 따라서, 선두부에서 발생하는 용출류, 중간부에서 발생, 하는 경계층류, 후미부에서 발생하는 반류로 나누어진다.
③ 터널 내에서의 열차풍은 열차 통과 시의 열차풍에 더해서, 터널 내에 생기는 압력파에 의한 열차풍도 생긴다. 열차풍을 측정할 때는, 풍속과 풍향을 측정할 필요가 있다.

(2) 열차풍의 이용

① 지하철에서는 열차풍을 이용하여 터널구간의 공기정화에 활용하고 있다.

② 지하철 열차풍을 이용한 터널구간의 공기정화시스템은 터널구간에 설치되는 차단부, 열차풍을 증폭시키는 열차풍 증폭부, 터널구간의 환기구로 열차풍을 유도하는 가이드팬으로 구성되어 있다.

③ 차단부 및 열차풍 증폭부에 의해 열차풍을 그대로 이용하여 공기정화를 하므로 효율적인 공기정화가 가능하다.

2. 미기압파

(1) 개요

① 열차가 고속으로 터널 내로 진입하면 터널 안에 압축파가 생긴 후 출구로 향해 전파된다. 이 압축파가 출구에 도달한 후 외부로 방사되는 펄스 모양의 압력파를 터널 미기압파(Micro pressure wave)라 한다.

② 미기압파 최대치는 열차 진입속도의 3승에 거의 비례하여 파열음이나 가옥 문의 덜컹거림이 생겨 고속 주행 시 환경문제가 야기될 수 있다.

(2) 미기압파의 형성단계

① 열차의 터널 진입에 의한 압력파의 형성

② 압력파의 터널 내부에 전파와 함께 압력파형의 변형

③ 터널 출구로부터 미기압파의 방사

(3) 일본 신간선의 터널 미기압파 문제

① 미기압파의 파형은 근사적으로 터널출구에 도달한 압력파 파형의 시간미분으로 표시된다.

② 일본 산양 신간선의 비교적 긴 터널에서 이 문제가 발생한 것은 슬래브궤도 적용에 따른 터널 벽면 주위 전체가 매끄럽게 되어 압력파의 전면이 수직으로 되는 '파의 비선형 효과' 때문이다. 즉, 압력파의 전면이 터널 내부를 전파하는 동안에 미기압파가 커졌기 때문이다.

(4) 터널 미기압파 저감대책

① 슬릿 커버 후드(또는 경사 갱구)에 의한 대책

㉠ 터널 미기압파는 터널출구에 도달한 압축파의 압력기울기에 거의 비례하므로, 이 파면의 압력기울기를 작게 하는 것이 저감 대책의 기본원리이다.

㉡ 압력기울기를 낮출 수 있는 가장 효과적인 대책이 현재로서는 터널입구 후드 대책이다. 따라서 후드의 양 측면에 공기역학적인 개구부나 커버를 마련하여 압력기울기가 선형적으로 변화되도록 해야 한다.

② 연속한 터널에 개구부를 적용하여 스노우 셸터로 연결하는 방법

㉠ 일본 상월신간선에서는 미기압파에 대한 대책으로 스노우 셸터(Snow Shelter)에 적절한 개구부를 설치하였다.

㉡ 즉, 터널 앞쪽에서 발생한 압력파를 연속터널 중간에 위치한 스노우 셸터의 개구부에서 처리하는 방법을 사용하였다.

③ 통풍공 터널에 의한 대책

㉠ 기계화 굴착에 의한 소단면 수직 통풍공(Air−shaft)을 철도터널에 일정 간격으로 적용하면 터널 내의 풍압변동량을 저감시켜 승객의 이명감을 줄여주고, 돌풍식 환기에 의한 환기효과뿐만 아니라 터널 미기압파도 크게 저감할 수 있다.

㉡ 통풍공 터널의 주 목적은 터널 단면적 저감설계와 전체 시공비용을 줄이는 데 있다.

④ 열차 전두부 형상의 최적화

㉠ 열차 전두부의 길이와 미기압파 저감효과의 관계에 있어서 전두부는 기본적으로 긴 쪽이 미기압파의 저감 효과가 크다.

㉡ 미기압파 저감을 위해서는 압축파의 형성에 관여하는 열차 전두부의 단면적 변화를 완만하게 설계해야 한다.

⑤ 차량 단면적에 의한 미기압파 저감 대책

㉠ 터널진입 시 압력파의 형성에 영향을 주는 열차 전두부 형상 최적화 및 열차 단면적을 축소한다.

㉡ 동력차와 객차 단면적이 작아지면 터널 단면적이 커진 효과와 같다. 고속용 신차량 제작 시에 이와 같은 미기압파 대책을 고려하여야 한다.

⑥ 터널 벽면에 의한 대책

ㄱ 밸러스트(Ballast) 궤도에서 터널이 긴 경우, 압축파가 터널 내를 전파하면서 밸러스트를 통하여 파면의 압력기울기가 감소하여 미기압파도 작아진다.

ㄴ 파면 압력기울기의 감소는 발라스트의 표면거칠기와 작은 다공의 효과 때문이다. 이 방법은 설치구간이 짧으면 효과가 없다.

⑦ 기타

ㄱ 터널 내에 워터 커튼(Water Curtain) 설치

ㄴ 터널 내에 물방울 분사

ㄷ 터널 입구에 송풍기 설치

05 PASCOM

① 선로를 설계할 때 궤도의 기하구조에 관한 요건은 열차의 속도가 증가함에 따라 대단히 중요하다.

② 궤도의 기하구조에 대하여 일반적으로 사용되었던 코드는 주행열차의 준−정적 모델을 기초하며, 특히 고속운전 시의 열차 거동에 중요한 역할을 하는 동적 효과를 고려하지 않았다.

③ 따라서 열차의 동적 거동과 승차감을 해석할 목적으로 델프트 공과대학교에서 만든 프로그램이 PASCOM이다.

06 도상매트

▶▶▶▶

① 도상매트란 밸러스트와 노반 사이에 끼우는 고무제의 매트를 말한다.
② 흙 노반상에서는 밸러스트의 파고 들어감이나 진흙이 튀는 것을 방지하고, 콘크리트 노반상에서는 밸러스트의 세립화를 방지함으로써 궤도 파괴를 감소함과 동시에 소음·진동을 경감하는 효과를 갖는다.
③ 두께 2cm 정도의 고무제판으로 도상밸러스트 하면에 시공된다.
④ 자동차 폐타이어 등을 가루로 한 재생 타이어가 많이 배합되어 있다.
⑤ 한 장의 기본치수는 50×100cm이다.

07 방진궤도

▶▶▶▶

① 열차주행에 따라서 발생하는 진동 및 소음의 경감을 목적으로 하여 개발된 궤도의 총칭을 방진궤도라 한다.
② 궤도에서 진동저감대책으로서는, 지지스프링계수의 저하, 지지질량의 증가 및 궤도강성의 증가 등이 고려된다.
③ 대표적으로 유도상 탄성침목, 밸러스트매트, 탄성침목 직결궤도, 저탄성 레일 체결장치 등이 있으며, 그밖에 지하철도의 지반진동대책으로 플로팅슬래브(Floating Slab)와 같은 비교적 대규모인 것도 있다.

17 신교통시스템

01 자기부상열차(Magnetic Levitation)

① 지상의 자석에는 알루미늄 코일을 사용하고 여기에 교류를 흘려 전자력이 되게 한다. 전류가 흐르는 방향에 따라 이 자석은 S극이나 N극이 되기도 한다. 이 원리를 이용하여 달리는 열차를 자기부상열차라 한다.

② 차상의 자기(N극)보다도 앞에 있는 지상자기를 S극으로 하면 차량은 자석 간에 작용하는 자력에 의해 앞으로 끌려가고 차상자석보다도 뒤에 있는 지상자석을 N극으로 하면 같은 극의 자석 간에 작용하는 반발력으로 앞으로 밀려서 차량이 움직인다.

③ 지상의 자석 간에 작용하는 반발력으로 열차는 부상하고 자극의 극성 변화로 앞으로 밀려서 차량이 움직인다.
  ㉠ 상전도흡인식(EMS ; Electro Magnetic System) : 1cm 정도 부상
  ㉡ 초전도 반발식(EDS ; Electro Dynamic System) : 10cm 정도 부상

④ 자기부상열차는 소음 · 진동이 적고 에너지 저소비, 투자설비의 저렴성 등의 이점이 있으나 세계 각국에서 아직은 시험단계에 있으며 기존철도 대신 장거리 초고속열차와 도시 내의 새로운 교통시스템으로 실용화하려는 시도가 각국에서 추진 중에 있다.

02 리니어 모터(Linear Motor) ▶▶▶▶

1. 정의

① Linear Motor는 1891년 프랑스의 모리스 로브랑에 의해 고안되었다.
② 원리는 전통적인 회전모터(원통형)가 아닌, 회전모터의 1차 코일(고정자)과 2차 코일(회전자)을 작게 절개하여 평평하게 변형시킨 판상의 모터로서 1,2차 코일 간의 자력에 의해 추진력이 주어지므로 마찰력이 불필요하다.

2. 특징

① 물리적 접촉이 없어도 구동력이 주어지므로 차륜과 레일 간의 마찰력이 필요 없다.
② 회전부분이 없으므로 원심력이 작용하지 않고, 따라서 속도에 관하여 기구상의 제한이 없다.
③ 치차 등의 접촉 · 활동부분이 없으므로 마모가 없고, 보수성이 우수하다.
④ 소음 · 진동이 작고, 공기도 오염되지 않으므로 환경적으로 유리하다.
⑤ 지상 1차 리니어 모터방식의 경우 차량에는 에너지 공급이 필요 없다.
⑥ 리니어 모터는 전기적으로 동력을 공급받으므로 소음, 대기오염, 터널 내의 온도 상승 등의 문제가 없다.

03 LIM(Linear Induction Motor Car) ▶▶▶▶

1. 개요

기존 도시철도차량의 구동이 차륜–레일 간 마찰에서 생기는 점착현상을 이용하여 사용하는 데 비해 신교통 시스템에서는 차량하부에 장착된 선형유도모터와 레일 가운데 설비된 전자기 작용판(Reaction Plate)의 상호 전자기 현상을 전기식으로 이동시켜 차량을 이동하는 시스템이다.

2. 특징

① 선형 유도모터를 장착한 경우 회전형 전동기 장착에 비해 차량높이를 현저히 낮출 수 있으므로 특히 지하구간이나 장대터널구간이 많은 노선에서 토목공사비 절감 효과를 기대할 수 있다.

② 눈·비 등 기후조건에 관계없이 급경사의 선로를 주행할 수 있어서 상대적으로 구릉형태의 도시지역이나 지하로 계획하는 노선에 적용효과가 크다.

3. LIM의 장점

① 차량의 높이를 크게 낮출 수 있다.

    ㉠ 기존의 원통형 전동기는 그 회전 에너지를 직선운동 에너지로 전환하기 위해 대형 기어 커플링이 소요되었지만 선형전동기는 직접 직선운동 에너지를 생성하므로 기어 커플링이 필요 없어 전동기의 높이가 1/5 정도로 낮아지고 비교적 시설이 간단하다.

    ㉡ 바퀴축과 이의 상부에 설치되는 탑승공간의 바닥면도 낮아진다. 따라서 궤도 단면이 크게 축소되어 건설비를 약 35% 절감이 가능하다.

② 급기울기 노선의 운행이 가능하다.

    기울기 50‰까지 등판 가능

③ 곡선반경이 작은 노선운행이 가능하여 불규칙한 가로망의 건설에 유리하다.

    ㉠ 일반적으로 R=100m까지 부드러운 승차감 유지

    ㉡ 제어하기 쉽고 건설비가 저렴하다는 장점을 가지고 있다.

4. LIM의 단점

① 동력소모량이 약 10% 높다.

차량에 부착된 Linear Motor의 회전자와 궤도에 부착된 유도자기판의 간격이 일반 전동차보다 넓기 때문에 소모 전력이 크다.

② 선형유도전동기방식(LIM)은 열차에 전자석 코일이 설치되므로 차체가 무거워지고 소음이 상대적으로 크며 속도도 빠르지 않다.

③ 1회 승차인원이 지하철보다 적다(4~6량 편성).

1열차당 4량 편성 시 약 380(90+100+100+90)명 승차 가능

04 LIM과 LSM의 비교 ▶▶▶▶

1. 개요

자기부상열차를 다른 이름으로는 'Linear Motor Car'라고도 부르며, 가장 널리 사용되는 리니어 모터의 두 종류가 선형유도전동기(LIM)와 선형동기전동기(LSM)이다.

2. 선형전동기

① 자기부상열차는 선형전동기를 사용하여 견인된다.

② 선형전동기는 전동기의 선형운동을 위해 회전형 전동기를 축방향으로 잘라서 평면적으로 펼쳐 놓은 구조를 말하며, 동작 원리는 일반 회전형 전동기와 동일하다.

③ 선형전동기는 장치의 구성이 매우 간단하여 유지보수가 용이하며 비용을 절감시킬 수 있고, 정밀한 위치제어가 가능하다는 장점이 있다.

④ 선형전동기의 종류로는 LIM과 LSM이 있다.

3. LIM과 LSM

(1) LIM(Linear Induction Motor) : 선형유도전동기

① 고정자 코일을 차량에 탑재하여 추진력을 얻는 차상 1차 방식이다.

② 레일 가운데 설비된 전자기 작용판(Reaction Plate)의 상호 전자기 현상을 전기
식으로 이동시켜 차량을 이동하는 시스템이다.

(2) LSM(Linear Synchronous Motor) : 선형동기전동기

① 차량에 초전도 자석을 탑재하고 지상에 고정자 코일을 설치하여 지상 1차 방식이다.
② 차량이 가벼워 효율이 좋으나 건설비용이 높아 경제성이 떨어진다.

4. LIM과 LSM의 장단점 비교

구분	LIM	LSM
장점	• 건설비가 저렴하다. • 경제성이 높다.	• 효율이 좋으며, 추진력이 매우 크다. • 시속 500km 이상의 고속용에 적합하다.
단점	• 열차에 전자석 코일이 설치되므로 차체가 무거워진다. • 소음이 상대적으로 크다. • 속도가 빠르지 않다.	• 동기를 위한 위치신호가 필요하다. • 레일 전체에 걸쳐 전자석 코일을 설치해야 하므로 건설비용이 높아져 경제성이 떨어진다.

5. 속도에 따른 분류

구분	부상방식	추진방식	종류
고속	EMS	LSM	Tans−Rapid
	EDS	LSM	MLX, FL
중 · 저속	EMS	LIM	HSST, UTM
	EDS	LSM	GA

* EMS(Electro Magnetic System) : 상전도 흡인식
 EDS(Electro Dynamic System) : 초전도 반발식
 LSM(Linear Synchroneous Motor) : 선형동기전동기
 LIM(Linear Induction Motor) : 선형유도전동기

05 HSST(High Speed Surface Transport) ▶▶▶▶

1. 개요

차륜이 없이 자기로 부상하여 리니어 모터로 추진하는 신교통시스템으로 종래 교통시스템에 비하여 성능이 우수하고 경제성이 있는 도시교통수단이다.

2. 특징

① 무공해이며 승차감이 좋다.
② 조기 실용화가 가능하다.
③ 경제성이 높다(건설비, 유지비 저렴, 차량의 경량화, 구조물의 Slim화).
④ 새로운 시대의 철도(급기울기, 급곡선 운행 가능)이다.
⑤ 적용범위가 넓다(거리에 관계없이 적용가능, 저속 및 고속운행 가능).
⑥ 건설비가 비교적 저렴하다.

3. 추진방식

① 레일의 Aluminum Reaction Plate가 설치되어 리니어 모터로 차량의 추진력을 얻는다. 즉, LIM 추진방식을 사용한다.
② 120km/h 전후의 중저속에 적합하다.

4. 부상방식

EMS 상전도흡인방식을 사용한다.

5. 리니어 모터

소형 경량의 VVVF 인버터 제어장치로 제어한다.

6. 집전장치 및 전차선

집전장치는 고속 시 집전을 유연하게 대응하는 구조이며 전차선은 알루미늄과 스테인리스를 일체화한 것을 사용한다.

06 노면전차(Tramway, Street Light Rail Transit) ▶▶▶▶

1. 노면전차의 정의 및 개요

① 도로의 노면 상에 레일을 부설하고 여기에 전기운전방식으로 차량을 주행시키는 경량철도이다.

② 20세기 초부터 자동차 교통이 증가하여 도로교통 혼잡으로 폐선된 상태이다.

③ 최근 도로 내에 전용궤도를 부설하고 속도향상, 전산화 등 차량기술개발로 도시교통수단으로 세계 여러 도시에 도입되는 추세이다.

④ 우리나라에서도 성남, 전주, 마산, 창원, 울산에서 노면전차를 적용하는 경전철 계획이 수립되고 있다.

2. 특징

① 대기오염이 없어 환경친화적이다.

② 접근성이 양호하고 타 교통수단과 환승이 용이하다.

③ 급곡선, 급기울기에 주행이 가능하다(R=30m, 기울기 100%).

④ 표정속도가 낮고 횡단보도가 필요하다(3~4개 차선점유, 정차지점 횡단보도시설).

⑤ 레일면이 도로면보다 높게 설치된다(5~10mm).

⑥ 궤도는 홈붙이레일을 사용한다. 홈붙이레일이란 레일두부편측에 차륜의 윤연로(Flange Way)가 달린 레일이다.

⑦ 전차선로는 가공전차식을 사용한다.

⑧ 수송용량은 시간당, 편도당 5,000인 정도로 고밀도운행이 가능하다.

3. 선로

① 노면전차는 도로에 부설하는 것이 원칙이므로 선로망은 도로망에 지배된다.

② 정거장간격 : 도심부 200~300m, 주택지 400~600m

4. 국내도입 검토

① 낮은 도로율 및 노면전차 정거장에서 추가로 도로 폭을 확대해야 하는 문제가 있다.

② 노면전차에 통행우선권을 주는 방안을 검토함으로써 활성화가 가능하다. 또한 신호체계의 정비로, 노면전차 노선에는 승용차 출입을 금지시키는 Traffic Mall 조성 방안이 검토되어야 한다.

③ 높은 인구 및 차량밀도에 따라 노면교통의 대 혼잡을 유발할 가능성이 있다.

④ 잦은 교차로에 의한 정차, 자동차에 비해 낮은 가감속 능력, 신호 변환시간 연장 등의 문제가 있다.

⑤ 한랭지에서 노면 결빙 시 전철기작동불량의 문제가 있으므로 배수체계가 잘 정비되어야 한다.

⑥ 노면전차는 우리나라의 경우 사전에 승용차를 대중교통으로 흡수하도록 하는 대책이 세워져야 하며, 도로여건, 인구의 통행패턴에 맞는 노면전차 도입계획이 수립되어야 한다.

07 LRT(Light Rail Transit)

1. 개요

① 도로의 노면상에 레일을 부설하고 여기에 차량을 주행시키는 일반 교통수단으로 노면전차(LRT)라 칭하며 모두 전기운전에 의하며 자동차의 발달로 그 수가 매우 줄어들었다.

② 교통문제 해결을 위한 지하철의 경우는 막대한 투자가 필요하고 대부분의 도시에는 역사적 유물이 묻혀져 있어 건설에 한계가 있다. 따라서 부분적인 지하화나 근대화에 의해 유럽 대부분의 도시에서는 가장 인기 있는 준고속 대중교통수단으로 자리하고 있다.

2. 선로

① 노면철도는 도로에 부설되는 것이 원칙으로 선로망은 도로망에 지배된다.

② 궤간 : 762, 1,067, 1,435mm의 3종류가 있다.

③ 정거장 간격 : 도심부 200~300m, 주택지 400~600m

3. 궤도와 도로

홈붙이 레일을 주로 사용하고 레일 외측에 차도방향으로 $\frac{1}{20}$ 배수기울기 설치 및 궤도횡단 배수구를 일정 간격으로 도로 측구에 연결한다.

4. 전차선로

① 노면철도의 전차선은 거의 미끄러짐 가공전차선(Trolley Wire)으로서 10mm 직경의 경동선이 쓰인다.
② 직류 600V를 기본으로 사용한다.

5. 차량

단차, Bogie차, 연결차 등

08 AGT(Automated Guide way Transit) ▶▶▶▶

1. 정의

각종 궤도형, 중량 수송 시스템의 총칭이며, 전용 궤도상을 Guide way를 따라 고무타이어 전기 구동에 의해 무인운전이 가능한 차량 운행방식이다.

2. 특징

① 철도와 버스의 중간적인 수송력(편도 2,000~20,000명/hr)을 갖는다.
② 도로 점유율이 비교적 적다.
③ Guide way를 설치한 전기 운전방식이다.
④ 고무타이어시스템을 주로 채용한다.
⑤ 자동, 무인운전이 가능하여 인건비를 절약할 수 있다.
⑥ 건설비가 비교적 저렴하다.

3. 안내방식

① 중앙안내방식

궤도 중앙에 있는 안내궤도를 안내 차륜이 양측 사이에 끼고 주행하는 방식이다.

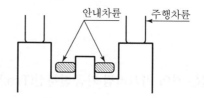

② 측방 안내방식

안내 차륜이 측벽에 Guide되어 주행하는 방식이다.

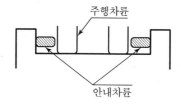

③ 편측 안내방식

차량의 Steering 기구에 의해 편측의 측벽을 안내 차륜이 항상 누르고 주행하는 방식이다.

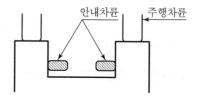

4. 분기방식

① 가동 안내판식

분기기의 궤도상에 전기 전철기로 연동하여 작동하는 가동 안내판을 설치하여 분기 안내륜을 U형의 홈에 끼우고 분기하는 방식이다.

② 부침식

가동 안내 레일을 상·하로 교차시켜 차량을 항상 양측으로 안내시키는 분기기로, 측방 안내방식에 적용한다.

③ 안내빔 수평회전방식

중앙의 안내궤도가 분기 중심점을 기준으로 수평으로 이동하여 운행노선을 선정하는 분기방식으로, 중앙 안내방식에 적용한다.

09 모노레일(Mono Rail) ▶▶▶▶

1. 모노레일의 정의

① 모노레일이란 1개의 궤도나 빔 주행로 위에 고무타이어 또는 강재의 차륜에 의해 위 혹은 아래로 주행하는 철도로 과좌식(Straddle type)과 현수식(Suspended type)이 있다.

② 고가에서 운행속도는 30~50km/h이고 최대속도는 80km/h이다.

③ 철도와 버스의 중간교통의 경전철시스템이다.

2. 모노레일의 특징

(1) 장점

① 타 교통기관과 입체 교차하므로 충돌이나 탈선의 위험이 없어 안전도가 높다.

② 비교적 운전속도가 높다.

③ 급기울기, 급곡선에 운전가능하므로 노선 선정이 용이하다.

④ 대기오염, 소음이 적어 친환경적이다.

⑤ 도로중앙에 건설함에 따라 도로교통에 지장이 적다.

⑥ 지주가 가늘어 도로점용이 적고 공사비가 적다.

⑦ 수송력은 25,000pphpd

(2) 단점

① 차량의 기구가 복잡하고 고가이다.

② 고무타이어이므로 고속성능에 열악하다.

③ 보통 철도와 환승이 불편하다.

④ 시가지, 주택지 통과 시 도시경관상 배려가 필요하다.

⑤ 고가도로와 교차 시 높은 고가구조물이 형성되어 도시미관에 불리하다.

⑥ 분기장치가 복잡하고 작용시간이 길다.

⑦ 차량사고 등 긴급 시 피난에 시간이 걸린다.

⑧ 무인운전이 곤란하다.

3. 모노레일 차량고장 및 화재발생 시 승객 대피 방안

① 최신 경향에 맞추어 열차 내에서 차량 간 통행을 자유롭게 하는 개방형으로 제작 운행한다.

② 긴급 출동한 견인차, 후속차량 등으로 고장차량을 추진운전 및 견인운전하는 방안을 모색한다.

③ 복선에서는 고장차량으로부터 동일선로로 접근한 구난차량으로 옮겨 타는 대피방안이 있다.

④ 구난용 특수자동차에 의해 승객을 탈출하게 한다.

⑤ 완강기 또는 루프를 이용하여 승객을 지상으로 내리게 한다.

10 GRT(Guided Rapid Transit) ▶▶▶▶

1. 정의

GRT는 바퀴가 있는 차량이 자기안내궤도가 설치된 전용주행로를 달리는 방식으로, 버스＋전철의 혼합 형태로 중앙분리대 옆에 있는 폭 2.5m 전용차로를 고무바퀴로 달리는 대형버스를 말한다.

2. 특징

① 버스이긴 하지만 전철 궤도와 같은 전용차로를 이용함으로써 막힘이 없고, 광학 또는 자기장을 이용한 운행유도장치가 부착되어 있어 무인운전이 가능한 신 개념 교통수단이다.

② 정거장에는 운행정보제공시스템, 사전요금지급시스템, 수평 승·하차 시설 등이 설치되어 지하철의 정시성과 버스의 접근성을 동시에 갖추고 있다.

③ 평균 한 량에 70~80명을 수용할 수 있어 운행간격은 출퇴근 시간대 3분, 평상시 5~7분으로 운영이 가능하다.

11 PRT(Personal Rapid Transit) ▶▶▶▶

1. 개요

① PRT는 궤도택시라고 불리는 시스템으로 미래형 신교통수단으로 가장 잘 알려져 있다.

② PRT는 택시와 유사한 개념으로 1량 1편성 1~4명 정원의 조그만 차량이 궤도에 매달려 있다. 그리고 PRT의 궤도는 도시 곳곳으로 뻗어 있고 이 차량은 궤도 안이라면 어디든지 갈 수 있는 시스템이다.

2. 특징

① PRT의 장점은, 출발지에서 도착지까지 중간 정차 없이 도착하기 때문에, 표정속도가 빠르다.

② 무인운전이 되므로, 인건비 절감 및 24시간 운영이 가능하다.

③ PRT의 문제점은 차량의 정원이 적기 때문에, 수송인원이 늘어날수록, 필요한 차량수가 계속 늘어난다는 점이다.

④ 도시철도나 경전철은 대량수송이라는 측면은 탁월하지만, 표정속도가 느리고, 각 개인의 취향에 맞는 개별화된 수송에는 대응할 수 없다. 하지만 PRT는 소량의 교통량을 신속, 정확하게 수송한다는 점에서, 각 개인의 개성과 니즈(needs)를 강조하는 미래사회 최적의 교통수단이라 할 수 있다.

12 BRT(Bus Rapid Transit)

1. 개요

① GRT 시스템에서 버스에 적용 가능한 장점만을 부분 적용한 시스템으로 간선급행버스에서 철도개념을 부분 적용한 형태이다.

② 버스전용궤도가 설치된 형태로 일반적인 BRT는 시외지역에서는 전용궤도로 운행, 시내에서는 일반버스와 같이 노면 주행하는 듀얼모드성 기능을 가진다.

③ 종래의 노선버스에 기계식 안내장치를 부착하여 전용궤도 위를 가이드레일에 안내되어져 주행하는 시스템이다.

2. 특성

① 가이드레일을 유도하기 위해, 주행로의 폭원이 적다. 2차선의 경우 7.5m, 일반도로는 11m 이상이 소요된다.

② 차량형태는 굴절형이며, 별도 차량기지가 불필요하다.

③ 건설비가 절감되며, 여러 개 노선에 동시 수용이 가능하다.

④ 안내륜에 의한 기계적인 스티어링, 가속 페달과 브레이크만 조작한다.

3. 장단점

(1) 장점

① 기존시설을 이용한 저렴한 비용으로 도로 위에 전용선을 첨단으로 건설할 수 있다.

② 버스의 운행속도, 정시성, 수송능력이 향상된다.

③ 승하차 동선이 짧아 약자 사용에 편리하다.

(2) 단점

도로망의 연계부분 및 승용차 이용자에게는 불편하다.

4. 우리나라 도시 적용성 검토

완전한 버스전용로를 확보하는 개념으로 시외곽에 위치한 거점과 다양하게 노선이 형성되는 대도시간을 연결하는 노선이 적당하다.

13 노웨이트(No-wait) 시스템 ▶▶▶▶

1. 개요

아코디언 원리를 적용하여 차량이 10m 간격으로 30~40m/h로 주행하다 정거장에서 90°수평전환하여 0.8m/sec의 저속으로 운행하며 승객이 승강장에서 기다리지 않고 곧바로 승하차가 가능하다.

2. 특징

① 24시간 고정편성으로 연속운행이 가능하다.
② 승강장 혼잡이 완화될 수 있다.
③ 승무원 및 신호설비가 불필요하다.
④ 중량전철에 비해 공사비가 저렴하다.
　 지상구조물의 중량 현저히 경감
⑤ 450V LIM 구동방식을 사용한다.
⑥ 시 · 종점부를 연결하는 루프 시스템이다.
⑦ 언제나 시스템이 일정하게 운영되어야 하므로 비첨두 시에는 불필요한 에너지가 소요된다.

3. 우리나라 도시에서 적용성 검토

① 현재까지 적용되지 못하고 있다.
② 연장이 길지 않고 대로상, 루프노선 운행 시 검토가 가능하다.
③ 단선 루프식이 현실적이다.

④ 복선으로 운영하기 위해서는 시·종점부는 회차를 위한 루프 시스템을 채택하여야 한다.

⑤ 최고속도가 36km/h로 표정속도는 25km/h 정도이다.

14 에어로트레인(Aero−Train)   ▶▶▶▶

1. 개요

① 말레이시아 쿠알라룸프르공항의 경량전철시스템으로 공항을 확장함에 따라 공항터미널 간을 연결하기 위하여 설치한 것으로, 2량 단위로 편성된 2개선이 각각 셔틀(Shuttle) 방식으로 운행되고 있다.

② 공기에 의하여 부상 및 지지하는 공기부상방식이다.

③ 노선연장이 짧아 차 내에는 의자가 없고, 단지 차량 전후부에 각각 4명이 앉을 수 있으며 대부분 입석으로 운행된다.

2. 에어로트레인의 안전설비

① 선로종점부에 유압식 차막이가 설치되어 있다.

② 문에 센서가 있어 사람, 짐 등 지장물이 있으면 출입문이 닫히지 않으며 열차도 출발하지 않도록 시스템화되어 있다.

3. 승객 동선처리

① 승강장이 차량 양쪽에 설치되어 있다.

② 정거장에 열차가 도착하면 열차의 양쪽문이 열리고 내리는 쪽이 약 10초 정도 빨리 열려 하차승객을 출입문 쪽으로 완전히 유도한 다음 승차승객이 타는 시스템이다.

③ 2개선 중간은 승객이 타는 승강장으로, 양쪽으로는 승객이 내리는 승강장으로 운영하고 있다.

15 바이모달(Bi − modal)　▶▶▶▶

1. 개요

철도운송과 도로운송의 장점을 활용하기 위해 철도운송과 도로운송을 병행할 수 있는 차량운송시스템이다.

2. 시스템의 특성

① Bi − modal은 철도의 약점인 문전에서 문전까지 일관성의 불안전을 해결하는 방법으로서, 철도에서는 선로 위로 운행하고 도로에서는 바퀴를 이용하여 달릴 수 있는 양용방식의 수송시스템으로 미국에서 개발되었다.

② 이 시스템은 피기백수송과 달리 화차를 필요로 하지 않고 철도수송과 도로수송을 직접 연결할 수 있으며, 철도터미널에 대형의 하역기계가 필요하지 않다. 따라서 터미널 비용 및 트레일러 견인비용이 거의 발생하지 않는 장점이 있다.

‖ Bi − modal 시스템의 적제 사례 ‖

3. 운송방식

① 도로 − 철도의 복합수송을 위해 트레일러는 대차라는 차대에 주축을 붙여 함께 연결함으로써 열차가 조성된다.

② Bi − modal 시스템의 장점은 상하역 작업에 크레인과 같이 비싼 장비의 사용이 필요 없고, 컨테이너나 피기백 수송과 달리 화차차대가 필요하지 않고 중량, 가격, 수송비용 면에서 유리한 특성을 갖는다.

③ 트레일러가 일반적인 표준 트레일러보다 작고 견고하게 제작되어야 하는 단점이 있다.

4. 문제점 및 보완대책

① 우리나라에서 적용하기에는 기술적인 문제는 없으나, 일부방식의 경우 축중의 제약으로 적재하중을 제약하는 경우가 발생할 수 있다.

② 따라서 차량과 대차의 개발을 촉진하고 이용을 확대하기 위해 차량개발자, 대차개발자, 철도운영자 간 상호 적극적인 협력이 필요하다.

16 RUF(Rapid Urban Flexible) 시스템 ▶▶▶▶

1. 개요

① RUF는 Rapid, Urban, Flexible의 약자로서, 신속하고 유연성 있는 도시형 교통시스템이라는 뜻이다.

② 궤도 교통수단의 단점은 정해진 궤도 위에서 달리기 때문에, 조향(방향조절)을 스스로 할 수 없지만 주행안전성이 보장되므로, 고속주행이 가능하다.

③ 자동차는 오랫동안 안정적으로 고속운전을 수행하기 힘들다. 이 문제를 해결하기 위해서 RUF는 일반자동차를 궤도 위에서 달리게 하는 방법을 쓰고 있다. 이같이 하나의 차량이 일반도로와 궤도에서 동시에 달릴 수 있게 하는 듀얼모드(Dual-mode) 개념을 도입한 것이다.

2. 기능

① 덴마크의 발명가 Palle R. Jensen이 고안한 RUF는 일반도로와 철도에서 모두 운행 가능한 바퀴를 장착한 자동차를 이용하였다.

② 자동차 하단에는 레일에서 전기를 끌어당길 수 있는 A자형 슬롯(Slot)이 설계되어, RUF 궤도인 모노레일 위와 일반도로에서 모두 운행할 수 있다.

③ 따라서 RUF 차량은 보통 도로에서는 자동차처럼 달리다가 RUF 궤도에 들어오면, RUF 궤도가 RUF 차량을 유도해주기 때문에, 조향을 신경 쓰지 않고, 고속주행이 가능해진다.

④ 신호시스템의 유도를 받아 자동운전도 가능하다. 자동운전을 할 경우, 차량의 속도를 높이고, 차량 간 간격을 크게 줄일 수 있어, 수송력을 크게 높일 수 있다.

17 메가레일(Mega Rail) 시스템 ▶▶▶▶

1. 개요

Mega Rail은 미국의 Mega Rail Transportation System 사가 텍사스 포트워스(Fort Worth)에서 연구 중인 시스템으로, 듀얼모드라는 점에서 기본개념은 RUF와 유사하다.

2. 기능

① RUF는 차량 가운데 아래에 홈을 파고, 그곳과 궤도를 접촉시키는 데 비해, 메가레일 은 기존 자동차의 바퀴가 바깥쪽으로 삐죽 나오면서, 그 바퀴가 메가레일 궤도에 일치 하여, 궤도상에서 고속으로 달리게 된다.

② Mega Rail 시스템은 RUF와 마찬가지로 자동차의 유연성과 궤도 내 고속 주행성을 결합한 시스템이다.

③ 현재 소형 Dual−mode 차량인 Microrail 시스템과 중형 Dual−mode 차량인 Mega Rail 시스템이 개발 중에 있다.

18 가이드웨이 버스(Guideway Bus)의 특징 및 장점 ▶▶▶▶

1. 개요

① 가이드웨이 버스(Guideway Bus)란 버스와 전철의 단점은 버리고, 각각의 장점만 취 한 신개념 교통수단을 말한다. 전용도로에서는 안전한 운행을 돕기 위해 차량에 설치 된 유도장치에 따라 자동으로 방향이 조절된다. 즉, 버스기사는 전용궤도 상에서는 가 속페달과 브레이크를 이용하여 속도만 조절하면 되는 것이다. 핸들을 이용한 조향은 자동으로 이루어진다.

② 한편 이 같은 버스는 한산한 시 외곽에 나가게 되면 일반도로에 내려와서 달리게 된다. 일반도로에 내려오면 유도장치는 자동으로 꺼지게 되며, 버스기사가 직접 방향을 조 절하여 보통 버스처럼 달리게 된다.

③ 이 외에는 전철과 매우 유사하다. 전용도로 상에는 전철역에 해당하는 정거장이 설치되어 있어 정거장에 도착하여 승객을 태우고 내린다. 버스의 접근을 알려주는 정보장치 등도 전철과 비슷하다.

2. 특징 및 장점

① 조향이 자동으로 이루어질 경우 도로 양쪽의 측방여유폭이 좁아도 되므로, 전용고가도로의 건설비는 기존의 일반고가도로보다 저렴한 장점이 있다.
② 복잡한 도심에서는 빠른 속도를 보장하고 시 외곽에서는 다양한 노선으로 운행할 수 있다.
③ 가이드웨이 버스는 일반도로에서 회송이 가능하므로 차량기지가 시 외곽에 있어도 무관하다. 즉, 전철은 차량기지가 있는 시 외곽부터 도심까지 전용의 궤도가 설치되어 있어야 하지만 가이드웨이 버스는 전용도로가 꼭 외곽의 차고지까지 연결될 필요는 없으므로 건설비가 줄어든다.

┃ 국내에서 개발 중인 고무차륜 경량전철 ┃

18 시사성

01 BTL & BTO

1. 정의

① BTL(Build−Transfer−Lease, 건설−이전−임대)은 임대형 민자사업으로 민간이 시설을 건설하고 정부에 임대하면 정부가 임대료를 지급하여 투자비를 보전하는 방식이다.

② BTO(Build−Transfer−Operation, 건설−이전−운영)는 수익형 민자사업으로 민간이 시설을 건설하고 정부에 시설물을 이전한 후 직접 시설을 운영하여 투자비를 회수하는 방식이다.

2. BTL 과 BTO의 비교

구분	BTL	BTO
대상시설	• 자체 운영수입 창출이 어려운 시설 • 학교, 복지시설, 일반철도	• 자체 운영수입 창출이 가능한 시설 • 고속도로, 항만, 지하철, 경전철
사업리스크	• 민간의 수요위험 배제 • 운영수입 확정	• 민간이 수요 위험 부담 • 운영수입, 수익변동 위험
수익률	낮은 위험에 상응한 낮은 수익률, 수익률 사전 확정	높은 위험에 상응한 높은 목표 수익률

3. BTL의 사업구조

(1) 조직

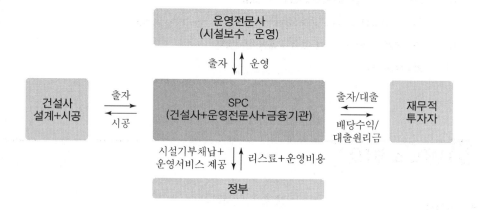

(2) 시설투자비

① 정부가 임대료 형태로 매년 지급

② 적정수익률(국채금리＋α)을 반영해 임대료 수준 결정

(3) 운영비

① 정부가 별도로 사전에 약정하여 매년 지급

② 운영서비스 실적과 연계

(4) BTL 사업 기대효과

① 국민생활에 긴요한 교육 – 복지 – 문화시설을 조기에 확충하여 국민 삶의 질 향상, 지식정보화, 고령화 사회 성장동력을 배양할 수 있다.

② 시설투자비의 분산 지급으로 재정부담을 경감할 수 있다.

③ 민간의 창의, 경영기법을 활용하여 건설, 운영상의 효과(Value For Money)를 창출할 수 있다.

④ 중장기 관점에서 일관성 있는 투자, 투자규모와 시기를 탄력적으로 조정함으로써 재정운영의 효율성을 제고할 수 있다.

⑤ 안정성, 수익성이 보장되는 장기 투자처를 제공함으로써 자금 흐름의 개선과 국민경제 선순환을 촉진할 수 있다.

02 BTO & BOT ▶▶▶▶

1. BTO

① BTO(Build Transfer Operate)란 사회간접자본 건설 시 건설을 공공단체에서 구조물 및 차량 포함 설비시스템 일체를 1식으로 투자하여 건설하고 시설물을 국가에 반납한 후 운영만 제3기관(공사 또는 민간위탁)에 전환하는 투자방법이다.

② 건설 후 시설물의 소유권이 국가기관에 이전된 후 제3기관이 운영하므로 별도의 세금 납부를 하지 않아도 되는 장점이 있다.

2. BOT

① BOT(Build Operate Transfer)란 사회간접자본 건설 시 초기부터 건설과 운영을 동시에 민간자본에 유치하여 투자하는 방식이다.

② 최근 국내 지방자치단체에서 적극적으로 추진 중인 투자방식으로 투자재원확보의 새로운 전기를 맞고 있다.

③ 최근에 막대한 투자비를 고려하여 공공성 차원에서 구조물은 공공 기관에서 투자하고 차량을 포함한 설비시스템 일체는 민간자본으로 투자한 후 향후 장기간(20~30년간) 운영까지 담당하는 투자방법이 도입되고 있다.

03 민간투자사업 유형 ▶▶▶▶

1. BTO(Build-Transfer-Operate) 방식의 사업

사회간접자본시설의 준공과 동시에 당해시설의 소유권이 국가 또는 지방자치단체에 귀속되며 사업시행자에게 일정기간의 시설관리운영권을 인정하여 이를 통해 민간 사업시행자가 투자비 및 이윤을 회수하는 방식이다.

2. BOT(Build-Own-Transfer) 방식의 사업

사회간접자본시설의 준공 후 일정 기간 동안 사업시행자에게 당해시설의 소유권이 인정되며 그 기간 동안 민간 사업시행자가 투자비 및 이윤을 회수한 후 기간 만료 시 시설소유권을 국가 또는 지방자치단체에 귀속하는 방식이다.

3. BOO(Build-Own-Operate) 방식의 사업

사회간접자본시설의 준공과 동시에 사업시행자에게 당해시설의 소유권을 인정하고 민간 사업시행자가 시설을 운영함으로써 투자비 및 이윤을 회수하는 방식이다.

4. BTL(Build Transfer Lease) 방식의 사업

① 민간이 자금을 투자하여 사회기반시설을 건설(Build)한 후 국가ㆍ지자체로 소유권을 이전(Transfer)하고, 국가ㆍ지자체에게 시설을 임대(Lease)하여 투자비를 회수하는 사업방식이다.

② 민간사업자는 시설을 건설하여 국가에 기부채납한 대가로 시설의 관리운영권을 획득하게 된다.

③ 민간사업자가 약정한 기간 동안 주무관청에 시설을 임대하고 운영한 후 약정된 임대료 수입을 받아 투자비를 회수하게 된다.

04 순수내역입찰 ▶▶▶▶

1. 정의

① 공사입찰에 있어서 건설업체 스스로 설계도면과 시방서에 따라 소요공종과 물량 및 금액을 직접 산출하여 입찰금액인 내역서를 작성하고 입찰하는 제도이다.

② 기존 내역입찰제도의 문제점을 개선하여 기술능력이 있는 낙찰자를 선정하기 위해 단계적으로 도입되고 있다.

2. 평가방법

① 현장설명일로부터 60일간의 입찰서류 작성기간을 부여 기술 평가 및 낙찰자 결정기준 등 계약방법에 대한 전반적인 평가를 시행한다.

② 기술평가를 Pass or Fail 방식으로 하되 덤핑 및 부실공사 방지를 위해 총액 감점제를 운영하고 기술평가 85점 이상인 입찰자를 낙찰 적격자로 선정한 뒤 최저가격을 투찰한 입찰자를 낙찰자로 선정한다.

3. 국내도입 시 기대효과

(1) 기존제도 문제점 보완

① 최저가 낙찰제에 따른 과도한 저가입찰의 근절이 가능하다.

② 적격심사제에 따른 입찰자 난립현상의 개선 및 운찰제로 인한 부작용을 제거할 수 있다.

(2) 실제공사비 절감

① 설계변경요소를 사전에 배제할 수 있다.

② 선정업체에 대한 책임시공을 기대할 수 있다.

(3) 실적공사비 기초자료 축적

① 양질의 실적공사비 자료 확보가 가능하다.

② 형식적인 입찰 서류작업을 간소화할 수 있다.

(4) 낙찰자 기술능력 최대한 반영

① 설계도서검토능력

② 물량산출능력

③ 신기술 신공법 활용능력

4. 장단점

① 국내에서는 현재는 적용 비율이 상당히 낮지만 업계의 요구로 점차 확대될 예정이며 지나치게 낮은 최저가격에 운찰제로 인한 부작용을 줄일 수 있다는 점 때문에 주목받고 있는 제도이다.

② 설계변경 요소를 사전에 배제해 낙찰자의 책임시공을 기대할 수 있고, 이로 인한 실제 시공비 절감효과를 거둘 수 있으며 형식적인 입찰서류작업을 줄여 효율성을 높일 수 있다.

③ 물량산출 능력, 신기술·신공법 활용능력 등 낙찰자의 기술능력을 최대한 발휘할 수 있다는 점에서 장점이 많은 제도이다.

④ 순수내역입찰에 참가하려면 시공계획과 설계, 공법설계 등에 대한 노하우를 보유해야 하는 것은 물론, 검토에 따른 소요비용이 건당 수억 원이 소요되기 때문에 이로 인한 부담으로 평균 입찰참가자 수가 향후 큰 폭으로 줄어들 수 있다.

05 CM(건설사업관리)의 계약방식 ▶▶▶▶

1. 용역형 CM(CM for Fee)

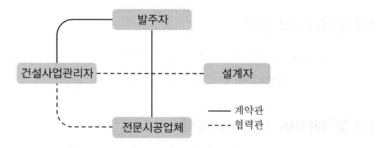

① 발주자가 시공자와 직접 계약관계를 맺고 건설사업관리자(CM회사)는 발주자의 대리인으로서 공사관리를 담당하는 계약형태이다.

② 발주자, 설계자, 사업관리자, 시공자가 하나의 팀이 되어 공사를 수행하는 기법으로 건설사업관리자는 설계나 시공업무는 직접 수행하지 않는다.

③ 오직 발주자의 대리인으로서 발주자의 이익창출을 위하여 CM 서비스를 수행하고 이에 대한 용역비를 지불받는 방식이다.

2. 도급형 CM(CM at Risk)

① 시공자가 건설사업관리자(CM회사)의 역할을 겸하는 계약형태이다.

② 건설사업관리자는 공사의 일부 또는 전체를 수행하며 시공과 CM 업무를 동시에 수행한다.

③ 해당공사의 공사비와 공사기간에 대한 책임과 위험을 직접 부담하게 되며 일반적으로 건설사업관리자는 최대공사비보증가격(Guaranteed Maximum Price)을 발주자와 확정한 상태에서 공사를 집행하게 된다.

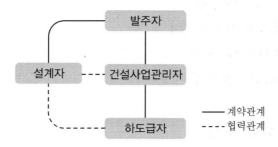

④ 최대공사비를 초과하는 부분에 대한 위험을 모두 부담하여야 하지만 최대공사비 이하에서 공사가 완료될 경우에는 그 이익을 발주자와 일정한 비율로 배분하게 되는 장점이 있다.

⑤ 도급형 CM이 국내에 정착하기 위해서는 많은 부분에서 국내 건설 환경이 개선되어야 한다.

06 PM(Project Manager)

1. 개요

① Project Manager란 프로젝트의 성공을 위하여 프로세스 단계를 Coordinate 하는 사람, 즉 과업의 전 과정을 관여하여 문제 없이 해결하는 책임자를 말한다.

② 건설사업의 경우 용지＋디자인＋시공사 선정＋자금 마련＋마케팅(분양) 등 전체적인 프로젝트를 관리한다.

2. PM의 자질

① 장기적 안목

② 위험감수 및 도전정신

③ 목표설정 및 창조적 달성의지

④ 적극적 문제해결

⑤ 합리적 사고 및 계획수립

⑥ 불확실성에 대한 정략적 분석

⑦ 조건변화에 대한 대응능력

⑧ 효율적인 팀조직, 활용 및 개발

3. PM이 되기 위한 조건

① 프로젝트 매니저에 대한 역할을 제대로 이해하여야 한다.

② 실전에서의 단계적 연습이 필요하다.

③ 체계적인 훈련을 기본으로 공인된 자격증을 확보한다(PMI, PMP 등).

④ 비즈니스와 관련된 업무지식, 영어실력을 갖춘다.

⑤ 원활한 의사 소통 능력 및 리더십을 갖춘다.

4. 프로젝트 관리 활동

① 프로젝트 관리는 목표를 제한된 시간 내에, 제한된 비용과 자원으로 진행하기 위해 적용하는 방법론이다.

② 프로젝트 관리방법론은 PMBOK(Project Management Body of Knowledge)가 일반적으로 통용된다.

　㉠ WBS

　　• 프로젝트의 업무 범위를 실행 가능한 단위로 분해하는 것으로 목표를 요약 작업인 1차적인 개요로 나누고, 각각에 대해서 하위 작업인 2차적인 개요로 나누어 내려간다.

　　• WBS의 최하위 작업은 실행 작업이다.

　㉡ Network

　　프로젝트의 일정을 합리적으로 작성하기 위하여 업무 선후 관계를 고려하여 합리적으로 배열하는 것을 말한다.

　㉢ Activity

　　책임성과 적임성을 고려한 자원 배정의 기준이 되는 작업을 말한다.

07 PMIS(Project Management Information System) ▶▶▶▶

1. 개요

① 건설산업에 대한 정보와 기술을 수집, 분석하며 동시에 각 프로젝트 상황을 신속히 경영자에게 전달해줌으로써 경영자가 각 프로젝트와 관련된 계획을 수립하고 조직을 운영하는 데 도움을 주고자 하는 프로젝트별 경영정보체계를 PMIS라 한다.

② 각 프로젝트별로 나누어져 있는 PMIS를 통합관리하게 되며 종합적인 정보관리(MIS ; Management Information System)를 구축할 수 있으며, 경영업무의 효율화와 정보의 통합화도 가능하여 건설업의 전반적인 경쟁력 향상을 꾀할 수 있다.

2. PMIS의 내용

(1) 생산성 관리용 시스템

　① 프로젝트의 사업성 분석

　② 초기 투자 자금의 규모와 자금 회수 가능성 파악

③ 프로젝트 예산 비용과 이익 창출 분석

④ 리스크에 대한 검토

(2) 품질관리용 시스템

① TQC, TQM에 대한 프로젝트별 적용성

② 품질저하 요인을 발굴하여 해소 대책 마련

(3) 원가관리용 시스템

① 예산 집행 검토와 분석

② VE, LCC의 초기적용 검토

③ 각 단계별 실제 투입비용에 대한 분석과 조치

(4) 일정관리용 시스템

① 프로젝트별 작업 공정 영향 요인 분석

② 프로젝트의 특수성과 여건을 조사하고 분석

③ 프로젝트에 맞는 공정관리기법 제안

④ 본사와 현장 간의 신속한 보고와 조치를 위한 체계 확립

(5) 안전관리용 시스템

① 사업별 안전관리 대책 수립

② 안전교육과 관리기법의 조치 방안 지도

3. PMIS 구축의 필요성과 구축 방안

(1) 필요성

① 프로젝트의 대형화와 전문화 추세로 인한 전문적 정보 필요

② 정보화 시대로의 이행에 따른 정보시스템 구축 요구

③ 프로젝트 금융 개발 증가에 따른 정보 분석력 요구

④ 해외 시장에서의 경쟁력 확보

⑤ 투자 자금 흐름에 대한 분석과 대처 요구

(2) 구축방안

① 정보와 시스템 구축

㉠ VAN 구축으로 현장과 본사와의 업무 일원화, 신속화

㉡ 인터넷, 고속통신방 구축

㉢ 수집 자료의 DB화와 전산화, 자료의 체계적 분류

② 정부 분석, 활용 능력 향상

㉠ 전문가 시스템 활용

㉡ 코스트 엔지니어(Cost Engineer)를 활용한 자금 분석

㉢ 새로운 관리 기법 적용

㉣ 지속적 교육과 지도를 통한 개인의 능력 강화

08 접이식 컨테이너 ▶▶▶▶

1. 개요

① 접이식 컨테이너는 빈 컨테이너를 접으면 부피가 1/4로 줄어드는 새로운 개념의 컨테이너로서, 접이식 컨테이너 4개를 쌓으면 일반 컨테이너 1개와 부피가 같아져 빈 컨테이너를 더욱 경제적이고 효율적으로 보관, 운송할 수 있다.

② 접이식 컨테이너의 핵심기술에 해당하는 주요 부품으로, 컨테이너가 접히거나 펴졌을 때 고정 및 체결을 위한 4개의 핵심부품과 접힌 컨테이너 4개를 1세트로 묶어 주기 위한 3개의 핵심부품이 있다.

2. 필요성

① 무역 불균형으로 인해 유럽, 미국 같은 수입을 많이 하는 지역에서는 물건들을 하역하고 난 후의 빈 컨테이너가 넘치고 중국, 한국 등 아시아 지역에서는 수출을 위한 컨테이너가 부족한 현실이다.

② 접이식 컨테이너는 항만 및 컨테이너 야드의 가장 큰 이슈인 빈 컨테이너 보관에 필요한 공간 문제를 해결하고, 도로 화물 운송 차량의 교통혼잡 완화에도 크게 기여할 수

있다.

③ 국내는 광양－천안－부산－광양 노선에서 시행하고, 국외는 부산－베트남 하이퐁 항의 동남아 노선과 미국 로스앤젤레스 항에 이르는 미주노선이 대상이다.

3. 경제성

① 기존 컨테이너보다 20% 정도 수준이다.

② 전체 컨테이너 사용량의 20%를 접이식 컨테이너로 대체했을 때 전 세계 빈 컨테이너 운송비용을 연간 약 2.6조 원 절감할 수 있다.

③ 빈 컨테이너 운송 및 보관 시 최대 75%까지 비용 절감이 가능하다.

④ 국내는 해상운송으로 연간 약 710억 원, 수도권~부산 구간에서만 연간 약 200억 원 절감을 기대할 수 있다.

4. 핵심기술

① 복잡한 접는 방법의 단순화 및 접히는 부분이 하중을 견디도록 설계되었다.

② 1단계로 앞면과 뒷면이 접히고, 2단계로 윗면이 내려오면서 옆면이 접힌다.

③ 보조 장비가 필요하지만 이 보조 장비는 원격제어로 작동하여 누구나 숙련도와 상관없이 사용할 수 있다.

④ 2명의 인력으로 10분 이내에 컨테이너를 접을 수 있고, 컨테이너의 모서리 기둥 4개는 일반 컨테이너와 비슷한 수준인 96톤을 견딜 수 있다.

5. 향후 기대효과

접이식 컨테이너는 향후 유라시아 화물철도 운송 시 동서 간의 물동량 불균형을 해소할 수 있는 물류 장비로 활용성을 더욱 높일 수 있을 것으로 기대된다.

▌ 접이식 컨테이너 ▌

09 BF(Barrier Free)

1. 정의

① BF(Barrier Free)란 장애인 및 고령자 등의 사회적 약자들이 사회생활을 하는 데 지장이 되는 물리적인 장애물이나 심리적인 장벽을 없애기 위해 실시하는 운동 및 시책을 말한다.

② 일반적으로는 장애인의 시설 이용에 장해가 되는 장벽을 없애는 뜻으로 사용하고 있다.

2. 배리어 프리의 적용

① 1974년 유엔 장애자 생활환경전문가회의에서 장벽 없는 건축설계(Barrier Free Design)에 대한 보고서가 발표된 이후 생긴 개념이다.

② 특히, 스웨덴의 경우에는 1975년 주택법을 개정하면서 신축 주택에 대해 전면적으로 배리어 프리를 실시해 휠체어를 타고도 집안에서 불편 없이 활동할 수 있도록 문턱을 없앰으로써 다른 고령화 국가에 비해 노인들의 입원율이 크게 낮아졌고, 일본에서도 이미 일반 용어로 정착되어 쓰이고 있다.

③ 2000년 이후에는 건축이나 도로 · 공공시설 등과 같은 물리적 배리어 프리뿐 아니라 자격 · 시험 등을 제한하는 제도적 · 법률적 장벽을 비롯해 각종 차별과 편견, 나아가 장애인이나 노인에 대해 사회가 가지는 마음의 벽까지 허물자는 운동의 의미로 확대 사용되고 있다.

3. 철도의 배리어 프리

① 역에서 장애인이나 노약자의 이동이 편리하도록 엘리베이터, 에스컬레이터, 휠체어용 화장실 설치

② 휠체어 승객이 자력으로 역구내의 이동이 가능하도록 각종 시설물 설치

4. 향후 과제

① 차량의 승강을 비롯하여 발권기나 자동개찰기의 이용 등 일반의 공공시설에 여러 가지 장벽이 존재하고 아직도 장벽이 높은 것이 현실이다.

② 금후도 계속하여 사회적 약자를 배려한 환경의 정비를 진행하여 배리어 프리화된 철도를 목표로 하는 과제가 남아 있다.

10 CDM(Clean Development Mechanism) ▶▶▶▶

1. 정의

① 청정개발체제(CDM ; Clean Development Mechanism)사업은 교토의정서 제12조에 규정된 것으로 선진국인 A국이 개발도상국 B국에 투자하여 발생한 온실가스 배출감축분을 자국의 감축실적에 반영할 수 있도록 함으로써 선진국은 비용 효과적으로 온실가스를 저감하는 반면, 개도국은 기술적·경제적 지원을 얻는 제도이다.

② 즉, CDM(Clean Development Mechanism)사업은 온실가스 감축 의무가 있는 선진국이 유엔 승인하에 개발도상국의 온실가스 감축사업에 투자해 달성한 감축실적을 자국의 이산화탄소 배출권으로 획득하거나 이를 판매할 수 있는 제도이다.

2. 철도의 CDM

① CDM사업은 경제적 효과뿐 아니라 전 세계적으로 대두되고 있는 환경보존이라는 측면에서 볼 때 적극적으로 추진되어야 할 사업이며, 저탄소 녹색성장과 친환경 교통수단인 철도가 CDM 사업으로는 최적이다.

② 호남고속철도 등 신규 철도건설사업을 녹색성장 친환경 철도건설을 위한 청정개발체제(CDM)사업으로 선정하고, 추진의향서를 국무총리실과 유엔기후변화협약(UNFCCC) 사무국에 제출한 데 이어 향후 사업계획서 작성과 등록, 유엔 승인 등의 절차를 거쳐 온실가스 감축량의 탄소배출권 확보를 추진하고 있다.

3. 향후과제

① 교통 분야의 경우 성과측정 대상이 불특정해 모니터링이 어려워 세계적으로도 단 2건(콜럼비아 BRT·인도 지하철 회생전력)만이 유엔의 승인을 받은 상태다.

② 결국 고속철도의 CDM사업은 전례가 없어 새로운 방법론을 개발해야 하는 점이 과제로 남아 있다.

1. 정의

① E & S 시스템 방식(Effective & Speedy Container Handling System)이란 착발선 하역방식으로, 화물역에 있어서 화물열차가 발착하는 본선(착발선)부분에 컨테이너 홈을 마련해서 하역을 행하는 방식이다.

② 지금까지 착발선에서는 포크리프트(Fork lift) 등으로의 하역을 할 수 없기 때문에 착발선에 도착한 화물열차를 가선이 없는 하역선까지 옮길 필요가 있어 시간이 길어지는 문제가 있었다.

③ E & S 시스템 방식에 의해 하역을 시행할 경우 최대 약 3시간 단축되는 효율적인 화물취급 시스템이다.

2. E & S 시스템 구축

① E & S 시스템은 본선상에서 직접 컨테이너 상하차 작업을 시행함으로써, 별도의 입환작업을 생략하게 되어 하역 작업시간 단축이 가능하다.

② 일본의 가와사키 화물역의 경우 E & S 시스템의 평균속도는 110km/h이며, 26량 편성에 1량당 12피트 컨테이너 5량씩 적재한다.

③ E & S 시스템의 가장 큰 장점은 상하역시간의 단축효과로서 기존 방식으로 26량 편성 화차의 상하역에는 2~3시간이 소요되었으나, E & S 시스템에서는 3대의 포크리프트로 작업하여 30분 이내 상하역이 완료되며, 최대 16분 이내에 완료 가능한 것으로 평가되고 있다.

3. E & S 시스템의 국내적용

① 이 시스템을 우리나라에 도입하기 위해서는 오봉, 청주, 부산진역 등 컨테이너 취급 거점역(11개역)을 대상으로 작업선 및 하치장 등에 대한 시설 개량이 요구된다.

② E & S 시스템 도입을 위한 기술개발과제는 국내에서 가장 널리 사용 중인 20피트 컨테이너에 포크리프트 삽입구를 개설하는 것이다.

4. 결론

① 최근 정부에서는 전 세계적인 온실가스 감축기조에 부응하여 우리나라의 탄소배출량을 2020년 배출전망치보다 30% 감축하기로 결정하였으며, 현재 정부의 온실가스 감축 목표에 대해 산업계에 미치는 영향을 고려할 때 감축 목표의 실현을 위해서는 교통 물류 분야의 역할이 중요하며, 특히 물류분야에 있어서는 에너지 효율성이 높은 철도 이용이 급증할 것으로 판단된다.

② 그동안 도로 위주의 수송정책으로 도로 화물수송이 대부분을 차지함에 따라 교통 정체 및 환경오염 등 국가 물류비에 큰 문제점으로 부각되었다. 이에 따라 CO_2 등 배출가스 감축이 가능한 철도 중심의 물류수송체계로 전환하기 위해서는 철도 이용의 애로점을 해결하는 것이 급선무이다. 그러므로 철도이용을 통해 비용과 시간을 절약할 수 있도록 정책방향을 제시할 필요가 있다.

③ 철도의 물류수송체계를 개선하고, 경쟁력을 확보하기 위해서는 무엇보다 환적비용과 환적시간을 단축시키기 위한 새로운 시스템의 개발이 우선되어야 한다.

④ 이를 위하여 E & S 시스템뿐 아니라, 크레인 없이 트럭과 화차 간에 화물을 직접 환적할 수 있는 DMT(Dual Mode Trailor) 시스템과 같은 현대화된 환적시스템의 개발 및 정착이 조속히 추진되어야 하겠다.

12 블록 트레인(Block Train, 고객 맞춤형 전세열차) ▶▶▶▶

1. 개요

① 자가 화차와 자가 터미널을 가지고 항구의 터미널에서 내륙목적지의 터미널 혹은 업자의 문전까지 남의 선로를 빌려서 Rail & Truck Combined Transportation을 제공하는 새로운 국제철도물류시스템을 블록 트레인(BT ; Block Train)이라 한다.

② BT는 장거리 수송, 프로젝트 카고 수송에서 가장 경제적 수송이 가능하므로 수출입화물의 국제수송에 많이 활용된다.

2. 물류수송과 BT 전망

① 장거리수송에 관한 한 트럭수송보다도 철도수송이 물류를 주도하게 될 것이며, 원스톱 수송서비스 개념의 블록 트레인이 실질적으로 중추적인 물류체제가 될 것이다.

② BT는 철도와 트럭의 복합운송, IT서비스, 통관 등의 부가서비스에 의한 문전서비스의 개념으로 수송품질의 향상과 능률화가 가능하다.

③ 우리나라로선 때맞춰 한국인이 경영하는 민간 BT수송업자가 필요한 시점이다.

3. 우리나라 BT

① 부산항이나 광양항을 활용하여 남한의 화물을 중국으로 운송할 경우 시베리아철도가 아닌 중국철도로 유치하는 결과가 되며 또한 중국의 out-port로 활용하는 결과가 된다.

② 북한으로서 경의선철도 연결 이전에 추진이 되면 남한 화물을 중국에게 빼앗기는 위기감을 주게 되므로 서둘러 경의선을 연결할 수도 있다.

③ 이 경우 한국으로선 한반도 통과화물에 대해 남북한 연결철도 루트와 레일페리에 의한 북한 우회노선을 모두 구비해 두 루트 간 경쟁으로 중국이나 북한에 대해 유리한 화주국가의 입장을 누리게 될 것이며 이는 동북아시아의 물류주도국의 입장을 강화할 수 있다.

4. 향후 추진사항

① 우리나라는 코레일이 유일한 트랙의 소유, 관리자이면서 동시에 유일한 철도운송사업자로 되어 있으나, 이를 트랙의 소유자와 관리자로 철도운송사업자의 개념을 분리할 필요가 있다.

② 향후 블록 트레인은 업자가 트랙의 소유자인 코레일에 통행료만 내면 자기의 화차를 코레일의 트랙을 이용하여 어디든지 갈 수 있도록 해야 한다.

13 철도물류기지

1. 개요

① 화물을 대량으로 모아 한꺼번에 운송함으로써 물류비용을 절감하기 위해 전국의 주요 물류거점에 구축하는 대규모 물류시설이다.

② 철도물류기지는 철도를 포함한 2가지 이상 운송수단 간 연계운송을 할 수 있는 규모 및 시설을 갖춘 복합물류터미널과 내륙컨테이너기지가 있다.

2. 건설의 필요성

① 화물의 수송수요는 급증하는 데 반해 물류시설이 크게 부족하여 기업 물류비가 증가하고 국가경쟁력이 약화된다.

② 이에 따라 다품종 다빈도 화물을 집적화하여 대량으로 수송하는 연계수송망을 구축할 필요가 있다.

③ 이와 같이 화물을 집적화하는 장소를 철도물류기지라 하고 그 종류로는 복합물류터미널과 내륙컨테이너기지 등이 있다.

3. 사업추진방식

① 사업신청

② 소유권 귀속

사업시행자가 매입한 부지 및 설치한 시설물은 사업시행자 소유로 하며 본 시설을 직영 또는 임대로 하고 사용료를 징수할 수 있다.

③ 정부의 재정지원

㉠ 진입도로, 인입철도, 인입상수도 등 기간시설은 정부에서 건설하여 사업시행자가 이용할 수 있도록 제공한다.

㉡ 부지매입비는 전액 정부에서 재정 융자하며, 부지 매입비를 제외한 총 민간투자비의 40%를 정부가 재정 융자한다.

㉢ 융자조건은 5년 거치 후 15년 분할 상환이다.

④ 조세지원

지자체 등 관계기관과 협의하여 취·등록세를 면제한다.

CHAPTER

02

철도계획 및 일반

QUESTION 1

철도의 특성에 대하여 설명하시오.

1. 철도의 장점

① 안전성

레일에 의해 유도되고 건축한계를 설정, 일정공간을 확보하고 발달된 신호 보안장치에 의해 유도되므로 안전하다.

② 신속성(Speediness)

항공기에는 떨어지나 300km/h 이상의 속도운행이 현실화되어 운행 중에 있다.

③ 정시성(Correctness)

항공기나 버스가 기상조건에 따라 결항 또는 지연되나 철도는 특수한 경우를 제외하고 정시성이 높다.

④ 대량 수송성(Mass Transport)

1회의 수송량이 많고 빈도도 높아 대량수송이 가능하다.

⑤ 고속성

전용의 선로에서 신호 보안장치로 안전대책에 만전을 기할 수 있어 고속운전이 가능하다.

⑥ 저공해성

1개의 기관차가 다량의 객차를 견인하고 운행할 뿐 아니라, 특히 전기철도의 경우는 대기오염이 거의 없어 저탄소 녹색성장으로서 중추적 역할을 담당한다.

⑦ 편리성

항공기나 선박과는 달리 작은 점유공간으로 도심지나 공장 내를 진입할 수 있으므로 이용자의 수요에 대응하는 양질의 서비스 제공이 가능하다.

⑧ 저렴성

대량수송에 따른 수송효율이 높아 상대적으로 가격이 저렴하다.

⑨ 쾌적성

차내의 넓은 공간과 좌석의 폭이 넓어 승차감이 좋고, 피로가 적으며 쾌적하다.

⑩ 경제성

타 어떤 교통수단보다도 Ton당, 인당 소요에너지가 적다.

2. 철도의 단점

① 소량의 수송에 부적합하다.
② 자동차에 비해 기동성이 부족하다.
③ 다방면 집배 수송에 부적합하다.

QUESTION 2

철도가 타 교통수단과 비교하여 사회적으로 어떻게 공헌하는지 다음 사항에 대하여 설명하시오.

| 1) 에너지 | 2) 국토공간의 활용성 | 3) 인력과 시간 |
| 4) 교통사고 | 5) 환경성 | |

1. 개요

철도는 정시성, 신속성, 대량수송성 등 많은 장점이 있다. 그동안 도로교통의 발전에 밀려 다소 침체되었으나 최근에는 속도의 고속화와 더불어 제2의 철도중흥기를 맞고 있어 사회에 공헌하는 바가 지대하다.

2. 철도의 장점

(1) 에너지 효율성

① 원유를 전량 수입에 의존하는 우리나라는 에너지 절약형 교통수단인 철도의 중요성이 더욱 부각되고 있다.

  ㉠ 철도 : 수송분담률이 22%인 데 반해 에너지 사용량은 4%에 불과하다.

  ㉡ 도로 : 수송분담률은 60% 정도인 반면 에너지 사용량은 50%를 넘고 있다.

② 전철화의 경우 에너지 효율성을 높일 수 있으며 청정에너지 사용으로 녹색철도 구현이 가능하다.

(2) 국토공간의 활용성

① 전 국토의 70%가 산악지대인 우리나라는 대량수송이 가능한 철도를 통하여 국토이용의 효율성을 높일 수 있다.

② 4차선 도로 건설 시 편입면적이 복선철도에 비하여 4배 정도가 필요한 실정이다. 따라서 국토의 효율적인 이용면에서도 철도가 도로에 비하여 월등히 우수하다.

(3) 인력과 시간

① 철도는 한 번 운행에 대량수송이 가능하므로 효율성이 높은 교통수단이다.

② 최근 자동차보다 빠른 속도의 고속화로 시간저감 효과가 가장 큰 교통수단이라 할 수 있다.

(4) 교통사고

철도의 경우 사고빈도가 적으며, 사고가 발생하더라도 대량의 사상사고는 발생하지 않으므로 국민의 인적·물적재산 보호에 공헌하고 있다.

(5) 환경성

① 철도는 다른 어떤 교통기관보다도 환경성이 우수하다. 승객 1명을 1km 수송할 때 배출되는 CO_2 양은 철도 0.27g으로 도로 14.52g, 항공기 1.20g, 선박 27.24g에 비하여 월등히 우수하다.

② 전철화에 따른 전기에너지 사용으로 대기오염 감소 및 녹색철도 구현이 가능하다.

3. 결론

① 최근 들어 지구 온난화가 극심한 이때 철도는 세계적으로 각광받는 교통수단이 되고 있다. 철도는 최근 300km/h 이상 고속화 및 대량수송이 가능한 교통수단으로 국토 공간을 효율적으로 활용할 수 있다. 또한 전기에너지의 사용으로 대기오염문제를 해결할 수 있어 환경성에서도 가장 우수한 교통수단이라 할 수 있다.

② 이처럼 철도의 많은 장점은 오늘날 우리가 안고 있는 교통문제와 공해문제 해결에 열쇠가 되므로 우리나라에서도 대도시 광역교통망 및 사회간접자본시설 확충은 그동안의 도로교통 위주에서 벗어나 철도 위주로 재편되어야 할 필요가 있다.

1 우리나라 철도의 현황과 문제점을 지적하고, 한국철도의 발전 방향과 추진방향에 대해 기술하시오.

2 국가정책지표인 '저탄소 녹색성장' 실현을 위한 철도의 역할에 대하여 설명하시오.

1. 개요

① 녹색성장시대에 있어서 교통정책은 에너지 기후변화에 대응하는 새로운 국가발전 패러다임으로 양적 성장에서 질적 성장으로 전환이 필요하다.

② 그동안 여객은 승용차, 화물은 화물차 중심의 수송체계로 고착되었으며, 이는 고비용 저효율의 교통체계로서 국가성장 발전의 저해요인으로 작용하게 되었다.

③ 앞으로 저탄소 녹색성장 및 효율적인 교통정책을 위하여 철도의 역할은 더욱더 막중하다 하겠다.

2. 철도의 현황 및 문제점

(1) 시설규모 절대 부족

① 국가 전체 교통네트워크 형성에 대하여 그동안 제한적인 투자가 이루어졌다.

② 투자계획대비 실제 투자액이 매우 저조한 현실이다.

(2) 속도경쟁력 부족

① 그동안 고속철도 외에 광역철도, 일반철도는 주변 고속도로와의 속도경쟁에서 저조한 실적을 나타내고 있다.

② 철도계획 수립 시 주변 도로와의 속도경쟁을 감안한 설계속도를 정립할 필요가 있다.

③ 서울~시흥 구간 선로용량부족으로 고속열차 추가투입에 한계가 있다.

(3) 교통시장 및 환경변화 대응부족

① 철도 미연결구간이나 시설수준의 일관성 부족으로 효율적인 수송이 불가능하다.

② 고속철도 연계수송체계가 미흡하다.

③ 철도역 중심의 지역개발이 이루어지지 않아 수송효율성이 저하된다.

3. 녹색성장시대 철도의 비전

① 철도투자를 통한 녹색성장 구현

    ㉠ 전국 1시간 30분대 생활권 구축

    ㉡ 전철화 100%의 친환경 철도 실현

    ㉢ 글로벌 철도네트워크 구현

② 이용자 중심의 철도교통체계 구축

    ㉠ 철도여객 수송분담률 40% 이상 달성

    ㉡ 철도화물 수송분담률 20% 이상 달성

③ 철도산업의 지속적 성장기반 구축

    ㉠ 세계 3대 철도기술 선진국으로 도약

    ㉡ 철도시장 경쟁체계 구축(Open Track)

4. 세부추진사항

① 설계속도 350km/h의 전국고속철도망 지속적 추진

② 수도권 광역 급행철도망 구축(GTX 광역노선)

    ㉠ 일산 – 삼성 – 동탄

    ㉡ 송도 – 신도림 – 청량리

    ㉢ 금정 – 사당 – 삼성 – 하남

③ 일반철도의 고속화(설계속도 230~270km/h)

④ 전철화 100%의 친환경철도 실현

    ㉠ 비전철 철도사업의 전철화 병행 추진

    ㉡ 디젤차량은 전기차량으로 조기 전환

⑤ 글로벌 철도네트워크의 구현

    ㉠ 'BESETO Rail' 추진

한중, 한일 해저터널을 통한 중국(베이징 – 청도)~한국(서울 – 부산)~일본(후쿠오카 – 동경) 철도건설

ⓛ TPR(Trans Pacific Rail) 논의 가속

장기적으로 마그레브(Maglev), 튜브(Tube) 열차 등 500~600km/h급 초고속열차를 이용한 TPR 추진

⑥ 철도여객 수송분담률 40% 달성

㉠ 철도역 중심의 고밀도 개발(TOD ; Trafic Oriented Develop)

㉡ 철도역 환승체계 및 연계교통체계 개선

- 지역 간 철도와 광역철도, 버스와 환승 할인
- 철도역 중심의 광역교통체계 개편

㉢ 철도＋자전거를 이용한 친환경 교통 네트워크 구축

⑦ 철도화물 수송분담률 20% 달성

㉠ 철도물류인프라 확충

- 항만, 산업단지, 인입철도 등 수송네트워크 구축
- 철도종합물류기지 조성 추진

㉡ 복합일관수송체계 강화

DMT, Block Train 운행 등으로 환적에 따른 비용최소화

㉢ 철도수송지원제도 도입

- 철도화물시설 지원제도
- 철도환경편익 증대 제도 : 컨테이너 복합화물 및 벌크화물 지원

⑧ 세계 3대 철도기술 선진국 도약

㉠ 친환경 철도차량 개발

- 저소음, 저진동, 경량소재 철도차량
- 태양, 수소 등 대체에너지 철도차량

㉡ 500~600km/h급 초고속 자기부상열차 개발

㉢ 신호등 철도시스템 관련 기술 개발

㉣ GPS를 이용한 차세대 열차운행 정보시스템 개발(무인운전화)

⑨ 철도시장 경쟁체제 구축(Open Track)

㉠ 철도시장의 진입장벽 완화

- 유지보수 Open, 관제기구 분리

- 철도차량 대여 및 정비업 활성화

   ⓛ 대형 물류업체의 철도화물 운송업 참여 확대

      블록 트레인(Block Train, 고객 맞춤형 전세열차)

   ⓒ 철도사업자 중심의 역세권개발 활성화 및 사업영역 다각화

- 택지개발 및 주택사업
- 숙박업(역세권 개발, Convention Center)
- 버스 운송업(철도역 연계교통수단 제공)

   ⓔ 선진국 수준의 철도시설 확충

- 철도연장 : 3,392km에서 6,060km로 1.8배 확충
- 시설투자비 : 향후 10년간 140조 원 규모

   ⓜ 복선화율

      41% → 72%

   ⓗ 전철화율

      54% → 100%

   ⓢ 철도분담률

      여객 21% → 40%, 화물 7 → 20%

5. 정책적 제언

① 철도 등 녹색교통을 위한 투자평가체계 개선

   ㉠ 기존 도로 중심의 투자 평가체계를 개선

- 환경적 요소 등을 강화한 편익항목 개선
- 정책적 평가항목에 녹색교통에 대한 평가지표 추가

   ㉡ 중앙정부의 재원배분방향을 전환

- 도로부문 : 중앙정부 투자배분비율 축소, 민간사업으로 추진
- 철도부문 : 중앙정부 투자배분비율 상향 조정

② 교통＋토지이용＋보건ㆍ환경＋경제＋국토계획의 통합 필요

21C 철도의 비전에서 시설분야의 내용을 기술하시오.

1. 서론

① 철도는 안전성, 정시성, 환경성 및 에너지효율 측면에서 상대적 우위를 점하고 있어 21C 최고의 교통수단으로서 각광을 받고 있다.

② 철도 시설분야는 궤도 및 구조물의 구조적 기능뿐만 아니라 유지·보수적인 측면까지 고려하여야 하며, 21C 철도발전 비전을 고려하여 환경 변화를 감안한 종합적인 기술개발전략을 필요로 하고 있다.

2. 궤도분야

(1) 유도상궤도의 성능 향상

① 자갈도상 궤도의 각 구성요소는 레일 및 부속설비, 침목, 도상과 노반으로 분류할 수 있다.

② 유도상궤도는 풍부한 탄성 및 진동흡수효과 등과 같은 장점을 가지고 있으나, 유지보수 측면에서 많은 인력과 빈번한 보수주기로 인하여 막대한 비용이 필요하다.

③ 유도상궤도의 성능향상을 위한 향후 연구 방향은 다음과 같다.

㉠ 레일 및 부속설비
- 레일 용접부의 충격효과 저감방안
- 진동저감을 위한 체결구 및 레일패드 기술
- 장대레일 안정화의 제반기술
- 레일 수명 연장 및 열처리기술

㉡ 침목
- PSC침목의 성능 향상을 위한 신소재개발
- 장대레일의 횡좌굴 방지용 침목의 개발

㉢ 도상
- 도상자갈 마모·파쇄특성 규명
- 도상 자갈의 대체 신소재의 개발

ㄹ 노반
- 궤도 변형을 방지하기 위한 노반 강화 공법
- 열차 유발 진동에 대한 흡·차진재 개발

(2) 궤도생력화를 위한 무도상궤도

① 무도상궤도는 침목매립식·직결식 현장타설 콘크리트궤도, 직결식 공장제작 슬래브궤도 및 플로팅 슬래브궤도 등으로 분류할 수 있다.

② 무도상궤도는 유지보수작업의 주기가 길고, 장대레일의 횡좌굴에 대한 안전성이 높으며, 궤도틀림감소, 부설공기의 단축 및 고속화에 적합하다는 장점이 있다.

③ 무도상궤도의 성능향상을 위한 향후 연구 방향은 다음과 같다.
ㄱ 기존의 유지보수작업과 관련된 호환성
ㄴ 종래 궤도시스템과 기능적 호환성 및 통일성
ㄷ 경제성의 확보 및 고품질·고신뢰도의 궤도재료 개발
ㄹ 소음·진동 저감구조

(3) 궤도시스템의 해석

① 차량의 고속화에 따라 궤도와 차량 간 상호작용에 따른 동적 거동은 열차의 주행 안전성 및 승차감 관점에서 대단히 중요하다.

② 궤도고유의 동적거동에 대한 향후의 기술개발 및 연구방향은 다음과 같다.
ㄱ 궤도틀림에 의한 차량의 비선형 동적 수직·수평 상호작용 해석
ㄴ 곡선부의 궤도부담력 평가를 위한 동적 해석
ㄷ 교량 접근부의 지지강성 변화구간에서의 궤도응답평가 및 진동완화 방안

3. 구조물 계측 기술

① 노후화 철도 구조물의 효율적인 안전관리 및 성능확보를 위하여 철도구조물의 이력, 각종 설계도서, 점검·진단·계측자료 등과 같은 항목들에 대한 데이터베이스(DB)화가 이루어져야 한다.

② 또한 철도 구조물의 효율적 관리를 위해서는 앞서 언급한 각 단위시스템들을 통합하는 구조물 종합 통제시스템에 대한 개발이 필요하다.

4. 지반진동 저감기술

선로구조물의 진동을 저감하기 위해서는 진동 예측기법 및 방진설계기술의 개발과 유지관리시스템을 구축하는 것이 필요하다.

5. 시설물 유지관리기술

① 철도의 고속화에 따라 보수작업시간의 단축 및 인력수급의 곤란 등으로 보선작업의 기계화와 장비운영의 최적화가 절실히 요구된다.

② 보선작업의 최적화 및 인력작업의 기계화를 위하여 궤도정보 DB구축과 정보를 이용한 유지보수 지원시스템의 개발이 필요하다.

6. 결론

① 고속화되어 가는 열차의 주행안전성을 위해 경험적인 기준으로는 한계가 있으며, 이에 따라 기술개발의 필요성이 한층 더 요구된다.

② 21C를 향한 국민생활수준의 향상과 철도의 발전을 위하여 지속적인 시설 관련 신기술의 개발이 필요하다.

QUESTION 5

1 미래복합역사, 대도시 주요 여객역의 조건, 환승교통체계, 역세권개발, 고속철도역의 역할, 위치 선정

2 교통 SOC를 철도중심으로 개편할 경우 수요창출, 사업비 절감, 민간자본 유치 촉진 방안에 대하여 각각 설명하시오.

3 신행정 복합도시의 접근 철도망을 계획하고자 한다. 이에 대한 개요 및 예상철도망에 대하여 설명하시오.

1. 개요

① 현대사회에서 철도역사는 단순한 결절점으로서의 역할에서 보다 복합적이고 다양화된 종합서비스로서의 기능을 수행하고 있다.

② 미래 철도역사는 교통기능과 다양한 서비스가 통합된 복합역사로서 사람과 물자유통의 장소, 정보교환의 장소는 물론 도시기능향상에 기여하는 중요한 역할을 담당하고 있다.

2. 기존 철도역사

(1) 기능

① 매표, 검표, 집표 등의 여객취급기능

② 화물적재, 운반 등 화물취급기능

③ 열차의 조성, 입환, 검수 등 운전지원 기능

(2) 문제점

① 기능이 단순하여 고객의 다양한 요구에 부응이 곤란하다.

② 공간적 이동과 같은 획일적인 업무수행으로 서비스 제공이 미흡하다.

3. 미래복합역사

(1) 역할

① 철도의 복합역사란 기능 및 공간, 그리고 사업주체가 복합되어 다기능 역할을 하는 역사를 말한다.

② 복합역사는 역사 및 역세권 내에서 주거기능, 상업기능 등이 동시에 이루어져 이용률 및 인지도를 상승시켜 주변의 새로운 개발을 촉진하고 문화 및 쇼핑, 여가를 동시에 즐길 수 있는 공간으로 역할을 수행하고 있다.

(2) 기능

① 종합교통센터 기능
- ㉠ 고객의 다양한 요구 및 기대에 부응하도록 폭넓은 서비스 제공
- ㉡ 타 교통수단과의 원활한 연계수송
- ㉢ 숙박, 오락, 상업 등 이용객 편의시설 확충

② 종합 영업거점의 기능
- ㉠ 수송과 판매의 종합거점
- ㉡ 상권의 중심지
- ㉢ 여행정보 제공시설 등

③ 편리한 시설기능
- ㉠ 여객의 이동정보를 상세히 분석하여 인간공학적 접근
- ㉡ 접근동선 축소로 접근용이성 확보
  - 계단을 이용한 진출입동선을 에스컬레이터, 엘리베이터로 대체
  - 버스, 택시 등이 여객역에 바로 접근 관통하도록 개선
  - 역세권 환승주차장, 자전거보관소 등의 충분한 확보
  - 기존 지하철 등과 접근거리 축소
- ㉢ 항공서비스와 같은 차별화된 접객시설 확충

4. 고속철도역의 역할과 기능

① 고속철도는 주요 거점도시를 시속 300km/h로 신속, 정확, 안전하게 대량수송을 담당
② 타 교통수단과의 연계 및 환승을 할 수 있는 종합 터미널 역할
③ 기존 철도시설은 시설녹지로 제한하여 슬럼(Slum)화되고 도시를 양분하여 도시발전 저해 및 시민생활 불편을 초래하므로 개선방향 수립 필요

　　　　⊙ 입체적인 개발

　　　　ⓛ 이용자 접근성 향상

　　　　ⓒ 시민생활에 편리한 생활공간 가능

5. 역입지 조건

① 남북철도 연결과 중국 및 유라시아 국제철도와 연계운행 감안

② 차량기지 및 보수기지 진입철도와 접근성 고려

③ 타 교통수단과의 연계성 확보

④ 이용자의 접근성 및 부지 확보

QUESTION 6 철도 복합역사 계획 시 고려하여야 할 사항에 대하여 설명하시오.

1. 개요

① 철도의 복합역사란 기능 및 공간, 그리고 사업주체가 복합이 되어 다기능을 가지고 있는 역사를 말한다.

② 복합역사는 주거기능, 상업기능 등이 역사 및 역세권 내에서 동시에 이루어지는 경우를 말하며 여러 가지 기능들의 연계로 이용률 및 인지도를 상승시켜 주변의 새로운 개발을 촉진할 수 있다.

2. 복합역사와 도시기능과의 관계

① 문화교류기능
② 산업교류기능
③ 기술연구교류, 교육기능
④ 교통결절기능
⑤ 고도의 정보기능

3. 복합역사 개발정책 및 방향

(1) 도시계획 측면

① 토지이용 및 교통체계 개편
② 환승교통기능의 강화
③ 보행동선 및 보행공간 확보
④ 입체적 토지이용과 지하공간 활용
⑤ 교통개선 계획 수립

(2) 정책 및 운용적 측면

① 교통광장의 부지 확보
② 상업기능 활성화와 보행동선의 연장
③ 보행동선을 차단하거나 방해하는 건물에 대한 불이익 강화

4. 복합역사가 도시기능에 미치는 영향

① 도심공동화 해소 및 도시공간 정비
② 인구분산으로 지역개발부문의 성장
③ 초 광역 도시권으로 확대 개편
④ 지역 산업과 지역 경제의 성장 촉진
⑤ 관광 · 문화부문의 활성화

5. 복합역사 계획 시 고려사항

① 이용객의 편의성과 공공성을 확보할 수 있는 복합역사의 개발
② 복합역사 개발에 따른 사회적 비용의 최소화
③ 도시공간구조 및 지역사회 연계를 고려한 계획
④ 상위 도시계획체계와 적합성 확보
⑤ 대중교통과 연계를 통한 환승공간 확보
⑥ 관련 제도의 개정을 통한 불합리한 시설기준 제고
⑦ 지역사회의 개발요구 등 철도역의 특성을 종합적으로 감안하여 계획 수립
⑧ 개발규모 판단

    ㉠ 기존역사와 동시에 개발하는 형태로서 재개발계획을 통해 지역 발전을 촉진하는 효과가 있다.

    ㉡ 역중심 지역개발은 신도시개발이나 토지구획정리사업을 통해 신규 부지를 개발하면서 철도역을 신설하는 형태이다.

6. 결론

① 그동안 철도역은 수송기능 역할 및 열차운영 역할을 중심으로 수행되어 왔으나 근래에는 그 역할이 재정립되고 있다.
② 미래의 철도역은 기술집합적, 다기능적, 친화적이며, 지역공동체 중심적인 역할을 담당하여야 한다.
③ 앞으로 복합역사 개발에 있어서 철도부지의 제공 및 출자 지분 참여, 세금 및 금융지원 등에 관하여 정부와 지방자치단체, 사업주관자가 적극적으로 협의하여 검토할 필요가 있다.
④ 그리고 민간자본이 보다 공공의 목적과 이익을 위해 반영될 수 있도록 정부와 공동개발하는 방안도 모색되어야 하겠다.

철도의 미래복합역사 기능 및 효과에 대하여 논하시오.

1. 개요

① 철도의 미래복합역사란 기능 및 공간이 복합되어 다기능의 역할을 하는 역사를 말한다.
② 복합역사는 철도의 역사 고유의 교통의 결절점으로 주거기능, 상업기능, 업무기능 등이 역사와 역세권 내에서 동시에 이루어지는 경우를 말한다.
③ 따라서 과거의 기능적 편향을 벗어나 기본적인 역사기능과 더불어, 문화적이고 정보화에 기반을 둔 개성이 가득한 상징적 터미널로서의 이미지 구축에 노력을 기울여야 한다.

2. 복합역사의 기능

(1) 문화교류기능

① 자유로운 교류의 장으로 인재교육의 장, 여러 이벤트 시행의 장이다.
② 다목적 홀, 회의장, 이벤트 광장, 학술문화교류시설, 레저 위락시설 등으로 도시 내외로부터 사람을 끌어들이는 매력적인 기능이다.

(2) 산업교류기능

① 도시 내외의 기업 간의 교류기능과 상품전시, 유통기관으로서의 기능이다.
② 전시장, 회의장, 트레이드 센터, 전문 상품시장 등이 있다.

(3) 기술연구교류, 교육기능

① 지역산업의 고도화를 위한 인재의 교육, 기술연구교류의 기능을 한다.
② 벤처(Venture) 육성기능, 개발공동연구시설, 재교육기관 등이 있다.

(4) 교통결점기능

① 양질의 교통서비스, 선택성이 높은 교통 결절점으로서의 기능이 있다.
② 고속철도, 고속도로, 공항으로 편리한 접근성 등

(5) 고도의 정보기능

① 국내외의 정보를 필요에 따라 수집 가공하여 시민과 기업에 제공하기 위한 정보 통신 서비스 시스템 기능이 있다.

② 고도의 선택성을 갖는 정보 시스템을 갖춘 시설이 집결되는 곳이다.

3. 복합역사의 효과

(1) 도심공동화 해소 및 도시공간 정비

① 복합민자역사 개발은 도심공동화와 도시기반시설의 정비를 촉진시키는 도시개발 효과가 있다.

② 복합민자역사를 중심으로 교통활동이 집중되고 있어 역주변의 재개발이나 도시 재정비, 역의 상부공간을 이용한 입체적 개발이 가능하다.

③ 복합민자역사는 교통의 허브와 도시발전의 핵이 되며, 역세권이 새로운 중심지로 형성될 것이다.

(2) 초 광역 도시권으로 확대 개편

① 고속철도역이 입지하는 도시를 중심으로 주변지역과 중소도시를 결합하는 광역 도시권으로 변모된다.

② 고속철도는 공간적 교합과 광역화를 동시에 유발하여 균질적인 생활환경 여건을 촉진시켜 나간다.

(3) 지역의 산업과 지역 경제의 성장 촉진

① 운송시간 절감에 따른 지역 간 물류비용의 절감

② 지역 간 연계성이 강화되어 물류유통의 거점지로서의 기능 강화

(4) 인구분산으로 인한 지역개발부문의 성장

① 현재 과밀집중화된 수도권의 인구분산에 대응

② 지방도시의 효율적인 인구정착의 가시화

(5) 관광·문화부문의 활성화

① 고속철도의 개통으로 반나절 생활권이 형성됨에 따라 여행시간에 큰 구애를 받지 않게 될 것이다.
② 문화산업의 경우도 관광산업과 더불어 부가가치가 높은 산업 중의 하나이며, 고속철도의 개통은 지역 간 문화교류를 촉진시킬 수 있는 중요한 계기가 될 것이다.

4. 미래 복합역사 개발을 위한 개선방안

① 이용객의 편의성과 공공성의 확보
② 복합민자역사 개발에 따른 사회적 비용의 최소화
③ 도시의 공간구조와 지역사회의 연계를 고려한 계획
④ 상위 도시계획체계와 연계성
⑤ 대중교통과 연계를 통한 환승공간의 확보

5. 결론

① 이러한 개선방안을 실현하기 위해서는 정부의 재정적·제도적 지원이 필요하다.
② 기반시설 정비의 경우 지방자치단체와 사업주관자가 비용분담 및 정비내용에 대하여 협의하여 정부의 재정지원을 적극적으로 행사하여야 한다.
③ 미래의 복합역사는 과거의 문제점들을 교훈으로 새롭게 전개되어야 할 것이다.

QUESTION 8

철도노선 선정 및 선로설계 시 주의사항(기준)을 설명하시오. (철도설계기준, 노반편을 기준으로)

1. 철도노선 선정

(1) 도상 선정(Paper Location)

① 일반적으로 국립지리원 발행의 1/50,000 또는 1/25,000 지형도 상에서 노선 선정

② 몇 개의 비교선을 삽입하여 도상에서 개략 검토

③ 종횡의 축척이 1/10로 선로종단면도 작성

(2) 답사(Reconnaissance)

① 도상 선정에서 몇 개의 비교선에 대하여 실제로 현지 답사

② 현지 답사에서는 예정노선 전반에 걸쳐 이를 조사하고 경제성이 있고 지장물이 적은 비교안 선정

(3) 예측(예비측량, 개략측량)

① 도상 선정과 답사에 의하여 거의 타당하다고 판단되는 비교안에 대하여 보다 상세한 비교를 하기 위하여 현지에서 개략적으로 측정

② 항공사진측량에 의한 예측과 지상측량에 의한 예측이 있다.

③ 예측은 예정노선에 따라 좌우 약 100~200m의 범위로 작성

④ 주요 구조물의 개략설계도 작성 및 건설비 계산

⑤ 각 비교선의 우열을 검토하여 가장 양호한 노선을 선택

(4) 실측(실지측량, 확정측량)

① 실측은 도상 선정, 답사, 예측에 의하여 최종적으로 선택된 노선을 현지에 완전히 이설 시행

② 설계 및 시공에 필요한 정확한 측량을 시행하고 선로평면도(1/2,500), 선로종단 면도(1/400), 20m마다 선로 횡단면도(1/100) 작성

③ 정거장 배선도(1/1,000) 및 각 분야별 세부설계와 시공계획의 수립

2. 선로설계 순서

(1) 측량작업

① 측량작업은 외업과 내업으로 분류

　　㉠ 노선 선정(도상 선정 및 답사)

　　㉡ 노선선점

　　㉢ 중심선측량

　　㉣ 종단측량

　　㉤ 횡단측량

　　㉥ 평판측량

　　㉦ 구조물 답사

② 지형측량

정거장 평면계획 및 배선도 작성

③ 용지측량

용지분할 및 매입을 위한 측량

(2) 구조물 설계

구조물 설계에는 다음과 같은 내용의 설계도 작성, 구조계산, 수량계산을 한다.

① 토공횡단면도 및 토공업적

② 옹벽(중력식, 반중력식, 특수형식)

③ 교량(슬래브, T-빔, 합성빔, PC빔, 강형, 교대, 교각, 기초 등)

④ 구교(슬래브, I-빔 등)

⑤ 하수(콘크리트관, 사이펀, 곁도랑 등)

⑥ 터널(단선 및 복선별, 말굽형, 반원형별)

⑦ 평면건널목 및 입체교차시설

⑧ 길내기 및 개천내기

(3) 축척

① 선로평면도($S = \dfrac{1}{2,500}$)

② 선로종면도($S = H = \dfrac{1}{2,500}, \quad V = \dfrac{1}{400}$)

③ 선로일람약도($S = \dfrac{1}{10,000} \sim \dfrac{1}{5,000}$)

④ 정거장 계획 및 배선도($S = \dfrac{1}{1,000}$)

⑤ 용지폭표($S = \dfrac{1}{100} \sim \dfrac{1}{1,000}$)

⑥ 개소별 수량표

⑦ 측량개황보고서

(4) 지질조사 및 시험

① 지질조사 : 시추 및 시료채취, 표준관입시험, 지하수조사, 물리탐사

② 토질시험 : 시료채취, 토질시험(KS 규격에 의한다.)

③ 재하시험

(5) 각종 조사 및 시험

① 지장물 조사 : 종류, 수량, 보상비

② 골재원조사 및 시험 : 골재원 거리, 골재량, 골재단가, 골재의 성질 등

③ 동력원 조사 : 변전소 위치, 송전거리, 용량 등

④ 현지측량기록 사진촬영 : 측량현황, 측량 후 변형가능 지형, 공사 시공계획 참고 등

3. 결론

노선의 측량은 측량법에 근거하여 시행해야 하며 측량결과는 토공 및 구조물 설계에 있어서 해당되는 시방서에 근거하고 도면을 작성한다.

1 철도노선 선정의 의의 및 순서와 고려사항에 대하여 논하시오.
2 간선철도의 노선 선정 시 기본적으로 고려하여야 할 사항에 대하여 설명하시오.

1. 개요

① 철도 신설 노선 건설 시 많은 비교안을 검토하여 가장 양호한 노선을 선택하는 작업을 노선 선정(Route Location)이라 한다.
② 투자비와 운영비가 모두 최소가 되도록 하고 사업목적 및 기술적 조건을 만족시킬 수 있는 노선을 선정하여야 한다.

2. 노선 선정의 기본방향

① 노선의 규격은 노선의 사명 여객과 화물의 수송량 및 열차의 속도에 의해 결정한다.
② 노선의 선정은 반드시 기점, 주요 경과지, 종점을 직선 · 평탄의 원칙으로 결정한다.
③ 정거장의 위치는 역의 이용자가 편리하게 한다.
④ 정거장 및 노선은 도시계획과 종합 검토한다.

3. 노선 선정의 순서

(1) 도상 선정(Paper Location)

① 도상 선정은 철도계획의 단계에서 가장 기초적인 노선 선정의 방법으로 일반적으로 국립지리원 발행의 1/50,000 또는 1/25,000 지형도 상에서 계획을 선정하고 경유지를 연결한다.
② 몇 개의 비교선을 삽입하여 도상에서 각 안에 대하여 어느 노선이 경제적이고 합리적인가를 개략 검토한다.
③ 종횡의 축척이 1/10이 되게, 즉 종단이 잘 나타나도록 선로종단면도를 작성한다.

(2) 답사(Reconnaissance)

① 도상 선정에서 몇 개의 비교선에 대하여 실제로 현지를 답사하여, 도상에서는 검토할 수 없었던 지형, 지질 등에 대하여 기술적으로 선정노선을 비교하는 작업을 말한다.

② 현지답사에서는 예정노선 전반에 대하여 정거장의 위치, 건조물(교량, 터널 등)의 적부, 지질의 양부(지질조사시행), 도로 기타의 교통시설상황, 주요 문화재의 소재지 등 다각적인 방면에 걸쳐 이를 조사하여 경제성이 있고 지장물이 적은 비교안을 택한다.

③ 문화재, 군부대, 고압송전선 등 이설이 어려운 지장물은 피한다.

(3) 예측(예비측량, 개략측량)

① 도상 선정과 답사에 의하여 거의 타당하다고 판단되는 비교안에 대하여 보다 상세한 비교를 하기 위하여 현지에서 개략적으로 측정을 하는 것을 말한다.

② 예측을 하는 방법에는 항공사진측량에 의한 예측과 예정노선에 따라 실시하는 지상측량에 의한 예측이 있다.

③ 예측은 예정노선에 따라 좌우 약 100~200m의 범위에 걸쳐서 선로평면도(1/10,000 ~1/5,000), 선로종단면도(횡방향 1/10,000, 종방향 1/1,000), 50~100m마다의 선로횡단면도(1/100)를 작성한다.

④ 주요 구조물의 개략설계도를 작성하여 각 비목별로 수량을 산출한 다음 건설비를 계산하여 예산 편성자료로 활용한다.

⑤ 비교선마다 같은 작업을 행하여 각 비교선의 우열을 검토하여 가장 양호한 노선을 선택한다.

(4) 실측(실지측량, 확정측량)

① 실측은 도상 선정, 답사, 예측에 의하여 최종적으로 선정된 노선을 현지에 완전히 이설하는 작업을 말한다.

② 공사의 설계 및 시공에 필요한 모든 상세하고 정확한 측량을 행하고 선로평면도(1/2,500), 선로종단면도(횡방향 1/2,500, 종방향 1/400), 20m마다 선로 횡단면도(1/100)를 작성하고 보다 세부에 이르기까지 비교 검토를 한 다음 최종적인 노선의 위치 및 시공기면고를 결정한다.

③ 선로의 위치, 시공기면고, 정거장의 위치가 결정되면 구조물 세부 설계 및 지질조사, 정거장 배선도(1/1,000) 등 토목공사 세부설계는 물론 궤도, 신호, 건축, 전력, 통신, 수도 및 난방, 기계, 조경 및 환경 등의 공사를 위한 각 분야별 세부설계와 시공계획을 수립하여야 한다.

4. 노선 선정 시 고려사항

(1) 철도계획의 측면

① 노선은 건설목적에 적합하여야 한다

    ㉠ 단시간에 목적지 연결

    ㉡ 속도가 높도록 계획

    ㉢ 소음 · 진동 등 공해가 가장 적은 노선 선정

    ㉣ 통근수송 목적이라면 통근 통학자가 가장 많은 지역을 통과

    ㉤ 화물수송 목적이라면 우회수송, 야간통행 등도 검토

    ㉥ 지역개발 목적이라면 다소 우회하더라도 집단부락을 거치도록 한다.

② 경제성이 있어야 한다

    승객 및 화물에 대한 수송수요를 검토하고 노선의 이용가치가 가장 높도록 경제조사를 실시한다.

③ 지질조사가 필요하다

    ㉠ 우선 문헌으로 조사한다.

    ㉡ 현지답사로 개략 조사한다.

    ㉢ 탄성파 탐사, 보링 등으로 예정지의 지질종단도를 작성한다.

④ 구조물 설계는 적절해야 한다

    과다설계나 과소설계가 되지 않도록 한다.

⑤ 시공방법을 충분히 검토한다

    공사 중 진입로 여부, 소음 진동 등 공해 여부, 오수처리, 지하수변화, 사토장 등을 검토한다.

⑥ 새로운 철도건설에 따른 주변 환경변화를 검토한다

    소음 · 진동, 일조권 문제, 유수변동, 지하수변동, 주민의 불편 및 편리, 경제적 영향 등을 검토하여 부적당하면 노선 선정을 처음부터 재검토한다.

⑦ 철도개통시기에 따른 투자사항을 검토한다

    신공항 개통시기, 택지개발 및 아파트 입주시기 등에 맞도록 투자사항을 검토한다.

⑧ 역세권이 중복되지 않도록 역간거리 및 정거장의 위치를 선정한다.

⑨ 이용객이 편리하고 공사비가 적은 노선을 선정한다.

⑩ 건설비의 경감을 위해 지하상가 및 고층건물과 직접연결 등도 적극 검토한다.

⑪ 도시와 부도심 및 기타 주요 지역(개발예정지)을 경유시켜 도심의 핵기능을 분산시키고 인구이동을 억제한다.(지하철 및 도시철도)

(2) 기술적 측면

① 노선(Route)

㉠ 기점, 경유지, 종점을 가능한 직선, 평탄하게 연결한다.

㉡ 해당 선로등급에 따른 제 조건을 만족시킨다.

㉢ 연약지반지대(단층, 산악, 대하천)는 피한다.

㉣ 문화재, 군부대, 사찰, 학교, 아파트, 수원지, 산업기지, 병원, 학교, 광산 등 시설이 곤란한 곳은 피한다.

② 선형의 기준

㉠ 곡선설정은 최소곡선반경 이상으로 설정해야 하며 최소곡선반경의 곡선과 급한 기울기가 겹치는 경합을 피하여야 한다.

㉡ 최소곡선반경의 곡선구간에 선로기울기 변경점, 특히 선로하향기울기 구간의 기울기 변경점이 최소곡선반경의 곡선과 경합하지 않도록 하여야 한다.

㉢ 곡선과 기울기가 경합할 때에는 곡선보정을 하여야 한다.

㉣ 곡선과 곡선 사이에는 완화곡선길이 또는 캔트 체감 거리를 제외하고 규정에 의한 직선거리 이상을 두어야 한다.

③ 기울기(Grade)

㉠ 제한기울기는 전 구간에 일괄된 취지로 선정한다.

㉡ 제한기울기 선정 시 곡선저항, 터널저항, 공기저항 등을 감안한다.

㉢ 동일기울기는 1개 열차길이 이상으로 한다.

㉣ 제한기울기 길이는 너무 길지 않도록 한다.(약 3km 이내, 부득이 5km)

㉤ 터널 내에는 터널저항, 습기로 인한 레일점착력 감소 등으로 제한기울기보다 1‰ 정도 완화하여야 한다.

㉥ 교량상에는 가능한 한 기울기변경점을 두지 않는다.(단, 슬래브 도상구간은 제외)

㉦ 교량상, 하향 기울기상에는 급기울기를 피한다.

④ 정거장(Station)

㉠ 시가지, 타 교통기관과 연결되도록 한다(버스, 항공기, 전철역 등)

㉡ 도시계획에 맞도록 종합 검토한다.

㉢ 장래확장이 가능하도록 선정한다.

㉣ 직선구간이고 평탄한 곳이어야 한다.

㉤ 정거장 내 인접한 전후에 급곡선(투시불량), 급기울기(제동불량시 위험) 등이 없는 곳에 정한다.

㉥ 역간거리는 선로에 따라 역세권이 중복되지 않도록 적합해야 한다.

㉦ 차량기지 : 시·종점역에서 10km 이내(회송 적게), 소요면적의 확보가 용이하고 건설비가 저렴한 곳으로 선정한다.

⑤ 시공기면(Formation Level) : 종단계획

㉠ 도로와 교차지점은 입체교차로 하고, 장래를 감안한 충분한 다리 밑 공간 확보

㉡ 하천횡단구간은 최대홍수위 또는 계획홍수위보다 1.0m 이상 높도록 충분한 다리 밑 공간 확보(특히 중요한 곳은 1.5m 이상)

㉢ 정거장 계획고는 시내도로와 연결이 쉽도록 한다.

㉣ 성토, 절토가 균형이 맞도록 한다.

㉤ 용지가 많이 들지 않도록 검토한다.

⑥ 교량(Bridge)

㉠ 교량은 스팬(Span)이 길수록 좋으나 형고는 높아지고 공사비는 상부길이의 제곱에 비례하는 정도이므로 하부와 함께 경제성이 있도록 검토한다.

㉡ 미관을 고려한다.

㉢ 주변경관과 조화를 이루도록 한다.

㉣ 성토, 절토가 균형이 맞도록 한다.

㉤ Span의 길이에 따라 슬래브 → T－빔 → PSC 빔 → PF 빔 → PSC 박스 → 사장교 등의 교량형식을 검토한다.

⑦ 터널(Tunnel)

㉠ 터널은 경제성 및 승객의 안락도를 감안하여 가능한 짧게 하되, 갱구부는 충분히 하는 것이 좋으며, 골짜기는 피하고, 등고선에 직각으로 계획한다.

㉡ 용수가 적은 곳으로 한다.

ⓒ 암질이 좋으면 복선터널, 암질이 불량하면 단선병렬터널로 하는 것을 검토하여 정한다.

⑧ 기타

  ⓐ 소음 · 진동 등 공해에 따른 민원이 적도록 한다.

  ⓑ 용지비가 비싼 시가지 등은 경제성 및 도시발전을 위하여 가능한 고가로 한다.

  ⓒ 경제성과 공해, 선형 등 상호 모순을 갖게 되는 경우가 많으므로 충분히 검토하여 절충되는 노선을 선정하여야 한다.

고속철도노선을 신설하고자 한다. 노선계획, 선형계획 및 정거장계획 시 주요 고려사항에 대하여 설명하시오.

1. 개요

① 고속철도의 신선건설은 그 선로의 사명에 따라 지역사회에서의 편익이 크고, 사업주체의 이익도 높도록 고려되어야 한다.

② 따라서 사전에 많은 비교 안을 검토하여 가장 양호한 노선을 계획하여야 하며, 이를 위해서는 사전에 충분한 계획이 필요하다.

2. 노선계획

(1) 노선선정의 기본방향

① 노선의 규격은 고속철도의 수준에 맞도록 기준을 결정한다.

② 노선 선정은 반드시 기점, 주요 경과지, 종점을 직선과 평탄의 원칙으로 결정한다.

③ 노선 선정 시 연약지반이나 문화재, 사찰 등 문제가 유발될 수 있는 구간은 피하여 계획한다.

④ 정거장의 위치는 역의 이용자가 편리하게 한다.

⑤ 정거장 및 노선은 도시계획과 부합하여 종합적으로 검토한다.

(2) 노선선정의 순서

① 도상 선정(Paper Location)

　㉠ 국립지리원 발행의 1/50,000 또는 1/25,000 지형도 상에서 계획

　㉡ 실현 가능한 몇 개의 비교선에 대하여 검토

② 답사(Reconnaissance)

　㉠ 예정노선 전반에 대하여 실제로 현지를 답사하여, 도상에서는 검토할 수 없었던 부분에 대하여 조사하고 비교하는 작업이다.

　㉡ 현지답사는 다각적인 방면에 걸쳐 조사하여 경제성이 있고 지장물이 적은 노선을 선정한다.

③ 예측(예비측량, 개략측량)

    ㉠ 도상 선정과 답사에 의하여 거의 타당하다고 판단되는 비교안에 대하여 보다 상세한 비교를 위하여 현지에서 개략적으로 측정하는 것을 말한다.

    ㉡ 주요 구조물의 개략설계도를 작성하여 각 비목별로 수량을 산출한 다음 건설비를 계산하여 예산 편성자료로 활용한다.

    ㉢ 비교선마다 같은 작업을 행하여 각 비교선의 우열을 검토한 후 가장 양호한 노선을 선택한다.

④ 실측(실지측량, 확정측량)

    ㉠ 실측은 도상 선정, 답사, 예측에 의하여 최종적으로 선택된 노선을 현지에 완전히 이설하는 것을 말한다.

    ㉡ 선로의 위치, 시공기면고, 정거장의 위치가 결정되면 구조물 세부설계 및 지질조사, 정거장 배선도(1/1,000) 등 토목공사 세부설계는 물론 궤도, 건축, 시스템분야 등 공사를 위한 각 분야별 세부설계와 시공계획을 수립한다.

3. 선형계획

(1) 선로중심선

① 열차운전상 될 수 있으면 직선에 가까운 원활한 선로로 한다.

② 궤도보수상 직선의 선로가 좋으나 4계절 동안 음지, 습지, 홍수범람지역 등 지형상 장래 보수가 곤란한 곳은 피한다.

③ 터널은 되도록 짧게 계획하고, 시공 및 장래 보수상 지질이 양호한 곳을 택한다.

④ 교량은 유수를 저해하거나 기초 세굴 우려가 있으므로 하천 횡단 지점은 신중히 결정한다.

(2) 평면선형

① 가급적 직선으로 계획하고, 곡선을 설치하는 경우 설계속도에 따라 곡선반경을 설정한다.

② 곡선설치

    ㉠ 곡선설정은 최소곡선반경 이상으로 설정해야 하며 최소곡선 반경의 곡선과 급한 기울기가 겹치는 경합을 피하여야 한다.

$$R = 11.8 \frac{V^2}{C_{\max} + C_{d \cdot \max}}$$

설계속도 V(km/h)	자갈도상 궤도		콘크리트도상 궤도	
	$C_{\max}$	$C_{d\min}$	$C_{\max}$	$C_{d\min}$
$200 < V \leq 350$	160	80	180	130
$V \leq 200$	160	100	180	130

ⓛ 곡선과 기울기가 경합할 때에는 곡선보정을 하여야 한다.

ⓒ 곡선과 곡선 사이에는 완화곡선길이 또는 캔트 체감 거리를 제외하고 소정의 직선거리($L = 0.5\,V$)를 두어야 한다.

(3) 종단선형

① 선로의 기울기가 변화하는 개소에는 선로 종곡선을 삽입하여야 한다.

② 종곡선의 길이 및 종거

- 종곡선 길이

$$L = 2l = R \cdot \theta = R \cdot \frac{(m \pm n)}{1,000}$$

- 종거 : $y = \dfrac{x^2}{2R}$

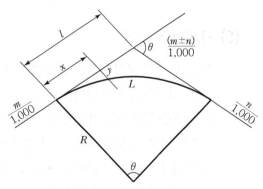

여기서, L : 종곡선의 길이(m)

  l : 종곡선 시 · 종점에서 기울기 변경점까지의 거리(m)

  R : 종곡선 반경(m)

  x : 종곡선 시점에서 임의점까지의 거리(m)

  y : x거리에 대한 종거(m)

  m : 선로시점에서 기울기 변경점을 향한 기울기(상향일 때 $+$, 하향일 때 $-$)

  n : 기울기 변경점에서 선로종점을 향한 기울기(상향일 때 $+$, 하향일 때 $-$)

  θ : 종곡선의 교각

(4) 기울기의 선정

① 기울기는 열차의 속도 및 견인력, 곧 선로의 수송능력에 크게 영향을 미치므로 충분하고 신중한 비교 검토가 필요하다.

② 여객전용선 $250 < V \leq 350$의 경우 35‰ 이하의 기울기로 계획한다. 다만 연속한 선로 10km에 대해 평균기울기는 25/1,000 이하여야 하며 기울기가 35/1,000인 구간은 연속하여 6km를 초과할 수 없다.

③ 기울기 선정 시 유의사항

ㄱ 제한기울기는 전 구간에 걸쳐 일괄된 취지로 선정한다.

ㄴ 제한기울기 선정 시 곡선저항, 터널저항, 공기저항 등을 감안한다.

ㄷ 종곡선 간 직선 선로의 최소 길이는 설계속도에 따라 $L = \dfrac{1.5}{3.6} V$ 이상으로 한다.

ㄹ 제한기울기 길이는 너무 길지 않게 한다.(약 3km 이내, 부득이 5km)

ㅁ 교량상에는 가능한 한 기울기변경점을 두지 않는다.(단, 슬래브 도상구간은 제외)

ㅂ 교량상, 하향 기울기상에는 급기울기를 피한다.

(5) 시공기면 높이

① 도로 외의 교차지점은 가급적 입체교차화하고 다리밑공간을 취할 수 있도록 필요한 고저차를 확보한다.

② 하천을 횡단하는 경우에는 하천의 최대 홍수위 또는 계획고 수위와의 사이에 보통 1m 이상, 장대교량 등 기타 특수한 곳에서는 1.5m 이상 여유 높이를 둔다.

③ 정거장에서는 도로와의 연결이 용이해야 한다.

④ 경제적인 토공은 깎기와 쌓기의 양이 유용될 수 있는 범위 내에서 균형을 이루어야 한다.

(6) 교량의 경간화

① 경간은 될 수 있으면 크게 하는 것이 좋으나 경간비에 따라 공사비 차이가 발생한다.

② 교량 상부구조의 비용은 경간 길이의 제곱에 비례하므로 최소공사비가 되도록 종합적으로 고려한다.

(7) 터널의 위치 및 단면

① 터널의 위치는 전후의 선로기울기가 완만하게 될 수 있는 한 그 연장이 짧은 것이 이상적이다.

② 터널지점의 지질조사에 의하여 갱구의 지형, 갱내의 지형 및 지질이 양호한 곳을 선정한다.

③ 터널에 편압을 받을 우려가 있는 산허리, 단층지대, 애추지대 등에 주의하여야 한다.

4. 정거장계획

(1) 정거장의 위치

① 지형, 전후의 선로상황, 운전조건 등의 기술적인 면과 그 지방의 경제, 교통상황을 종합 고려하여 결정한다.

② 장래 도시계획상의 확장범위를 충분히 고려하여 시가지 또는 교통중심점에 가깝도록 계획한다.

③ 화물 등 적하를 위한 광장 및 역간거리를 고려한다.

(2) 정거장 간 거리

① 선로용량을 제한하고 선로의 수송능력을 결정하는 가장 중요한 요소이다.

② 고속철도의 적정한 역간거리는 약 30~50km 정도이다. 역간거리가 길게 되면 이용자 편에서는 불편하고, 짧게 되면 정차횟수가 많게 되어 열차의 표정속도가 저하된다.

5. 결론

① 철도계획은 건설 도중에 변경이 어려우므로 처음부터 충분한 사전조사를 통하여 민원을 최소화하고 효율을 극대화하도록 계획한다.

② 또한 속도의 고속화 및 녹색성장 측면에서 고속철도 건설은 세계적인 추세이므로, 고속철도 건설을 위해서는 다소 건설비를 많이 투자하더라도 가장 최신의 기술수준을 적용하여 세계적인 위상을 높이는 것이 바람직하다 하겠다.

1 선로용량의 정의 및 용량증대방안에 대하여 기술하시오.
2 선로용량에 영향을 미치는 인자와 산정방법을 설명하시오.

1. 개요

① 선로용량이란 일정한 선로구간에서 1일 동안 운전 가능한 최대열차횟수를 말하며, 보통 편도용량을 기준으로 한다.

② 대도시의 전차선구 등에서는 러시아워시의 열차설정능력이 문제되기 때문에 그 선로용량은 피크 1시간당 몇 개 열차인가로 표시된다.

2. 노선용량 산정목적

① 열차운전 계획상 최대 및 최적의 열차운행횟수를 결정한다.

② 수송력 증강에 필요한 투자우선순위 판단 및 수송애로구간을 파악할 수 있다.

3. 선로용량의 종류

(1) 한계용량

임의 선로구간에서 운전 가능한 최대열차횟수, 즉 이론적 한계용량이며 현실적인 선로용량을 계산하는 과정에 필요하다.

(2) 실용용량

① 열차운전의 유효시간대, 시설보수기간, 운전취급시간 등을 고려하여 구한 용량으로 일반적 의미의 선로용량이다.

② 실용용량＝한계용량×선로이용률

(3) 경제용량

열차운전을 원활히 하여 최저의 수송원가를 갖는 1일 최적의 열차 운행횟수이다.

4. 선로 이용률

① 열차운전은 수요특성 및 선로보수 등에 따라 유효운전 시간대가 제약되어, 실제 이용 가능한 열차횟수와 계산상 가능한 열차횟수가 상이하다. 여기서 실제 이용 가능한 열차횟수와 계산상 가능한 열차횟수의 비율을 선로이용률이라 한다.

② 선로이용률$= \dfrac{\text{실제용량}}{\text{한계용량}} = \dfrac{\text{임의선구의 사용상 가능한 총 열차횟수}}{\text{임의선구의 계산상 가능한 총 열차횟수}}$

③ 우리나라 선로이용률 : 표준 60%

5. 선로용량 산정 시 고려사항

① 열차의 속도
② 각 열차별 속도차
③ 열차의 종별 순서 및 배열
④ 역간거리 및 구내배선
⑤ 열차의 운전시분
⑥ 신호현시 및 폐색방식
⑦ 열차의 유효시간대
⑧ 선로시설의 보수시간
⑨ 열차운전 여유시간의 고려

6. 선로용량 산정공식

(1) 단선구간의 선로용량

$$N = \frac{1,440}{t+s} \times f$$

여기서, N : 선로용량
t : 역간 평균운전시분
f : 선로이용률(표준 60%)
s : 열차취급시분 → 대향열차가 통과하고 분기기 신호기를 전환하여 발차할 수 있는 상태가 되기까지의 소요시간(자동신호구간 : 1분, 비자동구간 : 약 2.5분)

(2) 복선구간의 선로용량

$$N = \frac{1,440}{hv + (r+u+1)v'} \times f$$

여기서, h : 속행하는 고속열차 상호의 시간(6분) → 최근 3분

r : 저속열차 선착과 후속하는 고속열차와의 필요한 최소시격(4분) → 최근 2분

u : 고속열차 통과 후 저속열차 발차까지 필요한 최소시격(2.5분) → 최근 2분

v : 전 열차에 대한 고속열차의 비율

v' : 전 열차에 대한 저속열차의 비율

(3) 부분 복선철도의 선로용량 상관관계

① 복선철도 일부구간은 단선철도로 구성된 선구의 선로용량

② 단선구간역에서 발차한 열차가 부분복선구간을 진입할 때 반대방향 열차가 부분 복선구간 역에서 출발하는 조건, 즉 A역에서 출발한 열차가 중간역 C역을 지나 복선구간을 통과할 때, 반대방향 열차가 B역을 출발하는 경우 선로용량은 다음과 같다.

$$N = \frac{1,440}{\dfrac{(t_1 + t_2 + t_3)}{2} + 1.5} \times f$$

여기서, t_1 : 단선구간역에서 발차한 열차가 부분복선구간을 진입할 때까지 소요시분

t_2 : 단선구간역에서 발차한 열차가 부분복선구간을 운행하여 복선구간역 까지 도착하는 소요시분

t_3 : 부분 복선구간역에서 발차한 열차가 단선구간 시점에서 단선구간 종점까 지 운행 소요시분

f : 선로이용률

7. 선로용량 산정 시 재산정 사유

① 열차편성을 크게 변경할 경우

② 열차속도가 크게 변화된 경우

③ 폐색방식변경, 폐색구간변경

④ 선로조건의 근본적 변경

⑤ 신호체계변경, 즉 CTC 폐색구간변경, ABS, CTC 신설 등

8. 수송용량 부족 시 영향

① 열차의 표정속도가 늦게 된다.

② 열차의 지연 회복이 곤란하게 된다.

③ 수송서비스가 저하한다.

④ 열차운행의 자유도가 적게 된다.

⑤ 선로보수작업이 곤란하다.

9. 수송능력 증강방안

(1) 수송력 증강방안의 원칙

① 경제적으로 유리하고, 공사기간이 빠를 것

② 시공이 용이하고, 투자효과가 효율적일 것

③ 장시간 수송수요에 충분히 대처가 가능할 것

④ 일반적 투자순위는 신호 → 차량 → 정거장 → 선로 순이다.

(2) 수송능력 증강방안

① 선로 개량

ㄱ 기울기 및 평면선형 개량 → 선로이설

ㄴ 선로증설 → 복선화 또는 복복선화

ㄷ 건널목 제거 → 도로의 입체화, 철도의 고가화

ㄹ 노반 및 구조물의 개량

ㅁ 궤도의 강화 → 궤도의 중량화(50kg/m → 60kg/m), 장대레일화, 침목의 PSC화

ㅂ 신호방식의 개량 → 자동신호화(ABS, ATC, ATO, TTC, ARC, PRC 등), 신호체계의 정비

② 정거장 개량

ㄱ 정거장 신설

- 거점 여객역, 화물역 신설
- 조차장, 차량기지, 신호장 등 신설

ⓛ 각종 구내 배선의 증가 및 개량
　　　　　• 홈 신설과 대피선, 유치선 등의 신설, 교행선
　　　　　• 평면교차의 제거 및 곡선개량

　　　ⓒ 유효장 연장

　③ **차량동력방식**
　　　㉠ 차량성능의 향상
　　　　　• 차량견인력 증대
　　　　　• 가감속도의 향상 및 최고속도 향상
　　　　　• 차량의 경량화
　　　　　• 대차성능의 개량
　　　　　• 운전기술의 개발

　　　ⓛ 동력의 근대화
　　　　　디젤동력의 전철화

10. 결론

① 기존 선로의 선로용량 증강방안은 초기투자비가 적으며 시공이 용이하고 공기가 짧으면서 투자효과가 효율적이며, 장기적으로 수송처리기능이 양호한 방안으로 채택 시행되어야 한다.

② 수송능력 증대의 경우 속도의 향상, 수송의 안전성 및 쾌적성 증대의 효과를 수반할 수 있으며, 특히 현 사회적 여건상 여객과 화주의 입장에서 대량, 고속, 안전, 정확 및 쾌적성 등 수송량의 증대 및 서비스를 제공할 수 있다.

③ 이러한 계획은 중장기에 걸쳐 추진되어야 하며, 예산의 확보에 따라 신중히 추진되어야 한다.

QUESTION 12

철도건설계획을 수립함에 있어 수송수요 예측, 대안 선정, 수요 및 비용편익을 고려한 평가과정을 거쳐 최적노선 선정에 이르는 전 과정(Flow)을 설명하시오.

1. 개요

① 철도건설계획 수립 시 단계별 Flow를 적절히 수행하여 최적노선의 선정 및 비용편익을 정확히 하여야 그 사업의 추진 여부를 판단할 수 있다.

② SOC사업에 대한 경제적 타당성, 투자우선순위 결정, 최적투자시기 결정 등을 위하여 경제성 분석을 시행한다.

2. 철도건설계획의 수립

(1) 목표설정

사회적 목표, 경제적 목표 및 기술적 목표의 고찰, 즉 계획의 필요성, 계획의 실용성을 포괄적으로 제시하는 목표를 설정한다.

(2) 역세권 설정

① 경제권, 세력권, 역세권을 설정한다.

② 자연조건, 행정구역, 교통조건, 경제조건, 사회조건, 인위조건 등의 조사를 시행한다.

(3) 경제조사 및 현황분석

① 역세권 설정계획에서 정한 역세권 내의 요인을 조사 분석하고 현지조사 등을 실시한다.

② 자연, 행정구역, 인구, 산업, 교통, 도시계획 현황, 기술사항 등을 파악한다.

(4) 수송수요의 예측

① 장래 수송수요 예측은 건설 여부, 건설시기 등을 결정하는 중요한 요소로서, 각종 설비 용량과 운영계획을 수립하는 기초자료이다.

② 수송수요 예측기법

ㄱ 과거추세 연장법(시계열분석법, Time Series Data)

과거의 연도별 교통수요를 토대로 하여 도면상에서 미래의 목표연도까지 연장시켜 수요를 추정하는 방법

ㄴ 요인분석법(주변개발, 택지개발, 역세권개발)

어떤 현상과 몇 개의 요인변수 관계를 분석하고 그 관계로부터 장래의 수송수요를 예측하는 방법

ㄷ 원단위법

대상지역을 몇 개의 교통존으로 분할하여 원단위를 결정하여 장래 수송수요를 예측하는 방법

ㄹ 중력모델법

지역 간 교통량이 양쪽 지역의 수송수요원 크기에 비례, 양 지역 간 거리의 제곱에 반비례한다는 원리에서 장래 수송수요를 예측하는 방법

ㅁ OD표 작성법

장래 수송수요 예측대상지역을 몇 개의 존으로 분할하고 각 존의 상호 간 교통흐름을 파악하여 OD표를 만들어 수송수요를 예측하는 방법

③ 수송수요 예측 시 유의사항

ㄱ 수송수요 예측에 있어서 한 가지 방법으로 정확성이 결여되므로 2가지 이상의 방법으로 예측한다.

ㄴ 각 결과값의 편차가 심할 경우 그 요인을 다시 분석하고 통계자료를 재검토하여 신뢰성이 확보될 경우 수송수요의 예측치로 사용하는 것이 바람직하다.

ㄷ 최근 저탄소 녹색성장정책과 어울려 친환경성, 지속가능성의 지표를 개발하여 철도건설정책과 수요 예측에 반영이 필요하다.

ㄹ 단순한 수요 예측보다 수요를 늘릴 수 있는 복합환승센터 및 거점 네트워크의 구축, 철도역 중심의 도시개발계획, 역세권개발계획도 병행하여야 철도수요를 늘리는 데 효과적이다.

(5) 설비기준의 책정

① 궤간 : 접속철도와의 관계

② 궤도구조 : 레일, 침목, 도상의 규격

③ 단 · 복선 구분

④ 차량규격 및 차량지수

⑤ 선로기울기, 곡선반경의 제한, 운전속도와 견인력의 관계

⑥ 정거장의 유효장과 열차장

⑦ 운행속도 : 완화곡선 및 종곡선과의 관계

⑧ 정거장 예정지 선정 : 여객 집중지, 화물 집산지

⑨ 건설기준 : 건축한계, 시공기면의 폭, 궤도 중심의 간격, 선로부담력 등

(6) 노선대안 선정

① 노선선정의 기본방향

투자비와 운영비가 모두 최소가 되도록 하고 사업목적 및 기술적 조건을 만족시킬 수 있는 노선을 선정하여야 하며, 그러기 위해서는 많은 비교안을 검토하여 최적의 노선을 선정하여야 한다.

② 노선선정의 순서

㉠ 도상 선정(Paper Location)

일반적으로 국립지리원 발행의 1/50,000 또는 1/25,000 지형도 상에서 계획선정 경유지를 연결하고 여러 가지 대안노선을 검토한다.

㉡ 답사(Reconnaissance)

도상 선정에서 몇 개의 비교선에 대하여 실제로 현지를 답사하여, 도상에서는 검토할 수 없었던 지형, 지질 등에 대하여 기술적으로 선정노선의 양부를 조사, 비교하는 작업을 말한다.

㉢ 예측(예비측량, 개략측량)

• 도상선정과 답사에 의하여 거의 타당하다고 판단되는 비교안에 대하여 보다 상세한 비교를 하기 위하여 현지에서 개략적으로 측정

• 주요 구조물의 개략설계도를 작성하여 수량산출 후 건설비를 계산하여 예산 편성자료로 활용

• 비교선마다 같은 작업을 행한 후 우열을 검토하여 최적의 노선을 선정

ⓔ 실측(실지측량, 확정측량)
- 실측은 도상선정, 답사, 예측에 의하여 최종적으로 선택된 노선을 현지에 완전히 이설
- 선로의 위치, 시공기면고, 정거장의 위치가 결정되면 구조물 세부 설계 및 지질조사, 정거장 배선도(1/1,000) 등 토목공사 세부설계는 물론 궤도, 신호, 건축, 전력, 통신, 수도 및 난방, 기계, 조경 및 환경 등의 공사를 위한 각 분야별 세부설계와 시공계획을 수립

(7) 수송능력 산정검토

① 선로용량 산정

ⓐ 한계용량 : 기존 선로의 수송능력의 한계를 판단

ⓑ 실용용량 : 한계용량×노선이용률로서 일반적 선로용량

ⓒ 경제용량 : 최저수송원가를 갖는 1일 최적의 열차 운행횟수

② 선로이용률 = $\dfrac{\text{임의선로의 사용상 가능한 총 열차횟수}}{\text{임의선로의 계산상 가능한 총 열차횟수}}$

(8) 투자비 소요판단

용지비, 노반비, 건물비, 궤도비, 수도 및 난방비, 전력비, 전철설비비, 통신비, 차량비, 기계비, 조경 및 환경비, 비품비, 부대비

(9) 투자평가

① 기술평가

기술적 적정성 및 타당성 평가

② 경제평가

ⓐ 투자의 경제적 목적의 달성 여부 판단

ⓑ B/C 분석, NPV, IRR

③ 재무평가

투자기관이 현금 유통, 상환능력 및 사업수지성을 재무회계의 측면에서 평가

④ 경영평가

투자 주체가 완성 후의 운영의 원활한 인력 조직, 재정사정, 경영기술 등 좌우

(10) 효과분석

기간의 단계별 효과, 직간접적 효과를 분석한다.

(11) 종합평가

종합평가를 분석하여 철도계획의 기본방향을 수립 시행한다.

철도사업의 추진 여부를 결정하는 경제성분석 지표인 비용
편익비(B/C ; Benefit Cost Ratio), 내부수익률(IRR ; Internal
Rate of Return), 편익의 순현재가치(NPV ; Net Present
Value)에 대하여 설명하시오.

1. 개요

① 500억 원 이상의 대규모 예산이 소요되는 SOC 등의 사업은 국가재정법에 의거 예비
타당성조사를 시행하여 그 추진 여부를 판단한다.

② 연구자의 자의적인 결과도출을 방지하고, 수요기관의 이의 제기 등에 대한 형평성 등
을 감안하여 표준화된 지침을 제정하여 운용 중에 있다.

③ 경제적 타당성, 투자우선순위 결정, 최적투자시기결정 등을 위해서는 경제성 분석을
시행한다.

2. 경제성 분석절차

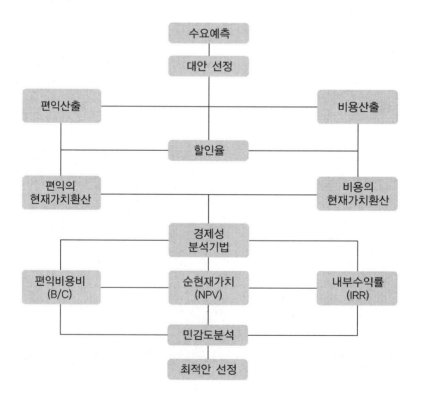

3. 수요예측기법

① 과거추세 연장법(시계열분석법 : Time Series Data)

과거의 연도별 교통수요를 토대로 하여 도면상에서 미래의 목표연도까지 연장시켜 수
요를 추정하는 방법

② 요인분석법(주변개발, 택지개발, 역세권개발)

어떤 현상과 몇 개의 요인변수 관계를 분석하고 그 관계로부터 장래의 수송수요를 예
측하는 방법

③ 원단위법

대상지역을 몇 개의 교통존으로 분할하여 원단위를 결정해서 장래 수송수요를 예측하
는 방법

④ 중력모델법

지역 간 교통량이 양 지역의 수송수요원 크기에 비례, 양 지역 간 거리의 제곱에 반비
례한다는 원리에서 장래 수송수요 예측

⑤ OD표 작성법

장래 수송수요 예측대상지역을 몇 개의 존으로 분할하고 각 존의 상호 간 교통흐름을
파악하여 OD표를 만들고 수송수요를 예측

4. 편익 및 비용항목의 산출

(1) 경제성 분석

일반적으로 B/C(편익 비용비)를 많이 사용하고 있는데, 철도건설에 따라 발생하는
편익을 비용으로 나누어 1보다 크면 경제성이 있는 것으로 판단한다.

(2) 비용항목

① 건설비(노반, 건물, 궤도, 시스템, 부대비, 예비비)
② 차량구입비
③ 시설대체비(궤도 25년, 시스템 및 기계 20년)
④ 운영유지보수비(차량-km, 궤도-km, 역 개소, 운영수입)

(3) 편익항목

① 운행시간 절감편익

② 차량운행비용 절감편익

③ 교통사고 감소편익

④ 환경절감 편익(소음진동, CO_2)

5. 경제성 분석기법

(1) 평가기준의 설정

① 평가기준 : 사업완료 후 20년

② 할인율 : 각기 다른 시기에 발생하는 비용과 편익을 현재가치로 환산하여 비교할 수 있도록 하기 위한 비율. 보통 은행이자율을 할인율로 이용

(2) B/C 분석(Benifit/Cost : 편익/비용)

① 기준연도의 현재가치로 할인된 총 편익과 총 비용의 비율

② B/C > 1이면 타당성 있음

③ $B/C = \sum_{i=1}^{n} \frac{B_i}{(1+d)^i} / \sum_{i=1}^{n} \frac{C_i}{(1+d)^i}$

여기서, d : 할인율

(3) NPV(Net Present Value : 순현재 가치)

① 기준연도의 현재가치로 할인된 총 편익과 총 비용의 가치차 또는 할인된 총 편익에서 총 비용을 뺀 값

② NPV > 0이면 타당성 있음

③ $NPV = \sum_{i=1}^{n} \frac{B_i - C_i}{(1+d)^i}$

(4) IRR(Internal Rate of Retern : 내부수익률)

① 평가 기간 동안의 총 편익과 총 비용이 같게 되는 할인율을 구하는 방법

② 순현재가치 NPV를 0으로 만드는 할인율을 구하는 방법

③ IRR > 요구 할인율이면 타당성 있음

④ 비교대안이 여러 개 있는 경우 유용한 기준

⑤ $\sum_{i=1}^{n} \dfrac{B_i}{(1+d)^i} = \sum_{i=1}^{n} \dfrac{C_i}{(1+d)^i}$ 에서 d를 구한다.

참고정리

A건설은 올해 5,000만 원을 투자해서 건물을 짓고 2년 후에 이를 7,200만원에 팔 수 있다고 한다. 이 투자안의 내부 수익률은 얼마인가? 또한, 요구 수익률이 15%라면 A건설은 이 사업을 시행하겠는가?

현재가치 5,000만 원 → 내부수익률 r / ← 할인률 r → 2년 후 미래가치 7,200만 원

$5,000(1+r)^2 = 7,200$
$(1+r)^2 = 1.44$
$(1+r) = 1.2$
$\therefore r = 0.2 \rightarrow 20\%$

내부수익률이 20%, 요구수익률이 15%이므로(20% > 15%), A건설은 이 사업을 시행한다.

---

6. 각 평가기법의 장단점 비교

구분	B/C	NPV
장점	• 이해하기 쉽다. • 편익과 비용의 발생시간이 고려된다. • 사업의 규모 및 성격이 유사한 경우 효과적	• 대안 선택 시 정확한 기준 제시 • 편익의 현재가치 제시 • 한계순현재가치를 고려하여 여러 가지 분석기능 가능
단점	• 할인율 선택이 모호 • 사업규모가 다른 경우 신뢰성 저하	• 할인율 선택이 모호 • B/C처럼 이해하기 쉽지 않다.

QUESTION 14

교통시설 투자평가지침 중 철도사업과 관련한 편익의 종류 및 사업특수 편익, 부의 편익에 대하여 설명하시오.

1. 개요

① 철도시설 투자사업이 가져오는 편익은 사업유형에 따라 공통편익, 사업특수 편익 및 부의 편익으로 구분한다.

② 공통편익이란 모든 철도시설 투자사업에 포함되는 편익을 의미하며, 사업특수 편익이란 특정 사업의 평가에 한정하여 산정해야 하는 편익이다. 부(−)의 편익이란 철도사업으로 인한 부의 효과를 나타내는 편익을 말한다.

2. 철도사업 편익의 종류

구분		편익분석 항목
공통 편익		• 통행시간 절감 편익 • 차량운행비용 절감 편익 • 교통사고비용 절감 편익 • 환경비용(공해 및 소음) 절감 편익 • 주차비용 절감 편익(광역/도시/경전철) • 통행시간 신뢰성 향상 편익 • 선택/비사용가치 편익
사업 특수 편익	기존선 개량사업 (도시 · 광역 등)	여객 쾌적성 향상 편익
	전철화 사업	전철화 사업에 따른 환경비용 절감 편익
	차량기지 이전 및 입체화(지하화) 사업	유휴부지 활용 편익
	역 신설 사업	역 신설에 따른 접근성 향상 편익
	인입선 등 화물전용선 건설사업	철도화물의 통행시간 절감 편익
	용량증대사업	통행시간 신뢰성 향상 편익
부(−)의 편익		• 공사 중 교통혼잡으로 인한 부(−)의 편익 • 도로공간 축소에 따른 부(−)의 편익

3. 사업특수 편익

(1) 여객 쾌적성 향상 편익

① 여객 쾌적성은 승객이 열차를 이용할 때 객차 내부에서 느끼는 신체적·감성적인 편안함과 안락감으로 정의된다.

② 이 항목은 광역철도 또는 도시철도의 기존선 개량사업의 경제적 타당성 평가 시 반영해야 하는 특수 편익이다.

(2) 전철화 사업에 따른 환경비용 절감 편익

전기시설 없이 현재 운행하고 있는 철도노선이나 기본계획 수립 이후 단계의 비전철 철도노선에서 전기시설을 추가하는 전철화 사업의 타당성 평가를 수행하는 경우에 한정하여 반영하는 것을 원칙으로 한다.

(3) 유휴부지 활용 편익

철도 개량사업 등에 따라 신선이 건설되고 기존에 운행되던 선로가 폐선되는 등 해당 철도부지를 다른 용도로 활용할 수 있는 경우 해당 부지의 토지가치를 편익으로 반영할 수 있다.

(4) 역 신설에 따른 접근성 향상 편익

본 편익의 적용범위는 현재 운행하고 있는 철도노선이나 기본계획 수립 이후 단계의 철도노선에서 역을 추가하는 사업의 타당성 평가를 수행하는 경우에 한정하여 반영하는 것을 원칙으로 한다.

(5) 철도화물의 통행시간 절감 편익

① 도로 및 철도의 수단과 관계없이 동일한 품목구분을 가지고 품목별 기종점 통행량 자료와 수단분담모형이 제공되어야 여객수준의 수요분석이 가능하다.

② 양곡, 양회, 비료, 무연탄, 광석, 유류, 컨테이너, 잡화 등 8개 품목만을 고려한다.

(6) 용량증대사업의 통행시간 신뢰성 향상 편익

철도 용량증대사업의 경우 선로용량 포화로 인해 발생되는 열차 연착률 증가, 긴 배차 간격 등이 선로용량 증대로 인해 해소됨에 따라 통행시간 신뢰성을 확보할 수 있다.

4. 부(−)의 편익

(1) 공사 중 교통혼잡으로 인한 부(−)의 편익

① 공사기간 중에는 공사에 따른 교통혼잡으로 인하여 통행시간 및 차량운행비용 등이 오히려 추가적으로 더 발생하게 된다. 이러한 교통혼잡은 특히 도시 내에서 공사가 시행되는 경우에는 더욱 그러하다.

② 도시철도 건설사업 시 공사 중 가시설 설치 등으로 기존 도로의 차로가 축소 운영되는 경우가 대표적이다.

③ 이러한 부(−)의 편익 산정방법은 우선 공사 중 차로 축소구간, 축소 차로 수, 차로폭 감소 여부, 차로 축소 기간 등을 검토 후 이를 사업 시행 시 도로 네트워크(Network)상에 반영하여야 하며, 이후 통행시간절감 편익, 차량운행비용 절감 편익, 교통사고비용절감 편익, 환경비용 절감 편익 산정방법과 동일한 방법으로 공사 중 교통혼잡으로 인한 부(−)의 편익을 산정한다.

(2) 도로공간 축소에 따른 부(−)의 편익

① 경전철사업 등 일부 철도사업의 경우 사업 시행으로 인해 완공 후 도로공간이 잠식되는 경우가 있다. 이로 인해 도로 폭원이 축소되거나 차로 수가 감소할 경우 사업 시행 이전에 비해 도로의 소통능력이 줄어들게 된다. 가장 대표적인 예는 도로공간을 일부 점유하면서 건설하는 경전철(교각, 기둥 등)이다.

② 도로 구조 변경, 도로 운영체계 변경, 신호체계 변경 등의 여건을 고려하여도 도로공간 점유 영향이 크다고 판단될 경우 도로공간 축소에 따른 영향을 교통수요 추정 및 편익 산정 시 부(−)의 편익으로 산정할 수 있다.

5. 향후 고려사항

① 유지보수비 절감을 철도사업에 따른 편익으로 반영하기 위한 연구가 진행되어 왔으나, 도로를 이용하는 차량이 승용차, 버스, 화물차 등으로 다양하여 도로 유지보수실적에 대해 순수하게 화물차량에 의한 유지보수인지 명확히 구분하기 어렵기 때문에 현재 반영되어 있지 않다.

② 향후 도로 유지보수비 실적에 대해 화물차로 인한 원단위 산정이 합리적으로 이루어질 수 있을 경우 철도사업 시행에 따른 도로 유지보수비 절감 편익 반영이 가능할 것으로 보인다.

QUESTION 15

철도를 비롯한 SOC 투자에 있어 분산투자의 문제점과 한정된 예산을 효율적으로 사용하기 위한 향후 투자우선순위 선정 시 고려할 평가항목 및 세부지표에 대하여 설명하시오.

1. 개요

① 500억 원 이상의 대규모 예산이 소요되는 SOC 등의 사업은 국가재정법에 의거 예비타당성조사를 시행하여 그 추진 여부를 판단한다.

② 한정된 예산을 효율적으로 사용하기 위하여 분산투자가 불가피하며, 경제적 타당성, 투자우선순위 결정, 최적투자시기결정 등을 위해서는 경제성 분석을 시행하여 결정하게 된다.

2. 수요예측기법

① 과거추세 연장법(시계열분석법 : Time Series Data)

과거의 연도별 교통수요를 토대로 하여 도면상에서 미래의 목표연도까지 연장시켜 수요를 추정하는 방법

② 요인분석법(주변개발, 택지개발, 역세권개발)

어떤 현상과 몇 개의 요인변수 관계를 분석하고 그 관계로부터 장래의 수송수요를 예측하는 방법

③ 원단위법

대상지역을 몇 개의 교통존으로 분할하여 원단위를 결정해서 장래 수송수요를 예측하는 방법

④ 중력모델법

지역 간 교통량이 양 지역의 수송수요원 크기에 비례, 양 지역 간 거리에 반비례한다는 원리에서 장래 수송수요 예측

⑤ OD표 작성법

장래 수송수요 예측대상지역을 몇 개의 존으로 분할하고 각 존의 상호 간 교통흐름을 파악하여 OD표를 만들고 수송수요를 예측

3. 분산투자의 문제점

① 공사현장의 관리비용 증가
② 미래 시설물 이용에 대한 편익의 감소
③ 기 완성된 시설물의 감가상각 발생
④ 개통지연에 따른 국민 불편 가중

4. 투자우선순위 평가항목 및 세부지표

(1) 투자의 효율성 제고

① 경제적 타당성

경제적 측면에서 투자 타당성의 상대적인 차이를 반영, 평가기준으로 B/C Ratio 사용

② 수송수요 규모

투자대상시설을 이용하는 수요의 상대적인 차이를 반영, 평가기준으로 수송밀도
(수송수요/연장)를 사용

(2) 지역 균형발전에 기여

① 철도서비스에 대한 지역의 접근도 향상
② 지역균형발전 측면에서 투자의 필요성을 반영, 평가기준으로 지역 균형개발 지수
나 시 · 군 · 도별 낙후도 지수 사용

(3) 철도네트워크 특성 제고

① 해당 철도노선의 기능적 중요도

간선철도, 보조간선철도, 지선철도

② 기존 네트워크 연계효과

Missing Link구간 연결, 일반철도 또는 고속철도 연계 여부

③ 국제철도 네트워크 연결효과

남북철도, 국제철도 연결 여부

(4) 국가정책 지원

정책적 타당성 : 행정복합도시, 동계올림픽, 해양엑스포 등

QUESTION 16 철도건설 시 기본설계 및 실시설계 시행절차

1. 개요

① 장기, 단기 투자계획에 의거 사업시기가 도래된 사업에 대해 타당성 및 사업성 조사 후 타당성이 있을 경우 설계를 시행하게 된다.

② 철도건설에 대한 타당성이 있어 설계를 시행할 경우 기본설계, 실시설계과정을 거쳐 설계도면을 완성하게 된다.

2. 철도건설단계

(1) 철도 예정선 단계

① 장래 철도건설의 필요가 있다고 인정되는 철도예정선

② 국가기간교통망계획, 국가철도망구축계획 등 장기계획에 의하여 시 · 종점 축으로 제시된 노선

(2) 철도 조사선 단계

타당성조사 등을 거친 후 기본계획을 완료한 철도조사선 단계

3. 철도장단기 투자계획

① 제4차 국토종합계획

② 국가기간교통망계획

③ 교통시설투자계획

④ 국가철도망구축계획

4. 철도투자계획(철도건설사업)의 종류

(1) 수송력증강 투자계획

① 수송력 증강의 일환으로 시행하는 복선화, 2복선화, 전철화 등

② 도시개발, 지역개발 등에 따른 수요창출로 인한 신선건설계획

(2) 기존 설비의 근대화 투자계획

노후된 설비의 현대화로 열차운행 안전확보를 위한 투자계획

(3) 수송서비스 개량 투자계획

삶의 질 향상에 따른 쾌적성 향상을 위한 여객 편의시설 확충, 에스컬레이터 설치, 장애인이용편의시설 확충 등

5. 철도건설사업의 특징

① 장기간에 걸쳐 Life-Cycle을 가진다.
② 많은 사람들과 직간접적인 이해관계를 가진다.
③ 대규모 투자를 필요로 한다.
④ 효과, 영향이 지역사회에 광범위하고도 복합하게 미친다.

6. 철도건설 시행절차

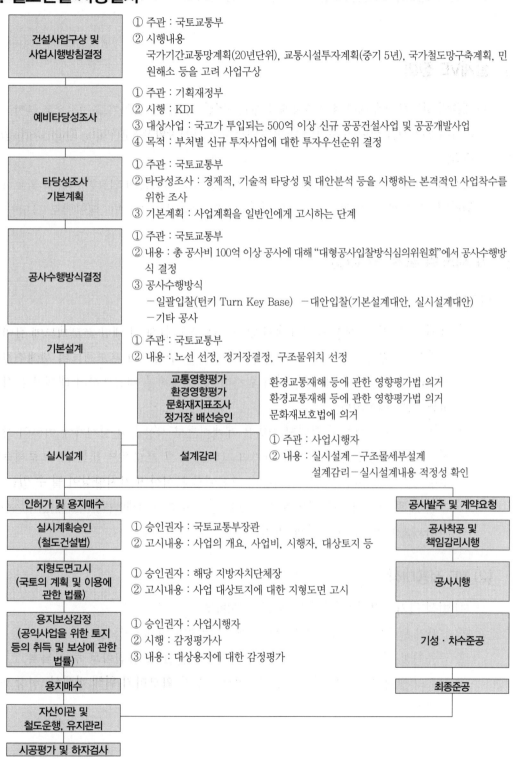

건설사업구상 및 사업시행방침결정
① 주관 : 국토교통부
② 시행내용
국가기간교통망계획(20년단위), 교통시설투자계획(중기 5년), 국가철도망구축계획, 민원해소 등을 고려 사업구상

예비타당성조사
① 주관 : 기획재정부
② 시행 : KDI
③ 대상사업 : 국고가 투입되는 500억 이상 신규 공공건설사업 및 공공개발사업
④ 목적 : 부처별 신규 투자사업에 대한 투자우선순위 결정

타당성조사 기본계획
① 주관 : 국토교통부
② 타당성조사 : 경제적, 기술적 타당성 및 대안분석 등을 시행하는 본격적인 사업착수를 위한 조사
③ 기본계획 : 사업계획을 일반인에게 고시하는 단계

공사수행방식결정
① 주관 : 국토교통부
② 내용 : 총 공사비 100억 이상 공사에 대해 "대형공사입찰방식심의위원회"에서 공사수행방식 결정
③ 공사수행방식
－일괄입찰(턴키 Turn Key Base) －대안입찰(기본설계대안, 실시설계대안)
－기타 공사

기본설계
① 주관 : 국토교통부
② 내용 : 노선 선정, 정거장결정, 구조물위치 선정

교통영향평가 환경영향평가 문화재지표조사 정거장 배선승인
환경교통재해 등에 관한 영향평가법 의거
환경교통재해 등에 관한 영향평가법 의거
문화재보호법에 의거

실시설계 — **설계감리**
① 주관 : 사업시행자
② 내용 : 실시설계－구조물세부설계
설계감리－실시설계내용 적정성 확인

인허가 및 용지매수 / **공사발주 및 계약요청**

실시계획승인 (철도건설법)
① 승인권자 : 국토교통부장관
② 고시내용 : 사업의 개요, 사업비, 시행자, 대상토지 등

공사착공 및 책임감리시행

지형도면고시 (국토의 계획 및 이용에 관한 법률)
① 승인권자 : 해당 지방자치단체장
② 고시내용 : 사업 대상토지에 대한 지형도면 고시

공사시행

용지보상감정 (공익사업을 위한 토지 등의 취득 및 보상에 관한 법률)
① 승인권자 : 사업시행자
② 시행 : 감정평가사
③ 내용 : 대상용지에 대한 감정평가

기성·차수준공

용지매수 / **최종준공**

자산이관 및 철도운행, 유지관리

시공평가 및 하자검사

QUESTION 17 철도건설사업의 설계의 경제성 등 검토(VE) 업무 수행절차에 대하여 설명하시오.

1. 설계VE 정의

① 제품의 성능시방에 대하여 제품설계나 재료시방을 처음으로 돌아가 조직적으로 분석·검토하여 원가절감 방안을 찾아내 대책을 마련하는 가치공학을 VE(Value Engineering)라 한다.

② 설계의 경제성 검토(VE)는 최소의 생애주기비용으로 시설물의 필요한 기능을 확보하기 위하여 설계내용에 대한 경제성 및 현장적용의 타당성을 기능별, 대안별로 검토한다.

2. VE제도의 목적 및 대상

(1) 목적

① 계획, 기본 및 실시설계 단계에서 발주자가 당초 설계 시 해당 프로젝트에 참여하지 않은 사람들로 하여금 새로이 VE 검토팀을 구성하여 프로젝트의 생애주기비용(Life Cycle Cost)을 절감하기 위하여 당초 설계를 재검토하여 대체안을 작성하는 것이 원칙이다.

② 이론과 경험을 토대로 확립된 기법을 체계적으로 사용하여 설계자에 의하여 작성된 프로젝트의 설계를 설계자 이외의 사람들이 그 프로젝트 또는 그 프로젝트의 구성요소가 요구하는 기능과 비용의 관점에서 분석하여 가치향상이 될 수 있는 방안에 대해 구체적으로 검토하고 그것을 정리한 후 VE제안(Value Engineering Proposal)으로 실제 설계에 반영하는 데 목적이 있다.

(2) VE 적용대상

① 법적 근거 : 건설기술관리법 시행령 제64조

② 100억 원 이상 공사의 기본 실시설계 시 설계의 경제성 등 검토

③ 공공건설사업의 예산절감, 기능향상, 구조적 안전 및 품질확보 추구 목적

④ 최소의 생애주기비용으로 시설물의 필요 기능을 확보하기 위해 경제성, 현장적용의 타당성 검토

3. VE 분석절차

(1) 준비단계

① VE팀 선정 및 구성

② 정보수집

③ 사용자 요구측정

④ 분석대상 선정(공종별, 시설물별, 분야별, 세부항목별 구분)

(2) 분석단계

① **기능분석** : VE 테마별 자료수집, 관리자료 분석

② **아이디어 창출** : 1차, 2차 개인 브레인스토밍, 3차 집단 브레인스토밍, 모든 아이디어 기록 및 분류

③ **아이디어 평가** : 성능평가기준 설정, 개략평가, 모든 아이디어의 착수우선순위 선정, 집중 검토대안의 선정

④ **대안의 구체화** : 도출된 대안별 장단점 분석, LCC분석, 아이디어조합(대안 생성), 최적안 선정

⑤ **제안서 작성 및 발표(최종대안에 대한 의사결정자와의 협의)** : 제안서 작성 및 구두 발표, 제안서 평가 및 재검토, 초종 설계VE 제안서 인쇄

(3) 실행단계

① VE제안서 검토(주무관청 의사결정자)

② 제안의 기각 및 승인

③ 후속조치 실행

4. VE 가치척도

(1) 기능과 비용과의 관계

가치는 기능을 비용으로 나누어 표현하며 이때 비용은 초기비용만이 아니라 생애주기비용의 개념으로 접근한다.

① 가치척도

$$V = \frac{F}{C}$$

여기서, V : 가치

F : 필요한 기능

C : 생애 총 투자비용(LCC)

② 기능(Function)

프로젝트 대상의 기능분석을 통한 대체안을 도출하는 것으로 일반적인 원가절감 사고방식에서 벗어나 기능 중심의 사고를 한다.

③ 생애주기비용(C=LCC)

프로젝트의 투자비용을 초기투자비용뿐만 아니라 시설물 생애주기(Life Cycle) 동안의 총 비용(Cost)을 말한다.

④ 가치(Value)

프로젝트의 필요 기능에 대한 비용의 상대적 비율로서 가치지수(F/C)를 높이는 것이 참다운 설계방향이다.

(2) 가치향상 유형

① 기능향상형 : $\dfrac{F\uparrow}{C\rightarrow}$ 기능향상 비용유지

② 기능혁신형 : $\dfrac{F\uparrow}{C\downarrow}$ 기능향상 비용절감

③ 비용절감형 : $\dfrac{F\rightarrow}{C\downarrow}$ 기능유지 비용절감

④ 기능강조형 : $\dfrac{F\uparrow}{C\uparrow}$ 기능향상 비용증가

5. VE 제안서 내용 작성 시 유의사항

① 프로젝트의 설명

② VE 대상 구조에 대한 구성 요소별, 공구별 기능적 평가

③ 주요요소, 공구에 대한 기능계통도(개선 전, 개선 후)

④ 고려된 대안에 대한 설명

⑤ 가장 최적의 대안 선정을 가능하게 한 사실적 정보 및 기술적 데이터

⑥ 원안에 대한 비용과 VE 제안에 대한 비용 비교

⑦ 원안과 대안에 대한 생애주기비용 산정 결과

⑧ 원안과 대안에 대한 성능을 정략적으로 비교한 매트릭스 평가기준표 산정결과

⑨ 원안 대비 대안에 대한 상대적 가치향상 정도를 수치로 표현

⑩ 비용절감형인 경우 비용절감 정도, 기능향상형과 기능강조형인 경우 가치향상 정도

6. 설계 VE와 LCC 분석

① 설계 VE는 기능 자체에 초점을 맞추어 필수불가결한 기능과 그렇지 않은 기능을 가려 냄으로써 불필요한 기능을 제거하여 비용을 절감하기 위한 것이다.

② LCC(Life Cycle Cost) 분석은 최소한의 기능과 기술적인 요구조건을 충족하는 실현 가능한 대안 중에 가장 비용이 적게 드는 대안을 선택하는 것이다.

③ 설계 VE와 LCC 분석의 비교

구분	공통점	차이점	비고
설계 VE	비용 절감	기능 자체에 초점을 맞추어 불필요한 기능을 제거하여 비용을 절감하기 위한 분석방법	불필요한 기능 제거
LCC 분석		실현가능한 대안 중에서 가장 비용이 적게 드는 대안을 선택하는 것이 목적	대안선택

7. 각국의 VE제도

(1) 미국

① 1970년 미국조달청이 설계 및 건설관리계약에 VE 조항제정 및 시행

② 1993년 미 예산청이 각 부처에 VE 기법을 사용하도록 권장

③ 1997년 미국 연방의회는 2,500만 달러 이상의 건설사업에 설계 VE를 수행하도 록 의무화하였다.

(2) 일본

① 1970년 "공공공사비용 절감대책에 관한 행동계획"을 발표
② 설계단계에서 VE를 도입하여 평면계획, 마감재료, 구조계획 시 공법에 관한 대체
안을 검토하여 시설가치(기능/비용)를 향상시킨다.

(3) 한국

현행제도상 건설사업단계에서 각종 유사 VE제도가 시행되고 있으나 적극적으로 활
용되지 못하고 있다.

8. 결론

① 건설기술관리법 시행령의 설계경제성 등 검토에 관한 시행지침에 의거 100억 원 이상
건설사업에서 설계 VE를 시행토록 법제화되어 있으며 국내에서는 1980년대 중반부
터 VE제도를 도입하였다.
② 설계 VE는 단계별로 수행하여야 하며 창조적 대안창출을 통하여 설계 · 계획 단계에
서의 부실을 최소화함과 동시에 공사비 절감이 가능하다.
③ 향후 LCC 적용을 위한 내구연한, 할인율 및 비용에 관한 DB구축방안을 마련하고
건설사업비 절감 시 VE팀에 대해 인세티브 지급방안을 강구함으로써 활성화하여
야 한다.

QUESTION 18 LCC 분석 도입 시 기대효과 분석방법

1. 개요

LCC 분석(Life Cycle Cost Analysis)이란 시설구조물의 건설에 있어 발생하는 비용을 체계적으로 결정하기 위해서 구조물의 경제수명 범위 내에서 각 대안의 경제성을 일정한 기준에 의거하여 등가환산한 값으로 평가하는 수법이다.

2. LCC 비용항목

① 기획 및 설계(Planning & Design Cost)
② 건설비(Construction Cost)
③ 운용관리비(Operation & Maintenance Cost)
④ 폐기물 처분 비용

3. LCC 분석방법

① 분석절차
② LCC 비용분석의 범위
③ 할인율(이자율)의 결정문제
④ 현재가치법과 대등균일연간비용법

4. LCC 분석의 실무적용 저해요인 및 대책

(1) 저해요인

① 미래비용의 고려에 대한 심리적 거부경향
② 예측의 불확실성

(2) 대책

수집자료나 계량모델의 신뢰성을 확보함으로써 적극적인 실무적용을 실현한다.

5. 결론

① LCC기법의 최종목표는 최적의 의사결정을 내리는 것이다. 건설비 외에 시설물의 수명기간 전체에 걸친 총 비용을 최적으로 하며 비경제적 요소도 조정할 수 있는 조직적인 LCC 분석은 가장 경제적인 대안선정에 기여할 수 있다.

② LCC 분석은 완성에 가까운 실시설계단계보다는 설계변경이 쉽게 이루어지고 변화에 대한 저항이 적은 기본설계단계에서 가장 효과적이다. 기본설계 시 공공시설물의 공용연수를 표준화하여 이에 맞는 설계, 시공, 유지관리 체계를 도입하고 장기적으로는 자재조달, 시공 및 유지관리단계에도 LCC 분석기법을 확대 적용함이 바람직하다.

③ 향후 VE제도와 병행하여 객관적인 대안선택을 실시하게 되는데, 이를 위해서는 법적인 미비점의 보완이 필요할 것으로 사료된다.

▥ 참고정리

50평 사무실 바닥 시공 시 A안과 B안의 LCC를 구하시오.
- LCC 분석기간 : 20년
- 할인율 : 10%

구분		카펫(A안)	타일(B안)
초기비용	시공비	60,000원/평	25,000원/평
순환비용	관리비	50,000원/월	80,000원/월
	대청소	200,000원/년 – 1회	150,000원/년 – 4회
비순환비용(교체비용)	유용수명	10년	7년

1. 카펫(A안)
   (1) Initial Cost(초기비용) : 60,000원/평 × 50평 = 3,000,000원
   (2) Future
   ① 순환비용 : 50,000원/월 × 12달 + 200,000원/년 × 1회 = 800,000원/년
      현재가치로 환산하면

   $$P = \frac{(1+i)^n - 1}{i(1+i)^n} \times A = \frac{(1+0.1)^{20} - 1}{0.1(1+0.1)^{20}} \times 800,000 = 6,811,200\ 원$$

   ② 비순환비용(교체비용)

   $$P_{(10년)} = \frac{1}{(1+i)^n} \times F = \frac{3,000,000}{(1+0.1)^{10}} = 1,156,648\ 원$$

   ∴ LCC = 3,000,000 + 6,811,200 + 1,156,648 = 10,967,848원

2. 타일(B안)

(1) Initial Cost(초기비용) : 25,000원/평×50평 = 1,250,000원

(2) Futere Cost

① 순환비용 : 80,000원/월×12달 + 150,000원/년×4회 = 1,560,000원/년
현재가치로 환산하면

$$P = \frac{(1+i)^n - 1}{i(1+i)^n} \times A = \frac{(1+0.1)^{20} - 1}{0.1(1+0.1)^{20}} \times 1,560,000 = 13,281,840 \text{ 원}$$

② 비순환비용(교체비용)

$$P(7\text{년}) = \frac{1}{(1+i)^n} \times F = \frac{1,250,000}{(1+0.1)^7} = 641,500 \text{ 원}$$

$$P(14\text{년}) = \frac{1}{(1+i)^n} \times F = \frac{1,250,000}{(1+0.1)^{14}} = 329,125 \text{ 원}$$

∴ LCC = 1,250,000 + 13,281,840 + 641,500 + 329,125 = 15,502,465원
LCC 분석결과 A안이 B안보다 4,534,617원 경제적이다.

철도 폐선부지 활용방안에 대하여 설명하시오.

1. 개요

① 최근 철도의 속도 향상 및 개량계획에 따라 노선이 변경될 경우 폐선부지가 발생하는데 국토 이용계획적인 측면에서 이 폐선부지를 적극 활용하는 방안이 모색되어야 한다.

② 철도폐선부지는 장래 지역사회 주민들의 소중한 자산으로서 그 활용방안을 모색할 경우 있어서 현재의 시점보다는 미래를 준비하는 차원에서 접근하는 것이 바람직하다.

2. 폐선부지 발생 사유

① 철도가 도심 등 인구가 많은 지역을 통과할 경우 지역단절 및 소음으로 철도 주변인들이 민원을 제기함에 따라 철도 이설

② 철도교통 특성상 곡선이 많아 속도를 발휘하기가 어려운데 이를 직선화하여 고속화할 경우

③ 유지비 낭비를 막기 위해 열차가 다니지 않는 노선을 폐선화할 경우

3. 폐선부지 활용방안

(1) 웰빙공원 조성

① 철도폐선부지를 웰빙공원으로 조성하고 조명등, 수목, 운동기구, 자전거전용도로, 보행로 등 시설물을 설치

② 광주광역시의 도심철도 이설구간, 목포시 '연동 9호 광장~임성역'까지 총 6.2km의 철도폐선부지

(2) 테마공원 조성

성북역을 시작으로 화랑대역에서 서울시계까지 총 6.3km 구간을, 철로는 그대로 보존하고 철도를 주제로 한 테마공원으로 조성

(3) 낭만과 추억의 그린대학로

낭만과 추억의 장소인 경춘선 폐선부지를 주변 5개 대학(서울과학기술대, 서울여대, 광운대, 인덕대, 삼육대)과 연계해 그린대학로로 개발하여 청년 창업 공간 조성

4. 폐선부지 활용화 시 고려사항

(1) 폐선부지 활용에 대한 사회적 합의틀 필요

① 지역구 의원 및 이해당사자의 직간접적인 관여를 넘어 폐선부지의 전반적인 현황을 함께 검증하고, 토론할 필요가 있다.

② 전문가, 시민단체 등과 같이 이해당사자가 아닌 계층의 사람들도 참여할 수 있도록 틀을 구성할 필요가 있다.

(2) 합당한 사업계획의 수립

① 폐선부지 활용에 있어서 지역생활권 거주자의 보건 · 휴양 및 정서생활의 향상에 기여함을 목적으로 합당한 사업계획이 수립되어야 한다.

② 모든 기본계획과 실시설계를 할 때, 본래의 기능을 저해할 우려가 있는 시설에 대해서는 최대한 배제하는 것이 바람직하다.

(3) 도시 전체의 미래상에 대한 인식의 공유 및 균형 있는 반영

① 폐선부지 주변에 거주하고 있는 주민들의 적정한 보상과 더불어 도시 전체의 미래상에 대한 인식의 공유가 균형 있게 반영되는 활용계획을 수립한다.

② 폐선부지가 우리 후손들에게 물려줄 미래의 자산임을 생각하는 자세가 매우 필요하다.

(4) 주민참여형 도시계획기업의 적용

① 폐선부지가 친환경적으로 바람직하게 활용되기 위해서는 주민참여형 도시계획기업이 적용되어야 한다.

② 민 · 관협력형 모델 추진체계 및 이에 대한 제도적인 장치가 필요하다.

③ 용역보고서에 의존하기보다는 광범위한 주민들의 의사수렴과 전문가들의 조언에 바탕을 둔 계획 수립이 절실히 필요하다.

(5) 별도의 관련 조례 작성

① 시민들과의 공고한 협력을 유지하기 위해서는 조직과 예산이 수반되어야 하는바, 이를 위한 관련 조례를 별도로 만드는 방안을 적극 고려할 필요가 있다.

② 시민들이 직접 폐선부지 활용방안을 구상하고, 지역별로 특색 있는 아이디어를 반영할 수 있도록 폭넓은 주민참여를 유도한다.

5. 결론

① 폐선부지를 성공적으로 활용하기 위하여는 큰 틀의 용도를 우선 고려하고, 기본 취지를 충분히 고려한 기본계획과 설계가 이루어지도록 하여야 한다.

② 관주도의 도시계획과 공사절차보다는 주민참여형 도시계획이 선진적인 것으로서 평가받는다는 점을 고려할 때 폐선부지활용이 전반적으로 민·관협력사업으로 추진될 필요가 있다.

③ 폐선부지의 활용은 기본계획을 확정하고, 철도 관련 부서와 협의를 끝낸 후 지구별로 체계적으로 사업을 실시하여 충분히 지역주민의사가 반영된 계획을 수립하는 것이 바람직하다.

QUESTION 20

철도 유휴부지를 보전부지, 활용부지, 기타 부지로 구분하여 설명하시오.

1. 철도 유휴부지의 정의

철도 유휴부지란 철도 폐선부지와 철도부지 중 철도운영 이외의 용도로 사용하더라도 철도운영 및 안전에 지장을 주지 않는 다음과 같은 부지를 말한다.
① 철도교량 등 철도 선로의 하부 부지
② 지하에 조성된 철도시설의 상부 부지
③ 철도시설의 운영에 직접 사용되고 있지 않는 잔여지
④ 그 밖에 국토교통부장관이 인정한 부지

2. 철도 유휴부지 활용사업

철도 유휴부지 활용사업이란 지방자치단체가 주민친화적 공간을 조성하거나 지역경쟁력 강화를 위한 목적으로 국가 소유의 철도 유휴부지를 「국유재산법」에 따라 사용허가 또는 대부를 받거나 「철도건설법」 또는 「철도사업법」에 따라 점용허가를 받아 시행하는 사업이다.

3. 유휴부지의 종류

① 보존부지 : 주민친화적 공간 조성에 역점을 두어 철도 유휴부지에 쉼터, 산책로, 생활체육시설 등의 설치를 통해 주민의 편의와 여가 활동을 지원하기 위한 부지를 말한다.
② 활용부지 : 철도 유휴부지를 교육, 문화, 관광 등의 다양한 목적으로 활용함으로써 지역의 일자리 창출이나 지역경제 활성화 등에 기여하기 위한 부지를 말한다.
③ 기타 부지 : 텃밭을 저소득층인 기초생활보장 수급자 등에게 무상으로 분양하여 사회공헌 활동 강화 등 기타의 목적으로 활용 가능한 부지이다.

4. 유휴부지 활용의 장점

지자체인 사업제안자가 활용사업을 구상하여 한국철도시설공단에 제안서를 제출하여 선정됨으로써 철도 유휴부지를 활용할 수 있게 된다. 철도 유휴부지 대부분은 폭이 좁고 길이가 매우 긴 형태로 되어 있지만, 철도 유휴부지를 임대 등으로 효율적으로 활용하면 일자리 창출, 철도이용객의 편의증진, 저소득층의 생활안정 기여는 물론 공단 수익 창출에도 기여할 수 있는 장점이 있다.

QUESTION 21

철도보호지구 내 작업의 종류, 행위신고절차에 대하여 설명하시오.

1. 개요

① 철도보호지구란 열차가 안전하게 운행될 수 있도록 설정한 철도경계선으로부터 30m 이내 지역을 말한다(도로의 접도지역에 해당한다).

② 철도보호지구 내에서 공사 또는 토지 형질 변경 등의 행위를 하고자 할 경우 신고를 하여야 한다.

2. 철도보호지구 지정범위(「철도안전법」 제45조)

① 철도보호지구 적용은 철도경계선으로부터 행위지역의 대지(부지)경계선으로 함

② **철도경계선** : 가장 바깥쪽 궤도의 끝선으로부터 30m 이내 지역

    ㉠ 자갈궤도 끝선과 콘크리트궤도 끝선으로 구분

    ㉡ 자갈궤도 끝선 : 도상자갈 끝부분을 말함

    ㉢ 콘크리트궤도 끝선 : TCL(Track Concrete Layer)층 끝부분을 말함

      • 도상안전층(HSB : Hydraulically Stabilized Base Course)

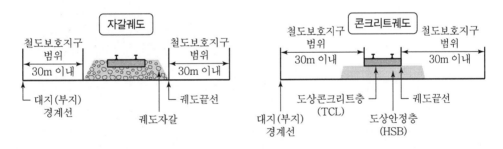

3. 철도보호지구 내에서의 행위신고 대상(「철도안전법」 제45조)

① 철도보호지구에서 행위를 하고자 하는 자는 행위신고서 등 관련 서류를 작성하여 국가철도시설공단에 신고하여야 한다.

② **신고하여야 하는 행위**

    ㉠ 토지의 형질변경 및 굴착

    ㉡ 토석·자갈 및 모래의 채취

ⓒ 건축물의 신축 · 개축 · 증축 또는 공작물의 설치

ⓔ 나무의 식재

ⓜ 기타 철도시설의 손괴 또는 철도차량의 안전운행을 저해할 우려가 있는 행위

③ 신고절차

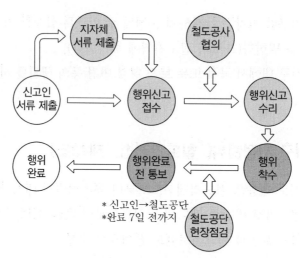

┃ 행위신고 처리절차 흐름도 ┃

QUESTION 22

1 광역철도의 정의와 문제점 및 개선방안에 대하여 설명하시오.

2 현재 광역철도 체계의 문제점 및 개선방안과 광역철도 운영 확대방안에 대하여 설명하시오.

1. 광역철도의 정의

① 광역철도란 대도시권 광역교통 관리에 관한 특별법에 '둘 이상의 시·도에 걸쳐 운행 되는 도시철도 또는 철도로서 대통령령으로 정하는 요건에 해당하는 도시철도 또는 철도'라고 정의되어 있다.

② 이 규정의 취지는 국가가 추진하는 철도사업의 건설비 일부를 지방자치단체에 부담시 키거나, 지방자치단체가 추진하는 도시철도사업의 건설비 일부를 국가가 지원하기 위 한 것으로, 운행형태나 운임체계, 차량형식 등과는 아무런 관련이 없는 것이다.

③ 현행 규정은 광역철도로 지정된 구간의 건설비는 국가가 70%, 지방자치단체가 30% 를 부담하도록 되어 있다. 단, 지방자치단체가 추진하는 사업이면서 서울특별시를 지 나는 구간의 건설비는 국가와 서울시가 각각 50%씩 부담한다.

④ 대상 구간은 국토교통부장관, 특별시장, 광역시장, 특별자치시장, 도지사가 국가교통 위원회의 심의를 거쳐 지정·고시한다.

2. 광역철도의 문제점

① 광역철도의 경쟁력을 높이기 위하여는 표정속도가 높아야 한다. 국내 광역철도의 가 장 큰 문제는 급행열차의 부족, 핌피(PIMFY)로 인한 무분별한 정거장 수 증가로 인해 표정속도가 낮다는 것이다. 이 문제를 해결하기 위해 GTX라는 급행전용 노선을 따로 계획하고 있으나 진척이 느리다. 또한 초기 계획단계에서 부터 대피선을 고려하여 급 행열차 운행이 가능하도록 계획하여야 한다.

② 우리나라의 광역철도 사업은 너무 수도권에 집중되어 있다. 동남권 전철 동해선, 동남 권 전철 경전선, 대구권 광역철도, 충청권 광역철도 등 비수도권에도 광역철도를 놓는 사업이 필요하다.

3. 광역철도 운영 확대방안

① 장거리 통행의 급행광역철도를 계획하고 서비스를 개선한다.

② 광역철도의 높은 표정속도를 확보함으로써 여객 운영범위를 확대한다.

③ 광역버스의 연계 등으로 서비스 개선범위를 확대한다.

QUESTION 23

수도권 광역철도 인프라 확충방향 / 수도권 광역철도의 문제점 및 대책에 대해 기술하시오.

1. 개요

① 현행 광역철도 체계는 시설규모의 절대적 부족, 속도경쟁력 부족, 수요대응의 한계, 교통시장의 환경변화 등에 신속히 대응하지 못하고 있는 실정이다.

② 수도권 광역철도의 문제점에 대하여 원인을 분석하고 향후 대응방향에 대하여 모색하고자 한다.

2. 현행 광역철도의 문제점

① 낮은 표정속도

통행수요가 많은 구간에서 40km 이내의 표정속도로 선진국 대비 60~70% 수준에 불과하다.

② 광역통행패턴과 부합하지 않는 철도망

통행수요가 현저히 많은 강남지역 직결 광역철도는 분당선 1개 노선에 불과한 정도로 철도망 계획이 광역통행 패턴에 부합되지 않는다.

③ 수도권 주요 거점 교통시설 연계성 부족

㉠ 택지개발중심 노선공급에 치우쳐 KTX역 공항에 철도연계성 미비
㉡ 철도 미연결구간이 많아 일관수송이 불가능하고 철도의 효율성 부족

④ 광역철도역 공급규모 부족으로 접근성 저하

인천, 경기지역 인구 23%만 역소재지에 거주

⑤ 수도권 광역화 진행속도와 범위에 대해 대응력에 한계가 있음

용인, 파주, 중심의 통근 수요가 급증하나 개통이 지연됨

⑥ 광역 통행패턴에 부합하지 못하는 노선계획

경의선, 신분당선 용산 연계비율 극히 저조

⑦ 서울 내부구간 표정속도 저하 우려

　㉠ 표정속도 40km/h 미만 예상

　㉡ 정거장이 많으면 속도가 낮음

⑧ 지자체의 재정부담 가중 및 사업지연 우려

　광역철도지정 및 사업 내 분담기준 모호

3. 수도권 광역철도 확충방향

① 표정속도의 획기적인 Upgrade

　㉠ 철도 총 통행소요시간이 승용차 수준을 확보하도록 개선

　㉡ 철도역 접근성 향상을 통한 차외시간 단축 병행

② 철도공급확대와 TOD(Traffic Oriented Development)기반 도시개발을 통한 차외시간의 단축

　㉠ 인천, 경기지역의 60% 이상이 15분 이내에 철도역에 접근할 수 있도록 추진

　㉡ 1회 환승을 통해 대다수 서울도심의 거점역 도착

　㉢ 광역철도 이용승객의 첨두 시 혼잡률을 120% 이내로 확보토록 추진

③ 광역간선과 광역지선의 위계를 갖춘 철도망으로 재편

　㉠ 표정속도 50km/h 이상의 열차운행이 가능한 노선을 광역 간선으로 지정

　㉡ 광역간선 중 30km/h 이상의 과밀교통축에 대해서는 광역급행철도 구축

　㉢ 서울 내부에서는 지하철 2호선 대체기능의 급행순환철도 구축

④ 방사형과 순환형이 조합된 네트워크 구조

⑤ 광역급행철도 도입 교통축

　㉠ 특정축 통행량이 1일 편도 10만 이상인 교통축

　㉡ 성남축(강남, 도심), 과천축, 부천축, 고양축

4. 개선방안

① 간선철도와 광역전철 혼용구간을 기능별로 분리

② 인프라 확충 및 열차 고속화 실행

　　㉠ 도심 30km 이내 권역의 경우 표정속도 60~75km 추진

　　㉡ 동탄 신도시~컨텍스 연결 급행전철 건설

　　㉢ 신규노선 건설 시 9호선과 같이 부분선 설치로 급완행 혼용운행

③ 광역철도 지점요건을 현실화하고, 사업비 분담은 해당 지자체의 재정자립도를 고려하여 결정. 현재는 총 사업비의 75% 국가 부담, 25% 지자체 부담

④ 미연결구간 연결로 광역철도 네트워크 위주로 구축

⑤ 거점역 중심으로 복합환승센터 개발

5. 기대효과

① 철도 수송분담률 제고

② 철도통행시간단축 : 40 → 90km/h

③ 경제적 파급효과 : 생산유발 43조 원, 고용유발 35만 명

6. 결론

① 최근 광역철도 사업구간 40km 이내의 기존 규정을 삭제하고, 인접지역과 연계하는 광역철도 기준을 마련해 수혜지역을 넓힐 방침이다.

② 이와 같이 광역철도 지정 기준이 개선되면 GTX-A · B · C 연장과 D · E · F 신설 등에 따른 확충으로 수도권 수혜지역이 더욱 확대될 수 있으며, 또한 기존 철도망과의 연계 · 환승체계 구축으로 빠르고 편리한 광역철도망의 실현이 가능하다.

③ 제한 기준이 완화되면 지방에 위치한 대구~경북, 용문~홍천 등의 철도도 광역철도로 지정할 수 있게 된다.

QUESTION 24

대도시 교통상으로 본 전철과 지하철과 같은 대중 수송수단의 역할과 귀하가 생각할 수 있는 수도권 철도망의 구상을 기술하시오.

1. 전철 및 지하철의 기능

① 전철 및 지하철은 안전, 신속, 정확, 쾌적 및 대량성으로 도심, 부도심 교외 간의 승객을 수송하여 해당 도시의 교통문제를 근본적으로 해결할 수 있는 기능을 가지고 있다.
② 최근에 도심지 인구집중이 심화됨에 따라 전철과 지하철과 같은 대중 수송수단이 대중 교통문제를 해결할 수 있는 최적의 교통시설이다.

2. 전철 지하철의 역할

① 도시 내 주거지역과 도심지역을 신속, 대량으로 연결시켜 노면교통으로 한계가 있는 교통수요를 충족시킨다.
② 도시와 인근도시를 대량으로 연결시킴으로써 해당 도시의 과밀화를 막아준다.

3. 수도권 전철, 지하철도망 구상

① 도시철도는 대도시 교통문제 해결에 가장 확실한 방법으로 균형 있는 도시발전을 이루기 위하여 장기적인 철도망 계획을 수립토록 한다.
② 도시철도의 혜택이 없는 인근 수도권지역은 기존도로 또는 계획노선을 연장토록 하여 강남지역을 통과하는 순환선(지하철 2호선) 외에 외각 순환선을 계획하여 지하철의 수송분담을 현재 약 20%에서 60~70%로 높이도록 한다.
③ 1~2회 환승으로 도심의 진입이 가능토록 한다.
④ 기본 교통축은 철도에 의존하고 노면교통은 Park & Ride 또는 Kiss & Ride System으로 한다.
⑤ 모든 수도권 전철 인근지역은 도시철도의 세력권 내에 넣는다.

4. 결론

① 기존의 수도권 전철망에서 현재 계획 중이거나 건설된 철도망으로부터 소외된 지역은 경량전철 등을 고려하여 기존 선에 연결하는 지선개념으로 검토하는 것이 바람직하다.

② 도시철도의 혜택이 없는 인근 수도권지역은 기존 노선을 연장하여 지하철 수송분담률을 높이도록 한다.

③ 강남지역을 통과하는 순환선 외에 외각 순환선을 별도로 계획하고 1~2회 환승으로 도심의 진입이 가능토록 편리한 교통체계를 계획한다.

CHAPTER

03

선로 및 기하구조

QUESTION 1

평면곡선의 종류 및 특성

1. 개요

① 철도선로는 주행의 안전성, 승차감, 고속운전 측면 등에서 볼 때 직선 또는 평탄한 것이 바람직하나 지형지물에 따른 시공성 및 경제성을 고려할 때 곡선설치가 불가피하며, 방향을 전환하는 지점에는 곡선을 설치하여야 한다.

② 평면선형곡선은 크게 원곡선(Circular Curve)과 완화곡선(Transition Curve)으로 나뉘며 원곡선은 단심곡선(Simple Curve), 복심곡선(Compound Curve), 반향곡선(Reverse Curve)으로 구분한다.

③ 곡선반경은 가급적 크게 하고, 분기부를 제외한 곡선부에는 Cant를 설치하여야 한다.

2. 평면곡선의 종류

(1) 원곡선 : 단심곡선, 반향곡선, 복심곡선

① 단심곡선

  ㉠ 곡선은 보통원곡선을 사용하며 일반적으로 곡선반경 R로 표시한다.

  ㉡ 최소곡선 반경은 궤간, 열차속도, 차량의 고정축거 등에 따라 결정하며, 최소 규정을 두어 규정 이상으로 설정해야 한다.

  ㉢ 원곡선의 철도 건설기준에 관한 규정

설계속도 V(km/h)	최소 곡선반경(m)	
	자갈도상 궤도	콘크리트도상 궤도
400	−*	6,100
350	6,100	4,700
300	4,500	3,500
250	2,900	2,400
200	1,900	1,600
150	1,100	900
120	700	600
70	400	400

* 설계속도 350< V ≤400km/h 구간에서는 콘크리트도상 궤도를 적용하는 것을 원칙으로 하고, 자갈도상 궤도 적용시에는 별도로 검토하여 정한다.

** 이외의 값 및 기존선을 250km/h까지 고속화하는 경우에는 제7조의 최대 설정캔트와 최대 부족캔트를 적용하여 다음 공식에 의해 산출한다.

$$R \geq 11.8 \frac{V^2}{C_{max} + C_{d,max}}$$

여기서, R : 곡선반경(m)

V : 설계속도(km/h)

C_{max} : 최대 설정캔트(mm)

$C_{d,max}$: 최대 부족캔트(mm)

다만, 곡선반경은 400m 이상으로 하여야 한다.

ⓒ 캔트

설계속도 V (km/h)	자갈도상궤도		콘크리트도상궤도	
	최대 설정캔트 (mm)	최대 부족캔트* (mm)	최대 설정캔트 (mm)	최대 부족캔트 (mm)
350< V ≤400	–**	–**	180	130
250< V ≤350	160	80	180	130
V ≤250	160	100***	180	130

* 최대 부족캔트는 완화곡선이 있는 경우, 즉 부족캔트가 점진적으로 증가하는 경우에 한한다.

** 설계속도 350< V ≤400km/h 구간에서는 콘크리트도상 궤도를 적용하는 것을 원칙으로 하고, 자갈도상 궤도 적용 시에는 별도로 검토하여 정한다.

*** 기존선을 250km/h까지 고속화하는 경우에는 최대 부족캔트를 120mm까지 할 수 있다.

ⓓ 전기동차 전용선의 경우 : 설계속도에 관계없이 250m 이상

ⓔ 부본선, 측선 및 분기기에 연속되는 경우에는 곡선반경을 200m까지 축소할 수 있다. 다만, 고속철도 전용선의 경우 주본선 및 부본선 1,000m(부득이한 경우 500m) 회송선 및 착발선 500m(부득이한 경우 200m)까지 축소할 수 있다.

ⓕ 도시철도 건설규칙(서울시 도시철도)

구분	일반의 경우	부득이한 경우
정거장 내 본선	600m 이상	400m 이상
정거장 외 본선	250m 이상	180m 이상
측선	120m 이상	90m 이상
분기부대	150m 이상	

② 반향곡선(S−Curve)

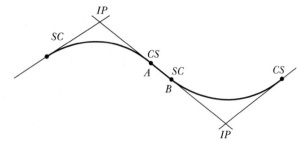

여기서, SC : 원곡선 시점

CS : 원곡선 종점

$\overline{AB}$: 직선

㉠ 곡선중심이 반대로 향하여 있는 2개의 곡선이 만나는 곡선으로 일명 S−Curve라고도 한다.

㉡ 2방향이 급변하므로 차량이 원활하게 운행하기 어려우므로 양곡선 사이에 일정길이의 직선을 삽입하여 주행차량의 동요를 감소시켜야 한다.

㉢ 곡선 간 최소 직선거리는 L=0.5Vm(V는 설계속도)를 확보하여야 한다.

㉣ 그러나 2개의 곡선 간에 일정길이의 직선을 삽입할 수 없는 경우에는 직선을 삽입하지 않고 다음과 같이 한다.

• 완화곡선 시·종점부에 접속

• 완화곡선이 없는 큰 반경의 곡선은 Cant 체감 후에 접속토록 규정한 것은 짧은 직선을 삽입하는 것보다 승차감이 좋기 때문이다.

③ 복심곡선

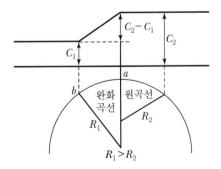

㉠ 곡선중심이 같은 방향으로 향하여 있는 2개의 곡선이 만나는 곡선을 말한다.

㉡ 완화곡선은 곡선반경이 큰 구간에 두 캔트의 차(C_2-C_1)의 600배 이상의 길이가 되어야 한다.

(2) 완화곡선

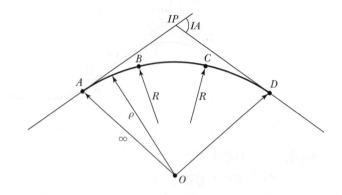

구분		철도	도시철도
A	완화곡선시점	SP	BTC
B	원곡선시점	PC	BCC
C	원곡선종점	CP	ECC
D	완화곡선종점	PS	ETC

① 차량이 직선부에서 곡선부로 진입할 때 또는 그 반대의 경우 평면적으로는 원심력
  이 연속변화하도록 곡선반경을 ∞에서 R 또는 R에서 ∞까지 점차 변화시키기 위
  해 입체적으로 체증·체감하기 위하여 설치하는 곡선을 완화곡선이라 한다.

② 완화곡선의 종류

  ㉠ 3차 포물선

   • $y = \dfrac{x^3}{6RX}$

   • 곡률은 횡거에 비례, 직선체감

   • 국철, 경부고속철도, 호남고속철도에 적용

  ㉡ Clothoid(서울시 지하철)

   • $RL = A^2$

   • $y = \dfrac{x^3}{6RL}(1 + 0.0057\dfrac{x^4}{R^2L^2} + 0.0074\dfrac{x^8}{R^4L^4})$

   • 곡률은 곡선길이에 비례, 직선체감

   • 곡률이 급하여 지하철에서 적용

ⓒ Lemniscate

- $Z = a\sqrt{\sin 2\delta}$

- $2\delta_0 = \sin^{-1}\dfrac{L}{3R}$ $a = 3R\sqrt{\sin 2\delta_0}$

- $y = Z\sin\delta$ $x = Z\cos\delta$

- 극좌표의 장현에 비례, 직선체감

ⓔ Sine 반파장 곡선

- $Cx = \dfrac{c}{2}\left(1 - \cos\dfrac{\pi}{X}x\right)$

- $y = \dfrac{1}{2R}\left\{\dfrac{x^2}{2} - \dfrac{X^2}{\pi^2}\left(1 - \cos\dfrac{\pi}{X}x\right)\right\}$

- 캔트와 곡률을 곡선적으로 원활체감

- 고속운전에 적합하나 유지보수가 복잡

- 일본에서 사용

ⓜ 4차 포물선

- $y = \dfrac{x^4}{6RX^2}$

- 캔트와 곡률을 곡선적으로 원활체감

- 고속운전에 적합하나 유지보수가 복잡

- 독일에서 사용

③ 완화곡선의 삽입

㉠ 본선의 경우 설계속도에 따라 다음 표의 값 미만의 곡선반경을 가진 곡선과 직선이 접속하는 곳에는 완화곡선을 두어야 한다.

설계속도(km/h)	250	200	150	120	100	70
완화곡선 설치가 필요한 곡선반경(M)	24,000	12,000	5,000	2,500	1,500	600

㉡ 이 외의 값은 다음의 공식에 의해 산출한다.

$$R = \dfrac{11.8 V^2}{\Delta C_{d,\lim}}$$

여기서, R : 곡선반경(m)

V : 설계속도(km/h)

$\Delta C_{d.\lim}$: 부족캔트 변화량 한계값(mm)

부족캔트 변화량은 인접한 선형 간 균형캔트 차이를 의미하며, 이의 한계값은 다음과 같고, 이외의 값은 선형 보간에 의해 산출한다.

설계속도(km/h)	400	350	300	250	200	150	120	100	70
$\Delta C_{d.\lim}$(Mm) 부족캔트 변화량 한계값	20	25	27	32	40	57	69	83	100

④ 완화곡선 연장

설계속도 V(km/h)	캔트 변화량에 대한 배수	부족캔트 변화량에 대한 배수
400	2.95	2.50
350	2.50	2.20
300	2.20	1.85
250	1.85	1.55
200	1.50	1.30
150	1.10	1.00
120	0.90	0.75
$V \leq 70$	0.60	0.45

⑤ 이외의 값 및 기존선을 250km/h까지 고속화하는 경우에는 다음의 공식에 의해 산출한다.

구분	캔트 변화량에 대한 배수(C_1)	부족캔트 변화량에 대한 배수(C_2)
이외의 값	$7.31\,V/1,000$	$6.18\,V/1,000$
기존선을 250km/h까지 고속화하는 경우	$6.46\,V/1,000$	$5.56\,V/1,000$

여기서, V : 설계속도(km/h)

다만, 캔트 변화량에 대한 배수는 0.6 이상으로 하여야 한다.

⑥ 완화곡선의 형상은 3차 포물선으로 하여야 한다.

3. 결론

① 곡선은 직선에 비해서 운전속도, 영업, 보수 등에서 불리한 점이 많아 최소 한계치를 규정하였으며, 정거장에서 본선의 최소곡선반경은 승강장 연단과 차량한계와의 이격 거리를 감안하여 정한다.

② 완화곡선 설치 여부를 판단할 경우 부족캔트 변화량한계값 $\Delta C_{d \cdot \lim}$ 을 적용하며 완화 곡선연장의 경우 캔트변화량에 대한 배수 또는 부족캔트 변화량에 대한 배수를 적용하여 큰 값을 적용한다.

QUESTION 2

직선 및 원곡선의 최소길이 기준 및 설정사유에 대하여 설명 하시오.

1. 정의

① 급격한 직선과 곡선의 연결은 승차감을 저해하게 된다.

② 곡선부에서 횡방향 불균형가속도 변화에 의한 가진진동수와 차량의 고유진동수가 일 치하게 되면 공진에 의해 열차의 동요가 심해지고 승차감이 급격히 저하하게 된다.

③ 따라서 가진진동수가 차량의 고유진동수보다 작도록 원곡선과 직선의 최소길이를 설 정해야 한다.

2. 차량의 고유진동주기

① 기관차 : 1.3sec, 객화차 : 1.5sec

   신간센 : 1.5sec, ICE : 1.8sec

② 철도건설규칙에서는 다소 안전측인 1.5∼1.8sec를 적용한다.

3. 최소 원곡선장 및 최소 직선길이 산정

① $L = vt = \dfrac{1}{3.6} Vt = \dfrac{1.8}{3.6} V = 0.5\,V(t = 1.8\text{sec})$

   여기서 L : 직선 및 원곡선의 최소길이(m)

   V : 설계속도(km/h)

② 속도별 최소길이

   중간직선이 있는 경우, 중간직선 길이의 기준값($L_{s,\lim}$)은 설계속도에 따라 다음 표 와 같다.

설계속도 V(km/h)	중간직선 길이 기준값(m)
$200 < V \leq 400$	$0.5\,V$
$100 < V \leq 200$	$0.3\,V$
$70 < V \leq 100$	$0.25\,V$
$V \leq 70$	$0.2\,V$

4. 국내 운영사례

① 일반철도는 철도건설규칙에 의거 삽입한다.

② 도시철도는 곡선 간 직선거리를 20m 이상으로 설치하도록 규정하고 있다. 이는 차량의 고유진동주기를 최소(1.0~1.3sec)로 하고 차량 1량을 기준으로 최소화한 것이다.

5. 국내 적용사례 및 기술발전 방향

① 국내에서 적용하는 곡선 내 적용속도는 대부분 일본 협궤선에서 적용한 계수를 이용한 경우가 많다.

② 한국시스템에 적정한 곡선구간 속도에 대한 기준정립이 미흡하므로 국내 철도시스템별로 실험을 통한 기준 재정립이 요구된다.

QUESTION 3 속도향상 제약요인인 최고속도, 곡선통과속도, 분기기 통과 속도 등에 대하여 서술하시오.

1. 개요

① 최고속도는 선로의 상태, 곡선반경, Cant, 기관차 및 전동기 성능에 의해 좌우된다.

② 곡선통과속도는 차량에서 발생하는 원심력이 곡선외측으로 작용하여, 승차감을 악화 시키고 궤도파괴뿐 아니라 심하면 탈선·전복을 유발할 수 있다.

③ 분기부 통과속도는 결선부, 분기부대곡선, 캔트부설 제한의 이유로 속도의 제한을 받는다.

④ 전체적으로 최고속도 > 곡선통과속도 > 분기기통과속도 순서로 속도가 줄어든다.

2. 최고속도

(1) 정의

① 최고속도란 운전 중 5초 이상 지속하여 낼 수 있는 최고의 속도를 말한다.

② 기관차의 성능, 선로조건에 영향을 받는다.

③ 현재 영업 중인 열차의 최고속도는 350km/h이다.

④ Maglev 자기부상열차의 경우 최고속도 500km/h 이상 주행이 가능하다.

(2) 최고속도 제한요인 향상 방안

① 브레이크 성능을 향상시킨다.

② 차량성능을 개선한다.

③ 궤도강화 및 신호개량 등 선로조건을 개선한다.

④ 집전조건을 가선방식으로 개량한다.

⑤ 소음문제를 개선한다.

3. 곡선통과속도

(1) 차량의 전도에 대한 안전성

① 내측전도

곡선외측의 과다한 cant가 원인이다.

② 외측전도

초과원심력, 바람, 차량경량화, 캔트부족량 증대 등이 원인이다.

③ 전복될 조건

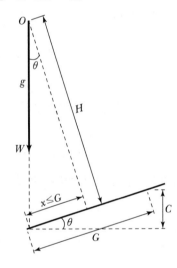

$$\frac{X}{H} = \frac{C}{G} \qquad C = \frac{XG}{H} = \frac{G^2}{2H} = 11.8\frac{V^2}{R}$$

따라서 $V = G \times \sqrt{(\dfrac{R}{2 \times 11.8 \times H})}$

$H = 2{,}000\text{mm}$ $G = 1{,}500\text{mm}$ 일 때

$V = 6.9\sqrt{R}$ 이면 전복

④ 차량의 주행안정성

곡선부 주행시 횡압, 궤도틀림, 캔트불균형이 증가한다. 탈선계수 $\dfrac{Q}{P} < 0.8$ 이 되도록 한다.

(2) 승차감

① 진동가속도

상하진동은 종방향가속도 $2\text{m/sec}^2(0.2\text{g})$ 이하, 좌우진동은 횡방향가속도 $1\text{m/sec}^2(0.1\text{g})$ 이하가 되도록 한다.

② 부족캔트와 승차감

자갈도상궤도인 경우 설계속도 $200 < V(\text{km/h}) \leq 350$에 대하여는 향후의 속도향

상 및 보다 나은 승차감을 위하여 부족캔트 80mm 시 0.53m/sec²의 횡방향가속도를, V(km/h)≤200에 대하여는 부족캔트량 100mm 시 횡방향가속도 0.67m/sec²를 적용하였다.

4. 분기기 통과속도 향상방안

① 분기부대곡선 속도제한 $V = 2.7\sqrt{R}$
② 리드부 : 분기기 고번화로 가동리드장을 늘인다.
③ 포인트부 : 힐이음부를 접속하여 포인트부를 탄성화한다.
④ 크로싱부 : 노스가동크로싱 도입으로 결선부를 제거한다.

5. 향후 과제

① 최고속도의 향상을 위하여 노반, 차량, 시스템 등 각 분야가 종합적으로 개선되어야 한다.
② 노반의 경우 취약부인 이음매, 곡선부, 분기부에 대한 계속적인 기술발전이 필요하며, 차량의 경우도 주행안정성 및 승차감을 향상시켜 더 높은 최고속도를 충분히 낼 수 있도록 지속적인 노력이 필요하다.

QUESTION 4

1 철도선형의 경합을 피해야 하는 사유를 조건별로 구분하여 설명하시오.

2 철도선형계획 시 피하여야 할 경합조건에 대하여 쓰시오.

1. 서론

철도선형의 완화곡선, 원곡선, 기울기, 종곡선, 분기기, 신축이음, 무도상 교량 등 특수한 선로형상이나 구조물이 서로 경합하면 열차주행의 안전 또는 승차감, 선로보수상 좋지 않은 영향을 미치므로 주의하여야 하며 경합을 피해야 한다.

2. 피하여야 할 경합조건

① 원곡선 또는 완화곡선과 종곡선의 경합

  ㉠ 완화곡선구간은 캔트체감구간으로 평면성이 불량하며 차량의 부상력이 발생한다.

  ㉡ 종곡선은 직선 또는 원의 중심이 1개인 곡선구간에 부설해야 한다. 다만, 부득이한 경우에는 콘크리트도상 궤도에 한하여 완화곡선 또는 직선에서 완화곡선과 원의 중심이 1개인 곡선구간까지 걸쳐서 둘 수 있다.

② 기울기 변화 또는 연속 하향기울기와 평면곡선의 경합

  하향의 요(凹)형 선형구간의 기울기 변경점 부근에 곡선이 존재하거나 연속 하향 기울기구간에 곡선이 있는 경우 탈선의 위험이 높으므로 경합을 피하는 것이 좋다.

③ 분기기와 완화곡선 또는 종곡선의 경합

  ㉠ 분기기에는 작은 반경의 Lead 곡선이나 Crossing의 결선부 등이 있어 선형이나 구조가 일반구간보다 복잡하므로 이 부분을 차량이 통과할 때 궤도에 큰 횡압과 진동가속도가 생긴다.

  ㉡ 이와 같은 구간에 완화곡선이나 종곡선이 경합되면 운전보안상 위험이 크고 선로보수도 곤란하므로 경합을 피한다.

④ 분기기와 기울기의 경합

  ㉠ 정거장 내에서 기울기가 3.5‰ 이상인 경우 분기기를 설치하지 않도록 한다.

  ㉡ 이러한 경우 레일의 복진현상으로 텅레일 밀착이 나쁘고, 분기기 각부의 Bolt류에 이상응력의 작용으로 운전보안 및 선로보수상 곤란하게 되므로 경합을 피한다.

⑤ 분기기와 무도상 교량의 경합

　　㉠ 무도상 교량상에 분기기를 부설하면 교량 Girder의 구조가 매우 복잡해지는 등 교
　　　량설계상 문제가 많으므로 금하고 있다.

　　㉡ 교량 뒤채움 부근은 도상침하량이 크므로 분기기를 부설하면 열차의 승차감이 점
　　　차 나빠지고 선로보수도 곤란하게 되므로 경합을 피한다.

⑥ 건널목 또는 교대와 레일이음부의 경합

　　㉠ 레일이음부는 열차 통과 시 커다란 충격을 받기 때문에 도상침하량이 크고 보수 빈
　　　도도 높다.

　　㉡ 궤도의 취약개소인 이음매부를 보수가 어려운 건널목이나 도상침하가 일어나기 쉬
　　　운 교대 부근에 두면 보수가 점차 곤란해지고 열차의 승차감이 악화되므로 경합을
　　　피해야 한다.

⑦ 신축이음과 완화곡선의 경합

　　Long Rail의 완화곡선 부위에서 신축이음을 소정의 곡률로 가감시키기 어렵고, 보수
　　도 어려우므로 완화곡선 내 신축이음의 설치는 피한다.

3. 결론

평면선형과 종단선형 설정 시 완화곡선, 원곡선, 기울기, 분기기, 무도상 교량, 신축이음
등 특수한 선로형상이나 구조물이 경합되면 열차주행의 안전, 승차감 및 선로보수에 불
리하며 운전보안상 위험이 크고 열차탈선의 위험이 발생한다. 따라서 노선계획 시부터
경합이 생기는 개소에 대하여는 경합을 피하여 노선을 선정토록 한다.

QUESTION 5

복심곡선에 대하여 설명하시오.

1. 개요

① 평면곡선에는 단곡선, 복심곡선, 반향곡선, 완화곡선 등이 있다.
② 곡선형상에 따라 곡선의 방향이 서로 같은 복심곡선과 방향이 서로 다른 배향곡선이 있다.

2. 복심곡선의 성립조건

① 원의 중심이 2개인 같은 방향으로 연속된 곡선을 복심곡선이라 한다.

② 두 곡선의 균형캔트의 차이를 부족캔트 변화량의 한계값이라 하며, 부족캔트 변화량이 한계값 이하일 경우 완화곡선을 두지 않고 두 원곡선을 직접 연결할 수 있다. 이때 두 곡선의 곡률의 차는 $\dfrac{1}{600}$ 이하여야 한다.

③ 속도 70km/h에서 부족캔트 변화량의 한계값 100mm에 대한 곡률의 차는

$$\Delta C_d = 11.8\,V^2 \left| \frac{1}{R_1} - \frac{1}{R_2} \right| = 11.8\,(70)^2 \left| \frac{1}{R_1} - \frac{1}{R_2} \right| \leq 100$$

$$\text{따라서 } \left| \frac{1}{R_1} - \frac{1}{R_2} \right| \leq \frac{100}{11.8\,(70)^2} = \frac{1}{578.2} \fallingdotseq \frac{1}{600}$$

④ 기존 건설규칙에서는 속도 70km/h 이하에서 곡률의 차가 $\dfrac{1}{1,200}$ 이하인 경우에만 복심곡선을 허용하였으나 개정된 건설규칙에서는 곡률의 차가 약 2배 정도 큰 $\dfrac{1}{600}$ 이하의 경우까지 복심곡선을 허용하고 있다.

⑤ 같은 방향의 원곡선 사이에 최소길이 한계값 미만의 직선을 두는 것은 가급적 피해야 한다. 다만 부득이한 경우에는 두 원곡선의 부족캔트 중 최댓값이 한계값을 초과하지 않도록 ($\Delta C_{d,\lim} \geq \max(C_{d1},\ C_{d2})$)보다 엄격한 규정을 적용하여야 한다.

QUESTION 6

1. 캔트의 설정기준과 종류 및 체감방법, 체감길이
2. 캔트의 설정지침 및 종류에 대하여 설명하고 이론캔트 공식을 유도하시오.

1. Cant의 정의

① 열차가 곡선을 통과할 때 차량에서 발생하는 원심력이 곡선 외측 방향으로 작용하여 궤도를 이탈하려 한다.

② 탈선전복 또는 승객의 승차감을 나쁘게 하고, 차량의 중량과 횡압이 외측 레일에 부담을 크게 주어 궤도의 보수량을 증가시키는 악영향이 발생하고 레일에 손상을 준다.

③ 이러한 악영향을 방지하기 위하여 내측 레일 기준으로 외측 레일을 높게 하는데 이러한 내외 측 레일의 고저차를 Cant라 하며 원심력과 중력의 합력선이 궤간의 중앙부에 작용토록 Cant를 부설한다.

2. Cant의 설정기준

(1) 균형캔트 공식유도

열차가 반경 $R(M)$의 곡선을 속도 $V(km/h)$로 통과하는 경우 궤도면이 캔트 C만큼 기울어져 있다고 하면 열차 중심에 작용하는 하중은 다음과 같다.

① 곡선 외측으로 발생하는 원심가속도 $f = \dfrac{v^2}{R}$

② 중력 g

③ 원심력과 중력의 합력 $\overline{OR}$ 및 그 합력($\overline{OR}$)에 의해 생기는 궤도면에 평행한 횡가속도 성분 p는

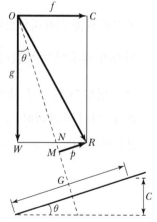

$$p = \overline{MR} = \overline{NR}\cos\theta$$

여기서, $\cos\theta \simeq 1$이므로 $p = \overline{NR}$

$$\overline{NR} = f - \overline{WN}$$

$$f = \frac{v^2}{R}, \ \overline{WN} = g\tan\theta = \frac{C}{G}g \text{ 이므로}$$

$$p = \overline{NR} = \frac{v^2}{R} - \frac{C}{G}g$$

④ 열차속도 V에 대하여 횡가속도 p가 0일 경우 즉 원심가속도와 중력가속도와의 합력이 궤도의 중심을 향하는 가장 바람직한 상태가 되는 때의 캔트를 균형캔트 (C_{eq} : 평형캔트)라 하며, 이때의 열차속도 V를 균형속도라 한다.

⑤ 따라서 균형캔트는

$$\frac{v^2}{R} = \frac{C_{eq}}{G}g$$

$$C_{eq} = \frac{Gv^2}{gR} = \frac{G(\frac{1}{3.6}V)^2}{gR} = \frac{GV^2}{12.96gR}$$

$g = 9.8\text{m}/\sec^2$, $G = 1,500\text{mm}$ 이므로 $C_{eq} = \frac{1,500\,V^2}{12.96 \times 9.8R} = 11.8\frac{V^2}{R}(\text{mm})$

여기서, C_{eq} : 균형캔트(mm)

V : 열차속도(km/h)

R : 곡선반경(m)

📎 참고정리

$$v\frac{\text{m}}{\sec} = v\frac{1,000 \times 3,600}{1,000 \times 3,600}\frac{\text{m}}{\sec} = v\frac{3,600}{1,000}\frac{\text{km}}{\text{hr}} = 3.6v\frac{\text{km}}{\text{hr}} = V\frac{\text{km}}{\text{hr}}$$

따라서 $3.6v = V$

$$\therefore v = \frac{1}{3.6}V$$

---

3. Cant의 종류

(1) 균형캔트(이론캔트, 평형캔트)

① 공식 $C = 11.8\frac{V^2}{R}$

② 이론캔트량이 열차속도와 맞는 이상적인 수치이나 여객, 화물, 고속열차 등 각 속도가 다르므로 현장에서는 이보다 작은 Cant 값을 적용한다.

(2) 설정캔트

① 캔트 산정은 열차가 설계속도로 일정하게 주행하면 균형캔트(이론캔트)로 적용할수 있으나 실제 운전에서는 비상사태로 인해 곡선에서 정차할 수도 있고 저속열차

가 운행하거나 고속열차가 운행할 수도 있다. 따라서 이 모든 조건을 만족할 수 있는 적정한 캔트를 부설해야 하는데, 이것을 설정캔트라 한다.

② 여러 가지 열차가 혼용되고 있는 철도에서 속도를 일정하게 유지할 수 없어 정차시 안전을 고려하여 캔트를 설정한다.

③ 설정캔트는 설계자에 따라 다르게 적용될 수 있으나 열차의 운행안정성 및 승차감을 확보하고 궤도에 주는 압력을 균등하게 하기 위하여 다음과 같이 캔트값을 설정한다.

$$C = 11.8\frac{V^2}{R} - C_d$$

단, C : 설정캔트(mm)

V : 설계속도(km/h)

R : 곡선반경(m)

C_d : 부족캔트(mm)

④ 여객 화물 여부에 따라서 승차감의 허용치도 달라지므로 화물열차의 경우 다소 나쁜 승차감을 고려하더라도 여객열차, 즉 고속열차에 편중하여 설정캔트를 정하는 것이 일반적이다.

⑤ **최대 설정캔트량** : 자갈궤도(160mm) 콘크리트궤도(180mm)
⑥ **캔트 과다시** : 내측레일 손상, 궤도틀림 조장
⑦ **캔트 부족시** : 외측레일 손상, 승상탈선위험

(3) 부족캔트

① 고속 · 저속 열차가 통과하는 경우 고속열차는 캔트가 부족하고 저속열차는 캔트가 남는다. 이때 고속열차 주행 시 설정캔트는 부족캔트로 나타난다.

$$C_d = 11.8\frac{V^2}{R} - C$$

단, C_d : 부족캔트(mm)

C : 설정캔트(mm)

② **최대 부족캔트량** : 자갈궤도(80mm, 100mm) 콘크리트궤도(130mm)
③ 차량중심선과 궤간중심선 간 부족캔트에 의한 편기량을 두어 안전하고 쾌적한 승차감을 유지한다.

(4) 초과캔트

① 고속 · 저속열차가 통과하는 경우 고속열차는 캔트가 부족하고 저속열차는 캔트가 남는다. 이때 저속열차 주행 시 설정캔트는 초과캔트로 나타난다.

② 열차의 실제 운행속도와 설계속도의 차이가 큰 경우에는 다음 공식에 의해 초과캔트를 검토하여야 하며, 이때 초과캔트는 110mm를 초과하지 않도록 하여야 한다.

$$C_e = C - 11.8\frac{V^2}{R}$$

단, C_e : 초과캔트(mm)
C : 설정캔트(mm)

(5) 최대캔트

① 열차가 곡선을 통과하다가 정차할 경우 중력이 작용하므로 내측으로 전도될 수 있는데, 이때 전도되지 않을 정도의 캔트량 최고값을 최대캔트라 한다.

② 각국 최대캔트량은 독일 · 프랑스 160, 영국 150, 신간선, TGV는 180을 적용한다.

③ 한국은 자갈궤도 160, 콘크리트궤도 180을 적용한다.

4. 캔트의 체감길이

캔트체감은 직선체감을 하여야 하며 체감길이는 다음과 같다.

① 완화곡선이 있는 경우 : 완화곡선 전체의 길이에서 체감한다.
② 완화곡선이 없는 경우 : 최소 체감길이(m)는 $0.6\Delta C$보다 작아서는 안 된다. 여기서 ΔC는 캔트변화량이다.

구분	체감위치	비고
곡선과 직선	• 곡선의 시 · 종점에서 직선구간으로 체감 • 곡선부에서 캔트를 체감하는 경우 3점지지에 의한 윤중 감소에 곡선부 횡압이 더해져 주행상 불리한 조건이 되므로 직선부에서 체감	선로개량 등으로 부득이한 경우 곡선부에서 체감할 수 있다.
복심곡선	곡선반경이 큰 곡선 상에서 두 곡선의 캔트 차이의 $0.6\Delta C$ (m) 이상의 길이에서 체감	ΔC는 캔트변화량이다.

5. 완화곡선이 없는 경우 캔트변화량의 600배 적용 사유

① 차량의 3점지지에 의한 탈선한도는 차량의 3점지지 부상에 의해 탈선하지 않는 조건이다.

② 공식의 유도

$$\frac{\Delta C}{L_1} = \frac{d_a}{A}$$

$$L_1 = \frac{A}{d_a}\Delta C = \frac{3.70 \times 1,000}{11}\Delta C = 336\Delta C$$

3점지지로 인한 탈선안전율을 2라고 하면

$$L_1 = 336\Delta C \times 2 \simeq 600\Delta C$$

여기서, L_1 : 캔트체감길이

ΔC : 캔트변화량

A : 차량의 고정축거(3.70m)

d_a : 3점지지 탈선방지를 위한 캔트체감에 의한 평면성틀림 한계(11mm)

3점지지로 인한 한쪽 바퀴 부상량은 20mm 이내로 한다.

궤도의 고저틀림 최대변위량은 9mm로 한다.

$d_a = 20 - 9 = 11$(mm)

③ 따라서 캔트체감거리는 안전율을 2로 보아 캔트변화량의 600배로 할 경우 탈선에 대하여 안전하다.

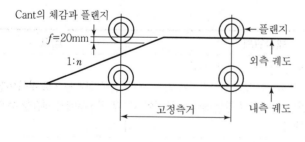

- 고정축거 A : 3.70m
- 한쪽바퀴 부상량 : 20mm
- 궤도의 최대고저틀림량 : 9mm
- 평면성틀림의 한계값
  $d_a = 20 - 9 = 11$mm
- 안전율 : 2
- 캔트변화량 배율
  $$N = \frac{A}{d_a} = \frac{3.7 \times 1,000}{11} = 334$$
- 안전율을 2로 하면 약 600배이다.

QUESTION 7 철도건설규칙에서 규정하고 있는 캔트에 대하여 이론캔트와 설정캔트를 설명하고 최대 설정캔트와의 전복관계, 안전율 과의 상관관계를 설명하시오.

1. Cant의 정의

① 열차가 곡선을 통과할 때 차량에서 발생하는 원심력이 곡선 외측 방향으로 작용하여 탈선전복 또는 승객의 승차감을 나쁘게 하고, 차량의 중량과 횡압이 외측 레일에 부담 을 크게 주어 궤도의 보수량을 증가시키는 악영향이 발생하고 레일에 손상을 준다.

② 이러한 악영향을 방지하기 위하여 내측 레일 기준으로 외측 레일을 높게 하는데, 이때 내외 측 레일의 고저차를 Cant라 한다.

③ Cant는 원심력과 중력의 합력선이 궤간의 중앙부에 작용토록 설치한다.

2. 이론 Cant와 설정 Cant

(1) 이론캔트(평형캔트, 균형캔트)

① 공식 $C = 11.8\dfrac{V^2}{R}$

② 이론캔트량이 열차속도와 맞는 이상적인 수치이나 여객, 화물, 고속열차 등 각 속 도가 다르므로 현장에서는 이보다 작은 cant 값을 적용한다.

(2) 설정캔트

① 공식 $C = 11.8\dfrac{V^2}{R} - C_d$

② 여객, 화물 혼용선에서 양측 모두를 고려한 적정한 cant가 설정되어야 하므로 이 를 설정캔트라 한다.

3. 최대 설정캔트와 차량의 전복한계, 안전율

(1) 최대 설정캔트

① 캔트가 설정되어 있는 곡선부에서 차량이 정지한 경우 또는 곡선부를 서행으로 주 행 시 균형 cant가 0으로 설정캔트가 그대로 초과캔트가 된다.

② 이때 외측으로부터의 풍하중에 의한 차량의 내측 전도에 대한 안전과 차체 경사에 대한 승객의 승차감을 고려하여 최대캔트의 설정이 필요하다.

③ **차량전복한계** : 자갈궤도의 경우 563mm, 콘크리트궤도의 경우 625mm이다.

④ **안전율(S)** : 3.5

⑤ **최대 설정캔트(C_{max})**

- 자갈궤도 : $C_{max} = \dfrac{C}{S} = \dfrac{562}{3.5} ≒ 160(mm)$

- 콘크리트궤도 : $C_{max} = \dfrac{C}{S} = \dfrac{625}{3.5} ≒ 180(mm)$

(2) 차량의 전복한계

① 공식 유도

$$\tan \theta = \frac{C_1}{G} = \frac{x}{H}$$

$$C_1 = \frac{G}{H} \cdot x$$

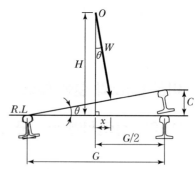

여기서, C : 최대 설정캔트(Cm=160mm)

　　　　C_1 : 정차 중 차량의 전복한도 캔트(mm)

　　　　G : 궤간(차륜과 레일 접촉면과의 거리 1,500mm)

　　　　H : 레일면에서 차량중심까지 높이(2,000mm) 고속선(1,800mm)

　　　　x : 편기거리(Mm)

② 정차 중 차량이 안전하기 위해서는 편기거리 x가 $\dfrac{G}{2}$ 범위 내에 있어야 하므로

- 자갈궤도 : $C_1 = \dfrac{G}{H} \times (\dfrac{G}{2}) = \dfrac{G^2}{2H} = \dfrac{1,500^2}{2 \times 2,000} = 563mm$

- 콘크리트궤도 : $C_1 = \dfrac{G}{H} \times (\dfrac{G}{2}) = \dfrac{G^2}{2H} = \dfrac{1,500^2}{2 \times 1,800} = 625mm$

즉, 정차 중 Cant가 자갈궤도의 경우 563mm, 콘크리트 궤도의 경우 625mm일 때 차량이 전도하게 된다.

(3) 안전율

① 설정캔트 $C_m = 160\text{mm}$일 때 안전율은

- 자갈궤도 : $S = \dfrac{C_1}{C_m} = \dfrac{562}{160} ≒ 3.5$

- 콘크리트궤도 : $S = \dfrac{C_1}{C_m} = \dfrac{625}{180} = 3.5$

② 자갈궤도의 경우 설정최대캔트량 $C_m = 160\text{mm}$, 콘크리트궤도의 경우 $C_m = 180\text{mm}$는 안전율이 3.5이므로 차량의 정차 중 전복에 안전하다.

4. 최대 부족캔트

(1) 부족캔트의 크기 산정

$$a_q = \frac{v^2}{R} - \frac{C}{G}g$$

$v = \dfrac{1}{3.6}V$, $g = 9.8\text{m/sec}^2$, $G = 1{,}500\text{mm}$ 이므로

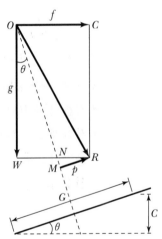

부족캔트에 의한 허용가속도는 $a_q = \dfrac{V^2}{12.96R} - \dfrac{C}{153}$ 이다.

설정캔트 $C = 11.8\dfrac{V^2}{R} - C_d$ 이므로

위 공식에 대입하면

불균형 횡가속도는 $a_q = \dfrac{C_d}{153} \leq a_{q.\lim}$

따라서 최대 부족캔트량인 허용원심가속도는 $a_{q.\lim} = \dfrac{C_d}{153}$ 이다.

$\therefore C_d = 153a_{q.\lim}$

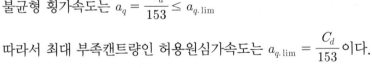

여기서, a_q : 부족캔트에 의한 원심가속도 v : 열차속도(m/sec) V(km/hr)

g : 중력가속도 R : 곡선반경(m)

C : 설정캔트(mm) C_d : 부족캔트(mm)

G : 궤간(좌우접촉점 간 거리) $a_{q.\lim}$: 허용 원심가속도(m/sec²)

(2) 최대 부족캔트 산정

① 자갈도상궤도인 경우 설계속도 $200 < V(\text{km/h}) \leq 350$에 대해서는 향후의 속도 향상 및 승차감 향상을 위하여 $a_{q.\lim} = 0.53$을 적용하여 부족캔트 한계값을 80mm, 설계속도 $V(\text{km/h}) \leq 200$에 대하여는 $a_{q.\lim} = 0.67$을 적용하여 부족캔트 한계값을 100mm로 적용하였다.

② 콘크리트도상궤도에 대해서는 궤도안정성이 자갈도상궤도에 비하여 크기 때문에 130mm를 적용하여 곡선반경이 작아지게 하여 경제적인 설계가 되도록 하였다.

③ 일본 신간선, 독일, 영국은 100mm이며, 프랑스는 150mm로 하고 있다.

(3) 전복을 고려한 최대 부족캔트 산정방법

① 일본철도기술기준에 곡선부에서 주행시 외측 전복에 대한 안전성을 고려하여 안전율 4를 적용한다.

② $C_{d.\lim} = \dfrac{G^2}{2H} \times \dfrac{1}{4} = \dfrac{G^2}{8H} = \dfrac{1,500 \times 1,500}{8 \times 2,000} = 140\text{mm}$

③ 부족캔트 한계 값 결정시 추가로 바람에 의한 전복안정성, 불평형가속도에 의한 승차감, 궤도강도 등을 고려하여 정하였다.

- 기존 선 : 100mm
- 자갈궤도 : $200 < V \leq 350$ 경우 80mm, $V \leq 200\text{km/h}$ 경우 100mm
- 콘크리트궤도 : 자갈궤도보다 안정성이 크므로 모든 속도에 대하여 130mm로 선정하였다.

QUESTION 8

1 곡선구간에서의 속도제한 사유를 설명하시오.

2 열차승차감 측면에서 곡선구간의 속도제한에 대하여 설명하시오.

1. 개요

① 곡선구간 통과 시 전복, 탈선, 승차감, 궤도파괴 등의 이유로 통과속도를 제한한다.

② 열차가 곡선구간을 통과할 때 차량에서 발생하는 원심력이 곡선 외측으로 작용하며, 이를 방지하기 위해 Cant를 설정하고 보완방법으로 Slack, 완화곡선, 최소곡선장을 설치한다.

2. 곡선구간에서의 속도제한

(1) 곡선구간에서 속도제한사유

① 전복위험 : 속도에 따른 원심력과 중력의 합력이 외측 궤도를 넘을 때 발생한다.

② 탈선위험 : 차량에 가해지는 원심력이 매우 크므로 레일에 가하는 횡압이 수직 윤중에 비하여 증대할 때 발생한다.

③ 승차감 악화 : 원심력과 속도에 따라 승차감이 악화된다.

  ㉠ AREA : 캔트변화량 — 32mm/sec

    캔트부족변화량 — 45mm/sec

  ㉡ Systra : 고속캔트변화량 — 40mm/sec

④ 궤도파괴 : 횡압, 수직윤중에 대한 비율이 속도에 비례하여 매우 커서 궤도파괴가 촉진된다.

(2) 전복에 대한 속도제한

① 안전율 미고려 시

$$\frac{x}{H} = \frac{C}{G}$$

$$C = \frac{G}{H}x$$

여기서 $x = \frac{G}{2}$ 일 때, 즉 $C = \frac{G}{H}x = \frac{G^2}{2H}$

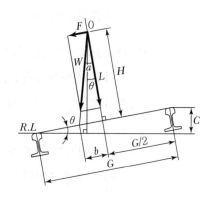

일 때 차량이 전복되므로,

$G = 1,500\text{mm}$, $H = 2,000\text{mm}$를 대입하면 $C = 563\text{mm}$일 때 차량이 전복된다.

따라서 전복에 대한 속도제한은 $C = 11.8\dfrac{V^2}{R}$에서 $V^2 = \dfrac{C}{11.8}R = \dfrac{563}{11.8}R$이므로

$V = 6.9\sqrt{R}$이다.

② 안전율 고려 시

캔트와 안전율을 알고 있을 때 최고 속도를 구하는 식은

$V = \sqrt{127R\left(\dfrac{G}{2SH} + \dfrac{C}{G}\right)}$이므로 $C = 160\text{mm}$, $S = 3.5$일 때 $V = 5.2\sqrt{R}$이다.

(3) 탈선에 대한 속도제한

① 곡선부 횡압의 발생 원인

　㉠ 곡선구간 통과 시 불균형원심력에 의한 횡압

　　• 열차속도가 cant 설정속도와 다른 경우에 발생
　　• cant 설정속도보다 빠른 경우 곡선 외측에 횡압 발생
　　• cant 설정속도보다 느린 경우 곡선 내측에 횡압 발생

　㉡ 곡선 전향의 횡압

　　• 2축 이상의 고정축을 가진 차량이 곡선구간 통과 시 외궤 차륜이 레일 위를 미끄러지면서 전주됨에 따라 발생되는 마찰력을 말한다.
　　• 곡선 반경이 작을수록 크게 발생한다.

　㉢ 궤도의 틀림에 따른 동요

　　• 이음매 부근, 분기기의 텅레일, 크로싱의 줄틀림이 큰 곳에서 주로 발생한다.
　　• 곡선의 외궤가 내궤보다 크고, 속도의 영향을 많이 받으며, 그 크기는 보통 윤중의 20% 이하이다.

　㉣ 차량동요에 의한 횡압

　　• 차량의 사행동과 궤도의 틀림에 의해 발생되며 속도가 높을수록 커진다.
　　• 사행동 파장은 차륜직경과 축거가 클수록, 답면 기울기는 작을수록 길어진다.
　　• 고속에서는 진동의 중심이 차량 중심보다 높아 차륜 플랜지가 충돌적으로 레일에 접촉하여 큰 횡압이 발생한다.

② 탈선에 대한 안전성은 탈선계수 $\dfrac{Q}{P}$로 판정

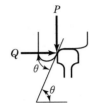

$$\frac{Q}{P} \geq \frac{\tan\theta \pm \mu}{1 \mp \mu \cdot \tan\theta} \ : \ \text{탈선조건식(Nadal의 공식)}$$

여기서, $\dfrac{Q}{P}$: 탈선계수(클수록 탈선위험이 크다.)

Q : 횡압(ton)

P : 윤중(ton)

θ : 플랜지 각도(60°)

μ : 차륜과 레일의 마찰계수(0.3)

㉠ 승상(올라탐)탈선(Running Over)
- 차륜 Flange와 레일 사이의 마찰이 클 때 발생
- 마찰력이 위쪽 방향으로 작용한다.
- $\dfrac{Q}{P} = \dfrac{\tan\theta - \mu}{1 + \mu \cdot \tan\theta} \geq 0.94$일 때 탈선($\theta = 60°,\ \mu = 0.3$)
- 약 20%의 여유를 보아 0.8을 안정성의 판단기준으로 한다.

㉡ 활상(미끄러져 오름)탈선(Slip Over)
- 차륜 Flange와 레일 사이의 마찰이 작을 때 발생하며 순간적으로 일어난다.
- 마찰력이 아래쪽 방향으로 작용한다.
- $\dfrac{Q}{P} = \dfrac{\tan\theta + \mu}{1 - \mu \cdot \tan\theta} \geq 4.23$일 때 탈선($\theta = 60°,\ \mu = 0.3$)
- 미끄러져 오름 탈선은 올라탐 탈선보다도 항상 크므로 통상적으로 올라탐 탈선을 고려하면 충분하다.

㉢ 튀어오르기 탈선(Jumping up)
- Wheel Flange가 Rail에 충돌하고 그 힘으로 차륜이 튀어 올라 탈선하게 되며 주로 고속주행 시 발생한다.
- $\dfrac{Q}{P} \fallingdotseq 0.05 \times \dfrac{1}{t}$
  여기서, t : 횡압이 작용하는 시간

(4) 속도제한의 관계 및 탈선방지대책

① 곡선부에서 현행 속도 정도에서 탈선계수가 한계를 초과하는 경우는 적어도 어느 정도 속도 향상이 가능하다.

② 궤도에 부정형이 있으면 측정할 수 없는 횡압 발생이나 윤중의 감소와 이들 상호 경합에 의한 탈선 우려가 있으므로 궤도정비에 유의하여야 한다.

3. 승차감에 대한 속도제한

곡선부에서 승차감의 주요원인으로는 진동가속도, 정상가속도(불균형가속도), 불균형 가속도의 시간적 변화율에 기인한다.

(1) 진동가속도

① 차종에 따라 많은 차이가 있으며 열차속도에 비례하여 증가한다.

② 승차감의 한계 : 승차감 계수 $2m/sec^2(0.2g)$ 미만, 좌우동 가속도 $1m/sec^2(0.1g)$ 정도이다.

(2) 불균형가속도

① 캔트의 과부족에 의해 발생한다.

② 제한한도 : AREA 0.1g, 속도조사위원회 0.08g(캔트 부족량은 약 120mm)

③ 우리나라 국철의 경우 캔트 부족량 100mm일 때 0.067g이므로 불균형가속도에 의한 승차감 문제는 없다.

(3) 불균형가속도의 시간적 변화율

① 실험결과 0.03g/sec 이하가 요구되며, 0.04g/sec가 실용한계로서 캔트 부족량의 매초 변화 30mm/sec~40mm/sec에 해당한다.

② 완화곡선장은 캔트변화량에 대하여 $\dfrac{7.31V}{1,000}\Delta C(m)$, 부족캔트변화량에 대하여 $\dfrac{6.18V}{1,000}\Delta C_d(m)$ 중 큰 값 이상으로 하여야 한다.

4. 궤도파괴에 대한 속도제한

(1) 궤도파괴의 원인

① 곡선부에서 궤도파괴는 속도의 영향이 매우 크며, 윤중 증가, 전압력, 탈선계수의 증가가 그 원인이다.

② 열차의 반복되는 주행으로 인해 점진적으로 파괴가 진행되기 때문에 지속적인 유지보수로 파괴를 복원하여야만 궤도의 기능을 유지할 수 있다.

(2) 궤도파괴의 척도로서 파괴계수 $\Delta = L \cdot M \cdot N$을 사용

① 하중계수(L)

• 궤도의 점진적 파괴는 하중의 크기 및 회수에 비례하여 파괴가 증대한다.

• $L = \sum$(차량하중) × (열차 주행속도) × (차량계수)

② 구조계수(M)

• 구조에 따른 파괴의 난이를 나타내는 계수

• $M = \sum$(도상압력) × (도상 진동가속도) × (충격계수)

③ 상태계수(N)

Rail, 침목, 체결구, 도상, 이음매, 등의 상태에 따라 정하는 계수

QUESTION

9 횡압에 의한 탈선조건에 대하여 설명하시오.

1. 개요

① 차륜이 선로상을 주행할 때 수직력과 횡압이 작용하며, 횡압이 크면 차륜이 탈선하게 된다.

② 횡압에 의한 탈선조건을 나타낸 값을 탈선계수라 하며 $\frac{Q}{P}$ 로 판정한다.

③ 작용하는 마찰력이 상향일 때를 런닝오버, 하향일 때를 슬립오버라 한다.

2. 횡압의 발생원인

(1) 곡선 통과 시 불균형원심력에 의한 횡압

① 열차속도가 cant 설정속도와 다른 경우에 발생

② cant 설정속도보다 빠른 경우 곡선 외측에 횡압 발생

③ cant 설정속도보다 느린 경우 곡선 내측에 횡압 발생

(2) 곡선 전향의 횡압

① 2축 이상의 고정축을 가진 차량이 곡선 통과 시 외궤 차륜이 레일 위를 미끄러지면서 전주됨에 따라 발생되는 마찰력을 말한다.

② 곡선 반경이 작을수록 크게 발생한다.

(3) 궤도의 틀림에 따른 동요

① 이음매 부근, 분기기의 텅레일, 크로싱의 줄 틀림이 큰 곳에서 주로 발생한다.

② 곡선의 외궤가 내궤보다 크고, 속도의 영향을 많이 받으며 그 크기는 보통 윤중의 20% 이하이다.

(4) 차량동요에 의한 횡압

① 차량의 사행동과 궤도의 틀림에 의해 발생되며 속도가 높을수록 커진다.

② 사행동 파장은 차륜직경과 축거가 클수록 답면 기울기가 작을수록 길어진다.

③ 고속에서는 진동의 중심이 차량 중심보다 높아 차륜 플랜지가 충돌적으로 레일에 접촉하여 큰 횡압이 발생한다.

3. 탈선계수의 공식유도(Nadal의 공식)

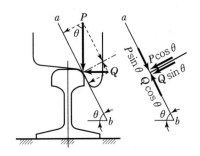

여기서, Q : 횡압(ton)

P : 윤중(ton)

θ : 플랜지 각도

차륜과 레일의 접촉점에서 공통접선 ab가

레일면과 이루는 각

μ : 차륜과 레일의 마찰계수

(1) 런닝오버(승상탈선 : 올라탐 탈선)

① 차륜과 레일 간의 마찰계수가 큰 경우 발생한다.

② 차륜 플랜지가 레일 위로 올라타므로 타오름 탈선이라고도 하며, 실제 일어나는 대부분의 탈선은 올라탐탈선(타오르기 탈선)이다.

③ 곡선구간과 저속구간에서 일어나며 어택 각이 마이너스 상태에서 발생한다.

④ 런닝오버 공식유도

$$P\sin\theta - Q\cos\theta = \mu(P\cos\theta + Q\sin\theta)$$

$$P(\sin\theta - \mu\cos\theta) = Q(\cos\theta + \mu\sin\theta)$$

$$\frac{Q}{P} = \frac{\sin\theta - \mu\cos\theta}{\cos\theta + \mu\sin\theta} = \frac{\dfrac{\sin\theta}{\cos\theta} - \dfrac{\mu\cos\theta}{\cos\theta}}{\dfrac{\cos\theta}{\cos\theta} + \dfrac{\mu\sin\theta}{\cos\theta}} = \frac{\tan\theta - \mu}{1 + \mu\tan\theta}$$

따라서 탈선계수 $\dfrac{Q}{P} = \dfrac{\tan\theta - \mu}{1 + \mu\tan\theta}$

⑤ 런닝오버가 일어나지 않는 한계값

$\theta = 60°$, $\mu = 0.3$이라고 하면 $\dfrac{Q}{P} = \dfrac{\tan 60° - 0.3}{1 + 0.3 \times \tan 60°} = 0.94$이다.

즉, 수직압력에 비하여 횡압이 0.94일 때 탈선하게 되는데, 차량과 레일의 주행상태 등이 일정치 않으므로 실제로는 20%의 여유를 두어 $\dfrac{Q}{P} < 0.8$을 안정성의 기준으로 한다.

(2) 슬립오버(활상탈선 : 미끄러져오름 탈선)

① 차륜과 레일 간의 마찰계수가 작을 경우 발생한다. 횡압에 의해 차륜이 레일 위에 미끄러져 오르므로 미끄러져 오르는 탈선이라고도 한다.

② 곡선구간과 저속구간에서 일어나며 어택 각이 마이너스 상태에서 발생한다.

③ 일반적으로 올라타기(타오르기) 탈선에 비하여 발생하기 힘들다.

④ 슬립오버 공식 유도

횡압 Q가 수직력 P보다 크므로 $Q\cos\theta$가 $P\sin\theta$보다 크다.

$$Q\cos\theta - P\sin\theta = \mu(P\cos\theta + Q\sin\theta)$$

$$Q(\cos\theta - \mu\sin\theta) = P(\sin\theta + \mu\cos\theta)$$

$$\frac{Q}{P} = \frac{\sin\theta + \mu\cos\theta}{\cos\theta - \mu\sin\theta}$$

따라서 슬립오버 탈선계수 $\dfrac{Q}{P} = \dfrac{\tan\theta + \mu}{1 - \mu\tan\theta}$

⑤ 슬립오버가 일어나지 않는 한계값은

$\theta = 60°$, $\mu = 0.3$라고 하면 $\dfrac{Q}{P} = \dfrac{\tan 60° + 0.3}{1 - 0.3 \times \tan 60°} = 4.23$이다.

(3) 튀어오르기 탈선(Jumping up)

① Wheel Flange가 Rail에 충돌하고 그 힘으로 차륜이 튀어 올라 탈선하게 되며 주로 고속주행 시 발생

② $\dfrac{Q}{P} \fallingdotseq 0.05 \times \dfrac{1}{t}$

　　여기서, t : 횡압이 작용하는 시간

4. 횡압에 따른 탈선방지 대책

① 곡선부에서 현행 속도 정도에서 탈선계수가 한계를 초과하는 경우는 적어도 어느 정도 속도향상이 가능하다.

② 궤도에 부정형이 있으면 측정할 수 없는 횡압 발생이나 윤중의 감소와 이들 상호 경합에 의한 탈선우려가 있으므로 궤도정비에 유의하여야 한다.

QUESTION 10 철도노선 선정을 계획할 때 평면선형에서 열차운행 최고 속도와 최소곡선반경과의 상관관계를 설명하시오.

1. 개요

① 최고속도는 선로의 상태, 곡선반경, cant, 기관차 및 전동기 성능에 의해 좌우된다.
② 곡선통과속도는 차량에서 발생하는 원심력이 곡선 외측으로 작용하여, 승차감을 악화시키고 궤도파괴, 심하면 탈선 · 전복을 유발할 수 있어 열차운행 최고속도에 적합한 최소곡선반경을 선정하여야 한다.

2. 열차운행 최고속도

(1) 정의

① 운전 중 낼 수 있는 최고속도(5초 이상 지속)를 열차운행 최고속도라 한다.
② 기관차의 성능, 선로조건의 영향을 받는다.
③ 현재 영업 중인 열차의 최고속도는 350km/h 정도이다.
④ Maglev 자기부상열차의 경우 최고속도 500km/h 이상 주행이 가능하다.

(2) 최고속도 제한요인과 향상방안

① 브레이크와 차량의 성능 개선
② 선로조건 : 궤도강화, 신호개량
③ 집전조건 : 가선방식 개량
④ 소음문제 개선

3. 열차주행속도와 최소곡선반경의 상관관계 공식 유도

(1) 캔트 이론공식

$$p = \overline{MR} = \overline{NR}\cos\theta = \overline{NR}\ (\cos\theta \simeq 1)$$

$$\overline{NR} = f - \overline{WN}\text{에서 } f = \frac{v^2}{R}, \ \overline{WN} = g\tan\theta = \frac{C}{G}g = \frac{g}{G}C\text{이므로}$$

$$p = a_q = \frac{v^2}{R} - \frac{g}{G}C$$

여기서, a_q : 부족캔트에 의한 원심가속도

v : 열차속도(km/h)

g : 중력가속도

R : 곡선반경(m)

C : 설정캔트(mm)

G : 궤간(좌우접촉점 간 거리)

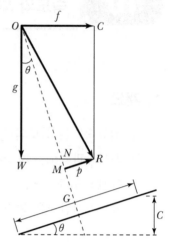

균형캔트는 $p = 0$일 때이므로

$$\frac{v^2}{R} = \frac{g}{G} C \rightarrow C = \frac{Gv^2}{gR} \text{ 이다.}$$

여기서, $v(\mathrm{km/h}) = \frac{1}{3.6}\mathrm{V}(\mathrm{m/sec})$, $g = 9.8\mathrm{m/sec^2}$, $G = 1,500\mathrm{mm}$

$$C = \frac{1,500(\frac{1}{3.6}V)^2}{9.8R} = 11.8\frac{V^2}{R}(\mathrm{mm})$$

(2) 속도와 곡선반경의 상관관계식

$$R = 11.8\frac{V^2}{C} = 11.8\frac{V^2}{(C_{\max} + C_{d,\max})}$$

$$V = \frac{\sqrt{(C_{\max} + C_{d,\max})}}{11.8} \times \sqrt{R}$$

여기서, R : 곡선반경(m)

V : 설계속도(km/h)

C_{max} : 최대 설정캔트(mm)

$C_{d,\max}$: 최대 부족캔트(mm)

4. 열차운행 최고속도와 최소곡선반경의 크기

① 본선의 최소곡선반경은 설계속도에 따라 설정캔트와 부족캔트를 적용하여 산출한다.

$$R \geq \frac{11.8 V^2}{C_{max} + C_{d,max}}$$

② 설계속도에 따른 설정캔트와 부족캔트의 값

설계속도 V(km/h)	자갈도상 궤도(mm)		콘크리트도상 궤도(mm)	
	최대 설정캔트	최대 부족캔트	최대 설정캔트	최대 부족캔트
350< V ≤ 400	−	−	180	130
250< V ≤ 350	160	80	180	130
V ≤ 250	160	100	180	130

③ 최소곡선반경 산출

설계속도 V (km/h)	최소곡선반경(m)	
	자갈도상 궤도	콘크리트도상 궤도
400	−	6,100
350	6,100	4,700
300	4,500	3,500
250	3,100	2,400
200	1,900	1,600
150	1,100	900
120	700	600
V ≤ 70	400	400

④ 곡선반경의 축소

　㉠ 정거장의 전후구간 등 부득이한 경우

설계속도 V(km/h)	최소 곡선반경(m)
200< V ≤400	운영속도 고려 조정
150< V ≤200	600
120< V ≤150	400
70< V ≤120	300
V ≤ 70	250

　㉡ 전기동차 전용선의 경우 : 설계속도에 관계없이 250m

　㉢ 부본선, 측선 및 분기기에 연속되는 경우에는 곡선반경을 200m까지 축소할 수 있다. 다만, 고속철도 전용선의 경우에는 다음 표와 같이 축소할 수 있다.

구분	최소 곡선반경(m)
주본선 및 부본선	1,000(부득이한 경우 500)
회송선 및 착발선	500(부득이한 경우 200)

5. 결론

① 곡선부는 직선부와는 달리 열차의 속도를 제한하는 요소이므로 평면곡선반경 설정시 초기 투자비가 다소 많이 들더라도, 건설 후의 운영비, 속도제한 등을 감안할 때 가능한 한 크게 계획하는 것이 바람직하다.

② 콘크리트도상은 자갈도상에 비해 안정성이 높아 최대 부족캔트의 확대가 가능하다. 따라서 최대 부족캔트를 110mm → 130mm로 확대하여 곡선구간 통과속도별 최소 곡선반경을 축소함에 따라 건설공사비 절감이 가능토록 하였다.

③ 해외의 경우 최대 부족캔트량을 EN(유럽 표준) 130mm, 독일 Köln – Frankfurt 150mm를 적용한다.

QUESTION 11

설계속도 250km/hr 선구에서 궤도형식(자갈, 콘크리트)에 따라 최소곡선반경을 다르게 계획할 수 있는데, 그 이유를 설명하시오.

1. 개요

① 최고속도는 선로의 상태, 곡선반경, cant, 기관차 및 전동기 성능에 의해 좌우된다.

② 곡선통과속도는 자갈궤도 또는 콘크리트 궤도와 같이 궤도형식에 따라 캔트량이 다르므로 최소 곡선반경도 다르게 계획할 수 있다.

2. Cant의 설정기준

(1) 캔트 이론공식

열차가 반경 R(M)의 곡선을 속도 V(km/h)로 통과하는 경우 궤도면이 캔트 C만큼 기울어져 있다고 하면 열차 중심에 작용하는 하중은 다음과 같다.

① 곡선 외측으로 발생하는 원심가속도 $f = \dfrac{V^2}{R}$

② 중력 g

③ 원심력과 중력의 합력 $\overline{OR}$ 및 그 합력($\overline{OR}$)에 의해 생기는 궤도면에 평행한 횡가속도 성분 p

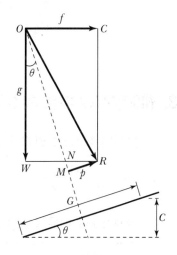

$$p = \overline{MR} = \overline{NR}\cos\theta$$

$$\overline{NR} = f - \overline{WN}$$

$$f = \frac{V^2}{R}, \quad \overline{WN} = g\tan\theta = \frac{C}{G}g,$$

$\cos\theta \approx 1$이므로

$$p = \frac{V^2}{R} - \frac{C}{G}g$$

④ 열차속도 V에 대하여 횡가속도 p가 0일 경우, 즉 원심가속도와 중력가속도의 합력이 궤도의 중심을 향하는 가장 바람직한 상태가 되는 때의 캔트를 균형캔트(C_{eq} : 평형캔트)라 하며, 이때의 열차속도 V를 균형속도라 한다.

⑤ 따라서 균형캔트는

$$\frac{v^2}{R} = \frac{C_{eq}}{G} g$$

$$C_{eq} = \frac{Gv^2}{gR} = \frac{G(\frac{1}{3.6} V)^2}{gR} = \frac{GV^2}{12.96gR}$$

$g = 9.8\text{m}/\sec^2$, $G = 1,500\text{mm}$ 이므로 $C_{eq} = \frac{1500\,V^2}{12.96 \times 9.8R} = 11.8\frac{V^2}{R}(\text{mm})$

여기서, C_{eq} : 균형캔트(mm)

V : 열차속도(km/h)

R : 곡선반경(m)

(2) 속도와 곡선반경의 상관관계식

$$R = 11.8\frac{V^2}{C} = \frac{11.8}{(C_{\max} + C_{d,\max})} V^2$$

$$V = \sqrt{\frac{(C_{\max} + C_{d,\max})}{11.8}} \times \sqrt{R}$$

여기서, R : 곡선반경(m)

V : 설계속도(km/h)

C_{max} : 최대 설정캔트(mm)

$C_{d,max}$: 최대 부족캔트(mm)

3. 궤도형식에 따른 최소곡선반경 크기

① 본선의 최소곡선반경은 설계속도에 따라 설정캔트와 부족캔트를 적용하여 산출한다.

$$R \geq \frac{11.8\,V^2}{C_{max} + C_{d,max}}$$

② 설계속도에 따른 설정캔트와 부족캔트의 값

설계속도 V(km/h)	자갈도상 궤도(mm)		콘크리트도상 궤도(mm)	
	최대 설정캔트	최대 부족캔트	최대 설정캔트	최대 부족캔트
$350 < V \leq 400$	−	−	180	130
$250 < V \leq 350$	160	80	180	130
$V \leq 250$	160	100	180	130

③ 최소곡선반경 산출

설계속도 V(km/h)	최소곡선반경(m)	
	자갈도상 궤도	콘크리트도상 궤도
400	−	$\dfrac{11.8 \times (400)^2}{(180+130)} = 6,100\text{m}$
350	$\dfrac{11.8 \times (350)^2}{(160+80)} = 6,023 \simeq 6,100\text{m}$	$\dfrac{11.8 \times (350)^2}{(180+130)} = 4,663 \simeq 4,700\text{m}$
300	$\dfrac{11.8 \times (300)^2}{(160+80)} = 4,425 \simeq 4,500\text{m}$	$\dfrac{11.8 \times (300)^2}{(180+130)} = 3,426 \simeq 3,500\text{m}$
250	$\dfrac{11.8 \times (250)^2}{(160+100)} = 2,837 \simeq 2,900\text{m}$	$\dfrac{11.8 \times (250)^2}{(180+130)} = 2,379 \simeq 2,400\text{m}$
200	$\dfrac{11.8 \times (200)^2}{(160+100)} = 1,815 \simeq 1,900\text{m}$	$\dfrac{11.8 \times (200)^2}{(180+130)} = 1,522 \simeq 1,600\text{m}$
150	$\dfrac{11.8 \times (150)^2}{(160+100)} = 1,021 \simeq 1,100\text{m}$	$\dfrac{11.8 \times (150)^2}{(180+130)} = 856 \simeq 900\text{m}$
120	$\dfrac{11.8 \times (120)^2}{(160+100)} = 653 \simeq 700\text{m}$	$\dfrac{11.8 \times (120)^2}{(180+130)} = 548 \simeq 600\text{m}$
$V \le 70$	$\dfrac{11.8 \times (70)^2}{(160+100)} = 222 \simeq 400\text{m}$	$\dfrac{11.8 \times (70)^2}{(180+130)} = 187 \simeq 400\text{m}$

4. 결론

① 설계속도 250km/h 선구에서 최소곡선반경이 자갈도상의 경우 2,900m, 콘크리트 도상의 경우 2,400m이다. 이는 궤도형식에 따라 최대 설정캔트 및 최대 부족캔트 값이 다르기 때문이다.

② 콘크리트도상 궤도의 경우 자갈도상궤도에 비하여 $C_{\max}$와 $C_{d,\max}$ 값을 크게 설정할수 있어 상대적으로 곡선반경 값은 작게 할 수 있다. 이는 작은 곡선반경으로 동일 속도를 구현할 수 있다는 관점에서 경제적 설계가 가능한 장점이 된다.

③ 콘크리트도상의 경우 생력화 궤도로서 초기투자비용은 다소 많지만 유지관리를 고려한 VE/LCC 측면에서 장기적으로는 유리하다.

동일한 운행속도에서 자갈도상과 콘크리트도상의 곡선반경 차이를 설명하시오.

1. 개요

① 최고속도는 선로의 상태, 곡선반경, Cant, 기관차 및 전동기 성능에 의해 좌우된다.

② 곡선통과속도는 자갈궤도 또는 콘크리트 궤도와 같이 궤도형식에 따라 캔트량이 다르므로 최소곡선반경을 다르게 계획할 수 있다.

2. 속도와 곡선반경과의 상관관계식

$$R = 11.8\frac{V^2}{C} = \frac{11.8}{(C_{max} + C_{d,max})}V^2$$

여기서 R : 곡선반경(m)

V : 설계속도(km/h)

C_{max} : 최대 설정캔트(mm)

$C_{d,max}$: 최대 부족캔트(mm)

3. 궤도형식에 따른 최소 곡선반경 크기

① 본선의 최소 곡선반경은 설계속도에 따라 설정캔트와 부족캔트를 적용하여 산출한다.

$$R \geq \frac{11.8V^2}{C_{max} + C_{d,max}}$$

② 설계속도에 따른 설정캔트와 부족캔트 값

설계속도 V (km/h)	자갈도상 궤도(mm)		콘크리트도상 궤도(mm)	
	최대 설정캔트	최대 부족캔트	최대 설정캔트	최대 부족캔트
$350 < V \leq 400$	−	−	180	130
$250 < V \leq 350$	160	80	180	130
$V \leq 250$	160	100	180	130

③ 최소곡선반경 산출

설계속도 V (km/h)	자갈도상 궤도(mm)	콘크리트도상 궤도(mm)
$350 < V \leq 400$	–	$R = \dfrac{K}{310}$
$250 < V \leq 350$	$R = \dfrac{K}{240}$	$R = \dfrac{K}{310}$
$V \leq 250$	$R = \dfrac{K}{260}$	$R = \dfrac{K}{310}$

4. 결론

① 설계속도 250km/h를 초과하고 350km/h 미만인 구간에서는 콘크리트도상 궤도의 곡선반경은 자갈도상 궤도 곡선반경의 $\dfrac{24}{31}$ 배이며, 설계속도 250km/h 이하 구간에서는 콘크리트도상 궤도의 곡선반경은 자갈도상 궤도 곡선반경의 $\dfrac{26}{31}$ 배이다. 이는 궤도형식에 따라 최대 설정캔트 및 최대 부족캔트 값이 다르기 때문이다.

② 콘크리트도상 궤도의 경우 자갈도상 궤도에 비하여 $C_{\max}$ 와 $C_{d,\max}$ 값을 크게 설정할 수 있어 상대적으로 곡선반경 값을 작게 할 수 있다. 이는 작은 곡선반경으로 동일 속도를 구현할 수 있다는 관점에서 경제적 설계가 가능한 장점이 된다.

③ 콘크리트도상의 경우 생력화 궤도로서 초기투자비용은 다소 많이 들지만 유지관리를 고려한 VE/LCC 측면에서 장기적으로는 유리하다.

QUESTION 13

1 호남고속철도의 설계속도는 350km/hr로 경부고속철도와 같으나 최소곡선반경은 경부고속철도의 7,000m를 5,000m로 축소하였다. 축소한 기술적 사유와 최소곡선반경 축소가 건설계획에 미치는 긍정적 효과에 대하여 설명하시오.

2 동일한 설계속도(350km/hr)에서 호남고속철도 최소곡선반경을 경부고속철도보다 축소하였다. 이와 같이 최소곡선반경 축소가 가능한 사유를 이론적으로 설명하시오.

1. 개요

① 최고속도는 선로의 상태, 곡선반경, cant, 기관차 및 전동기 성능에 의해 좌우된다.

② 곡선통과속도는 차량에서 발생하는 원심력이 곡선 외측으로 작용하여, 승차감을 악화시키고 궤도파괴, 심하면 탈선, 전복을 유발할 수 있다.

③ 설계속도와 최소곡선반경의 관계는 그 선구에서 정하는 캔트량의 크기에 따라 달라질 수 있다.

2. 열차주행속도와 최소곡선반경의 상관관계 공식 유도

(1) 캔트 이론공식

$$C = \frac{GV^2}{127R} = 11.8\frac{V^2}{R}$$

(2) 곡선반경과 속도의 상관관계식

$$R = 11.8\frac{V^2}{C} = 11.8\frac{V^2}{(C_{\max} + C_{d,\max})}$$

여기서, R : 곡선반경(m)

V : 설계속도(km/h)

C_{max} : 최대 설정캔트(mm)

$C_{d,max}$: 최대 부족캔트(mm)

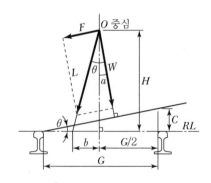

3. 기존 경부고속철도와 호남고속철도에서의 최소곡선반경 산출

① 설정최대캔트량 또는 부족캔트량을 변경할 경우 동일한 속도에서 곡선반경 축소가 가능하다.

② 경부고속철도의 경우 $V = 350$km/hr일 때 설정최대캔트량 180mm, 부족캔트량 30mm로 설정하여 $R = \dfrac{11.8 V^2}{(C_{max} + C_{d,\max})} = \dfrac{11.8 \times 350^2}{(180 + 30)} = 6,883 ≒ 7,000$m로 정하였다.

③ 호남고속철도의 경우 동일한 설계속도에서 설정최대캔트량 180mm, 부족캔트량 110mm로 설정하여 $R = \dfrac{11.8 V^2}{(C_{max} + C_{d,max})} = \dfrac{11.8 \times 350^2}{(180 + 110)} = 4,984 ≒ 5,000$m로 정하였다.

4. 결론

① 곡선부는 직선부와는 달리 열차의 속도를 제한하는 요소이므로 평면곡선반경 설정 시 초기 투자비가 다소 많이 들더라도, 건설 후의 운영비, 속도제한 등을 감안할 때 가능한 한 크게 계획하는 것이 바람직하다.

② 최고속도의 구현을 위해 호남고속철도의 경우 경부고속철도에 비하여 부족캔트량을 크게 하여 곡선반경을 축소함으로써 경제적 설계가 가능하였으나 이 경우 승차감 확보방안이 강구되어야 한다.

QUESTION

14

1 철도선형에서 완화곡선의 역할과 완화곡선 길이 산정 시 고려 사항에 대하여 설명하시오.

2 완화곡선의 종류 및 완화곡선장 결정 시 고려사항에 대하여 설명하시오.

1. 정의

① 열차가 직선에서 곡선부로 또는 곡선부에서 직선부로 진입 시 열차의 주행방향이 급변하게 되므로 차량의 운행을 불안정하게 하는 동시에 불쾌한 승차감을 주게 되며, 또한 차륜 및 궤도에 손상을 주게 된다.

② 따라서 이러한 문제점을 해결하기 위하여 원심력이 연속 변화하도록 곡선반경을 ∞ → R → ∞까지 점진적으로 변화시켜 원활한 진입이 가능하도록 직선부와 곡선부 사이에 매끄러운 곡선을 삽입한 것을 완화곡선이라 한다.

2. 설치목적

① 3점지지에 의한 탈선위험을 제거한다.

② 부족캔트가 있을 경우 불균형 가속도의 값이 급격히 증가하여 승차감 저하 및 탈선위험을 초래할 수 있으나 캔트변화량을 서서히 진행하여 승차감을 향상한다.

③ 차량 진동주기의 급변을 방지하고 원활한 주행유도가 가능하다.

④ 궤도파괴를 경감한다.

⑤ Slack 및 cant의 체감을 원활히 한다.

3. 완화곡선의 종류

(1) 3차 포물선

① $y = \dfrac{x^3}{6RX}$

② 곡률은 횡거에 비례, 직선체감

③ 국철, 경부고속철도, 호남고속철도에 적용

④ 승차감이 Sine 반파장보다는 떨어진다.

(2) Clothoid(서울시 지하철)

① $RL = A^2$

$$y = \frac{x^3}{6RL}(1 + ax^4 + bx^8)$$

② 곡률은 곡선길이에 비례, 직선체감

③ 곡률이 급하여 지하철에서 적용

④ 부설과 유지보수가 복잡

(3) Lemniscate

① $Z = a\sqrt{\sin 2\delta}$

$$2\delta_0 = \sin-1\frac{L}{3R} \qquad a = 3R\sqrt{\sin 2\delta_0}$$

$$y = Z\sin\delta \qquad\qquad x = Z\cos\delta$$

② 극좌표의 장현에 비례, 직선체감

(4) Sine 반파장 곡선

① $Cx = \dfrac{c}{2}\left(1 - \cos\dfrac{\pi}{X}x\right)$

$$y = \frac{1}{2R}\left\{\frac{x^2}{2} - \frac{X^2}{\pi^2}\left(1 - \cos\frac{\pi}{X}x\right)\right\}$$

② 캔트와 곡률을 곡선적으로 원활체감, 고속운전에 적합하나 유지보수가 복잡

③ 일본에서 사용

(5) 4차 포물선

① $y = \dfrac{x^4}{6RX^2}$

② 캔트와 곡률을 곡선적으로 원활체감, 고속운전에 적합하나 유지보수가 복잡

③ 독일에서 사용

4. 완화곡선을 설치하여야 하는 곡선반경 결정

① 건설비, 유지보수관리, 승차감 한도 등을 감안하여 완화곡선을 설치하여야 하는 곡선 반경을 설정한다.

② 설계속도별 부족캔트 변화량 한계값에 따라 계산된 곡선반경 이하에서는 완화곡선 삽입하여야 한다.

③ $R = 11.8 \dfrac{V^2}{\Delta C_{d.\,\text{lim}}}$

설계속도 V(km/h)	곡선반경(m)
250	24,000
200	12,000
150	5,000
120	2,500
100	1,500
$V \leq 70$	600

설계속도(km/h)	400	350	300	250	200	150	120	100	70
$\Delta C_{d.\,\text{lim}}$ (mm) 부족캔트 변화량 한계값	20	25	27	32	40	57	69	83	100

5. 분기기 내에서 완화곡선 설치

분기기 내에서 부족캔트 변화량이 다음 표의 값을 초과하는 경우에는 완화곡선을 두어야 한다.

① 고속철도 전용선

분기속도 V(km/h)	$V \leq 70$	$70 < V \leq 170$	$170 < V \leq 230$
부족캔트 변화량 한계값(mm)	120	105	85

② 그 외

분기속도 V(km/h)	$V \leq 100$	$100 < V \leq 170$	$170 < V \leq 230$
부족캔트 변화량 한계값(mm)	120	$141 - 0.21V$	$161 - 0.33V$

6. 완화곡선 길이

(1) 차량의 3점지지에 의한 탈선한도(L_1)

① 차량의 3점지지에 의한 탈선한도는 차량의 3점지지 부상에 의해 탈선하지 않는 조건이다.

② 공식의 유도

$$\frac{\Delta C}{L_1} = \frac{d_a}{A}$$

$$L_1 = \frac{A}{d_a}\Delta C = \frac{3.70 \times 1,000}{11}\Delta C = 336\Delta C$$

3점지지로 인한 탈선안전율을 2라고 하면 $L_1 = 336\Delta C \times 2 \simeq 600\Delta C$

여기서, L_1 : 캔트체감길이
ΔC : 캔트 변화량
A : 차량의 고정축거(3.70m)
d_a : 3점지지 탈선방지를 위한 캔트체감에 의한 평면성틀림 한계(11mm)
• 3점지지로 인한 한쪽 바퀴 부상량은 20mm 이내로 한다.
• 궤도의 고저틀림 최대변위량은 9mm로 한다.
• $d_a = 20 - 9 = 11(Mm)$

③ 따라서 캔트체감거리는 캔트 변화량의 600배로 할 경우 탈선에 대하여 안전하다.

(2) Cant의 시간적 변화율에 대한 승차감 검토(L_{T1})

① 완화곡선상에서는 캔트 변화에 따라 진행방향의 축을 따라 회전하는데 회전속도가 빨라지면 승차감을 해치게 된다.

② 이 회전속도는 캔트의 시간변화율 $\left(\frac{dC}{dt}\right)$에 직접 비례하므로 회전속도를 승차감 한도 이내에 들도록 하는 캔트체감길이는 캔트의 시간변화율의 한계 값에 의하여 구할 수 있다.

③ $\dfrac{v}{L_{T1}} = \dfrac{\left(\dfrac{dC}{dt}\right)_{\lim}}{\Delta C}$

$$L_{T1} = v \times \cfrac{\Delta C}{\left(\cfrac{dC}{dt}\right)_{\text{lim}}} = \cfrac{1}{3.6}V\cfrac{\Delta C}{\left(\cfrac{dC}{dt}\right)_{\text{lim}}}$$

④ 승차감을 해치지 않는 합리적인 캔트변화량 시간변화율 $\left(\cfrac{dC}{dt}\right)_{\text{lim}}$ 의 최댓값을 38

mm/sec이라고 하면

$$L_{T1} = \cfrac{1}{3.6}V\cfrac{\Delta C}{\left(\cfrac{dC}{dt}\right)_{\text{lim}}} = \cfrac{1}{3.6} \times \cfrac{1}{38} \times V\Delta C \times \cfrac{1,000}{1,000} = \cfrac{7.31}{1,000}V\Delta C(\text{m})$$

따라서 길이 $L_{T1} = C_1 \Delta C = \cfrac{7.31\,V}{1,000}\Delta C(\text{m})$

여기서, L_{T1} : 캔트 변화량에 대한 완화곡선 길이(m)

L_{T2} : 부족캔트 변화량에 대한 완화곡선 길이(m)

C_1 : 캔트 변화량에 대한 배수

C_2 : 부족캔트 변화량에 대한 배수

ΔC : 캔트 변화량(mm)

ΔC_d : 부족캔트 변화량(mm)

(3) 초과원심력(불균형가속도)의 부족캔트량의 시간적 변화에 대한 승차감 검토 (L_{T2})

① 원곡선에서 부족 cant가 있는 경우 완화곡선 시점에서부터 서서히 부족캔트에 의한 초과 원심력이 커져 승차감에 영향을 주게 된다.

② 따라서 초과원심력의 시간변화율을 승차감 한도 이내에 들게 해야 한다.

③ 초과원심력의 시간변화율에 대한 승차감 한도를 확보하기 위한 완화곡선 길이

$$\cfrac{v}{L_{T2}} = \cfrac{\left(\cfrac{dC_d}{dt}\right)_{\text{lim}}}{\Delta C_d}$$

$$L_{T2} = v \times \cfrac{\Delta C_d}{\left(\cfrac{dC_d}{dt}\right)_{\text{lim}}} = \cfrac{1}{3.6}V\cfrac{\Delta Cd}{\left(\cfrac{dC_d}{dt}\right)_{\text{lim}}}$$

④ 승차감을 해치지 않는 합리적인 부족캔트 변화량 시간변화율 $\left(\cfrac{dC_d}{dt}\right)_{\text{lim}}$ 의 최댓값을 45mm/sec이라고 하면

$$L_{T2} = \frac{1}{3.6} V \frac{\Delta C_d}{\left(\dfrac{dC_d}{dt}\right)_{\lim}} = \frac{1}{3.6} \times \frac{1}{45} \times V\Delta C_d \times \frac{1,000}{1,000} = \frac{6.18}{1,000} V\Delta C_d(\mathrm{m})$$

설계속도 V(km/h)	캔트 변화량에 대한 배수(C_1)	부족캔트 변화량에 대한 배수(C_2)
400	2.95	2.50
350	2.50	2.20
300	2.20	1.85
250	1.85	1.55
200	1.50	1.30
150	1.10	1.00
120	0.90	0.75
$V \le 70$	0.60	0.45

따라서 길이 $L_{T2} = C_2 \Delta C_d = \dfrac{6.18\,V}{1,000} \Delta C_d(\mathrm{m})$

(4) 이외의 값 및 기존선 고속화

이외의 값 및 기존선을 250km/h까지 고속화 하는 경우에는 다음의 공식에 의해 산출한다.

구분	캔트 변화량에 대한 배수(C_1)	부족캔트 변화량에 대한 배수(C_2)
이외의 값	$7.31\,V/1,000$	$6.18\,V/1,000$
기존선을 250km/h까지 고속화하는 경우	$6.46\,V/1,000$	$5.56\,V/1,000$

여기서, V : 설계속도(km/h)
다만, 캔트 변화량에 대한 배수는 0.6 이상으로 하여야 한다.

(5) L 길이 결정

① L_1, L_{T1}, L_{T2}의 값 중 가장 큰 값을 완화곡선 길이로 결정한다.
② 보통 완화곡선의 길이는 저속구간을 제외하고 탈선방지 한도보다는 캔트와 부족캔트의 시간적 변화율을 고려한 승차감 한도에 의해 결정되고, 그중에서도 일반적으로 캔트량(160mm)이 부족캔트량(100~130mm)보다 크므로 캔트의 시간적 변화율에 의한 승차감 한도가 지배적이다.

7. 인접한 완화곡선 사이 중간직선 길이($L_{s,lim}$)

설계속도 V(km/h)	중간직선 길이 기준값(m)
$200 < V \leq 400$	$0.5\,V$
$100 < V \leq 200$	$0.3\,V$
$70 < V \leq 100$	$0.25\,V$
$V \leq 70$	$0.2\,V$

8. 완화곡선 설치에 따른 캔트 체감방법

(1) 직선체감

① 곡률과 cant를 직선으로 체감

② 3차 포물선, 클로소이드, 렘니스케이드 곡선이 해당됨

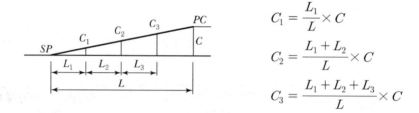

$$C_1 = \frac{L_1}{L} \times C$$

$$C_2 = \frac{L_1 + L_2}{L} \times C$$

$$C_3 = \frac{L_1 + L_2 + L_3}{L} \times C$$

(2) 원활체감

① 곡률과 cant를 곡선으로 체감

② sine 반파장, 4차 포물선이 해당됨

③ 3차 포물선에 decline 채용

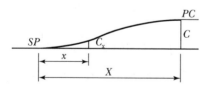

$$C_x = \frac{C}{2}\left(1 - \cos\frac{\pi}{X} \cdot x\right)$$

$$y = \frac{1}{2R}\left\{\frac{x^2}{2} - \frac{X^2}{\pi^2}\left(1 - \cos\frac{\pi}{X}x\right)\right\}$$

9. 결론

① 완화곡선의 길이는 해당 구간의 열차속도를 산정하고, 캔트의 시간변화율과 부족캔트의 시간적 변화율 한계값을 이용하여 구할 수 있다.

② 완화곡선이 종곡선과 경합할 경우 콘크리트 궤도에 한하여는 부설할 수 있다.

③ 분기기 내에서도 고속철도 전용선과 기타로 구분하여 부족캔트 변화량이 일정 값을 초과하는 경우에는 완화곡선을 두어야 한다.

QUESTION
15

1 철도건설규칙에서 규정하고 있는 곡선과 기울기에 대한 기본 개념 및 산출근거를 제시하고 주요 사항에 대해 기술하시오.

2 철도 선형의 곡선 및 기울기와 열차속도의 상관관계에 대하여 설명하시오.

1. 개요

① 선로의 조건 중 가장 영향이 큰 것은 곡선 및 기울기이며, 그와 연관된 조건들이 열차의 속도와 선로의 조건을 지배하게 된다. 따라서 열차의 속도에 따라 곡선반경과 기울기 등이 결정된다.

② 선로의 기울기는 최소곡선반경보다도 수송력에 직접적인 영향을 주므로 가능한 수평에 가깝도록 하는 것이 좋으며 철도에서 기울기는 천분율(‰)로 표시한다.

2. 곡선

(1) 곡선부의 속도

① 캔트 이론공식 $C = \dfrac{Gv^2}{gR} = \dfrac{GV^2}{127R} = 11.8\dfrac{V^2}{R}$

따라서 $R = \dfrac{11.8\,V^2}{C} = \dfrac{11.8\,V^2}{C_{\max} + C_{d.\max}}$

여기서, C : 이론캔트량(mm)

$C_{\max}$: 최대 설정캔트량(mm)

$C_{d,\max}$: 최대 부족캔트량(mm)

G : 궤간(차륜과 레일 접촉면과의 거리)

v : 열차속도(m/sec)

V : 열차속도(km/h)

$v = \dfrac{1}{3.6}\,V$

g : 중력가속도(9.8m/sec²)

R : 곡선반경(m)

② 본선의 최소곡선반경은 설계속도에 따라 설정캔트와 부족캔트를 적용하여 산출한다. $R \geq \dfrac{11.8\,V^2}{C_{max} + C_{d,max}}$

(2) 설계속도에 따른 설정캔트와 부족캔트의 값

설계속도 V (km/h)	자갈도상궤도		콘크리트도상궤도	
	최대 설정캔트 (mm)	최대 부족캔트* (mm)	최대 설정캔트 (mm)	최대 부족캔트* (mm)
$350 < V \leq 400$	−**	−**	180	130
$250 < V \leq 350$	160	80	180	130
$V \leq 250$	160	100***	180	130

* 최대 부족캔트는 완화곡선이 있는 경우, 즉 부족캔트가 점진적으로 증가하는 경우에 한한다.

** 설계속도 $350 < V \leq 400$km/h 구간에서는 콘크리트도상 궤도를 적용하는 것을 원칙으로 하고, 자갈도상 궤도 적용 시에는 별도로 검토하여 정한다.

*** 기존선을 250km/h까지 고속화하는 경우에는 최대 부족캔트를 120mm까지 할 수 있다.

(3) 최소곡선반경 산출

설계속도 V(km/h)	최소 곡선반경(m)	
	자갈도상 궤도	콘크리트도상 궤도
400	−	6,100
350	6,100	4,700
300	4,500	3,500
250	2,900	2,400
200	1,900	1,600
150	1,100	900
120	700	600
$V \leq 70$	400	400

(4) 곡선반경의 축소

① 정거장의 전후 구간 등 부득이한 경우

설계속도 V(km/h)	최소 곡선반경(m)
$200 < V \leq 350$	운영 속도 고려 조정
$150 < V \leq 200$	600
$120 < V \leq 150$	400
$70 < V \leq 120$	300
$V \leq 70$	250

② 전기동차 전용선의 경우

설계속도에 관계없이 250m

③ 부본선, 측선 및 분기기에 연속되는 경우에는 곡선반경을 200m까지 축소할 수 있다. 다만, 고속철도 전용선의 경우에는 다음 표와 같이 축소할 수 있다.

구분	최소 곡선반경(m)
주본선 및 부본선	1,000(부득이한 경우 500)
회송선 및 착발선	500(부득이한 경우 200)

3. 기울기의 종류

(1) 최대기울기(Steep Gradient)

① 속도에 따라 허용되는 최대로 급한 기울기를 말한다. 정차장 내의 본선기울기는 2‰ 이하로 하며 차량의 해결을 하지 않은 본선에는 8‰, 차량을 유치하지 않는 측선 및 전차전용선로에서는 35‰ 이하로 규정한다.

② 최대기울기의 크기를 여객 전용선, 여객화물 혼용선, 전기동차 전용선으로 구분하여 최대기울기의 크기를 규정하고 있다.

설계속도 V(km/h)		최대 기울기(천분율)
여객전용선	$V \leq 400$	$35^{*, **}$
여객화물혼용선	$V \leq 250$	25
전기동차전용선		35

* 연속한 선로 10km에 대해 평균기울기는 1천분의 25 이하로 하여야 한다.
** 기울기가 1천분의 35인 구간은 연속하여 6km를 초과할 수 없다.
*** 다만, 선로용량이 최적이 되도록 본선 기울기를 결정하여야 한다.

③ 여객 전용선의 최대기울기는 연속한 선로 10km에 대해 평균기울기는 1천분의 25 이하여야 한다. 기울기가 1천분의 35인 구간은 연속하여 6km를 초과할 수 없다.

(2) 평균기울기

기울기저항과 구간길이를 곱해서 구간길이로 나눈 기울기 값

(3) 등가사정기울기

① 기울기와 열차장을 고려하여 견인정수 사정을 위한 계산상의 최대 기울기
② 열차장이 걸리는 구간의 최대 표준기울기 산정
③ 기울기 중에 곡선이 있는 경우 환산기울기로 변환한다.

(4) 환산기울기

① 곡선저항을 기울기저항으로 환산하여 표시한 기울기
② 본선의 기울기 중에 곡선이 있을 경우에는 다음 공식에 의하여 산출된 환산기울기
의 값을 뺀 기울기 이하로 하여야 한다.

$$G_c = \frac{700}{R}$$

여기서, G_c : 환산기울기(천분율)
R : 곡선반경(m)

(5) 사정기울기

① 상기울기 구간에서 최대인장력이 요구되는 기울기를 말하며, 그 구간에서 견인정
수를 지배하는 구간이라 하여 '지배기울기'라고도 한다.
② 사정기울기를 결정할 때 반드시 최대기울기가 되는 것은 아니다. 외냐하면 최대
기울기를 가졌다 하더라도 기울기구간이 매우 짧다면 그 최대기울기는 균형속도
로 운행이 가능하므로 최대인장력이 필요하지 않기 때문이다.

(6) 지배기울기(제한기울기)

열차운전에 최대 견인력이 요구되는 기울기

(7) 가상기울기

열차의 속도변화(가속도)를 기울기로 환산하여 실제 기울기에 대수적으로 가산한 기
울기(가상기울기 = 실제기울기 + 가속도 저항값)

(8) 표준기울기

① 인접역, 신호소 간 1km에 걸치는 최대기울기
② 1km 내에 2 이상 기울기가 있을 경우에는 1km 내의 평균기울기구간거리
③ 1km가 되지 않는 경우 그 선로의 연장에 대한 기울기로 한다.

4. 결론

① 선로계획시 교통수요에 적합한 열차속도를 설정하고, 여기에 선형의 2대 요소인 곡선
   과 기울기를 적절히 포함하여 알맞은 선로조건을 만족시켜야 한다.
② 선로의 기울기는 최소곡선반경보다도 수송력에 직접적인 영향을 주므로 가능한 한 수
   평이 되도록 계획하는 것이 좋다.

QUESTION 16

선형계획 시 기울기가 열차운영에 미치는 영향에 대하여 설명하고, 열차장 500m인 선구에서 다음 그림과 같은 조건일 때 등가사정기울기를 산정하시오.

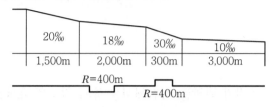

1. 개요

① 선로의 조건 중 가장 영향이 큰 것은 곡선 및 기울기이며, 그와 연관된 조건들이 열차의 속도와 선로의 조건을 지배하게 된다. 따라서 열차의 속도에 따라 곡선반경과 기울기 등이 결정된다.

② 선로의 기울기는 최소곡선반경보다도 수송력에 직접적인 영향을 주므로 가능한 수평에 가깝도록 하는 것이 좋으며, 철도에서 기울기는 천분율(‰)로 표시한다.

2. 기울기의 종류

3. 등가사정기울기의 계산

① 18‰와 30‰에 걸친 연장 중 가장 Critical한 경우를 고려하면

$$\frac{18‰ \times 200\text{m} + 30‰ \times 300\text{m}}{500\text{m}} = 25.2‰$$

② 곡선보정을 고려하면

$G_c = \dfrac{700}{R} = \dfrac{700}{400} = 1.75‰$ 이므로 등가사정기울기는 $25.2 + 1.75 = 26.95‰$이다.

QUESTION 17

선로기울기의 변화구간에 설치되는 종곡선 반경을 설계속도 별로 다르게 적용하는 사유를 설명하시오.

1. 개요

① 선로의 기울기가 변하는 지점에서는 통과 열차의 요동으로 승차감이 나빠질 뿐 아니라 열차 좌굴현상으로 차량 탈선의 우려가 있다.

② 열차의 원활한 운행 및 안전을 위하여 양기울기 사이에 종곡선을 삽입한다.

2. 종곡선 설치

(1) 종곡선 설치 개소

① 종곡선은 직선 또는 원의 중심이 1개인 곡선구간에 부설해야 한다.

② 다만, 부득이한 경우에는 콘크리트도상 궤도에 한하여 완화곡선 또는 직선에서 완화곡선과 원의 중심이 1개인 곡선구간까지 걸쳐서 둘 수 있다.

(2) 종곡선 설치 필요성

① 열차연결기의 파손위험을 줄일 수 있다.

② 차량부상 및 탈선위험을 저하시킨다.

③ 상하 동요를 줄여 승차감이 향상된다.

④ 차량한계 및 건축한계에 미치는 영향을 완화한다.

3. 종곡선 길이 및 종곡선 종거

(1) 종곡선의 길이(l)

① 공식 유도

$$L = 2l = R \cdot \theta$$

여기서, $\theta = \dfrac{1}{1,000}(m \pm n)$ 이므로

$$L = R \cdot \frac{1}{1,000}(m \pm n) = \frac{R}{1,000}(m \pm n)$$

따라서 $l = \dfrac{R}{2,000}(m \pm n)$

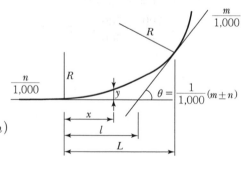

② 다만 설계속도 $200 < V(\text{km/h}) \leq 350$에서 종곡선 연장이 $\dfrac{1.5\,V}{3.6}$(m) 미만일 경우 승차감 향상을 위하여 종곡선 반경을 최대 40,000m까지로 하여 종곡선 연장을 $\dfrac{1.5\,V}{3.6}$(m)가 되도록 하였다.

(2) 종곡선 종거(Y)

$$(R+y)^2 = R^2 + x^2 \qquad R^2 + 2R \cdot y + y^2 = R^2 + x^2$$

여기서 y^2은 미소하므로 $2R \cdot y = x^2$

따라서 임의의 거리 x에서의 종거는 $y = \dfrac{x^2}{2R}$

4. 속도별 종곡선의 반경

① 종곡선반경을 결정하기 위해서는 차량이 종곡선을 통과할 경우 가해지는 수직방향의 가속도를 고려하여 이 가속도가 승차감 기준을 만족하는 범위 내에 들어가도록 설계하여야 한다.

② 종곡선 반경에 따른 수직가속도는 다음과 같다.

$$a_v = \frac{v^2}{R} = \frac{1}{R}\left(\frac{V}{3.6}\right)^2 = \frac{V^2}{12.96R}$$

여기서, a_v : 수직가속도(m/sec²)

$\qquad\quad\; R$: 종곡선반경(m)

$\qquad\quad\; V$: 속도(km/h)

③ 유럽의 Euro Code ENV 13803 – 1 : 2002에서 추천하는 연직가속도 한계값 $a_v = 0.22\text{m/sec}^2$을 적용하면 종곡선 반경의 크기는

$$R = \frac{V^2}{12.96 a_v} = \frac{V^2}{12.96 \times 0.22} = 0.35\,V^2 \text{이다.}$$

5. 종곡선의 삽입

① 선로의 기울기가 변화하는 개소의 기울기 차이가 설계속도에 따라 다음 표 이상인 경우는 종곡선을 설치하여야 한다.

설계속도(km/h)	기울기 차(‰)
$200 < V \leq 400$	1
$70 < V \leq 200$	4
$V \leq 70$	5

② 설계속도별 종곡선 반경

설계속도 V (km/h)	종곡선 최소 반경(m)	
	자갈도상궤도	콘크리트도상궤도
400	—*	40,000
350	25,000	40,000
300	25,000	32,000
250	22,000	
200	14,000	
150	8,000	
120	5,000	
70	1,800	

* 설계속도 $350 < V \leq 400$km/h 구간에서는 콘크리트도상 궤도를 적용하는 것을 원칙으로 하고, 자갈도상 궤도 적용 시에는 별도로 검토하여 정한다.
** 이외의 값은 다음의 공식에 의해 산출한다.

$R_v \geq 0.35 V^2$

여기서, R_v : 종곡선 반경(m)

V : 설계속도(km/h)

다만, 종곡선 반경은 1,800m 이상으로 하여야 하며, 자갈도상 궤도는 25,000m, 콘크리트도상 궤도는 40,000m 이하로 하여야 한다.

③ 도심지 통과구간 및 시가지 구간 등 부득이한 경우

설계속도	최소 종곡선반경(m)
250km/h	$R = 0.25 V^2 = 0.25 \cdot 250^2 = 16,000$m
200km/h	$R = 0.25 V^2 = 0.25 \cdot 200^2 = 10,000$m
150km/h	$R = 0.25 V^2 = 0.25 \cdot 150^2 = 6,000$m
120km/h	$R = 0.25 V^2 = 0.25 \cdot 120^2 = 4,000$m
70km/h	$R = 0.25 V^2 = 0.25 \cdot 70^2 = 1,300$m

6. 종곡선과의 경합조건

(1) 원곡선 또는 완화곡선과 종곡선의 경합

종곡선은 직선 또는 원의 중심이 1개인 곡선구간에 부설해야 한다. 다만, 부득이한 경우에는 콘크리트도상 궤도에 한하여 완화곡선 또는 직선에서 완화곡선과 원의 중심이 1개인 곡선구간까지 걸쳐서 둘 수 있다.

(2) 교량과 종곡선 경합

① Beam의 Deflection과 종곡선의 경합은 열차의 안전운전 저해 및 승차감 불량의 원인이 된다.
② 부득이한 경우 T−beam과 같이 Deflection이 적은 빔을 사용하여 종곡선 반경 R을 크게 설치한다.

(3) 분기기와 종곡선 경합

차량이 분기기 통과 시 큰 횡압과 진동가속도 발생으로 운전보안상 위험하며 선로보수가 곤란하다.

7. 종단선형 개선사항

① 「철도의 건설기준에 관한 규정」 중 일부가 개정되어 2013년 5월 13일부터 시행되고 있다.

② 종단선형부분 주요 개선사항
　㉠ 선로 최대기울기 확대(제10조)
　　• 고속열차의 등판능력 및 제동능력 향상 등으로 기울기 확대 가능
　　• V=250~350km/h 경우, 25 → 35‰

　㉡ 종단곡선과 종단곡선 사이 최소직선선로길이 축소(제10조 제5항)
　　• 공진해석 등을 통해 이론적 근거가 부족한 현행 규정을 개정
　　• 종단곡선 간 최소직선길이를 예전에는 1개 여객열차길이(약 400m) 이상으로 하였으나 설계속도에 따라 $L=\dfrac{1.5V}{3.6}$ (150m) 값 이상으로 변경하였다.

여기서, L : 종곡선 간 같은 기울기의 선로길이(m)

V : 설계속도(km/h)

ⓒ 직선·원곡선 구간에서만 설치 가능한 종단곡선을 완화곡선 구간에도 설치 허용 (제11조 제4항)

- 종곡선은 직선 또는 원의 중심이 1개인 곡선구간에 부설해야 한다. 다만, 부득이한 경우에는 콘크리트도상 궤도에 한하여 완화곡선 또는 직선에서 완화곡선과 원의 중심이 1개인 곡선구간까지 걸쳐서 둘 수 있다.
- 완화곡선−종단곡선 경합구간에서 시뮬레이션 결과, 승차감 및 안정성 기준을 만족한다.

8. 결론

① 선로의 기울기가 변하는 구간에서 차량의 원활한 운행을 위하여 종곡선을 삽입하게 될 경우 적용하는 종곡선의 반경은 $R = 0.35\,V^2$으로 속도의 제곱에 비례한다.

② 종단선형 등 노선설계에 관한 규정을 합리화(완화)함에 따라 현장 여건에 맞게 합리적·창의적 설계를 할 수 있으므로 교량, 터널의 연장 축소가 가능하게 되었다.

1 Slack의 설치 및 체감방법에 대하여 설명하시오.

2 슬랙의 개념과 설치개소 및 방법, 산출근거를 설명하고 슬랙의 최대치를 30mm로 설정한 사유와 조정치(S′)를 0~15mm로 제한한 사유에 대하여 기술하시오.

1. 개요

① 철도차량은 여러 개의 차축이 평행하게 강결되어 고정차축으로 구성되어 있어 곡선 통과시 전후 차축의 이동이 불가능하고 차륜에 플랜지가 있어 곡선을 원활하게 통과 하지 못한다.

② 차축의 중심선과 선로의 중심선이 편기하여 차륜의 Flange가 Rail에 저촉되어 원활 한 운행이 되지 못하기 때문에 곡선반경 300m 이하인 곡선부에서는 곡선내측레일을 궤간외측으로 확대하여 차량의 운행이 원활하도록 궤간을 넓혀야 하는데, 이를 Slack 이라 하며 국철은 30mm 이하, 도시철도는 25mm 이하로 규정하고 있다.

2. 슬랙 설치효과

① 차량의 동요가 적고 승차감이 향상된다.

② 소음 · 진동의 발생이 적다.

③ 레일 마모 감소로 사용연수가 연장된다.

④ 횡압 감소로 궤도틀림이 감소된다.

3. 슬랙의 산정

(1) 슬랙의 산정식

$$AC^2 = AO^2 - CO^2$$

$$AC = \frac{L}{2}, \quad AO = R, \quad CO = (R - S)$$

$$\left(\frac{L}{2}\right)^2 = R^2 - (R - S)^2$$

$$= R^2 - (R^2 - 2RS + S^2)$$

$$\frac{L^2}{4} = 2RS - S^2$$

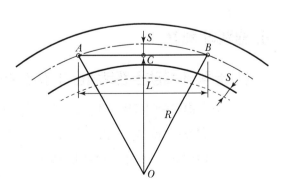

여기서 $S2$은 $2RS$에 비해 미소하므로 생략한다.

$$\therefore \frac{L^2}{4} = 2RS, \ \text{즉} \ S = \frac{L^2}{8R}$$

$$\therefore S = \frac{L^2}{8R}$$

(2) 슬랙의 기본공식

① 현재 일반철도에서는 기관차 7,000대를 기준하여 3.75m의 고정축거를 사용하고 있으며, 곡선부를 열차가 주행할 경우에 차륜과 레일의 접촉점이 차륜의 플랜지에 의해 앞 축에서는 좀 더 앞에, 뒤축에서는 좀 더 뒤에 접촉점이 생기는 것을 고려하여 축거에 0.6m을 연장하여 고정축거 $L = 3.75 + 0.6 = 4.35$m로 고려하였다.

따라서 Slack의 공식에 의거

$$S = \frac{L^2}{8R} = \frac{(4.35)^2}{8R} = \frac{2,400}{R}(\text{mm}) - S'$$

여기서, S : 슬랙(mm)

S' : 조정치(0~15mm)

② 도시철도에서는 $l = 2.1$m를 적용하여

$$S = \frac{L^2}{8R} = \frac{(2l)^2}{8R} = \frac{l^2}{2R} = \frac{(2.1)^2}{2R} \fallingdotseq \frac{2,250}{R}(\text{mm}) - S'$$

(3) 슬랙의 설정규정

① 국유철도의 경우 반경 300m 이하인 곡선구간의 궤도에는 표준궤간(1,435mm)에 $S = \frac{2,400}{R} - S'$ 공식에 의하여 산출된 슬랙을 두어야 한다.

② 완화곡선도 일종의 곡선이기 때문에 Slack을 붙여야 한다.

4. 슬랙의 체감

(1) 슬랙의 체감은 캔트체감과 같은 길이 내에서 한다.

① 완화곡선이 있는 경우 : 완화곡선 전체의 길이에서 체감한다.

② 완화곡선이 없는 경우 : 최소 체감길이는 $0.6 \Delta C$(m)보다 작아서는 안 된다.

(여기서, ΔC는 캔트변화량이다.)

(2) 슬랙체감 위치

① 곡선과 직선

곡선의 시 · 종점에서 직선구간으로 체감하며 선로개량 등으로 부득이한 경우 곡선부에서 체감할 수 있다.

② 복심곡선

곡선반경이 큰 곡선 상에서 두 곡선의 캔트 차이의 $0.6\Delta C$ 이상의 길이에서 체감한다.

5. 최대슬랙 30mm 제한 사유

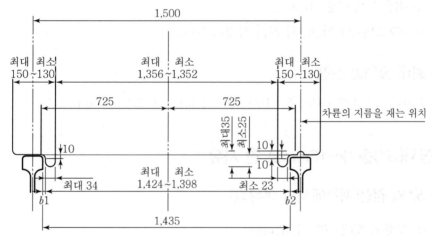

‖ 궤간한도 ‖

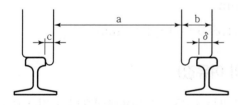

- a : 차륜 내면 간 거리(최소)
- b : 차륜의 두께(최소)
- c : 플랜지 두께(최소)

- A : 마모된 레일의 궤간 측정위치와 차륜과 레일 접촉점의 최소거리
- B : 차륜단면 단부 면따기 길이
- C : 차륜의 레일 두부 이탈방지를 위한 차륜의 걸림 길이

(1) 차륜

① 차륜 간거리 : 1,352~1,356mm

② 차륜두께 : 130~150mm

③ 플랜지 두께 : 23~34mm

(2) 차륜이 궤간 사이로 빠지지 않는 조건

① 차륜의 최소거리 : 1,352 + 130 + 23 = 1,505mm

② 궤간 : 1,435mm

③ 편마모 한계값 : 15mm

④ 차륜답면 단부의 면따기 최대거리 : 5mm

⑤ 여유 가동거리 : 10mm

⑥ 유지보수 시 궤간공차(궤간 확대) : 10mm

(3) 최대 슬랙량 산정

$1,505 - (1,435 + 15 + 5 + 10 + 10) = 1,505 - 1,475 = 30$mm

6. 조정치(S')를 0~15mm로 한 사유

(1) S_1'의 결정(궤간에서의 여유값)

① 차륜의 최대거리 : 1,356mm

② 플랜지 최대두께 : 34mm

③ 궤간의 선로정비규칙 최솟값 : -2mm

④ 궤간에서의 여유값 : $(1,435 - 2) - (1,356 + 34 \times 2) = 9$mm

(2) S_2'의 결정(슬랙량이 과다한 경우의 여유값)

① 최대 슬랙량을 구하기 위하여 고정축거를 4.35m를 사용하였으나 고정축거 3.0m 의 차량만이 곡선부를 통과하는 경우에는 슬랙량이 과다할 수 있으므로 이를 슬랙 조정량을 통해 조정할 수 있어야 한다.

② 고정축거 3.0m의 차량이 곡선반경 200mm를 통과하는 경우

$$S_2' = \frac{L^2}{8R} = \frac{3.0^2}{8 \times 200} = 0.006\text{m} = 6\text{mm}$$

(3) 슬랙의 조정치

① $S_1' = 9\text{mm}$, $S_2' = 6\text{mm}$이므로 S_1'와 S_2'를 합하여 $S' = 9 + 6 = 15\text{(mm)}$를 취하였다.

② 최대 · 최소 슬랙량

- 최대 슬랙량 $S_{\max} = \dfrac{2,400}{R} - 0\,(\text{mm})$

- 최소 슬랙량 $S_{\min} = \dfrac{2,400}{R} - 15\,(\text{mm})$

③ 도시철도 슬랙 조정치는 4mm를 적용한다.

7. 최근 동향

① 최근 일본에서는 각종 주행시험을 실시한 결과 Slack량을 축소하는 것이 안전운행에 효과가 있다고 판명되어 Slack 조정치를 7mm로 축소하여 사용하고 있다.

② 그 결과 좌우 가속도는 일정하나 횡압이 다소 감소되었고 보수 면에서는 레일 마모량, 궤간틀림진행에서도 양호한 경향을 나타냈으며, 탈선에 의한 안전도도 향상되었다.

QUESTION 19

■ 곡선구간의 건축한계 확대량을 $\dfrac{50,000}{R}$ 으로 한 사유, 곡선반경 과 차량(편기량, 길이)과의 상관관계에 대하여 설명하시오.

■ 건축한계 여유 폭이 $W = \dfrac{50,000}{R}$ 이다. 공식을 유도하시오.

1. 개요

① '건축한계'란 열차 및 차량이 선로를 운영할 때 주위에 인접한 건조물 등에 접촉하는 위험성을 방지하기 위해 일정한 공간으로 설정한 한계를 말한다.

② 다만, 가공전차선 및 그 현수장치와 선로보수 등의 작업상 필요한 일시적 시설로 열차 운행에 지장이 없는 경우에는 그러하지 아니하다.

2. 곡선에 따른 확대량

(1) 편기량 산출

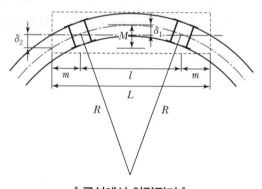

‖ 곡선에서 차량편기 ‖

① 차량 중앙부에서의 편기량

$$R^2 = \left(\frac{l}{2}\right)^2 + (R - \delta 1)^2 = \frac{l^2}{4} + R^2 - 2R\delta 1 + \delta 1^2$$

$\delta_1{}^2$은 미소하므로, $\delta_1{}^2 = 0$으로 보면, $2R\delta_1 = \dfrac{l}{4^2}$, $\delta_1 = \dfrac{l^2}{8R}$

② 차량 전후부에서의 편기량

$$\delta_2 = M - \delta_1 = \frac{(l+2m)^2}{8R} - \frac{l^2}{8R} = \frac{m(m+l)}{2R}$$

여기서, R : 곡선반경(m)

m : 대차 중심에서 차량 끝단까지 거리(m)

δ_1 : 차량 중앙부가 궤도 중심의 내방으로 편기하는 양(mm)

δ_2 : 차량 전후부가 궤도 중심의 외방으로 편기하는 양(mm)

M : 선로중심선이 차량 전후부의 교차점과 만나는 선에서 곡선중앙종거(mm)

l : 차량의 대차 중심 간 거리(m)

L : 차량의 전장(m)

(2) 확폭량의 산정

① 일반 철도의 경우 : 특수장물차량($l = 18\text{m}, \ m = 4.0\text{m}$)

㉠ 차량 전후 및 중앙부의 편기량에 차량제원을 대입하여 계산하면,

차량대차 간 거리 $l = 18.0\text{m}$, 대차 중심에서 차량 끝단까지의 거리 $m = 4.0\text{m}$ 이므로,

• 내방 편기량 $\delta_1 = \dfrac{18^2}{8R} \times 1{,}000 = \dfrac{40{,}500}{R}(\text{mm})$

• 외방 편기량 $\delta_2 = \dfrac{4(4+18)}{2R} \times 1{,}000 = \dfrac{44{,}000}{R}(\text{mm})$

㉡ 위 계산근거에 의하여 곡선에서의 건축한계 확폭량은 선로 중심에서 좌우로 각각 W 만큼을 더하도록 규정한 것이다.

확폭량 $W = \dfrac{50{,}000}{R}(\text{mm})$

② 전철구간의 경우 : $l = 13.8\text{m}, \ m = 2.85\text{m}$

㉠ 차량대차간거리 $l = 13.8\text{m}$, 대차 중심에서 차량 끝단까지의 거리 $m = 2.85\text{m}$ 이므로

• 내방 편기량 $\delta_1 = \dfrac{13.8^2}{8R} \times 1{,}000 = \dfrac{23{,}805}{R}(\text{mm})$

• 외방 편기량 $\delta_2 = \dfrac{2.85 \times (2.85 + 13.8)}{2R} \times 1{,}000 = \dfrac{23{,}726}{R}(\text{mm})$

ⓛ 위 계산근거에 의하여 곡선에서의 건축한계 확폭량은 선로 중심에서 좌우로 각각 W 만큼을 더하도록 규정한 것이다.

확폭량 $W = \dfrac{24,000}{R}(\mathrm{mm})$

3. 캔트에 따른 확대량

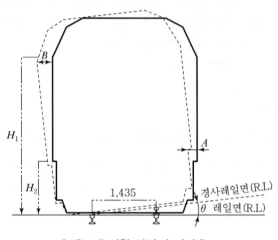

┃ 캔트에 의한 차량의 경사 ┃

곡선구간의 건축한계 차량의 경사에 따라 캔트량만큼 경사되어야 하나 실제 구조물의 시공은 경사시킬 수 없으므로 편기되는 양만큼 확대하여야 한다.

$$\tan\theta = \frac{C}{G} = \frac{B}{H_1} = \frac{A}{H_2}$$

∴ 내측 편기량 $B = \dfrac{H_1}{G} \times C = \dfrac{3,600}{1,500} \times C = 2.4\,C$

외측 편기량 $A = \dfrac{H_2}{G} \times C = \dfrac{1,250}{1,500} \times C = 0.8\,C$

즉, 내측으로 확대, 외측으로 축소가 되는 수치이다.

4. Slack에 따른 확대량

Slack은 $R = 300\mathrm{m}$ 이하의 곡선에서 설치하며 최대 30mm의 크기로 궤도 내측을 확대한다.

5. 종합적 곡선부 건축한계 확대

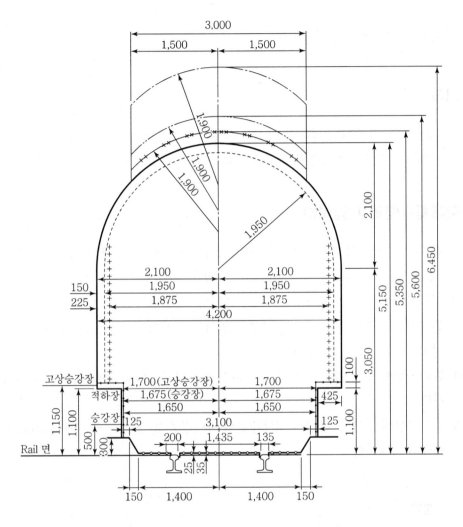

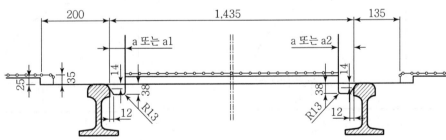

‖ 건축한계 레일부 상세 ‖

① 내궤 $= 2,100 + \dfrac{50,000}{R} + 2.4C + S$

② 외궤 $= 2,100 + \dfrac{50,000}{R} - 0.8C$

6. 기타

가공전차선과 그 외 현수장치를 제외한 상부의 한계를 곡선부의 확대치수로 확대하지 않은 이유는 집전장치가 차량의 대차중심 부근에 있어 곡선 편기량이 극히 작기 때문이다.

7. 확대치수량의 체감방법

① 특수장물 차량의 대차중심 간 거리(18.0m)와 대차중심에서 차량끝단까지의 거리 (4.0+4.0=8.0m)를 합한 26.0m 이상의 길이로 하여야 한다.

② 완화곡선길이가 26m 이상인 경우는 완화곡선 전장에 걸쳐 체감한다.

③ 완화곡선길이가 26m 미만인 경우는 완화곡선과 직선길이를 합한 길이가 26.0m 이상이 되도록 체감하여야 한다.

④ 완화곡선이 없는 경우는 곡선 시·종점의 직선구간으로 26m 이상의 길이에서 체감한다.

⑤ 복심곡선의 경우 두 곡선 슬랙확대량의 차이값을 반경이 큰 곡선에서 26m 이상의 길이에서 체감한다.

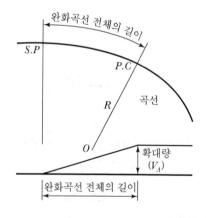

‖ 완화곡선의 길이가 26m 이상인 경우 ‖

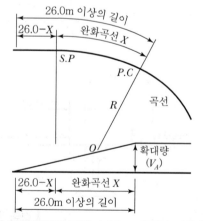

‖ 완화곡선의 길이가 26m 미만인 경우 ‖

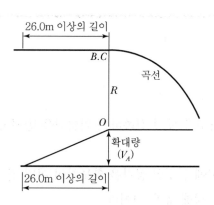

┃ 완화곡선이 없는 경우 ┃

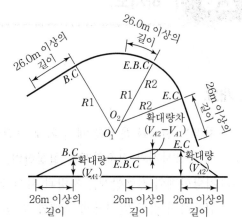

┃ 복심곡선에서의 경우 ┃

QUESTION 20

차량한계와 건축한계 및 곡선구간에서의 확폭에 대하여 설명하시오.

1. 개요

① 차량이 선로를 운영할 때 주위에 인접한 건조물 등에 접촉하는 위험성을 방지하기 위해 차량한계와 건축한계를 설정한다.

② 차량한계와 건축한계는 차량과 시설물 사이에 일정한 공간을 확보하여 어떤 경우라도 접촉하지 않고 안전하게 주행할 수 있도록 정해 놓은 것이다.

2. 차량한계 및 건축한계

① 차량한계

차량의 크기 차량의 단면은 클수록 수송력 증대에 유리하지만 경제성 및 주행성 등을 고려하여 일정한 한계가 정하는데 이를 차량한계라 하며 차량의 부착물이 이 한계를 벗어날 수는 없다.

② 건축한계

차량한계의 외측으로 열차가 지장 없이 주행하기 위해 궤도상에 확보되는 모든 공간을 건축한계라고 한다.

③ 한계치수 비교

구 분	차량한계(mm)	건축한계(mm)
높이	4,800	5,150
너비	3,600	4,200
궤도 중심에서 승강장까지의 거리	1,600	1,675

3. 곡선구간의 확폭

(1) 편기량 산출

곡선구간에서는 외측레일에 캔트를 부설하는데 이 캔트에 의하여 차량이 편기된다.

① 차량 중앙부에서의 편기량

$$\delta_1 = \frac{l^2}{8R}$$

② 차량 전후부에서의 편기량

$$\delta_2 = \frac{m(m+l)}{2R}$$

여기서, R : 곡선반경(m)

m : 대차 중심에서 차량 끝단까지 거리(m)

δ_1 : 차량 중앙부가 외측으로 편기하는 양(mm)

δ_2 : 차량 전후부가 내측으로 편기하는 양(mm)

M : 선로중심선이 차량 전후부의 교차점과 만나는 선에서 곡선 중앙종거(mm)

l : 차량의 대차 중심 간 거리(m)

L : 차량의 전장(m)

(2) 확폭량의 산정

① 일반철도의 경우 : 특수장물차량($l=18$m, $m=4.0$m)

확폭량 $W = \dfrac{50,000}{R}$(mm)

② 전철구간의 경우 : $l=13.8$m, $m=2.85$m

확폭량 $W = \dfrac{24,000}{R}$(mm)

4. 곡선부 건축한계 확대

① 내궤 $= 2,100 + \dfrac{50,000}{R} + 2.4C + S$

② 외궤 $= 2,100 + \dfrac{50,000}{R} - 0.8C$

5. 곡선부 중심간격 확대량

중심간격이 4.0m일 때 $4,000 + \left(\dfrac{50,000}{R} + 2.4C + S\right) + \left(\dfrac{50,000}{R} - 0.8C\right)$

6. 곡선구간의 차량 및 건축한계 확대량

① 완화곡선길이 26m 이상인 경우 : 완화곡선 전체구간
② 완화곡선길이 26m 미만인 경우 : 완화곡선구간 및 직선구간을 포함하여 26m 이상의 길이
③ 완화곡선이 없는 경우 : 곡선 시점, 종점으로부터 직선구간으로 26m 이상의 길이
④ 복심곡선 안의 경우 : 곡선반경이 큰 곡선에서 26m 이상의 길이에 걸쳐 체감

7. 지하구조물의 설계 시 주의사항

① 지상구간과는 달리 지하구조물에서는 단면이 필요 이상으로 커지면 공사비가 많아지고, 필요단면보다 작으면 열차운행에 문제가 발생하므로 특별히 주의하여야 한다.
② 지하구조물에서 단면 검토시 곡선부에서는 앞에서 언급한 차량의 편기량, 캔트에 의한 차량의 경사량, 슬랙량 등의 수치만큼 충분히 단면을 확대하여 열차운행에 지장이 없도록 하여야 한다.

QUESTION 21 철도터널 내공단면 결정 시 중점검토사항에 대하여 설명하시오.

1. 개요

① 최근 철도노선의 상당 부분이 터널로 계획되고 점차 고속화되는 경향이 있어 내공단면 결정 시 철도 정규도 및 표준도에 규정된 최소한의 건축한계 확보 단면으로는 미흡한 점이 많다.

② 따라서 터널 내공단면 결정 시 차량밀폐도, 터널 내 압력변동 등을 종합적으로 검토하여 가장 경제적인 단면을 선정토록 하여야 한다.

2. 내공단면 검토 시 고려사항

① 차량 밀폐도

  ㉠ 150km/h 전후 : 차량한계치가 지배

  ㉡ 200km/h 초과 : 주행 차량에 의해 발생되는 터널 내 공기압 변동값이 지배

② 승객의 안락도

  승객의 주관적인 판단에 의한 통계자료 이용

③ 내공단면의 산정

  ㉠ 공기압 변동을 계산으로 접근하는 이론적 방법과 모형실험과 Prototype을 활용하는 실험적 방법이 있다.

  ㉡ 차량형식과 제원이 결정된 후 공기압 변동을 계산하고 소요 내공단면을 확인

  ㉢ 신설선이 완성된 후 Prototype의 열차를 사용하여 공기압 변동을 실제로 측정하여 최종적으로 확인

④ 곡선부에서는 차량의 편기량, 캔트에 의한 차량의 경사량, 슬랙 등 고려

  ㉠ 내궤 $= 2,100 + \dfrac{50,000}{R} + 2.4C + S$

  ㉡ 외궤 $= 2,100 + \dfrac{50,000}{R} - 0.8C$

3. 터널 내 압력변동 주요 인자

① 차량 특성에 따른 영향인자
- ㉠ 열차속도
- ㉡ 열차단면적 및 길이
- ㉢ 차량밀폐도
- ㉣ 차량형상 및 마찰계수

② 터널 특성
- ㉠ 길이
- ㉡ 벽면 마찰계수
- ㉢ 단선 및 복선
- ㉣ 횡갱, 수직갱, 작업갱 등 Shaft 규모 및 위치

③ 차량과 터널의 상관관계
- ㉠ 단면적 비
- ㉡ 열차의 위치
- ㉢ 터널 내 열차의 교행

4. 결론

① 터널 내공단면 결정 시 곡선부에서는 건축한계 확폭에 대하여 반드시 고려하여 과실을 사전에 방지하여야 한다.
② 열차가 교행될 경우 터널 연장 1~2km 정도에서 열차 내 압력변동 값이 가장 크고, 그 이상의 터널에서는 감소하므로 장대터널에서는 터널 내 압력의 변동이 크지 않다.
③ 최근 신설된 경우 설계속도가 대부분 200km/h 이상이므로 터널단면 선정 시 상기 사항을 중점적으로 검토하여 경제적이고 안전한 터널을 계획할 필요가 있다.

1 궤도중심 간격

2 설계최고속도 250km/hr로 간선철도를 건설하고자 한다. 이에 따라 궤도의 중심 간격을 정할 경우 고려사항에 대하여 설명하시오.

1. 개요

① 정거장 외의 구간에서 2개의 선로를 나란히 설치하는 경우에 궤도의 중심 간격은 설계속도에 따라 정해진다.

② 다만 궤도의 중심 간격이 4.3m 미만인 구간에 3개 이상의 선로를 나란히 설치하는 경우에는 서로 인접하는 궤도의 중심 간격 중 하나는 4.3m 이상으로 하여야 한다.

③ 곡선구간의 경우 곡선반경에 따라 건축한계 확대량에 상당하는 값을 추가하여 정한다.

2. 궤도의 중심 간격

설계속도 V(km/h)	궤도의 최소 중심간격(m)
$350 < V \leq 400$	4.8
$250 < V \leq 350$	4.5
$200 < V \leq 250$	4.3
$70 < V \leq 200$	4.0
$V \leq 70$	3.8

3. 궤도의 중심간격 선정 시 고려사항

① 차량 교행 시의 압력

② 열차풍에 따른 유지보수요원의 안전(선로 사이에 대피소가 있는 경우에 한한다.)

③ 궤도부설 오차

④ 직선 및 곡선부에서 최대 운행속도로 교행하는 차량 및 측풍 등에 따른 탈선 안전도

⑤ 유지보수의 편의성 등

4. 정거장 및 기지에서의 궤도 중심간격

① 안에 나란히 설치하는 주본선의 궤도의 중심간격은 원칙적으로 정거장 외의 궤도의 중심간격과 동일하게 한다. 다만, 설계속도 70km/h 이하인 경우에는 정거장 안의 궤도의 중심간격은 4.0m 이상으로 한다.

② 주본선과 나란히 설치하는 부본선 및 측선의 궤도 중심간격을 4.3m 이상으로 한다.

③ 6개 이상의 선로를 나란히 설치하는 경우에는 5개 선로마다 궤도의 중심간격을 6.0m 이상 확보하여야 한다.

④ 고속철도전용선의 경우에는 통과선과 부본선 간의 궤도의 중심간격은 6.5m로 하되 방풍벽 등을 설치하는 경우에는 이를 축소할 수 있다.

⑤ 선로 사이에 전차선로 지지주 및 신호기 등을 설치하여야 하는 때에는 궤도의 중심간격을 그 부분만큼 확대하여야 한다.

⑥ 곡선구간 궤도의 중심간격은 궤도의 중심간격에 건축한계 확대량을 더하여 확대하여야 한다. 다만, 열차 교행 시 기울어진 차량 사이의 여유 폭이 확대량보다 큰 경우에는 확대량을 생략할 수 있다.

⑦ 선로를 고속화하는 경우의 궤도의 중심간격은 설계속도에서 정한 사항을 고려하여 다르게 적용할 수 있다.

5. 설계속도 250km/h의 경우

① 직선구간의 경우 $200 < V \leq 250$을 적용하여 궤도의 중심 간격은 4.3m이다.

② 곡선구간의 궤도중심 간격은

$$A = 4.3 + \left(\frac{50,000}{R} + 2.4C + S \right) + \left(\frac{50,000}{R} - 0.8C \right)$$

$$= 4.3 + \frac{100,000}{R} + 1.6C + S$$

③ 다만, 열차 교행 시 기울어진 차량 사이의 여유폭이 확대량보다 큰 경우에는 확대량을 생략할 수 있다.

23 기존선 고속화 구간에서 완화곡선 삽입조건에 대하여 설명하시오.

1. 개요

① 최근 국토교통부는 안전성을 확보하면서도 경제적인 철도 설계 및 시공이 가능토록 철도건설의 세부기준인 「철도의 건설기준에 관한 규정」을 대폭 개정하였다.

② 이번 개정은 지난 2004년 경부고속철도 개통, 2009년 호남고속철도 착공 등으로 축적된 철도건설 경험과 한국건설기술연구원, 한국철도기술연구원, 대한토목학회 등 전문기관의 공학적인 검토를 통해 해외 철도 선진국수준으로 이루어졌다.

③ 주요 내용은 표준열차하중체계 합리화와 과다하거나 비효율적인 설계기준을 최적화한 것이며, 이로써 예산절감뿐 아니라 세계적 수준의 철도건설기준을 갖추게 되었다.

2. 기존 선의 고속화 구간에서 완화곡선 삽입조건

(1) 기존 선을 고속화하는 구간에서 완화곡선을 삽입할 경우 신선 건설의 경우와 달리 속도별 완화곡선 삽입조건을 완화하였다.

(2) 관련 철도건설 규정

제8조(완화곡선의 삽입)

① 본선의 경우 설계속도에 따라 다음 표의 값 미만의 곡선반경을 가진 곡선과 직선이 접속하는 곳에는 완화곡선을 두어야 한다. 다만, 분기기에 연속되는 경우나 기존 선을 고속화하는 구간에서는 제2항의 부족캔트 변화량 한계값을 적용할 수 있다.

설계속도 V(km/h)	곡선반경(m)
250	24,000
200	12,000
150	5,000
120	2,500
100	1,500
$V \leq 70$	600

이 외의 값은 다음의 공식에 의해 산출한다.

$$R = \frac{11.8\,V^2}{\Delta C_{d,\,lim}}$$

여기서, R : 곡선반경(m)

V : 설계속도(km/h)

$\Delta C_{d,\,lim}$: 부족캔트 변화량 한계값(mm)

부족캔트 변화량은 인접한 선형 간 균형캔트 차이를 의미하며, 이의 한계값은 다음과 같고, 이 외의 값은 선형 보간에 의해 산출한다.

설계속도 V(km/h)	부족캔트 변화량 한계값(mm)
400	20
350	25
300	27
250	32
200	40
150	57
120	69
100	83
$V \le 70$	100

② 분기기 내에서 부족캔트 변화량이 다음 표의 값을 초과하는 경우에는 완화곡선을 두어야 한다.

㉠ 고속철도전용선

분기속도 V(km/h)	$V \le 70$	$70 < V \le 170$	$170 < V \le 230$
부족캔트 변화량 한계값(mm)	120	105	85

㉡ 그 외

분기속도 V(km/h)	$V \le 100$	$100 < V \le 170$	$170 < V \le 230$
부족캔트 변화량 한계값(mm)	120	$141 - 0.21\,V$	$161 - 0.33\,V$

3. 인접한 완화곡선 사이 중간직선 길이($L_{s,lim}$)

설계속도 V(km/h)	중간직선 길이 기준값(m)
$200 < V \leq 400$	$0.5V$
$100 < V \leq 200$	$0.3V$
$70 < V \leq 100$	$0.25V$
$V \leq 70$	$0.2V$

4. 완화곡선의 길이

구분	캔트 변화량에 대한 배수(C_1)	부족캔트 변화량에 대한 배수(C_2)
신설선 구간	$7.31V/1,000$	$6.18V/1,000$
기존선을 250km/h까지 고속화하는 경우	$6.46V/1,000$	$5.56V/1,000$

여기서, V : 설계속도(km/h)
다만, 캔트 변화량에 대한 배수는 0.6 이상으로 하여야 한다.

5. 완화곡선의 형상은 3차 포물선으로 하여야 한다.

QUESTION
24
강화노반(Reinforced Road Bed)에 대하여 상세히 설명하시오.

1. 정의

① 노반에는 흙노반과 강화노반이 있는데, 강화노반이란 아스팔트콘크리트나 입도조정 재료를 사용하여 시공한 흙노반보다도 견고한 구조의 노반이다.

② 철도 반복하중에 대한 내구성이 우수하며, 빗물이 노반 이하로 침투하는 것을 방지할 수 있으므로 도상지지력의 저하, 분니, 동상 등에 대한 억제효과가 있다.

2. 강화노반의 구조 및 종류

① 강화노반의 구조

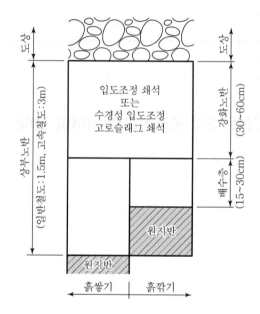

② 쇄석노반

입도조정 부순돌 또는 입도조정 고로슬래그와 부순돌의 2층 합성 노반

③ 슬래그노반

수경성 입도조정 고로슬래그와 부순돌을 단일층으로 하는 노반

3. 강화노반의 특징

① 차수성이 우수하고 하부노반의 연약화에 대한 방지효과가 크다.

② 견고한 구조로서 열차의 반복하중에 대한 내구성이 우수하여 하부노반의 지지력 저하, 분니, 동상 등에 저항성이 크다.

③ 도상 비탈끝과 노반어깨의 잡초번식이 없다.

④ 유지보수비용이 저감된다.

4. 강화노반 관리시험

① 입도의 관리시험은 재질변화시 및 5,000m³마다 1회 실시한다.

② 입도조정 부순 돌은 재료의 균질성 확보를 위하여 충분히 혼합하여 사용하고 시공중 입도분리를 일으키지 않도록 한다.

③ 고르기는 한 층의 두께를 15cm 이하로 하며, 다짐은 롤러로 가볍게 전압한 후 모양이 정리되면 재차 충분히 다진다.

④ 상부노반면 및 쇄석 강화노반의 마무리 검사는 강화노반 연장 약 50m마다, 다짐도 검사는 100m마다 시행한다.

QUESTION 25

노반의 동상원인 및 대책에 대하여 설명하시오.

1. 정의

① 흙이 냉기에 의해 서서히 차가워지며 얼어붙을 때 주변의 수분이 공급되어, 동결부의 체적이 팽창하고 지반면이 높이 일어나 들뜨는 현상을 동상이라 한다.

② 실트질의 흙은 아이스렌즈가 성장하여 동상이 발생하기 쉽다.

③ 선로에서 노반토가 결빙되면 체적이 팽창하면서 궤도를 밀어 올리는 동상현상이 발생되면 차량탈선의 위험요인이 된다.

2. 동상의 원인

온도, 수분, 토질 등의 3요소가 결합하여 발생한다.

3. 동상발생이 용이한 개소

① 분니 개소

② 터널갱구부

③ 깎기부, 복토구간

④ 암거상부 되메우기 구간

4. 문제점

① 궤도틀림 발생으로 열차안전운행 저하

② 승차감 저하

③ 유지보수 증대

5. 대책

① 노반 흙이 얼어서 융기하는 동상은 선로를 불균일하게 함으로써 사고의 원인이 되므로 이에 대한 대책이 필요하다.

② 노반 재료를 비동상성 재료로 치환하여 노반을 갱환한다.

③ 밸러스트 크리너 작업으로 분니 제거 및 불량도상을 치환하고 노반에 단열재를 삽입한다.

④ 곁도랑 설치 및 확대 등으로 노반배수를 원활히 유도하여 도상을 보완한다.

⑤ 도상을 두껍게 후층화한다.

6. 결론

① 최근 기상이변으로 폭설, 이상고온, 한파 등의 피해가 빈번하게 발생되고 있으며, 이에 따라 동상피해가 증가할 것으로 예상된다.

② 속도가 점차 고속화되어가는 최근 추세를 볼 때 노반에 동상이 발생할 경우 열차안전 상에 문제가 발생할 수 있으므로 사전에 충분한 대책을 마련토록 한다.

③ 노반재질은 시방규정에 적합한 재료를 사용하고, 종배수, 횡배수의 충분한 설치와 유지보수 시 배수로 정비 등의 작업이 필요하다.

CHAPTER

04

정거장 및
차량기지

철도정거장 위치 선정의 중요성 및 고려사항

1. 개요

① 철도정거장은 철도영업의 주요 거점으로 여객, 화물취급, 열차조성, 입환, 유치, 교행, 대피가 이루어지는 운전, 운수업무가 수행되는 장소이다.

② 정거장의 위치와 설비규모는 수송량과 수송형태에 따라서 결정되는데 장래 수송수요 대비를 고려하여 위치를 선정한다.

2. 정거장 위치 선정의 중요성

① 정거장은 철도수송의 가장 근본적인 기지이다.

② 정거장 완공 후 확장, 개량이 곤란하다.

③ 정거장 위치는 철도수입 및 그 지역개발에 지대한 영향을 미친다.

④ 역간거리는 표정속도, 주민요구, 운영비와 서로 관련이 있다.

3. 정거장 위치 선정 시 고려사항

① 가능하면 수평이고 직선일 것

② 정거장 시 종점에 가능하면 급곡선, 급기울기가 없을 것

③ 타 교통기관과 연결이 용이하고 해당 지역의 여객, 화물의 집산 중심지일 것

④ 장래 확장에 용이한 장소일 것

⑤ 정거장 용지 확보가 용이하고 토공 및 구조물이 적은 지역일 것

⑥ 객차조차장, 화물조차장은 시 · 종단역에 가깝고 열차의 출입 시 본선운행에 지장이 적을 것

4. 정거장 배선 시 고려사항

① 장래 정거장 확장에 지장이 없도록 할 것

② 가능한 분기기를 집중배치할 것

③ 입환작업 시 가능한 본선에 지장이 없도록 할 것

④ 기회선을 별도로 배치할 것

⑤ 기능별로 선을 집중시킬 것

⑥ 선로의 배치가 역의 기능과 최대한 부합할 것

⑦ 적은 운전으로 입환 등 모든 기능을 다할 수 있을 것

5. 결론

① 정거장의 위치는 지역주민의 여론과 용지구입이 용이하고 접근성이 좋은 곳이라야 하고 장래 확장 시 용지 확보, 접근성 등이 좋은 곳에 선정하여야 한다.

② 또한 일단 완공 후에는 개량이 대단히 어려우므로 정거장을 계획할 때에는 장래 수송량 증가를 예상하여 그 규모와 위치를 결정하여야 한다.

QUESTION 2

역의 기능을 운영 특성에 따라 분류하고, 시설계획이 어떻게 다른지 설명하시오.

1. 정거장의 의의

열차를 도착, 발차시키는 장소로서 여객의 승강, 급유, 급수 등의 시설을 갖추고 운수운전상 모든 업무를 수행하는 일정한 장소를 정거장이라 한다.

2. 운영 특성상 정거장의 분류

① 여객역 : 여객 또는 수송화물 취급
② 화물역 : 화물만 취급하는 역
③ 보통역 : 여객과 화물을 동시에 취급하는 역
④ 객차조차장 : 여객열차의 유지, 개편성, 세차, 소독, 점검 및 수리
⑤ 화물조차장 : 화물열차의 조성, 화차의 해방, 입환 및 수리
⑥ 임항정거장 : 열차와 배의 사이에서 직접 연결하는 정거장

3. 시설계획

(1) 여객역

① 여객의 원활한 유통, 역업무가 능률적인 기능을 갖도록 한다.
② 여객의 보행거리가 짧아야 한다.
③ 여객의 흐름이 서로 교차 또는 지장이 없어야 한다.
④ 개 · 집표 등의 배치가 알기 쉽고 여객의 미로가 없어야 한다.
⑤ 조명, 통풍, 공조, 색채, 디자인에 유의한다.
⑥ 2차 교통기관과 연계수송이 편리해야 한다.

(2) 화물역

① 화물의 종류 : 탱크차, 호퍼카, 컨테이너
② 화물역의 종류 : 컨테이너 취급역, 물자별 화물취급역
③ 화물 저상홈의 높이 : 궤도면과 동일하게 지정

(3) 객차조차장

① 여객열차를 유치, 수선, 검사, 세차, 소독, 조성 등을 하는 장소이다.

② 객차조차장의 목적
- 종착역에 열차를 장기간 유치하면 후속열차의 진입이 방해되므로 조속히 타선으로 입환조치가 필요할 때
- 장거리 운행으로 인한 차량의 마모, 이완, 손상 또는 윤활유 주입 등을 조치하여 다음 운행 준비가 필요할 때
- 열차의 외부 및 내부 청소를 요할 때
- 계절별·주말별 1일 여객 대소에 따른 경제운전을 위하여 열차의 확대, 증감 등을 위한 열차조성이 필요할 때
- 식당차, 침대차 및 전망차 등 특수차량을 위한 특수작업이 필요할 때

③ 객차조차장의 위치
- 객차조차장, 여객역, 기관차사무소 등 상호 간의 편의가 좋을 것
- 공장 또는 기타 시설과의 출입이 편리하고 투시가 양호할 것

(4) 화차조차장

① 전국 각 역의 각 방면에서 유통되는 화물을 가장 신속하고 능률적으로 수송하기 위하여 행선지가 다른 다수의 회자로 편성되어 있는 화물열차를 재편성하는 장소이다.

② **위치** : 대도시 주변, 공업단지 부근, 철도선로의 분기점, 장거리 간선의 중간지점, 항만지구, 석탄생산 중심지역

③ **화차조차법** : 방향별·역별 분류

1 본선구내 배선에 따라 정거장을 분류하고 설명하시오.

2 정거장 배선계획 시 고려할 사항에 대하여 쓰시오.

1. 개요

① 정거장은 열차를 도착, 출발시키는 장소로서 여객의 승강, 급유, 급수 등의 시설을 갖추고 운수, 운전상 모든 업무를 수행하는 일정한 장소를 말한다.

② 정거장은 위치와 설비규격이 결정되며 완공 후에는 개량이 곤란하므로 정거장을 계획할 때 장래 수송량의 증가량을 예상하여 신중하게 그 규모와 위치를 결정하여야 한다.

2. 정거장의 분류

(1) 구역에 따른 분류

① 장내 신호기가 있을 때 : 양쪽 장내신호기 지점 간을 정거장으로 본다.

② 장내 신호기가 없을 때 : 정거장 구역표 간을 정거장으로 본다.

(2) 기능에 따른 분류

① 정거장(Station)

열차를 정차시켜 여객, 화물을 취급하는 정거장을 말하며, 여객 또는 화물 취급량이 특히 많을 때에는 여객정거장과 화물정거장을 분리 설치한다.

② 조차장(Shunting Yard)

열차의 편성, 수리, 세차, 유치, 입환을 취급하며, 객차조차장, 화차조차장 등이 있다.

③ 신호장(Signal Station)

열차의 교행, 대피를 위하여 설치한 장소이다.

④ 신호소

정거장이 아니고 수동, 반자동의 상치 신호기를 취급하기 위하여 시설한 장소이다.

(3) 사용목적에 따른 분류

① **여객정거장** : 여객 또는 도착된 수소화물만을 취급하는 역

② **화물정거장** : 화물만을 취급하는 역

③ **보통정거장** : 여객과 화물을 동시에 취급하는 역

④ **객차조차장** : 여객열차의 유치, 재편성, 세차, 소독, 점검 및 수리

⑤ **화차조차장** : 화물열차의 조성, 화차의 해방, 입환 및 수리

⑥ **수륙연결 정거장** : 열차와 배의 사이에서 직접 여객과 화물의 연락 및 수송을 하는 정거장

(4) 구내배선에 의한 분류

① **두단식 정거장**

착발 본선이 막힌 종단형

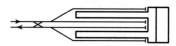

② **섬식 정거장**

승강장을 가운데 두고 양측으로 배선한 정거장

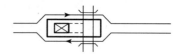

③ **상대식 정거장(관통식)**

착발 본선이 정거장을 관통한 것, 주요 건조물은 선로측방에 설치

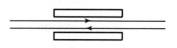

④ **쐐기식 정거장**

쐐기형으로 된 정거장

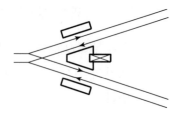

⑤ **절선식 정거장(Switch Back식)**

산악 등 급기울기선이 연속되어 정거장을 설치할 만한 완기울기를 얻지 못할 때 수평 또는 완기울기의 선로를 본선에서 분리시켜 설치

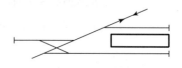

⑥ **반환식 정거장**

기울기는 관계없고 지형상 이유로 착발선이 반환식으로 된 정거장, 주로 종단 정거장에 한함

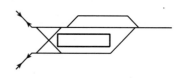

(5) 정거장을 선로망상의 위치에 의한 분류

① 중간정거장

종단정거장의 중간에 위치하는 정거장으로 대부분의 정거장이 여기에 속함

② 종단정거장

일반적으로 선로의 종단에 위치하는 정거장으로 운송운영 작업상 열차의 종단이
정거장임

③ 연락정거장 : 2 이상의 선로가 집합하여 연락운송을 하는 정거장

ㄱ 일반연락정거장(Junction Station)

본선과 지선 간에 열차의 통과 운전을 하지 않는 정거장

ㄴ 분기정거장(Branch – off Station)

본선과 지선 간에 열차의 통과 운전을 하는 정거장

ㄷ 접촉정거장(Touch Station)

2 이상의 선로가 접촉한 지점에 공통으로 설치된 정거장

ㄹ 교차정거장(Crossing Station)

2 이상의 선로가 교차하는 지점에 설치된 정거장

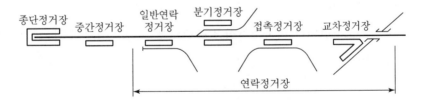

3. 정거장 위치 선정

(1) 선정방향

① 정거장의 위치는 국토개발, 철도이용자와 영업적 입장에 의하여 조건이 다른 철
도수송 형태에 따라서 위치와 설비규격이 결정된다.

② 일단 완공 후에는 개량이 곤란하므로 정거장을 계획할 때는 장래수송량의 증가량
을 예상하여 그 규모와 위치를 결정하여야 하며 장래 확장이 가능토록 고려한다.

(2) 위치 선정의 중요성

① 철도수송의 가장 근본적이고 중요한 시설이다.

② 완공 후에 확장이 어렵다.

③ 지역발전에 큰 영향을 끼친다.

(3) 위치 선정 시 고려사항

① 국토 및 도시개발 측면

㉠ 수송수요 예측에 따른 이용승객이 많은 지역

㉡ 국토개발 측면에서 종합개발계획, 지역계획 또는 도시계획측면에서 지역 및 도시기능 제고, 지역개발, 지역상호 간 연계에 기여도가 큰 지역

㉢ 해당 지역 여객 및 화물의 중심지일 것

② 철도기술적 측면

㉠ 가능하면 수평이고 직선일 것

㉡ 정거장에 도착할 때는 상향기울기, 출발할 때는 하향기울기가 되는 지형일 것

㉢ **역간거리** : 도시철도 1km 내외, 국철 4~8km 내외

㉣ 정거장 시 · 종점에 급곡선, 급기울기가 없을 것

㉤ 장래 확장 및 개량이 용이한 장소일 것

㉥ 정거장 용지 확보가 용이하고, 시공성이 좋을 것

㉦ 객차조차장이나 화물조차장은 종단역에 가깝고 열차의 입 · 출장 시 본선에 지장이 적을 것

4. 정거장 배선 시 고려사항

① 장래 확장에 지장이 없도록 할 것

② 정거장 구내 투시가 용이할 것

③ 분기기는 가능한 집중배치 및 배향으로 설치할 것

④ 배선은 가능한 직선일 것

⑤ 입환작업 시 가능한 본선에 지장이 없을 것

⑥ 사고발생 시 대비 응급연락선 설치

⑦ 기능별로 선을 집중시킬 것

⑧ 입환기능이 용이하게 할 것

⑨ 측선은 가능한 한 본선의 한 측에 배치하여 횡단을 적게 하고 사람의 통행을 제한할 것

5. 새로운 여객 정거장(복합환승센터)

① 타 교통수단과 연계한 수송수요 시스템으로 구성

② 도시기능과 유기적인 일체성 확보

③ 현대적 영업시설, 영업방식의 시스템화

④ 토지의 입체적 활용

⑤ 정보화 기능을 강화한 합리적 설비

⑥ 시설의 집중화와 동선의 간편화

⑦ 공중시설 정비로 단순화

6. 결론

철도의 정거장은 철도수송을 위한 차량의 기지로서, 지역개발 및 교통망체계 구축 등 지역에 지대한 영향을 미치므로 정거장의 위치와 배선으로 이용승객 및 영업성 측면에서 종합검토하여 합리적으로 선정하여야 한다.

QUESTION 4

정거장 배선의 기본사항과 정거장 형태별(지상, 고가, 지하) 배선의 착안사항, 배선 시 고려사항 및 배선계획 확정과정에 대하여 기술하시오.

1. 기본사항

① 본선과 본선의 평면교차는 피해야 한다.

② 객차와 화차의 입환 또는 기관차의 주행에 대하여서는 본선을 횡단하지 않아야 한다.

③ 정거장 구내의 투시가 양호하도록 한다.

④ 본선상에 설치하는 분기기는 가능한 한 그 수를 줄이고 배향분기기로 배치한다.

⑤ 측선은 가능한 한 본선의 한쪽에 배치하여 본선의 횡단을 적게 한다.

⑥ 분기를 구내에 산재시키지 않고 가능하면 집중하여 배치한다.

⑦ 각각의 작업은 서로 타 작업을 방해하지 않도록 하고 2종 이상의 작업이 동시에 수행될 수 있도록 한다.

⑧ 장래 역세권 확장에 대비한다.

2. 정거장 형태별(지상, 고가, 지하) 배선의 착안사항

(1) 지상정거장

① 지축폭은 최외방 궤도중심에서 4.0m 이상으로 하고 그 외 부대시설이 설치되는 구간은 규모에 따라 별도로 필요한 폭을 확보하여야 한다.

② 종단기울기

㉠ 차량을 해결하는 정거장 2‰ 이하

㉡ 차량을 해결하지 않는 정거장 8‰ 이하

㉢ 전철 전용정거장 10‰ 이하

③ 횡단기울기는 3% 이하로 한다. 단, 부득이한 경우 5%까지 할 수 있다. 배수로는 2< 3개 선마다 1개 설치를 원칙으로 한다.

④ 용지경계는 토공정규 및 설계기준에 의거하여 계획하며 환경영향 발생구간은 환경영향평가 저감시설설치를 고려한 용지폭을 확보한다.

⑤ 배수시설은 부지 내의 강우강도를 조사한 후 유출량 등을 산출하여 현장조건에 적합한 표면수로, 집수정, 횡단배수로, 개천내기 등을 계획하여 한다.

⑥ 울타리는 정거장부지 지축 끝에 주위 여건에 따라 방음벽 또는 블록울타리, 생울타리 등을 설치한다.

⑦ 접근도로, 광장, 지하통로 및 구름다리, 주차장 등을 계획한다.

⑧ 분기기는 노반강도가 균등한 구간에 설치토록 한다. 따라서 지하구조물의 토피가 1.5m 이상을 확보하지 못할 경우에는 어프로치 블록을 분기 전 연장으로 확대하는 등 대책을 수립해야 한다.

⑨ 교량과 인접한 구간에서는 거더의 신축이 분기기에 영향을 미치지 않는 구간에 배치해야 하며, 부득이한 경우에는 장대레일 축력이 전달되지 않도록 해야 한다.

(2) 고가정거장

① 고가정거장 구조물의 기둥간격과 층간높이는 역사시설과 이에 따른 부대시설 및 관련기준을 고려하여 계획한다.

② 분기기가 배치되는 구간은 분기기 전연장을 연속거더에 위치하도록 계획하여야 하며 라멘교 등 부득이한 경우 거더의 신축량을 최소화하는 방안을 강구해야 한다. 분기기 전연장을 연속거더에 위치하도록 계획할 경우에는 분기기 시 · 종점부는 거더 신축에 대응할 수 있는 레일신축이음매 배치를 원칙으로 한다.

③ 종단기울기 및 지축폭(교량폭)은 지상정거장에 준한다.

④ 구조물의 공간 활용을 위하여 필요시 부대시설을 계획하며, 소음 · 진동 감소를 고려한 환경친화적인 구조로 계획한다.

⑤ 궤도, 토목시설 등을 종합분석하여 선하에서 근무하는 직원, 대기하는 승객, 부대시설을 이용하는 이용객에서 쾌적한 환경을 제공할 수 있도록 계획한다.

(3) 지하정거장

① 종단기울기는 배수를 위하여 2‰ 이상으로 계획한다.

② 엘리베이터, 에스컬레이터 등 승객 이동시설, 소방설비, 환기, 공조, 냉난방, 위생설비 등의 설치를 고려한 구조물을 계획한다.

③ 화재 발생 시 방재프로그램에 의한 비상유도등, 급기, 배기, 제연설비 방화문 등을 설치하기 위한 시설을 해당 분야로부터 제원을 제공받아 설치한다.

3. 배선 시 고려사항

① 장래 확장에 지장이 없도록 할 것
② 배선은 가능한 직선일 것
③ 정거장 구내 투시가 용이할 것
④ 입환작업 시 가능한 본선에 지장이 없고, 입환기능이 용이하도록 할 것
⑤ 기능별로 선을 집중시킬 것
⑥ 분기기는 가능한 한 집중배치 및 배향으로 설치할 것
⑦ 측선은 가능한 한 본선의 한 측에 배치하여 횡단을 적게 하고 사람의 통행을 제한할 것

4. 배선계획 확정과정

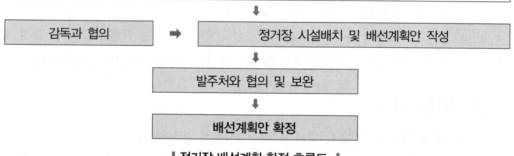

기본계획 분석	
• 열차운영계획(열차 종별, 시격)	• 정거장별, 화물, 여객취급량
• 본선최소 분기번호 지정	• 표준유효장
• 각종 측선수 결정	• 관련기관 협의 결과(도시계획/도로계획)

↓

• 운영, 건축, 전차선, 전력, 신호, 통신분야 등 관련 분야와 협의
• 교통영향평가 결과 반영(진입로 차선수, 주차대수, 화물야적장 면적, 헛간 및 창고 면적, 승강장 폭, 지하도 및 과선교 폭)

↓

감독과 협의 ➡ 정거장 시설배치 및 배선계획안 작성

↓

발주처와 협의 및 보완

↓

배선계획안 확정

❚ 정거장 배선계획 확정 흐름도 ❚

QUESTION 5

철도정거장을 사용목적과 구내배선 형태에 의해 분류하고 각 각에 대하여 설명하시오.

1. 개요

정거장은 열차를 도착, 출발시키는 장소로서 여객의 승강, 급유, 급수 등의 시설을 갖추고 운수, 운전상 모든 업무를 수행하는 일정한 장소를 말한다.

2. 정거장의 분류

(1) 구역에 따른 분류

① 장 내 신호기가 있을 때 : 양쪽 장 내 신호기 지점 간
② 장 내 신호기가 없을 때 : 정거장 구역표 간

(2) 기능에 따른 분류

① 정거장(Station)

열차를 정차시켜 여객, 화물을 취급하는 정거장을 말하며, 여객 또는 화물 취급량이 특히 많을 때에는 여객정거장과 화물정거장을 분리 설치한다.

② 조차장(Shunting Yard)

열차의 편성, 수리, 세차, 유치, 입환만을 취급하며, 객차조차장, 화차조차장 등이 있다.

③ 신호장(Signal Station)

열차의 교행, 대피를 위하여 설치한 장소이다.

④ 신호소

정거장이 아니고 수동, 반자동의 상치 신호기를 취급하기 위하여 시설한 장소이다.

(3) 사용목적에 따른 분류

① 여객정거장 : 여객 또는 도착된 수소화물만을 취급하는 역
② 화물정거장 : 화물만을 취급하는 역
③ 보통정거장 : 여객과 화물을 동시에 취급하는 역

④ 객차조차장 : 여객열차의 유치, 재편성, 세차, 소독, 점검 및 수리

⑤ 화차조차장 : 화물열차의 조성, 화차의 해방, 입환 및 수리

⑥ 수륙연결 정거장

   열차와 배 사이를 직접 여객과 화물의 연락 및 수송을 하는 정거장

(4) 구내배선에 의한 분류

① 두단식 정거장

   착발 본선이 막힌 종단형

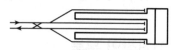

② 섬식 정거장

   승강장을 가운데 두고 양측으로 배선한 정거장

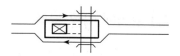

③ 상대식 정거장(관통식)

   착발 본선이 정거장을 관통한 것, 주요 건조물
   은 선로측방에 설치

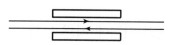

④ 쐐기식 정거장

   쐐기형으로 된 정거장

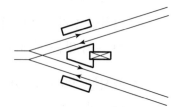

⑤ 절선식 정거장(Switch Back 식)

   산악 등 급기울기선이 연속되어 정거장을 설치
   할 만한 완기울기를 얻지 못할 때 수평 또는 완
   기울기의 선로를 본선에서 분리시켜 설치

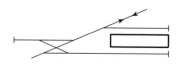

⑥ 반환식 정거장

   기울기는 관계없고 지형상 이유로 착발선이 반
   환식으로 된 정거장, 주로 종단 정거장에 한함

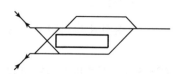

(5) 정거장을 선로망상의 위치에 의한 분류

① **중간정거장** : 종단정거장의 중간에 위치하는 정거장으로 대부분의 정거장이 여기에 속함

② **종단정거장** : 일반적으로 선로의 종단에 위치하는 정거장으로 운송운영 작업상 열차의 종단이 정거장임

③ **연락정거장** : 2 이상의 선로가 집합하여 연락운송을 하는 정거장

  ㉠ 일반연락정거장(Junction Station)

    본선과 지선 간에 열차의 통과 운전을 하지 않는 정거장

  ㉡ 분기정거장(Branch – off Station)

    본선과 지선 간에 열차의 통과 운전을 하는 정거장

  ㉢ 접촉정거장(Touch Station)

    2 이상의 선로가 접촉한 지점에 공통으로 설치된 정거장

  ㉣ 교차정거장(Crossing Station)

    2 이상의 선로가 교차하는 지점에 설치된 정거장

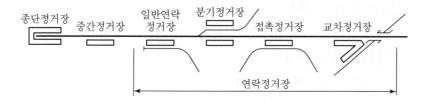

3. 결론

철도의 정거장은 철도수송을 위한 차량의 기지로서 지역개발 및 교통망체계 구축 등 지역에 지대한 영향을 미치므로 정거장의 위치와 배선으로 이용승객 및 영업성 측면에서 종합 검토하여 합리적으로 선정하여야 한다.

QUESTION 6 철도정거장 설비

1. 개요

정거장 설비는 수송에 직접관계가 있는 영업, 운전, 보수, 각 계통의 현장기관과 여객 및 화물취급에 필요한 제반설비를 말하며, 크게 여객설비(Passenger Facilities), 화물설비(Freight Facilities), 운전설비(Operation Facilities), 궤도설비 등으로 구분된다.

2. 여객설비

여객을 취급하는 데 필요한 설비에는 정거장 본체, 여객 홈, 여객통로, 역전광장 등이 있다.

(1) 정거장 본옥

① 정거장 본옥은 출찰, 개집표 등의 업무를 하며, 여객의 대합실, 콩코스, 역무실 등을 설치한 건물을 말한다.

② 정거장 본옥으로 바람직한 조건은 여객의 원활한 유통역 업무가 능률적인 기능을 갖도록 하여야 한다.

③ 동시에 정거장 본옥 형태는 기능 면에서 획일화가 우선 채용되어야 하나 근래 개성화의 경향이 강하다.

  ㉠ 지상정거장 : 일반적인 역

  ㉡ 교상정거장 : 선로 사이에 입체적으로 설치한 역

  ㉢ 고가정거장 : 철도의 고가화와 더불어 고가에 설치한 역

  ㉣ 지하정거장 : 지하철의 경우 지하에 설치되는 역

(2) 승강장(Plate form)

여객이 열차에 승강하기 위하여 열차를 대기, 승환하는 장소를 말한다.

① 여객홈, 수소화물홈, 우편물홈, 열차홈, 전철홈, 열차, 전동차 병용홈

② 승강장의 연단과 궤도중심 간의 거리

  ㉠ 선로 중심에서 승강장 끝까지의 거리는 콘크리트도상인 경우 1,675mm, 자갈도상인 경우 1,700mm로 하여야 하며, 곡선구간에서는 곡선에 따른 화대

량과 캔트에 따른 차량 경사량 및 슬랙양을 더한 만큼 확대하여야 한다.

ⓒ 전기동차의 경우 선로 중심에서 승강장 끝까지의 거리는 직결도상의 경우 1,610mm로 한다(차량 끝단에서 승강장 연단까지의 거리는 50mm를 초과할 수 없다. 직결도상이 아닌 경우 1,700mm이다).

ⓒ 승강장에 세우는 조명전주·전차선전주 등 각종 기둥은 선로 쪽 승강장 끝으로부터 1.5m 이상, 승강장에 있는 역사·지하도·출입구·통신기기실 등 벽으로 된 구조물은 선로 쪽 승강장 끝으로부터 2.0m 이상의 통로 유효폭을 확보하여 설치하여야 한다. 다만, 여객이 이용하지 않는 개소 내 구조물은 1.0m 이상의 유효폭을 확보하여 설치할 수 있다.

③ 길이

㉠ 승강장 길이는 여객열차 최대 편성길이(일반 여객열차는 기관차를 포함한다.)에 다음 각 호에 따른 여유길이를 확보하여야 한다.
- 지상구간의 일반 여객열차 : 10m
- 지상구간의 전기동차 : 5m
- 지하구간의 전기동차 : 1m

㉡ 단, 열차자동운전장치(ATO) 또는 스크린도어가 설치되는 전동차 구간의 승강장 여유길이는 삭제할 수 있다.

(3) 기타

① 출찰, 개집찰의 자동화
② 안내표시
③ 방송설비
④ 여객통로
⑤ 역전광장
⑥ 정거장 본체

3. 화물설비

(1) 화물역의 종류

① 주로 컨테이너를 취급하는 역   ② 물자별 화물을 취급하는 역

③ 기타의 화물을 취급하는 역   ④ 각종의 화물을 취급하는 복합역

⑤ 전용선을 갖는 역

(2) 화물취급설비

① 주로 취급하는 업무

접수연락사무소, 화물의 적하, 화물취급, 화물의 보관 등

② 소요 설비

㉠ 역본옥, 화물적하설비, 화물취급설비, 화물보관설비, 화차나 컨테이너의 일시 체류설비 등

㉡ 최근에는 화차나 컨테이너의 움직임을 즉시 파악하여 대응할 수 있는 신정보 시스템이 정비되고 있다.

4. 운전설비

(1) 기관차사무소

차량의 청소, 검사, 수선 · 급유, 급수 등의 제 정비작업과 열차의 운전, 차량의 입환 등 객차를 수송하는 임무

① 기관차사무소의 위치

㉠ 열차횟수가 변화하는 지점, 즉 열차운행의 기점

㉡ 선로가 분기하는 지점

㉢ 타 기관차 사무소와의 거리가 적당한 곳

㉣ 기관차고에 기관차 출입이 편리하도록 역구내 배선이 가능한 장소

② 기관차사무소의 기능

㉠ 기관차의 입고 및 출고

㉡ 기관차를 열차에 연결, 점검, 수선, 청소, 급유하는 등의 기관차 정비작업

(2) 화물차설비

① 객화차 사무소

객차 및 화차의 검사, 수선 및 청소작업을 담당

② 객차고

귀빈 전용차와 장기간 체류시켜야 할 일반 객차를 수용하는 객차고와 검사선을 부설하고, 이 선에 피트, 기타 검사 수선용 기구를 비치한 검수고를 말한다.

③ 검사수선설비

객화차 검사수선선을 설치하고 이 선에 검사피트, 지붕덮개 기타 검사수선용의 기구와 건물들을 시설한다.

④ 세차설비

㉠ 객차는 운행이 완료되면 다음 운행에 대비하여 세차 및 청소를 실시하여야 한다. 세차선은 열차 1대를 수용할 수 있는 길이로 유치선 부근에 설치하여 배수가 잘되도록 하여야 한다.

㉡ 화차는 냉장차, 가축차, 기타 특수화차에 한하여 세차설비가 필요하다.

㉢ 최근에는 자동식 세차장치를 많이 사용한다.

⑤ 소독설비

차량을 밀폐하고 포르말린(Formalin)이나 기타 소독약을 살포한다.

⑥ 객차예열설비

㉠ 온기식과 증기식이 있으며 증기식은 시발 정거장 또는 객차기지에서 발차 전에 객차를 적당한 온도로 예열하는 방식이다.

㉡ 최근에는 발전차를 연결하여 전원으로 차내 냉난방을 실시한다.

5. 정거장 내 선로설비(궤도설비)

(1) 본선로

① 상본선
② 하본선
③ 도착선

④ 출발선

⑤ 여객본선

⑥ 화물본선

⑦ 통과선

⑧ 대피선

(2) 측선

① 유치선

　㉠ 차량을 일시 유치하는 선을 유치선이라 한다.

　㉡ 종류

- 객차유치선
- 화차유치선
- 기관차유치선
- 전차유치선

② 입환선

열차를 조성하거나 해방하기 위하여 차량의 입환작업을 하는 측선이며, 여러 개의 선로를 병행하여 부설한다.

③ 인상선

정거장 구내의 측선 가운데 차량이나 열차를 인상하기 위해 설치된 노선이다.

④ 화물적하선

화차를 열차에서 해방시킨 후 화물 홈에 차입하여 화물의 적재 및 하차작업을 하는 측선이다.

⑤ 세차선

차량 차체를 세척하기 위한 측선이다.

⑥ 검사선

차량을 정기적으로 검사하기 위한 측선이다.

⑦ 수선선

차량의 수선작업을 수시로 실시하기 위한 측선이다.

⑧ 기회선

기관차를 바꾸어 달거나 기관차를 회송할 경우 정거장 구내에서 기관차 전용의 통로로 사용하는 측선이다.

⑨ 기대선

기관차를 바꾸어 달 때 열차가 착발하는 본선 근처에서 기관차가 일시 대기하는 측선이다.

⑩ 피난측선

㉠ 정거장에 근접한 본선에 급기울기가 있을 경우 차량고장 및 연결기 절단, 운전 부주의 등으로 차량이 일주하여 정지 중의 다른 열차와 충돌하는 경우를 대비 하여 사고를 방지하기 위해 설치하는 측선이다.

㉡ 사고차량을 탈선시켜 다른 차량을 희생시키지 않는다는 관점에서 좋은 방법이 긴 하나 효과가 적어 잘 사용하지 않는다.

QUESTION

7 정거장의 선로 종류를 들고 종류별로 기능을 설명하시오.

1. 정거장

① 정거장은 크게 역, 조차장, 신호장으로 나눌 수 있다.

② 역은 열차를 정지시켜 여객 및 화물을 취급하는 장소이고, 조차장은 열차의 조성 및 입환을 하는 장소이며, 신호장은 열차를 교행 및 대피시키는 장소를 말한다.

2. 선로의 구분

① 정거장의 선로는 크게 본선과 측선으로 나눌 수 있는데, 열차를 발착 또는 통과시키는데 사용되는 본선로는 상본선, 하본선, 도착선, 출발선, 여객본선, 통과선, 대피선으로 나눌 수 있다.

② 정거장 구내 본선 이외의 모든 선로를 측선이라 하는데, 유치선, 입환선, 인상선, 화물적하선, 세차선, 검사선, 수선선, 기회선, 기대선, 안전측선, 피난측선으로 나눌 수 있다.

3. 선로의 종류 및 기능

(1) 주 본선(Main Track)

정거장 내에서 동일방향의 열차를 운전하는 본선로가 2개 이상 있을 경우, 그 가운데서 가장 중요한 본선을 말한다.

(2) 부 본선(Sub Track)

정거장 내에 있어 주 본선 이외의 본선로를 말한다.

① 유치선 : 차량을 일시 유치하는 선로

② 입환선 : 열차를 조성하거나 해방하기 위하여 차량의 입환작업을 하는 측선

③ 인상선

- 입환선을 사용하여 차량입환을 하였을 때 이들 차량을 인상하기 위한 측선 (인출선이라고도 함)
- 입환선의 일단을 분기기에 결속시켜 차량군을 임시로 이 선로에 수용함

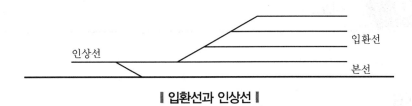

▌입환선과 인상선 ▌

④ **화물적하선** : 화차를 열차에서 분리하여 화물 홈으로 이동시켜 화물의 적재 및 하
   차작업을 하는 측선

⑤ **세차선** : 차량의 차체를 세척하기 위하여 사용하는 측선

⑥ **검사선** : 차량을 정기적으로 검사하기 위하여 사용하는 측선

⑦ **수선선** : 차량의 수선작업을 수시로 하는 측선

⑧ **기회선** : 기관차를 바꾸어 달 때 열차가 착발하는 본선 근처에서 기관차가 일시 대
   기하는 측선

⑨ **안전측선** : 정거장 구내에서 2개 이상의 열차를 동시에 진입시킬 때 만일 열차가
   정지위치에서 과주하더라도 열차가 접촉하거나 충돌하는 사고를 미연에 방지하
   기 위하여 설치하는 측선이다. 따라서 분기기는 항상 안전측선방향으로 개통되어
   있는 것을 정위로 한다.

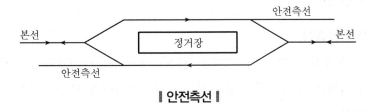

▌안전측선 ▌

⑩ **피난측선** : 정거장에 근접한 본선에 급기울기가 있을 경우 차량고장 및 연결기 절
   단, 운전부주의 등으로 차량이 일주하여 정지 중의 다른 열차와 충돌하는 경우를
   대비하여 사고를 방지하기 위해 설치하는 측선이다.

4. 결론

① 정거장 구내의 선로는 일단 한번 건설하면 열차가 계속 운행되기 때문에 선로의 신설
   이나 연장이 대단히 어렵다.

② 따라서, 건설 당시부터 투자비가 다소 들더라도 충분한 선로유효장을 확보할 필요가
   있으며, 초기 투자비가 문제일 경우 장래 확장이 용이하도록 최소한의 선형을 확보해
   야 한다.

QUESTION 8

간선철도에서 선로유효장을 측정하는 기준에 대하여 설명하시오.

1. 개요

① 유효장이란 그 선로에서 수용이 가능한 최대 길이를 말하며, 인접선로에 대한 열차착발 또는 차량출입에 지장 없이 수용할 수 있는 최대의 차장률로 표시한다.

② 다만 본선의 유효장은 인접측선에 대한 열차착발 또는 차량출입에 제한받지 않는다.

③ 거리의 측정은 본선과 측선으로 구분한다.

2. 유효장의 측정기준

① 본선의 유효장

　㉠ 선로의 양단에 차량접촉한계표가 있을 때는 양 차량접촉한계표의 사이

　㉡ 출발신호기가 있는 경우 그 선로의 차량접촉한계표에서 출발신호기의 위치까지

　㉢ 차막이가 있는 경우는 차량접촉한계표 또는 출발신호기에서 차막이의 연결기받이 전면 위치까지

② 측선의 유효장

　㉠ 양단에 분기기가 있는 경우는 전후의 차량접촉한계표의 사이

　㉡ 선로의 끝에 차막이가 있는 경우는 차량접촉한계표에서 차막이의 연결기받이 전면까지

　㉢ 분기기 부근에 있어 유효장의 시종단의 측정은 최내방 분기기가 열차에 대하여 대향인 경우 보통분기기에서는 포인트 전단

3. 유효장의 결정

① 유효장의 단위는 차장률 산정기준(14m)에 의하여 선로별 유효장을 계산할 때 소수점 이하는 버린다.

② 동일 선로로서 상하행 열차용으로 공용하는 선로는 상하란에 각각 그 유효장을 표시한다.

③ 측선을 열차 착발선으로 사용할 때 본선에서 착발하는 열차가 이에 지장을 받게 되는 경우 유효장은 측선의 제한을 받는다.

④ 계산상 유효장(E)

　㉠ 화물열차의 소요 유효길이 산정

$$E = \frac{l \cdot N}{a \cdot n + (1-a) \cdot n'} + L + c$$

　　여기서, E : 유효장

　　　　　l : 화차 1량의 길이

　　　　　a : 적차율

　　　　　N : 기관차의 견인정수

　　　　　n : 적차의 평균환산량수

　　　　　n' : 공차의 평균환산량수

　　　　　L : 기관차의 길이

　　　　　c : 열차 전후의 여유길이(정차위치 오차 20m, 출발신호 주시거리 및 연결기 신축 여유 15m)

　㉡ 여객열차의 소요 유효길이 산정

$$E = l' \cdot N' + L + c$$

　　여기서, l' : 객차 1량의 길이

　　　　　N' : 최장열차의 객차 수

　　　　　L : 기관차의 길이

　　　　　c : 열차 전후의 여유길이(정차위치 오차 20m, 출발신호 주시거리 및 연결기 신축 여유 15m)

4. 유효장 표시 예

① 차량을 유치하는 선로의 양끝 차량접촉한계 표시 상호 간

② 출발신호기가 설치되어 있는 선로의 경우

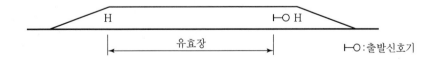

③ 궤도회로의 절연장치가 설치되어 있는 선로의 경우

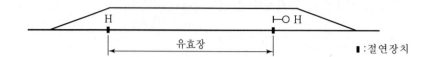

④ 본선과 인접한 측선의 경우 본선유효장(측선은 열차 착발선으로 사용치 않음)

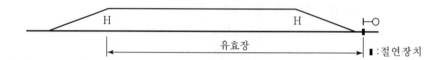

QUESTION 9 정거장 계획 시 안전측선 설치에 대하여 설명하시오.

1. 개요

① 정거장 내 기울기 구간에서 2개 이상의 열차를 동시에 진입시킬 때 열차가 정위치에서 과주하더라도 열차가 접촉 또는 충돌하는 사고의 발생을 미연에 방지하기 위하여 설치하는 선로를 안전측선이라 한다.

② 따라서, 분기기는 항상 안전측선 방향으로 개통하여 정위를 유지한다.

2. 안전측선의 부설 위치

① 상하행 열차를 동시에 진입시키는 정차장에 있어서 상하행 본선의 선단에 설치한다.

② 연락정거장에 있어 지선이 본선에 접속하는 경우 지선의 종단에 설치한다.

③ 정거장 가까이 하향 기울기가 있어 열차가 정지위치에 정지하지 못할 경우가 우려되는 경우 본선로 선단에 설치한다.

3. 설치방법

① 수평 또는 하향 기울기로 하고 그 종점에는 자갈 또는 모래로 제동설비를 설치하여 차량의 파손을 가능한 한 줄이도록 한다.

② 인접한 본선 선로와의 간격을 되도록 크게 하여야 한다.

③ 분기하는 전철기는 신호기와 연동시켜 전철기가 안전측선으로 개방되는 것을 정위로 하고 이때 신호기는 정지를 현시토록 설치한다.

④ 안전측선의 길이는 안전측선을 설치하는 분기기의 차량 접촉한계에서 60m 이상을 표준으로 한다.

4. 안전측선을 생략하는 경우

① 방호를 위해 신호기 외방의 신호기가 경계신호로 현시하는 장치를 가졌을 때

② ATS의 설비 신호기 또는 열차정비 장치의 위치에서 전방으로 200m 이상의 과주여유를 설정하였을 때(동차 및 전동차는 150m 이상)

③ ATC를 설치했을 때

④ 구내운전에서 차량이 과주할 우려가 있는 경우 구내 운전 속도를 25km/h 이하로 한
정한 경우, 또는 입환신호기 혹은 차량정지표지의 전방에 50m 이상의 과주 여유거리
를 설치하였을 경우

정거장 승강장 연단의 거리 및 연단까지의 높이

1. 개요

① 승강장은 직선구간에 설치하여야 한다. 다만, 지형 여건 등으로 부득이한 경우에는 곡선반경 600m 이상의 곡선구간에 설치할 수 있다.

② 승강장의 수는 수송수요, 열차운행 횟수 및 열차의 종류 등을 고려하여 산출한 규모로 설치한다.

③ 차량과 연단 간의 거리 및 연단까지의 높이는 승객의 안전과 편의성 측면에서 매우 중요하다.

④ 일반철도나 EMU 차량 등의 혼용운행으로 승강장 높이가 문제되는 경우 차량 내 계단을 설치하여 해결할 수 있다.

2. 승강장 길이

① 승강장 길이는 여객열차 최대 편성길이(일반 여객열차는 기관차를 포함한다.)에 다음 각 호에 따른 여유길이를 확보하여야 한다.

ㅤㅤㄱ 지상구간의 일반 여객열차 : 10m

ㅤㅤㄴ 지상구간의 전기동차 : 5m

ㅤㅤㄷ 지하구간의 전기동차 : 1m

② 단, 열차자동운전장치(ATO) 또는 스크린도어가 설치되는 전동차 구간의 승강장 여유길이는 삭제할 수 있다.

3. 선로중심에서 승강장 연단거리

(1) 일반철도

① 직선구간 : 콘크리트궤도 1,675mm, 자갈궤도 1,700mm

② 곡선구간에서는 곡선에 따른 확대량과 캔트에 따른 차량경사량 및 슬랙양을 더한 만큼 확대하여야 한다.

(2) 전기동차가 운행하는 구간

① 콘크리트도상의 경우 : 1,610mm(차량 끝단으로부터 승강장 연단까지의 거리는 50mm를 초과할 수 없다.)

② 자갈도상인 경우 : 1,700mm

4. 승강장 연단높이

(1) 일반철도

① 일반철도의 저상승강장

레일 면에서 500mm

② 화물적하장의 높이

레일 면에서 1,100mm

(2) 전동차운행구간의 고상승강장

① 콘크리트도상의 경우

레일 면에서 1,135mm

② 자갈도상의 경우

레일 면에서 1,150mm

5. 곡선구간에서 승강장 연단의 설치기준

① 곡선구간에 설치하는 고상승강장의 높이는 캔트에 따른 차량 경사량을 고려한다.

② 곡선구간에서 궤도 중심으로부터 승강장 또는 적하장 끝까지의 거리는 $1,675\text{mm} + k$ 만큼 확대하여야 한다.

③ 선로 중심에서 내궤측홈 연단 간 거리

• $1,675 + k = 1,675 + \left(W + S + h \times \dfrac{C}{G} \right)$

• 콘크리트궤도 곡선반경 250m 내에 화물적하장이 있을 경우 선로 중심에서 내궤측 홈 연단 간 거리는 다음과 같이 구할 수 있다.

$$1,675 + \frac{50,000}{250} + \frac{2,400}{250} + 1,100 \times \frac{180}{1,500} = 1,675 + 342 = 2,017 \, (\text{mm})$$

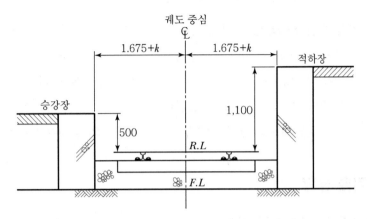

‖ 승강장과 선로 중심 간 이격거리 ‖

6. 현안문제 및 대책

(1) 현안문제

① 차량한계와 연단거리

곡선정거장 내에서 캔트에 따른 차량 경사량을 고려함으로써 연단과 차량한계 간 거리가 증대함에 따라 실족 사고의 우려가 있다.

② 레일 윗면에서 연단까지의 높이

- 건축한계에서 승강장 높이 500mm는 차량한계의 350mm와 중복되는 문제점이 있다.
- 차량 바닥면과 승강장 연단까지의 단차가 50mm로 장애시설 이용이 곤란하다.

③ 예전 차량은 만차 시 차량바닥이 많이 하강하여 문제가 없었으나 최근 차량은 약 20mm 정도만 하강되고, 특히 일반철도의 경우 정거장 내 캔트의 설치로 연단까지 높이가 더욱 증대되는 문제가 있다.

(2) 대책

① 차량한계와 연단 간 거리

- 전기동차전용선의 경우 정거장 구간에서 부득이한 경우 설계속도에 관계없이 250m까지 곡선반경을 축소할 수 있도록 되어 있다.

- 차량과 승강장 연단거리 축소를 위하여 정거장에 설치하는 곡선반경을 상향조정하는 방안을 검토할 필요가 있다.

② 레일 윗면과 승강장 간의 높이

- 저상승강장의 높이를 500mm에서 300mm로 하향 조절할 필요가 있다.
- 만차 시 하강높이를 감안하여 레일 윗면과 승강장 연단까지의 높이를 50mm보다 작게 축소하는 방안 검토한다.
- 특히 일반철도의 경우 정거장 내 부족 캔트의 설치운영방안을 적극 검토한다.

7. 최근 기술 동향

(1) 차량한계와 연단 간 거리

① 거리축소를 위하여 고무패드를 설치하여 운영 중이다.
② 프랑스 등 외국에서는 차량 내 자동식 계단을 설치하여 운영 중이다.
③ 지방자치단체 내 지하철 건설본부에서는 건설기준을 축소하여 적용하고 있다.
　 － 차량한계와 연단거리를 차량과 연단거리로 축소 운영

(2) 레일 윗면과 연단 간 높이

① 높이 단차를 축소하기 위하여 승강장 높이를 상향 조정하여 적용한다.
② 만차 시 차량 하강높이를 감안한 승강장 높이 조정 및 이에 따른 건설기준을 조정한다.

8. 결론

① 승강장 연단거리가 크거나 연단높이가 높을 경우 안전에 문제가 생길 수 있으므로 이에 대한 검토 및 대책이 필요하다.
② 연단거리 축소를 위해서는 곡선반경의 확대 및 부족캔트 적용 등을 적극 검토하고 승강장 연단에 고무패드를 설치하여 안전에 만전을 기하여야 한다.
③ 일반철도나 EMU차량 등의 혼용운행으로 승강장 높이가 문제되는 경우 차량 내 계단을 설치하여 해결하는 방안도 적극 검토되어야 할 것이다.

QUESTION 11 역전광장의 역할과 기능

1. 개요

역전광장은 철도와 도로의 접경으로 여객을 위한 역사와 주변 도로와의 연결장소이며 역에 오는 자동차의 주차장 및 여객의 승강장소이다. 또한 도시의 관문이며 대주의 휴식 공간으로도 활용하고 있어 여객과 자동차의 안전성, 편리성을 고려하여 설계하여야 한다.

2. 역전광장의 기능

(1) 교통터미널 기능

① 철도와 다른 교통수단과의 접속
② 2차 교통기관의 승강 및 상호환승
③ 버스, 자동차, 자전거의 주정차
④ 수화물의 반출입
⑤ 역주변 시설에 자동차의 출입

(2) 도시활동 기능

① 역전광장 주변의 상점, 사무소에 시민의 집중
② 시민의 집회, 문화의 장소

(3) 환경정비 기능

① 시가지 교통과 철도교통의 완충대
② 녹지, 나무 분수 등 조경시설
③ 꽃으로 다양한 조형설치

(4) 방재기능

① 지진 및 화재 시 긴급피난장소
② 긴급 시 수송물자의 적치
③ 응급차의 주정차

3. 정비효과

① 역세권 확대와 인구 밀도의 상승

② 시민이동인구 확대에 의한 교통수익 증가

③ 상업시설의 이용자 증가에 따른 수익 증가

④ 지자체의 세수 증가

⑤ 교통 편리성의 향상

⑥ 교통 안전성과 쾌적성의 향상

⑦ 도시경관의 향상

4. 역전광장 설계 시 유의사항

① 도시계획과 관련법을 잘 파악하여 적합한 설계를 해야 한다.

② 광장 폭은 40m 이상이 좋고 가로세로 비는 $\frac{1}{1} \sim \frac{1}{3}$ 사이로 $\frac{1}{2}$ 이 적당

③ 예상되는 여객 수와 자동차 수에 의거하여 광장 면적 산출

④ 역본체와 일체된 기능을 할 수 있도록 배치

⑤ 장래 확장을 고려하여 부지를 확보

5. 주요 시설

① 보도

　㉠ 일반도로보다 넓게 계획한다.

　㉡ 여러 가지 시설물의 여유를 갖게 한다.

　㉢ 시민의 집합 공간을 갖는다.

② 차도

　㉠ 광장을 우회하고 일방통행을 원칙으로 한다.

　㉡ 주변 도로와의 연결성을 고려하고, 동선의 교차, 출입구의 배치, 개소를 충분히 검토한다.

③ 버스 승강장

　㉠ 본역에서 가까운 곳에 연계시스템을 갖춘다.

　㉡ 시내버스, 좌석버스 등의 승강장은 위치를 별도로 지정한다.

④ 택시 승강장

　　㉠ 본역에 가깝게 계획한다.

　　㉡ 하차장 승차장을 1개의 동선으로 배치한다.

⑤ 주차장

　　㉠ 역 주변은 주차 수요가 높다.

　　㉡ 광장을 입체적으로 이용할 수 있도록 고려한다.

⑥ 교통통제시설, 조명시설, 배수, 화단, 분수 등

QUESTION

12 대도시에서 여객역의 역할

1. 개요

① 여객역은 철도의 역할 변화에 능동적으로 대응하여 정보화 시대에 맞추어 정보 교환의 장, 사람과 물자의 유동의 장으로서 도시기능의 향상 및 촉진을 유도한다.

② 도시의 중추기관, 종합교통센터, 시민의 편의시설로서의 기능을 충분히 발휘하며 도시와 지역사회 발전에 공헌한다.

2. 여객역의 역할

(1) 도시의 종합교통센터

① 대도시의 주 여객역은 철도의 역으로서보다는 그 도시의 중추기관으로서의 역할을 중시하여 토지의 입체이용을 계획하고, 보다 넓게 서비스를 제공할 수 있도록 검토가 필요하다.

② 타 교통기관과의 연속운송이 원활히 이루어지도록 승용차, 버스, 지하철, 항공기와의 연결시설과 이에 관련된 숙박 및 식당 등의 부대사업을 정비하여 이용객의 편리를 도모한다.

(2) 철도의 종합적 영업거점

① 그 지역의 광역적 영업활동의 중심으로서 수송과 판매의 종합적 거점

② 철도영업의 지역적 센터로서 기능을 갖도록 각종 판매 프론트 및 여행정보 제공시설의 정비

③ 역무자동화(AFC) 등 근대적인 역무 시스템을 제공할 수 있는 모든 시설의 정비

(3) 이용하기 쉬운 시설

① 이용객의 이동 동선을 고려하여 쉽게 접근할 수 있도록 계획

② 이용객의 유동을 상세히 분석하여 인간공학적으로 접근하여 설비의 유닛화, 집약화 및 여객동선의 명확화에 유의하여 정비

3. 여객역의 현대화 계획

(1) 여객 정거장의 고려사항

① 타 교통수단과 연계성이 우수한 수송수요 시스템으로 구성
② 도시기능과 유기적인 일체성 확보
③ 현대적 영업시설, 영업방식의 시스템화
④ 토지의 입체적 활용
⑤ 정보화 기능을 강화한 합리적 설비
⑥ 시설의 집중화와 동선의 간편화
⑦ 공중시설 정비하여 단순화

(2) 수송력 증강 방안

① 고분기기 사용으로 속도 향상을 꾀한다.
② 선로 유효장을 길게 하여 여객 열차 편승에 대응할 수 있도록 한다.
③ 승강장 장대화, 이는 유효장의 장대화로부터 기인된다.
④ 신호보완 시스템의 현대화로 선로용량의 고밀집화를 도모한다.

(3) 역전광장 시설의 현대화

① **교통터미널의 기능** : 타 교통수단과 접속 및 수화물의 반출입
② **도시활동기능** : 주변의 상점 및 시민의 문화의 장소
③ **환경정비기능** : 시가지 교통과 철도교통의 완충대
④ **방재기능** : 긴급피난장소 및 긴급수송물자의 적치

(4) 현대화로 인한 효과

① 역세권 확대와 인구밀도의 상승
② 이동인구의 확대로 인한 교통수익 증가
③ 상업시설 이용자 증가로 수익 증가
④ 교통 편리성 및 안전성과 쾌적성 향상
⑤ 도시경관의 향상

4. 결론

① 향후의 여객역은 단순한 철도시설에서 벗어나 토지 및 공간을 최대한 활용하여 각종 판매사업을 실시함으로써 경제가치가 높은 역으로 개발하여야 한다.

② 동시에 현대인의 욕구충족의 장, 삶의 질을 높일 수 있는 공익적 공간으로 개발되어야 한다.

QUESTION 13 경제성장에 따른 대도시 여객역이 갖추어야 할 조건을 설명 하시오.

1. 개요

산업화 발전에 따른 경제성장은 여객 수요량의 엄청난 증가를 야기시켰고, 그로 인해 기존의 철도 용량은 포화 상태에 이르렀다. 이에 대한 해결책으로 기존 선 복선화·전철화 등의 시설개량 사업 및 여객수요에 따른 이용자 편의를 고려한 역사시설의 개선이 필요하다.

2. 여객역의 현대화 계획

(1) 여객정거장의 고려사항

① 타 교통수단과 연계성이 우수한 수송수요 시스템으로 구성

② 도시기능과 유기적인 일체성 확보

③ 현대적 영업시설, 영업방식의 시스템화

④ 토지의 입체적 활용

⑤ 정보화 기능을 강화한 합리적 설비

⑥ 시설의 집중화와 동선의 간편화

⑦ 공중시설 정비로 단순화

(2) 수송력 증강 방안

① 고분기기 사용으로 속도 향상

ㄱ 기존역의 분기기를 고번화하여 속도를 향상시킨다.

ㄴ 예를 들어 F8번 분기를 F12, F15번으로 고번화하여 통과 속도를 향상시킨다.

② 기타 시설 확충

ㄱ 선로 유효장의 장대화로 여객 열차 편승에 대응할 수 있도록 한다.

ㄴ 승강장 장대화는 유효장의 장대화로부터 기인된다.

ㄷ 신호보완 시스템의 현대화로 선로용량의 고밀집화를 도모한다.

(3) 주 여객역의 역할

① 도시의 종합교통의 중심

　㉠ 대도시의 주 여객역은 철도의 역으로서보다는 그 도시의 중추기관으로서의 역할을 중시하고 토지의 입체이용을 계획하여야 한다.

　㉡ 따라서 여객의 주요 동향을 고찰하여 보다 다양한 서비스를 제공하여야 하며, 타 교통수단과의 연속운송이 원활히 이루어지도록 승용차, 버스, 지하철, 항공기 등의 연계시설과 이에 관련된 숙박 및 식당, 쇼핑시설 등을 정비하여 이용객의 편리를 도모해야 한다.

② 철도의 종합적 영업거점

　㉠ 철도의 입장에서 여객역은 그 지역의 광역적 영업활동의 중심으로서 수송과 판매의 종합적 거점으로 정비해야 된다.

　㉡ 지역적 중심으로서 기능을 갖도록 각종 판매 프론트 및 여행정보제공시설 정비와 역무자동화(AFC) 등 근대적인 역무시스템을 제공하도록 정비해야 한다.

(4) 역전광장 시설의 현대화

① 역전광장의 기능

　㉠ 교통터미널의 기능 : 타 교통수단과 접속 및 수화물의 반출입

　㉡ 도시활동기능 : 주변의 상점 및 시민의 문화의 장소

　㉢ 환경정비기능 : 시가지 교통과 철도 교통의 완충대

　㉣ 방재기능 : 긴급피난장소 및 긴급수송물자의 적치

② 현대화로 인한 효과

　㉠ 역세권 확대와 인구밀도의 상승

　㉡ 이동인구의 확대로 인한 교통수익 증가

　㉢ 상업시설 이용자 증가로 수익 증가

　㉣ 교통 편리성 및 안전성과 쾌적성 향상

　㉤ 도시경관의 향상

3. 결론

① 소득 증가에 따른 철도이용객의 수준이 향상됨에 따라 대도시 여객역은 이용객의 편의와 친환경적인 면이 더 강조되어야 한다.

② 여객역은 민자역사시설로 전환하여 이용객들의 쇼핑과 휴식공간뿐 아니라 정보습득의 공간으로 탈바꿈되어야 한다.

③ 이는 철도 21세기 비전인 고객중심의 철도, 종합관광산업으로서 철도, 고속화된 철도, 정보화된 철도, 국제화된 철도로 바뀌는 것을 의미한다.

QUESTION 14 철도정거장 역세권의 효율적인 개발 방향에 대하여 기술하시오.

1. 개요

우리나라 철도정거장 시설은 철도시설, 용도는 준공업지역, 역사부지는 상업지역으로 도시계획이 지정되어 있어 역세권 개발에 많은 제약을 받고 있다.

2. 개발의 필요성

(1) 주요 도시의 철도정거장 실태

① 과거의 철도정거장은 도시의 관문이자 교통의 중심 역할로 전 국토와 연결되어 발전되었다.
② 현재의 철도정거장 주변은 도시의 양분화로 인해 슬럼(Slum)화되었다.

(2) 역세권 개발 요건

① 타 교통기관과 쉽고 편리하게 환승할 수 있는 교통 종합터미널 시설로 개발
② 정거장에 쉽게 접근할 수 있는 통로, 주차장 개발
③ 철도 이용객의 편의시설 등 생활공간 역할
④ 여행객을 위한 호텔 및 숙박시설
⑤ 해당 지역 정보통신센터 역할로 개발

3. 효율적인 역세권 개발 방향

(1) 개발범위 및 주체

① 개발범위 : 정거장을 중심으로 한 주변 지역 포함
② 개발주체 : 한국철도공사와 지방자치단체 등
③ 개발방법 : 민자유치

(2) 정거장 시설개량과 개발용지 확보

① 정거장 시설개량

㉠ 대도시 여객, 화물 혼용정거장은 여객전용시설로 개량하고, 화물정거장은 도시 외곽으로 이전한다.

㉡ 대도시 시·종점역은 중간 정거장으로 개량하고 도시 외곽으로 이전한다.

② 개발용지 확보

㉠ 도심부의 철도시설용지를 역세권 개발용지로 개량한다.

㉡ 유휴 철도용지는 호텔, 숙박시설로 이용한다.

4. 결론

① 선진국은 민자유치를 통한 철도 역세권 개발로 주민과 이용객에게 편의시설을 제공하고 있다.

② 우리나라도 민자유치로 역세권을 개발하여 영업수익 증대 및 서비스 향상이 필요하다.

'교통체계효율화법'에 의거 복합환승센터 시범사업으로 지정된 정거장을 대상으로 복합환승센터 추진 시 검토하여야 할 사항에 대하여 설명하시오.

1. 개요

① 복합환승센터는 교통의 결절점으로서 교통기능 및 이에 따른 부수적인 기능, 즉 주거기능, 상업기능 등이 역사 및 역세권 내에서 동시에 이루어지는 경우를 말한다.

② 따라서 과거의 기능적 편향을 벗어나 문화적이고 정보화에 기반을 둔 복합기능 및 지역 간 교류기능의 상징적 터미널이 되어야 한다.

③ 이를 위해 국토교통부는 '국가통합교통체계 효율화법령' 개정과 '복합환승센터 개발 기본계획'을 수립하여 개발체계를 마련하였으며, 시범사업을 지정함으로써 복합환승센터 개발을 본격화할 예정이다.

2. 복합환승센터와 도시기능

① 교통결절기능

② 문화교류기능

③ 산업교류기능

④ 교육기능

⑤ 고도의 정보기능

3. 복합환승센터가 도시기능에 미치는 영향

① 도심공동화 해소 및 도시공간 정비

② 초광역 도시권으로 확대 개편

③ 지역 산업과 지역 경제의 성장 촉진

④ 인구 분산으로 지역개발부문의 성장

⑤ 관광·문화부문의 활성화

4. 복합환승센터 시범사업 정거장

① 동탄2신도시와 서울 사당역 등을 포함한 5곳을 시범사업으로 선정하고, 이를 통해 5조 1,000억 원의 경제효과가 발생할 것으로 예상
② 2010년 사업으로 동대구역, 익산역, 울산역, 송정역 4개 사업, 2011년 시범사업으로 부전역, 동래역, 대곡역, 남춘천역 4개 사업을 각각 지정
③ 또한 시범사업 선정에 있어 공정한 평가를 위해 학계 및 연구기관, 시민단체 등 관련 전문가로 구성된 평가단의 평가를 거친 후, 국가교통위원회 심의를 거쳐 최종 확정
④ 현재 추진 중인 역으로는 동대구역, 광명역, 동탄역, 사당역, 부산 동래역 등이 있음

5. 복합환승센터 추진 시 검토사항

(1) 환승센터의 패러다임 전환

① 환승센터를 단순히 환승의 목적이 아닌 업무 보는 곳, 쇼핑하는 곳, 거주하는 곳으로 전환
② 도시공간구조와 지역사회와의 연계를 고려한 계획
③ 대중교통과의 연계를 통한 환승공간의 확보

(2) 이용자 맞춤형 다기능 복합환승센터 구현

① 이용자 중심의 환승시설 구축, 다양한 연계교통수단 확충, 서비스 고급화로 대중교통 중심 친환경 비용절감형 교통 실현
② 선진국처럼 교통과 상업, 문화기능이 어우러진 고밀도 복합개발로 매력과 경쟁력을 갖춘 도시 창조
③ 한곳에서 모든 도시 서비스를 제공받는 One-Stop Living 도시공간 창조와 불필요한 자가용 승용차 이용을 줄여 도시교통량 감축

(3) 복합환승센터 개발전략

① 복합환승센터와 연계 가능한 BRT, PRT, LRT, 바이모달 트램 등 새로운 개념의 저탄소형 교통수단 성장을 견인
② 개발이 가시적인 주요 복합환승센터의 시범사업화를 통해 침체된 지역경기 활성화는 물론 고급 일자리 창출

(4) KTX 경제권 지역발전 계획과 연계개발

① KTX 복합환승센터를 전국 또는 주변 도시를 연결하는 교통, 산업, 정보의 관문이
자 지역성장의 핵심 축으로 개발

② KTX역 복합환승센터 조기 사업화로 KTX 역세권 개발의 자연스러운 파급효과 도모

(5) 환승센터의 유형

① 대중교통 연계수송형

대중교통 이용자의 주차 및 환승활동 지원을 주 기능으로 하는 환승센터

② 주차장형

대중교통수단 간의 연계수송 및 환승활동 지원을 주 기능으로 하는 환승센터

③ 터미널형

터미널 및 환승활동 등 지원을 주 기능으로 하는 환승센터

6. 9대 핵심기술

① 환승센터 공간 DB 구축

CAD 기반의 테스트베드 2차원 공간 DB 및 3차원 공간 DB 구축

② 환승이용자 서비스 콘텐츠 개발

Nomadic Device에 전자지도, 경로탐색기술, 보행자위치측위, 실시간 환승정보 등
을 연계하여 상황인식 기반의 환승이용자 서비스 콘텐츠 개발

③ 실시간 연계환승 정보 시스템 기술

• 환승센터 이용에 필요한 각종 정보수집 기술을 고도화하고, 연계환승 정보 수집 및
활용

• 대중교통 환승 이용자, 보행자, 승용차 이용자 모두에게 환승시간의 단축, 환승저항
의 최소화 서비스를 위한 상황대용 연계 환승정보 제공

④ 환승센터 가변안내 표지판 개발

장소별 · 시간대별로 제어 및 운행

⑤ 통합운영 상황대응 의사결정 지원 시스템 기술

- 복합환승센터 통합운행을 위한 운행자 서비스로서의 상황대용 의사결정 지원시스템 프로토타입 개발
- 모니터링, 상황대응, 돌발상황 및 대응절차 정의, 리포트, 기준정보관리, 시스템 관리 기능 수행
- 돌발상황 발생 시 운행규정에 따라 정의된 대용절차를 수행하도록 구성

⑥ 보행자 위치 측위 기술

⑦ 영상검지기반의 보행환경 정보수집 기술

⑧ 환승차량 주차유도 안내시스템 개발

⑨ 맞춤형 환승주차 예약 기술

- 장애자 및 여성운전자의 예약요청에 따라 주차 예약을 대행하는 지능형 프로그램
- 운전자의 데이터베이스를 이용하여, 예약 에이전트(Reservation Agent) 구동

7. 기대효과

(1) 환승서비스 대폭 개선으로 대중교통 활성

① 환승시설과 각종 교통수단의 효율적인 연계로 대중교통 이용 여건 개선
② 환승거리 및 대기시간 단축으로 환승서비스의 획기적인 개선 기대

(2) 저탄소 녹색성장을 견인하는 교통체계 구축

① 편리하고 쾌적한 환승체계 구현으로 불필요한 승용차 이용을 자연스럽게 억제 유도
② 철도, 버스 등 이용 활성화로 이산화탄소 배출 대폭 절감 가능

8. 결론

① 그동안 교통시설 개발이 개별 시설별 타당성 위주로 추진되어 전체 네트워크 차원의 연계성과 효율성이 저하되어 대중교통 이용 시 연계성 부족으로 환승거리가 길고 시간도 많이 소요되어 불편이 많았다.

② 이에 따라 연관된 문제들을 근본적으로 해결하기 위해 교통수단 간 환승시설과 문화, 상업, 업무 등 지원시설을 복합적으로 구성한 시설로 복합환승센터를 개발하는 개념

이 도입되게 되었다.

③ 앞으로는 전국 주요 철도역, 버스터미널 등을 거점으로 복합환승센터가 마련됨에 따라 편리한 환승을 통해 이동시간 단축은 물론 문화공간과 상업시설을 복합적으로 이용할 수 있게 될 전망이다.

④ 이제 복합환승센터 시범사업이 본격화되면 교통수단 간 환승편의 향상에 따라 일반국민의 대중교통 이용을 촉진하고, 또한 교통을 중심으로 한 체계적인 지역개발을 통해 복합환승센터가 지역경제 활성화에 핵심적 역할을 수행할 것으로 전망된다.

QUESTION 16 정거장의 환승체계 개선에 대해 기술하시오.

1. 서론

① 정거장의 환승체계 개선은 철도이용의 공간적 확산으로 철도의 경쟁력을 제고시켜 각 교통 수단의 균형적 발전 도모와 이용자가 이용시간의 단축으로 철도 선택의 중요한 요인이 된다.

② 타 교통수단과의 환승체계가 부족하면 이용객의 증가에 한계가 있으므로 환승체계의 구축 방안 및 정거장의 현대화 방안에 대한 적극적인 개선이 필요하다.

2. 환승체계의 필요성

① 새로운 신설 철도의 개통으로 인한 효과를 공간적으로 확산시키고, 철도의 경쟁력을 제고시켜 전국적인 차원에서 각 교통수단 간의 균형적 발전을 도모한다.

② 이용자의 출발에서 도착까지 총 소요시간이 철도를 이용수단으로 선택하는 데 중요한 요인이 된다.

③ 철도와 타 교통수단과의 환승체계가 미비하면, 시간 – 거리의 단축효과 저감으로 철도 이용객 증가의 한계가 있어, 환승체계 구축을 통해 이용권역을 확대할 수 있다.

3. 환승체계의 기본 방향

① 대중교통체계 운영 및 단기간 내 설치 가능 시설에 투자를 선행하고, 철도시설 및 접근 도로 확충 등 장기간 투자 시설을 추진

② 정거장에서 승용차, 택시, 시내버스, 광역버스, 일반철도, 도시철도와의 안전하고 원활한 환승체계 확보

③ 정거장과 서비스 지역 간을 연계하는 광역버스 운영

④ 보행동선과 차량동선의 효율적인 동선 체계 확보

⑤ 정거장 주변 교통류의 원활한 흐름을 위한 교통체계 확보

⑥ 장애자 등의 교통약자를 고려한 시설 확보

⑦ 이용자의 다양한 접근 수단 제공

⑧ 연계 교통의 각 수단 간 운영주체 간의 협의체 구성

⑨ 역사 내의 상업 및 편의시설의 추가 설치 및 운영

4. 환승 교통체계 확립 시 사전 요구 조건

① 관련 법령 및 제도 개정
② 연계교통체계 구축의 운영주체 선정
③ 정거장 시설 정비
④ 연계교통체계 정비
⑤ 역 주변 교통 · 도시계획시설 정비

5. 정거장 현대화 방안

(1) 현대화 목표 및 범위 설정

① 단순한 역사를 재건축하는 건축적 의미가 아닌 지역사회와 이용자의 삶의 질 향상
과 운영자의 수입 창출을 목표로 추진
② 현대화 방안이 여객의 편의 제공인지, 단순한 역시설의 현대화인지, 수익성 창출
인지, 지역의 교통터미널 역할의 수행인지, 주변지역을 포함한 종합적 역세권 개
발인지 그 목표와 범위의 설정이 필요

(2) 접근성의 강화

① 도시 및 지역의 교통수단과 바로 연결되도록 공간 배치 및 환승이 용이하도록 접
근성 확보가 중요
② 타 교통수단(버스, 택시 정류장)과의 연계성 확보를 위해 환승시설을 역사에 근접
하여 설치, 필요시 엘리베이터, 에스컬레이터, 환승통로 설치로 접근성 향상
③ 장애자 등의 교통약자에 대해 접근성 제고
④ 정거장의 입지와 규모에 따라 장기적으로 종합교통센터화하는 방안 모색

(3) 다기능 복합역사화

단순한 여객의 취급에서 도시활동을 지원하도록 하기 위해 지역 간 교류 및 관광, 지
역 내 공공행정, 문화, 체육, 상업활동을 지원하는 시설을 설치

(4) 역별 현대화 방안(인구 및 이용객에 따라)

구분	현대화 목표
소도시 거점역	지역사회 지원(공공서비스 위주)
중도시 일반역	지역사회 지원(공공서비스 위주), 환승거점
중도시 거점역	지역사회 지원, 환승거점
중도시 거점역 또는 대도시 일반역	다기능 복합공간, 환승거점
대도시 거점역	다기능 복합공간, 종합교통센터화

6. 환승 교통 체계 구축 효과

(1) 정거장 중심의 토지이용 변화

① 거점형성 기간 사업으로의 도시 기간 정비 사업

② 도시 거점 형성

③ 민간 도시 거점 시설 입지 촉진

(2) 지역 경제 발전의 효과

① 도시 내 · 지역 간 연계교통인 도로, 철도가 정비가 되어 주변 인근의 교통시설용량이 정비 이전보다 증대

② 지역 지가의 상승 효과

③ 민간 시설(쇼핑, 호텔)의 입지로 역세권의 확대 및 지역 경제 발전에 기여

QUESTION 17

도시철도 건설계획의 중요 요소인 정거장 계획 시 고려할 사항에 대해 설명하시오.(위치, 시설계획 및 규모, 동선, 편의시설 등)

1. 개요

① 도시철도의 정거장은 승객을 안전하고 신속하게 열차에 연결시켜 주는 역할을 하는 곳이므로 정거장 위치 선정 시 승객의 승강, 환승에 편리성과 쾌적성을 갖추어야 한다.

② 정거장 시설계획 및 규모, 동선계획 편의시설 계획 시 사용자가 편리하게 이용할 수 있도록 하여야 한다.

2. 정거장 위치 선정

① 노선 주변의 교통수요

② 선형조건

③ 승객의 접근성 및 편의성

④ 환승 및 타 교통수단과의 연계성

⑤ 노선 주변 근접물 및 지상 · 지하 지장물

⑥ 토지이용 현황 및 전망

⑦ 지반조건

3. 정거장 시설계획

정거장은 승객의 승강, 환승 등이 이루어지는 곳이므로 승객에게 편리성과 쾌적성을 제공하여야 하며, 이를 위한 정거장 시설의 구성요소는 다음과 같다.

(1) 여객부문

① 여객시설

대합실, 승강장, 화장실, 안내소, 공중전화, 파출소, 우체국, 휴식시설, 사업시설 등

② 유통시설

대합실 간 출입통로, 계단 등

(2) 업무부문

① 접객시설

매표소, 개 · 집표소, 정산소, 방송실, 분실물취급소, 물품일시보관소 등

② 역무시설

역무관계기능실, 시설관리기능실, 각종 기계실, 창고 등

4. 정거장 시설방향

(1) 기능성

① 최적의 운영계획 수립 및 역무기능의 집중화 운영요원을 최소화한다.
② 정거장 이용인원 규모와 근무인원 수에 따른 적정 면적을 확보하여 쾌적한 환경을 유지한다.
③ 지하공간에서 오는 심리적인 압박 및 불안요소를 해소하고 쾌적한 정거장 기능과 수준 높은 지하문화공간으로서의 기능을 고려하여 계획한다.
④ 각종 설비의 중앙관리 및 통제시스템을 확립한다.
⑤ 정거장 방재 및 방법을 고려한 정거장을 계획한다.

(2) 편리성

① 정거장 규모 및 각종 동선은 교통영향 평가에 의하여 적정 규모로 계획하여 승객의 편리성을 극대화하도록 계획한다.
② 일반승객, 장애인 및 노약자가 이용하는 데 편리하도록 엘리베이터, 에스컬레이터 등의 승강 편의시설을 설치한다.
③ 지상 교통망과의 연계성을 확보하여야 하며 교통영향 평가에 따른 역세권 주차장 및 자전거 보관소 설치로 대중교통과의 연계성을 확보하도록 계획한다.
④ 정거장 내 시설물의 현대화 및 자동화에 따른 매표소 및 발매기, 집 · 개찰구의 설치위치 및 규모는 승객의 편리성과 유지관리의 효율성의 극대화를 고려하여 계획한다.

(3) 심미성

① 대공간, 중층, 슬래브 Open, 자연채광 등을 검토하여 공간성을 확보한다.
② 색채, 조명, 미술장식품 설치 등을 고려하여 의장성이 확보되도록 계획한다.

(4) 경제성

① 불필요한 공간을 최소화하되 적정 규모의 여유공간을 계획하여 경제성을 확보한다.
② 근접한 대형건축물과의 연결출입구를 계획하여 보도상의 출입구를 없애 도시미
관을 향상시킬 뿐 아니라 노면 보행자의 원활한 통행을 도모하고 공사비 절감도
유도할 수 있도록 한다.

5. 정거장 규모

정거장의 규모는 노선의 성격, 운영방법, 건설공법 등을 고려하여 결정한다.

(1) 관리등급 분류

① 대형 : 변전소 등이 설치되고 보통정거장보다 시설규모가 큰 정거장
② 보통 : 일반 타입의 정거장으로 시설규모 최소
③ 관리 : 정거장 시설운영 및 점검관리

(2) 시설수준 분류

① 상징 : 환승정거장 등 노선별 특성에 따라 상징성이 요구되는 역
② 일반 : 상징역을 제외한 정거장

6. 동선 및 편의시설

① 대합실 계획
　㉠ 동선계획
　㉡ 공간계획
　㉢ 출·개찰구 설치계획

② 승강장 및 계단계획

　㉠ 승강장 형식

　㉡ 승강장 유효길이

　㉢ 승강장 유효폭

　㉣ 승강장 최소폭

　㉤ 계단부 승강장 유효폭

　㉥ 계단 폭원

③ 수직동선계획

　㉠ 외부 출입구

　㉡ 내부 계단

　㉢ 엘리베이터

　㉣ 에스컬레이터

　㉤ 수평 에스컬레이터

④ 의장계획

　㉠ 토털 디자인(Total Design)의 개념

　㉡ 자재사용계획

⑤ 장애인 편의시설계획

　편의시설 설치방법

⑥ 일반 승객 편의시설계획

　㉠ 부대편의시설

　㉡ 스크린도어

⑦ 환경디자인 계획

⑧ 조명 및 조경계획

⑨ 역명 등의 제정

7. 배선계획 시 검토사항

(1) 수송처리계획 반영

① 최소운전시격 결정 : 시 · 종점역 배선 선정
② 구간별 차량 운영계획 : 중간 회차 계획 검토
③ 단계별 개통계획 : 단계별 회차 계획
④ 열차운전계획 : 열차주박계획 검토

(2) 열차운전 운영계획 반영

① 차량반입계획 : 기존 철도와 직통 연결
② 차량유치계획 : 본선주박(새벽, 심야 시 동시에 출발, 도착)
③ 차량입출고계획 : 본선 대피선

(3) 신호보안 설비계획

① 신호보안 설비계획 : 열차안전운행거리 확보 및 역 진로금지 등
② 안전거리 확보 : 실제종거리, 공주거리, 제동거리, 과주거리, 과주여유거리
③ 반복선 설비 시 역사 끝단에서 40m 이격거리 확보
④ 반복회차 유치선 계획 시 여유길이 및 제동거리 70m 확보

(4) 타 노선과의 연결계획

① 모터카 장비 및 각종 자재이동 선로
② 열차정비, 수선을 위한 주 공장 입출고 선로

(5) 시설물 유지관리계획

① 분야별 사무소, 분소위치 선정
② 모터카 장비 유치 및 이동계획

8. 현행 시설계획의 문제점

(1) 서울 1기(1~4호선)

① 시·종점 정거장의 반복회차선이 Y-선으로 최소운전시격 3분
② 본선 주박을 위한 유치선 부족으로 야간에 모터카 이동이 곤란
③ 본선 내 장비유치선이 없어 장비운영 곤란
④ 차량기지 입출고선이 미흡하여 인접구간 열차반복 시 지장 초래

(2) 서울 2기(5~8호선)

① 유치선 부족
② 장비유치선 부족
③ 노선 간 상호연결선이 없어 일반철도 및 1기 노선을 경유하여 이동함으로써 많은 문제점 발생

9. 향후 대책 및 발전 방향

① 시설물 유지관리 현대화에 따른 장비활용 증대를 감안한 유치선계획이 필요하다.
② 향후 구조물 연장, 확장, 구조물 개보수 공사 시 완급형 혼용운행을 감안할 계획이 필요하다.
③ 급행전철의 운행 등과 같이 향후 속도 향상에 대비하여 구조물 여유 연장을 감안할 필요가 있다.

도시철도에서 정거장 간 거리를 최소 1km 이상으로 설치하도록 하고 있다. 그 사유와 현안 문제점 및 대책에 대하여 쓰시오.

1. 개요

① 도시철도는 대량형 철도와 중량형 철도로 구분되며 도시의 장기발전 전망을 예측하여 노선망을 계획하여야 한다.

② 노선망의 형성은 도심교통에 관한 장래수요를 예측하여 도시철도가 분담할 지역 간 OD표를 구하고 희망선도를 작성하며, 노선망의 기본 형태는 도심을 중심으로 하여 방사형과 격자형으로 구상한다.

③ 또한, 기존 도시철도 및 타 교통기관과의 연계수송 등 종합적인 검토를 한다.

2. 도시철도 정거장 위치 선정 시 고려사항

① 운영 및 승객 수송 수요를 위하여 역간거리는 0.7~1.4km를 기준으로 배치
  ㉠ 도심부 : 0.7~1.0km
  ㉡ 교외부 : 1.0~1.4km

② 타 노선 및 타 교통수단과 연결이 편리하고 중요 도시 시설과 인접되어 있어 정거장과 접근이 용이한 지점

③ 장래 도시계획 및 지상과 지하개발계획을 전망하여 도시발전에 합당한 위치

④ 가능한 수평, 직선상에 설치하고 부득이 곡선일 경우 최소 반경 R = 400m 이상인 위치

⑤ 시공이 용이하고 출입구 및 부대시설 건설에 필요한 용지 확보가 용이한 위치

⑥ 차량기지의 용지 확보 및 열차 반입 가능성

⑦ 부분 개통 시의 열차 반입 가능성

⑧ 도심부에서는 인접 역세권 상호 간의 중복을 피한다.

3. 도시철도 역간거리를 1km 내외로 규정한 이유

① 운영 및 승객 수송 수요를 위하여 역간거리는 0.7~1.4km를 기준으로 배치

② 일반적인 도시철도의 수송력 산출방식

수송력 = (1량 정원 × 편성량수 × 혼잡율) × (60 ÷ 최소 운전시격)[인/시 - 방향]

③ 도시철도의 일반적인 표정속도는 30km/h 내외로, 이는 1km당 최소운전시격이 2분 정도로 산정되므로 평균 역간거리는 1km 정도가 적정하다.

　㉠ 중량전철시스템은 열차의 편성길이가 길고, 출·퇴근 시간대의 혼잡한 승객들에 의한 승·하차 시간의 유지 및 역간 운행시간 등을 고려할 때 최소 운전시격은 일반적으로 2분을 한계로 보고 있다.

　㉡ 경량전철은 시스템별로 차이는 있으나, 차량길이가 짧고 승객이 상대적으로 적으며 가·감속도가 크므로 최소 운전시격은 1분 정도이다.

④ 최소 운전시격에 영향을 미치는 요소

　㉠ 열차의 가·감속도

　㉡ 열차의 길이

　㉢ 역간거리

　㉣ 열차의 최고운행속도

　㉤ 전철기의 전환시간

　㉥ 운전대 전환시간

　㉦ 신호장치의 성능 : 지상속도 연산방식, 차상속도 연산방식, 열차검지 능력, 통신시간 등

　㉧ 회차 및 입·출고선의 선로구조 등

4. 현안 문제점 및 대책

① 도시 내의 교통수요에 대한 탄력적인 수송에 적합하도록 차량 시스템의 결정이 요구된다.

　㉠ 중량(重量) 대형의 경우 수송력이 50,000~70,000인/시/방향

　㉡ 중량(中量) 중형의 경우 수송력이 20,000~50,000인/시/방향

　㉢ 경량(輕量) 철도의 경우 수송력이 5,000~30,000인/시/방향

이 되므로 수송수요를 고려하여 도시철도 시스템을 구성하도록 한다.

② 역별 승하차 인원 및 재차인원 예측결과는 차량의 규모, 정차장의 시설규모와 건설 및 설비운영계획 수립에 사용될 중요한 자료이다. 수송수요는 목표연도의 첨두 시 최대 수송수요를 무리 없이 감당할 수 있는 시스템을 선정토록 검토할 필요가 있다.

③ 공사 시 및 운영 시 문제점 및 대책 강구

    ㉠ 노선 주변의 주거지에 대한 열차진동 발생 시 방진매트, 바라스트궤도 부설 등으로 방진대책을 강구한다.

    ㉡ 지하터널 사용 개시 후 차체에서 발생하는 열로 인한 터널 내부 온도 상승에 대한 대책을 강구한다.

    ㉢ 감시장치 및 피난유도설비 완비로 지하역의 화재, 수해 등 재해발생 시 방재대책을 마련한다.

    ㉣ 공사 중의 소음 · 진동, 지반의 부등침하, 교통사고의 발생 가능성에 대하여 공법의 선정 및 노선 주변 지역주민에 대한 피해를 최소화하는 대책을 수립한다.

운행 중인 지하철노선에 추가로 역사를 신설하고자 한다. 역사 신설 시 주요 고려사항을 설명하시오.

1. 개요

① 지하에 위치한 기존 운행선에 지하역을 신설할 경우 운행 중인 구조물 인근 및 하부를 통과하여야 하므로 기존 구조물의 안전성을 최우선으로 한다.

② 지하 2층으로 계획하여 지하 1층은 역사, 대합실, 승강장 층, 지하 2층은 연결통로를 고려한다.

③ 주변 현황을 정확히 파악하여 기존 구조물 횡단부위 및 접속부위에 적정한 최적의 공법을 선정하여야 한다.

2. 공법의 선정

(1) 기존 구조물 접속부위

① 기존 구조물과 접속부위는 승강장 개설을 위하여 기존 구조물의 벽체철거를 위한 공법을 검토하여야 한다.

② 기존 선이 운행되고 있으므로 공정의 단순화, 기존운행선의 안전보장, 시공성, 경제성 등을 종합적으로 고려하여 적합한 벽체철거 공법을 선정하여야 한다.

③ 벽체철거 공법

  ㉠ Diamond Wire Saw 공법 : 운행 중인 열차의 안전과 기존 구조물의 안전성을 확보하기 위하여 일괄로 철거하는 공법이다.

  ㉡ Wheel Saw + Buster 공법 : 열차운행이 중단된 심야(3시간/일)시간에 벽체 내측 철근을 절단하는 공법으로 공정 및 안전에 다소 불리하다.

④ 철거방법

  ㉠ 분할철거 : 기둥저촉부 철거 후 신설구조물을 시공하고 나중에 잔여벽체 철거

  ㉡ 일괄철거 : 신설구조물 완료 후 기존 벽체 일괄 철거

(2) 기존 구조물 횡단부위

① 기존 구조물의 횡단부위는 심도가 깊고 구조물이 단순하며 폭이 좁은 경우로서 수평굴진을 위한 비개착식공법을 고려하여야 한다.

② 구조물 횡단 시 고려할 수 있는 비개착 공법은 다음과 같으며, 운행선에 인접한 공사이므로 지반 침하 및 안전성에 역점을 두고 공법을 선정하여야 한다.

    ㉠ STS 공법(Steel Tube Slab Method)

    ㉡ NTR 공법(New Tubular Roof Method)

    ㉢ TRcM 공법(Tubular Roof Construction Method)

    ㉣ DSM 공법(Dividid Shield Method)

    ㉤ Front Jacking 공법

3. 방수

(1) 방수공의 필요성

① 지하철 구조물은 대부분 지하수위 이하에 위치하고 있어 방수설계 및 시공의 결함으로 인한 누수가 발생할 경우 내구성 저하 및 보수가 곤란하고 인접구조물의 피해가 우려된다.

② 시공 JOINT 부분에서 철근 부식의 가장 큰 원인이 될 수 있다. 이러한 이유로서 물의 침입 방지를 위한 방수층의 필요성이 제기된다.

③ 지하수의 구조물 내부로 유입을 근본적으로 차단할 수 있는 최적의 방수공법을 계획한다.

(2) 방수공법 선정 시 고려사항

① 지하구조물의 방수는 구조물의 개축이 불가능한 것과 마찬가지로 재시공이 불가능하므로 내구성이 있어야 하고 완전한 차수효과를 가져야 한다.

② 또한 방수작업이 10~30m씩 구간별로 되고 단면상으로도 저판, 측벽, 상판 등으로 분리시공되므로 이음부의 접합시공이 용이하도록 자체 접착력이 커야 한다.

③ 온도신축이나 허용범위 내의 부등침하로 발생되는 균열 등에 대처할 수 있는 신축률을 갖고 또한 지하 수압에도 충분이 저항할 수 있는 공법을 선정하여야 한다.

QUESTION 20

기존 정거장 지하에 고속철도 정거장을 설치하려 한다. 건설 및 운영상 지상정거장과 다른 점을 제시하시오.

1. 개요

① 고속철도 정거장은 평면계획상 그 규모가 크므로, 기존 정거장 지하에 건설할 경우 특히 안전에 유의하여 계획을 수립하여야 한다.

② 기존 철도와 고속철도의 기능을 최대화하기 위해서는 주변의 타 교통시설과의 환승, 접근성 등을 고려하여 지하 및 고가 등 입체방식을 선정한다.

2. 정거장 계획시 고려사항

① 역세권 검토

　　㉠ 수송수요 추정 및 역세권 개발 전망

　　㉡ 주변 개발현황 파악 및 각종 개발 전망

② 환승 및 연계수송 효율 검토

　　㉠ 기존 및 계획 지하철과의 환승

　　㉡ 철도, 자가용, 버스, 자전거 등 타 교통수단과의 연계성

③ 선형계획 및 지반조건 검토

　　㉠ 평면 및 종단선형

　　㉡ 지형 및 지하매설물

　　㉢ 지형 및 지반조건

④ 운전 효율성 검토

⑤ 역무자동화 및 중앙집중화

⑥ 동선의 단순화 · 최적화 및 승객의 편의시설 확충

⑦ 설비의 효율성

⑧ 장래의 노선연장에 대한 고려

3. 고속철도 지하정거장과 지상정거장의 차이점

① 고속철도의 정거장은 기존의 정거장 지하에 설치할 경우 평면 및 종단선형에 주의하여 선정해야 한다.

② 고속철도 정거장은 승강장 450m 확보 시 고번화 분기기 사용으로 분기기 시·종점 거리가 약 1.8km 이상 필요하다.

③ 고속열차는 열차 정지 시 정지마찰이 일반열차에 비하여 매우 적으므로 기울기는 지하구간에서 2‰ 이내로 제한한다.

④ 지하역은 운영상 여객의 시계가 불량하고 근무자의 근무환경이 열악하며 시설유지비도 증가한다.

4. 결론

① 고속철도는 여객의 대량수송 및 교통이 가장 편리한 곳이어야 하며, 여객 접근성이 좋고 노면교통의 흐름(5~15만 명)을 원활히 하기 위하여 도심지에 두어야 한다.

② 고속철도가 대전, 대구 등 기존 도심을 통과하는 경우 현시점에서는 우선적으로 기존의 역을 사용하여 고속철도를 운행하고, 향후 도시의 발전 추세와 고속철도의 운행 효율 등을 고려하여 지하 또는 지상건설을 비교·검토하는 것이 바람직하다.

1 기존 철도의 화물수송체계를 정비하고자 한다. 화물역의 근대화 방안과 거점 화물역에 대하여 귀하의 의견을 말하시오.

2 화물수송의 근대화 방안과 거점 화물역에 대해 기술하시오.

1. 개요

① 화물역이란 화물을 대차에 적재·하역하는 설비를 갖춘 역을 말한다.

② 현재 국내 철도화물의 수송분담률은 6%로 대다수 도로에 편중되어 있다.

③ 한국의 물류비는 선진국의 1.5배로 국가 경쟁력을 약화시키는 중요 요인이다.

2. 철도화물의 문제점

① 철도화물 기반시설의 부족 및 물류편중(시멘트 등)

② 운전수송(Door to Door)의 한계

③ 수송비용은 유리하나 화물의 환적, 타 수단과의 연계는 불리

④ 여객 중심의 선로편성으로 정시성 부족

⑤ 철도화물 활성화를 위한 정책의 부재

⑥ 다품종 소량생산으로 대량화물 수송이 축소

3. 화물 수송의 현대화 방안

① 컨테이너 전용열차 개발

② 급행화물열차 개발

③ 현대화 하역방식의 채택

   E & S 시스템(Effective & Speedy Container Handling System)

④ 소화물 집약에 따른 거점 화물역화

⑤ 조차장 자동화와 기계화

4. 철도화물 효율화 방안

(1) 화물수송 품목 다변화, 일관수송체계 구축

① 컨테이너 수송 위주 구축

② 철강품 등 철도수송 전환 품목 적극 유치

(2) 전략적 영업 및 적극적 마케팅 시행

① 중소기업 소량화물 유치

② 맞춤형 물류, 경쟁력 있는 운임 설정

(3) 철도화물 시설 및 장비 현대화

① 항만과 같이 국가 주도의 철도화물 시설 구축

② 인입선(산업단지, 항만, 터미널) 구축을 통한 활성화 유도

③ 종합물류, 화물정보시스템 개선

(4) 운용시스템 개선

① 고속, 중량화차 개발, 첨단하역장치

② 물류정보시스템 활성화 및 체계화

③ 고속선에 화물열차 운용

(5) 국내 실정에 맞는 DMT(Dual Mode Transit) 체계 개발

① Piggy Back

② DST

③ 열차 Ferry

④ 수직이적 재현 등

5. 국내외 여건(정책) 비교 및 시사점

(1) 국내 여건

① 현재까지 도로/연안 위주의 정책

② 화물차량에 대한 활성화 정책

통행료, 유류세 보조, 심야 통행료 할인 등

(2) 해외 여건

① 화물차량 중량 제한, 통행료 징수, 휴일/야간운행 통제
② 마르코폴로 Program 등 Modal shift(전환교통) 정책

(3) 시사점

① 국내 Modal shift, 지속가능 교통체계로의 정책 전환 필요
② 보조금, 철도화물 인입선, 취급설비 등 설치지원
③ 러시아, 일본 등 민영화 사례 검토를 통한 경쟁유도 방안 마련

6. 거점화물역 구축방안

(1) 종전 Yard계 시스템

① 화물 회기역 → Local Yard → 방향별 Yard 수송 → 해당 역 재수송 → 화주
② 번잡한 입환, 소요시간 길어짐, 중간 Yard 많이 소요

(2) 개선 방향

① 거점직행형 시스템
② 거점도시역으로 중간 Yard를 거치지 않고 직행 화물열차 운행

(3) 새로운 화물역의 역할

① 컨테이너 열차 전용터미널
② 거점화물 터미널

③ Off-rail 화물역

컨테이너 화물이 증가하게 되면 영업거점을 선로와 떨어진 시내와 유통단지에 두고 트럭과 협동으로 일관수송체계 도모(의왕 ICD)

④ 복합화물 터미널

트럭, 열차, 선박과 같은 일관수송체계 수립

(4) 거점화물역의 위치 선정

① 소운송의 편리 및 타 교통기관과의 연계 고려
② 기존의 전용선과 접속을 고려
③ 간선상에 설치
④ 화물 증대에 따른 추후 확장을 고려
⑤ 공사비가 저렴한 장소일 것
⑥ 민원 발생이 적은 장소일 것

(5) 화물역 배선 시 유의사항

① 적하선에 입환시간을 짧게 하고 열차 단위로 하역할 수 있게 한다.
② 입환작업은 본선에 지장을 주지 않거나 시간을 짧게 한다.
③ 대차의 입환순서에 따라 각 선군을 배치하고 각 선의 사용방법을 단순화한다.
④ 구내와 인상선은 투시가 좋도록 한다.
⑤ 장래 수송 변동에 따라 선로 증설에 대비하여야 한다.
⑥ 통과 열차에 대해서는 직선 또는 직선에 가까운 선로로 한다.

7. 결론

① 대량성, 신속성, 정확성 등의 특성을 가진 철도운송이 경제발전에 기여하는 바가 크므로 기존 화물수송체계의 개선 및 기계화하는 데 연구개발이 필요하다.
② 공업지역, 농산물 생산지, 항구 등의 집산화물을 원활히 공급배분하기 위해서는 화물 전용터미널, 거점화물터미널, 복합터미널 등의 새로운 화물역의 신설이 시급한 실정이다.

QUESTION 22 조차장

1. 개요

① 조차장이란 객차 및 화차를 행선지 및 목적지별로 재편성 작업하는 곳을 말한다.
② 차량의 검사, 수선, 청소시행도 동시에 시행한다.

2. 조차장의 종류

① 객차조차장
② 화차조차장

3. 객차조차장

(1) 역할

① 착 · 발신의 능력 향상을 위해 타선으로 조속 입환
② 다음 운행에 대비한 소수선과 보급 및 검사
③ 차량의 세차 및 청소
④ 편성열차의 증감으로 경제적인 운전 도모
⑤ 특수차량(식당차, 침대차 등)에 대한 보급품 적재 및 차량의 방향 전환

(2) 위치 선정

① 객차조차장, 여객역, 기관차사무소 등 상호 간에 편의가 좋은 곳
② 공장 또는 기타 시설과의 출입이 편리한 곳
③ 건설비가 적게 들고 적당한 지형일 것
④ 여객역과의 공차 회송거리가 원거리 10km 이내, 근거리 5km 이내일 것
⑤ 구내가 평탄하여 투시가 양호할 것

(3) 선군

① 도착선, 조체선, 세차선, 청소선, 검사선, 수선선, 유치선, 예비차선, 출발선

② 조체선

- 객차의 연결순서 변경 및 고장차 제거, 객차의 증가와 해방을 위한 선
- 유치선의 일부를 이용하여 대체 가능

4. 화차조차장

(1) 역할

① 전국 각 역에서 각 방면으로 유통되는 화물을 가장 신속하고 능률적으로 수송하기 위해 행선지가 다른 다수의 화차로 편성되어 있는 화물열차를 재편성하는 장소이다.

② 개개역에서 발생하는 화차는 일단 가까운 조차장에서 방향별·역별로 재편성하여 운송함으로써 수송 효율을 증대한다.

(2) 위치 선정

① 화물이 대량 집산되는 대도시 주변 또는 공업단지 주변

② 주요 선로의 시·종점 또는 분기점 및 중간점

③ 항만지구, 석탄생산 등의 중심지 등

④ 장거리 간선의 중간지점

(3) 화차 조차법

① 화차 분별 분류 : 방향별 분류, 역별 분류

② 화차 분해 작업방법 : 돌방입환, 포링입환, 중력입환, 험프입환

(4) 선군

도착선, 출발선, 분리선, 인상선, 접수선, 완급차선

1 선진화된 화차조차장의 종류를 들고 상세히 설명하시오.
2 화차조차장 배선 시 유의사항에 대하여 설명하시오.

1. 개요

① 화차조차장이란 전국 각역에서 각 방면으로 유통되는 화물을 가장 신속하고 능률적으로 수송하기 위해 행선지가 다른 다수의 하차로 편성되어 있는 화물열차를 재편성하는 장소를 말한다.

② 개별역에서 발생하는 화차는 일단 가까운 조차장에서 방향별·역별로 재편성하여 운송함으로써 수송효율을 증대할 수 있다.

2. 화차조차장의 위치 선정

① 화물이 대량 집산되는 대도시 주변 또는 공업단지 주변

② 주요 선로의 시·종점 또는 분기점 및 중간점

③ 항만지구, 석탄생산 등의 중심지

④ 장거리 간선의 중간지점

3. 화차조차장의 종류(화차 분해 작업방법)

(1) 작업방법에 의한 분류

① 평면조차장

기관차에 의하여 평면 입환하는 방식

② 험프조차장(Hump Yard)

취급열차가 많을 경우 입환능률을 향상시키기 위하여 적당한 위치에 2~4m 높이의 험프를 구축하고, 입환기관차로 압상하여 화차연결기를 풀어 화차 자체의 중력으로 자주시키는 입환방식

③ 중력조차장

• 화차를 높은 곳에서 낮은 곳으로 밀어 중력을 이용하여 입환

• 인위적으로 기울기 조성 시 공사비 고가

④ 포링조차장

화차의 연결을 풀고 포링차로 입환하는 방식이나 최근에는 거의 사용하지 않고 있다.

(2) 구분 선군의 형식에 의한 구분

① 단식 Yard
② 복식 Yard
③ 포용식 Yard

4. 화차조차장의 작업

① 조성표 통보 : 도착 전 전신으로 조성순서, 차종, 차번호 통보
② 분해표 작성 : 방향별, 역별
③ 화차 분별작업 : 입환기관차로 2km/h로 압상, Point가 분해표에 따라 전환
④ 화차 조성작업 : 환산량 수를 고려하여 조성
⑤ 출발작업 : 각 출발선에서 점검, 브레이크 시험 후 출발

5. 화차 조차장의 선군

(1) 주요 선군

① 도착선(Arrival Track)

- 열차가 도착하는 선로
- 화물열차의 선수, 운전시간 간격, 도착선에서의 검사 등 작업시간과 분별시간에 의해 선의 수가 결정된다.
- 유효장은 그 선로에서 운전되는 최대편성의 화물열차를 수용할 수 있는 길이로 한다.

② 출발선(Departure Track)

- 조성 완료된 열차가 출발시간까지 대기하는 선로
- 화차의 연결순서표 작성, 차량검사, 기관차의 연결작업 등
- 1선당 10량을 기준으로 선의 수를 구하면 적당

③ 분별선(Classification Track)

- 차량의 해방, 연결 등 화차의 분별을 주로 행하는 선군
- 조차장의 기능을 좌우하는 중요한 선군임

(2) 보조선군

① 인상선(Drill Track)

- 화차를 분별할 때 사용하는 선
- 분해전용, 조성전용, 양자겸용의 3종류
- 유효장은 어떠한 경우라도 본선 유효장과 같아야 함

② 수수선(Union Track)

분별선이 상하 또는 선로별로 구분되는 경우 다른 선로 사이로 화차를 수수하는 수용선

③ 응급차선(Brake Van Track)

응급차와 차장차를 수용하기 위한 선

(3) 특수배선

① 특징

- 재래의 병렬식 직렬배선으로 한 것
- 3선을 1조로 하여 중앙을 통로선으로 한 특수배선

② D형 화살형 배선

Hump 조차장의 방향별 분별선에 두고 열차지정 등의 특수화차의 분별작업에 사용

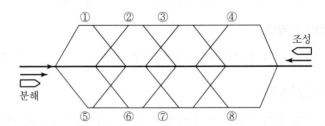

③ S형 화살형 배선

역별 분별작업에 사용

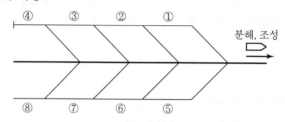

6. 배선 시 유의사항

① 각선 상호 간에 지장을 주지 않아야 한다.
② 조차장 구내의 작업이 경합되지 않을 것
③ 입환기관차의 무용한 주행이 적을 것
④ 조차장 전체의 각 설비를 Balance하게 배치하여 불균형하지 않도록 할 것
⑤ 건설비가 저렴할 것

7. 화차조차장의 자동화 필요성

① 화차조차장에서는 조차작업이 야간에 집중적으로 이루어지므로 많은 인력이 필요하고, 작업효율의 저하, 인사사고의 위험이 뒤따른다. 따라서 기계화 및 자동화로 사고 위험 저감 및 효율 향상을 도모한다.

② 분해작업의 자동화

Hump에 의한 화차 전주시 속도제어를 위한 Target Shooting 방식 또는 일정속도를 유지하기 위한 속도감지 및 Car retarder의 Computer 제어방식의 개발이 요구된다.

③ 조성작업의 자동화

S형 화살형 배선을 통하여 약간의 성과를 얻고 있으나 계속적인 개발이 필요하다.

④ 정보처리의 자동화

조차장에서의 대차 체류시간이 대차 1Cycle Time의 1/3을 차지하므로 정보처리의 자동화로 체류시간을 단축한다.

험프(Hump) 조차장

1. 개요

① 조차장이란 열차의 조성, 유치, 입환을 위하여 설치한 장소로서, 화물조차장은 화물의
효율적이고 신속한 수송을 위하여 행선지별로 차량을 조성하는 역할을 담당한다.

② 험프조차장이란 화물조차장의 일종으로 압상선과 분개선 사이에 Hump라 칭하는 작
은 언덕을 설치하고, 화차를 밀어올려 화차중력과 기울기에 의하여 각각의 화차를 방
향별로 분리 입환하는 방식의 조차장을 말한다.

2. 입환 및 제어방법

(1) 입환순서

① 기관차로 화물열차를 추진압상

② 압상기울기 변경점에서 화차연결기를 풀어 해방

③ 해방된 화차는 중력에 의해 방향선으로 주행

(2) 제어방법

① Ride System

조차원이 화차에 탑승하여 브레이크를 수동 조작하여 제동하는 방식이다.

② Retarder System

선로에 설치된 리타터(Retarder)가 자동으로 작동하여 속도를 조절하는 자동브
레이크시스템으로 안전도가 높다.

3. 필요성 및 처리능력

(1) 필요성

대규모 화차분별 입환 시 처리능력이 뛰어난 험프조차장이 요구되며, 향후 대규모 조
차장 계획 시 우선적으로 반영할 필요가 있다.

(2) 처리능력

① 평면조차장 : 200~2,000량/일

② 험프조차장 : 3,000량/일 이상

(3) 험프의 능력

험프조차장은 취급화차가 1일 3,000량 이상의 경우 유효하다. 험프의 방향은 조차장의 지형과 풍향을 조사하고 화물 유동의 방향을 고려하여 결정한다.

험프의 분석작업능력은 다음 식과 같다.

$$N_d = \frac{T \cdot N}{\frac{L \cdot N}{V_o} + t_c}$$

여기서, N_d : 험프의 분석작업능력(량/일)

L : 화차 1량 길이(M)

T : 1일 작업시간(sec)

V_o : 압상속도(M/sec)

N : 1개의 열차 연결량 수(화차)

t_c : 전주 열차의 시간 간격(sec)

4. 험프의 기울기

화차를 압상하는 압상기울기와 화차를 전주시키는 전주기울기, 방향별 기울기로 구분한다.

(1) 압상기울기(Ascending Grade)

최장 편성의 1개 열차를 압상할 수 있는 정도의 기울기로 보통 5~25‰의 기울기로 한다.

(2) 전주기울기(Descending Grade)

① 제1기울기

화차에 가속을 주기 위한 기울기로 급한 것이 좋다. 보통 40~50‰의 기울기로 한다.

② 제2기울기

분별선의 분기기가 배치되어 있는 구간으로 보통 10~12.5‰ 정도로 한다.

③ 방향별 기울기

분별선의 중간지점 어느 곳에나 화차를 용이하게 정지시킬 수 있어야 하고 보통
3‰ 이하로 한다.

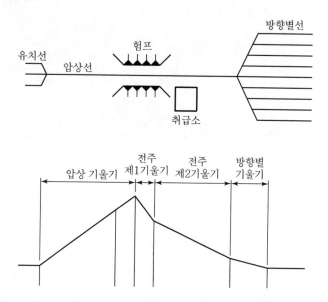

5. 세계의 험프조차장

① 철도화물의 취급 방식이 바뀜에 따라 험프조차장은 전 세계적으로 감소하는 추세이다.
② 대량의 화차를 처리하기 위해 만들어진 험프식 야드의 경우 우리나라에는 없으며, 영국이
나 일본, 덴마크, 호주 같은 나라에서는 있던 험프식 야드조차 폐지해 버린 경우가 있다.

③ 미국

㉠ 미국 Union Pacific의 Bailey Yard는 세계에서 가장 큰 험프식 조차장이다.
㉡ 조차장 본래의 기능인 화차의 분류 조성 기능과 함께 석탄 화물의 발송 기능, 그 외
기관차 교대 등의 업무 전반을 취급하고 있다.
㉢ 하루 1만량의 차량을 처리하고, 2개의 험프를 갖춘 분류선에서는 하루 약 3천량을
처리한다.
㉣ 조차장에 쓰인 배선의 총 길이만 500km에 달하고, 길이 13km, 폭 3.2km의 부지
에 자리하고 있다.

④ 독일

　　㉠ 독일의 Maschen Rbf.은 유럽에서 가장 큰 험프식 조차장이다.

　　㉡ 하루 처리량이 1만량에 달하는 대규모 조차장이며, 분류선 처리량은 미국의 베일리
　　야드(Bailey Yard)보다 더 많다.

6. 문제점 및 대책

① 현재 대부분의 조차장은 화물취급에 많은 시간이 소요되며, 빈번하게 조성을 바꾸어야 하는 문제점이 있다.

② 컨테이너 화물과 거점 화물역을 중심으로 하는, 직통열차와 컨테이너 환적 위주의 시스템으로 전환하여야 하며, 일본이나 영국이 이런 체제로 전환한 나라들이다.

③ 앞으로는 인력난의 시대인 만큼 컨테이너 자동화시스템이 적합하고 여기에 맞추어 조차장의 기능변경과 고도화가 이루어져야 하겠다.

QUESTION 25

차량기지 계획 시 고려사항 및 제반시설물 계획에 대하여 쓰시오.

1. 개요

① 차량기지는 운행을 마친 차량의 유치, 정비, 검수, 수리 등을 실시하여 차량의 안전성 확보와 열차운행의 원활한 수행을 위하여 필요한 설비이다.

② 차량기지는 승무원의 거점이므로 승무원의 운용, 훈련, 지도, 휴양 등 승무원을 일체로 관리 운영하는 업무를 관리하는 기능이 필요하다.

③ 따라서, 차량기지는 차량과 승무원, 현업기관 운영에 관한 업무를 원활히 수행할 수 있도록 계획되어야 한다.

2. 차량기지의 기능

차량의 안전운전을 위한 정비 및 준비를 위하여 차량기지는 차량에 대하여 다음과 같은 기능을 갖추어야 한다.

(1) 차량검수 작업

① 유치기능(유치선)

② 검사기능 : 일상검사 3일/회, 월상검사 3개월/회

③ 전삭기능 : 차륜의 편마모 및 찰상부 정비

④ 수선기능 : 중간검사 3년/회, 전반검사 6년/회

⑤ 세척기능 : 세척기, 세척대, 내부청소선

(2) 승무 관련

승무원의 교육, 훈련, 휴식 및 숙식

(3) 시설물 운영

유지관리조직 및 장비기계 등

3. 차량기지 위치 선정

(1) 규모

차량기지에는 그 기능수행을 위하여 대단위 부지를 필요로 한다. 대략 소요부지는 일반적으로 주 공장이 있을 경우 200평/량, 주 공장이 없을 경우 140평/량으로 산정하며, 유치량수는 운영계획에서 결정한다.

(2) 부지 선정

대단위 평탄한 지역이어야 하며 시점역 또는 종점역과 인접한 곳이 좋다. 부지 선정 시 유의할 사항을 기술하면 다음과 같다.

① 광활하고 입환이 가능한 지역일 것
② 스트레이트 입환이 가능한 지역일 것
③ 시 · 종점역과 인접한 지역일 것
④ 장래 확장에 무리가 없는 지역일 것
⑤ 종사원의 출퇴근 및 기계의 도로반입이 수월한 지역일 것
⑥ 기존 도로와 접근이 용이한 곳
⑦ 도시 토지이용도 감안
⑧ 토지매수가 가능하고 보상비 등 투자비가 저렴한 곳
⑨ 수해 등 재해예방의 가능한 안전지대

4. 차량기지 제반시설물

(1) 시설물의 배치계획

① 장래 수송수요 변동에 대처할 수 있는 계획 수립
② 기지 내 종사원의 효율적인 운영관리 도모
③ 입출고 차량의 출입, 검사, 수리 등이 차량기지 내에서 상호 방해되지 않도록 계획
④ 용지 형태를 고려하여 적정규모가 되도록 계획
⑤ 경제성과 경영관리 측면에서 종합적으로 검토
⑥ 가능한 한 기지 내 정거장 계획과 병행하여 계획

(2) 차량기지 내 제반시설물

① 편성차량의 유치설비

② 편성차량의 검수설비
- 일일검사 및 월간검사 설비
- 세척 및 청소설비
- 차륜적산시설
- 차량의 전반검사 중간검사 및 일시검사를 위한 공간설비

③ 궤도보수시설
④ 전력, 신호, 통신 등의 기기보수시설
⑤ 보관소 및 창고설비
⑥ 사무실, 복리후생시설, 승무원 관리소
⑦ 폐수처리장

5. 차량기지 선군별 기능

① **입출고선** : 모든 입고 차량은 입고 시에 자동세척 시행
② **시험선** : 정비 후 필요시 고속열차의 각종 성능을 시험

③ **검사선**
- 입고차량의 모든 검사를 옥내 및 PIT 구조상에서 가능하도록 검수고 내에 설치 배치
- 일상, 월상검사선을 차량의 유치용량도 포함하여 유효장 결정

④ **청소선** : 차량의 전반적인 청소 시행
⑤ **전삭선** : 차륜을 삭정하여 원래 모양으로 만드는 전삭고의 시설
⑥ **유치선** : 차량의 유치
⑦ **인상선** : 차량검사 후 유치하기 위한 차량을 인상하는 선
⑧ **모터카선** : 선로의 보수용 장비 등을 운반하기 위하여 대기하는 선

6. 차량기지 배선계획

① 차량의 최종규모 확인 후 배선계획에 따라 장래 증설시의 건물배치, 편성길이의 조정이 가능하도록 계획한다.

② 선군의 위치는 작업의 흐름에 따라 입고 - 정비 및 보수 - 유치 - 출고가 능률적으로 수행되도록 계획한다.

③ 작업은 경합되지 않도록 각 선군에 배치한다.

④ 유치선의 기울기는 가능한 수평으로 하고 부득이한 경우 3‰ 이하로 한다.

⑤ 유치선은 원칙적으로 양개분기로 하고 1선 수용능력은 1~2편성으로 한다.

⑥ 차량연삭선은 가능한 한 검사고에 인접하여 설치하고, 편성단위의 작업 원칙으로 최대편성량의 2배 정도 연장하여 계획하며, 유치선 간에는 각 작업에 지장이 없도록 4~5m 정도 이격한다.

7. 결론

차량기지는 차량의 운행준비를 위한 중요시설로 해당 선로의 연장, 수송규모, 시격 등을 종합적으로 검토하여 가장 합리적인 기능계획과 위치계획을 수립하여야 한다.

QUESTION 26 차량기지의 특성 및 검사의 종류

1. 개요

차량기지에서는 소정의 정비, 청소, 검사 등의 작업이 이루어지고, 대규모의 수리나, 전반적 검사를 한 후 회송되며, 차량에 관한 전반적인 정비는 차량공장에서 실시된다.

2. 차량기지의 특성

(1) 차량기지의 배치

① 시·종착역에 가까운 장소
② 100량 전후의 규모, 일정한 간격의 위치로 결정
③ 차량의 회송, 손실 등을 고려하여 종합적으로 배치

(2) 기관차 기지

① 구내배선은 본선으로부터 출입하는 곳으로 사업검사, 교번검사선, 수선선과 연락 등을 감안하여 결정한다.
② 구내기관차의 유치용량은 운용을 고려하여 최대유치에 다소의 여유도 고려하도록 한다.
③ 장래의 설비가 증가되는 경우 확장 여유를 고려하여야 한다.
④ 검사, 수선선은 우설 시 작업에 지장 없는 옥내설비가 바람직하다.
⑤ 전기기관차에서는 옥상기기의 점검이 안전하도록 점검대 설치가 필요하다.
⑥ 디젤기관차의 경우 접착선 등에 급유, 급수설비를 설치하도록 한다.

(3) 객차기지

① 구내배선이나 유치선의 용량은 기관차의 경우에 따르며, 세정선, 청소선, 입환선 등이 필요하다.
② 세정선에는 자동세정기가 설치되며, 청소선에는 세정대가 설치되어 급수관, 수조, 청소용 등의 압축공기관, 진공관, 오수, 제거장치 등이 설치된다.

(4) 전차기지

일반적으로 유치선군과 세정, 검사선은 병렬형으로 하고 있으나 직렬형인 차량기지는 취득할 수 있는 용지나 지형 등을 종합하여 검토하여 선정한다.

(5) 동차기지

① 디젤동차의 경우 도착선에서 각 차량에 동시에 급유, 급수가 가능하도록 한다.
② 편성이 고정되어 있는 특급용과 편성이 각각 다른 보통열차에서는 검사선의 길이 등이 다르다.

(6) 차량공장의 업무

차량공장의 업무는 차량을 수년 동안 전반검사, 중간검사를 주로 하고 갱신 등의 특별수선이나 운전대 교체, 침대차의 객실화 같은 개조공사 등을 한다.

① 차량공장의 위치와 종류, 규모
  • 차량공장은 차량기지로부터 회송거리가 가장 짧은 위치에 있는 것이 이상적이다.
  • 많은 종류의 차량을 정비하는 종합공장과 단일 차종을 정비하는 단수기능 공장 등이 있다.
  • 차량이 근대화된 최근에는 회송연장과 공장 생산효율 등으로 받아들이는 최소 규모가 대폭 증가하였으나 회송거리 등과 아울러 종합적으로 고려한다.

② 차량공장의 공정과 작업
  • 차량이 정기검사로 공장에 들어오면 먼저 입장검사에 의한 차량의 상태를 점검하여 이력관리 데이터와 병행하여 수선작업으로 범위와 내용을 판단한다.
  • 본체와 대차분리, 기기의 해체, 차체, 대차, 기기류를 각각 수선한다.
  • 차체를 조립하고 도장한 후, 출장검사로서 최종 체크하여 시운전을 거쳐 차량기지에 회송한다.

3. 검사의 종류

(1) 사업검사

① 운전정비 상태에서는 소모품의 교체, 조정, 보유 등을 하지 않는다.
② 각부의 상태 및 기능을 검사하여 우발적인 고장을 찾아내는 것으로, 운용의 틈을 이용하여 작업한다.

(2) 교번검사(Regular Inspection)

차량은 약 1개월마다 운행으로부터 제외시킨 다음 세워 놓은 상태에서 기기를 검사·조정한다. 일상검사나 교번검사는 점검을 주로 한다.

(3) 중간검사

전반검사까지의 중간에 차량상태에 따라 중대사고의 발생 가능성이 염려되는 대차 등의 주요 부품의 해체검사를 한다.

(4) 전반검사

① 모든 범위에 걸쳐 해체검사를 하는 것이다.
② 정기검사뿐 아니라 초기 고장이나 부품수명이 분해되기 때문에 때때로 돌발고장의 발생을 면할 수 있다.
③ 복원이 간단한 것은 차량공장에서 임시수선으로 취급된다.

④ 객차기지의 주요 업무
- 검사, 수선 및 정비
- 차체 내외를 청소 세척
- 침구시트 등을 교체
- 서비스 관계의 소모품 보충
- 오물탱크 세척

⑤ 차량기지의 주요 업무
- 사업검사, 교번검사와 정비를 주로 한다.
- 중간검사를 실시하는 기지도 있다.

⑥ 차량공장의 주요 업무
- 전반검사를 주로 시행한다.
- 필요시 중간검사도 시행한다.

QUESTION 27

1 도시철도에 있어서 차량기지 설치 시 문제점 및 대책에 대하여 설명하시오.

2 전동차를 정비하기 위한 차량기지 계획 시 관통식과 두단식을 비교(그림 포함)하고 적용 방안에 대하여 설명하시오.

1. 개요

① 도시철도 차량기지는 통상 20~30km 보선운행을 관리하기 위한 시설로서, 차량의 유치, 검사, 정비, 세척, 조성 등의 기능을 수행하고 있다.

② 차량기지 특성상 대규모 용지를 필요로 하므로 관계기관과 주민의 협조로 효율적 · 합리적인 기지 건설이 필요하다.

2. 도시철도 차량기지 사명과 업무

① **차량운용** : 차량의 유치, 정비, 수리

② **승무** : 운전관리, 당직, 훈련

③ **현업지원** : 시설물장비 적치, 작업장, 사무소 운용

3. 규모 및 위치 선정 시 고려사항

① 전동차 1량에 20평 정도 산정, 10량 편성에 200평 규모로 기지면적 산정

② 단계별 개통계획이면 1단계 노선에 연결된 지역일 것

③ 운영효율의 증대 위해 가급적 시 · 종착역에 가까운 곳에 설치

④ 지역이 광활, 평탄, 장방형, 확장이 용이한 곳

⑤ 도시교통장애 및 민원 발생이 적은 곳

⑥ 토지매수가 용이하고, 경제적인 곳

⑦ 각종 지역개발계획을 사전에 면밀히 검토할 것

4. 도시철도 차량기지의 특성

① 반복운전을 하므로 승무원이 도중에 갈아타지 않도록 노선 길이에 배치

② 각 역 외박차량을 위해 입출고 시 자동세척 기능이 필요

③ 검수고는 전차집전설비 정비를 위해 높은 점검대가 필요
④ 도심과 인접 시 소음·진동, 오폐수 등의 환경관리가 중요

5. 도시철도 배선 시 고려사항

① 도시철도 배선계획은 통상 병렬식으로 구성하여 기지운용을 효율적으로 계획
② 방향전환설비를 계획 시부터 반영
③ 각 기능 간 작업이 경합되지 않고 연계되도록 계획, 입출고 차량과 검사·수리 차량의 동선분리
④ 유치선은 수평유지, 1선 수용능력 1~2편성
⑤ 전삭고는 2편성 길이로 여유 확보
⑥ 입출고선은 직선이며 수해, 화재에 유리하도록 계획

⑦ 궤도측면에서의 도시철도 차량기지 필요사항
  • 신설 초기에는 큰 필요성을 못 느끼나 유지보수가 중요시되면서 궤도개량공사 공간이 절대 필요하다.
  • 입출고선 인접, 차량정비와 분리, 시운전선 인접설치가 적정하다.

6. 차량기지 제반시설물 계획

최소의 면적범위 내에서 각종 시설, 설비 배치

① 편성차량의 유치시설 : 지하화 적극 검토
② 편성차량의 검수시설(일일, 중간, 전반, 세척, 전삭)
③ 궤도보수설비
④ 전력, 통신, 신호기기 보수시설
⑤ 보관소 및 자재재료 창고시설
⑥ 사무실, 복리후생시설, 승무원 숙소
⑦ 폐수처리장

7. 도시철도 차량기지 배선방식

(1) 관통식 배선

① 유치선과 검수선군이 직결로 되어 있어, 차량의 입환이 용이하여 구내 작업상 이
상적인 형태임

② 편성단위 입환 및 중련편성 차량의 취급 시 용이하고 대규모 차량을 취급하는 차
량기지에 적합

③ 장점
- 차량입환 동선 및 근무자 동선 유리
- 시셔스분기기 특수분기기 설치 배제 가능
- 유치시설 집중 배치로 입환 동선 양호 및 출고 용이

④ 단점
- 두단식에 비해 용지면적 다소 증대
- 궤도부설 연장 증가로 사업비 다소 증가

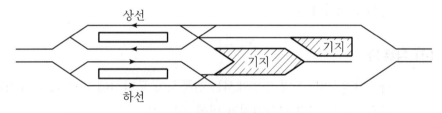

┃ 관통식 배선 ┃

(2) 두단식 배선

① 유치선군에서 검수선군으로 차량입환이 인상선을 통해서만 가능하므로, 차량지
체가 생겨 대규모 차량기지에서는 부적합하다.

② 차량취급이 비교적 적고, 부지확보가 어려운 도심지역에서 차량기지 배선형태로
사용한다.

③ 장점
- 장방형 부지로 소요면적 최소화
- 종합관리 및 편의시설 독립성 유지

④ 단점

- 차량 및 근무자 동선 불리
- 시셔스분기기 설치가 불가피하고 병목현상 발생
- 검수 후 유치 시 스위치백 입환 필요

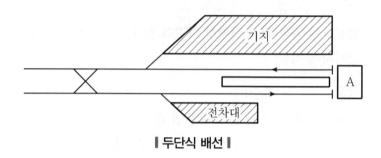

┃ 두단식 배선 ┃

(3) 혼합식 배선

① 일상검수 발생량을 취급할 수 있는 규모의 유치선만 검수선과 관통식으로 배치하고, 나머지 유치선은 두단식으로 배치하는 형태이다.

② 관통식과 두단식 배선의 절충형으로 검수규모, 공사비, 부지여건에 적합하게 적용이 용이하다.

(4) 적용성

① 차량기지정비, 운영 측면에서는 관통식이 두단식에 비해 매우 유리하다.

② 시흥, 분당, 병점 차량기지가 이에 해당한다.

8. 현안 문제점 및 개선사항

① 일반적으로 기지형태가 직사각형이나 장방형 형태를 고려한다.

② 검사 후 유치선 또는 유치 후 검사선으로 이동 시 복잡하여 차량입출고 열차와 동선을 분리한다.

③ 차량기지 내 간이역 설치 시 기지 내 선로 간 이동에 지장을 초래하므로 분리할 필요가 있다(**예** 7호선 도봉 차량기지).

④ 기지 내 우회도로 폭원부족으로 차량통행이 곤란하므로 4.0m → 8.0m로 확장이 필요하다.

⑤ 차량 방향전환, 선로기능 간 이동을 위해 루프라인(Loop Line)을 설치한다.

9. 결론

① 차량기지는 광대한 면적을 필요로 하며 약간의 환경공해가 수반된다.

② 대규모 용지의 확보가 어려우며 주민의 반대가 있는 것이 보통이다.

③ 따라서 지하철 노선의 결정에 있어서는 차량기지계획을 염두에 두고 기본 계획 시부터 충분한 검토가 필요하다.

④ 수질오염, 소음 등 환경친화적인 면에서 위치를 선정토록 한다.

QUESTION 28 철도화물역을 근대화하기 위해 화물기지를 건설하려고 한다. 계획 및 시행절차와 기술적으로 검토해야 할 사항에 대해 설명하시오.

1. 개요

① 화물설비는 정거장 화물취급규모와 종류에 따라 정해야 하며 화물적하장, 화물적하선, 컨테이너 적하장으로 구분한다.

② 화물운반 접근도로와 화물의 연계시스템에 따른 설비, 화물적하장비 등에 대하여는 별도로 정하여 설계한다.

2. 화물기지계획

(1) 위치 선정

① 도시발전 고려

② 소운송에 편리한 장소

③ 유통단지 등이 정비되도록 함

④ 공사비가 저렴한 장소

⑤ 간선상에 설치

⑥ 장기적 전망을 고려

(2) 화물기지 근대화 방안

① 컨테이너 전용열차

② 급행 화물열차의 설정 : 수송시간 단축

③ 근대식 하역형식에 맞는 신화물차의 제조

④ 근대식 하역방식의 채용

⑤ 소화물의 집약 : 거점화물역화

⑥ 조차장의 개량(자동화)과 자동화

3. 기술적 검토사항

(1) 유효면적

$$A = \frac{G}{a} \times f$$

여기서, A : 소요유효면적

G : 연간 1일 평균 화물취급량

f : 번망계수

a : 1일 m²당 표준취급량

(2) 유효 폭

① 연간 5,000톤 미만 취급적하장 : 5.5m

② 연간 20,000톤 미만 취급적하장 : 7.5m

③ 연간 20,000톤 이상 취급적하장 : 7.5~12m

④ 수화물 전용 화물적하장 : 10~12m

⑤ 차급화물 전용 화물적하장 : 9~12m

※ 유효 폭은 전 폭에서 2m를 감한다.

(3) 적하장 길이

$$L = \frac{f \times W \times l}{n} + s$$

여기서, L : 적하장의 소요연장

f : 번망계수

W : 연간 1일 평균 해당 적하장 취급 차 수

l : 평균화차장

n : 평균회전 수(적하 각 1회로 하여 실정에 의함. 2~3회)

s : 여유(2m 이상)

(4) 적하장 횡단기울기

적하장은 수평으로 해야 하나 횡단기울기는 우기 시 자연배수가 되도록 현장조건에 따라 적정한 기울기로 포장한다.

(5) 적하장 높이

적하장 높이는 선로 측은 1,100mm를 표준으로 하고 통로 측은 가장 많이 사용하는 운반차의 적재면과 같은 높이로 한다.

4. 결론

① 화물수송의 효율화를 위해 시설과 장비의 기계화 · 자동화를 통한 복합 일관 수송체계를 구축한다.
② 관련 물류시설의 경우 복합화물 터미널, ICD 확충과 거점 중심의 네트워크가 필요하다.

CHAPTER

05

궤도 및 보선

궤도의 각 구성요소와 역할에 대하여 쓰시오.

1. 개요

① 열차가 고정되고 양호한 선로 위를 주행함에 따라 철도수송 최대의 사명인 주행의 안전성을 확보하고 주행속도, 단위수송량 등의 수송특성을 발현할 수 있다.

② 선로의 기본이 되는 궤도는 시공기면에 부설된 레일, 침목, 도상 및 기타의 궤도재료에 의해 구성되며 차량을 주행시키기 위해 직접 필요한 부분을 의미한다.

2. 궤도를 구성하는 각부의 역할

(1) 레일(Rail)

레일은 직접 차량의 하중을 견디고 그 하중을 침목에 전달하는 중요한 역할을 하게 되며 그 내용은 다음과 같다.

① 좌우 레일을 일정한 간격으로 부설하여 차량의 안전운전을 확보한다.
② 차량을 지지하고 하중을 침목, 도상으로 전달하여 노반에 널리 분포시킨다.
③ 평활한 주행면을 제공함으로써 주행저항을 감소시킨다.

(2) 침목

레일을 소정 위치에 고정시키고 지지하며 레일을 통하여 전달되는 하중을 도상에 넓게 분포시키는 역할을 한다. 구비조건은 다음과 같다.

① 레일과 견고한 체결에 적당하고 열차하중을 지지할 수 있을 것
② 강인하고 내충격성, 완충성이 있을 것
③ 바닥면적이 넓고 도상 다지기 작업이 수월할 것
④ 침목의 종횡 이동에 대한 도상저항력이 클 것
⑤ 재료구입이 용이하고 가격이 저렴할 것
⑥ 취급이 간편하고 내구연한이 클 것

(3) 도상

도상은 레일 및 침목으로부터 전달되는 열차하중을 널리 분산시켜 노반에 전달하고 침목을 소정 위치에 고정시키는 역할을 하는 궤도재료로 일반적으로 쇄석 혹은 콘크리트가 사용되며 그 역할 및 조건은 다음과 같다.

① 레일 및 침목으로부터 전달되는 하중을 널리 노반에 전달한다.
② 침목을 탄성적으로 지지하고 충격력을 완화해서 선로의 파괴를 경감시키고 승차감을 좋게 한다.
③ 침목을 소정의 위치에 고정시킨다.
④ 수평마찰(도상저항)력이 커야 한다.
⑤ 궤도틀림수정 및 침목갱환작업이 용이하고 재료공급이 수월하며 경제적일 것이어야 한다.

3. 결론

① 궤도를 구성하는 각 부재 및 이것을 지지하는 노반은 원활하고 안전한 수송과 차량의 중량, 축중, 횡압, 통과 ton 수, 속도 등에 대응하는 충분한 강도를 가져야 한다.
② 차량이 궤도를 주행 시 차량의 하중은 차륜을 통하여 레일에 가해지며 이 힘은 수직방향(윤중)과 횡방향(횡압)의 힘으로 분류되고 주행에 따른 진동이 더하여 궤도를 파괴한다.
③ 이 같은 힘들에 의하여 발생하는 궤도 각부의 응력은 궤도 구조별로 그 크기가 다르며 응력이 허용치를 초과하지 않도록 레일의 중량이나 침목의 배치본수, 도상의 두께 등을 정해야 한다.

QUESTION 2

침목의 구비 조건과 종류에 대하여 설명하시오.

1. 개요

① 침목은 레일을 소정 위치에 고정 및 지지하는 역할을 한다.

② 레일을 통해 전달되는 차량의 하중을 도상에 넓게 분포한다.

2. 구비 조건

① 열차하중을 지지하고, 널리 분산시켜 도상으로 전달하기 위해 충분한 강도를 가질 것

② 휨모멘트에 저항하는 충분한 강도를 가질 것

③ 궤도에 충분한 좌굴저항력을 줄 수 있을 것

④ 탄성을 갖고 있으며, 열차로부터 충격과 진동을 완충할 수 있을 것

⑤ 취급 간편, 궤도보수 용이, 전기절연성을 가질 것

⑥ 쉽게 구입, 양산, 가격이 저렴

3. 종류

(1) 부설방법에 의한 분류

① 횡침목

② 종침목

③ 단침목

(2) 사용목적에 의한 분류

① 보통침목

② 이음매침목

③ 교량침목

④ 분기기침목

(3) 재료에 의한 분류

① 목침목

② Con'c 침목(PSC 침목, RC 침목, 합성형 침목)

③ 철침목

4. 목침목의 장단점

(1) 장점

① 레일 체결, 가공이 용이하다.

② 탄성이 풍부하고, 완충성이 크다.

③ 보수 및 교환작업이 용이하고, 전기절연도가 크다.

(2) 단점

① 자연 부식, 내구연한이 짧고, 하중에 의한 기계적 손상을 받기 쉽다.

② 갈라지기 쉽고, 화재의 우려가 있으며, 충해를 받기 쉽다.

5. 콘크리트침목의 장단점

(1) 장점

① 부식 염려가 없고, 내구연한이 길며, 자중이 커서 안전도가 높고 궤도틀림이 적다.

② 기상에 대한 저항력이 크고, 보수비가 적다.

(2) 단점

① 중량으로 취급이 어렵고 충격에 약해 부분적인 파손과 균열이 발생하기 쉽다.

② 탄성이 부족하고, 레일 체결이 복잡하며, 전기절연성이 낮다.

6. 철침목의 장단점

(1) 장점

① 재질이 강해 내구연한이 길고, 레일 체결력이 견고하며, 도상저항이 크다.

② 궤간 및 캔트유지가 확실하다.

(2) 단점

① 고가에, 절연성이 나쁘며, 습지에서 부식하기 쉽다.

② 레일 체결장치가 복잡하다.

7. 합성침목의 장단점

(1) 장점

① 침목 자체를 휘기 쉽게 하여 Con'c 강도에 여유가 있다.

② 도상저항력이 크고 도상반력을 받지 않는다.

(2) 단점

① 절연성이 나쁘고 강재 부식 우려가 있다.

② 모노블록에 비해 중량, 도상지지 면적, 강성이 작아 보수주기가 짧다.

8. 최근 동향 및 발전방향

① 서울 메트로 : 합성침목(트윈블록) + 고무 STEDEF 부설

② 인천지하철 : LVT(Sonneville)

③ 3D 현상, 인건비 상승 등으로 Con'c, slab 궤도로 전환하고 있으며, 향후 탄성 방진의 보완이 더욱 필요하다.

QUESTION 3

트윈블록(Twin Block) 침목과 모노블록(Mono Block) 침목의 기하구조와 특징을 설명하시오.

1. 개요

① 침목의 종류에는 철침목, 목침목, 콘크리트침목 등이 있는데 콘크리트침목은 모노블록과 트윈블록으로 구분할 수 있다.

② 트윈블록은 측면이 모노블록에 비하여 두 배로 횡방향 저항력이 크므로 급곡선부에서 횡방향 저항력을 향상하는 데 효과가 있다.

2. 형상 및 특징

(1) 모노블록(Mono Block) 침목

① 기하학적 특성은 목침목과 유사하고, 기계적 강도는 트윈블록 침목과 유사하다.

② 중심부분에서 횡단면의 감소가 특징이다.

③ 프리텐션 공법 : 독일에서 개발, 주요사용 국가는 핀란드, 인디아 등이다.

(2) 트윈블록(Twin Block) 침목

① 두 개의 부등변 사각형 철근콘크리트를 타이바로 연결한 침목이다.

② 프랑스에서 개발되었고 주요 사용 국가는 벨기에, 브라질, 스페인 등이다.

③ 신축성이 있는 타이바 때문에 블록이 기울지 않고 궤간이 확장되지 않도록 별도의 유지보수가 필요하다.

3. 장단점

(1) 장점

① 모노블록 침목
- 궤간의 유지가 좋다.
- 수명이 길다.
- 탄성 체결장치와 신호를 위한 대책이 필요하다.

② 트윈블록 침목

- 무거운 중량으로 인해 횡방향 저항력이 크다.
- 허용오차 이내에서 궤간을 유지하고 수명이 길다.

(2) 단점

① 모노블록 침목

- 트윈블록보다 하중을 더 잘 분산시키지만, 목침목만큼은 아니다.
- 횡방향 저항력은 트윈블록보다 낮지만, 목침목보다는 높다.
- 양호한 표면을 제공한다.

② 트윈블록 침목

- 도상이 적당한 두께와 기계적 특성을 가지지 않을 경우 문제가 발생한다.
- 탄성 체결구가 필요하고 무거운 중량 때문에 취급이 어렵다.
- 절연을 위해 특수부품이 필요하다.
- 타이바의 거동에 특별한 주의를 기울여야 한다.

4. 수명

침목의 수명은 각각 50년이다.

5. 결론

① 철도는 곡선부에서 횡방향 저항력이 충분하지 않을 경우 외측으로 밀리고 선형이 불량하게 되어 차량 탈선의 원인이 된다.
② 트윈블록은 모노블록에 비하여 측면이 2배이므로 횡방향 저항력을 높이기 위한 방편으로 사용된다.
③ 침목의 선정 시에는 침목의 수명, 유지보수비용, 시공 및 구입비용 등이 중요하므로 궤도구조에 적합한 구조를 조합하여 결정하여야 한다.

QUESTION 4

레일의 기능에 대하여 설명하시오.

1. 개요

① 레일(Rail)은 열차하중에 침목과 도상을 통하여 넓게 노반에 분포시키며, 평활한 주행면을 제공하여 주행저항을 작게 하고, 차량의 안전운행을 확보한다.

② 레일은 수직력 이외의 측면에 작용하는 횡압력과 같이 방향의 수평력이 동적으로 작용하므로 이에 견딜 수 있는 것이라야 한다. 따라서 레일은 궤도의 구성재료 중 가장 중요한 역할을 한다.

2. 레일의 역할

① 차량의 축하중을 직접 지지
② 평면, 종단상의 선형을 유지하며 차량의 차륜을 유도
③ 평탄한 주행성을 유지
④ 차륜과의 마찰에 대응
⑤ 전기, 신호분야 전류흐름이 원활하여 상호기능을 유지

3. 레일의 구비 요건

① 구조적으로 충분한 안전도를 확보할 것
② 초기투자비와 유지보수를 감안하여 경제적일 것
③ 보수비 감소 및 수명이 길 것
④ 진동 및 소음감소에 유리할 것
⑤ 전기흐름에 저항이 적을 것
⑥ 레일 및 부속자재(체결구, 이음장치 등)의 수급이 용이할 것

4. 레일에 작용하는 응력

차륜을 직접 지지하는 레일은 주로 다음과 같은 외력을 받게 된다.
① 차륜에 의해 레일 두부면에 연직방향으로 작용하는 수직윤중

② 레일 두부면에서 길이방향에 대하여 직각, 수평방향으로 작용하는 횡압

③ 온도변화에 의해 레일길이 방향으로 작용하는 축력

④ 차륜과의 마찰력에 의한 접선력

5. 결론

① 레일은 통과 톤 수와 열차횟수 및 급곡선 등에 의해 마모가 심하고 전식 등으로 부식도 빠를 뿐만 아니라 반복하중에 따른 피로수명과 마모 등을 고려할 때 중량화하는 것이 타당할 것이다.

② 더욱이 고밀도 고속운전 조건 때문에 보수상의 애로가 뒤따르므로 궤도구조 자체를 견고한 구조로 해야 한다.

QUESTION 5 레일의 체결장치(Rail fastening device)

1. 개요

레일을 침목 위 소정 위치에 고정시키는 것을 레일 체결이라 하고, 레일을 침목 또는 레일 지지구조물에 결속시키는 장치를 레일 체결장치라 한다.

2. 역할

① 레일에 가해지는 각종 부하요소에 저항할 수 있어야 한다.
② 좌·우 레일을 항상 바른 위치에 유지할 수 있어야 한다.
③ 각종 부하요소를 침목, 도상 등 하부구조에 전달 또는 차단할 수 있어야 한다.

3. 기능 및 조건

(1) 부재의 강도 및 내구성

각 부재의 강도가 균일해야 하고, 각종 하중에 충분한 강도와 내구성이 있어야 한다.

(2) 궤간의 확보

레일의 복진 방지, 신축, 축력의 규제, 레일 부상 등 궤도 안전성에 관계되므로 레일의 일정한 체결력이 유지되어야 한다.

(3) 하중의 분산 및 충격의 완화

체결장치, 부재 자체 및 침목 등 지지구조물의 부담력을 경감시켜 부재를 보호하는 역할을 한다.

(4) 진동의 감소 및 차단

진동의 감소 또는 차단으로 도상의 열화 및 유동 등 궤도파손을 경감한다.

(5) 전기적 절연성능의 확보

레일은 일반적으로 각종 신호 또는 제어의 궤도회로 및 전차전류의 귀선회로로 구성되어 있으므로 레일과 하부구조물과의 절연성이 확보되어야 한다.

(6) 조절성

Slack 및 레일 마모 등에 대한 궤간조정과 직결도상에서의 레일위치 조정 및 궤도틀림에 대한 보수를 체결부가 받아야 한다.

(7) 궤도구조의 단순화 및 보수의 생력화

부설 수량이 많으므로 제작, 시공, 보수가 용이해야 한다. 따라서 부품 및 현상의 단순화, 유지관리의 생력화, 레일, 침목의 변경에 대한 부재의 실용 및 호환성이 필요하다.

4. 체결장치의 종류

(1) 일반체결

① Dog Spike 체결

궤간 확보가 주목적이며, 가장 단순하고 오래전부터 사용된 것으로 궤도 내외 측에 팔자형으로 4개를 박는다.

㉠ 궤간 내측 것 : 레일이 궤간외측으로 경사지면서 생기는 저부 부상 방지
㉡ 궤간 외측 것 : 궤간 확대 방지
㉢ 장단점
- 장점 : 구조가 단순하고, 작업이 용이하며, 값이 저렴함
- 단점 : 지지력이 적고, 개못 주변 침목섬유의 손상 및 부패가 용이하며, 한 번 박았던 곳에 다시 박을 때 저항력 감소

② Screw Spike 체결
㉠ Dog Spike보다 지지력이 높다.
㉡ 장점
- 인발저항력 및 내구성이 크고, 동일 개소에 여러 번 설치하여도 침목의 손상이 적다.
- 곡선부, 분기부, 통과 Ton 수가 많은 선로에 유리하다.

ⓒ 단점

박기와 뽑기에 노력이 많이 들고, 침목 천공위치가 개못보다 정확을 요하므로 노력이 많이 든다.

(2) 탄성체결

① 궤도파괴의 원인이 되는 열차주행 시 레일에 발생되는 고주파진동을 흡수시키기 위해 개발된 탄성이 풍부한 체결방법으로 궤도근대화의 필수적인 요소이다.

② 탄성 있는 레일못, Spring Clip, Tie Pad 등을 사용하여 열차의 충격과 진동을 흡수 완화하고 소음방지의 효과가 있다.

③ 특성

ㄱ 열차로부터의 진동과 충격흡수, 완화

ㄴ 레일의 복진방지, 횡압력에 저항

ㄷ Tie Pad를 사용하면 침목수명연장

ㄹ 궤간의 틀림, 레일두부의 경사, 레일 마모 등에 효과적이다.

ㅁ 높은 고주파의 진동이 흡수율 이하이므로 침목 이하의 동적 부담력 완화로 궤도의 동적 틀림 경감

ㅂ Con'c 침목 및 Con'c 도상의 탄성 부족 보완

ㅅ Tie Pad의 전기절연성에 의한 침목과의 절연확보

④ 종류

ㄱ 침목의 형상과 재질, 열차운전조건, 선로보수 방법 등에 따라 유리한 형식을 택하여 사용한다.

ㄴ 탄성 Clip만으로 체결 : 단탄성체결

ㄷ 고무제의 Tie Pad를 깔고 상하 쌍방에서 체결 : 이중탄성체결

ㄹ 상하 좌우에서 탄성적으로 체결 : 다중탄성체결

종별	세별	요지
일반체결 (단순체결)	스파이크 체결	강성적으로 레일을 누른다.
	나사스파이크 체결	강성적으로 레일을 누른다.
	타이플레이트 병용체결	체결을 강화한다.
탄성체결	단순탄성	레일을 위에서 탄성적으로 누른다.
	이중탄성	레일의 상하방향에서 탄성적으로 누른다.
	다중탄성	레일의 상하 좌우에서 탄성적으로 누른다.

5. Tie-pad, Tie-plate와 병행체결방법

(1) Tie-pad

① 레일과 침목 사이, 레일과 Tie plate, tie plate와 침목 사이에 삽입하는 완충판으로, 레일로부터의 진동감쇄, 충격완화, 하중분산, 복진저하, 전기절연 등의 역할을 한다.

② 패드의 앞뒤에는 길이 방향으로 줄홈 또는 지그재그형 홈을 설치하여 패드가 압축 시 고무가 자유로이 변형되어 재질보호 및 스프링이 작용토록 한다.

(2) Tie-plate

① 레일의 체결강화를 위해 레일과 침목 사이에 삽입하는 철판이다.

② 장점

ㄱ 레일로부터의 하중을 광범위하게 침목에 전달하여 레일 박힘을 경감하고 내구 연한 증가

ㄴ 레일횡압에 저항하여 궤간의 틀림을 적게 하고 침목의 공혈손상도 방지

ㄷ Tie-plate 상면의 레일받침부는 1/20~1/40의 경사를 붙여 레일두부의 마 모 감소 및 횡압력에 대한 레일의 안정성 증대

ㄹ 연질의 목침목도 사용 가능케 한다.

③ 단점

ㄱ 레일 저부 충격으로 레일 저부 손상

ㄴ 레일못이 부상하면 소음 발생

ㄷ 레일못을 재차 박을 때 위치이동 곤란

ㄹ 레일갱환, 침목갱환, 궤간정정 등의 작업이 곤란해지며 재료가 고가

④ 사용구간

중요선, 기울기선, 분기부, 교량 등에 효과적이다.

6. 결론

① 열차운전의 고속화·고밀화에 대처하기 위해 궤도는 장대화, 후층화, 중량화가 필요하다.

② 체결장치는 회전력, 충격력, 진동 등에 저항력이 큰 탄성체결구를 사용하는 것이 바람직하다.

QUESTION 6

레일용접의 품질관리를 위한 검사와 시험방법을 제시하고 설명하시오.

1. 개요

① 코레일에서는 모든 용접에 대하여 외관검사, 침투법검사, 초음파탐상 검사를 전수 시행하도록 하고 있다.

② 레일용접부는 안전사고와 직결되므로 레일용접 공사마다 전체 용접부에 대하여 마무리 상태를 확인한다.

2. 용접부의 검사 및 시험

(1) 외관검사

레일용접부에 대하여는 용접부의 균열, 흠 등의 유해한 결함 외에 용접부의 마무리 정도를 조사한다.

① 고속철도

- 줄방향(지간 1m당) : 일반선로 ±0.5mm, 고속선로 ±0.3mm
- 면(고저) : 일반선로 +0.5mm, −0.1mm, 고속선로 +0.3mm, −0.1mm

② 일반철도

신품 레일 ±0.3mm, 헌 레일 ±0.5mm

(2) 침투탐상, 자분탐상 및 초음파탐상 검사

① 침투탐상검사 및 자분탐상검사는 외관검사로 발견할 수 없는 미세한 용접 결함을 표면에서 조사하는 것이며, 균열 및 흠 등의 유해한 결함 등이 있어서는 안 된다.

② 침투탐상검사는 염색탐사법으로 행하며, 침투액, 세정액, 현상액은 에어졸 유형의 것을 사용하고, 자분탐상검사는 습식 형광 자분액을 이용한 극간법으로 행한다.

③ 초음파탐상검사는 내부에 존재하는 용접결함을 조사하는 것이며, 융합 불량 등의 유해한 결함이 있어서는 안 된다.

④ 두부 측면과 저부에는 1탐촉자법과 2탐촉자법을 병용한다.

용접방법 검사종목	엔크로즈드 아크용접	가스압접용접	테르밋용접	플래시버트용접
외관검사	전수	전수	전수	전수
자분탐상검사	전수	전수	전수	전수
초음파탐상검사	전수	전수	전수	전수
경도시험	5% 이상 (1개소 4점)	5% 이상 (1개소 4점)	5% 이상 (1개소 4점)	5% 이상 (1개소 4점)

3. 용접부의 시험

(1) 경도시험

① HB 240-340(표준구 : 10mm, 하중 : 3,000kg)-브리넬 경도
② HS 36-50-쇼어 경도

(2) 굴곡시험

① 굴곡시험은 용접부를 중심으로 거리 1.0m로 하여 용접부를 일정한 속도로 가압하되 레일두부와 레일저부를 각각 상면으로 놓아 각각 1본씩 가압시험을 한다.
② 시험결과 최대하중 및 처짐량의 크기가 2본 모두 일정 수치 이상에서 이상이 없어야 한다.

(3) 낙중시험

① 낙중시험은 굴곡시험이 불가능한 경우 시행하며 용접부위를 중심으로 914mm로 지지하고 중량 907kg의 추를 0.5m 높이로부터 낙고를 0.5m 높이로 높이면서 반복 낙하시험을 한다.
② 일정한 최대 높이에서 파손, 균열, 터짐이 없어야 한다.

7 레일 장출의 원인 및 대책에 대하여 설명하시오.

1. 개요

① 온도가 과대하게 상승하여 과대압축력이 작용할 때, 또는 도상저항력이 부족할 경우 안정이 파괴되어 궤광이 급격하게 횡방향으로 변위하는 현상을 좌굴이라 한다.

② 좌굴을 일으키는 최소하중을 좌굴하중, 좌굴하중을 받는 레일의 압축응력을 좌굴응력 이라 한다.

2. 레일 장출이 되기 쉬운 개소

① 직선부에서 완화곡선의 직전 부근

② 선로다지기 작업구간 및 전후 부근(1종 기계작업)

③ 자갈치기 작업구간 및 전후 부근(2종 기계작업)

④ PSC침목교환 작업구간 및 전후 부근

⑤ 도상자갈 부족한 개소

⑥ 선로 진동이 습성으로 발생되는 개소

3. 장출 예방대책

① 도상자갈을 충분히 보충하여 저항력을 향상시킨다.

② 선로다지기 작업으로 노반 강도를 향상시킨다.

③ 곡선부위에서는 도상 횡저항력이 크도록 트윈블록(Twin-block)을 사용한다.

4. 운전 취급 시 주의사항

① 전도주시를 철저히 하여 장출된 지점 사전 발견, 급정차 조치로 피해가 최소화되도록 한다.

② 이례사항의 발생에 대비하여, 비상정차 자세로 운전한다.(특히 12 : 00∼18 : 00 사이)

③ 선로 진동개소 발생 시 전후방 역장 및 후속열차 기관사에게 정확한 지점과 상태를 즉 시 무선으로 통보한다.

④ 선로의 진동 기타 이상개소 있음을 통보 받은 기관사는 즉시 감속조치 및 주의운전을 한다.

⑤ 신호현시가 갑자기 변경될 경우 레일 장출로 인한 궤도회로 단락으로 의심하고 해당 신호기 외방에서 일단 정차한 후 사유를 확인하고 운전한다.

5. 결론

① 곡선부는 취약하므로 여름에는 장출에 대비하여 레일에 물을 뿌려주기도 하고 자갈 살포량이 평탄선보다 더 많도록 한다.

② 장대레일 끝단 부근에 정척레일을 여러 개 설치하여 어느 정도 레일 사이의 간격을 확보함으로써 발생 압축력을 흡수하여 장출에 대비한다.

QUESTION 8 차륜과 레일 접촉면의 형상 그리고 차륜과 레일 간의 상호작용에 대하여 설명하시오.

1. 개요

① 차륜두께가 너무 얇으면 레일의 이음부나 기타 운전 충격으로 차륜이 파손될 위험성이 있다.

② 차륜의 내면거리가 너무 작으면 차륜 플랜지 외면과 레일 내면 간의 간격이 과다하여 심한 사행 진동이 발생하며, 이로 인해 승차감이 나빠지고, 탈선의 위험이 높아지게 된다. 따라서 차륜의 내면거리는 적정 간격을 유지하여야 한다.

2. 차륜과 궤간의 상호작용

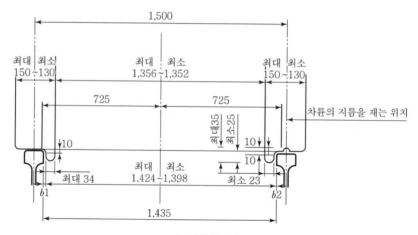

| 궤간한도 |

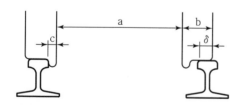
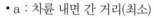

- a : 차륜 내면 간 거리(최소)
- b : 차륜의 두께(최소)
- c : 플랜지 두께(최소)

- A : 마모된 레일의 궤간 측정위치와 차륜과 레일 접촉점의 최소거리
- B : 차륜단면 단부 면따기 길이
- C : 차륜의 레일두부 이탈 방지를 위한 차륜의 걸림 걸이

(1) 차륜의 제원

① a : 차륜 간 거리 : 1,352~1,356mm

② b : 차륜 두께 : 130~150mm

③ c : 플랜지 두께 : 23~34mm

(2) 차륜의 레일두부 이탈 방지를 위한 차륜의 걸림길이 산정(C)

① 차륜~레일 접촉점 간 최소거리 : 1,352(a)+130(b)+23(c)=1,505mm

② 궤간 : 1,435mm

③ 차륜이 편측레일에 접촉하는 영역범위 δ : 1,505−1435=70mm

④ 마모레일의 궤간측정위치와 레일두부 상면과의 이격거리(A) : 15mm(편마모 한계값)

⑤ 차륜답면 단부의 면따기 최대거리(B) : 5mm(KNR 차륜 호이만식의 경우)

⑥ 여유가동거리(D) : 10mm

여유가동거리는 차륜과 레일접촉 시 기하학적인 관계에서 유도된 슬랙양(S_1)과 구별되는 값으로 차륜과 레일 사이의 여유 가동량을 확보하기 위한 값이다.

⑦ 차륜의 걸림길이(C)

- $C=\delta-A-B-D$이므로
- $C=70-15-5-10=40$mm

⑧ 최악의 조건일 때도 차륜답면과 레일두부 간의 겹침이 최소 40mm가 되므로 차륜은 떨어지지 않는다.

3. 슬랙의 최대한도(S_{max})

① 실제 현장에서는 유지보수 시 궤간공차(궤간확대)가 최대 10mm가 허용되므로, 즉 10mm를 고려한 값이 40mm이다.

② 따라서 슬랙의 최대한도는 $(S_{max})=40-10=30$mm이다.

철도선로의 호륜레일(Guard Rail)에 대하여 설명하시오.

1. 개요

열차 주행 시 차량의 탈선을 방지하고 만일 탈선했을 경우에도 대형사고가 나지 않도록 하며, 그 외에 차륜의 윤연로(Flange Way)의 확보를 위해 레일의 내측 또는 외측에 일정 간격으로 부설한 별개의 레일을 호륜레일 또는 가드레일이라 한다.

2. 호륜레일의 종류

부설하는 장소에 따라 다음과 같이 분류된다.

① 탈선 방지 호륜레일
② 교량상 호륜레일
③ 건널목 호륜레일
④ 안전 호륜레일
⑤ 분기부(포인트) 호륜레일

3. 탈선 방지 호륜레일(Guard Rail for Anti-derailment)

(1) 부설개소

① 급곡선부(R=300mm), 급기울기와 곡선이 경합하는 개소, 곡선과 종곡선이 경합하는 개소에서는 외간에 횡압이 작용하여 레일의 편마모가 심하고 차륜의 플랜지가 마찰에 의하여 외간에 올라타는 경향이 있어 탈선(Derailing)하기 쉽다.

② 따라서 반경이 작은 곡선의 궤간에 탈선 방지용 호륜레일을 부설한다.

(2) 부설방법

① 위험이 큰 쪽의 반대 측 레일에 부설한다.

② 본선 레일과 동종의 레일을 사용하며, 본선 레일보다 낮거나 35mm 이상 높지 않아야 한다.

③ 플랜지웨이 폭은 80mm로 하고 양단의 2m 이상의 길이를 깔때기형으로 구부려서 끝부분은 본선에 대하여 200mm 이상의 간격이 되도록 한다.

4. 교량상 호륜레일(Bridge Guard Rail)

(1) 부설개소

① 교량 위에서 차량이 탈선했을 경우 일주하여 교량 아래로 전락하지 않도록 유도하기 위하여 설치한다.

② 교량침목을 사용하는 트러스교 판형교 및 전장 18m 이상 교량, 곡선 중에 있는 교량, 13‰ 이상의 기울기 또는 종곡선상에 있는 교량, 열차가 진입하는 쪽에 반경 600m 미만의 곡선이 연접되어 있는 교량에 설치한다.

(2) 부설방법

① 본선 레일 양측의 내측에 부설하고 본선 레일과 같은 종류의 레일을 사용한다.

② 복선구간의 진입방향에 대하여 교대 끝에서 15m 이상 다른 방향에 대하여 5m 이상 연장 부설하고, 단선구간에서는 교량 시·종점부의 교대 끝에서 각각 15m 이상 연장한다.

③ 플랜지웨이 간격은 200~250mm로 하며 양측 레일의 끝을 2m 이상 길이에서 깔때기형으로 구부려 두 가드레일을 이어 붙여서 부설한다.

④ 자동신호구간에 있어서는 양측 접합부에 전기절연장치를 하여야 한다.

⑤ 고속철도에서는 교량에 방호벽을 설치하는 것을 원칙으로 하며, 방호벽이 없는 전장 50m 이상의 교량에 대하여는 교량안전레일을 설치한다.

5. 건널목 호륜레일(Check Rail)

① 차량 및 건널목 이용자의 안전과 편리성을 위해 보판을 깔며 건널목에는 본선레일 궤간 안쪽 양측에 가드레일을 부설하여야 하며, 특수한 경우를 제외하고는 본선과 같은 레일을 사용하며 플랜지웨이 폭은 65mm+슬랙의 간격으로 설치한다.

② 건널목 보판 또는 포장은 본선레일과 같은 높이로 하며 특수한 경우를 제외하고는 본선레일 바깥 양쪽으로 약 450mm 보판을 깔아야 하며, 궤간 내 차량의 복귀가 용이하도록 양쪽 끝은 경사지게 설치하여야 한다.

6. 안전 호륜레일(Safety Guard Rail)

(1) 부설개소

① 탈선 방지 호륜레일이 필요한 개소로서 이를 설치하기 곤란하거나, 본선로 등에 낙석 또는 강설이 많은 개소에 부설한다.

② 위험이 큰 쪽 반대쪽의 궤간 내측에 부설한다. 다만 낙석, 강설이 많은 개소에서는 위험이 큰 쪽 레일의 외측에 부설한다.

(2) 부설방법

① 본선 레일과 같은 종류의 헌 레일을 사용한다.

② 본선 레일에 대하여 200~250mm 간격으로 부설하고, 그 양단부에서는 본선 레일에 대하여 300mm 이상의 간격으로 2m 이상의 길이에서 깔때기형으로 구부린다.

7. 분기부 호륜레일(Switch Guard Rail)

(1) 부설개소

① 분기부에서는 텅레일이 취약하고, 결선부와 가드레일에서의 충격이 매우 크며, 분기선 측의 리드부 반경에도 제한을 두고 있어 적당량의 캔트나 슬랙 및 완화곡선의 삽입이 어려워 차량의 안전고속 운행을 저해하는 요소가 된다.

② 차량이 크로싱의 결선부에서 차륜의 플랜지가 다른 방향으로 진입하거나, Nose의 단부를 훼손시키는 것을 방지하고 차량을 안전하게 유도하기 위하여 분기부 호륜레일을 부설한다.

(2) 부설방법

주 레일 내측에 65mm + 슬랙의 간격으로 설치하며, 크로싱 Nose Rail과 주 레일 내측에 설치되어 있는 Guard Rail 외측과의 거리를 Back Gauge(1390~1396mm)라 한다.

곡선부의 궤도구조 강화 방안에 대하여 귀하의 의견을 기술하시오.

1. 개요

① 궤도 곡선부에서는 횡압이 증가하므로 이에 대하여 궤도구조 강화방법을 고려하여야 한다.

② 레일강성의 증대 및 침목 부설 수 증가로 가해지는 하중에 대하여 분산효과를 기대할 수 있다.

③ 장대레일화로 이음매부를 제거함으로써 횡압변동을 억제할 수 있다.

④ 레일의 내마모성 향상, 레일 체결장치의 횡압강도 향상, 궤도부재의 개량 등으로 궤도구조를 강화할 수 있다.

2. 급곡선부의 궤도구조 강화

① 급곡선부에 있어서는 레일 이음매부에서의 충격에 의한 줄틀림 진행이 크므로 장대레일화로 이음매를 제거함으로써 횡압변동 및 열차의 좌·우 활동을 제어하는 데 유효하다.

② 급곡선부에서는 궤도의 좌굴 안전성이 직선부에 비해 비교적 낮기 때문에 장대레일의 적용범위는 지금까지 곡선반경 600m 이상으로 하고 있다.

③ 도상 어깨폭의 증대 및 도상 더돋기

  ㉠ 도상 어깨폭 증대는 침목높이의 3.5배 정도를 상한으로 한다.

  ㉡ 40cm의 어깨폭으로 할 경우 도상 저항력 상한치의 80%까지 도달한다.

  ㉢ 어깨폭 40cm에서 10cm의 더돋기를 할 때 단면저항이 약 12% 증대하므로 어깨폭의 증대에 의한 더돋기의 방법이 효과적이다.

④ 침목의 대형화·중량화

  ㉠ 도상 저항력은 침목의 단면, 측면, 저면의 치수, 형상계수에 따라 다르기 때문에 침목을 대형화함으로써 저항력을 증대한다.

  ㉡ 중량화는 저면의 마찰저항력을 증대시켜 차륜 통과 시의 부상에 의한 도상 횡저항력 저하를 방지하는 데 효과가 있다.

⑤ 트윈블록 침목을 사용함으로써 도상 횡방향 저항력을 증대시킨다.

⑥ 좌굴 방진판 및 날개 붙은 침목

매우 큰 도상 횡저항력을 필요로 하는 경우에는 좌굴 방진판 또는 날개가 붙은 침목을 사용하여 도상 횡저항력을 높일 수 있다.

3. 곡선용 레일 체결장치의 횡압강도 향상

① 직선 및 원곡선에서 범용되고 있는 레일 체결장치의 횡압강도에 관해서는 횡압을 받는 기능 상실 가능성 및 체결 스프링의 피로수명에 대한 검토가 필요하다.

② 체결장치의 내구성은 판 스프링의 피로강도에 의존되므로 체결판 스프링의 피로강도를 검토하여 적절한 조치를 취한다.

③ 횡압 보강형 레일 체결장치

종래 체결장치는 횡압의 반복에 의해 게이지 블록과 레일 저부의 접점이 마모되어 횡압 성능이 저하될 가능성이 있다. 이를 위하여 게이지 블록을 배제한 체결장치를 실용화할 필요가 있다.

4. 결론

① 곡선통과속도 향상에 대하여 횡압강도를 증가시켜 궤도구조를 강화하여야 하며 횡압강도가 궤도 부재의 갱환에 가장 큰 요소가 된다.

② 궤도 파괴량에 영향을 주는 것은 차량운동에 따른 하중 변동의 크기와 반복횟수(수송량)이며, 궤도 정비 후의 개선은 승차감 개선과도 직결된다.

QUESTION 11 열차속도와 궤도구조의 상관관계를 설명하시오.

1. 개요

① 열차속도가 증가할수록 궤도구조를 강화하여야 한다.
② 궤도구조를 강화하는 방법은 궤도구조를 형성하는 레일 및 체결구, 침목, 도상 등을 장대화, 중량화, 후층화하여 속도 향상에 대처해야 한다.

2. 궤도구조의 구비 조건

① 차량의 원활한 주행과 안전이 확보되고 경제적일 것
② 열차의 충격하중에 견딜 수 있는 재료로 구성될 것
③ 차량의 동요와 진동이 적고 승차감이 양호할 것
④ 열차하중을 시공기면하 노반에 광범위하고 균등하게 전달할 것
⑤ 궤도틀림이 적고 열차진행이 완만한 것
⑥ 보수작업이 용이하고 구성재료가 단순하고 간단할 것

3. 열차속도에 따른 상관관계

① 열차의 속도 증가에 따라 궤도구조를 강성화, 중량화, 후층화, 탄성화한다.
② 열차의 고속화 및 고밀도, 중량화에 따라 보수체계는 Maintenance Free의 궤도구조물이 요구된다.
③ 열차속도 증가에 따른 궤도구조 대응 방안
    ㉠ 레일 : 중량화, 장척화, 장대화, 특수화(경두레일, 망간레일)
    ㉡ 침목 : 목침목, RC, PC, 합성식, 직결식, 슬래브 궤도
    ㉢ 도상 : 강자갈, 깬자갈, 보조도상, 단침목식, 직결식, 슬래브 궤도
    ㉣ 체결구 : 일반체결, 단탄성, 이중탄성, 다중탄성, 방음방진형
    ㉤ 분기기 : 일반분기, 중량화, 고번화, 탄성포인트, 가동망간크로싱, 고속분기기

4. 결론

① 궤도구조는 열차의 주행에 따라 항상 틀림이 발생하는데, 그에 따라 열화의 진행이 필연적이며, 열차속도에 의한 영향은 궤도구조의 전체적인 부설조건 및 보수조건을 지배하게 된다.

② 따라서, 열차속도에 적합한 궤도구조를 선정하여 시설하되 장래 고속 및 고밀도의 열차운행을 위해서는 궤도구조 전반에 걸쳐 Maintenance Free 구조가 필연적이라고 할 수 있다.

궤도 구성재료의 역할 및 구비 조건

1. 개요

① 궤도는 견고한 노반 위에 자갈을 정해진 두께로 포설하고 그 위에 침목을 일정 간격으로 부설하여 침목 위에 두 줄의 레일을 소정간격으로 평행하게 체결한 것이다.

② 시공기면 이하의 노반과 함께 열차하중을 직접 지지하는 중요한 역할을 하는 도상 윗부분을 궤도라 하며, 주요 구성요소는 레일, 침목, 도상이다.

2. 레일

(1) 역할

① 궤간을 확보한다.

② 직접차량을 지지하고 평활한 주행면을 제공하여 저항을 작게 한다.

③ 차량을 안전하고 원활하게 운행토록 한다.

④ 레일의 강성을 이용하여 하중을 넓게 침목에 분포 전달한다.

(2) 구비 조건

① 적은 단면적으로 연직 및 수평방향의 작용력에 대하여 충분한 강도와 강성을 가질 것

② 두부마모가 적고 마모에 여유가 있으며 내구연한이 길 것

③ 침목과 체결이 용이하고 외력에 대해 안정된 형상일 것

④ 주행차량의 단면과 잘 조화하여 고속통과 시 차량진동 승차감이 좋을 것

3. 레일 체결장치

(1) 역할

① 레일을 침목에 고정하여 궤간을 확보

② 차량주행 시 수평 · 수직 종방향 하중에 저항

③ 이들 하중을 침목 · 도상에 전달

④ 레일부터 전달되는 차륜하중 충격을 완화, 흡수한다.

(2) 구비 조건

① 충분한 강도와 내구성을 가질 것
② 궤간 확보가 확실할 것
③ 체결력이 충분할 것
④ 하중분산과 충격흡수 완화능력
⑤ 진동의 감쇠 및 차단
⑥ 전기 절연성 확보
⑦ 조절성
⑧ 구조의 단순화, 보수 용이 등

4. 침목

(1) 역할

① 레일을 고정하여 궤간 유지
② 하중의 분산
③ 궤도좌굴에 대한 저항력 부담

(2) 구비 조건

① 휨모멘트에 저항할 수 있는 충분한 강성이 있을 것
② 탄성이 풍부하고 충격진동을 완화할 수 있을 것
③ 궤도방향, 직각방향에 대한 이동저항이 클 것
④ 레일 체결이 용이하고, 궤도틀림이 적을 것
⑤ 취급이 간단하고 보수가 용이할 것
⑥ 내구성이 있고 공급이 용이할 것
⑦ 경제적일 것

5. 도상자갈

(1) 역할

① 레일, 침목으로부터 전달되는 하중분산
② 침목의 위치고정, 이동방지

③ 궤도에 탄성을 주어 충격, 진동 흡수하고 재료파손 경감

④ 승차감 향상

⑤ 궤도좌굴 방지 역할

(2) 구비 조건

① 재질이 단단하고 인성이 풍부하여 충격과 마모에 강하고 분쇄되지 않을 것

② 단위중량 및 마찰력이 클 것

③ 입도가 적정하고 도상작업이 용이할 것

④ 배수가 좋고 잡초의 생육이 없을 것

⑤ 동상 풍화에 강할 것

⑥ 구입이 쉽고 값이 저렴할 것

⑦ 궤도틀림 정정이 쉽고, 침목교환 작업이 용이할 것

STEDEF 궤도구조

1. 개요

① 궤도강도를 증진시키고 Con'c 도상의 결함인 탄성부족보강 및 소음 · 진동을 줄이기 위해 개발된 궤도구조로서 1964년 프랑스에서 최초로 개발되어 터널 및 지하철을 대상으로 하고 있다.

② 이 궤도는 R.C 2Block 단침목을 중앙부에 철제 Tie−bar를 연결하여 하나의 침목 형태를 이루며 Rail은 NABLA 체결구조로 체결하고, 레일과 침목 사이에 Corrugated rubber pad(레일패드, T=5mm)를 설치하고 침목하부에는 탄성패드(Micro cellular 방진 pad, T=12mm)를 깔며, 침목과 탄성패드를 Tube 모양의 방진상자(Rubber boot, T=5mm)를 씌워, 도상콘크리트를 감싸 소음 · 진동을 감소시키는 궤도로서 파리지하철의 RATP나, RER선, 국내의 서울 지하철 5, 6, 7, 8호선, 대구지하철 1호선 등에 부설되어 있다.

2. 효과

① 진동 및 소음 감소, 분진 발생 제거로 지하환경 개선에 도움이 된다.

② 궤도강성의 향상, 유지관리비 절감, 승차감 및 안전도 향상, 구조물단면 축소가 가능하다.

3. 사용범위

① 160km/hr 이내의 선로(주로 지하철), 차량 축중이 22.5ton 이하의 선로에 사용한다.

② 곡선반경 100m 이상, 최대기울기 40‰ 이내, 통과톤수 10만 톤/일 이내인 모든 구간에 사용이 가능하다.

4. 시공순서

① 침목설치

② 레일부설(개략적 위치 선정)

③ 궤광조정

④ 도상 Con'c 타설

⑤ 궤도조정(방향조정 : 체결구, 높이조정 : 쐐기 혹은 Con'c)

5. 진동에 대한 적용

① 고주파 진동 → Corrugated rubber pad가 감소시킴(레일패드 : 5mm)

② 저주파 진동 → Micro cellular pad에서 Air cushion의 원리로 흡수(방진패드 : 12mm)

6. 특성

① 시공이 용이하다.

　　㉠ Con'c 타설 후에 궤도선형의 정확한 조정이 가능

　　㉡ 기초 Con'c 표면의 평탄성에 크게 영향을 받지 않음

② 도상 Con'c에 균열이 발생하여도 침목 및 체결구의 체결력에 지장을 주지 않음

③ 침목과 도상과의 Anchoring 불필요

④ Rubber boot로 Con'c 표면의 물차단 기능

⑤ 레일저면과 도상 Con'c 상면과 약 140mm 이격되므로 습기에 의한 레일 손상 방지

⑥ 탄성력 풍부 → 하중의 탄성력 지지 → 진동·소음 감소, 승차감 양호

⑦ 유지보수 용이

　　㉠ 레일을 손쉽게 들어 올릴 수 있다.

　　㉡ 절연효과가 매우 크다.

　　㉢ 자갈도상보다 소음발생률이 높다.

QUESTION 14

1 궤도의 도상에 대하여 설명하시오.

2 자갈궤도와 콘크리트 도상 및 슬래브 도상의 종류와 장단점에 대하여 비교 설명하시오.

1. 개요

① 도상은 침목이 받는 차량하중을 노반에 전달함과 동시에 침목을 소정 위치에 견고히 고정시킬 수 있는 구조이어야 한다.

② 도상은 레일을 탄성적으로 지지하고 충격력을 완화하며 선로파괴를 경감시키고 승차감이 좋으며, 궤도틀림을 정정 및 침목갱환 작업이 용이하고 재료공급이 원활하며 경제적이어야 한다.

2. 도상의 역할

① 하중을 널리 노반에 전달

② 선로파괴 경감 및 승차감 향상

③ 수평마찰력이 클 것

④ 침목을 소정위치에 고정시킬 수 있도록 경질일 것

⑤ 궤도틀림 정정 및 침목갱환이 용이할 것

⑥ 경제적일 것

3. 자갈도상

① 종래부터 일반적으로 많이 사용되어 왔으며, 시공이 용이하고 경제적이다.

② 깬자갈, 친자갈, 막자갈, 광재, 석탄재 등이 쓰이며 깬자갈이 우수하다.

③ 본선의 대부분을 점하여 유치선도 동일 종류로 하여 수급을 일원화한다.

④ 도상의 두께는 250~300mm로서 레일두부 상면으로부터 시공기면까지 지상부 및 고가부에서는 600mm, 지하부에서는 700mm가 표준이다.

⑤ 지하부에서는 배수구를 별도로 설치한다.

4. 콘크리트도상

① 도상부분을 콘크리트로 대체한 것을 말하며, 목단침목을 일정한 규격으로 절단하여 레일을 부설하는 경우와 콘크리트 도상에 직접레일을 체결하는 경우가 있다.

② 보수주기의 연장과 고강도 목적으로 사용비중이 높아지고 있다.

③ 탄성 부족으로 단침목의 도상유리, 궤도와 차량의 진동발생을 방지하고자 탄성체결법을 도입하여 사용한다.

④ 단침목식과 직결식이 있으며, 특히 공급선부에서는 레일 횡압에 대한 저항을 위하여 침목 사용이 바람직하다.

⑤ 침목과 노반의 부착력을 확보하기 위하여 $f_{ck}=30\text{Mpa}$ 이상, $\text{Slump}<15\text{cm}$, $\phi_{max} \leq 40\text{mm}$을 사용한다.

5. 슬래브(Slab) 도상

① 레일을 지지하는 Precast Concrete Slab(궤도 슬래브)와 콘크리트 노반 사이에 완충재를 충진시킨 궤도구조이다.

② 고속화, 다빈도의 열차운행으로 높은 수준의 궤도강도가 요구되며, 보수의 성력화 때문에 많이 사용되고 있다.

③ 침목을 사용하지 않으므로 궤도의 반영구화가 가능하다.

6. 장단점

구분	자갈도상	콘크리트도상	슬래브 궤도
탄성, 전기절연도	양호	불량	불량
충격 및 소음	적음	큼	큼
도상 진동	큼	적음	적음
궤도 틀림	큼	적음	적음
유지보수	용이	불요	불요
사고 시 응급처치	용이	곤란	곤란
건설비	저렴	고가	고가
세척, 청결	불량	양호	양호

7. 결론

① 자갈도상은 탄성이 풍부한 장점이 있으나 석산개발 등 재료 구입, 보수인력 확보, 균
질의 궤도보수 곤란 및 지하구간에서의 분진 등 환경문제로 새로운 공법의 필요성이
대두되고 있는 실정이다.

② 도상의 선택에는 궤도의 특성에 따라 여러 가지 요구조건을 비교 · 검토하여야 하며,
보수노력의 경감과 철도의 특수성을 감안할 때 자갈도상 → 콘크리트도상 → 슬래브
도상의 순서로 발전 · 변천되고 있다.

QUESTION

15 콘트리트 도상 궤도구조 형식 및 종류

1. 개요

철도를 건설할 경우 계획단계에서부터 설계에 기준이 될 여러 사항을 미리 정하여야 하며, 그중에서도 궤도구조를 어떤 형태로 하는가 하는 문제는 구조물 단면 크기와 건설공사비 등에 관련되어 충분한 검사를 거쳐야 한다.

2. 궤도구조 선정 조건

① 안전성과 신뢰성
② 설계와 부설 예정 공기
③ 경제성
④ 궤도부설의 시공 숙련기술자의 확보
⑤ 환경성(소음 및 진동)
⑥ 전기절연성
⑦ 유지보수성

3. 궤도구조 형식 및 종류

┃ 콘크리트 도상 궤도구조 ┃

구분		구조
침목매립식	Mono-block	• RHEDA-classic • RHEDA-Berlin
	Twin-block	• ZÜBLIN • RHEDA-2000
침목분리식	Mono-block	영단형

구분		구조
침목분리식	Single block	• LVT • Edilon Block • Independent Block
	Twin-block	STEDEF
슬래브직결식	Cast-in-place	• Delkor • Railtech DFF
	Precast(일반)	• 신간선 슬래브 궤도(표준형) • FFBögl • ÖBB-PORR
Floating 슬래브궤도	Precast(Floating)	• 신간선 슬래브 궤도(방진형) • 홍콩 서철 Floating Slab Track • Railtech Floating Track · Floating Ladder
레일매립식		Edilon ERS

4. 궤도구조 형식별 분석

(1) Rheda 궤도

① 구조 개요

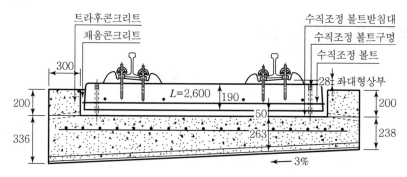

② 구성자재

레일, 콘크리트침목(Mono Block), 콘크리트도상, Vossloh 체결구

③ 시공 개요

트러프(Trough)시공 〈Slipform-paver〉 → 침목배열 → 보강철근 설치 및 궤도 정정 → 채움콘크리트 타설 → 레일설치 → 검측

④ 장점

    ㉠ 유지보수비가 거의 들지 않는다.

    ㉡ 침목을 매립하여 열차의 수직 및 수평하중에 대한 안전성이 높다.

    ㉢ 폴리우레탄 방진재를 사용하여 진동저감효과가 크다.(자갈궤도 대비 △10~ 15dB)

    ㉣ 레일과 침목 사이에 방진재가 설치되므로 침목이 고정되어 침목에서 발생되는 소음이 작고 방진재 및 부품의 교환이 용이하다.

⑤ 단점

    Trough와 침목을 고정쇠에 의해 수동으로 설치하여 작업 소요인원이 증가하지만, 기계식보다 선형을 정밀하게 유지할 수 있어 장점이 될 수 있음

⑥ 국내외 적용실적

    ㉠ 국내 : 실적 없음(경부고속철도, 중앙선에 채택 계획)

    ㉡ 외국 : 독일 Shonstein 터널, 베를린 지하철, 뮌헨시 지하철 및 ICE 본선

⑦ 기타

    ㉠ Vossloh System 300 레일 체결장치 사용으로 레일의 좌 · 우 · 상 · 하 방향 −3, +5mm 정도 조정 가능

    ㉡ Trough의 사이에 흡음콘크리트를 설치하여 소음을 자갈궤도 수준으로 유지할 수 있다.

(2) ZUBLIN 궤도

① 구조 개요

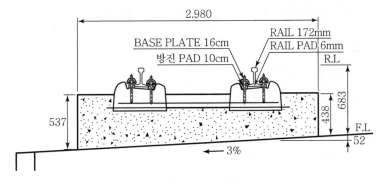

② 구성자재

  ㉠ 레일, RC침목(Twin Block), 방진재, 콘크리트도상, Vossloh 체결구
  ㉡ Rheda 궤도와 상부구조가 같고, Vossloh system 300 체결장치를 사용한다.

③ 시공 개요

  ㉠ 일체식 현장타설 슬래브궤도
  ㉡ 진동기로 매설하는 방식

④ 장점

  ㉠ 부설과 콘크리트 타설이 동시에 이루어져 시공성이 양호하다.
  ㉡ 침목 설치 시 기계식으로 인하여 인건비 및 시간이 절약된다.
  ㉢ 유지보수비가 거의 들지 않는다.
  ㉣ 침목을 매립하여 열차의 수직 및 수평하중에 대한 안전성이 높다.
  ㉤ 폴리우레탄 방진재를 사용하여 진동저감효과가 크다.
    자갈궤도 대비 △10~15dB
  ㉥ 레일과 침목 사이에 방진재가 설치되므로 침목이 고정되어 침목에서 발생되는
    소음이 작고 방진재 및 부품의 교환이 용이하다.

⑤ 단점

  ㉠ 콘크리트의 슬럼프가 변하면 침목매입의 깊이가 달라져 정도 유지가 곤란하다.
  ㉡ 진동에 의한 침목매임으로 침목의 위치가 변하여 양생 후 궤도의 정정에 많은
    비용 및 시간이 투입된다.
  ㉢ 정밀한 장비조작에 따른 숙련도가 필요하다.
  ㉣ 선형 오류발생 시 방지가 어렵다.
  ㉤ 특수장비를 사용하여 그 가격 및 기계자비 산정자료가 미흡하다.

⑥ 국내외 적용실적

  ㉠ 국내 : 실적 없음
  ㉡ 외국 : 독일 (FRANKFURT~COLOGNE) 구간 50km

⑦ 기타

  ㉠ 1일 시공능력 8시간 작업기준 시 : 200m/day
  ㉡ 시공 시 소요인원(작업 시 투입인원) : 15~20명(8~10hr/day)

(3) 영단형 방진궤도

① 구조 개요

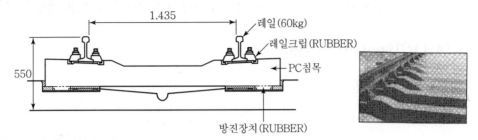

② 구성자재

레일, PSC 침목(Mono Block), 방진재, 콘크리트도상, Rubber Clip 체결구

③ 시공 개요

레일배열 → 침목배열 → 궤광조림 → 궤광가받침 → 방진재취부 → 궤도정정 →
콘크리트타설

④ 장점

㉠ 콘크리트궤도의 특성상 유지보수비가 적다.

㉡ 침목 및 방진재 교체가 용이하다.

㉢ 진동저감효과가 크다.(자갈도상 대비 △10~15dB 정도 예상)

　　단, 방진재의 탄성계수가 축중 및 차량의 속도에 따라 정확히 설계되어야 한다.

㉣ 궤도틀림 보수가 타 구조에 비해 용이하다.(상하 ±6mm, 좌우 ±8mm)

⑤ 단점

㉠ 콘크리트 궤도의 특성상 자갈도상에 비해 소음이 높다.(+5~10dB)

㉡ 부품 수가 다소 많다.

㉢ 타 구조에 비하여 재료비가 다소 비싸다.

⑥ 국내외 적용실적

㉠ 국내 : 서울지하철 1~4호선 궤도구조 개량, 광주도시철도 1호선 적용

㉡ 외국 : 일본 영단 지하철 외 다수

⑦ 기타

㉠ 일본 영단에서 개발된 형식으로 주로 축중이 10ton 정도인 협궤에 사용된 것
이므로 축중이 16ton이고 표준궤인 서울지하철에 사용하기 위해서는 방진재

의 설계가 변경되어야 하며 이에 대한 정밀한 검토가 필요하다.

ⓒ 서울지하철 1~4호선 개량구조는 일본 영단형이 Main System이다.

ⓒ 국내 타 구간 적용 시 국내에서 사용 중인 P.C침목 적용 검토가 필요하다.

(4) LVT(Sonneville) 궤도

① 구조 개요

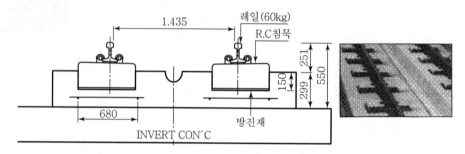

② 구성자재

레일, PSC 침목(Single Block), 방진재, 콘크리트도상, Pandrol 체결구

③ 시공 개요

레일배열 → 침목배열 → 궤광 조립 → 궤광가받침 → 방진재취부 → 궤도 정정 → 콘크리트 타설

④ 장점

ⓐ 콘트리트궤도의 특성상 유지보수비가 적다.

ⓑ 침목을 깊게 설치하여 열차의 수직 및 수평 하중에 대한 안정성이 높다.

ⓒ 보선작업 중 또는 유사 시에 궤도의 중앙으로 보행이 용이하다.

ⓓ 콘크리트 블록 간 독립적인 지지로 전기적 절연에 유리하다.

ⓔ 진동저감효과가 양호하다.(자갈도상 대비 10dB 정도)

⑤ 단점

ⓐ 자갈도상에 비해 다소 소음이 높다.

ⓑ 시공 시 궤간유지를 위한 임시 Tie-bar 설치가 필요하다.

⑥ 국내외 적용실적

ⓐ 국내 : 인천지하철 약 50km

ⓑ 외국 : 미국, 홍콩, 영불해저터널, 브라질 등 약 195km

⑦ 기타

ㄱ RS-STEDEF 궤도구조에서 Tie-bar를 제거하고 침목매입을 깊게 한 구조이다.

ㄴ 국내에서는 인천지하철에 부설되어 현재 영업 시운전 중에 있으나 진동 저감 효과가 예상보다 작은데 이에 대한 정밀한 검토가 필요하다.

(5) STEDEF 궤도구조

① 구조 개요

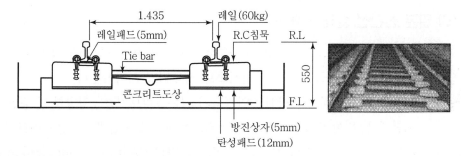

② 구성자재

레일, RC 침목(Twin block+Tie-bar), 방진재, 콘크리트도상, Pandrol 체결구

③ 시공 개요

레일배열 → 침목배열 → 궤광조립 → 궤광가받침 → 방진재취부 → 궤도정정 → 콘크리트 타설

④ 장점

ㄱ 콘크리트 궤도이므로 유지보수가 적다.

ㄴ 궤도 변형이 적고 진동저감 효과가 크다.(자갈도상 대비 △10~16dB 정도)

ㄷ 국내외 시공실적이 풍부하고 자재조달이 용이하다.

⑤ 단점

ㄱ 곡선부에서 파상마모가 발생되어 소음이 커진다.

ㄴ 콘크리트 궤도의 특성상 자갈도상에 비해 소음이 높다.(+5~10dB)

ㄷ Tie-bar로 인해 유지관리 시 다소 불편함이 있다.(보행 불편, Tie-bar 도색관리 등)

⑥ 국내외 적용 실적

 ㉠ 국내

  제2기 서울지하철(5~8호선), 부산지하철, 대구지하철등 약 140km

 ㉡ 외국 : 약 540km

⑦ 기타

 프랑스 개발 형식으로 프랑스 및 최근 국내 지하철 지하구간에서 대부분 적용하는 구조임

(6) 일본 신간선 슬래브 궤도

① 일본의 신간선 철도에 적용되는 슬래브 궤도는 자갈도상 궤도의 보수절감을 목표로 개발되어 1975년부터 본격적으로 적용되기 시작하였다.

② 신간선 슬래브 궤도는 시멘트 안정화기층(콘크리트기층), 횡방향 및 종방향 이동방지를 위한 원형의 돌기콘크리트, 프리스트레스트 프리캐스트 콘크리트 슬래브, 그리고 슬래브 하부에 시멘트 아스팔트 모르타르(CAM ; Cement asphalt mortar)라 불리는 채움재층(Grout Layer)으로 구성된다.

③ 최근 개통된 상월, 동북, 호북 신간선 등에서는 전체 부설연장의 85% 이상을 슬래브 궤도로 부설하는 등 일본 신간선에서는 신선 건설에서 이미 슬래브 궤도가 주류를 이루고 있다.

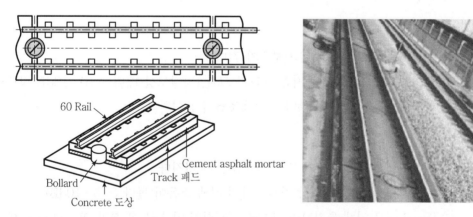

┃ 일본 신간선 슬래브 궤도(A형 슬래브) ┃

(7) 독일 FFBögl

① 독일의 Max Bögl 사에 의해 개발된 슬래브궤도 시스템인 FFBögl 슬래브궤도는
대체로 일본의 신간선 슬래브궤도와 유사하지만, 내장 스핀들에 의한 슬래브의
위치조정방식, 종방향 슬래브 연속화 등의 특징을 가진 궤도구조이다.

② 1977년 처음으로 시험선에 부설되어 현재까지 약 20년 이상 시험 운행 동안 유지
보수가 거의 없었을 만큼 높은 안정성을 보여주었고, 높은 승차감과 주행안전성
이 입증되었다. 추가적인 성능보완을 거쳐 현재 독일의 고속철도에 채택, 부설 중
에 있다.

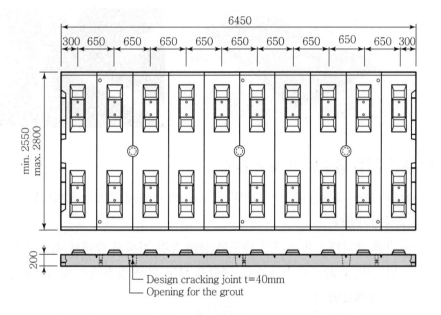

‖ 독일 프리캐스트 슬래브 궤도(FFBögl) ‖

(8) 오스트리아 ÖBB – Porr

① 오스트리아의 연방철도(ÖBB)와 Porr사에 의해 공동 개발된 ÖBB – Porr 궤도는
   프리스트레싱 없이 철근콘크리트로만 이루어진 슬래브 패널로 구성되며, 슬래브
   패널의 개구부에 현장타설 콘크리트를 채워 넣어 만든 돌기콘크리트로 횡방향 및
   종방향 이동을 제어하는 구조를 가지고 있다.

② ÖBB – Porr 슬래브 궤도로 부설된 오스트리아 북부의 뢰머베르크 터널에서의 운행 결
   과, 진동 감소가 요구치를 충분히 만족하고 있는 것으로 나타났다. 그 외에도 ÖBB –
   Porr 슬래브 궤도는 짬머터널, 카포니히터널, 갈겐베르그터널 등에서 부설실적이 있다.

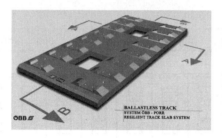

(9) 홍콩 서철 플로팅 슬래브 궤도

① 2003년 개통된 홍콩 서철(West rail)의 슬래브 궤도는 주로 소음저감을 목표로
   설계되었다.

② 다른 프리캐스트 슬래브 궤도와 달리 홍콩 서철의 슬래브 궤도는 짧은 슬래브 패
   널(길이 1.2m)의 전후좌우, 바닥을 모두 고무 방진재로 지지하도록 고안된 플로
   팅 슬래브의 일종이다.

③ 이 궤도는 진동저감을 위해 방진체결구를 적용하였고, 방음벽을 설치 주행소음
   (Rolling noise)을 차단하도록 설계되었다.

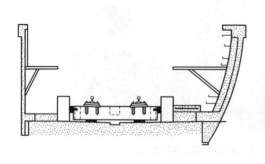

‖ 홍콩 서철의 플로팅 슬래브 궤도 ‖

(10) Alternative-Ⅱ 궤도

① 구조개요

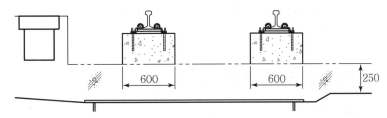

② 구성자재

레일, 콘크리트도상, 방진체결장치(상, 하부 프레이트, 탄성고무, 스파이크커버 등)

③ 시공개요

레일배열 → 방진체결장치 설치 → 레일버팀재설치(궤광조립) → 궤도정정 → 콘크리트타설

④ 장점

㉠ 콘크리트궤도의 특성상 유지보수비가 적다.

㉡ 기존의 콘크리트궤도에서 방진궤도로 개량이 용이하다.

㉢ 자갈과 침목을 부설하지 않는 구조로 구조물 단면을 축소하게 되므로 공사기간과 공사비의 절감이 가능하다.

㉣ 탄성패드로 인한 소음과 진동이 자갈궤도 대비 2~3dB 정도 저감한다.

㉤ 체결장치가 일체로 되어 있기 때문에 취급이 용이하다.

⑤ 단점

㉠ 탄성계수에 대한 자료가 부족하다.

㉡ 공급부품이 별도 항목으로 품질 확인이 어렵다.

㉢ 레일과 도상 간의 전기적 절연이 떨어진다.

⑥ 국내외 적용실적

㉠ 국내 : 하남시 경량전철 적용

㉡ 외국 : 홍콩 등

⑦ 기타

ㄱ 체결장치 전체가 같은 강성을 가진 부품으로 되어 있어 궤도의 수명이 연장된다.

ㄴ Alternative-Ⅰ 궤도구조는 서울지하철 1, 2호선 개량구간에 적용된 사례가 있다.

(11) DEF14(장진직결) 궤도

① 구조 개요

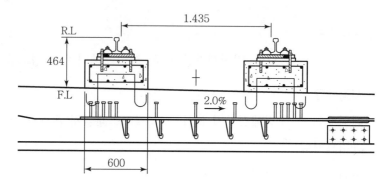

② 구성자재

레일, 콘크리트도상, 방진직결체결장치(Baseplate, rubber 등)

③ 시공 개요

레일배열 → 궤광조립 → 궤도정정 → 콘크리트타설

④ 장점

ㄱ 유지보수비가 적다.

ㄴ 탄성패드, 방진플레이트로 인한 진동 및 고체음이 저감한다.

ㄷ 시공성이 일반 콘크리트 궤도보다 우수하다.

ㄹ 경제성이 우수하다.

ㅁ 고탄성 구조로서 레일파상마모를 감소시키는 효과를 가진다.

ㅂ 동조의 방진직결궤도보다 동적탄성 계수가 작아 진동 및 고체음의 저감에 최적이다.

⑤ 단점

국내 부설실적이 거의 없다.

⑥ 국내외 적용실적

   ㉠ 국내 : 잠실철교 일부 구간에 적용

   ㉡ 외국 : 독일 전철역 정거장 내 등

⑦ 기타

   ㉠ 제품이 매우 다양하여 트랙의 강성도를 자유로 조절할 수 있다.

   ㉡ 트랙이 안정되어 동하중의 저감으로 균열 및 침하방지가 가능하다.

QUESTION 16

■ 일반철도 기존 선 교량의 유도상화 방안에 대하여 설명하시오.

② 무도상 교량을 유도상으로 개량할 경우 설계 및 시공 시 고려사항에 대하여 설명하시오.

1. 무도상 교량의 문제점

① 속도 향상이 곤란하다.

② 선로유지비가 과다하다.

③ 동적 성능 및 내진 성능이 부족하다.

④ 소음진동이 과다하다.

⑤ 장대레일 설치가 곤란하다.

⑥ 교좌손상이 빈번하여 도장작업이 과다하다.

2. 유도상화 시 장점

① 안전한 열차 운행 및 속도 향상이 가능하다.

② 승차감이 개선된다.

③ 교량과 선로 유지보수비가 절감된다.

④ 소음저감 등 철도의 친환경화·현대화가 가능하다.

3. 설계 시 고려사항

① 구조물 안전진단 결과를 반영하여 유도상화에 따른 교량개량 범위를 결정한다.

② 상부공 교체시간을 최소화하는 공법을 선정한다.

③ 유도상화에 따른 전철주 설치 및 기존 선로, 통신선로 등에 지장 없도록 한다.

④ 발라스트크리너 등 향후 유지관리 장비가 운용될 것임을 감안하여 도상폭을 결정하고 이로 인한 상하부 구조에 대한 구조 검토를 시행한다. 이 경우에 일반적으로 도상폭 증가로 인하여 하부구조의 코핑부 보강이 필요하다.

4. 유도상화 방안

(1) 기존 거더 매립공법

① 기존 판형교를 천공하여 철근을 조립한 후 슬래브를 타설하나 양생 중 열차운행으로 슬래브의 균열 발생 등으로 Con'c 품질 저하가 우려된다.
② 시공실적은 다수이나 일반적으로 연장이 9m 이내의 소교량에 적용되고, 동바리 시공이 곤란한 하천에는 적용이 불가하며 아울러 교량 승상이 불가능하다.

(2) 드와프거더 가받침공법

① 드와프 임시거더를 설치하여 확보한 하부공간에 슬래브를 타설하고 열차운행 중 무진동 양생이 가능하다.
② 교량연장은 15m 정도까지 적용 가능하고 하천같이 동바리 설치가 곤란한 곳에도 적용 가능하며 교량승상도 가능하다.
③ 2회 차단공사가 필요하다.

(3) Precast slab pushing 공법

① 교체될 교량 바로 옆에서 동바리 또는 가벤트를 설치하여 Precast slab를 제작한 후 기존 거더를 철거하고 옆으로 밀어 넣는 공법이다.
② 양질의 Con'c slab 제작이 가능하며, 형고가 높지 않은 육상부에서 유리하고 교량승상도 가능하다.
③ 1회 차단공사가 필요하다.

(4) 크레인 설치공법

① 간편하나 하천 및 전차선이 부설된 노선에는 적용이 어렵고, 차단시간 내 전차선 시공이 곤란하다.
② 크레인 작업이 가능한 작업공간이 필요하다.

5. 향후 대책

① 무도상 교량을 유도상으로 개량할 경우 상부공 교체시간을 최소화하고, 열차운행 중에 품질관리가 가능한 공법을 선정한다.

② 특수선을 부설하지 않고 유도상화하는 방법으로는 기존 거더 매립공법, 드와프거더 가받침공법, Precast slab pushing 공법, 크레인 설치공법과 같은 방법이 있으나 각 공법 자체에 대하여 다소의 문제점이 있으므로 인사이드-아웃 Pushing 공법 등과 같이 이를 개선할 신공법 개발이 필요하다.

QUESTION
17
고속철도 자갈 궤도와 콘크리트 궤도 접속부의 시공 및 유지
관리 방안에 대하여 설명하시오.

1. 서론

① 콘크리트 궤도는 고속철도에서 처음으로 계획 · 설계되어 장대터널과 정거장 구간에 설치되었다.

② 콘크리트 궤도와 자갈 궤도의 연결부에서는 강성의 변화에 따라 취약개소로서 승차감저하의 원인이 되므로 강성이 급격히 변하지 않도록 설계 및 시공에 유의할 필요가 있다.

2. 콘크리트 궤도와 자갈도상 궤도의 완충접속

① 일반적으로 콘크리트 궤도와 자갈 궤도의 연결부에서는 약 60m 구간 내에서 단단한 콘크리트 궤도를 설치한다.

② 완충구간 전후부에 보조도상을 확보하여 콘크리트 궤도 → 콘크리트 보조도상의 자갈 궤도 → 토공구간의 자갈 궤도순으로 진행하여 완충효과를 증대시킨다.

  ㉠ 콘크리트도궤도–자갈궤도 접속부에서는 탄성거동과 특히 침하거동이 매우 다른 상부구조물이 서로 만나게 되므로 특수한 방법들을 사용하여 거동이 전체적으로 큰 차이가 없도록 조절해야 한다.

  ㉡ 접속구간에서 탄성이 단계적으로 변화하도록 보강레일, 자갈도상 측으로 노반강화층(HSB)을 연장하고, 정착단부 및 전단연결재, 완충레일패드 등을 보강하여야 한다.

  ㉢ 콘크리트궤도와 자갈궤도의 접속부는 가능한 한 구조물 거동이 없는 노반조건에 설치한다.

  ㉣ 콘크리트궤도–자갈궤도 접속부 구간은 가급적 직선에 설치하여야 하며, 종곡선 –완화곡선 구간은 피해야 한다.

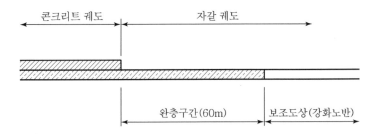

3. 시공사례

① 장항선 개량 2단계 신성 – 주포(19.2km) 및 남포 – 간치(14.2km) 직선화 사업에서 KR형 접속부시스템을 적용하였다.

② 일반적인 자갈도상의 경우 체결장치 및 탄성패드의 스프링계수를 100kN/mm로 설계한다.

③ KR형 접속부시스템

ㄱ 콘크리트 도상으로 진입하기 전 1차 완충구간(20m)에서 스프링계수를 60kN/mm ±15%로 설계한다.

ㄴ 2차 완충구간(30m)에서는 40kN/mm±15%로 설계한다.

ㄷ 콘크리트 도상과 만나는 최종 접속부는 15m의 보강레일을 추가로 설치한 후 스프링계수를 20 – 45kN/mm로 설계하는 방식이다.

ㄹ 여기서 스프링계수의 수치가 높을수록 '딱딱한' 성질을 가진다고 볼 수 있는데, 이는 탄성이 '낮음'을 의미한다.

콘크리트 도상으로 계획한 철도노선이 연약지반을 통과할 경우 처리대책에 대하여 설명하시오.

1. 개요

① 경부고속철도 2단계, 호남고속철도는 궤도의 생애주기비용절감, 열차속도 향상, 유지보수시간 확보를 위해 Con'c 도상이 적용되었다.

② 하지만 토노반상 부설되는 Con'c 도상은 건설, 유지보수 경험이 적고 연약지반 통과 시 문제점이 발생하므로 사전에 철저한 대책 수립이 필요하다.

2. 콘크리트 도상의 장단점

(1) 장점

① 보수비 절감

② 승차감 양호

③ 보수시간 단축으로 수송력 증대

④ 배수가 양호하여 동상 방지

(2) 단점

① 초기 공사비 고가

② 소음이 큼

3. 노반이완 및 침하 방지대책

(1) 노반의 장기 침하에 대비하여 양질의 성토재료 사용 및 엄격한 다짐관리 시행

① 성토구간 선시공으로 방치기간 확대(6개월)

② 침하계측기 설치

(2) 동상으로 인한 궤도파괴 및 우수 침투에 대비

① 강우가 노반에 침투하지 못하도록 토노반 상부 전체를 방수층(Con'c Asphalt 포장) 설치 및 선로 양측에 종방향 배수로를 설치한다.

② 법면에서 침투하는 우수처리를 위해 법면보호공 설치 및 배수로를 설치한다.

(3) 토목섬유 보강설계

① 토목섬유는 Creep를 고려하여 장기적으로 인장강도가 큰 재료를 확보한다.
② 지오그리드(Biaxial Polypropylene Geogrid)를 Con'c 전 구간 상부노반 상면에 설치한다.

(4) 노반침하 대책수립

① 일반적으로 체결구 조정범위가 40~50mm 정도로 크므로 궤도를 위쪽으로 올려 수평을 맞추는 양로작업으로 노반침하 대책을 수립한다.
② 경우에 따라서 그리우팅으로 노반보강 후 궤도를 정정한다.

(5) 노반융기 대책수립

① 궤도를 아래쪽으로 내려 수평을 맞추는 하로작업을 시행한다.
② 체결구 조정 범위는 4~5mm 이내로 매우 작아 궤도를 높이는 것은 용이하나 내리는 것은 조정이 어렵다.
③ 따라서 높아진 레일면을 기준으로 인근의 레일을 같이 올려주는 방안이 선택되나 원상복구가 되지 않으므로 필요시 노반보강을 병행한다.

(6) 허용잔류 침하량에 대한 안정성 검토

① 압밀해석
② 비탈면 안정해석

(7) 기타 안정성 검토

① 교대부 측방유동에 따른 안정성 검토
② 액상화에 따른 안정성 검토

4. 연약지반 처리공법 적용성 검토

(1) 치환공법

① 연약층 심도(H = 5m 이내)가 낮고 성토, 사토 운반거리가 짧을 경우

② 연약층 제거, 양질의 재료로 치환

③ 연약지반 문제점 근본 해결 가능

④ 같은 심도시 시공성 불량

⑤ 사토장, 토취장 확보 필요

(2) 심층혼합 처리공법

① 연약지반에 개량제를 넣어 교반혼합 또는 치환하여 강도를 증가하는 공법

② 공사비 고가, 개량체의 품질 확보가 어려우므로 적용성 저하 연약층 심도 h = 5.0m 이상일 때 적용 검토

③ 지반개량 강도가 큼, 침하량 경감효과 큼, 저진동, 저소음, 지반조건 제약 있음(자갈, 호박돌 층은 적용 불가), 균일혼합 미발생 및 확보 곤란, 공사비 고가

(3) 성토지지 말뚝공법

① 안정성 및 경제성에서 유리(H = 5m 이상 시)

② 쌓기하중을 말뚝을 통해 하부지지층에 전달

③ 노반의 안정성 확보, 급속시공 가능, 연약지반의 사면안전, 침하 문제 해결, 지지층 깊은 경우 공사비 증가, 말뚝시공 소음진동 발생

(4) 교량가설공법

① 성토지지 말뚝보다 경제성 있는 구간 적용 연약층 심도 h = 5.0m 이상일 때 타 공법보다 경제성 측면에서 불리

② 교량구조물 설치, 말뚝을 지지층에 근입하여 하중전달, 안전성 매우 우수, 단기시공, 시공능률 좋음, 소음 · 진동(항타 시)

(5) 연직배수공법

① 연직배수공법에서 압밀시간은 배수거리의 제곱에 비례($t = \dfrac{T_v}{C_v} \times (H)^2$)

② Sand Drain, Pack Drain, Paper Drain, Sand Pile, Sand Copaction Pile 등이 있다.

5. 호남고속철도 토공 설계

① 토공부 허용 침하량 : 30mm

② 강화노반적용

    ㉠ 터널 : 버림 Con'c 100mm＋보조도상 200mm＋도상콘크리트

    ㉡ 토공 : 강화노반 600mm＋노반강화 Con'c 300mm＋도상콘크리트

③ 교량 토공 접속부

    ㉠ 어프로치 블록

    ㉡ 어프로치 slab 적용

④ 연약지반 대책공법

    지반강화공법(심층혼합처리공법) 및 압밀촉진을 위해 연직배수공법 적용

⑤ 노반 및 궤도분야 침하계측 시행

6. 결론

① Con'c 도상 침하 시 보수가 어려우므로 연약지반을 통과하는 경우 경제성, 시공성, 인접구간 과의 연계성 등을 고려하여 최적의 공법을 선정한다.

② 연약지반 심도가 깊을 경우 장기침하가 발생하여 경제성에서 불리하므로 교량으로 계획하는 것이 바람직하다.

QUESTION
19 콘크리트 슬래브 궤도의 특징, 장단점, 노반침하 및 융기 시 처리대책을 설명하시오.

1. Slab 궤도의 정의

Rail, 침목, 자갈도상으로 구성된 궤도에서 침목과 도상자갈의 역할을 함께할 Precast Concrete Slab를 만들어 레일저부에 부설하고 노반과 Slab 사이에 Asphalt Concrete Mortar를 충진시킨 궤도구조이다.

2. Slab 궤도의 필요성

① 열차운행횟수의 증가, 고속화, 통과 톤수의 증가는 선로를 크게 파손시켜 보수량을 늘리고 또한 보수주기도 짧아지게 된다.
② 열차운행횟수의 증가로 보수할 충분한 시간을 확보하기 어렵다.
③ 고속일수록 승차감이나 안전 운행상 선로상태는 더 양호하게 보수하여야 한다.
④ 임금상승 및 보수인력 확보가 곤란하다.
⑤ 보수작업의 기계화와 함께 보수주기를 늘리는 방안을 강구한 것이 자갈도상을 Concrete Slab로 대체하는 방법이다.

3. Slab 궤도의 개발 목표

① 건설비는 유도상 궤도의 2배 이내이어야 한다.
② 유도상 궤도와 동일 이상의 탄성력 및 충분한 강도를 확보한다.
③ 시공 시 부설속도는 200m/일 이상으로 시공이 용이하여야 한다.
④ 하부구조에서 변형 발생 시 궤도틀림의 보정이 수월하여야 한다.

4. Slab 궤도의 장단점

(1) 장점

① 보수비 절감
② 승차감 양호
③ 보수시간 단축으로 수송력 증대

④ 배수가 양호하여 동상방지

(2) 단점

① 공사비 고가
② 하부구조 변형 시 궤도 정정 곤란
③ 소음이 큼

5. 노반이완 및 침하 방지대책

① 노반의 장기침하에 대비하여 양질의 성토재료 사용 및 엄격한 다짐관리 시행
② 동상으로 인한 궤도파괴 및 우수 침투에 대비
③ 토목섬유 보강설계
④ 허용잔류 침하량에 대한 안정성 검토

6. 우리나라 슬래브 궤도 발전 현황

① 2006년 전라선(서도~산성)에 처음으로 PSTS(Precast Slab Track System) 슬래브 궤도를 시험부설하였다.
② PSTS는 표준화·규격화된 콘크리트 슬래브 패널을 공장에서 사전 제작해 현장에서 조립하는 제품이다. 따라서 현장타설 시 해야 하는 대부분의 작업을 자동화된 공장에서 진행하기 때문에 공사기간이 40% 정도 단축되고 공사비는 동일한 수준이다.
③ 2011년 4월 중앙선(아신~판대) 망미터널 4.8km 및 동해남부선 송정터널 3.155km에 부설하여 상용화하였다.

7. 결론

① 슬래브 궤도 침하 시 보수가 어려우므로 연약지반 통과 시 경제성, 시공성, 인접구간과의 연계성을 고려하여 최적공법을 선정할 필요가 있다.
② 연약지반 심도가 깊을 경우는 장기침하가 발생하여 경제성에서 불리하므로 교량으로 계획하는 것이 바람직하다.

QUESTION 20

궤도구조에 대하여 많은 연구를 하고 있다. 궤도의 요소별 개발 경향을 기술하고 최신 궤도의 예를 한 가지 들어보시오.

1. 개요

열차의 속도가 증가함에 따라 궤도구조를 형성하고 있는 레일, 체결구, 침목, 도상 등이 보다 강화되고 장대화, 중량화, 후층화되어 속도에 대응하는 적합한 시설로서 구조를 만족해야 한다.

2. 궤도요소별 개발 경향

(1) 궤도구조 형식

① 자갈도상 궤도
② 콘크리트도상 궤도

구 분		궤도구조
침목매립식	Mono-block	• RHEDA-classic • RHEDA-Berlin
	Twin-block	• ZÜBLIN • RHEDA-2000
침목분리식	Mono-block	영단형
	Single block	• LVT • Edilon Block • Independent Block
	Twin-block	STEDEF
슬래브직결식	Cast-in-place	Delkor · Railtech DFF
	Precast(일반)	• 신간선 슬래브 궤도(표준형) • FFBögl • ÖBB-PORR
플로팅 슬래브궤도	Precast(Floating)	• 신간선 슬래브 궤도(방진형) • 홍콩 서철 Floating Slab Track • Railtech Floating Track • Floating Ladder
레일매립식		Edilon ERS

(2) 요소별 개발 현황

① 레일 : 경량단척 → 정척연장 → 중량화 → 장대화 → 특수레일(경두, 망간)

② 침목 : 목침목 → RC, PC → 합성식 → 직결식 → SLAB 궤도

③ 도상 : 강자갈 → 깬자갈 → 보조도상 → 단침목식 → 직결식 → SLAB 궤도

④ 체결 : 일반체결 → 단탄성 → 이중탄성 → 완전탄성 → 다중탄성 → 방음완전형

⑤ 분기 : 일반분기 → 중량화 → 고변화 → 탄성 Point → 가동 Nose → 고속분기기

3. 최신궤도(LVT ; Low Vibration Track)

(1) 정의

① LVT 궤도는 미국의 Sonneville 사에서 RS-STEDEF 궤도구조를 개선·발전시킨 무도상 궤도구조이다.

② 영불 해저터널의 단선연장 100km를 포함하여 전 세계적으로 약 140km의 부설실적(90년 말)을 가지고 있으며 인천지하철에도 40km의 부설실적을 가지고 있다.

③ LVT 궤도는 STEDEF 궤도의 RC-2 Block 침목에 연결된 Tie-Bar를 없앤 단블록 형태로서 크기는 STEDEF 침목보다 크게 제작하여 특수 설계된 방진패드를 침목 밑에 넣고 방진상자를 씌워 콘크리트도상에 60mm 정도 깊게 매립한 것이다.

④ 열차주행에 따른 수직, 수평하중에 저항 및 레일과 침목에 전달되는 진동이 도상 콘크리트에 전달되는 것을 감소시킨 저진동 궤도로 평가되고 있다.

(2) 특성

Tie-Bar를 제거한 LVT 궤도는 환경 및 운영 측면의 다음과 같은 특성이 있다.

① 장점
- 침목과 패드, 방진상사를 도상 콘크리트 속에 깊게 매립하므로 곡선상에 발생하는 열차의 수직, 수평하중에 대한 안전성이 높다.
- 콘크리트 블록이 독립되어 전기저항성이 높다.
- 침목 제작과정의 궤간오차가 적고 부설 시 정확한 궤간을 조정할 수 있다.
- 타이바가 없으므로 부식 우려가 없고 이에 의한 소음의 발생이 없다.
- 순회 및 유지보수 요원의 보행이 자유롭다.
- 청소가 용이하다.

- 정거장 구내의 시각적인 안정감이 좋다.
- 침목 등의 재료갱환이 용이한다.

② 문제점

- 단블록을 가지고 궤광 조립을 하므로 궤도선형 확보를 위한 정밀측량 및 궤광 조립대를 이용한 정밀시공이 필요하다.
- STEDEF에 비하여 작업진행속도가 떨어지며, 공사비도 다소 고가이다.

QUESTION 21 경부고속철도 장기운행에 따른 자갈도상 궤도의 문제점인
파괴현상에 대한 대책을 서술하시오.

1. 개요

① 2004. 4. 1 고속철도 개통 이후 궤도 측면에서의 장기적 사용에 의한 궤도파괴현상은
당연한 현상이다.

② 따라서 이에 대한 문제를 예측하고 준비하여 안전에 문제 없도록 조치를 기울여야 할
필요가 있다.

2. 궤도 측면의 장기 사용에 따른 파괴현상 예측 내용

(1) 도상자갈의 세립화

① 장기사용에 따른 자갈의 세립화와 고탄성 도상궤도 효과 저감

② 분진 발생으로 환경오염 요인

③ 자갈의 이완으로 마찰각 줄어 자갈 비산 확대 우려

④ 배수불량에 의한 구조물 부담 가중

⑤ 궤도피로 한도 도달 후 급격한 궤도틀림 우려

(2) 체결구

① 장기 사용으로 인한 체결구의 기능저하 우려

② 도상자갈 세립화에 따른 체결구 역할 부담 증가

③ 도상탄성력 저하로 패드 역할 부담 증가

④ 탄성체결구 절손에 의한 차량 측 피해 우려

(3) 콘크리트도상의 침하

① 신설노선의 필연적인 노반 침하에 의한 Con'c 도상 변위와 유지보수 방안 정립 부
족 우려

② 노반침하의 적절한 예방과 급속침하에 대한 대비책 검토 부족

③ 풍수해에 의한 자연재해 시 긴급복구방안 부족 우려

④ 도상침하에 의한 체결구 이용한 부분정정 방안 준비 부족

3. 준비 및 대책

(1) 도상자갈 문제에 대한 대책

① 유지보수시간 확보 방안으로 측선에 장비유치선 추가 신설 필요

② 유지보수 방식의 변화 필요, 즉 자갈로 채우고 양로하는 방안도 좋지만 일정 틀림
양은 체결구에서 정정하는 방안 검토

③ 도상파괴를 줄이기 위한 속도 감속조치 필요

④ 보충되는 자갈의 대체용품 개발 필요

⑤ 자갈도상에 궤도피로가 집중되지 않는 시스템으로 개량 개선 필요

(2) 체결구

① 피로한도 도달제품 정밀관리로 적정 교환

② 설정전의 높낮이 조절장치 개발 필요

③ 지그장치 개발 필요(1~30mm)

④ 이중클립걸이 또는 종볼트개발 필요

(3) Con'c 도상 침하대책

① 근본적인 노반대책 강구가 최우선 필요

② 토질의 물을 관리할 수 있는 능력 관리 필요

③ Con'c 도상과 노반의 층분리현상 방지대책

④ Con'c 도상 부설 시부터 유지보수 대비 천공

⑤ 체결구에 맞는 지그제작 설치로 양로효과 대책준비

4. 결론

① 미래 예측 가능한 문제점을 사전 계획 시부터 고려 · 검토하고 이에 적절한 대책을 마
련하는 것이 필요하다.

② Maintenance Free 개념에서 가능한 개소에는 자갈도상 대신 Con'c 도상 설치 등도
고려할 수 있다.

QUESTION
22 저진동, 저소음 궤도기술 개발에 대하여 설명하시오.

1. 서론

① 철도의 환경소음 및 진동의 많은 부분은 차륜과 궤도의 상호작용(차륜의 플랫(Flat), 레일의 파상마모, 궤도틀림 등)에 의하여 발생하며, 철도의 고속화는 더욱 더 큰 진동과 소음을 유발한다.

② 철도 진동 및 소음의 원천적인 방진대책의 수립 측면에서 궤도의 방진설계는 매우 중요하며, 실효성 및 경제성 측면에서 가장 뚜렷한 효과를 얻을 수 있다.

③ 저진동, 저소음 궤도기술은 차량과 궤도의 상호작용 해석기술, 궤도시스템 설계기술, 방진궤도의 방진성 평가 및 설계기술, 궤도 방음, 방진재의 설계, 생산 및 시험 평가기술 등으로 구성되어 있는데, 본 기술에 있어서 핵심사항은 열차주행특성을 고려한 방진궤도 설계 및 방진재 생산기술이라 할 수 있다.

2. 국외의 저진동, 저소음 궤도기술의 동향 및 수준

① 고속으로 주행하는 차량의 복잡한 동특성으로 인하여 방진궤도는 차량과 궤도의 상호작용 해석기술, 궤도시스템 설계기술과 열차주행 안전성 및 승차감과 밀접하게 연관되어 있어 주로 국가 철도기술연구소를 중심으로 연구개발되었다.

② 일반궤도이면서 방진효과를 높인 궤도는 STEDEF 궤도와 LVT가 대표적인데, 이들 제품은 국내 대부분의 지하철에서 민원을 줄이기 위하여 채택하여 부설하고 있는 실정이다. 일본 철도총련이 개발한 Ladder 궤도 역시 이러한 유형의 궤도로서 시험부설결과 그 성능이 입증되어 상용화를 앞두고 있다.

③ 또한 전용 방진슬래브궤도는 독일의 GERB사와 오스트리아의 Getzner사에서 개발한 궤도가 세계적으로 많은 상용화실적을 갖고 있다. 일본에서는 동급건설과 미쓰비시제강의 공동연구로 개발한 방진슬래브궤도를 신간센 고속열차에 대한 진동저감을 위하여 역구내에 설치한 바 있다.

④ 방진체결구는 독일의 Vossloh사와 Clouth사, 오스트리아의 Getzner사가 개발하고 있다. 현재 세계적으로 철도의 전철화가 이루어지고 있어 터널과 같이 건축 및 차량한계가 적은 구간에서는 이에 대한 해결책으로 방진체결구 사용이 추천되고 있어 시장규모가 급속도로 커져갈 전망이다.

⑤ 방진매트는 Getzer사, Phoenix사와 Clouth사 등에서 개발하여 사용하고 있다.

3. 국내의 저진동, 저소음 궤도기술의 동향 및 수준

① 궤도기술은 국내에서 어느 한 학문분야로 편입되지 않아 대학 등에서 전문적으로 연구된 사례가 많지 않을 뿐 아니라 전문 국책연구소도 존재하지 않아 대부분의 기술을 일본, 프랑스, 영국 등 철도선진국으로부터 수입하는 실정이다.
② 저진동, 저소음 궤도기술 중 해석 및 설계기술개발 사업을 통하여 선진국 수준에는 다소 미흡하지만 어느 정도 기반을 구축하였다고 볼 수 있다.
③ 향후 방진궤도의 해석 및 설계기술을 선진국 수준으로 향상시키기 위하여 이 분야에 대한 계속적인 연구투자가 있어야 할 것이며, 동시에 개발된 기술에 대한 실용화 연구도 병행되어 추진되어야 할 것이다.

4. 기술 수요 및 전망

(1) 현재의 기술수요

저진동, 저소음 궤도기술 중 차량과 궤도의 상호작용 해석기술은 방진재 설계뿐만 아니라 현재 건설 중인 고속철도를 비롯하여 기존 국철, 지하철, 경전철 등에서 폭넓게 사용되고 있으며 계속적인 기술 수요가 기대된다.

(2) 향후 기술전망

① 한반도 종단 X자형 고속철도망이 완성됨에 따라 장기적으로는 남북교통망 연결은 물론 중국횡단철도(TCR), 시베리아횡단철도(TSR) 등과 연결할 대륙철도망 구축기반이 갖춰질 예정이다.
② 또한 중기적으로 경부고속철도와 호남고속철도를 신설, 수도권과 주요 권역을 연결하는 X자형 한반도 종단 고속철도망을 구축하고 통일 이후에는 서울~신의주축과 서울~청진축이 신설될 예정이다.
③ 국내철도 특성상 인구밀도가 높아 도심지 통과비율이 높은 하남시, 의정부시, 김해시 이외의 여러 경량철도사업이 추진될 국내실정을 감안한다면 저진동, 저소음 궤도와 같은 환경기술 관련 시장의 급격한 팽창이 예상된다.

④ 점차적인 속도 향상 등으로 인한 주행안전성 확보, 유지보수성을 보안하는 방향으로 전개될 것이고, 장기적으로 대량건설이 예측됨에 따라 비용을 절감될 수 있는 방향으로 발전시켜 나가야 할 것으로 판단된다.

방진궤도의 필요성과 방진궤도구조, 기술개발 동향

1. 개요

① 최근 유지보수, 차량의 고속화, 축중의 증가 등으로 자갈도상에서 Maintenance Free System의 생력화 궤도로 발전되었다.

② 이에 따라 소음 및 진동이 증가되었으며, 이를 저감하고자 탄성침목, 도상매트, 방진형 Con'c 궤도구조가 개발되었다.

2. 방진궤도의 필요성

① 소음 및 진동에 따른 민원해소

② 궤도파괴 저감

③ 승차감 상승

3. 방음 · 방진궤도 고려사항

① 레일 중량화 및 장대화

② 체결장치의 탄성화 및 침목의 중량화

③ 도상후층화, Ballast Mat 부설, Rail pad, 침목매트 부설

④ 궤도틀림이 적은 구조의 채택

⑤ 특수 Con'c slab의 부설

　　㉠ 레일의 파상마모 개소 연삭

　　㉡ 방진궤도 system(LVT, STEDEF, Floating Slab 궤도) 채택

⑥ 주요 저감 효과

　　㉠ Con'c 직결도상 : 0dB

　　㉡ 자갈도상 : −5dB

　　㉢ 방진매트 부설 : −11~−15dB

　　㉣ 장대레일 : −5dB

　　㉤ 중량레일 : −2dB

    ⓑ 석면흡음재 : $-10\sim-20$dB

    ⓒ 방음벽 : $-8\sim-10$dB

4. 유도상 탄성 침목 궤도

① 콘크리트 침목의 저부 및 측면을 탄성제로 피복

② 액상 우레탄 고무를 PSC침목과 강제거푸집 사이에 주입하여 성형한 것

③ 도상자갈 세립화가 적고, 궤도의 틀림이 적음

5. 도상 Mat(Ballast Mat)

(1) 정의 및 개요

① Ballast Mat는 토목용 섬유 또는 토목공사에 사용되는 특수성 인공섬유제품의 총칭으로, 궤도에 부족한 탄성을 보강하고 소음진동 경감목적으로 노반과 도상 자갈면에 고무재료를 부설하는 것이다.

② 노반위 직접 도상 부설 시 연약지반일 경우 지지력 부족으로 소규모 파괴로 도상이 함몰될 수 있다.

③ 토목섬유의 인장력 지지효과와 하중분산효과를 동시에 고려할 수 있다.

(2) Ballast Mat 종류

A형	정거장용
B형	완충용
C형	교량용

(3) 도상매트의 기능

① Filter 기능

② 배수기능

③ 도상과 노반 분리기능

(4) Ballast Mat의 효능 : 궤도의 부족한 탄성보강이 가능하다.

① 소음 · 진동 감소(일본 신간선 2dB 저감)

② 도상 세립화 경감 : 분진 발생 억제

③ 궤도침하 저감

④ 도상배수 원활 유도

⑤ 윤중변동의 저감

(5) 적용사례

① 일본 신간선 고가교구간

② 경부고속철 1단계 구간 교량 고가 구간

③ 수도권 광역전철 소음 · 진동, 민원구간

QUESTION 24 분기부의 구조 및 종류와 열차의 통과속도 제한사유 및 이의 개선방안에 대하여 쓰시오.

1. 정의

① 궤도구조 중 분기기는 이음매부, 곡선부와 함께 궤도의 3대 취약부 중의 하나로서 속 도제한의 요소가 되므로 고속운행의 장애부분이다. 따라서 분기부에는 고속주행을 할 수 있는 선형과 노반조건 및 분기장치에 따른 충분한 대처가 필요하다.

② 분기기는 열차 또는 차량을 한 궤도에서 2, 3의 다른 궤도로 전환시키기 위하여 궤도 상에 설치한 설비를 말하며, 포인트, 리드, 크로싱의 3부분으로 구성되어 있다.

③ 분기부는 평면교차 지점에 결선부가 있고(단, 가동크로싱은 결선부가 없다.) 분기선 에는 리드곡선이 있으며, 리드곡선은 캔트를 붙일 수 없어 속도제한을 하는 등 선로의 취약개소이므로 철저한 유지관리가 요구되는 곳이기도 하다.

2. 분기기의 구조

(1) 포인트(Point)

① 열차를 2, 3의 궤도 중 어느 궤도로 진입시킬 것인가를 선택하는 부분으로서 텅레 일 후단이 Heel로 되어 있으며, 이것을 중심으로 텅레일이 기본 레일에 접촉하거 나 떨어져서 열차의 진행방향을 전환시킨다.

② 포인트의 종류에는 둔단포인트, 첨단포인트, 스프링포인트, 승월포인트가 있다.

(2) 리드부(Lead)

차량의 진입을 유도

(3) 크로싱(Crossing)

① 궤간선이 교차하는 부분

② 크로싱의 종류에는 고정크로싱, 가동크로싱, 고망간크로싱이 있다.

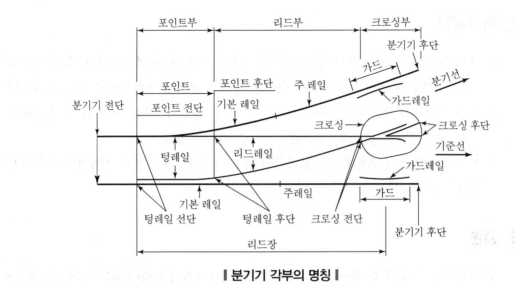

┃ 분기기 각부의 명칭 ┃

3. 분기기의 종류

① 배선 측면 : 편개, 분개, 양개, 곡선, 내방, 외방, 복, 삼지분기기

② 편개 측면 : 좌, 우

③ 교차 측면 : 다이아몬드, 한쪽 건넘선, 교차, 양쪽 건넘교차

④ 교차와 분기의 조합 측면 : 건넘선, 교차건넘선

⑤ 특수용 측면 : 승월, 전이, 탈선, 갠틀릿(Gantlet) 궤도

⑥ 분기기 사용방향 측면 : 대향, 배향

4. 분기기의 통과속도 제한사유

① 분기기에는 결선부(Gap) 때문에 구조적으로 약점이 있어 분기기의 종별로 통과속도를
   분기기의 직선 측(기준선 측)과 분기기의 분기 측(분기선 측)으로 나누어 제한하고 있다.

   ㉠ 직선 측 : 속도의 상승과 함께 일반궤도와 비교하여 승차감을 약화시키고, 주행안
      정성을 저하시킬 우려가 있다.

   ㉡ 분기 측 : 캔트 및 완화곡선이 없으므로 일반곡선과 비교하면 통과 시의 승차감이
      약화될 우려가 있다.

② 특수분기기는 편개분기기와 비교하면 짧은 구간에 이음매가 많이 들어 있는 점, 전환장
   치가 복잡하여 도상을 다지기가 어려운 점 등으로 더욱 엄밀히 속도를 제한하고 있다.

5. 개선방안

① 50kgNS 분기기에 대하여 침목의 강화, 힐볼트의 강화, 탄성포인트화, 상판의 강화와 차륜 및 레일에 대한 보수한도의 개선에 의하여 종래의 제한속도를 상승 조절한다.

② 여러 선진국의 표준궤 이상의 철도에서는 차륜, 레일의 정밀도 확보를 전제로 분기기 직선 측의 제한이 없으며, 경부고속철도도 제한이 없다.

③ 분기기 분기 측의 제한속도는 분기기의 강도, 승차감, 보수 등을 종합하여 안전비율을 일반곡선보다 작게 하여 속도 향상을 도모한다.

6. 결론

① 열차 또는 차량을 한 궤도에서 다른 궤도로 전환시키기 위하여 궤도 상에 설치한 설비를 분기기라 하며, 포인트, 리드, 크로싱의 3부분으로 구성되어 있다.

② 분기부는 크로싱 부위에 결선부가 있고, Lead 곡선은 캔트를 붙일 수 없어 속도제한을 하는 등 선로의 취약개소이므로 철저한 유지관리가 요구되는 개소이다.

QUESTION 25

1 선로의 분기기를 도시하고 설명하시오.

2 분기기(Turnout)의 종류에 대해 설명하시오.

1. 배선에 의한 종류

(1) 편개분기기(Simple Turnout)

가장 많이 사용하고 있는 기본형으로 직선에서 좌우 적당한 각도로 분기한 것

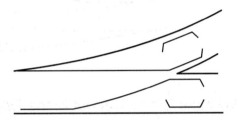

(2) 분개분기기(Unsymmetrical Double Curve Turnout)

구내배선상 좌우 임의각도로(예 6 : 4, 7 : 3 등) 분기각을 서로 다르게 한 것

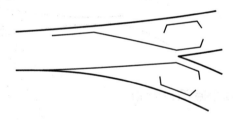

(3) 양개분기기(Double Curve Turnout)

직선궤도로부터 좌우 등각으로 분기한 것으로서 사용빈도가 기준선 측과 분기 측이 서로 비슷한 단선 구간에 사용한다.

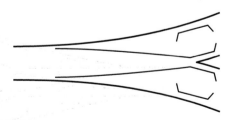

(4) 곡선분기기(Curve Turnout)

기준선이 곡선인 것

(5) 내방분기기(Double Curve Turnout in the Same Direction)

곡선 궤도에서 분기선을 곡선 안쪽으로 분기시킨 것

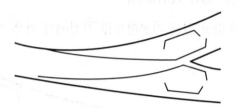

(6) 외방분기기(Double Curve Turnout in the Opposite Direction)

곡선 궤도에서 분기선을 곡선 바깥쪽으로 분기시킨 것

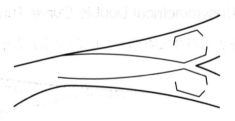

(7) 복분기기(Double Turnout)

하나의 궤도에서 3 또는 2 이상의 궤도로 분기한 것

(8) 삼지분기기(Three Throw Switch)

직선기준선을 중심으로 동일 개소에서 좌우대칭 3선으로 분기시키기 위하여 2틀의 분기기를 중합시킨 구조의 특수분기기

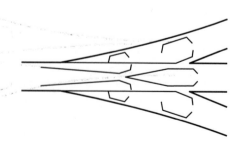

(9) 삼선식(三線式) 분기기(Mixed Gange Turnout)

궤간이 다른 두 궤도가 병용되는 궤도에 사용된다.

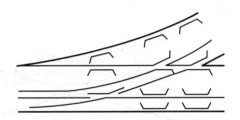

2. 편개분기의 종류

① 좌분기기(Left Hand Turnout) : 분기선이 기준선 좌측으로 굴곡분기된 것
② 우분기기(Right Hand Turnout) : 분기선이 기준선 우측으로 굴곡분기된 것

3. 교차(Cross)에 의한 종류

(1) 다이아몬드(Diamond) 크로싱

두 선로가 평면교차하는 개소에 사용하며 직각 또는 마름모형으로 교차한다.

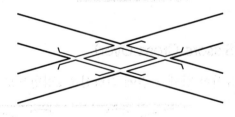

(2) 한쪽 건넘 교차(Single Slip Switch)

1개의 사각다이아몬드 크로싱의 양궤도 간에 차량이 임의로 분기하도록 건넘선을 설치한 것

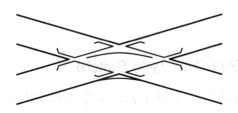

(3) 양쪽 건넘 교차(Double Slip Switch)

2개의 사각다이아몬드 크로싱을 사용 양궤도간에 차량이 임의로 분기하도록 건넘선을 겹쳐서 설치한 것

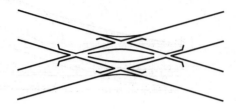

4. 교차와 분기기의 조합에 의한 종류

(1) 건넘선(Cross Over)

양궤도 간에 건넘선을 한쪽 방향으로 부설한 것

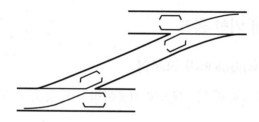

(2) 교차 건넘선(Sissors Cross Over)

복선 및 이와 유사한 양궤도 간에 건넘선을 2방향으로 부설한 것

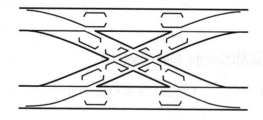

5. 특수용 분기기

(1) 승월분기기(Run Over Type Switch)

기준선에는 텅레일, 크로싱이 없고 보통 주행레일로 구성된 편개분기기를 말한다. 그러므로 분기선외궤륜은 결선부가 없는 주행레일 위로 넘어가게 된다.

(2) 천이분기기(Continous Rail Point)

승월분기기와 비슷하나, 분기선을 배향통과시키지 않는 것

(3) 탈선분기기(Derailing Point)

탈선분기기(Derailing Point)는 단선구간에서 신호기를 잘못 보았을 때 운전보안상 중대사고가 되므로 열차를 고의로 탈선시켜 마주 오는 열차 또는 구내 진입 시 유치 열차와 충돌을 방지하기 위하여 사용된다.

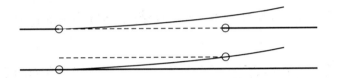

(4) 갠틀릿 궤도(Gauntlet Track)

• 복선 중의 일부 구간에 한쪽 선로가 공사 등으로 장애가 있을 때 사용되며 포인트 없이 2선의 크로싱과 연결선으로 되어 있는 특수선을 말한다.
• 또한 화물을 적재한 채로 화차의 적재중량을 계량할 때에 사용되는 계중대가 있는 곳에 2조의 포인트와 연결선으로 되어 있는 특수분기기를 사용하는 갠틀릿 궤도가 있다. 계량할 때 a선을 사용하고 계량하지 않을 때는 b선으로 통과시킨다.

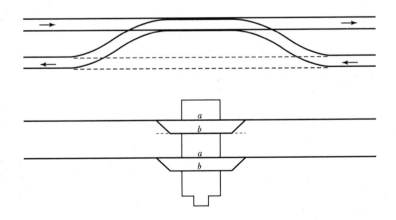

(5) 탄성포인트(Elastictity Point)

텅레일의 후단부를 고정하여 포인트의 전환 시에는 텅레일이 휘어지도록 한 포인트 이다. 일반적으로 텅레일 후단부에는 단면을 작게 하여 탄성부를 두며 용접에 의하여 이음부를 연결한다.

6. 사용 방향에 의한 분기기 호칭

(1) 대향분기기(Facing of Turnout)

열차가 분기를 통과할 때 분기기 전단으로부터 후단으로 진입할 경우를 대향(Facing)이라 한다.

(2) 배향분기기(Trailing of Turnout)

주행하는 열차가 분기기 후단으로부터 전단으로 진입할 때는 배향(Trailing)이라 하며 운전상 안전도로서 배향분기는 대향분기보다 안전하고 위험도가 적다.

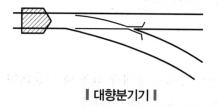

▎대향분기기 ▎

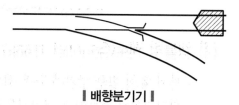

▎배향분기기 ▎

QUESTION 26 열차속도를 향상시키기 위해 궤도구조를 보강하려고 한다. 그 중 분기기의 문제점과 대책을 설명하시오.

1. 서론

① 궤도구조 중 분기부는 이음매부, 곡선부와 함께 궤도의 3대 취약개소로서 속도제한의 요소가 되므로 고속철도에서는 고속운행의 장애부분이다.

② 따라서, 분기부에는 고속주행을 할 수 있는 선형과 노반 조건 및 분기장치에 따른 충분한 대처가 필요하다.

2. 분기부의 문제점

(1) 직선 측

① Point부의 텅레일 단면이 일반레일보다 작다.

② Point부의 대향진입 시 텅레일에서 충격이 심하다.

③ 관절 Point에서 Heel 이음매가 느슨하다.

④ Heel Point에서 분기기에 대한 수평차가 없다.

⑤ Crossing에는 Nose 결선부가 있어 충격과 진동이 유발된다.

⑥ Crossing의 Guard Rail부 통과 시 차량 Flange가 충격을 받는다.

⑦ 분기부 전단, 리드부에 걸쳐 Slack 체감이 있다.

(2) 분기 측

① Point의 입사각으로 원활한 통행을 제한한다.

② Slack이 불충분하고 체감이 급하다.

③ 특수한 것을 제외하고는 Cant가 없다.

④ 분기부는 소반경의 분기 부대곡선이 있으나 완화곡선이 없다.

⑤ 분기 내 곡선과 분기 후방 사이의 직선장이 짧다.

3. 분기부의 대책

(1) 선형

① 기울기 3‰ 초과 시는 분기기 부설 금지

② 분기기 내에서는 곡선 및 종곡선 금지

③ 교대 후면, 터널 입구, 토반지지력이 낮은 곳으로부터 30m 이내 부설금지

(2) 분기장치

① 기준선 측

- 포인트부는 최선의 설계방법인 운동역학적 선형 최적화 기법을 도입하여 차량의 원활한 주행을 도모한다.
- 포인트부는 관절식을 쓰지 않고 탄성포인트를 사용한다.
- 분기기 내 레일 연결부분은 모두 용접한 후 점착식 절연레일화하여 이음매를 제거한다.
- Crossing과 차륜의 정비한도를 강력히 규제한다.

② 분기선 측

- 분기기의 고번화로 속도 향상
- 분기각은 극소화하고, Lead 반경은 극대화한다.
- 곡선 Crossing 사용을 검토한다.

③ 건넘선

- 고속분기기 채택으로 통과속도를 향상한다.
- Lead 곡선반경을 크게 하고 원곡선을 접속하는 Point부와 분기기 후부 등에 완화 곡선을 삽입한다.

QUESTION 27 분기구간에서의 속도 향상 방안에 대하여 기술하시오.

1. 개요

기존 선의 속도 향상 및 승차감 향상을 위해서는 궤도의 3대 취약부인 이음매부의 장대화, 곡선부 개량 및 분기기 구조의 개량이 필요하다.

2. 기존 분기기의 문제점 및 대책

(1) 문제점

① 기존 분기기는 대부분 F8, F10, F12 등 저속 분기기로 구성되어 있다.
② 일부 개량형 탄성 분기기의 사용이 늘어나는 추세이나 50kgNS 관절형 분기기가 사용되는 경우가 많다.
③ 리드부의 곡선반경이 작고 캔트를 설치하지 않아 속도 제한이 불가피한 실정이다.
④ 고정 크로싱의 사용으로 선로 결선부가 있다.
⑤ 결선부 및 이음부 등으로 차량 주행 시 충격, 진동이 심하며 구조적으로 취약하다.

(2) 대책

기존 분기기의 문제점을 개선하고 열차속도 및 승차감을 향상하기 위해서는 고속철도에서 사용하는 고속 분기기의 채용이 필요하다.

3. 고속 분기기의 구조적 특성과 기술적 사항

(1) 구조적 특성

경부고속철도에서는 열차의 고속주행에 적합한 F18.5, F26, F46의 고번화 분기기를 사용하고 있다.

① 구조적인 특징
- 탄성 포인트 및 노스가동 크로싱의 적용
- 텅레일 후단 및 크로싱 모두를 용접하여 일체화함
- 크로싱은 내마모성, 내충격성 재질로 구성되어 있음

② 분기기의 선형

- 분기선 측 고속통과 및 승차감 향상을 위해 큰 곡선 반경을 갖는 원곡선 및 완화 곡선을 적용함
- 텅레일 및 크로싱도 곡선을 삽입한 특수한 선형으로 구성되어 있음
- 분기기 작동에 대한 안전 확보를 위해 텅레일 및 노스레일에 접촉감지장치를 부착하여 도중전환을 방지함
- 포인트 및 노스가동 작동부는 설해 대책을 위한 히팅장치가 설치되어 있음

③ 각 요소별 사항에 대한 특성

㉠ 분기기 선형

- 비교적 통과 속도가 작은 150km/h 이하의 분기기는 경제성 및 운행 시 유지관리 측면을 고려하여 분기기 길이가 작고 단순한 원곡선으로 설계(F18.5, F26)
- 통과 속도가 큰 160km/h 이상의 분기기는 큰 반경의 3차 포물선 설계(F46)

㉡ 포인트 부

- 충격과 마모 발생이 작고 승차감이 좋으며, 입사각이 없는 접선식 곡선 포인트로 설계
- 포인트 내 후단부의 관절이음이 없는 탄성 포인트로 설계

㉢ 크로싱 부

- 결선부가 없는 노스가동크로싱으로 설계
- 리드곡선을 크로싱 후단까지 연장시킨 곡선 크로싱 설계
- 크로싱과 일반 레일과의 용접

㉣ 레일 경사

분기기 내에서도 일반 구간의 레일 경사와 동일한 레일 경사로 설계

㉤ 체결장치

원칙적으로 팬드롤형 체결장치로 하고 팬드롤 체결장치 설치공간이 확보되지 않는 특수한 개소에는 U자형 체결장치 또는 나사식 체결장치를 사용

(2) 기술적인 사항

① 분기기의 장대화

분기기 내의 모든 이음부를 용접함
- 텅레일 후단부의 용접
- 힐 블록 및 앤티크리퍼의 사용
- 분기기 장대화에 대한 축력 해석

② 분기기 선형의 큰 곡선반경을 갖는 완화곡선화 또는 원곡선화

선형 계산의 컴퓨터를 이용한 자동화 및 분기기 제작의 기계 자동화

③ 노스 가동화로 크로싱부의 결선부를 제거
- 노스 가동 크로싱 설계 기술
- 노스 가동 크로싱 전화제어 기술

④ 분기침목의 PC화
- 분기 번호별 체결구 위치의 정밀계산 및 제작기술
- 구조적 안정성 검토 기술

⑤ 주요 자재의 국산화

4. 결론

① 21세기 한국철도의 수송력 증강 및 고속화, 서비스 향상을 위하여 분기부 통과속도 향상은 해결해야 될 필수 과제이며 경부고속철도의 건설이 그 계기가 되었다.
② 분기부 통과속도를 향상시키는 일은 향후 고속철도뿐만 아니라 기존 선의 속도 향상에 크게 기여할 것이다.
③ 현재 분기기의 주요 부품을 외국에서 도입하고 있지만 국내 활성화를 위해서는 다음 사항을 고려하여야 한다.
ㄱ 고속 분기기 설계 기술의 향상
ㄴ 제작에 필요한 설비의 현대화 및 가공기술 축적
ㄷ 주요 자재의 국산화
ㄹ 제작된 분기기의 현장 부설기술 및 정밀성 확보
ㅁ 장래 유지보수 방안에 대한 보다 철저한 체계화 필요

QUESTION 28
궤도중심간격의 의미와 중심간격 결정 시 검토하여야 할 사항에 대하여 설명하시오.

1. 개요

① 궤도중심간격이란 2개 이상의 선로부설 시 궤도와 궤도 사이에 일정한 공간을 확보하여 열차안전운행 및 종사원들의 안전을 도모하고자 설치한 공간을 말한다.

② 궤도중심간격을 너무 크게 하면 필요 이상의 부지확보로 사업비가 증가하며, 너무 작게 하면 열차안전운행에 문제가 생길 수 있으므로 적정 간격을 확보하여야 한다.

2. 궤도중심간격 결정 시 고려사항

① 열차의 교행 시 풍압에 의한 전도 등의 위험이 없어야 한다.

② 신호방식, 전철주의 건식, 유지보수방식, 장래 속도 향상 등을 종합적으로 고려하여 결정해야 한다.

③ 정거장 내에 유치되어 있는 차량 사이에서 정비작업 및 입환작업을 할 수 있도록 여유 공간을 확보하여야 한다.

3. 궤도중심간격

① 속도에 따른 궤도중심간격

설계속도 V(km/h)	궤도의 최소 중심간격(m)
$350 < V \leq 400$	4.8
$250 < V \leq 350$	4.5
$150 < V \leq 250$	4.3
$70 < V \leq 150$	4.0
$V \leq 70$	3.8

② 다만, 궤도의 중심간격이 4.3m 미만인 구간에 3개 이상의 선로를 나란히 설치하는 경우에는 서로 인접하는 궤도의 중심간격 중 하나는 4.3m 이상으로 하여야 한다.

4. 지하구조물 설계 시 주의사항

① 곡선부에서의 건축한계는 차량 편기량만큼 궤도 양쪽을 확폭하여야 한다.

- 확폭량 $W = \dfrac{50,000}{R}(\text{mm})$

- 전동차 전용선의 경우 $W = \dfrac{24,000}{R}(\text{mm})$

② 곡선부에서는 캔트에 의한 차량경사량, 즉 내측부분은 $+2.4C$, 외측부분은 $-0.8C$를 감안하여야 한다.

③ 곡선부에서는 슬랙에 의한 수치만큼 곡선의 내측부분을 확대해야 한다.

$$S = \dfrac{2,400}{R} - S'(\text{mm})$$

④ 다만, 곡선반경이 2,500m 이상의 경우는 확대량을 생략할 수 있다.

(기존 규정 : 궤도의 중심간격이 4.3m 이상인 경우에는 그러하지 아니하다.)

5. 결론

① 철도건설규칙에서 규정한 궤도중심간격은 열차의 고속화, 종사원 들의 안전, 신호기 건식 등을 고려하여 정하여야 한다.

② 특히 지하구간에서는 곡선부에 발생하는 확대치수 등을 충분히 감안하여 설계함으로써 시행착오를 겪지 않도록 하여야 한다.

29 궤도에 작용하는 힘과 탈선의 관계에 대해 설명하시오.

1. 개요

① 궤도를 구성하는 각 재료는 탄성체이며, 레일은 연속선 탄성체상에 설치된 보(Bean) 로 가정한다.

② 궤도에 작용하는 힘(응력)은 열차의 차륜에서 직접 레일에 작용하는 외력과 기온변화 에 따라 발생하는 레일의 온도응력이 있다.

③ 궤도에 작용하는 힘의 종류

    ㉠ 궤도면에 수직으로 작용하는 수직력(윤중)

    ㉡ 레일두부 측면에서 작용하는 횡압

    ㉢ 레일과 평행방향으로 작용하는 축방향력

2. 수직력(Normal force, 윤중(Wheel Load))

① 열차주행 시 차륜이 레일면에 수직으로 작용하는 힘

② 증감요인

    ㉠ 곡선통과 시의 불균형 원심력의 수직성분 정지 시 중량보다 50~60% 증가

    ㉡ 차량주행 시 동요관성력의 수직성분에 따라 정지차량의 20% 증가

    ㉢ 주행 시 이음매 충격, 결선부 통과 시 발생하는 레일면 또는 차륜답면의 부정에 의 한 증가

    ㉣ 편기하중에 따라 30%까지 증가

③ 궤도의 변형

    윤중이 작용하게 되면 재하된 윤중은 레일압력으로 각각의 침목으로 분산, 전달침목 상하 및 휨응력 발생과 함께 노반압력으로 작용하면서 궤도변형

3. 횡압(Lateral force)

① 열차주행 시 차륜으로부터 레일에 작용하는 횡방향의 힘

② 증감요인

    ㉠ 궤도틀림에 의한 횡압(줄틀림 개소)

    ㉡ 차량동요에 의한 횡압

    ㉢ 곡선통과 시 불균형 원심력의 수평성분

4. 축방향력(Axial force)

① 차량주행 시 레일의 길이 방향으로 작용하는 힘

② 증감요인

    ㉠ 레일온도 변화에 의한 축력으로 가장 큼

    ㉡ 동력차의 가속, 제동 및 시동하중

    ㉢ 기울기구간에서 차량중량이 접착력에 의한 전후로 작용

5. 궤도응력 저하방안

① Con'c 도상의 채택

② 레일중량화

③ 특수레일 사용(고강도, 망간)

④ 선로개량(곡선반경 확대, 직선화, 기울기 완화)

⑤ 도상다짐의 기계화

⑥ 이중탄성체결

6. 탈선

(1) 정의

① 차륜이 레일 위의 정상적인 위치에서 이탈하여 궤간 내외로 떨어지는 것을 탈선 (Derailment)이라 한다.

② 탈선계수는 탈선현상을 정량화한계수로 수평하중(횡압 : Q)과 수직하중(P)의 비로 정의

$$S = \frac{Q(횡압)}{P(윤중, 수직력)}$$

③ 탈선판단기준
- 평상시 : 0.8
- 극한 시 : 1.2

(2) 탈선의 원인

① 역학적 원인
- 차량원인 : 윤중(P)이 가벼우면 쉽게 탈선
- 궤도원인 : 수평하중(횡압, Q)은 궤간이 확대될 경우 탈선
- 복합원인 : 실제로는 여러 원인이 복합적으로 작용

② 궤도 틀림
- 궤간, 줄, 면, 비틀림, 수평 등 궤도 틀림이 보수한계를 넘으면 탈선
- 여름철, 겨울철 복진의 영향으로 좌굴되어 탈선이 발생

7. 결론

① 궤도에 발생하는 각종 힘은 궤도강도의 저하를 야기한다.
② 궤도 유지보수 관리상 문제가 대두된다.
③ 궤도에 작용하는 각종 힘의 대응을 위해서는 궤도 강화를 필요로 하며 특히 고탄성화가 바람직하다.

QUESTION

30 경합탈선(競合脫線, Derailment of Multiple Causes)의 정의와 궤도 및 차량에서의 방지대책

1. 정의

차량, 운전, 선로, 적하(積荷) 등이 각각 기준 내의 상태로 만족하여 있어 단독으로는 탈선을 일으키는 일이 없지만, 각 인자가 각각 나쁜 방향으로 중첩되어 일어나는 탈선현상을 경합탈선이라 한다.

2. 방지대책

(1) 궤도

① 궤도정비기준의 개정

열차의 주행 안전성을 고려하여 궤도 틀림에 대한 어떤 정비기준치를 두어 이것을 넘는 궤도 틀림은 긴급히 보수하는 것으로 하고 부득이 보수할 수 없는 경우는 열차의 서행 조치를 취한다.

② 궤도검측의 강화

궤도검측차를 늘려 궤도검측 체제를 강화한다. 상급 선구에서는 4회/년, 기타 선구에서는 2회/년을 기본으로 하며, 고속운전 선구의 일부는 6회/년의 궤도검측이 실시되고 있다.

③ 탈선 방지 가드레일 등의 부설

④ 복합틀림의 관리

㉠ 줄틀림과 수준틀림이 동일 파장에서 역위상으로 연속하여 존재하는 때는 주행 안정성이 저하한다.

㉡ 이것을 관리하는 지표로서 복합틀림(Composite Irregularity)이 이용된다. 복합틀림은 다음과 같은 식으로 나타내며, 마이너스 부호는 역위상인 것을 나타낸다.

복합틀림＝｜줄틀림－1.5×수준틀림｜

(2) 차량

① 차륜답면의 N답면화

차륜답면은 레일과의 접촉상태를 개선함과 동시에 탈선하기 어렵게 하기 위하여 플랜지 각을 크게 하고(60° → 65°), 플랜지 높이를 높게 하고 있다(27mm → 30mm).

② 화차 수선한도의 개정

2축화차에 대하여는 전반검사 시 수선한도 등을 개선한다. 보기 화차에 대하여는 사이드 베어러(Side Bearer) 틈을 개정한다.

③ 2단 링장치의 개량

④ 대차의 개량

QUESTION

31 궤도에서의 탈선 방지대책에 대하여 기술하시오.

1. 열차주행 안전상의 궤도정비 기준치 제정

(1) 단독틀림에 대한 궤도정비 기준치

① JNR에서는 1943년 이후 열차의 승차감을 고려하여 궤간, 수평, 고저, 방향 등의 단독틀림에 대한 선로의 중요도에 따라 궤도정비 기준치를 정한다.

② 이 궤도정비 기준치의 특징은 정기수선방식을 전제로 궤도의 수선공사 및 선로 신설에 즈음한 끝마감 기준과 차량의 승차감 확보를 목적으로 을수선 정비기준 그리고 탈선에 대한 안전성을 고려한 내수선 정비기준을 정하는 데 있다.

③ 궤도 틀림이 병수선 기준치에 달하거나 틀림진행이 급진성일 경우 15일 이내에 보수하고 궤도틀림 발견시 동기준치를 초과했을 경우에는 보수시기를 앞당기며 부득이한 경우에는 안전상 열차의 서행조치를 취한다.

(2) 복합틀림에 대한 궤도 정비 표준

복합틀림의 정비 표준을 정하기 위하여 궤도틀림의 파형분석, 복합틀림의 정비 목표치, 실험선의 재시험, 복합틀림의 정비표준의 제정 등을 하여야 한다.

2. 궤도검측의 강화

① 고속 궤도검측차는 1965년까지는 1량으로 주요한 1, 2급선을 검측하여 왔다.

② 1969년까지는 6량을 증가하여 7량으로서 특급, 급행열차 운전구간에는 연 44회, 기타 선구에는 연 2회 시행하여 왔다.

③ 1972년 복합틀림의 정비를 행하기 위하여 검측기록지에 방향과 수평의 검측 테이퍼를 연산에 의하여 합성한 복합틀림과 복합틀림 18mm 이상의 개소를 표출시키기로 하였다. 앞으로는 궤도틀림을 강화하기 위하여 궤도검측차량을 증차하여야 한다.

3. 탈선 방지 가드레일 등의 설치

① 탈선사고의 방지를 위하여 탈선차륜을 유도하는 안전레일을 복선 이상의 구간에서 곡선반경 300m 이하의 곡선에 부설한다.

② 탈선 방지 레일의 효과가 재인식되어 탈선 방지 레일을 대신하여 설치 제거가 간단한 탈선 방지 가드를 개발하여 내리막 기울기 오목형으로 변하는 개소 부근의 곡선부에 탈선방지 레일 또는 가드레일을 부설한다.

4. 분기기의 대책

① 내방분기기의 탈선은 어느 것이나 텅레일 및 기본레일이 마모되어 차륜이 올라타기 좋은 형상이 되어 있다.

② 본선의 내방분기기에는 텅레일의 마모방지를 위하여 기준선 곡선반경 1,000m 이하의 개소는 전부, 1,000~1,500m의 개소에서는 필요에 따라 포인트가드를 설치한다. 또, 타이바 볼트의 탈락 방지를 위하여 탈락 방지 어댑터(너트 이완 방지 쇠붙이류)를 설치한다.

32 열차가 곡선부를 통과할 때 발생하는 횡압의 원인과 저감대책에 관하여 설명하시오.

1. 개요

① 차량이 곡선을 통과할 때 발생하는 횡압에 의하여 차량의 탈선 전복이 일어날 수 있으므로 속도의 조절, 적절한 캔트의 설치 등이 필요하다.

② 차량의 주행에 따라 발생하는 횡압의 주된 원인은 곡선통과 시의 초과원심력에 의한 횡압, 곡선저항 횡압, 차량동요에 의한 횡압 등이 있다.

2. 횡압의 발생원인

(1) 곡선통과 시의 초과 원심력에 의한 횡압

곡선부에 있어서 캔트의 과부족에 의하여 차량에 초과 원심력이 작용하는 경우에 차륜이 외궤 측 또는 내궤 측으로 억눌려짐에 따라 차량질량의 좌우방향 관성력에 의하여 생기는 횡압을 말한다.

(2) 곡선저항 횡압

① 곡선통과 시 대차나 차축이 궤도에 안내되어 방향을 바꿀 때에 차륜/레일 간의 마찰력에 의하여 생기는 횡압을 말한다.

② 답면기울기를 가진 차륜이 곡선을 주행할 때에는 내외궤 차륜의 원둘레길이 차이가 생겨 윤축이 자기 조타를 하면서 대차가 전향한다. 그러나 전향 시에 필요한 원둘레길이 차이가 얻어지지 않은 급곡선의 경우에는 외궤 측 차륜플랜지가 레일에 어택하며 윤축의 방향을 바꾼다.

③ 이때에 내궤 측 차륜/레일 간에 생기는 미끄러짐 마찰력 혹은 크리프 힘이 주체로 되어 곡선전향 횡압이 생긴다. 또한, 차체/대차 간의 회전저항도 전향횡압의 증가에 관계되는 인자이다.

(3) 차량동요에 의한 횡압

궤도의 틀림에 의한 차체, 대차의 동요나 사행동 등에 수반하는 차량질량의 좌우방향 관성력에 의하여 생기는 횡압을 말한다.

(4) 충격적인 횡압

레일 이음매부나 분기기 · 신축이음매 등을 통과할 때의 충격에 수반하여 주로 윤축의 좌우방향의 관성력으로서 생기는 횡압을 말한다.

3. 차량 측의 횡압 저감대책

(1) 경량화

횡압은 축중에 비례하여 증대하기 때문에 차체 경량화에 대한 횡압 저감효과는 극히 크다. 따라서 차체를 경량화함으로써 횡압을 줄일 수 있다.

(2) 차량축거 개선

축거의 단축, 대차 선회저항의 저감, 원호답면 차륜, 유연한 축상지지 조타대차의 채택 등은 곡선전향 시 횡압에 대하여 큰 저감효과를 가진다. 또한 직선부의 고속주행 시에도 사행동에 효과가 있다.

4. 궤도측의 횡압 저감대책

(1) 곡선부의 선형 개량

① 곡선반경의 반경을 크게 한다

선로의 이동을 수반하는 경우에는 개량비가 크게 된다.

② 캔트를 증가한다

캔트 증가 시 주행안전성이나 승차감 면에서 완화곡선의 길이를 늘여야 한다.

(2) 궤도정비 상태의 개선

① 수평틀림이나 줄틀림에 따른 궤도틀림의 정비는 횡압의 저감효과가 크다.
② 이음매부에 있어서 이음매 꺾임을 줄일 경우 횡압저감에 영향이 크다.

(3) 레일 장대화에 의한 보통 이음매부의 제거

레일의 장대화에 의한 곡선부의 보통 이음매부 제거는 횡압 저감에 극히 큰 효과를 나타낸다.

(4) 내궤측 레일 두부 상면에 대한 살수 · 도유

① 내궤측 레일 두부 상면에 대한 살수 또는 도유에 의하여 차륜과 레일 간의 마찰력을 감소시켜 횡압을 저감할 수 있다.

② 살수 · 도유를 위한 설비의 신설 및 공전 · 활주 등의 문제가 발생할 수 있다.

(5) 내외궤 비대칭 레일 단면의 채용

① 급곡선부에 있어서 레일 단면 형상을 내외궤 비대칭으로 설치함으로써 원둘레 길이 차이의 부족을 보충하여 곡선전향 횡압을 저감하는 방법이다.

② 어느 정도의 효과는 기대할 수 있지만, 삭정형상의 지속기간이나 레일 삭정체제 시공비 등의 문제로 일반적으로 사용되지 않고 있다.

QUESTION 33

1 철도차량의 윤하중(Wheel Load)에 의하여 레일에 발생하는 응력 및 처짐을 구하는 과정을 궤도역학 측면에서 설명하시오.(단, 수식보다는 개념 위주로 설명)

2 궤도변형에 대한 정역학 모델의 종류와 특성을 상호 비교하여 설명하시오.

1. 궤도변형의 정역학적 모델

① 차량의 수직하중에 의한 궤도각부의 응력을 이론적으로 계산하는 방법은 연속탄성지지모델과 유한간격지지모델 두 가지 방법이 있다.

② 연속탄성지지모델

 ㉠ 미국의 A.N Talbot 교수가 제안한 방법이다.

 ㉡ 궤도를 구성하는 모든 요소는 탄성체이며 레일은 연속된 탄성기초 상에 지지되고 있는 연속적인 탄성체의 보라고 가정하고 궤도의 침하와 레일응력을 해석하는 방법이다.

 ㉢ 계산이 간단하여 많이 사용하고 있다.

③ 유한간격지지모델

 ㉠ 독일의 Zimmermann 박사가 제안한 방법이다.

 ㉡ 레일이 각 침목을 지점으로 일정간격의 탄성기초 상에 있다고 가정하는 이론이다.

 ㉢ 실제구조와 유사하나 계산이 복잡한 단점이 있다.

2. 유도상궤도의 설계 개념

(1) 일반 토목구조물과의 차이점

① 일반 토목구조물의 경우 외력과 변위가 서로 비례적인 관계이며 영구구조물의 성격을 가진다.

② 궤도의 경우 영구구조물이 아닌 보수를 전제로 한 가설구조물로서 열차하중에 따라 궤도 각부에 생기는 응력, 변형, 진동 등을 해석한다.

(2) 작용하중에 대한 정의

① 궤도강성에 따라 분포되는 범위가 다르며 분배계수에 영향을 미친다.
② 궤도의 강성을 크게 하려면 침목간격을 좁히고 레일을 중량화해야 한다.
③ 궤도의 강성은 궤도계수(Ks)와 레일강성(EI)에 의하여 결정된다.
④ 연속다중하중을 적용하여 최댓값을 구한다.
  • 휨모멘트의 경우 1개의 하중 분포가 연속하중의 분포보다 크다.
  • 처짐의 경우 1개의 하중 분포가 연속하중의 분포보다 작다.

3. 효과적인 설계계산을 한 흐름표

① 차륜의 정적중량(W)/차륜직경(D) 비율과 열차속도(V)/차륜직경(D)에 의한 동적차륜하중 산출(AREA의 충격계수 공식 이용)
② 도상조건에 따른 궤도스프링계수 산정(실험 또는 문헌자료로부터 산정)
③ 궤도스프링계수와 동적차륜하중을 이용한 레일단면 선정
④ 궤도스프링계수와 레일단면을 이용한 a값 산정
⑤ (동적차륜하중 × a)와 침목간격(A)를 이용한 레일압력(Pr)과 도상압력(Pt) 산정
⑥ CBR 계수, Atterberg 지수, 토질상태를 고려한 도상두께 산정(Boussineso Curve)

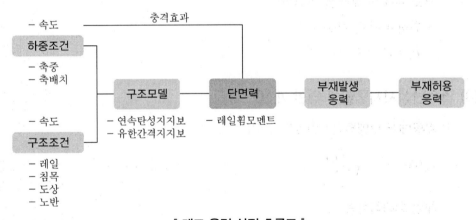

| 궤도 응력 산정 흐름표 |

4. 레일응력, 처짐 및 노반압력

레일에 하중이 재하되면 궤도침하 및 레일변형으로 휨 응력이 생기며, 이 레일의 휨 응력은 침목과 침목 사이 중앙에 하중이 작용할 때 레일저부 하면에서 최대치가 생긴다. 하중 재하 상태를 기준으로 레일의 휨응력을 계산하는 과정은 다음과 같다.

(1) 차륜에서 B.M이 0되는 위치

① A.N Talbot 박사의 탄성곡선 방정식 해석에 따라 구함

② $x_1 = \dfrac{\pi}{4} \times \sqrt[4]{\dfrac{4EI}{\mu}}$

③ 처짐계수 및 휨모멘트계수에 의거 각 동륜별 환산하중을 구하고 그중 가장 큰 하중을 처짐 및 휨모멘트식에 적용하여 계산한다.

(2) 환산 윤중 계산

① 각 동륜별 환산하중 계산결과에 의하여 침하에 대한 최대 환산하중을 구하고 이 환산하중에 충격계수 $i = 1 + \dfrac{0.513}{100} V$를 고려한다.

② 편기율은 곡선부분에서 캔트의 부족량에 의해 수직방향으로 추가되는 수직하중으로 윤중의 30%를 가산한다.

  • 침하에 대한 하중계산

  $P = P_w \times i \times (1 + C)$

(3) 연속탄성지지모델에 의한 계산

① 차륜에서 모멘트가 0이 되는 거리

  $x_1 \, (\mathrm{cm}) = \dfrac{\pi}{4} \sqrt[4]{\dfrac{4EI}{U}}$

② 레일 최대침하량

  $y_o \, (\mathrm{cm}) = \dfrac{P}{\sqrt[4]{64EI \, U^3}} = 0.393 \dfrac{P}{Ux_1}$

③ 레일 최대휨모멘트

  $M_o \, (\mathrm{kg \cdot cm}) = P \sqrt[4]{\dfrac{EI}{64U}} = 0.318 P x_1$

④ 최대휨응력

$$\sigma_o = \frac{M_o}{Z} < \sigma_a = 2,100\text{kg/cm}^2 = 210\text{MPa}$$

⑤ 단위장에 대한 레일 최대압력

$$P_r = aUy_0 = aU\frac{P}{\sqrt[4]{64EIU^3}} = aP\sqrt[4]{\frac{U}{64EI}}$$

또는 $P_r = aUy_0 = aU \times (0.393\frac{P}{Ux_1}) = 0.393\frac{aP}{x_1}$

⑥ 침목하면압력(P_t)

레일압력 P_r의 내외궤 합을 침목유효지지면적(S_r)으로 나누어 산출한다.

$$P_t = \frac{2P_r}{S_r}(\text{KPa})$$

⑦ 도상압력(P_m)

$$P_m = \frac{0.027P_r}{10 + h^{1.35}}$$

여기서, P_r : 레일압력
h : 자갈두께

⑧ 노반압력

• 최대노반압력 $P_{s\,\max} = \frac{58P_t}{(10 + 0.1h \cdot a)^{1.35}}$

여기서, P_t : 침목하면응력
h : 자갈두께
a : 침목중심간격

• 평균노반압력 $P_{s\,\text{mean}} = \frac{2P_r}{S_B}$

여기서, S_B : 평균노반압력분포면적
P_r : 단위장에 대한 레일 최대압력

5. 노반압력

(1) 노반압력을 구하는 방법(일본 철도 총합 기술 연구소)

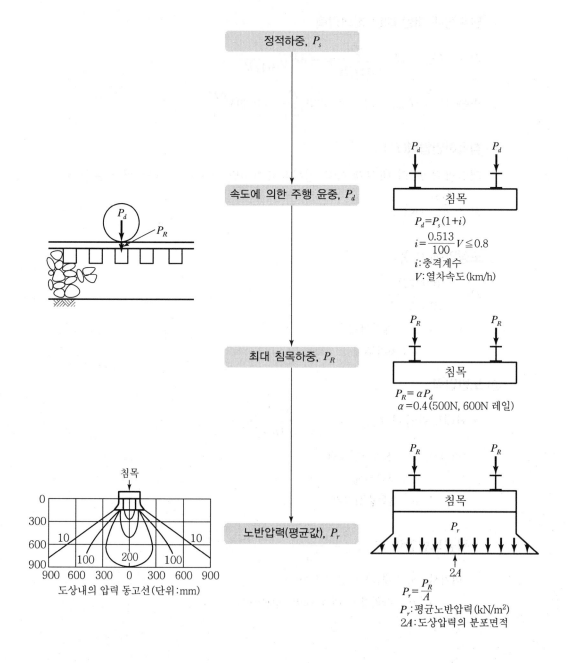

정적하중, P_s

속도에 의한 주행 윤중, P_d

$P_d = P_s(1+i)$

$i = \dfrac{0.513}{100} V \leqq 0.8$

i : 충격계수
V : 열차속도(km/h)

최대 침목하중, P_R

$P_R = \alpha P_d$
$\alpha = 0.4$ (500N, 600N 레일)

노반압력(평균값), P_r

침목

도상내의 압력 동고선(단위:mm)

$P_r = \dfrac{P_R}{A}$

P_r : 평균노반압력(kN/m²)
$2A$: 도상압력의 분포면적

(2) 노반압력 계산 예

Ⅲ 참고정리

설계속도 200km/h, 축중 250kN 침목크기(17×24×240cm), 도상두께 300mm일 때 노반압력을 구하라.

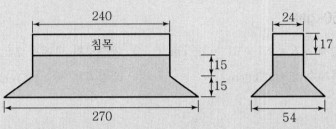

① 정적하중(P_s)

$$P_s = \frac{250}{2} = 125 \text{kN}$$

② 주행윤중(P_d)

$$i = \frac{0.513 \times 200}{100} = 1.026 \rightarrow 0.8$$

$$P_d = \frac{250}{2} \times (1 + 0.8) = 225 \text{kN}$$

③ 최대침목하중(P_R)

$$P_R = 0.4 \times 225 = 90 \text{kN}$$

④ 도상압력분포면적

$$2A = 270 \times 54 = 14{,}580 \text{cm}^2 = 1.458 \text{m}^2$$

$$A = 0.729 \text{m}^2$$

⑤ 평균노반압력(P_T)

$$P_r = \frac{P_R}{A} = \frac{90}{0.729} = 123.5 \text{kN/m}^2$$

QUESTION 34

어느 선구에 6,000호대 기관차가 110km/h의 속도로 주행할 때 궤도 각부의 응력을 구하시오.

1. 궤도조건

(1) 레일 50kgN

① 탄성계수 $E = 2.1 \times 10^6 = \mathrm{kg/cm^2}$ ② 단면 2차 모멘트 $I = 1,960.2\mathrm{cm^4}$

③ 단면계수 $Z = 273.9\mathrm{cm^3}$ ④ 레일저부 폭 : 12.7cm

(2) 침목

① 침목의 중심간격 : $a = 56\mathrm{cm}$

② 침목의 치수 : 높이 14cm × 폭 24cm × 길이 250cm

③ 도상두께 : $h = 27\mathrm{cm}$

④ 궤도계수 : $U = 180\mathrm{kg/cm^2/cm}$

2. 궤도 각부의 응력산정

(1) 레일의 휨응력

① 차륜으로부터 모멘트가 0이 되는 거리

$$x_1 = \frac{\pi}{4} \sqrt[4]{\frac{4EI}{U}} = \frac{3.14}{4} \times \sqrt[4]{\frac{4 \times 2.1 \times 10^6 \times 1960.2}{180}} = 76.8\mathrm{cm}$$

두 번째 바퀴 : $\dfrac{x}{x_1} = \dfrac{207}{76.8} = 2.7$

② 레일의 휨모멘트

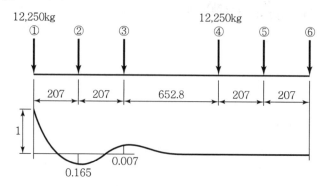

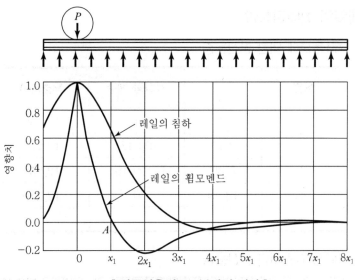

▌하중작용점으로부터의 거리 ▌

㉠ 6,000호대 기관차 환산 윤중 : 10,314.7kg

동륜	$\dfrac{x}{x_1}$	모멘트 계수	윤중(kg)	환산 윤중(kg)
1	0	1	12,250	12,250
2	2.70	−0.165	12,250	−2,021
3	5.39	0.007	12,250	85.7
4	13.89	0	12,250	0
계				10,314.7

㉡ 레일의 휨모멘트 산출

$$M = 0.318Px_1 = 0.318 \times 10,314.7 \times 76.8 = 25,196.6 \text{kg} \cdot \text{cm}$$

③ 정지 시 레일응력

$$\sigma = \frac{M}{Z} = \frac{25,196.6}{273.9} = 92 \text{kg/cm}^2$$

여기서, 열차의 속도가 110km/h이므로 충격계수는

$$i = \frac{0.513}{100} \times 110 = 0.5643$$

따라서 레일 응력은 $92(1+0.5643) = 144 \text{kg/cm}^2 < 2,000 \text{kg/cm}^2$(안전하다)

(2) 레일의 최대침하량

① 제1동륜에 의한 환산윤중

동륜	$\dfrac{x}{x_1}$	침하량 계수	윤중(kg)	환산윤중(kg)
1	0	1	12,250	12,250
2	2.70	0.042	12,250	514.5
3	5.39	−0.019	12,250	−323
4	13.89	0	12,250	0
계				12,441

② 제2동륜에 의한 환산윤중

동륜	$\dfrac{x}{x_1}$	침하량 계수	윤중(kg)	환산윤중(kg)
1	2.70	0.042	12,250	514.5
2	0	1	12,250	12,250
3	2.70	0.042	12,250	514.5
4	11.20	0	12,250	0
계				13,279

③ 침하계산 시는 제2윤중에서 최댓값이 나타나므로 정지 시 최대침하량은

$$y_0 = 0.393 \frac{P}{Ux_1} = 0.393 \times \frac{13,279}{180 \times 76.8} = 0.38 \text{cm}$$

④ 여기서 열차의 속도가 110km/h이므로 충격계수는

$$i = \frac{0.513}{100} \times 110 = 0.5643$$

따라서 주행 시 최대침하량은 $y_0 = 0.38(1 + 0.5643) = 0.59 \text{cm}$

(3) 레일압력

① 정지 시 레일압력

$$P_{r0} = aUy = 56 \times 180 \times 0.38 = 3,830.4 \text{kg}$$

② 최대레일압력

열차의 속도가 110km/h이므로 충격계수는 $i = \dfrac{0.513}{100} \times 110 = 0.5643$

따라서 최대레일압력은 $P_r = 3,830.4 \times (1 + 0.5643) = 5,991.9\text{kg}$

(4) 침목상면 지압응력(σ_b)

① 정지 시 $\sigma_b = \dfrac{P_{r0}}{b \times L} = \dfrac{3830.4}{24 \times 12.7} = 12.6\text{kg/cm}^2$

② 주행 시 $\sigma_b = 12.6(1 + 0.5643) = 19.7\text{kg/cm}^2 < 24\text{kg/cm}^2$(안전하다)

(5) 도상압력

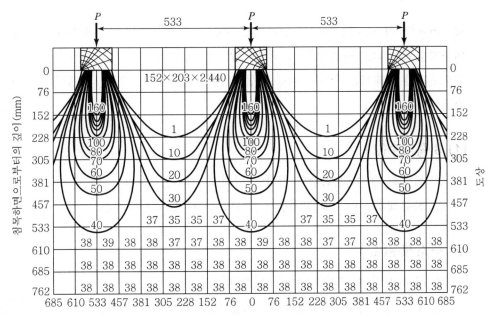

‖ 중앙침목 중심으로부터의 거리(mm) ‖

$$P_m = \dfrac{0.027 P_r}{10 + h^{1.35}} = \dfrac{0.027 \times 5,991.9}{10 + 27^{1.35}} = \dfrac{161.8}{10 + 86} = 1.96\text{kg/cm}^2 < 4\text{kg/cm}^2\text{(안전하다)}$$

(6) 노반압력

도상두께가 27cm일 때 $P_0 = 0.27\text{kg/cm}^2$(레일응력 1ton에 대한 값)이므로

$P_s = P_0 P_r = 0.27 \times 5.9919(\text{Ton}) = 1.62\text{kg/cm}^2 < 2.5\text{kg/cm}^2$(안전하다)

QUESTION 35

궤도의 피로파괴이론 및 경감방안에 대하여 설명하시오.

1. 개요

일반적인 구조물은 각 부재의 응력 또는 변위가 허용치 이내에 있을 때 안전하지만, 궤도에서는 각 부재의 응력이 허용치 내에 있어 손상의 위험이 없다 하더라도 열차의 반복되는 주행으로 인해 점진적인 파괴가 진행되므로 지속적인 보수 및 유지관리를 하여 이러한 파괴를 복원하여야만 궤도의 기능을 유지할 수 있다.

2. 궤도의 파괴이론

궤도파괴의 척도는 파괴계수(Δ)로 정의하며 하중계수(L), 구조계수(M), 상태계수(N)의 3개수로 나뉘고 파괴계수(Δ) = $L \times M \times N$으로 된다.
궤도파괴를 초래하는 열차의 하중은 통과 톤 수, 열차속도(축중, 스프링 축중)에 의하여 변동한다.

(1) 하중계수(L)

① 하중의 크기 및 회수와 열차에 의해 파괴의 증대를 나타내는 계수
② 하중계수(L) = Σ차량하중×열차의 주행속도×차량계수

(2) 구조계수(M)

① 구조에 따라 파괴의 난이를 나타내는 계수
② 구조계수(M) = Σ도상압력×도상진동가속도×충격계수

(3) 상태계수(N)

레일, 침목, 도상, 이음매, 체결구 등의 상태에 따라 정하는 계수

3. 궤도파괴 경감방안

① 레일의 중량화
② 레일의 장대화

③ 도상두께의 후층화

④ 침목의 PC 침목화

⑤ 침목배치의 증가

⑥ 도상의 깬자갈화

4. 결론

① 열차 속도의 향상과 거의 비례하여 궤도파괴를 초래하는 경향이 있지만, 축중이나 스프링축중의 저감 등으로 차량계수가 삭감되어 궤도파괴의 진행이 억제된다.

② 최근에는 차량의 개선 및 근대화의 추진으로 궤도파괴 면에서 속도를 제한하는 경우는 줄어들고 있다.

QUESTION 36

1 궤도틀림에 대하여 아는 바를 상술하시오.

2 궤도틀림의 종류에 따른 차량운행 시 문제점과 궤도정비기준에 대하여 서술하시오.

1. 궤도틀림

궤도가 통과열차의 하중과 기상변화의 영향을 받아 틀어지는 현상을 말하며, 궤도틀림은 궤간틀림, 수평틀림, 면틀림, 줄틀림, 평면성틀림, 복합틀림 등으로 구분된다.

(1) 궤간틀림

좌우 레일의 간격틀림으로 궤간에 대한 틀림으로 궤간틀림이 크면 열차는 사행동을 일으키며 궤간이 확대되면 차륜이 궤간 내로 탈선된다.

(2) 수평틀림

좌우 레일 답면의 수평틀림을 말하며 고저차로 표시된다. 수평틀림은 차량의 좌ㆍ우 동을 일으킨다.

(3) 면틀림

한쪽 레일의 길이방향의 고저차로 면틀림이 발생 시 주행차륜이 레일을 올라타는 원인이 되어 탈선되기 쉽다.

(4) 줄틀림

한쪽 레일의 좌우방향으로 들락날락한 방향의 틀림으로 줄틀림은 주행차량의 이 행동을 일으킨다.

(5) 평면성 틀림

궤도의 5m 간격에 있어서 수평틀림의 변화량을 말하며, 틀림 시 주행차륜이 레일을 올라타는 원인이 되어 탈선되기 쉽다.

2. 궤도틀림지수(Index Of Track Irregularity)

① 어느 구간의 궤도틀림의 정도를 나타내는데 틀림지수군의 정규분포도에서 어느 한도 (±3mm) 이상인 틀림의 존재율을 %로 나타낸 것
② 틀림지수(P)는 틀림지수군의 평균치(M)와 표준편차(A)로부터 산출되며 궤도의 보수 관리에 이용된다.

3. 궤도정비기준 및 궤도공사 마감기준(단위 : mm)

구분		본선	측선
궤도정비	궤간	+10, −2	+10, −2
	수평	7	9
기준	면마춤	직선(레일길이 10m에 대하여) 7 곡선(레일길이 2m에 대하여) 3	직선(레일길이 10m에 대하여) 9 곡선(레일길이 2m에 대하여) 4
	줄마춤	레일길이 10m에 대하여 7	레일길이 10m에 대하여 9
궤도공사	궤간	+2, −2	+4, −2
	수평	2	4
마감기준	면마춤	레일길이 10m에 대하여 4	레일길이 10m에 대하여 5
	줄마춤	레일길이 10m에 대하여 4	레일길이 10m에 대하여 5

QUESTION 37 보선작업의 기계화(유지보수 생력화) 필요성

1. 개요

① 철도선로는 도로와 달리 mm 단위까지 정확하게 설치되어야 하므로 변형 파손에 대한 위험성이 높다.

② 열차의 안전한 운행, 승차감의 향상을 위해 선로순회 및 유지보수를 시행하여 정비기준 내로 유지관리하는 것이 중요하다.

2. 기계화 작업의 필요성과 추진방안

(1) 필요성

① 열차의 고밀도 · 고속화 운전으로 궤도파괴 가속화

② 선로보수인력 감소 및 노령화

③ 차단작업시간 확보 곤란

④ 3D 현상으로 인력수급 곤란

⑤ 고속철도개통 등에 따라 조직, 보수체계 재정비 필요

(2) 추진방안

① 안전추구, 유지보수비의 감소

② 인력의존도 탈피, 효율적인 기계작업의 필요성 대두

3. 기계화 작업의 분류

① MTT를 이용한 1종 기계작업(다지기)

② Ballast cleaner를 이용한 2종 기계작업(자갈치기)

③ DTS 이용한 궤도동적안정화 작업

④ 레일연마작업 : 최적의 레일단면현상을 유지

4. 궤도보수 장비의 분류

(1) 점검용 장비

① 궤도검측차(Track inspection car, Track geometry car)
- 자동화된 검측차량에 의해 궤도의 동적 상태를 파악
- 궤간, 수평, 면, 줄, 평면성 틀림 측정

② 레일 탐상차(Rail flow detecting car) 레일균열측정

③ 종합검측차

　궤도, 전차선, 신호, 통신, 측정

(2) 보수장비

① MTT(Multiple tie temper)

　궤간, 수평틀림, 면틀림 줄틀림 측정

② STT(Switch tie temper)

　분기기 자갈다지기 분기침목을 구분함

③ CO(Ballast compactor)

　자갈다지기

④ CL(Ballast cleaner)

　자갈치기 주장비 2종 기계작업

⑤ RE(Ballast regulater)

　도상 어깨쪽 자갈정리

⑥ DTS(Dynamic track stabilizer)

　도상자갈안정기 MTT작업 후 열차 서행시간을 최소화하기 위해 궤도 동적 안정화
　작업 시행

⑦ 레일연마차(Rail grinding car)

　파상마모 등 레일연마

5. 기대 효과

① 열차주행 안정성 향상
② 승차감 향상
③ 도상강도 증대
④ 궤도보수주기 연장
⑤ 유지보수 노력 감소
⑥ 보선조직의 첨단화로 인적 · 물리적 비용 감소
⑦ 철도종합 유지관리 시스템 구축 기여

6. 향후 방향

① 장기적으로 기계차 보수에 적합한 유지보수체계로 전환한다.
　　㉠ 정기수선방식 전환
　　㉡ 궤도유지관리 시스템 구축
② 향후 지속적인 기계화 시공으로 보선 작업의 현대화를 실현한다.

QUESTION 38 기계보선작업

1. 개요

① 열차의 고속화와 수송수요 증가로 선로의 틀림 발생이 증가되며 보수주기도 단축된다.
② 이에 따라 보수작업시간의 부족, 인건비의 상승, 인력수급의 곤란으로 각종 보선장비가 개발 보급되고 있으며 기계화 시공의 필요성이 더욱 요구되고 있다.
③ 따라서 기계보선작업의 종류 및 작업과정에 대하여 설명하고자 한다.

2. 기계보선작업의 종류

(1) 1종 기계보선작업

① 멀티플 타이탬퍼(MTT)와 스위치 타이탬퍼(STT)를 이용하여 도상다지기 및 선로의 방향, 고저, 수평 등의 작업을 하는 경우임
② 스위치 타이탬퍼(STT)는 분기부 전체에 대하여 방향, 수평작업 등을 시행

(2) 2종 기계보선작업

① 크리너(CL)를 이용하여 자갈치기를 포함하는 작업
② 열차주행 시 승차감 향상을 위하여 멀티플 타이탬퍼(MTT), 바라스트 레규레이터(RE), 토사화차(CHC), 궤도안정기(DTS)와 조합하여 작업을 진행함

3. 기계보선작업 과정(순서)

(1) 1종 기계보선작업

① 준비작업
　㉠ 기준 측의 선정
　㉡ 작업구역 및 작업량의 결정
　㉢ 지장물의 표시
　㉣ 곡선부는 곡선반경, 완화곡선의 시·종점, 원곡선의 시·종점, 캔트양 등을 장비조작자가 식별할 수 있도록 침목 상면 중앙부에 표시

ⓜ 불량침목 및 불량체결장치는 미리 교환하거나 보수

ⓗ 도상부족개소 및 궤도들기량에 따라 도상을 사전에 보충

② 본작업(다지기 작업)

ⓖ 레벨링 장치의 점검

ⓛ 도상다지기

- 들기양 0~20mm → 다짐횟수 1회
- 들기양 20~40mm → 다짐횟수 2회

③ 뒷작업

ⓖ 작업구역 전반에 걸쳐 검측

ⓛ 매설물, 지상자, 본드선 등 선로부대물은 지장유무를 조사하여 바로 잡음

ⓒ 하절기에는 레일의 장출에 특히 유의

(2) 2종 기계보선작업

① 준비작업

ⓖ 작업 예정구간을 미리 점검하고 작업 추진계획을 협의

ⓛ 불량침목, 불량체결장치는 사전에 교환 또는 보수

ⓒ 도상보충 소요량을 확보

ⓔ 자갈치기로 발생하게 될 토사의 처리방법 및 처리장소를 파악

ⓜ 지장물 파악 및 조치

ⓗ 작업 시·종점의 선정과 언더커터 체인(Under Cutter Chain) 삽입구멍 파기 위치의 선정

② 클리너작업

ⓖ 언더커팅(자갈 파내기)은 침목하면 30cm까지

ⓛ 커터체인에 의하여 파내지지 못한 양쪽 도상 어깨부의 잔여도상은 배수가 용이하도록 제거

ⓒ 커터체인 작동에 의하여 떨어진 침목 정정

ⓔ 커터체인의 회전작동상태, 장애물 유무, 차륜상태 등을 주의 감시

ⓜ 3단 체를 걸쳐 궤도상에 떨어지는 자갈 상태에도 주의

ⓗ 토사 찌꺼기를 버릴 때는 밸트컨베이어가 전주 등 장애물에 접촉하지 않는지 사전 확인, 수시 조정

③ 레귤레이터 작업(정리작업)

    ㉠ 레귤레이터 작업 시 불안정한 궤도를 주행하므로 작업 속도를 저속으로 하여 여러 번 걸쳐 정리한다.

    ㉡ 이때 후속의 멀티플타이탬퍼 작업에 용이하도록 정리하고 침목면이 잘 안보일 때는 인력 작업으로 이를 돕도록 한다.

4. 결론

① 열차의 고속화 및 수송량 증가로 궤도피로에 의한 궤도틀림이 증가할 뿐 아니라, 상대적으로 작업시간, 인건비, 인력수급 등에 따른 인력보수의 한계를 고려할 때 향후 보선작업의 기계화 시공은 더욱 필요한 상황이다.

② 아울러 보선장비의 개발도 지속적으로 추진하여 보선작업의 현대화를 이루어야 하겠다.

QUESTION 39 궤도틀림의 종류, 내용, 검사체계

1. 개요

① 궤도 재료 각 부가차량운행 및 기상작용에 의해 마모, 부식, 도상침하, 레일변경 등 소성변형을 일으킨다.

② 궤도틀림은 탈선현상에 가장 큰 원인이 되며, 열차의 주행안전성 및 승차감에 큰 영향을 준다.

2. 측정

(1) 정적틀림

① 주행열차가 없을 때 측정

② 동적 거동에 따라 측정 불가

③ 열차운행에 따른 체결장치 이완 및 도상과 침목의 변화 측정 불가

(2) 동적틀림

① 실제 열차 주행 시에 틀림 상태

② 안전 및 여건상 측정이 어려움

③ 검측차에 의해 정확히 측정됨

3. 궤도틀림의 종류

(1) 궤간틀림(Trackgauge)

① 좌우레일의 간격 틀림

② 레일두면에서 14mm 이내의 레일 내측 면간의 거리로 표시

③ 궤간틀림이 큰 경우 주행차량의 사행동, 횡압, 마모 촉진이 생기며, 더 큰 경우 차륜이 궤간 내 탈락

④ 확대틀림양(+), 축소틀림양(−)

⑤ 복선, 측선 : 증 10, 감 2mm

(2) 수평틀림

① 좌우레일 답면의 수평틀림 고저차로 표시
② 차량에 좌우동 일으킴
③ 직선부는 좌측레일, 곡선부는 내측레일을 기준으로 상대편 레일이 높은 것(+), 낮은 것(−)

(3) 면틀림, 고저틀림(Longitadinal level)

① 한쪽 레일의 길이방향(궤도의 길이방향)의 높이차
② 면틀림은 주행차륜의 플랜지(Flange)가 레일을 올라타서 탈선의 원인(3점 지지 현상)
③ 직선부는 좌측 레일, 곡선부는 내측 레일기준 측정, 높이 솟은 곳은 (+), 낮게 처진 곳은 (−)
④ 10m의 실을 레일 두부상면에 당기고 중앙부에서 실과 레일의 수직거리 측정
⑤ 면틀림은 궤도의 길이방향 부동침하, 특히 레일이음매부 침하에 의해 쉽게 발생

(4) 줄틀림(방향틀림)(Alignment)

① 한쪽 레일의 좌우방향의 들락날락한 방향의 틀림
② 줄틀림은 주행차량의 사행동의 원인
③ 도상저항력의 부족에서 발생
④ 도상 불량, 다지기 불균형, 자갈 부족, 도상어깨 부족 레일 불량, 레일 버릇(레일의 휨이나 변형상태에서 원상태로 회복되지 않고 변형된 상태로 유지하는 것)
⑤ 직선부는 좌측 레일 곡선부 외측 레일을 측정
⑥ 궤간 외방으로 틀림양(+)
⑦ 궤간 내방으로 틀림양(−)

(5) 평면성 틀림(Twist)

① 평면성 틀림＝6−(−5)＝11mm
② 궤도의 5m 간격에서 수평틀림의 변화량
③ 플랜지가 올라타 탈선원인

4. 보수 검사 체계

(1) 검사주기

① 본선 및 부대 분기기 : 연 2회 이상

② 기타 선로 : 연 1회 이상

(2) 검사방법

틀림양의 표시는 mm 단위로 측정하여 Slack, Cant 및 종거량을 차인한다.

5. 궤도틀림의 허용한도 및 관리

(1) 궤도틀림의 허용한도

① 위험한계치로 하는 것 : 주행안전성 면에서 결정

② 보수목표치로 하는 것 : 승차감 면에서 결정

(2) 궤도틀림의 관리

① 궤도검측차 운행 시마다 이전 그래프와 비교

② 히스토그램, 오실로그래프에 의거 비교 · 검증

40 궤도정비기준, 보선작업방법

1. 궤도정비기준

① 줄틀림의 보수한도

본선직선 7mm, 측선 9mm(길이 10m 레일 기준)

② 면틀림의 보수한도

본선 7mm, 측선 9mm(길이 10m 레일 기준)

③ 수평틀림의 허용한도

본선직선 7mm, 측선 9mm

2. 보수검사체계

① 검사주기
② 측정(검사방법)

3. 궤도틀림의 허용한도 및 관리

① 궤도틀림의 허용한도(위험한계치, 보수목표치)
② 궤도틀림의 관리

4. 보선작업방법

① 작업의 종류

궤간조정, 수평맞춤, 면맞춤, 줄맞춤, 유간조절, 충다지기, 침목위치 조정

② 작업순서

준비작업, 본작업, 뒷정리작업으로 구분 시행

③ 궤간조정작업

    ⊙ 부패침목의 교환

    ⓛ Tie-plate, Gauge, Tle-rod 부설

    ⓒ Spike 고쳐박기

    ⓔ 곡선부 Cant 조절

    ⓜ 레일 Brace 고쳐박기와 교환작업

④ 면맞춤과 수평맞춤작업

    ⊙ 콩자갈 깔기, 도상다지기 작업으로 시행

    ⓛ 침목위치조정, 줄맞춤, 침목다지기

    ⓒ Spike 보수작업

⑤ 줄맞춤작업

    ⊙ 직선부에서는 바를 사용, 인력으로 궤광을 밀어서 조정

    ⓛ MTT로 조정 가능

⑥ 이음매 처짐 조정기로 정정, 이음매부 다치기 등 시행

⑦ 기타

    ⊙ 유간정정 작업

    ⓛ 레일버릇 정정

    ⓒ 침목위치 정정작업 등

41 복진의 정의, 원인, 대책

1. 개요

① 열차주행과 온도변화의 영향으로 레일이 전후방향으로 이동하는 현상을 말하며, 동절기에 많이 발생한다.

② 레일 체결장치의 체결력이 불충분할 경우 레일만 이동하지만, 체결력이 충분할 경우 침목까지 이동하여 궤도가 파괴되고 열차사고의 원인이 된다.

2. 원인

① 열차주행에 따른 차륜과 레일의 마찰

② 온도변화

3. 복진이 일어나기 쉬운 장소

① 열차 방향이 일정한 복선구간

② 급한 하향기울기 구간

③ 분기부, 곡선부

④ 교량 전후 탄성 변화 심한 곳

⑤ **도상 불량 개소** : 체결력 약함

⑥ 열차제동횟수가 많은 곳

⑦ 운전속도가 빠른 구간

⑧ 체결력 적은 스파이크 구간

4. 문제점

① 침목 배치 간격이 흐트러지고 동상이완

② 궤도틀림 발생

③ 이음매 유간의 변화, 장출, 좌굴

5. 대책

① 레일과 침목 간 적정 체결력 강화
② 레일앵커 부설
③ 침목의 이동방지

QUESTION

42 복진의 원인과 선로에 미치는 영향을 설명하고, 필요한 대책 공법을 설명하시오.

1. 개요

① 복진(Creeping)이란 열차의 주행과 기온변화의 영향으로 레일이 전후방향으로 이동하는 현상을 말하며 레일 체결장치가 불충분할 때는 레일만이 밀리고 체결력이 충분할 때는 침목까지 이동하여 궤도가 파괴되고 장력이 발생한다.

② 이 복진현상은 동절기에 심하여 복진이 발생하면 침목배치가 흐트러지고 도상이 이완되며, 궤간틀림이 발생하고 이음매 유간이 고르지 못하게 된다. 이음매 유간이 과소하게 되면 레일에 장출이 생겨 사고가 일어나기 쉽다.

2. 복진이 일어나는 개소

복진이 일어나는 개소는 일정치 않으며 동일 개소라도 불규칙적이므로 일률적으로 표현할 수 없으나 대략 다음과 같다.

① 열차방향이 일정한 복선구간
② 급한 하향기울기
③ 분기부와 곡선부
④ 도상불량개소
⑤ 열차 제동횟수가 많은 곳
⑥ 교량전후의 궤도탄성변화가 심한 곳
⑦ 운전속도가 큰 선로구간

3. 복진원인

복진현상이 각양각색이므로 원인 규명이 어려우나, 주된 원인은 다음과 같다.

① 열차의 견인, 진동에 의한 차륜과 레일 간의 마찰
② 차륜과 레일단부의 충격으로 레일의 전방밀림
③ 열차 주행 시 레일에는 파상진동이 생겨 레일이 전방이동
④ 동력차의 구동륜이 회전하는 반작용으로 레일의 후방밀림

⑤ 온도 상승에 따라 레일이 신장되고 양단부가 양단레일에 밀착한 후 레일의 중간부분이 약간 치솟아 열차진행 시 차륜이 레일을 전방으로 밀어냄

4. 복진 방지대책

레일의 복진을 방지하려면 레일과 침목 간, 침목과 도상 간의 마찰저항을 크게 하여야 하며, 그 방법은 다음과 같다.

(1) 레일과 침목 간의 체결력을 강화

① L형 이음매판(Angle Bar)의 노치(Notch) 부분에 개못을 박아서 레일이 밀리는 힘을 이음매 침목에 전달케 하고 침목은 도상저항으로 복진 방지

② 탄성체결장치를 사용하여 레일과 침목 간의 체결을 확고히 하고 풍부한 탄성을 활용함과 동시에 매개 침목의 도상저항으로 복진 방지

(2) 레일앵커(Rail Anchor)의 부설

레일앵커는 앤티크리퍼(Anticreeper)라고도 하며 복진 방지의 쇠붙이로서 레일의 저부에 장치하며 복진방향의 침목 측면에 닿도록 한다. 따라서 침목이 고정되어 있어야 효과가 있다.

① 레일앵커를 레일저부에 고착시키는 방법

㉠ 레일앵커 자신의 스프링 작용을 이용

㉡ 쐐기의 작용을 이용

㉢ 체결력을 이용(재래식)

② 레일앵커의 구비조건

㉠ 체결력이 강해야 한다.

㉡ 설치와 철거가 용이해야 한다.

㉢ 반복하중에 견디고 염가라야 한다.

③ 레일앵커 설치조건

㉠ 연간 밀림양이 25mm 이상 되는 구간이어야 한다.

㉡ 1개소 집중보다는 분산시키는 것이 효과적이다.

㉢ 궤도 10m당 8개를 표준으로 한다.

㉣ 밀림양의 종류에 따라 그 수량을 증가하되 최대 16개로 한다.

(3) 침목의 이동 방지

복진방지장치를 침목에 긴착시켜 침목 자체의 이동을 방지하여야 한다.

① 이음매 전후에 수개의 침목을 계재(繫材)로 연결하여 침목의 도상저항력을 크게 한다.

② 이음매 침목을 서로 연결하여 복진방향과 반대 방향으로 말뚝을 막는다.

③ 이음매 침목에서 궤간 외에 팔자형으로 2개의 지재(버틈동바리)를 설치한다.

5. 결론

① 복진 방지를 위해 가장 중요한 것은 복진이 발생하지 않도록 사전에 정밀 시공과 현장 관리가 필요하다.

② 노반공사부터 궤도공사 완료 시까지 사명 의식이 필요하며 유지관리는 기계화 점검 및 관리로 복진 원인을 미연에 방지하는 것이 중요하다.

QUESTION

43

분니의 유발요소 및 예방대책에 대하여 설명하시오.

1. 개요

① 우수와 유수의 침입등 기상작용에 따라 점토성의 노반이 이토화되어 도상자갈이 노반에 가라앉거나 반대로 이토화된다.

② 이 경우 노반이 자갈 위로 뿜어 올려져 배수성이 나빠지고 도상오염과 궤도강도를 약화시켜 열차의 정상운행에 지장을 주게 되는데, 이러한 것을 분니 현상이라 한다.

2. 분니의 종류

(1) 도상분니

도상재료의 마모에 따라 미립자가 현저히 나타나고 도상의 공극에 충만하여 배수를 저해하고 도상을 고결시켜 탄성력을 잃게 되는 현상이다.

(2) 노반분니

우수나 지하수로 연약화된 노반토가 도상의 공극 중으로 상승하여 열차 통과 시 하중에 의하여 도상표면으로 분출하는 현상이다.

3. 분니 발생의 원인

분니는 주로 노반토의 불량, 도상 노반의 배수불량, 열차하중의 크기, 통과 ton 수, 열차속도 등의 복합적인 원인에 의하여 발생하며 분니 종류에 따른 원인은 다음과 같다.

(1) 분니 발생의 원인 3요소

물, 토질, 하중

(2) 도상 분니의 원인

① 도상 재료의 분리

② 도상 내 배수불량

(3) 노반 분니의 원인

① 도상두께의 불량

② 도상의 배수불량

③ 노반에 Water Pocket의 존재

④ 측구불량

⑤ 노반상의 지장물에 의한 배수불량

⑥ 노반의 기울기불량

⑦ 높은 지하수위 존재

⑧ 고함수비 점성토의 노반토질

4. 분니 발생 방지대책

(1) 도상 분니의 대책

① Ballast Cleaning을 한다.

② 도상의 치환

③ 노반 내 배수 확보

④ 도상재료의 품질관리 철저

(2) 노반 분니의 대책

① Ballast Mat 시공

② Sub Ballast 시공

③ 배수환경의 정비

　　㉠ 측구의 준설

　　㉡ 측구개량 및 신설

　　㉢ 배수관 매설

　　㉣ Sand Drain공법 적용

　　㉤ 노반 자체에 3~5%의 Slope 설치

④ 3선 이상 시공 시에는 선로를 따라서 유공관을 사용한 Filter Drain을 시공한다.

⑤ Ballast 두께를 크게 한다.

　　㉠ 전차선과 시공기면의 확폭에 특히 유의

    ⓛ 노반압력을 작게 하고 지하수의 영향을 최소화

  ⑥ 노반치환으로 불량토를 제거한다.

5. 강화노반

① 강화노반은 도로포장과 같은 입도조정 쇄석, 입도조정 슬래그, 수경성 입도조정 슬래그, 스트레이트 아스팔트, 또는 이와 동등 이상의 기능을 가진 재료를 사용하여 성토나 절토구간 위에 충분히 다져서 부설하는 노반 부설 공법이다.

② 설계상 유의할 점

  ㉠ 도상자갈이 파고들지 못하도록 충분한 강도의 노반이어야 한다.

  ⓛ 노반표면이 강우 등으로 인하여 일반침하나 잔류침하량을 일정한 한도 내 제어가 가능하고 궤도보수량을 줄이도록 하며 열차의 주행안정성과 승차감을 향상시켜야 한다.

6. 분니가 궤도에 미치는 영향과 대책

① 궤도보수에 있어 취약개소인 분니개소는 반드시 제거하여야 한다.

② 분니가 궤도에 미치는 영향

  ㉠ 궤광이 부상하여 열차의 상하 이동이 심하다.

  ⓛ 체결장치와 침목에 손상을 가져오고 도상이 이완된다.

  ㉢ 이음매부 발생 시는 레일 끝 닳음을 유발하여 이음매부 처짐이 더욱 가중된다.

  ㉣ 장척 구간에는 좌굴을 일으키게 되어 열차의 안전운행에 지장과 심하면 열차의 탈선을 조장하여 중대사고를 유발할 수 있다.

③ 대책

  ㉠ 도상에 토사 혼입률이 많은 곳은 2종 자갈치기를 한다.

  ⓛ 고질적인 분니를 완전 해결하는 방법은 분니가 심한 개소에 유공관을 설치하는 것이다.

44 콘크리트 궤도부설 시 토노반과 교량 간 연결부분에서의 주의사항

1. 개요

① 토노반과 교량의 연결부는 노반상태가 변화하는 접속부로 궤도도상의 강도가 변화하는 구간이다.

② 이러한 구간에서는 특히 침하가 발생하기 쉬우므로 이에 따른 대책을 마련할 필요가 있다.

2. 접속부의 궤도변위 현상

① 궤도의 지지 강성의 차이로 인해 아래와 같은 현상이 발생되면서 안전운행 및 승차감 저해요인이 생김

② 레일변위의 급변화

③ 차량의 이상 진동 발생

④ 충격 윤중의 발생

3. 접속부에 영향을 주는 요소

(1) 궤도분야

① 수직결함

② 수평결함

③ 침목의 들뜸

④ 횡저항력의 감소

(2) 교량구조물 분야

① 교량의 휨강성

② 교량의 열팽창

③ 토공부와 교량의 강성차

④ 단부회전변형

(3) 토공분야

① 노반침하

② 도상침하

③ 성토사면의 전단변형

④ 배수불량

4. 대책

(1) 일반사항

① 궤도강성의 차이를 서서히 변화되도록 조치한다.

② 토공구간의 소성침하 방지 대책을 수립한다.

③ 접속부에 궤도정정 변화요인이 없도록 한다.

④ 신축이음매나 분기기의 부설을 금지한다.(최소 20m 이상 구간)

(2) 시공대책

① 어프로치 블록의 정밀시공

② 필요시 궤도도상을 철근 Con'c로 시공

③ 체결구 고탄성화, 중량화 설계시공

④ 부동침하대비 접속부 보강레일 설치

⑤ 접속부 용접개소 및 신축이음매, 분기기 부설금지

⑥ 교대배면 배수로 정밀설치

⑦ 원지반 연약지반인 경우 보강공법 완료 후 어프로치 블록시공

⑧ 시공 시부터 침하계측 관리를 유지보수까지 연계

(3) 유지보수 대책

① 노반부등침하 발생 시

㉠ 슬래브도상 인양(양로) 후 급결제, 모르타르, 기타 충진재 시공

㉡ 열차운행상 그라우팅공법으로 시공

㉢ 유의사항 : 열차운행(차단시간) 중 시공자재, 기구정밀 검토 및 작업시간(공정) 정밀계획 필요

② 노반침하 발생 시

　　㉠ 성토지지 말뚝공법공법을 교량가설공법으로 전환

　　㉡ 상기 개념에서 지지파일 박기를 지지개념에서 항타 개념으로 전환하여 시공

　　㉢ 굴삭기의 접근성을 확보하기 위한 가변차륜 궤도굴삭기로 현장 시공 도모

5. 향후 방향

① 공사계획부터 사전지질조사 등으로 연약 지반 처리 후 어프로치 블록을 시공한다.

② 노반 및 Slab의 처짐을 지속적인 DB로 관리하여 유지관리를 철저히 한다.

③ 지속적 연구개발로 접속구간의 안정화를 도모한다.

QUESTION 45 장대레일의 개요(이론) 및 필요성, 효과, 부설조건에 대하여 쓰시오.

1. 개요

① 일반적으로 표준길이(25m)의 레일을 정척레일, 이보다 짧은 레일을 단척레일(5< 25m) 긴 레일을 장척레일(25< 200m)이라 하며, 200m 이상의 레일을 장대레일이라 한다.

② 레일의 이음매는 궤도의 가장 큰 약점이다. 이음매 부위를 용접으로 장대레일(CWR) 화함으로써 보수의 생력화나 승차감의 향상 및 소음·진동 대책 면에서 효과를 얻을 수 있다.

2. 장대레일의 필요성

장대레일은 정척레일과 비교하여 다음과 같은 장점을 들 수 있다.

① 궤도의 보수 주기가 길다.

② 궤도 재료의 손상이 적다.

③ 열차의 동요가 작아 승차감이 좋다.

④ 소음·진동의 발생이 적다.

⑤ 멀티플 타이 탬퍼의 작업성이 좋다.

3. 장대레일의 원리

(1) 원리

① 레일은 온도변화를 받으면 신축을 방해하지 않는 한 선팽창계수에 비례하여 신축하나 장대레일에서는 종방향 도상저항력이 신축을 억제하므로 중립대 또는 부동구간에서는 신축하려는 양만큼 압축 또는 인장의 축력이 항상 레일 내부에 작용하게 된다.

② 레일이 침목체결장치에 의해 체결되어 있어 도상저항력이 신축을 억제하여, 중간 부분은 중립대 또는 부동구간으로 신축이 발생치 않고 장대레일 양단 80~100m 정도 부분만 온도변화에 따른 신축력을 작용시키는 것이 장대레일의 원리이다.

(2) 장대레일의 이론공식

① 온도변화에 따른 신축량(e)

$$e = L \cdot \beta \cdot \Delta t$$

여기서, L : 레일 길이

β : 선팽창계수

Δt : 온도변화

② 장대레일 내부 압축력(P)

$$P = E \cdot A \cdot \beta \cdot \Delta t$$

여기서, E : 탄성계수

A : 레일단면적

β : 선팽창계수

Δt : 온도변화

③ 신축구간의 길이(X)

$$X = \frac{P_0}{r_0} = \frac{E \cdot A \cdot \beta \cdot \Delta t}{r_0}$$

여기서, r_0 : 최대도상 종저항력

④ 장대레일 체결 시 단부신축량(Y)

$\Delta L = L \cdot \beta \cdot \Delta t$ 에서

$$Y = \frac{\Delta L}{2} = \frac{1}{2} L \cdot \beta \cdot \Delta t = \frac{1}{2} \frac{P}{r_0} \beta \cdot \Delta t = \frac{1}{2} \frac{E \cdot A \cdot \beta \cdot \Delta t}{r_0} \times \beta \cdot \Delta t$$

$$= \frac{E \cdot A \cdot \beta^2 \cdot \Delta t^2}{2r_0}$$

여기서, Y : 단부신축량

4. 장대레일 부설에 대한 제한

(1) 장대레일의 가능 조건

① 장대레일 양단에서의 레일 신축량(Y)을 신축이음매로 흡수할 수 있을 것
② 열차 등의 영향을 받아 장대레일이 활동하거나, 복진이 없이 레일에 생긴 축력을 침목으로 유지할 수 있는 만큼의 충분한 레일 체결력과 도상 종저항력이 확보될 수 있어야 한다.

③ 레일이 파단하지 않아야 한다. 또한 파단한 경우에도 파단점의 벌어짐 양이 운전
상 안전해야 한다.

④ 충분한 도상 횡저항력이나 궤도 강성이 있어 궤도가 좌굴되지 않아야 한다.

(2) 장대레일의 부설 조건

① 곡선 반경이 600m 이상일 것

② 종곡선 반경이 3,000m 이상일 것

③ 반경 1,500m 미만의 반향곡선은 연속하여 1개의 장대레일로 하지 않을 것

④ 양호한 지반일 것

⑤ 전장 25m 이상의 교량은 피할 것

⑥ 복진이 심한 곳은 피할 것

⑦ 흑렬흠, 공전흠 등 레일의 부분적 손상이 발생되는 것은 피할 것

5. 장대레일의 효과

① 철도의 소음은 기관차소음, 전동음, 공력소음, 집전소음 등의 다양한 발생원이 있으며
그중 가장 문제가 되는 것 중의 하나가 레일이음매에서 충격음이다.

② 레일용접을 통해 이음매를 없애므로 소음 저감효과를 얻을 수 있으며 승차감 면에서
도 효과가 우수하다.

③ 분기기구간 및 급곡선구간의 장대화는 체결구 문제, 횡압에 대비한 체결력 및 내구성
문제 등을 고려하여 검토하여야 한다.

6. 장대레일의 보수

① 좌굴 방지

② 과대 신축 및 복진 방지

③ 레일의 부분적 손상 방지

7. 장대레일의 재설정

① 장대레일 설정을 부득이 설정온도 범위 외에서 시행한 경우(최고 및 최저온도가 설정
   온도보다 40℃ 이상 높거나 낮은 경우)
② 복진이나 과대 신축으로 신축이음매에서 처리가 곤란한 경우
③ 좌굴 또는 손상된 장대레일을 원상복구할 경우
④ 장대레일에 불규칙한 축압이 발생한 경우

8. 도상자갈의 정비

① 침목측면을 노출시키지 말 것
② 도상어깨폭은 400mm 이상 확보
③ 상층자갈의 충분한 다짐
④ 도상저항력이 부족할 우려가 있는 경우 도상어깨폭의 더돋기 시행
⑤ 도상저항력은 500kg/m 이상을 유지할 것

⑥ 장대레일 부설방법

ㄱ 레일용접
  • 종방향 활동체결구 사용시 테르밋 용접은 활동제한이 있을 수 있는바, 가스압접
    이나 플래시버트 용접 후 연마작업 실시
  • 부득이 테르밋 용접을 하는 경우 레일저부의 연마에 유의
  • 교량침목과 거더(Gurder)의 종방향 이동을 허용하는 방법이나 거더를 연속화
    하고 교량단부에 신축이음을 설치하는 방법을 사용 시 일반 장대레일의 용접법
    사용

ㄴ Stroke 설정
  • 부동구간이 형성되지 않아 Stroke가 크므로 신축량의 철저한 분석 필요
  • Stroke 부족 시 레일 온도 상승에 따른 길이 증가로 궤간 축소 우려
  • Stroke 과다 시 고가의 재료비 소요

9. 장대레일의 최근 추세 및 향후 전망

① 프랑스의 경우 접착식 절연레일의 채용으로 분기기와 교량 전후를 제외하고는 신축이음매를 사용하지 않는 방향으로 하고 있고, 독일의 경우는 분기기뿐 아니라 급곡선에까지도 장대레일을 적용하고 있다.

② 우리나라에서도 근래 지하철에서는 지하본선의 경우 전 구간을 장대레일화하는 방안을 계속 연구·검토 중이며 기존에는 분기부 및 절연구간을 제외하는 것으로 하였으나 서울시 3기 지하철의 경우 분기부 및 절연을 포함한 전 구간을 장대화하는 방안으로 검토하고 있다.

QUESTION 46

장대레일의 필요성, 성립이론, 부설조건, 설치 및 보수방법, 응급복구조치에 대하여 기술하시오.

1. 개요

① 궤도의 3대 취약부는 이음매부, 곡선부, 분기부이나 이중 이음매부가 궤도의 최대약점이라 할 수 있다.

② 따라서 이러한 이음매를 없애고 레일을 연속적으로 용접하여 연속한 1개의 레일(200m 이상)로 부설한 것을 장대레일이라 한다.

2. 장대레일의 장점과 필요성

① 소음·진동의 감소에 의한 환경성 제고

② 재료 및 유지보수의 절감

③ 운영비의 감소

④ 승차감 향상

⑤ 속도 향상 가능(고속철도 경우 필수적임)

⑥ 차량 유지관리비의 감소

⑦ 별도의 Bond 이음매 불필요

⑧ 이음매부 절손사고 방지

3. 장대레일 가능 조건

(1) 용접

① 플레시버트 : 레일상호 간 2mm 이격 후 전류 불꽃을 이용 가열 후 압접

② 가스압접 : 1,200℃의 고온 가열 압접, 현장용접

③ Termit 용접 : 산화철 반응을 이용, 2,000℃ 고열로 용접, 현장용접

④ Enclosed arc 용접 : 레일상호 12mm 이격 후 아크열로 용융금속형성

(2) 신축이음매

① 장대레일의 온도에 의한 신축량을 처리할 수 있는 구성품

② 장대레일에서 부동구간을 제외한 양단 80~100m의 신축은 국내온도 특성에 맞게 신축량을 처리

③ 완충레일(Buffer Rail)

3~5개 정도의 정척레일과 고탄소강의 이음매판과 볼트 사용, 유간변화를 이용하여 신축처리

(3) 체결구와 Con'c 궤도, 종저항력

① 팬드롤, 보슬로 등 충분한 레일의 체결력으로 레일의 횡방향, 종방향 저항력을 확보하고 또한 Con'c 궤도, 강화궤도로 저항력을 확보한다.

② 레일 인장력에 의한 파단 시 파단점의 개구량이 운전보안상 한도 내에 위치하여야 한다.

4. 장대레일 이론

(1) 개요

① 레일은 온도변화를 받으면 신축을 방해받지 않는 한 선팽창계수에 비례하여 신축하려는 힘들이 서로 균형을 이루어 이동을 상쇄시키므로 부동구간이 형성된다.

② 시험결과 레일의 양 끝 80~100m 정도만 신축이 일어나고 중간부분은 신축되지 않는 것으로 밝혀졌다.

(2) 레일의 신축과 축력

① 레일의 축력(P)

$$P = E \cdot A \cdot \beta \cdot \Delta t$$

$$E = 2.1 \times 10^6 \text{kg/cm}^2 \text{(탄성계수)}$$

여기서, A : 레일의 단면적(50kg N레일 : 64cm²)

β : 레일의 선팽창계수(1.14×10^{-5})

㉠ $P < 0$이면 축인장력, $P > 0$이면 축압축력

㉡ 부동구간을 체결구, 침목, 도상이 억제

㉢ Pandrol, Vossloh 체결력은 500kg 이상

㉣ Con'c 도상 경우 침목이 Con'c에 매입되어 체결구에 의한 레일과 침목(Baseplate)간 체결력이 축방향 저항력에 직접적 영향을 준다.

② 신축구간의 길이(X)

　㉠ 임의의 온도변화 시 신축구간의 길이 X는

$$X = \frac{P}{r_0} = \frac{E \cdot A \cdot \beta \cdot \Delta t}{r_0}$$

　　여기서, r_0 : 최대 도상 종저항력

　㉡ 온도차가 크면 신축구간이 길어지고 도상 저항력이 크면 신축구간이 짧아진다.

③ 장대레일 단부신축량(Y)

　㉠ 신축량 산정

$$\Delta L = L \cdot \beta \cdot \Delta t \text{에서}$$

$$Y = \frac{1}{2} L \cdot \beta \cdot \Delta t$$

$$= \frac{E \cdot A \cdot \beta^2 \cdot \Delta t^2}{2r_0} = \frac{E \cdot A \cdot \beta^2 (t - t_0)^2}{2r_0}$$

　　여기서, Y : 단부신축량
　　　　　t : 신축량 측정 시 레일온도(℃)
　　　　　t_0 : 설정 시 레일온도(℃)

　㉡ 도상저항력의 허용 유무 및 이상신축 추정이 가능

　㉢ 실제 신축은 온도변화에 의해 신축루프에 의하면 설정온도로 되돌아온 경우에도 잔류축력에 의한 지연으로 인해 온도 상승 시에는 수축이, 온도 하강 시에는 신장이 남는다.

(3) 장대레일 파단 시 개구량

① 장대레일 온도가 낮아져 축인장력 작용 시 레일 절손 및 레일단부 수축
② 장대레일 개구량은 단부신축량(Y)의 2배

$$\text{개구량} = 2 \cdot \frac{E \cdot A \cdot \beta^2 \cdot \Delta t^2}{2r_o} = \frac{E \cdot A \cdot \beta^2 \cdot \Delta t^2}{r_o}$$

③ 개구량 기준 관련 UIC 규정이 없고 시험 및 과거파단사고 참고 시 70mm가 적당하다.

5. 장대레일의 부설조건

(1) 선로조건

① 곡선반경 : ㉠ 반경 600m 이상(횡저항력 확보)

㉡ 반향곡선 1,500m 이상

② 종곡선반경 : 3,000m 이상

③ 전장 25m 이하 무도상교량

④ 노반이 양호할 것

⑤ 복진이 심하지 않을 것

(2) 궤도조건

① 레일 : 50~60kg 신품으로 초음파 검사한 양질의 레일

② 침목 : PSC침목이 원칙(종저항력 500kg/m 이상)

③ 도상 : 쇄석을 원칙 저항력 500kg/m

(3) 온도조건

① 우리나라 최고온도 40℃에서 레일온도 60℃, 최저온도 −20℃를 감안 시 온도 변화 범위는 80℃이다.

② 레일은 압축응력보다 인장응력에 강하므로 중위온도는 다음과 같이 설정한다.

$$중위온도 : \frac{레일의\ 최고온도(60℃) + 레일의\ 최저온도(-20℃)}{2} + 5℃ = 25℃$$

③ 설정온도는 레일의 좌굴 및 파단이 생기지 않는 범위로 온도의 허용오차를 고려하여 설정한다.

설정온도 : 25℃±3℃ < 30℃

(4) 터널조건

① 터널은 레일온도가 대기온도와 비슷하나, 교량, 고가부는 직사광선의 영향을 감안하여야 함

② 터널 내 설정온도는 최고, 최저가 20℃ 이상 높거나 낮지 않을 것

(5) 교량조건

① 거더(Girder)의 온도와 비슷한 상태에서 장대 레일을 부설할 것

② 연속보의 상단에 교량용 레일 신축 이음매 사용

③ 교대 및 교각은 장대레일로 인하여 발생되는 힘에 견딜 수 있는 구조일 것

④ 부상 방지 구조

(6) 분기기구간

① 피하는 것이 원칙

② 부설방안

- 탄성포인트 방식 채택
- 크로싱 개선 : 조립식을 망간크로싱으로 개선
- 분기부에서 축력의 급격한 변화 발생
- 포인트부에서 기본레일과 분기레일 사이 상대변위 발생

6. 장대레일 보수 시 유의사항

① 좌굴 방지

② 과다 신축 및 복진 방지

③ 레일의 부분적 손상 방지(작업흠, 공전흠)

④ 도상자갈의 정비

  ㉠ 침목측면을 노출시키지 않을 것

  ㉡ 도상 어깨폭은 400mm 이상 확보할 것

  ㉢ 표면자갈은 충분하게 다짐할 것

7. 장대레일 재설정

(1) 재설정을 해야 하는 경우

① 장대레일 설정을 설정온도 범위 외에서 시행한 경우

② 장대레일이 복진, 과다 신축하여 신축이음매로 처리할 수 없는 경우

③ 좌굴, 손상된 레일을 복귀하는 경우

④ 장대레일의 축력분포가 고르지 못한 경우

(2) 장대레일 설정방법

① 장대레일을 처음 설정(부설)할 때의 대기온도와 레일온도를 측정하고 기록한다.

② 중위온도에서 설정하지 않을 경우에는 신축 이음매의 1℃에 1.5mm 비율로 조정한다.

③ 재설정온도는 20℃ < 25℃±3℃ < 30℃가 적정하며 초가을에 주로 설정하고, 겨울에는 안정화를 유지한다.

8. 장대레일 좌굴 시의 응급복구조치

(1) 밀어넣기 또는 곡선삽입(응급복구)

① 좌굴된 부분이 많아서 구부려지지 않을 때

② 레일의 손상이 없을 때

(2) 레일 절단하여 응급조치

① 응급복구 후 신속히 본 복구 시행

② 절단제거 범위 : 레일이 현저히 휜 부분 손상이 있는 부분

③ 절단방법 : 레일절단기 또는 가스로 절단

④ 교환레일 : 본래와 같은 정도의 단면

⑤ 용접 전 초음파 탐상기로 검사

⑥ 용접방법 : 테르밋 또는 가스압접

⑦ 복구 완료한 장대레일 : 조속한 시일 내 재설정 시행

QUESTION 47 레일의 경사가 국철에서는 1/40, 고속철도에서는 1/20인 이유와 경사변으로 하였을 경우 효과에 대해 쓰시오.

1. 개요

① 철도에서 레일답면에 1/20 또는 1/40의 테이퍼(Tape)를 주고 있는 것은 차륜이 레일 상을 구르며 주행할 때 좌우로 기울어진 경우에 복원력이 작용토록 하기 위함이다.

② 즉, 차량의 주행 시 테이퍼는 항상 중앙으로 작용되어 안전하게 주행할 수 있도록 복원 력이 작용된다.

2. 차륜(외륜)의 형상 및 작용

(1) 외륜(Tire)의 형상 : 원추형

① 국철 : 1/40

② 고속철도 : 1/20

(2) 원추형 차륜 채용 이유

① 곡선 통과 원활

② 답면의 편마모 방지

(3) 외륜 형상 필요 조건

① 탈선의 위험이 없을 것

② 운전 중 동요가 적을 것

③ 주행 저항이 적을 것

④ 삭정이 용이할 것

⑤ 편마모를 일으키지 않을 것

⑥ 수명이 길 것

3. 레일경사가 고속철도에서는 1/20인 사유

① 답면기울기의 변화는 차량의 주행특성을 변화시킨다. 즉, 1/20을 적용할 경우 1/40 에 비하여 궤간의 영향이 적어진다.

② 높은 답면기울기는 차륜에 대해 높은 가진 주파수를 발생시킨다. 즉, 1/20의 레일 경사는 높은 주행속도를 달성하기에 가장 좋은 주행 특성을 제공하며 또한 궤간의 영향이 그다지 크지 않다는 유리한 점을 가지고 있다.

$$f = \frac{v}{2\pi} \sqrt{\frac{2\gamma}{r \cdot s}} (\text{Hz})$$

여기서, f : 주파수(Hz)

v : 속도(m/s)

r : 차륜반경(m)

s : 차륜접촉기선(1,500~1,505m)

γ : 차륜의 원추기울기(1 : 20, 1 : 40)

4. 경사변의 효과

(1) 장점

① 곡선을 통과할 때 외측 차륜은 내측 차륜보다 긴 거리를 주행하게 되지만 테이퍼에 의해 무리 없이 진행된다.
② 일단 한쪽으로 치우친 윤축은 복원되어 평형이 되면서 주행한다.

(2) 단점

① 지나가는 것을 되돌리는 것의 반복에 의하여 자력운동이 되어 사행동이 되기 쉽다.
② 진동의 원인으로 차체도 횡으로 흔들려 요잉(Yawing), 롤링(Rolling)을 발생시키고 레일과 충돌에 의해 마모, 파손, 심지어는 탈선하는 경우도 있다.

5. 결론

① 차륜답면이 원추형으로 되어 있는 것은 주행의 안전성을 확보하기 위한 것으로서 답면기울기에 따라 주행 특성이 변화된다.
② 고속철도에서는 답면기울기를 1/20으로 급하게 하여 차륜에 대해 높은 주파수를 발생시키게 되며, 이는 고속 주행에 적합하고 또한 궤간의 영향을 적게 받기 때문이다.
③ 향후 차량의 고속화를 위하여 대차로부터의 윤축지지, 혹은 차체와 대차의 연결대에 대한 부분도 지속적인 연구검토가 요구된다.

종방향 활동체결구 특징 및 필요성(ZLR ; Zero Longitudinal Restraints)

1. 개요

① 레일과 침목에 체결구를 체결하여도 레일 저부에 직접 체결력이 전혀 전달되지 않아 체결구에서 종방향 활동기능이 가능하도록 하는 방식의 체결구를 종방향 활동체결구라 한다.

② 레일에 작용하는 힘이 종방향으로는 전혀 전달되지 않으며 레일의 상방향 활동 및 전도에만 저항토록 하는 체결장치이다.

2. 특징

① 종방향 활동체결구는 레일이 종 방향(Longitudinal)으로 움직이면서도 정확한 궤간을 유지시키고 레일 밀림(Roll)을 막아준다.

② 종방향 활동체결구 사용 시 거더 및 레일 자체의 온도 변화에 의한 축력이 작용하지 않아 레일의 장출 염려가 없고, 레일 신축량 정도를 소화할 수 있는 레일신축이음매를 사용할 경우 교량의 연장과는 무관하게 적용할 수 있다.

③ 커버 플레이트는 특수한 팬드롤 레일 클립에 의해 고정되며 특수한 레일 클립은 일반적인 방식으로 베이스 플레이트와 연결된다. 커버 플레이트가 숄더 하우징 위에 클립으로 단단히 고정됨으로써 커버 플레이트와 레일 하부(Foot) 사이에 4mm 간격이 생겨 종방향 운동이 자유롭게 된다.

④ 레일패드를 사용할 때에는 레일패드에 턱을 두어 레일의 온도 신축 시에도 레일패드가 베이스플레이트에 걸려 이완되지 않도록 해야 한다.

3. 필요성

① 현재까지 대부분의 교량 위에 설치된 궤도는 레일의 팽창을 허용하는 Jointed Rail과 Expansion Switch를 사용하였다. 하지만 이러한 구조는 마모와 충격피로, 부식 등의 원인으로 많은 유지보수를 필요로 한다.

② 종방향 활동체결구를 사용하는 경우 연속 혹은 장대 레일의 열팽창을 고려할 필요가 없으며, 또한 연장이 길거나 곡선구간이 있는 교량에도 열 팽창을 고려할 필요가 없다.

③ 종방향 체결구는 현재 홍콩, 호주, 캐나다, 리비아, 노르웨이, 스웨덴 그리고 남아공 등에서 사용 중이다.

④ 최근에 완공된 홍콩의 Lantau Airport Railway(LAR)에는 호주의 VAE사가 설계한 특수 Expansion Joint로 인해 교량의 움직임이 매우 커 종방향 체결구(ZLR)가 UIC60 레일용 베이스 플레이트와 사용되고 있다.

49 궤도에서의 탈선 방지대책에 대하여 기술하시오.

1. 열차주행 안전상의 궤도정비 기준치 제정

(1) 단독틀림에 대한 궤도정비 기준치

① JNR에서는 1943년 이후 열차의 승차감을 고려하여 궤간, 수평, 고저, 방향 등의 단독틀림에 대한 선로의 중요도에 따라 궤도정비 기준치를 정하고 있다.

② 이 궤도정비 기준치의 특징은 정기수선방식을 전제로 궤도의 수선공사 및 선로 신설에 즈음한 끝마감 기준과 차량의 승차감 확보를 목적으로 수선 정비기준 그리고 탈선에 대한 안전성을 고려한 내수선 정비기준을 정하는 데 있다.

③ 궤도틀림이 병수선 기준치에 달하거나 틀림진행이 급진성일 경우 15일 이내에 보수하고 궤도틀림 발견 시 동기준치를 초과했을 경우에는 보수시기를 앞당기고 부득이한 경우에는 안전상 열차의 서행조치를 취한다.

(2) 복합틀림에 대한 궤도정비표준

복합틀림의 정비표준을 정하기 위하여 궤도틀림의 파형분석, 복합틀림의 정비 목표치, 실험선의 재시험, 복합틀림의 정비표준의 제정 등을 하여야 한다.

2. 궤도검측의 강화

① 고속 궤도검측차는 1965년까지는 1량으로 주요한 1, 2급선을 검측하여 왔다. 1969년까지는 6량을 증가한 7량으로 특급 · 급행열차 운전구간에는 연 44회, 기타 선구에는 연 2회 시행하여 왔다.

② 1972년 복합틀림의 정비를 행하기 위하여 검측기록지에 방향과 수평의 검측 테이퍼를 연산에 의하여 합성한 복합틀림과 복합틀림 18mm 이상의 개소를 표출시키기로 하였다. 앞으로는 궤도틀림을 강화하기 위하여 궤도검측차량을 증차할 필요가 있다.

3. 탈선 방지 가드레일 등의 설치

① 탈선사고의 방지를 위하여 탈선차륜을 유도하는 안전레일을 복선 이상의 구간에서 곡선반경 410m 이하의 곡선에 부설한다.

② 하기울기 오목형으로 변하는 부근의 곡선부 등과 같이 선형상 탈선 방지조치가 필요한 개소에 탈선 방지레일 또는 가드레일을 부설한다.

4. 분기기의 대책

① 내방분기기의 탈선은 어느 것이나 텅레일 및 기본레일이 마모되어 차륜이 올라타기 좋은 형상이 되어 있다.

② 본선의 내방분기기에는 텅레일의 마모 방지를 위하여 기준선 곡선반경 1,000m 이하의 개소는 전부, 1,000~1,500m의 개소에서는 필요에 따라 포인트가드를 설치한다. 또, 타이바 볼트의 탈락 방지를 위하여 탈락 방지 어댑터(너트 이완방지 쇠붙이류)를 설치한다.

궤도 무보수화를 위한 시멘트모르타르 충진형 포장궤도의 개발

1. 서론

① 자갈도상궤도는 부설이나 보수가 용이하고 건설비가 저렴하기 때문에 현재까지 궤도 구조의 기본으로 되어 있지만, 최근 선로의 수송력 증강, 유지보수 노력의 감소 등에 대응하기 위한 새로운 궤도구조가 필요하게 되었다.

② 이러한 요구에 대한 대처방안으로서 신선의 경우는 유지보수가 거의 필요 없는 콘크리트궤도가 확산되고 있는 추세이고 기존 선의 경우에는 포장궤도 등의 적용이 검토되고 있다.

③ 포장궤도는 일정 도상자갈층을 시멘트모르타르 주입 등의 방법으로 콘크리트 슬래브화시키는 공법이라 할 수 있다. 주목적은 열차 운행에 지장을 주지 않으면서 궤도구조를 개선하여 기존 선의 유지보수 업무를 획기적으로 감소시키는 데 있다.

2. 포장궤도의 특징

① 포장궤도는 운행 중인 기존 선의 생력화를 목표로 하며 최소 열차차단시간(3~4시간) 내에 일정작업이 진행될 수 있어야 한다.

② 포장궤도는 도상생력화와 더불어 전용 침목, 체결구, 충진 재료가 사용되며, 개발검토에 있어서의 주요 핵심은 비용과 시공성의 조건에서 본 최적구조를 개발하는 것이다.

3. 포장궤도의 개발 현황

① 포장궤도를 구성하는 궤도용품은 크게 대형침목, 가변체결구, 충진재, 토목섬유가 있다.

② 이 중 대형침목은 성능시험을 완료하고 설계보완 중에 있으며, 충진재도 1, 2차 성능시험을 완료하고 내구성이 고려된 최적배합비를 위한 연구를 수행 중에 있다. 토목섬유는 기존 제품 중에 적합한 모델을 선정하여 사용하고 있다.

③ 또한 포장궤도의 구조개발을 위하여 국내 기존 선의 하중 및 궤도조건을 고려하여 구조해석을 수행하였다. 구조해석에서는 국내 적용시 기본적인 검토사항인 하중, 궤간, 설계속도, 노반조건을 이용하여 포장궤도구조에 대한 안전성을 검토하였다.

‖ 포장궤도의 주요 구성 ‖

궤도 구성	설계조건	비고
JLT 침목	폭 360mm 이상	MTT작업이 가능한 범위
체결구	상하좌우 조정 가능형 체결방식	상하 30mm, 좌우 ±25mm
충진재	고유동 초속경 무수축 시멘트모르타르	1시간 강도 0.2MPa 이상 J로드 6초 이내
토목섬유	장섬유 부직포	누수방지, 탄성부가기능
노반	$11 \geq K30(kgf/cm^3)$	
도상조건	기준입도를 만족하는 세척 자갈	Blasting 자갈 사용

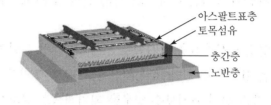

아스팔트표층
토목섬유
충간층
노반층

‖ 포장궤도의 구조 ‖

4. 포장궤도의 시공 공정

① 단선시공인 경우에는 침목 및 체결구 교체작업, 도상교체작업 및 모르타르 주입 작업으로 분할시공이 가능하다.

② 각 작업은 일일작업으로 계획되며, 한 구간의 시공에 3개의 작업이 3일에 걸쳐 시공된다.

5. 포장궤도의 변형 특성

① 포장궤도의 반복재하에 따른 변형특성을 파악하기 위하여 실물반복재하시험 실시

② 총 재하횟수는 220만 회를 수행하였다. 120만 회의 반복재하시간 동안 시험단면에서 발생한 전체침하량(소성＋탄성)을 레일상면(Rail), 침목(Sleeper), 충진층(Charging, Layer), 노반면(Soil)에서 각기 측정을 실시하였으며 재하 축중은 348kN으로 하였다.

③ 레일상면을 제외한 측정지점(충진슬래브층)에서는 약 0.7mm 정도의 전체 변위량이 발생하였으며, 100,000회 재하 이후부터 안정화의 경향을 나타낸다.

④ 재하시험이 완료된 이후에 축중 480kN의 정재하시험을 실시하여 균열을 조사하였으나 반복재하 및 최대하중 재하시험에 따른 균열발생은 없었다.

6. 결론 및 향후 계획

① 포장궤도용 고유동 초속경 시멘트 모르타르, 대형침목, 체결장치, 토목섬유 등에 대한
시제품 제작 및 선정을 실시하였다. 또한 기존 선의 현장조건을 고려한 인력 및 기계
화 시공공정을 개발하였다.

② 각 궤도구성품은 설계조건 및 성능시험을 만족하였으며, 이를 바탕으로 설계검토를
실시하고 실물반복재하시험을 수행하였다. 시험결과 포장궤도의 변형특성은 열차주
행조건을 충분히 지지하는 것으로 나타났다.

③ 향후 추진할 연구내용은 포장궤도용 궤도구성품에 대한 보완, 포장궤도 시스템설계,
시험시공을 통한 현장적용성 검토, 성능평가 및 안정성 확인 등이다.

QUESTION 51 레일의 파상마모에 대하여 설명하시오.

1. 개요

① 레일은 차륜의 영향을 받아 절삭되어 변형하는데 이를 마모라 칭하며, 마모에는 2가지가 있다. 곡선외측레일에 발생하는 측면마모와 레일답면의 마모인데, 이 중 레일답면의 마모를 파상마모라 한다.

② 이 파상마모는 한번 발생하면 열차통과 시에 소음을 발생시키고 진동은 체결장치를 완화(이완)하며 도상을 이완시키며 궤도틀림의 원인이 된다.

2. 파상마모 발생 개소

(1) 선로 부설조건에 따른 것

① 곡선부에 많이 발생, 특히 급곡선이라는 300~500m에 집중하여 발생
② 기울기구간에서는 상기울기 · 하기울기 구간별로 발생
③ 정척구간 등 레일이음매가 있는 구간
④ 외궤레일의 편마모가 있는 곡선구간
⑤ 도상이 견고한 개소
⑥ 무도상이나 도상두께가 작은 개소
⑦ 분니구간, 연약노반
⑧ 열처리 레일에 발생

(2) 운전조건에 따라

① 역행구간
② 제동구간
③ 여객선, 화물선에 비해 전차전용선에 쉽게 발생

(3) 차량조건에 따라

무거운 차량보다 가벼운 차량 쪽의 발생이 쉽다.

3. 발생방지 및 억제방법

① 곡선정정을 시행하여 방향틀림을 최소화한다.
② 멀티풀타이탬퍼를 정기적으로 투입하여 고저틀림을 억제한다.
③ 곡선 내궤만이라도 장대레일화한다.
④ 레일갱환은 열처리 레일을 투입한다.
⑤ 곡선내궤용 마모방지 레일 도유기를 설치한다.

4. 대책방법

① 레일갱환에 의한 제거
② 레일 삭정에 의한 제거
③ 근본적 원인에 대하여 제거

5. 결론

① 차륜이 곡선부를 통과할 때 1측의 외궤차륜이 레일에 떨어지며 이 운동이 반복되므로 서서히 누적된다. 이때 발생하는 마찰로 외궤레일은 마모된다.
② 곡선반경에서 $R=500\text{m}$ 이상인 경우는 거의 나타나지 않으나 $R=300\sim400\text{m}$에서 발생이 쉽다.
③ 곡선 시·종점에서는 시점보다 종점 쪽의 파고가 크고, 곡률의 크기가 큰 쪽과 고저틀림이 큰 쪽의 파상마모가 심하다.

① 레일 체결장치 상향력(Uplifting Force)
② 콘크리트궤도 부설교량 단부 궤도 사용성 검토

1. 개요

① 콘크리트 궤도에서 교량의 정적·동적 거동에 의해 토목구조물의 신축이음 위치 또는 교량단부에 발생하는 압상력 및 압축력은 레일지지점(레일체결장치)의 허용 상향력을 초과하지 않아야 한다.

② 단부체결구 사용성 검토에 따라 체결구 기능이 유지되도록 조치하여야 한다.

2. 콘크리트궤도 부설교량 단부체결구 거동 메커니즘

① 교량바닥판 상부의 콘크리트궤도부(TCL)와 교면보호부(PCL)는 강성이 크고 일체로 거동되어야 한다.
  ㉠ 바닥판 변형이 레일로 전달
  ㉡ 신축이음부에서 레일을 위로 올리거나 당김

② 레일 휨으로 레일지지점(체결구)에서 상향력(Uplifting Force) 및 압축력(Compression)이 작용한다.
  ㉠ 체결구 성능저하, 레일안전성 기능 저하

③ 상향력에 의한 슬래브의 들림(Lift-off)
  ㉠ 상향력에 의해 슬래브와 보호층 콘크리트 간의 분리가 발생할 가능성에 대하여 검토해야 한다.

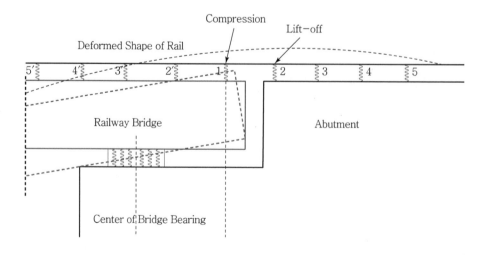

3. 상향력 발생 요인(콘크리트 궤도 부설교량 단부 변형 요인)

(1) 정적 요인

① 장기처짐(장중＋크리프＋건조수축)

② 교량 상부구조의 상·하면 온도차에 따른 변위

③ 교각 기초의 잔류 부등침하

(2) 동적 요인

① 열차의 수직하중으로 인해 발생되는 인접 교량상판 간의 상대 변위

② 열차의 수직하중에 의한 탄성받침에서의 연직 변형

③ 시·제동하중에 의한 교각 상부 회전

4. 레일체결장치 상향력에 관한 해석

(1) FEM으로 해석

(2) 교량단부 상향력 매개변수

① 거더의 돌출(Overhang) 길이와 휨강성

② 단부 근처 체결장치 간격 및 수직강성

③ 교각부 상향력이 교대부 위의 2배

(3) 교량단부 거동에 따른 검토기준

① 체결장치 상향력(Uplifting Force)

② 체결장치 압축력(Compression)

③ 부상력에 의한 슬래브 들림(Lift off)

5. 교량단부 상향력이 궤도시설물 및 승차감에 미치는 영향

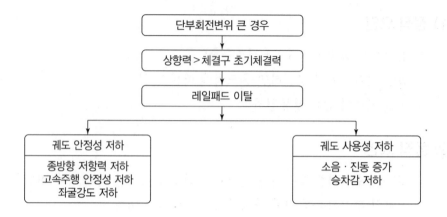

6. 단부체결구 사용성 검토

① 교량단부 변위에 따라 단부체결구에 발생하는 상향력 및 압축력 산정
② 레일지지점의 상향력, 압축력을 허용한계와 비교하여 평가
③ 허용압상력 16kN(조립체 2개당)

7. 단부 압상력, 압축력 저감방안

(1) 체결구 기능이 유지되도록 소프트한 레일패드 및 체결력 조정이 가능한 종방향 활동체결장치(ZLR) 사용

① 상향력 작용 시
  ㉠ 체결구 클램프의 성능 유지
  ㉡ 레일하부 탄성패드의 프리스트레스 소산 방지
  ㉢ 클립과 레일 플랜지 사이의 여유 공간(1~2mm)을 이용하여 단부 궤도의 상향 거동에 대응

② 압축력 작용 시
  ㉠ 탄성패드에 발생하는 변위를 패드의 허용압축변위 이내로 유지

(2) 횡단궤도시스템의 적용(Transition Track)

① 단부 궤도에 발생하는 궤도－교량 상호 작용력 저감을 위한 대안으로 개발
② 독일에서 개발된 횡단궤도시스템은 레일의 변형곡선을 완만하게 변화시킴으로써 궤도 교량 상호작용력을 저감시켜 단부 궤도구성품의 사용수명 및 열차주행성능을 향상시키는 효과가 있는 것으로 검토됨
③ 횡단궤도시스템은 4개의 받침(Bearing)을 갖는 단경간 강합성 교량에 준하는 구조적 특성을 가짐
④ 구조적 공진(Resonance)을 피하기 위해 충분한 중량과 휨감성을 확보하여 일정 수준의 고유진동수를 확보하는 방법을 사용함

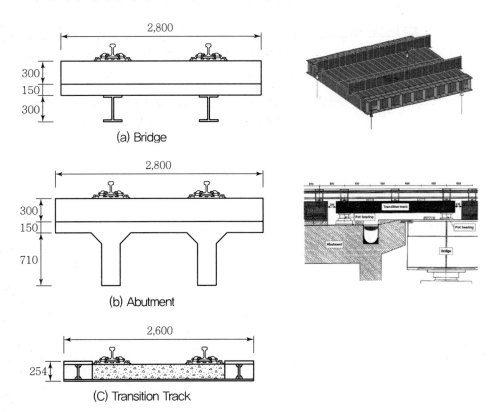

(a) Bridge

(b) Abutment

(C) Transition Track

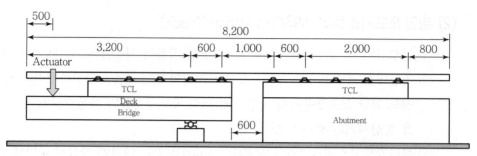

(a) Non-transition Track

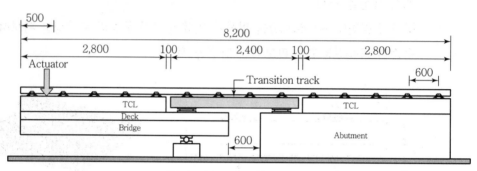

(b) Applying transition Track

53 궤도-교량 간 종방향 상호작용

1. 개요

장대레일부동구간 하부에 구조물이 있을 경우, 포공부와 다르게 구조물 거동으로 레일에 변위 및 응력변화 발생

2. 궤도-교량 상호작용에 의한 레일 변위 및 응력 개념

① 레일 변위

② 레일 응력

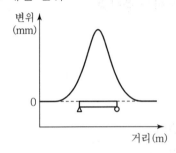

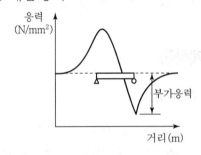

3. 궤도-교량 상호작용에 미치는 영향요소

(1) 궤도의 긍정항력(F)

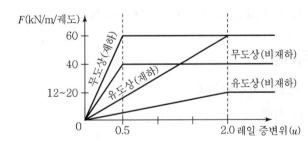

(2) 교량

① 경간수

② 경간 길이

③ 경간당 교량받침 수

④ 고정단, 이동단 위치

⑤ 고정지점 간 거리

⑥ REJ 위치

4. 궤도 – 교량 상호작용 평가절차

① 하중조합에 의한 허용 부가압축응력

② 하중조합에 의한 허용 부가인장응력

③ 시·제동하중에 의한 레일–교량 상대변위

④ 시·제동하중에 의한 교량 절대변위

⑤ 열차수직하중에 의한 상판 끝단 간 또는 끝단과 교대의 변위

⑥ 온도하중＋시·제동하중에 의해 교량받침에 작용하는 종하중

5. 설계하중

(1) 온도하중

① 전 구간 장대레일인 경우 → 구조물의 온도변화

② REJ가 있는 경우 → 레일과 구조물의 온도차

(2) 시·제동하중

① 시동하중＝$33(\text{kN/m}) \times L(\text{m}) \leq 1,000(\text{kN})$

② 제동하중＝$20(\text{kN/m}) \times L(\text{m}) \leq 6,000(\text{kN})$

(3) 열차수직하중

① KRL–2012 표준활하중

② EL–18 하중

(4) 하중조합

α(온도하중)＋β(시·제동하중)＋γ(열차수직하중)

→ 연속 또는 단순지지 경간인 경우, $\alpha = \beta = \gamma = 1$

QUESTION 54

장경간 연속 교량에 장대레일 부설 시 궤도 안정성 측면에서 검토사항 및 장대레일축력 초과에 따른 신축이음매 부설방안에 대하여 설명하시오.

1. 개요

① 궤도~교량 상호작용 해석은 철도교의 하중(수직열차하중, 시·제동하중, 온도하중)이 작용할 때 레일에 발생하는 부가적인 인장응력 또는 압축응력, 그리고 발생변위가 기준에서 정한 값 이내가 되는지 검토한다.

② 정한 값을 초과하는 경우 레일신축이음장치(Rail Expansion Joint) 또는 활동체결장치(Zero Longitudinal Restraints) 등의 설치를 통하여 교량구간 궤도구조의 안전성을 확보하여야 한다.

2. 철도하중 특성에 기반한 철도교 요구조건

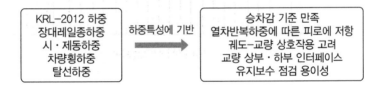

3. 장대레일 부설교량 축력 특성

① 교량부설 형식에 따라 장대레일 축력 특성이 달라진다.

② 교량부설 형식

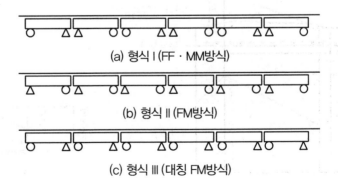

(a) 형식 I (FF·MM방식)

(b) 형식 II (FM방식)

(c) 형식 III (대칭 FM방식)

③ 교량부설 형식에 따른 축력의 특성

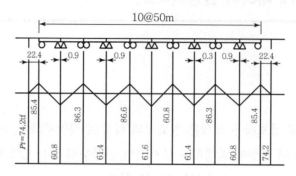

(a) 형식 I (FF · MM방식)

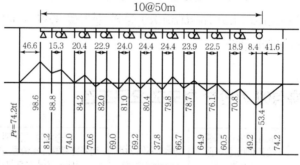

(b) 형식 II (FM방식)

4. 교량상 장대레일 축력 크기

① 장대레일 온도축력
② 지점최대축력

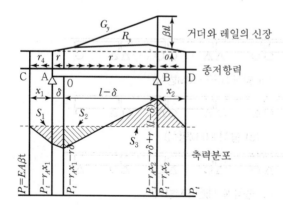

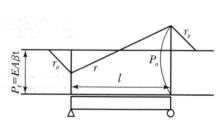

5. 검토 시 설계하중

① 온도하중
  ㉠ 선팽창계수 레일(1.2×10^{-5}℃)
  ㉡ 콘크리트(1.0×10^{-5}℃)

② 시 · 제동하중
③ 열차수직하중 : KRL – 2012
④ 하중조합(ΣR) = 온도 + 시 · 제도 + 수직
⑤ 교량 장대레일 안정성 판단 : 자갈도상 궤도 중심

6. 허용부가응력 및 변위 기준

① 허용부가응력
  ㉠ 자갈 : 인장 92N/mm², 압축 72N/mm²
  ㉡ 콘크리트 : 인장 92N/mm², 압축 92N/mm²
② Rail – 교량 상대변위 한계 : 4mm(시 · 제동하중 작용 시)
③ 바닥판 종방향 상대변위 : 5mm(REJ 없는 경우)
④ 바닥판 단부 꺾임에 의한 끝단 사이 종방향 변위 8mm

7. 장대레일축력 초과 시 REJ 부설방안

① 장경간 연속교의 거동과 장대레일 특성에 기인하는 상호작용의 영향으로 부가응력이 허용기준을 초과할 경우 문제가 야기되므로, 장대레일의 안전성 · 사용성 확보 차원에서 부가응력 한계값 판단에 따라 REJ 설치를 검토한다.
② 교량조건에 의한 REJ 설치검토
  ㉠ 연속상판 연장
    • 콘크리트 합성교 : 90m 이상
    • 강교 60m 이상
  ㉡ 연속교 길이 400m 이상 시 REJ 추가설치 검토
③ REJ 부설방법
  ㉠ 구조물 신축이음과 5m 이상 이격
  ㉡ REJ 상호거리 300m 이상

ⓒ 교량상 분기기 REJ 이격거리
- 일반 50m
- 고속 100m

ⓓ 직선상에 설치가 원칙임
- 부득이한 경우 $R \geq 1,000$m 설치 가능

8. 궤도와 교량 간 상호작용 저감을 위한 제언

부가축력 한계값 판단에 의한 교량상 REJ/RLR 등의 설치는 제약사항 확인 및 주기적 관리를 한다.

CHAPTER

06

경전철 도시철도 및
자기부상열차

QUESTION 1

1 경량전철의 개요, 도입 필요성 및 종류, 노선 형태별 적용 가능 시스템에 대하여 쓰시오.

2 신교통 시스템에 대하여 쓰시오.

1. 개요

① 경량전철이란 지하철도와 버스의 단점을 보완한 대중교통수단이다. 기존의 지하철과 같은 중전철(HRT)과 반대되는 개념으로 가벼운 전기철도(LRT)라는 뜻을 지니며, 지하철도와 대중버스의 중간 정도로 볼 수 있다.

② 대도시 교통난 해소 대책으로 지하철 건설이 활성화 추세이나, 건설에 1,200억원/1km 이상의 막대한 사업비가 소요된다.

③ 도시 내 교통거점 간은 짧은 시격에 적합하도록 소형이며 건설비, 운영비를 최소화할 수 있는 자동화된 운송시스템이 요구된다.

2. 경전철 도입의 필요성 및 도입 조건

(1) 도입의 필요성

① 최근 경제성장과 더불어 차량의 증가율이 급증함에 따라 도로교통난은 점차 심각해지고 있다.

② 이에 따라 건설비가 저렴하고 운영비를 최소화할 수 있는 경전철 도입이 더욱 필요한 시점이다.

(2) 중전철(HRT)의 문제점

① 초기 건설비가 매우 크므로 재원조달이 큰 문제로 제기된다.

② 철도의 공공성으로 채산성 확보가 어려워 민간참여가 어렵다.

③ 공사기간이 5~6년 정도로 길어 건설기간 동안 교통 혼잡이 더욱 가중된다.

④ 대도시 외곽지역 지선부분은 지하철로 수송할 만큼의 교통수요가 되지 않는다.

(3) 경전철 도입조건

① 건설비가 적어야 한다.

② 신속, 편리해야 한다.

③ 도로교통과 무관하게 대중교통의 서비스를 제공하여야 한다.

④ 소요되는 수송수요를 감당할 수 있어야 한다.

⑤ 안전하고 공해가 없어야 한다.

⑥ 시공속도가 빨라야 한다.

3. 경량전철의 종류

(1) 노면전차

① Tram Way 또는 Street Light Rail Transit

② 과거 노면전차에서 개량된 형태로 운행

③ 미국 포틀랜드 Max, 프랑스 그래노블의 LRT, 영국 런던의 DLR 등

(2) 모노레일

① 궤도나 빔(Beam)에 의해 지지되는 과자식(Straddle Type), 매달려 있는 현수식 (Suspended Type)으로 나누어진다.

② 일반적으로 고가 형태로 운행속도는 30~50km/hr, 최대속도는 80km/h까지 가능하다.

(3) AGT

① 버스가 가이드웨이에 유도되면서 운행되고, 경전철 중 가장 보편화된 형태이다.

② 철재차륜, 고무차륜, LIM모터형 철재차륜으로 구별된다.

(4) LIM(Linear Induction Motor)

리니어 모터(선형 유도 전동기) 추진방식으로 회전모터를 펼친 원리를 이용하여 추진

(5) PRT(Personal Rapid Transit)

3~4인 승하차의 무인궤도 시스템

(6) 자기부상

LIM에 의한 상전도흡인식과 LSM에 의해 초전도반발식

(7) BRT(Bus Rapid Transit)

종래의 노선버스에 기계식 안내장치를 부착하고 전용궤도 위를 가이드레일이 안내하여 주행하는 방식

(8) GRT(Guided Rapid Transit)

도로에 설치된 막대자석과 차량에 설치된 감지 센서로 운영

(9) 트로리 버스

가공식 급전방식 버스

4. 경량전철의 노선 형태

(1) 연속수송 시스템

① 수평 에스컬레이터
② Moving Way

(2) 궤도수송 시스템(LRT ; Light Rapid Transit System)

① 왕복 순환궤도 시스템(SLT ; Shuttle Loop Transit System)

㉠ 셔틀방식
- 확장된 공항에서 신청사, 구청 사간 연계
- 싱가폴 창이공항, 말레이시아 KL공항

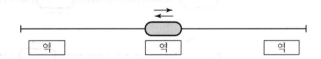

㉡ 루프방식
- 단순한 링 모양 노선으로 차량을 한 방향으로만 운행시킴으로써, 회차로 인해 소요되는 열차시격 제한을 배제

• Nowait의 채택방식

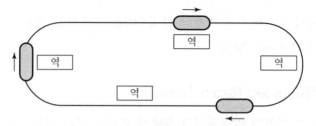

　ⓒ 셔틀루프방식

• 주택단지 내는 루프모양으로 철도역 등 주요 교통집산지까지는 루프선으로 연결하여 건설비 절감

• 싱가폴 부킷팡방, 일본 유까리오카

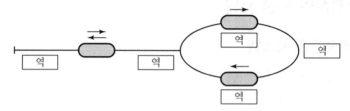

　ⓔ 복합방식

• 가장 일반적인 노선형태, 일반 지하철과 동일한 노선형식으로서 교통수요가 많은 지역에 회차시간 단축에 의한 운전시격 최소화로 수송력 증가

• 네델란드 암스테르담

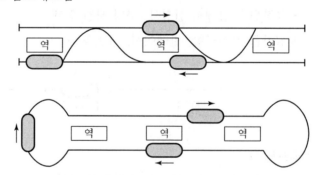

② 집단 고속전철 시스템(GRT : Group Rapid Transit)

　ⓐ 궤도에 분기를 많이 사용하여 노선 선택이 양호하다.

　ⓑ 기술적으로 복잡한 시스템

③ 개별적 궤도시스템(PRT ; Personal Rapid Transit System)

    ㉠ 그물눈 상으로 구성된 노선 위를 3~5인용 차량이 수 초 간격으로 운행

    ㉡ 개별 운송 노선형태

(3) 무궤도 시스템

Aero Bus, Trolly Bus 등과 같이 일정한 궤도가 없는 시스템 방식

5. 국내 기술 현황

(1) 국내 기술수준

① 설계기술

    ㉠ 하남시, 의정부시, 부산시 등에서 경전철 기본설계의 시행 경험이 있으나 설계 및 운영분야에서 축적된 경험과 실적이 많이 부족하다.

    ㉡ 차량, 신호, 통신, 전력, 선로 구축물 등에 대한 국내 산업계의 자체기술로 대응이 가능한 분야가 극히 미소하고 부분에 한정되어 있다.

    ㉢ 차량핵심부품설계 등 원천기술의 대부분을 외국기술에 의존하고 있는 실정이다.

② 시공기술

    ㉠ 국외의 건설 경험과 경부고속철도 시공 경험 등 일반 시공기술은 세계적 수준에 이른다.

    ㉡ 경전철의 특성에 맞는 시공기술의 연구가 필요하다.

(2) 기술개발 방향

① 종합시스템엔지니어링

    ㉠ 경전철의 상세 사양 및 인터페이스 사양 개발

    ㉡ WEB 기반의 통제, 기술관리, 시험평가 체계구축

    ㉢ 국내 경량전철 구축 모델 완성

    ㉣ 시스템 기술개발 DB 구축

② 차량시스템

고무차륜, 철제차륜, LIM, AGT 차량설계, 제작, 시험평가 및 보완에 대한 기술개발

③ 전력공급시스템

　　㉠ 제3궤조 개발

　　㉡ DC 차단기 및 배전반

　　㉢ 사고전력 해석 기술개발

　　㉣ 차량 종류별 전력공급 시스템 개발

④ 신호제어시스템

　　㉠ 종합운행제어 관리장치

　　㉡ 자동열차제어장치

　　㉢ 통신장치

⑤ 선로구축물

　　㉠ 경량전철 토목(선로 및 궤도)설계 기준 및 시방서

　　㉡ 차량 시스템별 설계하중 모형개발

　　㉢ 궤도구조 및 구성품(분기기, 안내레일, 주행로)의 설계 제작

　　㉣ 시공 및 유지관리 상세 기술

　　㉤ 고가 구조물 소음 · 진동 측정 및 저감방안

　　㉥ 신형식 교량 설계, 시공

6. 경량전철 노선 선정 시 고려사항

① 무조건 지하화를 요구하는 지역주민들의 민원

② 기존도로에서 고가 적용 시 1개 차선 점유 및 차선조정이 필요

③ 지하정거장에는 유지보수성을 고려하여 집수정을 배치

④ 지하정거장은 교차로에 인접하여 출입구를 배치

7. 국내 현안사항 및 향후 대처방안

(1) 국내 경전철 추진 현황

① 용인 : LIM 방식 봄바르디아 수행

② 의정부 : 고무차륜 AGT, 지멘스 수입차량

③ 마산반송선 : 고무차륜 AGT, 국내 우진산전

④ 김해 : 철제차륜 AGT, 국내 로템

⑤ 경산 : 고무차륜 AGT, 미즈비시

(2) 현안사항 및 대처방안

① 시설

　㉠ 경량전철이나 중량전철이나 시설구조물은 큰 차이가 없다.

　㉡ 공사기간 과다 소요로 도심교통의 불편을 초래한다.

　㉢ 대책 : 차량경량화, 구조물 슬림화로 시공속도를 향상하고, 경제성 있는 경전
　　　철로 대처한다.

② 시스템

　㉠ 장기적 유지보수를 고려하지 않고 무분별한 외국시스템 도입으로 경영악화의
　　　요인이 된다.

　㉡ 대책 : 인센티브 부여 등으로 국내 경전철 기술을 적극 도입한다.

③ 제도

　㉠ 도시철도법과 철도건설법 사이의 사각지대에 놓여 있다.

　㉡ 명확한 경전철 기준이 정립되지 않은 상태로, 도시철도법 적용 시 현재 건설
　　　중인 시스템의 운영불가를 초래할 수 있다.

　㉢ 사업타당성 검토 시 KDI의 적용 기준이 불합리하다.

　㉣ 민간투자법에 의해 국고보조금 지원규모가 적어 위험부담이 크고, 활성화를
　　　저해할 수 있다.

　㉤ 대책

　　• '신교통법'을 제정하여 경전철활성화 기반을 구축한다.

　　• 사업성 평가기준을 합리적 · 현실적으로 적용할 수 있도록 제도를 보완한다.

　　• 정부국고보조금 지원규모의 확대로 투자확산을 유도한다.

8. 결론

① 경량전철은 공항셔틀, 위락단지, 도시 내 간선 및 연계수송체계로 확산되고 있으며,
대도시의 보조 간선노선이나 중소도시의 간선노선에 계획이 가능하다.

② 노선 형태에 따라 연속수송시스템, 궤도수송시스템(SLRT, GRT, PRT), 무궤도 시스
템으로 대별할 수 있으며, 적정한 위치에 적정한 형식을 선정할 필요가 있다.

QUESTION 2 경전철의 특징 및 종류

1. 개요

경전철이란, 대도시의 지하철 건설에 따른 막대한 사업비 소요, 재원조달의 문제 및 수송수요 효율에 문제가 있는 지하철에 대응하여 고안된 대중교통수단으로서, 조용하고 고가화가 가능하며 건설비가 적게 소요되며 자동운전으로 운영비를 경감할 수 있는 교통시스템이다.

2. 경전철의 분류

① 도시철도는 도시교통권역에서 건설 · 운영되는 지하철, 철도 등 궤도에 의한 교통시설 및 교통수단을 말한다.

② 승객수송 능력에 따라 중량전철(HRT ; Heavy Rail Transit), 경량전철(LRT ; Light Rail Transit), 소형전철 또는 궤도승용차(PRT ; Personal Rapid Transit)로 구분된다.

③ 경량전철(도시교통시스템)은 중량전철(대량형 철도)과 소량형 버스의 중간규모의 수송능력을 갖추면서 저렴한 건설비용과 운영비용으로 경제성을 높이고, 역사접근성, 도심환경에 대한 친화성 등이 향상된 신개념의 궤도 교통수단이다.

④ 이미 도입되고 있는 SLRT, Monorail, AGT, 리니어지하철과 현재 개발 중인 자기부상식 도시철도, 도시형 삭도, 신버스 수송시스템 등이 있다.

구분	용량	수송 능력	편성당 차량 수	운행속도
중(重)전철(Heavy Transit)	대형	4만 명 이상	6~10량	30~35km/h
중(中)전철(Medium Transit)	중형	2~4만 명	6~10량	32~38km/h
경전철(Right Transit)	소형	5천~2만 명	2~6량	35~40km/h
초경량전철(PRT)	소형	3천~5천 명	1량	40km/h

3. 경전철의 특징

① 경전철은 현대인의 취향에 맞도록 1~2분 이내로 짧은 시격의 배차가 가능하며 정거장 길이가 기존 지하철 및 전철에 비하여 $\frac{1}{2}$ 이하로 짧다.

② 차량크기 구조물의 크기가 작아 토목·건축 등 고정설비가 적게 소요된다.

③ 완전무인운전으로 운전비 등이 대폭 감소된다.

④ 지가가 비싼 도시의 지형에 맞도록 구동축 비율이 많아 급기울기, 급곡선 주행이 우수하다.

⑤ 버스가 1,000~5,000명/시간/방향이고, 기존 지하철이 약 40,000~70,000명/시간/방향인 데 대하여 경전철·중전철은 5,000~40,000명/시간/방향이다.

⑥ 무인자동운전시스템의 경우 중앙에서 열차를 제어하여 승객수송수요 변화에 신속하게 대응한다.

⑦ 일반지하철은 동력전달이 원형모터방식이나 경전철은 원형모터, 선형모터, 케이블견인, 자기부상 등 여러 가지 형태로 운영이 가능하다.

4. 도시교통 시스템의 형식(경전철의 종류)

(1) 노면철도(SLRT)

① 도로노면상에 레일을 부상하고 차량을 주행시키는 노면철도, 궤간 762mm, 1,067mm 및 1,435mm 3종류가 있고 정거장 간격 200~300m, 레일은 45kg HT 레일, 51kg 홈붙이 레일, 56kg 혼륜 홈붙이 레일 등이 사용된다.

② 집전장치는 뷰겔(궁형)집전장치가 쓰인다.

(2) 모노레일 철도(Monorail)

① 1본의 궤도위를 고무타이어 또는 강재차량에 의해 주행하는 철도로 과좌식과 현수식이 있다.

② 특징은 안전도가 높고, 타 교통기관과 입체교차로 탈선 위험이 없고 안전속도가 높다.

③ 급기울기, 급곡선 운전이 용이하다.

④ 공해가 적고, 대기오염, 소음·진동이 적으나 타 교통기관과 환승이 불가능하다.

(3) AGT(Automated Guide way Transit)

① 완전무인자동운전이 가능하며 고무차륜, 철제차륜의 교통시스템으로 일본, 프랑스에서 운영되고 있다.

② 분기방식은 통상철도방식과 동일하며 스크린도어 채용으로 여객의 안전을 도모한다.

③ 중앙제어방식

④ 자동제어 시스템

⑤ 수송인원 시간당 3,000~15,000명

⑥ 전기운전

⑦ 가이드웨이 설치

(4) 리니어 모터카(Linear Motorcar)

① 자기부상열차와 추진방식이 동일한 개념으로 운행되는 교통기관으로, 차륜직경 축소에 차량높이 감소 및 비점착 구동으로 등판 능력이 우수하며, 급곡선 부에서 주행이 우수하다.

② 터널 내 공단면의 축소로 도시철도 건설비의 50% 정도 공사비 절감이 가능하고, 소음을 감소시킬 수 있다.

(5) HSST(HIgh Speed Surface Transport)

① 차륜이 없이 자기로 부상하여 리니어 모터로 추진하는 새로운 교통시스템으로 종래 교통시스템에 비해 경제성이 좋은 교통수단이다.

② 무공해로 승차감이 좋다.

③ 고도의 안전성이 있다.

④ 새로운 시대 철도로서 시속 200~300km에 대응할 수 있다.

(6) 도시형 자기부상열차(Magnetic Levitation Transit System)

① 상전도 및 초전도 자기부상식 도시철도는 흡인력 및 반발력에 의해 차량이 부상하고, Linear Motor에 의해 추진하는 시스템이다.

② 가장 큰 장점은 저소음과 저마찰로 고속운행이 가능하다.

③ 표정속도 : 100~500km/h

최대수송량 : 15,000명/h, 6량 규모

(7) 도시형 삭도(케이블카)

① 공중에 가설된 로프에 운반기구를 매달아서 사람과 물건을 나르는 시스템이다.

② 종래에는 산악지 등에서 주로 관광목적으로 이용되었지만 이 시스템을 도시교통에 대응하는 시스템으로 개량한 것이다.

③ 지상과 공중에 면적을 최소로 차지하고, 정시운행 및 비용이 적게 소요된다.

④ 급경사에서도 운행이 가능하며 환경친화적이다.

⑤ 표정속도 : 23km/h

　최대수송량 : 40,000명/h, 자동왕복

(8) 가이드웨이 버스 시스템

① 기존 버스의 편리함과 서비스를 개선하여 개발된 것으로 버스전용궤도가 설치된 형태이다.

② 버스의 전용궤도화를 위해 가이드웨이에 의해 자동운전되는 시스템이다.

③ 전동궤도주행과 일반노면주행이 가능한 듀얼모드성 기능을 갖는다.

(9) 트롤리버스(Railless, Trolley Bus)

가공복선식 전차선에서 차량이 집전장치를 통해 전력을 공급받아 레일을 이용하지 않고, 노면 위로 주행하는 버스형 차량의 수송기관이다.

(10) 급기울기 철도(Steep Incline Railway)

치차궤조나 강색권양기로 급기울기선에서 열차를 운행하는 방식이다.

(11) 궤도승용차(PRT)

3~5인이 승차할 수 있는 소형차량이 궤도를 통하여 목적지까지 정차하지 않고 운행하는 새로운 교통수단으로 일종의 궤도승용차이다.

5. 결론

① 경전철은 최근 컴퓨터 산업의 발달에 힘입어 완전자동화 및 건설비용 절감 등으로 기존 교통수단이 가지지 못한 독자적인 도시교통수단으로서 특성을 지니게 되었다.

② 첨단경전철의 지속적인 발전으로 세계 주요 도시에서는 활발히 운행되고 있으며, 일부 경전철은 간선 측이 아닌 지선 운행으로 기존의 지하철과 연계수송 역할까지 담당하고 있다.

QUESTION
3

경전철 등 새로운 도시교통 시스템의 형식과 적용 사례에 대하여 간단히 설명하시오.

1. 도시교통 시스템의 형식

① 노면철도　　　　　② 모노레일철도
③ AGT　　　　　　　④ 리니어모터카
⑤ HSST　　　　　　　⑥ 도시형 자기부상열차
⑦ 도시형 삭도　　　　⑧ 가이드웨이 버스시스템
⑨ 트롤리 버스　　　　⑩ 급기울기 철도
⑪ 궤도 승용차

2. 국내 경량전철 적용 사례

(1) 김해 경전철

① 구간 : 부산 사상역~김해공항~서연정~김해시청~김해시 삼계동(23.455km)
② 차량 : 철제차륜 AGT(한국 ROTEM)
③ 편성 : 2량 1편성(304명/편성)
④ 최고속도 : 80km/h
⑤ 재원조달 : BTO 방식

(2) 용인 경전철

① 구간 : 용인시 구갈~동백지구~행정타운~명지대~포곡전대(18.47km)
② 차량 : LIM(봄바르디아)
③ 편성 : 2량 1편성(226명/편성)
④ 최고속도 : 80km/h
⑤ 재원조달 : BTO 방식

(3) 의정부 경전철

① 구간 : 의정부 장암지구~회룡역~의정부 시청~경기제2청사~송산동(10.75km)
② 차량 : 고무차륜 AGT(독일 지멘스사 VAL208)
③ 편성 : 2량 1편성(236명/편성)

④ 최고속도 : 80km/h

⑤ 재원조달 : BTO 방식

(4) 광명 경전철

① 구간 : 관악역~고속철도 광명역~지하철7호선 철산역(10.41km)

② 차량 : LIM(봄바르디아)

③ 편성 : 2량 1편성(244명/편성)

④ 최고속도 : 80km/h

⑤ 재원조달 : BTO 방식

(5) 우이~신설 경전철

① 구간 : 우이동~삼양로~지하철 4호선 성신여대입구역~지하철 6호선 보문역(10.7km)

② 차량 : 철제차륜 AGT(이탈리아 Analdo Breda사)

③ 편성 : 3량 1편성(402명/편성)

④ 최고속도 : 70km/h

⑤ 재원조달 : BTO 방식

(6) 부산지하철 반송선

① 구간 : 부산지하철 3호선 미남역~농수산물시장~석대~상반송~안평(12.9km)

② 차량 : 고무차륜 AGT(한국 우진산전 K-AGT)

③ 편성 : 6량 1편성(100명/편성)

④ 최고속도 : 80km/h

⑤ 재원조달 : BTO 방식

3. 결론

① 경전철 시스템을 선정함에 있어 교통수요나 재정 여건, 지형 여건, 철도건설과 운영경험, 발전 가능성 등 여러 가지 여건을 종합적으로 판단하여 선정한다.

② 우리나라에서 경전철은 아직 초기 단계이므로 경제성과 더불어 기술적 안전성 확보에 유의하여야 한다.

③ ATC-ATO 자동운전방식에 따른 무인운전은 이론상 가능하지만 실제 운행함에 있어 여러 가지 제약이 따를 수 있으므로 사전에 철저한 검증을 거쳐 안전한 운행이 보장되어야 한다.

QUESTION 4

1 우리나라 경량전철 추진방향과 문제점에 대하여 기술하시오.

2 국내 도시철도 일환으로 추진 중인 경전철사업의 추진현황과 문제점 및 대책에 대하여 설명하시오.

1. 국내 현안사항 및 문제점

(1) 과업추진의 미흡

① 우리나라에는 30여 개 도시의 약 70개 노선에서 신교통시스템을 도입하기 위하여 노선을 건설 중에 있거나 도입계획을 수립하여 행정절차를 진행하고 있다.

② 하지만 김해 경전철, 용인 경전철 및 반송 경전철사업 등 불과 몇 개의 사업만을 추진하고 있으므로 신교통시스템 도입이 미흡하며, 도입계획도 초기보다 상당히 지연되고 있다.

(2) 지방자치단체의 재정자립도 취약

① 각 지방자치단체의 재정자립도가 서울시, 광역시 및 일부 도시를 제외하고, 대략 30~40% 정도로 취약한 현실이다.

② 또한, 지하철 건설 부채 및 운영적자로 막대한 사업비가 소요되는 신교통시스템 도입사업은 사실상 어려운 상태다.

(3) 구체적인 실행법의 부재

① 현재 대부분의 도시에서 신교통시스템 도입은 민간투자사업(SOC)으로 추진하고 있다.

② 민간투자법에 따라 정부재정지원은 경전철은 40%, 지하철 계획을 경전철로 전환 시는 40< 50% 등으로 되어 있다.

③ 하지만 구체적인 실행법이 제정되지 않아 정부재정지원을 받기 위해서는 복잡한 행정절차를 거쳐야 하므로 건설시간도 장기간 소요되는 문제점이 있다.

(4) 승차요금의 비합리성

① 정부에서 대부분의 신교통시스템의 승차요금을 일반 대중요금 수준으로 권장하고 있다.

② 그러나 각 노선별 교통수요에 큰 차이가 있어, 비교적 수송수요가 적은 노선의 경우 전용궤도를 갖는 신교통시스템을 건설하는 것은 사업성과 경제성 면에서 효율이 낮다.

(5) 비효율적인 교통계획의 수립

① 각 도시에서 신시가지, 사업단지, 주택단지 등의 도시개발계획 수립 시 신교통시스템에 대한 건설계획을 포함하지 않는 경우가 많다.

② 비효율적인 교통체계구축 등 시너지 효과를 얻지 못하고 있으며, 건설사업비 재원을 확보할 수 있는 기회도 잃고 있다.

2. 향후 대처방안

(1) 과업추진의 적극적인 검토

① 차량 경량화, 구조물 슬림화로 시공 속도를 향상시키고. 경제성 있는 경전철로 대처한다.

② 인센티브 부여 등으로 국내 경전철 기술을 적극 도입하고 과업을 추진한다.

(2) 소요예산 적극 지원

① 신교통시스템 선정 시 관련법규에 의거 중앙정부의 예산을 지원토록 한다.

② 민간투자법에 따른 구체적인 실행법을 제정하여 행정절차를 단순화함으로써 정부재정지원을 적기에 받을 수 있도록 한다.

(3) 제도의 개선

① 도시철도법과 철도건설법 사이의 사각지대를 해결한다.

② 명확한 경전철의 기준을 정립하고, 현재 건설 중인 시스템 운영이 가능토록 도시철도법을 보완한다.

③ 사업타당성 검토 시 KDI의 합리적인 적용 기준을 설정토록 한다.

④ 민간투자법에 의한 합리적인 국고보조금 지원규모 설정 및 활성화 대책을 수립한다.

ⓐ '신교통법' 제정, 경전철 활성화 기반 구축

ⓑ 사업성 평가기준의 합리적 · 현실적 적용 및 제도 보완

ⓒ 정부국고보조금 지원규모 확대로 투자확산 유도

QUESTION 5

노면전차의 국내 도입 필요성, 적용 조건 및 국내외 기술발전 동향에 대하여 설명하시오.

1. 국내 도입 필요성

① 지하철에 비하여 건설비 및 유지보수비 저렴

② 도시 노면교통 혼잡 해소

③ 도로 다이어트를 통한 교통수요 관리 유리

④ 버스 등 타 교통수단과의 연계 유리

2. 적용 조건

① 도로를 점용할 경우 일정 차로(6차선 정도) 확보

② 자동차 통행을 허용할 경우 일정 수준 이하의 교통량

③ 도로의 경사면이 급하지 않아야 함

④ 수입으로 최소 운영비를 상쇄할 수 있는 일정 규모 수송수요

⑤ 광역시 등에서 지하철을 대체하는 광역교통 수단

3. 국내 기술 현황

(1) 국내 기술수준

① 설계기술

ㄱ 설계 및 운영분야에 축적된 산업계의 경험과 실적이 많지 않다.

ㄴ 차량, 신호, 통신, 전력, 선로 구축물 등에 대한 국내 산업계의 자체기술로 대응이 가능한 분야가 극히 미소하게 한정되어 있다.

ㄷ 차량시스템엔지니어링, 핵심부품의 설계 등 원천기술의 대부분을 외국기술에 의존하고 있어 국내 기술개발이 시급한 실정이다.

② 시공기술

ㄱ 국외의 건설 경험과 경부고속철도 시공 경험 등 일반 시공기술은 세계적 수준에 이르고 있다.

ㄴ 경전철의 특성에 맞는 시공기술의 연구가 필요하다.

(2) 기술개발 방향

① 종합시스템엔지니어링

   ㉠ 경전철의 상세 사양 및 인터페이스 사양 개발

   ㉡ WEB 기반의 통제 및 기술관리, 시험평가 체계 구축

   ㉢ 국내 경량전철 구축 모델 완성

   ㉣ 시스템 기술개발 DB 구축

② 차량시스템

   고무차륜, 철제차륜, LIM, AGT 차량설계, 제작, 시험평가 및 보완에 대한 기술 개발

③ 전력공급시스템

   ㉠ 제3궤조 개발

   ㉡ DC 차단기 및 배전반

   ㉢ 사고전력 해석 기술 개발

   ㉣ 차량 종류별 전력공급시스템 개발

④ 신호제어시스템

   ㉠ 종합운행제어 관리장치

   ㉡ 자동열차제어장치

   ㉢ 통신장치

⑤ 선로구축물

   ㉠ 경량전철 토목(선로 및 궤도)설계 기준 및 시방서

   ㉡ 차량시스템별 설계하중 모형개발

   ㉢ 궤도구조 및 구성품(분기기, 안내레일, 주행로)의 설계 · 제작

   ㉣ 시공 및 유지관리 상세 기술

   ㉤ 고가 구조물 소음 · 진동 측정 및 저감방안

   ㉥ 신형식 교량 설계, 시공

4. 국내외 기술발전 동향

① 현재는 일반적으로 카테너리(Catenary) 방식으로 전력을 공급받는 방식으로 운행 중이다.

② 최근 일본에서는 축전지를 활용한 Tram을 개발 중에 있다.

③ 프랑스에서는 카테너리 방식 대신에 레일로부터 전기를 공급받는 보독스 시스템 상용화를 추진 중에 있다.

5. 결론

① 핵심부품의 설계 등 원천기술의 대부분을 외국기술에 의존하고 있고 국내 산업의 자체기술로 대응이 가능한 분야가 극히 미소하게 한정되어 있어 경전철과 관련된 국내 기술 개발이 시급한 실정이다.

② 현재 국내 경전철은 아직 초기 단계이므로 사전에 철저한 검증을 거쳐 안전한 운행이 보장되어야 한다.

6

경량전철의 특징을 선로 구축물 분야에서 약술하고, 도시철도와 중요항목별 설계기준을 비교 설명하시오.

1. 개요

① 경량철도란 지하철도와 버스의 단점을 보완한 대중교통수단이다. 기존의 지하철과 같은 중전철(重電鐵)과 반대되는 개념으로 가벼운 전기철도(LRT)라는 뜻을 지니며, 지하철도와 대중버스의 중간 정도의 규모이다.

② 도시 내 교통거점 간 짧은 시격에 대응하고, 소형이며 건설비, 운영비가 최소화된 자동화운송시스템으로 도시철도에 가장 적합한 시스템으로 평가되고 있다.

2. 경량전철의 특징 및 장점

① 배차간격이 짧아 승차대기시간이 작다.

② 무인운전, 여객설비 자동화로 운영비용이 저렴하다.

③ 급기울기, 급곡선 설치가 가능하여 배선여건이 양호하다.

④ 원격집중제어로 수송수요 변화에 신속대응이 용이하다.

⑤ 정거장 간격 축소로 접근성이 용이하다(800m).

⑥ 하중이 가벼워 캔틸레버교각 설치가 가능하다(축중 12ton, 지하철도 16ton).

⑦ 차량기지 건설에 적은 면적이 필요하다.

3. 도시철도와 경량전철 설계기준 비교

구분	중량전철	경량전철(AGT 설계기준)
설계최고속도	80km/h	70~80km/h
궤간	1,435mm	1,435mm
최소곡선반경	250m	50m
최대기울기	35‰	48‰
설계표준하중	Q-25	별도 설계모형
침목	PC	PC 및 합성
완화곡선	클로소이드(캔트의 600배)	3차 포물선(캔트의 600배)
종곡선반경	3,000m 이상	1,000m 이상

구분	중량전철	경량전철(AGT 설계기준)
궤도중심간격	4.0m	3.5m
전력공급방식	R-bar 또는 T-bar	제3궤조

4. 결론

① 경량전철은 종합교통시스템적 관점에서 접근하되 도시규모나 교통 특성, 토지이용, 수송수요 등을 고려하여 설치하고자 하는 지역의 가장 적정한 시스템을 선정하여야 한다.

② 향후 에너지 절약 및 환경공해에 대처하기 위하여 국가적 차원에서 국산화시스템 개발, 관련 법규제정 등에 박차를 가하여야 할 것이다.

노면전차(Tram, Street Light Rail Transit)에 대하여 설명하시오.

1. 노면전차의 정의

① 도로의 노면 상에 레일을 부설하고 여기에 전기운전방식으로 차량을 주행시키는 경량철도를 노면전차라 한다.

② 20세기 초부터 자동차 교통이 증가하여 도로교통 혼잡으로 최근에는 폐선된 상태이다.

③ 최근 도로 내에 전용궤도를 부설하고 속도 향상, 전산화 등 차량기술 개발로 세계 여러 도시에서 도입되는 추세이다.

④ 우리나라에서도 성남, 전주, 마산, 창원, 울산에서 노면전차를 적용하는 경전철 계획이 수립되고 있다.

2. 특징

① 대기오염이 없어 환경친화적

② 접근성이 양호, 타 교통수단과 환승 용이

③ 급곡선, 급기울기 주행 가능

④ 낮은 표정속도 및 횡단보도 필요(3~4개 차선점유, 정차지점 횡단보도시설)

⑤ 레일면이 도로면보다 높게 설치(5~10mm)

⑥ 궤도는 홈붙이레일

⑦ 가공전차식 전차선로

⑧ 수송용량은 시간당 편도당 5,000인 정도, 고밀도 운행 가능

3. 선로

① 노면전차는 도로에 부설이 원칙이므로 선로망은 도로망에 지배된다.

② 정거장 간격 : 도심부 200~300m, 주택지 400~600m

4. 궤도와 도로

① 부분적으로 지하화, 고가화하여 운행한다.

② 레일 외측에 차도방향으로 1/20 배수기울기를 설치한다.

③ 일정간격으로 궤도횡단배수를 설치한다.

5. 전차선로

① 노면철도의 전차선은 10mm 직경의 경동선이 쓰인다.

② 직류 600V를 기본으로 하는 가공전차선 방식이다.

③ 특수한 경우는 노면에 제3궤조로 설치한다.

④ 배터리(운영구간의 제한)를 탑재하여 운영한다.

⑤ 특수분기기 및 전철기를 사용한다.

6. 차량

① 수송용량이 시간당, 편도당 5,000명 정도의 고밀도 운행이 가능하다.

② 현대화된 전차는 4~5km/h/sec의 높은 가감속 및 최고속도 80km/h가 가능하다.

7. 적용

① 노면전차는 19세기 말~20세기 초까지 도시교통의 대부분을 소화하였다.

② 20세기 초부터 자동차 교통 증가로 폐지되었다.

③ 최근 도로혼잡, 환경오염, 에너지 절감 사유로 성능이 향상되고 승차의 편리성 등으로 노면전차시스템이 재등장하는 추세이다.

8. 국내 도입의 검토

① 낮은 도로율 때문에 노면전차 정거장에서 추가로 도로 폭을 확대해야 하는 문제가 있다.

② 노면전차에 통행우선권을 주는 방안

신호체계의 정비로, 노면전차 노선에는 대중교통망을 통행토록 하고 승용차 출입을 금지시키는 Traffic Mall을 조성하는 방안을 검토하도록 한다.

③ 높은 인구 및 차량밀도에 따라 노면교통의 대 혼잡을 유발할 가능성이 있다.

④ 교차로 주행방안 모색

　　잦은 교차로에 의한 정차, 자동차에 비해 낮은 가감속 능력, 신호변환시간 연장 등의 문제를 해결하여야 한다.

⑤ 한랭지에서 노면 결빙 시 전철기 작동이 불량할 수 있으므로 배수체계가 잘 정비되어야 한다.

⑥ 우리나라의 경우 사전에 승용차를 대중교통으로 흡수토록 하는 대책이 세워져야 하며, 도로여건, 인구의 통행패턴에 맞는 노면전차 도입계획이 수립되어야 한다.

QUESTION 8

철제차륜형 AGT와 고무차륜형 AGT를 비교하고, 궤도구성요소, 유지보수사항에 대해 설명하시오.

1. 개요

① AGT(Automated Guideway Tansit)란 자동무인운전을 전제로 소형경량의 차량을 짧은 시격으로 운행하는 경전철 도시철도시스템을 말한다.

② 차륜형식에 따라 고무차륜 AGT, 철제차륜 AGT로 구분할 수 있다.

③ 모노레일은 이상 발생 시 승무원이 없는 완전무인운전이 어렵지만, AGT는 일반적으로 피난 통로가 구조물 위에 설치되므로 완전무인운영이 가능하다.

2. 특징

① 자동무인운전   ② 중앙집중제어방식(CTC)

③ 자동제어 방식   ④ Guideway 사용

⑤ 스크린도어 채용   ⑥ 전기급전은 주로 제3궤조식

⑦ 차량의 소형화로 건설비용 절감   ⑧ 등판능력 향상, 급곡선 가능

⑨ 도로점유율 낮음   ⑩ 고무타이어 AGT를 주로 사용

⑪ 철도와 버스의 중간 수송능력(2,000~20,000pphpd)

⑫ 최고속도 50~60km/h, 표정속도 30~40km/h

⑬ 1량당 정원 60~70명, 4~6량 편성운영

3. 고무차륜형 AGT

① 현재 프랑스, 일본에서 활발하게 운영 중

② 국내에서는 부산지하철 3호선 반송선에 적용

③ 고무차륜형 AGT는 펑크를 대비하여 고무타이어 내부에 알루미늄으로 된 안전차륜이 내장

4. 철제차륜 AGT

① 곡선주행성을 올리려고 차륜직경을 작게

② 도유는 궤도에서보다 차량에서 도유기 부착

③ 교량구간의 경우 Con'c 도상 또는 직결도상

④ 전 구간 장대레일화, 분기부 노스가동크로싱
⑤ 거더의 트위스트, 신축에 따른 선형의 변형 가능성을 감안, 경간장이 제한됨

5. AGT의 구성

① 차량
② 전용궤도
③ 안내방식
④ 자동운전시스템

6. 안내궤도방식

① 중앙안내방식
② 측방안내방식
③ 중앙측구안내방식

7. 분기방식

① 가동 안내판식

분기기 궤도상에 전기전철기로 연동하는 가용안내판이 작동하여 그 방향으로 차량을
진행시키는 방식

② 부침식

각각의 진행방향에 따라서 가이드레일이 떴다 가라앉았다 하며 방향을 바꾸는 방식

③ 회전식

㉠ 중앙안내궤도가 분기점을 중심으로 회전
㉡ 분기장치가 180도 회전하여 진행방향을 변환하는 방식

④ 블록 평행 이동식

분기를 블록이 좌우수평으로 이동함에 따라 방향을 변환하는 방식

⑤ 수평회전식

주행방향과 안내궤도가 일체로 작동하는 방식

QUESTION 9 AGT의 특징, 안내방식, 분기방식에 대하여 설명하시오.

1. AGT의 특징

① 철도와 버스의 중간적인 수송력(편도 2,000~20,000명/hr)을 갖는다.

② 도로 점유율이 비교적 적다.

③ Guide way를 설치한 전기 운전방식이다.

④ 고무타이어시스템을 주로 채용한다.

⑤ 자동, 무인운전이 가능하여 인건비를 절약할 수 있다.

⑥ 건설비가 비교적 저렴하다.

2. 안내방식

① 중앙안내방식

궤도 중앙에 있는 안내궤도를 안내차륜이 양측 사이에 끼고 주행하는 방식

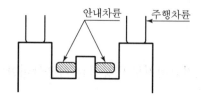

② 중앙측구안내방식

좌우의 주행로 구조물의 내측을 안내에 이용하는 방식

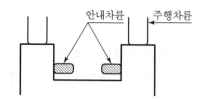

③ 측방안내방식

안내차륜이 측벽에 Guide되어 주행하는 방식으로 우리나라 표준화 차량인 K-AGT 에서 채택되고 있는 형식이다.

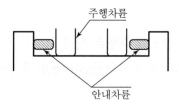

주행차륜

안내차륜

3. 분기방식

① 가동 안내판식

분기기와 연동되어 있는 가동안내판이 작동하여 그 방향으로 차량을 진행시키는 방식 으로 일본의 유리카모메, 우리나라의 K-AGT에서 채택되고 있는 형식이다.

② 부침식

각각의 진행방향에 따라서 가이드레일이 떳다 가라앉았다 하며 방향을 바꾸는 방식

③ 회전식

2종류의 안내빔을 안팎으로 설치한 분기장치가 180도 회전하여 진행방향을 변환하는 방식

④ 블록 평행 이동식

분기를 블록이 좌우수평으로 이동함에 따라 방향을 변환하는 방식

⑤ 수평 회전식

주행방향과 안내궤도가 일체로 작동하는 방식

모노레일에 대하여 설명하시오.

1. 레일의 정의

① 모노레일이란 1개의 궤도나 빔 주행로 위에 고무타이어 또는 강재의 차륜에 의해 위혹은 아래로 주행하는 철도로서 과좌식(Straddle Type)과 현수식(Suspended Type)이 있다.

② 고가에서 운행속도는 30~50km/h이며 최대속도는 80km/h이다.

③ 철도와 버스 중간 정도의 경전철시스템이다.

2. 모노레일의 특징

(1) 장점

① 타 교통기관과 입체 교차하므로 충돌이나 탈선의 위험이 없어 안전도가 높다.

② 비교적 운전속도가 높다.

③ 급기울기, 급곡선에 운전이 가능하므로 노선선정이 용이하다.

④ 대기오염, 소음이 적어 친환경적이다.

⑤ 도로 중앙에 건설하므로 도로교통에 지장이 적다.

⑥ 지주가 가늘어 도로점용이 적고 공사비가 적다.

⑦ 수송력은 25,000pphpd

(2) 단점

① 차량의 기구가 복잡하고 고가로 설치된다.

② 고무타이어이므로 고속성능에 열악하며, 일반 철도와 환승이 불편하다.

③ 시가지, 주택지 통과 시 도시경관상 배려가 필요하다.

④ 고가도로와 교차 시 높은 고가구조물이 형성된다.

⑤ 분기장치가 복잡하고 작용시간이 길다.

⑥ 차량사고 등 긴급 시 피난에 시간이 걸린다.

⑦ 무인운전이 곤란하다.

3. 고려사항

① 상부구조물이 직접 궤도가 되므로 정교한 시공이 요망된다.

② TPS를 사전에 철저히 시행하여 해당 곡선의 주행속도 및 캔트값을 도출하고 이에 따라 빔을 제작 가설해야 한다. 특히 곡선구간은 궤도선형과 구조물선형이 상이하므로 캔트－거더 높이를 감안한 설계를 하여야 한다.

③ 주행면에 대하여 특별 처리가 전제되어야 한다.

④ 거더 자체가 움직이며 진로를 선정하는 고무차륜형이 철제차륜형보다 다소 유리하다.

⑤ 주행성을 제고하기 위해 거더 간 신축이음매 처리에 특히 주의해야 한다.

⑥ 방음벽과 차광막 설치가 불가하나 환경친화적인 시스템이다.

⑦ 대피선 배치가 곤란하다.

⑧ 빔의 전도 및 비틀림에 주의해야 한다.

⑨ 원칙적으로 고가구조물이다.

⑩ 정거장과 정거장간 중간에 화재 발생 시 별도의 대피로가 없어 특별한 대책이 요구된다.

⑪ 빔의 폭이 제한됨으로써 곡선반경 따라 적용 지간장이 제한된다.

⑫ 차량 전체가 외부 노출로 도시에 생동감을 제공할 수 있다.

4. 선로기준

구 분	과좌식	현수식
궤도중심간격	3.7m	3.7m
곡선반경	100m(캔트를 붙인다)	100m(심하게 흔들린다)
완화곡선	원심력 · 가속도 기준	원심력 · 가속도 기준
기울기	60%	60%
궤도형태	PS콘크리트 공중 I형	강제상형단면
지주	22~25m	30~40m
분기	2본의 빔을 수평이동시킬 수 있는 트래버스 형식	일반 철도와 동일한 원리

5. 국내 적용성 검토

① 고가로 통과 시 차광막 설치가 불가능하여 주거환경 침해에 따른 민원 제기 우려가 있다.

② 곡선형 빔, 완화곡선형 빔, 장경간에서 횡저항력의 확보방안, Shoe 설치 시 트위스트 하중 처리 기술의 심도 있는 접근이 필요하다.

③ 고가화에 따라 지하철과의 환승이 불편하다.

④ 화재 발생 시 선로변 대피가 불가하여 안전대책의 수립이 요망된다.

⑤ 도로 1개 차선 점유에 따른 공간 확보 문제가 있다.

⑥ 현수식 모노레일 경우 전 구간 고가가 전제되며, 연장 10~15km 거점 간 연결이 바람직하다.

6. 모노레일 차량고장 및 화재발생시 승객 대피 방안

① 최신 경향에 맞추어 열차 내에서 차량 간 통행을 자유롭게 개방형으로 제작한다.

② 긴급 출동한 견인차, 후속차량 등으로 고장차량을 추진운전, 견인운전 방안을 강구한다.

③ 복선구간에서 고장차량으로부터 동일 선로로 접근한 구난차량으로 옮겨 타는 방안을 계획한다.

④ 구난용 특수자동차에 의해 승객을 탈출하게 하는 방안을 계획한다.

⑤ 완강기 또는 루프를 이용하여 승객을 지상으로 내리게 하는 방안을 계획한다.

1 LIM에 대하여 설명하고 신교통시스템 적용(도입)에 대해 기술하시오.

2 리니어(Linear Induction Motor) 지하철의 주요 특성과 기술개발 추세(성과)에 대해 기술하시오.

1. 개요

① LIM(Linear Induction Motor)은 회전형 모터를 절개하여 직선운동을 발생시키는 선형유도전동기로 추진하는 방식이다.

② 자기부상열차와 추진방식이 동일하고 다만, 차체를 띄우지 않고 철제차륜 AGT와 동일하게 상부의 하중을 레일에 전달하는 형식이다.

2. LIM과 자기부상열차의 차이점

① LIM은 바퀴가 있고 자기부상열차(Maglev)는 바퀴가 없다. 따라서 LIM은 기존의 지하철에서처럼 바퀴를 구동시키며 운행하게 된다.

② LIM은 Maglev와 추진력을 얻는 방법은 비슷하다. 다만 LIM은 바퀴를 이용하여 지면과 일정한 간격을 유지하지만 Maglev는 부상력을 이용하여 열차가 지면에서 일정한 공간 떠서 운행하게 된다.

3. LIM의 장단점

(1) 장점

① 차량의 높이를 크게 낮출 수 있다. 즉, 바퀴축과 상부에 설치되는 탑승공간의 바닥면이 낮아져 궤도단면이 크게 축소됨에 따라 건설비를 약 35% 줄일 수 있다.

② 급기울기 노선에 열차운용이 가능하다. 기존의 궤도차량은 레일과 철제바퀴의 마찰력에 의해 견인력을 얻지만 LIM은 선형 Motor로 견인력을 얻어 미끄러지지 않기 때문에 기울기 50‰까지 등판할 수 있다.

③ 기존 지하철은 곡선반경 R=120m까지 한계이나 LIM은 R=100m까지 적은 곳도 운행이 가능하므로 불규칙한 가로망에서도 건설이 가능하며 부드러운 승차감을 갖는다.

(2) 단점

① 동력 소모량이 약 10% 정도 높다. 주된 이유는 차량에 부착된 Linear Motor의 회전자와 궤도에 부착된 유도자기판의 간격이 일반전동차보다 넓기 때문이다.

② 1회 승차인원이 지하철보다 적다. 1열차당 4량 편성 시 90＋100＋100＋90＝380명 정도이다.

4. 주요특징

(1) 건설비 저감

① 차량규모가 작아 구조물 축소가 가능하다.

② 급곡선 급기울기로 설치가 가능하므로 용지면적의 축소, 역사 등 굴착 깊이의 축소, 지하·지상 간의 연결이 용이하다.

(2) 운영비

전력비는 증가되나 차량, 궤도보수비 등이 감소한다.

(3) 환경

저소음·저진동으로 환경친화적이다.

5. 우리나라 적용성 검토

① Reaction plate에 대하여 눈 쌓일 때 적설에 대한 대책 수립

② 지하구간에서 운행 중 발생열을 처리하는 방안 강구

③ 정거장 간격이 길며, 급곡선이 많고 옥외에 노출된 급기울기 구간에 적절하다.

6. 기술개발 항목(일본의 사례)

(1) 차량, 구조물의 소단면화

지름 4m의 터널에도 적용이 가능한 소단면 경차량 개발

(2) 급곡선의 대응

① 종래의 차량은 고정축거(Wheel Base) 대차로 반경 50m의 급곡선에서 주행 불가능

② 급곡선의 Steering Mechanism을 갖춘 대차 개발

(3) 급기울기의 대응

80‰의 급기울기에도 안전 주행이 가능한 제동 및 추진시스템의 선형전동기 개발

(4) 저소음화

① Steering Mechanism을 갖춘 대차를 채용하여 곡선 통과 시 소음 저감

② 차량의 경량화, 차음재 부착, 기기의 저소음화 구현

(5) 궤도구조

① 선형전동기의 흡인력과 추진력에 견디는 궤도구조와 Reaction Plate를 침목에 체결하는 기술개발

② 급곡선부 장대레일 시공방법 개발

7. 결론

① 리니어 지하철이란 회전전동기를 잘라 전개한 LIM(Linear Induction Motor) AGT 시스템의 차량을 지하철에 실용화한 도시 내의 궤도계 교통시스템이다.

② 터널 및 구조물의 축소가 가능하고, 비점착 구동으로 급곡선, 급경사 등의 도심지 노선선정이 자유로워 지하철의 건설비 및 운영비를 저감할 수 있어 향후 리니어 지하철의 도입이 더욱 필요하다.

GRT(Guided Rapid Transit) 시스템

1. 개요

① GRT(Guided Rapid Transit)는 일반버스와 동력 및 외형은 동일하나, 도로에 설치된 막대자석과 차량의 감지센서로 운영되는 시스템이다.

② 우리나라에서는 서울 난곡선 난향초등학교~보라매 공원 간 5km에 운영할 예정이었으나 실효성을 거두지 못하고 있다.

2. 특징

① 차로에 5m 간격으로 설치된 막대자석과 차량의 감지센서를 통해 중앙제어 컴퓨터에서 차량위치 도로조건을 파악 후 각 바퀴의 회전수와 회전수조절로 운전을 통제하는 완전무인운전 시스템이다.

② 전용도로, 전용차로를 설치하여야 한다.

③ 실시간 승객이용정보시스템 설치

④ **정류장** : 차도에서 30cm 높이에서 분리

⑤ 3추진모드(Driving Mode)

㉠ 자동모드

㉡ 반자동모드

㉢ 수동모드

⑥ 아인트호벤시의 GRT System이 성공적으로 운행 중

⑦ GRT System은 철도의 높은 건설비와 버스의 불편함을 동시에 해결할 수 있는 System이다.

3. 우리나라 도시에서의 적용성 검토

① 완전한 버스전용로를 확보하여야 효과를 발휘할 수 있으며 전자동 무인운전이 가능하다고 하나 우리나라 도시여건상 완전한 전용차로 확보가 어려워 운전기사의 탑승이 불가피하다.

② 주요 간선축에 여러 개의 버스노선이 중복될 경우 어느 특정 노선에만 본 시스템을 적용하는 것은 현실성이 없다.

③ 신림~난곡 간의 운영결과와 현재 운영 중인 버스 중앙차로제와의 장단점을 비교 분석·보완 후 확대 적용 여부를 결정하는 것이 바람직하다.

QUESTION 13 BRT(Bus Rapid Transit, 급행 버스 교통체계)

1. 개요

① 간선급행버스를 보다 효율적으로 관리하고자 GRT 시스템에서 Bus에 적용 가능한 장점에 일부 철도개념을 부분 적용한 시스템이다.

② 일반적인 BRT는 시외곽 지역에서는 전용궤도로 운행하고, 시내에서는 일반버스와 같이 노면을 주행하는 듀얼모드성 기능을 가진다.

③ 종래의 노선버스에 기계식 안내 장치를 부착하고 가이드레일이 안내하는 전용궤도 위를 주행하는 시스템이다.

2. 특성

① 가이드레일을 유도하기 위해 주행로의 폭원을 2차선의 경우 7.5m 이상 확보하여야 한다.

② 차량 형태는 굴절형이며 별도의 차량기지가 불필요하다.

③ 건설비가 절감되며 여러 개 노선을 동시에 수용할 수 있다.

④ 안내륜에 의한 기계적인 스티어링과 가속 페달, 브레이크만으로 조작이 가능하다.

3. 장단점

① 장점

　㉠ 기존시설을 이용한 저렴한 비용으로 도로 위에 전용선을 첨단으로 건설할 수 있다.

　㉡ Bus의 운행속도, 정시성, 수송능력이 향상된다.

　㉢ 승하차 동선이 짧아 교통약자의 사용이 편리하다.

② 단점

　도로망의 연계부분 및 승용차 이용자에게 불편하다.

4. 우리나라 도시 적용성 검토

완전한 버스전용로를 확보하는 개념으로 시외곽에 위치한 거점과 다양하게 노선이 형성되는 대도시 간을 연결하는 교통시스템으로 적당하다.

QUESTION 14

BRT(Bus Rapid Transit)와 LRT(Light Rail Transit)의 특징 및 장단점을 비교 설명하시오.

1. BRT(Bus Rapid Transit)

(1) BRT의 정의

① 버스운행에 철도시스템 개념을 도입한 간선급행버스시스템으로서 저렴한 비용의 새롭고 신속한 양질의 대량수송에 적합한 대중교통 시스템이다.

② 새로운 교통시스템으로 쾌적한 차량, 편리한 환승, 효율적 관리시스템 및 버스 운행속도 향상, 정시성, 수송능력을 향상시킨 새로운 교통시스템이다.

(2) BRT의 특징

① 기존 기반시설을 이용하여 저렴한 비용으로 버스 운행속도 향상, 정시성, 수송능력 향상이 가능하다.

② ITS를 통한 운행관리(BIS AVL, 실시간 운행정보) 및 요금관리시스템

③ 타 신교통수단에 비해 효과 및 비용 면에서 유리

ㄱ 건설비용이 LRT 비용에 25% 정도

ㄴ 공사기간도 경전철에 비해 $\frac{1}{2}$ 감소

④ 기존 버스 중심의 대중교통을 격상시킨 고급교통수단으로 효과는 도시철도와 유사하다.

⑤ BRT의 차량은 CNG(천연가스)를 사용하여 환경 및 CO_2 유발을 감소시킨다.

⑥ 운영사례 : 해외 45개 도시에서 운영 중에 있으며, FTA(Federal Transit Authority)에서는 미국의 10개 도시에 시범사업 지원 중이며 지하철 또는 LRT사업을 BRT사업으로 전환하고 있다.

2. LRT(Light Rail Transit)

(1) LRT의 정의

차륜과 레일 간 소음저감을 위해 고무패드층이 내적된 철제탄성차륜을 적용하고 있으며 차량 간 연결부 하단에는 관절대차를 설치하여 작은 곡선반경의 선로에서도 유연하게 달릴 수 있도록 한 시스템이다.

(2) 선로 및 특징

① **차량편성** : 2~3량의 고정편성(최대 4량)

② **수송능력** : 17,000~20,000명/시간

③ **선형제원** : 기울기 45~60‰, 곡선반경 25~40m

④ **운영사례** : 그레노블 LRV, 낭뜨 LRV, 런던 DLR, 뒤셀도르프, 포틀랜드 MAX, 피츠버그 LRV 등이 있다.

QUESTION 15 LRV(Light Rail Vehicle)

1. 개요

LRT(Light Rail Transit)용 전용차량으로 경전철 등에 이용되는 현대화된 고성능의 저상차량을 말한다.

2. 특징

① 대량 수송수단과 버스의 중간 수송력을 가진 중량의 수송시스템
② 안전 입체화된 전용궤도를 운행하며 고령자 및 신체장애자들의 이용이 편리한 저상차량으로 수송력, 정시성, 신속성, 쾌적성 등이 좋은 고성능의 차량
③ 4~5km/sec의 가감속 성능
④ 80km/h 정도의 최고속도
⑤ 연접차의 연결운행으로 수송력 증감 가능

3. SLRV(Street Light Rail Transit)

도로에서 사용하는 SLRT(Street Light Rail Transit)용 전용차량으로는 SLRV(Street Light Rail Transit)가 있다.

PRT(Personal Rapid Transit, 소형 궤도열차시스템)

1. 개요

3~5인 승차할 수 있는 소형차량이 궤도를 통하여 목적지까지 정차하지 않고 운행하는 일종의 궤도 승용차이다.

2. 특성

① 출발지에서 목적지까지 Non-stop 운행
② 최고속도는 느리지만 중간 무정차로 표정속도는 지하철과 비슷
③ 수요에 따라 24시간 수시로 운행
④ 4명까지 승차할 수 있는 안락한 시스템
⑤ PRT 전용궤도에 의한 완전자동운전 System

3. 장단점

① PRT 시스템 내에서 환승이 필요 없는 시스템
② 사생활 보호에 적합
③ 대량수송 부적합
④ 밀집 정차 지역에서 지상교통 병목 현상 초래

4. 우리나라 적용성 검토

① 출발지에서 목적지까지 직접 도착할 수 있는 장점
② 24시간 계속 운영 가능
③ 수송용량 2,000 내외 pphpd 예상
④ 따라서 수요가 집중되는 조건보다 대규모 단지에서 출발점과 도착지가 다양하게 형성되는 지역 및 접근 분산교통량이 많은 지역에 적합

QUESTION 17

No-Wait System을 설명하시오.

1. 개요

① 승객이 승강장에 기다리지 않고, 경량 밀폐 튜브형 고가구조물로 건설되며 정거장에서 차량이 90° 수평전환을 통해 승객이 승하차하는 시스템이다.

② 전 노선에 걸쳐 차량과 승객을 분산시켜 연속으로 운송하는 새로운 도시 궤도 시스템이다.

③ 승객 하중을 전 노선에 걸쳐 분산시킴으로써 전동차 중량이 경량화되어 기존 구조물의 건설비용 및 에너지 소모를 현격히 감소시킬 수 있다.

2. 시스템의 기본원리

(1) 운행방식

① 전 노선의 상하선이 Loop로 연결되어 아코디언 원리를 적용한 시스템이다.

② 차량이 10m 간격으로 30~40m/h로 주행하다 정거장에서 0.8m/sec의 저속으로 운행하며, 레일폭을 양쪽으로 적당한 비율로 펴나감으로써 차량의 속도를 저감시키고 최종적으로 차량을 90° 꺾이게 한다.

③ 90° 꺾여 모아진 차량들은 이동보도처럼 서서히 움직이게 되고 이때 승객들이 승하차하게 된다.

(2) 수송력

① 1개 차량 정원 : 좌석 7~8개, 입석 10인

② 수송용량 : 방향-시간당 15,000인

(3) 선로구조

① 고가구조에 적합

② 외부 전체 폐합, 환기장치 설치

3. 특징

① 24시간 고정편성으로 연속운행 가능

② 승강장 혼잡 완화

③ 승무원, 신호설비 불필요

④ 중량전철에 비해 공사비가 저렴하며, 지상구조물의 중량을 현저히 경감시킴

⑤ 450V LIM 구동방식

⑥ 차량출입문은 측면이 아닌 전후에 위치

⑦ 시·종점부 Loop 시스템

⑧ 선로 추락사고 예방(Screen Door 불필요)

⑨ 언제나 시스템이 일정하게 운영되어야 하므로 비첨두 시에는 불필요한 에너지가 소요됨

4. 우리나라 도시에서 적용성 검토

① 우리나라에서는 현재까지 적용되지 못하고 있다.

② 연장이 길지 않고 대로상 Loop 노선 운행 시 검토가 가능하다.

③ 단선 Loop식이 현실적이다.

④ 복선으로 운영하기 위해서는 시·종점부는 회차를 위한 Loop 시스템을 채택하여야 한다.

⑤ 최고속도 36km/h, 표정속도 25km/h 내외이다.

5. 향후 발전 방향

(1) 적합노선

① 대도시 내 지하철이 없는 지역의 지하철 연계 노선에 적합

② 5~15km 정도의 연장에 적합

③ 단선 순환선 적용에 유리

(2) 연구과제

본 시스템은 현재까지 실제 도입 운용사례가 없으므로 실제 노선 적용을 위해 많은 검토와 시험운행이 필요하다.

18 바이모달 트램

1. 개요

① 철도의 정시성과 버스의 유연성을 조합한 신교통수단이다.

② 철도에서는 선로 위를 달리고 도로에서는 바퀴를 이용하여 달릴 수 있는 양용방식의 수송시스템으로 Door to door의 운전 접근성이 가능하다.

③ 국가교통핵심기술 개발사업의 대상이다.

2. 수송능력 비교

구 분	수송능력	표정속도	건설비
바이모달 트램	1~1.5만 명/시간	30~40km/h	100~300억 원/km
경전철	1~2만 명/시간	30~40km/h	450~700억 원/km
지하철	2~4만 명/시간	30~40km/h	1,200억 원/km

3. 특징

(1) 자동운행 최첨단 ITS 운행

① 마그네틱바에 의하여 유도되는 가이드시스템

② 유인 자동운행 시스템

③ 저상 고무바퀴 채택으로 저소음, 저진동

(2) 초저상 정밀정차

① 바닥높이 35cm의 초저상 수평 승하차 시스템

② 독립형구동시스템 + 정밀정차시스템으로 승차감이 우수하고 교통약자에게 편의 제공 가능

(3) 미려한 차체 친환경

① 미려한 초경량 복합소재(FRP)의 차체 사용

② 무공해 CNG, 수소연료 전지 동력 사용

③ 잔디식재 전용도로 포장(녹색교통)

(4) 건설비, 유비관리비 절감

① 경전철 대비 약 60% 수준의 건설비

② 사업비 대비 고효율의 신교통시스템

③ 한국형 바이모달트램 표준전용차량 적용으로 운영 및 유지관리비가 저렴하다.

4. 차량특성

① 편성 : 3량 1편성

② 최공속도 : 80km/h

③ 동력원 : CNG 또는 수소연료 전지

④ 최대경사 등판능력 : 13‰

⑤ 운행방식 : 자동운행(고무바퀴)

⑥ 궤도형태 : 전자기식 매설궤도

⑦ 건설공법 : 노면, 고가, 지하형식 가능

5. 적용

① 순환 또는 인근 광교신도시, 용인, 오산, 세교지구와 연결을 구상 중이다.

② 향후 관련 부처와 협의를 거쳐 교통수단을 확정할 예정이다.

QUESTION

19 Aero-Train(CX-100)

1. 개요

① 말레이시아 쿠알라룸프르공항의 경량전철시스템으로 공항을 확장함에 따라 공항터미널 간을 연결하기 위하여 설치, 2량 단위로 편성된 2개선이 각각 Shuttle 방식으로 운행한다.

② 공기에 의하여 부상 및 지지하는 공기부상방식이다.

③ 노선연장이 짧아 차내에는 의자가 없고, 단지 차량 전후부에 각각 4명이 앉을 수 있으며 대부분 입석으로 운행하고 있다.

2. Aero-Train의 안전설비

① 선로종점부에 유압식 차막이를 설치하였다.

② 문에 센서가 있어 사람 짐 등 지장물이 있으면 출입문이 닫히지 않으며 열차도 출발하지 않도록 설계되어 있다.

3. 승객 동선처리

① 승강장이 차량 양쪽에 설치되어 있다.

② 정거장에 열차가 도착하면 열차의 양쪽문이 열리는데 내리는 쪽이 약 10초 정도 빨리 열려 내리는 승객을 출입문 쪽으로 완전히 유도한 다음 타는 승객이 승차하는 시스템이다.

③ 2개선 중간은 승객이 타는 승강장으로, 양쪽으로는 승객이 내리는 승강장으로 운영되고 있다.

1 도시철도 특성 및 노선 선정 시 유의사항에 대하여 설명하시오.

2 도심에 있어서 지하철 신규노선의 계획 및 건설 시 고려해야 할 주요사항을 쓰시오.

1. 개요

① 도시철도는 안전, 신속, 정확, 쾌적, 대량성으로 도심과 부도심 교외 간의 승객을 수송하여 교통문제를 근본적으로 해결할 수 있는 기능을 가지고 있다.

② 통근, 통학 시의 만성적 교통 혼잡을 해소하고 대기오염 억제의 효과도 있지만 반면 도심지 지가 및 주택가격 상승의 문제점도 있다.

2. 도시철도의 특성

(1) 교통수단 측면의 특성

① 주로 도시 내 지하공간을 이용한다.

② 일정시간에 대량수송이 가능하다.

③ 운전시격이 짧고 수시 착발이 가능하다.

(2) 건설기술 측면의 특성

① 영업분야와 기술분야의 종합건설사업으로 유기적 협력이 필요

② 기술 분야별 업무협의, 조정 및 총체적 공정관리 필요

③ 대규모 투자사업으로 막대한 재원과 장기간 건설공기 소요

④ 한정된 지하공간에서의 정밀시공과 철저한 품질관리 요구

⑤ 영업 개시 후 시설물의 확장 및 개 · 보수가 곤란

3. 노선선정 시 유의사항

(1) 노선선정 조건

① 도심부 통과

② 교통기관 상호 간의 연결

③ 기존 도로의 효율적 이용

④ 주요 간선도로 통과로 노면교통 수요 흡수

⑤ 역간거리(도심지 1km, 외곽지역 4~5km)

(2) 노선선정 시 유의사항

① 교통수요 다발지역 통과 시 피해 최소화

공사장애물 집중, 공사로 인한 공해, 주변 시설물 피해 축소방안 필요

② 토지이용 제한으로 지반조건 열악에 따른 토지이용 극대화 도모

③ 도로기능 유지를 위해 노면교통 장애 최소화 필요

4. 지하역의 선정

① 타 노선과의 교차점에서는 정거장을 설치하여 연계성 확보

② 접근성이 양호하고 편리한 지점을 선정

③ 출입구는 안측으로 설치하여 건널목 통행의 불편을 해소

④ 정거장 주변에 복합 환승주차장 고려

⑤ 직선상 기울기가 없는 선형에 적용

⑥ 지장물이 없고 지형 및 지질이 양호한 위치 선정

5. 도시철도의 건설

(1) 기술계획

① 노선선정을 위한 타당성 조사 및 기본계획 시행

② 기본설계 및 실시설계 시행

③ 계약의뢰

④ 공사시행

⑤ 공사완공 및 준공검사 실시

⑥ 검사 및 시운전

(2) 토목분야 공사관리 중점사항

① 노면교통 장애 최소화

② 기존 시설물의 보호 및 피해방지

③ 소음, 분진, 진동 등 건설공해 최소화

④ 시공성 및 경제성 확보

(3) 건설공법 선정 시 고려사항

① 지형 및 지반조건, 토지이용 현황, 지장물 현황조사

② 도시계획 및 장래 개발추이 검토

③ 건설목적물의 유지 관리성

④ 건설공사의 시공성, 안정성, 경제성

⑤ 공사 중 기존 도시의 기능유지 및 환경보전

⑥ 국내 기술현황 및 기술개발 가능성

(4) 주요 공법

① 주 공법

㉠ 고가구조 : 교외 및 하천구간 적용

㉡ 교량 : 하천횡단

㉢ 지상 및 U-Type : 도시기능 유지상 짧은 구간 적용, 지상 및 지하 변환구간, 기지 인입 구간

㉣ 지하 Box 구조 : 개착공법 적용

㉤ 지하터널 : 도시기능 유지 및 노면교통 장애 최소화를 위해 확대적용 필요

② 보조 공법

㉠ 지반보강 및 차수공법

㉡ 저진동 발파공법

㉢ Under-Pinning 공법

㉣ Front Jacking 공법

㉤ Pipe Roof 공법

6. 행정절차

① 건설, 운영 기본계획 확정

② 사업면허

③ 교통 및 환경영향평가협의

④ 사업계획 승인

⑤ 보상

7. 결론

① 도시철도 차량기지 및 정거장 계획 시 차후 수요증가에 대비한 배선을 고려한다.

② 시 · 종점부는 장래 인근도시의 수요증가에 대비한 연장계획 및 환승에 따른 이용계획을 수립한다.

③ 지자체의 개발계획과 연계하여 민간자본 유치 등으로 복합환승역사 개발계획 등을 고려한다.

1 대도시 교통상으로 본 전철과 지하철과 같은 대중 수송수단의 역할과 귀하가 생각할 수 있는 수도권 철도망의 구상을 기술하시오.

2 신도시 건설에 따른 도시철도와 지하철의 역할은 무엇이며 도시철도망 구성 시 유의하여야 할 점에 대하여 쓰시오.

1. 도시철도 및 지하철의 역할

① 도시 내 주거지역과 도심지역을 신속, 대량으로 연결시켜 노면교통으로 한계가 있는 교통수요를 충족시킨다.

② 도시와 인근도시를 안전, 정확, 신속, 대량으로 연결시키므로 해당 도시의 인구분산으로 도시의 과밀화를 막아준다.

③ 신도시 건설에 따른 지하철은 신도시 자체의 교통문제를 해결하고 도시철도는 신도시 외곽지역과 타 도시와 연결하는 가장 중요한 역할을 담당하며 확실한 교통처리 대책이다.

2. 도시철도의 특징

① 대량수송

② 여객수송

③ Peak time에 수송수요의 집중

④ 도심을 향한 근거리 수송

3. 도시철도로서 갖추어야 할 조건

① 대량수송이 가능할 것

② 도달 속도가 빠를 것

③ 시간이 정확할 것

④ 다른 교통수단과 연계성이 좋을 것

⑤ 운임이 저렴할 것

⑥ 수송량에 대하여 탄력성을 가질 것

4. 수도권 전철, 지하철도망 구상

① 기본원칙 : 1~2회 환승으로 진입이 가능토록 한다.
② 기본교통축은 철도에 의존하고 노면교통은 Park & Ride 또는 Kiss & Ride System 으로 한다.
③ 모든 수도권 전철 인근지역은 도시철도의 세력권 내에 넣는다.
④ 도시계획과 부합되는 도시철도망을 구성하고 세력권 내에 넣는다.

5. 신도시 철도망 구성 시 유의사항

도시교통문제 해결에 가장 중요한 역할을 담당하는 도시 철도망은 다음 사항에 유의하여 구성하여야 한다.

① 모든 곳에서 1회 환승으로 도심부 진입이 가능해야 한다.
② 각선 상호연결은 물론이고 타 간선철도, 노면교통과 연결이 수월해야 한다.
③ 교외에서 도심부로 집중하게 구성한다.
④ 도시계획(Master Plan)과 합치되는 노선망을 구성한다.
⑤ 도시철도망은 타 교통기관과 비교하여 특징인 대량성, 정확성, 저렴성, 신속성, 안락 성을 십분 발휘하도록 모든 면에서 세심한 배려가 필요하다.

6. 결론

① 신도시 건설 시 미리 도시철도와 지하철 부지를 확보하여 용지비의 최소화 및 차량기 지 확보 등으로 인한 건설경비 증가를 방지한다.
② 도심지로 승용차 진입을 억제할 수 있는 환승시스템과 역세권 개발계획 등을 고려한다.
③ 공사비 절감과 문화시설 등을 고려하여 계획한다.

QUESTION 22
도시철도에서 중량(重量)전철과 경량(輕量)전철의 특성을 비교하고 적용성에 대하여 설명하시오.

1. 개요

① 도시철도는 중량형 철도와 경량형 철도로 구분되며 그 역할에 따라 노선 선정이 다르게 된다.

② 대량의 교통인구를 수송하는 도시교통의 대동맥으로서 그 계획의 양부는 도시기능 전체에 큰 영향을 미치므로 도시의 장기발전 전망을 예측하여 중량전철 혹은 경량전철의 특성에 맞도록 노선망을 계획하여야 한다.

2. 도시철도 건설의 필요성

① 도시철도는 높은 수송용량과 정시성, 안전성으로 인해 세계 주요 도시에서 가장 효율적인 대중교통수단으로 점차 보급되고 있다.

② 도시철도는 대량수송수단으로 인정되어 급증하는 교통수요, 도로시설 공급의 한계성 등을 해결하기 위한 가장 적합한 교통수단이다.

③ 도시철도의 필요성

  ㉠ 교통수요 급증 : 노면교통 포화상태와 급증하는 교통수요로 인한 주요 간선도로의 주행속도 감소 및 교통비용의 추가문제 발생

  ㉡ 도로시설 공급의 한계 : 도시 내 지가상승과 재원부족으로 인한 도로용지 확보의 어려움

  ㉢ 종합적 교통체계 구축의 필요 : 도시 내 통행수요 처리와 지역 간 연계수송을 고려하여 도시철도를 중심으로 한 종합적 교통체계 구축의 필요

  ㉣ 경제성 : 수송능력과 통행소요시간 단축, 운영비용의 절감으로 오는 편익이 타 교통수단보다 효율적임

  ㉤ 부대효과 : 도시철도 정거장이 위치하는 주요 교통 결절점에 지하공간 개발로 도시공간 이용의 극대화를 도모할 수 있다.

3. 도시철도 노선 설정의 구분 및 목표

구분	노선 설정 목표
도로교통 대체기능의 확보	• 신속성, 정시성이 높은 대중교통체계의 구축 • 승용차 이용자 흡수를 통한 도로교통 혼잡완화
도시의 균형적 개발	토지이용계획 등 도시개발방향과의 적절한 조화
수송체계효율성 제고	• 수송효율 및 수요가 높은 노선의 개발 • 연계수송체계 확립을 통한 접근성 제고 • 동일 생활권 내 인접도시 간의 연계성 제고
도시개발방향과 부합성	대규모 개발계획에 따른 교통수요 변화에 대처

4. 도시철도의 분류

구 분	중량(重量) 대형	중량(中量) 중형	경량(輕量)
최대수송용량	40,000~70,000인/시/방향	20,000~40,000인/시/방향	5,000~20,000인/시/방향
차량크기 (차량당)	• 폭 : 2.7~3.2m • 높이 : 3.7~4.2m • 길이 : 20.0~22.0m	• 폭 : 2.4~2.8m • 높이 : 3.2~4.0m • 길이 : 12.0~18.0m	• 폭 : 2.0~2.6m • 높이 : 2.3~3.0m • 길이 : 6.0~8.0m
차량 수/편성	6~10량	4~10량	2~8량
정원/량	150~160명	110~130명	5~100명
최소운전시격	2.0분	2.0분	1.0분
최고속도	80~130km/h	80~130km/h	50~60km/h
운행속도	30~35km/h	32~38km/h	25~40km/h
최소회전반경	200m 이상	200m 이상	25~50m 이상
차륜	철차륜	철차륜	철차륜, 고무차륜
견인방식	DC/AC 모터	DC/AC 모터	DC/AC 모터, LIM 등
전기집전방식	가공선	가공선, 제3궤조	가공선, 제3궤조
건설비	1,200억 원/km	500~700억 원/km	250~400억 원/km (고가시)
운행구간	대도시 간선교통축	대도시 간선교통축	연계지선, 위성도시 연계선 등

5. 적용성 검토

① 도시 내의 교통수요에 대한 탄력적인 수송에 적합하도록 차량시스템 선정

　⊙ 중량(重量) 대형의 경우 수송력이 40,000< 70,000인/시/방향

　ⓒ 중량(中量) 중형의 경우 수송력이 20,000< 40,000인/시/방향

　ⓒ 경량(輕量) 철도의 경우 수송력이 5,000< 20,000인/시/방향

② 목표연도의 첨두 시 최대 수송수요를 무리 없이 감당할 수 있는 시스템으로 선정

③ 공사 시 및 운영 시 문제점 및 대책 강구

　⊙ 공사 중의 소음·진동의 발생, 지반의 부등침하, 교통사고의 발생 가능성
　　노선 주변 지역주민에 대한 피해가 적도록 공법 선정

　ⓒ 노선 주변의 주거지에 대한 열차진동 발생
　　방진매트, 바라스트궤도 채용 등 방진대책을 강구

　ⓒ 지하역의 화재, 수해 등 재해의 발생 시 방재 대책
　　감시장치 및 피난유도 설비 완비

QUESTION 23

도시철도 배선계획 시 고려하여야 할 사항과 현안 문제점 및 대책에 대하여 쓰시오.

1. 개요

① 도시철도에서의 배선은 차량의 운전성을 좌우하는 중요한 사항으로 초기부터 모든 운영 사항이 반영된 배선계획을 수립하여야 한다.

② 구조물설계 전에 열차 및 장비운전, 운영에 적정한 선로배선계획이 필요하다.

2. 배선계획 시 주요 고려사항

(1) 수송처리계획 반영

① 최소운전시격 결정 : 시·종점역 배선 선정
② 구간별 차량 운영계획 : 중간 회차계획 검토
③ 단계별 개통계획 : 단계별 회차계획
④ 열차운전계획 : 열차주박계획 검토

(2) 열차운전 운영계획 반영

① 차량반입계획 : 기존철도와 직통연결
② 차량유치계획 : 본선주박(새벽, 심야 시 동시에 출발, 도착)
③ 차량입출고 계획 : 본선 대피선

(3) 신호보안 설비계획 반영

① 신호보안 설비계획 : 열차안전운행거리 확보 및 역 진로금지 등
② 안전거리 확보 : 실제동거리, 공주거리, 과주거리, 과주여유거리, 활주거리
③ 반복선 설비 시 역사 끝단에서 40m 이격거리 확보
④ 반복회차 유치선 계획 시 여유길이 및 제동거리 70m 확보

(4) 타 노선과의 연결계획 반영

① 모터카 장비 및 각종 자재이동 선로
② 열차정비, 수선을 위한 주공장입출고 선로

(5) 시설물 유지관리계획 반영

① 분야별 사무소, 분소위치 선정

② 모터카 장비유치 및 이동계획

3. 선별배선 및 방향별 배선

(1) 선별배선

① 선별에 따라 상선 · 하선을 배치한 형태이다.

② 건설공사비가 다소 저렴하지만 승객입장에서 방향을 찾기가 불편하다.

(2) 방향별 배선

① 방향에 따라 상선군은 상선군끼리 하선군은 하선군끼리 배치한 형태이다.

② 방향을 맞추기 위하여 어느 개소에서 교차하여야 하므로 건설공사비가 다소 고가 이지만 승객입장에서 방향을 찾기가 편리하다.

4. 토목설계 시 검토사항

(1) 분기기 설치위치 검토

① 직선 및 원곡선에 설치 가능, 완화곡선에는 불가능

② 3‰ 이하 종단선형구간 설치 가능

③ 종곡선구간, 급기울기구간 불가

④ 무도상 궤도구간 설치 불가

⑤ 정거장 전후단에서 20m 이상 이격 후 설치, 건축한계 고려

(2) 시설계획

건넘선, Scissors, Y선, 측선, 안전측선

(3) 유치선 길이

기능에 따라 열차장, 과주안전거리, 기타 장비유치길이, 차막이 공간 고려

5. 문제점

(1) 배선계획 시 적용 기준

① 배선계획 시 적용되는 기준은 각국의 실정 및 지하철에서 채택하고 있는 System 에 따라 차이가 있으며, 동일 System이라 하더라도 국내에서 현재까지 정립된 기준은 없는 실정이다.

② 따라서 도시철도 노선의 배선계획은 국내외 지하철의 운영 및 관리 실태를 조사·분석한 자료를 토대로 하여 기준을 설정하고, 이에 근거하여 수립하되 지반조건을 고려한 평면 및 종단계획과의 부합성 등을 검토하여 부적합한 경우 일부 조정하여 적용하고 있다.

(2) 서울 1기(1~4호선)

① 시·종점정거장 반복회차선이 Y-선으로 최소운전시격 3분

② 본선 주박 위한 유치선 부족으로 야간에 모터카 이동 곤란

③ 본선 내 장비유치선이 없어 장비운영 곤란

④ 차량기지 입출고선이 미흡하여 인접열차 반복 시 지장 초래

(3) 서울 2기(5~8호선)

① 유치선 부족

② 장비유치선 부족

③ 노선 간 상호연결이 없어 일반철도가 1기 노선을 경유 이동하여 많은 문제 발생

6. 향후 대책 및 발전 방향

① 배선계획의 개략적인 기준

  ㉠ 구간별 통과인원을 고려한 반복운전 계획에 필요한 인상선 배치 : 10~15km

  ㉡ 전동차 고장 시 운영중지시간 단축 및 응급처치를 위한 고장차 대피공간 확보
    : 5~8km(상하선의 균형 고려)

  ㉢ Motor Car 유치 공간 및 현업분소 배치 : 10km 내외

  ㉣ 유치선의 기울기 : 3‰ 이내

② 유치선 및 대피선을 감안한 계획 수립

   ㉠ 유지보수용 장비활용을 감안한 유치선 계획 감안

   ㉡ 구조물 개보수 공사 시 완급행 혼용운행을 고려한 시설계획 수립

   ㉢ 급행전철 등과 같이 향후 속도 향상에 대비 구조물 여유 공간을 감안하여 계획
      수립

③ 도시철도의 배선계획은 이용승객 및 영업적 측면에서 종합적으로 검토하여 합리적 선정

QUESTION 24

광역철도의 역간거리 및 표정속도에 대하여 국내외 사례를 들고 향후 표정속도 향상 방안에 대하여 설명하시오.

1. 개요

① 현재 서울시 지하철의 평균 표정속도는 33.5km/h, 수도권 철도는 평균 39.5km/h인데 반해, 동경권 광역철도는 첨두시 52.5km/h, 비첨두시 64.1km/h로 운행하고 있으며 런던권은 59.0km/h, 파리의 RER은 53km/h로 운행하고 있다.

② 이들 도시들은 속도 향상을 위해 일찍부터 차량, 신호, 운행방식 등에 걸쳐 다양한 노력을 기울여 왔다. 그 성과로서 장거리 통행에 대한 통행시간을 크게 단축시킴과 동시에 편리한 서비스를 제공함으로써 다른 수단에 대한 경쟁력을 갖추게 되었다.

③ 우리나라도 도시철도 표정속도 향상에 따른 문제점을 충분히 파악하여 이에 대한 대책을 마련하는 일이 시급하다.

2. 역간거리

역간거리는 운영 및 수송수요에 따라 다르게 운영되고 있다.

① 도시철도의 역간거리
   ㉠ 도심부 : 0.7~1.0km
   ㉡ 교외부 : 1.0~1.4km

② 일반철도 : 4.0~8.0km
③ 경량전철 : 0.5~1.0km

3. 표정속도 향상 방안

(1) 1단계

① 우선순위 선정

수도권 급행화의 우선순위 검토 및 급행열차의 전략적 도입이 필요하다.

② 기존 시스템에서의 표정속도 향상

㉠ 신호 보안 : 폐색구간 변경과 ATC 코드의 다양화

ⓛ 설비개량 : 분기기 개량과 고속화

　　　ⓒ 노선개량 : 곡선제한속도 향상, 캔트량 수정 등

　　　ⓔ 차량성능 향상 : 차량 가감속도와 최고속도 성능 향상, 역간 정차시간 단축, 틸
　　　　　팅차량 도입 등 검토

(2) 2단계 : 운전개선을 통한 급행열차 운행

　　① 기존 DIA에 의한 급행운전 추가

　　② 선택정차방식 운영

　　③ 기존 시설(2홈 3선식) 활용

　　④ 신호 설비 개수

(3) 급행열차 운행의 다양화

　　① 추월선(대피선) 신설

　　② 복복선 건설

　　③ 급행열차 유형과 서비스의 다양화

4. 기타 도시의 속도 향상 방안

(1) 정차시간 단축을 통해 속도 향상 도모(일본 삼전도)

서울시 지하철의 경우 현재 대부분의 노선이 30초씩 정차하는 고정정차방식으로 운행되고 있다. 반면 일본 삼전도(三田線)의 경우는 수요에 따라 역별로 20, 25, 30초 등으로 정차시간을 달리하고 있다.

(2) 다양한 운행방식 실시(뉴욕 지하철)

뉴욕 지하철은 Lexington Av 급행선 등을 운영하고 있으며, 시간대별로 정차방식을 달리하고 있다. 피크시 도심방향운행의 경우에는 선별적 운행방식을 실시하고 있다. 선로가 3선이기 때문에 국내 도시철도에 비해 급행 운영이 용이하고, 다양한 운행방식의 채택이 가능하다.

5. 결론

① 많은 철도강국들은 그동안 자동차 교통과의 경쟁력을 향상시키기 위해 다양한 방법을 통해 철도의 속도를 향상시켜오고 있다.

② 우리도 도시철도 속도 향상을 위하여 다각적으로 검토 · 분석하고 이에 따른 대책 마련이 시급한 현실이다.

③ 따라서 Skip – Stop과 같이 소프트웨어적 요소의 조정만으로도 속도 향상을 꾀할 수 있는 방법을 우선적으로 시행하고, 지속적인 대피선 및 추월선의 확보를 통한 급행철도의 보급을 활성화하여야 하겠다.

QUESTION 25

1 도시철도 배선계획 시 고려할 사항과 시 · 종점역 배선 형태에 대하여 설명하시오.

2 도시철도 시 · 종점역 배선계획 시 주요 고려사항과 배선 형태를 설명하고, 반복 시분을 최소화하는 방안을 제시하시오.

1. 개요

① 본선 및 정거장 배선은 해당 노선 운영에 근간이 되는 핵심적 요소로서 평면 및 종단 선형과 함께 열차운전을 좌우하는 중요한 사항이다.

② 또한 차량기지는 운행을 마친 차량의 유치, 정비, 검수 및 보수가 이루어지는 곳이므로 효율적인 작업, 유치 및 원활한 입출고가 가능하도록 차량기지 내 배선계획을 수립하여야 한다.

③ 따라서, 도시철도의 배선계획은 선행 결정된 시스템의 제반규정 및 건설방식에 따라 운전 및 운영관리를 최우선 목표로 하여 수립되어야 한다.

2. 배선 시 고려할 사항

① 영업연장의 규모

② 구간별 개통계획 및 반복운전계획

③ 차량주박 유치 및 고장 시 대피공간 확보

④ 완 · 급행 혼용운행 시 부본선 확보 위치

⑤ 평면 및 종단선형과의 부합성

⑥ 차량반입 계획

⑦ 비상시에 대비한 기존노선과의 연계

⑧ 모터카 유치공간 및 분소배치

⑨ 영업중지시간 단축 및 응급조치를 위한 대피공간의 배치

⑩ 지역 특성 및 역세권 현황에 따른 승강장 형태

⑪ 구간별 수송수요 특성

3. 시 · 종점 배선 형태

(1) 시 · 종점역

① 섬식 정거장 앞에 시서스를 설치

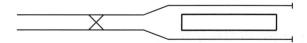

② 상대식 정거장 앞에 시서스를 설치

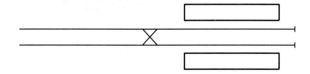

③ 정거장 앞에 시서스를 설치하고 2선의 차량 대기선을 설치

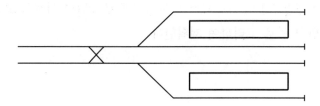

④ 정거장 뒤에 시서스와 유치선을 설치

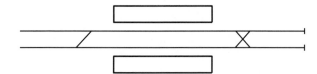

⑤ 정거장 뒤에 시서스와 유치선 및 인상선을 설치

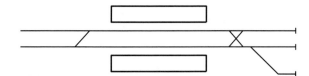

(2) 중간역(반복운전역)

① 일반적인 배선

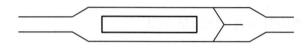

② 양방향 별도의 반복 운전기능

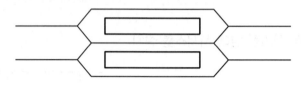

4. 결론

① 도시철도의 배선은 도시교통의 대동맥으로서 타 교통기관과의 유기적인 연계수송이 되도록 종합 검토하여야 한다.

② 단시간에 대량수송이 가능하고 도시계획에 부합되며 여객의 이용이 편리하고 설치 시 지역의 민원 등을 고려하여 계획한다.

QUESTION 26

도시철도시스템에서 승강장 설치기준에 대하여 설명하고, 승강장 형식 및 특성을 시설 측면 및 이용객 만족도 측면에서 설명하시오.

1. 개요

① 도시철도의 승강장은 승객의 접근성과 이용 면에서 편리하게 설치하여야 하고 지역의 여건과 노선의 형태 등을 고려하여 설치하는 것이 바람직하다.

② 장래 교통수요를 감안하여 정거장 폭을 여유 있게 계획하는 것이 바람직하다.

2. 승강장 설치기준

(1) 승강장의 수

① 승강장은 직선구간에 설치하여야 한다. 다만, 지형여건 등으로 부득이한 경우에는 곡선반경 600m 이상의 곡선구간에 설치할 수 있다.

② 승강장의 수는 수송수요, 열차운행 횟수 및 열차의 종류 등을 고려하여 산출한 규모로 설치하여야 한다.

(2) 승강장 길이

승강장 길이는 여객열차 최대 편성길이(일반여객열차는 기관차를 포함한다)에 다음 각 호에 따른 여유길이를 확보하여야 한다.

① **지상구간의 일반여객열차** : 10m

② **지상구간의 전기동차** : 5m

③ **지하구간의 전기동차** : 1m

단, 열차자동운전장치(ATO) 또는 스크린도어가 설치되는 전동차 구간의 승강장 여유길이는 삭제할 수 있다.

(3) 승강장 유효폭

① 승강장의 폭은 수송수요, 승강장 내에 세우는 구조물 및 설비 등을 고려하여 설치하여야 한다.

② 승강장에 세우는 조명전주·전차선전주 등 각종 기둥은 선로 쪽 승강장 끝으로부터 1.5m 이상, 승강장에 있는 역사·지하도·출입구·통신기기실 등 벽으로 된 구조물은 선로 쪽 승강장 끝으로부터 2.0m 이상의 통로 유효폭을 확보하여 설치하여야 한다. 다만, 여객이 이용하지 않는 개소 내 구조물은 1.0m 이상의 유효폭을 확보하여 설치할 수 있다.

(4) 승강장 최소폭

① 승강장 형식에 따라 일반부와 계단부의 구조물 폭이 상이하므로 승강장 형식에 따라 적정 승강장 폭을 산정하여야 한다.
② 승강장 계단폭을 고려하는 경우 최소치를 결정하며 섬식은 8.0m, 상대식은 스크린 도어를 설치하는 경우에는 5.0m 이상, 스크린도어 미설치 시에는 3.7m 이상을 확보하는 것이 바람직하다.
③ 계단부 승강장 유효폭은 승·하차 유효폭 및 폭원정수를 고려하여 산정한다.
계단부 승강장 유효폭(B)＝승차유동폭(B_2)＋하차유동폭(B_3)＋폭원정수(B_c)

(5) 승강장 높이

① 일반여객 열차로 객차에 승강계단이 있는 열차가 정차하는 구간의 승강장의 높이는 레일 면에서 500mm
② 화물 적하장의 높이는 레일 면에서 1,100mm
③ 전기동차전용선의 고상 승강장 높이는 레일 면에서 1,135mm. 다만, 자갈도상인 경우 1,150mm
④ 곡선구간에 설치하는 고상 승강장의 높이는 캔트에 따른 차량 경사량을 고려

(6) 선로 중심으로부터 승강장 끝까지의 거리

① 직선구간에서 선로 중심으로부터 승강장 또는 적하장 끝까지의 거리는 콘크리트 도상인 경우 1,675mm, 자갈도상인 경우 1,700mm로 한다.
② 곡선구간에서는 곡선에 따른 확대량과 캔트에 따른 차량 경사량 및 슬랙양을 더한 만큼 확대하여야 한다.
③ 전기동차전용선의 콘크리트도상궤도에 대해서는 선로 중심으로부터 승강장 끝까지의 거리를 1,610mm로 하여야 한다(차량 끝단으로부터 승강장연단까지의 거리는 50mm를 초과할 수 없다). 다만, 자갈도상인 경우 1,700mm로 하여야 한다.

(7) 통로 및 계단 등 승강장의 편의 · 안전설비

① 여객용 통로 및 여객용 계단의 폭은 3m 이상
② 여객용 계단에는 높이 3m마다 계단참 설치
③ 여객용 계단에는 손잡이 설치
④ 화재에 대비하여 통로에 방향 유도등을 설치 등

3. 승강장 형식 및 특성

(1) 승강장 형식

① 승강장 형식은 상대식(Side Platform)과 섬식(Island Platform)이 있다.
② 일반적으로 섬식은 지하철 승객이 많은 도심부와 시 · 종점 정거장 및 유치선에 근접하여 설치되는 정거장 또는 선형 및 지질조건 여건상 본선이 단선 병렬로 설치되는 구간에 적용되며, 상대식은 도심외곽부나 중간역 또는 본선이 복선으로 설치되는 구간에 적용된다.
③ 그러나 동일노선 또는 일정한 구간에서는 일반적으로 승객의 혼돈을 피하고 시설의 표준화를 위하여 한 가지 형식으로 통일하는 것이 바람직하다.

┃승강장 특성 비교┃

구분	상대식 승강장	섬식 승강장
개념도		
선형조건	평면선형의 제약이 없음	본선이 복선일 때 정거장 시 · 종점에서 S－곡선설치 필요
구조물설치심도	지하 1층 정거장 설치 가능한 경우 설치심도 낮음	일반적으로 지하 2층 이상 정거장의 설치가 필요하므로 설치심도 깊음
구조물폭원	계단부에서 구조물 폭원이 넓음	구조물 폭원이 좁음
공간활용도	전 공간의 활용이 가능해 활용도가 높음	불필요한 공간 발생으로 활용도가 낮음
승강장 연장성	장래 승강장의 연장이 용이함	장래 승강장의 연장이 어려움

구분	상대식 승강장	섬식 승강장
승강장 이용도 및 혼잡도	이용도는 떨어지나 혼잡도는 낮음	이용도는 높으나 혼잡도는 높음
승강장 간 연결성	별도 승강장 사용으로 연결성이 나쁨	동일 승강장 사용으로 연결성이 좋음

4. 결론

① 섬식정거장의 경우 복잡한 도심의 도로 중앙부를 통과하는 도시철도 특성상 정거장 규모가 커짐으로 인해 지상부 보상이 많이 이루어져 경제적인 면에서는 불리한 정거장이라 할 수 있다.

② 따라서 국가예산으로 집행되는 지하철 건설의 특성상 일반적으로 상대식을 선호하여 설계하는 것이 사실이지만 경제적 문제만 해결된다면 이용객 편리와 비상시 대피의 편리를 위해 섬식으로 설계되어야 할 실정이다.

③ 편리성은 섬식이 유리하고 경제성은 상대식이 유리하여 각각의 특성에 맞추어 형식이 결정되며, 일부 복잡한 역사 및 환승역과 종착역에 대해서는 특성상 섬식으로 하는 것이 타당하다.

QUESTION 27 지하철 환기방식의 종류

1. 자연환기방식

자연환기방식은 아래 그림과 같이 열차의 진행 방향에 따른 Piston 효과를 이용하여 환기하는 방식이다.

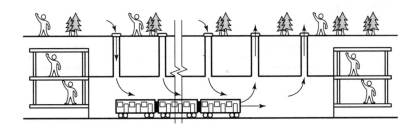

2. 기계환기방식

기계환기방식은 아래 그림과 같이 열차의 진행 방향과 상관없이 강제 급 · 배기 FAN을 이용하여 환기하는 강제환기방식이다.

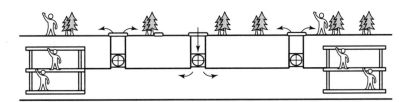

3. 터널 환기방식의 종류

(1) 단선구간 환기방식

① 단선구간 환기방식은 그림과 같이 FAN을 이용하여 환기시키는 강제환기방식과 열차의 진행에 따른 Piston 효과를 이용하는 자연환기방식으로 나눌 수 있다.

② 자연환기방식은 열차의 진행 방향으로 앞부분은 배기시키고 뒷부분은 급기시키는 시스템을 말한다.

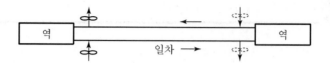

(2) 복선구간 환기방식

복선구간의 환기방식은 그림과 같이 FAN을 이용하여 중앙에는 강제급기시키고, 양단에서 강제배기시키는 방법과 중앙에서 강제배기시키고 양단에서 자연급기시키는 시스템이 있다.

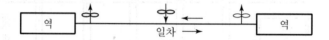

QUESTION 28 지하철의 지하 환기설비

1. 개요

① 세계 지하철이 개통한 초기에는 모든 지하철 내부가 쾌적한 상태이었으나 수송수요의 증대로 터널 내의 온도상승과 이용자의 위생저하가 큰 문제로 대두되었다.

② 따라서 지하 환기시설의 설치가 중요시되었으며, 본선 내에서 화재 등의 비상사태가 발생되면 공기청정이 이루어질 수 있도록 배연설비를 설치하여야 한다.

2. 환기방식 및 적용

(1) 자연환기방식(열차의 Piston 환기)

열차의 운행에 의해 발생되는 열차진행 방향으로 배출풍을 본선에서 외기로 향하는 환기구를 통하여 환기하는 방식(Piston 환기 방식이라고도 함)

① 환기구간거리는 80~100m

② 환기구당 단면적은 보행조건을 고려 6~15m^2

③ 일본에서 초기지하철에 적용

④ 서울지하철 1호선에 적용, 3, 4호선 일부 구간 적용

⑤ 장단점

ㄱ 장점

동력을 이용한 송풍기 등의 기계와 유지관리비, 동력비, 인건비 등이 필요 없어 경제적이며 영구적이다.

ㄴ 단점

• 막대한 면적이 요구되어 다수의 환기구를 설치해야 하므로 초기투자비가 많이 소요된다.

• 자연환기방식으로는 터널 내의 온도와 공기신선도가 불량하게 되어 일부 시간 또는 계절에만 유용하게 된다.

(2) 기계환기방식

기계환기방식은 시설비, 유지비 등의 경제적인 면에서는 자연환기방식보다 불리하다. 환기구 수가 적으므로 초기 투자비가 적게 소요되며, 본선 내의 환기효과가 확실하여 비교적 쾌적한 환경을 유지한다.

① 제1종 환기(기계급기+기계배기)

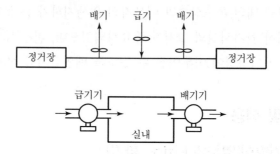

ⓙ 본선 구조물이 주로 복선인 경우에 적용

　본선 중앙에서 급기하고 정거장에 근접한 배기실에서 배기하는 방식

　• 급기와 배기 양측 모두 송풍기를 이용

　• 급기 측에 에어 필터를 설치하여 외기를 정화시켜 도입

ⓒ 장점

　• 기류분포가 양호하다.

　• 본선 내의 나쁜 환경이 정거장 지역으로 미칠 경향을 가능한 한 최소화할 수 있다.

　• 오염된 본선환기를 신속하게 외기와 교환 가능하다.

　• 비상시에는 필요에 따라 송풍기의 회전방향을 조절할 수 있다.

　• 초기에 설비비 등이 다소 부가되나 자연 환기도 가능토록 설계하여 필요에 따라 이용한다면 경제적인 설비가 된다.

② 제2종 환기(기계급기+자연배기)

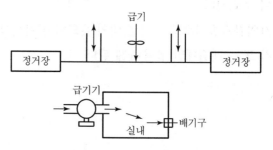

ㄱ 본선 조건이 복선인 경우 본선 중앙에서 기계급기하고, 정거장 부근의 자연환기구를 통하여 배기 또는 열차의 작용에 따른 급기효과를 기대하는 방식이다. 즉, 급기측만 송풍기를 이용한다.

ㄴ 역구간의 발열량이 적거나 양쪽 정거장이 보다 높게 위치한 구간에 적용된다.

ㄷ 실내를 양압으로 유지하므로 외부공기의 침입을 차단할 수 있다.

ㄹ 일반적으로 급기도입부에 필터를 설치한다.

③ 제3종 환기(기계배기＋자연급기)

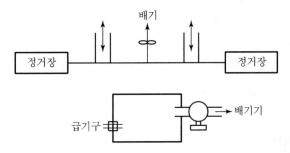

ㄱ 본선조건이 복선인 경우 본선 중앙에서 기계배기하고, 정거장 부근의 자연환기구를 통하여 급기 또는 열차의 Piston 작용에 따른 급기효과를 기대하는 방식으로 배기 측에만 송풍기를 이용한다.

ㄴ 실내에 부압이 형성되므로 실내공기의 외부유출이 차단된다.

ㄷ 실험실, 화장실, 주방 등 악취나 유해물질 발생 및 취급하는 곳에서 채용한다.

ㄹ 일반적으로 배기 측에 에어필터를 설치해서 공기를 정화시켜 배출시킨다.

QUESTION 29 지하철공사 시 안전사고 원인 및 방지대책

1. 개요

① 인구의 도시집중에 따른 노면교통의 혼잡을 해소하는 가장 좋은 방법은 지하철을 건설하여 대량의 교통수요를 충족시키는 일이다.

② 그러나 지하철 건설은 도심에서 대심도 및 좁은 공간에서 많은 장비와 인력이 투입되어 시행하는 공사로서 기계협착사고 및 낙반사고 등이 빈번히 발생되고 있다.

③ 지하철 공사 중의 사고는 사고 장소의 특수성으로 인하여 사고가 발생하면 많은 인명피해와 재산상의 손실을 초래하게 되므로 사고의 원인을 규명하고 철저한 예방대책을 수립하여 공사안전에 만전을 기하여야 할 것이다.

2. 사고의 원인

(1) 기술적 원인

① 지질조사의 불충분

ㄱ 지질은 생성 형태에 따라서 변화가 다양하고 경우에 따라서는 전혀 예측과는 상 이하게 발달하는 경우가 있다.

ㄴ 그러나 지하철 설계 당시 설계공기의 부족과 예산의 절감을 이유로 시추를 비롯한 제반조사가 불충분했다.

② 설계의 불합리

ㄱ 불확실한 조사결과를 바탕으로 설계를 실시하여 대부분의 구간에서 설계자의 임의적인 지질이 추정되었다.

ㄴ 설계의 단순화와 통일화를 기하려는 의도에서 발파를 비롯한 보강의 기준이 특수지형 지질에 따른 현장 여건이 반영되지 못하고 거의 일률적으로 적용되었다.

ㄷ 현장 여건과 부합되지 않는 설계로 말미암아 현장에서 실제시공에 임하여는 빈번한 설계변경 작업이 뒤따르는 실정이다.

③ 시공상의 문제점

ㄱ 지하철 공사장 거의 대부분이 절대공기에 쫓겨 공정상 압박을 받고 있으므로 품질관리가 제대로 이행되지 않은 상태로 굴착 작업을 진행하고 있다.

ⓛ 설계가 현장 여건과 상이하여 공법을 변경하고자 하여도 공사비가 증액되는 부분에 대해서는 현행 국가계약법상 절차가 까다로워 지반보강이 소홀하다(턴키 공사의 경우).

ⓒ NATM의 기본원리는 현장 지반 여건에 따라 보강량을 결정하여야 하나 현장에 따라 기술능력이 부족한 곳이 많다.

ⓔ 전문 하도급업체의 수주경쟁 등으로 이익을 보장받지 못하는 상황에서 부실시공으로 연계되기 쉽다.

(2) 제도상의 문제점

① 공사물량의 동시 다발적인 증가현상으로 인력난, 자금난, 자재난 초래
② 전문 기능인력의 부족으로 미숙련공이 취업하여 기능이 미숙
③ 건설업종 기피현상으로 노령화 현상 증가하여 작업에 지장
④ 안전관리비의 부적절 사용으로 사업장의 안전시설 소홀

(3) 안전대책

① 기술적 대책

지질조사를 비롯한 각종 조사를 철저히 하고 현장을 감안한 설계의 정밀화와 시공상의 문제점을 파악하여 품질확보 후 공사에 임한다. 또한, 충분한 공기를 확보한다.

② 제도상의 대책

사전 안전성 평가를 실시하고 제도적으로 안전관리체계를 정비하여 기업 스스로가 자율적으로 안전관리에 임할 수 있는 풍토를 조성할 것이며, 모든 공사에 스스로 단계적으로 안전점검을 실시한다.

3. 결론

① 건설공사에서 조그만 사고도 열차운행에 지장을 초래하여 사회적 문제로 대두될 수 있다.

② 모든 건설공사에 임해서는 Safety First의 정신에 입각하여 안전이 보장된 후가 아니면 다음 공정에 임하지 않는 원칙을 정하여 모든 재해로부터 귀중한 인명과 공사상의 재산손실을 방지하여야 할 것이다.

QUESTION 30

도시철도의 지하구조물 설계 시 열차 대피공간 확보방법에 대하여 설명하시오.

1. 개요

복선 박스의 중간벽체 구간, 단선 박스 구간, 복선터널, 단선터널에 있어서는 유지관리요 원이 열차를 피하기 위한 대피공간을 확보하고 확보된 공간에는 대피 손잡이를 설치하여 야 한다.

2. 대피공간 확보방법

(1) 벽체구간의 대피공간

정거장 양단부에 기능실이나 환승통로 등을 설치하여 벽체로 마감되는 경우 선로 한 쪽에 대피공간을 확보하여야 하며, 직선구간 기준으로 선로중심에서 2.6m 이상 확 보하여야 한다.

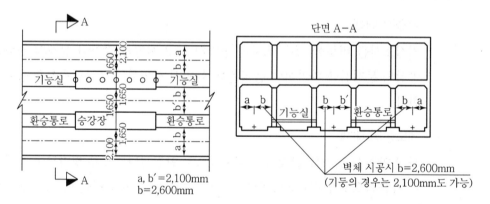

(2) 대피손잡이의 설치

① 단선의 경우에는 확폭된 보도측벽에, 복선 및 정거장의 경우에는 중앙기둥에 대 피손잡이를 설치한다.

② 기둥이 있는 경우에는 기둥개소마다 설치한다.

③ 단선터널에서 신호통신 케이블 라인과 대피 손잡이 설치위치가 중복되는 경우는 현장 여건을 감안하여 대피손잡이 이용이 편리한 곳에 설치한다.

④ 복선터널 및 U형 옹벽구간은 구조물 중앙바닥에 5m마다 설치한다.

⑤ 고가구조의 경우 확보된 보도 측의 방음벽 H강재에 세로로 용접하여 설치한다.

⑥ 구조물 특징상 고가부나 전주 부근 등과 같이 불가피한 개소는 설치높이 및 간격을 대피 가능하도록 변경하여 설치할 수 있다.

⑦ 정거장 시·종점 단부에서 본선으로 내려가는 계단의 벽측에 계단높이에 맞춰 3개 설치한다.

⑧ 분기구간은 배선 사이의 대피 가능한 공간 바닥에 설치한다.

⑨ 손잡이의 설치높이는 대피 바닥면으로부터 1.5m로 한다.

⑩ 대피손잡이는 위치인식을 위하여 황색 또는 흰색으로 도색되어야 한다.

⑪ 손잡이 설치 지점은 시점에서 종점 방향의 보이는 면에 설치한다.

QUESTION 31 스크린도어(Platform Screen Door)

1. PSD System의 정의

① PSD System이란, 'Platform Screen Door'의 약어로서 지하철 역사의 승강장에 설치하는 System이다.

② 이는 지하철이 역내로 진입할 때 동반되는 열차풍이나 부유 분진 등의 유입을 차단하여 승강장에 대기 중인 승객들에게 쾌적하고 안락한 지하 생활공간 환경을 제공해 준다.

2. 설치목적(기대효과)

(1) 승객의 안전확보

① 추락사고예방

② 차량화재 시 연기확산 방지 등

(2) 열차운행의 안전성 증대

승강장과 궤도부에 완전 차단하여 승객의 추락, 열차접촉 등 승강장 안전사고의 근본적 해결 가능

(3) 환경조건의 향상

이용 승객 불쾌감 해소, 실내공기질 향상, 승강장의 소음차단효과 등

(4) 에너지 절감 효과 도모

① 정거장, 냉방부하 약 50~60% 감소

② 환기구 및 기계실 면적 축소(약 30%)

3. 예상되는 문제점

(1) 초기시설비 과다 소요

영국 런던쥬빌리선 설치비 : 23억/역

(2) 열차지연사고 우려

① 열차가 정위치 오차한계(±35cm)를 초과하여 정차되는 경우 승·하차 시간 지연 및 민원 야기

② 출입문이 2중으로 되어 고장 발생 시 비상출입문 이용으로 승·하차 불편 초래

(3) 국내 기술수준 취약

① 국내 업체의 설치실적이 전무하여 외국업체로부터 기술전수 및 외자시설 도입

② 고장 발생 시 응급대처할 수 있는 기술자 확보 필요

③ 국내 일부 업체와 외국제조업체 간 기술제휴 추진

4. 구성 및 주요부 제원(서울지하철 9호선 기준)

(1) 구성

① 스크린도어 : 고정벽, 도어섀시 강화유리, 도어구동부, 안전센서, 조작반, 제어반

② 승무원 조작반/표시반(승강장 하나에 1조작반)

③ 역무원용 조작반/표시반(승강장 하나에 1조작반)

④ 개별조작반(도어 하나에 1set)

⑤ 역사 종합제어반(1개 정거장에 1unit)

(2) 주요부 재질

① 가동문 Frame : STS 304(1.5t)

② 고정부 Frame : STS 304(1.5t)

③ Post : Steel

④ 유리 : 강화유리 8mm

⑤ 구동장치 수납부 : Steel＋STS 304

(3) 주요 설계 제원

① 스크린도어 설치위치 : 차량한계로부터 150~200mm

② 수직하중 : $270kg/m^2$

③ 수평하중 : 100kgf/m

④ 모듈 1개당 중량 : 약 1,000kgf(약 5m 기준)

⑤ 열차풍의 풍압 : 282kgf/m^2(열차속도 50m/s)

⑥ 스크린도어 출입문 크기 : W 2,000 ~ 2,300×H 2,000mm

⑦ 차량 문 수 : 4문 기준

⑧ 가격(8량 기준) : 약 15억 원

5. PSD System의 설치방법

(1) 역사 전방 설치방법

① 지하철이 역내에 진입 시 역사의 전방 출입문에 PSD 설비를 설치하는 시스템이다.

② 열차의 진입 방향과 동일한 방향으로 설치하여 열차풍 및 부유 분진 등의 오염 물질이 역내로 유입되는 것을 방지하고 환기 부하 등 에너지 절감에 기여할 수 있는 시스템이다.

(2) 승강장 설치방법

① 지하철 승강장에 PSD 설비를 설치하는 시스템이다.

② 열차가 역내로 진입함과 동시에 승객들이 대기하는 승강장의 앞면으로 PSD 설비를 설치하여 열차풍 및 부유 분진 등의 오염물질이 승강장 내로 유입되는 것을 방지하는 시스템이다.

6. PSD System의 설치 시 유의사항

(1) 내구성

지하철 역은 지하역과 지상역으로 구분할 수 있으며 지상역의 경우 기상의 악조건, 즉 강풍과 태풍 등 기상 이변 시 PSD 설비의 파손 방지 등 내구성에 대한 대책이 필요하다.

(2) 신뢰성 및 정확성

열차의 진입과 동시에 PSD 설비의 작동 시점을 감지하는 각종 Sensor의 정확성 및 신뢰성에 대한 대책이 필요하다.

(3) 효율성

PSD System 설치 시 열차풍의 방지 및 부유 분진 등의 유입방지 등 지하 생활공간 공기질을 기준치 이하로 유지할 수 있는 시스템의 설치가 필요하다.

(4) 안전성

각종 기기의 오동작으로 인한 안전 사고 시 승객들의 안전은 물론 열차의 운행에 지장을 초래하지 않는 시스템의 검토가 필요하다.

7. 결론

① 승객들의 생활수준 향상으로 인해 쾌적하고 안락한 환경을 위해 지하 생활공간 공기질 관리 법안이 제정 공포되어 시행되고 있다.

② 이러한 시점에 설치하는 PSD System 설치 시 효율성과 신뢰성 및 성능 확보를 위한 세부시방과 검증절차를 정하고 엄격히 준수하여야 하며 필요시 시스템에 대한 공인기관 시험을 거치도록 한다.

③ 또한 발주자, 전문업체, 학계 등이 공동으로 설치 전후의 효과와 성능에 대하여 연구 조사해 개선 발전의 자료로 활용해야 한다.

④ 설비 측면에서는 방재시스템 및 에너지 절약을 염두에 두고 설치해야 하며 또한 공조계획 및 환기 계획을 철저히 검토하여 시행하여야 한다.

자기부상열차(Magnetic Levitation)

1. 개요

① 기존의 열차가 바퀴와 레일 간 마찰력으로 구동하는 방식이라면 자기부상열차는 바퀴가 없는, 즉 전기자석의 N극과 S극의 흡입력 또는 반발력을 응용하여 차량과 레일 사이가 떨어져 공간이 유지된 상태로 달리는 방식이다.

② 자기 부상열차의 핵심은 열차를 띄우는 부상과 열차를 달리게 만드는 추진에 있다.

③ 자기부상열차는 소음과 진동이 적어 승차감이 좋으며 열차와 궤도 사이의 마찰력이 없어 아주 빠른 속도를 낼 수 있고, 등판 능력 및 곡선통과 능력이 우수하다. 또한 자기부상열차는 차량이 궤도를 감싸 안는 구조로 탈선, 전복 등의 사고가 없는 안전한 열차이며, 차체 경량화 및 구조물 슬림화 등이 가능하므로 초기 투자 비용이 저렴하여 차세대를 대표할 수 있는 교통수단이라 할 수 있다.

2. 자기부상 원리

① 니오브(Nb)와 주석의 화합물로 된 초전도체(초전도현상을 나타낼 수 있는 물질)를 코일로 만들어 액체헬륨 등으로 냉각시켜 절대영도(−273.15℃) 가까이까지 냉각하였을 때, 전기저항이 갑자기 소멸하여 전류가 아무런 장애 없이 흐르는 현상을 초전도현상이라 한다.

② 코일을 초전도 상태로 만들면 전류가 흘러도 코일에 열이 발생하지 않기 때문에 큰 전력을 계속하여 흘릴 수 있고 이 때문에 매우 강한 자기장을 얻을 수 있다. 또한 흘린 전력은 전원을 제거해도 감소하지 않고 영구적으로 계속 흐르게 되어 강력한 자석이 된다. 이러한 재료로 된 코일을 감은 전자석이 '초전도자석'인데 대단히 강한 자력이 얻어진다.

③ 이러한 원리를 이용하여 차량에 초전도 자석을 탑재하고 지상에 코일을 설치하여 발생하는 자력으로, 차량을 부상시켜 마찰력을 사용하지 않고 초고속으로 주행하는 것이 자기부상열차이다.

3. 부상방식(EMS, EDS)

① 열차를 띄우는 부상방식에 따라 상전도 흡인식(EMS ; Electro Magnetic System) 과 초전도 반발식(EDS ; Electro Dynamic System)의 두 가지로 나뉜다.

② 상전도 흡인식(EMS)

   ㉠ 상전도 흡인식은 차량 하부에 장착된 선형유도전동기와 레일 가운데 설비된 전자 기작동판(Reaction Plate) 상호 간의 전자기 작용으로 끌어당기는 힘, 즉 흡인력 으로 부상시키는 방식으로 독일에서 개발되었다.

   ㉡ 자력 양극의 흡인력을 이용해 열차를 궤도에서 1cm 정도 띄운 상태에서 차량의 리 니어모터와 궤도의 리액션 플레이트 사이에 자력을 발생시켜 추진력을 만든다.

   ㉢ 초전도 반발식에 비하여 정지 시와 저속에서도 부상이 가능한 장점이 있다.

   ㉣ 상전도 흡인식은 중속도의 통근용 중단거리용 열차에 적용하고 있다.

③ 초전도 반발식(EDS)

   ㉠ 초전도 반발식은 같은 극의 자석 간에 작용하는 반발력을 이용한 것으로 현재 일본 에서 개발 중이다.

   ㉡ 일반적으로 상전도 흡인식보다는 제어가 쉽고 초고속 열차에 적용하고 있다.

   ㉢ 부상 높이가 10cm가량인 초전도 반발식은 시스템의 안정성과 신뢰성이 높은 반면 에 저속에서는 뜰 수가 없어 별도의 지지 기구를 필요로 한다. 이 경우 부상에 필요 한 충분한 유도전류를 얻기 위해 약 100km/h의 속도를 얻을 때까지 바퀴에 의하 여 진행해야 한다.

4. 추진방식

(1) 선형전동기

① 자기부상열차는 자동차의 엔진에 해당되는 선형전동기를 사용하여 견인된다. 선 형전동기란 회전운동을 하는 일반 전동기와는 달리 직선운동을 하는 전동기를 말 한다. 즉, 기존의 원통형 회전 전동기를 축방향으로 잘라서 평면적으로 펼쳐 놓은 구조이다.

② 전동기의 높이가 $\frac{1}{5}$ 정도로 낮아지고, 기존의 원통형 전동기는 그 회전에너지를 직선운동 에너지로 전환하기 위해 대형 기어 커플링이 필요하였지만 선형전동기

는 직접 직선운동에너지를 생성하므로 기어 커플링이 필요 없어 비교적 시설이 간단하다.

③ 추진방식으로는 선로바닥에는 전자기작동판(Reaction Plate) 차량에는 코일을 까는 유도식(LIM ; Linear Induction Motor)과 차량과 레일에 코일을 깔아서 열차를 움직이게 하는 동기식(LSM ; Linear Synchronous Motor)이 있다.

(2) LIM

① 선형유도전동기 방식(LIM)은 열차에 전자석 코일이 설치되므로 차체가 무거워지고 소음이 상대적으로 크며 속도도 빠르지 않지만 제어하기 쉽고 건설비가 저렴하다는 장점을 가지고 있다.

② 핵심기술은 1초당 4,000번 정도 전기를 넣었다 뺐다 하여 자력의 극을 바꿔주는 것으로 과거에 GTO라는 소자가 쓰였으나 초당 1,000번의 스위칭밖에 할 수 없었다. 하지만 90년대 중반부터 IGBT라는 새로운 소자가 개발되면서 자기부상열차 개발이 본궤도에 오르게 되었다.

(3) LSM

① 선형동기전동기 방식(LSM)은 계자와 전기자 사이에 전력의 교환이 없기 때문에 공극을 크게 할 수 있고, 단효과(Ending Effect)가 없기 때문에 효율이 좋으며, 선형유도전동기 방식에 비해 추진력이 매우 크기 때문에 시속 500km 이상의 고속용에 적합하다.

② 레일 전체에 걸쳐 전자석 코일을 설치해야 하므로 건설비용이 높아져 경제성이 떨어진다.

5. 장단점

(1) 장점

① 자기부상열차는 바퀴 없이 떠서 달리기 때문에 소음·진동이 거의 없고, 고속철도보다 훨씬 빠르게 달릴 수 있다.

② 마찰에 의한 마모도 없어 유지보수가 거의 필요 없다.

③ 자석이 레일을 감싸기 때문에 탈선의 위험이 없다.

④ 특히 지하철이나 경전철은 바퀴와 닿는 레일에 집중하중이 걸리지만, 자기부상열

차의 하중은 레일 전체에 분산되기 때문에 레일구조물 건설비가 적게 든다. 자기부상열차의 차량단가는 지하철의 2배지만, 건설비는 지하철의 절반 수준으로 저렴하다.

(2) 단점

① 바퀴식보다 에너지 효율이 낮다.
② 자기장의 인체에 미치는 영향이 아직 밝혀지지 않았다.

6. 부상방식 및 추진방식에 의한 분류

구분	부상방식	추진방식	종류
고속	EMS	LSM	Tans-Rapid
	EDS	LSM	MLX, FL
중·저속	EMS	LIM	HSST, UTM
	EDS	LSM	GA

* EMS(Electro Magnetic System) : 상전도 흡인식
  EDS(Electro Dynamic System) : 초전도 반발식
  LIM(Linear Induction Motor) : 선형유도전동기
  LSM(Linear Synchroneous Motor) : 선형동기전동기

7. 각국의 자기부상열차 개발 현황

(1) 독일

① 1972년 독일에서는 초전도 코일을 이용한 반발식 부상시스템(EDS) 개발에 착수하였고, 독일 남동 지역인 Erlangen에 왕복 900m 시험선을 건설하고 시험차량(EET 01)을 제작하였다.
② 1977년 독일 연방과학기술성에서는 반발식 부상시스템의 개발을 중단하고 흡인식 부상 시스템(EMS)의 선형동기전동기 추진방식(LSM)으로 결정하였다.
③ 이후 독일은 1987년, 약 10여 년에 걸친 자기부상열차 시험소 설계를 마치고 세계 최장의 TVE 시험선(31.5km)을 건설·개통하였고, 2003년 세계 최초로 최고 운행속도 430km/h의 초고속 자기부상열차를 중국에 수출하여 상용화하는 데 성공하였다.

(2) 일본

① 일본은 1962년 선형전동기 추진 및 비접촉 주행에 대한 연구를 시작하였고, 1970년 초전도체 자기를 사용하는 공기역학부상시스템 연구에 착수하면서 공식적으로 자기부상열차 연구를 시작하였다.

② 이후 1972년 초전도체 자기부상열차의 부상에 성공하고, 1975년 비로소 비접촉 주행에 성공하였다.

③ 이와 함께 일본은 1974년 JAL(일본항공)은 새로운 공항 접근방안을 모색하기 위한 HSST 시스템(LIM 방식) 개발을 시작하여, 1989년 Yokohama EXPO에 최고속도 200km/h의 자기부상열차(HSST−05)를 전시·운행하였다. 이 시기에 일본은 HSST 시스템을 도시형으로 적용할 것으로 결정하고 대중교통으로서의 실용시험을 시작하였다.

④ 1993년 일본 국가위원회는 마침내 자기부상열차가 대중교통시스템으로 사용 가능함을 선언하였고, 이후 1999년 Tobu Kyuryo선에 자기부상열차 도입을 결정하고, 2005년 4월 Aichi EXPO에 맞추어 세계 최초로 LIM 방식의 HSST 자기부상열차 노선을 개통하였다.

⑤ 한편 이와 함께 일본은 초전도 반발식(EDS)의 자기부상열차를 500km/h 이상의 속도로 시험 운행 중이며, 2003년 12월 열차속도로는 세계 최고속도인 581km/h를 기록하였다.

(3) 한국

① 우리나라의 자기부상열차 개발은 1989년 12월 과학기술부 주관의 국책연구개발사업 1단계 착수와 함께 공식적으로 시작되었고, 이후 2, 3단계 사업이 1999년 9월까지 추진되었다.

② 1993년 개최되었던 대전 엑스포(EXPO)에서는 국내에서 최초로 제작된 자기부상열차가 선보였다. 이 열차는 600m의 선로 위를 10~20mm 정도 떠서 한 번에 40명의 승객을 태웠으며, 93일간 운행되었다.

③ 1997년 세계에서 세 번째로 도시형 자기부상열차(UTM−01)를 개발하였고, 1.3km의 시험선로도 건설하였다. 이 열차는 1998년에 1량을 추가 개발하였고, 현재는 일부 개량되어 시험되고 있다.

④ 아울러 2003년 10월부터 산업자원부 주관의 중기거점과제로 자기부상열차 실용화를 위한 모델을 개발하고 있으며, 현재 인천공항철도에 시험선을 부설 중이다.

8. 결론

① 우리나라 자기부상열차는 일본의 HSST와 기술적으로 유사하다. 우리나라는 다른 선진국에 비해 기술개발의 출발이 늦었으나 짧은 기간에 높은 성과를 이룩하여, 현재는 자기부상열차의 동남아 수출도 기대하고 있는 상황이다.

② 또한 교통문제 해소뿐만 아니라 미래 기술로서 경제적 · 산업적 · 기술적 파급효과가 큰 자기부상열차의 국내 실용화를 위하여 대안을 마련 중이다.

③ 자기부상열차는 바퀴가 없기 때문에 조용하고 진동이 적은 것이 특징이다. 또한 미끄러짐 현상이 없기 때문에 바퀴식에 비해 언덕을 2배 이상 잘 올라갈 수 있으며, 레일과 접촉하는 부분이 없기 때문에 곡선에서의 주행 성능도 매우 좋다.

④ 따라서 대도시 내에 적은 비용으로 자기부상열차 노선을 건설한다면 쾌적한 교통수단을 시민들에게 제공하며, 우리의 삶이 보다 더 풍요롭게 될 것이다.

🄖 참고정리

✔ 초전도자석

어떤 재료는 저온상태가 되면 전기저항이 0이 되는데 이를 초전도라 한다. 한번 흐른 전류는 줄어들지 않고 항상 지속적으로 흐르기 때문에 그 후에는 전기를 공급하지 않아도 된다. 이러한 재료의 코일을 감은 전자석이 '초전도자석'인데 대단히 강한 자력이 얻어진다.(액체 헬륨 등으로 코일을 지속적으로 냉각시켜 줄 필요가 있다.)

✔ 전기브레이크

운동에너지를 전기형태로 흡수하는 것이 전기브레이크이다. 그때 발생한 전기 가운데 저항기에서 열로 변화시킬 수 있는 것을 '발전형', 발전소 쪽으로 되돌려 보내는 것을 '반송형'이라 한다.

✔ 리니어 모터

보통의 모터는 회전운동을 하지만 리니어모터는 직선운동을 하는 모터이다. 지상코일에 보낸 전류의 방향을 차례차례 반전시키면 차량에 내장된 자석을 끌고 가듯 한쪽 방향으로 움직이게 된다. 최근 들어 자주 얘기되는 자기부상열차는 바로 리니어모터와 자기부상을 결합시킨 최신형 고속열차이다.

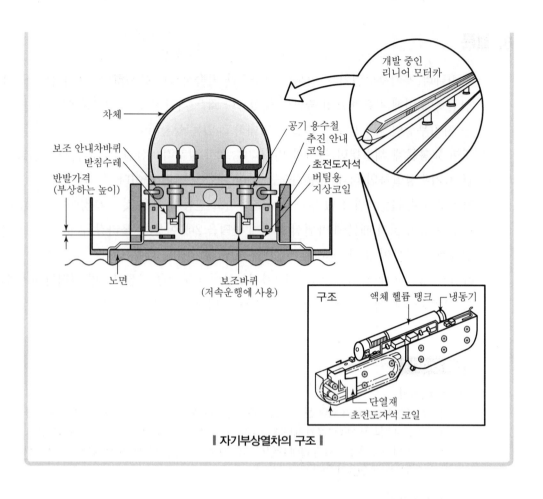

개발 중인
리니어 모터카

차체

공기 용수철
추진 안내
코일

보조 안내차바퀴
받침수레

초전도자석
버팀용
지상코일

반발가격
(부상하는 높이)

노면

보조바퀴
(저속운행에 사용)

구조   액체 헬륨 탱크   냉동기

단열재
초전도자석 코일

▎자기부상열차의 구조 ▎

1 자기부상열차 시스템의 종류와 추진과제에 대하여 설명하시오.

2 도시형 자기부상열차의 실용화 사업계획의 필요성 및 개발동향 과 분야별 보완 요구사항에 대하여 설명하시오.

1. 개요

① 자기부상식 철도시스템(Magnetic levitated linear motor car system)을 약칭하여 Maglev라 하며, 비접촉 방식의 자기력의 반발력 흡인력을 이용하여 부상하고 Linear Motor에 의해 주행한다.

② 점착식 철도는 350km/h가 영업최고속도이나 Maglev는 소음 진동이 없어 500km/h의 초고속 주행이 가능하다.

2. 자기부상시스템의 종류

(1) 사용자석에 따른 분류

① 상전도방식 : 상온에서 전도가 이루어지는 도체에 의한 전자석을 사용하며 부상 높이 1cm

② 초전도방식 : 임계온도 이하로 냉각하여 전기저항이 없도록 한 전자석을 사용하 며 부상높이 10cm

③ 영구자석식 : 고성능 영구자석으로 부상

(2) 부상방식에 따른 분류

① 흡인식 : 자석의 끌어당기는 힘을 이용하여 차량을 부상한다. 전자석과 자성체의 흡인력을 이용한다.

② 반발식 : 자석의 서로 같은 극간 밀어내는 힘을 이용하는 방식

③ 유도식 : 전자유도현상을 이용한 것으로 전자식이 코일 위를 일정속도 이상 이동 되어야 부상한다.

(3) 추진방식에 의한 분류

① 선형유도전동기(LIM)

• 고정자 코일부분을 차량에, Reaction Plate를 지상에 설치한다.

- 저렴하여 일반적으로 사용한다.
- 300km/h 이하의 중·저속형에 많이 사용한다.

② 선형동기전동기(LSM)

- 회전자 자석부분을 차량에, 고정자 코일부분을 지상에 설치한다.
- 고정자 코일부분을 지상에 설치함에 따라 경제성이 다소 떨어진다.
- 차량소형화, 경량화, 에너지 효율이 높고, 추진력이 좋다.

3. 자기부상열차 장단점

(1) 장점

① 비접촉방식으로 저소음, 저진동으로 친환경적 시스템
② 급기울기에 가능하여 지하 지상 연결이 용이(80%)
③ 급곡선에 가능하여 용지면적 축소 및 자유스러운 선형설계 가능
④ 레일접촉개념이 없어 유지보수비용 절감
⑤ 대차구조가 Guideway를 감싸서 탈선, 전복의 우려가 없음

(2) 단점

① 시스템 검증에서 신뢰성, 안전성 확보 미흡
   독일 2006년 사고로 20여 명 사망
② 타 교통시스템과의 연계호환 부족
③ 비상 탈출 시스템 곤란
   시험선운행 중 고가사다리 동원 탈출
④ 구조물 설비비 고가로 건설비용 상승
⑤ 인체자기장 노출에 대한 안전성 검증 필요

4. 시스템

(1) 분기기 구조

① 치환식
② 관절식
③ 굴절식

(2) 급전방식

① 3궤조방식

② 비접촉 급전방식도 가능하나 효율성에 취약함

5. 적용사례

(1) 해외

① 일본 : HSST 중저속 상전도흡인식 시스템으로 나고야 시에서 상용 운행 중

② 독일 : Transrapid 시스템(초고속상전도흡인식시스템)을 중국 상해~푸동공항 간 430km/h 상용화 운행 중

(2) 국내

① 1980년대부터 연구 시작하여 2006년 실용화 모델 성공, 대전 엑스포공원에서 운영한 실적이 있다.

② 상전도흡인식 LIM 추진

③ 도시형 자기부상열차 실용화사업으로 인천공항 교통센터~용유 복합역(6km) 간 건설되어 운행 중이다.

－최고속도 : 110km/h

6. 도시형 자기부상열차 실용화를 위한 방향

(1) 실용화를 위한 해결과제

① 초전도 자석계, 전력공급계 등 제반기기의 장기 안정화와 신뢰성의 향상이 확인되어야 한다.

② 자력선의 영향이 없도록 초전도 자석을 차량단부 외곽으로 절연대차방식으로 객실을 격리하는 방안을 모색하여야 한다.

③ 신호보안장치, 고속분기장치, 기타 열차군의 제어방식을 합리적으로 처리할 수 있는 시스템의 개발이 시급하다.

(2) 토목기술 분야에서의 검토사항

① 최소곡선반경, 최대기울기, 선로 건설기준 및 지상설비

② 상하열차 교행시의 선로중심간격

③ 터널 단면내공의 크기와 터널 내 압력변동에 대한 차량성능

④ 분기장치의 성능

⑤ 보수기준, 보수한도, 보수주기 등 보선사항 및 유지관리사항

⑥ Guide Way, 차량, 시설물 간의 신뢰성과 내구성

⑦ 변전소 상호 간 제어시스템

⑧ 복수열차의 운행제어 및 운전보안시스템

⑨ 환경보전문제

⑩ 경제성, 건설비, 운영비의 파악

⑪ 소음 · 진동 및 승차감의 시험

(3) 시스템 신뢰성 확보

① 현재 국내 기술수준은 외국 모방단계 수준임

② 차량과 주행로의 인터페이스 안정화 노력

③ 신호제어시스템을 CBTC 방향으로 기술력 개발

④ 도심에서 가능한 심플한 분기시스템 개발

⑤ 인체무해성 논란 차단을 위한 기술개발

⑥ 비상상황 시 대피로 등 피난계획 구체화

⑦ 에너지 사용 효율성 확보기술 개발

⑧ 전파장애 해소기술 개발

⑨ 한국형 자기부상시스템 개발 필요

(4) 국내 적용성 확보

① 경전철과 상호보완 시스템 인식으로 연계발전 방향모색 및 개발

② 법제적 표준화

곡선통과속도, 완화곡선, 교량하중, 횡하중, 낙하하중, 충격계수, 처짐허용한도 등의 기준정립 미흡

③ 도시형 접목을 위한 디자인 개발

차량, 구조물의 슬림화

④ 자기부상열차 국산화 개발 및 경제성 확보

(5) 도시접목 시 선로구축물 방안

① 용지보상비와 기존 선과의 연계성을 고려하여 기존 철도망의 고가에 부설하는 방안
② 현재의 자기부상시스템보다 경량화된 1량 or 2량 1unit 시스템
③ 승강장과 직접 엘리베이터, 에스컬레이터 설치

7. 선로구축물 개선사항

(1) 중국과 한국의 자기부상열차 비교

① 중국 Transrapid

㉠ 궤도일체형 구조
㉡ 주행지지대인 가이드웨이가 교량거더로서 역할
㉢ 규모가 매우 작은 구조

② 한국의 UTM

㉠ 가이드웨이 상부구조형식

• 직선부 : PC Con'c Box Girder
• 곡선부 : 강 Box Girder

㉡ 하부구조 : T형 교각과 PHC 파일기초
㉢ 강 Box 단면크기, 부재두께는 지간길이에 비해 과대하게 설계, 엄격한 처짐비 L/4000 채용

③ 문제점

㉠ 활하중 처짐비의 엄격한 적용은 구조물의 슬림화에 저해요소
차량의 부상제어시스템, 차량/교량 상호작용, 승차감 분석을 통해 처짐 기준의 재설정이 필요하다.
㉡ 강 Box Girder 구간에서 부상에 실패
가이드웨이 거더의 고유주파수와 간섭으로 거더의 동특성요소를 고려한다.

(2) 개선 시 고려사항

① 구조물의 Slime화, 비용절감, 시공기간의 단축에 역점을 둘 필요가 있다.

② 가이드웨이는 구조적 안전, 차량의 주행안정성을 확보토록 한다.
- 중국은 궤도일체형, 한국과 일본은 궤도분리형이다.
- 궤도분리형이 승객의 비상탈출 통로 및 유지보수 통로확보에 유리하다.

③ 구조물의 Slime화
- 직선구간 : 프리케스트 바닥판과 프리케스트 Open U형을 사용한다.
- 곡선구간 : 개구제 강박스와 프리케스트 바닥판을 합성하는 방법을 사용하며 곡선 및 완화곡선부에 캔트를 도입한다.

8. 결론

① 향후 타 경량전철 시스템과 비교 검토하여 사업타당성, 신뢰성에서 우위를 확보할 수 있도록 지속적인 개발이 필요하다.
② 고속철도 – 도시교통권역 – 도심전역을 상호연계하며 일원화될 수 있는 시스템으로 발전시킨다.
③ 지속적인 연구개발 적용으로 차세대 교통망의 역할을 하도록 한다.

경량전철 시스템 중 모노레일과 자기부상열차의 비상사태 발생 시 비상사태를 대비한 시설 및 운영계획에 대하여 설명하시오.

1. 모노레일 및 자기부상열차

(1) 모노레일

① 모노레일이란 1개의 궤도나 빔 주행로 위에 고무타이어 또는 강재의 차륜에 의해 위 혹은 아래로 주행하는 철도로 과좌식(Straddle Type)과 현수식(Suspended Type)이 있다.

② 고가에서 운행속도는 30~50km/h이고 최대속도는 80km/h이다.

③ 철도와 버스의 중간적인 교통기관으로 경전철시스템이다.

(2) 자기부상열차

① 자기부상식 철도시스템(Magnetic levitated linear motor car system)을 약칭하여 Maglev라 하며, 비접촉 방식의 자기력의 반발력 흡인력을 이용하여 부상하고 Linear Motor에 의해 주행한다.

② 점착식 철도는 350km/h가 영업최고속도이나 Maglev는 소음 진동이 없어 500km/h의 초고속 주행이 가능하다.

2. 한국에서의 적용성 검토

① 고가로 통과 시 차광막 설치가 불가능하여 주거환경 침해로 민원이 제기된다.

② 횡저항력 확보

곡선형 빔, 완화곡선형 빔, 장경 간에서 횡저항력의 확보방안, shoe 설치 시 트위스트 하중 처리 기술 등에 대하여 심도 있는 접근이 필요하다.

③ 고가화에 따라 지하철과의 환승이 불편하다.

④ 화재 발생 시 선로 옆으로 대피가 불가능하여 안전대책 수립이 요망된다.

⑤ 도로 1개 차선 점유에 따른 공간을 별도로 확보하여야 한다.

3. 차량 고장 및 화재 발생 등 비상사태 발생 시 승객 대피 방안

① 최신 경향에 맞추어 열차 내에서 차량 간 통행을 자유롭게 개방형으로 제작

② 긴급 출동한 견인차, 후속차량 등으로 고장차량을 추진운전 혹은 견인 운전하는 방안

③ 복선에서 고장차량으로부터 동일선로로 접근한 구난차량으로 옮겨 타는 방안

④ 구난용 특수자동차에 의해 승객을 탈출하게 하는 방안

⑤ 완강기 또는 루프를 이용하여 승객을 지상으로 내리게 하는 방안

HSST(High Speed Surface Transport)에 대하여 서술하시오.

1. 개요

① HSST는 High Speed Surface Transport의 약자로서 차륜 없이 전자석에 의해 부상하고 리니어모터로 추진하는 새로운 교통시스템이며, 80년대 후반 일본을 중심으로 개발되었다.

② 종래 교통시스템에 비하여 우수한 것은 접촉지지에 의한 저소음 및 공기저항 외에는 주행저항이 없기 때문에 고속주행이 가능하며, 비교적 100km/h 정도의 속도에 적합토록 개발되었다.

2. HSST의 특징

① 무공해, 승차감이 좋다.

② 안전성 · 경제성이 높다.

③ 건설비 및 유지비 저렴, 차량경량화, 구조물 슬림화

④ 초기실용화 기능

⑤ 새로운 시대의 철도

⑥ 적용범위가 넓다. 거리에 관계없이 적용 가능하며, 저속 · 고속운행도 가능하다.

3. 추진장치

레일 대신 Aluminium Reaction Plate가 설치되고, 차량에 Linear Motor가 2차축이 되어 차량의 추진력이 발생하는 LIM이다.

4. 분기방식

① 형 전체가 수평으로 회전하는 3개소의 관절부분으로 꺾기는 분기방식이다.

② 분기장치는 일반 모노레일과 동일한 형태로서 궤도 자체가 움직이는 형태이다.

5. 리니어 모터

소형경량의 VVVF 인버터 제어장치로 제어한다.

6. 집전장치 및 전차선

① 전차선 : 알루미늄과 스텐인리스를 일체화한 것을 사용한다.
② 집전장치 : 고속 시에도 집전도가 유연하게 대응하는 구조로 되어 있다.

7. 결론

① 최근 우리나라도 한국적 도시교통난 해소에 요구되는 각종 신교통시스템 개발연구에 국책과제로서 관심과 투자를 기울이고 있다.
② HSST는 소음과 진동이 전혀 없어 환경에 민감한 지역에 적당하며, 향후 약 100km/h의 속도에 적합한 도시교통시스템으로 각광 받을 전망이다.

36 자기부상열차의 개발 및 상용화 현황

1. 서론

① 환경 친화적이며 주행 성능이 우수하고 Life Cycle Cost가 저렴한 자기부상열차는 1970년대부터 독일, 일본 등에서 본격 개발에 착수하였다.

② 2004년 초 중국 상하이에서 독일의 초고속 Transrapid 시스템이 세계 최초로 상업운전을 시작하였으며, 2005년 3월에는 나고야와 애지현을 연결하는 동부 구릉선에서 일본의 중·저속형 HSST 시스템이 영업 개통을 하였다.

③ 국내, 미국, 중국 등에서도 자기부상열차 시스템 개발에 박차를 가하고 있으며, 최근 국내에서도 중·저속형 자기부상열차에 대한 실용화가 추진되고 있다.

2. 자기부상열차의 원리 및 특징

(1) 자기부상열차의 원리

자기부상열차는 바퀴가 없이 자석의 힘으로 차량을 지지(부상)하고 선형 전동기로 추진하는 열차이다.

① 부상의 원리

㉠ 상전도 부상방식(EMS ; Electro – Magnetic Suspension)

일반적으로 차량의 하부에는 전자석(Electro – Magnet)을 설치하고, 대향하는 궤도에는 철 레일을 설치하여, 전자석에 전원을 인가하면 전자석과 철레일에 서로 다른 극의 자속이 형성되고, 이 서로 다른 극의 자속에 의해 전자석과 철 레일은 끌어당기는 힘(흡인력, Attractive Force)이 발생하여 부상하게 된다. 상전도 부상방식의 경우, 전자석과 레일사이의 일정한 공극을 제어하기 위해 능동 제어기가 필요하며, 아울러 정지 상태에서도 부상이 가능하다. 이러한 부상방식을 적용한 차량은 독일의 Transrapid, 일본의 HSST, 그리고 한국의 UTM이 있다.

㉡ 초전도 부상방식(EDS ; Electro – Dynamic Suspension)

일반적으로 차량에는 초전도 자석(Superconducting – Magnet)을 설치하고, 대향하는 궤도에는 2쌍의 유도코일을 설치하여, 열차가 주행할 때 2쌍의 유도 코일에는 서로 다른 극의 자속이 발생한다.

이때 궤도의 위쪽 유도코일에는 차량과 다른 극이 유기되어 흡인력이 발생하고, 아래쪽 유도코일에는 차량과 같은 극이 유기되어 반발력이 발생하여 차량이 부상하게 된다.

초전도 부상방식의 경우 출발 시에는 바퀴를 이용하여 주행하고, 어느 정도 운행 후 속도가 약 150km/h 이상이 되면 부상하게 된다. 이러한 방식을 적용한 차량으로 일본의 MLX가 있다.

② 추진 원리

자기부상열차는 바퀴가 없이 부상하여 주행하므로 선형 전동기(Linear Motor)를 사용한다. 선형 전동기는 회전형 전동기를 잘라 펼친 형태로, 전원을 인가하면 이동자계에 의해 직접 추진력이 발생한다.

㉠ 선형 유도전동기(LIM ; Linear Induction Motor) 방식

차량에는 전동기의 1차 측(코일)을 설치하고 대향하는 궤도에는 전동기의 2차 측 도체판을 설치하여, 차측 코일에 전원을 연결하면 차측과의 유도기전력에 의해 추진력이 발생한다. 일반적으로 LIM 방식은 중 · 저속형 열차, 중 · 단거리(도심 내) 교통수단에 적용되며, 일본의 HSST와 한국의 UTM이 이 방식을 적용하고 있다.

㉡ 선형 동기전동기(LSM ; Linear Syncronous Motor) 방식

궤도에 전동기의 1차 측 코일을 설치하고 차량에 2차 측 계자를 설치하여, 차측 코일과 2차 측 계자의 동기에 의해 추진력이 발생하며, 일반적으로 초고속형 열차, 장거리(지역간) 교통수단으로 활용하게 된다. 그리고 이 방식은 독일의 Transrapid및 일본 MLX에 적용되고 있다.

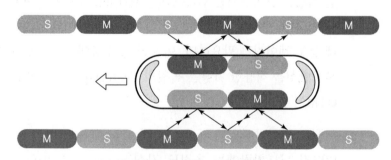

‖ 선형 동기전동기의 추진방식 ‖

(2) 자기부상열차의 특징

① 환경 친화 측면

자기부상열차는 궤도와 비접촉으로 주행하므로 일반 바퀴식 열차에서 발생하는 소음(75~80dB(A))보다 현저히 작은 소음(65dB(A))을 발생시키며, 주행 중 발생하는 진동가속도 또한 일반 바퀴식 차량에 비해 현저히 낮다(0.02g 수준). 그리고 기계적인 접촉이 적으므로 인체에 유해한 철, 고무 같은 분진이 발생하지 않는다.

② 주행성 측면

자기부상열차는 선형 전동기에 의해 추진되므로 일반 철도차량의 바퀴와 레일 간에서 발생할 수 있는 공전 혹은 활주 등 여러 가지 마찰 관련 문제를 예방할 수 있다. 또한 급기울기 주행 시에도 마찰과는 무관한 추진력을 얻을 수 있으므로 레일 표면의 상태와는 무관한 큰 추진력을 얻을 수 있게 되어 급기울기 주행 능력을 향상시킬 수 있다.

③ 안전성 측면

자기부상열차는 차량 하부의 대차 구조가 레일을 완전히 감싸는 구조로 제작되므로, 일반 철도차량에서 발생할 수 있는 차량 전복이나 탈선의 우려가 없다.

④ 건설비 및 운영비 측면

자기부상열차는 일반 철도차량에 비해 발생하는 소음이 현저히 적으므로 노선을 지하화할 필요가 없게 되어, 건설비 중 가장 큰 부분을 차지하는 터널 공사비를 절감할 수 있게 된다. 그리고 궤도에 가해지는 하중이 전자석의 자력으로 인한 분산하중이므로 궤도구조물을 보다 가볍고 유연하게 만들 수 있게 되어 재료비를 절감할 수 있다.

3. 국내외 자기부상열차의 개발 현황 및 전망

(1) 독일

① 1960년대 중반부터 자기부상열차 개발에 착수한 독일은 초기에는 중·저속용을 개발하였으나 1980년대부터 초고속용으로 전환하여 1999년 상전도 흡인식 부상의 Transrapid 08호기를 개발해 31.5km의 Emsland 시험선에서 시속 500km 주행시험을 완료하였다.

② Transrapid는 중국의 상해 도심과 푸둥공항 간 31km 상업노선을 건설, 2004년 초 개통하여, 영업운전 중에 있다.

(2) 일본

① 일본은 1970년대부터 장거리 교통수단인 초고속용과 경전철 노선에 적합한 중·저속용 자기부상열차를 개발 중에 있다.

② 1973년 동경과 오사카를 연결(500km)하는 '리니어 중앙 신간선' 실용화 노선을 확정하여 이 중 일부 구간인 야마나시현에 18.4km의 시험선로를 건설하여 초전도 반발식 MLX-01을 시속 580km까지 주행시험을 실시하였다.

③ 일본 HSST는 총 7번의 시속 100km급 중·저속용 자기부상열차를 개발하여 나고야 중부 시험선로에서 주행시험을 완료하였으며, 2005년 애지현 국제 박람회를 겨냥하여 박람회장과 나고야 후지가오카 역을 연결하는 상업 노선(동부구릉선)에 자기부상열차 Linimo를 투입하여 운행 중에 있다.

(3) 한국

① 우리나라는 자기부상열차의 연구개발 역사로 볼 때 독일이나 일본에 비하면 뒤지지만 그 기술의 진보는 괄목할 만한 성장을 이루고 있다. ㈜로템은 1988년부터 자기부상열차의 개발에 착수하여 이미 1993년 대전 엑스포박람회에서 전시/운행을 통해 실용화 가능성을 입증하였으며, 엑스포 기간(93일) 중 총 12만 명의 관람객을 수송한 바 있다.

② 1990년대 중반 한국기계연구원과 공동으로 약 5년간 과학기술부의 지원으로 개발한 경전철 형태의 도시형 자기부상열차(UTM-01)는 급곡선(반경 60m), 급기울기(기울기 6%), 분기기 통과 등 성능시험을 완료하고 현재 대전 한국기계연구원내 1.3km의 시험선로에서 신뢰성 주행시험을 수행 중에 있다.

③ 또한 2003년 10월부터 산업자원부의 지원으로 무인자동운전이 가능한 110km/h급 실용화를 위한 모델(RUTM)의 개발에 착수하여 2004년 9월 베를린 InnoTrans에 출품/전시한 바 있으며 2005년 6월부터 본격 주행시험에 돌입하여 시험 후 2006년 10월 '엑스포공원~국립과학관 노선(1km)'에 투입하였고 현재 인천공항 교통센터~용유 복합역(6km) 간 건설되어 운행 중이다.

4. 결론

① 독일과 일본에서는 이미 자기부상열차가 상용화에 돌입하여 운행 중에 있다. 국내에서도 범정부차원의 자기부상열차 실용화에 노력을 기울이고 있으며, 미국, 중국 등에서도 자체적으로 중·저속형 자기부상열차의 개발에 박차를 가하고 있다.

② 또한 말레이시아, 인도네시아 등 동남아 시장에서도 자기부상열차의 도입을 적극 검토하고 있는바 국내 중·저속형 자기부상열차에 대한 실용화가 성공하여 세계 진출의 일익을 담당하여야 할 것이다.

CHAPTER

07

속도향상 및
선로개량

07

소독공정 및
연계처리

1 철도수송수요예측방법에 대하여 아는 바를 쓰시오.

2 철도수송수요에 영향을 주는 요인과 수송량 추정의 기법에 관하여 쓰시오.

1. 개요

① 철도계획에서 장래 수송수요 예측은 건설 여부, 건설시기 등을 결정하는 요소로서, 각종 설비용량과 운영계획을 수립하는 가장 중요한 기초자료가 된다.

② 수송수요를 예측하기 전에 역세권 설정과 경제조사 및 현황조사가 이루어져야 한다.

2. 수송수요의 요인

① 자연요인 : 인구, 생산, 소비, 소득 등 사회 경제적 요인

② 유발요인 : 철도 자체의 요인에 의해 유발되는 요인

③ 전가요인 : 자동차, 항공기 등 철도 이외의 타 교통기관의 수송서비스로 인하여 상호 간 전가되는 요인

④ 기타 요인 : 시간적, 계절적 요인

3. 수송수요의 구분

① 정기 여객 : 통근, 통학 등

② 부정기 여객 : 업무, 관광, 군용 등

③ 연간, 일간, 시간당 수요로 구분됨

4. 예측시행의 기본단계

① 예측하는 지역의 설정과 지역의 분할

　㉠ 과거의 경향과 장래예측에 관한 기본사실 규명

　㉡ 과거 수요의 변동요인 분석

② 기본연차의 교통유동, 사회경영활동, 교통시설 조사

　㉠ 이전 예측과 현재수요의 차이 분석

　㉡ 장래 수요에 영향을 미치는 인자 탐색

③ 모델 구축과 파라미터 설정

④ 목표연차의 사회경제활동, 교통시설 조건설정

⑤ 목표연차의 장래 수요 예측

    ㉠ 예측의 정밀도와 오차원인 검토

    ㉡ 장래 예측치 수정 및 확정

5. 수송수요 예측기법

(1) 과거추세 연장법(시계열분석법, Time Series Data)

과거의 연도별 교통수요를 토대로 하여 도면상에서 미래의 목표연도까지 연장시켜 수요를 추정하는 방법

(2) 요인분석법(주변개발, 택지개발, 역세권개발)

어떤 현상과 몇 개의 요인변수 관계를 분석하고 그 관계로부터 장래의 수송수요를 예측하는 방법

(3) 원단위법

대상지역을 몇 개의 교통존으로 분할하여 원단위를 결정해서 장래 수송수요를 예측하는 방법

(4) 중력모델법

지역 간 교통량이 양지역의 수송수요원 크기에 비례, 양지역 간 거리의 제곱에 반비례한다는 원리에서 장래 수송수요 예측

(5) OD표 작성법

장래 수송수요 예측대상지역을 몇 개의 존으로 분할하고 각 존의 상호 간 교통흐름을 파악하여 OD표를 만들고 수송수요를 예측

6. OD표 4단계 수요추정법

(1) 1단계 : 통행발생(Trip Generation)

① 현재상태 OD표에서 작성된 현재의 발생집중교통량과 경제지표를 고려하여 일정한 상관관계를 구하여 장래 각 존의 발생집중 교통량을 예측

② 국가교통 OD상 시·군·구 소구분은 248개, 특별, 광역, 도 zone의 중구분은 16개 설정

(2) 2단계 : 통행분포(Trip Distribution)

① 분포교통량 예측

② 1단계에서 구한 발생 집중교통량과 현재상태의 OD표로부터 장래의 OD표를 작성하여 분포교통량 예측

(3) 3단계 : 수단선택(Mode Choice)

① 교통기관별 교통량 예측

② 분포교통량 예측결과 교통수단 중에서 도보, 2륜차, 자가용 분을 제외한 교통기관별 교통량 예측

③ 교통기관별 교통량은 일반적으로 수송저항비 배분을 고려한 방법을 이용하여 예측한다.

(4) 4단계 : 통행배분(Trip Assignment)

① 역간교통량 예측

② 교통기관별 교통량 예측결과를 기준으로 zone을 이용하는 철도이용자의 철도이용역을 선정하여 역간 OD표를 작성하고 역간교통량을 예측한다.

③ 실제 건설 후 개통 시 수요예측 모형과 실제수요는 가능한 일치하여야 하나 직접영향권은 ±15%, 간접영향권은 ±30% 범위 내에서 허용한다.

7. 예측에서의 유의사항

① 자연현상에서나 경제, 사회, 교통현상에 있어서도 과거 자료의 집적이 풍부하지 않다. 그러므로 충분하고 정확한 자료의 수립, 정리, 관리가 중요하다.

② 예측은 여러 가지 방법을 시도하여 종합적으로 검토하는 것이 좋다.

③ 예측치의 관리평가를 행하여 만일 부족함이 생길 경우에는 그 원인을 규명해 둘 필요가 있다.

④ 「계획은 예측이다」라고 할 정도로 계획을 책정하는 경우의 골조(Form)의 추정, 계획 목표의 설정, 모델의 인력자료에 기초를 두므로 예측은 중요한 역할을 가진다.

8. 수송수요 예측의 문제점 및 개선방향

(1) 철도시 · 종점 통행량 자료 개선

① 고속철도의 경우 영향권이 일반철도역보다 넓어 정확한 수요예측이 곤란하다.

② 현재의 출발, 도착역 기준의 기종점 통행량 자료를 최초출발지와 최종목적지 간 통행으로 변경할 수 있는 수정방안의 제시가 필요하다.

(2) 도로 철도 통합네트워크 구축

① 현재 국가교통 DB가 제공하는 네트워크는 도로와 철도부문을 분리하여 제공하여 철도 DB가 없는 경우에는 해당 노선의 영향권을 임의로 설정할 수밖에 없다.

② 도로와 철도네트워크를 통합하여 제공한다면 도로네트워크를 통해 철도역 접근이 가능하다.

(3) 철도수요분석 관련 입력자료 구축

① 고속열차의 기존 선 운행, 일반철도의 고속화 등 장래 철도여건 변화에 부합하도록 열차운영계획 작성방안 제시 및 탑승, 대기시간 가중치에 대한 표준적인 수치 제안이 필요하다.

② 고속철도와 일반철도를 구분하고 거리별 수단 분담률 제고가 필요하다.

③ 최근 활성화된 수도권 교통카드와 같이 철도, 지하철, 버스에서 모두 사용할 수 있는 one pass card의 도입을 고려할 수 있다.

9. 결론

① 수송수요 예측에서 한 가지 방법만으로는 정확성이 결여되므로 2가지 이상의 방법으로 예측한다.

② 각 결과 값의 편차가 심할 경우 그 요인을 다시 분석하고 통계자료를 재검토하여 신뢰성이 확보될 경우 수송수요의 예측치로 사용하는 것이 바람직하다.

③ 최근 저탄소 녹색성장정책과 더불어 친환경성, 지속가능성의 지표를 개발하여 철도건설정책과 수요예측에 반영할 필요가 있다.

④ 단순 수요예측보다 수요를 늘릴 수 있는 복합환승센터 및 거점 네트워크의 구축, 철도역 중심의 도시개발계획(TOD), 역세권개발계획도 병행하여야 철도수요를 늘리는 데 효과적이다.

QUESTION 2

선로용량 및 용량 증대방안에 대하여 기술하시오.

1. 개요

① 선로용량(Track Capacity)은 일정한 선로구간에서 1일 동안 운전 가능한 최대열차 횟수를 말하며, 보통 편도용량을 기준으로 한다.

② 대도시의 전차선구 등에서는 러시아워시의 열차설정능력이 문제되기 때문에 그 선로 용량은 피크 1시간당 몇 개 열차인가로 표시된다.

2. 선로용량 산정목적

① 열차운전 계획상 최대 및 최적의 열차운행횟수를 결정하는 데 사용한다.

② 수송력 증강에 필요한 투자우선순위 판단 및 수송애로구간 파악을 할 수 있다.

3. 선로용량의 종류

(1) 한계용량

임의 선로구간에서 운전가능한 최대열차 횟수, 즉 이론적 한계용량이며 현실적인 선로용량을 계산하는 과정에 필요하다.

(2) 실용용량

① 열차운전의 유효시간대, 시설보수기간, 운전취급시간 등을 고려하여 구한 용량으로 일반적 의미의 선로용량이다.

② 한계용량 × 선로이용률(0.6) = 실용용량

(3) 경제용량

열차운전을 원활히 하여 최저의 수송원가를 갖는 1일 최적의 열차 운행횟수이다.

4. 선로용량 산정공식

(1) 단선구간의 선로용량

① 선로용량 산정공식

$$N = \frac{T}{t+s} \times f$$

여기서, N : 선로용량

f : 선로이용률(표준 60%)

T : 1,440(1일을 분으로 환산)

t : 역간 평균운전시분

s : 열차취급시분(자동신호구간 : 1.5분, 비자동구간 : 2.5분)

② 단선구간 A~B역 간의 선로용량 산정

열차	A~B역 간 운전시분	1일 운행횟수	총 점유시간(분)
1	6분	8	48
2	6분 30초	20	130
3	8분 30초	10	85
4	8분	10	80
5	8분 30초	10	85
합계		58	428

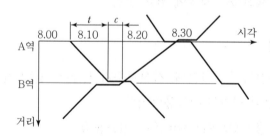

㉠ 역간 평균운전시분

$$t = \frac{428분}{58회} = 7.38분$$

㉡ 선로용량의 산정

• 자동신호구간의 경우 : $N = \dfrac{1,440분}{7.38+1.5} \times 0.6 = 103회$

- 비자동구간의 경우 : $N = \dfrac{1,440분}{7.38 + 2.5} \times 0.6 = 87회\,(왕복)$

(2) 복선구간의 선로용량

① 통근 선구의 동일속도 열차

$$N = \dfrac{T}{h} \times f$$

여기서, h : 최소운전시격

② 고속열차와 저속열차

$$N = \dfrac{T}{hv + (r + u + 1)v'} \times f$$

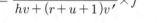

여기서, h : 속행하는 고속열차 상호의 시간(6분) → 최근 3분

r : 선착한 저속열차와 후착고속열차와의 필요한 최소운전시격(4분) → 2분

u : 선발하는 고속열차와 후발하는 저속열차 간 필요한 최소운전시격(2.5분) → 2분

v : 전 열차에 대한 고속열차 비율

v' : 전 열차에 대한 저속열차 비율

③ 복선구간 A~B역 간 선로용량 산정

구 분	고속열차				저속열차		계
열차 번호	1	2	3	4	5	6	
역간운전시분	3.5	4	4.5	5	6	6	
열차횟수	3	16	28	18	43	43	151
열차횟수비	0.02	0.11	0.19	0.12	0.28	0.28	1.0
비율	0.44				0.56		1.0

㉠ 고속열차 횟수비 : 0.44

㉡ 저속열차 횟수비 : 0.56

㉢ 선로용량 산정

$h = 6분$, $r = 4분$, $u = 2.5분$, $f = 0.6$으로 하면 선로용량 N은

$$N = \dfrac{1,440}{hv + (r + u + 1)v'} \times 0.6 = \dfrac{1,440 \times 0.6}{6 \times 0.44 + (4 + 2.5 + 1) \times 0.56} = \dfrac{864}{6.84}$$

$$= 126회$$

(3) 부분 복선철도의 선로용량

① 일부구간은 복선철도, 일부구간은 단선철도로 구성된 선구의 선로용량을 구하는 경우이다.

② 단선구간역에서 발차한 열차가 부분복선구간을 진입할 때 반대방향 열차가 부분 복선구간역에서 출발하는 조건. 즉 A역에서 출발한 열차가 C지점을 지나 복선구 간을 통과할 때, 반대방향 열차가 B역을 출발하는 경우 선로용량은 다음과 같다.

$$N = \frac{1,440}{\dfrac{(t_1 + t_2 + t_3)}{2} + 1.5} \times f$$

여기서, t_1 : 단선구간역에서 발차한 열차가 부분복선구간을 진입할 때 소요시분

t_2 : 또는 단선구간역에서 발차한 열차가 부분복선구간을 운행하여 복선구간역 까지 도착하는 소요시분

t_3 : 부분 복선구간역에서 발차한 열차가 단선구간 시점에서 단선구간 종점까 지 운행소요시분

f : 선로이용률

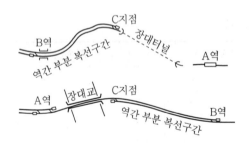

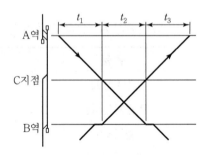

(4) 복복선의 선로용량

① 대도시 근교에서는 수송력 증강을 위하여 복복선화를 진행한다.

② 선로별 복복선화는 선로용량이 복선의 2배가 되지만 같은 방향의 이용자 편에서 는 좋지 않다.

③ 방향별 복복선에서 고속선과 저속선이 나누어지는 경우 용량은 복선의 2배 이상 이 되며, 이는 이용자 편에서도 좋다.

5. 선로용량 증강방법

(1) 열차운행방식 개선

① 열차의 고밀도 운전 : 열차의 운행횟수 증가

② 열차의 고속화 : 열차의 속도향상

③ 2층열차 등 선로용량 증대 열차 사용

④ 중련운전 등으로 1개 열차의 수송단위 증대

(2) 신호 개량

① 신호장치의 현대화

CTC, ABS 등 현대화된 신호장치를 설치하여 역간에 여러 대의 열차를 운행한다.

② 폐색구간 단축

- 단선구간 중 역간거리가 긴 곳은 중간에 신호장이나 교행역을 두어 대피선을 설치하여 열차를 교행토록 한다.
- 복선구간은 자동폐색장치 ABS를 설치하여 역간에 여러 대의 열차를 운행한다.

(3) 차량의 개량

① 차량성능의 향상

㉠ 차량견인력 증대

㉡ 가감속도의 향상 및 최고속도 향상

㉢ 차량의 경량화

② 동력의 근대화

디젤동력을 전철화하여 견인력을 향상한다.

③ 틸팅카의 도입

(4) 정거장 개량

① 유효장 연장

② 승강장의 연장

③ 대피선 추가설치

(5) 선로 개량

① 궤도구조 강화

ㄱ 레일 중량화

ㄴ 레일 장대화

ㄷ 2중 탄성체결

ㄹ PSC 침목화

ㅁ 도상 후층화

ㅂ 콘크리트 궤도 및 슬래브 궤도 도입

ㅅ 강화노반

ㅇ 분기기 고번화 및 노스가동크로싱 사용

② 선형 개량

ㄱ 곡선반경 확대

ㄴ 완화곡선 신장

ㄷ Cant 재설정

ㄹ 기울기 등 선형 개량

ㅁ 우회노선 개량으로 노선거리 단축

③ 건널목 입체화

(6) 선로의 복선화, 2복선화로 선로용량 증대

6. 결론

① 선로용량은 선구의 성질에 따라 다르게 되고, 어느 선구의 선로용량은 당해 선구 중 가장 빈번한 역간에서 결정된다. 선로용량 부족시 열차의 표정속도가 늦어지고 지연회복이 곤란하며, 수송서비스가 저하되므로 선로용량을 정확히 예측하여 열차운행 계획을 수립하여야 한다.

② 기존 선로의 수송력 증강방안은 초기투자비가 적으며 시공이 용이하고 공기가 짧으면서 투자효과가 효율적이며, 장기적으로 수송처리 기능이 양호한 방안으로 채택 시행되어야 한다. 이러한 계획은 중장기에 걸쳐 예산의 확보에 따라 신중히 추진되는 것이 바람직하다.

QUESTION 3

수송력 증강방안의 원칙 및 개량방안에 대하여 기술하시오.

1. 개요

① 철도수송은 대량, 고속, 안전, 정확성에서 도로수송보다 우월하지만, 그동안 속도와 수송력 증강 미비로 그동안 상당히 많은 수요가 도로로 이전되었다.

② 기존 철도는 철도시설의 노후화로 개량이 요구됨에 따라 수송력 증강을 위해서는 선로, 정거장, 차량동력방식 등으로 나누어 개량방안이 검토되어야 한다.

2. 수송력 증강방안의 원칙

① 경제적으로 유리하고, 공사기간이 빨라야 한다.

② 시공이 용이하고, 투자효과가 효율적이어야 한다.

③ 장시간 수송수요에 충분히 대처가 가능하여야 한다.

④ 일반적 투자순위는 신호 → 차량 → 정거장 → 선로 순이다.

3. 신호방식의 개량

① 자동신호화(ABS, ATC, ATO, TTC, ARC, PRC 등)

② 신호체계의 정비

4. 차량동력방식

(1) 차량성능의 향상

① 차량견인력 향상

② 가감속도 및 최고속도의 향상

③ 차량의 경량화

④ 대차성능의 개량

⑤ 운전기술의 개발

(2) 동력의 근대화

디젤의 전철화

(3) 차량의 틸팅화

5. 정거장 개량

(1) 정거장 신설

① 거점 여객역 및 화물역의 신설
② 조차장, 차량기지, 신호장 등의 신설

(2) 각종 구내배선의 증가 및 개량

① 홈신설
② 대피선, 유치선, 교행선 등의 신설
③ 평면교차의 제거

(3) 유효장 연장

① 홈 유효장의 연장
② 선로 유효장의 연장

6. 선로개량

(1) 기울기 · 곡선개량

기울기 완화 및 곡선반경 확대 등으로 속도향상 및 수송력을 증강한다.

(2) 선로 증설

① 복선화
② 복복선화

(3) 건널목 제거

① 건널목 통합
② 도로의 입체화
③ 철도고가화 등

(4) 궤도강화

① 궤도의 중량화

② 레일의 장대화

③ 침목의 PC

7. 결론

① 기존 철도의 개량은 수송능력의 증대, 속도의 상승, 수송의 안전성 및 쾌적성 증대 등의 효과를 수반할 수 있으며, 특히 현 사회적 여건상 여객과 화주의 입장에서 고속 및 수송량의 증대의 서비스를 제공받을 수 있다.

② 그러나 이러한 계획은 예산의 확보에 따라 중장기에 걸쳐 신중하고 계획적으로 추진하는 것이 바람직하다.

QUESTION 4

단선 및 복선 철도의 수송력 증강방안에 대하여 기술하시오.

1. 개요

① 철도의 계획은 수송수요를 예측하여 향후 20년간의 수송수요 대처를 위한 시설을 계획함이 일반적으로 기존 철도의 수송력 증강은 투자비가 적게 들며, 투자시설이 간단하고 투자효과가 효율적이어야 한다.

② 수요의 증가에 따라 기존 철도의 수송력 증강대책이 더욱 요구되며, 수송력 증강방안 계획시 장기적 수요를 고려하여야 함은 물론, 철도의 장점을 더욱 강화하는 데 역점을 두어야 한다.

2. 선로용량 부족 시 문제점

(1) 열차 표정속도 지연

① 단선구간 : 추월 불가
② 복선구간 : 보통열차의 대피 대기로 표정속도 저하

(2) 열차 지연 시 회복 곤란

① 단선구간 : 후속열차 지연 순연
② 복선구간 : 열차 DIA상 여유가 없다.

(3) 기타

① 수요 집중시간대 열차 증차 불가
② 승객 희망시간대 열차 선택 곤란
③ 열차상간 선로보수작업 곤란

3. 사전검토해야 할 기본요건

① 기존 철도의 열차운용체계 및 철도 System 조건
② 기존 철도의 궤간, 궤도구조, 선로평면 및 종단선형 등 선로조건
③ 기존 철도의 정거장, 구내배선, 분기기, 신호폐색 등 시설조건

④ 동력차의 견인능력, 견인정수, 1개 열차 차량 편성 수 등 열차 수송조건
⑤ 여객, 화물열차의 운행종별, 운행속도 등 열차속도조건
⑥ 역간거리와 토공, 교량, 터널 등 설계기준

4. 증강방안의 원칙

① 경제적으로 유리하고 공사기간이 빠를 것
② 시공이 용이하고 투자가 효율적일 것
③ 장기간 수송수요에 충분한 대처가 가능하여야 함
④ 일반적 투자순위는 신호, 차량, 정거장, 선로 시설물의 순서로 시행한다.

5. 수송력 증강대책

수송능력 증강방법은 1개 열차 차량편성수를 증가시켜 수송량을 증대하는 방법과 1일 열차운행횟수를 증가시키는 방법으로 크게 구분한다.

(1) 1개 열차 수송량 증대방법

① 선로 유효장 확장 및 승강장 확장
② 기관차의 견인력 증대
③ 선로 최대기울기 완화
④ 전철화의 경우 변전소 용량 보강
⑤ 기관차 중련 : 교량구조 설계기준 등 검토

(2) 1일 열차횟수 증대방법

① 단선철도의 경우
　㉠ 폐색구간의 연장 단축
　　• 대피선 신설(중간역 개량)
　　• 신호장 신설(교행역 신설)
　　• 역간 부분복선

　㉡ 속도향상으로 폐색구간 운행시간 단축
　　• 궤도구조 보강

- 역구내 통과속도 향상(분기기 개량 : 대피선 신설)
- 신호보안장치 개량(기계신호 → 전기1종 및 전기연동장치로 보강)
- 선로개량(선로평면선형 및 종단선형 개량)

ⓒ 전철화
- 열차집중제어장치 설치(CTC)
- 동력차 및 차량보강(디젤기관차 → 전기기관차 및 전동차로 개량)

ⓔ 근본대책

　단선철도를 복선철도로 개량

② 복선철도의 경우

ⓐ 열차속도 향상
- 궤도구조 보강 및 레일 장대화
- 역구내 통과속도 향상(분기기 개량 : 대피선 신설)
- 선로개량(선로평면선형 및 종단선형 개량)
- 신호보안장치 개량(기계신호 → 전기1종 및 전기연동장치로 보강)
- 차량성능 향상(기관차 견인력 증가 및 차량 주행성능 향상

ⓑ 후속열차 간격단축
- 폐색신호기 증설(전기1종 → ABS, ATS로 개량)
- 신호현시 성능향상(3현시 → 5현시)

ⓒ 복선전철화
- 신호취급시간 단축(분기기 및 신호보안장치 보강)
- 열차집중제어장치(CTC)
- 추월, 대피시간 단축(대피선 증설)

ⓔ 근본대책

　복선전철 → 2복선전철로 개량

6. 결론

① 철도 수송능력 증강방안은 기존 철도의 선별, 구간별 선로시설조건과 열차운행체계를 기준으로 수송력 증강구간과 증강방법을 설정하되 재원 형편과 철도운영 실정을 생각하여 기술적·경제적 타당성을 단계별, 구간별, 증대방법별로 검토한 후 수송능력 증강방안을 계획하여야 한다.

② 기존 선로의 수송량 증강방안은 초기투자가 적으면서 시공이 용이하고, 공기가 짧으면서 그 투자효과가 효율적이며 장기적으로 수송처리기능이 양호한 방안을 채택하도록 한다.

③ 방안의 선정에 앞서 각 요소의 제한적인 장애에 따른 충분한 검토가 필요하며, 경제성, 시공성, 효율성 등의 제반 조건이 만족하도록 시행계획을 수립한다.

QUESTION 5 기존 철도의 수송력 증강의 제한요소 및 증강대책에 대하여 기술하시오.

1. 기존 철도의 수송력 증강의 제한요소

① 신호설비의 제약

② 차량 및 운전의 제약

③ 정거장의 제약

유효장, 정거장 길이, 신호장 등의 철도시설은 물론 시설물의 이전, 철거, 변경 등에 따라 각종 제약이 발생한다.

④ 선형의 제약

평면, 종단, 기울기 등 선형 변경에는 열차운행의 제약과 막대한 예산이 소요된다.

⑤ 공사장의 제약

열차를 운행하면서 공사를 수행해야 하므로 각종 안전문제, 열차 방호시설 등이 추가로 필요하고 공사통행에 불편을 초래한다.

⑥ 공사기간의 제약

지형 여건상 중장비의 다량 투입 시 공간제약으로 공사속도가 늦어져 공사가 지연되는 경우가 많다.

2. 수송력 증강대책

(1) 증강방안의 원칙

① 경제적으로 유리하고 공사기간이 빠를 것
② 시공이 용이하고 투자효과가 효율적일 것
③ 장기간 수송수요에 충분한 대처가 가능할 것
④ 일반적인 투자순위 : 신호 → 차량 → 정거장 → 선로

(2) 신호보안대책

① 신호체제 정비

② 연동장치의 개량

③ 신호소 및 신호장의 증설

④ 구조물의 입체화

⑤ ABS(Automatic Block System)

궤도회로를 이용하여 폐색 및 신호장치 동작

⑥ ATS(Automatic Train Stop)

위험구역에 열차가 접근하면 경보를 울려주고, 그 구역에 진입하는 열차를 자동적으로 비상제동이 걸리게 하여 정지시키는 장치

⑦ ATC(Automatic Train Control)

열차속도를 제한하는 구역에서 제한속도 이상으로 운행하게 되면 자동적으로 제동이 작용해서 감속을 하여 열차속도를 제어하는 장치

⑧ ATO(Automatic Train Operation)

열차속도가 높아지면 자동적으로 제동이 작동하여 일정 속도의 열차운행을 하게 하는 장치로서 열차가 정거장을 발차하여 다음 정거장에 정차할 때까지 가속, 감속 및 정거장 도착 시 정위치에 정차하는 일을 자동으로 수행하며, ATC의 기능도 함께 하고 있다.

⑨ CTC(Centralized Traffic Control)

한 지점에서 광범위한 구간의 많은 신호 설비를 원격제어하여 운전 취급을 직접 지령할 수 있는 장치

⑩ TTC(Total Train Contral) : 열차운행 종합제어장치

CTC에 컴퓨터를 부가한 것으로 신호취급 및 열차의 운행관리

⑪ PRC(Programmal Route Control system) : 진로제어장치

미리 정해진 열차다이어그램(Train Diagram)에 따라 컴퓨터에 각 열차마다 각 역별로 진출입 진로 등 요구되는 조건이 프로그래밍되어 CTC 장치에 연계

(3) 차량 및 운전대책

① 견인력의 증강
② 최고속도 및 가감속의 성능향상
③ 자체의 경량화
④ 제어장치의 개량
⑤ 대차성능의 개량
⑥ Spring차 성능의 개량(진동, 횡압)
⑦ Bolster Tilting 장치의 사용
⑧ 운전기술의 개발

(4) 정거장 대책

① 유효장 확장
② 구내배선의 개량
③ 거점화물역 및 여객역의 신설
④ 배선의 증설(교행선, 대피선)

(5) 선로의 대책

① 선형의 개량 및 지선의 확충
② 궤도구조의 개량
③ 노반의 개량
④ 구조물의 개량
⑤ 전철화, 복선화, 복복선화
⑥ 새로운 노선의 건설

3. 결론

① 기존 선로의 수송량 증강방안은 초기투자가 적으면서 시공이 용이하고 공기가 짧으면
서 그 투자효과가 효율적이며 장기적으로 수송처리기능이 양호한 방안을 채택한다.
② 시행방안의 선정에 앞서 각 요소의 제한적인 장애에 따른 충분한 검토가 필요하며, 경
제성·시공성·효율성 등의 제반조건이 만족하도록 시행계획을 수립하여야 한다.

QUESTION 6

현재 운행 중에 있는 비전철 단선철도의 수송능력 향상을 위해 단계적 개량을 하고자 한다. 이에 대하여 설명하시오.

1. 개요

① 철도수송은 대량, 고속, 안전, 정확성에서 도로수송보다 우월하지만, 기동성의 결점과 수송력의 증강 미비로 인하여 도로로 상당히 옮겨졌고, 철도 내부에 있어서는 시설의 노후화가 진행되고 있어 철도시설에 대한 개량이 요구된다.

② 특히 현재 운행 중인 비전철 단선철도에서 수송능력을 향상하기 위해서는 투자비가 적게 들고, 투자시설이 간단하며, 투자효과가 즉시 나타나면서도 장기간의 수요를 충당할 수 있는 점에 우선순위를 두고 진행하여야 한다.

2. 단계별 추진계획

(1) 수송력 증강방법

선로용량의 증대, 열차의 운행횟수 증가, 1개 열차의 수송단위 증대(중련운전, 다방향 복합열차), 열차의 속도향상(고속화) 등이 있다.

(2) 정거장 개량으로 1회 수송량 증대

① 기관차를 견인력이 큰 것으로 대체하여 화차의 견인정수를 증대시킴으로써 화물수송량을 증가시키기 위해 각 역의 대피선의 유효장을 연장한다.

② 승강장의 연장

여객의 수송량을 증대시키기 위하여 1회 운행객차 수를 늘리려면 기관차의 견인력을 키우든가 전철구간은 동력의 분산화를 해야 하는데, 이렇게 1개 열차에 조정된 객차 수가 증가된 만큼 승강장을 연장시킨다.

(3) 폐색구간(역간거리)의 단축으로 열차횟수 증가

① 단선구간에서 역간거리가 긴 곳은 중간에 신호장이나 교행역을 두어 대피선을 설치하여 열차를 교행시킨다.

② 복선구간은 자동폐색장치 ABS를 설치하여 역 간에 여러 대(1개 이상)의 열차를 운행한다.

(4) 전철화로 견인력 향상

전기기관차를 사용하여 견인력을 높인다. 특히 기울기 구간의 견인력을 높여 1개 열차를 길게 조성하여 수송력을 증대시킨다.

(5) 선로개량으로 열차속도 향상

① 전반적인 속도 향상(고속화)

곡선반경 및 기울기의 완화, 분기기 개량, 레일 중량화, 레일 장대화, 침목의 PSC화, 도상의 쇄석화, 선로의 입체화 등으로 열차속도를 향상시킨다.

② 부분구간의 속도 향상

특히 제한기울기 완화는 열차의 견인정수를 늘리는 효과가 있다.

③ 노선거리의 단축

우회된 선로는 노선변경으로 단축시켜 운전시격을 줄인다.

(6) 선로의 복선화. 2복선화 선로용량 증대

2복선화는 방향별 운전이 가능하여 열차횟수가 증가되고 선로용량 증가방안으로 가장 효과적이나 투자비가 많이 소요된다.

(7) 신호장치의 현대화(자동화)로 열차횟수 증대

열차집중제어장치(CTC), 자동폐색장치 등으로 열차횟수를 증대시킨다.

3. 단계별 추진사례

① 중앙선 및 태백선 등은 전철화로 선로 및 정거장을 개량하였다.
② 예미−조동 간의 제한기울기 완화를 위해 Loop Tunnel을 설치하였다.
③ 호남선은 복선화하면서 개량하였다.
④ 경부선은 선로보강과 더불어 복복선, 3복선을 계획하였으며, 서울을 중심으로 각각의 선로를 CTC화하였다.

4. 결론

① 현장에서 실제 시행할 경우 여러 가지 중 한 가지 또는 몇 가지를 복합시킴으로써 그 효과를 배가할 수 있을 것이다.

② 또한, 기존 철도의 개량을 통하여 고속철도가 기존의 선로를 이용한다 하여도 수송력의 증대, 속도의 향상, 수송의 안전성, 쾌적성을 기할 수 있도록 하여야 하므로 이러한 계획은 중장기에 걸쳐 예산의 확보에 따라 신중히 추진하여야 한다.

QUESTION 7

운전속도의 종류에 대하여 기술하시오.

1. 균형속도

① 기관차의 유효견인력과 견인차량의 열차저항이 서로 같아서 균형을 이룰 때 가속도가 발생하지 않고 동일 속도를 유지하게 되는 속도이다.
② 즉, 유효견인력＝열차저항 일 때의 속도
③ 기울기저항, 곡선저항 등의 열차저항이 선로상태에 따라 다르므로 위치에 따라 균형속도는 달라진다.

2. 표정속도

① 임의 운전구간에서 운전거리를 정차시간 및 제한속도 운전시간 등을 포함한 운전시분으로 나눈 것이다.
② 표정속도 = $\dfrac{운전거리}{정차시분을\ 포함한\ 운전시분}$

3. 평균속도

① 운전거리를 정차시분을 제외한 주행시분으로 나눈 것이다.
② 평균속도 = $\dfrac{운전거리}{주행시분}$

4. 최고속도

차량 및 선로조건에 따라 허용되는 열차의 상한속도이다.

5. 제한속도

어느 구간의 선로조건 등의 여건에 따라 최고속도를 제한하는 경우(곡선부, 분기기 등) 이를 제한속도라 한다.

QUESTION 8

철도의 건설규칙 및 건설기준에 관한 규정에서 정의하는
설계속도에 대하여 설명하시오.

1. 개요

① 그동안 선로등급에 따라 속도, 곡선반경, 기울기 등을 획일적으로 적용토록 규정하고
있어 비효율적이었다.

② 2009. 9. 1부터 선로등급을 폐지하고 경제적 · 지형적 여건을 고려하여 구간별로 설
계속도를 다르게 적용토록 철도건설규칙 및 규정을 변경함에 따라 경제적이고 합리적
인 철도건설이 가능하게 되었다.

2. 설계속도의 정의

① 설계속도란 해당 선로를 설계할 때 기준이 되는 상한속도를 말한다.

② 선로의 설계속도는 해당 선로의 경제적 · 사회적 여건, 건설비, 선로의 기능 및 앞으로
의 교통수요 등을 고려하여 정하여야 한다. 다만, 철도운행의 안정성 등이 확보된다고
인정되는 경우에는 철도건설의 경제성 또는 지형적 여건을 고려하여 해당 선로의 구
간별로 설계속도를 다르게 정할 수 있다.(건설규칙 제5조)

3. 설계속도의 결정과정

① 신설 및 개량노선의 설계속도를 정하기 위해서는 속도별 비용 및 효과분석을 실시하
여야 한다.

② 속도 결정요인

　　㉠ 초기 건설비, 운영비, 유지보수비용 및 차량구입비 등의 총비용 대비 효과 분석

　　㉡ 역간거리

　　㉢ 해당 노선의 기능

　　㉣ 장래 교통수요 등

③ 도심지 통과구간, 시 · 종점부, 정거장 전후 및 시가화 구간 등 노선 내 타 구간과 동일
한 설계속도를 유지하기 어렵거나 동일한 설계속도 유지에 따르는 경제적 효용성이
낮은 경우에는 구간별로 설계속도를 다르게 정할 수 있다.

4. 설계속도 결정 시 고려사항

① 여객 및 화물에 대한 교통수요분석을 실시하고, 효과분석을 위하여 속도수준에 따라 변화하는 수송수요와 편익을 고려한다.

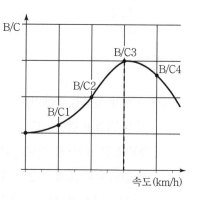

② 최적 설계속도는 편익/비용(B/C) 비율 등을 이용하여 결정할 수 있으며 이때 편익을 계산하기 위하여 사회적 할인율 개념을 사용할 수 있다.

③ 편익은 통행시간, 차량운행, 교통사고 및 대기오염 절감 등이다.

④ 비용은 보상비를 포함한 초기건설비용, 운영비 및 차량구입비 등을 구분하여 산정한다.

 ㉠ 운영비는 인건비, 동력비, 차량 및 시설운영비, 일반관리비 등

 ㉡ 속도영역별로 어느 속도 수준에서 건설비용이 급격히 증가하는지 검토

⑤ 사회적 통념이나 지역개발 등의 특수한 상황이 발생하는 경우 예외적으로 설계속도를 미리 정할 수도 있다.

5. 결론

① 설계속도는 초기건설비가 급격히 늘어나지 않는 범위 내에서 가급적 높게 결정하는 것이 바람직하며, 이는 타 교통수단과의 경쟁에서도 유리할 수 있다.

② 산악지형을 통과하거나 장애물 및 보전이 필요한 지역 등을 통과하는 노선의 경우, 필요시 대안별 열차모의성능시험(TPS) 및 B/C분석 등을 통하여 일부구간의 설계속도 저감에 따른 경제성을 파악한 후 속도 수준을 낮출 수 있다.

③ 설계속도와 관련 있는 건설규칙사항인 평면, 종단, 선로중심간격, 시공기면폭, 구조물, 궤도 및 전차선 등을 종합적으로 고려하여 최적의 설계속도를 결정하여야 한다.

기존 선의 Speed Up 시 고려할 사항과 조치방법에 대하여 기술하시오.

1. 개요

① 기존 선의 Speed Up은 타 교통수단과의 경쟁력 제고 및 경제성 측면에서 검토되어야 한다.

② 선로의 평면선형 및 종단선형은 변경하지 않고 가능한 한 기존시설을 활용하여 운행에 지장이 없는 범위 내에서 속도를 향상하는 것이 효율적이다.

③ 기존 시설만으로 목적 달성이 곤란할 때에는 선로개량과 설비개량, 전철화, 복선화, 복복선화 등을 통한 Speed Up을 고려하여, 이에 따른 진동 및 횡압 증가 등에 대한 대책을 강구토록 한다.

2. 선로 Speed Up 시 고려사항

① 궤도의 충분한 부담력 확보

② 탈선 및 전복에 대한 정도

③ 궤도 파괴 시 미치는 영향 및 보수 정도

④ 영업 측면에서의 효과

3. Speed Up의 방법

(1) 열차 Dia의 검토, 수정

여유시간, 정차역, 대피 및 교행시간, 열차배열 검토

(2) 신호분야 및 가전분야 개량

① 신호체계정비 및 연동장치의 개량

② 자동신호화(ABS, ATC, ATO, TTC, ARC, PRC 등)

③ 신호소 및 신호장의 증설

④ 고속화에 따른 전차선의 장력 상승

⑤ 전차선의 이중오버랩 방식 혹은 고속용 섹션 인슐레이터 방식의 전기적 구분장치 적용

(3) 차량

① 동력차 견인능력 및 가 · 감속 성능 향상

② 객 · 화차의 경량화, 진동 및 횡압 흡수장치 등 성능향상

③ Tilting Car 적용

(4) 선로의 개량

① 곡선반경의 확대 및 굴곡노선 직선화

ㄱ 기존 선은 곡선반경이 작아 속도향상 저해

ㄴ 운행속도 200km/h 이상을 위해서는 최소곡선반경 1,600m 이상 확보

ㄷ 굴곡노선 직선화 필요

② 완화곡선의 신장

ㄱ 초과 원심력의 매초당 변화량을 줄이기 위해 적정 소요 길이 확보

ㄴ 완화곡선을 신장하여 3점지지에 대한 안전성 및 승차감 향상 도모

③ 캔트량의 재설정 및 기울기 완화 등 선형 개량

고속 및 저속열차의 속도차에 허용되는 캔트량까지 재설정

④ 분기기의 고번화 및 노스 가동 Crossing 사용

⑤ 궤도부담력 강화

ㄱ 레일의 중량화 및 장대화

ㄴ 침목의 PSC화 및 침목간격 축소

ㄷ 체결구의 체결력 강화

단탄성, 이중탄성, 완전탄성, 다중탄성, 방음 완전형

ㄹ 도상두께의 증대

ㅁ 도상노견 폭 증대

ㅂ 보수체계 강화

(5) 기타

단선의 경우 복선화

4. 결론

① 기존 선의 속도 향상은 가능한 한 기존시설물의 범위 내에서 추진하는 것이 경제적이다.

② 기존 시설 범위 내에서 목적 달성이 곤란한 경우 선로개량, 설비개량, 전철화, 복선화, 복복선화 등을 통하여 Speed Up한다.

③ Speed Up에 따른 진동 및 횡압 증가 등에 대한 대책을 별도로 수립·시행한다.

④ 대부분 기존 선의 속도향상은 직선부, 곡선부, 기울기, 분기부에서 속도 향상이 가능하나 범위가 제한되며, 충분한 속도향상을 위해서는 근본적인 개량이 필요하다.

QUESTION
10

기존 선 속도향상을 위한 선로시스템 개선기술에 대하여 논하시오.

1. 개요

① 선로의 직·복선화 및 선형개량에 의한 기존 선 속도향상은 시간단축효과나 선로용량 증대의 폭은 크지만 막대한 재원과 사업기간이 오래 소요된다는 단점이 있다.

② 대규모 투자 없이 기존 철도를 최대한 활용하여 속도향상을 도모할 경우 철도특성상 시스템적인 측면에서 검토가 이루어져야 한다.

③ 따라서 기존 선 속도향상의 국내외 현황을 살펴보고 이에 따른 선로시스템과 인터페이스 부분의 개선에 따른 속도향상방안에 대하여 논하고자 한다.

2. 기존 선 속도향상 관련 국내외 동향

(1) 국내 동향

① 그동안 속도향상에 필요한 차량의 개발은 물론, 전반적으로 기반시설의 개량에 대한 연구가 미흡하여 속도향상이 이루지지 못하였다.

② 최근에 차량 및 기반시설 연구가 활발히 진행되고 있어 타 교통수단과 경쟁력 확보에 유리한 위치에 서게 되었다.

(2) 국외 동향

외국에서는 기존 선 속도향상 방안으로 틸팅차량을 이용하여 기존 선로시스템을 개선하고 있다.

① 독일

㉠ 독일의 철도는 일반적으로 곡선이 많고, 일부 주요구간의 수송이 포화상태였기 때문에 기존 철도망으로 신규 교통수요의 감당이 어려웠다.

㉡ 1970년 초에 교통부에서 인프라 구축계획을 수립·추진하기 시작하여 최근에 틸팅차량 네트워크가 정립되었고, 이것이 대량의 틸팅차량의 도입으로 이루어졌다.

㉢ 제한적인 구간에만 200km/h의 속도향상을 위한 선형개량을 하였다.

② 이탈리아

㉠ 국토의 대부분이 산악지형으로서 직선화된 고속철도 건설에 적합하지 않았다.

㉡ 곡선이 많은 기존 선을 활용하여 운행시간을 단축하는 연구가 오래 전부터 진행되었으며 1960년대 말에 틸팅차량 개념이 형성되었다.

③ 스웨덴

㉠ 고속틸팅차량 도입으로 인하여 노반과 선로 상부 구조물, 궤도부설, 분기기 및 승강장 일부를 개선하였다.

㉡ 특히 신호 시스템 개선을 위하여 총 투자의 30%에 해당하는 가장 많은 투자를 시행하였다.

3. 국내 기존 선 속도향상을 위한 기술개발현황

① 틸팅차량이 성공적으로 운행되기 위해서는 사전에 선로시스템과 인터페이스가 충분히 이루어져야 한다.

② 국내에서 기존 선 속도향상을 위해 틸팅차량의 기존 선 투입에 따른 선로시스템 개선 기술개발과 시험운전을 하고 있는 중이다.

4. 틸팅차량과 선로시스템과의 인터페이스

(1) 틸팅차량의 기존 선에 대한 선형 적합성 검토

① 최소곡선반경

㉠ 최소곡선반경 구간에 대한 차량의 최고 통과속도 산정

㉡ 목표 통과속도 구현을 위한 곡선반경의 검토

② 완화곡선길이

㉠ 속도향상에 대응한 원곡선과의 적합성 검토

㉡ 완화곡선의 연신방안 검토

③ 캔트

㉠ 틸팅차량 투입으로 인한 캔트 향상 효과

㉡ 현재 캔트량으로 구현 가능한 통과속도 검토

㉢ 목표통과속도 구현을 위한 캔트량의 검토

ⓔ 화물저속차량과 고속틸팅차량의 속도를 고려한 캔트 과다량 및 부족량 검토

④ 곡선 간 직선길이

목표속도로 주행 시의 적정성 검토

(2) 틸팅차량의 목표속도에 따른 캔트 산정 및 선형 적합성 검토

① 기존 선의 속도향상은 곡선부의 개선에 따라 가장 효율적으로 이루어질 수 있지만 현실적으로 비경제적이다.

② 가능한 범위 내에서 설정 캔트량을 조정하고, 틸팅차량을 활용하여 속도를 향상 하는 것이 가장 현실적이다.

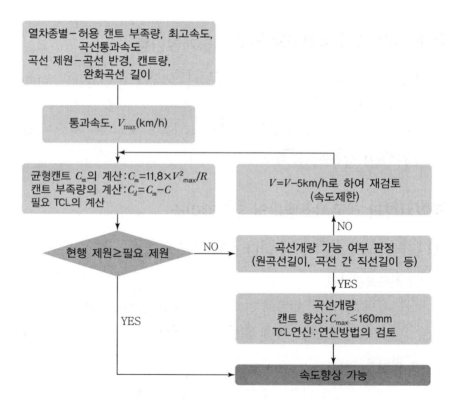

(3) 기존 선의 궤도부담력 및 주행안전성 검토

① 기존 선에 틸팅 차량을 투입할 경우 차량의 주행 안전성을 확보하기 위해서는 기존 선 궤도 성능에 대한 정량적 평가가 수행되어야 한다.

② 주행차량 속도와 궤도 부담력과의 관계를 정립하기 위하여 윤중, 횡압, 레일변위를 계측하고 궤도종합성능평가 프로그램인 GTAP를 이용하여 궤도부담력 해석을 수행한다.

5. 결론

① 기존 선에서의 고속화는 속도제한요소를 점진적으로 개량·교체함과 동시에 속도향상에 대응하는 시스템 기술의 확보를 통하여 달성할 수 있다.

② 기존 선 고속화의 속도를 제한하고 있는 곡선부 통과에 대하여 세계 각국에서 활발히 연구 적용하고 있는 틸팅차량의 도입은 우리나라에서도 적극적으로 추진하고 적용할 필요가 있다.

③ 적용 시 이론적인 기술뿐 아니라 향후 현장주행시험을 통하여 안전성 평가가 반드시 수행되어야 할 것이다.

QUESTION
11 철도의 속도향상 효과에 대해 논하고 이를 제약하는 요인과
대책을 서술하시오.

1. 개요

① 현대는 생활수준의 향상과 시간가치의 증대에 따라 목적지에 도달하는 시간단축이 요
구되고 있으며, 이는 철도의 고속화에 따라 점차 실현되고 있다.

② 현재 국철 새마을호의 운행속도는 130km/h이며, 경부고속철도는 운행 최고속도가
300km/h로서, 포화상태에 있는 국철선을 재정비하여 철도 기능을 향상시킬 필요가
있다.

2. 철도의 속도향상효과

① 도시권 광역화에 따른 접근시간 단축
② 물류수송의 상대적 경쟁력 확보
③ 철도 수입증대
④ 고객만족도 향상
⑤ 철도 이미지 개선
⑥ 관련 산업체의 신인도 향상
⑦ 사회적, 문화적, 경제적 부가가치 창출

3. 열차속도의 종류

(1) 표정속도(Schedule Speed)

① 대상으로 하는 역간거리를 도중 역의 정차시간도 포함한 도달시간으로 나눈 것
② 열차의 속도향상은 표정속도의 향상을 의미함

(2) 평균속도(Average Speed)

① 역간 실제 주행거리를 역의 정차시간을 제외하고 역을 출발하여 다음 역에 정차할
때까지의 실 주행시간으로 나눈 것으로, 주로 선로기울기의 영향을 받음
② 차량의 성능, 선로조건, 속도제한 등의 기술적인 요소에 의해서 결정되는 속도

(3) 최고속도(Maximum Speed)

① 열차를 조성하는 차량이 운전 중에 낼 수 있는 상한의 속도

② 차량의 성능, 견인중량, 그 열차가 주행하는 구간의 선로상태에 의해 좌우됨

③ 열차 종별이나 궤도구조 등에 따라 제한됨

(4) 균형속도(Equilibrium Speed)

견인력과 열차저항이 같게 되어 열차가 등속도 주행을 할 때의 속도

4. 속도의 결정요인

① 하드웨어적 요소 : 차량 및 지상설비 등의 성능

② 소프트웨어적 요소 : 영업정책 및 운전설비를 바탕으로 한 열차다이아 등

③ 철도차량의 속도 상승을 위해서는 하드웨어적 요소와 소프트웨어적 요소 모두 속도의 결정요인이라 할 수 있다.

5. 속도의 제약요인

① 최고속도 : 브레이크 성능, 차량성능, 주행의 안정성, 집전조건, 선로조건, 소음

② 곡선 통과속도

③ 분기기 통과속도

④ 가감속 능력 : 가속도 성능

6. 속도향상의 구체적 방안

(1) 최고속도 향상

① 정의

㉠ 운전 중 낼 수 있는 최고속도(5초 이상 지속)

㉡ 기관차의 성능, 선로조건의 영향을 받음

㉢ 현재 영업 중인 열차의 최고속도는 350km/h

㉣ maglev 자기부상열차의 경우 최고속도 500km/h 이상 주행

② 최고속도 향상방안

　　㉠ 차량성능 향상에 의한 방법

　　　• 역행성능 향상　　　　　　• 제동성능 향상

　　　• 점착성능 향상　　　　　　• 주행안정성 개량

　　　• 집전성능 개량　　　　　　• 열차제어 개량

　　㉡ 궤도구조 개량에 의한 방법

　　　• 레일의 중량화 : 침목이나 노반의 부담력 경감

　　　• 레일의 장대화 : 이음매부의 진동방지로 보수량의 경감 및 소음방지효과

　　　• 침목본수의 증설 : 침목 직하부의 도상압력을 저감시켜 도상부담력 감소

　　　• 침목의 PC화 및 중량화

　　　　도상압력 저감, 충격하중에 의한 도상진동 저감에 유효, 보수량 경감 효과

　　　• 도상두께 증대(도상의 후층화) : 노반의 압력 저하, 필요시 콘크리트 도상화

　　　• 궤도 각부의 탄성화

　　　　레일 체결장치의 2중 탄성화로 레일로부터 궤도하부에 전달되는 충격이나

　　　　진동을 저감하여 보수량 경감

(2) 곡선부 통과속도의 향상

① 차량의 전도에 대한 안전성

　　㉠ 내측전도 : 곡선외측 cant가 원인

　　㉡ 외측전도 : 초과원심력, 바람. 차량경량화, 캔트부족량 증대의 원인

　　㉢ 전복될 조건

$$\frac{X}{H} = \frac{C}{G} \quad C = \frac{XG}{H} = \frac{G^2}{2H} = 11.8\frac{V^2}{R}$$

　　　$H = 2,000\text{mm}$, $G = 1,500\text{mm}$를 적용할 때 $V = 6.9\sqrt{R}$ 이면 전복

　　㉣ 차량의 주행안정성

　　　곡선부 주행시 횡압, 궤도틀림, 캔트불균형 증가로 주행안정성이 저하되므로

　　　탈선계수 $\frac{Q}{P} < 0.8$이 되도록 한다.

② 승차감

ㄱ 진동가속도

- 상하 진동가속도는 승차감계수 0.2g 이하
- 좌우 진동가속도는 0.08g가 목표, 서구선진국 0.12g, 허용한도 0.15g

ㄴ 캔트부족량 100mm 시 0.067g

③ 곡선부 속도향상방안

ㄱ 캔트 개량

곡선반경에 따라 균형속도로 통과할 수 있도록 캔트량을 재설정

ㄴ 완화곡선장의 연신

차량의 주행안정성 및 승차감 향상

(3) 분기기 통과속도 향상

① 분기부 제약조건

ㄱ 분기부 대곡선부 속도제한 $V = 2.7\sqrt{R}$

ㄴ 리드부 : 급곡선 형성

ㄷ 포인트부 : 힐 이음부

ㄹ 크로싱부 : 결선부

② 분기부 속도향상방안

ㄱ Heel부의 탄성화 : 힐부를 이음매가 없는 탄성 포인트화하여 충격을 제거

ㄴ 상판, 볼트의 보강 : 속도 향상 시 충격에 대응할 수 있도록 상판, 체결볼트를 강화

→ 근래에는 팬드롤 체결장치로 보강

ㄷ Guard부의 강화

H형 가드레일로 구조를 강화하여 고속주행 시의 차륜배면의 횡압에 대응

ㄹ 분기기 고번화 및 Nose부 가동화 : 분기기 통과속도 향상 및 결선부 충격 제거

ㅁ 크로싱부 : 가동크로싱 도입으로 결선부 제거

(4) 가감속성능의 개선

    ① 가속력을 높이기 위하여 출력 강화 및 변전소 증가 필요

    ② 전기차량에서는 직류전동기보다는 유도전동기 사용으로 가속능력 향상

7. 결론

① 철도시스템은 차량, 궤도, 전력 및 신호통신 등 여러 분야의 기술이 모여 이루어지는 종합시스템으로서 철도의 속도 향상을 위하여 각 기술 분야의 발전이 동시에 이루어져야 한다.

② 속도향상을 위하여 제동성능 향상, 이선을 줄이기 위한 경량 카테나리 사용, 집전성능이 우수한 판토그래프의 개발, 사행동을 줄이기 위한 차량제원의 최적화, 선로장애물 감지를 위한 안전장치 사용 및 곡선통과속도, 분기기 통과속도, 가감속도 향상을 위한 대책이 필요하다.

QUESTION 12 기존 선의 속도향상을 위하여 필요한 대책을 선형, 궤도구조 및 유지관리 측면에서 설명하시오.

1. 개요

① 선로의 기본평면선형 및 종단선형을 변경하지 않고 기존 시설을 활용하여 가능한 기존시설물 및 운행에 지장이 없는 범위 내에서 추진하는 것이 효율적이다.

② 기존시설 존치로는 목적달성이 곤란할 경우 선로개량과 설비개량, 전철화, 복선화, 복복선화 등을 통하여 Speed up에 따른 심한 진동, 횡압증가 등에 대한 대책을 수립하여야 한다.

2. 선로의 Speed up 시 고려사항

① 궤도의 충분한 부담력 확보

② 탈선 및 전복에 대한 안전

③ 진동 및 승차감에 대한 정도

④ 궤도 파괴 시 미치는 영향 및 보수정도

⑤ 영업 측면에서의 효과

3. 속도향상을 위한 대책

(1) 선형의 개량

① 곡선반경의 확대 및 굴곡노선 직선화

ㄱ 기존 선에서는 최소곡선반경이 200~400m의 대단히 열악한 개소가 많다.

ㄴ 운행속도 200km/h 이상을 위해서는 최소곡선반경 1,600m 이상을 확보해야 하므로 곡선반경 확대 및 굴곡노선을 직선화하여야 한다.

② 완화곡선의 신장

ㄱ 초과 원심력의 매초 변화를 줄이기 위해 소요길이를 확보한다.

ㄴ 완화곡선을 신장하여 3점지지에 대한 안전성 및 승차감 향상을 도모한다.

ㄷ 캔트의 재설정 및 기울기 완화 등 선형개량을 추진하여 고속 및 저속열차의 속도차에 허용되는 캔트량까지 재설정하도록 한다.

(2) 궤도구조 및 유지관리

① 기본적 접근방향

㉠ 열차의 속도가 증가함에 따라 궤도부담력도 함께 증가한다.

㉡ 열차의 속도에 따라 궤도구조는 강성화, 중량화, 탄성화한다.

㉢ 열차의 고속화 및 고밀도, 중량화에 따라 보수체계는 Maintenance Free의 궤도구조를 요구한다.

② 궤도구조의 대응

㉠ 레일 : 경량단척, 정척연장, 중량화, 장척화, 장대화, 특수레일(경두, 망간)

㉡ 침목 : 목침목, RC, PC, 합성식, 직결식, 슬래브 궤도

㉢ 도상 : 강자갈, 깬 자갈, 보조도상, 단침목식, 직결식, 슬래브 궤도

㉣ 체결 : 일반체결, 단탄성, 이중탄성, 완전탄성, 다중탄성, 방음 완전형

㉤ 분기 : 일반분기, 중량화, 고번화, 탄성 Point, 가동 Nose, 고속분기기

③ 궤도의 유지관리

㉠ 열차의 고속화와 운행의 고밀화 및 유지보수 작업인력 확보의 어려움으로 인해 유지보수환경이 점차 열악해지고 있는 상황에 있다.

㉡ 이에 따라 궤도 유지보수의 효율성을 극대화하기 위한 보수작업의 기계화·전산화에 대한 지속적인 연구개발을 수행하여 상당 부분 실용화시키고 있다.

㉢ 유지관리에 대한 연구방향 및 추진방안

• 궤도틀림 관리방안

• 새로운 궤도보수장비 운용조합의 개발

• 컴퓨터를 이용한 전산유지보수시스템의 개발

4. 결론

① 기존 선의 속도향상을 가능한 한 기존 시설의 존치범위 내에서 추진함이 바람직하다. 기존시설물 존치로 목적달성이 곤란할 경우 선로개량과 설비개량, 전철화, 복선화 등을 통하여 Speed up하되, Speed up에 따른 심한 진동, 횡압증가 등에 대한 대책을 수립하여야 한다.

② 대부분 기존 선의 속도향상은 직선부, 곡선부, 기울기, 분기부 속도향상의 범위 내에서 추진이 가능하나 근본적 개량 없이 향상할 수 있는 속도는 제한적이다.

③ 궤도구조는 열차의 주행에 따라 항상 틀림이 발생하며 운용에 따라 열화의 진행이 필연적이며, 열차의 속도에 의한 영향은 궤도구조의 전체적인 부설 및 보수 조건을 지배하게 된다. 따라서 열차속도에 맞는 선로등급에 따라 적합한 궤도구조를 선정하여 시설하되 장래 고속화, 고밀도의 열차운행을 위해서는 궤도구조 전반에 걸쳐 Maintenance Free 구조가 필연적이라고 할 수 있다.

도시철도에서 완 · 급행 혼용 운행 시 고려할 사항에 대하여 설명하시오.

1. 개요

① 도시철도를 이용한 통행시간은 도심구간을 통과하는 속도에서 버스와의 경쟁력을 확보하여야 한다.

② 이러한 경쟁력의 확보를 위하여 접근시간의 단축과 더불어 지하철 급행시스템 도입을 적극 검토할 필요가 있다.

③ 완행과 급행을 동시에 투입하여 혼용운행을 할 경우 설계기준 및 각종 설비에 대하여 충분한 검토가 선행되어야 한다.

2. 도시철도의 특징

① 도시교통량의 안전, 신속, 정확한 이동이 가능하다.

② 균일한 고정편성, 구간별 속도로 일정하게 이동한다.

③ 완행 · 급행 혼용 시에는 열차편성, 시설과 여객설비 측면을 충분히 고려해야 한다.

3. 정차형태

(1) 일반역의 정차형태

열차가 역에 진입하고 일정시간 동안 정차한 후 다시 출발하는 형태로 기본적인 도시철도의 정차형태이다.

(2) 급행열차출발과 일반열차도착이 동일 역에서 발생하는 경우

급행열차가 먼저 도착하여 여객을 취급하고 출발 후 급행열차가 정거장을 벗어난 직후 완행열차가 곧이어 역에 진입하는 형태로 후속 완행열차가 안전하게 진입할 수 있도록 안전 도착시간 확보가 필요하다.

(3) 급행열차가 일반정거장을 통과하는 경우

표정속도가 높은 급행열차가 저속인 완행열차를 추월하게 되는데, 열차의 추월은 역에서만 이루어진다. 완행열차는 역에 정차한 후 급행열차가 추월하면 일정시간 후 출발하는 방식이다.

(4) 급행과 일반이 정류장을 공유하는 경우

완행열차가 역에 정차한 후 곧이어 급행열차가 도착하여 취급한 다음 먼저 출발하고
연이어 완행열차가 출발하는 것으로 1개 역에 완급열차가 동시에 정차하는 형태이다.

4. 완행 · 급행 열차 혼용운행 시 고려사항

(1) 여객교통량에 대한 대응

① 노선에 대한 수송수요 예측 및 분석
② 완급행운행에 따른 유발교통량 · 전가교통량 분석
③ 타 교통수단과의 연계체계 구축

(2) 선로시설

① 신호보안
  ㉠ 폐색구간 폐색장치의 재설정
  ㉡ 신호보안체계의 현대화 추진

② 차량
  ㉠ 완급차량의 특성개발 운용
  ㉡ 완급차량의 구조적 대책
  ㉢ 완급차량의 편성방법 및 급전설비

③ 정거장
  ㉠ 대피선 또는 교행선의 확충
  ㉡ 완급 여객시설의 분리
  ㉢ 완급열차의 정차 여부에 따라 승강장 시설 · 편의시설 설치
  ㉣ 타 교통수단과 환승시설 설치
  ㉤ 차량기지의 운용규제

④ 궤도구조
  ㉠ 궤도별 열차에 따른 보장대책
  ㉡ 각종 선로시설상의 안전 검토

⑤ 선형

　　㉠ 선형(평면, 종단, 기울기)은 원칙적으로 최고속도에 의해 지배

　　㉡ Cant 완화곡선도 최고속도지배 개량

(3) 선로대책

① 체결구 성능확인 및 개량

② 궤도구조의 개량

③ 구조물 · 노반 개량

④ 선형개량, 지선확충

⑤ 전철화, 복선화, 복복선화

(4) 보수체계 확립

① 완벽한 열차 Dia 편성 숙지

② 차량혼용에 적합한 선로보수시설 제공

③ 궤도열차 주기의 분석, 궤도강성 확보

④ 생력화 시스템 도입

(5) 급행 운행 빈도

① 출발역을 기준으로 한 배차시격 기준 산정

② 운행 빈도 3 : 1 → 일반열차 3편성 지난 후 급행열차 1편성 출발

(6) 대피선

① 회차시설로 활용

② 일부 구간 사고 발생시 타 구간 운행 가능토록 활용

③ 고장차 및 유치선 활용, Motor car 유치선

④ 수요가 많은 구간만 반복운행이 가능한 회차시설로 활용

⑤ 대피선 활용시 대피시간 증가로 인해 혼잡률 및 운행시간 증가

⑥ 환승역에서 승하차 혼잡으로 운전혼란, 급행운행 곤란

5. 결론

① 도시철도에서의 급행열차는 열차운행방식을 달리하여 표정속도를 향상시키는 방법이다. 표정속도를 향상시키기 위한 방법에는 선로의 조건이 허락하는 한 고속의 차량을 투입하여 최고속도와 표정속도를 향상시키는 방법과 동일한 차량으로 정차에 따른 가감속시간, 정차시간을 절약함으로써 운행시간을 단축할 수 있는 정차역 축소방법이 있다.

② 고속차량을 투입할 경우 최고속도 향상에 따라 곡선반경 확대, 최대기울기 완화 등 건설기준이 강화되어야 하며, 두 종류의 차량을 운영함에 따라 차량기지시설 증가와 운영비 증가로 여러 제약조건이 발생한다. 일반적으로 도시철도 차량의 성능을 향상시켜 차량 종류는 단일계로 운영하는 방법이 효율적이다.

③ 정차역 축소방법은 열차가 역에 정차하고 승객이 승하차한 후 다시 가속을 하여 다음 역으로 출발하는 시간을 절약하는 방법이다. 완행열차는 각 역을 정차하고 급행 열차는 3~5개역마다 정차하는 방식으로 동일한 차종을 이용하여 표정속도를 향상시킬 수 있다. 우리나라의 도시철도 급행열차의 격역정차 운행방식이다.

QUESTION 14

1 광역도시 교통수단인 "대심도 철도"로 알려진 광역급행철도 도입을 계획하고 있다. 광역급행철도의 개념, 도입의 필요성 및 기술적 고려사항을 설명하시오.

2 주요 거점도시 간 대심도 고속급행전철(GTX) 계획 시 기술적 검토사항을 설명하시오.

1. GTX의 개념

① 수도권 외곽 60km 범위에서 도심까지 30분 내에 진입할 수 있는 철도

② 최고속도 160~200km/h, 표정속도 100km/h

③ 지하 40~50m 깊이에 건설

④ 기존 지하철, 철도역사와 환승방식 연계구축

2. GTX 건설의 필요성

① 교통시설 건설 토지공간 부족

   ㉠ 지하건설 시 환경단체 및 주변민원 최소화 가능

   ㉡ 보상비가 줄어 일반철도보다 km당 300억 원 이상 적은 900억 원 소요

② 녹색성장의 효과적 수단

③ 효과적인 대중교통수단 및 수도권 경쟁력 강화

   ㉠ 수도권 교통문제 해결에 가장 효과적, 광역교통의 교통비 부담 감소

   ㉡ 수도권 전반 공간구조 재편으로 토지이용효율성 향상

3. 대심도 철도계획 시 주요 검토사항

(1) 속도향상 가능성

① 승용차 통행량을 흡수할 수 있는 속도 확보가 관건임

② 최고속도 160~200km, 표정속도 100km/h 이상이 가능토록 계획 필요

(2) 노선선정

① 수요극대화, 네트워크 효과 제고를 위한 노선 선정

② 건설 중/계획 중인 노선과의 중복성 배제를 위한 네트워크 구축

③ 경기도 교통학회 연구용역 결과 3개, 총 145.5km 구간

- 일산 킨텍스~수서~동탄 74km
- 인천 송도~서울 청량리 50km
- 금정~의정부 50km

(3) 역설치 문제

① 속도 확보를 위해 경기도 구간 역간거리 7km 이상 유지 필요

② 서울시 구간 주요거점 환승역 연결 필요(부도심 4개소, 사당, 청량리 등)

(4) 지자체 협의

서울시, 경기도, 인천시의 노선 및 재원부담 환승할인 등 협의 필요

4. GTX사업의 사업비 절감방안

(1) 본선

① 구간별로 설계속도 조정(B/C 분석에 의거 결정) : 구간별 설계속도를 합리적으로 조정하여 종평면 선형 및 단면크기 최적화

② 최대등판능력 35‰ 차량 투입으로 도로부 종단조정, 정거장, 환기구를 보다 얕은 깊이에 설치 : 정거장, 환기구 공사비 절감, 비상시 대피 및 탈출시간 단축

③ 공기역학적 검토에 의한 적정 선로중심간격, 터널단면 선정

(2) 정거장

① 분리형 정거장(터널승강장＋연결터널＋개착식 대합실), 일체형 정거장(개착승강장 및 대합실), 혼합형 정거장(터널승강장＋개착식 승강장 및 대합실) 이 있음

② GTX 이용을 위한 승하차 기능이 주가 되는 정거장은 3가지 형식 모두 검토 대상

③ 이용객이 많고 지역 중심지 역할이 기대되는 곳은 일체형이 바람직하고, 여유공간을 활용한 사업 검토 필요

(3) 환기

① 콘크리트도상, 전기기관차 적용으로 환기검토 대상 대폭 축소

② 전기기관차의 터널 내 발열량이 지중흡열량보다 크므로 자연환기가 가능하도록 계획한다.

③ 환기 측면의 별도 환기시설 없이 방재 측면을 고려한 환기구 계획을 수립한다.

(4) 방재

① 대피통로 간격 및 규모, 재연설비는 정량적 위험도분석(QRA) 결과에 의해 결정

② **대피통로의 종류**

수직터널, 경사터널, 교차통로(연결통로, 연결문)

③ 비상시 대피, 탈출의 신속성, 안전성 측면에서는 단선병렬터널형식이 유리

④ 대심도터널 및 환기구 공사비, 유지관리, 방재 측면을 고려하여 복선 및 단선병렬 중 적정한 형식을 선정

(5) 공법

① 지하 40m 대심도의 경우 대부분 양호한 암반에서 굴착이 안정적으로 이루어질 것으로 예상

② 장대터널에 대해 발파공법(NATM)과 기계화시공법(TBM)을 비교하여 최적공법 선정이 중요

③ 도심지 장대터널은 경제성, 시공성, 환경영향, 작업구 설치로 인한 교통장애 등 복합적으로 고려

④ 지반조건의 정확한 파악, 적정장비의 투입 및 운영을 전제로 한 TBM 적용 적극 검토

(6) 기타

① 공급시설 수요기관과 공사비 분담

② 우선 건설 후, 추후 공간사용료를 받아 수익 확보

③ 최고속도 200km/h의 소규격 통근형 EMU 차량 검토

④ 외곽지역은 정거장 간 거리 10km, 표정속도 100km/h 정도로 거점 간 신속한 이동시간 유지

⑤ 서울도심부는 도시철도망과 교차부 정거장 설치로 이용객 편의, 수요 창출로 수입 증대 기대

5. 결론

① 본선계획은 설계기준을 유연하고 합리적으로 적용하여 기능을 유지하면서 사업비를 적정화하여야 한다.
    ㉠ TPS에 의한 구간별 설계속도, 적정 곡선반경, 기울기 산정
    ㉡ 공기역학적 검토에 의한 구간별 최적단면 선정 : 차량규격 최소화 노력도 필요
    ㉢ 승강장은 가급적 얕게 설치하고 정거장 사이에 험프를 설치하여 열차운전효율 향상

② 정거장은 승하차 인원 및 주변지역 특성에 따라 터널승강장과 개착승강장을 적절히 계획한다.

③ 개착정거장은 내부여유공간 또는 인접지역을 활용한 복합역사 설치로 수익 확보방안을 강구한다.

④ 환기, 방재는 안정성 분석(QRA 분석)을 시행하여 터널형식(복선 · 단선 병렬) 및 환기구 배치계획을 수립한다.

⑤ 터널은 발파와 기계화시공을 고려하되 TBM 적용 시에는 경제성 있는 공구연장(3km 이상)을 선정하는 것이 중요하다.

⑥ 단면계획 시 타 공급시설 관리기관과 협의하여 터널을 공동으로 이용하는 방안을 적극 추진한다.

⑦ 이용편의와 수요확대를 위해 서울 도심에 추가 정거장 설치를 검토할 필요가 있다.

기존 선 철도와 고속철도 혼용에 대한 문제점 및 대책에 대해 귀하의 의견을 논하시오.

1. 개요

① 고속철도는 일부 기존 선을 개량하여 경부선은 부산, 호남선은 목포까지 투입 운행 중에 있다.

② 이에 따라 기존 철도와 고속철도의 혼용 운행에 따른 수송계획 및 시설정비계획에 대한 구체적 검토가 필요하다.

2. 기본적 검토사항

① 고속철도와 기존 열차 간 혼용에 대한 열차운영방안 설정

② 권역별 고속철도 운영시설 확보 및 기존 시설의 재배치 검토

③ 재배치 계획에 따른 시설 개량의 범위와 방향 설정

④ 노반시설의 검토 및 궤도구조 검토

⑤ 고속철도와 기존 철도 혼용구간의 전력 및 전차선, 신호, 통신시설, 열차운영계획 검토

⑥ 주요 역의 역기능 조정

3. 혼용시 선로에 미치는 영향

① 축중에 의한 궤도 파괴 증가

② 차륜의 플랜지 경사의 차이에 따른 불규칙한 레일 마모 발생

  ➡ 고속철도 1 : 20, 국철 1 : 40

③ 횡방향 및 수직방향의 동하중이 다르게 증가

4. 선로에서의 대책

① 횡방향 저항력을 높이기 위하여 PSC 침목에 캡이나 앵커 설치

② 선형유지 및 궤도파괴율 감소를 위하여 궤도구조 강화

③ 기존 철도의 급곡선부에 대한 곡선반경 확대

④ 레일의 장대화, 분기기 고번화, 도상의 후상화

⑤ 수시로 검측하고 높은 정도의 궤도 관리를 시행

5. 결론

① 기존 선 철도와 고속철도의 혼용운행에 따라 기존 시설의 기능조정 및 재배치가 불가 피하며 적정투자비 산정 및 최적투자시기를 정하여 시행토록 한다.

② 특히 선로개량, 열차의 고속화, 신호시스템의 변경 등에 따른 선로용량 증대효과, 및 수요의 변화에 대하여 좀 더 많은 연구가 이루어져 장래 열차운행계획 수립의 지표로 활용한다.

③ 또한 고속열차의 기존 선 운행 시 저속열차의 운행에 지장을 주지 않도록 열차 Dia를 철저하게 분석 작성토록 한다.

고속철도와 기존 철도의 직결운행에 관하여 기술하시오.

1. 개요

① 프랑스 TGV는 신설철도구간과 기존 철도구간을 By – Pass로 연결하여 열차운행 효율을 극대화하고 있다.

② 신설철도구간과 기존 철도구간을 직결운행하기 위해서는 기존 선 구간이 기술적으로 문제가 없어야 한다.

③ 우리나라의 경우 기존 선을 개량화하여 고속철도와 직결운행이 가능한 구간을 확대함으로써 열차운영효율을 극대화할 필요가 있다.

2. 현재 경부고속철도 선로 및 정차장 계획

① 서울 – 남서울 및 대전, 대구 도심구간은 기존 선을 활용하고 남서울 이남은 별도의 새로운 선을 건설하였다.

② 서울, 대전, 대구, 부산역은 기존 역을 개량 활용하고 경주역은 신설하였다.

③ 대구~경주~부산 구간은 새로운 선을 건설하고, 대구 – 부산 간은 기존 선을 전철화하여 고속열차를 운행하고 있다.

3. 경부고속철도 건설의 기본개념

① 고속열차가 기존 철도망과 직결 운행하는 프랑스 TGV 방식과는 달리 별도로 운행하는 일본 신간선 방식을 채택하였다.

② 서울 – 남서울역 구간 기존 선 활용 및 대구 – 부산 간의 전철화 계획은 건설비 절감 및 개통지연에 따른 대체 노선의 개념에서 결정한 것이다.

③ 우리나라의 경우 전 구간이 표준궤간이므로 기존 선을 개량할 경우 직결운행이 가능하므로 신선과 기존 선과의 직결운행을 통하여 열차운영효율을 높일 수 있다.

4. 고속철도와 기존 철도의 직결운행방안 검토

① 직결운행에 대한 기술적 검토

    ㉠ 기존 철도는 표준궤간(1.435m)으로 고속철도와 동일

    ㉡ 기존 철도의 전철화는 고속열차의 운행조건에 맞추어 개량

② TGV 프랑스 고속열차는 고속선과 기존 선을 By-pass 함으로써 기존 선 구간도 운행함

③ 경부고속철도도 남서울역-서울역-차량기지 구간이 직결운행으로 계획된 바, 기술적인 문제점은 없음

④ 경부고속철도용으로 도입된 열차무선방식이 기존 System과 호환을 고려하지 않고 선정되었으므로 보완이 필요함

5. 직결운행 시 장점

① 저렴한 비용으로 고속철도 서비스영역 확대

② 고속철도 수송수요 증가

③ 기존 선 전철화에 따른 수송능률 향상 : 전철화 시 수송능력 25% 증가

④ 전 구간 일시개통에 비하여 투자재원 부담 경감

6. 결론

① 직결운행은 신선건설에 따른 비용을 최소화하고 운용효율성을 극대화하는 방안으로 고속철도를 운영하는 대부분의 선진국에서 보편화된 기술로 채택하고 있다.

② 호남고속철도 건설에서도 직결운행 방식이 심도 있게 검토되어야 할 것이다.

③ 특히 선로개량, 열차의 고속화, 신호시스템의 변경 등에 따른 선로용량 증대효과, 및 수요의 변화에 대하여 좀 더 많은 연구가 이루어져 장래 열차운행계획 수립의 지표로 활용한다.

철도화물수송의 근대화에 대하여 쓰시오.

1. 화물운송체계의 변화

기존 방식은 'Yard계 시스템'이 주류를 이루었으나, 최근에는 '거점직행시스템'으로 변화하는 추세이다.

(1) Yard계 시스템

① 트럭의 운송체계가 발달하기 전에는 중장거리 화물운송이 철도에 의존할 수밖에 없었다.

② 방식

지역화물을 근접역에 집결 후 → Local Yard → 각 방면별 기간 Yard로 발송 → 해당 역으로 재수송 → 화주

③ 문제점

㉠ 기간 Yard에서 화물열차를 목적지별로 재편성하므로 번잡한 입환작업 필요

㉡ 중간 Yard가 많이 필요

㉢ 소요시간이 길고 도착일시의 불확실성으로 Service 수준 낙후

(2) 거점 직행계 시스템

① 도시의 발달과 거점도시 상호 간의 화물물량 확보로 중간 Yard를 거치지 않는 직행 열차 화물방식

㉠ 화물수송 지연 우려가 적고 도착시간이 명확하다.

㉡ 장거리 도착시간은 트럭수송보다 빠르다.(야간운전으로 아침 도착)

㉢ 트럭 운전수가 불필요하고, 수송비가 저렴하다.

㉣ 트럭 교통량이 줄기 때문에 간선도로 체증을 완화할 수 있다.

② 최근의 화물수송

㉠ 컨테이너 수송 : 화물역에서의 번잡함 감소

㉡ 육상 카페리 방식 : Piggy Back 방식 전용

2. 철도화물수송의 근대화 방안

(1) 수송방식의 근대화

최근의 철도화물수송은 트럭수송에 비해 점유율이 낮지만, 저소비 에너지로 안정된 중장거리 화물수송은 국민경제에 많은 도움을 주고 있다. 따라서 집결 수송을 주체로 한 각 화물역 및 Yard에서의 작업시간, 체류시간이 길고 화차 도착시간의 불명확한 것을 개선하여야 한다.

① 직행 수송열차 수송

　㉠ 플레이 트레이너 : 특정거점 화물역 간 지정화차의 직행고속 운전으로 급송품의 수요공급

　㉡ 육상 카페리 방식 : Piggy Back 방식으로 원거리 트럭수송을 철도수송으로 일부 부담

② 대량 화물열차 수송

피스톤 수송방식 : 석유, 시멘트, 석탄 등 대량물자의 전용열차에 의한 수송방식으로 저렴한 비용의 정형 · 정량 수송

(2) 화물역의 근대화

① 지역 상호 간의 원활한 조정을 위한 정보교환과 정리. 지역 간 급행 정보처리시스템의 전산화

② 착발선 하역방식에 의한 작업시간 단축. 역 배선의 간략화로 입환 작업시간 절감

③ 컨테이너 홈 신설

　㉠ 타선구, 타선 열차의 중계로 빠른 작업 가능

　㉡ 하역작업 시간의 연장이 가능하고 보다 광범위한 집배 활동이 가능

　㉢ 해결선, 유치선이 불필요하므로 시설용지의 유효활용을 도모

3. 결론

① 현재 물류비 문제는 국가의 경쟁력을 좌우하는 중요한 문제로, 물류비의 대부분을 차지하는 수송비 및 보관비 감소책이 모색되어야 한다.

② 이를 위해 현재의 수송체계를 철도와 연계시키는 복합수송체계의 구축이 필요하다.

③ 관련 물류시설의 경우 복합화물 터미널, ICD 확충과 거점 중심의 네트워크가 필요하다.

④ 시설운영 효율화를 위해 시설과 장비 표준화로 기계화·자동화를 통한 복합 일괄 수송체계를 구축하여야 한다.

CHAPTER

08

시스템 설비

QUESTION 1

철도 시스템의 구성에 대하여 기술하시오.

1. 철도 시스템의 구성요소

① 선로구조물

② 차량

③ 역 및 역전광장 : 정거장(Station)

④ 신호보안, 통신제어 System

⑤ 전력, 동력설비

⑥ 차량기지

2. 철도 구성의 3요소(주설비)

(1) 선로구조물

① 철도의 선로는 노반(Road Bed Formation) 위에 평활한 노면(Road Way)을 가진 궤도를 부설하고 그 상부공간에는 어떤 것에도 점유되지 않는 일정한 건축한계(Clearance Limit)를 설정하여 차량을 안전, 정확, 신속하게 운행하기 위한 통로(Run Way)를 말하며, 선로는 철도설비 중 가장 기본적인 것이다.

② 선로를 형성하는 설비에는 쌓기, 깎기 비탈보호공으로 이루어지는 노반과 교량, 구교, 하수, 터널 등의 노반구조물이 있으며 궤도, 분기기, 선로방호설비, 방재설비 등 선로부속설비도 이에 속한다.

(2) 차량(Rolling Stock)

① 차량을 수송하기 위한 이동공간을 제공하는 것이고 승객설비(객실, 조명, 공조설비, 안내 및 서비스시설 등), 주행장치(전동기 구동장치, 동력제어장치) 등으로 구성된다.

② 동력집중방식은 승객설비와 객차, 기관차가 각각 전문화되어 있으나, 동력분산방식에서는 이들이 동일차량에 갖추어 진다.

③ 철도차량은 차륜(Wheel)과 차축(Axle)이 강하게 결합되어 일체로 회전하고 일반적으로 2축(또는 3~4축)이 평행하게 고정축거(Rigid Wheel Base)에 의하여 강결되어 있다.

(3) 정거장(Station)

① 정거장은 여객의 승강, 화물의 적하와 같은 영업을 할 뿐 아니라 열차의 조성, 차량의 입환, 열차의 교행 및 대피 등 운전 및 보안상 필요한 작업을 하기 위하여 설치한 장소이다.

② 역의 기본설비로서는 승강장인 플랫폼(Platform), 개집표, 기타 여객관련 설비 및 열차의 운행연결, 착발제어를 하는 역본체가 있다.

③ 역전광장은 버스, 택시, 자가용 등의 다른 교통수단과 유기적인 연결을 확보하는 교통광장인 동시에 도시의 얼굴이라고 할 수 있는 도시의 상징적인 공간이다.

④ 광장의 주변에는 지역의 상업, 업무, 문화활동의 중심이 되는 시설이 들어서게 되므로, 역전광장은 도시활동 거점공간으로서의 성격도 갖는다.

3. 철도의 지원설비(부설비)

(1) 신호 · 보안설비 및 통신 · 제어 시스템

① 신호 · 보안설비는 열차의 안전한 운행을 보증하기 위하여 설치되는 설비이다.

② 열차 상호 간에 일정 이상의 거리를 유지하기 위하여 노선을 다수의 폐색구간으로 분할하고, 1개의 구간에는 동시에 한 열차만이 진입할 수 있도록 하는 폐색방식에 의하여 열차의 안전이 유지된다.

③ 지상신호기, 차상신호기, ATS, CTC, ATO, ATC 등의 통신 · 제어 시스템은 철도시스템의 중요한 구성요소이다.

(2) 전력 · 동력설비

① 전기식 철도에서는 차량에 전력을 공급하기 위하여 전선에 걸쳐서 전차선을 가설하고, 노선에 연하여 일정 간격으로 변전소가 설치된다.

② 또 디젤방식의 철도에서는 주요 역이나 차량기지에 연료의 급유설비가 설치된다.

(3) 차량기지

① 차량기지는 차량의 유치뿐만 아니라 차량의 점검, 장비나 열차의 청소, 출발준비를 하는 거점이다.

② 열차운행상 터미널역에 가까운 것이 바람직하나 넓은 부지를 요하기 때문에 용지확보가 곤란한 대도시 내는 피하는 것이 바람직하다.

QUESTION 2

신설철도 건설을 계획할 때 시스템 설정 시 검토해야 할 기본 요건을 시스템별로 설명하시오.

1. 개요

① 신설철도 건설을 계획할 때 시스템 설정 시 충분한 안전성과 경제성이 요구된다.

② 적합한 대안의 선정 시 건설비용이 저렴하고 투자 효율성과 운영효율을 극대화할 수 있는 측면에서 경쟁력이 우수한 대안을 선정하여야 한다.

2. 건설기준 계획

① 열차운행 최고속도 설정에 따른 설계속도를 계획한다.

② 노반, 궤도, 차량, 전기, 신호, 통신, 등 시설계획에 따른 선로구축물의 설계하중, 건축한계, 차량한계, 선로곡선반경, 선로기울기 등을 계획한다.

③ 시 · 종점 정거장, 중간정거장에 따른 유효장, 선로배선 등을 계획한다.

3. 철도 시스템 계획

① 열차운행 최고속도, 여객 및 화물의 혼용, 급행 및 완행, 열차편성 등 열차운행 능력은 수송수요를 고려하여 수립한다.

② 기존 철도의 개량 및 복선화, 신설건설, 전철화, 장대레일화 등 선로 구조물의 상태를 검토하여 계획 수립한다.

③ 궤도구조는 궤간, 레일, 침목, 체결구, 도상의 유지보수 관리를 고려하여 계획한다.

④ 정거장 배선은 정거장 위치에 따라 통과대피선 및 유효장을 고려하여 계획한다.

⑤ 정거장 시설은 여객취급, 화물취급, 철도서비스 향상 등을 고려하여 타 교통수단과 쉽고 편리하게 환승할 수 있는 종합 교통터미널 기능을 검토한다.

⑥ 열차폐색장치, 열차제어장치 등 신호체계는 급행 또는 완행열차의 운행 능력 및 운행속도 향상을 고려한다.

⑦ 전기체계는 비전철 또는 전철화, 열차운행 및 선로시스템, 궤도시스템 등을 고려하여 계획한다.

⑧ 통신체계는 열차무선, 열차운전실 내부, 정거장 열차운용계획과 철도 종합정보처리 설비기능을 고려한다.

⑨ 차량체계와 구조물은 안전성 · 쾌적성 · 안락성 등 서비스 차원을 고려하여 계획한다.

⑩ 차량기지, 보수기지, 현장사무소 등 기타 부대시설은 철도운용 및 유지보수 등을 고려
하여 계획한다.

QUESTION 3

철도의 안전설비에 대하여 쓰시오.

1. 개요

① 안전설비란 철도 교통이 안전하고 원활한 소통을 확보하고, 작업원 및 철도이용 여객의 안전을 도모하기 위하여 설치하는 시설물이다.

② 철도 운영의 주요 조건은 '안전, 신속, 정확, 쾌적, 저렴'이다. 그중에서도 안전은 절대의 과제이며 모든 노력이 안전확보에 기초를 두어야 한다.

2. 열차 운전 관련 안전설비

열차 운전 시 신호의 오인이나 브레이크 취급의 지연 또는 과속 등 운전부주의로 발생하는 사고의 예방과 피해를 최소화하기 위한 시설로서 다음과 같은 시설물이 있다.

① 탈선방호시설
② 차막이
③ 과선교 안전시설

3. 설계 시 고려사항

주행 중인 열차에서 발생할 수 있는 상황을 고려하여 적절히 반응할 수 있도록 안전시설물을 설계하며 크기, 형태 등이 일관성 있도록 설치·운용되어야 한다.

① 탈선방호시설은 모든 교량에 설치하며, 열차가 교량상에서 탈선하여도 교량 하부로 낙하하지 않도록 충분한 강성을 가져야 한다.

② 탈선방호시설로 인하여 궤도의 유지보수에 지장이 없도록 하며, 또한 열차운행을 위한 신호체계에도 지장이 없어야 한다.

③ 열차가 과주하였을 때에도 일정 구간을 벗어나지 않도록 하여 피해를 최소화하는 설비를 하여야 한다.

④ 과선교를 통행하는 차량 및 사람에 의하여 열차운행에 위험을 주어서는 안 되며, 차량이 과선교 난간 충돌 시 선로로 추락하지 않도록 하여야 한다. 또한, 통행인이 달리는 열차로 유해한 물질을 투척하지 못하도록 하는 시설물을 설치하여야 한다.

4. 탈선방호시설

교량구간에서 열차가 탈선하였을 때 차량이 전복하거나 교량 하부로 낙하하는 것을 방지하기 위하여 설치하는 시설물로, 일반철도에서 적용하는 가드레일 방식과 고속철도에서 채택하는 측면 구조물 방식이 있다.

5. 차막이

① 열차가 정지위치를 과주하였을 때 충격을 완화시키기 위하여 사용하며 완충능력이 있는 구조로 차량을 정지시키기 위하여 선로종단 그리고 기지 내 유치선 및 입환선의 끝에 설치한다.
② 차막이의 종류로는 뚝식, 자갈막이식, 레일식, 차륜막이식 및 유압댐퍼식이 있다.

6. 고속철도의 안전설비

(1) 탈선, 전복, 충돌 시 고속열차 보호

시속 300km라는 빠른 속도로 운행하는 고속철도는 기존의 저속철도와 달리 보다 엄격한 안전장치들이 필요하다.

① 열차탈선 방호벽

고속철도가 교량 아래로 추락하는 것을 방지하기 위해 교량 전구 간에 콘크리트 구조물로 된 높이 0.975m의 열차탈선 방호벽이 설치되어 있다.

② 지장물 검지장치

선로 양측 절토사면의 낙석 및 붕괴위험 지역과 선로위로 교차하는 고속도로 및 과선교 밑에 지장물 검지장치를 설치해 낙석이나 자동차 등 지장물이 선로 내로 침입할 경우 열차가 멈춰 서도록 한다.

③ 끌림 검지장치

기지 및 기존 선 진입개소에는 끌림검지장치를 설치해 차량 부속품 등이 끌려가는 것을 감지하여 선로시설물의 파손을 방지한다.

④ 레일온도 검지장치

급격한 온도변화로 인한 곡선부의 레일 변형을 감시하기 위해 레일온도 검지장치를 설치한다.

⑤ 분기기 히터장치

적설 및 혹한기에 동결로부터 분기기의 작동을 원활히 하기 위해 분기기 히터장치를 분기기마다 설치한다.

⑥ 강풍, 강우, 적설 검지장치

자연재해로 인한 피해에 대비해 선로변의 급격한 기상조건 변화를 감지하고, 관련 정보를 운영자에게 전송하는 설비이다.

⑦ 열차제어장치

사람의 시각 등 감각기관을 활용해 운전할 수 있는 한계 속도는 대략 시속 200km 정도로, 최고 시속 300km로 달리는 고속철도는 기관사만의 힘으로는 감당할 수 없다. 따라서 열차가 규정속도를 넘을 경우 자동으로 열차의 속도를 조절하는 열차제어장치도 충돌 방지 안전설비의 핵심기술이라 할 수 있다.

(2) 첨단 안전설비시설

① 고속철도 차량의 경우, 화재 방지를 위해 차량 내 천장, 바닥, 의자 및 전선류 등 모든 자재를 프랑스 NFF 기준의 A등급인 난연성 · 무독성 자재를 사용해 설계 시부터 화재가 발생하지 않도록 하고 있다.

② 차량 자체에 화재감지장치, 비상경보장치, 소화설비, 통화 및 방송장치 등 각종 화재 발생 감시 및 경보설비를 설치하여 만약의 사태에 대비한다.

③ 이러한 안전장치에도 불구하고 화재가 발생할 경우 열차를 긴급 정차시키기 위한 비상제동 스위치를 운전실 및 승무원실에 설치한다.

④ 부득이 터널 내에 정차할 경우라도 터널 외부로 열차를 천천히 유도하고 뒤따라오는 열차나 인접선 열차가 접근하지 못하도록 하는 등 예상 시나리오별로 적절한 비상조치를 취할 수 있도록 기관사 및 승무원 교육도 지속적으로 실시한다.

⑤ 특히 터널 내 화재 발생 시의 안전에 대비해 터널벽에 무선전화기 설치는 물론, 범용화된 핸드폰 사용이 잘 되도록 전 터널에 안테나를 설치하며, 조명등, 유도등, 대피통로 등 가능한 모든 설비를 갖춰 화재예방 및 화재발생 시 피해를 최소화한다.

QUESTION

4 고속철도 안전설비에 대하여 쓰시오.

1. 개요

① 안전설비란 철도교통이 안전하고 원활한 소통을 확보하고, 작업원 및 철도이용 여객의 안전을 도모하기 위하여 설치하는 시설물이다.

② 철도 운영의 중요조건은 '안전, 신속, 정확, 쾌적, 저렴'이다. 그중에서도 안전은 절대의 과제이며, 모든 노력이 안전 확보에 기초를 둔다.

③ 고속철도는 대형사고와 직결되므로 특히 안전에 유의해야 하며, Fail Safe 개념의 장비도입뿐 아니라 운행 중 철저한 점검으로 안전확보에 만전을 기하여야 한다.

2. 고속철도의 안전설비

(1) 탈선 및 전복 방지 안전설비

① 방호벽

탈선 사고 시 KTX가 교량 아래로 추락하는 것을 방지하기 위하여 교량 전구 간(양측)에 열차 탈선 방호벽(콘크리트 구조물 높이 0.975m)을 설치하며, 교량은 리히터 규모 6.0에 견디도록 내진설계되어야 한다.

② 지장물 검지장치

선로 양측 절토사면의 낙석 및 붕괴위험 지역과 선로 위로 교차하는 고속도로 및 과선교 밑에 지장물 검지장치를 설치하여 낙석이나 자동차 등 지장물이 선로 내로 침입할 경우 열차를 정지토록 한다.

③ 끌림 검지장치

기지 및 기존 선 진입개소에는 끌림 검지장치를 설치한 후 KTX에 차량부속품 등이 끌려가는 것을 감지토록 하여 선로시설물의 파손을 방지토록 한다.

④ 레일온도 검지장치

혹서기 및 혹한기에 급격한 온도 변화로 인한 곡선부의 레일 변형을 감시하기 위해 레일온도 검지장치를 설치한다.

⑤ 분기기 히터장치

적설 및 혹한기에 동결로부터 분기기의 작동을 원활히 하기 위해 분기기 히터장치를 분기기마다 설치한다.

⑥ 강풍 · 강우 · 적설 검지장치

자연재해로 인한 피해에 대비할 수 있도록 강풍 · 강우 · 적설 검지장치를 설치한다.

(2) 충돌 방지 안전설비

① 자동열차제어장치(ATC ; Automatic Train Control)

선행열차의 위치, 속도, 열차 간의 간격과 선로조건, 운행진로 등을 인식하여 운행하는 열차에 대한 최적의 속도를 운전자에게 지시하고, 운전자가 속도를 초과하는 경우 자동으로 속도를 감속 또는 정지시키는 시스템이다.

② 열차집중제어장치(CTC ; Centralized Traffic Control)

진로제어, 고장감시, 승무원운용관리, 시스템이력관리, 차륜운행 및 보수관리, 열차 운행 스케줄 수정 등을 통해 예정된 계획에 따라 차량을 안전하게 운행시키기 위하여 연동장치를 제어하고, 전 구간의 열차운행상황을 한곳에서 감시하며 열차의 안전운행을 효율적으로 제어할 수 있는 시스템이다.

③ 열차무선통신 시스템

기관사와 중앙통제실 간에 직접 음성통신 및 데이터 통신도 가능하며, 전체, 그룹, 개별, 비상통신에 필요한 주파수공용방식(TRS 방식)으로 되어 있다.

(3) 화재대비 안전설비

① 터널 대피시설

모든 터널에 조명등, 유도등, 대피용 통로(폭 1.7m) 및 핸드레일을 설치하며, 비상시 핸드폰 등으로 외부에 연락이 가능하도록 안테나 케이블 및 무선전화기를 설치한다. 또한, 장대터널(5km 이상)에는 대피용 통로가 설치된다.

② 접근로, 회차로 및 차축온도감지장치

화재 시 구급 및 소방차량의 원활한 소통을 위해 터널에 접근로 및 회차로를 설치하며, KTX 차량에 대한 화재 감지를 위해 선로 밖에 차축온도감지장치를 설치하여 화재대비 설비를 구비한다.

(4) 전력 및 통신분야 안전설비

① 전력설비

송전, 배전, 변전 등에 이중화된 시스템을 채택하여 단전 등의 불가측적인 사태에 대비하고 있다.

② 송전선로

전력공급사로부터 2회선을 수전받아 어느 한 회선에 사고가 나더라도 다른 회선으로 수전이 가능토록 하였다.

③ 변전설비

어느 한쪽 변전소가 고장이 나면 다른 변전소에서 연장급전이 가능토록 모든 시스템이 갖추어져 있어야 한다.

④ 배전설비

선로변 양측으로 이중계 구성을 하며 각 배전소의 변압기도 사고 발생률이 적은 몰드변압기를 채택한다. 또한 예비변압기를 설치하여 한쪽이 고장나더라도 고장나지 않은 다른 변압기로 자동 전환이 가능토록 한다.

(5) 전기설비의 2중 안전 설계

① 일반적으로 전기 공급은 하나의 단선으로 이루어지나, 경부고속철도는 2중의 복선으로 전원이 공급된다.

② 전선, 변압기 등 모든 전기설비를 2중으로 설치, 정전 시에도 안정적이고 원활한 전기공급이 가능하도록 설계된다.

(6) 전차 선로 해빙 시스템

① 동절기 고속철도 전차 선로에 얼음이 얼거나 눈이 쌓일 때 이를 녹여주는 장치이다.

② 전기 히터 원리를 이용하여 전기 저항력으로 열을 발생시켜 전차 선로의 얼음과 눈을 녹여 아무리 추운 겨울에도 안전하게 열차에 전기를 공급할 수 있도록 한다.

(7) 전력원격제어설비(SCADA System)

① 전력원격제어설비란 전기설비를 원격으로 감시 · 제어 · 계측 · 운용하는 시스템이다. 이를 활용하면 변전소 · 급전구분소 · 병렬급전소 · 전차선 전압감지센터 등의 전철전력설비와 역사전기실, 신호 · 통신 · 기계실 · 전력설비 등 배전설비를 원격으로 제어할 수 있다.

② 즉, 모든 전력공급장치를 본부의 전력사령실에서 한눈에 감시하여 자동으로 제어하는 설비로서, 서울~부산 간 모든 전력설비의 이상 유무에 대하여 신속한 조치가 가능하다.

(8) 연동장치(IXL)

① 열차 운행에 관련된 장치를 상호 연쇄하여 사고를 방지하며, 잘못된 취급으로부터 열차의 안전운행을 확보할 수 있다.

② 기존 계전기 대신 높은 신뢰성을 가진 컴퓨터 칩을 채용한 최첨단 전자연동장치를 이용하여 고도의 열차 안전운행 확보가 가능하다.

③ 3개의 처리장치가 동시에 동일한 정보를 입력 · 처리한 후 상호 비교하여 2개 장치 이상의 처리결과가 일치할 때만 출력하는 2 out of 3 방식으로 설계된 장비이다.

④ 장치 고장 시에도 안전에 지장을 주지 않는 방향으로 동작하는 Fail Safe 개념의 장비이다.

(9) 열차무선설비(TRS)

① 국내 최초로 도입하는 디지털 방식의 주파수 공용 통신시스템(Trunked Radio System)으로 800MHz대의 주파수를 다수 이용자가 이용하는 첨단시스템이다.

② 통화품질이 우수하고 데이터 통신이 가능하다.

③ 운행 중인 차량의 상태를 스스로 진단 · 감시하여 중앙센터로 전송함으로써 신속한 조치가 가능하다.

(10) 전송망설비

① 경부고속철도의 역, 기지, 각종 연선 시설 간에 필요한 열차운행정보, 열차제어정보, 전력원격제어정보 등 고속열차 운영 및 안전운행에 필요한 각종 음성, 데이터, 영상정보를 원하는 목적지까지 신속 · 정확하게 전송하기 위하여 광통신망을 구성하는 설비이다.

② 고장 시 자동 절체토록 예비계로 구성되어 고도의 신뢰성을 확보하고, 회선장애 시 우회회선으로 자동 변경할 수 있도록 링형 망으로 구성된다.

(11) 기타 안전설비

① 열차접근 확인장치와 터널경보장치

유지보수 작업자의 안전을 위하여 열차접근 확인장치와 터널경보장치를 설치하여야 한다.

② 방호울타리

선로 주변의 주민보호를 위해 선로접근을 차단하는 방호울타리를 설치하여 원천적으로 선로 접근을 막아 사고로부터 보호한다.

③ CCTV 설비

역사를 이용하는 승객들의 안전을 위해 각 역사의 승강장 및 역사 중간에 설치된 중간 건넘선을 감시하는 CCTV 설비를 설치하여 승강장의 여객 유동상황 및 건넘선의 운용상황을 감시하여 이상 발생 시 신속히 대처할 수 있도록 설비를 구축한다.

3. 결론

① 고속철도는 안전사고의 경우 대형사고를 유발하므로 안전에 대하여 특별히 유의하여야 하며 장치 고장 시에도 안전에 지장을 주지 않는 방향으로 동작하는 Fail Safe 개념의 장비들이 도입되어야 한다.

② 첨단장비의 도입뿐 아니라 모든 절차에 있어 관계 규정을 숙지하고 평소 철저한 반복 훈련으로 열차 안전운전에 만전을 기하여야 한다.

철도 신호보안설비의 종류 및 주요내용

1. 개요

① 신호보안설비란, 열차의 안전운행 확보와 수송능력을 증가시키고 운행열차를 모든 위험으로부터 보호하는 설비를 총칭한다.

② 신호장치, 연동장치, 열차자동제어장치(ATC), 열차자동운전장치(ATO), 열차집중제어장치(CTC), 열차종합제어장치(TTC), 건널목 보안장치, 조차장장치, 기타 열차 운행에 필요한 안전장치와 부수장치로 구성된다.

2. 신호보안설비의 필요조건

① 확실하게 확인할 수 있어야 한다.

② 실수의 우려가 없어야 한다.

③ 취급이 간편하고 신뢰성이 높아야 한다.

④ 설비의 사용에 의하여 수송효율이 높아야 한다.

⑤ 설비 고장 시 위험한 결과가 되지 않도록 Fail-Safe 기능을 갖추어야 한다.

⑥ 잘못된 조작을 하여도 받아들이지 않는 기능을 보유하여야 한다.

3. 신호보안설비의 종류

① 신호장치

② 전철장치

③ 연동장치

④ 폐색장치

⑤ 건널목 보안장치

⑥ 열차 집중제어장치

⑦ 열차 자동제어장치

⑧ 각종 제어장치

⑨ 기타 보안장치

4. 주요 장치별 세부종류 및 내용

(1) 신호장치

철도신호는 기관사에게 운행조건을 지시하는 신호 종사원의 의사를 표시하는 전호, 장소의 상태를 나타내는 표식으로 분류하며 부호, 형상, 색, 음성으로 전달한다. 또한 신호방식으로는 진로표시방법과 속도표시방법이 있다.

① 신호
  ㉠ 상치신호기
   • 주신호기(장내, 출발, 폐색, 유도, 입환, 엄호)
   • 종속신호기(원방, 통과, 중계)
   • 신호부속기(진로표시기)

  ㉡ 임시신호기 : 서행, 서행예고, 서행해제
  ㉢ 수신호기 : 대용 수신호, 통과, 임시
  ㉣ 특수신호기 : 발뇌, 발염, 발광, 발보

② 전호
  출발, 입환, 전철, 비상, 제동시험, 대용 수신호 현시

③ 표식
  ㉠ 자동식별, 서행 허용, 출발, 입환, 열차 정지, 전철기, 속도제한, 속도제한 해제, 차량접촉한계 이외에 구조상 분류에 기계식·색등식·등열식이 있다.
  ㉡ 조작에 의한 분류에서 수동신호기, 자동신호기, 반자동신호기가 있다.
  ㉢ 신호현시방식에는 2위식(열차진로 1구간만의 상태를 표시), 3위식(열차진로 2구간의 상태를 표시) 등으로 구분될 수 있다.

(2) 전철장치

① 정거장의 분기기를 전환하여 분기의 방향을 변화시키는 장치이다.
② 전철기는 진로를 전환시키는 전철장치와 열차가 통과 중이거나 잘못된 조작으로 인하여 전환하지 못하게 하는 쇄정장치로 구성된다.
③ 동작을 인력으로 하느냐 전기의 힘으로 하느냐에 따라 수동전철기와 전기전철기로 분류한다.

(3) 연동장치

정거장 구내에서 열차의 운행과 차량의 입환을 안전하고 쾌속하게 하기 위하여 신호기, 전철기 등의 상호 간을 전기적 또는 기계적으로 연관시켜 동작하도록 만든 장치이다.

① 제1종 연동장치

신호기, 전철기 상호 간의 연쇄를 신호취급소에 설치되어 있는 제1종 연동기에 의해서 동시에 조작하는 장치이다.

- ㉠ 기계 연동장치 : 기계정자 사용
- ㉡ 전기 연동장치 : 전기 및 기계정자 사용
  - 신호기 : 전기
  - 전철기 : 기계
- ㉢ 전기계전 연동장치 : 전기정자 및 계전 연동기 사용
- ㉣ 진공계전 연동장치 : 전기 사용, 전철기 전환에는 압축공기 계전 연동기 사용

② 제2종 연동장치

신호기 취급은 신호 취급소에서, 전철기 취급은 현장에서 수동전환하고, 이들 상호 간 연쇄를 기계연동장치 또는 연동기에서 조작하는 장치이다.

- ㉠ 기계 연동장치 : 제2종 기계 연동기 사용
- ㉡ 전기 연동장치 : 전기정자 사용
- ㉢ 진공 연동장치 : 제어반과 계전기 사용, 연쇄는 전기 쇄정기에 의한 장치

(4) 폐색장치

① 폐색구간 운행방법

- ㉠ 공간 간격법 : 일정 공간 거리를 두고, 일정 구역에는 1개 열차만 운행하는 방법
- ㉡ 시간 간격법 : 일정 시간 간격을 두고 열차를 출발시켜 운행하는 방법

② 폐색방법

- ㉠ 단선 폐색방법
  - 통표 폐색식 : 양측 역 합의 후 통표 휴대 통과
  - 연동 폐색식 : 양측의 폐색 Lever와 신호 현시체계 단일화
  - 자동 폐색식 : 궤도회로를 이용하여 폐색 및 신호 자동동작

ⓛ 복선 폐색방법
- 쌍신 폐색식 : 양측역과 전화기 및 표시기로 구성된 쌍신폐색기 설치 후 전기적으로 연속 1조로 사용
- 연동 폐색식 : 양측의 폐색 Lever와 신호 현시체계 단일화
- 자동 폐색식 : 궤도회로를 이용하여 폐색 및 신호 자동동작

ⓒ 대용 폐색방법
- 통신식 : 전화 또는 전신에 의한 양단 정거장 간의 폐색장치
- 사령식 : 사령자가 전화로 연락, 운전사령 발행 휴대, 통과
- 지도통신식 : 전화·통신에 의해 폐색하고, 완장 착용 지도자 동승
- 지도식 : 통표 준비 없을 때 1명의 지도자를 대신 활용

(5) 건널목 보안장치

철도와 도로가 평면 교차하는 곳에 설치하여 건널목을 통과하기 전에 열차의 접근을 알려주어 건널목 사고를 사전에 방지하기 위한 설비이다.

① 건널목 보안장치의 종류

ⓐ 제1종 건널목 : 차단기, 자동경보기 설치, 착수 24시간 근무
ⓑ 제2종 건널목 : 차단기, 자동경보기 설치, 착수 일정시간 근무
ⓒ 제3종 건널목 : 보행자 및 차량운행이 적은 곳
ⓓ 제4종 건널목 : 보행자 및 운행차량이 극히 적은 곳

② 건널목 설비

차단기, 경보기, 건널목 표식

③ 제어방법

궤도회로식과 제어자식이 있다.

(6) 열차 집중제어장치(CTC)

열차 집중제어장치(Centralized Traffic Control)는 한곳에서 광범위한 구간의 많은 신호설비를 원격제어하여 운행취급을 직접 지령할 수 있는 장치이다.

① 효과

ⓐ 운전비, 인건비 등 경비 절감

ⓛ 평균 운행속도의 향상

ⓒ 보안도 향상

ⓔ 선로 용량 증대

② 설비

ⓝ 사령실 설비

조명 표시반, 조작반, 열차 운행시간 기록계, 열차번호 표시장치 등으로 구성되어 있다.

ⓛ 역설비

평상시 사령실에서 원격제어로 조작하나 측선입환 시, 정전 시 또는 신호보안장치 고장 시 역 단위로 Local 조작토록 한다.

(7) 열차 자동제어장치

ⓝ **자동열차정지장치(ATS ; Automatic Train Stop)**

위험지역에 열차 접근 시 경보 울림, 그 구역에 진입 시 열차에 자동적으로 비상제동이 걸리게 하여 정지시키는 장치이다.

ⓛ **자동열차제어장치(ATC ; Automatic Train Control)**

속도를 연속적으로 감시, Check하여 속도 제한구역에서 제한속도 이상으로 운행 시 자동적으로 제동이 작용하여 감속을 하여 열차속도를 제어하는 장치이다.

ⓒ **자동열차운행장치(ATO ; Automatic Train Operation)**

열차가 정거장을 출발하여 다음 정거장에 정차할 때까지 가속, 감속 및 정거장 도착 시 정위치 정차하는 일을 자동적으로 수행하는 장치이다.

ⓔ **자동폐색장치(ABS ; Automatic Block System)**

궤도회로를 이용하여 폐색 및 신호가 자동으로 동작되는 장치이다.

ⓜ **열차운행 종합제어장치(TTC ; Total Traffic Control)**

종합제어실의 Main Computer에서 운행제어 및 감시를 수행하는 자동제어방식이며, 이에 반해 CTC는 사령원이 수동으로 제어반에서 제어하는 수동제어방식이다.

(8) 각종 제어장치

① ARC(Automatic Route Control) : 자동진로제어장치

② PRC(Programmed Route Control) : 프로그램 진로제어장치, 복잡한 운전선구에 대응

③ RCS(Remote Control System) : 원격제어장치

④ TTC(Total Traffic Control System) : 열차운행 종합제어장치, 신호기, 전철기 등을 중앙에서 제어, 착발시간 기록, 출발 지시, 안내방송 등 자동화

⑤ COMTRAC(Computer – aided Traffic Control System) : 대량 또는 고속의 열차를 정확히 운전하고 또한 지령업무의 능률을 향상시키기 위하여 종합지령소에 컴퓨터를 설치하고 CTC 장치와 접속하여 열차의 진로제어, 운전관리, 차량운용, 지령전달, 여객유도안내, 정보전달, 통계관리 등을 하는 시스템

(9) 기타 보안장치

① Hump 조차장에서의 신호보안장치

• Ride System : 열차취급요원 승차, 차량 왼쪽 Break 조작, 제동

• Retarder System : 궤도에 설치된 제동장치에 의해 임의로 Break 제동

② 집중감시장치

보안설비의 기능 저하 및 고장을 사전감시

③ 장애물감시장치

건축한계지장, 건널목 장해, 토사붕괴, 낙석 등 검지

5. 결론

열차의 안전운행은 아무리 강조해도 지나치지 않다. 보안설비는 2중, 3중의 보안 시스템이 필요하며, 상기 명시된 시스템을 필두로 최첨단 시스템을 도입하여 보안도를 향상시켜야 한다.

QUESTION 6 ATC(Automatic Train Control, 자동열차제어장치)

1. 정의

① 열차가 열차속도를 제한하는 구간에서 제한속도를 초과하여 운전할 경우 자동적으로 지정속도 이하로 운전하도록 제어하는 장치이다.

② ATS가 정지신호 오인 방지가 주목적인 데 반하여 ATC는 속도제어를 통한 열차안전 운행 유도를 목적으로 한다.

③ 신호전류를 레일의 궤도회로에 흐르게 하면 열차는 이 신호전류를 받아 차내 신호로 운전실에 표시된다. 이 신호와 열차속도를 비교하여 상기와 같은 제동, 완화동작을 자동적으로 행한다.

④ ATC는 신호현시에 따라 그 구간의 제한속도 지시를 연속적으로 열차에 주어 열차속도가 제한속도를 넘으면 자동적으로 제동이 걸리고, 제한속도 이하로 되면 자동적으로 제동이 풀린다.

2. ATC의 필요성

① 고속주행으로 신호기 오인의 경우 자동으로 작동된다.

② 신호기 건식 밀도가 높아 신호기 오인시 안전운행이 가능하다.

③ 기관사 판단이 늦어 제동거리가 길어질 때 자동으로 제어된다.

④ 기관사 정신적 부담 가중 시 효과적이다.

3. 제어방법 및 구성설비

(1) 제어방법

지상의 궤도회로를 흐르는 신호전류를 차내신호로 전송하여, 운전실에 표시하게 되며, 이 신호와 열차속도를 비교하면서 열차속도를 자동적으로 제어한다.

(2) 차상설비

수전기, 수신기, 속도조사기, 속도발전기, 신호표시 등의 설비를 설치한다.

4. 적용

① 신설 고속철도에는 ATC를 적용하였다.
② 고속철도 기존 선 전철화 구간은 당초 ATC로 추진하였으나, 사업비, 공사기간, 열차
　운행방안 등의 사유로 ATP로 추진하였다.

QUESTION 7 ATO(Automatic Train Operation, 자동열차운행장치)

1. 정의

① ATC(열차자동제어장치)에 자동운전기능을 부가하여 열차가 정차장을 발차하여 다음
정차장에 정차할 때까지 가속, 감속 및 정차장에 도착할 때 정위치에 정차하는 일을
자동적으로 수행하는 시스템이다.

② 즉, ATO는 ATC 기능에 열차의 자동운전기능을 부가한 것이다.

2. 기본 기능

① 지정속도 운행제어

② 정위치 정지제어

③ 정시운전 프로그램 방식 제어

3. 제어방식(컴퓨터 위치)

① 지상프로그램 방식

② 차상프로그램 방식

③ 중간제어방식

4. 특징

① 운전의 대부분이 자동화되어 보안도 향상

② 정확한 운전시간 유지 가능

③ 수송효율의 증대, 동력비 경감

④ 기관사의 숙련도 및 부담의 경감

⑤ 1인 승무 및 무인운전 가능

5. ATO에 의한 무인운전 시스템의 문제점

① ATO 고장 시 열차운전을 저해하기 때문에 장치의 신뢰성 확보가 관건이다.

② 운행 중 고장 발생 시 확인이 곤란하고, 전방장애물 검지곤란, 승객의 불안감, 건설비 증가 등의 문제점이 있다.

6. 적용

① 국내의 적용 실태를 보면 ATC에 ATO를 갖춘 1인 운전이 대부분이다.

② 서울지하철 5, 7, 8호선의 경우 이 장치에 Full Auto 기능을 추가하여 안전성과 신뢰성을 확보하여 장래 무인운전에 대비하고 있다.

QUESTION 8 CTC(Centraliged Traffic Control, 중앙집중제어장치)

1. 정의

① CTC란 한 지점에서 광범위한 구간의 많은 신호설비를 원격으로 제어하여 운전취급을 직접 지령하는 시스템이다.

② 각 역에 산재해 있는 신호기 및 전철기, 그 밖의 신호설비를 한 사령실(CTC)에서 지령 자가 직접 원격제어하면서 신호기의 현시 여부, 전철기의 개통방향, 열차의 진행상 태, 열차의 점유위치 등 표시반을 통하여 일괄 감시한다.

③ 열차의 운행변동규정 이외의 운전처리에 즉시 대처하여 열차에 지령을 할 수 있는 근 대화된 신호방식이다.

2. 효과

① 열차 정상운전 스케줄 유지
② 열차운행제어
③ 열차지연 방지
④ 수송력 증강

3. CTC 통합사령실

① 2006년 구로에 개통

② 기존의 서울, 대전, 부산, 영주 사령실의 열차집중제어장치(CTC) 및 서울, 영주의 전 철전력제어장치(SCADA), 호남 전라선의 열차집중제어장치(CTC)를 통합하여 1개의 사령실에 수용

4. 기대효과

① 수송 시스템의 일괄통제체제 구축
② 사령업무의 간소화 및 수송경쟁력 확보
③ 유지보수 최소화 및 안정성 확보
④ 영업능력의 극대화 및 철도이미지 제고

QUESTION 9 ATP(Automatic Train Protection, 자동열차방호장치)

1. 정의

① 선행열차의 위치에 따라 후속열차의 속도를 제어하는 장치이다.

② 열차의 안전한 운행을 확보하기 위한 설비로서 열차간격 조정, 열차속도 조정, 자동운전, 비상정지 등의 기능을 제공하는 열차의 자동방호장치이다.

2. 기능

① 지상자를 통해 폐색구간의 길이, 기울기, 분기기 위치 등 지역정보와 지상신호기가 현시하고 있는 신호정보 등 지상정보를 차상으로 전송한다.

② 열차길이, 제동력, 열차종별 등에 대한 차상정보가 결합하여 스스로 연산열차를 자동방호하는 Distance to go 시스템이다.

3. 효과

① 전체 시스템을 통하여 모든 열차상태의 감시기능 유지

② 각 열차 간 안전거리 유지

③ 노선상태에 따른 열차속도 제한

④ 시스템을 통하여 적절한 열차운행의 지시 유지

⑤ 선로의 파손부위 감지

⑥ 열차의 역주행 방지

⑦ 노선 상의 모든 분기 및 결합 지점에서 안전한 열차운행을 위한 선로를 조정

4. ATC와 ATP의 비교

(1) ATC(연속적 차상신호)

① 연속적 차상신호 제공으로 안전성, 신뢰성 확보

② 운전속도 향상과 시격 단축으로 선로용량 증대 가능

③ 고속열차에도 추가신호 설비로 직결운행 가능

④ 차상신호 속도단계가 자동으로 변환

⑤ 제동 목표거리를 계산하여 운행함으로써 안전성과 효율성이 증가함

⑥ 기기의 집중배치로 유지보수, 내구성, 장애복구시간 단축이 가능

⑦ 전체적인 신호설비 도입으로 건설비 과다

(2) ATP(불연속적 차상신호)

① 열차특성, 등급이 다른 선로의 혼용운전에 적합

② 제동목표거리와 속도를 계산하여 운행

③ 폐색구간 신호설비 장애 시 2개 폐색구간을 1개 폐색구간으로 사용

④ 기존설비 최소개량으로 경제적인 설비

⑤ 폐색신호기 설치 위치에서만 지상정보 수신이 가능하므로 연속제어방식에 비해 운행효율 감소

5. ATP의 적용

① ATP는 열차운행에 필요한 정보를 지상자를 통해 차량 컴퓨터에 전송해 열차가 일정 속도 이상을 초과하면 열차속도를 자동으로 내려주는 시스템이다.

② ATC, ATO 방식이 해외 기술에 의존하고 단일종류의 열차가 운행하는 단독노선에 적 합한 방면 ATP는 노선 간 신호 시스템의 호환성이 좋고 여러 종류의 열차 운행 시 효 율성을 기할 수 있어 여러 노선을 연계하여 운전할 수 있다.

③ ATP는 현재 국산화가 되어 있어 예산절감에 효과가 크며, 경춘선, 전라선 및 성남~ 여주 복선전철에서도 적용하고 있다.

ATS(Automatic Train Stop, 자동열차정지장치)

1. 정의

① 위험구역에 열차가 접근하면 경보음을 울려주고 일정 시간 동안에 브레이크 조작이 없을 경우 브레이크를 동작시켜 열차를 안전하게 정지하는 시스템이다.

② 열차의 안전한 운행을 확보하기 위한 설비로서 열차간격 조정, 열차속도 조정, 자동운전, 비상정지 등의 기능을 제공하는 열차자동방호장치이다.

2. 주요 장치와 기능

① 차상장치

수신기, 경보기, 표시기 및 확인 푸시버튼

② 지상장치

지상자, 제어계전기, 케이블

3. 유의사항

ATS 장치는 열차의 안전운행을 확보하려는 기관사의 보조설비로서 지상장치와 차상장치의 정상적인 기능 유지가 필수이다.

QUESTION 11 신호장치(Railway Signalling Equipment)

1. 개요

신호장치란 열차의 안전운전 확보(충돌, 탈선 방지)와 수송능률 향상을 목표로 시설하는 철도설비로서 모양(形), 색(色), 음(音)을 사용하여 열차 또는 차량의 운전조건을 기관사에게 지시하거나, 운전종사자 간의 의사를 전달하는 것으로 신호, 전호, 표지로 구분된다.

2. 신호

(1) 상치신호기(주신호기, 종속신호기, 신호부속기)

① 주신호기(Main Signal)

장내, 출발, 폐색, 유도, 입환, 엄호신호기로 일정한 방호구간을 가지고 있는 신호기, 종속신호기 또는 신호기부속기에 대하여 주체가 되는 신호기

㉠ 장내신호기(Home Signal)

정거장 진입 가부를 지시하는 신호기

㉡ 출발신호기(Departure Signal)

정거장 진출 가부를 지시하는 신호기

㉢ 폐색신호기(Block Signal)

자동폐색구간 시단에 설치, 폐색구간 내로의 진입 가부를 지시함

㉣ 유도신호기(Calling Signal)

장내 신호기 하단에 설치함, 장내 신호기가 정지를 현시하여 정거장 내로 진입하려는 열차가 일단 정지한 것을 15km/h 이하의 속도로 진입케 하는 신호기

㉤ 입환신호기(Shunting Signal)

정거장, 조차장, 차량기지 내에서의 입환을 지시

㉥ 엄호신호기

방호를 요하는 지점의 진입 가부를 지시하는 신호기

② 종속신호기(Sub Signal)

원방, 중계, 통과신호기로 주신호기에 종속되는 신호기

　㉠ 원방신호기(Distant Signal)
　　• 장내 신호기에 종속되어 장내신호기 외방에 설치되는 신호기로 열차의 운행 조건을 지시하기 위하여 설치된다.
　　• 원방신호기는 장내신호기의 외방제동거리 이상 떨어진 지점에 설치되고, 열차승무원은 원방신호기의 신호현시 상태를 보고 장내신호기의 신호현시 상태를 예상할 수 있어 신호현시거리를 충분하게 확보하여 열차운전을 원활하게 할 수 있다.

　㉡ 중계신호기(Repeating Signal)
　　신호현시를 600m 이상 거리에서 인식이 곤란한 경우 확인거리를 보충하기 위하여 설치한 것으로 일종의 원방신호기와 같은 기능을 갖는 장치로서 다른 표시기와 식별하기 위하여 그 현시 방식을 정하고 있다.

　㉢ 통과신호기(Passing Signal)
　　• 출발신호기에 종속해 그 외방(주로 장래신호기의 아래에 설치)에서 주체신호기 신호현시를 예고함으로써 역 구내에 진입하는 열차에 대하여 통과의 가부를 알려주는 신호기
　　• 현시 내용을 미리 알려 불필요한 열차 감속을 방지한다, 기계식 신호 구간의 완목식 신호기에만 사용한다.

③ 신호부속기(진로표시기, Route indicator)

장내신호기, 출발신호기, 입환신호기에 종속, 진로 개통방향을 표시하며 주신호기 직하에 설치한다.

(2) 임시신호기

공사구간 또는 사고구간에 임시로 설치하는 신호기로서 서행예고신호기, 서행신호기, 서행해제신호기가 있다.

① 서행예고신호기(Slow Warning Signal)

서행신호기 외방에 설치되어 서행운전을 예고하는 신호기

② 서행신호기(Slow Signal)

서행운전을 필요로 하는 구간에 설치하여 이 구간을 통과하는 열차 또는 차량에게 서행운전을 지시하는 신호기

③ 서행해제신호기(Release Signal)

서행운전구간이 끝났음을 열차 또는 차량에게 통고하는 신호기

(3) 수신호(Flag Signal)

① 신호보안 설비가 고장 시, 신호원이 깃발로서 열차운전을 지시하는 신호이다.
② 야간에는 전호등을 사용하며, 수신호대용기를 설치하여 현장에 가는 것을 생략할 수 있다.

(4) 특수신호(Accident Signal)

사고 또는 특수한 경우, 신호기에 의하지 않고 발보(發報)하는 신호로서 발뇌신호, 발염신호, 발광신호, 발보신호가 있음

① 발뇌신호(Detonator)

레일에 화약을 설치하여 열차바퀴(Tire)가 통과 시 폭음에 의한 열차를 정지시킴

② 발염신호(Fusee Signal)

레일 연변에 설치하여 연기로서 열차를 정지시킴

③ 발광신호(Flashing Signal)

명멸 또는 회전시켜서 열차를 정지시킴(건널목 같은 곳에서 사용)

④ 발보신호(Audilde Signal)

경보음 또는 열차무선에 의하여 열차를 정지시킴

3. 전호(Sign)

① 형, 색, 음을 사용하여 종사원 간의 의지를 표시하는 것이다.
② 전호를 시행할 때 사람이 직접하지 않고 기구를 대신 사용할 수 있으며, 이때 사용하는 기구를 전호기라 한다.

　　㉠ 출발전호기 : 열차 또는 차량이 출발할 때 행하는 전호를 대용함

　　㉡ 입환전호기 : 열차 또는 차량의 입환 작업시 행하는 전호를 대용함

　　㉢ 제동시험전호기 : 열차 또는 차량을 조성한 후 제동시험 시행하는 전호를 대용함

　　㉣ 이동금지전호기 : 열차 또는 차량의 이동을 금지하는 전호를 대용함

4. 표지(Indicator)

① 형색을 사용하여 운전장소의 상태를 표시하는 것이다.

② 열차표지, 폐색신호표지, 중계, 장내, 출발, 입환표지, 차량정지표지, 출발반응표지, 정차시간표지 등이 있다.

　㉠ 열차표지(Train Marker)

　　열차의 앞면과 후부를 나타내는 표지

　㉡ 폐색신호기 식별표지(Marker Light)

　　첨부하여 본 신호기가 폐색신호기임을 기관사에게 알려서 본신호기가 정지를 현시한 경우에 일단 정지 후 15km/h 이하의 속도로 신호기 내방으로의 진입을 허용함

　㉢ 폐색경계표지(Block Indicator)

　　• 열차자동제어장치(ATC) 설비구간에서 폐색구간의 경계를 표시함

　　• 지상신호기가 없어도 승무원이 이 표지로 구간 경계와 다음 번 정거장까지의 개략거리를 예측할 수 있도록 숫자로 표시함

　㉣ 장내표지

　　열차제동제어장치(ATC) 설비 구간에서 장내의 경계를 표시함

　㉤ 출발표지

　　ATC 장치 설비구간에서 출발경계를 표시

　㉥ 출발반응표지

　　출발신호기의 현시를 열차의 후미에 있는 차장 또는 역장이 확인할 수 있도록 하기 위해 설치한 반응 등으로 출발신호기가 진행을 현시할 때 백색등이 점등됨

ⓢ 열차정지표지

출발신호기를 소정의 위치에 설치할 수 없거나 또는 출발신호기가 설치되지 않은 선로에서 열차가 정지하여야 할 위치의 경계(한계)를 나타냄

ⓞ 차량정지표지

차량의 입환을 행하는 선로에서 입환신호기 또는 입환표지가 설치되지 않은 장소에 설치함

ⓩ 입환표지

차량의 입환을 행하는 선로에서 그 개통상태를 나타내는 표지(유도원이 열차유도)로, 입환작업 시 유도원의 전호를 받아야 하며 현대의 신호설비에서는 사용하지 않음

ⓒ 차지(車止)표지

선로종단(끝)에 설치되며 더 이상 갈 수 없음을 표시함

ⓚ 전철표지

전철기 종류를 나타내는 표지로서 현재는 사용하지 않음

ⓣ 가선종단표지

가공전차선의 종단임을 표시하는 표지

ⓟ 전원식별표지

전철화 구간의 교류와 직류전원의 교체개소를 나타내는 표지

QUESTION

12 연동장치에 대하여 설명하시오.

1. 개요

① 정거장과 정거장 사이에는 폐색방식에 의한 1폐색구간 1개 열차로 하는 안전이 확보되고 있으나, 정거장 구내에서는 많은 분기가 있어 열차의 분활, 조성 등의 작업 시에는 같은 폐색방식을 쓸 수 없다.

② 따라서 정거장 구내에서 열차운전 시 안전을 확보하기 위하여 신호기와 전철기(분기기)의 상호 간에 결정된 조건일 때만 작동하는 '연쇄'를 실시한다.

③ 이 연쇄가 상호관계를 가지면서 작동하는 것을 '연동'이라 하며 정거장 내에서는 연동장치를 채용하는 것을 원칙으로 한다.

2. 쇄정의 종류

① 철사쇄정

전철기를 포함한 궤도회로에 열차 또는 차량이 있을 때에는 전철기가 전환되지 않도록 쇄정하는 것

② 진로쇄정

신호기가 지시한 진로에 열차 또는 차량이 진입했을 때 관계전철기를 포함한 궤도회로를 통과가 종료될 때까지 그 전철기가 전환되지 않도록 쇄정하는 것

③ 접근쇄정

열차가 신호기에 접근되어 있을 때 신호기가 정지현시인 경우, 일정시간(전차선 구간 1분)이 경과하지 않으면 관계된 전철기를 전환할 수 없도록 쇄정하는 것

3. 연동장치의 종류

(1) 방식에 따른 종류

① **전자 연동장치** : 연동장치를 모듈화된 마이크로프로세서에 의해 제어, 분석, 기록하는 설비

② **전기 연동장치** : 연동자치를 전기연동기에 의해 제어하는 설비

③ 기계 연동장치 : 연동장치를 기계 연동기에 의하여 취급하는 설비

(2) 구조에 의한 종류

① 기계식

　㉠ 기계식 운전장치는 큰 레버를 조작원이 손으로 취급하며, 기계적 쇄정장치를 설치하여 전철기를 전환시키는 것이다.

　㉡ 현재는 전기 및 전자 연동장치로 개량하고 있는 추세이다.

② 전기식

　㉠ 전기식의 계전연동장치는 릴레이 접근회로에 대해 전기적인 신호기, 전철기 등의 순서에 따라 쇄정된다.

　㉡ 전철기의 전환은 전기동력에 따르는 것으로 조작원은 집중제어반의 스위치나 누름버튼으로 취급한다.

　㉢ 최근에는 전기식이 많아지고 있으며 최근 보급되고 있는 전자연동장치에서는 릴레이에 대신한 마이크프로세서를 이용한 신뢰성 · 경제성이 보다 향상되어 취급하는 곳이나 기기실이 소형화되고 있다.

13 전철장치와 연동장치에 대하여 설명하시오.

1. 개요

① 정거장 구내에서는 많은 분기기가 있어 열차의 분활, 조성 등의 작업 시에는 같은 폐색 방식을 사용할 수 없다.

② 전철장치란 분기기 방향을 변환시키기 위하여 설치한 장치를 말하며, 연동장치란 전철장치와 연계하여 작동하는 장치를 말한다.

③ 따라서 정거장 구내에서는 신호기와 전철기를 사용하여 분활, 조성 등의 작업을 하며, 열차운전의 안전을 확보하기 위하여 상호 간에 결정된 조건일 때만 작동하는 연동장치를 채용하는 것을 원칙으로 하고 있다.

2. 전철장치

분기기란 열차의 진로를 한 선로에서 다른 선로로 바꾸기 위한 설비를 말하는데, 전철장치란 이러한 분기기 방향을 변환시키기 위하여 설치한 장치를 말한다.

① **전환(해정)장치** : 진로를 전환시키는 장치

② **쇄정장치** : 열차가 분기기 통과 중 전환시키지 못하게 하는 장치

ㄱ 철사쇄정

전철기를 포함한 궤도회로에 열차 또는 차량이 있을 때에는 전철기가 전환되지 않도록 쇄정하는 것

ㄴ 진로쇄정

신호기가 지시한 진로에 열차 또는 차량이 진입했을 때 관계 전철기를 포함한 궤도회로를 통과가 종료될 때까지 그 전철기가 전환되지 않도록 쇄정하는 것

ㄷ 접근쇄정

열차가 신호기에 접근되어 있을 때 신호기가 정지현시인 경우, 일정시간(전차 구간 1분)이 경과하지 않으면 관계된 전철기를 전환할 수 없도록 쇄정하는 것

3. 연동장치(Interlocking)

연동장치란 정거장 구내에서 열차의 운전과 차량의 입환을 신속하고 안전하게 취급하기 위하여 신호장치, 전철장치, 폐색장치 등을 전기 또는 기계적으로 상호 연관시켜 동작되도록 만든 장치를 말한다.

(1) 방식에 따른 종류

① 전자 연동장치

연동장치를 모듈화된 마이크로프로세서에 의해 제어, 분석, 기록하는 설비

② 전기 연동장치

㉠ 연동자치를 전기연동기에 의해 제어하는 설비

㉡ 전기식의 계전연동장치는 릴레이 접근회로에 대해 전기적인 신호기, 전철기 등의 순서에 따라 쇄정된다.

㉢ 전철기의 전환은 전기동력에 따르는 것으로 조작원은 집중제어반의 스위치나 누름버튼으로 취급한다.

㉣ 최근에는 전기식이 많아지고 있으며 최근 보급되고 있는 전자연동장치는 신뢰성, 경제성이 보다 향상되어 취급하는 기기실이 소형화되고 있다.

③ 기계 연동장치

㉠ 연동장치를 기계 연동기에 의하여 취급하는 설비

㉡ 기계식 운전장치는 큰 레버를 조작원이 손으로 취급하며, 기계적 쇄정장치를 설치하여 전철기를 전환시키는 것이다.

㉢ 현재는 전기 및 전자연동장치로 개량하고 있는 추세이다.

(2) 신호기와 전철기를 연쇄하는 방법에 따른 분류

㉠ 제1종 연동장치

신호기, 전철기 상호 간의 연쇄를 신호취급소에 설치된 제1종 연동기에 의해 동시에 조작하는 장치

㉡ 제2종 연동장치

신호기의 취급은 신호취급소에서, 전철기의 취급은 현장에서 조작

14 폐색구간 운행방법과 폐색장치에 대하여 설명하시오.

1. 개요

① 정거장 상호 간에는 열차의 충돌이 없이 열차와 열차 사이에 항상 일정한 간격이 확보되어야 한다. 이와 같은 방법에는 시간간격법과 공간간격법이 있으며, 공간간격법은 항상 일정한 거리를 유지하는 것이므로 열차는 그 구간을 고속으로 운행할 수가 없다.

② 이와 같이 일정한 시간 및 거리를 두는 것을 폐색구간이라고 하며, 1개 폐색구간에는 한 열차 이외에 다른 열차를 동시에 운행할 수는 없다.

③ 사용하는 폐색방식에 따라 연동, 자동 및 통표 폐색식 등의 여러 가지 형식이 사용되고 있다.

2. 열차 운행방식

(1) 시간간격법(Time Interval System)

① 일정한 시간간격을 두고 연속적으로 열차를 출발시키는 방법이다.

② 선행열차가 도중에 정차된 경우라 하더라도 후속열차는 일정한 시간이 지나면 출발하게 되므로, 사고로 중간에서 선행열차가 지연될 때는 대단히 위험한 방법이다.

③ 보안도가 낮기 때문에 천재지변 등으로 통신이 두절되는 특별한 경우에만 사용하는 것이다.

(2) 공간간격법(Space Interval System)

① 일정한 공간거리를 두고 일정구역을 정하여 1개의 열차만을 운행할 수 있도록 한 것이다.

② 폐색구간이 길면 길수록 보안도는 향상되지만, 운행밀도는 제한을 받는다.

3. 폐색장치(Block System)

① 폐색구간을 정해서 폐색식 운행을 하기 위한 일체의 설비를 폐색장치라 한다.

② 폐색장치는 폐색구간의 입구에 설치하고, 폐색구간의 길이는 폐색장치에 의해서 정해

지며, 열차의 운행간격과 밀접한 관계가 있다.

③ 폐색장치는 취급방법에 따라 종사원 상호 간의 협의에 의한 수동폐색식과 궤도회로를 이용하여 열차 자체에 의하여 자동적으로 이루어지는 자동폐색식 두 가지가 있다.

4. 폐색방식의 종류

(1) 단선폐색방식

① **통표폐색식** : 양측 역 합의 후 통표발급 통과
② **연동폐색식** : 양측의 폐색 Lever와 신호현시체계 단일화
③ **자동폐색식** : 궤도회로를 이용하여 폐색 및 신호자동동작

(2) 복선폐색방식

① **쌍신폐색식** : 양측역과 전화기 및 표시기로 구성된 쌍신폐색기 설치 후 전기적으로 접속 1조로 사용
② **연동폐색식** : 양측의 폐색 Lever와 신호현시체계 단일화
③ **자동폐색식** : 궤도회로를 이용하여 폐색 및 신호자동동작

(3) 대용폐색방식

① **통신식** : 전화 또는 전신에 의한 양단 정거장 간 폐색장치
② **사령식** : 사령자가 전화로 연락, 운전사령권 발행 통과
③ **지도통신식** : 전화, 전신에 의해 폐색하고 완장 착용지도자 동승
④ **지도식** : 통표준비 없을 때 1명의 지도자를 통표 대신 활용

5. 결론

① 폐색구간은 자동구간에서 신호소간 비자동구간에서는 출발신호기와 인접역 장내 신호기 간의 구간을 말한다.
② 폐색구간의 길이는 열차운전속도, 운전밀도, 선로상태 등에 따라 결정된다.
③ 고도의 기술이 발달하여 고속전철에서 300km/h 이상의 속도에 3분 시격의 운전이 가능하게 되었고 CBTC(무인운전 신호시스템) 도입 시 최소운전시격 2.5분이 가능하다.

QUESTION 15 궤도회로에 대하여 설명하시오.

1. 개요

궤도회로는 레일을 전기회로화 하여 열차의 존재 여부를 검지하고, 레일에 흐르는 신호 전류에 의해서 운행열차의 운전제어 및 정보를 전송할 수 있는 회로이다.

2. 기본원리

① 한 폐색구간을 이음매 절연으로 전기적으로 절연시켜 인접 폐색구간과 구분하면서 폐색 구간 내의 레일 이음매는 동연선제 레일본드로 접속시켜 전류가 자유롭게 통하게 한다.

② 폐색구간 경계부는 임피던스본드를 설치하여 신호전류는 통하지 못하게 하고 주전류 인 전차선 전류는 통과하게 한다.

③ 폐색구간 입구에 궤도계전기(Relay)를 설치하고 폐색구간 출구에 전원을 설치하여 항상 전류를 흘려보내면, 궤도계전기의 코일이 여자(계전기가 동작한 상태)되어 스위치를 잡아당겨 '녹색등'이 점등된다.

④ 만약 열차가 이 구간에 진입하면 레일에 흐르는 궤도계전기까지 흐르지 않고 차측을 통해 흘러버려(단락되어 무여자) 스위치는 원상태로 돌아가 '적색등'이 켜져 정지신호 가 된다.

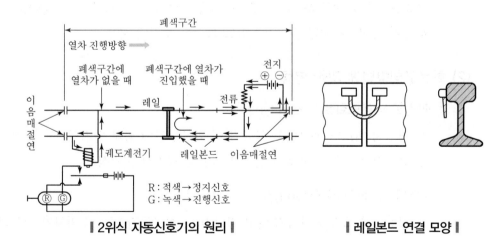

‖ 2위식 자동신호기의 원리 ‖ ‖ 레일본드 연결 모양 ‖

3. 종류

(1) 전원에 의한 분류

① 직류궤도회로(DC Track Circuit)

직류(DC)를 사용하는 궤도회로, 비전철화 구간에서 사용

② 교류궤도회로(AC Track Circuit)

궤도회로의 전원으로 교류를 사용하는 궤도회로, 직류전철화 구간에 사용

③ 코드궤도회로(Coded Track Circuit)

레일에 흐르는 신호전류를 소정 횟수의 코드(부호)로 단속 송전하여 코드계전기를 단속동작시키고 이를 검지, 반응계전기를 동작시키는 방식

④ 무절연 궤도회로

궤도회로 경계에 궤도절연을 사용하지 않는 방식으로 전기를 사용하지 않고 전자회로를 사용하는 발전된 궤도회로 방식

⑤ AF(Audio Frequence) 궤도회로(가청주파수 궤도회로)

신호전류로서 1kHz대의 가청주파수 대역을 사용하는 궤도회로로서 전철화 구간에서 사용하며 무절연 방식으로 할 수 있는 장점이 있음

⑥ 정류궤도회로

교류를 정류한 맥류를 전원으로 사용하는 것으로 궤도계전기는 직류계전기를 사용하며, 전파 및 반파정류식이 있고 특수한 목적에 사용

(2) 회로구성방법에 의한 분류

① 폐전로식 궤도회로(Closed type)

㉠ 평상시 회로가 동작하고 있다가 이 회로구간에 열차가 진입하면 동작을 멈춤
㉡ 동작이 정지한 것으로서 열차가 있음을 검지하는 방식

② 개전로식 궤도회로(Open type)

㉠ 평상시 회로가 동작하지 않고 있다가 이 회로구간 안으로 열차가 진입하면 동작하는 방식
㉡ 보안도가 낮아서 특수개소 이외에는 현재 사용되지 않음

(3) 궤도절연 설치방법에 의한 분류

① 단궤조 궤도회로

⊙ 두 가닥 레일 중 한쪽 선에 궤조절연을 설치하여 회로를 구성하는 방식

ⓒ 한쪽 레일은 신호전류, 다른 한쪽은 전차전류를 흐르게 하는 것

- 임피던스 본드 불필요
- 간단한 반면 안전도가 낮음
- 본선은 사용하지 않고 차량기지 같은 곳에서만 사용

② 복궤조 궤도회로

두 가닥 레일 모두 궤조절연을 설치하여 회로를 구성하는 방식

4. 궤도회로의 사구간(Dead section)

① 궤도회로의 일부로서 열차 또는 차량에 의하여 궤도계전기가 제어되지 않는 구간
② 궤도회로의 사각지대로서 드와프거더나 분기부에는 필연적으로 발생

⊙ 단독사구간 : 7m 이하

ⓒ 사구간 상호 또는 다른 궤도회로 사이 : 15m 이상

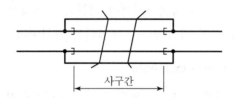

사구간

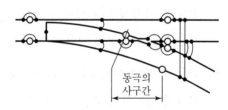

동극의
사구간

QUESTION 16 궤도회로를 설명하고 현재 시행되고 있는 열차자동제어장치에 대하여 설명하시오.

1. 개요

① 궤도회로는 레일을 전기로 회로화하여 열차의 존재 여부를 검지하고, 레일에 흐르는 신호전류에 의해서 운행열차의 운전제어 및 정보를 전송할 수 있는 회로이다.

② 이와 같은 궤도회로를 기본으로 철도 안전운행을 위한 열차 자동제어장치가 개발되었으며, 최근 안전도 향상을 위하여 고품질의 최첨단 시스템이 지속적으로 개발되고 있다.

2. 열차 자동제어장치

① 자동열차정지장치(ATS ; Automatic Train Stop)

위험지역에 열차 접근시 경보 울림, 그 구역에 진입 시 열차에 자동적으로 비상제동이 걸리게 하여 정지시키는 장치

② 자동열차제어장치(ATC ; Automatic Train Control)

속도를 연속적으로 감시, check 하여 속도 제한구역에서 제한속도 이상으로 운행시 자동적으로 제동이 작용하여 감속을 하여 열차속도를 제어하는 장치이다.

③ 자동열차운행장치(ATO ; Automatic Train Operation)

열차가 정거장을 출발하여 다음 정거장에 정차할 때까지 가속, 감속 및 정거장 도착시 정위치 정차하는 일을 자동적으로 수행하는 장치이다.

④ 자동 폐색 장치(ABS ; Automatic Block System)

궤도회로를 이용하여 폐색 및 신호 자동동작

⑤ 열차운행 종합제어장치(TTC ; Total Traffic Control)

종합제어실의 Main Computer에서 운행제어 및 감시를 수행하는 자동제어방식이며 이에 반해 CTC는 사령원이 수동으로 제어반에서 제어하는 수동제어 방식이다.

3. 기타 각종 제어장치

① ARC(Automatic Route Control)

자동진로제어장치

② PRC(Programmed Route Control)

프로그램 진로제어장치, 복잡한 운전선구에 대응

③ RCS(Remote Control System)

원격제어장치

④ COMTRAC(Computer – aided Traffic Control System)

대량 또는 고속의 열차를 정확히 운전하고 또한 지령업무의 능률을 향상시키기 위하여 종합지령소에 컴퓨터를 설치하고 CTC 장치와 접속하여 열차의 진로제어, 운전관리, 차량운용, 지령 전달, 여객유도안내, 정보전달, 통계관리 등을 하는 시스템

4. 결론

① 열차 안전운행은 아무리 강조해도 지나치지 않다. 보안설비로 2중, 3중의 보안시스템을 설치하여 안전운행에 만전을 기하여야 한다.

② 상기에 언급한 제어장치를 기본으로 최첨단 시스템을 도입하여 보안도를 향상시켜야 한다.

17 전차선의 구분장치

1. 개요

전차선의 구분장치는 전기적 구분장치와 기계적 구분장치로 구분된다.

① 전기적 구분장치

　㉠ 전기적 구분장치는 전차선의 급전계통상의 구분, 보수작업시간의 확보, 사고발생 시의 정전시간단축 등의 필요성에 의해 설치된다.

　㉡ 전차선에 절연물을 삽입하지 않고 평형부분을 일정한 간격으로 유지하여 공기의 절연을 이용한 Air Section, 절연재로 애자를 이용한 애자형 섹션, 세라믹 등을 이용한 수지형 섹션이 있다.

② 기계적 구분장치

　㉠ 기계적 구분장치는 전차선의 가선 특성상 전차선을 수평으로 유지시켜야 할 필요가 있으므로 연속하여 가선할 수 없기 때문에 섹션별로 가선이 불가피하다.

　㉡ 따라서 이와 같이 섹션과 섹션이 접속되는 개소에 전기적으로는 접속되고 기계적으로는 분리되는 Air Joint, T－bar 조인트/R－bar 신축장치 및 비상용섹션(Emergency Section)이 있다.

2. 전기적 구분장치

(1) 종류

구분	종류		열차통과 속도	인접구간 전원의 종류
전기적 구분 장치	에어섹션		120km/h	같은 종류 같은 상
	애자형 섹션 (Section Insulator)	현수 애자제	45km/h	같은 종류 같은 상
		장간 애자제	85km/h	
		수지제(FRP섹션)	85km/h	
	데드섹션	수지제 및 그라스파이버제	120km/h	교류 직류 구분 및 교류중 서로 다른 상

(2) 에어섹션

① 보조구분소 앞 및 BT 설치장소에 에어섹션을 설치하고 평행부분에서 합성전차선 상호 이격거리는 300mm를 원칙으로 하며 부득이한 경우는 250mm까지 단축하여 설치할 수 있다.

② 평행부분의 동일 급전계통에 속하는 전차선과 조가선 및 무가압부분의 조가선과 전차선은 균압선으로 균압하여야 한다.

③ 강체구간의 에어섹션은 R-bar 및 T-bar를 사용하여 팬터그래프가 원활히 습동하도록 전차선 상호 중심거리를 350mm로 하고 R-bar 및 T-bar의 상호 간 높이가 같게 조정하여야 한다.

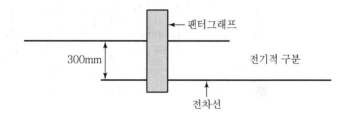

(3) 애자형 섹션

① 절연재로 애자를 이용한 현수애자, 장간애자 및 세라믹 등을 이용한 수지형 섹션이 있다.

② 현수애자재의 경우 구조가 복잡하며 중량이 무겁고 팬터그래프의 이선을 일으켜 고속에는 적합하지 않아 교류구간의 역구내 등에 사용되고 있다.

(4) 데드섹션(사구간)

① 전차선로에서 전기방식이 다른 교류와 직류가 서로 만나는 부분이나 교류방식에서 공급되는 전기가 서로 상이 다를 경우(M상, T상) 일정한 길이만큼 전기가 통하지 않도록 하는 장치를 말한다.

② 사구간 장치 설치는 열차가 동력공급이 없이 타력으로 운행이 가능하도록 평탄지, 하기울기, 직선구간에 하는 것이 이상적이다.

③ 부득이한 경우 곡선 R=800m보다 커야 하고 상기울기 5‰보다는 기울기가 완만해야 한다.

④ 사구간의 길이

- 교류/교류구간(수도권) : 22m
- 교류/교류구간(산업선) : 40m(최근 50m로 확장)
- 교류/직류구간(1, 4호선) : 66m

⑤ 교류와 직류 구분개소

- 1호선 서울역~청량리간 양쪽
- 과천선 남태령~선바위 간

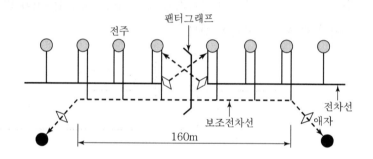

3. 기계적 구분장치

① 전차선의 길이는 장력조정, 시공방법상의 제한 등으로 보통 1,600m가 한계이다.
② 전차선의 장력조정 및 전선의 길이 등과 관련하여 기계적으로는 분리되나 전기적으로는 완전 접속되도록 설치하는 것을 기계적 구분장치라 한다.

③ 기계적 구분장치 종류

㉠ 에어 조인트(Air Joint)

- 합성전차선, 평형설비구분
- 평형부분에서 합성전차선의 상호간격은 150mm를 표준으로 하고 평형부분은 40m 이상의 경간에 설치하고, 경간이 40m 미만일 경우 2경간으로 하여야한다.
- 지지점에 있어서 전차선의 인상 높이는 300mm 이상으로 하고 접속철물 등은 팬터그래프의 통과에 지장을 주지 않도록 설치하여야 한다.

㉡ T-bar 조인트/R-bar 신축장치

- 강체전차선, 평형설비구분
- 온도변화에 의한 R-bar 및 T-bar의 수축을 원활히 하기 위하여 Bar 길이의 200~500m마다 R-bar에는 신축장치(Expansion Element)를, T-bar에는

T-bar 조인트(Expansion Joint)를 설치하여야 한다.

ⓒ 비상용 섹션(Emergency Section)

비상용 섹션은 재해 또는 사고 시에 합성전차선을 전기적으로 구분할 필요가 예상되는 곳에 설치하며, 역 간에 설치 시는 에어섹션에, 정거장 구내는 에어섹션에 준하여 설치한다.

QUESTION 18 전기철도의 사구간 설정 필요성 및 설정기준

1. 궤도회로의 사구간

① 궤도회로는 그 구간 내의 어떠한 지점에서 단락하더라도 계전기는 정확하게 무여자되는 것이 이상적이지만, 어떤 구간에서 좌우의 레일 극성이 같게 되어 열차에 의한 궤도회로의 단락이 불가능한 곳이 생기는데, 이러한 구간을 사구간이라 한다.

② 선로의 분기교차점, 크로싱 부분, 드와프거더교량 등에서 사구간이 생긴다.

③ 궤도회로의 사구간 길이는 7m를 넘지 않아야 한다.

2. 전차선로의 사구간

전차선로에서 전기방식이 다른 교류와 직류가 서로 만나는 부분이나 교류방식에서 공급되는 전기가 서로 상이할 경우, 일정한 길이만큼 전기가 통하지 않도록 하는 구간을 말한다.

① 교류와 직류 사구간

  ㉠ 직류(AC 1500V)와 교류(DV 25000V) 사이를 구분하기 위하여 설치

  ㉡ 1호선과 국철 접속구간 서울~남영, 청량리~회기 및 4호선과 과천선 접속구간 남태령~선바위 간

② 교류와 교류 사구간

  ㉠ 교류에서 서로 상이한 전기를 구분하기 위하여 설치

  ㉡ 수도권, 산업선의 각 변전소 앞에 설치

3. 사구간의 설정기준

① 열차가 사구간 통과 시 동력이 없는 상태의 타력으로 운행 가능하여야 한다.

② 가능한 평탄지, 하기울기, 직선구간에 두는 것이 이상적이다.

  ㉠ 곡선반경 800m 이상

  ㉡ 상기울기 5% 이하

  ㉢ 직선구간 500m 이상

  ㉣ 열차속도 40km/h 이상

QUESTION 19 전식에 대해 논하고 방지대책을 설명하시오.

1. 개요

① 전차에 공급되는 전류 중 일부는 레일을 통하여 변전소로 되돌아가는데, 레일이 대지와 완전히 절연되어 있지 않아 전류의 일부가 땅속으로 누설되어, 땅속에 묻혀 있는 금속 매설물에 전류가 통하고 전기분해가 일어나게 되어 매설물 및 레일을 부식시키는 현상을 말한다.

② 교류의 급전방식에서는 일어나지 않으며, 직류급전방식에서 발생한다.

③ 일반적으로 1일 평균 누설전류량이 +5V를 초과하면 전식 문제가 발생한다.

2. 발생개소

① 레일로부터 전류가 유출되는 개소

② 레일의 대지전압이 높고, 레일의 접지저항이 낮은 개소

③ 변전소에서 먼 구간

④ 다습한 장대레일 구간

3. 특징

① 부식량은 흐르는 누설전류량에 비례한다.

② 국부적으로 발생

    ㉠ 레일 저부 침목 또는 타이플레이트와 닿는 부분

    ㉡ 스파이크와 닿는 부분

    ㉢ 탄성체결 개소에서 타이패드가 빠진 부분 등

③ 전식 생성물이 발생한다.

4. 전식 방지대책

(1) 레일의 대지전압을 저하하는 방법

① 변전소 간 거리를 가능한 가깝게 한다.
  - 변전소에 가까우면 레일의 대지전압은 거리의 2승에 비례적으로 저하한다.
  - 특히, 변전소 부근의 대지전압은 (−)로 되어 변전소 부근에서는 전식이 발생되지 않는다.

② 60kg 레일 사용

50kg 레일보다 약 20%의 전기저항을 낮출 수 있다.

③ STEDEF형 궤도 구조채택

궤도에서 발생한 누설전류가 구조물을 통과하지 못하게 함으로써 전식을 방지한다.

(2) 누전저항을 크게 하는 방법

① 누전저항을 지배하는 요소 : 침목, 도상, 터널 내 오염, 누수상태 등
② 누수를 방지하고 배수를 원활히 하면 전식 방지에 유리
③ 도상을 물로 청소하면 전식 방지에 효과

(3) 절연재 사용방법

레일과 침목 사이에 절연물을 삽입하여 전식을 방지한다.

(4) 강제 배류기 설치방법

도상 내에 고철레일을 매설하고 본선 레일 사이에 전원을 넣어 매설레일을 (+)로, 본 레일을 (−)로 하여 전류를 흐르게 함으로써 본선레일의 전식을 방지한다.

(5) 누설전류 차단방법

레일 하단부에 접지망을 구성하여 누설전류를 포집, 변전소의 부모선에 누설전기를 배류시킴으로서 보호대상 지하시설물에 누설전류의 도달을 방지한다.

(6) 지하금속체 보호방법

지하금속체 표면에 불연성 코팅 또는 보호막설치로 전식을 방지한다.

5. 결론

① 선로의 누설전류는 궤도의 체결상태, 열차운행상태, 주위환경, 지질조건, 배수상태
  등에 따라 변화하므로 누설전류를 정확하게 파악하기는 곤란하다.

② 따라서 운행 중인 선구에서 전식 방지장치를 설치하는 데는 한계가 있으므로 전철 건
  설 시 충분한 전식 방지시설을 하는 것이 가장 중요하다.

QUESTION 20 열차자동제어의 목적

1. 개요

① 열차자동제어장치는 열차의 안전운행 확보를 위하여 자동으로 제어되는 장치이다.

② 기관사의 신호 무시나 오인, 오취급의 경우에는 중대한 사고를 일으킬 수 있는 위험성이 있어 위험구역에서는 자동적으로 기관사에게 경보를 주거나 열차의 제동을 걸어 감속 또는 정지함으로써 안전을 확보하고 있다.

2. 열차자동제어의 목적

① 안전운전도 향상

지금까지 열차운전사는 선로상태, 신호현시, 운전시간 등을 끊임없이 주시하면서 스스로 판단하여 안전하고 정확한 운전조작을 하여왔으나, 자동제어를 병용하거나 자동제어로 바꿈으로써 운전사의 오인, 오판단, 오조작을 없애고, 운전사의 잘못으로 일어나는 무서운 사고를 방지하여 운전 안전도를 향상시키고 있다.

② 정시간 운전확보

운전 프로그램을 열차 주행 중에 자동적으로 연속 조사하여 운전의 정확도를 향상시킨다.

③ 열차속도의 향상

속도 제어의 자동화로써 신호 현시의 변화에 신속히 대응할 수 있고 타행, 제동 개시점 등을 안전한도 값에 가깝게 할 수 있으므로 열차속도의 향상을 가능하게 하여 열차 운용효율을 향상시킨다.

④ 선로용량의 증가

자동제어에 의하여 운전 보안도 및 정확도가 향상되므로 열차 간격의 안전한도를 단축하여 열차 밀도를 증가시킨다. 즉, 선로용량의 증가를 가능하게 한다.

⑤ 경제적 운전의 가능

열차운행 중에 선로조건, 가선전압, 하중 등의 변화에 따라 적정한 운전 조작을 자동적으로 선택하므로 경제적인 운전이 가능하다.

⑥ 운전 조작의 단순화

자동제어에 의하여 운전이 안전하고 정확하게 되므로 운전조작이 단순화되어 운전사의 부담을 경감시킨다.

QUESTION 21 열차운전제어방식

1. 개요

① 열차의 밀도가 높아짐에 따라 중대사고가 발생할 우려가 커지고 있다. 따라서 이를 방지 하기 위해 지상과 차상 간을 일관시킨 제어루프와 열차의 자동제어가 필요하게 되었다.

② 현재 시행되고 있는 자동제어 시스템의 종류

    ㉠ 열차간격제어 시스템

    ㉡ 운전제어 시스템

    ㉢ 운행관리 시스템

③ 열차간격제어 시스템의 Process

    ㉠ 선행열차의 위치, 속도 등의 정보검지

    ㉡ 후속열차에 선행열차의 정보전달

    ㉢ 후속열차는 전달받은 정보와 자기의 정보를 비교하여 제어한다.

2. 열차 집중제어장치(CTC ; Centraliged Traffic Control)

(1) 정의

① CTC란 한 지점에서 광범위한 구간의 많은 신호설비(신호기나 전철기)를 원격제어 하여 운전 중인 각 열차의 운전취급을 열차무선 등으로 직접 지령하는 시스템이다.

② 각 역에 산재해 있는 신호기 및 전철기, 그 밖의 신호설비를 한 사령실(CTC)에서 지령자가 직접 원격제어하면서 신호기의 현시 여부, 전철기의 개통방향, 열차의 진행상태, 열차의 점유위치 등 표시반을 통하여 일괄 감시한다.

③ 열차의 운행변동규정 이외의 운전처리에 즉시 대처하여 열차 지령을 할 수 있는 근대화된 신호방식이다.

(2) CTC의 효과

① CTC의 광범위한 구역에 산재해 있는 신호보안장치를 한곳에서 통제할 수 있어 사 고의 방지와 선로용량을 효과적으로 이용할 수 있다.

② 운영비, 인건비 등의 경비를 절감할 수 있다.

③ 평균속도를 향상시킬 수 있다.

④ 보안도의 향상이 가능하다.

⑤ 선로용량 증대가 가능하다.

3. 열차 자동제어장치(ATS, ATC, ATO, ATS, ATP)

(1) 자동열차정지장치(ATS ; Automatic Train Stop)

① 열차가 정지신호를 현시하는 신호기에 접근하면 운전사에 경보를 전달함과 동시에 일정시간(약 5초)이 경과하여도 기관사의 확인동작이 행해지지 않는 경우에는 비상제동이 작동하여 그 신호기 앞에서 정지시키는 장치

② 기관사가 속도를 초과 운전하였을 때, 차량에 경보신호를 표시하는 동시에 필요에 따라서는 자동적으로 열차를 정지시키는 장치를 말한다.

(2) 자동열차제어장치(ATC ; Automatic Train Control)

① 지상(레일)에서 열차의 운전조건을 차상(동력차)으로 전송하여 기관사가 차상 신호로 운전할 수 있도록 하는 장치로서 기관사가 제한속도를 초과하여 운전할 경우 자동적으로 지정속도 이하로 운전하도록 제어한다. 즉, 자동열차제어(ATC) System은 열차 움직임을 제어하고 열차안전성을 강화하며 열차를 직접 운행한다.

② 신호전류를 레일의 궤도회로에 흐르게 하면 열차는 이 신호전류를 받아 차내 신호로 운전실에 표시된다. 이 신호와 열차속도를 비교하여 상기와 같은 제동, 완화동작을 자동적으로 행한다.

③ 자동열차보호(ATP), 자동열차운행(ATO), 자동열차감시(ATS)의 3가지 하위 시스템 기능의 확장을 용이하게 하기 위한 충분한 융통성을 갖도록 설계되어 있다.

(3) 자동열차운전(운행)장치(ATO ; Automatic Train Operation)

① ATC의 제어범위를 더욱 확대하여 열차의 시동이나 가속을 자동화한 운전방식이며, 자동운전기능을 부가한 것으로 ATO는 항상 ATP 시스템에 종속되는 시스템이다.

② 주요 기능

ㄱ 지정속도 운전제어

ㄴ 정위치 정지제어

ⓒ 역사 대기시간 조절

ⓔ 정시운전 프로그램방식 제어

ⓜ 각 역사 플랫폼의 안내 표시판의 작동

ⓗ 열차 내에서의 안내방송

ⓢ 출입구 개폐를 사전에 알리는 신호

③ 제어방식(Computer의 위치에 따라)

ⓖ 지상 프로그램 방식

ⓛ 차상 프로그램 방식

ⓒ 중앙제어방식(일반적으로 많이 사용)

(4) 자동열차감시장치(ATS ; Automatic Train Supervision)

① ATC의 하위 시스템의 하나인 ATS는 운전 계획된 운행방식을 유지하기 위하여 열차운행 지시를 적절히 제어하며 전체시스템의 상황을 감시하는 기능을 한다.

② 모든 열차의 배차, 노선 지정 및 동일 상황 확인, 지시기능을 한다.

③ 분기기의 작동, 노선의 종점에서 회차 등 모든 열차의 순차적 운행 안내

(5) 자동열차보호장치(방호)(ATP ; Automatic Train Protection)

① 열차의 안전 운행을 도와주는 설비로 열차가 안전거리를 유지하고 알맞은 속도에 도달하도록 열차를 제어한다.

② 둘 또는 그 이상의 열차가 궤도 진입을 요구했을 때 이 시스템은 한 번에 하나의 열차를 차례대로 궤도에 진입하도록 허락하고 다른 열차에 대해서는 운행을 허락하지 않는다.

③ 그 밖에 열차검지 및 자동속도 명령 등 세부기능을 가지고 있다.

4. 신철도 제어장치(ARC, PRC, RC, TTC, COMTRAC)

(1) 자동진로설정(제어)장치(ARC ; Automatic Route Control)

① 열차가 제어구간에 진입하면 신호기, 전철기 등이 자동적으로 제어하는 장치이다.

② 연동장치에 추가로 부설하여 사용한다.

(2) 프로그램 진로 제어장치(PRC ; Program Route Control)

① 자동진로 제어장치의 일종으로 Computer에 미리 정해 놓은 Dia를 따라 각 열차에 각 역의 진출입 진로, 착발시각, 대피유무 등 필요한 조건을 Programing 하고 이것과 CTC 중앙장치를 연결하여 열차의 진로를 소정의 패턴에 따라 자동적으로 설정하는 장치이다.

② 이 System은 ARC와는 달리 복잡한 운전조건의 선구에서도 대응이 가능하다.

(3) 원격 제어장치(RC ; Remote Control System)

인접 정차장의 신호기 및 전철기 등을 원격 제어하는 System이다.

(4) 열차운행 종합제어장치(TTC ; Total Traffic Control System)

① 열차운행 상태를 원활히 유지하기 위하여 역을 통하지 않고 열차의 운행상태를 직접 파악하여 정확한 정보의 입수와 지령을 전달하고, 신호기 전철기 등을 중앙으로부터 제어한다.

② 중앙제어실에서 열차 착발시각의 기록, 출발지령신호, 행선안내표시, 안내방송 등의 자동화를 실행한다.

(5) COMTRAC(Computer − aided Traffic Control System)

① 종래에 주로 인력에만 의존하던 CTC 사령업무를 컴퓨터를 이용하여 열차의 종합 운전관리를 하는 System을 말한다.

② 기능
- 중앙연산장치
- 운전실시계획의 작성기능
- 차량배차기능
- 지령의 전달
- 열차진로 제어기능
- 정보전달 및 수집역할
- 통계자료 작성 및 Data 처리기능

(6) 역무 자동화 설비(AFC ; Automatic Fare Collection System)

① 승객에게 요금을 징수하고 이를 정산하여 통제하는 일들을 자동화기기를 사용하여 처리하는 설비이다.

② 역무 자동화 설비는 이용승객의 편이와 효율적인 운임징수 측면에서 검토되어야 하며 기본방향은 승객의 편이 도모, 역무설비의 자동화 구현, 장래의 확장에 대비한 System 등이다.

③ 설비의 구성 및 기능
- 자동 발매기
- 자동 발권기
- 자동 폐. 집표기
- 자동 정산기
- 전산 시스템

QUESTION 22 무선통신을 이용한 차세대 열차제어 시스템

1. 개요

① 지금까지는 열차의 위치를 검지하기 위한 궤도회로, 역에서의 안전한 열차진로 구성을 위한 계전연동장치와 같은 안전대책을 통하여 일정 수준의 안전과 수송효율을 확보해왔으나, 보다 나은 안전성과 새로운 서비스의 제공을 위한 차세대 철도제어 시스템이 세계 각국에서 개발 중에 있다.

② 우리나라에서도 '지능형 열차제어시스템'이라는 이름으로 CBTC-RF(Communication Based Transit Control-RF) 방식의 이동폐색(MBS) 설비를 분당선에 시범 설치하여 현재 종합시험단계로서 실용화 단계에 이르렀으며 해외에서도 상용화 또는 건설 중에 있다.

2. 세계 각국의 새로운 열차제어 시스템

(1) 일본의 CARAT 및 ATACS

① 일본 철도에서는 열차제어 분야에 있어서 디지털무선을 기반으로 이용하여 죠에츠 신간선에서 CARAT(Computer And Radio Aided Train Control System)를 개발하였다.

② JR 동일본에서도 지금까지의 지상설비가 주체를 이루던 제어방식을 대신하여, 안전하고 간단한 철도제어시스템 ATACS(Advanced Train Administration and Communications System)의 개발을 진행하고 있다. ATACS는 지상제어장치가 자율분산 시스템으로서 기능과, 지상 네트워크로 결합되어 있으며 차상장치도 지상과는 별개의 네트워크로서 구성되어 있다. 또한 지상·차상 간에도 무선전송로에 의해 유기적으로 결합되어 있다.

(2) 유럽

① ERTMS(European Rail Traffic Management System)
② ETCS(European Train Control System)

(3) 미국

① CBS(Communications Based Signaling) : 뉴욕 지하철

② AATC(Advanced Automatic Train Control) : 샌프란시스코 연안 고속통근철도

3. 정보기술을 토대로 한 열차제어

철도신호 시스템의 개선방향은 검지, 전달, 제어라는 세 가지 관점이 중요하다.

① 열차위치검지기술

열차 등의 위치를 검지

② 정보전송기술

그 위치를 상대방(다른 열차나 역의 진로구성장치 및 유지보수 관계자 등)에게 전달 및 수신

③ 제어기술

수신한 위치에 준하여 제어(속도제어, 진로제어, 철길건널목 경보제어 등)

4. CARAT, ATACS의 사양과 요소기술

① 두 시스템 모두 차상에 있어서의 위치검지와 보안제어 및 지상에서의 열차추적과 연동제어, 그리고 그 사이를 연결하는 디지털무선이라는 구도를 취하고 있다.

② 차상의 보안제어용 계산기는 각각 페일세이프 컴퓨터시스템이 이용되고 있으며, CARAT는 전자연동장치나 PRIME으로 실적을 쌓는 데에 반하여, ATACS는 전자연동장치나 디지털 ATC 등으로 실적을 쌓고 있다.

5. 결론

① ATACS는 2001년 2월 실시된 도오호쿠 지구의 센세키선에서 주행시험을 통하여 무선을 이용한 차상주체의 열차제어기능에 대해서 실증되었으며, 그 후 지상과 차상설비의 개발 및 탑재공사 등을 실시하고 2003년 10월부터 신설선에서 약 18개월에 걸쳐 프로토타입 시험을 실시하여 양호한 결과를 얻은 것으로 알려졌다.

② 무선을 기반으로 하는 새로운 열차제어 시스템의 실용화가 일본에서 진행되고 있는 것처럼, 우리나라의 경우도 한국철도기술연구원에서 수행 중인 '도시철도 신호시스템 표준화' 연구와 분당선의 '지능형열차제어시스템 시범설비 구축' 사업, 모두가 무선을 기반으로 하는 새로운 열차제어 시스템을 대상으로 한 것이다.

③ 우리나라를 포함한 여러 나라에서 이미 실용화 단계에 있는 무선통신을 이용한 새로운 열차제어 시스템의 연구·개발에 많은 투자와 지대한 관심으로 철도 선진화를 이룩하여야 할 것이다.

QUESTION 23

무선통신을 이용한 열차제어 시스템의 특징 및 개발현황에 대해 설명하시오.

1. 서론

① 현재는 궤도회로, 연동기 및 CTC 등으로 철도안전과 효율적인 수송의 일익을 담당하고 있다. 최근에 무선을 이용한 정보통신기술을 활용하여 새로운 철도를 개발하기 위한 사업을 국내·외에서 추진하고 있어 철도의 경쟁력이 한층 강화될 것으로 예상된다.

② 궤도회로를 이용한 열차제어의 경우 열차속도 향상과 운행시격 단축을 위하여 폐색구간을 줄이면 가능하지만 이는 지상신호설비 증가로 신뢰성 저하 및 유지보수비용 증가 등의 문제점이 있다.

③ 따라서 무선통신기술을 철도에 적용하는 것은 열차의 속도 향상 및 운행시격 단축의 문제점을 해결하고 열차의 안전운전을 확보하는 효율적인 방식이다.

2. 무선통신을 이용한 열차제어의 특징

(1) 열차제어

열차제어는 다음의 3가지 요소로 구성된다.

① 검지 : 열차검지

② 전달 : 열차위치의 송·수신

③ 제어 : 수신한 열차위치정보에 근거하여 제어

┃ 현 시스템과 무선방식 시스템의 비교 ┃

구분	현 시스템	무선통신기반 시스템
위치검지	궤도회로	지상방식/차상방식
위치정보 전달	신호기/표시	무선통신(디지털)
제어(속도, 진로, 건널목)	케이블/계전로직 소프트웨어	소프트웨어
현 시스템의 개선과제	• 지상설비 유지관리 • 보수작업 등 안전성 향상 • 건널목 경보의 적정 시간 확보 • 속도향상, 시격단축, 경량화 • 비상시 열차제어	

(2) 무선통신기반 신호제어 시스템의 효과

① 비용절감

무선통신방식 신호제어 시스템은 지상에 많은 설비를 설치하지 않으므로, 운영에 따른 저비용 시스템을 실현하는 것이 가능하다.

② 안전성 향상

무선방식을 철도에 적용하는 경우 신호제어 시스템은 물론 선로보수작업을 위한 보수관리 시스템 등에서 비상시 열차제어를 위한 정보전달성능이 향상되므로 철도시스템 전반에 걸쳐 안정성을 향상시킬 수 있다.

③ 수송효율 향상

무선통신방식을 철도에 적용하는 경우 열차 각각의 성능을 고려한 열차제어가 가능하고, 이용폐색구현도 가능하기 때문에 수송효율 향상을 도모할 수 있다.

3. 무선통신을 이용한 신호제어 시스템 개발현황

철도무선을 이용한 신호제어 시스템은 유럽의 ETCS(European Train Control System), 미국의 CBTC(Communication Baseed Transit Control System) 및 일본의 CARAT(Computer And Radio Aided Train Control System) 등이 대표적이며, 국내의 경우 도시철도 신호개발 및 경량전철 시스템 도입 등을 목적으로 CBTC를 도입하기 위한 연구 · 개발사업을 수행하고 있다.

(1) ETCS

기본적으로 현존하는 유럽 각국의 신호 시스템의 통합, 신호 시스템 관련 기술 사양의 표준화에 의한 단일 시장화, 열차운행 안정성, 그리고 에너지 효율성에 중점을 두고 개발

(2) CBTC

ETCS와 달리 도시철도(중량전철, 경량전철)를 대상으로 하는 것이 차이점이며, 현재 운영하고 있는 신호시스템에 전혀 영향을 주지 않기 때문에 지하철 운행을 중단하지 않고 시스템을 설치할 수 있는 장점이 있다.

① 시스템의 특징

㉠ 궤도회로와 상관없이 높은 정밀도로 열차위치 결정

㉡ 연속적이며, 양방향성 차상−지상 간 무선데이터통신

② 시스템의 구성
ⓗ ATO나 ATS 기능뿐만 아니라 ATP 기능 제공
ⓛ 다른 노선과 연계 시 단지 열차제어시스템만을 갖추거나, 또는 다른 신호제어 시스템과 연계하여 사용 가능

(3) CARAT

① 정의
ⓗ 일본의 철도종합연구소가 1987년부터 개발하기 시작한 운전제어 시스템으로 궤도회로 등 선로변 장치를 이용하지 않고 차상−지상 간의 디지털 무선에 의해 데이터를 전송하고 열차를 제어하는 이동폐색열차제어 시스템이다.
ⓛ 지상에서 수행하는 기능은 차상에서 검출하여 전송한 위치와 속도정보를 근거로 하는 폐색제어, 선로전환기제어 및 경보제어 등이다. 시스템은 차상 시스템, 역 · 거점 시스템 및 운행제어센터 등으로 구성되어 있다.

② CARAT의 주요 제어사항
ⓗ 열차위치 검지
ⓛ 열차추적제어
ⓒ 선로전환기제어
ⓔ 주행제어
ⓜ 건널목 경보제어
ⓗ 지상과 차상 간의 통신제어

4. 결론

① 각국은 철도의 문제점을 해결하기 위해서 정보통신기술을 이용하여 새로운 신호제어 시스템을 개발하고 있다.
② 또한 우리나라도 도시철도표준화 및 MBS 사업 수행에 따라 국내에도 무선통신을 이용한 신호제어 시스템을 도입하여 사용 중이다.
③ 향후 국내의 연구개발결과와 해외 선진국의 개발내용을 면밀히 검토하여 국내 상황에 적합한 신호제어 시스템 사양을 개발하는 것이 요구된다.

QUESTION 24 CBTC(Communication Based Train Control)

1. 개요

① CBTC(Communication Based Transit Control)란 ATC보다 진일보된 통신기반 열
차제어 시스템으로 열차위치 추적, 열차 사이 안전거리 확보, 열차속도 제어, 열차진
행방향 제어, 열차출발 제어 등의 기능을 수행한다.

② 현재는 2홈 3선은 되어야 2분 회차가 가능하지만, CBTC를 이용할 경우 단말역에서
자동회차로 102초 간격에 회차 실현이 가능하다.

③ 대피선 없이 반대편 선로를 이용한 추월 등 다양한 응용이 가능하다.

2. 기존 신호 시스템의 문제점

① 궤도회로 방식에 의한 열차위치 검출

② 고정폐색에 의한 에너지효율 저하

③ 최소시격 2.5분으로 선로 용량 한계

④ 복잡한 선로변 설비

⑤ 건설 및 운영 유지비용 과다

3. 세계 각국의 새로운 열차제어 시스템

(1) 미국

① CBS(Communications Based Signaling) : 뉴욕 지하철

② CBTC(Communications Based Train Control)

③ AATC(Advanced Automatic Train Control) : 샌프란시스코 연안 고속통근철도

(2) 유럽

① ERTMS(European Rail Traffic Management System)

② ETCS(European Train Control System)

(3) 일본의 CARAT 및 ATACS

① CARAT(Computer And Radio Aided Train Control System)

디지털무선을 기반으로 일본 신간선에서 개발되었다.

② ATACS(Advanced Train Administration and Communications System)

지상 · 차상 간 무선전송로에 의해 유기적으로 결합되어 있는 방식으로 JR 동일
본에서 연구 · 개발사업을 수행하고 있다.

4. CBTC의 기능 및 구성

① 무선통신방식
② 위치 검출
③ 이동폐색
④ 지상 시스템 및 차상 시스템

5. CBTC의 장점

① 궤도회로 불필요
② 이동폐색에 의한 정밀한 열차위치 결정(정밀도 ±4.5m)
③ 최소시격 1.0분으로 선로 용량 증대
④ 에너지효율 증대
⑤ 선로변의 설비가 필요 없어 건설 및 운영 유지비용 절감
⑥ 기존 시스템 운행 중 시스템 교체 가능

6. 설치현황

① 운영 중인 선구

샌프란시스코 지하철, 뉴욕 지하철, 디트로이트, 밴쿠버 스카이 철도, 토론토~스카
보로스 쾌속열차, 런던 경전철, 파리 지하철에서 운영 중이다.

② 우리나라 분당선 수서~오리 구간에 적용하여 운영 중에 있다.

7. 기대효과

① 건설 및 운영유지비 절감(약 35%)
② 선로용량 증가
③ 운행속도 증가로 여행시간 단축

8. 결론

① 각국은 철도의 문제점을 해결하기 위해서 정보통신기술을 이용하여 새로운 신호제어
시스템을 개발하고 있다.
② 우리나라도 도시철도표준화 및 MBS 사업의 수행에 따라 국내에도 무선통신을 이용
한 신호제어시스템의 도입이 예상된다.
③ 국내의 연구개발결과와 해외 선진국의 개발내용을 면밀히 검토하여 국내 상황에 적합
한 신호제어 시스템 사양을 정의하는 것이 요구된다.

QUESTION 25

교류 AT, BT의 송전계통에 대하여 설명하시오.

1. 개요

① 교류 전차선 방식은 대용량 중 장거리 수송에 유리하며 에너지 이용률이 높고 사고발 생 시 선택차단이 용이한 특성이 있으나, 통신선에 대한 유도장애가 발생하므로 이에 대한 대책으로 AT, BT 방식이 사용된다.

② 통신장해를 해결하는 방법으로 전차선에 전기가 통하지 않는 절연구간을 두고 그곳에 부스터라는 장치를 넣어 레일에 흐르는 전류를 끌어올리는 방법으로 레일로부터 대지 에 누설되는 전류의 량을 감소시키는 방법을 사용하는데 이를 BT 급전방식이라 한다.

③ BT 급전방식의 경우 절연구간을 팬터그래프가 통과할 때 팬터그래프가 일시적으로 전차 선에서 떨어지는 이선현상에 의하여 엄청난 아크가 발생하고 팬터그래프와 전차선을 손 상시킬 우려가 있다. 이 때문에 절연구간이 필요 없고 보수도 할 필요 없는 신기술 AT방 식이 개발되었다. 이 AT 방식은 국제적으로 크게 인정받아 프랑스, 러시아, 아르헨티나, 중국 등 교류전철구간을 가지고 있는 세계 여러 나라에서 채택하여 사용하고 있다.

2. BT 급전방식의 특징(Booster Trance, 흡상변압기)

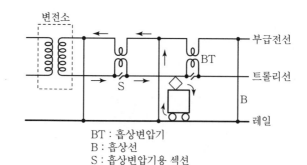

BT : 흡상변압기
B : 흡상선
S : 흡상변압기용 섹션

‖ 흡상변압기 급전방식 ‖

① 약 4km마다 BT를 설치하여 레일에 흐르는 귀선전류를 부급전선에 흡상시켜 전차선을 통하는 전류와 반대방향의 전류를 강제로 부급전선으로 흐르도록 회로를 구성한다.

② 전차선 전류에 의한 유도장해를 감소시키는 급전방식으로 우리나라의 산업선전철에 서 이러한 BT 급전방식이 채택되고 있다.

③ 부하가 대용량이고 속도가 고속화되면 이선현상에 의한 아크가 발생하므로 운전상 또는 보수작업상 문제가 될 수 있다.

3. AT 급전방식의 특징(Auto-transformer, 단권변압기)

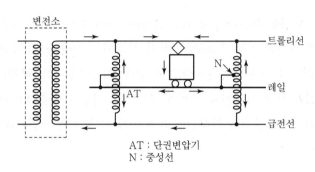

AT : 단권변압기
N : 중성선

‖ 단권변압기 급전방식 ‖

① AT 급전방식은 변전소에서 선로를 따라 급전선을 가설하고 급전선과 전차선 사이에 약 10km 간격으로 AT를 병렬로 접속하는 방식으로 우리나라의 수도권 전철에 이 급전방식이 채택되고 있다.
② 이 방식은 대용량 열차부하에서도 전압변동, 전압 불평형이 적어 안정된 전력공급이 가능하여 고속전철에도 이 방식을 채택하고 있다.
③ 레일에 흐르는 전류는 차량을 중심으로 각각 반대방향으로 흐르기 때문에 근접 통신선에 대한 유도장해가 적다.

4. BT-AT 급전방식의 비교

구분	BT 급전방식	AT 급전방식
급전전압	교류 25kV	교류 50kV 전기차 급전전압 25kV
급전거리	변전소 간격 30km 수전점 간 거리 조정이 어렵다.	변전소 간격 40~100km 수전점 간 거리 조정이 쉽다.
전차선로	간단하다. 건설비 저렴	복잡하다. 건설비 고가
통신유도	통신선의 유도장해 감소	BT보다 감소
회로해석	회로가 단순하고 계산이 쉽다.	회로복잡하고 계산이 어렵다.
회로보호	보호가 어렵다.	보호가 용이하다.

발전제동과 회생제동

1. 개요

① 직류전동기의 경우 차량이 달리고 있을 때는 차단기가 ON 상태로 되어 전동기의 고정
자와 회전자 사이에 전류가 흘러 열차가 진행되고, 반면 브레이크를 잡으면 차단기가
OFF되어 회전자가 반대로 접속되므로 전동기는 발전기의 역할을 한다.

② 이때 발전된 전기를 저항기를 통해 열에너지로 외부로 방출해버리는 것을 발전제동이
라 하고, 만들어진 전기를 전차선으로 보내 인근에 운행 중인 차량에 사용하는 방식을
회생제동이라 한다.

2. 발전제동과 회생제동의 채택 여부

① 회생제동의 경우 전동기에서 발전된 전기를 전차선 전기와 성질이 같게 만들어야 하
기 때문에 장치가 복잡해진다. 따라서 제동방식을 선정할 경우 에너지 절약량과 시설
비, 보수비 등을 종합적으로 검토하여 정하여야 한다.

② 회생제동을 채택하는 곳은 전동차 운행구간처럼 열차가 금방 뒤따라오는 경우에 가장
효과적이라 할 수 있고 고속철도처럼 열차 간의 간격이 긴 경우는 회생제동의 효과가
많이 떨어진다.

③ 고속철도에서는 전기가 끊긴 절연구간이 있거나 전차선전압이 전동기에서 만들어진
전기의 전압보다 높다든지 또는 인근에 운행 중인 차량이 없는 경우와 같이 회생된 전
기를 보낼 수 없을 때는 자동적으로 발전제동으로 변환하는 구조로 되어 있다.

QUESTION 27

열차제동방식의 종류와 제동력 및 제동거리에 대하여 설명하시오.

1. 개요

① 열차제동이란 운행하는 열차를 정지시키는 것을 말하며, 제동방식으로는 공기제동, 발전제동, 회생제동 방식이 주로 사용된다.

② 제동의 종류로는 상용제동과 비상제동이 있다.

2. 제동방식

(1) 공기제동

제동변을 제동위치에 놓으면 압축공기가 제동통에 유입되어 압축공기의 힘으로 차륜 또는 차축에 부착되어 있는 브레이크슈를 압박하여 열차의 속도를 저하시키는 마찰제동방식이다.

(2) 발전제동

전동차의 견인전동기에 공급되는 전원의 방향을 반대로 하여 발전기로 동작시키면 잔류 자기에 의해 전압이 발생하고 회전모터에 저항력이 발생하며 그 힘이 차륜에 전달되어 제동력이 발생된다.

(3) 회생제동

원리는 발전제동과 동일하나 발전된 전력을 전차선으로 보내어 활용하는 것이 다르다. 에너지 절약 및 터널 내 축열을 하지 않아 이상적인 방법이나 전력 발생 시 잡음파 발생 등이 신호설비에 영향을 준다.

3. 제동의 종류

(1) 상용제동

① 열차가 일반적으로 정지할 때 사용하는 제동이다.

② 전동차의 경우 감속도 $\beta = 3 \sim 3.5 \text{km/h/sec}$ 정도

(2) 비상제동

① 긴급 시 또는 비상시 사용하는 제동이다.

② 전동차의 경우 감속도 $\beta = 4 \sim 4.5km/h/sec$ 정도

4. 제동거리

① 주행하는 열차에 제동을 체결하기 시작하여 운동에너지를 열에너지로 변환하고 정지하기까지의 거리를 말한다.

② 제동거리는 제동가속도의 제곱에 반비례하고, 열차의 중량에 비례한다.

QUESTION 28

열차저항에 대하여 상세히 설명하시오.

1. 개요

① 열차가 견인력을 발휘하여 객화차를 견인하는 경우 항상 그 진행방향과 반대방향으로 진행을 방해하는 힘이 작용하는데 이 힘을 열차저항(Train Resistance)이라 한다.

② 열차저항 중 출발저항, 주행저항, 곡선저항, 터널저항은 모두 손실로 작용하지만, 기울기저항과 가속도저항은 모두 손실로 작용되는 것은 아니다.

③ 열차저항에 관계되는 인자들은 매우 복잡하고 복합적으로 작용하나 크게 보아 선로상태에 의한 열차저항(기울기 크기, 곡선반경의 대소, 궤조의 형상, 도상두께 등)과 차량상태에 의한 열차저항(차량구조, 보수상태, 윤활유 종류, 기후상태 등)으로 구분한다.

2. 열차저항의 요인

(1) 노선상태

① 기울기의 완급
② 곡선반경의 대소
③ 침목의 배치수
④ 도상의 두께
⑤ 보수형태의 양부

(2) 차량상태

① 차량의 구조
② 보수상태
③ 윤활유의 종류
④ 기온에 따른 감마유의 점도 변화

(3) 종류

① 출발저항
② 주행저항
③ 기울기저항
④ 곡선저항
⑤ 가속도저항
⑥ 터널저항
⑦ 분기기저항
⑧ 공기저항

3. 출발저항(Starting Resistance)

① 정지상태의 열차를 운전시 차량의 차축과 축수, 치차 등에 유막파손
② 금속과 금속이 직접 접촉하여 마찰저항 발생
③ 출발 후 유막 형성으로 마찰력 급격 감소
④ 열차가 평탄하고 직선인 선로를 출발하는 데 발생하는 저항(3km/h 시 최소)
⑤ 초기 속도가 클수록 출발저항도 큼
⑥ 기관차 : 10kg/ton, 객화차 : 8kg/ton

4. 주행저항(Running Resistance or Railing Resistance)

① 열차가 주행할 때 그 진행방향과 반대로 작용하는 모든 저항을 총칭하여 말한다. 주행 저항은 객차가 화차보다 크고, 공차가 영차보다 크며, 편성량 수가 적을수록 크다.
② 주행저항은 화차의 종류, 선로상태와 기상조건 등에 의하여 일정치 않으며 실험에 의한 산출식은 다음과 같다.

$$R_r = a + bv + cv^2$$

여기서, R_r : 주행저항(kg/m)

v : 열차속도(km/h)

a, b, c : 상수(최소자승법)

5. 기울기저항

기울기 구간을 주행 시 중력에 의해 발생하며 ton당 i(kg)로 표시한다.

$$R_g = \pm i (\text{kg/ton})$$

여기서, R_g : 기울기(i)

\+ : 상향 기울기

\- : 하향 기울기

6. 곡선저항(Curve Resistance)

차량이 곡선구간을 주행 시 차륜과 레일 사이의 마찰이나 대차의 회전으로 차량의 주행을 방해하는 힘으로, 곡선반경이 작을수록 저항치는 커진다. 곡선저항은 다음 식으로 산출할 수 있다.

$$Rc = \frac{K}{R}$$

여기서, R_c : 곡선저항(kg/m)

R : 곡선반경(m)

K : 상수(700)

7. 가속도저항

① 저항과 견인력이 일치하면 등속도운동이 되며 여기서 가속하려면 여분의 견인력이 필요하게 되는데 이를 가속도저항이라 한다.

② 즉, 열차를 가속시키기 위한 여분의 견인력을 가속도저항이라 한다.

③ 동력주견인력＝주행저항＋기울기저항＋곡선저항＋가속도저항이므로
가속도저항＝동력주견인력－(주행저항＋기울기저항＋곡선저항)이다.

$$R_a = \frac{1,000}{g} \alpha (1 + \rho)$$

여기서, R_a : 가속도저항(kg/m)

g : 중력가속도(9.8m/sce²)

α : 열차의 가속도(m/sec²)

ρ : 보정계수

8. 터널저항

터널 내 기압변동에 의하여 공기저항이 크게 되는데 이것을 터널저항이라 하며, 이것은 터널의 단면형상, 크기, 길이, 열차속도 등에 따라 다르다.

$R_t = \gamma_t \times \omega$(단선 : 2kg/ton, 복선 : 1kg/ton)

9. 분기기저항(Point Resistance)

분기기저항은 분기기의 부대곡선에 기인하는 저항과 분기기의 구조상에 기인하는 저항과의 합계이나 후자에 의한 것은 극소이므로 일반적으로 이것을 무시하고 곡선저항만을 고려한다.

10. 공기저항(Air Resistance)

열차가 달릴 때는 공기저항이 상당히 큰 영향을 주게 되므로 주행저항과는 분리하여 고려한다. 풍향이 열차의 전주방향에 대하여 순풍일 경우에 화차에 전주속도보다 풍속이 클 때에는 열차에 가속을 주게 된다.

$$R_p = \frac{KF}{G}(v \pm v_w)^2$$

여기서, R_p : 열차의 공기저항(kg/m)

$\qquad G$: 열차의 중량(Ton)

$\qquad K$: 계수(0.06)

$\qquad v$: 열차의 속도(m/sec)

$\qquad F$: 열차전면의 면적(m^2)

$\qquad v_w$: 풍속(m/sec)

QUESTION 29 열차를 동력분산 여부에 따라 분류하고 비교·설명하시오.

1. 개요

① 열차의 구동축의 배치에 따라 성능이 달라지는데 기관차가 객·화차를 견인하는 것을 동력집중방식이라 하고, 여러 대의 차량에 동력을 분산 배치한 형태를 동력분산방식이라 한다.

② 두 방식은 각각의 장단점이 있어 운용 목적에 따라 달리 사용된다.

2. 동력방식

(1) 동력집중방식

① 승객이나 화물을 적재하지 않은 동력차인 기관차가 객차나 화차를 견인하는 방식이다.

② 동력이 집중되어 있어 견인전동기가 대형이고, 적은 수량이나 전체적으로 구조가 간단하고 경량이나 열차의 점착중량은 적다.

③ 급기울기구간 운행을 위한 기관차를 연속연결하거나 Push하는 경우도 있다.

④ 고속화와 수송력 증강 필요에 따라 기관차의 대형화가 추진되었으나 축중 증가에 따른 궤도 파괴로 동력을 분산하는 추세이다.

(2) 동력분산방식

① 차량의 상하에 견인장치를 탑재하여 동력차에도 승객을 탑승시키는 방식이다.

② 동력이 분산되어 있어 차량의 구조가 복잡하고 전체적인 중량이 크게 되어 점착중량이 크다.

③ 수송수요에 따른 편성길이의 선택이 자유롭고 양방향 운전이 용이하므로 도시 교통수단으로 발전되었다.

④ 주 전동기의 소형화에 따라 고속 장대편성이 가능하게 되었다.

3. 적용

① 집중식은 역간거리가 긴 장거리 여객, 화물 수송에 유리하다.
② 분산식은 역간거리가 짧고 정차횟수가 많은 도시철도 등에 유리하다.

4. 특성 비교

구분	집중식	분산식
고장률	적으나 고장 시 열차운행에 영향이 큼	많으나 고장 시 열차운행에 영향이 적음
차량 유지관리비	견인장치가 대용량이고 수량이 적어 저렴	견인장치가 소용량이고 수량이 많아 불리
차량가격	저렴	고가
초기투자비	저렴	고가
선로영향 및 제한속도	영향이 크고, 제한속도 낮음	영향이 적고, 제한속도를 높일 수 있음
가·감속도	점착중량이 작아 가감속이 작음	점착중량이 커서 가감속이 큼
전기제동력	점착중량이 작아 제동력이 작음	점착중량이 커서 제동력이 큼
양방향운전	불리	유리
표정속도	가감속도가 낮아 불리	가감속도가 높아 유리
수송수요에 따른 분할·합병	어려움	용이함
소음 및 진동	적음	큼

틸팅 열차(Tilting Car)의 원리와 기존 철도노선에 적용 시 효과에 대하여 설명하시오.

1. 개요

① 틸팅 열차는 1988년 독일에서 운행되기 시작하여 현재 이탈리아, 스위스, 영국, 프랑스, 스웨덴 등 유럽에서는 물론 미국, 호주 등지에서도 운행되고 있거나 가까운 시일 내 운행될 예정이다.

② 곡선반경이 작은 기존 재래선에서도 고속으로 운행할 수 있는 Tilting Car는 적은 투자비용과 최소의 환경영향 속에서 안락함과 짧은 여행시간을 제공하므로 점차 증가되고 있는 추세다.

2. 틸팅 열차(Tilting Car)의 이점

① 저렴한 비용으로 철도고속화의 한 대안이 될 수 있으며 종전의 속도보다 20~30% 이상의 속도로 고속실현이 가능하다.

② 공해, 소음, 경관파괴 등 자연 파괴의 위험부담에서 벗어나 고속화를 기대할 수 있다.

③ 고속철도 건설과 관련된 새로운 변천 문제를 피하며 고속화 목적의 성취가 가능하다.

3. 틸팅 시스템(Tilting System)의 원리

① 틸팅 시스템은 기존의 궤도에 틸팅 차량을 활용하여 곡선구간에도 속도를 향상시키는 새로운 고속화 기술이다.

② 열차가 선로의 곡선부를 고속으로 주행하면 차량에는 주행속도에 대응하는 원심가속도가 발생하고, 승객은 곡선 바깥쪽으로 실리는 힘을 받게 되어 승차감이 떨어지게 된다.

③ 열차의 곡선통과 속도는 승객이 느끼는 원심력과 차량안정성에 의해 결정되므로 곡선통과 시 차체를 경사시켜 승객이 얻는 원심력을 최소화하고 안전성이 확보되는 범위 내에서 차량의 곡선통과 속도를 향상시키도록 장치한 것이 틸팅 차량의 기본원리다. 즉, 곡선부 주행 시 차체를 곡선 안쪽으로 기울이게 하는 기술이다.

4. 틸팅(Tilting) 방식

① 자연틸팅 방식

곡선통과 시 발생하는 원심력에 의해 자연적으로 차체를 곡선 내측으로 경사시키는 방식이다. 차체의 회전중심을 무게중심보다 높게 설정한다.

② 강제틸팅 방식

링크 등으로 지지한 차체를 유압실린더 등에 의해 강제적으로 경사시키는 방식이다.

5. 틸팅 열차 개발사례

① 영국의 APT
② 이탈리아 ETR
③ 스웨덴 X-2000
④ 독일 ICE
⑤ 프랑스 TGV
⑥ 미국 American Flyer

6. 결론

① 향후 25년 이내에 틸팅 열차가 전 세계에 보급될 것이라고 전문가들은 분석하고 있다. 장래 대부분 여객열차는 틸팅이 기본이고 비틸팅 차량은 옵션의 가능성도 있다.
② 산악이 많은 우리나라는 지형상 곡선부와 기울기지역이 많아 틸팅 차량을 적용하기 좋은 여건으로 낮은 투자비로 고효율을 달성할 수 있어 우리나라 경제상황에 적합하다 할 수 있다.

QUESTION

31

EMU(Electric Multiple Unit) 및
HEMU(Highspeed Electric Multiple Unit)

1. 개요

(1) 차량형식 분류

철도차량은 점착력에 의해 견인되는 열차는 동력을 발생시키는 구동축이 한곳에 집중한 열차를 동력집중식이라 하고 분산 배치되어 있는 열차를 동력분산식이라 한다.

(2) 동력분산식의 특징

① 동력장치를 여러 차량에 분산배치함으로써 최대 축하중이 작아 상대적으로 궤도의 유지보수에 유리하다.

② 추진장치가 작아져 차량의 하부에 설치하게 되어 수송승객 수를 늘릴 수 있다.

③ 구동할 수 있는 구동축의 숫자가 많아 충분한 견인력과 가속력을 갖추고 있다.

④ 속도 향상과 역간거리가 짧은 노선에서 많이 운행되고 있다.

2. EMU 차량

(1) 정의

동력차에 모터가 집중된 기존 KTX와 달리 일반객차에 동력을 분산시켜 2량 1 편성을 기본으로 수요에 따라 4, 6, 8, 10량 1 편성으로 탄력적으로 운행이 가능한 열차를 말한다.

(2) 운용사례

① 도시형 동력분산식 전동차 : 서울 지하철, 분당선, 공항철도 등

② 간선형 동력분산식 급행전동차 : 국내(장항선 천안~온양온천 운행 전동차), 국외(일본 신칸센 등)

3. HEMU 차량

(1) 정의

EMU차량 중에서 특히 최고시속 400km의 차세대 고속철도 시스템을 HEMU(Highspeed Electric Multiple Unit – 400km/h eXperiment)라 한다.

(2) 주요 사항

① 설계최고속도 400km/h, 영업운전속도 350km/h를 목표로 한 차량이다.
② 고속화의 진동에 대비하여 액티브 서스펜션이 설치될 예정이다.
③ 구동장치로는 기존의 유도전동기와 유도전동기에 비해 소형이면서 효율이 좋은 영구자석 동기전동기 양쪽을 모두 사용한다.

4. 결론

① 코레일에서는 현재 지역 간을 운행하는 새마을, 무궁화열차 내구연한 도래 시 동 열차를 폐차하고 가감속 성능이 뛰어날 뿐만 아니라 유지보수비가 저렴한 EMU 차량으로 전면교체할 계획으로 추진 중에 있다.
② 또한 정부는 최고시속 400km에 이르는 차세대 고속철도인 HEMU(Highspeed Electric Multiple Unit – 400km/h eXperiment) 개발을 본격 추진하고 있으며 해외 고속열차 시장 경쟁에서 우위를 점하고 신성장 동력을 찾기 위해서는 초고속 차량의 기술개발이 조속히 이루어져야 하겠다.

QUESTION 32 플랫폼 스크린도어(Platform Screen Door)

1. PSD System의 정의

① PSD System이란, 'Platform Screen Door'의 약어로서 지하철 역사의 승강장에 설치하는 System이다.

② 이는 지하철이 역내로 진입할 때 동반되는 열차풍이나 부유 분진 등의 유입을 차단하여 승강장에 대기 중인 승객들에게 안전하고 쾌적한 지하 생활공간 환경을 제공해 준다.

2. 설치목적(기대효과)

(1) 승객의 안전 확보

① 추락사고 예방

② 차량화재 시 연기확산 방지 등

(2) 열차운행의 안전성 증대

승강장과 궤도부에 완전 차단하여 승객의 추락, 열차접촉 등 승강장 안전사고의 근본적 해결 대책이 된다.

(3) 환경조건의 향상

이용 승객의 불쾌감 해소, 실내공기의 질적 향상, 승강장의 소음 차단효과 등

(4) 에너지 절감효과 도모

① 정거장 냉방부하 약 50~60% 감소

② 환기구 및 기계실 면적 축소(약 30%)

3. 예상되는 문제점

① 초기시설비 과다 소요

② 열차지연사고 우려

    ㉠ 열차가 정위치 오차한계($\pm$35cm)를 초과하여 정차되는 경우 승 · 하차 시간 지연 및 민원 야기

    ㉡ 출입문이 2중으로 되어 고장 발생 시 비상출입문 이용으로 승 · 하차 불편 초래

③ 국내 기술수준 취약

    ㉠ 국내업체의 설치실적이 전무하여 외국업체로부터 기술전수 및 외자시설 도입

    ㉡ 고장 발생 시 응급대처할 수 있는 기술자 확보 필요

    ㉢ 국내 일부업체는 외국제조업체와 기술제휴 및 추진

4. 구성 및 주요부 제원(서울지하철 9호선 기준)

(1) 구성

① 스크린도어 : 고정벽, 도어샤시 강화유리, 도어구동부, 안전센서, 조작반, 제어반

② 승무원 조작반/표시반(승강장 하나에 1조작반)

③ 역무원용 조작반/표시반(승강장 하나에 1조작반)

④ 개별조작반(도어 하나에 1set)

⑤ 역사종합제어반(1개 정거장에 1unit)

(2) 주요부 재질

① 가동문 Frame : STS 304(1.5t)

② 고정부 Frame : STS 304(1.5t)

③ Post : Steel

④ 유리 : 강화유리 8mm

⑤ 구동장치 수납부 : Steel + STS 304

(3) 주요 설계 제원

① 스크린도어 설치위치 : 차량한계로부터 150~200mm

② 수직하중 : 270kg/m²

③ 수평하중 : 100kgf/m

④ 1개 모듈당 중량 : 약 1,000kgf(약 5m 기준)

⑤ 열차풍의 풍압 : 282kgf/m²(열차속도 50m/s)

⑥ 스크린도어 출입문 크기 : W 2,000~2,300×H 2,000mm

⑦ 차량 문 수 : 4문 기준

⑧ 가격(8량 기준) : 약 15억 원

5. PSD System의 설치방법

(1) 역사 전방 설치방법

① 이 방법은 지하철이 역내에 진입 시 역사의 전방 출입문에 PSD를 설치하는 시스템으로 열차의 진입 방향과 동일한 방향으로 설치한다.

② 열차풍 및 부유 분진 등의 오염물질이 역 내로 유입되는 것을 방지하고 환기 부하 등 에너지 절감에 기여할 수 있는 시스템이다.

(2) 승강장 설치방법

① 이 방법은 지하철 승강장에 PSD를 설치하는 시스템으로 열차가 역내로 진입함과 동시에 승객들이 대기하는 승강장의 앞면으로 PSD 설비를 설치한다.

② 열차풍 및 부유 분진 등의 오염물질이 승강장 내로 유입되는 것을 방지하는 시스템이다.

6. PSD System의 설치 시 유의사항

(1) 내구성

지하철 역은 지하역과 지상역으로 구분할 수 있으며 지상역의 경우 기상의 악조건, 즉 강풍과 태풍 등 기상 이변 시 PSD 설비의 파손 방지 등 내구성에 대한 대책이 필요하다.

(2) 신뢰성 및 정확성

열차의 진입과 동시에 PSD 설비의 작동 시점을 감지하는 각종 센서의 정확성 및 신뢰성에 대한 대책이 필요하다.

(3) 효율성

PSD System의 설치 시 열차풍의 방지 및 부유 분진 등의 유입 방지 등 지하 생활공간의 공기 질을 기준치 이하로 유지할 수 있는 시스템의 설치가 필요하다.

(4) 안전성

각종 기기의 오동작으로 인한 안전사고 시 승객들의 안전은 물론 열차의 운행에 지장을 초래하지 않는 시스템의 검토가 필요하다.

7. 결론

① 승객들의 생활수준 향상으로 인해 쾌적하고 안락한 환경을 위해 지하 생활공간 공기의 질 관리 법안이 제정 · 공포되어 시행되고 있다.

② 이러한 시점에 설치하는 PSD System 설치 시 효율성과 신뢰성 및 성능 확보를 위한 세부시방과 검증절차를 정하고 엄격히 준수하여야 하며 필요시 시스템에 대한 공인기관 시험을 거치도록 한다.

③ 또한 발주자, 전문업체, 학계 등이 공동으로 설치 전후의 효과와 성능에 대하여 연구조사해 개선 · 발전의 자료로 활용한다.

④ 설비 측면에서는 방재 시스템 및 에너지 절약을 염두에 두고 설치해야 하며 또한 공조계획 및 환기계획을 철저히 검토하여 시행한다.

CHAPTER

09

구조물계획 및 시공

QUESTION 1

1 KRL - 2012 하중

2 철도선로의 부담력과 설계표준하중을 설명하시오.

3 철도표준활하중에 대하여 설명하고 도로교와 비교할 때 철도교에서만 고려하여야 하는 하중 종류에 대하여 간략히 쓰시오.

1. 표준활하중 및 선로부담력

① 궤도, 노반, 교량을 설계하기 위한 대표적인 철도차량을 선정하여 동륜을 축중으로 나타내는데 이를 '표준활하중'이라 한다.

② 선로(레일 제외)는 표준활하중을 감당하도록 설계되어야 하는데, 이때 선로가 부담하는 하중을 '선로부담력'이라 한다.

③ 선로는 일반철도 구간에서 LS-22, 고속철도에서 HL-25 하중을 사용하였으나 최근에는 KRL 2012로 개정된 하중을 사용한다.

④ 전동차 전용구간에서 EL-18, 도시철도 및 신교통시스템에서 Q 하중을 각각 표준활하중을 사용한다.

2. 표준활하중의 종류

(1) 일반철도 현행 적용 표준활하중

① KRL2012 하중

ㄱ 적용 및 이해가 쉽도록 그동안의 표준활하중을 통일하였다.

ㄴ 신규하중의 명칭에 개발연도를 붙여 KRL2012(Korea Rail Load 2012년도) 하중을 사용한다.

② 적용하중의 크기

ㄱ KRL2012 표준활하중

여객/화물 혼용선에 적용한다.

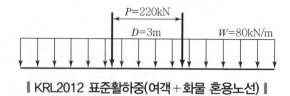

‖ KRL2012 표준활하중(여객＋화물 혼용노선) ‖

ⓒ KRL2012 여객 전용 표준활하중

여객 전용선은 KRL2012 표준활하중의 75%를 적용

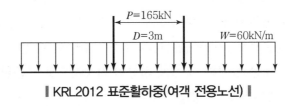

‖ KRL2012 표준활하중(여객 전용노선) ‖

(2) 전동차 표준활하중 : EL - 18 하중 적용

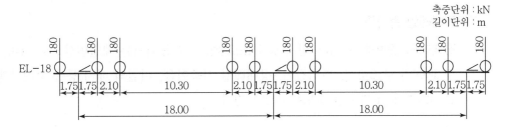

(3) Q하중 : 도시철도 및 신교통수단에서 사용하는 표준활하중

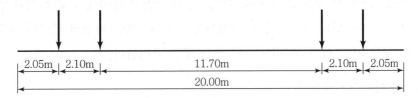

3. 표준활하중과 궤도강도(궤도의 부담력)

① 궤도강도는 윤중 하나에 의한 영향이 대부분을 차지한다.

② 레일의 크기, 침목간격, 도상의 두께 등을 궤도강도의 산출기초로 한다.

③ 대형기관차와 특수객화차의 실물에 의한 재하상태에서 응력계산에 의거 검토한다.

4. L-상당치

① 실하중과 표준활하중과의 차이를 L-상당치로 비교하여 나타낸다.

② 교량의 부담력이 표준활하중으로 설계되어도 현재의 차량의 하중은 표준활하중과는 상당히 다르므로 교량부담력과의 대소를 판단할 수 없다.

③ 따라서 구조물에 재하 시 실제 차량이 하중적으로 표준활하중의 어떤 값에 해당하는 가를 나타낸 것이 L-상당치이다.

5. 도로교 하중과 비교 시 철도교에만 적용되는 하중

① 장대레일 종하중

장대레일 종하중은 1궤도당 10kN/m로 하고, 작용위치는 레일면상으로 하며, 궤도 및 교량의 구조형식, 거더길이, 장대레일 신축이음, 지점의 배치 등을 고려 1궤도당 2,000kN을 초과하지 않도록 작용시킨다.

② 차량 횡하중

차량 횡하중은 가장 불리한 위치에서 궤도중심선과 직각을 이룬 레일의 윗면에 수평 하게 작용하는 것으로 하여야 한다. 즉, 레일면의 높이에서 교축 직각 방향으로 수평 하게 작용시킨다. 그 크기는 100kN으로 한다. 복선 이상의 선로를 지지하는 구조물 인 경우 차량 횡하중은 1궤도에 대한 것만 고려한다.

③ 시동하중과 제동하중

- 시동하중 및 제동하중은 레일의 윗면에 레일방향인 교량 종방향 하중으로 작용하여 야 한다.
- 이들 하중은 구조물에 고려된 하중의 작용길이 L 위에 일정하게 분포되어야 한다.
- 시동하중 : $Q_{lak} = 33(\text{kN}) \times L(\text{m}) \leq 1,000(\text{kN})$
- 제동하중 : $Q_{lbk} = 15(\text{kN}) \times L(\text{m}) \leq 6,000(\text{kN})$

④ 탈선하중

KRL-2012 하중의 집중하중을 선로 중심에서 1.5m씩 편기하여 작용시켜 검토한다. 복선에서는 상대편 선로에 등분포하중을 불리한 경우로 재하하여 검토한다.

⑤ 기타 전차선주하중

전차선주하중은 전차선주의 중량, 전차선에 작용하는 풍압, 전차선이 절단된 경우의
영향 등을 고려해서 정한다.

6. 결론

① 그동안 일반철도 고속철도로 이원화된 하중체계를 KRL2012 표준열차하중으로 단일
화함으로써 편리하고 국제화에 대비할 수 있도록 변경하였다.

② 활하중개념을 차량과 선로에 국한하지 않고 속도와의 관계인 동적 거동연구로 보다
효율적인 선로가 되도록 지속적인 연구가 필요하다.

③ 장래에는 LCC(생애주기비용) 및 유지보수비용을 감안한 가장 효율적인 표준활하중
을 적용할 수 있도록 개선이 필요하다.

QUESTION 2

1 철도 설계 시 고려하여야 할 주요 하중의 종류 및 각각의 특징에 대하여 설명하시오.

2 철도구조물의 설계에 적용하는 설계하중에 관하여 쓰시오.

1. 설계방법

철도구조물의 설계에 적용하는 설계하중으로는 주하중, 부하중, 주하중에 상당하는 특수하중, 부하중에 상당하는 특수하중이 있다.

① 콘크리트 구조물은 일반적으로 강도설계법(USD)을 기준으로 하나 사용성 검토와 강구조일 경우는 허용응력설계법(ASD)을 적용한다.

② 그동안 일반철도 고속철도로 이원화된 하중체계를 KRL2012 표준열차하중으로 단일화함으로써 편리하고 국제화에 대비할 수 있도록 변경하였다.

2. 하중의 종류

① 주하중(P)

    ㉠ 고정하중(D)

    ㉡ 활하중(L)

    ㉢ 충격(I)

    ㉣ 원심하중(CF)

    ㉤ 장대레일 종하중(LR)

    ㉥ 프리스트레스(PS)

    ㉦ 콘크리트 크리프의 영향(CR) 및 건조수축의 영향(SH)

    ㉧ 토압(H)

    ㉨ 수압(F)

    ㉩ 부력(B) 또는 양압력

② 부하중(S)

    ㉠ 차량횡하중(LF)

    ㉡ 시동하중 또는 제동하중(SB)

    ㉢ 풍하중(W)

③ 주하중에 상당하는 특수하중(PP)

ⓐ 설하중(SW)

ⓑ 지반변동의 영향(GD) 및 지점이동의 영향(SD)

ⓒ 파압(WP)

④ 부하중에 상당하는 특수하중(PA)

ⓐ 온도변화의 영향(T)

ⓑ 지진의 영향(E)

ⓒ 가설 시 하중(ER)

ⓓ 충돌하중(CO)

ⓔ 탈선하중

3. 주요 하중의 특징

(1) 고정하중

① 재료의 중량

- 철근콘크리트 24.5kN/m^3
- 무근콘크리트 23kN/m^3

② 기계실 하중

변전소 이외의 기계실 하중은 모두 25kN/m^{2}를 적용한다.

③ 궤도 중량

1궤도의 최소중량은 유도상일 경우 3kN/m로 하며(도상자갈 및 콘크리트 중량은 제외) 직결궤도의 경우는 실중량을 적용한다.

④ 군집하중

군집하중은 5kN/m^{2}의 등분포하중을 재하하며 충격은 고려하지 않는다.

⑤ 실내 활하중

- 사무실 : 5kN/m^2
- 보도, 주차장 : 5 kN/m^2

(2) 활하중

① KRL2012 하중

　㉠ KRL2012 표준활하중

　여객/화물 혼용선에 적용한다.

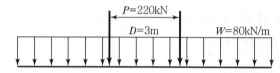

　㉡ KRL2012 여객 전용 표준활하중

　여객 전용선은 KRL2012 표준활하중의 75%를 적용한다.

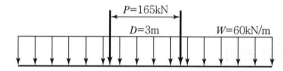

② 전동차 표준활하중 : EL－18 하중 적용

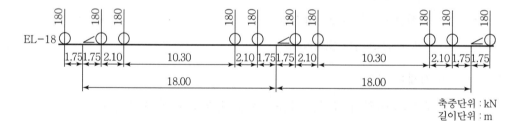

③ Q하중 : 도시철도 및 신교통수단에서 사용하는 표준활하중

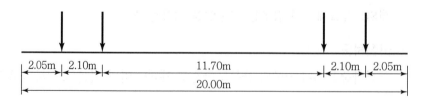

(3) 충격하중

모멘트 및 전단에 관한 충격계수

$$I_m = \frac{1.44}{\sqrt{L_c - 0.2}} - 0.18$$

여기서, $0 < I_m \le 0.67$

(4) 원심하중

① 교량상의 궤도가 일부 또는 전 구간에 걸쳐 곡선부를 갖는 경우에는 원심력을 고려한다.

② 원심력은 표준열차하중에 다음의 계수를 곱한 값을 수평하중으로 계산하여야 한다.

$$\alpha = \frac{V^2}{127} \frac{f}{R}$$

여기서, V : 최대설계속도(km/h), (350km/h)

f : 곡선궤도에서의 교장 L과 속도 S에 의존하여 고려되는 감소계수

(5) 장대레일 종하중

장대레일 종하중은 1궤도당 10kN/m로 하고, 작용위치는 레일면상으로 하며, 궤도 및 교량의 구조형식, 거더길이, 장대레일 신축이음, 지점의 배치 등을 고려해 1궤도당 2,000kN을 초과하지 않도록 작용시킨다.

(6) 토압

① 정지토압

정지토압의 계산은 다음 식에 의한다.

$$P_o = K_o(q + \gamma_t \cdot h_1 + \gamma_{sub} \cdot h_2)$$

여기서, K_o : 정지토압계수

(느슨한 사질토의 경우 $K_o = 1 - \sin\phi$)

P_o : 토압(kN/m^2)

q : 상재하중(kN/m^2)

γ_t : 지표에서 지하수면까지의 흙의 단위중량(kN/m^3)

γ_{sub} : 지하수면 이하의 흙의 단위중량(kN/m^3)

h_1 : 지표에서 지하수면까지의 깊이(m)

h_2 : 지하수면에서 측압을 구하려는 위치까지의 깊이(m)

ϕ : 흙의 내부 마찰각(°)

② 주동토압

- 주동토압은 옹벽 구조물 등 주동토압 적용이 타당한 경우에 적용한다.
- 주동토압 계산은 다음 식에 의한다.

$$P_A = K_a(q + \gamma_t \cdot h_1 + \gamma_{sub} \cdot h_2)$$

(7) 수압

지하수에 의한 수압계산은 정수압을 기준으로 하며 다음 식에 의한다.

$F = \gamma_w \cdot h$

여기서, F : 정수압(kN/m²)

γ_w : 물의 단위중량(kN/m³)

h : 지하수의 깊이(m)

(8) 부력

부력(B)은 구조물 바닥폭(B) 전면에 수압(U)을 균등하게 작용시킨다.

(9) 차량횡하중

① 차량횡하중은 연행집중이동하중으로 하고, 레일면의 높이에서 교축 직각으로 수평으로 작용시킨다. 그 크기는 100kN으로 한다.

② 복선 이상의 선로를 지지하는 구조물인 경우, 차량횡하중은 1궤도에 대한 것만 고려한다.

(10) 시동하중

① 시동하중은 레일의 윗면에 레일방향인 교량 종방향 하중으로 작용하여야 하며 충격하중은 고려하지 않는다.

② 시동하중 : $Q_{lak} = 33\,(\text{kN}) \times L\,(\text{m}) \leq 1,000\,(\text{kN})$

(11) 제동하중

① 제동하중은 레일의 윗면에 레일방향인 교량 종방향 하중으로 작용하여야 하며 충격하중은 고려하지 않는다.

② 제동하중 : $Q_{lbk} = 15(\text{kN}) \times L(\text{m}) \leq 6,000(\text{kN})$

(12) 탈선하중

KRL-2012 하중의 집중하중을 선로 중심에서 1.5m씩 편기하여 작용시켜 검토한다. 복선에서는 상태편 선로에 등분포하중을 불리한 경우로 재하하여 검토한다.

(13) 기타 전차선주하중

전차선주하중은 전차선주의 중량, 전차선에 작용하는 풍압, 전차선이 절단된 경우의 영향 등을 고려해서 정한다.

QUESTION 3

허용응력 설계법(ASD), 극한강도 설계법(USD), 한계상태 설계법(LSD)

1. 개요

구조물 설계는 허용응력설계법(ASD) 및 강도설계법(USD)과 구조신뢰성 이론에 기초한 하중저항계수설계법(LRFD)과 한계상태설계법(LSD)이 있다.

2. 부재 설계방법의 종류

(1) 허용응력 설계법(ASD ; Allowable Stress Design method, WSD ; Working Stress Design method)

① 철근콘크리트를 탄성체로 보고 탄성이론에 의해 구한 콘크리트응력 및 철근응력 (f_c, f_s)이 각각 그 허용응력(f_{ck}, f_y) 이내에 있도록 하는 설계방법이다.

② 작용하는 단면력에 대하여 응력 결정

③ 부재가 탄성범위 내에 있도록 재료에 안전율 적용

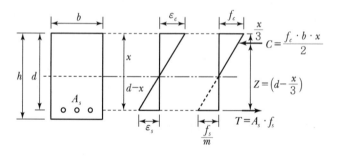

• 허용응력 $= \dfrac{\text{항복응력}}{\text{안전율}(2 \sim 2.5)}$

$$f_c < \frac{f_{ck}}{2.5} = 0.4 f_{ck}, \qquad f_s < \frac{f_y}{2.0} = 0.5 f_y$$

여기서, f_{ck} : 콘크리트 28일 압축강도, f_c : 콘크리트 압축강도

f_y : 철근 항복강도, f_s : 철근의 인장강도

④ 사용성에 중점, 안전성은 별도 검토

⑤ 공장에서 뽑아오기 때문에 거의 비슷한 기준 강도를 내는 철골구조의 경우 허용응력설계법을 사용한다.

(2) 극한강도 설계법(USD ; Ultimate Strength Design method)

① 구조물 설계시 공칭강도 M_n은 강도의 결함을 고려하여 강도감소계수 ϕ에 의하여 감소시키고, 기준하중 L은 초과하중을 고려하여 하중계수 γ에 의하여 증가시킨다.

② 작용하는 단면력에 대하여 단면강도를 결정한다.

③ 부재의 설계강도가 소요강도보다 크게 되도록 설계한다.

④ 안전성에 중점을 두고 사용성은 별도로 검토한다.

⑤ 콘크리트 구조물은 일반적으로 강도설계법을 기준으로 한다.

$$M_d = \phi M_n \geq M_u(\textstyle\sum r_i Q_i)$$

여기서, M_n : 공칭강도(100% 발현 강도값)

$M_d = \phi M_n$: 설계강도[극한강도 : 주어진 하중을 견디기 위해 필요한 강도(저항력, Strength)]

ϕ : 강도감소계수

$M_u(\sum r_i Q_i)$: 소요강도, 계수강도, 설계단면력(부재력, Stress)

- 소요강도 : 부재가 사용성과 안전성을 만족할 수 있도록 요구하는 단면력(강도)
- 계수하중 : 기준하중(사용하중, 실제하중)에 하중증가계수를 곱한 하중

r_i : 하중증가계수

D : 고정하중

L : 활하중

(3) 한계상태 설계법(LSD ; Limit State Design method)

① 하중과 재료에 대하여 각각의 부분안전계수 적용

$$M_d(\phi_c,\ \phi_s) = \phi M_n(\phi_c,\ \phi_s) \geq M_u(\textstyle\sum r_i Q_i)$$

여기서, ϕ_c : 콘크리트 재료계수 0.65

ϕ_s : 철근 재료계수 0.90

r_i = 하중계수 : 하중효과에 적용하는 통계적 산출계수

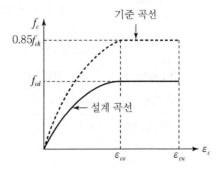

② 안전성은 극한한계상태(ULS ; Ultimate Limit State)를 검토하여 확보
  • 파손 또는 파손에 가까운 상태로 기능을 완전히 상실
③ 사용성은 사용한계상태(SLS ; Serviceability Limit State)를 검토하여 확보
  • 과도한 처짐 균열 등으로 정상적인 사용이 불가한 상태
④ 사용성, 안전성을 하나의 설계체계 내에서 확보
  • 하중과 재료에 대하여 각각의 부분안전계수 적용

3. ASD, USD, LSD 장단점 비교

구분	ASD	USD	LSD
장점	설계 계산이 간편	• 하중계수에 의해 하중의 특성을 설계에 반영 • 파괴에 대한 안전성 확보	• 하중과 재료 각각에 대해 부분안전계수 반영 • 극한 한계상태 검토하여 안전성 확보 • 사용한계상태 검토하여 사용성 확보 • USD의 결점 개선
단점	성질이 다른 하중의 영향 반영 곤란	• 서로 다른 재료의 특성 반영 곤란 • 별도의 사용성 검토 필요	하중과 재료의 부분안전계수 설정을 위해 상당한 데이터베이스(Data base) 구축 필요
특징	사용성에 중점	안전성에 중점	사용성, 안전성 겸비

4. 극한한계상태(ULS)와 사용한계상태(SLS)

구분	극한한계상태 (ULS ; Ultimate Limit State)	사용한계상태 (SLS ; Serviceability Limit State)
정의	파괴 또는 파손에 이르는 상태로서 최대단면력에 대응하는 상태	파괴되지는 않으나 사용하기 위험한 한계상태
구조물의 상태	파괴, 전도, 좌굴, 침하 등	과도한 처짐, 균열, 진동, 피로균열 등
구조물 사용	사용불가	보수, 보강 조치 후 사용
작용설계법	극한강도 설계법(USD)	허용응력 설계법(ASD)
평가방법	안전성 한계	사용성 한계

QUESTION 4

경부고속철도와 호남고속철도의 설계상 차이점을 비교하시오.

1. 개요

① 호남고속철도는 그동안 경부고속철도 건설경험과 각종 연구자료 및 해외 사례 조사결과를 바탕으로 친환경, 경제성, 최신기술 반영, 고객편의 등을 감안한 최적화된 시설물로 설계를 개선하였다.

② 경부고속철도는 장래 화물을 겸용할 수 있도록 하였으나 호남고속철도는 여객 위주의 철도로 계획되어 설계상 하중조건, 선로중심간격, 시공기면폭, 전체 노반폭 등에서 다소 차이가 있다.

2. 주요 기준 개선사항

(1) 선로중심간격 및 시공기면폭 축소

① 열차 교행 시 풍압, 실차실험 및 해외기준 검토를 통한 선로 중심간격 축소

② 시공기면폭은 구조물의 안전성과 시설물 배치공간 확보가 결정적 요소이다.

③ Con'c 도상을 적용함에 따라 시설물 배치를 위한 유효폭이 자갈도상은 1.6m이나, Con'c 도상은 2.35m이므로 시설물을 배치할 공간이 충분하다.

구 분	경부고속철도	호남고속철도	현행 규정
선로중심간격	5.0m	4.8m	4.5m($250 < V \leq 350$)
시공기면폭	4.5m	4.25m	4.25m($200 < V \leq 350$)
전체 노반폭	14.0m	13.3m	13.0m

자갈도상	콘크리트도상

시설물배치 유효폭이 자갈도상은 1.6m이나 콘크리트 도상은 2.35m이다.

(2) 최소곡선반경 축소

구 분	경부고속철도	호남고속철도	현행 규정($V=350$km/h)	
			자갈궤도	콘크리트궤도
최소곡선반경	7,000m	5,000m	6,100m	4,700m
최대캔트	180m	160m	180m	160m
최대 부족캔트	30mm	110mm	80m	130m

(3) 선로부담력

① 호남고속철도에서는 경제적인 설계를 위해 열차유형 특성에 맞는 여객전용 표준 활하중을 적용하였다.

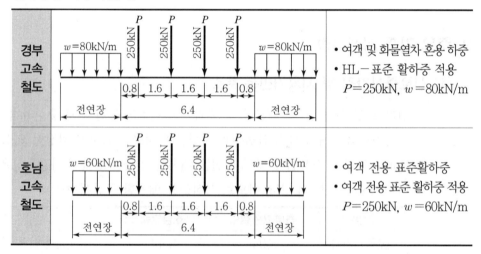

② 현행 규정에 따른 적용하중

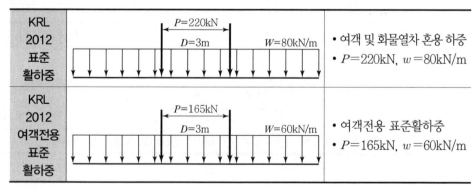

3. 분야별 개선사항

(1) 토공

① 강화노반 두께 조정

구 분	경부고속철도	호남고속철도
도상콘크리트	300mm	300mm
보조도상	300mm	200mm

② 암깎기구간(100m 이상)은 암반특성을 고려하여 강화노반 생략으로 경제성 향상

③ 접속부 구간 Con'c 궤도 적용을 고려한 부등침하, 궤도단차 틀림 및 승차감 악화를 방지하는 어프로치 Slab 적용

④ 토공접속부 구간에 지하배수공 설치로 연약화 방지

⑤ 깎기부 전철주 기초 시공 시 전철주 간섭구간인 맹암거쇄석층 제거로 간섭해소
- 유공관 주위로 부직포 및 기초콘크리트 설치(노반 분야)
- 전철주기초 시공시 유공관의 안전성에 유의하며 시공(시스템 분야)

⑥ 공동관로 하부 쇄굴 방지 및 선로측구 보도부 보강을 위한 아스팔트포장은 노반에서 시공하고 공통관로 프리케스트 본체는 시스템 분야에서 시공

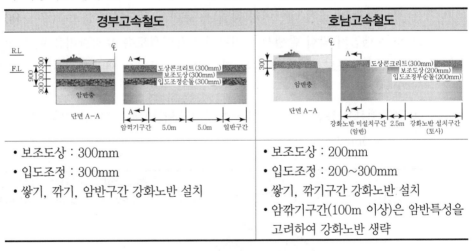

경부고속철도	호남고속철도
• 보조도상 : 300mm • 입도조정 : 300mm • 쌓기, 깎기, 암반구간 강화노반 설치	• 보조도상 : 200mm • 입도조정 : 200~300mm • 쌓기, 깎기구간 강화노반 설치 • 암깎기구간(100m 이상)은 암반특성을 고려하여 강화노반 생략

(2) 교량폭원 축소(14.0m → 13.46m)

① 콘크리트궤도 적용에 따른 고정하중 감소로 구조물 최적화 및 하부구조 축소로 시공성 및 경제성 향상

② 염해에 대비한 내구성 설계기준 제시

③ 전력 및 신호, 통신 트러프를 일체화된 프리캐스트 공동관로로 제작

④ 각종 규정을 만족하는 전철주 위치를 선정하여 교량폭원을 축소

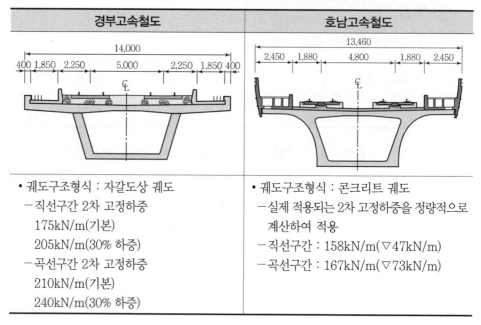

경부고속철도	호남고속철도
• 궤도구조형식 : 자갈도상 궤도 　－직선구간 2차 고정하중 　　175kN/m(기본) 　　205kN/m(30% 하중) 　－곡선구간 2차 고정하중 　　210kN/m(기본) 　　240kN/m(30% 하중)	• 궤도구조형식 : 콘크리트 궤도 　－실제 적용되는 2차 고정하중을 정량적으로 　　계산하여 적용 　－직선구간 : 158kN/m(∇47kN/m) 　－곡선구간 : 167kN/m(∇73kN/m)

(3) 터널

① 보도면 높이 조정(레일면과 동일)을 통한 내공단면적 축소($107 \rightarrow 96.7m^2$)

② 하부 맹암거 막힘 발생시 유지관리가 용이하도록 유지관리용 맨홀 적용

③ 기능상 보조도상과 중복되는 기초 Con'c 타설을 생략하여 시공성 증대 및 비용 절감

④ 구조계산을 통한 지보패턴 P－1, 2, 3 구간의 무근 Con'c 라이닝 두께 축소(400 $\rightarrow$ 300mm)

항목	개념도	선로중심 간격	전차선 높이	보조도 상 두께	내공 단면적
경부 고속 철도		5,000mm	R.L+ 9,050mm	250mm (2단계)	107m²

항목	개념도	선로중심 간격	전차선 높이	보조도 상 두께	내공 단면적
호남 고속 철도	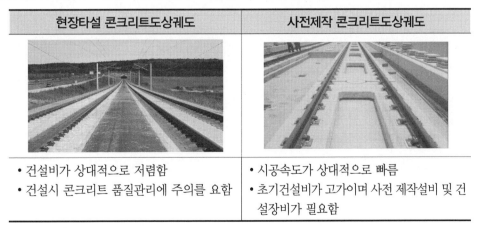	4,800mm	R.L+ 8,750mm	200mm	96.7m²

(4) 궤도구조

① 경부고속철도 : 자갈도상궤도(1단계), 현장타설 Con'c 도상궤도(2단계)

자갈도상궤도(1단계)	현장타설 콘크리트도상궤도(2단계)
• 배수, 탄성, 소음이 양호함 • 초기투자비는 저렴하지만 유지보수가 많아 경제성에서 불리	• 궤도 틀림이 거의 없음 • 초기투자비가 높지만 유지보수가 적어 경제성에서 유리

② 호남고속철도 : 현장타설 Con'c 도상궤도, 사전제작 Con'c 도상궤도

현장타설 콘크리트도상궤도	사전제작 콘크리트도상궤도
• 건설비가 상대적으로 저렴함 • 건설시 콘크리트 품질관리에 주의를 요함	• 시공속도가 상대적으로 빠름 • 초기건설비가 고가이며 사전 제작설비 및 건설장비가 필요함

4. 결론

① 향후에도 지속적으로 고속철도의 설계에 있어서는 최신공법 적용으로 안전성 · 환경성 · 경제성을 확보하여야 한다.

② 설계개선으로 유지관리 및 내구성을 향상하도록 한다.

③ 고속철도 설계기준 재정립에 따른 사업비 절감효과를 고려하여 국가적 차원에서 항상 연구 · 개선되어야 한다.

QUESTION 5

경부고속철도와 호남고속철도에 대하여 교량구조물을 위주로 설명하시오.

1. 개요

① 우리나라 철도 교량은 성공적인 경부고속철도 교량건설 이후 경제성, 유지보수성, 사용성을 고려하여 최신의 교량구조물로 개선되어가는 과정에 있다.

② 교량구조물을 건설함에 있어 경부고속철도와 호남고속철도의 주요 변경사항

    ㉠ 노반폭 축소

    ㉡ 전철주 위치 개선

    ㉢ 공동관로 설치방법 개선

    ㉣ 교량형식 및 공법, 경관 구성을 통한 경제성 확보

    ㉤ 미관을 고려한 교각 형상 제시 등

③ 호남고속철도 설계과정에서는 콘크리트궤도 적용에 따라 인터페이스 및 해외 적용사례, 경부고속철도 건설 Know-how, 각종 연구 결과, 설계지침, 건설규칙을 최적의 교량 설계에 적용하였다.

2. 주요 변경항목

① 교량상부폭원

    14m → 13.46m

② 선로중심간격

    5m → 4.8m

③ 전철주 위치

    전철주를 외곽에 배치하여 점검통로 활용도를 확대

④ 공동관로 : 일체화된 프리캐스트, 공동관로 제작

    전력과 신호, 통신 분리 → 일체형 프리캐스트 공동관로

⑤ 공동관로 뚜껑

    사각형 레진 Con'c → 삼점지지 철근 Con'c

⑥ 교량난간 : 교량 상·하부 조화되는 난간/ 방음벽 선정

사각형상의 교량난간 → 기하학적 형상의 스크린 난간

⑦ 적용 교량형식 및 경간 구성

㉠ PSC BOX 거더교량

㉡ FSM/MSS 공법 : 2@25.0 → 1@40m

㉢ PSM 공법 : 2@25.0 → 1@25.0m

경부고속철도	호남고속철도
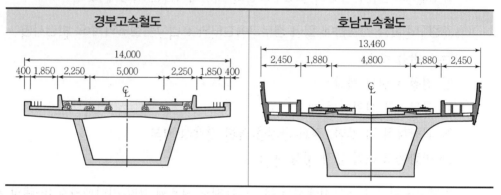	

3. 주요 사항

(1) 교량 상부구조 적용형식 및 가설공법

① 종전에는 PSM, FSM, MSS 3개를 모두 적용하였으나 공정시간, 경제성을 고려하여 PSM 공법이 표준화를 통한 반복작업으로 품질보장, 공기단축에 유리

② PSM 공법 선정 시 적정 경간장 35m 이내

③ 장대레일 안전성, 교각단면 적정성, 동적 안정성을 검토하여 적정 단면 적용

(2) 교량의 경간구성

① 단경간교

• 장대레일 안정성 : 고정단 간 거리 35m로 강성이 작은 교각으로도 가능

• 동적 안정성 : 상대적으로 불리하나 상세 검토 후 충분한 안전성을 가짐

② 2경간교

• 장대레일 안정성 : 고정단 간 거리 70m로 높은 온도축력을 상쇄할 수 있는 큰 교각 강성 필요

• 동적 안정성 : 상대적으로 유리

③ 적용

- 고정단 교각의 경우 단경간교량이 2경간 연속교보다 $\frac{1}{2}$ 배의 종방향 하중 부담

- 단경간 교량이 2경간 교량에 비해 구조적 효율성이 뛰어남

- 경제적 측면에서 단경간 교량이 우수

- 최근 건설되는 세계고속철도 경향을 고려하여 단경간 PSM 공법 교량을 채택함

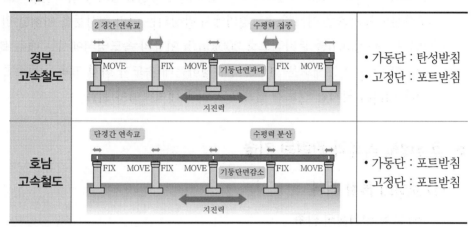

(3) 교량 상판 및 고정점 간 거리

구분	경부고속철도	호남고속철도
상판 최대 수직가속도	3.5m/sec²(0.35g)	5.0m/sec²(0.5g)
면틀림 각변화	• 3m에 대하여 0.4mm • 충격계수가 배제된 실제 열차하중 단선재하	• 3m에 대하여 1.5mm • 충격계수가 고려된 HL하중 및 실제열차 하중 중 불리한 값 적용
승차감	처짐과 객차의 수직가속도로 이원화 • $\frac{f}{l} \leq 1,700$ • 객차 최대수직가속도 0.5m/sec²	승차감 1.0m/sec² 기준의 처짐 규정 준수
상판 종방향 변위제한	시제동하중	• 장대레일 종방향 축력에 대한 안전성 검토 • 체결구의 압상 및 압축에 대한 안전성 검토

고속철도 속도와 관련된 사항에 대하여 서술하시오.

1. 개요

① 1964년 일본이 세계 최초로 200km/h의 고속열차 운행을 시작한 이후 오늘날 대부분의
나라에서는 250~300km/h의 속도 영역에서 상업운행이 보편화되고 있는 추세로서
고속철도의 기술은 이러한 속도영역에서 발생되는 여러 현상들을 이해할 필요가 있다.

② 속도는 200km/h를 분기점으로 200km/h 이상의 속도영역에서는 매우 복잡하고 불
규칙한 여러 가지 새로운 현상들이 발생하는데 속도가 점점 고속이 될수록 이러한 현
상에 대하여 철저한 검토가 필요하고 이에 대처하여야 한다.

2. 고속철도 속도와 관련된 기술

(1) 교량의 동적 해석

① 동적 안정성의 만족

　㉠ 고속철도에서의 교량설계는 일반적인 설계와 같이 UIC 하중을 재하시켜 교량
단면과 PC 강선 및 철근량 등을 산정하나 고속열차 주행에 필요한 동적 안정
성을 만족시키기 위해서는 실제 차량을 재하하여 설계속도로 시뮬레이션한 후
다음과 같은 설계기준을 만족하여야 한다.

　㉡ 설계기준

구 분	경부고속철도	호남고속철도	비 고
상판연직 기속도	자갈궤도 0.35g	콘크리트궤도 0.5g	
허용처짐 (단부꺾임각)	승차감 규정 준용	주행안정성규정 준용	승차감을 고려한 규정에서 구조물의 안전성을 위한 기준으로 변경 여기서, f : 최대처짐 L : 보의 지간
	충격계수 배제	충격계수 고려	
	실제하중	HL하중 및 실제하중 중 불리한 해석값 적용	
	단선재하	복선 포함	
	$\dfrac{f}{L} \le \dfrac{1}{1,700}$	$\dfrac{f}{L} \le \dfrac{1}{600}$	
면틀림 각변화 (비틀림)	3m에 대하여 0.4mm/m (1.2mm/3m)	3m에 대하여 1.5mm (1.5mm/3m)	재하조건은 허용처짐의 경우와 동일

② 공진현상

　　㉠ 고속철도 교량은 고속으로 주행하는 연행하중을 받는 구조물로 실제 주행속도에서 연행하중에 의한 교량구조물의 공진현상이 발생할 가능성이 있다.

　　㉡ 구조물 공진이 발생할 경우 구조물의 거동은 매우 불안정해지고 교량의 상판 가속도와 처짐을 증폭시키는 주요원인이 된다.

　　㉢ 공진으로 인해 교량의 상판가속도와 처짐폭이 일정값 이상이 되면 구조물의 불안정성은 물론 교량 위에 설치되어 있는 도상자갈이 튀는 현상이 발생한다.

③ 교량의 상하진동

　　㉠ 열차가 교량 위를 고속으로 주행하는 경우 교량 상판의 길이와 처짐 현상은 열차의 상하진동을 유발시킨다.

　　㉡ 이 진동이 차량의 고유진동주기(1~1.5Hz)와 공진을 일으킬 경우 차상의 진동 가속도가 크게 증폭되어 승차감을 악화시키고 순간적으로 열차의 수직하중을 증가시킬 수 있으므로 이에 대한 고려가 필요하다.

(2) 터널 내 공기압 및 미기압파

① 공기압의 변동

　　㉠ 열차가 터널 내를 고속으로 진입하면 차체가 공기를 밀고 나가 압축함으로써 터널 내의 공기압 변동이 발생하고 이러한 공기압 변동은 이명감에 영향을 준다.

　　㉡ 이명감을 최소화하기 위하여 차량의 밀폐도를 증가시키는 방법과 터널 단면을 확대하는 방안이 있으며, 건설공사비를 최소화하기 위해서는 차량의 밀폐도를 증가시키는 방법이 유리하다.

② 터널 내 미기압파

　　㉠ 미기압파는 고속철도에서만 나타나는 독특한 특성이며 열차의 고속주행에 따라 터널 내부에서 발생하는 공기의 압력파가 터널 입출구부에 도달했을 때 "펑"하는 소리가 발생하는 현상으로 터널출구 주변에 소음 등 환경문제를 일으킨다.

　　㉡ 경부고속철도는 터널 단면적을 107m²로 설계하여 공기압 변동량이 3초 동안 4,300Pa 이내로 조정되어 터널 내 공기압과 미기압을 해소할 수 있다.

③ 이명감의 적용기준

㉠ 「철도시설 안전기준에 관한 규칙」(국토교통부, 2011) 적용

㉡ 압력변화

- 1초간의 압력변화 : 500Pa/s
- 3초간의 최대압력변화 : 800Pa/3s
- 10초간의 최대압력변화 : 1,000Pa/10s
- 60초간의 최대압력변화 : 2,000Pa/60s

(3) 고속철도터널의 안정성 분석

① 터널의 안전성 분석

㉠ 철도터널에서의 화재 등과 같은 불의의 사고를 예방하고 사고 발생 시에는 피해를 최소화하기 위하여 철도시설에 대한 안전기준이 필요하게 되었다.

㉡ 따라서 국토교통부(구 건설교통부)에서는 「철도시설 안전기준에 관한 규칙(2005년 10월 27일)」과 「철도시설 안전세부기준(2006년 9월 22일)」을 고시하여 일반철도와 고속철도 터널에 적용하도록 하였다.

㉢ 이러한 방재 관련 법규는 터널 방재설비의 과다 및 과소 설계를 방지하기 위하여 5가지 주요 시설물(방연문, 배연설비, 대피통로 접속부, 대피통로 간격, 연결송수관 설비)에 대하여 안전성 분석결과에 따라 설치하도록 하여 많은 비용과 시간이 소요되는 방재시설물의 합리적인 설치방안을 제시하였다.

② 안정성 분석시설 규모

㉠ 연장 1km 이상인 철도터널의 방재시설은 「철도시설 안전세부기준」에서 정하는 안전성 분석을 수행하여 계획하며, 안전성 분석은 객관성 및 신뢰성이 검증된 세부절차 및 자료에 근거하여 수행해야 한다.

㉡ 본선터널의 길이가 15km 이상인 터널에서 이 기준의 방재요구조건이 미흡하다고 판단되는 경우에는 해당 터널의 특성에 적합한 별도의 대책을 수립하여야 한다.

㉢ 터널연장 10km 이상의 철도터널은 터널의 축소모형을 이용한 모의화재실험을 실시한 후 결과를 반영한다.

㉣ 관련법규

- 「철도설계기준」(국토교통부, 2011) 제12장 터널 12.15 방재설비
- 「철도시설 안전기준에 관한 규칙」(국토교통부, 2011) 제5조(안전성 분석의 시행)

③ QRA 분석

　　㉠ 연장에 따른 안전성 분석방법은 기존 사고사례 및 자료를 토대로 화재강도, 가능한 시나리오, 사건발생 가능성, 사고영향, 사고발생확률 등에 대한 세부적인 분석방법에 따라 안전성 분석 결과의 차이가 클 수 있다.

　　㉡ 따라서 이에 대한 구체적인 기준을 위하여 정량적 위험도 분석(QRA)에 따른 방재시설계획의 수립이 필요하다.

(4) 고속철도 소음특성

① 소음원

　　㉠ 고속철도에서 발생하는 주요소음원은 높은 운행속도로 인한 차체와 집전장치의 공력소음, 차륜과 레일 사이에서 발생하는 전동소음, 차체에서 발생되는 구동장치소음, 구조물과 지반을 통하여 전달되는 저주파소음 등이 있다.

　　㉡ 이러한 소음은 열차의 속도에 따라 그 중요도가 변화하는 것이 일반적인 현상이다.

② 속도에 따른 지배적 소음

　　㉠ 80km/h 이하 : 기계적 소음이 지배적이며 소음의 크기는 속도에 비례함

　　㉡ 80~100km/h 이상 : 전동소음이 지배적이며 소음의 크기는 속도의 3승에 비례함

　　㉢ 300km/h 이상 : 공력소음이 지배적이며 소음의 크기는 속도의 6승에 비례함

(5) 궤도틀림 검측파장

① 차량동요

　　㉠ 열차의 승차감과 안전성을 확보하기 위하여 궤도의 틀림과 차량동요의 관계를 실제 데이터를 기초로 검토 · 분석할 필요가 있다.

　　㉡ 차량동요와 관련된 항목은 차량과 궤도 분야로 나눌 수 있음

　　　• 차량분야 : 운행속도, 차륜의 상태, 현가장치 및 댐퍼, 차종, 대차형식 등에 기인

　　　• 궤도분야 : 신축이음, 분기기, 선형상태, 궤도틀림 등에 기인

② 유지보수

　　㉠ 유지보수 단계에서 반드시 고려되어야 할 궤도틀림과 차량동요의 관계는 속도와 밀접한 관계가 있다.

ⓛ 특히 차량의 고유진동수가 1~1.5Hz에서 가진될 경우 큰 동요가 발생될 수 있다.

③ 궤도틀림 관리

ⓐ 고속철도에서는 승차감 확보를 위하여 장파장 궤도틀림관리를 하고 있다.

ⓛ 궤도검측차로 측정된 면틀림과 차량의 진동수를 주파수로 분석한 결과 상하방향의 차량동요는 궤도의 고저틀림으로 기인한 것임을 확인할 수 있다.

ⓒ 따라서 고저틀림에 대한 장파장 궤도틀림의 관리로 승차감을 향상시킬 수 있게 되었다.

3. 결론

① 경부고속철도는 교량설계 시 정적 안정성과 사용성뿐 아니라 동적 안정성을 추가적으로 검토하였으며 상판가속도, 단부꺾임각, 처짐, 비틀림 등 검토된 모든 항목이 허용치 이내가 되도록 설계하여 열차의 고속주행에 대한 안정성을 확보하고 있다.

② 고속철도와 관련하여 속도와 관련된 기술뿐 아니라, 승차감과 관련된 기술, 유지보수 및 안전과 관련된 기술이 심도 있게 검토되어야 할 것이다.

QUESTION 7

고속으로 운행되는 철도교량에서 동적 안전성을 확보해야 하는 주된 이유(장대레일 장출 및 파단 방지, 승차감)와 동적 성능을 평가하기 위한 동적 상호작용을 수행하는 이유 및 고려사항을 설명하고, 고속으로 운행하는 철도 교량에 부설되는 장대레일의 장출 및 파단 방지를 위한 제반 기준을 설명하시오.

1. 개요

① 고속철도 교량은 고속으로 주행하는 연행하중을 받는 구조물로 실제 주행속도에서 현행하중에 의한 교량구조물의 공진현상이 발생할 가능성이 있다.

② 구조물 공진이 발생할 경우 구조물의 거동은 매우 불안정해지고 교량의 상판 가속도와 처짐을 증폭시키는 주요 원인이 된다.

③ 또한 고속으로 운행하는 철도교량에서 장대레일의 장출 및 파단이 발생할 경우 안전상 큰 문제가 발생할 수 있으므로 교량의 동적 안전성 확보와 더불어 이에 대한 대책이 필요하다.

2. 동적 안정성의 확보(고려사항)

(1) 교량의 동적 안정성

고속철도에서의 교량설계는 일반적인 설계와 같이 UIC 하중을 재하시켜 교량단면과 PC 강선 및 철근량 등을 산정하나 고속열차 주행에 필요한 동적 안정성을 만족시키기 위해서는 실제 차량을 재하하여 설계속도로 시뮬레이션한 후 다음과 같은 기준을 만족하여야 한다.

(2) 설계기준

구 분	호남고속철도 준용	비 고
상판연직가속도	콘크리트궤도 0.5g	
허용처짐 (단부꺾임각)	• $\dfrac{f}{L} \leq \dfrac{1}{600}$ • HL 하중 및 실제하중 중 불리한 해석값 적용 • 복선 포함	
면틀림 각변화 (비틀림)	1.5mm/3m	재하조건은 허용처짐의 경우와 동일

3. 장대레일구간의 장출 및 파단

(1) 레일의 장출

① 장대화된 궤도구조를 장주로 가정하면 레일온도 상승에 수반되는 부동구간에서의 축압력 증대로 인하여 급격한 횡변형을 일으키는 경우가 있는데 이러한 현상을 궤도의 장출(좌굴)이라 한다.

② 궤도의 장출은 좌굴을 저지하는 힘인 궤도저항력을 일정한 값으로 가정하고, 레일 축압력으로 인하여 그의 변형을 주는 외력 에너지와 변형을 억제하려고 하는 억지저항력에 따른 내부 에너지의 균형조건으로 구한다.

③ 궤도좌굴이론 계산은 에너지와 운동량의 평형 상태를 가정한 가상일의 원리를 적용함으로써 구할 수 있다.

(2) 레일의 파단 및 파단 시 개구량

① 레일에 축인장력이 작용하고 있을 경우에 레일이 파단하면, 장대레일이 2본으로 분할하게 되어 레일 끝단은 서로 수축하려고 한다.

② 장대레일의 중앙부분에서 파단한 경우 그 개구량은 장대레일 단의 수축량의 2배가 된다.

③ 개구량에 대하여는 열차주행의 안전성을 고려하여 일정한 한도 내에 머물도록 설정온도 등의 검토를 하여야 한다. 파단 시 개구량을 D라고 하면 $D = \dfrac{EA\beta^2 \Delta t^2}{\gamma_0}$ 가 된다.

- 신축되는 레일 끝단길이 : $l = \dfrac{EA\beta\Delta t}{\gamma_0}$

- 개구량 : $D = l\beta\Delta Et = \dfrac{EA\beta\Delta t}{\gamma_0} \times \beta\Delta t = \dfrac{EA\beta^2 \Delta t^2}{\gamma_0}$

④ 레일 파단 시 개구량의 한계는 일본에서의 실험에 의하여 결정된 것으로 레일의 파단 초기에 차륜이 200km/h로 통과할 경우 탈선계수, 횡압, 레일의 변위 및 침하등을 검토한 결과 안전하게 통과가 가능한 범위이다. 한계치는 레일과 차륜의 종류에 따라 다르지만 60kg 레일의 경우 69mm를 사용하는 것이 일반적이다.

(3) 교량상 장대레일 장출 및 파단 방지

① 장대레일을 교량에 부설하면 온도변화에 따라 거더가 신축하기 때문에 레일에 부가 축력이 작용한다.

② 파단 시 개구량이 최대가 되는 파단점(최대축력점)을 구하고 그때의 개구량을 구한다.

③ 파단 시 개구량이 한도 내에 있으나 좌굴에 대한 안전성이 의심되는 경우 궤도 횡저항력의 증강을 위해 고정장치의 보강에 대비한 교체 등을 고려한다.

④ 장대레일의 신축구간에 교량이 존재하는 경우 부가축력의 영향은 상대적으로 적어지지만, 장대레일 단부의 신축량이 크게 되는 경우가 있다. 이와 같은 경우 신축이음매를 설치하여 부근의 축력을 감소시켜 최대 축압력 및 파단 시 개구량을 작게 할 수 있다.

⑤ 교량과 교량이 근접하고 있는 경우에는 파단 시에 근접한 교량까지 영향이 파급되며 단일교량의 경우보다 파단 시 개구량이 최대가 되기 때문에 파단 시의 개구량이 최대로 되는 환산 교량연장을 구하여 안전성을 검토한다.

⑥ 고속철도의 경우 고정점 간 경간장이 80m를 넘지 않도록 한다.

4. 결론

① 열차가 교량 위를 고속으로 주행하는 경우 교량 상판의 길이와 처짐 현상은 열차의 상하진동을 유발시킨다.

② 이 진동이 차량의 고유진동주기(1~1.5Hz)와 공진을 일으킬 경우 차상의 진동가속도가 크게 증폭되어 승차감을 악화시키고 순간적으로 열차의 수직하중을 증가시켜 안전을 저해할 수 있으므로 이에 대한 고려가 필요하다.

③ 교량 위에 부설하는 교상장대레일은 일반구간의 장대레일에 비해 교량의 길이, 경간, 교각의 강도, 지점배치, 레일 체결장치의 복진 저항력, 신축이음매의 배치에 대하여 교량구조물과 궤도의 양면에서 충분히 검토한 후 부설하여야 한다.

④ 교량 위에서 전 구간 장대화 시 횡저항력 부족에 의한 좌굴 여부를 계산하고, 최저좌굴강도 초과시 축력 저감방안을 수립하여 열차 안전운행에 만전을 기한다.

8 지진파(Seismic Wave)에 대하여 설명하시오.

1. 정의

지진파(Seismic Wave)란 지진 발생지인 진원지로부터 전달되는 지진에너지의 전달형태를 나타낸 것으로 그 형태와 특성에 따라 P파, S파, L파로 구분된다.

2. 종류

지진파의 종류로는 P파, S파, L파 및 Rayleigh파가 있으며 이들 파의 개념은 아래 그림과 같다.

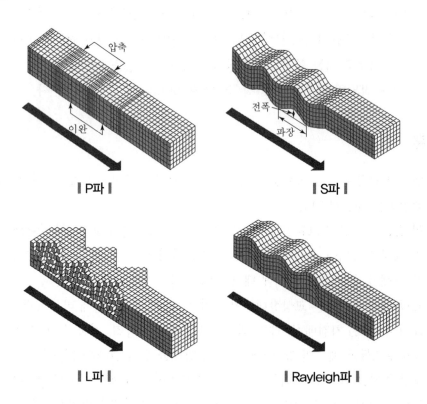

|| P파 || || S파 ||

|| L파 || || Rayleigh파 ||

① P파(Primary Wave)

지진에너지 중 수평력 성분이 전달되는 실제 파로 지반의 매질이 압축과 이완의 반복작용으로 에너지가 전달되며, 지진파 중 제일 먼저 도달하기 때문에 첫 번째 지진파(Primary Seismic Wave)라 한다.

② S파(Secondary Wave)

지진에너지 중 수직력 성분이 전달되는 실제 파로 지반의 매질이 상하의 반복작용으로 에너지가 전달되며 지진파 중 두 번째로 도달하기 때문에 두 번째 지진파(Secondary Seismic Wave)라 한다.

③ L파(Love wave)

지진에너지가 지표면에 전달되는 표면파로 수직 움직임은 없고 표면의 S자 모양의 수평 움직임만 전달되어 Love(Love Seismic Wave)라 하여 L파라고 불린다.

④ Rayleigh파

지진에너지가 지표면에 전달되는 표면파로 바다의 파도와 같은 파로 에너지를 표면에 전달하는 파를 말하며 L파와는 달리 수직과 수평방향으로 에너지를 전달하고 L파보다 속도가 느리다. 입자는 타원운동을 하며 진폭은 깊이에 따라 지수적으로 감소한다.

3. 특징

① S파와 Rayleigh파는 수직계의 지진에 대해 잘 관측된다.
② P파와 L파는 수평계의 지진에 대해 잘 관측된다.
③ 실제파인 P파와 S파는 지구 내부를 통과한다. 단, S파는 유체인 외핵을 통과하지 못한다.
④ 표면파인 L파와 Rayleigh파는 지구 내부를 통과하지 못하고 표면만 따라 이동한다.

QUESTION 9 내진설계 해석방법을 간단히 설명하시오.

1. 개요

① 내진설계 해석법으로는 지진하중을 등가의 정적 하중으로 치환하여 해석하는 등가정적 해석법과 응답스펙트럼이나 모드를 중첩하여 해석하는 동적 해석법 등이 있다.

② 설계자는 해석의 정밀성을 요구할 것인지 아니면 간단해석법을 적용할 것인지는 설계목적이나 건물의 중요도에 따라 내진설계 해석방법을 선택한다.

2. 등가 정적 해석법

① 지진하중을 정역학적인 횡토압의 등가정적하중으로 치환하여 사용하는 간편법

② 구조물 거동이 기본 진동모드(1차 모드)에 의하여 지배적인 영향을 받고 고차 진동모드(2·3차 모드)의 영향은 크게 받지 않을 때 사용

③ 구조물의 거동을 특정 범위 내에서 고려할 때 사용

④ 구조물은 독립적으로 거동하며 지반과 상호작용을 무시할 때 사용

3. 동적 해석법

동적 해석법(Dynamic Analysis)으로는 모드 해석법과 모드 중첩법 등이 있다.

(1) 모드 해석법(Modal Analysis) : 응답 스펙트럼 해석법

구조물의 동적 특성을 고려할 수 있고 계산이 쉬우므로 내진설계에 널리 사용되나, 비선형 해석이나 피로 해석에는 사용할 수 없으며, 시간에 따른 구조물의 거동을 알 수 없다는 단점이 있다.

① 단일모드 스펙트럼 해석법

　㉠ 적용 대상

　　구조물의 형상이 단순하여 기본모드가 구조물의 동적 거동을 대표할 수 있는 경우

ⓒ 해석방법

교량의 기본주기로부터 탄성지지력 및 변위 예측 가능

ⓒ 특징

- 손쉽게 적용 가능한 해석법이며 수계산 가능
- 형상이 단순한 단순교나 연속교에 적용 가능
- 일반적으로 다른 해석법에 비해 응답값이 크게 산정됨
- 구조물의 형상이 복잡하여 기본모드 이외의 모드에 의한 영향이 큰 경우에는 적용이 어려움

② 다중모드스펙트럼 해석법

㉠ 적용대상

- 기본모드 이외의 모드들이 구조물의 동적 응답에 대한 기여도가 큰 경우
- 여러 개의 진동모드가 구조물의 전체 거동에 기여하는 구조형식
- 일반적으로 중간 정도 지간의 연속교에 적용하며 해석모델을 잘 적용하는 경우로 장대교량 및 특수교량에도 적용 가능

ⓒ 해석방법

선형 해석 프로그램 사용

ⓒ 특징

- 시간이력해석법에 비해 시간과 노력이 적게 들고 정밀해석 가능
- 기하학적 형상이 복잡하여 직교좌표축으로 모드를 분리하기 힘든 교량에 대해서는 적절한 응답값을 기대하기 곤란하다.
- 다중모드 해석법은 전체질량이 한쪽 방향으로만 기여야 하는 것이 아니라 전체 유효질량 중에서 해당 방향의 유효질량만이 그 방향으로 작용하게 되므로 좀 더 정확한 해석결과를 얻을 수 있을 뿐만 아니라 단일모드 해석법으로는 예상할 수 없었던 부분의 손상도 방지할 수 있다.

(2) 모드중첩법(시간이력해석법, Time History Analysis Method)

지진 발생 시 시간에 따른 응답을 알 수 있으므로 중요한 구조물을 설계하거나 비선형 해석 등의 정밀해석이 요구되는 경우 적용하며, 정확하기 때문에 기존 구조물의 안전점검수단으로도 사용된다.

① 적용대상
- 하중의 지속시간이 짧은 경우
- 모드 간 구분이 명확하지 않아 Coupling 모드가 나타나기 쉬운 경우
- 높은 안전성이 요구되어 비선형 해석이 필요한 경우

② 해석방법
- 입력으로서 실측된 지진파형이나 인공파형이 필요
- 선형 또는 비선형 해석프로그램을 이용하여 해석

③ 특징
- 응답해석이 필요한 모드의 개수가 많은 경우 효과적임
- 동적 비선형 해석 가능
- 해석 및 결과분석에 많은 시간과 노력이 필요

QUESTION 10 응답스펙트럼 및 가속도계수에 대하여 간단히 설명하시오.

1. 응답스펙트럼

① 응답스펙트럼(RS ; Response Spectrum)이란, 지진과 같은 동적 하중(지진파)이 단자유도 진동계에 작용하였을 때 횡측에는 진동수(주기), 종측에는 최대응답치(절대가속도, 상대속도, 상대변위)를 표현한 그래프를 말한다.

② 응답스펙트럼으로부터 간접적으로 입력운동(지진파)의 특성을 파악할 수 있다. 따라서 동적 해석에서 모드중첩에 의한 해석이 가능할 경우 간단하게 응답스펙트럼을 이용하여 지진 시의 설계단면력을 결정할 수 있다.

2. 가속도계수

① 지진입력의 가속도 크기를 나타낼 때는 실제 cm/sec^2 또는 m/sec^2 단위로 표현되는 가속도 값을 그대로 사용하지 않고 통상 중력가속도($G=9.8m/sec^2$)에 대한 비율로 나타낸다. 즉, 0.1g, 0.2g 등과 같이 나타내는데 이는 중력가속도의 0.1배에 해당한다는 것을 의미한다. 이와 같이 나타내는 계수를 가속도계수라고 한다.

② 가속도계수(A)는 지진구역별로 내진등급에 따른 최대지진지반가속도의 크기를 나타내기 위한 계수로서 구역계수(Z)에 지진위험도계수(I)를 곱함으로써 구할 수 있으며, 무차원으로 표시된다.

$$A=Z \cdot I$$

③ 구역계수

지진구역		행정구역	구역계수(Z)
I	시	서울특별시, 인천광역시, 대전광역시, 부산광역시, 대구광역시, 광주광역시	0.11
	도	경기도, 강원도 남부, 충청북도, 충청남도, 경상북도, 경상남도, 전라북도, 전라남도 북동부	
II	도	강원도 북부, 전라남도 남서부, 제주도	0.07

④ 지진위험도계수(I)

내진등급	I 등급	II등급
재현주기(연)	1,000	500
지진위험도계수	1.4	1.0

3. 용어의 정의

① 가속도계수(Acceleration Coefficient)

내진설계에 있어 설계지진력을 산정하기 위한 계수로서 지진구역과 재현주기에 따라 그 값이 다르다.

② 내진등급

내진등급은 중요도에 따라서 교량을 분류하는 범주로서 내진 II등급, 내진 I등급으로 구분된다.

③ 다중모드 스펙트럼 해석법(Multimode Spectral Analysis Method)

여러 개의 진동모드를 사용하는 스펙트럼 해석법

④ 단일모드 스펙트럼 해석법(Single Mode Spectral Analysis)

하나의 진동모드만을 사용하는 스펙트럼 해석법

⑤ 위험도계수

평균 재현주기별 지진계수의 비

⑥ 응답수정계수(Response Modification Factor)

탄성해석으로 구한 각 요소의 내력으로부터 설계지진력을 산정하기 위한 수정계수

⑦ 지반계수(Site Coefficient)

지반상태가 탄성지진응답계수에 미치는 영향을 반영하기 위한 보정계수

⑧ 지진구역계수

우리나라의 지진재해도 해석결과에 근거한 지진구역에서의 평균재현주기 500년에 해당되는 암반상 지진지반운동의 세기를 나타내는 계수

⑨ 탄성지진응답계수(Elastic Seismic Response Coefficient)

모드스펙트럼해석법에서 등가정적지진하중을 구하기 위한 무차원량

QUESTION

11

응답스펙트럼을 설명하고, 이를 작성하는 과정을 설명하시오.

1. 정의

응답스펙트럼(Response Spectrum)이란 주어진 지진에 대해 일정한 감쇠율을 가진 여러 가지 단자유도 구조물의 최대 응답거동(변위, 속도 및 가속도)을 미리 알아내어 가로축을 진동주기(혹은 진동수)로 하고, 세로축을 최대응답으로 나타낸 그래프를 말한다.

2. 응답스펙트럼의 종류

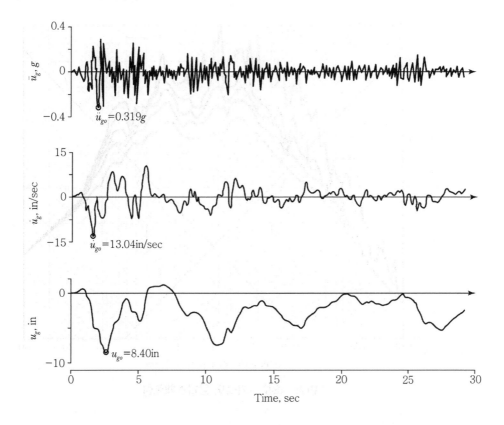

그림은 지반가속도가 임의의 시간 동안 작용할 때 지진계가 갖는 최대변위, 최대속도, 최대가속도를 나타낸 그래프이다. 진동수를 변화시켜 가며 이들 값을 전 진동수 구간에 대해 그린 곡선으로 지진가속도, 지진속도, 지진변위 대한 응답스펙트럼을 보여주고 있다.

3. 응답스펙트럼 작성

① 응답스펙트럼을 이용한 내진설계 시 사용하는 표준 응답스펙트럼은 각각 다른 고유
   주기를 갖는 단자유도 진동계에 지금까지 발생되어 기록된 의미 있는 지진 가속도를
   입력시켜 각각의 고유진동주기에 지진의 지속시간 동안의 최대응답(최대응답 가속
   도, 속도, 변위 등)을 Plotting하여 작성하면 된다.
② 그러나 이들 각각의 응답스펙트럼은 설계 시 사용하기가 불편하다. 이런 불편을 해소하
   기 위해 동일한 진동수축에 변위, 속도, 가속도를 나타낸 Triplot Response Spectrum
   을 사용한다. 통상 이를 변위−속도−가속도 응답스펙트럼 또는 응답스펙트럼이라
   한다.

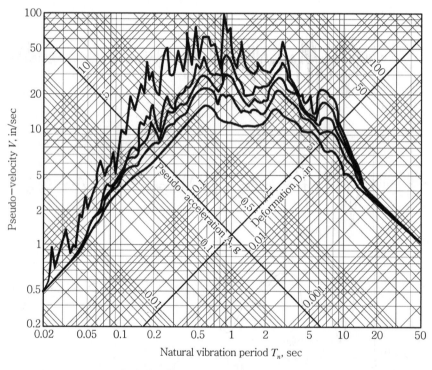

‖ 변위−속도−가속도 응답스펙트럼 ‖

응답수정계수 R에 대하여 다음 사항을 설명하시오.

1) 응답수정계수 R 산정개념 설명
2) 응답수정계수를 모멘트에만 적용하는 이유
3) 하부구조의 형식별 응답수정계수

1. 응답수정계수 정의

① 지진의 진동에 대해 탄성 거동의 구조물로 설계한다는 것은 비경제적이다. 따라서 R 계수 도입은 소성거동 지진력에 대한 에너지 흡수능력을 확보함으로써 안전한 범위에서의 소성거동에 대해서도 설계하고자 하는 것이다.

② 건축물의 변형능력의 척도인 연성(Ductility)은 내진성을 확보하는 데 크게 기여하는 요소이다. 소성영역에서 큰 지진력에 대한 흡수능력을 발휘할 수 있다면 구조물의 피해를 감소할 수 있을 것이다.

③ 지진에 의한 구조물의 응답 스펙트럼은 연성율이 증가할수록 감소하는 경향이다. 즉 소성응답 스펙트럼은 탄성응답 스펙트럼을 연성율로 나눈값 만큼 작아진다는 것이다. 내진 설계에서는 탄성응답 스펙트럼을 구조물의 연성율로 수정하는 계수R을 도입하게 되는 근거라 할 수 있다.

2. 응답수정계수 산정 개념

(1) 개념

응답수정계수는 구조시스템의 초기 항복을 넘어 극한하중과 변위에 도달하기에 충분한 구조물의 연성과 감쇠능력을 반영하는 계수로 초과강도(Overstrength), 구조물의 연성능력(Ductility), 감쇠특성(Damping) 및 잉여도(Redundancy)를 반영하기 위한 설계계수이다.

(2) 응답수정계수

응답수정계수는 $R = R_s \times R_u \times R_d \times R_r$ 로 구해진다.

여기서, R_s : 강도계수 R_u : 연성계수

R_d : 감쇠계수 R_r : 잉여도계수

① 강도계수(Strength Factor)

$$R_s = \frac{V_{\max}}{V_{Design}}$$

일반적으로 건물이 보유한 최대 수평강도는 설계수평강도를 초과하도록 설계한다. 강도계수는 최대 보유강도($V_{\max}$)를 설계 밑면 전단력(V_{Design})으로 나누어 구한다.

② 연성계수(Ductility Factor)

연성계수는 시스템 전체의 비선형 응답을 판정하는 척도로 고려되는 계수로, 구조시스템 연성과 부재연성, 재료연성으로 결정된다. 구조물에 요구되는 연성이나 반응수정계수를 확보하기 위해서는 구조물 전체 연성보다 각 부재의 회전연성 · 곡률연성, 재료연성이 커야 한다.

③ 감쇠계수(Damping Factor)

감쇠계수는 건물골조 시스템의 에너지 소산능력을 나타내는 계수로, 건물의 하중과 변위응답에 대한 부가적인 감쇠장치의 효과를 고려하기 위한 것이다.

④ 잉여도계수(Redundancy Factor)

일반적으로 강진지역의 건물들은 큰 잉여도를 갖는 횡력 저항시스템으로 설계되며, 지진으로 유발된 관성력을 기초에 전달하는 역할을 수행한다. 이들 잉여도에 대한 여유치를 고려한 것이 잉여도계수이다.

3. 응답수정계수를 모멘트에만 적용하는 이유

R이 적용되어 단면의 휨강도가 탄성지진력보다 작아지면 지진 시 도입되는 전단력도 작아지지만 교각에 소성힌지가 발생하여 충분한 변형성능을 발휘할 때까지 전단파괴가 발생하지 않도록 보장하기 위하여 응답수정계수를 전단력에는 적용하지 않고 모멘트에만 적용한다.

4. 하부구조 형식별 응답수정계수

교축방향 저항시스템	교축직각방향 기둥형식	
	단주	다주

QUESTION 13 구역계수, 위험도계수, 지반계수, 탄성지진 응답계수

1. 내진설계 기본방침

① 인명피해를 최소화하여야 한다.

② 지진 시 시설물 부재들의 부분적인 피해는 허용하나 전체적인 붕괴는 방지하여야 한다.

③ 지진 시 가능한 한 시설물의 기본적인 기능은 발휘할 수 있게 하여야 한다.

2. 설계일반

(1) 내진등급

철도 구조물은 구조물의 중요도를 고려하여 내진등급을 분류한다.

내진등급	구분내용	설계지진의 평균재현주기
내진 1등급	설계지진 발생 후에도 교통수단을 유지하기 위한 중요시설물	1,000년 (단, 열차주행 안전성 검토는 100년)
내진 2등급	내진 1등급에 속하지 않는 철도구조물	500년

(2) 철도의 내진설계 시 검토사항

① 열차 주행안정성 검토

　㉠ 설계지진 발생 시 감속된 상태로 운행하는 열차의 주행안전성을 보장하는 것으로 철도 구조물의 변형, 응력, 진동 및 궤도 틀림 등이 열차의 안전성을 위협해서는 안 되며, 탄성영역의 거동이 지배적이어야 함. 또한 기초지반의 영구적인 침하나 액상화가 발생하여서는 안 된다.

　㉡ 구조물 진동에 의한 열차의 탈선을 방지하기 위하여 열차 속도별 허용침하량을 만족해야 하며, 교축 직각 방향에 대한 강성을 확보토록 탄성설계를 하여야 한다.

　㉢ 재현주기는 100년을 기준으로 한다.

　㉣ 하중조합 $U=1.0(D+L+E+Q+H)$이며 이 경우 활하중은 단선을 기준으로 한다.

② 구조물 설계

㉠ 설계지진 발생 후의 피해 정도를 최소화하고 구조물을 구성하는 부재들의 부분적인 피해는 허용하나 구조물의 전체적인 붕괴는 방지하여야 한다.

㉡ 기초지반 및 말뚝의 극한지지력, 기초 및 구조물의 설계지진력으로 적용하여야 한다.

㉢ 하중조합 $U=1.0(D+E+Q+H)$을 사용한다.

㉣ 교량의 내진설계에서는 연성 확보를 위해서 교각에 소성힌지를 형성시키거나, 필요한 경우 합리적이고 타당성 있는 지진격리장치를 사용할 수 있다. 소성힌지의 형성 위치는 유지관리와 보수, 보강이 가능한 곳을 선택한다.

(3) 구역계수

지진재해도 해석결과에 근거하여 우리나라 전 지역을 2개의 지진구역으로 설정하며, 각 지진구역별 구역계수(Z)는 다음과 같다.

지진구역		행정구역	구역계수(Z)
I	시	서울특별시, 인천광역시, 대전광역시, 부산광역시, 대구광역시, 광주광역시	0.11
	도	경기도, 강원도 남부, 충청북도, 충청남도, 경상북도, 경상남도, 전라북도, 전라남도 북동부	
II	도	강원도 북부, 전라남도 남서부, 제주도	0.07

(4) 위험도계수

① 지진위험도계수(I)는 각 내진등급에 따른 평균재현주기별로, 500년 평균재현주기에 대한 최대지진지반가속도의 비를 나타내며 크기는 다음과 같다.

② 지진위험도계수(I)

재현주기(년)	100	500	1,000
지진위험도계수	0.57	1.0	1.4

(5) 가속도계수

① 가속도계수(A)는 지진구역별로 내진등급에 따른 최대지진지반가속도의 크기를 나타내기 위한 계수로서 구역계수(Z)에 지진위험도계수(I)를 곱함으로써 구할 수 있으며, 무차원으로 표시된다.

② 가속도계수(A)

    A = Z · I

(6) 최대지진지반가속도의 크기

내진등급과 지진구역에 따른 최대지진지반가속도의 크기는 가속도계수(A)에 중력가속도(G)를 곱한 값과 같다.

(7) 지반계수

① 지중구조물의 경우 지반의 영향을 고려하기 위하여 지반의 특성에 따라 지반을 분류하고 이에 따른 지반계수를 설정하여 설계응답스펙트럼에 반영하여야 한다.

② 지반계수

지반종류 / 지반계수	I	II	III	IV
S	1.0	1.2	1.5	2.0

③ 연약지반일수록 지반계수 값이 크다.

(8) 탄성지진 응답계수

① 지진 발생 시 구조물에 작용하는 탄성지진력은 구조물의 탄성주기를 계산하여 설계응답스펙트럼으로부터 응답가속도의 크기를 구하여 결정한다.

이때 설계응답스펙트럼으로부터 구한 응답가속도의 크기를 탄성지진 응답계수(C_s)라 한다. 즉, 구조물의 고유진동수에 대응되는 탄성 설계응답스펙트럼의 스펙트럼가속도 값을 탄성 지진응답계수라고 하며, 이는 건축법에서 정의하는 동적계수(C)와 유사한 개념이다.

② 탄성지진 응답계수(C_s)의 크기

    ㉠ 단일모드 탄성지진 응답계수(C_s)는

$$C_s = \frac{1.2\,A\,S}{T^{2/3}} \leq 2.5\,A$$

        여기서, A : 가속도계수

              S : 지반 특성에 대한 무차원의 지반계수

              T : 대상시설물의 주기

ⓛ 다중모드 스펙트럼해석법을 사용할 경우, m번째 진동모드에 대한 탄성지진응답계수(C_{sm})

$$C_{sm} = \frac{1.2\,A\,S}{T_m^{2/3}} \le 2.5\,A$$

여기서, T_m : m번째 진동 모드의 주기

ⓒ T_m값이 4.0초를 넘는 구조물에 대해서 m번째 진동모드에 대한 C_{sm}

$$C_{sm} = \frac{3\,A\,S}{T_m^{4/3}}$$

교량의 내진설계 시 주요 사항을 설명하시오.

1. 교량계획 시

① 연속경간 수를 3경간 또는 5경간으로 제한한다.

② 고정단의 위치는 가능한 활동량을 적게 배치한다.

③ 5경간을 초과하는 경우 고정단을 최소 2개소 이상 두는 방안을 강구한다.

④ 상·하행선을 분리할 때는 양측 교량의 간격을 2cm 이상 이격시킨다.

⑤ 내진성이 우수한 교각형식을 선정한다. T형보다는 π형 교각이 더 유리하다.

⑥ 가능한 질량이 적은 형식의 교량을 선정한다. 강교를 선정하는 것이 바람직하며, 콘크리트 교량의 경우 수평변위량이 더 크다.

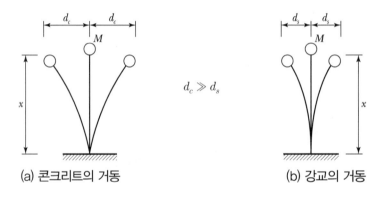

(a) 콘크리트의 거동   (b) 강교의 거동

‖ 교량형식별 진폭비교 ‖

여기서, M : 상부구조의 질량(사하중 w/중력가속도 g)

d_c : 지진 시 콘크리트교의 수평변위(진폭)

d_s : 지진 시 강교의 수평변위(진폭)

2. 지진수평력에 의한 부가하중 배제

교량받침 배치 시 상부구조 질량 중심선과 하부구조의 중심을 일치시켜 하부구조에 전달
되는 전단력 및 비틀림을 최소화한다.

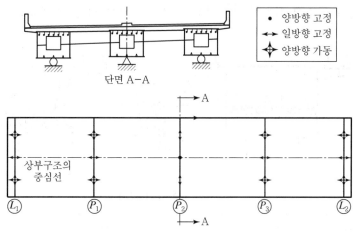

┃ 교량받침의 배치 평면도 ┃

3. 수평력에 저항하는 교량받침 설치 검토

내진설계를 수행할 경우 수평력이 3~4배 이상 증가하여 수평력 저항성이 향상된 교량받
침의 사용이 요구된다. 받침 종류로는 Spherical Shoe, Pot Shoe가 있다.

4. 지진수평력 분산장치 설치 방안

① 지진 발생 시 교량에 전달되는 수평에너지를 교량 받침에서 흡수하여 교각에 전달되
   는 하중을 감소시킴으로써 교량의 안전성을 확보하는 장치이다.
② 평상시에는 원래의 가동단으로 활동하나 지진과 급격한 하중이 작용될 때는 고정단과
   같은 역할을 하여 각 교각이 하중을 분담하는 역할을 수행한다.

③ 수평하중 분산장치
   ㉠ 댐퍼(Damper)
      지진수평력을 흡수하는 장치

ⓒ 전단키(Shear Key)

설치비가 저렴하여 가장 많이 사용되는 방법으로 상부구조의 수평이동 변위에 제한을 두어 그 이상은 전단키가 부담하도록 하고 일부 낙교 방지기능을 갖는 것으로 되어 있다. 전단키의 설치 시 부분적으로 발생되는 과도한 수평력에 의한 주형 거더 파손이나 구조적 거동의 불확실성 등이 있으므로 적용 시 충분히 검토하여야 한다.

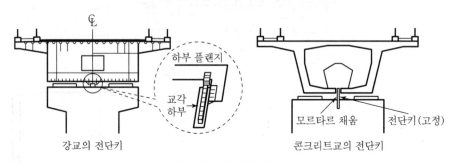

‖ 전단키 설치 형태 ‖

ⓒ 면진장치

탄성기능으로 에너지를 흡수하여 하부구조에 전달되는 하중을 저감시킬 수 있는 장치를 말한다.

구분	개요도	특징
탄성받침 (Rubber Bearing)		고무와 강판을 반복 설치하여 강판으로 안정적 거동을 확보, 선형 응답을 보이는 고무재료에 의해 고유 감쇠를 유지할 수 있다.
LRB (Lead Rubber Bearing)		탄성받침에 납프러그를 넣어 지진응답에서 에너지 분산과 정적 하중에 대한 강성을 제공한다. 초기 강도는 납프러그, 2차 강도는 고무에 의해 2중 선형을 나타낸다.
Sliding Bearing		PTFE(스테인리스강)의 마찰계수는 주유 시 0.02~0.03(비주유 시 0.10~0.15)으로 온도 및 크리프 하중에 저항한다.
Steel Hysteretic Damper Bearing		구조적으로 추가 부재를 설치하여 그 부재가 소성 변형으로 지진력에 저항하여 에너지 분산과 등가 감쇠는 증가시키도록 한다.

5. 기타 검토사항

① 낙교 방지시설의 요구 조건

　　㉠ 주요 구조물 간의 유격 확보에 지장이 없는 구조

　　㉡ 최소 지지길이 확보에 지장이 없는 구조

　　㉢ 지진 시 발생되는 초과변위를 제한할 수 있는 이동제한기능을 갖는 구조

　　㉣ 받침의 원상회복에 지장이 없는 구조

② 낙교 방지시설의 종류

　　㉠ 받침부 상부가 하부에서 이탈되지 않도록 설치된 구조 형식

　　㉡ 최소받침 지지길이가 확보된 구조 형식

　　㉢ 주형과 주형을 연결하는 구조 형식

　　㉣ 교대 또는 교각과 주형을 연결하는 구조 형식

　　㉤ 교대나 교각 거더에 돌기를 설치하는 구조 형식

③ 낙교 방지를 위한 연단거리 확보

④ 받침지지길이 확보

6. 교대 교각의 보강방안

(1) 소성힌지부 보강

일반적으로 교각의 연결부(상부, 하부)와 말뚝의 두부 부분은 큰 지지력을 받게 되면 소성영역이 발생되어 파괴에 이르게 된다. 따라서 이들 부분은 연성능력을 갖출 필요가 있어 이에 대한 보강으로 횡방향 철근을 배치하여 종방향으로는 기둥의 종방향 좌굴을 방지하고 기둥 심부를 구속하여 교각 기둥으로서의 역할을 유지토록 한다.

(2) 말뚝 두부 보강

말뚝기초의 경우 기초와의 연결부에서 소성힌지가 발생할 수 있으므로 연성을 갖도록 보강한다.

(3) 교대부 이탈 방지장치(Knock – Off)

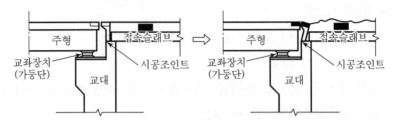

┃ 이탈장치의 구조 개념도 ┃

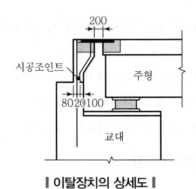

┃ 이탈장치의 상세도 ┃

QUESTION
15 안전성 확보를 위한 내지진 구조방식을 설명하시오.

1. 개요

지진에 대한 구조물의 안전성 확보를 위한 내지진 구조방식으로는 면진구조방식, 제진구조방식, 내진구조방식이 있다. 이들 구조방식의 개념을 살펴본다.

2. 면진구조방식(Avoided Seismic)

면진구조는 구조물을 격리하기 위하여 베어링(Isolation Bearing) 등으로 기초지반과 절연하여 지진 발생 시 구조물에 지진력이 가해지지 않도록 설계하는 구조방식을 말한다.

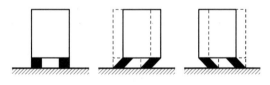

‖ 지진시 면진구조 거동 ‖

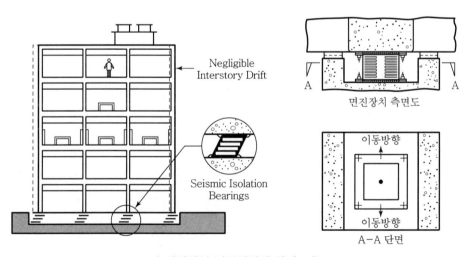

‖ 면진장치 설치위치와 상세도 ‖

3. 제진구조방식(Controlled Seismic)

제진구조는 Oil Damper 등의 감쇠기구 등을 구조물 기초에 설치하여 지진 시 지진하중을 제어하는 구조방식을 말한다.

4. 내진구조방식(Seismic Design)

내진구조는 지진 에너지에 대하여 구조물이 파괴되지 않도록 강성과 탄성을 확보하는 설계방식을 말하며 가장 널리 쓰이는 설계방식이다.

연약지반 처리공법

1. 개요

① 연약지반이란 일반적으로 강도가 낮고 압축성이 큰 지반을 말한다.

② 사질토의 경우 N치 $< 10 D_r < 35\%$, 점성토의 경우 N치 $< 4 q_u < 0.05$MPa이며 일반적으로는 N치 < 8 이하의 지반을 말한다.

③ 연약지반 개량공법이란 지반 자체를 탈수, 고결, 치환, 다짐 등의 방법으로 개량하여 지반지지력 증대, 변형감소, 잔류침하 방지, 투수성 감소를 기하는 방법이다.

④ 보통 공법을 선정하기 위해서는 지반조건, 시공조건, 허용침하량, 최소안전율 등의 데이터가 필요하다.

2. 공법분류

(1) 점성토

① 기계적 제거방법

㉠ 치환공법

㉡ 굴착제거공법

② **재하공법** : 연약지반에 하중을 가하여 흙을 압밀시키는 방법

㉠ Pre-Loading 공법(선행재하공법) : 사전에 미리 성토하여 침하시켜 흙의 전단강도를 증가시킨 후 굴착하는 방법

㉡ Surcharge 공법 : 계획 높이 이상으로 성토하여 강제로 침하시켜 지내력을 증가시키는 방법

㉢ 사면선단재하공법 : 성토의 비탈면 부분을 계획선 이상으로 넓게 하여 비탈면 끝의 전단강도를 증가시킨 후 터파기를 시행하는 방법

③ **탈수방법**

㉠ 압밀 탈수방법

• Paper Drain

• Sand Drain

ⓛ MAIS 공법(침투압공법)

수분이 많은 연약점토층의 반투막을 포함한 가운데에 빈 원통을 삽입하고 속
에 농도가 높은 용액을 넣어 점성토의 수분을 흡수시켜 점토를 다짐

ⓒ Chemicopile(생석회 말뚝공법)

연약 지반 중에 토질안정제가 되는 생석회를 주입하여, 생석회의 소화와 체적
팽창에 의한 탈수작용과 점토광물과 석회의 화학변화에 의하여 흙의 강도를
증대시킴

ⓔ Well Point 공법

지반에 일정간격으로 케이싱 파이프를 박아 지반속의 지하수를 진공펌프로 배
수하는 공법으로 케이싱 구멍 주위에 필터층을 부착하여 토립자의 이동 없이
지하수만을 배수하여 지하수위를 낮추면서 지반을 압밀하는 공법

④ 혼합공법

흙이나 자갈 등의 다른 재료를 혼합하거나 시멘트나 화학약재를 혼합하는 공법

㉠ 입도조정법 : 다른 입자의 흙을 혼합하는 방법으로 운동장, 노반, 활주로 등에
사용
ⓛ Soil Cement법 : 흙과 시멘트를 혼합하여 다져서 보양하는 방법

⑤ 고결방법

㉠ 소결공법

점토지반에 연직 또는 수평으로 구멍을 뚫고 이 구멍 속에 기체 또는 액체연료를
불어넣어 장시간 연소 가열하여 공벽 주변의 흙을 고결시키는 지반개량공법

ⓛ 전기고결법

직류전기에 의해 점성토 속의 물을 고결시키는 방법

ⓒ 전기화학적 고결법

지반 속의 물을 전기화학적으로 고결시키는 방법

(2) 사질토

① 진동다짐공법

• 연약지반에 인위적으로 외력을 가하여 흙의 간극비를 적게하여 느슨한 모래층

등의 연약층을 압밀하는 공법이다.

- 해머(Hammer)의 충격이나 진동으로 캐이싱(Casing) 속의 모래를 지반 중에 넣고 다져 밀도가 높은 모래섬을 형성해서 주위의 지반까지도 압밀하여 단단한 지반을 만드는 공법이다.

㉠ 수평방향 다짐공법

- Vibro Floatation : 모래말뚝을 타설할 때 캐이션(Caisson)을 맨 앞에서 분출하는 물제트를 이용해서 박고 캐이션을 뽑을 때 모래를 제트수로 포화시켜 수평으로 진동(Vibro flot)을 주어 주변을 다져 이것을 50cm마다 되풀이 하고 1개의 모래말뚝을 완성한다. 일반적으로 10m 정도까지이다.
- Sand Compaction Pile 공법 : 지중에 말뚝을 박은 후 그 속에 모래를 다짐하여 말뚝을 형성하는 공법
- Vibro Composer 공법 : 샌드 컴팩션(Compaction) 공법의 일종으로 샌드 컴팩션을 이용하고 진동으로 다짐한다.

㉡ 연직방향 다짐공법

- 진동물 다짐공법 : 물을 흘려 넣으면서 토사를 다지는 방법. 일반적으로 사질토에 유효하다. 느슨한 모래층을 물로 굴착하고 모래를 지상으로부터 보급하여 모래 기둥을 만들어 지반 개량을 하는 수가 있다.
- 폭파 다짐공법
- 전기 충격공법

② **약액주입공법** : 시멘트나 약액을 주입하여 지반을 강하시키는 공법

㉠ LW 공법 : 시멘트액과 물유리를 혼합하여 주입하는 공법
㉡ Hydro 공법 : 중탄산소다를 주입하여 고결시키는 공법
㉢ 케미젝트 공법 : 규산소다를 주입하여 고결시키는 공법

(3) 강재배수 지반개량공법

① Well Point 공법
② Deep Well 공법
③ 전기침투 공법

3. 시공관리

(1) 침하관리

① 압밀침하량에 대한 압밀도 산정
② 침하계 설치에 의한 일일기록 관리

(2) 강도관리

① 시험을 통한 강도정수 파악
② 침하량 결정

(3) 간극수압관리

① 계측 시스템에 의한 압밀도 체크
② 압밀의 진행상태 파악
③ 재하중의 변위에 따른 압밀상태 체크
④ 성토관리대장 작성

4. 결론

① 연약지반의 개량성과는 한 가지 공법의 적용보다 2가지 이상의 공법을 병용하여 시공 관리하는 것이 유리하다.
② 연약지반 공사는 완공 후에도 잔류침하가 문제되므로 항상 시공조사에서부터 유지관리까지 철저한 검토가 필요하다.
③ 공법을 선정할 때는 현지조건, 공사기간, 공사비 등을 감안하여 적절한 공법을 선정하여야 한다.

17 도심지에서 가시설공법의 종류 및 토류벽의 안정성 검토

1. 개요

① 흙막이는 굴착면의 작용에 대하여 굴착공사를 안전하게 진행시키기 위하여 설치하는 것으로 충분한 강도와 필요한 강성을 확보하여야 한다.

② 따라서 주변지형여건, 지질 및 토질, 주변구조물 및 지하매설물 등의 조사결과로 강도, 지수성, 주변구조물에 대한 영향, 시공성, 공정, 환경 등에 대한 검토를 하여 적정한 공법을 선정하여야 한다.

2. 흙막이 공법의 분류

(1) 굴착방법에 따른 분류

① 흙막이식 개착공법

㉠ 공법 개요

도심지 굴착에서 가장 많이 사용하는 공법이며 토류벽과 지보공으로 토사의 붕괴를 방지하면서 굴착하는 공법

㉡ 장점
- 부지에 충분하게 구조물 시공 가능
- 연약한 지반에도 시공 가능
- 되메우기 토량이 상대적으로 적음

㉢ 단점
- 굴착 중 기계능력 활용에 제약이 있음
- 굴착면적이 넓을 경우 지보공의 이음매 부분의 이완 수축이 커짐

② 아일랜드 공법

㉠ 공법개요

널말뚝 내측에 비탈면을 남기고 굴착하고 구조물 기초부분에 경사말뚝으로 토류공을 하면서 비탈면 굴착 후 잔여부분 굴착

ⓛ 장점

- 지보공이 절약됨
- 넓은 면적에 걸치는 굴착에도 지보공의 이완수축이 적음
- 대지 경계면 가까이 건물 설치 가능

ⓒ 단점

- 연약지반의 경우 비탈면이 길어짐
- 지하공사를 2회에 분할하여 시공하므로 공기가 길어지고 복잡함

③ 트랜치컷 공법

㉠ 공법 개요

외곽부분에만 토류공을 설치 후 트랜치 형태로 굴착하고 구조물을 축조 후 이를 토류공으로 이용하여 내부를 굴착

ⓛ 장점

- 연약지반에 적용 가능
- 넓은 굴착에도 집조공 이완 · 수축이 적음
- 부지 전체에 구조물 축조가 가능하여 깊고 넓은 굴착에도 용이함

ⓒ 단점

- 내측의 널말뚝은 여분으로 필요하여 경제적이지 못함
- 2회에 분할하여 시공이 이루어지므로 공기가 길어짐

④ 역타설공법(Top Down 공법)

㉠ 공법 개요

본구조체를 시공하고 이를 지보공으로 이용 역순으로 구조체를 시공하여 굴착하는 공법

ⓛ 장점

- 지보공의 변형압력이 저감됨
- 가설물이 불필요함
- 본구조물을 지보공으로 이용하므로 공기가 절약됨

ⓒ 단점

- 구조물 하부에 공사가 이루어지므로 작업이 불편함
- 기둥과 벽 등 구조물 연결부에 문제가 발생할 소지가 있음

(2) 지보공법에 따른 분류

① Earth Anchor 공법

ㄱ 공법 개요
- 인장강재의 가공조립
- 천공
- 인장강재의 삽입, 설치, 패커 주입
- Cement paste를 그라우트 펌프에 의해 압송 및 가압
- 인장시험 확인 후 긴장, 정착

ㄴ 장점
- Strut 식에 비하여 작업공간을 넓게 할 수 있음
- 기계화 시공이 가능하므로 공기가 단축됨
- 시공이 간단함
- 안정성 확보가 양호
- 해체가 간단
- 평면의 형상이 복잡하고 지반이 경사져 있어도 시공 가능
- 지하구조물의 바닥과 기둥의 위치에 관계없이 시공 가능
- Anchor에 긴장력을 주기 때문에 벽의 변위와 지반침하를 최소화할 수 있음

ㄷ 단점
- 천공 시 지하수 유입
- 인접구조물과 지하매설물 등에 제약
- Anchor 설치부지의 지주의 동의를 구함
- 배면보강이 어려움
- 주변에 지하구조물이 있을 때 시공 불가

② STRUT 공법

ㄱ 공법 개요
굴착하고자 하는 부지의 외곽에 흙막이벽을 설치하고, 버팀대(Strut), 띠장(Wale) 등의 지보공으로 지지하며 굴착

ㄴ 장점
- 버팀대의 압축강도 그 자체를 이용하므로 응력상태 확인 가능

- 굴착면적이 좁고 깊을 때 유리하며 연약한 지반도 시공 가능

© 단점

- 굴착면이 크면 버팀대 자체의 비틀림, 이음부분의 좌굴이 우려됨
- 주변 지반 침하 발생 우려
- 굴착평면의 크기에 제한을 받음
- 버팀보가 내부 굴착 및 구조물 공사에 지장을 줌

(3) 벽체 종류에 따른 분류(사용재료에 의한 분류)

① Sheet Pile 및 H Pile식

㉠ 천공하여 Sheet Pile이나 H Pile을 타설함
㉡ 굴착하면서 토류판을 설치함

② JSP식

㉠ 공법 개요

- ϕ 100mm Boring
- Cement+Bentonite를 고압분사

㉡ 장점

- 차수기능 확실
- Heaving 지역에 유리

㉢ 단점

- Grouting 공법으로 주변지역을 교란시키며 하수도시설에 피해를 줌
- 인장, 휨강도가 약하여 H-pile 공법과 병행
- 소음공해 및 Cost가 비쌈

③ 지중벽식

㉠ 벽식 현장타설콘크리트(ICOS, ELSE, Soletanche)

- 2개의 Guid Hole 사이의 흙을 Cramshell Bucket을 이용하여 순차적으로 판다.
- 보호벽을 따라 굴착하게 되므로 치수가 정확하다.

ⓛ 주열식 soil cement(CIP, MIP, PIP)
- 시추기로 천공 후 철근을 삽입하고 콘크리트를 타설함
- 불규칙한 평면에 적용성이 양호하고 인접구조물에 영향이 적음
- 기둥간 연결이 불량하면 별도의 차수가 필요하고, 자갈 및 암층의 시공이 불량함

3. 토류벽의 안정검토

(1) 자유단과 고정단의 비교

① 널말뚝 형태는 자유단과 고정단으로 구분할 수 있다.
② 지지벽의 안정을 검토하기 위해서는 자유단과 고정단 중 어느 것으로 선정해야 할지 토질조사와 더불어 비교 결정한다.

구분	자유단	고정단
그림		
어스앵커	있다.	없다.
근입 깊이	얕다.	깊다.
활동점	Anchor 두부점	굴착 저면점
단면두께	얇다.	두껍다.
항타	타격횟수 적다.	타격횟수 많다.
적용토질	점토질	사질토
인근 구조물의 영향	심하다.	거의 없다.
지하수위	반드시 고려한다.	고려하지 않는다.
안정성	낮다.	높다.
설계법	Habib의 등치계산식	Habib의 등치계산식

(2) 토압에 대한 안정검토

① 활동에 대한 안정

ㄱ 자유단 : $T + P_p \geq P_a \cdot F_s$

ㄴ 고정단 : $P_p \geq P_a \cdot F_s$

② 전도(Moment)에 대한 안정

③ 활동과 전도에 대한 연립방정식으로 근입 깊이(D)를 결정

$$M_p \geq M_a \cdot F_s$$

(3) Boiling에 대한 검토

① 투수성이 높은 사질지반에서 굴착할 때 배면의 지하수위가 토류벽 기초깊이에 비하여 너무 높으면 모래입자가 지하수와 함께 분출하는 현상을 Boiling이라 한다.

② 토류벽 기초깊이 공식 유도

$$W \geq U \cdot F_s$$

$$W = \frac{D}{2} \times D \times \gamma_{sub}$$

$$U = \frac{D}{2} \times \frac{H}{2} \times \gamma_w \times F_s$$

$$\frac{D}{2}(D)(\gamma_s) \geq \frac{D}{2}\left(\frac{H}{2}\right)(\gamma_w)F_s$$

따라서 토류벽 기초깊이 D는

$$D \geq \frac{H}{2}\left(\frac{\gamma_w}{\gamma_s}\right)F_s$$

여기서, $F_s = 1.2 \sim 1.5$

$\gamma_s = \gamma_{sub}$

(4) Heaving에 대한 검토

① 연약한 점토질 지반을 굴착할 때 토류벽 배면의 흙의 중량이 굴착면 이하의 지반의 극한 지지력보다 크게 되어 토류벽 배면의 흙이 내측으로 향해 유동하면서 굴착저면이 솟아오르는 현상이다.

② 점질토 흙의 전단강도 공식 유도

$$M_r \geq M_d \times F_s$$

$$M_d = W\left(\frac{1}{2}R\right) + qR\left(\frac{1}{2}R\right) = HR\gamma\left(\frac{1}{2}R\right) + qR\left(\frac{1}{2}R\right) = \frac{1}{2}R^2(\gamma H + q)$$

$$M_r = \frac{1}{2}(2\pi R) \times S \times R = \pi R^2 S$$

안전율 $F_s = 1.2$라고 하면 $\pi R^2 S \geq \dfrac{1.2}{2}R^2(\gamma H + q)$

따라서 점질토 흙의 전단강도 S는 $S \geq \dfrac{0.6}{\pi}(\gamma H + q)$이다.

(5) 부재에 대한 검토

① 벽체에 대한 검토

㉠ 토류벽은 Strut 위치에서 지지된 단순보로 계산하여 휨모멘트 및 전단력에 대하여 안전하여야 한다.

㉡ 이때의 지지변위는 무시한다.

② 엄지말뚝의 검토

㉠ 응력 계산은 벽체와 동일

㉡ 중고레일이나 I형강 사용

③ Wale에 대한 검토

㉠ Strut 위치에서 지지된 단순보로 계산하여 휨모멘트 및 전단력에 대하여 안전하여야 한다.

㉡ 최상단 위치는 인장균열 위치를 초과하지 않도록 하고 최하단은 지반이 연약한 경우 내린다.

④ Strut 검토

과대한 하중이 발생하지 않도록 강성이 있고 좌굴에 대한 검토를 할 것

4. 안전대책

(1) Boiling Heaving에 대한 대책

① Well Point 공법이나 Deep Well 공법과 같은 지하수위 저하공법 병용

② 근입깊이(D)가 깊으면 비경제적이므로 Earth Anchor를 병용

③ 양질의 토사로 뒤채움

④ 노면 배수시설을 하여 배면의 자유수가 침투하는 것을 방지

⑤ 배면의 배수처리를 잘할 것

⑥ 기초 Grouting 및 기초 Anchoring 등과 같이 외적 에너지를 가함

(2) 시공 시 안전대책

① 흙막이벽 시공 철저

㉠ Boiling Heaving에 대한 대책

㉡ 지하매설물 유지 · 관리 철저

② 굴착공사의 시공 철저

㉠ 선 보강(Earth Anchor, Strut) 후 굴착

㉡ 노면배수로부터 침투수가 굴착부로 유입되지 않도록 DIKE 설치

㉢ 양질의 되메우기 토사 이용

㉣ Strut 시공 직전이 최대응력이 걸리므로 가장 위험함을 고려한다.

5. 결론

① 도심지 기초공사시 행하는 토류벽 공법에는 많은 종류가 있으나 다음과 같은 조건을 만족하여야 한다.

㉠ 토압에 대하여 안전할 것

㉡ Boiling과 Heaving에 대하여 안전할 것

㉢ 소음 · 진동이 적을 것

㉣ 지하수 용수량이 적을 것

㉤ 인근 구조물에 악영향을 주지 않을 것

㉥ 구조물 시공이 용이할 것

㉦ 공사비가 저렴하고, 공기가 적정할 것

② 도심지의 좁은 공간에서 안전하게 작업하기 위해서는 향후 지하연속벽공법(벽식, 주열식)이나 약액주입공법이 확대될 전망이다.

QUESTION 18 기초공법의 종류를 쓰고 그 특징의 장단점을 논하시오.

1. 개요

① 기초는 상부구조물의 하중을 지반에 전달하는 부분의 총칭으로, 상부구조물을 안전하게 지지하고 유해한 침하, 경사가 생기지 않도록 설계하여야 한다.

② 기초의 종류는 일반적으로 직접기초, 케이슨 기초, 말뚝기초로 분류되고 있으나 최근에 기초공법의 다양화에 따라 어느 기초에 속하는지 분명치 않은 중간적인 것도 나타나고 있다.

2. 특징

(1) 직접기초

① 지형, 지질에 대한 특징

  ㉠ 지지층이 비교적 얕아야 경제적(GL에서 5~10m 정도)

  ㉡ 지하수위가 낮은 것이 유리

  ㉢ 수심이 있을 경우 시공법 고려(차수, 배수)

  ㉣ 세굴 우려 지역은 그 깊이를 고려하여 근입

  ㉤ 지지력이 부족한 경우 기초 면적 확장

  ㉥ 경사지에서는 지지력이 현저히 감소하거나 굴착 시 사면 붕괴 우려

  ㉦ 동일 구조물의 기초 지지층이 다른 경우 대책 필요

② 환경 조건에 대한 특징

  ㉠ 소요면적이 넓다.

  ㉡ 비교적 협소한 공간에서 시공이 가능하다.

  ㉢ 인접구조물에 미치는 악영향 적다.

  ㉣ 소음·진동, 오염이 적다.

  ㉤ 지하매설물, 지중 구조물의 확인 시공이 가능하다.

  ㉥ 심층에 있는 지하수맥에 지장이 없다.

③ 상부구조에 대한 특징

　㉠ 하중의 대소에 광범위하게 대처 가능하다.

　㉡ 연직 하중이 클수록 수평 지지력이 증대한다.

　㉢ 합력의 작용방향 및 위치에 따라 기초에 대한 지반 반력이 변화한다.

　㉣ 지지층의 깊이 변동에 따라 부재 길이의 변동으로 응력이 변화한다.

　㉤ 지지층 확인 시공으로 신뢰성이 높다.

(2) 케이슨 기초

① 지형, 지질에 대한 특징

　㉠ 지지층이 비교적 깊은 경우에 유리하다.

　㉡ 지지층이 너무 깊은 경우에는 시공이 곤란하다.(30m 정도가 일반적 한계)

　㉢ 시공 시 물의 처리는 문제없다.(수심 있는 곳에서의 시공 양호)

　㉣ 동일 구조물의 기초 지지층이 다른 경우 대처가 양호하다.

　㉤ 근입 깊이의 조정은 쉬우나 근입 깊이 증감이 안정성과 기초구조물 강도에 민감하게 영향을 준다.

　㉥ 경사지에서는 연직지지력은 문제가 없고 수평지지력이 감소된다.

　㉦ 경사지에서는 시공 시 지반의 사면 붕괴에 대해서 타 공법보다 유리하나 기구의 반입설치에 대한 대책이 필요하다.

　㉧ 연약지반의 경우 수평 지지력 검토가 필요하다.(말뚝기초보다는 유리)

　㉨ 중간층의 조건에 대한 적응성이 크다.

　㉩ 지반 침하에 의한 부마찰력에 대하여 말뚝기초보다 유리하다.

② 환경조건에 대한 특징

　㉠ 기초점유면적이 최소이다.

　㉡ 시공 시 소요공간의 제약이 비교적 적다.

　㉢ 인접구조물에 미치는 악영향은 뉴메틱 케이슨이 경우 비교적 적고, 우물통의 경우는 크다.

　㉣ 소음·진동, 오염 등이 비교적 적다.

　㉤ 지하매설물, 지하구조물 등의 확인 시공이 곤란하다.

　㉥ 심층에 있는 지하 수맥 등에 지장이 우려된다.

③ 상부구조물에 대한 특징

    ㉠ 큰 하중에 적응성이 크고 하중이 적은 경우에는 불리하다.

    ㉡ 연지지력 및 수평지지력이 최대이다.

    ㉢ 합력의 작용방향 및 위치변화 따른 영향은 케이슨 기초가 얕은 경우에는 직접 기초와 같은 영향을 받고 깊은 경우에는 영향이 적다.

    ㉣ 지지층 깊이 변동에 따른 영향은 단순구조물에서는 영향이 없고, 부정정 구조 물에서는 영향이 있는 경우가 많다.

    ㉤ 기초공의 신뢰성은 뉴메틱케이슨의 경우 양호 우물통의 경우는 약간 문제 있다.

(3) 말뚝기초

① 지형, 지질에 대한 특징

    ㉠ 지지층의 깊이는 말뚝직경의 10배 이상 필요하고, 비교적 깊은 경우에 유리하다.

    ㉡ 지지층이 너무 얕으면 설계·시공에 제약이 많다.

    ㉢ Footing의 설치 특징은 직접기초와 거의 같다.

    ㉣ 동일구조물의 지지층 변동에 대하여 타 기초공법에 비하여 구조물에 영향이 적다.(수평하중에 대한 변위량이나 응력은 말뚝길이에 따라 변화하지 않는다.)

    ㉤ 지반 조건에 따라 완전지지, 불완전지지, 마찰지지 기초 적용 가능하다.

    ㉥ 경사지에서는 연직지지력은 문제가 없고 수평지지력은 감소된다.

    ㉦ 경사지 시공 시 사면붕괴에 대해서는 직접기초보다 유리하나 중기 반입이 곤란하다.

    ㉧ 연약지반의 경우 수평 지지력에 문제 많다.

    ㉨ 중간층의 조건에 따라 말뚝의 공법이 제한된다.

    ㉩ 지반 침하에 의한 부마찰력에 대하여 침하나 변형이 생긴다.

② 환경조건에 대한 특징

    ㉠ 기초점유면적은 직접기초보다 적고 케이슨 기초보다 크다.

    ㉡ 시공시 소요공간이 타 기초형식보다 크다.

    ㉢ 인접구조물에 영향을 미친다.

    ㉣ 소음·진동, 오염 등 시공 시 공해를 유발한다.

    ㉤ 지하매설물 및 지층구조물 파손우려 크다.

    ㉥ 심층의 지하수맥 등에 지장이 있다.

③ 상부구조물에 대한 특징

   ㉠ 큰 하중에 대한 적응범위는 직접기초 및 케이슨 기초에 비하여 불리하다.

   ㉡ 연직지지력은 문제가 없으나, 수평지지력은 기대할 수 없는 경우가 있다.

   ㉢ 합력 작용방향의 경사는 무시할 수 있으나 편심은 균형을 고려해야 한다.

   ㉣ 지지층 깊이 변동에 따른 상부구조물의 영향은 없다.

   ㉤ 기초공의 신뢰성은 직접기초, 케이슨 기초에 비하여 떨어진다.

3. 기초 구조형식 선정

① 형식 선정 시 검토사항

   ㉠ 상부구조조건 : 형식, 하중종류 및 크기, 허용 변위량

   ㉡ 지반조건 : 지형, 지질, 지하수, 중간층 조건, 지반변동

   ㉢ 시공조건 : 기존 구조물에 미치는 영향, 수송 · 소음 · 진동의 규제, 용지, 안전성,
      작업공간

   ㉣ 공사기간

   ㉤ 공사비

② 하나의 기초 구조에서는 다른 종류의 형식을 병용하지 않는 것을 원칙으로 한다.

QUESTION 19

기존철도 노반의 지지력 약화 요인 및 방지대책을 기술하시오.

1. 연약화 요인

(1) 분니

① 분니의 정의

분니란 노반흙과 도상 내의 혼입토사가 우수, 지하수 등에 의하여 이토화되어 열차 통과 시 하중에 의해서 도상 내 또는 도상 표면까지 이토가 분출되는 현상이다.

② 분니의 종류

도상분니, 노반분니

③ 발생원인

㉠ 도상두께 부족 : 도상 두께가 적으면 노반압력이 커짐

㉡ 배수불량 : 분니의 주원인, 측구 등의 배수시설 불량에서 기인

㉢ 노반토의 불량 : 액성한계 및 소성지수가 큰 토질

㉣ 도상자갈 파쇄 : 자갈의 세립화

(2) 동상

① 동상의 정의

대기온도가 0℃ 이하일 때 흙속의 간극수가 얼어 흙이 결빙되고 체적이 팽창되는 현상을 동상이라 한다.

② 동상의 지배요인

㉠ 지하수위면

㉡ 모관 상승고 크기

㉢ 흙의 투수성

㉣ 동결온도 지속시간

③ 발생원인

투수성 성토재료 구간에 지표수, 지하수의 유입으로 수위상승 후 0℃ 이하 온도가 장기간 지속되는 경우 발생

(3) 침하

① 침하의 정의

하중 및 기초지반 변동으로 노반이 낮아지는 현상으로 침하 발생 시 궤도틀림으로 차량 탈선의 원인이 된다.

② 종류

원지반 침하, 노반 침하

③ 발생원인

㉠ 연약지반의 장기압밀

㉡ 성토재료 불량

㉢ 성토체 파괴 및 활동

㉣ 성토 다짐 불량

㉤ 기타 : 지진, 수해, 사고

2. 방지대책

(1) 근본대책

① 배수 및 배수설비 정비

② 성토재료의 치환

③ 작용하중 분산

(2) 운행선 대책

① 종·횡단 배수구 신설

② 노면 피복

③ 도상두께 증가

④ 강화노반

20 토공과 구조물 접속구간의 설계 및 유지관리 방안

1. 개요

① 토공과 구조물 접속부는 토공＋교량, 토공＋암거, 토공＋터널 등으로 접속될 수 있다.

② 접속부는 상이한 노반지지력으로 인하여 부등침하, 궤도침하, 승차감 저하 등이 일어날 수 있다.

③ 교대 등 구조물 배면 배수에 유의하고 흙쌓기에서 구조물 방향으로 압축성이 작은 재료를 사용하는 완화구간을 설치하도록 한다.

④ 특히 고성토 및 연약지반부, Con'c 도상으로 설치되는 접속부는 주의를 기울여야 한다.

2. 접속구간의 설계 방안

(1) 교량 : 어프로치 슬래브

① 노반침하를 억제하기 위해 고급재료의 뒤채움제를 사용한다.

② 필요시 파일기초 또는 정착단부(End Beam)를 보강하여 단부의 침하를 방지한다.

③ 슬래브의 길이는 충분히 길게 설치한다.

④ 슬래브 폭 및 두께 : 폭은 교량폭으로 두께는 열차하중을 고려하여 충분히 두껍게(20~30cm)한다.

(2) 토공－터널, 교량－터널 근접접속부

① 토공－터널 : 시멘트 처리된 보조도상, 입도조정 부순 돌

② 교량－터널 : 시멘트 처리된 보조도상, 시멘트 처리된 자갈, 일반자갈

(3) 암거 : 어프로치 블록

① 토피고에 따라 사용재료 및 설치기준 조정 : 재료입도, 다짐기준 등

② 보조도상, 입도조정 부순 돌, 시멘트 처리된 자갈, 일반자갈, 토공표준쌓기

3. 유지관리 방안

① **그라우팅** : 그라우팅으로 인하여 노반의 과대변형이(지반융기) 발생하지 않도록 시행한다.

② **완전갱환** : 완전갱환의 경우 열차운행은 특수선을 부설하여 운행하고 교대배면을 완전히 갱환토록 한다.

QUESTION 21

1 구조물 접속부 구간 노반손상에 대하여 접속부 분야별 손상영향 요소와 설계 시 고려사항에 대하여 설명하시오

2 장착단부(End Sporn), PRCG 공법

1. 개요

① 철도 구조물 중 토공이 교량터 · 널구 · 교 등 과 접속되는 부분은 연성－강성노반 간 강성 차이로 침하 및 궤도 변위가 발생한다.

② 접속부위는 사고 및 손상되기 쉬운 장소이므로 이에 대한 적절한 조치가 필요하다.

2. 구조물 접속부 분야별 손상 요소

(1) 토공노반 손상

① 노반침하

② 성토사면 전단

③ 배수불량

④ 동결융해

(2) 교량구조물 손상

① 교량상판 휨

② 열팽창 단부회전

(3) 구조물 접속부 손상

① 교대부등침하

② 측방유동

③ 배수불량

④ 토압에 의한 변형

3. 구조물 접속부 손상 시 문제점

① 궤도변위 및 궤도 손상
② 차량 통과 시 윤중 변동 및 승차감 악화
③ 복합틀림(Twist)에 의한 탈선위험 증대
④ 충격력에 의한 차량 손상

4. 구조물 접속부 설계 시 고려사항

(1) 토공–교량 접속부 설계 시 고려사항

① 노반분야
  ㉠ 어프로치 슬래브
  ㉡ 어프로치 블록
  ㉢ 강화노반

② 궤도분야
  ㉠ 정착단부(End Sporn)
  ㉡ 전단연결재(Share Bar)
  ㉢ HSB

③ 토공구간과 접하는 슬래브의 단부가 침하가 예상되는 개소에서는 단부에 파일기초 또는 정착단부보(Endsporn)로 보강한다.

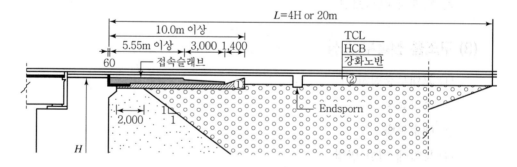

(2) 토공 – 터널 접속부 설계 시 고려사항

① 토공노반은 쌓기 구간인 경우 교량 접속부에서와 마찬가지의 특수 뒤채움 공법을 적용한다.

② 깎기 구간인 경우는 노반의 강도가 특별히 약하지 않는 한 특별한 조치를 취하지 않을 수 있다.

(3) 토공 – 암거 접속부 설계 시 고려사항

어프로치 블록, 시멘트 처리 보조도상

5. 구조물 접속부 침하 시 처리대책(콘크리트 궤도)

(1) 침하량 30mm 미만

① Rail 고저 조절
② 패드보수

(2) 침하량 30mm 이상

① 슬래브 Level 조정
② 주입 그라우팅 공법

6. 토공구간의 궤도 침하시 보수 · 보강대책(PRCG 공법)

① PRCG(Pressurized Rapid – hardening Cement Grouting) 공법은 급결성 시멘트 모르타르의 주입압력을 이용하여 미세 · 순환 · 반복 주입하는 방식이다.

② 시공순서

㉠ 주입관을 설치한다. 주입관은 충전재의 겔타임을 조정할 수 있게 Two – Shot Type을 설치한다. 설치위치는 TCL층과 HSB층을 관통하여 주입관의 끝이 상부노반에 위치하도록 한다.

㉡ 정확한 복구량을 결정하고 주입관을 통하여 급결성(겔타임 1초대) 충전재를 주입한다. 복원은 충전재의 주입압력을 이용하고, 별도의 검측장비를 이용하여 복원량을 조절한다. 과도한 복원이 되지 않도록 주의한다.

㉢ 중결성 충전재를 주입하여 복원에 의하여 발생한 주변의 공극을 채운다.

㉣ 주입관을 제거하고 천공부를 메운다.

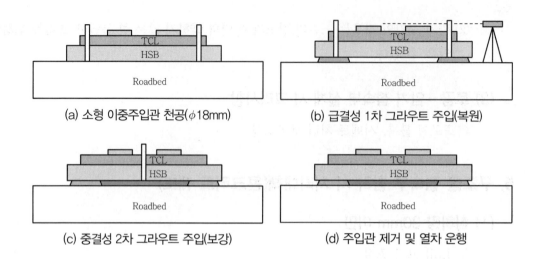

(a) 소형 이중주입관 천공(ϕ18mm)

(b) 급결성 1차 그라우트 주입(복원)

(c) 중결성 2차 그라우트 주입(보강)

(d) 주입관 제거 및 열차 운행

7. 결론

① 구조물 접속부 손상은 상부궤도 변형을 유발하며, 접속부 손상 시 사용성 저하가 크고 대처방안이 제한적이다.

② 설계 시 지반조사 계측정보에 의한 접속부 품질 확보와 운영 시 주기적 검측·계측에 의한 조기발견이 중요하다.

QUESTION 22 개착 구조물의 구조 및 방수설계상의 개선대책

1. 방수공법 및 재료의 변경

지하철 개착 구조물은 상시 물과 진동의 영향을 받기 때문에 이와 같은 환경조건에 적절히 대응하는 방수공법 및 재료를 선택하여 사용할 필요가 있다.

2. 기타 개선사항

① 바닥 토공 굴착 시 양측에 배수로 및 집수구를 설치하여 배수를 관리하고, 바닥 굴착 시에는 콘크리트 타설면보다 낮게 배수로를 파고 부분적으로 일정개소에 집수구를 파서 물이 고이게 한 후 고인 물을 펌핑하는 관리체계가 필요하다.

② 수밀성 콘크리트 구조물 제작
   ㉠ 지하철 상부 슬래브 콘크리트 타설 시 거푸집 바닥면에 P.E 비닐을 깔고 시공하면 시멘트 페이스트의 혼화수가 유실되지 않아 상대적으로 수밀 콘크리트화됨으로써 결로 방지효과가 크다.
   ㉡ 콘크리트 타설 시 충분한 다짐으로 구체 콘크리트 내 공극 발생이 감소한다.
   ㉢ 레디믹스트 콘크리트의 경우 배합에서 운반, 치기, 양생에 이르기까지 콘크리트 시방기준을 준수하여 양질의 구조물을 시공한다.

③ 신축줄눈 설계 및 시공
   ㉠ 콘크리트는 기본적으로 수화작용 시 건조수축 현상이 발생하고, 경화 후 주위의 온도영향으로 팽창 혹은 수축한다.
   ㉡ 이와 같은 콘크리트 팽창, 수축 작용 시 적절히 대응할 수 있는 신축줄눈 및 균열 유발 줄눈 설치와 시공이음부에 이음재 및 신축성이 있는 지수판 등을 설치하면 구체에서 균열 발생을 막고 시공 이음부에서 지수가 가능하다.

④ 거푸집 존치기간 엄수
   ㉠ 콘크리트가 자중 및 시공 중에 가해지는 하중에 충분히 견딜 만한 강도를 확보할 때까지는 거푸집 및 동바리를 제거해서는 안 된다.
   ㉡ 거푸집 존치기간을 지키지 않고, 조기에 제거하게 되면 거푸집에 조정된 폼타이가

콘크리트와 완전히 부착되지 않은 상태에서 거푸집 탈회시 외력을 받아 콘크리트와의 부착력이 약화되므로 플랫 타이핀을 통한 누수가 지하철 방수하자의 주된 원인이므로 콘크리트와 플랫 타이가 완전히 부착될 때까지 시방서의 거푸집 존치기간을 엄수해야 한다.

⑤ 되메우기 양질토사 사용

개착 구조물 측면 되메우기 시 암석 및 율석 폐자재, 유기물 등이 혼합된 불량 토사를 사용함으로써, 방수 보호층이 파손되어 누수가 발생 될 뿐만 아니라, 노면 복공 후 부등침하의 원인이 되므로 되메우기 흙은 반드시 양질의 부드러운 흙으로 방수층에 충격이 가지 않도록 시공해야 한다.

⑥ 바탕면 처리공사의 적정가 보상 및 정밀시공

방수 시공상 구체 콘크리트 바탕면을 평활하게 유지하는 작업은 방수층의 성능 확보를 위하여 중요한 작업이므로 방수대가를 현실화해야 함은 물론 작업자도 주의를 기울여 시공해야 한다.

3. 결론

① 현재 개통하여 운행 중인 여러 곳에서 누수가 발생하여 열차 운행이 종료된 후 방수하자보수공사를 하고 있는 실정이다.
② 향후 공사에서 구조체 및 방수공사 시 기존방수 설계 및 공법을 과감히 탈피하여 진일보한 설계 시공을 할 필요가 있다.

QUESTION 23 노반의 배수시설별 특징

1. 배수시설의 구분 및 설치개소

철도노반의 배수시설은 표면배수, 지하배수, 선로횡단배수로 구분하며 배수시설의 구분
및 명칭은 다음과 같다.

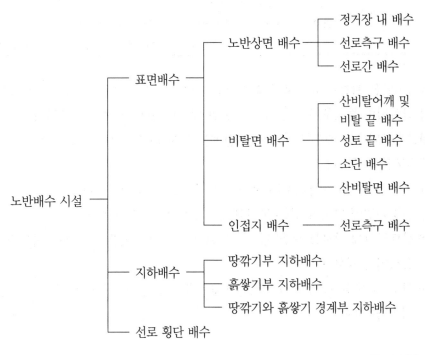

▌ 철도노반 배수시설의 구분 ▐

2. 표면배수

① 노반상의 표면수를 배수하기 위하여 강화노반의 경우 및 비탈어깨 부근에 배수를 저
해하는 케이블 덕트 등이 있는 흙노반의 경우에는 선로측구를 설치한다.
② 노반의 표면 조건과 선로중심간격이 넓은 경우에는 선로측구만으로 배수가 곤란하기
때문에 선로 사이에 배수구나 선로횡단 배수공을 설계한다.
③ 배수시설의 형식 및 설치 개소는 다음과 같이 한다.

‖ 배수시설의 형식 및 설치 개소 ‖

목적	형식	명칭	설치개소
노반의 표면 배수	배수구	선로측구	• 강화노반 • 비탈어깨 부근에 배수를 저해하는 케이블덕트 등이 있는 흙노반
		선로간 배수구	• 2복선 이상의 구간 • 복선 이상에 시공기면에 단차가 있는 구간 • 노반 표면의 횡단기울기가 凹로 되는 구간
	배수관	선로횡단 배수공	• 기울기구간에 설치된 구조물의 상방(上方)개소 • 종단기울기가 凹로 된 개소 • 선로 사이의 배수고와 선로 측구 연결개소 • 땅깎기 구간이 긴 경우 하류측의 땅깎기와 흙쌓기의 경계구역

④ 강화노반은 시간당 유출량이 많으므로 표면수를 직접 비탈면으로 유출시키면 비탈면이 침식되어 붕괴우려가 있으므로 노반 양측에 선로 측구를 설계한다.

⑤ 선로측구만으로 배수가 곤란한 구간에는 철도노반 배수시설의 구분과 같이 선로 간 배수구를 설계한다.

ⓐ 2복선 이상의 구간에서는 복선을 1 단위로 하여 설계한다.

ⓑ 시공기면에 단차가 있는 구간에서는 단차 하측에 설계한다.

ⓒ 성토구간에 선로를 증설하는 등 노반 표면의 횡단기울기가 凹이 되는 구간은 凹의 장소에 설계한다.

ⓓ 선로 간 배수구는 50~100m에 1개소씩 선로 횡단기울기를 설치하여 종단배수로에 연결한다.

3. 선로횡단 배수

① 선로횡단 배수는 선로 간 배수구와 종단배수로가 연결되는 개소에 설계한다.
② 하향기울기 구간에 설치된 구조물의 위쪽에 설계한다.
③ 종단기울기가 凹로 된 개소에 설계한다.

4. 흙노반 상면배수

① 선로측구

ⓐ 흙노반일 경우 선로측구를 설계하며 노반어깨 부근에 케이블 덕트나 방음벽 등을 설치할 경우에는 반드시 선로 측구를 설치해야 한다.

ⓛ 본선수로 콘크리트 및 지축수로 콘크리트, U형 측구 등을 설계하며 유출수가 많은 경우에는 개천 수로콘크리트로 설계한다.

ⓒ 선로측구를 설치할 때에는 반드시 노반 배수공을 고려하여 설계한다.

② 선로 간 배수구는 강화노반의 선로 간 배수구와 같이 설계한다.

③ 선로 횡단배수공은 강화노반의 횡단배수공과 같이 설계하며 표면수의 배수를 목적으로 하는 개소는 부직포 등 필터재를 붙인 유공관 또는 물빼기 대책을 한 배수구를 설치한다. 또 땅깎기부에서 나오는 지하수가 흙쌓기부에 침투되지 않도록 하고 호우시에 선로 기울기 방향으로 흐르는 표면수를 차단하기 위하여 지하배수공을 설계한다.

5. 비탈면 배수공

① 소단을 설치하는 경우에는 소단 사이에 배수구를 설계한다.

② 흙쌓기 높이가 높으면 비탈면에 흐르는 표면수의 유량이 많고 또 유속도 빨라지므로 표면수에 의해 비탈면이 침식되어 붕괴되는 경우가 있다. 이 때문에 소단 위에 배수구를 설계하여 소단의 상부에서 표면수를 배출한다.

③ 배수구의 종단기울기는 0.3% 이상으로 설계한다.

6. 배수 블랭킷

① 흙쌓기 내의 간극수압 상승을 방지하기 위하여 필요에 따라 배수 블랭킷을 설계한다.

② 강우 등으로 흙쌓기 내에 침투한 물로 인하여 간극수압 상승으로 흙쌓기 내 지하수면이 비탈면에서 교차하게 되면 비탈면의 붕괴 위험이 있으므로 흙쌓기 내의 간극 수압 상승을 방지하기 위해 배수 블랭킷을 설계하여 붕괴를 방지한다.

③ 흙쌓기 지반의 투수성이 크고 지하수위가 원지반면보다 500mm 이하일 경우에는 배수블랭킷을 설치하지 않아도 좋다.

④ 강화 노반으로 시공되거나 성토 비탈면이 블록 등으로 피복되어 강우의 침투에 의한 영향이 적을 경우는 배수 블랭킷을 설치하지 않아도 좋다.

⑤ 배수 블랭킷은 투수계수 $k \geq 10\text{mm/s}$ 되는 재료를 사용한다. 그리고 성토재료와 접한 면은 부직포 등 필터 재료로 덮어 성토재료의 유출을 방지하도록 설계한다.

7. 비탈끝 배수공

① 흙쌓기 외방에 흙쌓기 비탈면의 우수 등을 배수시키고 또한 노반의 물을 하천 등으로 흘러 보내기 위한 수로로 비탈 끝 배수공을 설계한다.
② 배수공의 단면 등 구조는 현지 여건에 따라 결정한다.

8. 종배수공

① 노반 배수공이나 비탈면 배수공에서 집수된 표면수를 비탈면을 따라 유하시키는 경우에는 종배수공을 설계한다.
② 설치간격은 50m에 1개소를 표준으로 하고 현지 상황에 따라 설계한다.

9. 기타 배수공

땅깎기와 흙쌓기의 접속구간에는 현지 상황에 따라 필요한 배수공을 설계한다.

10. 정거장 구내 배수공

① 정거장 구내는 면적이 넓으므로 강우시나 동절기 눈 녹은 물에 대한 노반의 안정을 위하여 강우 강도를 고려한 배수시설을 설계해야 한다.
② 배수시설은 표면배수가 잘 되도록 하고 지하배수를 검토하여 횡단 배수로에 접속시켜 정거장 주위의 수로에 연결되도록 설치한다.
③ 표면 배수구와 횡단배수로의 접속부에는 맨홀을 설치하여 수시로 침전물을 제거할 수 있도록 한다.
④ 배수로는 정거장의 종단 및 횡단기울기, 인접선로의 종단기울기, 홈배치, 화물취급 등 현지여건을 고려하여야 설치한다.
⑤ 차량기지, 조차장, 보수기지, 역사 등에서 발생하는 오수는 별도로 하수관을 설치하고 정화시설을 설치해야 한다.

QUESTION 24

철도교량의 형식별 특징을 비교 · 설명하시오.

1. 개요

① 교량의 형식은 기능과 설계 및 시공상 큰 영향을 미치므로 신중히 선정해야 한다.

② 현장의 주변 상황을 충분히 파악하여 공사비를 최소화하는 동시에 기능을 충분히 발휘할 수 있어야 한다.

③ 주변환경과의 미적인 조화와 함께 유지관리, 보수에도 적절해야 한다. 또한 구조적 안정성이나 도시계획과의 합치를 위해 면밀히 검토해야 한다.

2. 각 형식별 특징

(1) RC교(Slab, 중공 Slab, I형, T형, Box형)

① 설계

ㄱ 설계가 단순, 간단

ㄴ 경간이 제한되고 단면이 크며 응력상 비경제적

② 시공

ㄱ 특별한 기술이나 장비가 불필요

ㄴ 장소의 제약이 없고 국내 시공경험이 풍부

ㄷ 하부 동바리, 현장타설, 인력동원, 자재 확보의 노력품이 많음

③ 유지

ㄱ 유지관리가 거의 불필요함

ㄴ 중량이 커서 소음 · 진동 방지에 효과적

ㄷ 미관상 불리한 중량규모가 되기 쉬움

(2) PSC교

① 설계

ㄱ RC보다 경간을 크게 하며 신공법에 의한 장대교량도 가능

ㄴ PC 강선과의 조합으로 재료비 절감

ⓒ 자중이 하중에 미치는 영향이 큼

ⓔ 시공단계별 Prestress 도입과 관리에 대한 세부적 설계가 요구됨

② 시공

ⓐ Precast 사용으로 공기단축 가능

ⓑ RC보다 현장관리 용이

ⓒ 장지간은 특수공법과 기술이 요구됨

ⓔ 현장제작의 경우 Prestress 관리가 복잡

③ 유지

ⓐ 유지관리가 거의 불필요함

ⓑ 외관이 단순 미려

ⓒ 진동 및 충격에 취약

(3) Steel교

① 설계

ⓐ 구조계산이 간단하고 확실함

ⓑ 처짐에 대한 대책 필요

ⓒ 단지간에서 장지간까지 적용폭이 큼

② 시공

ⓐ 공장 제작, 현장가설로 공기 단축

ⓑ 경량으로 시공 용이

ⓒ 좌굴 및 비틀림에 대한 보완책 필요

ⓔ 공사비가 일반적으로 고가임

③ 유지

방식에 대한 주기적인 도장이 필요

(4) Pre-flex교

① 설계

ⓐ 강재와 콘크리트의 적절한 조합으로 자재 절감

ⓑ 제작단계의 하중 Check로 안전성 보장

ⓒ 처짐과 진동에 대한 검토 필요

ⓔ 경간이 제한되어 장경간은 곤란

② 시공

㉠ 경량으로 취급이 용이하고 설치장소의 제한이 적음

ⓛ 공장제작으로 공기단축

ⓒ 소규모에 비경제적

ⓔ 연속교, 곡선교에 사용 불가능

③ 유지

㉠ 유지관리비 저렴

ⓛ 미관 우수

ⓒ 소음이 적음

(5) 장대 철도교량의 요건

① 철도교는 다경간 연속식 채용이 경제적이고 우수하다.

② 강상을 통과하는 장대교량은 무동바리로 시공하고 유도상화한다.

③ 장래 전국 철도망 계획과의 연계 가능한 구조를 채택한다.

④ 도시경관과 도시미관을 고려하여 선정한다.

⑤ 도심부는 소음·진동에 유리한 콘크리트 구조로 채택한다.

⑥ 장대레일의 신축이음을 고려하여 연속교 채택 시 충분한 고려가 필요하다.

QUESTION 25 철도교량 상·하부 형식 결정 기준

1. 개요

① 교량형식을 선정하기 위한 기본방향은 시방서 및 제기준의 범위 내에서 총 건설비용이 최소가 되도록 한다.

② 주행의 안정성 및 쾌적성을 높이기 위해서는위해서는 구조적으로 상로교 형식이 바람직하며, 철도교량의 열차주행 안전성 및 쾌적성을 위해서는 장대레일 부설 및 장대레일 좌굴축력을 제어할 수 있는 형식을 채택하는 것이 좋다.

③ 특히 도시 내에 가설되는 교량의 구조물은 슬림한 느낌을 주는 것이 좋으며 주위의 경관과 균형을 이루는 것도 중요하다.

2. 교량형식 선정 시 고려사항

① 설계·시공 및 경제적으로 유리한 선형에 적합한 형식

② 교장, 지간, 교대, 교각의 위치와 방향, 교량 하부공간 등에 적합한 형식

③ 구조상 안전해야 함은 물론 상하부공을 합해서 경제성이 있는 형식

④ 공사비가 같은 경우에는 시공성과 교형미, 경관 설계상 유리한 형식

3. 상부구조 계획

상부구조 형식의 선정은 시공성, 경제성, 유지관리, 경관 등을 종합적으로 판단하여 선정하여야 한다.

① 상로형식을 원칙으로 한다.

② 콘크리트 구조를 원칙으로 한다.

③ 교량 경간이 30~40m 사이인 교량은 강합성 구조로 하고 이것 이상의 경간을 요구하는 개소에서는 트러스 구조 또는 PSC 박스 구조로 한다.

④ 환경 또는 소음의 문제가 되는 곳은 콘크리트교를 지향한다.

⑤ 지지형태로서 시공오차의 소지가 있거나 응력 분포를 구조 역학상 유리하게 활용시킬 조건이 필요하다면 단순지지 형태를 사용한다.

⑥ 다리 밑 공간을 넓게 활용하고자 할 때는 연속지지 형태로 하여 교각 폭을 줄인다.

⑦ 지점의 부등침하가 우려되는 곳은 게르버 지지 형태가 유리하다.

⑧ 하천을 통과하는 곳을 제외하고는 가급적 유도상식 교량형식을 채택하고 통과 하천이 환경오염 보전지역이거나 상수원지를 통과한다면 무도상식으로 하여야 한다.

4. 하부구조 계획

일반철도의 하부구조 계획은 상부구조 계획과 서로 연결된 것으로 경제성, 시공의 안전성, 기초 구조와의 연관성 등을 고려하고, 다음 사항들을 중요시하여 하부구조의 형식과 높이를 결정한다.

① 동일 지간의 교량이라면 콘크리트가 강교에 비해 경제적으로 유리하나 장경간에서는 자중이 무거운 관계로 불리하다.

② 교량의 최저 다리밑 공간은 계획 제방고 이상이어야 하고, 제방이 없을 때는 하천건축한계에 준하고 지천에 설치되는 교량은 본 천에 준한 계획을 하여야 하며, 항상 최대 홍수위에 여유고를 합한 높이 이상으로 계획한다.

③ 교대위치, 교각방향, 근입심도 등을 고려해야 하며 이것들은 유심방향, 세굴 등에 영향을 받으므로 하천과의 관계를 정밀 조사하여 계획 시 반영하여야 한다.

④ N치 시험과 동결융해, 건습의 반복 등에 의한 계절적인 체적 변화, 세굴에 의한 하상 저하, 설계 지반면의 변동에 의한 지지력의 변화 등을 고려하여 지지 지반을 판단하고 최소한 1m 이상 깊이에 기초를 계획하여야 한다.

⑤ 근접 시공 시에는 부등침하, 변위 등에 의한 영향을 고려한다.

⑥ 기타 사항으로 하천 폭이 좁거나 만곡부 합류부 등은 피한다.

5. 결론

① 일반적으로 형식 결정에서 우선적으로 고려되어야 할 사항은 경간분할이다. 즉, 교량 공간에 대해 교각 설치간격을 어떻게 선정하는가 하는 검토이다.

② 하천, 도로 등의 교차에 의하여 교각의 설치위치가 한정된 경우를 제외하고 경간장의 결정으로 상부구조 형식이 결정되며 교량구조물의 전체 형상이 고정되므로 경간장은 형식 결정에 근본적인 요소이다.

③ 경간장 결정 시 시공성 · 경제성과 더불어 경관성도 고려하여 아름다운 교량계획이 되도록 한다.

QUESTION 26

하천을 횡단하는 철도교량의 경간분할에 대하여 쓰시오.

1. 개요

설계자가 교량을 계획하는 경우 우선적으로 선행되어야 할 조건은 선형 및 교량의 위치를 결정한 후, 하천관리자와 협의하여 이에 따른 기본조사, 즉 측량과 지질조사, 지장물조사, 수문조사 등을 시행한다.

2. 철도교량의 경간분할

교량형식별로 표준적용지간, 거더 높이비(거더 높이/지간)는 설계조건에 따라 다르지만 다음과 같은 사항을 고려하여 경간을 분할한다.

(1) 미관을 고려한 경간분할

① 연속교는 중앙경간을 측경간보다 크게 분할하면 안정감이 크게 되며 3경간일 때는 경간의 개략비율 3 : 5 : 3, 4경간일 때는 3 : 4 : 4 : 3이 많이 채택된다.

② 교장이 길고 지형이 평탄할 때는 등경간이 좋으며 접속교량과의 연결은 경간이 점점 변하여 조화되도록 분할한다.

(2) 치수상의 경간분할

① 유속이 급변하거나 하상이 급변하는 지역에는 교각을 두지 않아야 하고 하천단면을 줄이지 않도록 하며 교각 설치로 인한 수위상승과 배수를 검토하여야 한다.

② 저수로 지역에서는 경간을 크게 분할하고 하천 협소부에서는 교각 수를 줄여야 한다.

③ 유로가 일정하지 않은 하천에서는 가급적 장경간장을 채택하고 유목, 유빙이 많은 하천에서는 교각수를 줄이도록 한다.

(3) 경제성을 고려한 경간분할

일반적으로 경간장이 길어질수록 상부 공사비는 증가하고 하부 공사비는 총 공사비 대비 감소하는 경향이 있으므로 같은 규모의 하부 공사비 내에서 최대 경간장을 결정하는 게 좋다.

3. 하천교량의 주요 검토사항

(1) 교장

교장이란 교량 양단의 흉벽 전면 사이의 길이를 말한다.

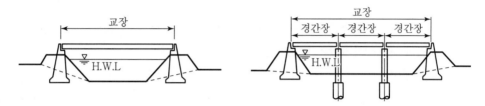

(2) 경간장

① 경간장이란 홍수가 유하하는 방향에 하천을 횡단하는 연직평면을 투영하여 서로 인접해 있는 하천 내의 교각 중심선 간의 거리를 말한다.

하천 관련 기관과의 협의가 필요한 경우 다음 식으로 검토한 후 협의하여야 한다. 특히 사교의 경우 위의 L은 투영지간장이므로 결정에 주의를 요한다.

$L=20+0.005\,Q(L>70\text{m}$의 경우 70m 적용)

여기서, L : 경간장(m)

Q : 계획홍수량(m^3/sec)

② 하천관리상 특별한 지장이 없는 한 위의 규정과 관계없이 다음 값으로 한다.
  • 계획홍수량이 $500\text{m}^3/\text{sec}$ 미만이고 하천폭이 30m미만일 경우 12.5m 이상
  • 계획홍수량이 $500\text{m}^3/\text{sec}$ 미만이고 하천폭이 30m 이상일 경우 15m 이상
  • 계획홍수량이 $500\sim2{,}000\text{m}^3/\text{sec}$인 하천일 경우 20m 이상

③ 지간의 결정요인은 하천 저해율로 표시하며, 하폭 B에 대한 교각의 총폭(Σb) 비 ($\Sigma b/B$)는 5% 이하이어야 하고 12.5m 이하여야 한다.

4. 결론

① 일반적으로 지간이 길면 상부 공사비가 증가하고, 지간이 짧아 경간 수가 늘어나면 하부 공사비가 차지하는 비중이 늘게 된다.

② 지간의 분할은 형하의 제반조건에 의해 지배되므로 이는 공사비의 과다 여부에 큰 영

향을 주고 있다.

③ 따라서 교량 형식 선정 시 경제성, 시공성, 안전성, 사용성, 유지관리성, 경관성 등 여러 가지 경우의 수를 종합적으로 검토하여 현장여건에 적합한 최적의 교량형식을 선정 하여야 한다.

QUESTION 27

연약심도가 깊고 폭 200m인 하천을 통과하는 철도교량을 건설하고자 할 때 가장 적합한 교량형식을 선정하고 그 이유를 논하시오.

1. 개요

① 하천을 통과하는 교량의 형식을 계획할 때에는 하천의 수문조사에 의한 통수단면적을 만족하여야 하고 횡단 시 교량의 경간장이 하천공사 시방서에 만족하여야 한다.

② 특히 연약 심도가 깊을 경우 되도록 하부기초 개수가 적은 긴 경간장으로 설계하는 것이 바람직하다.

2. 교량형식 선정

① 200m 길이의 하천 교량은 강합성 또는 PSC BOX형의 40.0m 2주형 연속교로 비교하여 검토할 수 있다.

② 장대레일 종하중에 의한 교각변위 검토에서 경간장이 80.0m를 넘지 않는 교량형식 선정을 고려한다.

③ 부득이 경간장이 80.0m를 넘는 경우 신축이음매 설치를 고려한다.

④ 심도 깊은 연약지반이고 200m의 하천통과 구간이므로 공사비 및 시공성 면에서 빔거치 방법인 강합성교가 PSC BOX형교보다 유리할 것으로 판단된다.

QUESTION 28 교량상 분기기 설치 시 고려사항

1. 개요

① 분기기는 열차나 차량을 한 궤도에서 다른 궤도로 이동시키기 위하여 궤도상에 설치한 설비를 말한다.

② 교량은 온도에 따라 신축이 일어나므로 안전을 위하여 교량상에 분기기를 설치하지 않는다. 부득이 분기기를 설치하여야 할 경우 분기기에 적합한 교량형식 및 포인트 설치 위치를 사전에 면밀히 검토하여 분기기로 인한 사고를 미연에 방지토록 하여야 한다.

2. 교량구간의 분기기 설치 시 고려사항

① 분기기는 직선구간에 부설

② 분기기는 교량 상판의 연속구간에 부설

ㄱ 분기기 지점은 연속구간에 부설함을 원칙으로 한다.

ㄴ PC 빔 교량의 경우 처짐각을 검토하여 분기기에 영향이 없도록 한다.

③ 포인트 위치 선정

ㄱ 교량상의 가동단 부위는 부가축력이 집중되므로 포인트부 위치 선정 시 신중을 기해야 한다.

ㄴ 분기기의 첨단위치는 가동단으로부터 상당한 거리에 위치하도록 하여 축력집중 개소에 포인트 첨단이 위치하지 않도록 하여야 한다.

ㄷ 구조물 가동단과 분기기 포인트 첨단 간 최소거리

- 교량 신축 길이<60m 이내 : 10m
- 60m<교량 신축 길이<90m : 20m
- 교량 신축 길이<100m : 30m
- 교량 연속상판의 최소길이는 분기기길이와 상기의 최소거리와의 합

④ 포인트 밀착

ㄱ 분기기 첨단은 열차운행 중 대향 운전 시 탈선의 가능성이 커지므로 포인트의 밀착에 각별한 관심을 기울여야 한다.

ⓛ 레일장대화에 따라 축력이 집중된 개소에 분기기 설치 시 포인트의 밀착도가 저하 될 우려가 있으므로 부득이한 경우 분기기 밀착 검지기 등을 사용토록 한다.

⑤ 레일신축이음매 설치

축력 발생 우려개소는 분기기 전후에 레일신축이음매를 설치하여 레일축력을 해소토 록 한다.

3. 결론

① 분기기는 곡선 및 이음매부와 더불어 선로의 3대 취약 개소 중 하나이다. 따라서 교량 상에 분기기를 설치할 때는 신축 및 레일 축력 등으로 차량 탈선이 일어나지 않도록 유 의하여야 한다.

② 교량 상에 가급적 분기기를 부설하지 않지만 부득이 분기기를 설치하여야 할 경우 적 합한 교량형식, 선로기울기 조건, 구조물 가동단과 분기기 포인트 설치위치 등을 사전 에 면밀히 검토하여 포인트 설치위치에서 이격을 최소화함으로써 분기기로 인한 사고 를 미연에 방지토록 하여야 한다.

QUESTION 29

고속철도 교량의 경우 탈선사고로 인한 교량 손상이 최소화되도록 설계하여야 한다. 이를 위해 고려하여야 할 탈선하중에 대하여 설명하시오.

1. 개요

① 고속철도 교량은 탈선 사고로 인한 교량 손상이 최소가 되도록 설계하여야 하고 특히 교량의 전복이나 구조물의 파괴가 방지되도록 설계하여야 한다.

② KRL2012 표준활하중을 적용하여 탈선하중을 검토하여야 한다.

2. 탈선하중에 고려사항

(1) 탈선하중

① KRL표준 동력 축중 구성과 동일한 구성인 각각 3.0m 떨어진 220kN 축중하중 2개가 궤도 위치로부터 1.5m 교축직각방향으로 탈선 이동된 하중으로 재하되도록 하여야 한다. 그러나 80kN/m로 등분포 재하되는 나머지부분 활하중은 궤도 위치에 그대로 남아있도록 재하하여야 한다.

② 이러한 하중의 경우에 대해서 구조물 설계하중 조합에서 다음의 하중계수를 사용하여 검토하여야 한다.

> Dead Load + 프리스트레싱 + 0.6 × 온도효과 + 탈선하중

(2) 재하조건

① 2축의 KRL2012 차량 차축하중은 교량 상부구조의 전도안정 검토를 위하여 가장 불리한 위치에 재하한다.

② PSC 박스거더의 경우 상부 슬래브 캔틸레버 단부까지 이들 차축하중 2개를 최대한 붙여서 재하하여야 한다. 이때 지지부에서 전 교량 상부구조의 전도 등의 안전성이 검토되어야 한다.

③ 이 하중의 경우에는 캔틸래버 슬래브가 부분적으로 파괴되는 것을 허용할 수 있다.

3. 결론

① 고속철도 교량설계 시 탈선하중 및 탈선재하조건을 고려하여 안전한 설계를 시행하여야 하며, 적용되는 하중은 최근 개정된 KRL2012 표준활하중을 적용하여 검토한다.

② 교축직각방향 탈선 이동을 막아주는 장치인 탈선방호벽 등의 교량 상부면 돌출구조에는 150kN의 교축직각방향 수평하중을 작용하여 탈선 시 열차의 수평 이탈을 제어할 수 있도록 고려하여야 한다.

30 교량의 진동 원인을 분석하고 보수방법에 대하여 쓰시오.

1. 개요

① 교량구간에 차량이 주행할 경우 교량의 진동으로 인하여 교량 바닥판에서는 가속도 응답이 계측된다.

② BRDM(Bridge Design Manual)에서는 이러한 동적 특성치들에 대한 제한치를 규정 하고 있는데, 가속도인 경우는 0.35g 이하로 규정하고 있다.

③ 차량이 고속으로 주행할 경우 안전성에 문제를 일으킬 수 있으므로 진동의 원인을 분 석하여 과도한 국부진동을 지배하는 가속도 응답을 줄이기 위해서 진동저감방법을 검 토하는 것이 중요하다.

2. 교량의 진동 원인분석

① 큰 단면의 국부 진동
② 차량 자체의 진동

③ 교량 자체의 유지보수 불량

  ㉠ 보자리 파손
  ㉡ Girder Bracing 탈락
  ㉢ 교량 침목 갱환 시 패킹삽입 불량
  ㉣ Hook Bolt 이완
  ㉤ 침목위치 불량

3. 보수방법

(1) 보자리 파손

① 장기 사용으로 노후된 거더가 계속적인 반복하중을 견디지 못해 Shoe 주위의 Concrete 가 균열이 생기면서 풍화작용에 의하여 서서히 파손 침하되는 경우이다.

② 보수방법

  ㉠ 거더의 보자리가 침하된 상태이므로 Shoe 주위의 부식된 Concrete를 Shoe 밑

부분이 보일 때까지 쪼아 내고 이를 물청소하여 유압 Jack로 침하된 양만큼 들어 올린 다음 미리 준비된 소정의 철편(쐐기) 등을 Hammer로 Shoe 밑에 밖아 거더를 올린 다음 급결제인 에폭시를 사용해서 완전히 보수토록 한다.

ⓛ 거더의 높이 정정 시 상부 선로의 고저 및 방향 정정에 유의하여야 한다.

③ 보수방법의 흐름

Shoe 밑부분이 보일 때까지 Concrete를 정과 해머로 제거 → 물청소 → 높이 정정(침하량만큼) 유압잭키 사용 → 철편(Steel Wage)으로 Shoe 밑에 고임 → 급결재로 보수

(2) 기타

① Girder Bracing 탈락부위 보수, 교량침목 패킹 삽입 정정, 이완된 Hook Bolt의 체결 침목위치 정정 등의 작업을 통하여 교량 진동을 해소할 수 있다.

② 단면이 큰 교량의 경우 진동저감장치를 활용한다.

4. 결론

① 실제 교량실험에 의해 계측된 가속도 응답은 규정한 제한치인 0.35g보다는 작지만, 이러한 가속도 응답치들은 차량이 고속으로 주행할 경우 안전성에 문제가 될 수 있다.

② 저속으로 운행하거나 단면이 작은 경우에는 교량의 철저한 유지보수만으로도 진동저감이 가능하다.

③ 일반적으로 매우 큰 단면을 가진 고속철도 프리스트레스트 상자형 교량에 고속으로 운행할 경우 진동저감장치의 사용을 적극 검토할 필요가 있다. 비록 휨이나 비틀림 같은 전체 진동모드에는 효과가 작지만, 국부진동인 날갯짓 모드를 감소시키는 데 진동저감장치는 효과적으로 활용되어 승차감을 향상시킬 수 있다.

QUESTION 31

기존 철도교량 설계 시보다 특히 고속철도 설계 시 추가로 검토되어야 할 사항을 쓰시오.

1. 고속철도의 정의

① '고속철도라 함은 주요 구간을 200km/h 이상의 속도로 주행하는 철도로서 건설교통부장관이 지시·고시하는 철도를 말한다.'라고 정의하고 있다.

② 현재 경부고속철도나 호남고속철도의 경우 설계속도 350km/h에 영업속도 300km/h로 설정되어 있으며, 최근 계획되는 대부분의 노선이 240km/h 이상이므로 이에 합당한 구조물이 설계되기 위해서는 다음과 같은 유의사항이 요구된다.

2. 토목 설계상 유의사항

① 동적 거동 : 열차의 주행 시 반복하중에 의한 안정성 검토

② 공진현상 : 동력차와 객차간의 차륜분포 차이에 의한 타격진동 수에 따른 해석

③ 레일과 교량 구조물의 상호작용 : 용접연결에 의한 장대레일 구조의 종방향 하중 검토

④ 안전설계 : 강도(Strength, 強度) 및 강성(Stiffness, 剛性)이 충분할 것

⑤ 균형설계 : 주 부재와 2차 부재의 조화

⑥ 내구성 및 방수성 : 부식, 강재두께와 방수, 콘크리트 피복두께 고려

⑦ 내진설계 : 지진에 견딜 수 있도록 등가정적해석법이나 동적해석을 이용하여 설계 추진

⑧ 방음 및 방진설계 : 구조체의 방음·방진성 고려

⑨ 시공 후 이용상의 안전설비설계 : 난간, 사다리, 통로 및 비상시 대피시설 등

⑩ 미관설계 : 주위 환경 고려

⑪ 시공성이 고려된 설계

⑫ 경제적인 설계

⑬ 토목 이외의 건축, 전기, 신호 등 관련 시설물의 인터페이스를 고려한 설계

3. 향후 기술 개선방안

① 유지관리를 고려한 설계

향후의 점검, 보수, 교체 등의 유지관리를 고려

② 효율적인 궤도방안 연구

도상 교체에 따른 비용절감을 위한 탄성 매트나 슬래브궤도에 관한 연구

③ 텐던 접속장치의 적용 고려

시공성 및 품질관리가 용이한 접속장치의 사용방안 도출

④ 단순거더의 연속화 시스템 연구

향후 문제가 있는 경간의 용이한 교체를 위해 레일 신축이음 사용제한

⑤ 외부 프리스트레스 교량의 건설

콘크리트 작업성 증가와 강선의 유지관리가 용이

4. 고속철도의 PSC BOX형 교량 설계 시 유의사항

(1) 설계 및 시공의 3원칙

① 인장응력을 허용하지 않는 완전 Prestressing
② 고밀도 방수성 확보에 따른 노화 방지
③ 철저한 현장감리에 따른 최고의 품질관리 실현

(2) 처짐의 제한

① 독일의 경우 : $\dfrac{l}{2,000} \sim \dfrac{l}{2,700}$

여기서, l : 지간

② 한국, 일본의 경우 : $\dfrac{l}{1,700} \sim \dfrac{l}{2,700}$

③ 호남고속철도의 경우 : $\dfrac{l}{600}$

(3) 적정한 구조형식

① 단순한 구조형식의 선정으로 문제 발생 저하
② 장대레일 부설에 문제없는 구조형식
③ 사고 · 보수 시를 고려하여 단순보와 같이 교환이 용이한 형식의 선정

(4) 높이(H)/지간(L) 비

$$\frac{L}{H} = \frac{1}{9} \sim \frac{1}{12} \simeq \frac{1}{11}$$

(5) 주요 공법별 적용지간

① MSS : 30~50m

② ILM : 25~60m

③ FCM : 70~160m

④ PSM : 30~40m

5. 기타 교량 설계 시 유의사항

① 곡선선로의 교량에서 원심하중과 횡하중을 고려한다.

② 단순교에서 상부구조의 주형을 곡선으로 하는 것은 금물이다.

③ 비대칭교각 설계 시 편심하중에 의한 교각 자체 강도상의 안전설계에 유의하여야 한다.

QUESTION 32 철도교량의 설계 · 시공에서 방재상 고려사항 및 대책

1. 개요

① 주요한 자연재해는 풍수해, 지진, 설해, 지반침하 등이 있으며 최근에는 선로 주변의 환경변화에 따른 재해도 증가하고 있다.

② 철도교량에 있어서 방재대책을 고려할 기본사항은 다음과 같다.

　　㉠ 재해를 미연에 방지할 것

　　㉡ 재해에 따른 열차사고를 방지할 것

　　㉢ 발생한 재해를 즉시 복구할 것

2. 방재상 설계 · 시공 시 고려사항

(1) 지형, 지질

① 흙의 미끄럼 등의 사면의 안전성 여부, 활단층 유무

② 지지층 및 요철 유무, 지하수 유무 등

(2) 자연의 힘 등

① 강우상태, 집수면적, 지형, 지표면 현황

② 지진상태, 충력력, 눈, 바람, 동결 등

(3) 설치개소

① 하천(하상, 하도, 유속, 세굴상태 등)

② 해안, 지중(지형, 파랑 등)

③ 시가지(금후의 개발계획, 지장물 등)

④ 산악지(지형 등)

(4) 구조물 계획 시

① 구조형식(단순구조, 연소구조, 정정구조, 부정정구조)

② 구조물 중량(경량구조 가능 여부)

③ 기초공 종별(직접기초, 항기초, 케이슨 등)

④ 구조물의 유연성 필요성

⑤ 상부구조 종별(R.C, PSC, S.T)

⑥ 상부구조 연결구 필요성(예상되는 변위량 정도)

⑦ 교대 뒷성토 예상 침하량 및 그 대책과 공법

(5) 시공 시

① 시공법 선택 및 문제점(작업공간, 작업환경, 시공기계 등)

② 연약지반의 시공법, 시공순서, 시공방법 등

(6) 구조물 유지관리상

① 변형이 쉬운 취약개소 여부

② 변형개소의 보수점검방법

③ 수시보수통로 설치 등

3. 대책

① 설계 시부터 다리밑 공간 확보 등 방재에 대해 고려할 사항을 체크한다.

② 인위적으로 변형이 곤란한 지형, 지반 등은 정확한 자료를 검토하여 적용한다.

③ 외력, 강우, 지진, 강성 등에 대비한 시설을 고려하여야 한다.

QUESTION 33
철도교량이 사교인 경우 고속열차의 안전주행과 승차감에 관하여 설명하시오.

1. 개요

① 일반적으로 교량은 주어진 노선선형에 충실히 부합하고 기능을 잘 발휘하도록 설계하여야 한다.

② 또한 교량구조는 원칙적으로 '철도설계기준(철도교편)'에 따라 설계하고, '철도건설공사 표준시방서'에 의거 시공한다.

③ 교량은 하천을 직교하는 것이 가장 좋으나 지형여건상 철도교량을 사교로 설치했을 경우에는 열차운행상 안전주행과 승차감에 대한 문제점을 검토하여 대책을 수립토록 한다.

2. 사교량상의 열차주행과 승차감에 대한 문제점

(1) 레일응력

① 교량구간과 토공구간에서의 레일응력은 서로 다른 양상을 보인다.

② 토공구간에서는 일정한 값을 유지하지만 교량구간에서는 상대변위가 발생한다.

③ 특히, 장대레일을 설정하는 고속철도 교량의 경우에는 온도하중 및 시동·제동하중이 작용할 때 레일에 과도한 축력으로 레일파단 또는 좌굴이 발생할 수 있다.

(2) 사교일 경우 교대 설치방향에 따른 영향

① 교대와 선로가 서로 사교를 하게 될 경우 교량에 열차 진입 시 차륜이 접촉하는 곳의 좌우측 레일의 받침지지력이 상이하여 좌우동 및 사행동이 발생할 수 있다.

② 교대배면의 토공부위 침하 방지를 위한 어프로치 블록 시공범위의 비대칭으로 좌우측 레일에 상이한 노반지지력이 발생할 우려가 있다.

(3) 도상형식에 따른 영향

지형상 불가피하게 철도교량을 사교로 설치하여 교량 전후에 곡선부설을 하게 될 경우 교량구간의 무도상 직결궤도와 토공구간의 유도상 궤도의 기능 차이로 인하여 적정한 캔트 체감이 곤란하게 된다.

3. 안전주행과 승차감 확보를 위한 대책

① 어프로치슬래브를 선로의 직각 방향으로 설치

   ㉠ 교대배면에 시공하는 어프로치 블록을 균등하게 설치하여 좌우측 레일에 동일한 노반지지력을 확보한다.

   ㉡ 소정의 노반지지력과 도상지지력을 확보하여 궤도틀림(궤간, 수준, 고저, 방향, 면 등)을 억제한다.

② 사교 전후에 곡선이 부설된 경우 열차통과속도 제한

   ㉠ 캔트 부족량 흡수 및 과도한 횡압 발생을 감소시킬 수 있도록 열차통과 속도를 제한한다.

   ㉡ 진동가속도는 차종에 따라 많은 차이가 있으나 승차감계수 2 미만, 진동가속도 0.1g 정도로 제한한다.

   ㉢ 완화곡선을 신장하여 원활한 주행을 유도한다.

③ 도상구조의 개선

   ㉠ 교량구간을 직결궤도에서 유도상으로 전환함으로써 궤도구조에 어느 정도의 탄성을 갖게 하여 열차하중을 널리 균등하게 분산토록 한다.

   ㉡ 열차의 횡압 및 레일온도 상승에 수반한 장출에 저항할 수 있도록 도상저항력을 향상시킨다.

④ 체결장치의 개선 : 2중 탄성체결장치 설치

   ㉠ 레일 저부의 하면에 탄성 패드를 깔아 상면에서 스프링으로 세게 조인다.

   ㉡ 레일패드의 완충 효과, 진동감쇠 효과를 충분히 활용하여 도상 진동을 감쇠토록 한다.

   ㉢ 레일의 밀림 방지, 횡압력에 저항, 침목 이하의 동적 부담력을 완화시켜 궤도의 동적틀림을 경감토록 한다.

4. 결론

① 하천을 횡단하는 철도교량은 가능한 사교를 피해야 한다.

② 고속으로 운행하는 철도교량에 장대레일을 직결궤도로 부설할 경우 온도변화에 의한 레일과 교량의 상대변위로 레일에 과도한 축력이 발생하여 좌굴의 위험이 높으므로 유도상 궤도로 전환하여 안전주행과 승차감을 확보한다.

③ 그 밖에도 여러 가지 문제점을 분석 · 검토하여 대책을 철저히 수립 · 보완함으로써 고
속열차의 안전주행과 승차감을 향상시켜야 한다.

QUESTION 34 아치교의 시공방법

1. 아치교의 개요

① 아치교는 비교적 긴 스팬을 경제적으로 건설할 수 있다.

② 주 구조가 아치 또는 보강아치로 구성된 교량으로서 연직하중의 재하로 인해 발생하는 수평반력이 효과적으로 작용하고 부재의 단면력을 줄일 수 있도록 알맞게 설계되었을 경우 대단히 유리하며 경제적인 교량이 될 수 있다.

2. 아치교의 분류

(1) 구조계에 의한 분류(힌지수에 의한 분류)

① 3힌지 아치 – 외적 정정

② 2힌지 아치 – 외적 1차 부정정

③ 1힌지 아치 – 외적 2차 부정정

④ 고정아치 – 외적 3차 부정정

(2) 아치 리브 형식에 의한 분류

① 솔리드 리브 아치

② 브레이스드 리브 아치

③ 스팬드럴 브레이스드 아치

(3) 통행로에 의한 분류

① 하로교

② 상로교

③ 중로교

(4) 기타 아치형식 교량

① 타이드 아치교

② 랭거교

③ 로제교

④ 닐슨교

3. 아치교의 시공방법

① 아치교의 가설방법은 지보공 가설, 케이블 가설, FCM 가설 등으로 두 가지 이상의 가설방법을 병행하고 있다.

② 아치교의 시공순서는 아치리브를 먼저 가설 폐합하고, 상판을 뒤따라 조립하는 방법과 아치리브와 상판을 병행 가설하여 조립하는 방법이 있다.

③ 아치교의 가설을 가설부재의 크기에 따라 구분하면 단위부재를 가설하는 것과 대블록 단위로 가설하거나 스팬을 하나로 조립하여 일괄 가설하는 방법 등이 있다.

구교 설계 시 고려되어야 할 사항을 설명하시오. (철도설계기준 '노반편'을 중심으로)

1. 개요

① 구교라 함은 일반적으로 경간이 1m 이상이고 5m 미만인 구조로서 박스, 문형 라멘, 아치형 등이 있으며, 거더 및 슬래브와 기둥이 일체로 강결된 구조이다.

② 구교는 사용목적과 현장조건에 적합한 구조형식 및 시공방법, 유지관리 등을 고려하여 설계하여야 한다.

2. 일반적인 사항

① 형식은 박스형, 문형 라멘, 아치형 등으로 구분한다.

② 구교의 형식은 사용목적과 현장조건, 내공단면의 크기, 기초지반의 상태, 시공성, 경제성, 유지관리성 등을 고려하여 선정한다.

③ 구교의 입지는 본선과 직각방향으로 교차되도록 선정하고, 부득이한 경우 사용목적과 현장조건에 따라 사각으로 설계될 수 있으며, 신축이음은 10~15m를 기준으로 한다.

④ 구교의 유형 및 크기는 다음 조건을 고려하여 현장조건에 따라 선정한다.
- ㉠ 배수유역
- ㉡ 지표수 인자
- ㉢ 홍수위 또는 다른 제한 요소
- ㉣ 철도 본선으로부터 암거 상부까지의 최소거리
- ㉤ 축제 경사와 노반의 폭
- ㉥ 선로의 수와 간격
- ㉦ 평탄부의 경사도와 유선
- ㉧ 철도선로와 암거의 사각

⑤ 수로용 구교는 계획유량을 통과시킬 수 있는 단면이고 내공높이는 고수위에 여유고를 합한 높이로 한다.

⑥ 도로용 구교는 도로 건축한계 이상이고 차도, 보도, 매설관, 조명 등 기타 필요한 시설을 설치할 수 있도록 공간을 확보한다.

⑦ 구교의 침하량은 허용침하량 이하로 하고 이음부에는 유해한 틈과 어긋남이 발생되지

않도록 각 부재가 소요강도 이상이 되도록 설계되어야 한다.

⑧ 구조계산은 가장 불리하게 제한된 고정하중 및 활하중에 의한 구조물의 응력, 변형, 안정, 피로 등의 구조거동을 검토하여 소요 안전도를 확보한다.

⑨ 부재 설계는 부재 단면의 처짐 및 균열 등을 고려하여 사용성 및 내구성이 있어야 하고 계수하중이 설계하중으로 작용할 때 부재 단면의 강도 등 안정성을 검토·확인한다.

⑩ 부재를 설계할 때 단면력은 탄성해석에 의해 계산하고 이때 부재의 휨 강성 및 비틀림 강성은 콘크리트의 전단면을 유효한 단면으로 하여 계산한다.

⑪ 휨모멘트를 결정할 때나 부재를 설계할 때는 모두 헌치(Haunch)를 고려한다.

3. 설계하중

① 구교의 설계하중은 주하중, 주하중에 상당하는 특수하중, 부하중에 상당하는 특수하중으로 구분하며 가설지점의 조건과 구조에 따라 적절한 하중 및 하중 조합을 선정하여 설계한다.

② 주하중(P)
  ㉠ 고정하중(D)
  ㉡ 활하중(L)
  ㉢ 충격(I)
  ㉣ 장대레일 종하중(LR)
  ㉤ 콘크리트 크리프의 영향(CR)
  ㉥ 콘크리트 건조수축의 영향(SH)
  ㉦ 토압(H)
  ㉧ 수압(F)
  ㉨ 부력(B) 또는 양압력

③ 주하중에 상당하는 특수하중(PP)
  ㉠ 지반변동의 영향(GD)
  ㉡ 지점이동의 영향(SD)

④ 부하중에 상당하는 특수하중(PA)
  ㉠ 온도변화의 영향(T)
  ㉡ 지진의 영향(E)

ⓒ 가설 시 하중(ER)

ⓔ 기타 하중

4. 설계방법

콘크리트 구교는 일반적으로 강도설계법을 기준으로 하나 사용성 검토와 강구조일 경우에는 허용응력설계법을 적용한다.

5. 사용재료

① 강재 : 철도설계기준(철도교편)의 기준을 따른다.

② 콘크리트 : 설계기준 콘크리트는 다음의 값 이상으로 한다.

부재의 종류	최저설계기준강도(MPa)
무근콘크리트부재	18
철근콘크리트부재	21

6. 구조설계 방법

(1) 박스형 구조

① 박스형 구교는 정·부 휨모멘트가 슬래브와 벽체에 작용하는 연속구조로 해석한다.

② 열차의 시·제동 하중은 고려하지 않아도 된다.

③ 일반적으로 안정에 대한 검토는 하지 않아도 좋으나 지하수위가 높은 구교의 경우는 구교의 부상에 대한 검토가 필요하다.

④ 휨 응력의 계산 시에는 연직부재와 수평부재 모두 모멘트 및 축력을 고려한다.

⑤ 구조물 모서리에는 헌치를 설치하고 보강철근을 배치하여 보강한다.

(2) 문형 라멘 구조

토피가 있는 문형 라멘 구교는 박스형 구교를 기준으로 해석하되 기둥 및 벽에 대한 토압, 수압 및 지점침하 등을 별도로 검토한다.

(3) 아치형 구조

① 아치축선은 가능한 한 하중에 의한 압력선과 일치하도록 한다.

② 휨좌굴, 휨 및 비틀림을 동시에 받아 일어나는 좌굴 등에 안전도 검사를 하여야
   한다.

③ 아치의 축선은 아치리브의 단면도심을 연결하는 선으로 한다.

④ 아치의 기초는 아치에서 발생되는 수평력을 충분히 저항할 수 있어야 한다.

⑤ 아치에 있어 부정정력은 탄성이론에 의하여 구한다.

QUESTION

36
철도교량의 유지관리 필요성 및 유지관리 방안에 대하여 설명하시오.

1. 철도교의 유지관리 필요성

① 철도교의 유지관리란 시설물의 개량과 추가시설을 설치함으로써 이용자의 편의와 안전을 도모하기 위하여 시행하는 것이다.

② 시설물은 완공된 후에 매우 오랜 기간 동안 성능에 대해 기능이 변하고 시설물을 구성하는 부재나 부품 그리고 설비 등이 마멸되고 노후화되어 품질이나 성능이 저하되어 이용자의 편익이 감소하고 불편을 초래하게 된다.

③ 따라서 재난 및 재해 발생을 예방하고 필요에 따라 보수 · 보강 및 교체를 통하여 품질, 성능, 안전성을 확보하는 것은 건설정책 차원에서 매우 중요하다.

2. 유지관리 계획

① 철도교량은 열차운행 중 대규모의 보수 · 보강이 곤란하여 일상적으로 점검 · 정비하고 손상된 부분에 대하여는 원상 복구하는 계획을 수립하여야 한다.

② 안전교육 및 보수유지관리 계획

ㄱ 교량시설 자료 관리(설계도서, 구조물 대장, 점검도서, 평가도서, 보수보강 대장, 사고이력 등)

ㄴ 교량시설 일상, 정기 · 임시점검 및 정비계획

ㄷ 교량시설 보수 · 보강 및 신설 · 교체계획

ㄹ 재해 등 긴급사항 발생 시 조치계획

ㅁ 유지관리를 위한 조직인원 확보계획

ㅂ 유지관리를 위한 장비 확보계획

ㅅ 안전 및 유지관리에 소요되는 비용 및 예산 확보계획

3. 유지관리 절차 방안

(1) 점검절차

점검계획, 점검교육, 점검기록

(2) 안전진단 절차

교량의 안전성이 의심되거나 안전성을 미리 파악하기 위하여 외관조사, 실험, 측정 및 분석 등을 실시한다.

(3) 점검결과 판정

점검을 통하여 작성된 교량의 외관상태, 안전성, 사용성 및 기능 적합성 등에 대한 점 검기록과 점검자의 의견을 반영하여 해당 교량에 대한 보수 · 보강이나 신설 · 교체 를 결정한다.

(4) 보수 및 보강

해당 교량에 대한 보수 · 보강이 결정되면 상세조사, 추적조사 및 내하력 평가를 검 토한 후 보수 · 보강공법을 선정 · 시공하여야 한다.

(5) 신설 및 교체

구조적 안전성의 상실과 사용성 및 기능성 상실의 경우 신설 및 교체하여야 한다.

4. 교량유지관리 시설물의 설치 방안

(1) 교량점검시설 설치

교량점검시설 설치기준에 따른다.

(2) 교량받침 유지보수

① 재킹 시 하중을 고려해서 교량 받침면 보강 및 연단거리 확보
② 구체와 일체로 재킹 받침대 설치
③ 상부 구조물의 잭 설치지점은 거더 및 거더를 보강하여 강도를 확보하여야 한다.

(3) 부대시설물

방음벽, 난간, 조명시설, 임시건물 등에 대하여는 주변여건과의 조화를 이룰 수 있는 미관 등을 고려하여 설치를 결정한 후 이에 맞는 시방서를 작성하여야 한다.

QUESTION 37

철도 터널 단면 결정인자에 대하여 서술하시오.

1. 개요

철도노선계획시 터널단면은 일반적으로 건축한계를 고려한 구축한계를 확보하나 열차 속도가 고속화될수록 터널의 장대화에 따른 압력파 및 미기압파에 대한 대책을 수립하여 야 한다.

2. 터널 내공단면 검토 시 고려사항

(1) 차량밀폐도

① 150km/h 전후

차량한계가 지배

② 200km/h 초과

터널을 주행하는 차량에 의해서 발생하는 터널 내 공기압이 지배

(2) 승객의 안락도

승객의 주관적인 판단에 의한 통계자료 이용

(3) 내공단면 산정방법

① 공기압 변동 계산결과를 근거로 하는 이론적인 접근방법
② 풍동실험에 의한 모형실험과 Prototype을 활용하는 실험적 접근방법

(4) 단면 확인

① 터널 내공단면적은 차량형식과 제원이 결정된 후 공기압 변동을 재계산하고 소요 내공단면을 확인한다.
② 신설선이 완공된 후 Prototype 열차를 사용하여 공기압 변동을 실제적으로 측정 하여 최종적으로 확인한다.

3. 터널 내 압력변동의 주요 영향인자

(1) 차량 특성

① 열차속도
② 열차 단면적 및 길이
③ 차량밀폐도
④ 차량형상 및 마찰계수

(2) 터널 특성

① 길이
② 벽면 마찰계수
③ 건축한계, 차량한계
④ 단선 및 복선
⑤ 배수형식
⑥ Air pressure shaft의 규모 및 위치(횡갱, 수직갱, 작업갱 등)

(3) 차량과 터널의 상관관계

① 단면적비
② 열차속도에 따른 전차선 가고 및 가선방식
③ 미기압파 유무
④ 터널 내 열차의 교행
⑤ 선로중심간격(5.0m, 4.8m, 일반철도 4.3m)
⑥ 시공기면폭(4.5m, 4.25m)

4. 고속철도의 터널 단면적

① 차량한계, 건축한계가 크다.(선로중심간격 : 5.0m)
② 속도가 300km/h로 터널 내 공기압 변동이 커서 이명현상 및 미기압파가 발생한다.
③ 궤도가 Con'c 궤도의 경우 소음 진동이 크다.
④ 열차길이가 길다.
⑤ 터널길이가 일반철도보다 길다.

⑥ 경부고속철도는 열차속도, 미기압파를 감안하여 선로중심간격을 5.0m로 확보함에 따라 내공단면적을 107m²로 하였으나, 호남고속철도는 선로중심간격을 4.8m로 하여 터널단면적을 96.78m²로 축소하였다.

⑦ 일반철도는 설계속도 200km/h의 경우 가능한 최소단면적은 85m² 정도이다.

5. 결론

① 열차속도 200km/h 이하에서는 건축한계 정도만 확보하여도 이명감이나 미기압파에 대한 문제가 없다.

② 터널 내 열차교행 시 터널연장 1~2km에서 압력변동이 가장 크고, 2km 이상의 장대터널에서는 오히려 터널 내 압력변동이 작다.

③ 고속철도의 경우 선로 중심간격뿐 아니라 이명감이나 미기압파에 대하여 문제가 없도록 하여야 하므로 터널 단면이 크게 된다.

QUESTION
38 기존 터널의 변상 중 편압에 의한 변상에 대하여 그 원인과
대책공법을 기술하시오.

1. 원인

터널에 적용하는 좌우의 지압이 현저히 불균등한 상태를 편압상태라 하는데 일반적으로
경사지형에 터널이 존재하는 경우이고, 그 원인은 다음과 같다.

① **자연지형**

사면에 평행하고, 낮은 토피, 애추, 지반활동지역, 하천의 유수침식 사면 등

② **인공지형**

사면 기슭의 절취, 택지조성, 댐 담수에 의한 수위상승 또는 급격한 수위저하에 따른
사면붕괴 등

③ **지질**

풍화대, 연암, 유동성 지반, 활동토괴

④ **기상**

호우, 지진

⑤ **설계**

외축보강 콘크리트, 압성토, 터널 상부 지반의 절취 부족, 계곡부 옹벽 근입의 부족,
라이닝 측벽의 직선 인버트 미설치

⑥ **시공**

라이닝 배면공통, 아치부와 측벽의 접속부 시공물량, 라이닝 두께 부족, 낙반후의 충
전부족

2. 변상현상

변상현상은 터널라이닝과 지표부에 나타나며 각 현상은 다음과 같다.

(1) 터널라이닝 변상

① 산측 아치 어깨부에 개구균열 및 어긋남

② 아치부 부근의 함몰 처짐

③ 산측 라이닝 이음부의 어긋남

④ 단면축의 회전

⑤ 계곡측 측벽부에 수평개구 균열이나 경사균열 발생

(2) 지표현상

① 사면 Creep

② 지반활동 징후 등

(3) 대책공

① **편암의 경감** : 터널 상부의 절취 제거로 하중 경감

② 지반의 보강, 사면 방호공, 지하수위 저하

③ **저항지압의 확보** : 콘크리트 부벽, 압성토 설치

④ **라이닝 보강** : 측벽의 근입 증가, 지지면적 확대로 지지력 증대, 배면의 공동충진,
   록볼트 설치, 강지보공 설치, 숏크리트나 내부 라이닝 타설

기존 철도의 지하로 지하철이 횡단하는 경우의 설계 및 시공 시 유의사항을 기술하시오.

1. 설계 시 유의사항

① 계획의 재검토

   신설노선에 대하여 평면 및 종단 상 노선계획의 적합성에 대하여 검토 및 확인한다.

② 철저한 조사 및 분석

   ㉠ 현장의 지형, 지질, 지반, 지하수 조사

   ㉡ 기존 시설물의 설계, 시공, 보수기록의 조사

   ㉢ 인접구조물의 현장조사

   ㉣ 기존 철도의 운행시격 및 선로등급 등

③ 조사에 따른 각종 시험 실시

   ㉠ 원위치시험, 실내시험

   ㉡ 역학시험 및 물리시험

④ 공법 검토

   ㉠ Under Pinning 공법

   ㉡ Pipe Roof, Messe Shield, Front Jacking, TRM, NTR 공법

⑤ 암반의 역학적 설계 검토

   ㉠ 암반 응력 해석

   ㉡ FEM을 통한 상호관련성 조사

   ㉢ 컴퓨터에 의한 안정성 Simulation 실시

⑥ 환경의 대응

   시공 중 및 완공 후 환경피해 감안

⑦ 운영 및 유지보수 검토

   변위 발생과 이상유무 관리를 위해 영구 계측기 설치(토압계, 응력계, 수압측정계, 내공변위계)

2. 시공상 유의사항

① 설계도서의 적성 검토
② 사전 안정성 평가 실시 및 문제점 발생 시 이에 대한 보완 강구
③ 설계도서에 따른 정밀 시공
④ 지하수위 저하에 대비한 차수보강
⑤ 계측시행 및 결과분석의 Feed Back
⑥ 필요시 소분할 굴착, 미진동 굴착공법 도입(인접구조물 보호 및 주변 미원 예방)
⑦ 사고 시 비상대책 강구

도심을 통과하는 수 km의 장대터널의 설계 및 시공 시 유의 사항에 대하여 설명하시오.

1. 개요

① 도심지를 통과하는 철도터널은 기존 시설물의 침하, 소음 및 진동에 의한 환경피해, 토지이용계획 등에 대한 고려와 보상비의 최소화를 위한 선형 검토가 필요하다.

② 도심터널의 구조형상은 역의 설치 유무, 종단선형의 깊이, 지형 및 지질 등에 의하여 결정되며 대별하여 비개착식 공법과 개착식 공법이 있다.

③ 장대터널인 경우에는 방재시설 및 배수, 공기압 등에 관하여 검토하여야 한다.

2. 설계 시 유의사항

(1) 계획

① 열차의 운전조건, 지반조건, 공사의 안전, 주변 환경에 미치는 영향, 경제성 등을 고려하여 계획수립

② 토지이용계획, 보상비 등을 고려 가급적 간선도로나 공공용지의 지하로 계획

③ 역의 설치가 필요할 경우에는 도시 기능적인 측면과 철도역의 기능적 측면 및 경제성, 추진상의 문제점 등을 충분히 검토하여 위치 설정

④ 조사의 철저

기존 자료의 조사, 지질답사, 지형지질조사(시추, 탄성파, 수문조사, 암석시험)

⑤ 환경조사

자료조사, 현지조사, 계측, 환경영향평가

⑥ 공사규제법규 조사

공해방지 환경보건법, 재해방지법, 도시계획법, 기타 관련법

⑦ 기타 조사

공사설비를 위한 각종 조사, 사토장, 보상대상 조사, 설계, 시공성 계획을 위한 조사, 노선 선정을 위한 조사

⑧ Tunnel의 선형

직선 또는 큰 곡선반경 채택, 양호한 지질 선정

⑨ Tunnel의 기울기

자연 유하를 고려한 완만한 기울기(0.3~0.5%)

⑩ Tunnel의 내공 산정

차량한계, 건축한계 및 필요한 여유단면 고려

(2) 공법의 선정

① 공법 선정

정확한 조사와 조사결과를 면밀히 검토·반영하여 공사 중에 시공방법의 교체와 같은 대폭적인 변경이 발생하지 않도록 특히 주의한다.

② 공법 선정 조건

산악터널 공법, 실드 공법에 대한 터널 뚫기 공법 및 뚫기 기계, 버럭 처리 등 주요 공사종별의 시공계획을 검토하여 현장여건에 가장 적합한 공법 선정

3. 설계상 고려사항

① 계획의 연관성 검토

사용목적에 적합하고 안전성과 경제성을 확보

② 각종 하중조건에 안전할 것

토압, 편압, 상재하중, 지진의 영향 고려

③ 복공 및 굴착수량

복공으로서 강도상 필요한 두께 및 시공법

④ 동바리공의 선정

지질, 단면, 굴착공법 복공에 따른 강지보공, Rock bolt, Shotcrete, Grouting의 설계

⑤ 뒤채움 주입설계

악지질, 박피토, 수압개소에는 철저한 뒤채움 설계

⑥ 기타 부대시설

갱문, 방수공, 환기, 조명설계 등

4. 공사 시공상 유의사항

① 공구의 구분

공기, 단면, 기울기, 환경, 작업장의 입지조건 고려

② 시공법의 선정

지형, 지질, 단면, 공구연장, 공정, 환경조건 고려

③ 공정계획 수립

시공방법, 장비조합, 동원인원, 수급자재에 따른 공정계획 수립

④ 작업갱 계획

장대터널의 공정, 지형, 지질, 환경조건에 따라 결정

⑤ 공사용 설비

공사규모, 시공방식, 환경조건, 지형, 가능성에 따른 검토

⑥ 사토장 선정

환경조건, 운반조건, 공사 완료 후의 조치 고려

⑦ 환경보전대책

소음·진동, 지반 및 구조물 변형, 갈수오염, 교통대책, 지장물처리계획, 노면교통처리계획, 인근구조물 안전대책

⑧ 안전위생대책

근로보건관리규정, 근로안전관리규정, 총포 화약품 단속법규 준수

5. 결론

① 장대 터널의 건설에서는 굴착 및 버력의 처리가 전체공기를 좌우하므로 작업구를 적절히 설치하여 막장 면수를 계획하고, 적합한 굴착방식의 결정과 효율이 좋은 장비를 투입할 필요가 있다.

② 특히 도심 터널에서는 도로교통의 지장을 고려하여 작업갱의 위치를 선정하고, 기타 환경보전에 주의하여야 한다.

③ 터널설계의 반복

　㉠ 계획, 설계, 시공의 모든 과정을 통하여 지속적으로 지반의 균열, 안정성 해석, 계측분석, 시공성 분석을 반복 수행함으로써 보다 정확한 지반조건과 현장여건에 적합한 시공방법을 선정한다.

　㉡ 계측 및 시공관리, 지반침하에 관한 대책
　　방재 및 터널 공기압 검토에 의한 안락한 운행이 가능토록 하고, 유사시 사고에 대비할 수 있도록 대책을 수립한다.

QUESTION

41

비교적 큰 규모의 단층파쇄대가 발달한 지역을 통과하는
길이(L) = 10km의 철도터널을 계획하고자 한다. 합리적인
조사계획에 대하여 설명하시오.

1. 개요

① 지각 변동에 따른 내부 응력에 의하여 암반중에 파괴면이 형성되어 상대적 변위를 일
으킨 것을 단층이라 하고 단층면을 따라 암석이 파쇄되어 지하수 등으로 풍화된 띠를
형성한 것을 단층파쇄대라 한다.

② 광역분석(인공위성영상판독, 지표지질조사, DEM 음영기복도), 예비조사(탄성파탐
사, 전기비저항탐사), 상세조사(시추조사, 굴절법토모그라피탐사) 등의 단계별 조사
결과를 종합분석하여 과업구간 내 단층파쇄대의 영향을 검토할 수 있다.

③ 단층파쇄대 통과구간에 대하여는 사전에 충분한 조사 및 분석을 통하여 안전한 구조
물 설계를 시행하여야한다.

2. 조사단계별 검토항목

(1) 사전조사(광역조사)단계

인공위성영상분석, 지표지질조사, DEM 음영기복도에 의한 선구조 파악

(2) 예비조사단계

사전조사에서 나타난 선구조 및 주요 구조물에 대한 탄성파탐사, 전기비저항탐사에
의한 이상대 파악

(3) 상세조사단계

토모그라피탐사, 시추조사에 의한 파쇄대 여부 및 범위 확인

3. 검토방향

① 단계별 조사에 의해 나타난 선구조, 단층파쇄대 유무를 검토한다.
② 단층파쇄대가 구조물에 미치는 영향을 고려한 지보패턴을 선정한다.

4. TPS 탐사

① TPS 탐사는 시추공을 이용한 VSP(Vertlcal Seismic Profiling) 탐사기법을 터널 안에서 응용한 것이다.

② 터널 막장으로부터 이미 굴착된 구간에 발파점 및 수진점을 설정하여 측정하고 VSP 및 반사법 탄성파탐사의 처리해석 기술을 이용하여 막장 전방으로부터의 반사파를 추출함으로써 막장 전방의 지질 경계, 단층파쇄대 등의 불연속면에 대응되는 파형을 가시적으로 표현하는 방법이다.

③ 이는 터널 HSP(Horizontal Seismic Profiling) 탐사라고도 한다. 탐사거리는 막장 전방 100~200m이다.

④ 측정해석으로부터 얻는 정보

㉠ 막장 전방의 음향 임피던스 경계를 반사면으로서 검출하여 가시화된 반사구조를 해석함으로써 단층파쇄대의 규모, 위치 등을 파악할 수 있다.

㉡ 탐사 목적
- 단층파쇄대 등과 같이 지질이 급격히 변하는 부분의 존재 여부
- 사전 조사로 확인된 단층 파쇄대 등의 터널 갱내에서의 위치 확인, 단층파쇄대 등의 규모
- 터널 축방향과 단층파쇄대의 교차각도 및 방향
- 단층파쇄대의 특성 규명

5. 단층지대에서의 터널굴착방법

① 무엇보다도 전방 막장의 상황을 사전에 예측하는 것이 중요하므로 선진시추, 계측에 의한 터널 변위 파악, 거동분석을 통한 전방 연약대 추정하여 시공의 안전성 및 경제성을 확보하는 것이 중요하다.

② 단층파쇄대의 위치에 따른 굴착방법과 보강방안

㉠ 단층파쇄대가 터널 상부에 위치한 경우

상부 보강 그라우팅을 실시하는데 FRP, 대구경 강관다단, SGR 등이 있으며 일반적으로 용수가 많은 개소에는 프리그라우팅 또는 애프터 그라우팅을 실시한다. 굴착시에는 상부쐐기가 막장 내로 밀려들어오거나 붕락될 우려가 있으므로 상·하

반 분할굴착 및 제어발파 또는 기계굴착 등 미진동 굴착공법을 적용하는 것이 바람
직하다.

ⓛ 단층파쇄대가 터널 막장면에 위치한 경우

절리틈새를 통한 유입수의 제거를 위해 수발공을 설치하고 터널 좌우측 파쇄대 분
포부위의 암반 봉합을 위한 적정길이, 적정각도의 록볼트를 설치하고, 필요할 경
우 보강그라우팅 실시, 측벽에 대한 안전확보를 위해 가축성 지보를 설치한다.

ⓒ 단층파쇄대가 터널 하부에 위치한 경우

터널 하부 지지파일 또는 앵커, 케이블 볼트 등을 사용하거나 터널하부 그라우팅
(JET, JSP, MSG 등)을 사용하여 하부 지지력을 확보한다.

③ PIPE ROOF 공법

㉠ 단층지대에서 대표적인 터널굴착방법인 PIPE ROOF 공법은 굴착 전에 일정 규모
의 강관을 지중에 삽입, 지반굴착 시에 강관의 BEAM 작용을 유발시켜 상부 및 주
변지반을 지지해 주는 역할을 하기 때문에 하중경감 효과를 크게 얻을 수 있어 최
근 다양한 용도로 이용되고 있다.

㉡ 또한 상재하중 크기나 지질조건, 인접구조물의 특성 및 규모, 터널의 토피 두께 등
에 따라 강관을 적절한 형상으로 배열시켜 주변환경적 · 지질적 요소에 강력히 대
처해 나가는 것이므로 장비의 반출입 및 발진 개구경의 설치가 가능한 곳에서는 어
느 장소에서나 시공할 수 있다.

QUESTION

42 기존 선 터널 전철화 시공 시 문제점 및 대책에 대해 논하시오.

1. 개요

① 기존 선 터널 전철화 시공 시 문제점은 크게 기존 터널의 정밀안전진단을 전제로 하여 기존 터널의 방수보강문제 및 전철화에 따른 건축한계의 저촉에 따른 문제로 압축할 수 있다.

② 따라서 이에 대한 시공 시 문제점 및 대책에 대해 충분히 검토하고 대책을 마련할 필요가 있다.

2. 방수 보강

(1) 누수의 원인

① 콘크리트 자체의 흡수성과 시공 이음부에 발생하는 균열

② 균열을 통하여 지하수의 침투가 발생

③ 따라서 구조물의 내구성이 저하되고 누수 발생

(2) 방수 방법

① 방수물질을 혼합수에 넣어 수밀 콘크리트를 만드는 방법

② 방수제를 표면에 칠하는 방법

③ 방수재를 이용하여 방수막을 형성하는 방법

④ 구조물 내하력 감소시 내하력 증진을 위해 기존 구조물에 보강재를 덧붙이는 방법

⑤ 작용하중을 감소시키는 방법

(3) 공법 선정 시 고려사항

① 경제성, 재료의 품질, 시공공기, 안정성, 환경문제 등을 고려

② 기존 열화콘크리트의 강도 및 복원성이 우수한 재료

③ 경화 시 수축 발생이 적은 재료

④ 투수성이 적은 재료

⑤ 구조물의 내하력 유지 · 보존 및 장기적 유지 · 관리의 방수 기능 확보

3. 건축한계 확보 방안

건축한계 확보 방안은 궤도를 하로하는 방안과 기존 라이닝을 철거 후 신설하는 방안 등이 있다.

(1) 하로방안

궤도를 내려 건축한계를 확보하는 방안은 기존 터널 단면에서 하부 궤도를 내려 건축한계를 확보하는 방안이다.

① 버팀재로 기존 궤도구조물을 보강

② 측부 자갈 제거

③ 2종 기계작업을 통해 하부 궤도를 내리는 작업

④ 특징

ㄱ 운행선 근접공사 안전관리에 대한 대책 수립

ㄴ 열차운전 시격이 짧은 시간을 이용하는 공사이므로 비교적 소규모 공사에 적용

(2) 기존 라이닝 철거 후 신설하는 방안

① 라이닝 철거 공법

ㄱ 기존 터널의 안정에 저해되지 않고 콘크리트 라이닝을 철거

ㄴ 시공의 경제성, 안전성, 신속한 후속작업의 용의성을 갖는 공법 고려

ㄷ 철거공법에는 압쇄기 공법, HBR 공법, HRS 공법 등이 있음

② 라이닝 신설 공법

ㄱ 터널의 안정성과 모암 커팅양 및 라이닝 두께를 최소화할 수 있는 고강도 모르타르와 고강도 안정재를 사용

ㄴ 고강도 모르타르 선택기준

• 열차 운행의 지장을 주지 않기 위하여 조강 폴리머 무수축 모르타르 사용

• 열화 방지를 위한 내중성화 모르타르 사용

• 습윤상태에 작업이 가능한 수성 모르타르 사용

ㄷ 고강도 인장재 선택기준

• 고강도 모르타르와 일체 거동을 할 수 있도록 부착강도가 우수할 것

- 인장재의 릴렉세이션이 적을 것
- 피로강도, 응력부식에 대한 저항성 · 휨강성이 우수할 것

② 라이닝 신설 공법의 시공 순서

강지보공 설치 → 라이닝 철거 → 숏크리트 타설 → 유도공 설치 → 강지보공 설치 → 라이닝 신설

4. 결론

① 기존 선 터널의 안정성 검토가 완벽하게 이루어져야 한다.

② 전철화 공사 시 구조물의 안정성과 함께 시공 중의 안전을 확보한다.

③ 기존 열차 통행에 제한이 적은 공법을 채택한다.

④ 열차를 운행할 시에는 근접공사 안전관리에 대한 특별한 고려가 필요하다.

⑤ 경제성이 있는 공법을 선정하여야 한다.

QUESTION

43

터널 굴착 시 굴착으로 인한 하중의 Unload 개념과 지보재
적용 시 응력의 변화과정을 Mohr – Coulomb의 파괴 기준을
이용하여 설명하시오.

1. 터널 굴착으로 인한 하중의 Unload 개념

터널은 지반의 일부를 제거하여 필요한 공간을 확보하는 것으로서 Unload 개념의 응력
변화가 적용된다.

(1) 터널 굴착으로 인한 응력 변화

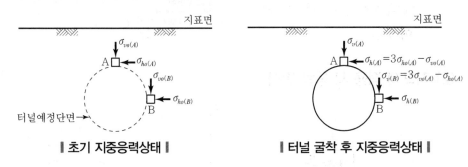

❘ 초기 지중응력상태 ❘ 　　　　　 ❘ 터널 굴착 후 지중응력상태 ❘

① A지점 응력 변화(연직응력은 0이 되고, 수평응력 증가)

$$\sigma_{vo(A)} \rightarrow \sigma_{v(A)} = 0$$

$$\sigma_{ho(A)} \rightarrow 3\sigma_{ho(A)} - \sigma_{vo(A)}$$

② B지점 응력 변화(수평응력은 0이 되고, 연직응력 증가)

$$\sigma_{vo(B)} \rightarrow 3\sigma_{vo(B)} - \sigma_{ho(B)}$$

$$\sigma_{ho(B)} \rightarrow \sigma_{h(B)} = 0$$

(2) Mohr – Coulomb 파괴 기준

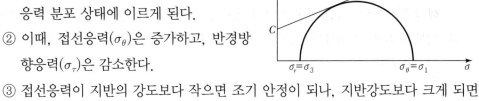

① 터널 굴착 시 Unload에 의해 초기응력은
재분배되고, 굴착 주변의 응력은 새로운
응력 분포 상태에 이르게 된다.

② 이때, 접선응력(σ_θ)은 증가하고, 반경방
향응력(σ_τ)은 감소한다.

③ 접선응력이 지반의 강도보다 작으면 조기 안정이 되나, 지반강도보다 크게 되면
큰 변위와 함께 파괴에 이른다.

2. 지보재 적용 시 응력 변화과정

(1) 지보재 작용 원리

① 터널 굴착 후 설치하는 숏크리트, 록볼트, 강지보재 등의 지보재는 터널에 내압(P_i)을 주는 효과가 있다.

② 지보재는 지반 반응곡선과 지보재 반응곡선의 관계를 통해 적절한 시기에 설치되어야 한다.

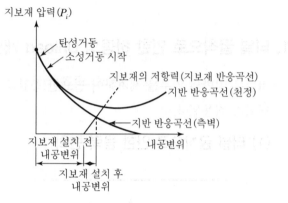

(2) 지보재 적용 시 응력 변화

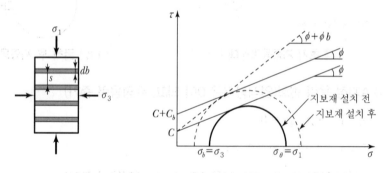

① 지보재 적용 시 지반의 강도 정수(C, ϕ)가 증가한다.

② 점착력(C)과 내부마찰각(ϕ) 중 어느 것을 더 증가시켜야 하는지에 대한 문제는 연구자에 따라 이견이 있으며 현재 지속적인 연구 중에 있다.

3. 결론

① 터널은 지반의 일부를 제거한다는 의미에서 Unload 개념의 응력변화 과정에 대한 이해가 필요하며, 터널 굴착 시 접선응력은 증가하고, 반경방향 응력은 감소한다.

② 지보재 적용 시 지반의 강도정수가 증가하며, Mohr-Coulomb 파괴 기준으로 설명이 가능하다.

NATM 터널에서의 지보재 역할과 지보 개념을 그래프를 이용하여 도시하고 설명하시오.

1. 터널 지보공의 종류 및 개념

① 지보공은 지형, 지질, 지반의 역학적 특성, 토피의 대소, 용수의 유무, 굴착단면의 크기, 지표 침하의 제약, 시공법 등 제반조건을 종합적으로 고려하여 합리적으로 시행하여야 한다.

② NATM 터널에서 1차 지보재로는 숏크리트, 록볼트, 강지보공, 2차 지보재로는 내부 라이닝 보조공법으로는 포어폴링(Fore-poling), 강관다단그라우팅, 차수 그라우팅이 있다.

2. 주요 지보재의 역할

(1) 숏크리트

① 숏크리트는 굴착 후 빠른 시간 내에 지반에 밀착되도록 타설함으로써 조기 강도를 얻을 수 있으며 굴착 단면의 형상에 크게 영향을 받지 않고 용이하게 시공이 가능한 지보재로서 1차 지보 중 가장 중요하다고 할 수 있다.

② 숏크리트의 기능
  ㉠ 굴착지반을 지지하여 지반이 안정되면서 암반 Arch를 형성하도록 함
  ㉡ 굴착면을 열화 및 침식으로부터 보호
  ㉢ 절리면을 봉합하여 지반의 진행성 거동을 예방하고 내하력을 증대
  ㉣ 굴착면을 매끄럽게 하여 응력의 국부적인 집중을 방지
  ㉤ 암괴의 붕락 방지
  ㉥ 쐐기형 암괴의 직접적인 낙하 방지(Key Stone 지지)

(2) 록볼트

① 록볼트는 지반 자체가 강도를 발휘하도록 지반을 도와주는 지보재의 일종으로 지반의 강도, 절리, 균열의 상태, 용수 상황, 천공경의 확대 유무와 용이성, 정착의 확실성, 경제성 등을 고려하여 선택한다.

② 록볼트의 재질 선정은 작용효과 및 시공성 등을 고려하여 일반적으로 Rolled thread가 있는 직경 25mm의 표준 이형 철근을 사용한다.

③ 록볼트 기능

　　㉠ 봉합작용 : 굴착에 의하여 이완되어 있는 지반을 견고한 지반에 결합하여 낙반 방지

　　㉡ 보강작용 : 절리, 균열 등 역학적인 불연속면 또는 굴착 중 발생하는 파괴면 에서부터 분리 방지

　　㉢ 보형성 작용 : 층상의 절리가 있는 암반을 록볼트로 결합하여 각 층간의 마찰저항을 증대시켜 각 층을 일체로 한 일종의 합성보로서 거동시키는 효과

　　㉣ 내압작용 : 록볼트에 작용하는 인장력이 내압으로 작용

　　㉤ 아치 형성 작용 : 체계적 록볼트에 의한 내압효과로 일체화된 원지반은 내공측으로 일정하게 변형하는 것에 의해 지중아치 형성

(3) 강지보재

① 강지보재는 숏크리트 또는 록볼트가 지보기능을 발휘하기 전까지의 응급지보 기능 및 막장 안정을 위해 보조공법 적용 시 반력을 받기 위한 지점기능을 한다.

② 강지보재 기능

　　㉠ 지표침하를 억제하고, 큰 토압을 받을 경우 1차 지보의 강성을 높이는 효과

　　㉡ 숏크리트가 경화하기 전부터 효과가 있는 굴착 직후 이완 방지

　　㉢ 널말뚝, 포어폴링, 파이프루프 등으로 지지

(4) 2차 라이닝

① 2차 라이닝 콘크리트란 숏크리트를 타설하고 방수시트 시공 후 굴착면의 붕괴를 방지하고 굴착면을 안전하게 지지하기 위해 타설하는 콘크리트이며, 숏크리트가 1차 라이닝이다.

② 2차 라이닝

　　㉠ 터널 내 각종 시설(가설선, 조명·환기시설 등)의 지지 및 부착

　　㉡ 지반 불균일, 숏크리트 품질 저하, 록볼트 부식 등 기능 저하 시 안정성 확보

　　㉢ 운전자의 심리적 안정

　　㉣ 차량 전조등 산란 균등성 확보

　　㉤ 운영 중 터널주변 굴착 및 추가하중 발생 등에 대한 안정성 증가

　　㉥ 비배수 터널의 경우 수압지지 및 배수기능 저하 시 안정성 확보

3. NATM 터널에서의 지보 개념

① 굴착과 동시에 초기응력과 동일한 응력을 굴착면에 작용시키면 반경방향의 변위는 발생하지 않으며 지보재에 작용하는 하중은 초기응력 A_o와 동일하다.

② 굴착면의 변위를 허용하면 변위가 증가하면서 반경방향으로 작용하는 하중은 급격하게 감소하지만 곡선 b'와 c의 경우처럼 어느 한계범위를 넘게 되면 지반은 이완되고 반경방향의 응력은 오히려 증가한다.

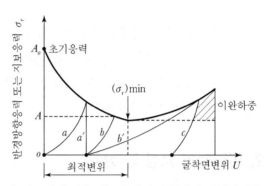

▌ 지보재에 작용하는 응력과 굴착면의 변위관계 ▌

③ 따라서 굴착면의 변위가 한계치를 넘지 않도록 지반조건에 따라 적절히 조치하여 지보재에 가해지는 응력을 최소화하고, 지반 자체의 지보능력을 활용하거나 최소 지보재를 사용하여 터널의 안정을 도모하는 것이 중요하다.

④ 지반이 자체 지보능력이 없다고 판단될 경우에는 보통의 지하구조물 설계와 동일하게 지반하중을 모두 지탱할 수 있는 지보재를 사용하여야 한다. 그러나 곡선 a'처럼 지보가 강하면 비경제적이고 반대로 곡선 b'처럼 너무 약하면 위험을 초래하게 되므로 곡선 b와 같이 적절한 시기에 최적 강성의 지보를 설치하는 것이 이상적이다. 따라서 변위를 허용하는 가축성 지보재를 사용하여 변위를 허용하되 지반이 자체의 지보능력을 상실하지 않는 범위 내에서 지보력과 지보재에 작용하는 지반응력이 A와 같이 평형상태가 되도록 하는 것이 터널의 기본적인 지보 개념이다.

⑤ 이러한 개념에 기초하는 터널은 지반 자체가 주 지보재이며 숏크리트, 록볼트, 강지보재 등은 지반이 주 지보재가 되도록 보조해 주는 수단이다. 따라서 터널 시공 시에는 계측을 통하여 지보의 효과와 지반의 거동상태 등을 관측하여 시공의 안전성을 도모하여야 하며 지반 자체도 지보재이므로 시공 시 및 시공완료 후에도 터널 주변지반을 보호해 주어야 할 필요가 있다.

QUESTION 45

터널 설계에서 인버트(Invert) 시공방법에 대하여 기술하시오.

1. 터널 인버트(Invert)

① 터널단면의 바닥부분에 설치되어 터널단면을 폐합시키기 위하여 숏크리트 또는 콘크리트 등으로 설치한 지보부재를 말한다.

② 인버트 콘크리트는 그 자체만으로는 응력을 발휘할 수 없기 때문에 반드시 라이닝 콘크리트와 폐합되어야 한다.

2. 인버트의 형상 및 설치

① 원지반의 특성에 따라 터널 단면 형상과 인버트 설치 여부를 결정하여야 한다.

② 특수한 지반에서는 인버트의 타설 시기에 대하여도 검토하여야 하며, 특히 지반이 불량한 경우에는 숏크리트에 의한 인버트도 고려해야 한다.

③ 지형 조건상 편압이 예상되는 경우 또는 콘크리트 라이닝이 구조적인 기능을 발휘하는 경우에는 인버트를 설치하는 것을 원칙으로 한다.

④ 인버트는 측벽과 일체가 되어 외력에 안전하게 저항할 수 있는 형상이 되도록 하여야 한다.

⑤ 인버트의 두께는 지형 및 지반조건에 따라 정하여야 하며 시공성 및 경제성 등도 검토하여야 한다.

3. 인버트 콘크리트의 시공

① 콘크리트 타설에 앞서 굴착면 또는 숏크리트 면의 청소 및 배수를 충분히 한다.

② 인버트의 저면은 용수, 착암기, 숏크리트 등으로 사용하는 물이 고이기 때문에 배수를 충분히 시행한다.

③ 콘크리트 타설 시 충분한 다짐을 한다.

④ 타설이음은 인버트의 축력이 원활하게 전달되도록 적절한 방법으로 시공한다.

4. 인버트 콘크리트의 시공시기

① 인버트 콘크리트는 인버트 굴착 후 빠르게 타설한다.

② 인버트 콘크리트의 타설장은 원지반조건, 시공성 등을 고려하여 결정한다.

③ 인버트의 시공은 원지반조건이 나쁜 경우에는 상반 막장에서 인버트까지의 거리를 짧게 하고 조기에 전단면을 폐합하여 주변 원지반의 느슨함을 최소화한다.

④ 전단면의 폐합이 시급하지 않은 경우에는 막장의 굴착 작업에 지장이 없는 거리를 두고 인버트의 시공을 하여도 좋다.

⑤ 인버트 콘크리트에는 콘크리트의 수축 · 균열을 방지하기 위하여 적당한 간격으로 줄눈을 설치하여야 한다.

QUESTION 46 철도터널의 정량적 위험도 분석(QRA ; Quntitative Risk Assessment)

1. 개요

① 철도터널에서 발생할 수 있는 위험의 크기를 정량화함으로써 위험의 상대적인 크기를 파악하고 이러한 위험이 사회적으로 허용 가능한지 여부를 검토하는 것을 정량적 위험도 분석이라 한다.

② 허용 불가능한 위험에 대하여는 개선을 통해 사회적으로 만족할 수 있는 위험수준으로 저감한다.

2. 정량적 위험성 분석 수행방법

(1) 통계자료분석 : 사고발생 확률

① 사고사례 조사

② 교통량 조사

(2) 시나리오 작성 : Event Tree의 작성

① ETA(Event Tree Analysis) 작성으로 시나리오에 대한 사건 발생 확률을 계산

② 방재계획 수립

③ 선형계획 수립

(3) 방재 시뮬레이션 : 사망자 분석

① 화재 CFD 수행 : 연기확산 CFD(Computational Fluid Dynamics) 해석, 피난 대피 해석 수행

② 피난 시뮬레이션

③ 화재 시뮬레이션

④ FED(Fractional Effective Dose) 분석 및 사망위험 평가

　• FED > 0.3 조건

　• RSET(Required Safty Egress Time) > ASET(Agreable Safty Egress Time)

(4) 위험도 평가 : 방재설비의 적정성

① FN curve 작성

② 사회적 허용기준
- 사회적 위험기준의 만족 여부 및 위험도 수준 평가
- 위험기준 미달 시 원인 규명 및 추가적인 안전대책 수립

3. 평가

① 전반적인 사고 시나리오 구성과 화재 및 피난 시뮬레이션 등의 분석과정을 통해 철도 터널의 위험 정도를 비교 평가할 수 있다.
② QRA 분석에 의한 기준을 만족하면 대피로, 대피통로, 소화기, 비상조명등, 비상유도 등 및 유도표지판, 제연팬 설치 등으로 방재시설계획을 확정한다.

QUESTION 47 구난역

1. 개요

① 터널 연장 15km 이상이 되는 터널은 방재를 대비한 구난 승강장을 설치하여야 한다.

② 구난역은 평상시는 열차운전을 위한 대피 및 교행을 위한 신호장의 역할을 한다.

2. 지하역사의 특징 및 문제점

(1) 특징

① 피난통로가 지상계단으로 한정되어 화재 연기의 통로도 이와 같다.

② 구조대의 수평접근이 불가한 수직접근으로 곤란하다.

③ 자연배연, 환기가 곤란하다.

④ 정전 시 암흑으로 변한다.

(2) 문제점

① 시설에 대한 규정만으로 한계가 있다.

② 근본적인 화재진압 시스템이 미흡하다.

③ 화재대피에 중점을 두는 것도 중요하지만 근본적인 방재 개념을 강구할 필요가 있다.

3. 구난역

(1) 구난역 안전지침

① 화재열차는 본선노선의 구난역 승강장에 승객을 우선 대피시키고 즉시 소화할 수 있는 물분무 설비를 구비하여야 한다.

② 구난대피소는 충분한 대피공간이 필요하며 조명시설, 비상용 방송설비, 전화, 급수전, 무인 카메라시설, 비상유도등, 화재 감지기, 화장실 내 응급처치함, 캐비닛, 의자 등이 구비되어야 한다.

③ 구난대피소는 반드시 외부와 연결된 수직터널 또는 경사터널의 비상탈출구를 가

지고 있어야 하며, 화재열차의 승강장과 공기압 차이에 의한 연기유입 방지설계가 되어야 한다.

④ 구난승강장은 전력이 공급되어야 하고 조명설비, 통신설비를 갖추어야 하며 본선과 차단벽으로 구분되어 소화 시 발생되는 소화수가 본선으로 영향을 주지 않아야 한다.

⑤ 구난 승강장의 길이는 열차가 충분히 본선과 독립적으로 정차할 수 있도록 길이가 400m 이상 되어야 하며 승강장은 승객들이 신속하고 안전하게 대피할 수 있어야 한다.

(2) 구난역 사례

① 각국 기준에 구난역에 대한 기준은 없으나 15km 이상 터널에서는 교행역이나 신호장 구간을 구난역으로 활용한다.

② 국내는 영동선 솔안터널 1개소, 중앙선 원주~제천 간 25.1km의 무실터널 1개소, 원강선 대관령 터널 21.8km 1개소가 있으며, 스위스 로취버그 터널 2개소 등 국내외 장대터널에 구난역을 설치하여 활용하고 있다.

4. 방재계획

(1) QRA 분석(정량적 위험도 분석)

① 통계자료 분석 : 사고발생 확률
  ㉠ 사고사례조사
  ㉡ 교통량조사

② 시나리오 작성 : ETA 작성(Event Tree Analysis, 사건수목분석)
  ㉠ 방재설비계획
  ㉡ 선형계획

③ 방재 시뮬레이션 : 사망자 분석
  ㉠ 피난 시뮬레이션
  ㉡ 화재 시뮬레이션
  ㉢ CFD(Computational Fluid Dynamics)
    • 화재 시뮬레이션 모델로는 가장 발전된 단계의 모델

- 연기거동 묘사
- 가시거리, 부상, 무력화 등 판단

② FED(Fractional Effective Dose ; 유효복용분량) 분석 또는 RSET, ASET 분석
- FED>0.3 이상 사망 판정
- RSET>ASET 사망 판정
  (Required Safty Egress Time>Available Safty Egress Time)

(2) 방재대책

① 차량 및 시설물
㉠ 차량의 불연성 제작원칙
㉡ 역사 건물의 불연재 시공
㉢ 화재 자동감지기능 및 초기진압 시스템 개발

② 인적 요인
㉠ 전 직원 SOP(Standard Operation Procedure) 교육훈련 참여로 체화 유도
㉡ 승객들의 적극적인 진압 유도, 참여방안 제시(인센티브)
㉢ 위험물 소지자 및 위해요인의 지속적인 차단 · 발굴 노력 필요

③ 시스템 구축
㉠ 화재감지 및 조기발견 CCTV 시스템 구축
㉡ 피난계획 자동안내 시스템
㉢ 인접역사 및 차량관제를 연계한 피난구조 시스템
㉣ 화재 발생과 동시에 전 역사 자동제어로 2차 피해 방지 시스템

5. 결론

① 화재는 예방이 최우선이나 초기진화 시스템이 가장 중요하다.
② 평상시 대피, 진화, 초기대응훈련, 피난유도의 계획과 훈련을 실시한다.
③ 노선 계획 시 장대터널의 경우 피해를 최소화하기 위한 구난역 설치 및 방재계획을 철저히 수립하여 안전에 만전을 기할 수 있도록 한다.

QUESTION 48 터널 미기압파의 발생원인 및 대책에 대하여 기술하시오.

1. 개요

① 열차가 고속으로 터널에 진입 시 공기가 압축되며 이 압축파가 음속으로 전파되어 터널출구에 도달하면 압력이 해소되면서 압력파(Pulse)를 발생함과 동시에 굉음을 내는데 이때 발생하는 압력파를 미기압파라 하며, 발생하는 바람을 열차풍이라 한다.

② 미기압파는 터널입구 인근주민의 소음에 대한 환경문제와 차내 승객의 승차감 저감을 가져오므로 이에 대한 대책이 필요하다.

③ 측정은 터널출구에서 20m 떨어진 지점에서 실시한다.

2. 영향요인

① 열차속도

② 열차단면적

③ 터널길이와 터널단면적

④ 터널구조 및 벽면상태

3. 문제점

① 터널 내 급격한 압력변동으로 귀가 멍해지는 이명현상 발생

② 터널 주변 민가에 환경소음 및 창문이 흔들리는 저주파인 미기압파 발생

③ 열차주행저항 증가(1.5배 증가)로 동력 손실

④ 구조물 벽체 탈락

⑤ 열차 탈선

4. 발생개소

① 슬래브궤도구조인 터널

② 터널길이 5~13km의 장대터널

③ 터널 내 진입 열차속도가 고속인 경우

④ 복선터널구간에서 열차가 상호 교차 시 최대 발생($7kg/m^2$)

5. 저감방안

(1) 시설물 저감방안

① 터널단면적 확대 : 경부고속철도의 경우 $A = 107m^2$ 적용

② 터널입구에 후드형 완충부 설치

③ 연속한 터널에 개구부를 적용하여 스노 셸터로 연결

④ 사갱, 수직갱을 이용하여 압력파를 by-pass시킴

⑤ 터널 내 흡음재(자갈도상) 설치

⑥ 터널 벽면을 거칠게 하여 음원의 난반사 유도

(2) 차량 측 저감방안

① 차량을 유선화하여 압축파를 최소화

② 차내 밀폐도 향상

③ 강제여압 시스템 도입

(3) 기타

① 터널 내 워터 Curtain

② 터널 내 물방울 분사

③ 터널 내 blower를 설치하여 반대 방향으로 송풍(효과적이나 누전의 위험이 있음)

6. 결론

① 열차가 터널을 주행 시 소음, 인접건물 진동, 비산먼지, 터널 내 미기압파 발생의 문제점 등이 있다.

② 이 중 가장 큰 문제는 미기압파로 장대터널 5km 이상 부설 시 이에 대한 충분한 대책이 필요하다.

③ 경부고속철도 터널단면적 $107m^2$, 호남고속철도 터널단면적 $96.7m^2$로 크게 계획함으로써 공기압과 미기압파 등의 문제를 해결하였다.

QUESTION 49 터널 방재시설

1. 개요

① 철도터널의 방재시설 설계는 사고예방시설 설계와 사고 시 피해의 확산을 제어하고 인명피해를 최소화시킬 수 있는 각종 대피 및 구난시설 설계로 구분한다.

② 사고예방시설 설계는 주로 사고의 원인을 제공할 수 있는 차량 자체의 구조적 또는 재료적 부분, 사고의 감지 · 경보 · 연락, 확산방지장치, 비상구 및 차량 내부 소화설비 등에 대한 것과 터널 내 화재 발생 시 열차 운행에 관한 것 등이 있다.

2. 방재시설의 설계 원칙

① 터널 내부에서 운행 중인 차량에 화재가 발생할 경우에는 승객을 운행차량으로 신속하게 터널 외부로 탈출시키는 것을 승객구난의 원칙으로 한다.

② 화재가 발생한 차량이 터널 내부에 정차하게 되는 경우에 대비하여 다른 차량이 외부로부터 사고 터널 내부로 들어가지 못하도록 하는 제반조치를 계획한다.

③ 터널 내부에서 차량에 화재가 발생하여 정차하는 경우에 대비하여 승객이 안전하게 대피할 수 있는 시설을 계획한다.

④ 연장이 15km 이상인 터널에서 구난역이 필요하다고 판단될 경우에는 구난역을 계획하여야 한다.

3. 터널의 안정성 분석

(1) 개요

① 철도터널에서의 화재 등과 같은 불의의 사고를 예방하고 사고 발생 시에는 피해를 최소화하기 위하여 철도시설에 대한 안전기준이 필요하게 되었다.

② 따라서 건설교통부(현 국토교통부)에서는 「철도시설 안전기준에 관한 규칙(2005년 10월 27일)」과 「철도시설 안전세부기준(2006년 9월 22일)」을 고시하여 일반 철도와 고속철도 터널에 적용하도록 하였다.

③ 이러한 방재 관련 법규는 터널 방재설비의 과다 및 과소 설계를 방지하기 위하여

5가지 주요 시설물(방연문, 배연설비, 대피통로 접속부, 대피통로 간격, 연결송수관 설비)에 대하여 안전성 분석결과에 따라 설치하도록 하여 많은 비용과 시간이 소요되는 방재시설물의 합리적인 설치방안을 제시하였다.

(2) 안정성 분석 시설 규모

① 연장 1km 이상인 철도터널의 방재시설은 「철도시설 안전세부기준」에서 정하는 안전성 분석을 수행하여 계획하며, 안전성 분석은 객관성 및 신뢰성이 검증된 세부절차 및 자료에 근거하여 수행해야 한다.

② 본선 터널의 길이가 15km 이상인 터널에서 이 기준의 방재요구조건이 미흡하다고 판단되는 경우에는 해당 터널의 특성에 적합한 별도의 대책을 수립하여야 한다.

③ 터널 연장 10km 이상의 철도터널은 터널의 축소모형을 이용한 모의 화재실험을 실시한 후 결과를 반영한다.

④ 관련법규

- 철도설계기준(국토교통부, 2011) : 제12장 터널－12.15 방재설비
- 철도시설 안전기준에 관한 규칙(국토교통부, 2011) 제5조(안전성 분석의 시행)

(3) QRA 분석

① 연장에 따른 안전성 분석방법은 기존 사고사례 및 자료를 토대로 화재강도, 가능한 시나리오, 사건발생 가능성, 사고영향, 사고발생확률 등에 대한 세부적인 분석방법에 따라 안전성 분석 결과의 차이가 크다.

② 따라서 이에 대한 구체적인 기준을 위하여 정량적 위험도 분석(QRA)에 따른 방재시설계획의 수립이 필요하다.

4. 터널 내부 기본시설 및 설비

(1) 조명 및 피난유도등

① 조명등과 피난유도등의 밝기는 국내 소방기준에 준하며 소요용량의 배터리를 내장하여야 한다.

② 피난유도등은 보행자통로 바닥면에서 1m 이하 높이의 터널 측벽에 10m 이내의 간격으로 설치하고 정전 시에도 점등되도록 한다.

③ 피난유도등에는 대피방향과 안전한 대피시설 또는 출구까지의 거리를 표시한다.

(2) 전원 및 통신설비

① 터널 내 전원은 각종 사고 시에도 무정전 전원공급이 가능하도록 2중화 전원 계통 시스템을 기본으로 하여 계획한다.
② 전차선, 전기공급선 등은 상·하선 별도의 전원공급 시스템으로 설치하며, 케이블은 공동구에 포설하고 난연재료를 사용한다.
③ 터널 내에서 철도무선전화 및 휴대폰 사용이 가능한 설비를 설치한다.

(3) 대피시설

① 보행자 통로

ㄱ 보행자통로는 터널 측면에 최소폭 700mm 이상으로 설치한다.
ㄴ 보행자통로는 평탄하고 장애물이 없어야 하며 터널 벽면에는 대피유도용 핸드레일을 통로바닥면으로부터 1.2m 상부에 설치한다.

② 연락갱 대피통로

ㄱ 단선병렬 터널인 경우에는 인접터널과의 연락갱 대피통로를 설치한다. 설치간격, 규모는 대피 안전성을 검토하여 결정한다.
ㄴ 터널입구로부터 연락갱까지의 거리가 표기된 안내표지판을 설치하며, 방화문을 설치한다.
ㄷ 연락갱 대피통로에 응급기재함을 설치할 수 있다. 응급기재함은 터널 내에서 식별이 가능하도록 인식표지판을 설치한다.

③ 사갱 대피통로

ㄱ 사갱을 대피용 통로로 사용하는 경우에는 지형여건과 대피안전성을 검토하여 설치간격, 규모 등을 결정한다.
ㄴ 사갱 대피통로에는 차량의 진·출입이 가능하도록 계획하고, 회차공간과 출구까지의 거리를 표시한 표지판을 설치한다.
ㄷ 환기구를 겸용하는 사갱은 사갱전단면이 배연의 통로가 되지 않도록 차단막 등을 설치하여야 한다.
ㄹ 대피통로에는 승객의 대피가 용이하도록 조명시설을 계획한다.
ㅁ 사갱 대피통로 지상출구부에는 비인가자의 출입통제가 가능한 출입문을 계획

하고 비상시 내부 대피자가 외부로 용이하게 대피할 수 있는 내부 개폐설비를 계획한다.

④ 수직터널

㉠ 수직터널을 대피 통로로 사용하는 경우 수직터널의 내부에는 승객이 이용 가능한 난간부착 계단과 화염으로 보호될 수 있는 차단막을 설치하여야 한다.

㉡ 수직터널 위치표지판과 내부조명시설을 설치한다.

(4) 소화시설

① 터널별로 소화 및 구난계획에 따라 소화시설을 계획할 수 있다.

② 소화시설에 대한 세부사항은 별도로 정하여 설치한다.

(5) 환기 및 제연시설

① 터널 내에서 발생되는 분진, 일산화탄소가스, 질소산화물 및 주행 열차에서 발생되는 열에 대하여 공기청정 수준을 유지하기 위한 환기 시스템을 검토하여 구축한다.

② 인체 호흡에 의해 발생하는 이산화탄소의 농도를 허용범위 이하로 유지시키는 데 소요되는 최소 환기량 이상을 확보하도록 계획한다.

③ 화재 시 승객이 안전하게 대피할 수 있도록 기계식 연기배출장치나 공기흐름을 통제하여 연기가 없는 구역을 만들거나 대피방향으로 신선한 외기를 공급하고 발생 연기를 신속하게 배출하여 환경을 회복할 수 있도록 환기 및 제연시설을 계획한다.

5. 방재구난지역 시설

① 철도 이외의 접근 시설을 이용한 구난활동을 계획할 경우에는 소방차, 응급차 등이 갱구로 접근할 수 있도록 진입로 및 구호차량용 부지를 확보하고 지역 도로망과 연결하여야 하며 환자의 긴급수송을 위해 헬리콥터의 이·착륙이 가능한 편평한 부지를 계획한다.

② 사갱 또는 수직터널의 지상연결 입구에는 인접도로망과의 연결방안을 계획한다.

6. 기타

① 구난역의 방재용 세부시설은 별도로 정하여 설치한다.

② 각종 안내표지판은 소정의 규격을 별도로 정하여 열차의 진동이나 풍압에 의해 탈락되지 않도록 견고하게 설치하여야 한다.

QUESTION 50

터널 내 화재 등에 의한 방재 시스템에 대해 기술하시오.

1. 터널 방재대책의 기본

① 시설제어실에서는 CCTV 감시카메라로 24시간 원격감시를 하며 만일에 대비하여야 한다.

② 사고나 화재 등이 발생했을 경우 경찰·소방 등 관계기관과 상호 협력할 수 있도록 항시 비상체계를 구비하여야 한다.

③ 사고를 당한 고객의 생명을 보호하고, 사고 확대를 방지한다.

2. 터널 화재 발생 시의 피난유도설비

① 터널 안에 신호기를 설치하여 비상시 피해의 확대 및 혼잡을 방지하기 위한 유도 역할을 할 수 있도록 한다.

② 비상시에는 터널 내 신호기, 확성기 방송 등으로 피난을 유도한다.

3. 초기 대응

① 화재탐지기

약 25m 간격으로 설치. 발생 장소의 정보가 자동적으로 시설제어실로 통보된다.

② 버튼식 통보장치

50m 간격으로 설치. 버튼을 누르면 시설제어실로 통보된다.

③ 비상전화

150m 간격으로 설치. 수화기를 들면 자동으로 교통관제실로 연결되는 전용 전화

④ CCTV 감시카메라

150m 간격으로 설치. 사고·화재검지설비가 작동한 경우 발생장소의 상황을 확인한다.

⑤ 시설제어실

설비의 고장 감시·제어·재해 시의 방재운용에 대해 전문교육을 받은 직원이 24시간 운용한다.

⑥ 중앙통제 관제실

　　사고, 규제 등 정보를 24시간 관리하고 기관사에게 적절한 정보를 제공한다.

4. 유사 시의 대응

① 비상전화 · 수동전화기 · 화재검지기 · CCTV 모니터 등 가지각색의 형태로 대응방법
　을 구성
② 화재검지로부터 약 3분 안에 현장에 물 분무를 실시할 수 있는 시스템으로 구성
③ 물 분무의 여부는 모니터를 보고 제어원이 판단
④ 항상 평소에 과거의 사례를 연구하거나 시뮬레이션 시스템으로 모의훈련
⑤ 화재가 발생한 경우, '진입 금지' 조치를 취하고, 긴급차량의 통행 · 긴급활동에 방해
　가 되지 않도록 피난유도방송 실시

5. 방재 훈련 및 보완방안

① 주기적으로 터널 안에서 차량화재사고가 일어났다고 가정하여 CCTV 모니터로 현장
　을 확인하고 물 분무하기까지의 모의훈련을 실시한다.
② 훈련 내용으로는 초기 소화훈련, 피난유도훈련, 위험물대응훈련, 구급구조훈련, 연소
　방지훈련, 본격소화훈련 등이 있다.
③ 각각 상황에 따른 방송문을 제어실에서 자동 혹은 수동으로 방송한다.
④ 제어실의 시스템을 사용자가 익숙하게 조작할 수 있도록 매뉴얼을 충실하게 만드는
　것도 필요하다.

QUESTION 51 철도 장대터널 내 화재 발생 및 대책

1. 개요

① 최근 대도시의 대심도 지하공간을 충분히 이용하고자 하는 형태가 증가하고 있다.

② GTX 등과 같은 대심도 장대터널을 계획할 경우 설계 시 화재 방지대책 수립을 필수적으로 반영해야 한다.

2. 철도화재 발생 원인

① 안전의식 및 화재안전교육 결핍(사람)

ㄱ 방화, 자살테러 범죄대책 수립 미흡

ㄴ 화재 시 초기 소화활동 미이행 및 안전대피요령 부족

② 안전기준 및 시설미흡(시설)

ㄱ 국내 전동차 내장재의 화재안전기준 미달

ㄴ 승객대피를 위한 시설투자 부족

ㄷ 연기 발생 시 조도부족 등 소방시설 미흡

③ 위기관리능력 부재(시스템)

ㄱ 종합사령실의 초동조치 미흡

ㄴ 비상시 기관사의 승객안전대책 조치 미흡

ㄷ 수동문을 열려는 승객의 자기 보호능력 부족

④ 지하공간에 대한 화재진압, 구조공간 확보 등 대책부족

3. 국내 장대터널 방제시설

(1) 국내 장대터널 설비 현황

① 1km 이상 장대터널이 점점 많이 증가하고 있다.

② 신설된 터널에서는 법제도 내의 방제설비를 구축한다.

③ 기존 재래터널의 경우 의무적으로 설비를 확충한다.

(2) 법·제도적 측면

① 법·제도적 측면에서 볼 때 피난 위주이다.

② 터널 내 화재 발생 시 소화설비. 방제설비 의무화가 필요하다.

③ 체계적인 화재 억제 시스템이 필요하다.

(3) 구난정거장

① 화재발생지점에서 400m 이내에 구난정거장을 갈음할 수 있는 대피시설이 필요하다.

② 구난정거장은 재연시설, 환기시설을 구비해야 한다.

③ 경사터널은 비상구로 사용한다(환기구 겸용).

4. 분당 3공구 하저터널 분석

(1) 터널 현황

① 연결통로 설치로 피난로 형성

② 수직갱내 환기구와 별도의 피난계단 대피로 형성(제연차단)

③ 환기구의 주기적인 작동으로 환기(강제식)

(2) 방제 시스템 검토

① 수직갱 또는 경사식 환기구 중 장기적 측면에서 경사식이 바람직하다.

② 환기효율성 및 에너지 비용이 경사식 환기구가 수직갱보다 탁월하다.

5. 외국 주요 설계사례

(1) 영국 및 프랑스 간 'Channel Tunnel'

① 구조물 형태

단선 병렬 및 서비스 터널

② 피난 시스템

서비스터널 및 반대편 본선 이용 대피 가능

③ 소방, 제연 및 각종 지원 시스템

서비스터널에서 공급

(2) 일본 '세이칸 터널'

① 구조물 형태 : 복선형태

② 피난 시스템 : 양단 수직갱에서 설치된 점검설비에서 지상으로 대피 가능
 (운행 열차 정지 후 사갱을 이용하여 대피함)

③ 감지, 소방 재연 등 각종 시스템 점검설비에 비치 및 공급

6. 결론

① 대심도 또는 지하터널의 화재는 차량 및 전기적 원인인 만큼, 이에 따른 대비가 중요하다.

② 승객 및 직원 모두가 SOP를 충분히 숙지하여 피해를 최소화하도록 한다.

지하역의 방재

1. 지하역의 특성

① 대피할 수 있는 수단은 계단뿐이다.

② 구조대의 접근, 침투가 곤란하다.

③ 자연적으로 매연 및 유독 가스가 배출된다.

④ 정전 시 외광이 투시되지 않아 암흑이 된다.

2. 예상 재해

화재, 수해, 정전, 지진 등

3. 재해별 대책

(1) 화재

① 차량, 역 등에 내장재료 사용 시 불연성 재료 사용

② 화재발생에 대비한 설비

ㄱ 자동화재경보장치

ㄴ Spring Cooler

ㄷ 저수조 및 옥내소화전 → 최소 20분 이상 소화용량

ㄹ 배연설비 및 방화 Shutter

ㅁ 피난방송 및 피난유도등

(2) 수해

① 출입구

도로면 또는 침수고보다 높이 설치하고, 침투수 방지시설 설치

② 하저구간 파괴에 대비한 차단벽 설치

③ 환기구 지상돌출부

노면수 유입 방지턱 설치

④ 충분한 배수설비

집수정 및 펌프 설치

(3) 정전

① 비상발전기 설치
② 비상조명용 축전기 설치
③ 인접 변전소에서 비상으로 수전할 수 있는 2중 배선 설치

(4) 지진

① 내진 구조로 구조물 설치
② 지하대피 공간 확보 등

4. 결론

① 지하역에서 재해 발생 시에는 대형사고의 위험이 있으므로 재해가 발생치 않도록 사전 예방이 가장 중요하다.
② 그러나 사고는 예고 없이 발생되므로 사고 발생 시 적절한 조치를 취할 수 있는 방제관리실을 운영할 필요가 있다.

53 지하구조물의 지진대책

1. 개요

① 우리나라는 환태평양 지지대와 떨어져 있어 일본과 같은 대규모 지진이나 지진 발생 빈도가 적어 현재까지는 지진에 대한 지하구조물의 설계 개념이 정립되어 있지 않아 구조물 보강이 이루어지지 않고 있다.

② 과거의 기록이나 발생추세 및 사고의 미연 방지를 위해서는 지진의 영향을 고려한 지하구조물의 보강이 필요하다.

2. 지진의 이해

(1) 지진(Earthquake)

지구 내부 어딘가에서 급격한 지각변동이 나타나 그 충격으로 생긴 파동(단층운동), 즉 지진파가 지표면까지 전해져 지반을 진동시킨 것

(2) 지진의 원인(판구조물)

1960년 후반에 등장된 판구조물 학설로서 수십 혹은 그 이상의 두께를 가진 암석권 (태평양판, 북미판, 유라시아판 등 10개의 판)이 제각기 움직이고, 이러한 상대운동으로 판경계부에 주로 지진이 발생하며 경계 부근의 판 내부에서도 지진이 발생한다.

(3) 지진요소

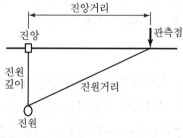

① 진원 : 최초로 지진파가 발생한 지점

② 진앙 : 진원의 바로 위 지표면의 지점

③ 진원거리 : 진원으로부터 관측점까지의 거리

④ 진앙거리 : 진앙으로부터 관측점까지의 거리

3. 지하구조물의 취약부

(1) 지반 조건에 따른 취약부

① 구조물 설치 위치 중 지질조건이 변화하는 부분
② 단층대
③ 폐쇄가 심한 구간
④ 지하수위가 높은 사질지반 → 액상화
⑤ 토피가 얕은 구간 → 지상구조물과 비슷한 조건이 됨
⑥ 편토압이 큰 구간

(2) 구조물 조건에 따른 취약부

① 단면 변화가 심한 곳 → 강성 차이가 큰 곳
② 구조물 접속부 → 터널과 개착부 접속구간 본선과 횡갱 및 수직갱 접속부 출입구 및 환기구 구간 등
③ 구조물 일부가 지상에 노출된 구간

4. 내진설계방법 및 착안사항

(1) 내진설계방법

① 유사정적해석법

지중구조물의 지진에 따른 지진하중에 대하여 정역학적인 횡토압으로 환산하여 구조해석 수행 및 지진하중 산정

② 응답스펙트럼법

지반변위에 의한 지진토압과 지하구조물의 주변 지반관계에서의 경계조건을 적적히 모델링하여 정적으로 계산하는 방법으로 지반거동에 대한 구조물의 최대가속도, 속도 및 변위응답해석에 의하여 지진하중 산정

(2) 착안사항

① 지진 시 콘크리트를 연성파괴토록 하여 대피시간을 확보하는 것이 중요

② 지진 시의 대피통로 설치, 화재 방지 등 방재개념 고려

③ 구조물 취약부(신축 Joint, 코너부, 단면변화부 등)의 보강 및 정밀시공

④ 구조물 설계 시 내력벽을 많게 하고 철근은 직경이 적은 것을 많이 사용하고 배력근을 현 설계기준 이상으로 충분히 사용한다.

5. 결론

① 우리나라는 주변국에 비해 상대적으로 지진활동이 활발하지 않으나 그간의 자료를 분석하면

　㉠ 1913~'98 411회(4~5회/연)

　㉡ '78~'98 216회(10~11회/연)

　㉢ '93~'98 52회(8~9회/연)으로 연평균 5~10회를 발생하였으며 이는 과거보다 발생빈도가 높아지고 있어 지진대책이 필요하다.

② 한편 규모 4 이상의 지진도 11회나 발생하는 등 우리나라도 더 이상 지진 안전지대가 아니므로 이에 대한 대책이 필요하다.

QUESTION 54 지진 발생 시 철도시설에 미치는 영향 및 대처방안

1. 개요

① 최근 중국의 스촨성 대지진, 일본의 고베 대지진에서 보았듯이 우리나라도 지진에 취약한 지리적 위치에 있다.

② 국내 철도의 지진대비는 '99년도에 정립되어 진도 6.0에도 안전하게 설계하도록 되어 있다.

③ 기준이 확정되기 이전에 시공된 시설물은 취약하여 피해를 최소화할 대책이 필요하다.

2. 지하구조물의 내진

(1) 거동 특성

① 지진이 에너지 손실 없이 통과, 피해 적음

② 지반, 구조물의 비대칭성, 단면두께 변화로 일체거동의 불일치가 일어나는 취약부가 생김

(2) 지하구조물 취약

① 지하조건 변화구간

② 단층대

③ 지하수위가 높은 사질토구간(액상화 우려)

④ 구조물 단면 변화가 심한 구간

⑤ 구조물 접속부(터널과 개착부 간)

3. 교량구조물의 내진

(1) 거동 특성

지표면에서 에너지가 표출하므로 교량 상판 낙교 및 교각 전도 등의 대규모 피해가 발생될 수 있다.

(2) 교량구조물 취약부

① 교량 슈

② 신축이음

③ 교량기초와 교각 연결부분

④ 구조물 접속부

4. 철도 내진설계

(1) 기본 개념

① 인명피해 최소화

② 교량부재의 부분파손은 허용하나 분리는 방지

③ 특히 철도교 내진설계기준은 기능수행수준은 반영하지 않고 붕괴 방지수준을 기초로 두고 있음

④ 지진 시 가능한 한 교량의 기본적인 기능은 발휘하도록 하고, 교각은 파괴되도 상판은 파괴되지 않도록 함

⑤ 설계기준은 전국에 적용

(2) 호남고속철도의 내진설계

① 교각의 유연성과 연성 향상

② 교량받침장치 도입

③ 교량 상판의 낙교 방지

④ 내진해석 강화

5. 고속철도 지진 감지 시스템

(1) 지진계측기 설치

① 주요 교량, 터널(11km 간격)

② 지진 발생 후 4초 이내에 경보 발령(기상청 30초)

③ 호남고속철도 전 구간에 설치계획

(2) 지진 발생 시 조치

진도 4.0 이상 : 황색경보 비상정차

6. 지진대비 운영 방안

① 지진피해 경감대비를 위하여 내진설계가 되어 있지 않은 구조물은 지속적으로 개량 · 보수한다.
② 지진감지장치와 인접차량의 직접인터페이스 조치로 기관사가 직접 제동할 수 있는 권한 부여에 대하여 검토할 필요가 있다.

55 집중호우 시 지하철 침수 방지대책에 대하여 기술하시오.

1. 개요

① 국내 강우의 특성은 아열대성 소나기와 같은 국지성 폭우이다.

② 과거 배수 불량에 의한 범람에서 배수용량 한계까지 검토해야 할 상황의 기후적 특성 대비가 중요하다.

③ 집중 호우를 대비한 철도 측면에서는 설계ㆍ시공ㆍ운영상의 관점에서 대비할 필요성이 있다.

2. 설계단계

① 상습침수 저지대 배선설계에서의 회피

② 홍수 범람지역, 연약지반 배선 회피

③ 하천제방횡단의 경우 면밀한 검토 필요

3. 시공단계

① 기존 역사와 인접 시 우기 전 방호조치 우선 시행

② 주변지형 보호에 대비한 홍수위를 도출하여 안전조치

③ 저지대 구조물의 차수문 설치

④ 야적지대 침수 및 유실 가능성 검토/안전조치

⑤ 인접 관하수로 준설상태 확인조치

⑥ 양수설비 및 토공 보호조치

⑦ 전기시설물 안전조치 강화

4. 운영단계

① 관계기관의 관하수로 준설상태 확인조치

② 지하펌프장 예비펌프 가동상태 확인

③ 환기구 우수유입 우려개소 확인 및 대비책 강구

④ 관하수도 막힘 또는 한계용량으로 지하역사 유입 방지

    ㉠ 계단입구 차수판 설치

    ㉡ 계단 차수턱 설치

    ㉢ U-type 우수유입 방지

⑤ 선로 양로

    ㉠ MTT에 의해 수차례에 걸쳐 조금씩 지속적 양로(청량리 시행)

    ㉡ 레일의 신축을 고려하여 하절기에 임박하여 시행

5. 관리단계

① 침수에 대비한 SOP 마련 및 지속적 관리
② 전직원 SOP 숙지토록 교육훈련 실시
③ 비상복구 자재 준비 확인
④ 유선통신망 두절에 대비한 무선 상황 점검
⑤ 정전을 대비한 방호조치 준비

6. 결론

① 9호선 공사현장에서의 침수사고도 사소한 관리소홀에서 초래되었다.
② 온난화성 게릴라 폭우에는 일정한 한계가 있으므로 항상 SOP에 의한 대비로 피해를 최소화하여야 한다.
③ 지하구간 침수는 도상의 변위를 증폭시키며 이후 유지관리량이 증가함에 따라 침수방지, 배수로 준설관리에 철저를 기하여야 한다.

QUESTION
56

운행선 인접공사 시 안전대책

1. 개요

운행선이란 영업운전을 하고 있는 철도를 말하며 철도의 작업구간은 다른 공사현장과는 달리 열차가 운행되는 선로 또는 인접한 곳에서 작업을 하기 때문에 항상 위험요인이 잠재되어 있어 많은 주의를 기울여 사고예방에 최선을 다해야 한다.

2. 운행선 인접공사와 도로공사의 차이

(1) 열차와 자동차의 제동거리 차이

① 자동차의 제동거리는 일반적으로 100km/h의 고속도로에서 100m의 여유거리가 요구된다.

② 열차의 경우 100km/h의 속도로 운행 시 기본적으로 여객열차는 500m, 화물열차의 경우는 700m 이상이며, KTX는 300km/h에서 비상정차 시 정차거리가 3.4km에 이른다.

(2) 열차는 궤도를 따라 운행

① 자동차는 도로의 작업현장을 피해서 운행이 가능하다.

② 열차는 오로지 레일 위로만 운행하는 특성으로 인하여 전방에 장애물이나 위험을 인지했더라도 자동차처럼 이를 비켜 갈 수가 없다.

(3) 열차감시원의 작업자 대피 유도

① 도로공사에서의 감시원은 자동차가 작업장을 피해가도록 교통 유도를 하고 작업을 계속 진행할 수 있다.

② 철도 운행선 공사에서의 감시원은 열차가 접근 시 작업자들이 작업을 중단하고 사전에 안전하게 피할 수 있도록 유도하고 열차의 운행에 지장이 없도록 하는 것이 그 임무이다.

3. 안전사고 원인

① 철도운행선 인접공사의 사고원인 중에는 공사 중 관리감독 소홀로 인한 사고의 비중이 월등히 높다.

② 이 중에는 열차감시자의 미배치 또는 역할을 제대로 하지 못해 발생한 사고가 많으며, 이는 철도운행선 인접공사의 특수성을 인식시키고 철저한 안전관리교육을 수행함으로써 방지할 수 있는 사고가 다수이다.

4. 외국 운행선 공사 안전관리 현황

① 영국

열차감시자의 자격제도 시행, 전문적인 교육기관 교육제도

② 미국

열차감시자의 자격과 교육 의무화, 위반 시 개인과 회사에 벌금 부과 및 법적 제재

③ 네덜란드

국가안전조직에서 철도안전 관리 매뉴얼을 만화로 작성하여 활용

④ 독일

2개의 차량한계, 안전한 작업장비 도입, 선로작업 온라인 시스템 구축

⑤ 일본

　㉠ 열차감시원의 전문화 : 열차감시원 자격제도 시행

　㉡ 세부적인 열차감시원 배치 규정 제정

　㉢ 인적 오류 방지 노력

　　• 작업원 연 2회 건강진단 의무화, 무자격자 활용 책임자는 음주운전자와 동일 처벌

　　• 휴식시간 활용 작업책임자와 작업자 간 대화

　　• 현장에서 상시 문제점 도출

　　• 안전관리 직무에 전념하도록 공사지휘자나 열차감시원은 백색 헬멧 착용

　㉣ 안전지도 지원 시스템 도입(JR 동해도)

　　• 실제 사고자료를 활용, 규정 미준수에 따른 사고요인 인식

- 체험 사건 · 사고 발생 보고서를 작업자 교육에 적극 활용

ⓜ 안전교육의 현실화

공사시행 이전에 신규작업자는 비디오 시청각 교육, 계획 변경 시에는 전 작업자에게 재교육 실시

⑥ 프랑스 SNCF

㉠ 안전요원의 교육 후 배치

㉡ 열차감시원의 배치

- 적합한 신체 조건(연간 신체검사), 작업이 시행되는 장소에 대한 충분한 지식 보유
- 작업구간 근방위치 보조감시원과 열차감시원은 서로 잘 보이는 지점에 위치, 신호전달

5. 대책

① 안전 표지판의 설치

㉠ 작업현장으로부터 약 600m 전방(기관사가 쉽게 식별할 수 있는 장소)에 공단 '철도시설안전 표지류 설치지침'에 따른 공사예고 표지판을 설치한다.

㉡ 작업개소가 단선운행구간과 복선구간이라도 작업원들이 선로를 횡단할 필요가 있는 경우에는 선로 양 방향에 공사예고 표지판을 설치한다.

㉢ 작업현장에는 공사명, 발주기관, 공사기간, 시공사명, 비상시 연락처 등의 내용을 명기한 공사알림판을 설치한다.

② 열차운행선을 보호하기 위한 방호물 설치

㉠ 방호물은 '국유철도건설규칙'에서 정한 건축 한계(선로 중심으로부터 2.1m) 외방에 설치한다.

㉡ 장소가 협소하여 '건축한계' 외방 설치가 어려울 경우 지원업무수행자의 확인과 승인을 얻어 차량한계(선로 중심으로부터 1.8m) 외방에 설치한다.

㉢ 차량한계 외방에도 방호물 설치가 어려울 경우에는 선로차단 승인을 얻은 후 작업하는 것을 원칙으로 한다.

㉣ 방호물은 차단막, 그물망, 안전테이프 등의 재료를 사용할 수 있으며 작업자가 쉽게 식별할 수 있는 형태여야 한다. 또한 태풍이나 사람 접촉 등의 충격으로 훼손되지 않도록 견고하게 설치한다.

③ 모든 건설장비, 자재들은 건축한계 외방에 보관하고 비산 우려가 있는 물품은 밀폐된 상태로 보관하여야 한다.

④ 화약류, 황산 등의 위험, 유해물은 열차운행선 인접 개소에 보관하지 않는 것을 원칙으로 한다. 다만, 작업상 불가피하게 필요한 경우에는 지원업무 수행자의 확인과정을 거쳐 관계법령에 저촉되지 않도록 보관, 취급한다.

⑤ 가설시설물(토류관, 동바리, 비계, 거푸집 등) 등은 건축한계 경계를 침범하지 않도록 시공한다. 가설시설물 등은 변형, 부식 또는 심하게 손상된 재료를 사용하지 말아야 하고 열차운행 선로로 전도될 우려가 없도록 충분한 버팀목으로 고정되어 있어야 한다.

⑥ 열차운행선 인접개소에서 터파기할 때는 터파기 끝 면이 건축한계를 침범하지 않도록 작업하여야 한다. 건축한계를 침범할 우려가 있을 경우에는 차단승인 후 작업하는 것을 원칙으로 한다.

⑦ 터파기할 때 열차운행선 노반에 변형이 일어나지 않도록 흙막이 지보공이나 방호막 등을 설치한다. 또한 지하수가 과도하게 용출될 때에는 작업을 중지하고 열차운행선에 영향을 줄 우려가 있는지 여부를 지원업무 수행자에게 확인을 받고 배수 등의 안전조치를 취한 후 작업한다.

⑧ 열차운행선 인접 구간에서 비탈깎기 등의 작업 시 낙반이나 토사물이 건축한계 범위를 침범되지 않도록 한다. 만일 침범될 우려가 있을 경우 열차운행선 근방에 안전막이나 펜스 등의 차단막을 사전에 설치한 후 작업한다.

⑨ 선로횡단 지하도 공사 시 운행선로를 지지하는 지지보와 기둥은 외관상 균열이나 처짐(굴곡)이 없어야 한다. 또한 열차 주행 시 자갈 등의 비산물 낙하 방지를 위하여 해당 구간의 선로 부근에 낙하방지턱 등의 안전설비를 설치한다.

⑩ 선로횡단 지하도 진입로 전후에는 통과 차량의 높이를 제한하는 표지를 설치한다.

⑪ 임시 건널목을 설치할 경우 관계규정에 의한 안전장치를 구비하여 관리한다.
  ㉠ 임시 건널목은 보행자나 통행 차량이 전방 시야를 확보하여 안전하게 통과할 수 있도록 건널목 진입로를 완만하게 경사지게 하거나 평탄하도록 시공한다.
  ㉡ 보행자나 통행 차량의 안전을 위하여 시공사는 임시 건널목 안내인을 배치한다.
  ㉢ 임시 건널목 진입로 전후 건축한계 외방에 전차선 높이 제한 표지를 설치한다.

⑫ **열차접근 자동경보장치**
  ㉠ 전체적인 장치의 구조, 설치, 기능이 열차 운행선에 일체 영향을 주지 않는 구조이어야 한다.

ⓛ 열차접근을 감지하는 검지장치는 전파통신관계법규에 의한 승인이 필요 없고 철도 신호체계에 영향이 없는 저주파대역을 사용하는 무선방식이어야 한다.

ⓒ 작업장에는 검지장치의 주파수를 수신하여 자동으로 경보를 울려주는 출력장치를 설치하고, 필요시 검지장치와 출력장치 사이에는 중계장치를 설치하여 작업원 전체가 경보음을 충분히 들을 수 있는 기능을 갖추어야 한다.

ⓔ 검지장치와 출력장치 간 거리는 작업원들이 미리 대피할 수 있는 시간을 확보하기 위하여 최소한 1km 이상 분리되어 설치되어야 한다.

6. 결론

① 기존 선 개량, 복선화 전철화 등 운행선 상에서 건설하는 공사는 조그만 사고에서 열차운행에 지장을 초래하여 사회적 문제로 대두될 수 있다.

② 따라서 공사 관련자는 열차 운행선을 지장하거나 지장을 줄 우려가 있는 공사에 대한 안전관리를 강화하기 위하여 안전수칙을 충분히 숙지하고 철저히 준수하여 안전확보에 만전을 기하여야 한다.

QUESTION 57 시운전계획의 필요성, 운전시험의 종류 및 주의사항에 대하여 설명하시오.

1. 시운전계획의 필요성

① 건설사업의 노반공사, 궤도공사, 신호공사, 전차선 등 전기공사, 통신공사, 정거장 및 건축공사가 완료되면 영업개시 이전에 반드시 열차운행계획에 따라 열차를 실제 운행하면서 운전성능시험과 안전성 시험을 하여 보완하고 영업개시계획을 수립해야 한다.

② 차량, 팬터그래프(Pantagraph), 카테나리(Catenary), 열차제어, 궤도 등 실제 운행하면서 성능과 안전성 시험으로 기술연구를 하여 철도기술수준을 향상시켜야 한다.

③ 속도정수 사정기준 규정에 차량의 조립 또는 중요부분의 개조를 하였을 경우에는 시험을 거쳐 운전성능을 사정하여야 한다.

2. 운전시험의 종류

(1) 운전성능시험

① 견인성능시험
② 열차저항시험
③ 제동성능시험
④ 기기용량시험

(2) 차량주행, 시설 등 안전성 운전시험

① 차량주행, 안전성 운전시험

탈선에 대한 안전성, 승차감 등을 확인하여 차량의 운전속도한계 등을 결정한다.

② 전력 · 신호설비 안전성 운전시험

변전소의 변전용량, 집전용량, 신호가시거리, 신호장애 등을 대상으로 차량운전대의 노치 취급이나 운전속도 등에 관련되는 시험이다.

③ 노반 · 궤도시설 안전성 시험

선로곡선, 정거장 분기기, 선로좌우 · 상하진동, 교량의 강도기능을 대상으로 운전속도 등에 관련되는 시험이다.

3. 시운전 시 주의사항

① 시운전 시 가장 주의할 사항은 운전사고, 상해사고를 예방하는 것이다.

② 문제가 있을 때는 시험을 중단하고 점검해야 한다.

③ 시운전 지휘자는 운전실에 다수의 관계자가 첨승하기 때문에 정지위치의 통과 정차 등에 주의해야 한다. 또한 시험을 위한 가설공사의 점검 때문에 도중하차하든가 차량 차체 밑으로 점검 차 들어가는 경우가 많으므로 차량 외부에서의 작업은 지휘자의 허가 없이 절대로 개인행동을 못하도록 사전연락, 확인하여 상해 방지에 최선을 다해야 한다.

④ 시운전 개시에 앞서 계획한 대로 시행할 수 있는지 반드시 확인하고 기관사, 차장 등 필요한 관계자에게 시험인가를 설명하여 시험이 순조롭게 시행되도록 인지시켜야 한다.

⑤ 측정기기, 방송, 무전기, 전호기 등의 기능을 확인한다.

⑥ 시운전 편성 하중 확인

운전개시 전에 편성하중에 대해 반드시 통보하여 시운전 요건이 구비되도록 확인해야 한다.

⑦ 시운전 당일 열차 운행표 전반의 문전상황 파악

㉠ 운전사령이나 관계역장에게 시운전 목적과 방법을 설명·주지시키고 시운전 열차가 지연되더라도 대피시키지 않는다.

㉡ 입환, 동시진입 등으로 시험열차에 지장을 줄 우려가 있을 경우 시운전 열차를 우선 취급할 수 있도록 배려를 요청한다.

⑧ 기관사, 차장 등 운전관계자뿐만 아니라 측정관계자도 시험목적, 시험방법, 시험조건, 측정항목 등을 설명해야 하며 특히 기관사에게 시험목적과 시험방법, 시험조건에 알맞은 운전취급을 할 수 있도록 사전 설명하여 운전 시 계속 지시하지 않아도 조정할 수 있도록 교육시켜야 한다.

⑨ 시운전 열차 운행표 검토

시운전 열차의 운행표를 사전에 검토하여 계획하고 시운전 열차의 전후사항을 파악해야 한다.

㉠ 얼마의 여유시간이 있는가?

㉡ 어떤 어려움이 있는가?

㉢ 시운전 열차 선행, 후속열차는 무엇인가?

② 추가 시운전계획은 무엇이 있는가?

⑩ 열차가 지연되더라도 측정을 계속할 수 있는 것인가?

⑩ 관계자료 준비

㉠ 시운전 운행표, 관련 공문, 운전선도, 시험 당일의 서행개소, 특수취급 차량, 성능 곡선, 관계도면 등 시험에 관련되는 자료를 정비한다.

㉡ 관계자에게 배포 또는 통보하고 대비한다.

QUESTION

58 부실공사의 원인과 방지대책

1. 개요

최근 건축, 토목의 각종 공사에서 부실시공이 다발적으로 발생하여 다수의 인명손실, 국력 낭비, 사회불안 등으로 건설에 대한 신뢰성이 떨어지고 사회문제로 되고 있다.

2. 부실공사 원인 및 문제점

건설공사에서 발생되는 사고는 구조물의 생성되는 과정이 환경조건, 시공조건, 시공방법에 따라 다르게 나타나는 특수성을 지니고 있으므로 계획, 설계, 시공, 공용의 전 과정에서 하자가 발생하지 않도록 이들 요인을 해결하면 부실공사의 대부분이 해소될 수 있다.

(1) 제도 및 행정

① 공사입찰에 따른 문제[설계 · 시공 일괄입찰(Turn Key), 대안설계입찰, 기타 공사]
② 권한은 약하고 책임만 전가되는 등 감리제도의 미정착
③ 품셈제도와 정부단가의 무리한 적용
④ 비기술자가 정부의 기술직 자리에 보임하여 기술자체보다는 관리에만 치중
⑤ 부실공사 발생 시 시공업체만 처벌하나 불량자재 납품업체도 동시 조치 필요
⑥ 신기술, 신공법에 대한 배려 부족
⑦ 설계, 시공 등의 입찰 시 부족한 기간 부여 및 비용의 현실성 결여

(2) 계획단계

① 국내의 인력, 자재, 장비 능력을 고려치 않은 건설계획
② 적절하지 못한 구조형식과 공법의 선정
③ 정치가, 행정관료와 같은 비기술자가 구체적인 기술적 공법 적용에 관여하여 형식, 공법, 공사비, 공사기간 등에 변동 발생
④ 예산에 맞추는 건설계획
⑤ 절대공기를 고려치 않은 공기단축, 준공시기 결정 등의 전시행정

(3) 설계단계

① 능력을 고려하지 않은 설계회사의 선정

② 설계회사의 자세, 기술자의 자질, 능력에 넘치는 설계 시행

③ 설계기간과 설계비용의 현실성 결여

④ 현장여건에 부합치 않은 설계로 잦은 설계 변경

⑤ 설계회사의 전문성 결여

⑥ 무모한 신기술 도입으로 인한 상세설계능력의 부족

⑦ 불완전한 시방서와 설계도서 작성

(4) 시공단계

① 능력을 고려하지 않은 시공사의 선정 필요(PQ제 도입, 특수공법 필요시 경력 보유사 지명경쟁 입찰 등)

② 무리한 저가입찰 및 과다경쟁

③ 경영자의 자세

④ 전문업체 양성부족으로 전문성 열악에 의한 신기술, 신공법 이해 부족

⑤ 시공 전 설계도서에 대한 철저하고 세밀한 검토능력의 결여

⑥ 민원 및 인허가 처리가 미비한 채로 공사발주 및 착공

⑦ 잦은 감독, 감리자, 현장소장들의 교체

⑧ 품질검사, 평가기준의 미비

⑨ 관련 제법규에 부합되는 시공자세의 결여

⑩ 특수환경에 대한 적응력 부족

⑪ 불건전한 현장분위기 조성

⑫ 발주자, 설계자, 감리자, 시공자 사이의 비효율적 업무처리

⑬ 계측관리의 미도입 또는 관리 분석 능력 부족

(5) 유지관리

① 체계적 유지관리 시스템의 결여

② 유지관리도서 및 기준의 작성 미비

③ 용도변경, 구조변경 및 개수

④ 주요 구조물의 계측관리 미시행

(6) 기타 문제

① 각종 자료의 수집비치 및 신뢰도 부족

② 사고사례 미공개(사고사례를 발표하여 재발방지, 예산절감, 기술개발 축적 등)

③ 전문가의 양성 및 대우에 대한 미흡

④ 기술개발의 축적, 도입 등에 대한 연구비 투자 미비

3. 부실공사 방지대책

(1) 제도상의 대책

① 공사입찰 계약제도의 개선

㉠ PQ제 확대 및 시공계획 평가제 도입

㉡ Turnkey 제도 확대 및 부대입찰제 도입

㉢ 우수시공업체 지정, 지명 경쟁제도(수의 계약) 추진

㉣ 건설공사의 불가항력적 손해에 대한 손실보상제도 도입

② 기술용역제도의 강화

㉠ 기술, 가격분리 입찰제 실시

㉡ 하도급제도 양성화로 설계전문화 유도

㉢ 설계심의제도 강화

㉣ 설계감리제도 강화

③ 감리제도의 체계화

㉠ 감리자와 감독의 업무분담 및 책임한계 구분

• 민원처리 인허가 : 발주자

• 기술업무 : 감리자

㉡ 감리범위 확대(부대공사, 민가공사) 및 소규모 공사라도 책임감리는 특급배치

㉢ 공사발주 시부터 감리 참여

㉣ 감리자의 자질 향상을 위한 감리교육제도 강화

㉤ 감리 소요예산의 확보

(2) 설계상의 대책

① 전문인력의 양성, 산학연 공동연구, 정기적 교육, 대학과정 실무내용 보충

② 기술개발 투자 확대, 해외견학, 기술연구 확대

③ 부실용역업체의 벌점제도 도입 : 용역 입찰 시 불이익 처분

④ 설계자의 책임의식 강화 : 최종보고서에 참여기술자의 업무수행 내용 기재

⑤ 설계비 및 설계공기의 적정화

⑥ 충분한 현장조사 시행, 설계 반영

⑦ 부실 방지 및 시공성을 고려한 공법 채택

⑧ 설계의 전산화로 신속성, 신뢰성 제고

(3) 시공상의 대책

① 부실시공업체 및 기술자의 처벌 강화 및 입찰제한

② CPM 공정표 작성 및 상세한 시공계획 수립

③ 철저한 품질관리(시방규정)

④ 불법하도급에 대한 제재 강화

⑤ 신기술 개발에 대한 보상제도 강화

⑥ 건전한 현장분위기 조성

⑦ 모든 자료의 Data Base화

(4) 기타

① 불량 재료 납품업체 제재 강화

② 품셈제도 개선 및 정부 노임단가의 현실화

③ 절대공기를 고려하지 않은 공기단축, 준공시기 결정 등 전시행정 지양

4. 결론

① 부실공사로 인한 문제점

㉠ 국력의 부실화와 정부의 신뢰도 손상

㉡ 철도, 주택, 교량, 도로 등 사회간접자본의 부실화는 엄청난 인명과 재산 피해 초래
(건설 재해율은 일본의 6배)

㉢ 시설물의 내구성 저하, 막대한 복원비용 등 경제적 손실 초래

② GNP 대비 약 20%를 차지하는 건설업의 낙후로 건설시장 개방 시 국제 경쟁력 약화

⑩ 건설공사의 부실은 국재고정자본의 50%가 부실하게 되는 결과 초래

② 건설행위로 창출되는 구조물은 공사입안자에서부터 감독자, 설계자, 감리자, 시공자, 자체생산업자 또는 공용 후 유지관리자에 이르기까지 각자의 책임과 역할을 다 할 때 제 기능을 발휘하게 된다.

③ 부실공사 방지의 근원적인 대책 마련

㉠ 건설기술 관리법 등 관련법령의 합리적인 제정

㉡ 시공업체의 철저한 책임시공

㉢ 건설행정기관의 자체개선

㉣ 적정한 공사비 보장 및 충분한 공기 확보, 철저한 공사감리

㉤ 건전한 현장분위기 조성

㉥ 품질을 제일로 하는 건설풍토 조성

동해안을 따라 철도를 건설하고자 한다. 콘크리트 구조물 계획 시 염해(鹽害)에 대하여 고려하여야 할 사항과 대책에 대하여 쓰시오.

1. 개요

① 염해란 콘크리트 중에 염화물이 존재하여 강재(철근, PC강재 등)가 부식함으로써 콘크리트 구조물에 손상을 끼치는 현상이다.

② 밀실한 콘크리트는 알칼리성이 높아 강재 표면에 치밀한 부동태피막이 생겨 일반적으로 강재는 부식하기 어렵다.

③ 콘크리트 중에 염화물이온이 일정량 이상 존재하면 부동태피막은 부분적으로 파괴되어 강재는 부식되기 쉽다. 부동태피막이 파괴되면 콘크리트 중에 있어서 각종 결함이나 밀실성의 차, 염분과 알칼리 농도의 차 등의 불균일성, 또는 강재표면의 화학적 불균일성 때문에 강재표면의 전위는 매크로적으로 불균일하게 되어 전류가 흘러 부식이 발생한다.

④ 강재의 부식으로 생긴 녹의 체적은 원래의 강재체적보다 크기 때문에 그 팽창압에 의해 강재에 따라 균열이 발생한다. 균열이 발생하면 산소와 물의 공급이 용이하게 되어 부식은 가속되어 피복콘크리트의 박리와 탈락, 강재 단면적의 감소에 의해 부재내력의 저하에 이르는 경우가 있다.

2. 염분의 침투 경로

(1) 내부염해(재료로부터 유입)

① 미세척 바다 모래의 사용

② 경화촉진제로 염화칼슘의 사용

③ 염화물이 함유된 물의 사용

(2) 외부염해

① 제설제로 염화칼슘의 사용

② 해안에서 250m 이내 지역인 경우 바다 염분의 침입

③ 화학약품으로부터의 침입

3. 염화물 함유량의 규제

(1) 굳지 않은 콘크리트

① 0.3kg/m³ 이하

② 감독자 또는 책임기술자 승인 시 0.6kg/m³ 이하

③ 잔골재의 경우 절대건조중량의 0.04% 이하

④ 상수도 물의 경우 0.04kg/m³ 이하로 간주

(2) 굳은 콘크리트

① 최대 수용성 염화물 이온량(철근 부식 방지)

부재의 종류	콘크리트 속의 최대 수용성 염화물 이온량 [시멘트의 질량에 대한 비율(%)]
프리스트레스트 콘크리트	0.06
염화물에 노출된 철근콘크리트	0.15
건조상태이거나 또는 습기로부터 차단된 철근콘크리트	1.00
기타 철근콘크리트	0.30

② 무근콘크리트에서 가외철근이 배치되지 않은 경우는 상기 표의 규정을 적용하지 않음

4. 대책

(1) 일반적인 대책

① 콘크리트의 강재의 부식은 수분과 산소가 공급되어 염화물이온이 존재하는 경우에 현저하게 진행된다. 따라서 강재의 부식을 방지하기 위한 대책을 수립한다.

㉠ 콘크리트 중의 염화물 이온량을 적게 한다.

㉡ 밀실한 콘크리트로 한다.

㉢ 피복콘크리트를 충분히 취해 균열폭을 작게 제어한다.

㉣ 수지도장철근을 사용하거나 콘크리트표면에 라이닝을 한다.

② 콘크리트에 염화물이온이 침투하는 원인 제거

　　㉠ 해사, 혼화제, 시멘트, 혼화수 등 처음부터 함유되는 경우

　　㉡ 해수 비말과 비래염분, 동결방지제 등의 염분이 콘크리트표면으로부터 스며드는 경우를 제거

③ 콘크리트 시방서에서의 염소이온의 총량을 $0.3kg/m^3$으로 규제

④ 콘크리트를 밀실하게 하기 위해 물시멘트비를 적게 시공하거나, 고로슬래그 분말 등의 포조란을 사용하는 것도 방식의 효과가 있다.

(2) 재료 선정 시 대책

① 에폭시 도막철근 사용

② 해사 사용 시 세척

③ 해수 사용금지

(3) 콘크리트 배합 시 대책

① 물시멘트비는 가능한 한 작게(0.45 이하)

② 슬럼프 값은 가능한 한 작게

③ 가급적 단위수량은 작게

④ 잔골재율(S/a)은 가능한 작게

⑤ 감수제와 AE제의 사용

(4) 콘크리트 시공 시 대책

① 시공이음이 발생하지 않도록 타설계획 수립

② 시공이음 설치 시에는 레이턴스를 제거하고 지수판 설치

③ 피복두께는 충분히 크게

④ 콘크리트 표면의 피복 실시

⑤ 적절한 양의 방청제 사용

⑥ 강재의 전기방식공법의 검토

⑦ 습윤양생을 실시하여 균열 발생을 억제

5. 결론

① 염해 방지대책은 내부 및 외부로부터 콘크리트 구조물에 염화물의 확산과 침투를 차단하는 것이 최선의 방법이다.

② 선형 계획 시 염해를 최소화할 수 있도록 하며, 부득이 해수를 사용할 경우 해수에 의한 피해가 최소화되도록 보강조치를 하여야 한다.

QUESTION 60 · 고속철도 주행 시 도상자갈 비산 방지대책

1. 개요

① 고속열차 주행 시 안전상 큰 문제 중 하나로 도상자갈의 비산현상을 들 수 있다.

② 도상자갈의 비산원인은 동절기 적설 시에 차량으로부터 떨어진 설빙과 고속주행 시 열차 하부에 생기는 열차풍 때문이다.

③ 비산된 도상자갈은 차체 하부구조물이나 인근 방음벽을 파손시킬 만큼 높은 운동에너지를 보유하므로 철저한 관리가 요구된다.

2. 차량의 설빙에 의한 도상자갈 비산현상 및 방지대책

(1) 설빙에 의한 도상자갈 비산현상

① 부착된 빙설덩어리가 자중에 의해 파단

② 발열기기 표면의 온도로 부착 표면이 융해

③ 분기기 통과 시 충격

④ 터널 통과 시 기기의 온도상승, 풍압 변동

(2) 설빙에 의한 도상자갈 비산 방지대책

① 차체의 착설 방지

㉠ 살수, 서행에 의한 눈의 날림

㉡ 히터, 특수도료에 의한 착설 방지

② 강제낙설

정차 중에 눈 제거작업

③ 칸막이에 의한 차폐, 완충

㉠ 침목높임

㉡ 배면 높은 침목

④ 도상 자갈면을 피복하고 고착시킴

㉠ Ballast Mat 설치

ⓛ Ballast Screen 설치

ⓒ 합성수지 살포

3. 열차풍에 의한 도상자갈 현상 및 방지대책

(1) 열차풍에 의한 도상자갈 비산현상

① 차량이 270~300km/h로 주행할 때 30~50m/sec의 열차풍이 도상표면 부근에 생기며 이때 튀어 오른 자갈이 차체 하부와 충돌된다.

② 선로 주변으로 비산된다.

(2) 열차풍에 의한 도상자갈 비상 방지대책

① 비산하기 쉬운 도상자갈 제거

- 새로운 도상자갈 투입 시 선별
- 도상자갈 흡인장치로 배제

② 도상표면의 풍속감소

- 도상 중에 홈을 설치하여 도상표면 높이를 낮춤
- 배면을 높인 침목의 사용으로 도상표면 풍속을 저감

③ 도상자갈의 이동 억제

- 합성수지의 살포로 표면 도상자갈 고착
- 도상자갈 표면을 망으로 덮어씌움

4. 향후 연구발전 방향

① 철저한 현장자갈관리 및 시설보완이 필요하다.

② 설빙 부착조건, 적설량 또는 온도와 설빙과의 관계 등 종합적 · 효율적인 대책이 요망된다.

철도터널에서 대도심 복선 단면의 경우 NATM으로 건설이 불가능한 조건에 대하여 설명하고 대안을 제시하시오.

1. 개요

① 최근 대도심에서의 지하철 · 철도공사가 급증하고 있으며, 이에 따라 연도변 건물 및 기존 노선과의 근접시공 사례가 증가하는 추세에 있다.

② 도심지에 건설되는 터널의 경우, 토피가 얕고 연약지반 내에 건설되는 경우가 많아 공법 선정 시 터널의 안정성 측면 및 지장물에 미치는 영향을 최소화할 수 있는 방안을 강구하여야 한다.

2. NATM 공법 적용이 불가능한 조건

대도심 구간에서의 철도터널 건설 시 지반조건, 인접구조물 및 매설물, 노면 교통처리, 공사비, 공사기간, 시공성 및 안정성, 주변환경에 미치는 영향 등을 고려하여 적정한 공법을 선정하여야 한다.

(1) 연약지반

① NATM 공법은 기본개념이 원지반의 강도를 이용하는 공법이므로 연약지반의 경우 발파로 인한 진동으로 지반의 자립성이 저하된다.

② 포어폴링, 강관 다단그라우팅 등 일반적인 터널의 보조공법으로는 터널의 안정성 확보가 불충분하며 지상그라우팅 및 갱내 선진 그라우팅 등을 통해 지반보강을 실시하여야 한다.

(2) 기존 시설물 근접통과

① 주택, 상가, 문화재, 축사 등이 인접한 구간의 경우, 발파에 의한 소음 · 진동의 규제를 받고 있다.

② 구조물 손상기준 발파 진동 허용치

구조물 종류	문화재	조적식 구조물	RC구조물	내진구조물
허용진동속도(cm/sec, kine)	0.3	1.0	2.0~3.0	5.0

(3) 저토피 구간

① 터널규모에 비하여 표토층이 너무 얇은 경우 발파·진동에 기인하여 막장 표토층의 붕괴가 우려된다.

② 굴착지반의 자립을 위해 그라우팅 주입, Pipe Roof 등의 보조공법이 필요하다.

3. 대안공법의 적용

대도심 구간에서의 철도터널 건설시 연약한 지반조건, 기존 구조물 근접통과, 주변환경에 미치는 영향, 저토피 구간 등 NATM 공법 적용이 곤란할 경우는 Front Jacking, Messer Shield, Pipe roof, TRcM, CAM, NTR, Shield 공법 등 대안공법의 적용을 검토할 수 있다.

(1) Front Jacking 공법

① PC 박스 선단부에 PC 강연선과 유압잭을 사용하여 박스를 지중에서 견인하는 방법이다.

② 공법 특징

- 상부 교통흐름에 지장이 없다.
- 발진함 설치 공간, 작업장이 필요하다.
- 구조물 품질관리가 용이하다.

(2) Pipe roof 공법

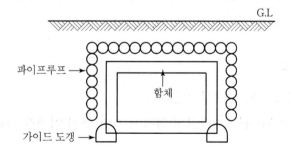

① 굴착단면 상부에 지붕을 형성시켜 상부 구조물을 보호하고, 지하구조물을 시공하는 공법이다.

② 공법 특징

- 지상구조물 하부의 터널 보조공법
- 대단면 터널의 보조공법

(3) Messer Shield 공법

① 메서 플레이트로 단면을 형성 후 전방으로 압입하고, 내부토사 제거 및 콘크리트 타설을 순차적으로 실시하는 공법이다.

② 공법 특징

- 별도의 전진기지가 필요 없고, 장비 및 설비가 간단하다.
- 대단면 터널에서 분할 시공이 가능하다.

(4) TRcM 공법

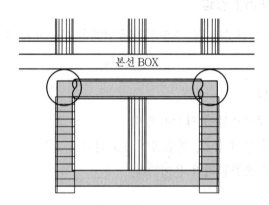

① 강성이 큰 강관을 지중에 압입 후 강관루프를 형성시켜 굴착 · 지지하는 공법이다.
② 가설 강관을 영구 구조물로 사용한다.

(5) CAM 공법

① 아치형 TRcM 공법의 일종이다.
② 강관 내부를 콘크리트로 타설하여 지반 변위 억제가 가능하다.

(6) NTR 공법

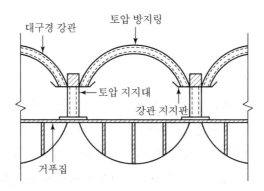

① TRcM 공법의 방수처리 등을 개량한 공법으로 여러 개의 강관을 압입하여 강관루프를 지중에 형성한 후 지중 구조물을 축조하는 공법이다.

② 핵심기술사항
- 대구경 강관 내 토압 방지대 설치
- 방수처리 기술
- 절개된 강관 내에서 거푸집을 설치 후 터널 벽체를 형성

4. 결론

① 대도심에 건설되는 철도터널은 연약지반 상 그리고 기존 구조물과 근접하는 경우가 많으므로 공법 선정 시 터널 안정성 및 지장물 보호 측면도 함께 고려해야 한다.
② NATM 공법은 연약지반~극경암까지 적용범위가 광범위하지만, 발파소음 및 진동이 문제가 되는 경우에는 적절한 대안공법을 고려하여야 한다.

QUESTION 62

운행 중인 일반철도 지하 BOX 하부를 가로지르는 통로 BOX 를 설치하고자 한다. 적정 공법을 선정하시오.

1. 개요

① 신설되는 통로 BOX는 열차가 운행 중인 구조물의 하부를 통과하여야 하므로 기존 구조물의 안전성을 최우선으로 한다.

② 주변현황을 정확히 파악하여 지하수 영향을 고려한 시공성, 지중구조물의 방수 현장 적용성, 경제성 등을 종합 검토하여 최적의 공법을 선정함이 목적이다.

③ 구조물 횡단 시 고려할 수 있는 비개착공법은 다음과 같으며, 간략히 비교 · 검토하여 적정공법을 선정하여야 한다.

    ㉠ STS 공법(Steel Tube Slab Method)

    ㉡ NTR 공법(New Tubular Roof Method)

    ㉢ TRcM 공법(Tubular Roof Construction Method)

    ㉣ DSM 공법(Dividid Shield Method)

    ㉤ Front Jacking 공법

2. 공법 선정 시 고려사항

① 비개착공법의 구조물은 침하 안전성과 구조물의 방수가 중요

    ㉠ 비개착공법 선정 시 기존 구조물의 안전성, 지하수 영향 및 지질상태, 시공성, 가시설 복공계획 등을 고려한다.

    ㉡ 굴착 시 막장안전성은 형성된 루프가 강성이 우수하고 차수구조일 경우 유리하다.

    ㉢ 지중구조물의 특성상 누수 발생 시 보수가 곤란하므로 구조물의 방수는 시공이 간단하고 품질관리가 용이하여야 한다.

② 비개착공법의 침하는 강관 추진 시와 토사 굴착 시 발생

    ㉠ 강관 추진 시 소형강관을 사용하여 굴착면적을 작게 하는 것이 유리하다.

    ㉡ 루프 형성 시 지반교란이 최소화되도록 루프 구조의 강성을 고려한다.

    ㉢ 루프 형성 시 지하수 영향하에서 시공성 및 품질, 안전성 확보를 위하여 현장용접과 루프 구조의 차수성을 고려한다.

③ 신설 통로 BOX의 양호한 종단확보를 위하여 기존 구조물과의 이격거리 고려

④ 운행선 통과 시공실적이 있는 검증된 공법 선정

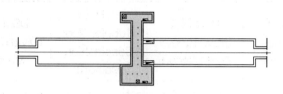

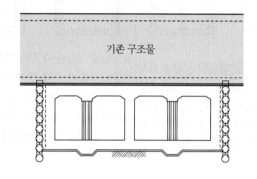

기존 구조물

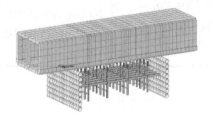

3. 비개착공법의 비교

(1) 공법의 종류

구분	STS 공법 (Steel Tube Slab Method)	NTR 공법 (New Tubular Roof Method)	TRcM공법 (Tubular Roof Construction Method)	DSM 공법 (Divivid Shield Method)	Front Jacking 공법
개 요 도					
공법 특성	특수 제작된 소형 강관을 압입하고 종횡으로 일체화된 강관 차수구조체를 형성한 후 내부를 굴착	압입된 강관을 가시설로 하여 강관 내부에 터널구조물을 설치한 후 Box 내부 토사를 굴착	압입된 갤러리관 내부를 굴착한 후 슬래브 강관을 압입하여 슬래브를 축조하고 벽체는 트렌치 굴착하여 구조물을 설치	DSM PLATE를 유압잭으로 관입시키면서 막장을 굴착하고 내측에 본체 구조물을 타설하는 공법	외부에 강관을 관입하고 입구에서 콘크리트 구조물을 구축한 후, 이 구조물을 PC 강선으로 견인하며 굴착하는 공법
기존 구조물 안전성	소형 강관 사용으로 굴착면적이 작아 강관 추진 시 안전성 우수	대형 강관 사용으로 굴착면적이 커서 강관 추진 시 안전성 미흡	굴착 면적이 크고, 트렌치 벽체 굴착시 지하수에 의한 공벽 붕락 우려로 안전성 미흡	굴착면적이 크고 굴착 시 지하수 영향으로 막장 안전성 미흡	합체견인 굴착 시 공극 및 지하수 영향으로 막장 안전성 미흡

(2) 공법의 선정

① STS 공법은 소형 강관 사용 및 차수기능의 강성루프구조로 침하안전성이 우수하고 강관의 절단 및 용접이 없어 지하수 구간에서의 시공성 및 구조물의 방수에 유리하다.

② NTR 공법, TRcM 공법은 대형 강관 추진으로 강관 추진 시 지반이완이 크고 현장 용접에 의한 강판방수로 구조물 방수가 취약하다.

③ DSM 공법은 타 공법에 비해 안전성이 떨어지며 특히 지하수 구간에서는 굴착 시 막장 붕괴의 우려가 크다.

④ Front Jacking 공법은 기존 철도 비개착 횡단공법으로 많은 시공 실적을 보유하고 있으나, 공사비가 높고, 발진기지 설치에 어려움이 있는 현장은 적용이 곤란하다.

4. STS 공법 시공순서도

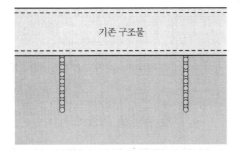

① 벽체부 STS 루프 설치

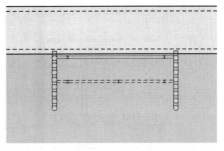

② 시 · 종점부 보강 버팀보 설치

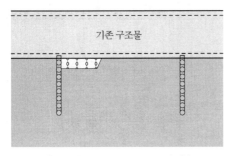

③ 1차 Under Pinning 굴착

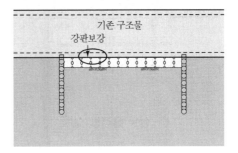

④ 1차 Under Pinning 굴착 완료

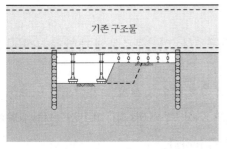

⑤ 2차 Under Pinning 굴착

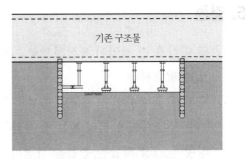

⑥ 2차 Under Pinning 굴착 완료

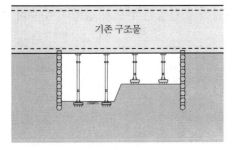

⑦ 3차 Under Pinning 굴착

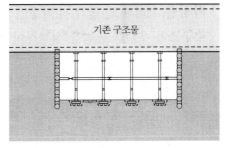

⑧ 3차 Under Pinning굴착 완료

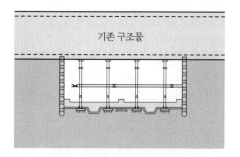

⑨ 하부 슬래브 설치

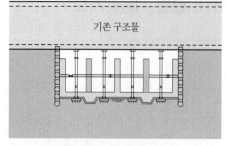

⑩ 벽체 및 기둥 설치

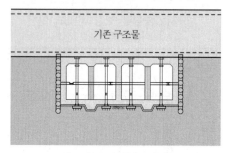

⑪ 상부 슬래브 설치

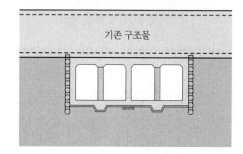

⑫ 내부 가시설 철거

5. 결론

① 공사 상호 간 작업이 복잡하므로 지반, 지장구조물, 인근구조물에 대한 충분한 사전검
   토가 필요하다.

② 열차가 운행 중인 구조물의 하부를 통과하여 구조물을 신설하는 작업이므로 무엇보다
   기존 구조물의 안전성 확보에 역점을 두어야 하며, 주변현황을 면밀히 검토하여 현장
   상황에 가장 적합한 공법을 선정하는 일이 중요하다.

③ 공법 선정 시 기존 구조물의 안전성, 지하수 영향 및 지질상태, 시공성, 가시설 복공계
   획 등을 고려하고, 굴착 시 막장안전성을 감안하여 형성된 루프가 강성이 우수하고 차
   수구조가 우수한 공법을 선정하여야 한다.

QUESTION 63

지하에 위치한 기존 철도에 지하정거장을 설치하여 승환설비, 연결통로 등 지하공간을 활용하고자 한다. 공사기간 중 안전하게 시공할 수 있는 공법을 설명하시오.

1. 개요

① 지하에 위치한 기존 운행선에 지하역을 신설할 경우 운행 중인 구조물 인근 및 하부를 통과하여야 하므로 기존 구조물의 안전성을 최우선으로 한다.
② 지하 2층으로 계획하여 지하 1층은 역사 대합실 승강장을 계획하고, 지하 2층은 연결통로를 고려한다.
③ 주변현황을 정확히 파악하여 기존 구조물 횡단부위 및 접속부위에 적정한 최적의 공법을 선정하여야 한다.

2. 공법의 선정

(1) 기존 구조물 접속부위

① 기존 구조물과 접속부위는 승강장 개설을 위하여 기존 구조물의 벽체 철거를 위한 공법을 검토하여야 한다.
② 기존 선이 운행되고 있으므로 공정의 단순화, 기존운행선의 안전보장, 시공성, 경제성 등을 종합적으로 고려하여 적합한 벽체철거공법을 선정한다.

③ 벽체철거공법 선정

㉠ 철거공법

구 분	Wheel Saw + Buster 공법	Diamond Wire Saw 공법
원리	다이아몬드 휠을 고속 회전시켜 콘크리트 피복 및 철근 철단	다이아몬드 와이어를 회전시켜 대상구조물을 절단하는 공법
특징	• 소규모 절단 시 작업성 양호 • 작업공간의 제약 • 정밀시공 곤란 • 공사비 저렴	• 대형 구조물 절단에 적합 • 제한된 공간에서 작업 가능 • 정밀시공 가능 • 공사비 고가

ⓛ 공법선정
- Wheel Saw＋Buster 공법은 열차운행이 중단된 심야(3시간/일)시간에 벽체 내측 철근 절단으로 공정/안전에 불리하며 유압에 의한 기존 구조물 균열 발생으로 내구성 저하가 우려된다.
- Diamond Wire Saw 공법 : 운행 중인 열차의 안전과 기존 구조물의 안전성을 확보하기 위하여 적정한 철거공법으로 판단된다.

④ 철거방법 선정

㉠ 철거공법

구 분	분할 철거	일괄 철거
시공 순서	기둥저촉부 철거 후 신설구조물을 시공하고 나중에 잔여벽체 철거	신설구조물 완료 후 기존 벽체 일괄철거
시공 개요도		
특징 및 장단점	• 시공완료 시까지 별도 개구부 보강 필요 • 우기 및 누수 시에 대해 무방비 상태 노출 • 작업공간이 넓어 시공이 용이	• 완벽한 수방대책 가능 • 가장 안전한 시공방법 • 연속된 작업공정으로 공정이 단순함

㉡ 기존 선 벽체 개구부 발생 및 개구부 보강 공사비가 발생하지 않으며, 열차의 안전운행 및 완벽한 수방대책이 가능한 일괄 철거 공법을 적용하는 것이 적정하다.

(2) 기존 구조물 횡단부위

① 기존 구조물의 횡단부위는 심도가 깊고 구조물이 단순하며 폭이 좁은 경우로서 수평굴진을 위한 비개착식 공법을 고려하여야 한다.
② 구조물 횡단 시 고려할 수 있는 비개착공법은 다음과 같으며, 운행선에 인접한 공사이므로 지반 침하 및 안전성에 역점을 두고 공법을 선정한다.
㉠ STS 공법(Steel Tube Slab Method)
㉡ NTR 공법(New Tubular Roof Method)

ⓒ TRcM 공법(Tubular Roof Construction Method)

ⓔ DSM 공법(Dividid Shield Method)

ⓜ Front Jacking 공법

3. 방수

(1) 방수공의 필요성

① 지하철 구조물은 대부분 지하수위 이하에 위치하고 있어 방수설계 및 시공의 결함으로 인한 누수가 발생할 경우 내구성 저하 및 보수가 곤란하고 인접구조물의 피해가 우려된다.

② 시공 Joint 부분에서 철근 부식의 가장 큰 원인이 될 수 있다. 따라서 물의 침입 방지를 위한 방수층을 고려하여 구조물 내부의 지하수 유입을 근본적으로 차단할 수 있는 최적의 방수공법을 계획한다.

(2) 방수공법 선정 시 고려사항

① 지하구조물의 방수는 구조물의 개축이 불가능한 것과 마찬가지로 재시공이 불가능하기 때문에 내구성이 있어야 하고 완전한 차수효과를 가져야 한다.

② 또한 방수작업이 10~30m씩 구간별로 시공되고 단면상으로도 저판, 측벽, 상판 등으로 분리시공되므로 이음부의 접합시공이 용이하도록 자체 접착력이 커야 한다.

③ 온도신축이나 부등침하로 발생되는 균열 등에 대처할 수 있는 신축률을 갖고 또한 지하 수압에도 충분이 저항할 수 있는 공법을 선정하여야 한다.

구분	벤토나이트 시트 방수	고무화 아스팔트
재료 구성	소디움 벤토나이트+고밀도 시트(HDPE)로 압축 형성된 2중구조	고밀도 폴리우레탄 시트한 면에 점착성의 고무화 아스팔트 도포
시공 방법	• 바탕면에 못 및 와셔로 시트 고정 • 조인트부 보강테입 적용	• 부착면에 프라이머 도포 • 가열 → 시트를 용융하여 가압접착
특징	• 악조건하 시공이 간단 • 자재보관 시 주의 필요 • 공사비 고가	• 시공경험 풍부 : 공법 일반화 • 시공이 용이 • 습한 곳 시공 곤란
적용	유기질(아스팔트) 및 무기질(벤토나이트)의 이종 간 접합에 따른 불확실성을 제거하고 시공경험이 풍부하고 효과가 입증된 아스팔트 시트 채택	

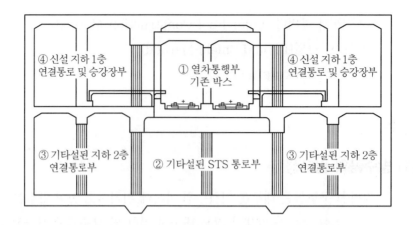

④ 신설 지하 1층
연결통로 및 승강장부

① 열차통행부
기존 박스

④ 신설 지하 1층
연결통로 및 승강장부

③ 기타설된 지하 2층
연결통로부

② 기타설된 STS 통로부

③ 기타설된 지하 2층
연결통로부

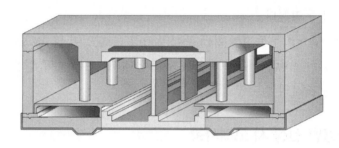

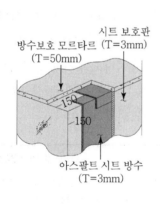

시트 보호판
방수보호 모르타르 (T=3mm)
(T=50mm)

150
150

아스팔트 시트 방수
(T=3mm)

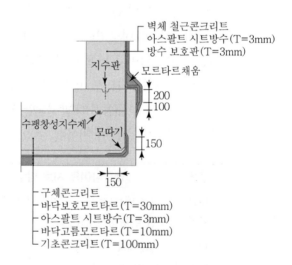

벽체 철근콘크리트
아스팔트 시트방수(T=3mm)
방수 보호판(T=3mm)

지수판

모르타르채움

200
100

수팽창성지수제

모따기

150

150

구체콘크리트
바닥보호모르타르(T=30mm)
아스팔트 시트방수(T=3mm)
바닥고름모르타르(T=10mm)
기초콘크리트(T=100mm)

QUESTION

64

비개착공법

1) STS 공법   2) NTR 공법   3) TRcM 공법   4) DSM 공법
5) F/J 공법   6) PRS 공법   7) UPRS 공법   8) TES 공법
9) TSTM 공법

1. STS 공법(Steel Tube Slab 공법)

(1) 공법 개요

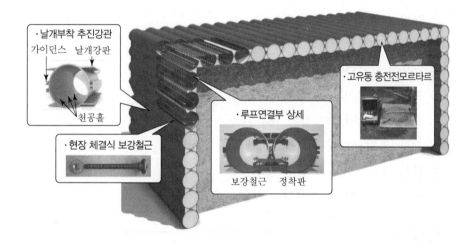

① 공장에서 날개강판을 부착시킨 소형 강관을 사용하여 지중에 루프를 형성한다.
② 강관의 횡방향 연결부를 철근으로 보강한 후 모르타르를 타설하여 종횡으로 일체
화된 라멘 구조체를 형성한다.
③ 지보공을 이용하여 굴착한 후 콘크리트를 현장타설하여 목적구조물을 축조하는
방법이다.

(2) 시공순서

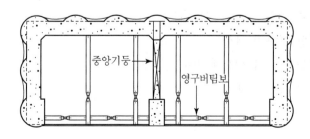

∥ 터널 내부 굴착 ∥

① H-Pile 설치용 가성토
② H-Pile 배면 그라우팅
③ 추진 강관 제작
④ 상부 강관 추진
⑤ 강관 주변 그라우팅
⑥ 강관연결부 보강철근 설치
⑦ 고유동 모르타르 Flow 확인
⑧ 연결철근 설치홀 마개 설치
⑨ 고유동 모르타르의 강관 내부 충진
⑩ 강관 및 강관연결부 모르타르 타설
⑪ 강관 내부 모르타르 충진 확인
⑫ 모르타르 경화 후 충진상태 확인
⑬ 토류가시설 제거
⑭ 가설기둥 설치(선행하중잭)
⑮ 박스 내부 굴착
⑯ 벽체 및 상부 방수시트 부착
⑰ 상부 슬래브 철근 배근
⑱ 바닥 슬래브 타설 완료

(3) 공법 특징

① 용접이 불필요한 연결구조
② 완벽한 차수 및 방수 시스템
③ 탁월한 침하 안전성
④ 보강철근을 사용한 횡방향 연결구조
⑤ 다양한 현장 적용성

2. NTR 공법(New Tubular Roof Method)

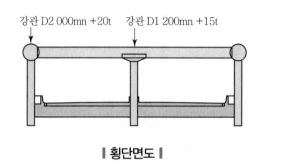

강관 D2 000mn +20t   강관 D1 200mn +15t

‖ 횡단면도 ‖

‖ 개념도 ‖

(1) 공법 개요

① 강관 내 토압지지대를 설치하고 압입관(D = 2.2m) 상하좌우를 절개한 다음 절개된 외측 또는 상부를 철판으로 용접하여 방수시킨다.

② 구조물 형성을 위한 거푸집을 설치하고, 철근이나 빔을 설치한 후, 콘크리트를 타설하여 지중 내에 구조체를 축조한 후 내부토사를 굴착하고 목적 구조물을 완성시키는 신기술·신공법이다.

(2) 시공순서

① 반력벽 조립설치 및 자재 반입

② 강관 압입 위치 측량 및 선도관 설치

③ 강관 압입·내부굴착, 위치조정

④ 차수 및 지반 안정을 위한 강관 외부 그라우팅 공정

⑤ 강관방수철판 용접 및 토압 지지대 설치

⑥ 상부 Slab 및 벽체 거푸집 설치

⑦ 철근배근 또는 H – Beam 설치

⑧ 측벽 및 상부 Slab 콘크리트 타설

⑨ 구조체 형성 후 하부 굴착

⑩ 하부 강관 제거 및 구조물 면 정리

⑪ 하부 슬래브 시공 및 완료

(3) 공법 특징

① 측벽 굴착 시 기 설치된 대구경 강관 내에서 작업이 이루어지므로 붕괴위험성이 전혀 없다.

② 강관 측부를 절단한 후 구조체 외측을 철판으로 용접해 이어주므로 방수가 확실하다.

③ 최소토피(0.8m)로 원하는 구조물을 구축할 수 있다.

④ 타 구조물과의 단면 연결 시에도 이질감이 없고 벽면이 미려하다.

⑤ 장기적으로 노출된 대구경 강관의 부식을 방지하기 위한 유지관리 보수가 필요 없다.

3. TRcM 공법(Tubular Roof Construction Method)

(1) 공법 개요

① 작업구에서 종·횡단 기울기에 따라 선형을 조정할 수 있도록 선도관과 후속관 사이에 유압식 조정장치를 장착한 강관을 유압잭으로 압입한다.

② 강관 내부 굴착, 철근배근 및 콘크리트를 타설하여 상부 슬래브를 완성시키고 프리캐스트 및 Support 잭을 이용하여 지중 수직벽을 설치한 후 터널 내부를 굴착하여 구조물을 터널축조하는 공법이다.

(2) 시공순서

① 작업구 및 반력벽 설치

② 갤러리관 추진 및 굴착

③ 슬래브관 추진 및 굴착

④ 거더 굴착 및 거푸집 설치

⑤ 상부 슬래브 콘크리트 타설

⑥ 벽체 설치 및 콘크리트 타설

- 벽체트렌치 굴착
- 프리캐스트 패널 및 Support Jack을 이용하여 토압지지
- 벽체 내 철근콘크리트 타설
- 갤러리관 콘크리트 타설

⑦ 터널 굴착 및 구조물 설치

⑧ 마감작업 및 공사 완료

(3) 공법 특징

① 토질변화에 대한 대처능력이 우수

② 선도관 조정장치에 의해 선형을 조정하므로 곡선선형에 관계없이 시공 가능

③ 강관을 본구조물로 사용하므로 공사비 저렴하고 공기단축이 가능

④ 여타공법에 비해 작업용 가시설의 규모가 매우 적음

4. DSM 공법(Divided Shield Method)

(1) 공법 개요

① 토사 및 연암층에서의 지하공간 굴착에 대하여, 막장의 안정성 확보 및 굴착시 주변지반 침하의 극소화를 실현하는 Earth Tunnel 공법이다.

② 종래 토사터널공법의 문제점을 완전하게 보완, 개선하여 성능을 극대화시킨 공법이다.

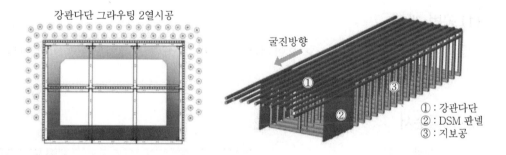

(2) 시공순서

① 시공측량 및 강관 다단그라우팅

② 지보공 제작 및 발진기지 설치

③ 윈치 타워

④ DSM Plate 추진

⑤ 토류벽 설치

⑥ 막장 굴착(암구간)

⑦ 굴착 및 버럭처리(장비 사용)

⑧ 막장막이 설치 및 지보공 설치

⑨ 1차 라이닝 타설

⑩ 방수 및 면정리

⑪ 본체 철근 조립

⑫ 콘크리트 타설

⑬ 지보해체

⑭ 본체 구조물 완성

(3) 공법 특징

① 막장면에 대한 Arch-Sliding 파괴 방지

② 지반침하 극소화

③ 굴착판넬, 가시설 체결방식 개선으로 안정성 증진

④ 정보화 시공 및 방수기법 개선

5. F/J 공법(Front Jacking Method)

(1) 공법 개요

콘크리트 함체를 제작한 후 유압잭을 사용해서 함체를 시공지점으로 밀어 넣는 특수 공법이다.

(2) 시공순서

① 강관 압입

② 강관 외부 그라우팅

③ 수평 천공작업

④ 도갱

⑤ 발진대

⑥ 선단슈 및 접속강 조립

⑦ 구조물 제작

⑧ 유압장비 설치

⑨ 정착판, 유압잭 설치

⑩ 막장 철거 및 선단슈 관입

⑪ 유압잭을 이용한 견인

⑫ 견인설비 철거, 긴장, 구조물간 조인트 방수

⑬ 구체 외부 그라우팅

⑭ 작업 완료

(3) 공법 특징

① 장거리 터널 시공 가능

② 발진대상에서 구조물을 제작하므로 구조물 제작이 용이하고 품질관리가 양호

③ 대단면 및 이형 단면 구조물의 시공 가능

④ 기본적으로 반력체가 필요하지 않음

⑤ 곡선 시공이 가능함

6. PRS 공법(Pipe Roof Structure Method)

(1) 공법 개요

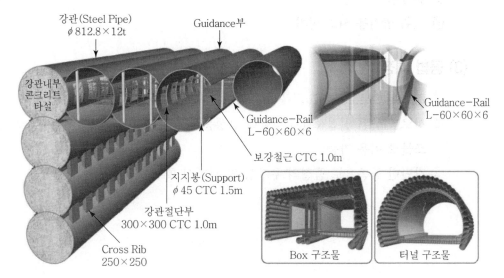

① 강관의 한쪽에 수평방향으로 홈을 형성시키고 다른 쪽은 수평 홈과 맞물릴 수 있도록 앵글을 설치한다.

② 여러 강관들을 이웃하게 서로 맞댄 상태로 연결시켜 횡방향 강성을 극대화시킨다.

③ 별도의 횡방향 지지보 없이 강관 슬래브를 형성하고 내부를 굴착하는 새로운 강관 압입 공법이다.

(2) 시공순서

① 토류가시설 설치 및 지반굴착
② 반력벽 설치
③ Guidance부 강관 추진
④ 일반구간부 강관 추진
⑤ 강관 내부 굴착
⑥ 강관 내부 절단
⑦ 각 연결부 용접 작업
⑧ 보강철근 배근 및 콘크리트 타설
⑨ 단계별 내부굴착
⑩ 변위 방지용 지보 설치

(3) 공법 특징

① 강관이 Guidance Rail을 이용하여 추진되므로 일체형 정밀시공
② 서로 이웃된 인접강관과 맞물려 강성증대로 안정성이 확보되어, 가설 및 영구 구조물로 이용 가능
③ 간단한 공종으로 품질의 우수성 및 경제성 확보

7. UPRS 공법(Upgrade Pipe Roof Structure Method)

(1) 공법 개요

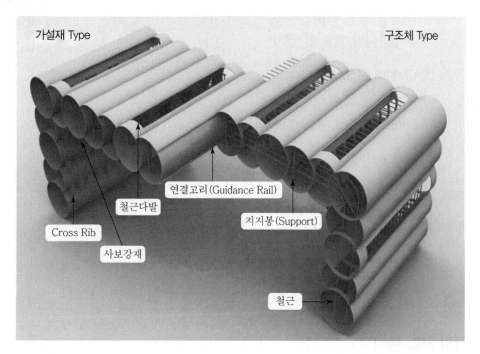

① 수평방향 맞물림(Interlocking) 레일이 부착된 공장제품인 강관묶음을 사용하여 시공한다.

② 공기단축과 정밀시공이 가능한 완전한 수밀과 횡방향 강성을 확보할 수 있는 경제적인 강관압입공법이다.

(2) 시공순서

① 강관구조체의 제작

- 강관가이드레일 제작
- 강관구조체 중첩 제작
- 선단부 압입장치

② 강관구조체의 압입

- 강관구조체 중심관 압입
- 후속강관 구조체 압입
- 강관구조체 절단 측면

③ 강관굴착

④ 용접 및 철근다발 설치
- 강관 내부 용접
- 철근다발 제작 및 설치

⑤ 강관 내 콘크리트타설
- 내관 및 강관 마개 설치
- 레미콘 타설, 2차 그라우팅

⑥ 내부굴착 및 가설지보
- 내부 굴착
- 지보재 및 크로스리브 보강
- 굴착 및 가설지보

⑦ 구조물 시공

철근조립 및 콘크리트 타설

(3) 공법 특징

① 강관다발 구조체 제작 및 압입

이탈 방지 효과 및 정밀시공, 횡방향 강성 증대

② 선단 압입장치 부착으로 저토피 구간 압입

토사붕괴 및 침하 방지 효과

③ 강관구조체 저변 크로스리브 설치로 구조적 안정성 증대

④ 강관구조체 종방향 및 횡방향 연결부 용접

별도의 방수가 필요 없는 완벽한 방수효과

8. TES 공법(Tube Extract Structure Method)

(1) 공법 개요

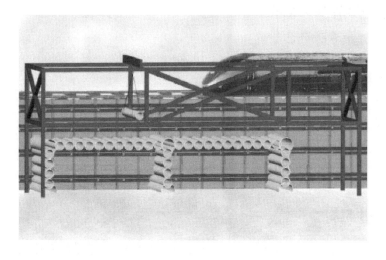

3주면에 배치된 강관을 강판과 분리시켜 유압잭을 이용한 구조체를 견인하면서 강관을 추출하고 소정의 위치에 구조체를 밀어 넣는 공법이다.

(2) 시공순서

① 토공 및 가시설공

② 상부 대구경(D=1.8m) 강관 추진공

③ 수평부 중구경(D=1.2m) 강관 추진공

④ 기초 대구경 강관 추진공

⑤ 수직부 중구경 강관 추진공

⑥ 기지 시설공
- 추진기지 시설, 반력대 시설
- 이동장치 시설, 박판 정착
- 중구경 강관 내 볼트 해체

⑦ 구조물 제작공
- 구조물 제작
- 외부 방수 및 박판 시설
- 유압잭, 정착구 시설 및 PC 강연선 연결

⑧ 구조물 견인공

　중구경 강관회수

⑨ 구조물 내부 토공

　• 구조물 견인 완료

　• 내부토사굴착 및 Sliding Plate 회수

　• 기초강관 절단 및 버팀대 설치

⑩ 하부 슬래브공 및 정리

　• 하부 슬래브 콘크리트 시공

　• 대구경강관 모르타르 주입 및 정리

(3) 공법 특징

① 지중에 가설된 강관을 추출하여 재사용하므로 경제성 우수

② 슬라이딩 플레이트로 인한 노반침하 방지로 구조 안정성 향상

③ PC 케이블을 이용한 구조체 견인으로 시공의 간편성 확보

④ 별도의 제작장에서 프리캐스트 구조체를 제작하므로 품질 향상

⑤ 압입관을 추출하고 구조체가 형성되므로 토피고 최소화에 유리

9. TSTM 공법(Trapezoidal Steel box Tunnelling Method)

(1) 공법 개요

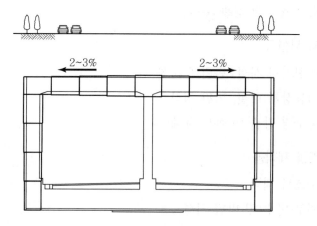

① 최종목적물 단면두께에 가깝게 보강된 Steel Box를 돌출된 상하 플랜지에 내접 및 쐐기효과로 압입을 추진하거나 지하공간을 확보한다.

② Steel Box 측면을 일부 절개하고 구조물 본체 철근배근 및 콘크리트를 타설한 후 본체구조물 상부와 측벽을 완성한다.

③ 내부 토사를 굴착한 후 현장타설로 하부 슬래브를 시공하여 구조물을 완성하는 공법이다.

④ 스레트 철판지붕 시스템 내부에 구조물이 구축되어 완벽한 방수를 실현할 수 있다.

(2) 시공순서

① 추진 및 도달기지 설치 작업
② 추진틀 설치 및 선도관 제작
③ 상부 박스 추진 후 외부 그라우팅 실시
④ 상부 박스 내부 거푸집, 철근배근 및 콘크리트 타설
⑤ 벽체 박스 추진 후 외부 그라우팅 실시
⑥ 벽체 박스 내부 거푸집, 철근 배근 및 콘크리트 타설
⑦ 내부 토공 굴착 및 지보 설치
⑧ 바닥 슬래브 시공 후 내부 철판 제거 및 정리

(3) 공법 특징

① 완벽한 방수 시스템
② 연결 시스템의 단순화
③ 불확정 지반에 대한 대처 용이 및 막장 안전 대책
④ 종단선형 상승효과
⑤ 구조물 구축에 필요한 최소 단면만 굴착 시공하여 경제성 향상

QUESTION 65

프론트 재킹(Front Jacking) 공법에 대하여 기술하시오.

1. 공법의 개요

① 철도, 도로, 지중에 지하도 수로 등 지하 구조물을 축조할 경우 기존에 가토류벽과 가설구 조물로 지상 교통에 지장을 주면서 지하구조물을 시공하였던 공법을 탈피한 공법이다.

② 전단면 Precast Concrete 구조물을 특별한 반력벽 없이 지중의 소정위치에 P.C 스트 랜드로 견인하여 인입시키는 공법이다.

2. 특징

(1) 개착식 공법(Open Cut Method)과 비교한 특징

① 열차운전과 도로교통에 지장을 주지 않아 안전성이 확보된다.

② 공기가 단축된다.

③ 열차 서행기간이 대폭 단축된다.

④ 준공 후 보수가 없다.

⑤ 선로의 차단공사를 하지 않는다.

⑥ 지하횡단 구조물은 자유형 프리캐스트 일체식 Segment로 제작하여 일체화시킨다.

⑦ Concrete Q.C가 용이하다.

⑧ 절취토량이 감소된다.

(2) 지보공 등에 의한 현장타설 Concrete 공법과 비교한 특징

① 안전성이 극히 높다.

② Concrete의 품질관리가 용이하다.

③ 경제성이 높다.

④ 구조물의 고저 기울기의 조절능력이 좋다.

(3) Shield Pipe Masse 공법과 비교한 특징

① 반력벽을 설치하지 않는다.

② 대규모의 설비를 하지 않아도 된다.

③ Precast Concrete가 갖고 있는 특성을 충분히 활용된다.

3. Front Jacking 공법의 단점

① 전단면이 프리캐스트 Concrete이므로 견인도중에 크기, 방향전환을 하거나 기울기를 변경하는 일이 불가능하다.

② 시공방법상 PC Cable을 관통시킬 수평 보링공 혹은 소규모의 굴착이 필요하고 견인할 구조물의 축조를 위한 공간이 필요하다.

③ 구체의 지내력이 부족한 토질의 경우 기초 항타 및 기타 지내력 강화 시공이 다소 곤란할 수 있다.

④ 지반이 암반일 경우 시공이 거의 불가능하다.

4. 공법의 종별

(1) 상호 견인법

양쪽에 충분한 공간이 있는 경우로 가장 일반적인 경우에 적용한다.

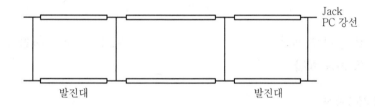

1) 제1공정

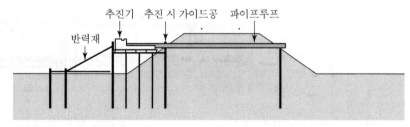

① 강관추진 전진기지 설치   ② 강관추진용 반력대 설치
③ 강관추진기 설치   ④ 강관추진
⑤ 강관추진기 철거

2) 제2공정

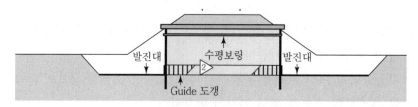

⑥ 파이프루프 토류시설 설치   ⑦ 토공

⑧ PC 강연선용 수평천공   ⑨ 도갱 설치

⑩ 발진대 설치

3) 제3공정

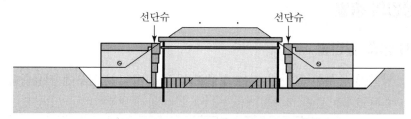

⑪ 선단슈 제작   ⑫ Box 하부 철판 설치

⑬ Box 제작

4) 제4공정

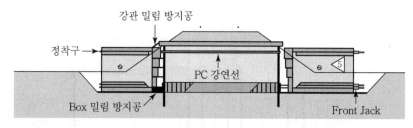

⑭ 강관 밀림 방지공 설치   ⑮ Box 밀림방지공

⑯ 견인준비

    • Front Jack 설치   • PC 강연선 삽입

    • 정착구 설치   • 견인용 장비 설치

    • 토사반출장비 설치

5) 제5공정

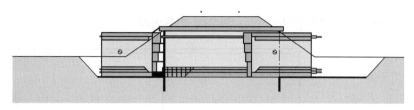

⑰ 공견인 및 선단슈 관입   ⑱ 견인

6) 제6공정

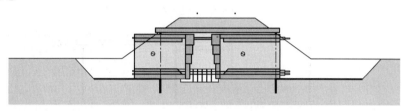

⑲ 제1함체 소정위치   ⑳ 견인장비 정리
㉑ 제2함체 공견인   ㉒ 제2함체 견인
㉓ 선단슈 접속

7) 제7공정

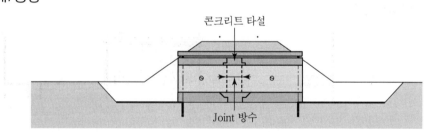

콘크리트 타설

Joint 방수

㉔ 견인설비 철거   ㉕ 선단슈 내 함체 제작
㉖ Joint 방수   ㉗ 함체 주변 그라우팅
㉘ 강관 내 모르타르 그라우팅

(2) 편측 견인법

한쪽에 충분한 공간이 있는 경우에 적용한다.

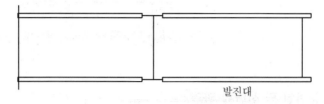

발진대

1) 제1공정

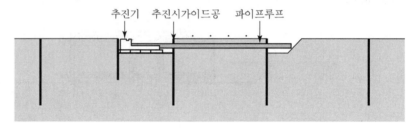

추진기　추진시가이드공　파이프루프

① 강관추진 전진기지 설치　　② 강관추진용 반력대 설치

③ 기지 내 굴착　　　　　　　④ 강관추진기 설치

⑤ 강관추진기　　　　　　　　⑥ 강관추진기 철거

2) 제2공정

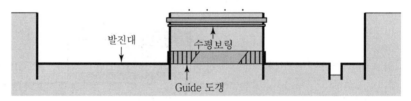

발진대　수평보링　Guide 도갱

⑦ 토류시설 설치　　　　　　⑧ 발진기지 굴착

⑨ PC 강연선용 수평천공　　⑩ 도갱 설치

⑪ 발진대 설치

3) 제3공정

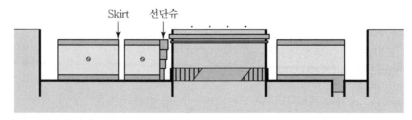

Skirt　선단슈

⑫ 선단슈 제작　　　　　　　　　⑬ 접속강 제작

⑭ 함체저부 강판 설치　　　　　　⑮ 반력함체부 토류시설 설치

⑯ 반력함체 축조　　　　　　　　⑰ 함체 제작

4) 제4공정

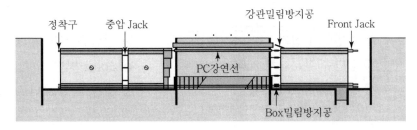

⑱ 강관밀림방지공 설치

⑲ 견인준비

　• Front Jack 설치　　　　　　　• 정착구 설치

　• 견인용 장비 설치　　　　　　• 토사반출장비 설치

5) 제5공정

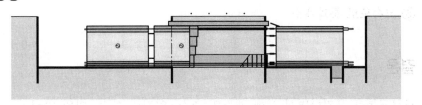

⑳ 함체공견인 및 선단슈 관입　　　㉑ 함체 견인 및 굴착

6) 제6공정

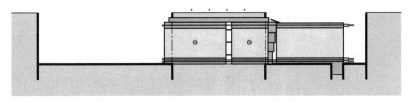

㉒ 견인 완료　　　　　　　　　㉓ 중압 Jack 철거

㉔ 후속함체 접속

7) 제7공정

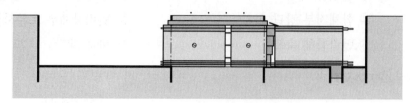

⑭ 견인설비 철거   ⑮ 선단슈 철거

⑯ 선단슈 부분함체 제작   ⑰ Joint 방수

⑱ 함체 주변 그라우팅   ⑲ 강관 내 모르타르 그라우팅

5. 국내 적용 개소

① 강의 지하도강 : 지하철 5호선 광장동~천호동 간

② 철도 입체교차로 철도가 일정 높이 이상 유지될 경우에 특히 유리

③ 교차설비를 요하는 개소

④ 도심지 도로 횡단 개소 등

⑤ 고속도로 통과개소

6. 결론

도로교통을 유지하면서 서행 개소의 축소, 인건비 상승, 민원 발생이 거의 없고 공기를 단축할 수 있는 공법이므로 안전한 공법으로 판단된다.

QUESTION

66 프리플렉스(Preflex) 합성형 설계에 대하여 기술하시오.

1. 프리플렉스 빔(Preflex Beam)의 기본개념

프리플렉스 빔(Preflex Beam)은 Steel Girder에 미리 설계하중의 10~20% 추가 고려한 Preflexion 하중을 재하시킨 후 하부 플랜지에 고강도 콘크리트($f_{ck} = 40$MPa)를 타설하여 콘크리트 부위에 압축 프리스트레스를 도입하는 일종의 Pretension 공법으로서 철골과 콘크리트의 구조적 이점을 최대한 활용한 합성보이다.

2. 프리플렉스 합성형(Preflex Composite Girder)의 제작 순서

① 합성형 I형 단면의 강형을 제작한다.

프리플렉스 하중 재하 시 처짐 등을 고려하여 솟음을 둔다.

② 프리플렉스 하중을 가한다.

빔의 좌굴에 대한 안전을 검토해야 한다.

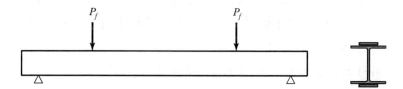

③ 강형의 프리플렉션(Preflexion) 상태하에서 하부 플랜지에 Concrete를 타설한다.

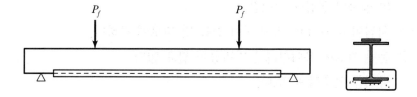

④ 강형 하부 플랜지에 타설된 Concrete가 경화되면 강형에 가해졌던 Preflexion 하중을 제거한다.

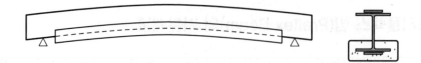

⑤ 제작된 프리플렉스 빔을 가설한 후 북부 Slab Concrete를 현장에 타설한다.
설계 시에는 이 과정에서의 Creep, 건조 수축 등을 고려해야 한다.

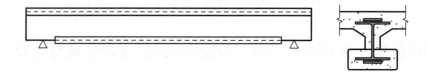

⑥ 포장, 난간 등 부대설비 공사를 한다.

3. Preflex Beam의 장단점

(1) 장점

① 강재의 허용응력을 최대한 이용하므로 사용 강재량이 감소한다.

② 콘크리트의 압축력 도입은 고강도강재 사용으로 인한 보의 처짐 극복 및 주하중 작용 시 콘크리트에 발생될 수 있는 균열 방지를 가능하게 하고 제작과정에서 Preflexion 하중으로 사전재하시험을 거치게 되므로 Steel Girder의 안전성을 미리 검사할 수 있다.

③ 합성 부재로 도장비 등 유지보수비가 절감된다.

④ 타 구조물에 비하여 스판과 형고의 비(H/L)를 최소화할 수 있어(H=L/25 ~L/30) 형하공간이 극히 제한된 장스판 구조물 설계 시 큰 효과를 얻을 수 있으며 접속구간의 공사비 절감에 기여한다.

⑤ 처짐이 타 구조에 비해 적어 진동 및 피로에 강하다.

⑥ 운반 가설이 용이하고 동바리공이 필요 없다.

⑦ 공기를 단축할 수 있다.

⑧ 강판형에 비하여 소음과 진동이 적다.

⑨ 강판형에 비하여 내구성과 내화성이 크다.

(2) 단점

① 제작상 특수 시설이 필요하다.

② 곡선 Beam의 제작이 곤란하다.

③ 수량이 적을 경우 공장에서 제작 · 운반하여야 하며 길이관계로 운반이 어렵다.

④ 대중화되지 않아 건설비가 고가이다.

4. 계산 순서

① 프리 플렉션(Pre Flexion)

② 하중제거 과정

③ 프리 플렉션 Beam 자중재하(가설 단계)

④ Web(복부), Deck Slab Concrete 타설까지의 Creep & 건조수축 계산

⑤ 슬래브 Concrete의 재하

⑥ 합성 후 사하중 재하

⑦ 슬래브 Concrete의 건조 수축 고려

⑧ 활하중 재하

5. 결론

① 현재 프리플렉스 빔교는 초창기 강재와 콘크리트만의 단순합성에서 시작하여 현재에는 1차 PS 도입과 2차 PS 도입을 통해 안정성 및 형고를 개선시킨 유사한 Preflex Beam교가 생산되고 있다.

② 또한 기술의 발전으로 단순 프리플렉스 빔에서 연속프리플렉스 빔까지 설계되고 부분적으로 시공되는 실정이다.

③ 따라서 획일적이고 비효율인 빔 배치로 본수 증가에 따른 공사비 상승이 불가피했던 기존 설계방식을 빔 간격 조절에 따른 효율적인 빔 배치로 단위폭당 빔 본수를 감소시키는 방안과 공정의 간소화, 사용재료의 단순화 등을 통해 공사비를 절감할 수 있는 방안을 연구하여야 한다.

67 철도 안전운행에 저해되는 지반함몰(싱크홀) 발생원인과 대책에 대하여 설명하시오.

1. 개요

① 싱크홀이란 지표의 토사가 흘러나가 쓸려간 토사의 부피만큼 지하에 공동이 생긴 것을 말한다.

② 최근 수도권 지역인 서울시, 인천시, 경기도 의정부시 등에서 싱크홀이 잇달아 발생하였으며, 특히 제2롯데월드 공사, 지하철 9호선 공사 등 대규모 공사가 진행 중인 송파구에서 집중적으로 발생하였다.

2. 싱크홀의 원인

① 가장 일반적인 원인은 석회암이 지하수에 녹아 움직이게 되어 지하에 커다란 공동이 생기는 경우이다. 이 경우 지하수의 유동이라기보다는 지하 공동의 붕괴에 의해 싱크홀이 나타난다.

② 지하철이나 지하공사 등으로 인해 나타나는 인공공동에서 붕괴에 의하여 싱크홀이 생성된다. 암반에 빈 공간이 생기면 상부의 토양과 지하수가 빈 공간을 채우게 되고 토양에 아치(Arch) 형태의 동공이 만들진 후 붕괴하게 된다.

③ 과다한 지하수 이용 및 개발사업 등으로 지하수위가 교란 시 공동 쪽으로 흘러갈 때 흙도 같이 흘러가는데 이때 싱크홀이 발생하게 된다. 지하수의 교란은 압밀 부등침하 등의 문제를 일으킬 수 있으며 그것으로 인해 건물에 무리가 가거나 지하에 매설된 각종 관에 영향을 주게 된다.

3. 수도권의 싱크홀 발생원인

① 수도권의 싱크홀 발생원인은 공사승인 및 관리체계 미흡, 상하수도 시설 노후화, 지하수위 저하 등이 복합적으로 작용한 결과이다.
　㉠ 대규모 개발사업 승인 시 싱크홀 문제를 고려하지 않아 지하수 흐름 교란으로 싱크홀이 발생하였고, 지하시설물인 상하수도 시설의 누수관리 미흡

② 매년 낮아지는 지하수위가 싱크홀을 가속화시키는 주원인이다.
　㉠ 지하에 석회성분 용해나 다른 이유로 만들어진 공간을 채웠던 지하수가 아래로 내

려가면서 토양과 구조물의 하중을 지탱하기 어렵게 되어 싱크홀 발생

ⓛ 지하수위 저하는 구조물을 지탱하는 기초를 약화시켜 부등침하를 유발하고, 상하수도관도 침하시켜 누수의 원인이 됨

4. 싱크홀 방지대책

① 싱크홀 발생 위험지역에서는 일반시민들이 감지할 수 있는 싱크홀 징후리스트를 만들어 재난방지에 활용토록 한다.

② 싱크홀 위험지도(Sinkhole Hazard Map)에 기초한 사업 승인, 공법, 공사 중 지하수위 관리 방안, 사후관리 지침 등을 작성하고 도시계획부터 사업승인 및 관리의 제도적 단계에서 싱크홀 방지 대책을 포함한다.

ⓞ 1단계는 지하수위, 지질주상도, 상하수도 관망도를 기초로 싱크홀 위험지도 작성, 기초자료 보강방안, 싱크홀 위험지도를 고려한 상하수관 교체 우선, 순위 선정, 위험도에 따른 사업 승인 및 공법 적용방안, 제도 개선방안을 제시한다.

ⓛ 2단계 사업에서는 SAR(Synthetic Aperture Radar) 등 레이더를 통한 싱크홀 예측 및 조사방안과 싱크홀을 일으키는 지하수위 저하방지를 위한 시범 사업을 물순환 관점에서 제시하고 실제 현장에 적용한 이후 모니터링을 통한 효과를 검증한다.

CHAPTER

10

시사성 및 기타

QUESTION 1
철도망 확충의 필요성에 대하여 설명하시오.

1. 현재의 공로 위주 교통체제 유지 시 예상되는 문제점

① 교통수요 전망이 향후 2020년까지 연평균 여객은 2.4%, 화물은 2.2% 수준으로 꾸준한 증가가 예상되어 2020년의 교통수요는 양적으로 '96년의 두 배에 가까운 수준이 예상된다.

② 2020년대의 교통수요처리를 위해 소요되는 시설공급 규모는 철도 7,400km 고속도로와 국도 28,000km, 기타 도로 등 도합 185,000km 규모수준으로 확충하여야 할 것으로 분석된다.

2. 교통사고, 공해발생, 에너지 소모, 도로혼잡 등이 현재보다 약 2배씩 증가 예상

① 교통사고비용의 증가

도로사고비용이 '96년 5조 8천억 원에서 2020년에는 연간 약 11조 원의 수준으로 증가 예상

② 대기오염물질 배출량 증가

수송부문에서 전체 대기오염물질 배출량의 약 50%를 차지. 장래 공로수단별 공해배출량 전망도 수단별 약 2배 수준으로 증가 예상

③ 에너지 소비량 증가

장래 공로수단별 에너지 소비량 수단별로 약 2배 수준으로 증가 예상. 공로 정체로 인한 혼잡비용 증가

3. CO_2 등 온실가스 배출량의 감축문제가 국가의 중요과제로 부상

① 우리나라는 리우환경회의에서 채택된 기후변화협약에 서명하고 CO_2 감축을 위한 대책을 마련 중에 있다.

② 향후 21세기는 현재와 미래를 위해 쾌적한 환경을 유지하기 위한 지속가능한 발전(Sustainable Development) 교통정책이 필요하며 이러한 교통정책하에서는 타 수

단에 비해 환경친화적인 철도교통의 발전과 위상제고가 필수적으로 요구되며 최근의 유럽연합과 유럽 각국의 교통정책이 이를 증명하고 있다.

③ 단위수량당 에너지 소모는 철도에 비해 승용차는 18배, 버스는 4배, 그리고 화물차는 약 9배씩 많으며, 철도의 단위 수송량당 CO_2 배출량은 승용차의 43%, 화물차의 20% 에 불과하다.

4. 남북 철도망과의 연계로 인한 철도역할 증대 기대

① 남북교류와 동북아 경제권역의 교류 확대로 인한 인적 · 물적 수송에 대한 지리적 조건이 철도교통에 보다 유리한 장거리 노선들이 많아지게 된다.

② 향후 남북한 교통시설 연결 시 철도가 주도적 역할을 하여야 할 것이며 남한의 철도망 계획은 이러한 점을 충분히 반영하여야 한다.

5. 철도기술의 발달로 철도수단의 기술적 경쟁력 확보 가능

① 시속 300km의 고속철도 등장은 사양산업으로 인식되던 철도를 경쟁력 있는 교통수단으로 탈바꿈시켜 놓았고 300~800km대의 구간에서는 고속철도가 승용차나 항공기에 비해 확실한 우위를 점할 수 있게 되었다.

② 이러한 고속화를 바탕으로 첨단정보화, 자동화기술을 접목하고 철도수단의 단점인 문전서비스의 어려움을 극복하기 위한 역의 접근도 향상과 복합수송 등 타 수단과의 연계를 통해 철도에 요구되는 역할을 충분히 감당할 수 있는 기술적 경쟁력을 확보하였다.

21세기 철도의 미래와 발전방향에 대하여 설명하시오.

1. 개요

① 21세기 철도는 철도망의 분권화, 다원화, 정보화, 친환경화의 추세를 나타낼 것으로 예상되고 우리나라의 여건은 고밀도화, 고속화, 대량수송체계 구축을 요구하고 있으며 철도, 공로, 항로를 유기적으로 연결하는 효율적인 교통체계 구축의 필요성이 대두되고 있다.

② 또한 동북아의 경제권역 형성 등으로 인하여 한반도 공간을 탈피하는 장거리 수송수요가 증대할 것으로 전망된다. 이에 따라 21세기 철도의 미래와 발전방향에 대하여 생각해 보기로 한다.

2. 21세기 철도의 미래

(1) 선진형 국가교통체계를 확보하여 양질의 교통서비스 제공

① 단순수송구조 : 복합수송, 거점분산형 수송구조

② 개별물류체계 : 공동물류, 다자간 상업물류체계

③ 획일적인 교통서비스 : 다양한 교통서비스

(2) '고속간선교통망'의 구축으로 전국이 반나절 생활권으로 통합

① 고속철도망이 구축되고 주요 간선철도가 전철화 · 복선화됨으로써 전국 도시를 1~2시간대에 연결

② 장기적으로 남북 7개축, 동서 9개축의 격자형 간선도로망이 형성됨으로써 전국 어디서나 30분 안에 접근

(3) 교통난을 획기적으로 개선하여 사회 · 경제적 손실비용을 최소화

① GDP 대비 교통혼잡비용 : 1~2% 수준

② GDP 대비 물류비용 : 10% 수준

(4) 도로, 철도 등 교통시설 간 중복투자, 과다투자 등을 방지

육. 해. 공에 걸치는 각종 교통수단의 상호보완성을 극대화하여 효율적인 연계수송 체계의 구축

(5) 철도수송 분담기능 강화로 친환경적 교통체계 구축

공해물질 감소 : 52천 톤('07년) → 140천 톤('19년)

(6) 국민이 안심하고 이용할 수 있는 효율적인 교통체계 확립

3. 철도의 발전방향

21세기 철도는 권역 거점 수송체계 구축으로 중장거리 대량 통행수요를 처리

① **고속철도** : 2000년대의 장거리 고급, 대량 여객 수송수요 담당
② **일반철도** : 장거리 여객수송 및 화물열차 중심 운행
③ **광역철도** : 지역 내 광역 대량수송기능 및 간선철도망과 연계역할 담당

4. 결론

21세기 철도수송체계는 다음과 같은 사항에 역점을 두어야 할 것이다.

① 철도, 공로, 항공을 효율적으로 연결하는 교통체계의 구축
② 남북을 통과하여 아시아 횡단철도와의 연계에 대비한 장거리, 대용량 수송체계의 구축
③ 수도권 및 광역도시 간 2~3시간대로 연결하는 고속철도망의 구축
④ 지역의 균형발전을 위하여 주요 도시에서 1시간 이내에 고속철도역에 접근할 수 있는 간선철도망의 정비
⑤ 원활한 산업물자 수송자원체계 구축을 위한 주요 산업단지와 항만을 간선철도망에 연계하는 산업철도망의 구축

QUESTION

3 녹색성장시대 철도의 미래 VISION

1. 개요

① 녹색성장시대는 에너지 기후변화에 대응하는 새로운 국가발전 패러다임으로 양적 성장에서 질적 성장으로 전환이 필요하다.

② 교통부분 녹색성장 도입의 필요성

   ㉠ 그동안 도로 중심의 교통시설 투자로 여객은 승용차, 화물은 화물차 중심의 수송체계로 고착되었다.

   ㉡ 이는 고비용 저효율의 국가교통체계로서 국가성장 발전에 저해요인으로 작용하였다.

2. 녹색성장을 위한 철도의 역할

① 에너지소비 절약

   여객은 승용차 대비 1/8, 화물은 화물차 대비 1/14 수준으로 에너지 소비량이 적음

② 이산화탄소 배출 최소화

   여객은 승용차 대비 1/6, 화물은 화물차 대비 1/13 수준임

③ 지역개발효과

   ㉠ 철도시설 투자사업은 타 교통시설 투자사업에 비하여 생산 및 고용 유발효과가 크다.

   ㉡ 도로와 대비하여 생산유발 26%, 교용유발 31%가 추가되는 효과를 나타낸다.

3. 해외 선진국의 동향

① 유럽

   ㉠ 범유럽철도교통망(Trans European Networks) 구축에 있어 '96~'03 철도투자비율 48%에서 2010년까지 교통투자액 235조의 85%까지로 철도투자비율 확대

   ㉡ 마르코폴로 program 운영 : 화물수송을 철도로 전환하는 경우 예산지원

② 프랑스

2020년까지 고속철도를 추가로 2,000km 건설하여 2015년까지 철도화물수송 분담률 목표를 25%까지 상향

③ 일본

　㉠ '전국 신간선 철도정비법'을 통하여 신간선 재정비

　㉡ 기존 선 고속화 및 신간선 직통노선 확충

　㉢ 철도 화물수송 분담률이 10%에서 50%로 상승

　㉣ 동경~오사카 간 Maglev 계획 추진

④ 중국

　㉠ 중국 '중장기철로망계획'에 따르면 2020년까지 중국의 고속철도 규모는 1만 8,000km에 달할 것으로 예상되고 있다. 이는 현재 독일, 일본, 프랑스 등 3개국의 고속철도 규모를 모두 합친 6,000km의 3배에 이르는 규모다.

　㉡ 향후 철도분야에 약 700조를 집중 투자하여, 향후 동서 4개 노선, 남북 4개 노선 형태로 철도망을 구축함으로써 전국토의 고속철도화 계획을 추진 중에 있다.

⑤ 미국

플로리다, 캘리포니아 등 13개 노선의 1만 3,760km의 고속철도 건설계획 추진 중이다.

⑥ 브라질

　㉠ 리우데자네이루~상파울루를 잇는 511km 구간에 23조 원 규모의 고속철도 건설계획 추진 중이다.

　㉡ 2011년 하반기 우선협상대상자 선정 예정이다.

⑦ 기타

베트남(하노이~호치민), 인도(델리~뭄바이 등 4개 노선), 사우디아라비아(메카~메디나) 등도 구체적인 고속철도 건설계획을 수립 중에 있다.

4. 철도의 현황 및 문제점

(1) 시설규모 절대 부족

① 경부고속철도와 수도권 전철 외에 제한적 투자
② 투자계획 대비 실제 투자액 매우 저조

(2) 속도경쟁력 부족

① 고속철도 외에 광역, 일반철도는 주변 고속도로와의 속도경쟁에서 저조
② 철도계획 수립 시 주변 도로와의 속도경쟁을 감안하여 설계속도 수립

(3) 수요 대응의 한계

① 서울~시흥 구간 선로용량 부족으로 고속열차 추가투입 한계
② 철도 미연결구간이나 시설수준의 일관성 부족으로 효율적인 수송이 불가능
③ 철도역 중심의 지역개발이 이뤄지지 않아 수송효율성 저하

(4) 교통시장 및 환경변화 대응 부족

① 고급의 고속서비스 대응 미흡
② 고속철도 연계수송체계 미흡
③ 공급자 위주의 안일한 노선계획으로 광역철도 우회 및 속도저하

5. 녹색성장시대의 철도의 VISION

(1) 철도투자를 통한 녹색성장 구현

① 전국 1시간 30분대 생활권 구축
② 전철화 100%의 친환경 철도 실현
③ 글로벌 철도네트워크 구현

(2) 이용자 중심의 철도교통체계 구축

① 철도여객수송분담률 40% 이상 달성
② 철도화물수송분담률 20% 이상 달성

(3) 철도산업의 지속적 성장기반 구축

① 세계 3대 철도기술 선진국으로 도약

② 철도시장 경쟁체계 구축(Open Track)

6. 세부 추진사항

(1) 설계속도 350km/h의 전국고속철도망 지속적 추진

① 수도권 고속철도(수서~평택)

② 동서고속철도(서울~속초)

③ 김천~진주 간 고속철도

④ 제주고속철도건설(목포~제주 간 해저터널)

⑤ 향후 남해, 서해, 중앙, 동해 고속철도 등 검토

(2) 수도권 광역 급행철도망 구축

① 순환노선

종로－청량리－삼성－사당－신도림－수색

② 광역노선

㉠ 일산－삼성－동탄

㉡ 송도－신도림－청량리

㉢ 금정－사당－삼성－하남

(3) 일반철도의(고속화설계속도 230km/h)

① 기존 선 : 경춘선, 장항선, 중앙선, 경전선, 전라선

② 신설 선 : 보령－조치원, 진주－김천－영덕, 광주~대구 등

(4) 전철화 100%의 친환경철도 실현

① 추진 중인 복선전철화사업의 조기 완공

경의선, 경춘선, 중앙선(덕소~원주), 동해선(울산~포항)

② 기존 선 복선전철화사업 조기 추진

장항선(온양 온천~군산), 중앙선(도담~영주)

③ 비전철 철도사업의 전철화 병행 추진

동해선(포항~삼척), 경전선(진주~광양, 보성~임성리) 등

④ 디젤차량은 전기차량으로 조기 전환

(5) 글로벌 철도네트워크의 구현

① 'BESETO Rail' 추진

한중, 한일 해저터널을 통한 중국(베이징－청도)~한국(서울－부산)~일본(후쿠오카－동경) 철도건설

② TPR(Trans Pacific Rail) 논의 가속

장기적으로 Maglev, Tube 열차 등 5~600km/h급 초고속열차를 이용한 TPR 추진

(6) 철도여객 수송분담률 40% 달성

① 철도역 중심의 고밀도 개발(TOD ; Trafic Oriented Develop)
② 철도나 대중교통 이용자에 대한 소득공제 직접 지원

③ 철도역 환승체계 및 연계교통체계 개선

㉠ 지역 간 철도와 광역철도, 버스와 환승 할인
㉡ 철도역 중심의 광역교통체계 개편

④ 철도＋자전거를 이용한 친환경 교통 네트워크 구축

㉠ 철도역 중심의 자전거도로 개설
㉡ 'Bike on Rail' 도입 및 철도역 공중자전거 제도 시행

(7) 철도화물 수송분담률 20% 달성

① 철도물류인프라 확충

㉠ 항만, 산업단지, 인입철도 등 수송네트워크 구축
㉡ 철도종합물류기지 조성 추진

② 복합일관수송체계 강화

환적에 따른 비용최소화(DMT, Block Train 운행)

③ 철도수송 지원제도 도입(영국, 스위스 시행 중)

    ㉠ 철도화물시설 지원제도

    ㉡ 철도환경편익 증대제도 : 컨테이너 복합화물 및 벌크화물 지원

(8) 세계 3대 철도기술 선진국 도약

① 친환경 철도차량 개발

    ㉠ 저소음, 저진동, 경량 소재 철도차량

    ㉡ 태양, 수소 등 대체에너지 철도차량

② 500~600km/h급 초고속 자기부상열차 개발

③ 신호등 철도시스템 관련기술 개발

④ GPS를 이용한 차세대 열차운행 정보시스템 개발(무인운전화)

(9) 철도시장 경쟁체제 구축(Open Track)

① 철도시장의 진입장벽 완화

    ㉠ 유지보수 Open, 관제기구 분리

    ㉡ 철도차량 대여 및 정비업 활성화

② 대형 물류업체의 철도화물 운송업 참여 확대

③ 철도사업자 중심의 역세권 개발 활성화 및 사업영역 다각화

    ㉠ 택지개발 및 주택사업

    ㉡ 숙박업(역세권 개발, Convention Center)

    ㉢ 버스운송업(철도역 연계교통수단 제공)

④ 선진국 수준의 철도시설 확충

    ㉠ 철도연장 3,392km → 6,060km로 1.8배

    ㉡ 시설투자비 : 향후 10년간 140조 원 규모

⑤ 복선화율 : 41% → 72%

⑥ 전철화율 : 54% → 100%

⑦ 철도분담률 : 여객 21% → 40%, 화물 7 → 20%

7. 정책적 제언

(1) 철도 등 녹색교통을 위한 투자평가체계 개선

① 기존 도로 중심의 투자 평가체계 개선

ㄱ 도로운영에 따른 제반 사회적 비용 반영

ㄴ 환경적 요소 등을 강화한 편익항목 개선

ㄷ 정책적 평가항목에 녹색교통에 대한 평가지표 추가

② 중앙정부의 재원배분방향 전환

ㄱ 도로부문 : 중앙정부 투자배분비율 축소, 민간사업으로 추진

ㄴ 철도부문 : 중앙정부 투자배분비율 50% 이상으로 상향 조정

(2) 교통 + 토지이용 + 보건 · 환경 + 경제 + 국토계획의 통합 필요

온실가스 저감을 위하여 철도화물수송분담률을 높이고자 한다. 이를 위한 대책에 대하여 논하시오.

1. 개요

① 국내의 철도물류수송은 수송시간, 문전 수송의 곤란 등의 문제점으로 인해 한국철도의 수송분담률이 국내 총 수송량의 6%대에 머물고 있다.

② 또한 그동안 도로 위주의 수송정책으로 도로 화물수송이 90% 이상을 차지함에 따라 교통정체 및 환경오염 등 국가 물류비에 큰 문제점으로 부각되었다.

③ 이에 따라 CO_2 등 배출가스 감축이 가능한 새로운 물류시스템인 DMT의 국제적 추세 및 우리나라 적용성에 대하여 검토하고자 한다.

2. DMT(Dual Mode Transit)의 종류

(1) 피기백(Piggy Back), 바이모달(Bimodal), 화차회전형, 수평이적재형 DMT

① 외국에서 운영 또는 개발되고 있는 DMT(Dual Mode Transit) 수송시스템은 크게 피기백(Piggy Back), 바이모달(Bimodal), 화차회전형, 수평이적재형 등으로 구분할 수 있다.

② 피기백방식은 트럭 또는 트레일러를 평장물차에 실어 수송하는 시스템으로 자동차와 철도의 복합수송방식을 의미하며, 크게 TOFC(Trailer on Flat Car) 방식으로 불리는 미국식과 캥거루 방식으로 불리는 유럽식, 그리고 일본식으로 구분한다.

③ 바이모달(Bimodal)은 미국에서 개발된 시스템으로 도로용 2개의 차축과 철도용 2개의 차축 등 2종류의 주행장치를 갖춤으로써 도로와 철도를 겸용하여 운행할 수 있도록 만든 시스템이다.

④ 화차회전형은 화차가 회전하여 환적하는 시스템이다. Modalohr, Cargo Speed, Flexiwaggon 등 3개 시스템으로 구분된다.

⑤ 수평이적재형은 화물을 수평이동시켜 환적하는 시스템이다. 버퍼형(Cargo Beamer, CCT Plus)과 직접이적재형(Cargo Domino, NETHS Plus)이 있다.

(2) DST(Double Stack Train)

① DST란 2단적재열차를 말하여 일종의 내륙운송 특급열차를 말한다.

② 차량 TYPE은 일반형 대차와 관절형 대차가 있다.

③ 시설개량 검토

    ㉠ 이단적재열차(DST) 운행 시 전차선 높이 검토

      R.L~차량높이＋컨테이너＋절연이격거리＝DST열차높이

        0.305   5.182   0.3   약 5.800

    ㉡ 현, 실시설계 전차선 높이 적용기준

      토공(교량)구간 : 5.200m － 터널구간 : 5.000

    ㉢ 입체교차시설 하부공간 확보 검토

      DST 운행을 위한 형하공간 기준 : 6.810m

    ㉣ 시행방안

      • 형하공간 부족높이 0.5m 미만은 궤도내리기

      • 형하공간 부족높이 0.5m~1.0m는 입체교차시설 올리기

      • 형하공간 부족높이 1.0m 이상은 철거 및 신설

④ 하중부담력 검토

    ㉠ 대차방식별 교량부담력 검토

      일반대차, 2축·3축 관절대차

    ㉡ LS－18로 설계된 교량의 관절대차방식은 운행이 불가능할 것으로 판단되나 일반대차방식은 운행이 가능하다.

    ㉢ KRL－2012 하중에 지장 없는 교량형식이어야 한다.

(3) 열차 Ferry

① 열차 페리 : 배 안에 기차 화물칸이 들어가는 방식의 운행방법

    ㉠ 열차페리는 하루에 2~3회 운행도 가능하며, 1회 운송량은 적지만(3,000~5,000t 정도), 반복운항으로 많은 물량의 운송이 가능한 장치

    ㉡ 우리나라 서쪽의 여러 항구(인천, 군산, 목포, 평택, 당진 등) 및 부산 가덕도 신항에서 운항 가능

② 세계 철도와의 연계 검토

   ⊙ 중국횡단철도(TCR)를 이용하여 중국~카자흐스탄~터키에 이르는 수송으로 이탈리아까지 운송

   ⓒ 시베리아 횡단철도(TSR)를 이용하여 블라디보스톡~모스크바~상트페테르부르그를 지나 핀란드 헬싱키, 유럽으로는 베를린을 지나 네덜란드 로테르담에 이르는 수송

3. 국내 적용 시 고려사항

① 국내 차량한계의 저촉 여부
② 작업방식 및 소요시간의 효율성 및 투자비
③ 운영비 등 비용에 따른 효과성
④ 확장성, 미래지향성, 생산성
⑤ 유지보수비 등을 종합적으로 고려하여 결정

4. 기대효과

(1) 기술적 측면

① 문전수송이 가능하도록 하는 새로운 물류시스템 개발로 국가기술 경쟁력 확보
② 새로운 DMT 시스템 기술전문인력 양성
③ 새로운 운송기술 선도

(2) 사회경제적 측면

① 정시 운행서비스를 만족시키는 동시에 문전수송서비스를 제공함으로써 철도운송의 활성화 효과 기대
② 출발지와 목적지 사이에 발생하는 복잡한 작업 프로세스를 간소화할 수 있어 이에 따른 철송운송비 감소와 물류운송의 체계개선 및 활성화 기대
③ CY(Container Yard) 확충을 DMT시스템으로 전환할 때 상대적으로 작은 부지와 부대시설이 요구되므로 경제적인 이익 창출 기대

5. 결론

① 국내 차량한계를 만족하며 개발가능성이 가장 높은 시스템은 화차회전형인 것으로 제시됨에 따라 2007년 12월부터 국가 R&D 과제로 화차회전형 DMT를 연구 중이다.

② 한국형 DMT시스템은 중국과 러시아를 통과하여 유럽으로 이어질 수 있는 대륙철도와의 호환성, 국내 물류체계를 변화시킬 수 있도록 다양한 품목을 수용할 수 있는 범용성이 있어야 한다.

③ CO_2 등 배출가스 감축이 가능한 신물류시스템으로 개발됨으로써 국내뿐만 아니라 해외에서도 인정받을 수 있는 경쟁력을 갖추어야 한다.

DMT 시스템이 다양한 품목의 화물을 문전까지 수송하게 된다면 대부분을 차지하는 도로수송의 전환을 통해 환경오염을 줄이고 국가 물류비를 절감하는 데 기여할 수 있을 것이다.

④ 이와 더불어 세계에서 개발 운영되고 있는 DMT시스템의 시장추이를 감안하여 향후 운영될 아시아와 유럽의 DMT와 호환성 있는 시스템으로 개발함으로써 해외 진출을 통한 수익창출도 기대할 수 있을 것이다.

QUESTION 5

대심도 고속급행철도(GTX)의 VE를 통한 사업비 절감방안에 대하여 논하시오.

1. GTX의 정의

① 수도권 외곽 60km 범위에서 도심까지 30분 내에 진입할 수 있는 철도

② 최고속도 160~200km/h, 표정속도 100km/h

③ 지하 40~50m 깊이에 건설

④ 기존 지하철, 철도역사와 환승방식 연계구축

2. GTX 건설 필요성

① 교통시설 건설 토지공간 부족

 ㉠ 지하건설시 환경단체 및 주변 민원 최소화 가능

 ㉡ 보상비가 줄어 일반철도보다 km당 300억 원 이상 적은 900억 원 소요

② 녹색성장의 효과적 수단

③ 효과적인 대중교통수단 및 수도권 경쟁력 강화

 ㉠ 수도권 교통문제 해결에 가장 효과적, 광역교통의 교통비 부담 감소

 ㉡ 수도권 전반 공간구조 재편으로 토지이용효율성 향상

3. 대심도 철도계획 시 주요 검토사항

(1) 속도향상 가능성

① 승용차 통행량을 흡수할 수 있는 속도 확보가 관건이다.

② 최고속도 160~200km, 표정속도 100km/h 이상 가능하도록 계획

(2) 노선 선정

① 수요극대화, 네트워크 효과 제고를 위한 노선의 선정

② 건설 중, 계획 중인 노선과의 중복을 배제토록 네트워크를 구축

③ 경기도 교통학회 연구용역 결과 3개, 총 145.5km 구간

- 일산 킨텍스~수서~동탄 74km
- 인천 송도~서울 청량리 50km
- 의정부~금정 50km

(3) 역 설치 문제

① 속도 확보를 위해 경기도 구간 역간거리 7km 이상 유지 필요
② 서울시 구간 주요 거점 환승역 연결 필요(부도심 4개소, 사당, 청량리 등)

(4) 지자체 협의

서울시, 경기도, 인천시의 노선 및 재원부담 환승할인 등 협의 필요

4. GTX 사업의 VE 검토방향

(1) VE 검토방향

① 검토대상으로는 사업비에 영향이 가장 큰 토목공사 중 본선과 정거장 계획에 중점을 두는 것이 효과적
② 기능항목은 안전성, 이용편의성, 시공성의 향상과 수요 증가 및 수익 창출에 목표
③ 비용항목은 공사비, 시설유지비, 보상비 절감 및 민원최소화에 목표

(2) 사업비 절감방안

① 본선
  ㉠ 구간별로 설계속도 조정(B/C 분석에 의거 결정)
    구간별 설계속도를 합리적으로 조정하여 종평면 선형 및 단면크기 최적화
  ㉡ 최대등판능력 35‰ 차량 투입으로 도로부 종단조정, 정거장, 환기구를 보다 얕은 깊이에 설치
    정거장, 환기구 공사비 절감, 비상시 대피 및 탈출시간 단축
  ㉢ 공기역학적 검토에 의한 적정 선로중심간격, 터널단면 선정
② 정거장
  ㉠ 분리형 정거장(터널승강장＋연결터널＋개착식 대합실), 일체형 정거장(개착승강장 및 대합실), 혼합형 정거장(터널승강장＋개착식 승강장 및 대합실)이 있다.

ⓛ GTX 이용을 위한 승하차 기능이 주가 되는 정거장은 3가지 형식 모두 검토 대상

ⓒ 이용객이 많고 지역 중심지 역할이 기대되는 곳은 일체형이 바람직, 여유공간을 활용한 사업 검토

③ 환기

㉠ 콘크리트도상, 전기기관차 적용으로 환기검토 대상 대폭 축소

ⓛ 전기기관차의 터널 내 발열량 < 지중흡열량이므로 자연환기 가능

ⓒ 환기 측면의 별도 환기 필요 없음. 방재 측면을 고려한 환기구 계획 수립

④ 방재

㉠ 대피통로 간격 및 규모, 재연설비는 안전성 분석(QRA) 결과에 의해 결정

ⓛ 대피통로의 종류

수직터널, 경사터널, 교차통로(연결통로, 연결문)

ⓒ 비상시 대피, 탈출의 신속성, 안전성 측면에서는 단선병렬터널형식이 유리

ⓡ 대심도 터널 및 환기구 공사비, 유지관리, 방재 측면을 고려하여 복선 및 단선병렬 중 적정한 형식을 선정

⑤ 공법

㉠ 지하 40m 대심도의 경우 대부분 양호한 암반에서 굴착이 안정적으로 이루어질 것으로 예상

ⓛ 장대터널에 대해 발파공법(NATM)과 기계화시공법(TBM)을 비교하여 최적공법 선정이 중요

ⓒ 도심지 장대터널은 경제성, 시공성, 환경영향, 작업구 설치로 인한 교통장애 등 복합적으로 고려

ⓡ 지반조건의 정확한 파악, 적정장비의 투입 및 운영을 전제로 한 TBM 적용 적극 검토

⑥ 기타

㉠ 공급시설 수요기관과 공사비 분담

ⓛ 우선 건설 후 추후 공간사용료를 받아 수익 확보

ⓒ 최고속도 200km/h의 소규격 통근형 EMU 차량 검토

ⓡ 외곽지역은 정거장 간 거리 10km 정도 유지로 표정속도 100km/h 거점 간 신속한 이동시간 유지

ⓜ 서울도심부는 도시철도망과 교차부 정거장 설치로 이용객 편의, 수요 창출로
수입 증대 기대

5. 결론

① GTX 사업의 효율적 시행을 위해 유연하고 창조적인 VE를 통한 가치향상방안 강구를
위해 노력하여야 한다.

② 가치향상은 철도사업 특성상 공사비 절감노력과 기능향상노력을 병행하여야 효과가
배가된다.

③ 본선계획은 설계기준을 유연하고 합리적으로 적용하여 기능을 유지하면서 사업비를
적정화하여야 한다.

ⓐ TPS에 의한 구간별 설계속도, 적정 곡선반경, 기울기 산정

ⓑ 공기역학적 검토에 의한 구간별 최적단면 선정 : 차량규격 최소화 노력 필요

ⓒ 승강장은 가급적 얕게 설치하고 정거장 사이에 험프를 설치하여 열차운전효율
향상

④ 정거장은 승하차 인원 및 주변지역 특성에 따라 터널승강장과 개착승강장을 적절히
계획한다.

⑤ 개착정거장은 내부여유공간 또는 인접지역을 활용한 복합역사 설치로 수익확보 방안
을 강구한다.

⑥ 환기, 방재는 안정성 분석(QRA 분석)을 시행하여 터널형식(복선, 단선병렬) 및 환기
구 배치계획을 수립한다.

⑦ 터널은 발파와 기계화 시공을 고려하되 TBM 적용 시에는 경제성 있는 공구연장(3km
이상)이 중요하다.

⑧ 단면계획 시 타 공급시설 관리기관과 협의하여 터널을 공동 이용하는 방안을 적극 추
진한다.

⑨ 이용편의와 수요확대를 위해 서울 도심에 추가 정거장의 설치를 검토한다.

QUESTION
6

철 도 기 술 사

1 남북철도 연결과 통합운영을 위한 기술적 · 정책적으로 해결해야 할 사항과 기술개발 과제

2 남북철도 연결운영 시 기술적인 문제점, 사업기대효과, 기존 철도에 미치는 영향

1. 서론

① 남북철도 연결은 육로로 유라시아 횡단철도와 연결하는 통로 확보로 막대한 경제적 이득의 기대뿐만 아니라 한반도의 실질적인 통일을 앞당기는 계기가 될 수 있다.

② 오래된 분단으로 인하여 이질적인 철도운영체제가 고착화되었으며, 남북철도를 효율적이고 안정적으로 정착시키기 위해서는 기술적 · 정책적으로 해결해야 할 과제가 산적한 현실이다.

③ 남북철도시스템에 대한 정확한 분석을 토대로 중 · 장기적인 해결과제를 도출하여 체계적으로 준비하는 것이 필요하다.

2. 통합운영을 위한 기술 – 정책적 해결사항

(1) 법 · 제도적 측면

① 화물수송협정 체결

국경통과방식, 운임설정 및 정산방식, 세관통관절차, 재난구조, 신분보장, 통관 및 검사(검역 포함), 손해배상 등

② 국제운송협정 및 국제철도기구 공동가입

국제여객운송협정(SMPS), 국제육로운송협약(CMR), 국제철도운송협정(SMGS), 국제철도화물운송협약(CIM) 등 국제철도기구 가입 필요

③ 법령정비

남북교류 관련 법의 정비

(2) 열차 운영적 측면

① 수요예측을 통한 적정열차 확보

② 통과노선 용량 검토 및 다이어 편성

③ 화차 공동이용을 대비한 화차대수 확보, 공동화차 개발

④ 물류시설 및 철도시설 확충(서울구간 화차 통과 대책)

(3) 기술적 측면

① 선로 구축물 분야(교량/터널/노반/궤도)

  ㉠ 건축한계는 항목별로 낮은 한계를 기준으로 통합 운용

  ㉡ 수송력 증대를 위해 시스템의 대폭적인 개선 및 현대화

  ㉢ 북한의 기존 선로 및 구축물에 대한 현황조사 및 대책 마련

  ㉣ 궤도 및 시설물 유지보수체계의 단계적 정비

② 신호, 통신분야

  ㉠ 신호보안 1단계 대책

   • 역구내 신호체계 : 북한의 역구내 신호장치는 수신호 및 기계식 연동장치에 의한 수동신호제어방식으로 남한의 신호체계로 변환

   • 선로전환기장치 : 본선과 중요한 측선의 선로전환기에는 전환장치 및 쇄정장치를 설치하고 전자연동장치 설치

   • 폐색장치 : 북한에 일반화된 통표폐색장치를 남한의 표준통표폐색방식으로 개선

  ㉡ 신호보안 2단계 대책

   • 궤도회로장치 : 북한은 현재 평양의 지하철구간 외에는 궤도회로 장치가 없는 것으로 판단되는바 남한의 표준 궤도회로의 설치 검토

   • 폐색장치 : 경의선 구간에 자동폐색장치를 설치하고 차량과 궤도에 5현시 방식의 ATS를 설치

  ㉢ 통신

   • 사령전화통신은 남한표준에 의거한 직통전화장치로 교체

   • 경의선 구간의 기관차 및 사령지휘소 역들에 열차무선통신장치 설치

③ 차량분야

  ㉠ 차량한계

   남한은 일반차량에 대한 높이한계가 북한보다 100mm 높아 통합운영 화차는 차량의 높이를 북한의 규정에 따라 제작

ⓛ 주행장치

남북한 간의 전면적인 통합운영을 위해서는 남한의 고속화차용 대차를 기준으로 남북한의 주행장치에 대한 표준을 설정하여 통합운영차량의 개발에 대비

ⓒ 연결장치

- 1단계 : 남한의 화차가 북한의 열차에 편성, 통합운영 시 북한의 50ton 유개화차의 연결기 및 완충기 형식으로 개조
- 2단계 : 남북한 통합운영을 위한 설계표준 설정

ⓔ 제동장치

- 국내 막판식 제동장치를 북한에서 사용하는 경우 고무류의 내고성 및 내한성이 보장되는 자재 사용
- 남북한 화차 혼용 시 같은 AAR 규격의 화차로 편성하고 P4a와 혼용 편성 시 신속완해밸브 부착

3. 기술개발 과제

(1) 남북철도시스템 기초조사

① 남북철도시스템 조사 및 기본계획
② 차량, 선로 구축물(교량/터널/노반/궤도), 신호 – 통신, 전력시스템 조사
③ 열차운영시스템 조사
④ 경제성 및 운영수익 증대를 위한 조사

(2) 남북한 Intersection(접경)지역 개발

① 접경역 운영방법(통관/관세/운영 등) 효율화
② 효율적인 접경역 개발 및 건설
③ 역사 복합물류시스템 구축방안

(3) 북한 철도시스템의 개량화

① 남북한 개량철도 네트워크시스템 구축
② 철도 운영속도 향상방안
③ 북한철도 주 간선 지원 개발
④ 철도 지선의 전철화 및 현대화 관련 개발

(4) 공동차량 개발

① 차량 공동설계 및 제작 관련 기술개발
② AC/DC 겸용 전기기관차 공동개발
③ 공동 컨테이너화차 개발
④ 공동 객차개발연구
⑤ 공동부품 생산체계구축사업

(5) 남북한 철도운영 최적화 방안을 위한 기술개발

① 화물수송 최적운영방안
② 선로용량 증대를 위한 시스템 구축
③ 화물, 여객 혼용시스템 최적화
④ 고속철도 연계시스템 개발
⑤ 물류관리시스템 개발
⑥ 유지보수 및 부품공급체계화 구축

(6) 대륙연계(TSR, TCR) 철도망 구축

① 대륙연계용 컨테이너차량 개발
② 효율적 환적시스템 개발
③ 이종궤간가변장치 개발
④ 대륙연계 수송에 따른 경제성 분석 및 수송력 증대 방안
⑤ 국경 통과에 따른 요금, 통관시스템 구축
⑥ 내한성 부품 개발

(7) 철도 안전성 확보 및 환경개선

① 철도안전시스템 표준체계 구축
② 환경 관련 기준 공용화체계 구축
③ 환경성 향상을 위한 부품 개발
④ 철도안전방호시스템 향상 개발

(8) 남북한 철도시스템 표준화

① 철도시스템 표준체계 구축

② 차량(객차/화차) 표준화 기술개발

③ 전력 및 전기시스템 표준화 기술개발

④ 선로구축물 표준화 기술개발

⑤ 신호통신 시스템 표준화 기술개발

⑥ 분야별 남북 표준철도시스템 개발 및 적용

4. 기타

구 분	경의선	동해선	경원선
TCR, TSR 연결	TCR 연결 가장 유리	TSR 연결 유리	TSR 연결 유리
경제적 효과	• 서울−평양−중국 연결로 서부 측 확보 • 개성공단 개발로 가공교역 수송에 유리	• 부산−원산−러시아연결 동부 측 확보 • 금강산 육로관광 • 광물 · 수산물 수송 유리	서울−원산−대륙 간 연결에 따른 한반도 X축 확보
국제적 관계	중국 선호	러시아 선호	러시아 선호

5. 결론

① 남북한 철도의 통합운영을 위해서 다음과 같은 사항을 단계적이고 체계적으로 추진할 필요가 있다.

㉠ 북한철도의 운행효율 증진을 위해 복선화 및 전력공급의 원활화 방안 강구

㉡ 전기방식 운영을 위한 AC/DC 겸용 차량의 개발

㉢ 북한철도의 철도보수 기계화 및 신호통신설비의 현대화

㉣ 원활한 연계운행을 위해 차량한계, 연결기 방식, 신호−통신 방식, 유지보수 방법 궤도의 내구력에 대한 세부검토를 통한 세부대책 수립

㉤ 단계별 운행방안 설정으로 차량투입방안, 개량화 및 현대화 방안의 구체적 수립

② 경의선, 동해선, 경원선이 남쪽에서는 이미 복원되었으나 차후 연결될 북쪽의 선형개량 및 전철화 등에 따른 비용증가 및 남쪽과 북쪽의 급선 차별화에 따른 문제, 신호체계 등 시스템표준화 등이 향후 문제점으로 지적되고 있다.

QUESTION 7

남북 간 경의선 철도를 연결하는 데 검토하여야 할 사항을 제시하고 중요 검토사항에 대해 귀하의 의견을 설명하시오.

1. 개요

① 역사적인 남북정상회담 이후 복원 중인 경의선 공사는 문산에서 개성까지 끊어진 철도 24km(남북 각각 12km)를 연결하고 철도 옆으로 새로운 도로를 내는 것이다.

② 남측은 문산~군산분계선 간 12km 철도를 복구하고 국경역인 도라산역을 신설하였다. 북측은 군사분계선~봉동 간 8km에 철길을 새로 놓고, 봉동~개성 간 4km를 보수하는 공사를 추진 중에 있다.

2. 경의선 연결에 따른 경제적 파급효과

현재 남북한 교역규모는 3억 3천만 달러로 해상운송의 형태로 이루어지고 있다.

① 경의선 연결에 따라 운임비용의 절감

1,000달러 선에서 200달러 정도 절감

② 한반도 종단철도가 대륙의 철도노선(TCR, TSR)과 연계운행 현재 수송비와 수송 시간이 3/5정도 수준까지 절감

③ 남북 교역량의 70% 정도가 경의선 이용 가능(약 330만 톤)

④ 운임수입의 증대

⑤ 한반도-중국-러시아-유럽 연결 철도망 구축으로 한반도는 대륙철도인 TCS, TSR의 물류 전진기지

⑥ 부산항, 광양항을 아시아 컨테이너 중심 항만으로 확고한 위치 차지

⑦ 상설 정부시설 설치에 따른 공적 교류

3. 경의선 연결 현안과제 및 중단기 극복과제

경의선 연결의 현안과제는 50년 이상 상이한 운영시스템을 채택해온 데 그 원인이 있다.

① 북한철도의 일부구간이 광궤(1.522mm), 협궤(1,435mm 미만) 등이므로 신호, 통신 시스템의 보완장치의 설치가 요구되며, 전력방식도 차이가 있어 연결구간 처리를 위해 기관차에 이중모드 설치가 필요하다.

② 공동 운영과제로 우선 명확한 선로용량 산정에 따라서 운행계획을 수립해야 하며, 차량기지, 기관차사무소 등의 운영방안과 열차운행계획의 협의와 시설 사용에 따른 사용료와 운임 등에 관한 협정체결이 필요하다.

③ 운영을 위한 국경역을 설치해야 하는데 별도역과 공동역 설치방안이 있으나, 군사분계선에 남북 공동역은 상징적 효과는 크지만 초기에 현실적으로 많은 문제가 발생되어 초기에는 별도역으로 운영하고, 장기적으로는 공동역으로 운영제로 발전하는 것이 바람직하다.

④ 제도적 측면에서 남북 간 통행협정의 체결, 협정의 대상과 범위를 정하고 상호 주의 및 불간섭주의 의무, 통행수수료의 정산, 과세 및 수수료 면제범위, 재난시 구조의무, 기록문서의 상호송달, 통행 관련 정보의 수시제공 등에 관한 협정체결이 필요하다.

⑤ 대륙으로 연결되기 위해서는 TCR, TSR 노선과 연결되어야 하는데 이에 따른 과제로 러시아와의 궤간 차이를 극복해야 한다. 이를 위해 장기적으로 대차를 교환하여 운행하는 방법 및 GCT(Guage Changable Train : 궤간가변열차)의 활용 등에 대하여 검토한다.

4. 결론

① 남북철도의 연결은 육로로 유라시아 횡단철도와 연결하는 통로 확보로 막대한 경제적 이득의 기대뿐만 아니라 한반도의 실질적 통일을 앞당기는 계기가 될 수 있다.

② 남북철도를 효율적이고 안정적으로 정착시키기 위해서는 기술·정책적으로 해결해야 할 과제가 산적하므로 향후 통합운영을 위한 단계적 추진을 계획할 필요가 있다.

③ 남북철도시스템에 대한 정확한 분석을 토대로 중·장기적 해결과제를 도출하여 체계적으로 준비하는 것이 필요하다.

QUESTION
8

철도 표준궤간에서 운행하는 열차를 광궤 또는 협궤선로에 연장운
행하려면 어떤 방안이 있는지 제시하시오.

1. 개요

① 궤간이 다른 구간을 연계한 대륙철도에서 화물수송량이 증가할 경우 병목현상 등 장
애가 발생할 수 있으며, 여러 가지 문제가 발생할 수 있다.

② 철도시스템이 매우 상이한 국가들에서 특히 궤간이 틀린 경우 열차를 효율적으로 운
행하기 위해서는 환승·환적, 대차교환, 궤간가변열차 사용 등의 방안이 있으며 이 중
가장 효율적인 방법은 궤간가변열차를 사용하는 것이다.

③ TKR에서 TSR을 통하여 유럽으로 화물을 운송하는 경우 발생하는 문제는 매우 많다.
관련 당사국 간의 철도운송협정을 위시하여 국경 통과절차를 간소하기 위한 제도적
장치의 마련 등이 필요하다.

2. 궤간 현황

① **광궤** : 러시아, 브라질, 인도 등

② **표준궤** : 한국, 유럽의 각국, 중국, 미국, 일본의 신간선 및 사철

③ **협궤** : 일본, 동남아 일대, 남아프리카 등

3. 궤간 상이에 따른 문제점

① 물동량의 이동에 따른 운반시간 연장

② 인건비의 추가 투입

③ 표준화에 따른 건설비 증가

④ 차량의 개량에 따른 사업비 증가

⑤ 이상의 문제점을 해결하기 위한 외교상의 문제점

4. 적용방법

구분	장점	단점
① 궤간의 재설정 (레일 한쪽의 재설정)	• 적은 토목공사비 • 기존 신호시스템의 활용 • 환적 및 대차교체비용의 절감 • 시스템 합리화에 관한 결정에 기여	• 기존궤간 시스템과의 인터페이스 곤란 • 건설 중 기존 철도의 운영상 어려움 발생 가능
② 새로운 선로, 새로운 궤도의 건설	• 기존 궤간 시스템의 최소의 운영 인터페이스 • 추가적인 궤도성능 제공 • 기존 영업 손실의 최소화 • 환적 및 대차 교체비용 없음	• 높은 토목공사비 • 높은 신호시스템 비용(별개의 신호시스템 요구) • 토지수용비 발생 • 분기기에서 상호 인터페이스
③ 이중궤도	• 적당한 토목공사비 • 기존 궤간 시스템과 최소한의 운영 인터페이스 필요 • 환적 및 대차교체비용 없음	• 광궤 · 표준궤 조합에서 중량 레일의 사용이 어려움 • 복잡하고 고가인 혼합궤간의 대피선 필요
④ 환승 · 환적	비교적 적은 비용	• 환승 · 환적에 시간지연 발생 • 심각한 추가 운영비 • 다른 사양보다 50% 정도 추가적인 화차 필요
⑤ 대차의 교환	비교적 적은 비용	• 화차 통과에 시간 지연이 길고 스케줄과 맞지 않음 • 많은 운영비용
⑥ 궤간가변열차	• 환적 및 대차교환비용이 없음 • 화차 통과에 있어서 시간지연이 거의 없음	• 화차의 수량에 따라 예산이 커짐 • 전문화된 유지보수인력 및 장비가 요구됨

5. 궤간가변열차의 사용

① 궤간가변열차(GCT)란 서로 상이한 궤간을 가지는 선로를 대차교환이나 환적 없이 신속하고 안전하게 직결 운행할 수 있는 자동 궤간변환장치를 장착한 열차를 말한다.

② 궤간가변 차축은 운행 중에는 특정 궤간으로 고정되어 있다가 궤간변환시설을 저속으로 통과하면서 고정장치를 풀고 새로운 궤간으로 변경하는 형태이다.

③ 궤간가변 열차를 투입하였을 경우 통과에 거의 시간이 소요되지 않는다.

④ 추가적인 큰 규모의 인프라 설치 없이 신속하고 쾌적한 여객 수송과 화물의 급송이 가능하다.

⑤ 화물의 대량 수송 시 국경에 위치한 역에서 병목현상 해소에 용이하다.

6. 결론

① 궤간가변장치기술은 대륙철도의 통합연계운행에 필요한 핵심적인 기술로서 시간·
비용 면에서 경제적일 뿐만 아니라 친환경적인 시스템이다.

② 현재 세계 각국은 대륙철도시장 선점을 위해 국가적 차원의 외교적 노력과 함께 관련
기술개발에 박차를 가하고 있는 상황이다.

③ 우리나라의 경우도 남북철도를 연결하고 더 나아가 철의 실크로드를 연계하여 21세기
교통 물류 중심지로 도약하기 위하여 궤간가변장치 핵심기술 개발이 범국가적 차원에
서 시급히 요청된다.

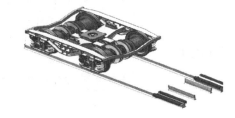

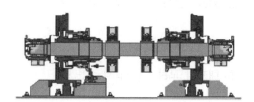

∥ 궤간가변장치 개념도 ∥

QUESTION

9 호남 – 제주 해저고속철도 건설 구상

1. 제안 배경

① 주요 대도시와 목포, 제주도 간 연결 교통수단의 불편

② 호남광역경제권과 제주광역경제권 연계 미흡

③ 제주도를 고립된 도서가 아닌 국가성장의 거점으로 개발

④ 호남과 제주지역의 유사한 산업육성계획을 연계(새만금지역 포함)

　　해양, 문화, 관광, 휴양, 녹색산업육성

⑤ 낙후된 호남, 제주지역 발전을 촉진

⑥ 해외에서 중국 – 대만 터널, 지브롤터, 소야, 누산타라 해저터널 등과 국내에서 부산 – 대마도 – 후쿠오카, 한중터널 검토 중

⑦ 경제위기 극복을 위한 대형 국책사업 추진

2. 사업 개요

(1) 사업기간, 사업비

① 타당성 조사 1년, 기본설계 1년, 실시설계 1년, 시설공사 8년 총 11년 소요

② 14조 6천억 원 소요

③ 서울~제주 2시간 26분/목포~제주 40분 소요

④ 이용객 : 1,500만 명/년

(2) B/C

① 항공기 이용자 78% 철도전환 시 0.84

② 타 지역 관광수요의 제주도 전환 시 0.96~1.02로 상승

3. 노선

(1) 호남고속철도 종착지 목포에서 제주까지 연결(167km)

① 목포~해남(지상 66km)

② 해남~보길도(해상 28km)

③ 보길도~추자도~제주도(해저 73km)

(2) 시설수준

설계속도 350km/h, 운행속도 300km/h

(3) 해저터널구조

① 열차운행터널과 서비스터널로 구성

서비스터널은 유사 시 구조차량 진출입로 사용

② 환기 및 방재

수직구 4개소, 피난 연결통로 146개소 설치

(4) 해저터널 구간 지형

① 해저 최대수심

- 보길도~추자도 60m
- 추자도~제주도 120m

② 지반조건은 터널굴착에 큰 문제가 없음

수직적으로 화산암, 미고결 퇴적층, 화강암의 연속 분포

4. 기술검토

(1) 해저터널 공사기법

① 수심이 깊은 해저터널공사

많은 작업구 설치 곤란, 수압에 의한 안정성 우려

② 공법 선정 시 고려사항

수심, 수로폭, 유속, 지반, 시공성, 공사기간, 경제성, 환경영향

③ shield-TBM 공법 적용

㉠ 튼튼한 강재의 통을 지반에 밀어 놓고 진행시켜 굴착

㉡ 기계굴착 안전성 우수

㉢ 시공 중 지층 변화 시 대응 곤란

② 영불 해저터널, 분당선 한강 하저터널

④ NATM 공법

  ㉠ 천공과 발파를 반복하여 지반을 굴착

  ㉡ 지층변화에 대한 대응 우수

  ㉢ 정밀도 다소 저하, 발파 진동시 주변 이완으로 해수 유입

  ㉣ 일본 세이칸 해저터널, 지하철 5호선 한강 하저터널

(2) 배수터널 혹은 비배수터널의 공법 선정

지반조건, 수압, 관련공법, 경제성 등을 종합하여 배수터널 혹은 비배수터널의 공법을 선정토록 한다.

5. 기대효과

① 21세기 신국가성장축 구축

  남해안, 서해안, 새만금, 제주국제자유도시의 연계발전

② 제주 국제자유도시 발전을 촉진

  싱가포르나 홍콩 같은 경쟁력 있는 도시로 발전

③ 외국인 여행 및 관광패키지의 다변화

④ 국민 여가활동 및 관광 레저산업 활성화

⑤ 해저터널 건설기술을 확보

⑥ 생산유발 44조 원, 고용유발 34만 명 발생

6. 해저터널기술을 보유하고 있는 국가

(1) 현재 운영 중인 해저터널

  ① 일본 세이칸터널(88년 개통/53km 중 해저 23km)

  ② 영불해저터널(94년 개통/50km 중 해저 38km)

(2) 건설계획 중인 해저터널

① 스페인 : 지브롤터 27.7km(카날레스~모로코 시레스) – 타당성 조사 중

② 러시아 : 베링 85km(러시아~알래스카) – 기초설계 자료조사 중

타타르 11.6km(하바로프스크~사할린) – 유라시아 철도연장 계획

③ 인도네시아 : 누산타라 33km(수마트라섬~자바섬) – '08년 설계완료

7. 결론

① 국가미래발전을 위한 국책사업으로 적극 추진을 검토할 필요가 있다.

② 호남~제주 해저고속철도 건설에 관한 심도 있는 분석이 필요하다.

③ 본 계획을 국토종합계획 및 국가교통계획에 적극 반영토록 한다.

한일 해저터널사업

1. 개요

① 한국의 거제도 또는 부산에서 대마도와 이키섬을 경유하여 일본 구주(큐슈) 북단에 이르는 약 230km를 해저터널이나 교량으로 연결하는 계획이다.

② 한일 해저터널사업은 총연장 230km로 유로터널(50km), 세이칸터널(54km)의 약 4배에 이르는 세계적으로 거대한 Project이다.

2. 공사 개요

(1) 노선(안)

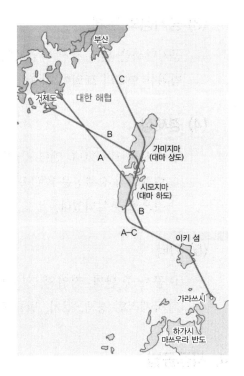

① A노선

거제도(북부)~쓰시마(하도)~이키섬~가라쓰 : 209km

② B노선

거제도(남부)~쓰시마(상하도)~이끼섬~가라쓰 : 217km

③ C노선

부산~쓰시마(상하도)~이키섬~가라쓰 : 231km

(2) 공사기간

15~20년 소요

(3) 사업비 추정

① 철도, 도로 겸용 터널 1개 및 서비스터널 : 10조 1,200억 엔

② 철도, 도로 겸용 터널 2개 및 서비스터널 : 20조 100억 엔

3. 계획상 고려사항

(1) 지질상

① 한국~대마도~이키섬 간 해저지층이 탄성파속도 1,900m/sec 정도의 미고결층이 있고 지층의 물성, 성상에 관한 충분한 조사가 필요

② 특히 쓰시마섬에서 부산으로 가는 노선을 채택할 경우 치명적 문제에 부딪힌다. 부산 앞바다에서 경북 포항 방향으로 뻗어 있는 대한해협 해저단층, 양산단층과 쓰시마섬 서북쪽 쓰시마~고토 지질구조선이 이중으로 겹치기 때문이다.

(2) 시공상

300m 이상의 해저 심부 터널에서의 굴착기술 가능성, 안전성의 확보

(3) 공기상의 문제

공기단축을 위해 선진 작업갱의 굴착속도 향상이 필수요건으로 기계굴착공법의 광범위한 연구와 도입이 필요

(4) 경제성

① 공사비 10~20조 엔(150~200조 원)

② 현재까지 경제성은 B/C 편익분석 수치가 0.6으로 1 이하이므로 사업성이 부족한 것으로 분석되었다.

(5) 기타

① 공사 중 환기, 작업원, 왕복시간, 지열, 용수처리

② 국제적인 경제, 정치, 법률 조정

4. 시공공법

① NATM

② Shield 공법

③ TBM 공법

5. 경제성 검토

① 공사비만 150조 원에서 200조 원 가까이 들어갈 것으로 예상되기 때문에 경제성 평가를 한 결과 일단은 경제성이 없는 것으로 나타났다.

② 한국보다 해저터널 건설에 적극적 입장인 일본에서도 비용(건설비, 운영비, 열차구입비)과 편익(운행비와 이동시간 절감)을 따진 결과, 검토 중인 3가지 노선 중 어느 하나도 비용편익분석 수치가 0.6을 넘지 못해 비용편익분석에서 사업성이 부족한 것으로 판단하고 있다.

③ 그럼에도 국가적 프로젝트로 장기적 시각에서 볼 경우 고용창출, 건설경기 진작 등의 파급효과를 고려하면 충분히 타당성이 있는 것으로 분석된다.

6. 한 · 일 정부 입장

(1) 한국정부 입장

① 당초 한국정부는 한 · 일 해저터널 건설에 부정적인 입장이 강했지만 2002년 한 · 일 월드컵을 계기로 긍정적으로 변화하고 있다.

② 현재의 정부에서도 한 · 일 해저터널에 대한 예비타당성 조사를 할 용의가 있고, 적극 검토하겠다는 입장이다.

(2) 일본정부 입장

① 일본정부는 줄곧 적극적 입장을 보이고 있다.

② 자민당의 경우 전통적으로 건설경기 부양을 통한 경제성장정책을 펴왔기 때문에 정치적으로도 한 · 일 해저터널이 득이 된다는 판단을 내리고 있다.

7. 종합검토

① 한 · 일 해저터널 건설의 가장 큰 걸림돌은 한 · 일 과거사에 따른 역사적 앙금 문제일 수 있다. 한국의 반대론자들은 역사적 경험을 들어 '한 · 일 해저터널이 일본의 대륙 진입로가 될 것'이라며 우려의 목소리를 높이고 있다.

② 하지만 해저터널에 찬성하는 사람들은 '해저터널이 한국이 일본으로 진출하는 진공로(進攻路)가 될 것'이라며 정반대 관점을 제시하고 있다.

③ 임진왜란이나 한일병합 때와는 상황이 많이 달라졌다. 특히 부산과 거리상으로 49.5km 밖에 떨어져 있지 않은 쓰시마(규슈와는 132km)의 경우 한·일 해저터널이 완성되면 실질적인 한국경제권으로 편입될 것이란 주장도 있다.

QUESTION 11

신간선 탈선과 관련하여 한국철도 지진대책에 대하여 기술하시오.

1. 개요

① 지난 2004년 10월 23일 오후 일본리카타현 니카코 지방에 진도 6급(규모 6.8, 최대가속도 1.5g)의 지진이 3회 발생하였고, 이후 수많은 여진이 발생하여 피해를 유발하였다.

② 이번 지진에 따른 일본 신간선의 탈선사고와 대책을 타산지석으로 삼아 고속철도 개통과 기존 선 속도향상을 통해 대국민 서비스를 증진하고자 매진하고 있는 국내철도의 안전을 다시 확인하는 계기로 삼아야 할 것이다.

이러한 측면에서 국내 철도의 지진 대비 현황과 향후 지진에 대한 대책과 수립의 방향성에 대하여 기술하였다.

2. 일본 지진 및 신간선 탈선사고 현황

① 200km의 속도로 주행하던 신간선 열차의 10량 편성 중 6, 7호차를 제외한 8량이 탈선하였다.

② 조기지진검지 경보시스템이 작동하여 열차를 정지시켰다고 보도되고 있으나, 지진감지시스템 작동 후 3.5km 주행한 후(탈선 후 주행거리 1.6km 포함) 정지하였으며 직하형 지진으로 지진감지시스템의 역할이 미미한 것으로 보고되었다.

3. 국내지진 대비 철도시설물 현황

① 국내 고속철도교량의 경우, 규모 6.0(지반가속도 0.154g) 정도의 지진하중에 대하여 안전하도록 설계되었으나 구조물의 안전성과 경제성을 동시에 고려하기 위하여, 지진발생 시 신속한 보수를 통하여 본래의 기능을 회복할 수 있는 범위 내에서 약간의 피해는 허용하고 있다.

② 지진경보시스템 구축 및 운영현황은 한국철도시설공단 및 한국철도기술연구원 주관으로 경부고속철도 시험선구간의 일부교량(연제교 및 오송정거장)에 지진계를 설치하여 모니터링을 수행 중이나, 아직 CTC 등과 연동되어 있지는 않은 상황이다.

③ 국내의 지진관측설비로는 기상청을 중심으로 현재 총 75개소에 지진관측망이 설치되어 있으나 철도운행안전을 위한 조기지진검지 경보시스템으로서의 활용은 곤란한 상황이다.

4. 향후 지진 대비 철도시설물 및 철도운영방안

① 지진피해 경감 및 대비는 구조물에 대한 내진설계 및 내진보강방안을 마련함으로써, 지진 발생 시 그 피해를 최소화하는 것이다.

② 지진조기검지 경보시스템 구축의 필요성에 대해 경제성 및 효과성을 고려하여 검토할 필요가 있다. 일본의 경우와 같이 철도연변을 따라 매 20km마다 경보시스템 구축할 것인지, 또는 국내 기상청의 기존 관측망을 활용하여 경보시스템을 구축할 것인지 여부를 지진 발생빈도 및 규모 등을 고려하여 결정하여야 할 것이다.

③ 지진이 발생하였을 경우 조기경보 전송방안, 열차의 제동 및 감속운행 등에 관한 세부 지침 마련이 매우 중요하다.

④ 신속하게 지진피해를 수습하고 열차운행을 정상화하도록 복구체제를 구축해야 할 것이다.

5. 내진 및 지진 대비 R&D 방향

① 궤도, 노반, 철도교량 및 터널 등 철도시설물 건설에 있어 지진에 대한 규정은 세계 각국에서 매우 엄격히 적용되고 있는 상황이다.

② 국내에서도 철도시설물 건설에 대한 보다 엄격하고 합리적인 내진규정 적용이 필요하며 이에 기반이 되는 철도분야 지진 관련 연구가 요구된다. 현재 우선적으로 요구되고 있는 철도 분야 지진 관련 연구는 다음과 같다.

    ㉠ 철도시설물 내진 관련 설계기준에 대한 연구

    ㉡ 지진하중을 받는 철도교량의 열차주행 안전성 평가기법 개발

    ㉢ 내진특성이 우수한 철도교량 교좌장치 개발에 관한 연구

    ㉣ 철도구조물

    ㉤ 지반 상호작용을 고려한 지진피해 최소화에 관한 연구

    ㉥ 기존 철도교량의 내진성능평가 및 성능개선기법 연구

    ㉦ 무도상 철도교량의 연구 및 개발

6. 결론

① 지진의 피해는 철도에 국한되는 사항이 아니므로 원자력 등 중요한 국가 시설물에 대한 지진대책과 함께 종합적으로 검토·추진되어야 할 것이다.

② 이러한 지진대책 마련을 위해서는 근본적으로 관련 분야의 연구개발이 가장 중요한 사항이며, 막대한 예산이 소요되므로 관련 기관, 전문가 및 국민전체의 합의가 선행되어야 할 것이다.

BTO-rs, BTO-a 등 민간투자사업유형에 대하여 설명하시오.

1. 개요

① 민간투자사업은 수익형 민자사업(BTO), 임대형 민자사업(BTL), 성과조정형 민자사업(BOA)으로 나눌 수 있다.

② 성과조정형 민자사업(BOA) 방식은 기존 민자사업 방식인 수익형 민자사업과 임대형 민자사업의 중간 형태로, 민간이 투자한 후 손해가 나면 정부가 어느 정도 메워주고 이익이 생기면 정부와 민간이 나눠 갖는 방식이다.

2. 수익형민자사업

(1) BTO(Build – Transfer – Operate) 방식

① 사회간접자본시설의 준공과 동시에 당해시설의 소유권이 우선적으로 국가 또는 지방자치단체에 귀속된다.

② 다음으로 사업시행자에게 일정기간의 시설관리운영권을 인정하여 이를 통해 민간 사업시행자가 투자비 및 이윤을 회수하는 방식이다.

③ 사업시행자는 세금 등과 관련하여 BOT보다는 BTO를 선호한다.

(2) BOOT(Build – Own – Operate – Transfer) 방식

① 사회간접자본시설의 준공 후 일정기간 동안 우선적으로 사업시행자에게 당해 시설의 소유권이 인정된다.

② 그 기간 동안 민간 사업시행자가 투자비 및 이윤을 회수한 후 기간 만료 시 시설소유권을 국가 또는 지방자치단체에 귀속하는 방식이다.

(3) BOO(Build – Own – Operate) 방식

① 사회간접자본시설의 준공과 동시에 사업시행자에게 당해 시설의 소유권을 인정한다.

② 민간 사업시행자가 시설을 운영함으로써 투자비 및 이윤을 회수하는 방식이다.

3. 임대형민자사업

(1) BTL(Build Transfer Lease) 방식

① 민간이 자금을 투자하여 사회기반시설을 건설(Build)한 후 국가·지자체로 소유권을 이전(Transfer)하고, 국가·지자체에게 시설을 임대(Lease)하여 투자비를 회수하는 사업방식이다.

② 민간사업자는 시설을 건설하여 국가에 기부채납한 대가로 시설의 관리운영권을 획득하게 된다.

③ 민간사업자가 약정한 기간 동안 주무관청에 시설을 임대하고 운영한 후 약정된 임대료 수입을 받아 투자비를 회수하게 된다.

④ 학교, 군대막사, 노인복지시설 등 낮은 수익률의 사업에 적용한다.

(2) BTL 과 BTO의 비교

구분	BTL	BTO
구조		
대상시설	• 자체 운영수입 창출이 어려운 시설 • 학교, 복지시설, 일반철도	• 자체 운영수입 창출이 가능한 시설 • 고속도로, 항만, 지하철, 경전철
사업리스크	• 민간의 수요위험 배제 • 운영수입 확정	• 민간이 수요 위험 부담 • 운영수입, 수익변동 위험
수익률	• 낮은 위험에 상응한 낮은 수익률 • 수익률 사전 확정	높은 위험에 상응한 높은 목표 수익률

4. 성과조정형 민자사업(BOA)

① 기존 수익형 민자사업(BTO)을 보완한 손익공유형 투자방식이다.

② 민간이 대부분 위험을 분담하는 수익형 민자사업(BTO)과 정부가 대부분 위험을 분담하는 임대형 민자사업(BTL)의 중간 형태로 민간이 투자한 후 손해가 나면 정부가 어느 정도 메워주고 이익이 생기면 정부와 민간이 나눠 갖는 방식이다.

③ BOA 방식은 공공성이 높아 사용료 인상이 어려운 철도, 경전철, 항만, 환경시설 등에
우선 도입된다.

5. 위험분담형 민자사업(BTO−rs ; Build · Transfer · Operate−risk sharing)

① 정부와 민간이 시설 투자비와 운영 비용을 일정 비율(50 : 50)로 나누는 새로운 민자
사업 방식이다.
② 민간이 사업 위험을 대부분 부담하는 BTO와 정부가 부담하는 BTL로 단순화되어 있
는 기존 방식을 보완하는 제도로 도입되었다.
③ 손실과 이익을 절반씩 나누기 때문에 BTO 방식보다 민간이 부담하는 사업 위험이 낮
아진다.

6. 손익공유형 민자사업(BTO−a ; Build · Transfer · Operate− adjusted)

① 정부가 전체 민간 투자금액의 70%에 대한 원리금 상환액을 보전해 주고 초과 이익이
발생하면 공유하는 방식이다.
② 손실이 발생하면 민간이 30%까지 떠안고 30%가 넘어가면 재정이 지원된다. 초과 이
익은 정부와 민간이 7 대 3의 비율로 나눈다.
③ 민간의 사업 위험을 줄이는 동시에 시설 이용요금을 낮출 수 있는 게 장점이다. 대표적
으로 하수 · 폐수 처리시설 등 환경시설에 적용할 수 있다.

7. BTO−rs 와 BTO−a의 특성 비교

구분	BTO−rs	BTO−a
Risk	보통	낮음
손실률	정부 : 민간=5 : 5	민간 30% 초과 시 정부가 지원
이익률	정부 : 민간=5 : 5	정부 : 민간=7 : 3
특징	• 민간사업 위험 경감 • BTO−a보다 Risk가 큼	• 정부가 비용 일부 보증 • 민간 Risk가 가장 낮음

QUESTION 13 혼합형(BTO + BTL) 민간투자사업, 개량운영형 민간투자사업

1. 혼합형(BTO+BTL) 민간투자사업

(1) 정의

혼합형(BTO + BTL) 민간투자사업은 BTO(수익형)와 BTL(임대형) 민자방식을 섞은 혼합형 민간투자방식으로 시설 이용자가 지불하는 사용료와 국가, 지자체가 지급하는 정부지급금으로 투자비를 회수하는 사업방식이다.

(2) 특징

① 혼합형(BTO + BTL) 민자사업은 BTL이 포함되어 있어 국회의 동의가 필요하기 때문에 기존 BTO 사업에 비해 인ㆍ허가에 대한 리스크가 크다.

② 이 방식은 국가적인 차원에서 공공성이 높은 사업을 대상으로 해야 하므로 민간제안보다는 정부고시사업으로 추진하는 것이 바람직하다.

③ 저위험ㆍ저수익 구조가 바람직하다.

④ 협약 수요를 초과하는 수입에 대해서는 혼합비율(BTL 부분의 비율)만큼 환수하게 된다.

(3) 기대효과

① 기존에는 민간투자가 가능한 사업을 법에 열거하고 열거된 사업에 대해서만 민간투자가 가능했지만 법 개정을 통해 민간투자 가능 범위가 경제활동 기반시설, 사회서비스 제공시설, 공용ㆍ공공용 시설로 넓어지게 되었다.

② 혼합형 민자방식 중 BTL 부분의 정부지급금을 통해 철도와 같이 공익성이 높은 민간투자사업의 사용료를 낮출 수 있디.

③ 정부지급금 부분은 BTL 절차 중 국회 의결절차를 따르게 함으로써 투명성을 강화한다.

(4) 기타 사항

① BTO(수익형)는 시설 사용료로 투자비를 회수하는 방식, BTL(임대형)은 정부가 주는 시설임대료로 투자비를 회수하는 방식이다. BTO + BTL 혼합형 민자방식은 혼합방식을 통해 BTL 부분에선 정부지급금으로 민간투자 사업의 사용료를 낮추고 정부지급금 부분은 국회 의결절차를 따르게 해 투명성을 강화했다.

② AP(Availability Payment) 방식은 정부가 수요와 관계없이 해당 시설의 안전성, 고객만족도, 시설이용 가능성 등에 대한 평가를 반영하여 민간투자 비용과 운영 비용을 지불하는 방식이다.

③ AP 방식과 BTL 방식은 시설의 운영 주체만 다를 뿐 수요에 따른 위험을 정부가 부담한다는 점에서 동일하다.

2. 개량운영형 민간투자사업

(1) 정의

① 개량운영형 민간투자사업이란 준공된 정부 소유 시설을 대상으로 민간이 재원을 조달해 정부로부터 관리운영권을 사들여 일정기간 운영 및 유지관리를 하는 민자사업을 말한다.

② 기존 수익형 민자사업(BTO), 임대형 민자사업(BTL) 주도의 제한적 사업방식에서 벗어나, 노후화된 시설 등 대상사업 특성 등을 반영한 맞춤형 사업방식이다.

(2) 특징

① 사업시행자가 재원 조달 및 운영을 하므로 FO(Finance-Operate) 또는 O(Operate) 방식이라고 부른다. 일반적인 민자방식(DBFO)에 비해 설계(Design)와 시공(Build)이 제외된다.

② 준공된 정부 소유 시설은 민자 또는 재정이나 공기업 재원을 통해 건설돼 현재 정부가 소유한 시설을 말한다.

③ 운영형 민자사업의 적용 대상은 재정사업 시설과 정부로 소유권이 이전된 민자사업이 될 수 있다. 공기업이나 공공기관이 운영하는 정부 소유시설도 가능하다.

④ 민간사업자가 기존 사회기반시설을 개량·증설하고 전체 시설에 대해 관리운영권을 설정해주는 방식이어서 개량운영형 민자방식이라고 부른다.

(3) 장점

① 사업은 기존 사업의 운영을 통해 수요 위험이 상당부분 제거된 만큼 사업자의 총
   사업비 대비 자기자본 충족 요건도 5%까지 줄어든다.
② 이는 수요의 위험이 없는 BTL의 자기자본 수준에 해당하는 장점이 있다.

QUESTION 14 민자유치정책의 문제점 및 개선방안에 대하여 설명하시오.

1. 개요

① 한국의 인프라 시설은 개도국들의 평균적 수준에 크게 미달하므로 인프라시설의 부족 문제가 심각한 상황이다.

② 인프라 시설 부족문제는 물류비용을 상승시켜 국가경쟁력 확보에 가장 큰 걸림돌로 작용하고 있다.

③ 인프라 시설에 대한 지속적 투자와 확충이 이루어지지 않으면, 지속적인 경제성장을 기대하기 어려울 것이다.

④ 이처럼 인프라 시설에 대한 지속적인 투자가 절실함에도 불구하고 정부의 투자재원은 매우 부족한 실정이므로 인프라 민간투자의 중요성은 어느 때보다도 크다고 할 수 있다.

2. 문제점

① 전담조직의 부재와 인프라 투자를 지원할 기금이 제구실을 하지 못하고 있다.

② 부적절한 대상사업 선정

ㄱ 경제적인 1, 2종 시설구분과 사전타당성 조사를 하지 않거나 하더라도 매우 형식적이다.

ㄴ 지나치게 큰 규모의 많은 사업이 민간투자사업으로 선정

ㄷ 예산이 부족하다는 이유 등에 밀려서 민간투자사업으로 선정

③ 부적절한 입찰방식

ㄱ 체계가 매우 복잡함

ㄴ 복잡함에도 불구하고 다양한 사업의 특성을 반영하기에는 유연하지 못함

ㄷ 민간제안이 있으나 활용하지 못하고 있음

ㄹ 민간투자사업이 시공 위주로 추진되고 있음

④ 수익률 및 위험부담의 문제

ㄱ 수익률 체계는 시설에 따른 특성을 감안하지 않고 일률적으로 사업자 이윤의 10%로 정해져 있다.

ⓛ 수익률 제시 수준이 너무 낮아 외국인들의 투자를 유인하기에 부족하다.

ⓒ 기본적으로 위험분담의 규칙이 없어서 정부가 부담해야 할 위험과 사업자가 부담해야 할 위험이 뒤바뀌어 있다.

⑤ 전담기구의 부재와 정부의 소극적인 자세와 복잡한 인허가 절차와 조세체계 등

3. 개선대책

① 1, 2종 시설구분을 폐지하여 가능한 모든 인프라시설에 대하여 민간투자가 가능하도록 한다.

② 민간투자 전담기구나 사업성 평가 전문용역회사 등을 통하며 사전 사업타당성 분석을 의무화한다.

③ 복잡한 사업추진체계를 개선하기 위해서는 입찰(경매)방식을 개선해야 한다.

④ 다양한 사업특성을 수용할 수 있는 사업추진체계를 정립하기 위해서는 기본적으로 민간제안이 활발히 이루어져야 한다.

⑤ 민간투자사업 활성화를 위한 수익성 보장

ⓖ 사업선정방식부터 인프라기금의 운용까지 다양한 제도적 보완

ⓛ 수익률을 조정해 줄 수 있는 기금의 설립 등 병행(홍콩)

⑥ 위험의 완화

ⓖ 물가상승과 수요량 예측에 따른 운영수입 변동위험은 운영기간 중의 사용료 조정을 가능하게 함으로써 완화한다.

ⓛ 일정률 이상의 수입을 기금에 반납하고 일정률 이하로 수입이 떨어지는 경우는 기금에서 부족분을 보전해 줌으로써 물가상승과 수요량 예측에 따른 위험을 완화할 수 있다.

ⓒ 전문적 지식과 능력을 갖춘 전담기구의 설치가 이루어져야 하며, 정부도 보다 적극적인 자세를 가져야 한다.

15 철도 해외진출 현황 및 활성화 방안에 대하여 설명하시오.

1. 세계철도시장의 현황

① 세계철도시장의 규모

세계철도시장은 차량, 시스템 기술, 인프라를 포함하여 연간 121조 원 규모로 추정

② 세계철도시장의 전망

㉠ 고유가에 따른 철도투자 확대, 민자시장의 성장, 고속철도 수요증대 등으로 세계 철도시장이 비약적으로 성장

㉡ 특히 아시아, CIS, 중동, 아프리카, 중남미는 높은 잠재력 보유

2. 한국철도의 현황분석

① 한국철도의 현 위치

㉠ 철도기술 수준은 선진국 대비 약 70% 수준

㉡ 인프라 진출실적은 39건, 47억 불로 전체 수주 규모의 1.7%

② 해외진출 현황

㉠ 중국 하다선 감리용역, 무광선 1공구(공단)

㉡ 말레이시아 전동차 개보수 기술자문(공사)

㉢ 베트남 남북철도 전철화, 복선화 타당성 조사(철도연)

㉣ 싱가폴, 인도, 필리핀 인프라 건설 5건

3. 철도해외진출 활성화 방안

(1) 철도해외진출 통합추진체계 구축

① 타당성조사, 기술자문을 통한 신규사업 발굴 및 협력창구의 단일화 및 체계화

② 해외철도 관련 협의체를 통합하여 단일기구 구성 추진

③ 사례 : 일본의 해외철도 기술협력협회(JARTS), 프랑스의 Systra

(2) 시장 다변화 및 유망시장 개척 지원

① 자원개발과 연계한 Package Deal 진출지원

철도개발이 활발한 저개발국가 대상

② 공공기관＋민간기업 합작수주 활성화
③ 해외철도 로드쇼 개최

(3) 파이낸싱 역량강화

① ODA 및 시장개척자금 지원을 통해 타당성 조사 비용을 지원
② 수출입은행의 금융지원, 수출보험공사의 보험지원 확대 추진

(4) 핵심기술개발 및 이전을 통한 진출 지원

① 국가 R&D 사업을 통한 고부가가치 핵심기술 개발
② 적극적 기술이전을 통한 수주지원
③ 기술력 향상을 위한 성능 검증 지원 – 철도종합시험선 구축 필요

(5) KOICA, IRaTCA 교육을 통한 기반 조성

① KOICA 교육사업과 ODA, EDCF 연계
② IRaTCA 통한 한국철도 홍보, 사업연계

4. 향후 추진계획

① 철도 해외진출 통합추진체계를 구축한다.
② 신규시장 개척을 위한 협력체계를 강화한다.
③ 파이낸싱 역량 강화를 위한 금융지원을 확대한다.
④ 한국형 기술이전전략을 수립한다.

QUESTION 16

하이퍼루프(Hyperloop)의 장점과 예상문제점 및 기술적 해결 문제

1. 하이퍼루프의 정의

① 공기압의 압력차를 이용해 빠른 속도로 움직이는 튜브형 초고속열차다. 하이퍼루프는 시속 1,200km 이상의 속도를 내며, 시속 300km 정도의 KTX와 비교하면 약 4배 빠른 속도다.

② 하이퍼루프 열차는 캡슐 모양으로 튜브로 만든 궤도 속을 달리며, 튜브 안은 공기를 제거해 압력이 매우 낮은 환경을 만들어 공기저항을 최소화한 것이 특징이다. 공기 마찰이 거의 없으므로 하이퍼루프 열차는 같은 출력으로도 일반 열차보다 빠른 속도를 낼 수 있다.

2. 장점

① 1Hyperloop Technologies는 낮은 에너지 때문에 대규모 변전 설비를 필요로 하지 않는다는 특징이 있어 고속철도에 비해 설치 비용이 훨씬 저렴하다.

② 태양광과 풍력 등에서 나온 전력을 사용할 수 있다.

③ 매우 낮은 에너지로 초음속에 가까운 속도로 이동을 가능하게 한다.
아진공(0.1%의 진공) 상태인 하이퍼루프 안에서는 이론적으로 음속에 가까운 속도를 낼 수 있다.

④ 친환경적이다.

3. 단점

① 초기 비용이 많이 든다 .

② 음속에 가까운 속도로 운행하기 때문에 사고 발생 시 규모를 가늠하기 어려울 정도의 대참사로 이어질 수 있다.

③ 밀폐된 튜브 안에서 운행하기 때문에 탑승자의 건강에 이상이 생길 경우 바로 대처하기 어렵다.

4. 핵심기술

초고속열차	인프라	열차운영시스템
자기부상열차	튜브 아진공 유지기술	초고속열차 통신시스템
리니어모터	전력연계시스템	LOT 기반 안전모니터링
고속주행열차 제어기술	소재기술(고강도, 다기능)	통합교통수단 설계기술

5. 하이퍼루프의 기술적 운행

① 아음속 캡슐 트레인의 원리 이용

  ㉠ 아음속 캡슐 열차는 지름 2~3m의 튜브 터널을 달리는 40인승 캡슐 한 량으로 구성된다.

  ㉡ 열차는 캡슐 아래쪽에 달려 있는 자석의 자기장으로 추진력을 얻어 운행되며, 캡슐이 지나가는 동안 캡슐 앞쪽 바닥에서는 끌어당기는 힘을, 뒤쪽 바닥에서는 밀어내는 힘을 발생시켜 캡슐에 가속도를 더해준다.

  ㉢ 반대로 캡슐 앞쪽에 밀어내는 힘을, 뒤쪽에 잡아당기는 힘을 줄 경우 열차가 멈추게 된다. 자기장을 이용한 추진력으로 열차를 움직이게 하는 기술, 이것이 바로 아음속 캡슐 트레인을 움직이는 원리이다.

② 열차를 추진하는 힘은 튜브 외부에 달린 리니어 모터(Linear Motor)가 만든다. 리니어 모터는 전기를 사용해 직선으로 움직이도록 만드는 동력원이다. 주로 자기부상열차와 같은 지상 고속 수송차량에 사용된다.

③ 승객이 탄 캡슐은 공기저항이 적은 환경에서 리니어 모터를 통한 자기력에 의해 가속력을 가지게 된다. 하이퍼루프의 리니어 모터는 튜브 외부에 있는 태양열 에너지 배터리를 충전해 운용한다.

6. 우리나라에서의 추진현황

① 한국 UNIST는 탄소섬유 복합재를 설계하고 성형 기술을 활용해 초경량 차체를 제작하는 원천기술을 개발하며, 3D 프린팅 기술을 활용해 하이퍼튜브 차량용 부품을 맞춤 제작하는 연구에도 착수한다. 한편 UNIST는 한국철도기술연구원, 한국건설기술연구원, 한국교통연구원, 한국기계연구원, 한국전기연구원, 한국전자통신연구원, 한양대 등 7개 기관과도 하이퍼튜브 개발을 위한 공동연구를 진행 중이다.

② 탄소기술원은 주특기인 탄소섬유 복합재와 3차원 프린팅 기술 등을 활용해 캡슐(차체)과 튜브(선로) 제작을 담당키로 하였으며, 울산과기원은 추진체인 리니어 모터와 운반선로 설계를 맡는 등 여러 곳에서 활발히 연구가 진행 중에 있다.

③ 2022년 10월 최근 중국에서는 시속 1,030km로 운행하는 자기부상열차의 개발에 성공하였다.

‖ 하이퍼루프 개념도 ‖

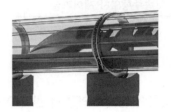

‖ 하이퍼루프 튜브관 ‖

QUESTION 17 선로사용료에 대하여 설명하시오.

1. 개요

① 2005년 철도구조개혁에 따라 철도의 상하분리가 시행되면서 철도청은 코레일과 국가 철도공단으로 분리되었다.

② 이에 따라 철도시설공단은 대한민국 대부분의 철도 시설을 건설하고 관리하며, 건설 후엔 선로사용료를 받고 사용을 허가해준다. 한국철도공사와 서울메트로가 선로이용 주요 고객이며 공단 운영비는 주로 이 선로대여료로 마련된다.

2. 민간 철도운영사와 선로사용료

① 수서~평택 간 고속철도를 건설하면서 건설에 소요되는 모든 비용은 정부가 담당하고, 수서에서 출발하는 고속철도 운영을 민간에서 담당하도록 함으로써 민간 철도운영사가 등장하게 되었다.

② 따라서 정부는 국가시설인 철도선로를 이용하여 영업을 하는 민간 철도운영사업자에게서 선로를 사용하는 만큼의 선로사용료 비용을 징수한다.

3. 선로사용료의 문제점

① 코레일과 같은 공기업은 PSO(Public Service Obligation grant)를 통해 공공목적의 철도운행으로 인해 발생한 손실분에 대해 정부로부터 보상을 받는데, 이는 철도의 공공성 확보를 위한 것이다. 또한 국가철도산업기본법에서 국가의 지급의무를 명시하고 있다. 하지만 정부가 경영 손실을 100% 지급해 주는 것이 아니라 총 원가의 70~90%에서 보상원가를 산정해 주고 있는 실정이다. 이는 공사의 경영적자가 가속되는 이유 중 하나이다.

② 현재 국가철도공단에서 징수하는 고속철도 선로사용료는 수입기준의 선로사용료를 징수하고 있으며, 일반철도 선로사용료는 운영자의 높은 유지보수비로 상계처리하는 등 불합리한 체계를 구조적으로 가지고 있어 건설부채 이자상환도 못하고 있는 실정이다.

4. 선로할증제

① 선로할증제는 국토부가 철도운영자의 자발적 안전수준을 제고시키고 철도사고를 최소화하기 위해 철도사고 시 선로사용료를 할증하는 방안을 수립한 제도다.

② 그동안 철도사고나 운행 장애 등을 빈번히 일으키는 운영자는 운송시장 퇴출 등을 통해 안전수준을 확보하는 것이 바람직하나, 우리나라 철도는 코레일 공기업이 단독 운영하고 있어 퇴출 및 신규사업자 진입이 현실적으로 곤란한 상황이다.

5. 외국의 사례

① 북미, 일본의 경우, 거액의 인프라스트럭처 정비비용의 일부를 회수하기 위해 선로사용료의 징수가 채산성의 관점에 징수된다.

② 유럽에서는 운행 주체와 인프라스트럭처 주체가 회계상 완전히 분리되어 한계비용 + 적정이윤(MC+) 원칙에 따라 선로사용료가 책정된다.

③ 이에 반해, 한국에서는 Korail이 유지보수뿐만 아니라 고속철도 건설비 상환을 담당하고 있다. 이러한 점에서 상하분리방식을 포함한 철도개혁에 대한 재고가 필요하다.

6. 향후 대책

① 우리나라 및 선진유럽철도의 선로사용료 정책사례를 통해 우리나라 선로사용료 정책의 문제점을 분석하고 이에 대한 개선방향으로 관련 규정개정, 비용기준의 선로사용료 산정식 개발, 적기 징수시스템 개발 등을 검토할 필요가 있다.

② 사회적 비용이 상대적으로 도로에 비해 낮은 철도의 경우는 비교적 낮은 수준의 사용료를 지불해야 하고 철도 내부적으로는 철도 종류와 노선별로 상이한 수요와 특성을 갖게 되므로 이를 반영하여 선로사용료를 책정하는 방안도 모색해야 할 것이다.

QUESTION 18

VFM(Value for Money)에 대하여 설명하시오.

1. 개요

① VFM(Value for Money)이란 민간투자사업에서 민간이 제안한 사업에 대하여 사업의 효율성을 평가하기 위하여 KDI에서 적격성을 평가할 때 적용하는 방법이다. 즉, 적격성 조사 시 일정한 지불에 대해 가장 가치가 높은 서비스를 선정한다는 개념이다.

② VFM은 동일한 목적을 지닌 2개의 사업 방식, 즉 정부 재정사업과 민간자본 활용사업(BTL)을 비교하여, 지불한 금액에 대해 보다 높은 서비스를 창출하는 쪽을 다른 쪽에 대해 VFM이 존재한다고 하며, 남은 쪽을 타 방안에 대해 VFM이 존재하지 않는다고 해석한다.

2. 민간투자사업 및 적격성 평가제도

① 민간투자사업이란 국민들의 요구를 해소하고 생활환경을 개선하기 위하여 정부에서는 민간이 먼저 자본을 투입하여 사업을 추진하고 일정기간의 운영을 통하여 투자금을 환수토록 하는 방식(BTO, BOT), 또는 시설물 완공 후 정부가 리스해서 사용하면서 사용료를 지불함으로써 투자금을 환수케 하는 방식(BTL)을 말한다.

② 적격성 평가제도

㉠ 정부에서 추진하는 재정사업의 경우 예비타당성조사 단계에서 B/C(Benefit for Cost)를 사업성 평가의 방법으로 사용하고 있으며 B/C가 1 이상일 경우 경제성이 충분한 것으로 판단하고 있다.

㉡ 그러나 민간제안사업의 경우는 사업에 대한 모든 것을 민간이 구상·계획하고 사업비를 책정하여 정부 또는 지자체에 제안하는 것이기 때문에 정부에서 사업성을 평가하기 위해서는 정부예산사업과는 다른 평가방법을 적용할 수밖에 없으며, 이것이 민자적격성 평가방법(VFM)이다.

3. VFM의 평가방식

① VFM은 세부적으로 정량적 평가와 정성적 평가로 구분되고, 최종적으로는 두 평가를 종합하여 적합한 사업추진 방식을 결정한다.
② 정량적 평가란 우선 정부실행대안으로 추진할 경우와 민간투자방식으로 시행할 경우의 적격성 조사의 객관적인 비교 평가를 위해 두 대안에서 각각 공공부문이 부담해야 하는 정부부담액을 산출한 뒤, 현재 가치화하여 비교를 하는 것이다.
③ 정성적 평가란 두 대안에서 각각 서비스의 질 향상, 기술혁신, 파급효과 등 정량화가 불가능한 부분을 정성적으로 산출하여 비교하는 것이다.

4. VFM의 수행절차

① 타당성 판단
② 민간제안 적격성 판단
③ 민간투자 실행대안 구축의 순서로 진행되며, 각 분석단계별 세부 내용은 지침을 마련하여 운용하게 된다.

QUESTION 19

BIM(Building Information Modeling)에 대하여 설명하시오.

1. BIM의 정의

① BIM이란 Building Information Modeling의 약자로서 흔히 건축 및 설계업계에서 사용하고 있다.

② BIM은 기존의 CAD 등을 이용한 평면도면 설계에서 한 차원 진화해 3D 가상공간을 이용하여 전 건설분야의 시설물의 생애주기 동안 설계, 시공 및 운영에 필요한 정보, 모델을 작성하는 기술이다.

2. 사용 현황

① 시설물의 계획부터 설계, 시공, 유지관리, 철거에 이르는 전 분야에서 효율성의 극대화를 위해 활용되고 있는 고효율 기술이다.

② CAD는 시설이나 구조물을 2D로만 표현하여 한계가 있는데 BIM은 3D 및 4D, 5D로 구현이 가능해 효율적인 시공을 할 수 있다.

③ Level 1은 2D, 3D, Level 2는 4D(Construction Sequencing), 5D(Cost Information)의 차원을 실현한다.

3. BIM의 장단점

(1) 장점

① 건축물의 견적

벽, 슬래브, 창문, 문 등 모든 객체마다 가격 정보를 부여하면 모든 객체를 배치 후 가격 정보를 뽑아 보는 것이 가능하다.

② 공종별 중복 확인

구조, 건축, 전기, 인테리어, 수도 등 모든 공종별로 도면이 별도로 존재한다. BIM을 이용하면 실제 건축 시공 전에 모든 오류를 확인하는 것이 가능하다.

③ 환경 분석

방위, 위치 정보 등을 통해 일사량, 냉난방 효율 등 시뮬레이션이 가능하다.

④ 건축물 유지보수

수명 정보를 입력하면 건축 요소가 얼마나 오래 되었는지 알 수 있으므로, 사전에 자재 및 부품 교체에 도움을 줄 수 있다.

⑤ 건축 시뮬레이션

모든 객체에는 ID가 존재하며, ID별로 투입 일정을 적용하면 건설과정의 시뮬레이션화가 가능하다.

⑥ 면적, 체적 계산

공간별로 면적과 체적을 자동으로 연산할 수 있다.

⑦ 도면 및 일람표 자동 수정

㉠ 모든 객체가 연결되어 있어 하나만 수정해도 알아서 도면과 일람표가 자동으로 바뀐다.

㉡ CAD와 달리 한 번 도면이 완성되면 수정 작업이 매우 용이하다.

(2) 단점

① 토목분야의 BIM은 건축분야의 BIM과 달리 기하학적으로 매우 복잡하다. 토목분야의 경우 비정형성이 높은 지반정보를 다뤄야 하고 도로, 철도, 하천 등의 선형은 평면곡선, 종단곡선, 편경사가 있어 가하학적으로 매우 복잡하다.

② 사업의 범위가 수 km에서 수십 km에 달하기 때문에 데이터 운용이 쉽지 않다.

4. 향후 전망

① 우리나라에서는 2016년부터 의무화되지만 유럽 및 미국에서는 오래전부터 많이 사용되고 있는 프로그램이다.

② 2016년부터는 조달청에서 발주하는 모든 공사에 BIM 설계적용을 의무화하였으며, 무엇보다 국가적으로 조속한 정착이 필요하다.

③ 국내 토목 건축업계 환경에서 점점 BIM을 활용하여 설계 및 시공을 진행하는 설계사 및 시공사가 증가하고 있어 향후 BIM의 활용가치는 점점 증가할 것으로 전망된다.

QUESTION 20. 종합심사 낙찰제도

1. 종합심사 낙찰제도의 의의

① 최저가낙찰제를 대체하기 위해 도입하였으며, 공사수행능력 · 가격 · 사회적 책임을 종합평가하여 낙찰자를 결정하는 방법으로 2017년부터 국가기관이 발주하는 추정가격 300억 원 이상의 공사에 적용한다.

② 적정 공사비를 보장해주고 공사 품질을 높이는 종합심사 낙찰제의 본격 시행으로 건설 산업의 경쟁력도 강화될 것으로 예상된다.

2. 추진배경

① 그동안 최저가 낙찰제가 과도한 가격 경쟁을 유발하여, 덤핑낙찰, 공사품질 저하, 건설산업 재해를 가중시킨다는 비판이 제기되었다.

② 주요 선진국에서 채택하고 있는 최적가치 낙찰제의 한 형태를 도입하여 국제적 기준에 발맞출 필요성이 있다.

3. 입찰가격

① 낮은 가격 입찰자가 높은 점수를 받는 원칙을 견지하고 입찰시장에서 형성되는 적정가격(균형가격) 산출을 원칙으로 한다.

② 균형가격에 따라 가격점수를 산정하고 덤핑 방지를 위해 가격점수보다 3% 정도 낮은 가격에 기본점수를 부여한다.

4. 평가체계

① 공사수행능력 40~50점, 입찰가격 50~60점, 사회적 책임 1점으로 배점한다.

② 고난도 공사의 물량 및 시공계획의 적정성 심사는 조달청 내부, 수요기관, 외부위원으로 구성된 심사위원회를 구성하여 심사하고 공사의 품질과 안전을 확보할 계획이다.

5. 선정기준

① 공사수행능력점수+가격점수+사회적 책임점수를 합산하여 합산점수가 가장 높은 자를 낙찰자로 선정한다.

② 공사품질 제고를 위해 숙련된 기술자를 현장에 배치하는 업체와 해당 공사의 전문성이 높은 업체를 선정한다.

③ 특히, 중소기업과 공동계약 시 배점을 2점으로 하고, 지역업체참여 배점도 0.4점으로 하여 중소기업의 입찰참여 기회를 확대하였다.

④ 입찰가격 상위 40%(담합 유인 제거), 하위 20%(덤핑 방지)를 제외하고 산정한다.

⑤ 종합심사점수가 동일할 경우 저가투찰자를 낙찰자로 선정한다.

QUESTION 21

사물인터넷(IoT ; Internet of Things)의 개념과 철도분야 적용사례 및 방안에 대하여 설명하시오.

1. 사물인터넷(IoT ; Internet of Things)의 개념

① 사물인터넷(IoT)이란 모든 사물이 인터넷에 연결돼 서로 정보를 공유하고 원격으로 조정이 가능한 방식을 말한다.

② 사물 간의 네트워크로서 센싱, 네트워킹, 정보처리 등의 세 가지 요소로 구성된다. 또한 IoT는 인터넷에서의 사물 간 지능통신(M2M ; Machine To Machine)의 확장된 개념이라고 할 수 있다.

③ 도시철도에서는 IoT라는 용어가 일반화되기 이전부터 초기 단계의 IoT 서비스로서 RF 교통카드 시스템과 출입문 통제시스템 등과 같은 USN(Ubiquitous Sensor Network)에 기반한 실시간 모니터링 시스템이 다양한 분야에서 활용되고 있다.

2. 철도분야 적용사례 및 방안

① 지하철 5~8호선의 사물인터넷(IoT)을 접목한 새로운 지하철 물품보관함 해피박스(Happy Box)는 휴대전화 번호만 입력하면 보관함 위치와 비밀번호, 결제방법까지 문자로 전송되는 똑똑한 물품보관함이다.
해피박스는 기존 물품보관함과 비교했을 때 다음의 장점이 있다.

　㉠ 사물에 센서를 부착해 실시간으로 관련 데이터를 인터넷을 이용해 주고받는 기술의 접목

　㉡ 휴대폰 번호를 이용해 편리하고 안전한 이용

　㉢ 절차의 간소화

　㉣ 최대 반값까지 요금이 저렴함

② 미래창조과학부와 부산시 주관으로 해운대구에 조성되고 있는 스마트시티 실증단지 조성사업의 하나로, IoT(사물인터넷) 기술과 영상분석 기술 등 첨단기술을 활용해 안전한 도시철도 서비스를 제공하는 사업이다.

　㉠ 승강장안전문 문끼임 사고를 방지하기 위해 센텀시티역 승강장에 지능형 영상분석 장비를 설치하였다. 영상분석 장비는 총 4대의 CCTV에서 촬영된 승강장 안전문 영상을 실시간으로 분석해 이상 징후 발생 시 자동으로 통보하는 기능을 갖추고 있다.

© 승강장에는 공기질, 불꽃, 유독 가스 등을 감지할 수 있는 첨단 센서가 6개 구역으로 나뉘어 설치되어 있다. 반경 30m 부근의 불꽃을 인식하는 화재감시센서, 인체에 치명적인 포스겐 가스를 실시간 감지하는 유독가스센서, 온도 · 습도 · 이산화탄소 · 휘발성 물질을 자동 측정하는 환경공기질센서가 설치되어 화재테러 등 재난 상황 발생 시 초기에 신속히 대처할 수 있도록 하였다.

3. 철도분야 향후 전망

① 전 세계적으로 교통과 관련된 혁신적인 프로젝트들이 진행되고 있는 가운데, 특히 '열차 관리 시스템(TMS ; Train Management Systems)'에 대한 관심이 높다. TMS의 핵심은 열차가 통신 허브에 연결되어, 스스로 데이터를 전송하고 중앙 센터의 명령을 받아 스스로 제어하는 것이다. 즉, 중앙에서 관리되는 M2M(사물지능통신) 기술을 열차에 접목함으로써 장비와 선로, 정거장 등을 보다 효율적으로 운영하고 위험성을 낮춰 안전을 보장하는 방식이다. 다른 열차의 위치를 인지할 수 있도록 열차 내에 탑재된 애플리케이션의 경우 열차 간 간격이 좁아졌을 때, 보다 안전하게 운행해 열차 충돌의 위험성을 낮추고 선로를 보다 효율적으로 사용할 수 있도록 한다.

② 운영 소프트웨어는 광범위한 업종과 산업에 폭넓게 적용 가능하기 때문에 IoT는 철도 운송 업계에 새로운 기회가 될 것이다. 운영 관리의 측면은 물론, 보다 향상된 고객 경험을 제공할 뿐만 아니라, IoT의 혁신적인 특성을 기반으로 그동안 철도 업계 성장을 가로막아온 자본 집약적인 접근 방식에 변혁을 일으킬 것으로 전망된다.

QUESTION 22

철도분야 설계, 시공, 유지관리 단계에서의 스마트 건설기술 도입방안에 대하여 단계별로 설명하시오.

1. 개요

① 스마트 건설기술은 IoT, Big Data, BIM, 드론, 로봇공학, 인공지능 및 클라우드 컴퓨팅과 같은 첨단기술을 사용하여 건설 프로세스의 효율성, 안전 및 지속 가능성을 향상시키는 기술을 말한다.

② 프로젝트의 계획, 설계, 시공, 유지관리 과정에서 운영을 간소화하고 낭비를 줄이며 생산성을 높이고 의사 결정자에게 실시간 데이터를 제공하여 품질을 향상시킬 수 있다.

2. 프로젝트 단계별 스마트 건설기술 도입방안

(1) 철도 설계 단계

① Big Data, BIM(Building Information Modeling) 기술을 이용하여 철도 건설 모델을 구축하고 관리할 수 있다.

② BIM은 건설 과정에서의 정보 공유 및 협업을 이루어 설계 품질을 향상시킬 수 있다.

(2) 철도 시공 단계

① 드론, 로봇 공학, 실시간 모니터링, 자동화 기술, 무선통신기술 등을 적용하여 철도 건설 과정의 생산성을 향상시킬 수 있다.

② 이러한 기술들은 공사 과정의 효율성과 안정성을 높여 공사 속도와 품질을 향상시킬 수 있다.

(3) 철도 유지관리 단계

① 드론 및 디지털 기술을 적용하여 철도 시설물의 상태를 모니터링하고 관리할 수 있다.

② 이러한 기술들은 철도 시설물의 수명을 향상시켜 유지관리 비용을 절감할 수 있다.

스마트 철도안전관리체계의 주요 내용 및 기대효과

1. 정의

① 스마트 안전관리체계는 IoT, Big Data 등 첨단기술을 활용하여 위험원을 분석 감시하고 선제적으로 대응함으로써, 철도사고 및 장애가 발생하지 않도록 하기 위한 관리기술, 관리프로그램을 말한다.

② SMART란 Smart & Safe Management System for Advanced Rail Transport의 머리글자를 조합하여 브랜드화한 것을 의미한다.

③ 스마트 철도안전관리체계 기본계획을 통한 차량관리, 시설관리, 인적관리, 위험관리, 운행관리, 보안관리 등 6대 분야에 대하여 첨단기술의 융합과 구축을 통해 보다 경제적이고 효과적인 철도안전을 도모한다.

2. IoT 센서로 모니터링하는 주요 요소

(1) 역사 내

① 온도 · 습도

② 미세먼지

③ 화재 발생

④ 에스컬레이터 진동 등

(2) 지상구간

① 레일 온도

② 전차선 장력 등

3. 각 분야별 주요 내용

(1) 차량관리 분야

① IoT · 센서를 활용해 차량 부품 상태를 실시간 감시한다.

② 3D 프린팅 · 로봇 제어설비 등 스마트 팩토리를 통해 자동 정비를 시행한다.

③ 차량·부품·설비 제작부터 유지보수, 개량·폐기에 이르기까지 전 생애주기를 관리(RAMS)하는 시스템을 개발한다.

(2) 시설물 상태 파악

IoT·드론 등 첨단 장치를 사용하여 시설물 상태 점검

(3) 사고예방 및 예측

① 인공지능 센서로 운전자가 피로할 때 경고하고 가상·증강현실(VR·AR)을 활용한 비상대응 훈련도 도입한다.

② 철도 구간별 제한속도와 기관사의 실제 운행속도 관련 빅데이터를 비교·분석해 위험구간, 기관사 위험습관 등을 미리 찾아낸다.

③ 사고 사례, 유지관리 정보 등 빅데이터 분석을 통해 사고위험을 예측하고, 예방 솔루션을 제공하는 시스템을 적용한다.

(4) 긴급보수하는 관리체제 구축

① IoT와 LTE로 운행 중 선로·차량을 실시간 감지한다.

② IoT 센서를 통해 열차 발열, 열차 하부 끌림 선로상태, 지진 발생, 터널 무단침입 등 이상 상황을 확인해 실시간 긴급보수하는 관리체제를 구현한다.

(5) 정보를 공유하는 스마트폰 앱서비스 도입

① 열차 운행 정보를 관제사·기관사·작업자 등이 실시간 공유하는 스마트폰 앱서비스를 도입한다.

② LTE 무선통신을 활용한 재난방송 시스템도 운영한다.

③ 지능형 CCTV, 인공지능 등을 활용한 스마트 철도보안체계를 구축하여, 테러 등의 위험을 사전에 감지하여 대응한다.

(6) 통합적 모니터링 실시

① 주요 철도역의 공간정보를 3D 지도를 제작해 보안인력, 탐지견 등의 위치를 표시한다.

② 필요시 원격제어도 가능하도록 시스템을 보완한다.

③ 철도보안정보센터에서 이를 통합적으로 모니터링하는 기반을 마련한다.

4. 결 론

① 실시간 모니터링 시스템(USN ; Ubiquitous Sensor Networks)을 통해서 센싱기술, 통신, 빅데이터가 결합된 IoT 기술이 지하철 운영에도 활용되고 있고 점차 발전되고 있는 상황이다.

② 아직까지는 온도, 소음, 전압, 전류 등 전통적인 센싱기술에 간섭 요인이 많이 남아 있으나 급속도로 발전하는 IoT기술과 모바일 기기 등을 적극 활용한다면 물품관리, 설비이력관리 등 시설물관리는 물론 열차운행관리, 직원 건강(Health)관리 등 철도운영 전반에 광범위하게 IoT 기술이 적용될 것으로 기대한다.

철도의 건설기준에 관한 규정

01 철도의 건설기준에 관한 규정

국토교통부 고시 제2013-236호, 개정일 : 2013. 5. 16
국토교통부 고시 제2014-607호, 개정일 : 2014. 10. 15
국토교통부 고시 제2020-503호, 개정일 : 2020. 7. 7
국토교통부 고시 제2022-774호, 개정일 : 2022. 12. 22

01 총칙 ▶▶▶▶

제1조(목적) 이 규정은 「철도건설규칙」 제4조에 따라 철도건설 기준의 시행에 필요한 세부 기준을 정함을 목적으로 한다.

제2조(정의) 이 규정에서 사용하는 용어의 뜻은 다음과 같다.

1. "차량"이란 선로를 운행할 목적으로 제작된 동력차 · 객차 · 화차 및 특수차를 말한다.
2. "열차"란 동력차에 객차 또는 화차 등을 연결하여 본선을 운행할 목적으로 조성한 차량을 말한다.
3. "본선"이란 열차운행에 상용할 목적으로 설치한 선로를 말한다.
4. "부본선(정차본선)"이란 정거장 내에서 동일방향의 열차를 운전하는 본선으로서, 여객 및 화물열차 취급, 대피 등을 목적으로 계획한 선로를 말한다.
5. "측선"이란 본선 외의 선로를 말한다.
6. "설계속도"란 해당 선로를 설계할 때 기준이 되는 상한속도를 말한다.
7. "선로"란 차량을 운행하기 위한 궤도와 이를 받치는 노반 또는 인공구조물로 구성된 시설을 말한다.
8. "궤간"이란 양쪽 레일 안쪽 간의 거리 중 가장 짧은 거리를 말하며, 레일의 윗면으로부터 14밀리미터 아래 지점을 기준으로 한다.
9. "캔트(Cant)"란 차량이 곡선구간을 원활하게 운행할 수 있도록 안쪽 레일을 기준으로 바깥쪽 레일을 높게 부설하는 것을 말한다.
10. "정거장"이란 여객 또는 화물의 취급을 위한 철도시설 등을 설치한 장소[조차장(열차의 조성 또는 차량의 입환을 위하여 철도시설 등이 설치된 장소를 말한다) 및 신호장(열차의 교차 통행 또는 대피를 위하여 철도시설 등이 설치된 장소를 말한다)을 포함한다]를 말한다.
11. "선로전환기"란 차량 또는 열차 등의 운행 선로를 변경시키기 위한 기기를 말한다.

12. "종곡선"이란 차량이 선로 기울기의 변경지점을 원활하게 운행할 수 있도록 종단면에 두는 곡선을 말한다.

13. "궤도"란 레일·침목 및 도상과 이들의 부속품으로 구성된 시설을 말한다.

14. "도상"이란 레일 및 침목으로부터 전달되는 차량 하중을 노반에 넓게 분산시키고 침목을 일정한 위치에 고정시키는 기능을 하는 자갈 또는 콘크리트 등의 재료로 구성된 구조부분을 말한다.

15. "시공기면"이란 노반을 조성하는 기준이 되는 면을 말한다.

16. "슬랙(Slack)"이란 차량이 곡선구간의 선로를 원활하게 통과하도록 바깥쪽 레일을 기준으로 안쪽 레일을 조정하여 궤간을 넓히는 것을 말한다.

17. "건축한계"란 차량이 안전하게 운행될 수 있도록 궤도상에 설정한 일정한 공간을 말한다.

18. "차량한계"란 철도차량의 안전을 확보하기 위하여 궤도 위에 정지된 상태에서 측정한 철도차량의 길이·너비 및 높이의 한계를 말한다.

19. "유효장"이란 인접 선로의 열차 및 차량 출입에 지장을 주지 아니하고 열차를 수용할 수 있는 해당 선로의 최대 길이를 말한다.

20. "전차대"란 기관차의 앞뒤 방향을 바꾸거나, 한 선로에서 다른 선로로 차량의 위치를 이동시키는 장치를 말한다.

21. "전차선로"란 동력차에 전기에너지를 공급하기 위하여 선로를 따라 설치한 시설물로서 전선, 지지물 및 관련 부속 설비를 총괄하여 말한다.

22. "기지"란 화물의 취급 또는 차량의 유치 등을 목적으로 시설한 장소로서 화물기지, 차량기지, 주박기지, 보수기지 및 궤도기지 등을 말한다.

23. "심플 커티너리(Simple Catenary)"란 전차선로 종류의 하나로서, 단일 조가선과 단일 전차선만으로 전차선로를 가공 현수하는 구조를 갖는 가선 형태를 말하며, 헤비 심플 커티너리(Heavy Simple Catenary)를 포함한다.

24. "운전시격"이란 선행열차와 후속열차간의 운전을 위한 배차시간 간격을 말하며, 운전시격의 최솟값을 최소운전시격이라 한다.

25. "신호소"란 열차의 교차 통행 및 대피를 위한 시설이 없이 열차의 운행에만 필요한 상치신호기(열차제어시스템을 포함한다)를 취급하기 위하여 시설한 장소를 말한다.

26. "건널목안전설비"란 도로와 철도가 평면교차하는 건널목에 열차, 자동차 및 사람 등의 통행에 안전을 확보하기 위하여 설치하는 각종 안전설비를 말한다.

27. "열차제어시스템"이란 열차운행을 직접적으로 제어하기 위하여 연동장치 및 열차자동제어장치 등을 유기적으로 결합하여 하나의 시스템을 구성하는 것을 말한다.

28. "궤도회로"란 열차 등의 궤도점유 유무를 감지하기 위하여 전기적으로 구성한 회로를 말한다.

29. "신호기"란 폐색구간의 경계지점 및 측선의 시점 등 필요한 곳에 설치하여 열차운행의 가능 여부 등을 지시하는 신호기 및 신호표지 등의 장치를 말한다.

30. "절대신호기"란 신호기에 정지신호가 현시된 경우 반드시 열차를 정차한 후 관계자의 승인을 얻어야만 진입할 수 있는 신호기를 말한다.

31. "허용신호기"란 신호기에 정지신호가 현시된 경우 열차를 정차한 후 승인 없이도 제한속도 이하로 진입할 수 있는 신호기를 말한다.

32. "폐색구간"이란 선로를 여러 개의 구간으로 나누어 반드시 하나의 열차만 점유하도록 정한 구간을 말한다.

33. "연동장치"란 신호기·선로전환기·궤도회로 등의 제어 또는 조작이 일정한 순서에 따라 연쇄적으로 동작되는 장치를 말한다.

34. "통신설비"란 열차운행 및 철도운영에 관한 정보(음성, 부호, 문자 및 영상 등)를 송수신하거나 표출하기 위한 통신선로 등의 통신설비와 이에 부속되는 설비 등을 말한다.

35. "철도교통관제설비"(이하 "관제설비"라 한다)란 열차 및 차량의 운행을 집중 제어·통제·감시하는 설비로 열차집중제어장치(CTC), 열차무선설비, 관제 전화설비 및 영상감시장치(CCTV) 등을 말한다.

36. "전기동차전용선"이란 도시교통 처리를 주목적으로 전기동차가 운행되는 선로로서 디젤기관 등에 따른 여객열차·화물열차 및 간선형 전기동차 운행에는 적합하지 않게 건설되는 선로를 말한다.

37. "고속철도전용선"이란 「철도의 건설 및 철도시설 유지관리에 관한 법률」 제2조 제2호에 따른 고속철도 구간의 선로를 말한다.

38. "고속화"란 기존선로의 선형, 노반, 궤도, 신호체계 등을 개량하여 열차 운행 속도를 향상시키는 것을 말한다.

제3조(다른 규정과의 관계) 철도의 건설기준에 관하여 다른 규정 등에 특별한 규정이 있는 경우를 제외하고는 이 규정이 정하는 바에 따른다.

제4조(설계속도) ① 신설 및 개량노선의 설계속도를 정하기 위해서는 다음 각 호의 사항을 고려하여 속도별 비용 및 효과분석을 실시하여야 한다.

  1. 초기 건설비, 운영비, 유지보수비용 및 차량구입비 등의 총 비용 대비 효과 분석
  2. 역간 거리
  3. 해당 노선의 기능
  4. 장래 교통수요 등

② 도심지 통과구간, 시·종점부, 정거장 전후 및 시가화 구간 등 노선 내 타 구간과 동일한 설계속도를 유지하기 어렵거나, 동일한 설계속도 유지에 따르는 경제적 효용성이 낮은 경우에는 구간별로 설계속도를 다르게 정할 수 있다.

제5조(궤간) 궤간의 표준치수는 1천 435밀리미터로 한다.

제6조(곡선반경) ① 본선의 곡선반경은 설계속도에 따라 다음 표의 값 이상으로 하여야 한다.

설계속도 V(킬로미터/시간)	최소 곡선반경(미터)	
	자갈도상 궤도	콘크리트도상 궤도
400	$-^*$	6,100
350	6,100	4,700
300	4,500	3,500
250	3,100	2,400
200	1,900	1,600
150	1,100	900
120	700	600
$V \leq 70$	400	400

* 설계속도 $350 < V \leq 400$킬로미터/시간 구간에서는 콘크리트도상 궤도를 적용하는 것을 원칙으로 하고, 자갈도상 궤도 적용시에는 별도로 검토하여 정한다.

** 이 외의 값및 기존선을 250킬로미터/시간까지 고속화하는 경우에는 제7조의 최대 설정캔트와 최대 부족캔트를 적용하여 다음 공식에 의해 산출한다.

$$R \geq \frac{11.8 V^2}{C_{max} + C_{d,max}}$$

여기서, R : 곡선반경(미터)

V : 설계속도(킬로미터/시간)

C_{max} : 최대 설정캔트(밀리미터)

$C_{d,max}$: 최대 부족캔트(밀리미터)

다만, 곡선반경은 400미터 이상으로 하여야 한다.

② 제1항에도 불구하고 다음 각 호와 같은 경우에는 다음 각 호에서 정하는 크기까지 곡선반경을 축소할 수 있다.

1. 정거장의 전후구간 등 부득이한 경우

설계속도 V(킬로미터/시간)	최소 곡선반경(미터)
$200 < V \leq 350$	운영속도 고려 조정
$150 < V \leq 200$	600
$120 < V \leq 150$	400
$70 < V \leq 120$	300
$V \leq 70$	250

2. 전기동차전용선의 경우 : 설계속도에 관계없이 250미터

③ 부본선, 측선 및 분기기에 연속되는 경우에는 곡선반경을 200미터까지 축소할 수 있다. 다만, 고속철도전용선의 경우에는 다음 표와 같이 축소할 수 있다.

구분	최소 곡선반경(미터)
주본선 및 부본선	1,000(부득이한 경우 500)
회송선 및 착발선	500(부득이한 경우 200)

제7조(캔트) ① 곡선구간의 궤도에는 열차의 운행 안정성 및 승차감 을 확보하고 궤도에 주는 압력을 균등하게 하기 위하여 다음 공식에 의하여 산출된 캔트를 두어야 하며, 이 때 설정캔트 및 부족캔트는 다음 표의 값 이하로 하여야 한다.

$$C = 11.8 \frac{V^2}{R} - C_d$$

여기서, C : 설정캔트(밀리미터)

V : 설계속도(킬로미터/시간)

R : 곡선반경(미터)

C_d : 부족캔트(밀리미터)

설계속도 V (킬로미터/시간)	자갈도상 궤도		콘크리트도상 궤도	
	최대 설정캔트 (밀리미터)	최대 부족캔트* (밀리미터)	최대 설정캔트 (밀리미터)	최대 부족캔트* (밀리미터)
$350 < V \leq 400$	$-$**	$-$**		
$200 < V \leq 350$	160	80	180	130
$V \leq 200$	160	100***	180	130

* 최대 부족캔트는 완화곡선이 있는 경우, 즉 부족캔트가 점진적으로 증가하는 경우에 한한다.

** 설계속도 $350 < V \leq 400$킬로미터/시간 구간에서는 콘크리트도상 궤도를 적용하는 것을 원칙으로 하고, 자갈도상 궤도 적용 시에는 별도로 검토하여 정한다.

*** 기존선을 250킬로미터/시간까지 고속화하는 경우에는 최대 부족캔트를 120밀리미터까지 할 수 있다.

② 열차의 실제 운행속도와 설계속도의 차이가 큰 경우에는 다음 공식에 의해 초과 캔트를 검토하여야 하며, 이때 초과캔트는 110밀리미터를 초과하지 않도록 하여야 한다.

$$C_e = C - 11.8 \frac{V_o^2}{R}$$

여기서, C_e : 초과캔트(밀리미터)

C : 설정캔트(밀리미터)

V_o : 열차의 운행속도(킬로미터/시간)

R : 곡선반경(미터)

③ 제1항에도 불구하고 분기기 내의 곡선, 그 전 후의 곡선, 측선 내의 곡선과 그 밖에 캔트를 부설하기 곤란한 개소에 있어서 열차의 운행 안전성을 확보한 경우에는 캔트를 두지 아니할 수 있다.

④ 제1항에 따른 캔트는 다음 각 호의 구분에 따른 길이 내에서 체감하여야 한다.

1. 완화곡선이 있는 경우 : 완화곡선 전체 길이

2. 완화곡선이 없는 경우 : 최소 체감길이(미터)는 $0.6\Delta C$보다 작아서는 아니 된다. 여기서 ΔC는 캔트변화량(밀리미터)이다.

구 분	체감 위치
곡선과 직선	곡선의 시·종점에서 직선구간으로 체감*
복심곡선	곡선반경이 큰 곡선에서 체감

* 직선구간에서 체감을 원칙으로 한다. 다만, 선로의 개량 등으로 부득이한 경우에는 곡선부에서 체감할 수 있다.

제8조(완화곡선의 삽입) ① 본선의 경우 설계속도에 따라 다음 표의 값 미만의 곡선반경을 가진 곡선과 직선이 접속하는 곳에는 완화곡선을 두어야 한다. 다만, 분기기에 연속되는 경우이거나 기존선을 고속화하는 경우에는 제2항의 부족캔트 변화량 한계값을 적용할 수 있다.

설계속도 V(킬로미터/시간)	완화곡선을 삽입하지 않는 최소곡선반경(미터)
250	24,000
200	12,000
150	5,000
120	2,500
70	600

* 이 외의 값은 다음의 공식에 의해 산출한다.

$$R = \frac{11.8\,V^2}{\Delta C_{d,lim}}$$

여기서, R : 곡선반경(미터)

V : 설계속도(킬로미터/시간)

$\Delta C_{d,lim}$: 부족캔트 변화량 한계값(밀리미터)

부족캔트 변화량은 인접한 선형 간 균형캔트 차이를 의미하며, 이의 한계값은 다음과 같고, 이외의 값은 선형 보간에 의해 산출한다.

설계속도 V(킬로미터/시간)	부족캔트 변화량 한계값(밀리미터)
400	20
350	25
300	27
250	32
200	40
150	57
120	69
100	83
$V \leq 70$	100

② 분기기 내에서 부족캔트 변화량이 다음 표의 값을 초과하는 경우에는 완화곡선을 두어야 한다.

1. 고속철도전용선

분기속도 V(킬로미터/시간)	$V \leq 70$	$70 < V \leq 170$	$170 < V \leq 230$
부족캔트 변화량 한계값(밀리미터)	120	105	85

2. 그 외

분기속도 V(킬로미터/시간)	$V \leq 100$	$100 < V \leq 170$	$170 < V \leq 230$
부족캔트 변화량 한계값(밀리미터)	120	$141 - 0.21V$	$161 - 0.33V$

③ 본선의 경우 두 원곡선이 접속하는 곳에서는 완화곡선을 두어야 하며, 이때 양쪽의 완화곡선을 직접 연결할 수 있다. 다만, 부득이한 경우에는 완화곡선을 두지 않고 두 원곡선을 직접 연결하거나 중간직선을 두어 연결할 수 있으며, 이때 아래 각 호에서 정하는 바에 따라 산정된 부족캔트 변화량은 제1항 표의 값 이하로 하여야 한다.

1. 중간직선이 없는 경우

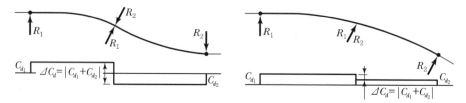

2. 중간직선이 있는 경우로서 중간 직선의 길이가 기준값보다 작은 경우

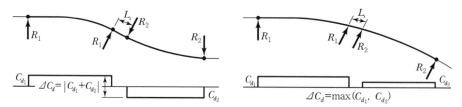

중간직선이 있는 경우, 중간직선 길이의 기준값($L_{s,lim}$)은 설계속도에 따라 다음 표와 같다.

설계속도 V(킬로미터/시간)	중간직선 길이 기준값(미터)
$200 < V \leq 400$	$0.5V$
$100 < V \leq 200$	$0.3V$
$70 < V \leq 100$	$0.25V$
$V \leq 70$	$0.2V$

3. 중간직선이 있는 경우로서 중간 직선의 길이가 제2호에서 규정한 기준값보다 크거나 같은 경우는 직선과 원곡선이 접하는 경우로 보아 제1항에 따른 기준에 따른다.

④ 제1항에 따른 완화곡선의 길이(미터)는 다음 공식에 의하여 산출된 값 중 큰 값 이상으로 하여야 한다. 다만, 제6조 제2항 각 호의 경우에는 곡선반경에 따라 축소할 수 있다.

$$L_{T1} = C_1 \Delta C, \ L_{T2} = C_2 \Delta C_d$$

여기서, L_{T1} : 캔트 변화량에 대한 완화곡선 길이(미터)

L_{T2} : 부족캔트 변화량에 대한 완화곡선 길이(미터)

C_1 : 캔트 변화량에 대한 배수

C_2 : 부족캔트 변화량에 대한 배수

ΔC : 캔트 변화량(밀리미터)

ΔC_d : 부족캔트 변화량(밀리미터)

설계속도 V(킬로미터/시간)	캔트변화량에 대한 배수(C_1)	부족캔트 변화량에 대한 배수(C_2)
400	2.95	2.50
350	2.55	2.15
300	2.20	1.85
250	1.85	1.55
200	1.45	1.25
150	1.10	0.95
120	0.90	0.75
70	0.60	0.45

* 이외의 값 및 기존선을 250킬로미터/시간까지 고속화하는 경우에는 다음의 공식에 의해 산출한다.

구분	캔트변화량에 대한 배수(C_1)	부족캔트 변화량에 대한 배수(C_2)
이외의 값	$7.31V/1{,}000$	$6.18V/1{,}000$
기존선을 250킬로미터/시간까지 고속화하는 경우	$6.46V/1{,}000$	$5.56V/1{,}000$

여기서, V : 설계속도(킬로미터/시간)

다만, 캔트변화량에 대한 배수는 0.6 이상으로 하여야 한다.

⑤ 완화곡선의 형상은 3차 포물선으로 하여야 한다.

제9조(직선 및 원곡선) 본선의 두 개의 캔트 변화구간 사이의 직선 및 원곡선의 길이(이하 "직선 및 원곡선의 길이"라 한다)는 설계속도에 따라 다음 표의 값 이상으로 하여야 한다. 다만 부본선, 측선 및 분기기에 연속되는 경우에는 직선 및 원곡선의 길이를 다르게 정할 수 있다

설계속도 V(킬로미터/시간)	직선 및 원곡선 최소 길이(미터)
400	200
350	180
300	150
250	130
200	100
150	80
120	60
70	40

* 이외의 값 및 기존선을 250킬로미터/시간까지 고속화하는 경우에는 다음의 공식에 의해 산출한다.

이외의 값	기존선을 250킬로미터/시간까지 고속화하는 경우
$L \geq 0.5V$	$L \geq 0.4V$

여기서, L : 직선 및 원곡선의 최소 길이(미터)

V : 설계속도(킬로미터/시간)

다만, 직선 및 원곡선의 길이는 20미터 이상으로 하여야 한다.

제10조(선로의 기울기) ① 본선의 기울기는 설계속도에 따라 다음 표의 값 이하로 하여야 한다.

설계속도 V(킬로미터/시간)		최대 기울기(천분율)
여객전용선	$V \leq 400$	35[*][**]
여객화물혼용선	$V \leq 250$	25
전기동차전용선		35

* 연속한 선로 10킬로미터에 대해 평균기울기는 1천분의 25 이하여야 한다.

** 기울기가 1천분의 35인 구간은 연속하여 6킬로미터를 초과할 수 없다.

*** 다만, 선로용량이 최적이 되도록 본선 기울기를 결정하여야 한다.

② 본선의 기울기 중에 곡선이 있을 경우에는 제1항에 따른 기울기에서 다음 공식에 의하여 산출된 환산기울기의 값을 뺀 기울기 이하로 하여야 한다.

$$G_c = \frac{700}{R}$$

여기서, G_c : 환산기울기(천분율)

R : 곡선반경(미터)

③ 정거장 안에서 승강장 구간의 본선 및 그 외의 열차정차구간의 선로의 기울기는 제1항 및 제2항의 규정에도 불구하고 1천분의 2 이하로 하여야 한다. 다만, 열차를 분리 또는 연결하지 않는 본선으로서 전기동차전용선인 경우에는 1천분의 10까지, 그 외의 선로인 경우에는 1천분의 8까지 할 수 있으며, 열차를 유치하지 아니하는 측선은 1천분의 35까지 할 수 있다.

④ 같은 기울기의 선로길이는 설계속도에 따라 다음 값 이상으로 하여야 한다.

$$L \geq 1.5\,V/3.6$$

여기서, L : 같은 기울기의 선로길이(미터)

V : 설계속도(킬로미터/시간)

⑤ 제1항 및 제3항에도 불구하고 운행할 열차의 특성을 고려하여 정지 후 재기동 및 설계속도로의 연속주행 가능성과 비상 제동 시 제동거리 확보 등 열차의 운행 안전성이 확보되는 경우에는 본선 또는 기존 전기동차 전용선에 정거장을 설치 시 기울기를 다르게 적용할 수 있다.

제11조(종곡선) ① 선로의 기울기가 변화하는 개소의 기울기 차이가 설계속도에 따라 다음 표의 값 이상인 경우에는 종곡선을 설치하여야 한다.

설계속도 V(킬로미터/시간)	기울기 차(천분율)
$200 < V \leq 400$	1
$70 < V \leq 200$	4
$V \leq 70$	5

② 종곡선 반경은 설계속도에 따라 다음 표의 값 이상으로 하여야 한다.

설계속도 V(킬로미터/시간)	종곡선 반경(미터)	
	자갈도상 궤도	콘크리트도상 궤도
400	−**	40,000
350	25,000	40,000
300	25,000	32,000
250	22,000	
200	14,000	
150	8,000	
120	5,000	
70	1,800	

* 설계속도 350 < V ≤ 400킬로미터/시간 구간에서는 콘크리트도상 궤도를 적용하는 것을 원칙으로
하고, 자갈도상 궤도 적용 시에는 별도로 검토하여 정한다.

** 이 외의 값은 다음의 공식에 의해 산출한다.

$$R_v = 0.35\,V^2$$

여기서, R_v : 최소 종곡선 반경(미터)

V : 설계속도(킬로미터/시간)

다만, 종곡선 반경은 1,800미터 이상으로 하여야 하며, 자갈도상 궤도는 25,000미터, 콘
크리트도상 궤도는 40,000미터 이하로 하여야 한다.

③ 제2항에도 불구하고 도심지 통과구간 및 시가화 구간 등 부득이한 경우에는 설계
속도에 따라 다음 표의 값까지 종곡선 반경을 축소할 수 있다.

설계속도 V(킬로미터/시간)	종곡선 최소 반경(미터)
250	16,000
200	10,000
150	6,000
120	4,000
70	1,300

* 설계속도 250킬로미터/시간 이하에 대한 이외의 값은 다음의 공식에 의해 산출한다.

$$R_v \geq 0.25\,V^2$$

여기서, R_v : 종곡선 반경(미터)

V : 설계속도(킬로미터/시간)

다만, 종곡선 반경은 500미터 이상으로 하여야 한다.

④ 종곡선 연장은 20미터 이상으로 하여야 한다.

⑤ 종곡선은 직선 또는 원의 중심이 1개인 곡선구간에 부설해야한다. 다만, 부득이
한 경우에는 콘크리트도상 궤도에 한하여 완화곡선 또는 직선에서 완화곡선과 원

의 중심이 1개인 곡선구간까지 걸쳐서 둘 수 있다.

제12조(슬랙) ① 곡선반경 300미터 이하인 곡선구간의 궤도에는 궤간에 다음의 공식에 의하여 산출된 슬랙을 두어야 한다. 다만, 슬랙은 30밀리미터 이하로 한다.

$$S = \frac{2,400}{R} - S'$$

여기서, S : 슬랙(밀리미터)
R : 곡선반경(미터)
S' : 조정치(0~15밀리미터)

② 제1항에 따른 슬랙은 제7조 제4항에 따른 캔트의 체감과 같은 길이 내에서 체감하여야 한다.

제13조(건축한계) ① 직선구간의 건축한계는 철도건설규칙(이하 "규칙"이라 한다) 제14조 제1항에 정한 건축한계로 한다.

② 건축한계 내에는 구조물이나 시설물을 설치해서는 아니 된다. 다만, 가공전차선 및 그 현수장치, 승강장 안전문 및 안전펜스 설비와 선로 보수 등의 작업에 필요한 일시적인 시설로서 열차 및 차량운행에 지장이 없는 경우에는 그러하지 아니하다.

③ 곡선구간의 건축한계는 직선구간의 건축한계에 다음 각 호의 값을 더하여 확대하여야 한다. 다만, 가공전차선 및 그 현수장치를 제외한 상부에 대한 건축한계는 이에 따르지 아니한다.

1. 곡선에 따른 확대량

$$W = \frac{50,000}{R} \text{(전기동차전용선인 경우 } W = \frac{24,000}{R})$$

여기서, W : 선로 중심에서 좌우측으로의 확대량(밀리미터)
R : 곡선반경(미터)

2. 캔트 및 슬랙에 따른 편기량
• 곡선 내측 편기량 $A = 2.4C + S$
• 곡선 외측 편기량 $B = 0.8C$

여기서, A : 곡선 내측 편기량(밀리미터)
B : 곡선 외측 편기량(밀리미터)
C : 설정캔트(밀리미터)
S : 슬랙(밀리미터)

④ 제3항에 따른 건축한계 확대량은 다음 각 호의 구분에 따른 길이내에서 체감하여야 한다.

　1. 완화곡선의 길이가 26미터 이상인 경우 : 완화곡선 전체의 길이

　2. 완화곡선의 길이가 26미터 미만인 경우 : 완화곡선구간 및 직선구간을 포함하여 26미터 이상의 길이

　3. 완화곡선이 없는 경우 : 곡선의 시·종점으로부터 직선구간으로 26미터 이상의 길이

　4. 복심곡선의 경우 : 26미터 이상의 길이. 이 경우 체감은 곡선반경이 큰 곡선에서 행한다.

⑤ 제1항부터 제4항까지에도 궤도상에 일정한 공간을 설정함으로써 열차운행의 안전성의 확보가 가능한 경우에는 발주처의 승인을 받아 건축한계를 다르게 적용할 수 있다.

제14조(궤도의 중심간격) ① 정거장 외의 구간에서 2개의 선로를 나란히 설치하는 경우에 궤도의 중심간격은 설계속도에 따라 다음 표의 값 이상으로 하여야 하며, 고속철도 전용선의 경우에는 다음 각 호를 고려하여 궤도의 중심간격을 다르게 적용할 수 있다. 다만, 궤도의 중심간격이 4.3미터 미만인 구간에 3개 이상의 선로를 나란히 설치하는 경우에는 서로 인접하는 궤도의 중심간격 중 하나는 4.3미터 이상으로 하여야 한다.

설계속도 V(킬로미터/시간)	궤도의 최소 중심간격(미터)
$350 < V \leq 400$	4.8
$250 < V \leq 350$	4.5
$150 < V \leq 250$	4.3
$70 < V \leq 150$	4.0
$V \leq 70$	3.8

　1. 차량 교행 시의 압력

　2. 열차풍에 따른 유지보수요원의 안전(선로 사이에 대피소가 있는 경우에 한한다.)

　3. 궤도부설 오차

　4. 직선 및 곡선부에서 최대 운행속도로 교행하는 차량 및 측풍 등에 따른 탈선 안전도

　5. 유지보수의 편의성 등

② 정거장(기지를 포함한다) 안에 나란히 설치하는 주본선의 궤도의 중심간격은 원칙적으로 정거장 외의 궤도의 중심간격과 동일하게 한다. 다만, 설계속도 70킬로미터/시간 이하인 경우에는 정거장 안의 궤도의 중심간격은 4.0미터 이상으로 한다. 주본선과 나란히 설치하는 부본선 및 측선의 궤도 중심간격은 4.3미터 이상으로 하며, 6개 이상의 선로를 나란히 설치하는 경우에는 5개 선로마다 궤도의 중심간격을 6.0미터 이상 확보하여야 하고, 고속철도전용선의 경우에는 통과선과 부본선 간의 궤도의 중심간격은 6.5미터로 하되 방풍벽 등을 설치하는 경우에는 이를 축소할 수 있다.

③ 제1항 및 제2항에 따른 경우 선로 사이에 전차선로 지지주 및 신호기 등을 설치하여야 하는 때에는 궤도의 중심간격을 그 부분만큼 확대하여야 한다.

④ 곡선구간 궤도의 중심간격은 제1항부터 제3항까지의 규정에 따른 궤도의 중심간격에 제13조 제3항에 따른 건축한계 확대량을 더하여 확대하여야 한다. 다만, 열차 교행 시 기울어진 차량 사이의 여유 폭이 확대량보다 큰 경우에는 확대량을 생략할 수 있다.

⑤ 선로를 고속화하는 경우의 궤도의 중심간격은 설계속도 및 제1항 각호에서 정한 사항을 고려하여 다르게 적용할 수 있다.

제15조(시공기면의 폭) ① 토공구간에서의 궤도중심으로부터 시공기면의 한쪽 비탈머리까지의 거리(이하 "시공기면의 폭"이라 한다)는 다음 각 호에 따른다.

1. 직선구간 : 설계속도에 따라 다음 표의 값 이상(다만, 설계속도가 150킬로미터/시간 이하인 전철화 구간의 시공기면 폭은 4.0미터 이상으로 함)

설계속도 V(킬로미터/시간)	시공기면의 최소폭(미터)	
	전철	비전철
$350 < V \leq 400$	4.5	–
$250 < V \leq 350$	4.25	–
$200 < V \leq 250$	4.0	–
$150 < V \leq 200$	4.0	3.7
$70 < V \leq 150$	4.0	3.3
$V \leq 70$	4.0	3.0

2. 곡선구간 : 제1호에 따른 폭에 도상의 경사면이 캔트에 의하여 늘어난 폭만큼 더하여 확대(다만, 콘크리트도상의 경우에는 확대하지 않음)

② 제1항에도 불구하고 선로를 고속화하는 경우에는 유지보수요원의 안전 및 열차

안전운행이 확보되는 범위 내에서 시공기면의 폭을 다르게 적용할 수 있다.

제16조(선로 설계 시 유의사항) ① 선로 구조물 설계 시 여객/화물 혼용선은 별표1의 KRL2012 표준활하중, 여객전용선은 KRL2012 표준활하중의 75퍼센트를 적용한 별표 2의 KRL2012 여객전용 표준활하중, 전기동차전용선은 별표 3의 EL 표준활하중을 적용하여야 한다. 다만, 필요한 경우에는 실제 운행될 열차의 하중 및 향후 운행될 가능성이 있는 열차의 하중에 대하여 안전성이 확보되는 열차하중을 적용할 수 있다.

② 도상의 종류 및 두께와 레일의 중량 등의 궤도구조를 설계할 때에는 다음 각 호에 따라 구조적 안전성 및 열차의 운행 안전성이 확보되도록 하여야 한다.

　1. 도상의 종류는 해당 선로의 설계속도, 열차의 통과 톤수, 열차의 운행 안전성 및 경제성을 고려하여 정하여야 한다.

　2. 자갈도상의 두께는 설계속도에 따라 다음 표의 값 이상으로 하여야 한다. 다만, 자갈도상이 아닌 경우의 도상의 두께는 부설되는 도상의 특성 등을 고려하여 다르게 적용할 수 있다.

설계속도 V(킬로미터/시간)	최소 도상두께(밀리미터)
$230 < V \leq 350$	350
$120 < V \leq 230$	300
$70 < V \leq 120$	270[*]
$V \leq 70$	250[*]

* 장대레일인 경우 300밀리미터로 한다.
** 최소 도상두께는 도상매트를 포함한다.

　3. 레일의 중량은 설계속도에 따라 다음 표의 값 이상으로 하는 것을 원칙으로 하되, 열차의 통과 톤수, 축중 및 운행속도 등을 고려하여 다르게 조정할 수 있다.

설계속도 V(킬로미터/시간)	레일의 중량(킬로그램/미터)	
	본선	측선
$V > 120$	60	50
$V \leq 120$	50	50

③ 선로구조물을 설계할 때에는 건설비 및 유지보수비 등을 포함한 생애주기 비용을 고려하여야 한다.

④ 교량, 터널 등의 선로구조물에는 안전 및 재난 등에 대비할 수 있는 설비를 설치하여야 하고, 열차운행의 안전에 지장을 줄 우려가 있는 장소에는 방호설비를 설

치하여야 한다.

⑤ 선로를 설계할 때에는 향후 인접 선로(계획 중인 선로를 포함한다)와 원활한 열차 운행이 가능하도록 인접 선로와 연결되는 구조, 차량의 동력방식, 승강장의 형식 및 신호방식 등을 고려하여야 한다.

제17조(철도횡단시설) ① 규칙 제18조에 따라 도로와 철도가 교차하는 곳은 입체화 시설을 설치하는 것을 원칙으로 한다. 다만, 장래 폐선 혹은 이설이 계획되어 있는 개소의 경우에는 경제성 등을 고려하여 입체화하지 않을 수 있다.

② 제1항 단서에 따른 횡단시설 및 기존의 건널목 또는 공사 중 일시적으로 설치하는 임시건널목에는 건널목 안전설비 및 안전시설을 설치하여야 한다.

③ 평면건널목 또는 정거장 구내를 횡단하는 전선로는 지중에 설치하여야 한다. 다만, 지형 여건 등으로 부득이한 경우에는 시설물 관리기관과 협의하여 이를 지상에 설치할 수 있다.

제18조(선로표지) 선로에는 선로의 유지관리 및 열차의 안전운행에 필요한 다음 각 호의 표지를 설치하여야 한다.

1. 매 200미터 및 매 킬로미터마다 그 거리를 표시하는 표지
2. 선로의 기울기가 변경되는 장소에는 그 기울기를 표시하는 표지
3. 열차속도를 제한하거나 그 밖에 운전상 특히 주의하여야 할 곳에는 이를 표시하는 표지
4. 선로가 분기하는 곳에는 차량의 접촉한계를 표시하는 표지
5. 장내신호기가 설치되지 않아 정거장 내외의 경계를 표시하기 곤란한 정거장에는 그 한계를 표시하는 표지
6. 건널목에는 필요에 따라 통행인에게 주의를 환기시키는 표지
7. 전차선로 구간 중 감전에 대한 주의가 필요한 곳에 전기위험 표지
8. 정거장 중심표 등 철도운영상 필요한 표지

제19조(정거장의 설치) ① 정거장의 위치를 선정할 때에는 다음 각 호의 사항을 고려하여야 한다.

> 1. 지형, 전후의 선로상황, 열차의 운전 등 기술적인 사항과 해당 지역의 경제, 교통상황과의 적합 여부
> 2. 시가지 또는 교통·경제의 중심지에 가깝도록 하고, 정거장 내의 기울기 제한 등
>
> ② 정거장 간 거리는 열차의 운전조건 및 경제성 등을 고려하여 정하여야 한다.

제20조(정거장 및 신호소의 설비) 정거장에는 열차를 정지·출발시키는 운전설비, 여객이 철도를 이용하는 데 필요한 여객취급설비 및 화물을 수송하는 데 필요한 화물취급설비 등 다음 각 호의 설비를 갖추어야 한다. 다만, 간이역의 경우에는 여객취급에 필요한 최소한의 시설만을 설치한다.

> 1. 운전설비 : 열차운전에 직접 관계되는 선로(전차선 포함), 신호기(신호표지 포함), 표지류(차량접촉한계표지, 가선중단표지 등), 선로전환기, 신호조작반 등
> 2. 여객취급설비 : 여객설비(대합실, 여객통로, 승강장), 역무설비(역무실, 매표실 등), 이동편의 설비, 부대설비(냉난방, 조명) 등
> 3. 화물취급설비 : 화물 적하설비(적하장), 화물 운송통로, 화물 분류 및 보관설비, 화물 운반설비 등

제21조(정거장 안의 선로 배선) ① 정거장 안의 선로 배선은 열차의 운행 계획, 운전의 효율성 및 안전 확보와 장래의 확장 가능성 등을 고려하여야 하며, 다음 각 호의 사항을 반영하여야 한다.

> 1. 구내전반에 걸쳐 투시를 좋게 하고 운전보안상 구내배선은 가급적 직선
> 2. 본선상에 설치하는 분기기의 수는 가능한 적게 하고 분기기의 번수는 열차속도를 고려
> 3. 구내작업이 서로 경합됨이 없이 효율적인 입환 작업
> 4. 측선은 가급적 한쪽으로 배치하여 본선 횡단을 최소화
> 5. 유지보수상 필요한 정거장에는 장비유치선 및 재료 야적장을 설치
>
> ② 정거장 안의 선로는 다음 각 호에서 정하는 유효장을 확보하여야 한다. 유효장은 출발신호기로부터 신호 주시거리, 과주 여유거리, 기관차 길이, 여객열차 편성 길

이 및 레일 절연이음매로부터의 제동 여유거리를 더한 길이보다 길어야 하며 전기동차나 디젤동차를 전용 운전하는 선로에서는 기관차 길이는 제외한다.

1. 본선의 유효장

    가. 선로의 양단에 차량접촉한계표가 있을 때는 양 차량접촉한계표의 사이

    나. 출발신호기가 있는 경우 그 선로의 차량접촉한계표에서 출발신호기의 위치까지

    다. 차막이가 있는 경우는 차량접촉한계표 또는 출발신호기에서 차막이의 연결기 받이 전면 위치까지

2. 측선의 유효장

    가. 양단에 분기기가 있는 경우는 전후의 차량접촉한계표의 사이

    나. 선로의 끝에 차막이가 있는 경우는 차량접촉한계표에서 차막이의 연결기 받이 전면까지

    다. 분기기 부근에 있어 유효장의 시종단의 측정은 최내방 분기기가 열차에 대하여 대향인 경우 보통분기기에서는 포인트 전단

③ 단선구간 또는 2개 이상의 열차 또는 차량이 동시 출발 · 진입하는 정거장 구내에는 안전측선을 설치하여야 한다. 다만 운전보안설비가 설치되어 있어 안전측선이 불필요한 경우에는 설치하지 아니할 수 있다.

④ 정거장 또는 신호소 외의 곳에서 선로를 분기하거나 평면교차를 시켜서는 아니 된다. 다만, 운전보안설비 등 안전설비를 한 경우에는 그러하지 아니하다.

제22조(승강장) ① 승강장은 직선구간에 설치하여야 한다. 다만, 지형여건 등으로 부득이한 경우에는 곡선반경 600미터 이상의 곡선구간에 설치할 수 있다.

② 승강장의 수는 수송수요, 열차운행 횟수 및 열차의 종류 등을 고려하여 산출한 규모로 설치하여야 하며, 승강장 길이는 여객열차 최대 편성길이(일반여객열차는 기관차를 포함한다)에 다음 각 호에 따른 여유길이를 확보하여야 한다. 다만, 기존 승강장의 길이가 양단 출입문 간의 거리보다는 길고, 기관사 및 여객의 안전과 원활한 승하차에 지장이 없도록 조치한 곳은 발주처의 승인을 받아 그러하지 아니할 수 있다.

1. 지상구간의 일반여객열차 · 간선형 전기동차는 10미터

2. 지하구간의 일반여객열차 · 간선형 전기동차는 5미터

3. 지상구간의 전기동차는 5미터

4. 지하구간의 전기동차는 1미터

③ 승강장의 높이는 다음 각 호에 따른다.

    1. 일반여객 열차로 객차에 승강계단이 있는 열차가 정차하는 구간의 승강장의 높이는 레일면에서 500밀리미터

    2. 화물 적하장의 높이는 레일면에서 1천100밀리미터

    3. 전기동차전용선 등 객차에 승강계단이 없는 열차가 정차하는 구간의 승강장(이하 "고상 승강장"이라 한다)의 높이는 레일면에서 콘크리트도상 궤도인 경우 1천135밀리미터 다만, 자갈도상 궤도인 경우 1천150밀리미터

    4. 곡선구간에 설치하는 고상 승강장의 높이는 캔트에 따른 차량 경사량을 고려

④ 승강장의 폭은 수송수요, 승강장 내에 세우는 구조물 및 설비 등을 고려하여 설치하여야 한다.

⑤ 승강장에 세우는 조명전주 · 전차선전주 등 각종 기둥은 선로쪽 승강장 끝으로부터 1.5미터 이상, 승강장에 있는 역사 · 지하도 · 출입구 · 통신기기실 등 벽으로 된 구조물은 선로쪽 승강장 끝으로부터 2.0미터 이상의 통로 유효폭을 확보하여 설치하여야 한다. 다만, 여객이 이용하지 않는 개소내 구조물은 1.0미터 이상의 유효폭을 확보하여 설치할 수 있다.

⑥ 직선구간에서 선로중심으로부터 승강장 또는 적하장 끝까지의 거리는 콘크리트도상 궤도인 경우 1천675밀리미터, 자갈도상 궤도인 경우 1천700밀리미터로 하여야 하며, 곡선구간에서는 곡선에 따른 확대량과 캔트에 따른 차량 경사량 및 슬랙량을 더한 만큼 확대하여야 한다.

⑦ 전기동차전용선의 콘크리트도상 및 자갈도상 궤도의 선로중심으로부터 승강장 끝까지의 거리는 다음 표의 값으로 하여야 한다. 다만, 통과열차가 있는 경우, 차량의 동요를 고려하여 확대할 수 있다.

선로중심으로부터 승강장 끝까지의 거리(밀리미터)	
콘크리트도상 궤도	자갈도상 궤도
1,610	1,700

제23조(승강장의 편의 · 안전설비) ① 승강장의 통로 및 계단은 여객의 안전을 고려하여 다음 각 호와 같이 설치하여야 한다.

    1. 여객용 통로 및 여객용 계단의 폭은 3미터 이상으로 하며, 부득이한 경우 2미터 이상으로 설치

    2. 여객용 계단에는 높이 3미터 마다 계단참 설치

3. 여객용 계단에는 손잡이 설치

4. 화재에 대비하여 통로에 방향 유도등을 설치 등

② 승강장 지붕의 폭 및 길이는 승강장의 규모, 열차의 길이 및 열차의 종류 등을 고려하여 설치하여야 한다.

제24조(철도역사의 설치) ① 철도역사의 규모는 해당 역사를 이용하는 여객의 수 및 종사원의 수를 기준으로 그에 적합하게 설치하여야 한다.

② 여객시설(대합실, 화장실 등), 역무시설 및 지원시설(현업사무소, 승무원 숙소 등) 등을 통합하여 설치하는 경우에는 복합적 시설 이용 및 배치 방안 등을 고려하여 전체 시설의 규모가 최소화되도록 하여야 한다.

제25조(전차대) ① 전차대의 길이는 27미터 이상으로 하여야 한다.

② 전차대는 철도차량의 진출입이 원활하여야 하며, 전차대를 선로 끝단에 설치할 때에는 대항선과 차막이 설비를 할 수 있다.

③ 전차대 구조물에는 배수계획이 포함되어야 한다.

제26조(차막이 및 구름방지설비 등) ① 선로의 종점에는 과주한 열차 및 차량이 궤도 위에서 벗어나는 것을 방지하기 위하여 차막이를 설치하여야 한다.

② 차량이 정해진 위치를 벗어나서 구르거나 열차가 정차 위치를 지나쳐 피해를 끼칠 위험이 있는 장소에는 안전설비를 하여야 한다.

제27조(차량기지의 설치) ① 차량기지의 위치를 선정할 때에는 다음 각 호의 사항을 고려하여야 한다.

1. 회송시간 및 회송거리

2. 차량기지 시설배치에 필요한 면적 확보 가능성 및 장래 확장성

3. 상하수도, 전력, 연료공급 등 기반시설과의 연계성 등

② 차량기지에는 검수 전후 차량이 대기할 수 있도록 다음 각 호의 유치선을 확보하여야 한다.

1. 단량검수시설 유치선(유치차량의 수에 따라 유치선 길이를 산정하여야 한다)

2. 편성검수시설 유치선(유치차량 편성수에 따라 유치선수를 산정하여야 한다)

③ 차량기지 궤도배선은 차량의 입출고 동선을 최소화하여 원활히 이동할 수 있도록 배선이 되어야 하며, 유치선의 기울기는 수평을 원칙으로 한다. 다만, 불가피한 경우 기울기를 1천분의 2 이내로 하되 중력에 의해 유치차량이 정해진 위치를 벗

어나거나 구르지 않아야 한다.

④ 차량기지 선로에는 유치선, 시험선, 검수선, 청소선, 차륜전삭선, 세척선, 입출고선 및 착발선 등을 계획하여야 하며, 특히 차륜전삭선은 차륜전삭기 전후로 차량 1편성 길이의 유효장을 확보하여야 한다.

⑤ 차량기지에는 대상차량과 검수정도에 따라 검수시설, 청소시설, 환경시설, 복지시설, 운전시설 및 검수보조시설, 기타 설비 등을 배치하여야 한다.

⑥ 차차량기지의 유치량은 현재 또는 향후 운행 대상차량의 소요량과 열차운행계획에 의거 판단하며, 향후 열차운행계획은 검토 시점 후 30년을 기준으로 한다.

⑦ 차량기지 검수고내 각 선로의 전차선에는 급전여부 확인과 차단을 위한 안전설비를 설치하여야 한다. 다만, 작업자의 안전을 위해 설치하는 작업대는 제13조에 따른 건축한계를 적용하지 않을 수 있다.

04 전철전력 ▶▶▶▶

제28조(수전전압) 전철변전소 수전선로의 전압은 수전용량, 수전거리 및 이와 연계된 전력계통을 고려하여야 하며, 전력공급자와 협의하여 적용하되 다음 표의 공칭 전압 중 하나를 선정한다.

공칭 전압(킬로볼트)	22.9, 154, 345

제29조(수전선로) ① 전선로의 계통 구성에는 3상 단락 전류, 3상 단락 용량, 전압강하, 전압불평형률 및 전압왜형률을 고려하여야 하며, 보호계전기는 전력공급자와 협의하여 적절한 값으로 정정되어야 한다.

② 수전계통의 고조파 등에 대한 허용기준은 전기사업자의 공급약관을 준용한다.

③ 수전선로의 방식은 지형적 여건 등 시설 조건과 지역적 특성(도심, 전원, 산간 등) 및 민원 발생 요인 등을 감안하여 가공 또는 지중으로 시설하며, 비상시를 대비하여 예비선로를 확보하여야 한다.

제30조(전철변전소의 위치) 철변전소나 급전구분소 등의 위치는 다음 각 호의 사항을 고려하여 결정하여야 한다.

　　1. 전원에 가까운 곳(변전소에만 해당)

2. 변압기 등 변전기기와 시설자재의 운반이 편리한 곳

3. 공해, 염해 등 각종 재해의 영향이 최소화되는 곳

4. 보호지구(개발제한지구, 문화재보호지구, 군사시설보호지구 등) 또는 보호시설물에 가급적 지장을 주지 아니하는 곳

5. 변전소나 구분소 앞 절연구간에서 열차의 타행운전(동력을 주지 아니하고 관성으로 운전하는 것을 말한다)이 가능한 곳

6. 민원발생 요인이 적은 곳

제31조(전철변전소의 용량) ① 전철변전소의 급전용 주변압기는 앞으로의 수송수요 등을 감안하여 뱅크를 구성하고 예비용 변압기를 두어야 한다.

② 급전구간별 정상적인 열차부하 조건에서 1시간 최대출력 또는 순간 최대출력을 기준으로 한다.

제32조(전철변전소 등의 형식) 전철변전소, 급전구분소, 보조 급전구분소 및 병렬 급전구분소 등은 옥내형으로 하는 것을 원칙으로 하되, 다음 각 호의 어느 하나에 해당하는 경우에는 옥외형으로 할 수 있다.

1. 주택 등과 멀리 떨어져 민원발생 등의 우려가 적은 지역의 경우

2. 공해 · 염해 등의 우려가 적은 지역의 경우

3. 인구밀집지역이 아닌 지역의 경우

4. 그 밖에 옥내형으로 건설이 곤란한 경우

제33조(급전계통구성) ① 변전소의 급전용 변압기는 스코트 결선을 사용하며, 급전용 변압기의 2차 회로는 인접하는 변전소와 동상이 되도록 구성하는 것을 원칙으로 한다. 다만, 이미 시설된 선로에 접속할 경우 등 부득이한 경우에는 그러하지 않을 수 있다.

② 급전방식은 교류 단상 2만 5천 볼트(공칭전압) 단권변압기(AT ; Auto Transformer) 방식으로 한다.

③ 급전구분소는 한 변전소 구간에서 다른 변전소 구간으로 연장 급전이 가능하도록 시설하여야 한다.

④ 변전소와 급전구분소 사이에 전압 강하로 열차 운행에 지장이 예상되는 곳에는 단권변압기와 구분장치를 갖는 보조급전구분소를 두어야 한다.

⑤ 급전구분소와 보조급전구분소에는 상선과 하선의 급전계통을 병렬 회로로 연결시킬 수 있도록 시설하여야 한다. 다만, 급전계통의 구성에 있어서 분리가 필요한 경우나 전압 강하 측면에서 필요하지 않는 경우에는 병렬 회로로 연결시키는 시설을 하지 않을 수 있다.

제34조(전철변전소 등의 제어) ① 전철변전소나 급전구분소에는 전기사령실에서 제어 및 감시가 이루어질 수 있도록 관련 설비를 설치하여야 하며, 비상 상황이 발생한 경우나 현지 제어가 필요한 경우를 대비하여 소규모 제어 또는 현장 판넬 제어가 가능하도록 하여야 한다.

② 전기사령실, 전철변전소 및 급전구분소 또는 그 밖에 관제 업무에 필요한 장소에는 상호 연락할 수 있는 통신설비를 시설하고, 전기사령실에는 전철전력설비의 운영을 지원하고 운전 이력을 기록하고 관리할 정보처리장치를 시설하여야 한다.

제35조(전차선로의 공칭전압) ① 전차선로의 공칭전압은 단상 교류 2만 5천 볼트 시스템(전차선과 레일사이 및 급전선과 레일 사이는 2만 5천 볼트가 급전되고 전차선과 급전선 사이는 5만 볼트가 급전되는 시스템)을 표준으로 한다. 다만, 직류방식으로 시행할 경우에는 1천 500볼트로 한다.

② 공칭전압이 단상 교류 2만 5천 볼트인 시스템에서 전차선의 연속 최고 전압은 2만 7천 500볼트로 하고, 연속 최저 전압은 1만 9천 볼트로 한다. 다만, 5분간 허용되는 최고 전압은 2만 9천 볼트로 하며 이러한 전압 기준에 적합하도록 전차선로를 설비하여야 한다.

제36조(전차선로의 가선 방식) 전차선로의 가선은 심플 커티너리(Simple Catenary) 방식 또는 강체 가공 방식으로 하여야 한다.

제37조(전차선로의 설비 표준화 등) ① 전차선로 설비의 표준화와 품질 확보를 위하여 전차선로 속도 등급은 다음 표와 같이 7등급으로 구분한다.

전차선로 속도 등급	설계속도 V(킬로미터/시간)
400킬로급	400
350킬로급	350
300킬로급	300
250킬로급	250
200킬로급	200
150킬로급	150
120킬로급	120
70킬로급	70

② 전차선로의 동적 성능은 해당 등급의 설계속도에서 이선률이 1퍼센트 이내이어야 한다.

제38조(전차선의 높이) ① 가공 전차선로의 전차선 공칭 높이는 전차선로 속도 등급에 따라 5천 밀리미터에서 5천 200밀리미터를 표준으로 한다. 다만, 전차선로 속도 등급 200킬로급 이하에 대하여 해당 노선의 특수 화물 적재 높이를 고려하여 전 구간을 5천400밀리미터까지 높일 수 있다.

② 제1항에도 불구하고 선로를 고속화하는 경우나 컨테이너를 2단으로 적재하여 운송하는 선로 등의 경우에는 열차안전운행이 확보되는 범위 내에서 해당 선로의 전차선 공칭 높이를 다르게 적용할 수 있다.

③ 건널목 구간 등에서 안전을 위하여 전차선 높이를 부분적으로 높일 수 있으며, 기존에 시설되어 있는 터널이나 과선교 및 교량 등의 구조물을 통과하여야 하는 경우에 전차선 높이를 부분적으로 낮출 수 있다.

④ 경간 내에서 전차선의 처짐은 가장 낮은 지점의 전차선 높이가 공칭 높이보다 경간 길이의 1천분의 1 이내이어야 한다.

⑤ 전차선 기울기는 해당 구간의 설계속도에 따라 다음 표의 값 이내로 하여야 한다. 다만, 에어섹션, 에어조인트 또는 분기 구간에는 기울기를 주지 않는다.

설계속도 V(킬로미터/시간)	기울기(천분율)
$V > 250$	0
250	1
200	2
150	3
120	4
$V \leq 70$	10

제39조(전차선의 편위) ① 전차선의 편위는 오버랩이나 분기 구간 등 특수 구간을 제외하고 좌우 200밀리미터 이내로 하여야 한다.

② 팬터그래프 집전판의 고른 마모를 위하여 선로의 곡선반경 및 궤도 조건, 열차 속도, 차량의 편위량, 바람과 온도의 영향, 전차선로 시공 오차 등의 영향을 반영하여 경간 길이별로 최적의 편위 기준을 마련하여 시설하여야 한다.

③ 분기 구간 등 특수 구간의 편위 기준은 별도로 마련할 수 있으며, 최악의 운영환경에서도 전차선이 팬터그래프 집전판의 집전 범위를 벗어나지 않도록 시설하여야 한다.

제40조(접지시설) ① 접지시설은 다음 각 호의 기준을 만족하도록 하여야 한다.

　　1. 사람이 접촉되었을 때 인체 통과 전류가 15밀리암페어 이하일 것

　　2. 일반인이 접근하기 쉬운 지역에 있는 경우 연속 정격 전위가 60볼트 이하일 것

　　3. 일반인이 접근하기 어려운 지역에 있는 경우 연속 정격 전위가 150볼트 이하일 것

　　4. 순간 정격(1천분의 200초 이내) 전위가 650볼트 이하일 것

② 접지시설을 설치할 때에는 낙뢰로 부터 보호를 위하여 다음 각 호의 사항을 반영하여야 한다.

　　1. 비절연 보호선을 가공으로 설치할 것

　　2. 선로를 따라 공동 매설 접지선을 시설할 것

　　3. 선로의 레일과 비절연 보호선 및 매설 접지선을 연결하는 횡단 접속선을 평균 1천 미터, 최대 1천2백 미터 간격으로 주기적으로 시설할 것

　　4. 선로변 철도 시설물의 금속제 외함, 금속제 관로, 금속 구조물 및 철제 울타리 등은 공동 매설 접지선에 연결할 것 다만, 지형 또는 주위조건에 따라 공동 매설접지선에 접속이 곤란한 개소의 금속체 등은 「전기설비기술기준의 판단기준(전기설비)」에 따라 접지공사를 할 수 있다.

　　5. 2백5십 미터 정도의 간격으로 접지 단자함을 설치할 것

③ 교류 전차선로가 시설되는 전기철도의 철도부지 내에 있는 금속 설비로서 일반인이 닿을 수 있거나, 철도 유지보수요원이 전차선로를 단전하지 않은 상태에서 작업할 때 닿을 수 있는 부분은 모두 접지를 하여야 한다.

제41조(절연 이격거리) 2만 5천 볼트 또는 5만 볼트 공칭 전압이 인가되는 부분에 적용하는 최소 절연 이격 거리는 다음 표의 값과 같다.

구분	최소 이격거리(밀리미터)	
	2만 5천 볼트	5만 볼트
일반지구	250	500
오염지구	300	550

* 오염지구 : 염해의 영향이 예상되는 해안 지역 및 분진 농도가 높은 터널 지역 또는 산업화 등으로 인해 오염이 심한 지역을 말한다.

제42조(가공 급전선의 높이) 건널목 등과 같이 열차의 운행 및 일반인 등의 안전에 위해를 미칠 우려가 있는 경우에는 가공 급전선의 높이를 전차선 높이 이상으로 하여야 한다.

제43조(가공 전차선로 설비의 강도) ① 가공 전차선로 지지물의 강도 설계에서 적용하는 최대 풍속(10분 평균값)은 그 지역의 과거 40년간의 최대 풍속의 기록 중에서 1번째에서 3번째 순위에 있는 풍속의 평균값을 기준으로 하거나, 다음 표의 값에 따른다(이 표에서 지표면으로부터 높이는 전차선 높이를 기준으로 하며, 해안 지구는 해안선으로부터 30킬로미터 이내인 지역 또는 별도로 정한 지역을 말한다). 다만, 터널은 최대풍속을 초속 40미터로 적용한다.

지표면으로부터 높이	일반지구(미터/초)	해안지구(미터/초)
10미터 이하	35	40
30미터 이하	40	45
30미터 초과	45	50

② 주위 온도의 최고 온도는 섭씨 40도로 하고 최저 온도는 섭씨 영하 25도로 하며 설치 기준 온도는 섭씨 10도 조건으로 한다. 다만, 그 지역의 과거 40년간에 최저 온도가 섭씨 영하 25도 또는 30도 아래로 내려간 기록이 있는 경우에는 최저 온도를 섭씨 영하 30도 또는 35도로 하고, 터널 입구로부터 400미터 이상 들어간 터널 구간은 주위 온도의 최고 온도는 섭씨 30도로 하고 최저 온도는 섭씨 영하 5도로 하며 설치 기준 온도는 섭씨 15도 조건으로 설계한다.

③ 지지물 및 기초는 구조물과의 동적 상호작용을 고려하여 내진설계를 하여야 한다.

제44조(전기적 구분 장치) ① 전기적 구분 장치인 에어섹션은 두개의 평행한 합성 전차선 사이에 300밀리미터 이상의 정적 수평 이격 거리를 두어야 한다.

② 전기적으로 구분할 수 있는 개폐기를 설치하여야 하며, 절연 구간에서 열차가 정지하였을 때 자력으로 나올 수 있도록 절연 구간에 전원을 투입할 수 있는 개폐 설비를 하여야 한다.

③ 절연 구간의 길이는 운행될 열차의 최대 길이와 그 열차의 팬터그래프 사이 거리(동일 회로로 연결되는 팬터그래프간 거리) 등을 고려하여 급전 구분 구간 사이를 전기적으로 단락시키지 않을 길이 이상으로 설치하여야 한다.

④ 전기 차량이 상시 정차하는 곳이나 열차 제어 또는 신호기 운용을 위하여 피해야 하는 곳에는 구분 장치를 두지 않는다.

제45조(가공 송배전 전선과의 교차) 교류 가공 전차선로와 고압의 가공 송배전 전선과의 교차는 다음 각 호를 만족하는 경우에 한하여 허용한다.

1. 고압의 가공 송배전 전선에 케이블을 사용하는 경우
2. 고압의 가공 송배전 전선에 단면적 38제곱밀리미터의 경동연선 또는 이와 동등 이상의 강도를 가진 전선을 사용하는 경우
3. 가공 송배전 전선의 지지물 상호 간의 거리를 120미터 이하로 줄이는 경우
4. 전차선로의 가압 부분과 가공 송배전 전선과의 이격거리를 2미터 이상으로 하는 경우

제46조(건널목 및 과선교의 안전시설) ① 전차선로가 가설되는 건널목에 시설하는 빔 또는 스팬선 시설은 전차선로와 충분한 거리를 확보하여야 하며, 구조물이 철제인 경우에는 접지를 하고 사람 등이 감전되지 아니하도록 위험방지 시설을 하여야 한다.

② 제1항에 따른 빔 또는 스팬선의 도로 윗면으로부터의 높이는 전차선의 높이에서 500밀리미터를 내린 값 이하로 하여야 한다.

③ 가공 전차선로를 과선교나 고상 승강장 또는 교량 아래 등에 설치할 때에는 전차선로의 가압 부분과 과선교 등과의 이격거리는 300밀리미터 이상으로 하고, 조가선이나 급전선은 피복 전선으로 하거나 절연 방호관을 씌워야 한다.

④ 가공 전차선로가 지나가는 과선교나 고상 승강장 또는 교량에는 다음 각 호의 안전시설을 하여야 한다.

1. 과선교, 고상 승강장 등의 경우에는 안전벽 혹은 보호망 등을 설치할 것. 다만, 과선도로교의 경우에는 강성방호울타리를 설치하고, 3미터 이상 높이의 투척방지용 안전막 등을 시설할 것
2. 교량의 난간, 거더 등의 금속부분은 접지할 것
3. 안전상 필요한 장소에는 위험표지를 설치할 것

제47조(배전선로 시설) ① 배전선로의 전원은 전철변전소로부터 공급 받거나, 전력공급자로부터 교류 3상 2만 2천9백 볼트 또는 6천6백 볼트를 직접 공급받아 사용할 수 있다.

② 배전선로는 안정된 전력을 공급하기 위하여 다음 각 호의 경우에는 다중 회선으로 시설하여야 하며, 다중 회선의 가설 루트는 분리함을 원칙으로 한다.

1. 단선 구간 : 1회선(필요시 2회선)
2. 복선 전철구간 : 2회선
3. 지하구간 및 2복선 이상 구간 : 3회선

③ 신호용 전원의 구성은 철도 고압배전선로에서 신호용 변압기를 통하여 공급하고 계통은 상용 및 예비의 2중화 이상으로 하며, 전용 배전선로를 상용으로 수전할 수 없는 경우에는 계통을 달리하는 2개 이상의 상시전원으로 하여야 한다.

④ 배전선로를 케이블로 시설하는 경우에는 전선관, 공동관로, 공동구를 사용하여 케이블을 보호하며, 케이블의 접속, 분기점, 선로 횡단 개소에는 맨홀 또는 핸드홀을 설치하고, 철도 또는 도로를 횡단하는 개소에는 예비관로를 시설하여야 한다.

제48조(터널조명) ① 다음 각 호에 해당되는 터널에는 조명설비를 갖추어야 한다.

1. 직선구간 : 단선철도 120미터 이상, 복선철도 150미터 이상, 고속철도전용선 200미터 이상

2. 곡선반경 600미터 이상 구간 : 단선철도 100미터 이상, 복선철도 130미터 이상

3. 곡선반경 600미터 미만 구간 : 단선철도 80미터 이상, 복선철도 110미터 이상

② 정전된 경우 60분 이상 계속하여 켜질 수 있는 유도등을 설치하여야 한다.

05 신호 및 통신 ▶▶▶▶

제49조(신호기장치) 신호기는 소속선의 바로 위 또는 왼쪽에 세우며, 2개 이상의 진입선에 대해서는 같은 종류의 신호기를 같은 지점에 세우는 경우 각 신호기의 배열방법은 진입선로의 배열과 같게 한다. 다만, 지형 또는 그밖에 특별한 사유가 있을 때는 예외로 한다.

제50조(장내신호기 및 절대신호표지) ① 정거장으로 열차를 진입시키는 선로에는 장내신호기 또는 절대신호표지를 설치하여야 한다. 다만, 폐색구간의 중간에 있는 정거장에 있어서는 그러하지 아니하다.

② 장내신호기는 1주에 1기로 하고, 진로표시기를 설치한다, 다만, 선로전환기를 설치한 장소 등 부득이한 경우에는 진입선을 구분하여 장내신호기를 2기 이상 설치할 수 있다.

제51조(출발신호기 및 절대신호표지) ① 정거장에서 열차를 진출시키는 선로에는 출발신호기 또는 절대신호표지를 설치하여야 한다. 다만, 선로전환기가 설치되어 있지 아니한 정거장에는 그러하지 아니하다.

② 동일 출발선에서 진출하는 선로가 2 이상 있는 경우 출발신호기는 1기로 하고 진로표시기를 설치한다. 다만, 선로전환기의 설치장소 등 부득이한 경우에는 예외로 할 수 있다.

③ 정거장의 서로 다른 출발선이 2 이상 있는 경우에는 선로의 배열순에 따라 각각 별도로 설치한다. 다만, 주본선에 해당하는 신호기는 부본선에 해당하는 신호기보다 높게 설치한다.

제52조(입환신호기 및 유도신호기) 정거장에는 입환 및 열차가 있는 선로에 다른 열차를 진입시키는 등의 필요에 따라 입환신호기 또는 유도신호기를 설치하여야 한다.

제53조(폐색신호기) 폐색구간의 시점에는 폐색신호기를 설치하여야 한다. 다만, 다음 각 호의 어느 하나에 해당하는 경우에는 그러하지 아니하다.

1. 출발신호기 또는 장내신호기를 설치한 경우
2. 절대신호표지를 설치한 경우
3. 그 밖의 열차운행횟수가 극히 적은 구간 등 폐색신호기를 설치할 필요가 없다고 인정되는 경우

제54조(엄호신호기) 정거장 또는 폐색구간 도중의 평면교차분기를 하는 지점, 그 밖의 특수한 시설로 인하여 열차의 방호를 요하는 지점에는 엄호신호기를 설치하여야 한다.

제55조(원방신호기 및 중계신호기) 주신호기(장내신호기 · 출발신호기 · 폐색신호기 및 엄호신호기를 말한다)의 신호를 중계할 필요가 있는 경우에는 그 바깥쪽 상당한 거리에 원방신호기(주신호기에 대하여 운행조건을 예고 또는 지시할 목적으로 설치하는 신호기를 말한다) 또는 중계신호기를 설치하여야 한다.

제56조(신호기의 확인거리) 신호기는 다음 각 호의 확인거리를 확보할 수 있도록 설치하여야 한다.

1. 장내신호기 · 출발신호기 · 엄호신호기 : 600미터 이상. 다만, 해당 폐색구간이 600미터 이하인 경우에는 그 길이 이상으로 할 수 있다.
2. 수신호등 : 400미터 이상
3. 원방신호기 · 입환신호기 · 중계신호기 : 200미터 이상
4. 유도신호기 : 100미터 이상
5. 진로표시기 : 주신호용 200미터 이상, 입환신호용 100미터 이상

제57조(선로전환기장치) ① 선로전환기의 종류 및 설치장소는 다음 각호의 기준에 따른다.

1. 전기선로전환기 : 본선 및 측선
2. 기계선로전환기(표지 포함) : 중요하지 않은 측선
3. 차상선로전환기 : 정거장 측선 또는 각 기지 내의 빈번한 입환작업 장소

② 주요 전기선로전환기의 분기부에는 다음 각 호의 안전장치를 설치할 수 있다.

1. 첨단 끝이 정하여진 값 이상으로 벌어졌을 경우 이를 검지하는 장치
2. 유지보수요원 이외의 자가 쉽게 밀착조절간의 너트를 풀 수 없도록 하는 장치

제58조(궤도회로의 설치) 궤도회로는 해당 선로에 적합하도록 다음 각 호에 따라 설치한다.

1. 직류 전철구간 : 가청주파수 궤도회로, 고전압임펄스 궤도회로, 상용주파수 궤도회로
2. 교류 전철구간 : 가청주파수 궤도회로, 고전압임펄스 궤도회로, 직류바이어스 궤도회로
3. 비전철구간 : 가청주파수 궤도회로, 직류바이어스 궤도회로

제59조(연동장치) 열차운행과 차량의 입환을 능률적이고 안전하게 하기 위하여 신호기와 선로전환기가 있는 정거장, 신호소 및 기지에는 그에 적합한 연동장치를 설치하여야 하며 연동장치는 다음 각 호와 같다.

1. 마이크로프로세서에 의해 소프트웨어 로직으로 상호조건을 쇄정시킨 전자연동장치
2. 계전기 조건을 회로별로 조합하여 상호조건을 쇄정시킨 전기연동장치

제60조(열차제어시스템) 열차제어시스템은 연동장치와 다음 각 호의 장치를 유기적으로 구성하여야 한다.

1. 열차집중제어장치(CTC ; Centralized Traffic Control)
2. 열차자동제어장치(ATC ; Automatic Train Control)
3. 열차자동방호장치(ATP ; Automatic Train Protection)
4. 열차자동운전장치(ATO ; Automatic Train Operation)
5. 통신기반열차제어장치(CBTC ; Communication Based Train Control)
6. 기타 제어장치

제61조(열차자동정지장치) 열차종류 및 신호현시에 적합하도록 설치하는 열차자동정지장치는 다음 각 호와 같다.

1. 열차가 정지신호를 무시하고 운행할 때 열차를 정지시키기 위한 점제어식

2. 신호현시(4현시 이상)별 제한속도에 따라 열차속도를 제한 또는 정지시키기 위한 속도조사식

제62조(폐색장치) 폐색구간을 설정하는 경우 다음 각 호의 방식 중에서 선로의 운전조건에 적합하도록 설치하여야 한다.

1. 자동폐색식
2. 연동폐색식
3. 차내신호폐색식

제63조(열차집중제어장치와 신호원격제어장치) ① 열차집중제어장치는 중앙장치, 역장치, 통신네트워크 등으로 구성한다.

② 열차집중제어장치의 예비관제설비를 구축하여 비상시 열차운용에 대비하여야 한다.

③ 신호원격제어장치는 1개역에서 1개 또는 여러 역을 제어할 수 있도록 설치한다.

제64조(건널목안전설비) ① 건널목안전설비는 경보기와 차단기를 설치하는 것을 기본으로 하나 필요한 경우 경보기만을 설치할 수 있다.

② 건널목안전설비는 다음 각 호에서 정한 장치를 말하며 현장 여건에 적합하게 설치하여야 한다.

1. 건널목경보기(고장표시기 포함)
2. 전동차단기
3. 고장감시 및 원격감시장치
4. 출구측차단봉검지기
5. 지장물검지기
6. 정시간제어기
7. 건널목정보분석기

제65조(신호기기의 보호) ① 신호용 보안기는 전원용 및 입·출력회로용 등으로 구분하여 설치한다.

② 접지설비는 공동접지망(전력·신호·통신)을 구성하여 사용하는 것을 원칙으로 한다. 다만, 단독으로 할 필요가 있을 경우에는 그 설비에 적합한 접지설비를 한다.

③ 신호설비는 전력유도 전압 또는 전자파 등으로부터 장애를 예방하기 위하여 필요시 광 또는 차폐케이블을 사용하거나 전자파 보호기기를 사용할 수 있다.

④ 제어케이블을 설치할 때에 동물의 피해가 우려되는 경우에는 필요한 보호대책을 강구하여야 한다.

제66조(신호설비의 전원방식) ① 신호설비의 전원은 저압을 사용하고, 무정전전원장치 또는 축전지 등의 예비전원을 확보하여야 한다.

② 건널목안전설비의 전원은 역에서 송전 또는 인접 변압기에서 직접 수전하고 용량에 적합한 축전지를 설치하여야 한다.

제67조(안전설비) 열차의 안전운행과 유지보수요원의 안전을 위하여 고속철도전용선 구간에는 위치 및 여건을 고려하여 다음 각 호의 안전설비를 설치하여야 한다. 다만, 일반철도 구간에도 해당선로의 여건을 고려하여 필요한 경우에는 안전설비를 설치할 수 있다.
1. 차축 온도검지장치
2. 터널 경보장치
3. 보수자 선로횡단장치
4. 분기기 히팅장치
5. 레일온도 검지장치
6. 지장물 검지장치
7. 기상 검지장치(강우량 검지장치, 풍향·풍속 검지장치, 적설량 검지장치)
8. 끌림 검지장치
9. 선로변 지진감시설비

제68조(통신설비 등) ① 열차운행 및 유지보수와 여객 취급 등을 위한 통신설비는 각 호에서 정한 설비를 말한다.
1. 통신선로설비(연선전화기를 포함한다)
2. 전송설비
3. 열차무선설비
4. 역무용 통신설비
5. 역무자동화 설비
6. 전원 및 기타 부대설비

② 통신설비용 전원은 일반 역사전기용 전원과 회로가 다른 전원으로 설치하여야 하며, 응급시 비상전원으로 절체되어 전원공급이 가능하여야 한다.

③ 통신용 전원설비는 정전시 별도로 정하는 시간이상 설비가 정상동작 될 수 있도록 축전지, 무정전전원장치 등의 예비전원을 확보하여야 한다.

제69조(전송설비) 철도운영 및 열차운행에 필요한 모든 유·무선 통신 정보(음성, 부호, 문자 및 영상 등 각종 정보)를 안정적으로 전송할 수 있도록 다음 각 호와 같은 전송설비를 역사의 통신실에 설치하여야 하며, 전체 통신망의 백본장비는 이중화하여야 한다.
   1. 광전송장치
   2. 다중통신장치
   3. PCM 단국 등

제70조(열차 무선설비) ① 열차 무선설비의 음성 또는 데이터 정보는 신뢰도 및 정확성을 갖추어야 하며 간섭 없이 송·수신이 가능하여야 한다.
② 열차 무선설비는 시스템 자동화, 모듈 및 패키지화로 기능을 최대한 안정화하여야 한다.
③ 열차 무선설비는 모든 지상설비 간 또는 지상설비와 차상설비 사이에 음성 또는 데이터의 통신을 위한 충분한 용량을 가져야 한다.
④ 열차 무선설비 중 무인기지국 및 터널무선중계장치 등 인력이 상주하지 않는 개소는 고장 정보 및 장비의 이상 유무를 원격으로 진단하고 고장 정보를 통합하여 감시할 수 있는 설비를 시설하여야 한다.

제71조(통신설비의 보호) 선로변 및 통신실에 설치되는 통신설비 및 케이블 등은 전력유도 전압 또는 전자파 등으로부터 장애가 없도록 설치하여야 한다.

제72조(재검토기한) 국토교통부장관은 「훈령·예규 등의 발령 및 관리에 관한 규정」에 따라 이 고시에 대하여 2021년 1월 1일 기준으로 매3년이 되는 시점(매 3년째의 12월 31일까지를 말한다)마다 그 타당성을 검토하여 개선 등의 조치를 하여야 한다.

부 칙

제1조(시행일) 이 규정은 고시한 날부터 시행한다.

제2조(경과규정) 이 고시 시행 당시 종전의 규정에 따라 시행중인 용역이나 공사에 대하여는 종전의 규정을 적용한다. 다만, 발주기관의 장이 특별히 필요하다고 인정하는 경우에는 개정규정에 따른다.

별표1 KRL2012표준활하중(제16조 제1항 관련)

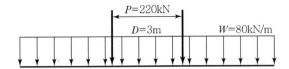

별표2 KRL2012여객전용표준활하중(제16조 제1항 관련)

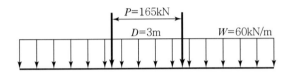

별표3 EL표준활하중(제16조 제1항 관련)

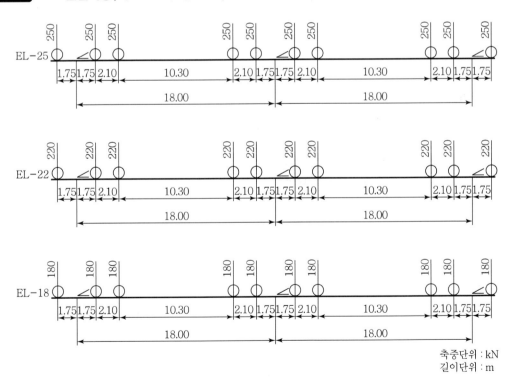

축중단위 : kN
길이단위 : m

철도기술사

발행일 ┃ 2015년 1월 20일 초판발행
         2017년 4월 25일 개정 1차1쇄
         2021년 1월 20일 개정 2차1쇄
         2023년 3월 30일 개정 3차1쇄

저 자 ┃ 신영주
발행인 ┃ 정용수
발행처 ┃ 예문사

주 소 ┃ 경기도 파주시 직지길 460(출판도시) 도서출판 예문사
T E L ┃ 031) 955 - 0550
F A X ┃ 031) 955 - 0660
등록번호 ┃ 11 - 76호

정가 : 80,000원
ISBN 978-89-274-5010-8 13550